李计忠图解《周易》系列

易界名家 独门首传

圆通达观

李计忠 著

（上册）

团结出版社

图书在版编目（CIP）数据

圆通达观：全3册/李计忠著. -- 北京：团结出版社，2016.1（2023.4 重印）
ISBN 978-7-5126-3936-2

Ⅰ.①圆… Ⅱ.①李… Ⅲ.①人生哲学－通俗读物 Ⅳ.① B821-49

中国版本图书馆 CIP 数据核字 (2015) 第 265680 号

出　　版：团结出版社
（北京市东城区东皇城根南街 84 号 邮编：100006）
电　　话：（010）65228880　65244790（出版社）
　　　　　（010）65238766　85113874　65133603（发行部）
　　　　　（010）65133603（邮购）
网　　址：http://www.tjpress.com
E-mail：zb65244790@vip.163.com
　　　　　tjcbsfxb@163.com（发行部邮购）
经　　销：全国新华书店
印　　装：三河市腾飞印务有限公司

开　　本：170mm×240mm　　16 开
印　　张：73.75
字　　数：1136 千字
版　　次：2016 年 10 月　第 1 版
印　　次：2023 年 4 月　　第 2 次印刷

书　　号：978-7-5126-3936-2
定　　价：188.00 元（全 3 册）
（版权所属，盗版必究）

序

　　《易经》是有着几千年光辉历史的易学术数典籍，经过历朝历代不断的发展及完善，经过一代又一代先哲圣人的演绎和实践的洗礼，到今天已是枝繁叶茂，硕果累累。《易经》如此旺盛的生命力源于她丰富的文化历史内涵，更源于她所具有的神奇的宇宙信息全息反馈功能。这种神奇的信息预知功能，使得她在历史长河中，无论过去、现在还是未来，都能无止境地散发智慧之光，普照整个世界。

　　《易经》是与我们生活息息相关的一本智慧典籍，最著名的"厚德载物"四个字不正是在教育我们如何为人处事吗？还有《易经》里面提到的"积善之家必有余庆"，这也是在告诉世人要多行善积德，这样社会才能和谐发展。那么，有没有一把开启易学宝库大门的金钥匙？有没有一段阶梯能让所有好奇的初学者跨入易学术数的高门槛，进而登堂入室？当然有。本书便是李计忠老师为初学者所著。

　　李计忠老师十五而有志于易学，师从众多易学老师：在相学上得到曹宝件先生亲传，受手面相老师陈鼎龙先生点拨；在风水上，得玄空派老师冯宝成先生亲传，受三合派老师陈玉良先生、八宅派老师杨启能老先生点拨；在八卦六爻上，拜北京白云观掌门人震阳子为师获108阵法八卦绝学。在总结前人与师长治学成果的基础上，经过不断的研究和实践，独创了"一卦多断"的六爻八卦技法，通过一卦推断出问卜者所要问询的吉凶和缘由；独创了"八卦飞星"风水技法，更适应于现代地理环境和建筑环境的堪舆，选择最佳地理方位；独创了"八卦九宫"风水技法，更适应于现代家居风水调理，化煞解灾；独创了"五行命谱"技法，更适应于现代人命理和前程的预测，更有效地帮助人们改运提运；独创了"手面相学"技法，更适应于现代人和管理者观相识人，知人善用，充分发挥人才的价值。得先师嫡传，潜心研究易学，故能闻人之所未闻，修人之所未修，悟人之所未悟，而得人之所未得。通过精心研究和几十年的实战经验的积累，将各类术数秘笈融为一炉，集八卦、六爻、四柱、手相、面相、风水等易学精粹于一身，又旁通奇门遁甲、大小六壬之术，更独掌108阵法，自成体系，自成一派。

十多年来，李计忠老师白天办班培训、教书育人，夜晚著书立说，以此传授易学术数文化。从2001年初开始，李计忠老师把自己研究的易学理论和实战经验整理成著作，撰写了《一卦多断》系列丛书、《相学》系列丛书、《风水》系列丛书、《四柱命理》丛书等，总计400多万字，其内容之广博，易理运用之玄妙，很多人难以望其项背。李计忠老师牢记恩师之教诲，习百家之法，不拘古法，灵活多变，独具一格。在个人著作的文字组织上简捷生动，通俗易懂字字珠玑，满卷奇招妙法，耐人寻味，使人从中得到高深的艺术享受。

今年，李计忠老师又在百忙之中，夜以继日伏案写作《圆通达观》。其书内容由浅入深，循序渐进，既有基础知识，又有理论研究，更有很多数术家密不外传的秘诀心法。在本书中，也会让你领略到"厚德载物"的易经文化精华！

十多年来，李计忠老师精心教育和培养下一代易学人才，可谓"桃李满天下"，在数以千计的学生中，不乏优秀易学人才，许多学生在易学领域已取得了很好成绩。

十多年来，李计忠老师先后在北京大学、清华大学国学院等国家高等学府为各界领袖精英讲授周易文化，获得了学员们的高度评价。

十多年来，李计忠老师先后在新浪网、搜狐网、搜房网、中央电视台经济频道讲解周易与家居文化、识人善用和生肖运势；应邀到国内多家金融机构、两百余家大型企业集团及新加坡、马来西亚等国，举办周易文化讲座，反响热烈。

十多年来，李计忠老师应邀为北京、上海、广州、深圳、大连、温州等二十六座城市的高端客户进行风水规划，为全国六十多家住宅园林小区、大中型酒店、宾馆、商场进行风水调理，取得了很好效果，得到客户的高度肯定。

十多年来，李计忠老师受聘于国内二十多家大型国营、民营企业及政府机构，担任易学顾问，取得了极佳的效果，得到了地方政府和企事业单位的高度赞扬和首肯。

孔子说："加我数年，五十以学易，可以无大过矣！"《易经》是智慧之源泉。不管是什么时候学习《易经》都可以，这都可以让我们增长智慧，不会让我们有太多的"过失"。人生一辈子最长不过三万多天！李计忠老师生活于这凡夫世间，他的最大心愿就是利用周易的预知功能为人类引领航向，通过周易传统文化把爱洒满人间！把自己毕生所学，毕生研究的奇门斗数知识服务社会，让社会和谐；服务大众，让人们安居乐业、事业兴旺发达、财运亨通；服务企业、为企业的发展"保驾护航"。

《易经》有句名言："天行健，君子以自强不息。地势坤，君子以厚德载物。"在弘扬中华传统文化的道路上，我愿以此名言与广大读者共勉！

傅瑞霖
2015年8月10日

目 录

上篇　五行命理基础知识 1

第一章　阴阳五行 3

第一节　阴阳学说的基本概念 4

第二节　五行学说的基本概念 8

第三节　阴阳五行与四柱的形成 16

第四节　论四时之节气 20

第五节　阴阳、五行、干支 26

第六节　阴阳五行的生克关系 32

第七节　干支与干支属性 54

第八节　地支与地支性质 79

第二章　排四柱 90

第一节　历法常识 90

第二节　四柱排法 104

第三节　排大运与流年 127

第三章 十神 132
第一节 什么叫十神 132
第二节 十神特性 146
第三节 十神应用 213
第四节 十神的作用 246

第四章 命局五行旺衰 273
第一节 确定日主旺衰强弱 274
第二节 命局旺衰分析 307

第五章 用神与忌神 335
第一节 用神的含义 335
第二节 选取用神的喜忌 338
第三节 用神的喜忌 349
第四节 用神选取法 355
第五节 论四时五行之用神 369
第六节 用神在岁运中的变化 451

上篇　五行命理基础知识

　　五行命理是古代汉族人民从生活实践中总结出来的。他们认为世界万物都是由金、木、水、火、土五种元素构成的，在不同的事物上有不同的表现。比如五色：青、赤、黄、白、黑，五声：角、徵、宫、商、羽，五味：酸、苦、甘、辛、咸，五脏：肝、心、脾、肺、肾，五情：喜、乐、欲、怒、哀，五常：仁、礼、信、义、智等等，每种事情的五项内容都分别显示出木、火、土、金、水的五行顺序。五行有生成、相生、相克的顺序。生成的顺序是木、火、土、金、水。相生的顺序是木生火、火生土、土生金、金生水、水生木。相克的顺序是水克火、火克金、金克木、木克土、土克水。命理补起五行，一般按照相生补起，如命中缺火补木，直接补性烈，补多了伤命理。生活中补五行也有以佩戴饰物补，这样也是按照五行相生补为佳。如补金佩戴橘子石、玫瑰石；补木佩戴蓝绒晶、乌鸦血石；补水佩戴蓝晶、云海石；补火佩戴红蚕石、蜜蜡石、补土佩戴影子石、樱花石。五行缺补都可以用上面玉石补上。

第一章 阴阳五行

　　阴阳和五行学说相结合，成为古人解释各种自然和人生现象的一种理论。占卜和命相学是预测未来的一种活动。古代生产力低下，对个人命运就更难把握，也就更想知道。命相学就利用了阴阳五行学说来说明一个人的命运。主要的一种方法就是用生辰八字来推算命运。所谓生辰八字，就是用天干、地支表示的出生的年、月、日、时。先秦时期，人们只用天干地支来记日，但是后来，年月日时都可以用天干地支来记了。

　　天干有十个：甲、乙、丙、丁、戊、己、庚、辛、壬、癸。

　　地支有十二个：子、丑、寅、卯、辰、巳、午、未、申、酉、戌、亥。

　　二者顺序配合可以产生六十个单位，叫一甲子，即六十年。那生出生的年、月、日、时分别用天干、地支配合来表示，正好有八个字，因此叫生辰八字，相者又叫它是人的四柱。生辰八字里也有五行。在十天干中，甲、乙属木，丙、丁属火，戊、己属土，庚、辛属金，壬、癸属水。十二地支中，寅、卯属木，巳、午属火，申、酉属金，亥、子属水，辰、戌、丑、未属土。这样一来，根据生辰八字，就可以推算出你命里缺什么。古人认为必须五行俱全，命运才会兴旺。

第一节　阴阳学说的基本概念

一、阴阳的来历

　　各位易友学习多年，往往只注重技法，不去从基础理论与实战相结合上出发，并且受各种理论的影响，思路上很难有突破。我们就说干支的作用关系，真的像现在书上写的那样吗？金、水、木、火、土真的能无条件的连续相生吗？为什么这个作用关系在这个四柱能用，到另一个四柱再这么用就不对呢？种种的问题始终困扰我们的学习道路，原因在哪里呢？在于我们没有追本溯源，没有真正掌握易的根本。俗语"万丈大厦从地起，冰冻三尺非一日之寒"。要想在易学殿堂里轻松散步，就必须把基础打好，方能以不变之易理应万变之格局，发挥太极四两拨千斤的功效，做到事半功倍，突破命理之层层难关，成为真正的易学高手。

　　四柱预测的思维，是取易学的阴阳平衡为灵魂。从太极——阴阳（两仪）——四象——五行——干支——干支属性——日元特性，这些都是四柱预测的主要元素。四柱的四组干支组合抽象代表一个人的灵魂，而这个灵魂的生命记录，就是以干支的阴阳平衡为基础演算的。说起这些我们还是从《易经》谈起，为什么从《易经》谈起？因为四柱预测的理论技法都是从这出来的。它的理论模式来自于天文、地理、人文等综合宇宙自然变化。运用一个固定时空点的阴阳平衡为主体，以后的时空为客体，分析阴阳主体与客体之间的消长变化来演算人与事物的吉凶得失。

　　在日常教学中接触的易友来看，只注重技术，不注重基础理论的人还不少。而对阴阳与五行、干支之间的关系，相知甚少。这就是基础知识不过关。我们还是从《易经》、阴阳学说的起源讲起。"易"者日、月也，又为阴阳，充分揭示了深奥的道理，它包括"不易、变易、简易"三种含义。"不易"是指阴阳变化的规律（阴阳易理）到任何时候都不会改变。"变易"而是指宇宙万物，包括人事时时刻刻都在"象数"的变化下，这个事物在今天是对的，明天就不一定是对的，一切的事物发展都在相对中，故曰"变易"。"简易"当你明白"不易、变易"的道理时，就会觉得好多的道理、规律就始终在这个往复循环之中。了解宇宙自然的不易道理，在生活中就可以追寻这个规律，无往不利。故《易》曰"君子所居而安者，《易》之序也。""一阴一阳之谓道"，阴阳的变化有轨迹可循，我们从易学的思维模式去探索自然、人生，就会发现有规律可循。"经"者道理也，《易经》阐明了天理人道的变化规律是恒古不变的。

《易经》最早有卦，"卦者"圭也，圭即是圭表，是《易经》阴阳学说诞生的基本工具。古人认为"天圆如张盖，地方如棋局"，为了观察太阳对地球的阳光折射影响，将圭表也就是一根长杆立好，圭表在太阳的照射下出现阴影，发现阴影随着四季的变化而发生变化。圭表的阴影往复循环，也就是阴阳消长。这样将阴影最长的一天定为冬至，阴影最短的一天定为夏至。阴影在这个往复循环中，冬至到夏至阴消阳长故为阳生，夏至到冬至阴长阳消故为阴生。在这里混沌的太极已经化为两仪，也就是阴阳二仪。再把阴阳循环的中间交汇点定为春分、秋分，这就形成四象，即是春夏秋冬（寒暖燥湿）。四象的形成也就出现了五行——金、木、水、火、土，所谓五行者，并不是五种物质。古人说："五行者，天地之气流通于四时，循环不停也，故为之行。"春湿为木，夏暖为火，秋燥为金，冬寒为水，土为阴阳平衡之气寄于四隅，四象即是四季，对应寒暖燥湿之气与五行同步。两仪对应四象、五行，木火为阳，金水为阴。这些是我们四柱预测的根源，我们既然知道太极—两仪（阴阳）—四象—五行，阴阳是事物的起源，那么预测的主元素干支，又是以五行为太极划分阴阳的表现。

阴阳学说认为，一切事物的形成变化和发展，完全在于阴阳二气的运动。天地自然和人类社会的一切事物分成阴阳两大类，它们一一相对着、运动着和互相斗争转化着。这其实就是哲学中矛盾的对立和统一。阴阳学说不仅用于命理学，而且应用到各门学科领域里，成为我国自然科学和唯物主义理论的基础。

《易经》说："无极生太极，太极生两仪。""两仪"就是阴阳二气。在阴阳二气相生相克、互相转化的过程中，诞生了宇宙间万事万物。很早以前，阴阳只是作为阳光向背的意义而出现的，向着太阳的一面叫"阳"，背着太阳的一面叫"阴"，后来又转化解释为气候寒与暖。随着人们认识的不断提高，把阴阳作为一种哲学概念，用来广泛解释自然界和人类社会两种互相对立现象。例如日月、昼夜、明暗、动静、男女、内外、寒热、刚柔、迟速等等。它们都可分成阴阳对立两个方面。而这两个方面又是互相转化的，所以《易经》有"一阴一阳谓之道"的说法。这个"道"就是天地变化发展的自然规律。

世界上任何事物都有阴阳，"阴阳"代表事物对立与统一的两个方面。阴阳现象是无所不在的，就拿一个笔记本来说，封面是阳，底面是阴，表面是阳，里面是阴。阴阳并不是一成不变的，它可以随着外界条件的变化而变化。所以老子说："万物负阴而抱阳。"

阴阳转化是物极必反的自然规律。任何事物发展到最高峰的时候，就会走向反面。例如，白天到中午就是顶峰的时候，这时候就开始低落了，慢慢地走向黑夜，而黑夜到了半夜子时为极限，也势不可抗拒地开始转化，慢慢地又走向白天。一天如此，一年也是如此，春去夏来，秋复冬往，循环不已。生命的尽头是死亡，死亡的反面是新生。物极必变，物生谓之化，生死变化，是自然界变化不可抗拒的法则，任你有多大本事也不能改变这些自然规律。

物质世界是不断运动着的，在这个世界中，一方面是生命物质不断诞生，另一方面是生命物质不断消亡，就这样生生灭灭地变化着，而其中的原动力不外乎是阴阳五行生克制化，相生相克，形影不离，对立而又统一的相互作用。

二、阴阳的基本概念

阴阳学说是我国古代劳动人民，通过对各种事物和现象的观察，把丰富多彩的万物万象分为阴阳两大类，是我国古代朴素辩证法思想的具体体现。

宇宙间的一切事物根据其属性，可分为两大类，即阴阳两大类。"阳"具有刚健、向上、生发、展示、外向、伸展、明朗、积极、好动等特性；阴具有柔弱、向下、收敛、隐蔽、内向、收缩、储蓄、消极、喜静等特性。

阴阳对立，是指事物内部同时存在着相反的两种属性，即存在着对立的阴阳两个方面，如刚柔，热寒、男女、奇偶、深浅、上下、大小等都是一对矛盾。阴阳对立的矛盾，是一切事物的根本矛盾，但又是互相统一的，只有如此才能产生变化，生成万物，阴阳的对立统一，贯穿一切事物的始终。

阴阳双方本身既是独立的，又是对方存在的根源。"一阴一阳谓之道"，阴是阳存在的条件，阳是阴存在的前提，阴阳双方，相互依存，相互为用。

"寒来暑往，暑往寒来，寒暑相推而成岁焉。"由春至夏，阳长而阴消；由夏至冬，阴长而阳消。这种阴长阳消、阳长阴消的动态平衡，保持了事物的正常发展变化。如果阴阳消长出现异常，事物发展变化就会出现反常。

阴阳是事物内部的两种属性，在一定条件下可向其对立面转化，也就是说阴可以变阳，阳可以变阴。阴阳消长，是量的变化，而阴阳转化则是质的变化。从量变到质变必须有一个过程，即是阴极生阳，阳极生阴，要有一个时间和变化过程，完成由量的积累到一定的界线，就会发生质的转变。阴阳学说产生于上古时代，它是我国古代朴素辩证法的基础。阴阳学说的原理广泛应用于社会生活的各个领域，人们经常用它，只是不以为然罢了。

第二节 五行学说的基本概念

五行是我国古代一种简单的归纳法，它把世界上万物分成五大类，使人们能更简单、更有规律地去认识世界、认识物质，这是朴素唯物主义世界观的反映。

一、五行的关系

五行是金木水火土。五行关系是生和克的关系，无论是生或者克都是一个循环，都是一种因果关系。

五行相生是循环相生的关系：木生火，火生土，土生金，金生水，水生木。

五行相克是隔位相克的关系：木克土，土克水，水克火，火克金，金克木。

五行循环相生

五行隔位相克

从五行相生相克的关系中，我们可以看出五行的相生相克都不是单向的，而是互相的，你去生了一个五行，另一个五行也会生你；你去克制了一个五行，却又有另一个五行来克制你，互相生扶，互为牵制。

在五行生克中，我们要懂得生克适宜、太过和不及的道理。否则，就不能运用好五行的生克原理，来指导生命信息预测。

五行相生：

木生火，是因为木性温暖，火隐伏其中，钻木而生火，所以木生火。

火生土，是因为火灼热，所以能够焚烧木，木被焚烧后就变成灰烬，灰即土，所以火生土。

土生金，因为金隐藏在石里，依附着山，津润而生，聚土成山，有山必生石，所以土生金。

金生水，因为少阴之气（金气）温润流泽，金靠水生，销锻金也可变为水，所以金生水。

水生木，因为水温润而使树木生长出来，所以水生木。

五行相生是五行中某一五行对另一五行的促进助长，给予恩惠的作用，如果某五行旺相生另一五行，生者减力而受益，受生者增力也受益。五行生助适宜为真生，生之太过或不及为假生。真生为适宜之生，其表现为双方受益。真生是主生者和被生者的力量相差不多，主生者有力量生出、给予，被生者有能力接受、吸纳。

水得金生，金水相涵。火得木生，木火通明。木得水生，水木双美。土得火生，火土同功。金得土生，土金生辉。

如果日干为木，生日干者为正印偏印，木气偏弱，有印来生，则日主身弱有生扶，聪明仁慈做事有人帮，自身素质高，能掌权任职。

生的另一表现形式为化泄，使生者减力，受生者增力，化泄适宜也为生。

强金得水，方挫其锋。强木得火，方化其顽。强水得木，方泄其势。强火得土，方止其焰。强土得金，方制其壅。

如果日干为木，木气旺盛，有火化泄，则日主身旺有泄路，则聪颖秀气，活泼开朗，身强体健。

假生为不适宜之生，其表现为一方受损。假生是主生者和被生者的力量相差悬殊，分为弱不能生和弱不受生。

一是弱不能生，主生者太弱，被生者旺，主生者被化掉。弱不能生表现为泄多为克。

金能生水，水多金沉。木能生火，火多木焚。水能生木，木多水缩。火能生土，土多火晦。土能生金，金多土变。

如日干为火，日干生者为土为食神、伤官。日主生出太多，则喜自由不服管束与领导合不来，因泄身过度而体弱多病。

二是弱不受生，主生者旺，被生者太弱，被生者不受生。弱不受生表现为生多为克。

金赖土生，土多金埋。木赖水生，水多木漂。水赖金生，金多水浊。火赖木生，木多火塞。土赖火生，火多土焦。

如日干为水，生身者为金为正印、偏印。生身的金太多了，则日主因生者太多不能自由，做事无主见，依赖性强，极易流于懒惰，也因生之太过而身体不好或致病。

五行相克：

是因为天地之性，众胜寡，故水胜火；精胜坚，故火胜金；刚胜柔，故金胜木；专胜散，故木胜土；实胜虚，故土胜水。

五行相克是五行中某一五行对另一五行的制约、牵制、抑制的作用。主克者的力量因行克而被耗损，被克者的力量因受克而损失；主克者制约对方，受克者受制于对方。双方均减力，正常情况下主克者耗力较小，被克者损力较大，反则克者损力较大，被克者损力较小。五行相克适宜也为生，五行相克不适宜则为克。一般来讲，主克者占优势，被克者处于劣势。

相克适宜为生表现为正克，是主克者有力量制约被克者，双方减力互受益。

**金旺得火，方成器皿。木旺得金，方成栋梁。水旺得土，方成池沼。火旺得水，方成相济。土旺得木，方得疏通。

如果日干为金，克日干者为火为正官、七煞。日干克者为木为正财、偏财。日主旺则能担财胜官，四柱组合得好，则是富贵之命。

五行的不适宜之克，分为反克、制克。

反克是主克者本身力量太小根本制服不了对方，反而被对方所制。

金能克木，木坚金缺。木能克土，土硬木折。水能克火，火烈水干。火能克金，金多火熄。土能克水，水泛土流。

如果日干为金，被日干克者为木，木为财。木财太多太强，日主身弱担不起财，反而会受到财的伤害，出现伤病灾、凶祸、破财等凶事。

制是主克者太强，被克者太弱，其结果被克者严重受伤。

金弱遇火，必为销熔。木弱逢金，必为砍折。水弱遇土，必为淤塞。火弱遇水，必为熄火。土弱遇木，必为倾陷。

如果日干为土太弱，克日干者为木为官煞，又四柱组合不好，则日主体弱多病，六亲无靠，一生坎坷，凶灾不断。

五行亢胜：

事物发展旺盛到极点，就会朝着相反的方向转化，即是物极必反。在五行学说中称之为亢胜。亢胜必须是某五行旺盛至极，又没有别的五行对其进行有效的制约。旺与亢胜有时很难区别，如差之毫厘则谬之千里，要仔细揣摩审视才行，否则在实际预测中会得出完全相反的结论。

金刚易折，木过为顽，水狂则滥，火炽则烈，土重则壅。

日主太旺，如行官煞财运又组合不好，必有灾。

五行生克制化宜忌：

金： 金旺得火，方成器皿。金能生水，水多金沉。强金得水，方挫其锋。金能克木，木多金缺。金弱遇火，必见销熔。金赖土生，土多金埋。

火： 火旺得水，方成相济。火能生土，土多火晦。强火得土，方止其焰。火能克金，金多火熄。火弱遇水，必见火熄。火赖木生，木多火炽。

水：水旺得土，方成池沼。水能生木，木多水缩。强水得木，方泄其势。水能克火，火多水干。水弱逢土，必为淤塞。水赖金生，金多水浊。

土：土旺得水，方能疏通。土能生金，金多土变。强土得金，方制其壅。土能克水，水多土流。土弱逢木，必为倾陷。土赖火生，火多土焦。

木：木旺得金，方成栋梁。木能生火，火多木焚。强木得火，方化其顽。木能克土，土多木折。木弱逢金，必为砍折。木赖水生，水多木漂。

五行特性：

五行的特性是古人在长期的生活实践中，对金木水火土五种物质产生朴素认识的基础上，逐步形成的理论概念。因此，五行虽然是金木水火土，但实际上已超出了金木水火土具体物质的本身，而具有更广泛的内涵。

金曰"从革"。从者，顺从、服从也；革者，变革、改革也。改革、变革必施以威力，故金具有能柔能刚、延展、变革、肃杀的特性。金主义。

木曰"曲直"。曲者，屈也；直者，伸也。故木有能屈能伸之性，木纳水土之气，可生长发展，故木又具有生发、条达、向上、修长、柔和、仁慈之性。木主仁。

水曰"润下"。润者，湿润也；下者，向下也。故水具有滋润、向下、隐蔽、暗藏的特性。水主智。

火曰"炎上"。炎者，热也；上者，向上也。故火有发热、温暖、向上之性，火具有驱寒、除湿、煅炼金属之能，火生于木，其势急，其性烈，其性恭。火主礼。

土曰"稼穑"。播种为稼，收获为穑，土具有载物、生化、藏纳功能，故土载四方，为万物之田，具有贡献、厚重之性。土主信。

五行的属性能包括世界上的万事万物，它是将事物的性质和作用与五行的特点类比得来的。为了便于了解五行特性即五行具有的属性，现归类如下，供读者参阅：

五行类比属性表

性质\五行分类	水	火	木	金	土
	润下	炎上	曲直	从革	稼穑
方位	北	南	东	西	中
颜色	黑	赤	绿	白	黄
时令	冬	夏	春	秋	四季月
气候	寒	热	风	燥	湿
性格	智	礼	仁	义	信
身体	骨	筋	脉	皮	肉
五脏	肾	心	肝	肺	脾
五腑	膀胱	小肠	胆	大肠	胃
五华	发	面	爪	毛	唇
声音	呻	笑	呼	哭	歌
情态	恐	喜	怒	忧	思
味觉	咸	苦	酸	辛	甘
形态	志	神	魂	魄	意
行为	貌	言	视	听	思

中国古代先哲们对宇宙万事万物进行观察，将事物分成阴阳两大类。阴阳五行包含了对自然界和人类社会一切事物认识的辩证思想，是研究四柱的理论基石。四柱预测就是运用阴阳五行和天干地支的生克制化，来推测人世间万事万物的发展和变化。通过对一个人出生年、月、日、时的生命密码综合分析，然后设计出一整套趋吉避凶的生存方式。

所以，研究四柱首先要注重阴阳五行的内在规律，用它来推断四柱平衡与不平衡的运程变化，以及推测人生的过去和未来。（参看下图）

二、五行学说的基本概念

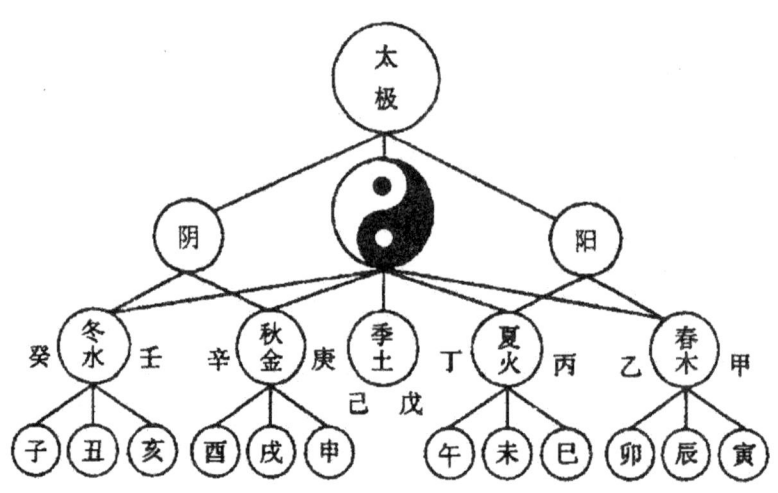

太极阴阳起始

五行的"五"是代表金、木、水、火、土五种物质，"行"就是行动变化、行而不息的意思。"五行"就是金、木、水、火、土五种物质的运动变化，它与阴阳学说一样，也是中国古代圣贤独创的客观世界的哲学观念。他们认为，自然界各种事物现象的发展和变化，都是由这五种不同物质不断的运动和相互作用的结果。

五行学说在《尚书·洪范》中有记载，简单而明白地说明它们的性质，即水曰润下、火曰炎上、木曰曲直、金曰从革、土曰稼穑。五行之间又存在着相生相克关系，五行相生即金生水、水生木、木生火、火生土、土生金。五行相克即指金克木、木克土、土克水、水克火、火克金。五行之间又存在着一种反克现象，即金能克木，但木坚则金缺；木能克土，但土重则木折；土能克水，但水多则土荡；水能克火，但火旺则水干；火能克金，但金多则火灭。既有反克，又有反生为克的现象，即金需要土生，但土多埋金；土赖火生，火多土焦；火赖木生，木多火窒；木赖水生，水多木漂；水赖金生，金多水浊。另又体现出泄多为克的原理，即金能生水，水多则金沉，水能生木，木盛则水缩；木能生火，火多则木焚，火能生土，土多则火晦，土能生金，金多则土虚。

由此可见，世间的万事万物，都有生克制化，也就是互相制约，如没有制约又容易出现亢而为害，造成不可收拾的局面。在千变万化浩然无际的物质世界中，都不外乎金、木、水、火、土这五种基本元素。以千姿百态的形式组成，现把五行和自然界一些最简单、最核心相生相克的规律用图来表示。从图中可以看出五行相生规律是木生火，火生土，土生金，金生水，水生木最后又木生火，从头开始，循环往复，永不停止。五行相克的规律是木克土，土克水，水克火，火克金，金克木，最后又木克土，循环往复，永不停止。如下图（外边箭头表示依次相生，里面表示依次相克）。

五行相生或相克，是指五行之间循环关系的基本状态。相生就是相扶、帮助的意思。而相克指的是控制、抑制的作用。如水生木，就是指水分可以帮助木的生长；木生火，是形容木材可以助火焰成形；火生土，就是说燃烧可以助土壤形成器具；土生金，就是土内的化合物可助金属形成：金生水，指的是金属可以澄清水源（有人说，以西北乾金为天，天能生水之说，但不是金生水之意）。如果以水为例，水之本性是向下的，不停地向四面八方运动，即是起扩散作用，水分子在扩散中，形成水蒸气上升，散入空中。在空中由于气流的影响，随之飘动，形成了往来作用，在往来过程中，水分子则互相吸引凝聚，形成水滴而下降，如此循环不已。

阴阳五行学说是中国数术预测学的灵魂，只有真正地理解它，才能达到数术预测的最高境界。所以搞数术研究的人，对阴阳五行学说的理解一定要精心研读，千万不可忽视。因为它是数术预测研究的主要工具，前者是理论，后者是实践，理论与实践是分不开的，读者如想进入这座神秘世界，就必须扎扎实实地练好基本功。

第三节　阴阳五行与四柱的形成

一谈到阴阳八卦、五行干支，现代人大多认为是哲学，甚至说是玄学，太玄奥了。所以不敢接触，或不愿接触，当然就不会去探讨、研究，也就不会有所收获了。要等到别人加以肯定，才加以研究，为时已晚。其实，这是一种弥纶天地，又极尽精微的科学，于物性是有极密切关系的实证科学，如不将我们的国粹发扬光大，实在可惜！

宇宙像一个运转不息的万花筒，光影杂沓，瞬息万变，周而复始，永无止期。古语云："孤阴不长，孤阳不生。"宇宙运转的机制在于阴阳交感，动静相因，刚柔相济。老子说："道生一，一生二，二生三，三生万物；万物负阴而抱阳，冲气以为和。"《易经·系辞》："天地因蕴，万物化醇；男女媾精，万物化生。"《太极图说》云："无极而太极，太极动而生阳；动极而生静，静而生阴，静极复动；一动一静，互为其根，分阴分阳，两仪立焉。阳变阴合，而生金木水火土。"

所谓阴阳交感，天地二端，无非指出天地间一切事物都是相对的。唯其有相对性，才能产生变化之机。一个钟摆向右摆动达到极限时，会自然而然地反其道而行，摆身左边。所以老子说："反者道之动。"一切事物在发展的过程中，都有正、反、合的趋势。"正"的因素首先发荣滋长，然后"反"的因素急起直追。当"正"的因素达到饱和状态，便再衰三竭，一蹶不振。此时此际，"反"的因素加速发展，后来居上，造成自我毁灭。在"正""反"两者之间趋势——就是所谓"合"。举例而言，在生命的途程中，"正"的因素是"生"，反的因素是"死"，"生"为"死"之始，"死"为"生"之终，"生""死"交替，节外生枝便是传宗接代养儿育女的"合"，这种"正反合"的事物发展之理见于物理现象便是"聚、散、分、合、成、住、坏、空"；见于心理现象者为"念念迁流、生、住、异、灭"；见于生理现象者为"生、老、病、死、生男育女"。

宇宙精神力能在运转投射的过程中呈现不同的象状和体性，如丹鼎派道家的"精"、"气"、"神"，佛家的六大种性，和新道家的五行真气；就体性而言又有精、粗、染、净、动静、强弱、有形、无形之分。正如天空的水气，有时只显湿性、无形无质，有时聚气成形为云为雾，有时浓缩为物，如雨露冰霜不一而足，周濂溪说："阳变阴合而生水火木金土"，亦即此而言；道家所谓"元神"、"真气"、瑜伽所谓普拉纳和阿普拉纳是指有生命、灵力、波度、活力及势能之气，固非一般的空气可比。宇宙万物虽为各种元素所组成，但其组合的原动力却为"元神"、"真气"或"灵力"。或佛家六大中之"识大"，西藏密宗的"心气无二"、"六大缘起"（指地、水、火、风、空、识六大）之说亦无非言明"心生万法"，但"万法唯气造，诸气由心成"。故《首楞严经》云："如来藏中性色真空，性空真色，清净本然，周偏法界，随众生心，应所知量，循业发现。"

董仲舒曰："天地之气，合而为一；分为阴阳、判为四时、列为五行。

行者行也；其行不同，故谓之五行，五行者五官也，比相生而间相胜也。"

近贤袁树珊说："五行，气也。气不可见、不可量、不可状，欲其易名，则姑以性质相似之水木火金土为名。老子所谓道不可道，无以名之，强名为道是也。执泥于实物，妄求其关合，是为不知神化；局拘于偏见，武断其虚无，是为未测高深。天地之气，蕴而未显者，多矣！蠡测管窥，宁知广大？彼冷光、死光未发见以前，又曷尝可见、可量、可状耶？"

先贤万育吾著《三命通会》说："五行者，往来乎天地之间而不穷者也，故谓之行。""五行相生相克其理昭然，十干十二支、五运六气、岁月日时，皆自此立，更相为用。在天则为气：寒、暑、燥、湿、风；在地则成形：金、木、水、火、土。形气相感而化生万物，此造化生成之大纪也。原其妙用，可谓无穷矣。""今之谈阴阳者，虽穷极天地之变，探索人物之微，彰往察来，因着知微，与天地合其德，与日月合其明，与四时合其序，与鬼神合其吉凶，亦岂能外干支五行而别造化以尽天地人物之大哉？故不信阴阳家说，是知有理（原理）而不知有数（方法）也。理数合一，天人一理，神而明之，存乎其人焉耳！"

先贤刘伯温注《滴天髓》说："万物莫不得五行而戴天履地，惟人得五行之全，故为贵，其吉凶之不一者，以其得于五行之顺与悖也。"

古代中国的智者，观察了宇宙事物的迁移变换，万物兴衰的过程后，了解天地间有一定的法则存在，并可依易理的统计、分析、归纳，找出可寻的轨迹。我们撇开迷信，从另一种角度来看，研究人的本质这门学术，就是一种统计学，是一种五行的数学，事实上它是依自然法则，由假设到求证，都有科学依据，推算人生荣枯得失，往往有很微妙的验证。

人本身的本质，于出生的那一刹那，本身即具有能生存宇宙循环系统某一"切点"上，由于出生的时间、空间不一，因而个人的生活史就不一样。

人之有先天命运，乃是因为人在出生时及出生后受到宇宙中某种或多种未知力量所牵引的缘故，现代科学家已经证实了人体是一座磁场，与外界天然的原子一样，并无差别，也一样是电子绕着核子旋转的，也一样产生磁场。实际上，太空中各星系之间，也都由磁场互相吸引着，太阳系也是由于太阳磁力吸着各行星而成系。奇怪的是从来无人称之为"磁力",世人只是沿用牛顿所创的"万有引力"。其实该词尚嫌不足,现在很多科学家已经开始废弃该名词,并且怀疑牛顿"万有引力说"。代之而兴者,为新一代科学家渐渐认定宇宙间各"星云光漩系统"之间都由磁力互相吸引,太阳系与其母系的"银河系"星云光漩亦然。地球磁场受到银河系以及银河系外诸恒星的作用,以及本身内部的电流产生内磁场,因自转公转而引起时变化、日变化、月变化、年变化、一甲子整个六十年的变化,以及成、住、坏、空的变化,逐时、逐日、逐月、逐年等有所不同。根据科学家的研究,地球的电磁场无时无刻不在做不同的变化,而这种变化足以解释人在初生时,感受到磁场与力场深浅强弱的程度,能决定他日后成长过程中承受不同磁场与力场的适应力,而产生不同的反应结果来。地球的磁场是地球的许多神秘性质之一。我国列在四大发明之一的指南针,可以算是人类知道地球磁场存在的最古老证明,可惜我国从未能对此作进一步的研究。地磁变化多端,即表示其中的电磁作用是非常的错综复杂,其起源有来自地球本身内部的,也有来自地球外部如各行星系、大气层、磁气层,各成分磁场不但因空间的不同而异,也随时间而变化。

其实《易经》就是一本中国最早论到有关命理的书籍,它是一部融合了科学、哲学、逻辑学于一炉的伟大著作,经过几千年来不断的研究创新,命理学才有今天如此完备的理论架构。一种理论如果不切实际、虚浮空洞的话,是不会存在太久的,更何况几千年的历史考验了,所以古德先贤们能发挥无上的智慧,充分利用了太阳系的周期,而创出令人惊异的历法,更能发明出一种计算时间与代表空间的符号,用来了解事物生存发展的动向,我们能不相信这是一种奇迹吗?尤其身为炎黄子孙,当我们看到没有任何一个国家拥有像中国如此复杂完备的论命体系时,我们除了感到骄傲外,更加深了将它发扬光大的信心。虽然"命理学"并非如圣人所言之"非常大道",然而如我们予以细细思索咀嚼,却常常可发现许多令人引起共鸣的自然循环现象与天道、地道、人道消长的大道理,因而可预知人生未来的吉凶周期,并助我们以知如何进、退、应、对。倘我们不能将其理论去芜存菁，加以好好的应用于裨益大众方面，将是何其可惜之事啊！

第四节　论四时之节气

节气与用神有连带关系。按四时节气，乃由天理而变化，五行之性质，亦随之而不同。欲知天理，选察节气，然后求用神循序而进也。

初交立春火始生。

此谓丙火长生在寅之意。如人之初生，血气未足，不可作旺论，只存一丝生气也。已表明长生论中，不再赘述。

雨水之中木正荣。

"正荣"二字，并非旺极，又非初出萌芽之意，乃在其枝叶怒发之际，有渐渐转旺之象。

惊蛰春分皆论木。

此谓二月节中，木星正在旺相之时。大概他物，可不必论矣。

其中轻重在三旬。

总称曰旺相，其轻重仍在上中下三旬之中，可以分出。察其意义，无非推中旬为最旺之时。在春分前后，各五天，犹人之中年，血气方刚之候也。

木茂水聚清明候。

交进清明节气，木性尚在茂盛时代，惟天道转热，水性渐衰，已在归宿之际，无流动之势是则木尚茂，水则聚而成堆之象矣。

谷雨水土两存形。

"存形"二字，宜明其来去之分。盖，阳渐盛，土亦随阳气而存来之形质。水则阳气愈重，其性愈涸，但存去之形质，大抵一点潮湿而已。是以谷雨气中，水土二物，只存形质矣。

立夏五朝犹是土。

初交立夏五天之内，土性尚不大旺。五天后始得势，而乘其财神。

土金相会旺中旬。

气交小满，土有产子之力，而生庚金，谓之"母子相会"。即庚生巳，不应在立夏节论起，小满气定长生。按事实，七煞当权，阳长生中最无力也。

小满之时丙火用。

并非以丙火为用神，乃此时丙火正在得势之候，其气正盛也。

火土芒种不须论。

"不须论"三字，非说其无力，乃谓此时火正旺，土亦正盛，明知旺相，不必再穷究其旺弱矣。

夏至阴生阳始极。

交进夏至，阴气渐生，乃阳气旺之极矣！盛极而将有转衰之势。

一交小暑木存形。

春日木旺，交进小暑，虽在失令，然其形质尚盛，枝叶正茂，其形荣极，其气则衰，故曰小暑木存形也。

土最旺时交大暑。

交近大暑，未土正旺，暑气甚烈，土虽旺，而性焦燥，何能应时而产万物？仍属无用之类也。

立秋坤土五朝存。

此谓立秋之后五天内，土尚不弱，虽金渐秉令，仍不言其泄气过重，五天之后，则子旺而母衰矣。

坤土既生金自旺。

坤土既生庚金，母衰子强，而金星又临禄旺之乡，犹人在血气正盛之时也。金愈重，而土愈轻矣。

时逢处暑水方生。

交入处暑，水始产生，即壬生于申。在七月之中旬，可知处暑前，水尚未生，虽印通司权，水力尚不足，所以古人曾说"大旱不过七月半"，即此意也。每见夏秋之交，伏暑正盛，易成旱灾。处暑后，暑气渐退，而有甘霖矣。

白露秋分金旺极。

凡五行临帝旺之乡，正旺极之时，金亦然也，此理与木星同。亦可分为三旬，秋分前后各五天为最旺之时。

寒露七日尚言金。

交进寒露七天之内，金星尚旺，七天后，渐渐收敛，而转衰，亦不可完全衰弱论。因阴气渐增，则金必渐减，逐时而失其势矣。

火土聚时霜降后。

霜降之后，土虽存其来（按：当为"存其本来"）之性质，其力则逊于谷雨时之土。盖以寒暑气候各别，谷雨之后，阳转重，有母助之。霜降之时，前金后水，盗泄其气，虽说土旺四季，实则名目而已。火聚者，乃收敛时代也，不能透其光辉，森性收藏于根，无助火之功，是以火土两物，皆聚集而不能活跃矣。

立冬乾气水将盈。

将盈者，将满也，欲满而不满也。满则溢矣。犹之旺极则衰也。待二候一朝，方用其水，此时水星正旺，方可用。亦非以之为用神，乃正旺得势之时也。

木须小雪始能生。

交进小雪木始产生，所谓甲木长生在亥，其理解已详于长生论中。

大雪水生阴正极。

大雪之时阴气正重而水星旺极之际也。

阳生冬至火堪论。

经曰："冬至一阳生，炎乃随之而来。"此理当不可作旺解。盖，时值冬令，寒气正重，何能有若干光辉？不过一点温和之气，回光一照，而即灭也。

小寒火绝却言水。

交进小寒，火气仍绝，水尚得势。上句言冬至之火，虽得温和，进小寒仍绝，岂非一点回光，焉有实力哉？

大寒金土两存形。

金去土来,金则实去矣!盖一方水旺泄气,再则木性动而盗气。金星正弱,何堪再受重重剥削?故曰:"实去。"土乃"虚来",盖徒有四季旺土之名,其实木水分界之时,冬土本乃畏寒,水增寒而盗其气,木克制之,土无能为矣!故曰:"虚来"。总之:土金两物,此时只存其形质而已。

以上所述各段,乃五行生旺之理,再凭造化而定其兴衰可也。

各书皆载土旺四季,然则何能无轻重之别?关于命理之学,不可拘泥,须要变通。古书曾言"土无正位,寄生于四季"。寄生者,借住之意也,岂有实权哉?如孟仲之月,金木水火乘旺之时,岂有土之地位存焉?仅在四立之前,各十八天,金木水火自欲收束之时,而让与土也。故曰:"土无正位"。

古书有云"寒土堪成稼穑功",谓衰土能成稼穑之意,来土母子皆得势,可谓旺极,旺土难成稼穑格,只作火炎土焦论之。

这篇文字录自《神峰通考命理正宗》,第一句原文是"立春一日火方生"。第七句五氏作"立夏五朝又是土",原文作"立夏五朝尤是土",笔者订正"尤"为"犹"。原文后还有两句:"此是五行生旺理,再凭造化定兴衰",五氏不录。

一年中,气有寒暖、燥湿、刚柔、动静、盈亏、虚实、升降、进退、消长等现象的变化,其中最令人感受得到的是随着不同季节、气候而改变的温度和湿度。《易》是以阴阳来概括自然现象,以卦气来说明阴阳的进退消长:小雪后,阴渐消,阳渐长,每日长 1/30,到冬至而一阳生成;小满后,阳渐消,阴渐长,每日长 1/30,到夏至而一阴生成。命理学家将阴阳进退消长的原理演为五行在廿四节气的变化,以地支十二宫所藏人元(天干)划分三百六十日,谓某阶段某五行最强盛,产宰节令,稍为"人元司事"、"五行用事"、"人元用事"。

五行在廿四节气中主宰的日数,《子平渊源》、《子平渊海》、醉醒子(王铨)、万育吾《三命通会》、任铁樵《滴天髓阐微》、萧子良《命理诠

真》等,各有不同的分配法。《三命通会》所载的古法为:

寅月:己土七日、丙火五日、甲木十八日。从交立春节起算。

卯月:甲木九日、癸水三日、乙木十八日。从交惊蛰节起算。

辰月:乙木九日、癸水三日、戊土十八日。从交清明节起算。

巳月:戊土七日、庚金五日、丙火十八日。从交立夏节起算。

午月:午火九日、己土三日、丁火十八日。从交芒种节起算。

未月:乙木五日、丁火七日、己土十八日。从交小暑节起算。

申月:己土七日、戊土三日、壬水三日,庚金十七日。从交立秋节起算。

酉月:庚金七日、丁火三日、辛金二十日。从交白露节起算。

戌月:辛金七日、丁火五日、戊土十八日。从交寒露节起算。

亥月:甲木五日、戊土七日、壬水十八日。从交立冬节起算。

子月:壬水九日、辛金三日、癸水十八日。从交大雪节起算。

丑月:癸水七日、辛金五日、己土十八日。从交小寒节起算。

民间有《四时八节用事歌》,易于背诵,笔者将之抄录,并将萧子良《命理诠真》所载"五行用事及月令分日用事"以括号注于歌诀之下,如下所示:

立春戊土五朝荣(立春节后七日前戊土当令),
十日丙火见初生(立春节后八至十四日丙火当令);
雨水之中甲木旺(立春节后十五日至惊蛰后十日甲木当令),
惊蛰阳木及中明(惊蛰节后十一日至清明节后九日乙木当令)。
春分乙木萌芽地
清明七日乙木能
八日癸水归辰库(清明节后十至十二日壬癸水当令);
谷雨前三戊土盛(清明节后十三日至立夏节后七日戊土当令)。
立夏戊土归禄五,
十日庚金在巳生(立夏节八至十四日庚金当令);

小满炎明丙火盛（立夏节后十五日至芒种后十日丙火当令），
芒种己土归禄停（芒种节后二十日至小暑节后九日丁火当令），
小暑丁火七朝明
八日乙木归未库（小暑节后十至十二日甲乙木当令），
大暑时来己土兴（小暑节后十三至二十九日己土当令）。
立秋戊土坤生五（立秋节后七日前戊土当令），
十日壬水半弓生（立秋节后八至十四日壬水当令）；
处暑庚金归禄地（立秋节后十五日至白露节后十日庚金当令）；
白露直是太白金（白露节后十一日至寒露节后九日辛金当令）。
秋分正旺辛金地
寒露辛金七日生
八日丁火归戌库（寒露节后十日至十二日丙丁火当令），
霜降戊土向阳盛（寒露节后十三日至立冬节后七日戊土当令），
立冬甲木初生亥（立冬节后八至十四日甲木当令），
小雪壬水卫方行（立冬节后十五日至大雪节后十日壬水当令）；
大雪阳生壬水局，
冬至癸水禄归腾（大雪节后十一日至小寒节后九日癸水当令）。
小寒癸水七日旺，
八日辛金丑库迎（小寒节后十至十二日庚辛金当令）；
大寒己土（小寒节后十三日至二十九日己土当令）；
四时八节细推明。

前面两说有些微差异，不必过于拘泥，而要记住下列的重点：

春：以春分为界。春分之前甲木用事，春分之后乙木用事。木代表风邪（浒病），是温暖之气。

夏：以夏至为界。夏至之前丙火、戊土用事，夏至之后丁火、己土用事。火是夏季的主气，火代表热，戊己土代表暑（热而挟湿的瘴疠）。夏至前为热，夏至后为暑。夏至后的第三个庚日为"初伏"，第四个庚日为"中伏"，第五个庚日为"末伏"，是为"三伏"，乃金气（凉气）

潜伏之意。

秋：以秋分为界。秋分之前庚金用事，秋分之后辛金用事。金代表燥，是凉而肃杀之气。

冬：以冬至为界。冬至之前壬水用事，冬至之后癸水用事。水代表阴邪，是寒凝湿冷之气。

立春为三阳成，气候渐暖，春分后气候明显温暖，夏至阳极阴生，杀机潜伏；立秋为三阴成，气候渐凉，秋分后气候明显凉爽，冬至阴极阳生，生机潜伏。立春、立夏、立秋、立冬之前十八日内"土旺用事"，是季节的转关：

立春前十八日丑（己）土用事，由寒入温，其气冷而温；
立夏前十八日辰（戊）土用事，由温入热，其气暖而湿；
立秋前十八日未（己）土用事，由暑入凉，其气热而柔；
立冬前十八日戌（戊）土用事，由凉入寒，其气燥而刚。

春分后、秋分前，需要癸水调剂；秋分后、春分前需要丙火调剂。夏至后、冬至前，金水生命力较强；冬至后、夏至前，木火生命力较强。

第五节　阴阳、五行、干支

太极生两仪，即是阴阳，阴阳变四象，即成五行，五行又分干支。这里的每一步划分都是太极生两仪的表现，我们必须明白每一个步骤的变化含义。太极即是混沌之时，阴阳不分，阴阳两仪的出现，是事物变化的第一步。阴阳是一切预测的根源，我们就必须了解阴阳的性质。阴阳具有四大要素"阴阳对立、阴阳转化、阴阳消长、阴阳互根"，这四句话是一切预测的根源。

阴阳对立：木火为阳在阳极，金水为阴在阴极，这是太极成立的必要条件，如果没有了阴阳对立，世间的事物就不会存在。也可以引深四柱中的用神、忌神，一个命局的成立，不管是什么格局，永远都会存在用神、忌神。它们在时空状态下永远是对立的两个板块。我们从上图（第13页）的阴、阳两个太极球可以看出，从大太极球分出的两个阴、阳小太极球，以及阴阳小太极球中的木火、金水，永远都是处于大太极、小太极的局部对立，这就是说只要四柱中具有阴阳对立时，就不会出现从格，除非阴阳具备转化的条件形成顺势。这里我们说一下当今命理的误区，好多的易友认为从格好用轻易论从，致使格局失偏预测失误而难以解释。因为阴阳对立永远是预测的根本，体现在四柱中只有同性之间并存，异性永远对立，也就是阴阳对立，这样阴阳对立的形势已经出现，四柱就不会是从格，因为此时的日干之气不会去顺从对立的两种五行之气。阴阳对立是以地支之间的作用关系为依托，也就是说地支之间的作用关系，决定着格局的变化成败。故命书言："寒虽甚，要暖有气，暖虽至，要寒有根，则能生成万物。弱寒甚而暖无气，暖至而寒无根，必无生成之妙也。是以过于寒者，反以无暖为美。过于暖者，反以无寒为宜也。盖寒极暖之机，暖极寒之兆也，所谓阴极则阳生，阳极则阴生，此天地自然之理也。"从此段的理论大家可以看出阴阳对立与阴阳之间的转化，是四柱预测的灵魂。

阴阳转化：《易经》曰"君子所居而安者，易之序也。"

木—火—土—金—水，是五行循环永远不能打破的时序循环规律。从四时上看，春天以后必是夏天，有了木必向火的方向发展。到大暑则阳气旺极必会转阴，就是秋天，秋天以后必会是冬天，金必会向水的方向发展。用五行来表示四时的转化发展过程，就是易的顺序，这里也在深刻寓意自然与社会，一个人的运气在适应社会，会得到很多的帮助定会应吉。也就是把大家的力量转化为个人力量。四柱扶抑格中的通关，从格中的日柱旺极喜泄，都是阴阳转化的表现。阴阳转化在四柱的演算之中时时遇到。由于地支作用关系的变化，有时忌神会转化用神，而用神也会转化忌神。当四柱的五行流通，没有堵塞没有偏旺的五行出现，五行之间的力量相对平衡转化时，是最完美的太极状态。

阴阳消长：阴阳消长针对命局中的阴阳二气在行运中的变化，四柱原局为静态，只有大运流年的参加才会动起来。大运提示日主十年的运气，那么这个大运是助长了用神还是忌神呢？当然这里的阴阳消长有两层含义，一是命局中阴阳二气在大运的变化，二是命局中的阴阳二气存在用神、忌神，大运的到来必须分清是忌神还是用神之气在消长。用神长忌神消有利四柱命局平衡应吉，用神消忌神长无利于四柱命局平衡应凶。但是也不是用神长就完全应吉，忌神消就完全应吉，因为阴阳消长也有原局的"病药"轻重所决定。

阴阳互根：命理曰：独阳不长，独阴不生，只有阴阳调和方能万物而生。金、木、水、火的长生点都是在上一五行的起点，寅、申、巳、亥为四长生之月，一种五行的值令实际预示着下一五行的进气。春夏秋冬四季往复循环，任何时候都不会单独存在，寒极暖之机，暖极寒之兆也，所谓阴极则阳生，阳极则阴生，此天地自然之理也，事物只要是发展前进，必须阴阳互根才能壮大，不会独立存在。地支作用关系中的六合，就是阴阳互根的表现。大家可以对比一下，在地支六合中，子丑、午未为阳极阴极之点与本气相合。其余的寅亥、卯戌、巳申、辰酉都是一阴一阳相互配合。

五行是以阴阳为太极点的划分，有四象而出五行，即春夏秋冬、暖燥湿寒是也。五行是何物？五行是春夏秋冬四时之气的往复循环。五行是阴阳的细分，这里木火为阳，金水为阴，土为阴阳之间的平衡之气。春季为少阳木气主湿，夏季为老阳火气主暖，秋季为少阴金气主燥，冬季为老阴水气主寒。少阳木气的产生必然是由老阴水气转化而来，这也是春天气寒的原因。当少阳木气旺极时，老阳火气自然产生。老阳火气的产生必然是由少阳木气转化而来，夏天火旺，老阴气绝，因为中间的少阳木气已经转化了老阴之气。当老阳火气旺时，少阴金气已经有气，从物象上看，立夏之后，花草树木的叶子出现潮气。在进入立秋后，潮气则变成小水珠，此时的少阴之气已经转旺。当少阴气旺极时，老阴水气自然产生，夏天的余热经过少阴金气的转化，所以冬季寒冷。当寒冷到了极点，新的太极就会产生，新的一年又来了。

通过阴阳的辩证，我们可以知道八字预测实际是将不同的干支组合（日柱）放在一个相对的时空中，看日干所代表的五行之气所处在的时间、空间中的旺衰情况。"形旺者损其有余，形缺者补其不足。"然后看以后大运、流年的时空变化对命局"形旺者与形缺者"的消长状况。大运、流年损命局中形旺者的有余，补形缺者的不足应吉。如果大运、流年继续加大形旺者的力量，抑制形缺者则应凶。

天元：

天元指四柱中的天干。天元的推算，主要通过日干与其余三干的五行生克制化以及十神的衡量，对透出的所主之事作出强弱损益，命之贵贱的判断。

天干有十位，又称十天干：

甲、乙、丙、丁、戊、己、庚、辛、壬、癸

天干的含义，《群书考异》中说：

甲是拆的意思，指万物剖符而出；

乙是轧的意思，指万物出生，抽轧而出；

丙是炳的意思，指万物炳然著见；

丁是强的意思，指万物丁壮。

戊是茂的意思，指万物茂盛；

己是纪的意思，指万物有形可纪识；

庚是更的意思，指万物收敛有实；

辛是新的意思，指万物初新皆收成；

壬是任的意思，指阳气任养万物之下；

癸是揆的意思，指万物可揆度。

由此可见，十天干与太阳出没有关，而太阳的循环往复周期，对万物产生着直接的影响。

地元：

地元指四柱中的地支。地支的刑冲害合会等对日元产生着重大影响，地元中的月令（月支）对日元旺衰得地与否起着决定性作用。

地支有十二位，故又称十二地支，它们是：子、丑、寅、卯、辰、巳、午、未、申、酉、戌、亥。

十二地支的含义：

子是兹的意思，指万物兹萌于既动之阳气下；

丑是纽，系的意思，既萌而系；

寅是移，引的意思，指万物至此已毕尽而起；

卯是冒的意思，指万物冒地而出；

辰是震的意思，物经震动而长；

巳是起，巳的意思，指万物至此已毕尽而起；

午是仵的意思，指万物盛大枝柯密布；

未是昧的意思，指阴气已长，万物稍衰，体暖昧；

申是身的意思，指万物的身体都已成就；

酉是老的意思，指万物老极而成熟；

戌是灭的意思，指万物老极而成熟；

亥是核的意思，指万物收藏皆坚核。

人元：

1. **人元**：指地支中所藏天干。十二地支中所藏的天干是不等的，有的只藏一位，有的藏两位、三位。地支藏干，只藏一位的是其五行的本气；藏两位的分别为，与地支五行之气相同的藏干为本气，另外的就是本气所生之气为中气；藏三位的则分别为，与地支五行之气相同的藏干为本气，其次含气数稍低的为中气，再次则为余气。为方便读者学习列表如下：

十二地支藏干深浅顺序表

地支	子	卯	酉	午	亥	寅	申	巳	辰	戌	丑	未
藏干	癸	乙	辛	丁己	壬甲	甲丙戊	庚壬戊	丙戊庚	戊乙癸	戊辛丁	己癸辛	己丁乙
藏气	本	本	本	本中	本中	本中余	本中余	本中余	本中余	本中余	本中余	本中余

所谓藏干之"深浅",就是藏干之力量的大小,比如寅支中藏甲丙戊三干,甲为本气最深,其力量占六成;丙为中气为不深不浅,其力量占三成;戊为余气最浅,其力量仅占一成。

2. 记忆口诀:

子藏癸水在其中,丑中癸辛己土同。
寅藏甲木和丙戊,卯中乙木独相逢。
辰藏乙木兼戊癸,巳中庚金有丙戊。
午藏丁火并己土,未中乙木加己丁。
申藏戊土庚行壬,酉中辛金独丰隆。
戌藏辛金及丁戊,亥中壬水甲木存。

第六节　阴阳五行的生克关系

北方阴极生寒，寒为水。南方阳极生热，热为火。东方阳散以泄而生风，风为木。西方阴止以收而生燥，燥为金。中央阴阳交而生温，温为土。其相生也所以相维，其相克也所以相制，此之谓有伦。

以五行代表春夏秋冬的名称，配合方位，出于天然。

北方亥子丑，为冬季。
南方巳午未，为夏季。
东方寅卯辰，为春季。
西方申酉戌，为秋季。

春夏之交，木气未尽，火气已至，间杂之气为土。其余夏秋之间，秋冬之间，冬春之间相同。土气在两个节气的中间，而且夏季最旺，也就是土居中央的意思。

《子平真诠·阴阳生克》言："四时之运，相生而生，故木生火，火生土，土生金，金生水，水生木，相生之序，循环迭运，而时行不匮。然而有生必有克，生而不克，则四时亦不成矣。克者，所以节而止之，使之收敛，以为发泄之机。故曰：天地节而四时成。"

上文先贤指出，四时五行相互转化以生为进，千百年来易书岂止千本，都在相互转抄，木生火，火生土，土生金，金生水，水生木。大家都认为无可更改，把它当作不可改变的五行生克关系，恰恰就是这个五行相生的关系，使千百年来的学易者，进入永远不能超越的误区。故在上文中指出："四时之运，相生而生，……相生之序，循环迭运，而时行不匮。"大家一定注意这里的用词"相生而生"，难道是先人用词不当，还是另有语意。五行的生克关系，实际是四时的循环变化，并不是真正的木生火，火生土，土生金，金生水，水生木，这里的生实际是"进"的意思。我们知道四时、寒暖燥湿，是太阳对地球四时的阳光折射造成的温度差。那么春与夏就存在温差，也就是阳太极中的少阳与老阳对立，也就是说木不一定生火，木火相生就需要条件。秋季与冬季存在温差，也就是阴太极球中的少阴与老阴对立。从时序而言，春天过后是夏天，夏季阳旺极而生阴，就是秋季，秋季过后就是冬季，冬季阴旺阳生就是春天，这是四时五行的循环变化，如果把五行的循环变化照搬到干支的作用关系上，就会出现时验时不验，为什么呢？因为由于干支的重复组合，使它们的阴阳属性发生改变，再用五行的生克关系去套用，就会出现时验时不验。四柱中有火，岁运遇到木就生火吗？肯定不是。如果这么简单，就没有地支之间的刑冲合害。为什么寅亥合，子卯论刑，寅午戌会火局，而寅巳论刑，等等作用关系都是有它们的阴阳性质决定。我们在这里转变一下思维，以少阳木气、老阳火气、少阴金气、老阴水气四象为太极。在向下划分，是不是每一种独立的五行之气，又都具有自己的五行之气呢？肯定存在。这就是干与支的重复组合而出现了它们自己独立的五行形式，因为这些必须要有干支的气与行决定，干支的作用关系我们在下面的干支篇再讲。

  这里提醒大家的是，不去分清这些五行与干支的关系，在预测中的作用关系就不会分清，有木就生火，不管阴木阳木，有水就生木，不管阳水阴水，我们无条件的把五行的生克关系照搬到干支中更是失误。我们知道先人把四时的交替变化，以生克的形式来表达，无疑是和后人开了一个很大的玩笑。先人在这里画了一个小圆圈，就把我们圈在了里面，使我们永远不能越其范围。五行相生是在表示时序的转化，不是"生"的意思。五行之间的转化必须是在某一气旺极之时才能转化，并不是有了木就生火，有了金就生水。寅木为少阳之初，也就是正月之气，大家知道正月时寒气犹存，怎么会马上就是夏天呢？就因为这样有了寅巳相刑的关系，寅木可以刑巳火见了午火为什么不刑呢？在什么情况下寅木不生午火，也来灭火呢？什么情况下生巳火，不刑巳火？如果

我们不去深思这些看似简单的问题，那么就永远不会掌握预测的真机！由此看来我们连最简单的五行、干支之间的关系都没有搞明白又何谈预测。如果干支之间的关系与五行同样，何必画蛇添足再有干支。

五行分析：

《渊海子平》说："性情者，乃喜怒哀乐爱恶欲之所发，仁义礼智信之所布，父精母血而成形，皆金木水火土之关系也。"

先贤刘伯温注《滴天髓》说："五气在天，则为元享利贞；赋在人，则仁义礼智之性，恻隐、羞恶、辞让、是非、诚实之情。五气不戾者，则其存之而为性，发之而为情，莫不中和矣！反此为乖戾。"

所以说，在阴阳五行、天干地支之天、地、人三才中所禀之气，因各人所承受的厚薄不同，其性格体形也各自不同。近贤金子樵说："命曰内五行，相曰外五行，五行互相表里。人之美恶姿于命，穷通系于运。首观日主、次看月令四柱，再对运程。五行停匀气势顺正者，主人和平正大；五行偏枯浊乱者、主人阴险缺陷，人之性情，随五行而异。"所以人的性情相貌，除受后天教养有所改变以外，均为先天生成的。命理论人生的性情相貌，乃就先天形势，看其内在的性情及外露的相貌；内在的性情及外露的相貌，因有密切不可分离的关系，故可就其外露的相貌而推其人的性情，并可广推其吉凶祸福。盖相由心生，有其生理，必有其心理，有其心理，必有其生理也。

事实上，十天干性质的广泛应用，应该是论命程序中相当重要的一环，对于判断一个人的性情，体格等等，即有粗略的认识。天干于性情的发挥，显而易见，天干代表一个人最明显的个性，是属于外在的，以日干为枢纽，配合其余三干的力量，与其地支所藏人元的生化制克的关系而定出各类性情不同之表现，并观测出何干力量最强，则该干所表现出来之特性也最为明显强烈，其余三干之特性则就其力量之强弱，依次递减降低，其表现力仍然存在，只是较小罢了，论人之本质天性，应以原局的天干、地支为准；论人后天性情的变化，则应该配合大运小运来看，较为明确。

但光凭十天干的特性来判断仍然不够，尚需与十神（比、劫、食、伤……）密切的配合才能更加完美而明确。等下一节谈到十神的时候，我再将这种天干的特性如何与十神相互配合的看法，作一综合论述，让读者能够完全明了中国命学、子平八字，在论人的性情，体形，穷通祸福方面，有很详尽的说明。并且很少有其他的国家拥有像中国这样的复杂完备的论命体系，倘我们不能将其理论去芜存菁，加以好好的应用于裨益大众人群方面，将是何其可惜的事啊！

一、木气分析

◎木称为曲直，以仁为主。因木属东方、体形曲而直立，所以称为曲直，其色属青色，味属酸性。

◎甲木——性质朴而有仁心，柔顺而爱好和平，且有上进心，心地仁慈而正直富有恻隐之心，好华美的事物而有风雅的性格，有照顾他人之美德，无论进退皆有有情有义，处事负责，但缺乏敏捷应变的能力，又因常烦恼，故做事多劳苦。

◎乙木——性柔顺，慈爱而喜行善事、有利人益我之仁心，且有同情心，性情和蔼，善与人结交朋友，外表谦虚，但内心的占有欲望强，虽有才能，但常烦心。

（1）木性调和并旺相者——性格上有主见、肯接受他人意见，作理智分析，稳重敦厚而富有博爱恻隐之心，慈祥恺悌之意，济物利人，喜欢帮助贫苦孤寡之人，直爽朴实而清高，并主其人好仁，嫉恶如仇，有崇高之道德观念，举止端庄秀丽，寿命长且宅心仁厚，精神潇洒，福源深广，晚年健康，一生多愉快佳境。其所从事的事业宜于法律事务、慈善机构、银行业务，国际贸易，船务，医院等。

（2）木气太过者——主其人性情暴戾执拗性偏，刚强不屈，自信心过强而固执，难以与人合群相处，易因为外来的刺激而激动，且有嫉妒心，见不得别人比自己好，所以一生阻碍重重。

（3）木气不及而弱者——主其人意志薄弱，如墙头之草，飘忽不定。易为外力所支配，随波逐流，对事物的处理方式缺乏条理，杂乱无章，且无慷慨旷达之心量，易斤斤计较于小事，无远大之志向。

（4）火气多时——在木日干出生的人，身旺火多时，为人豪爽，资质聪敏，长相秀丽，天赋特厚，思想远大，心性和平，能在社会上占有相当的地位，而为人望之所归。如木火太多时，虽然资质聪敏，但是多是一些小聪明，聪明不能为其所用，其人尤其喜欢修饰表面，自我陶醉，个性十分敏感，其审美观念虽然浓厚，但有强烈之虚荣心，虚而不实。

（5）土性多时——木日干的人土太多时，好高骛远，不切实际，且自负自信，对于钱财物质感情方面很执著，喜钻牛角尖。对于事物的处理方式常有宽以待己、严以律人之倾向。虽待人怀有好意，但事后常有疑心他人之毛病。

（6）金气多时——木日干的人金太旺时，主其人思想自我清高，带有几分傲气，很容易因受挫折而灰心丧志，而对任何事皆不感兴趣。往往无端忧郁，而影响前途。

（7）水多时——木日干的人水太旺时，主其人思想常多改变，朝三暮四，朝令夕改，言行不一致，好奇心重，爱管闲事，做事不实在，疏忽怠慢，杂乱无章，有见异思迁、反复无常、身性不定之倾向。

◎木命人之形体：

（1）木形人在形体上，其肤色苍白，身材修长而高大，手足纤细，口尖发美，颜面长而头小，声音尖锐轩昂，此则因为木盛多仁之义。

（2）木形之人木气太弱而休囚者——主体格瘦长而且头发稀少，心性偏激，固执拗性偏心，常怀有嫉妒之心，此则木衰情寡之义。

（3）木形之人木气偏枯，生化悖逆——主其人眉眼不正，貌丑，体格矮小，尖酸卑鄙而吝啬，颈长而咽喉凸结，肌肤干燥，坐卧行止常不稳定。

二、火气分析

◆火为炎上，在五常之中，司礼让，其色属赤色，味苦。

◆丙火——性质急躁，猛烈，重表现，性喜多辩论，比较冲动鲁莽，每有轻佻的举动。所以意气容易受到的挫折，并且说话急促，不善考虑，缺乏忍耐力，自尊心强。

◆丁火——生性柔和，消极，重牺牲，万事顾虑周到，思维细腻，富有同情心与智慧，并有进取之气概，为人非常守道德礼教相规，但是多疑与心机是其缺点。

（1）火气调和并旺相者——火日干调和且旺相者，主有辞让端谨之风，恭敬谦和之气，威仪凛烈，淳朴，尊敬长上，言行稍有急躁现象，凡事出手大方，喜好修饰，善于写文章，有聪明敏捷之才华，作事明快、实在，没有恶意，并主其人有奋斗精神，反应力强烈敏捷，敏于自学不畏艰险，不惮烦劳，对于世态炎凉、人情虚伪、社会不公正等感触极深，常发不平之鸣，其人富有创造力，范围广大，前程似锦，财禄丰隆。其人于工程、农垦、煤铁、医药、化工、采矿各业均属合宜，且能由此而获利。

（2）火气太过者——性情暴躁，处事容易过度伤害别人，易于冲动，稍遇拂意之事，如火加油，非理智所能控制，所以多后悔，其所处的环境每易发生剧变，亲戚朋友反为烦恼之源，由此心理失衡，恐将酿成轻微脑病，并易冲动而犯错误，必致父母诟病，家庭纷扰之局面，并主其人家庭不和，时多争执，夫妇间虽非怨偶，终苦琴瑟失调，容易身遭横祸，突致死亡，其险特甚。宜修心养性，调和理智与感情。

（3）火气不及而弱者——性情好机巧，内心奸诈，喜弄小手腕与手段，对于事物不做细致了解，且抱怀疑的心理，不能当机立断，因而延误时机，小事有成，大事无成，做事有始无终，容易半途而废，其人具爆炸性与不耐烦之心理，在为人处事方面，常因欠缺圆通而惹人反感，甚至损害前途。

（4）木多者——火日干出生的人，木气太多时，其人对于自己评价很高，擅机变之才华，百变权谋，精打细算，自私自利，且会仗着自己的势力而威吓别人，小有才能唯恐人不知之，矜夸自负，喜欢议论他人之是非，思想敏捷，有应变之才，惟心常不足，得寸进尺，多多益善，多好冒险，又喜见异思迁，或以蒙混手法，掩蔽其庐山真面目，如能改进这些缺点的话，可以达成他的志愿，而有所发展。

（5）土多时——火日干的人，土太多时，其人性急口快，天真，凡事不能保守秘密，且言行反复不一致，利害不易均衡，行动不稳重而轻浮，因泄气过甚，虽历奔波劳碌之苦，困境终难自脱，如能遇寅、卯、辰木运的话，可得良佳影响，能平安渡过。

（6）金多时——火日干的人，金气太旺而日主衰弱者，其人自负心强，刚愎自用，性情暴燥，喜怒无常，并主其人心高脑活，计划多，改变也多，终岁营营，精神难转宁静，容易在言语或行动上非礼，所以容易遭到毁谤打击。

（7）水多时——火日干的人，水太多时，其人虽有德行，但没有均衡分辨的能力，并主其人名至而实不归，表理不能相称，喜欢机巧而不实在，好高骛远，虽然交游甚广，对于事情也计划周到，其结果反而遭受祸害。对于本身事业，则根基不稳，变动无常，无持久希望，区区虚荣，恐怕不容易保全。若是身旺，则其人聪明，事业容易得到权利及名声，因而名利双收，处世严正不苟，能保守中庸之道。若是火日干衰时，做事时有挫折，不容易成功。

（8）火气偏枯，生化悖逆时——主其人喜走极端，不利婚姻，交友也多凶，终分道扬镳。生来劳碌，心常不足，财帛之来，无非过手，忽聚忽散，难于保有，并且其人凶顽成性，奸诈不忠，难与交往。

◆火形人之形体：

（1）面貌上尖下阔，形体头小脚长背部多肉，腹部良好广大，其面部肉厚而平板，印堂窄而眉浓，鼻准丰而稍大，精神闪烁，语言急速，性燥无毒。

（2）火太过则声焦而面带红，性质急躁，摇膝好动，说话快速，常常静不下来，血气旺盛且发粗而浓。

（3）火不及者脸色呈黄色，体型瘦小而尖，诡诈妒毒，常语无伦次，言语妄诞。

（4）火形之人火气偏枯，生化悖逆，面部瘦小而黑，身体瘦而丑，毛发粗硬，面色红黄，体略矮而坚，体貌不扬。

三、土气分析

●土曰稼穑，在五常之中，主信，其色属棕黄色，味甘。

●戊土——诚实，厚重，性情笃实沉稳，为人憨直。

●己土——重视内涵，多才多艺，行事依循规律，用心规矩，然度量欠广，易生疑心。

（1）土气调和旺相者——主其人信用，有诚实之心，敦厚至诚，广告相顾，责任感强，且敬神佛而有信仰心，并主人度量宽广，能守规范，处事不轻慢，自信心强，心性宽和重信用，与人相交以诚，能够兼顾自己的言语与行为，性喜安静，不喜权势，待人随和少年老成，富有耐心与责任心，并有坚忍之性，深机保密且器量宏大，能化敌为友。其人利于经营地产、建筑、农作、矿产、国际贸易及公共职务，均属合宜，且能由此而获利。

（2）土气太过者——凡事固执不与他人商量，固执如痴，孤介硬吝，不得众情，性情偏倨，不明理义，性质不敏，对事的反应差，且不能随机应变，性格上易现"慢与拖"，常因此错过机会，不知反省，自以为是，其人极喜孤居，有避世脱俗之念，其工作往往不为人知，乖僻过甚，易滋嫌怨，故易遭小人之害，而遭刑害，并主其人交游甚寡，即有一、二，终亦舍之而去。

（3）土气生性悖逆，而偏枯者——退缩怕事不讲理而自私自利，事理不通，不得众情也不在意，颠倒失信，内心阴沉，对事情贪心吝啬，胆大妄为，言语虚伪没有诚心与信用，诡狡自纵，神秘莫测，行为多越常轨。

（4）木气多者——土日干出生的人，才气太多时，做事易事倍功半，而徒劳无功，头脑反应愚钝，命孤而多劳碌，奔波流离之命。

（5）火多时——土日干的人日元旺相而火太多时，其人很有义气，缺乏社交手腕与亲切感，对人不能信任，多疑猜忌，致使众叛亲离，常常口惠而不实，承诺常不实现，性自私，斤斤计较的缺点。

（6）金多时——土日干的人遇金太多时泄气多时，思想清高，无形中会养成自负不凡的习性，喜做事，重信义，性情刚强带有几分燥气，具有感性，任性不拘，缺乏稳重而轻佻，对事的处理忍耐力小。

（7）水多时——土日干的人水太多时，对名利非常执著，容易从事投机性的事业因而轻举妄动，而遭致意外的损失，并主其人追求财帛，不得不肯罢手，但欲壑难填，蝇营狗苟或因朋比为奸，尔诈我虞，反遭重大损失，其人可于旦夕之间，成为富室，也可于旦夕之间，成为穷人，财来财去。但若能使之培养道德心，则可以行善事，而为人所称道。

●土形人之形体：

（1）土形人旺相适中者——主人背圆腰阔，鼻大口方，面肥色黄，声音重浊，眉毛淡而眼不秀。

（2）土太过者则愚朴重浊，面肥色黄。

（3）土不及者主其人脸色常带忧愁之色，鼻低，声音重浊，朴实执拗，体格瘦小，色黑黄。

四、金气分析

▼金曰从革，在五常之中，主义，其色属白色，味辛辣。

▼庚金——精神粗犷豪爽，意气轻燥，性情刚烈而重义气，个性好胜，具有破坏性，人缘佳，容易相处。

▼辛金——性较阴沉，温润秀气，重感情，虚荣心强而爱好面子，有强烈的自尊心，所以每有悔恨之情。气质佳，但缺乏坚强的意志力。

（1）金气调和且旺相者——主其人有羞耻之心，仗义疏财，勇敢豪杰，知廉耻，处事有决断力，刚毅果决，有人品与权威，重名誉而通人情事故，此人乃为中庸正大光明之人也。文才华丽，于音乐及艺术两途，尤能作天才之发展。并象征其人善于交际，周旋社团，结纳友好，富有才干。经营珠宝、服饰、食肆、戏院、金融事业、娱乐事业等均属合宜，且能因此而获利。

（2）金气太过时——主其人好勇而无谋，重义气，易有言多语速快，仗义执言，并不一定经过深思，言多必失，费力不讨好情况。临事容易冲动，容易因太刚强而遭受挫折、损伤，而且遇事稍微刻薄不讲情面，喜淫好杀。

（3）金气不及而弱者——凡事容易犹疑，寡言慎语，格格不入，孤芳自赏，独立，独树一帜等情形，以致考虑过度难以决断而失去良机，做事容易挫志而心灰意冷。虽然重义气，然口惠不实，难以实行。

（4）木多时——金日干的人，木气太多时，对于金钱名利方面很在乎，而有执著心，好算计他人，不肯吃亏，没有实行道德的勇气，事业易因挫败而灰心丧志，常常言与行不能兼顾。

（5）火多时——金日干的人，火太多时，做事缺乏耐心，极欲速成而受挫败，做事急躁，有小聪明，事业也不稳定，与人交游，时而和谐，时而破裂，难以全始全终。如果金旺而以适度火克时，主其人富有刚直之性，忠于所事，善于人同，众望所归，名为世重。

（6）土多时——金日干的人，土太旺时，其人心中无主见，人云亦云，易见风转舵，做事无长远计划，广告常不一致，凡事迟疑，须经多方顾虑，方敢进行。

（7）水多时——金日干的人，水太多时，为人聪明，刚强而任性，患得患失之心重，自以为聪明，自信心太强，所以临事常受到挫折或打击。金水旺的人，男的一定英俊潇洒，女的一定漂亮诱人。

▼金形人之形体：

（1）金形人旺相适中者——面色方圆而色白净，眉毛高而眼稍深邃，鼻子挺直而高，耳朵带红，声音清亮而悠扬，体格壮硕而坚朗，清廉洁白，并主面貌秀美，身体丰满。

（2）金太过者——体格硕而松肥，声音清中带浊，并主其人好勇无谋，贪欲不仁。

（3）金不及者或偏枯，生化悖逆——主其人身材瘦小，面貌不正而丑陋，是性情暴躁，寡义和多疑之人也。

五、水气分析

★水称为润下，在五常之中，主智，其色属灰黑，味咸。

★壬水——生性怠懒，富依赖心，乐观，外向，度量宽宏，富于勇气，虽然聪明却纵欲任性。

★癸水——平静，柔和，内向，勤勉力行，然而好猜臆测，注重原则，不务实际，故内心常蓄不平，并时有破坏性，并且有重情调、喜钻牛角尖的倾向。

（1）水气调和且旺相者——主其人智慧高，度量宽宏，性情善良，凡事皆能深思熟虑，多深谋远虑，其思虑细密，且有见识、有学问、有道德、记忆力强且脑力很好，富于爱情，并主其人志趣高超，潜心学问，对于事务之研究，常从深层着眼，富于商业脑筋，于文化广告传播，经销发行，别具慧心并极合教授、主笔、记者及高级秘书之选，并有承办、经销、代理之才干。

（2）水气太多——为人不拘小节，不大守礼教道德，性情犹豫，行动矛盾，好妄动富于小聪明，恃才玩物，缺于自尊，其心不定，爱不专，并主其人心灵对于外界事物，感染迅速，以致变化无定，幻想强烈，有时饶舌多方好强辩，有时则沉默缄口，易做多情样。

（3）水不及——做人反复无常而不定向，胆小而无长远的智慧，且智慧不高而弊塞易于改变计划，富于依赖心，每听人摆布，且性情不定而暧昧。

（4）木多时——水日干的人木太多而泄气时，主其人易于意气用事，感情用事，性情软弱，喜欢多学技巧，而不精，心中无一定之方针，只想人家益我，而不想利于别人。

（5）火多时——水日干的人火太多时主其人对金钱的处理无条理，而漫无节制，对事的处理方式喜装饰表面，往往流于空洞形式和虚假。

并主其人思想,不切实际,缺乏信心,易为人左右,做事情多反悔,精神散漫,故无大的成就。

(6)土多时——水日干的人土太多时,主其人意志薄弱,颠倒反复,经常遇事而不决,犹疑,虽有忍耐力,然而却愚笨不能举一反三,如果有金气的扶助,则可承现活力而开朗,于事业、前途有莫大的帮助。

(7)金多时——水日干的人金太多时,主其人有高度的智慧,反应灵敏而英气盛,自我期望高,不喜欢反省自己,自信力强,纵横驰骋,不乐受人管制,并且主其人好高骛远,眼高而手低。

★水形人形体——在形体上,面貌不平而头大,肩小腹大,且手脚常动,于步行时,身体也会摇动不定,语言清和,并主人眉目清秀,体肥而硕大,且多毛发,若命局好时则皮肤细而白。

★水太过者——主其人硕大而贪淫,一生多是非好动,人多智谋,少决断,浮气狡猾而多疑心。

★水少者或偏枯,生化悖逆——主其人矮小,黑而丑,行事反复,性情不常,胆小而无谋略。

五行特性:

五行在天地之间带动整个的自然变化。古书所云:"万物莫不得五行而盖天履地,性行五行之全,故为贵,其吉凶不一者,以待于五行之顺与悖也。"可知五行对一个人的运势影响有多深。将五行的原始特性推演到一个人的性情时,起码知其一个人的性情有大体表现:

(1)木——具有生发、向上的特性。其性主仁,性情直爽温和。

木代表成长,有向上进取的精神,性格朴实、正直,有同情恻隐之心。"甲木"上进心强,个性坚强,有骨气,善计谋,心地仁慈。"乙木"善于随机应变,反应敏捷,有向周围进取发展的野心,欲望较高,嫉妒心特强。

(2)火——具有炎热、向上的特性。其性主礼,性情急燥而恭和。

火的性质有发挥、急于求成精神,大多主感情用事,自尊心强,性急好客，处事激动易怒。但丙火与丁火不同，"丙火"之人性情急燥，善于表达，遇事易于冲动鲁莽，虽然敏锐，但心机不多。"丁火"之人分析力较细，外表温和，易于冲动，这种人大多口才不佳，为人遵纪守法，猜疑心强，但富有同情心。

（3）土——具有长养、化育的特性。其性主信，性情稳重，厚诚。

土性代表内向、忠厚、诚实，其性情有包涵力．宽大为怀、忠诚、厚重，遇事能深思熟虑，但戊土与己土性格不同。"戊土"之人注重名誉，遇事稳重雅量，多守信用，但为人憨厚呆板。"己土"之人性格忠厚尊重名誉，遇事沉着文静，虽做事比戊土人精明，但变化多端，猜疑心强。

（4）金——具有清静、肃杀的特性。其性主义，性情刚烈。

金代表锐利、刚强急进的精神特性，有强烈的正义感，注重道德品质，嫉恶如仇。但庚金与辛金不同，"庚金"为人气魄豪爽，个性逞强好胜，具有侠义心肠。"辛金"为人性格圆滑刚毅，注重感情，虚荣心较强，力求上进，爱玩弄权势。

（5）水——代表散漫、自由扩散精神，有随机应变智能，富有幻想任性的性格，但壬水与癸水不同，"壬水"为人欢乐好动，外表不善于掩饰，对于谋略方面能掌握机遇，虽性情聪明，但却纵欲任性，易失掉机遇。"癸水"为人性情内向温柔，遇事沉着稳重，忍耐力较强，富于幻想而不务实际，喜欢钻空子。

五行旺衰：

五行干支的强弱旺衰，取决于天体的运行，这是自然和社会的统一。

在生命信息预测中，古代先贤总结出一整套的推算方法，力求与天体运行规律相吻合。这便是根据人的出生之日的天干阴阳之五行，在所生之月禀受天地之气的旺衰、顺逆、厚薄的情况，推出人之一生的命运。因而，五行、干支在四时十二月所处的旺相休囚死状态，则是判断四柱日干及其它五行旺衰的标准之一。

在论命局五行旺相休囚死时，是以正五行论，不分阴阳干，正五行即阳干五行。

1. 五行四时旺相休囚死

五行旺相休囚死，是指干支五行在月令提纲中所处的旺相休囚死强弱等等程度。

五行旺相休囚死

五行\月	旺衰程度	旺	相	休	囚	死	余气旺	进气旺
		最强	中强	小衰	中衰	最衰	小强	小强
正、二	寅卯	木	火	水	金	土	/	/
三	辰	土	金	火	/	水	木有余	火进气
四、五	巳午	火	土	木	水	金	/	/
六	未	土	金	/	木	水	火有余	金进气
七、八	申酉	金	水	土	火	木	/	/
九	戌	土	金	火	木	水	/	水进气
十、十一	亥子	水	木	金	土	火	/	/
十二	丑	土	金	火	木	/	水有余	木进气

旺相休囚死是五行在四时节令所处的一种旺衰状态。旺是最强，是事物发展到鼎盛时期的状态。

相是中强，是事物处于受生受益时期，正适宜发展的状态，为生长发展前提供了条件，处于次旺的状态。

休是小衰，是一事物因生另一事物而被泄气，走入衰败的状态。

囚是中衰，是事物失去生的源泉又克制不了当令之事物，导致自身失败。

死是最衰，是一事物受到力量极旺的另一事物重克，无气伤尽，走向灭亡的状态。

余气旺和进气旺都为小强，是事物在开始或终结的时候，自身有初升和剩余的气势。

旺相休囚死的旺衰顺序为，旺为最强，相为中强，余气旺和进气旺为小强，休为小衰，囚为中衰，死为最衰，下面的口诀可帮您记忆和理解。

当令者旺，令生者相，生令者休，克令者囚，令克者死。

正、二月是寅卯月，木值班行使命令，因而木气最强盛称为旺。

三月是辰月，土值班行使命令，土气最强旺。按四时节令说，辰月是春天最后一个月，木有余气，因而称余气，余气也为旺，只不过余气旺要比木本气值班当令时要小得多。又因辰月是夏天的前一个月，是春和夏的交接转换之月，夏天就要开始，火开始进气，即是说在辰月，已经有了火的成分，进气也为旺。进气旺，也比本气值班当令时小得多。

四、五月是巳午月，火值班当令，火是由木生的，木生完火之后，处于休养生息的状态，因而称为休。

六月是未月，又是土值班当令，木是克土的，由于克土而消耗了自身力量，称为囚，在这里囚不是"囚禁"起来的意思。

七、八月申酉月，金值班当令，木被金克，由于被金克制而不能发挥本气的作用，称为死，而不是真死。

九月是戌月，又是土值班当令，木为囚。

十、十一月是亥子月，水值班当令，木是水生的，由于水生而旺称为相，次于旺。

十二月是丑月，土值班当令，木处于囚的状态，但是丑月是冬天最后一个月，又是春天的前一个月，处于冬春交换之月，因而是水有余气，木进气。

火、水、金、土五行旺相休囚死同理。

2. 十二宫旺衰

天干十二宫是以十干的时令旺衰来说明事物由生长、兴旺、衰老、病死这样一个发展变化的全过程。

长生，犹如人刚出生于世的降生阶段，指万物萌发之际。

沐浴，为婴儿降生后的洗浴阶段，指万物生出，承受大自然沐浴。

冠带，为小儿穿衣戴帽子了，指万物渐荣。

临官，也称进禄，如人长成强壮，可以做官化育领导人民，指万物长成。

帝旺，象征人壮盛到极点，可辅作帝王大有作为，指万物成熟。

衰，指盛极而气衰，指万物发生衰变。

病，如人患病，指万物困顿。

死，如人气尽，形体已死，指万物死灭。

墓，也称库，如人死后归于墓，指万物成熟后归库。

绝，如人形体绝灭化归为土，是指万物前气已绝，后继之气还未到来，在地中未有其象。

胎，如人受父母之气结聚成胎，是指天地气交之际，后继之气来临，并且受胎。

养，像人养胎于母腹之中，之后又出生，是指万物在地中成形，继而又萌发，又得经历一个生生灭灭永不停止的天道循环过程。

3. 五行与四季旺表

（1）五行旺相歌诀

为便于记忆有五行旺相歌诀：

当令者为旺，生令者为休，克令者为囚，令生者为相，令克者为死。

春：立春后属木（甲乙寅卯）最旺，土最衰，因为土被当令的旺木所克。

夏：立夏后属火（丙丁巳午）最旺，金最衰，因为金被当令的旺火所克。

秋：立秋后属金（庚辛申酉）最旺，木最衰，因为木被当令的旺金所克。

冬：立冬后属水（壬癸亥子）最旺，火最衰，因为火被当令的旺水所克。

 圆通达观（上）

如日干为甲乙木，生在春天谓之当令为旺，生于夏天谓之休，因木生火而泄气。生于秋天谓之死，因秋天属金，金来克木，又处于树木凋零的时候，所以谓之死。生于冬天谓之相，因冬水旺能生木，所以谓相。生于四季谓之囚，因辰戌丑未属土，木来克土又是泄气之故也。

由于旺衰的程度不同，可区别为五种历程：

①旺——最旺（当令）：如人在当年，神足气旺，登峰造极，故为最旺。

②相——次旺（令生）：如人之初生，躯体幼嫩，精力不足，需母气相助，故为次旺。

③休——小衰（生令）：如人生子而泄气，需要休养，故为小衰，谓之休。

④囚——中衰（克令）：克当令的旺气，克物必须费力，克当令之旺气。无异以卵击石，受损非轻，故为中衰，谓之囚。

⑤死——最衰（令克）：被当令的旺气所克，如人老气衰，又被当令大敌侵伐，已到死亡边缘，故为最衰，谓之死。

（2）五行与四时（宜忌）

四柱推命以日干为中心，看出生于何月，乃作论命基础，如日干甲乙木生于秋天，那么就以秋天之木论断，这时就要了解秋天木的宜忌，而后再综合分析论断。

五行四时宜忌，乃命理学中的精髓，以此可以作为断命总纲。俗说"自古看命无二法，四时宜忌做根基"，也就是说，无论你用哪些方法断命，总是离不开五行四时宜忌这个原则。

一、木的四时宜忌

春月的木（如生日天干为甲乙，生于寅卯辰月）

①季仍留余寒，喜火来暖木，不宜水旺。

②木赖水生，命中稍许带点水则佳，惟寅月出生的人，如水多怕腐其根，反而不吉。

③辰月之木其根易燥，故带有较多的水、火为好。
④土过多则凶，土薄财丰则吉。
⑤金太旺则多灾厄，如木太过，逢金又主大吉。

夏月之木（如生日天干为甲乙，生于巳午未月）
①夏天的木，其根乾燥，用水大吉，火主大凶。
②土薄则吉，土重反不吉利。
③最忌金多，如没有一点金也不好，如山中大木，缺金砍伐不成大器。
④水为最好，金土次之，木火最凶。

秋月之木（如生日天干为甲乙，生于申酉戌月）
①秋木凋落，生于七月，火气犹强，水土旺主大吉。
②酉月之木，质地充实，用庚金砍木，辛金次之。
③戌月以后出生的人，霜降前火旺为好，霜降后水旺为忌。
④上述土厚不吉，土厚须水旺最好。

冬月之木（如生日天干为甲乙，生于亥子丑月）
①土多培根为大吉。
②水多根腐，主大凶。
③金多水少，无吉无凶。
④火多暖木，为之大吉。

二、火的四时宜忌

春月之火（如生日天干为丙丁，生于寅卯辰月）
①春月木火皆为吉，但木不宜过旺，过旺为忌。
②水为吉，但需适中，如太旺反为不吉。
③不宜火土过旺，过旺都为不吉。

④金旺最好，多也不忌。

夏月之火（如生日天干为丙丁，生于巳午未月）
① 为最吉最佳。
②木多生火助燃，主凶。
③金受火炼为最好。
④土可泄火，见土则吉。
⑤金与土为吉，但必须有水，否则反凶，如无水见木主多灾。

秋月之火（生日天干为丙丁，生于申酉戌月）
①木助其势，主大吉大利。
②土多盖其光，主凶，如木多制之则吉。
③火以木为光辉，主吉。
④金多生水，金助水势，反主凶。

冬月之火（生日天干为丙丁，生于亥子丑月）
①冬月之火最弱，如得木来生之主大吉。
②水为大凶，如遇土水则又吉，但不宜土多反凶。
③火能相助大吉。
④金多生水，水旺为凶。

三、土的四时宜忌

春月之土（如生日天干为戊己，生于寅卯辰月）
①土得火生，主大吉大利。
②春土怕受木克，木多主凶祸来临。
③春水不宜多见，水多主凶。
④春土宜土帮助，土多大吉。
⑤春土不宜金多，金多主泄气，主凶。

夏月之土（如生日天干为戊己，生于巳午未月）
①夏天土燥，喜水滋润主大吉。
②夏天土燥，忌火燥土凶。
③夏土忌火，见木更凶，因木克土生火。
④夏土宜金泄，金能生水，主大吉。
⑤燥土忌土帮凶，逢木大吉。

秋月之土（如生日天干戊己，生于申酉戌月）
①金多泄土气主凶，如木旺金制反吉。
②秋土喜火生之，主大吉。
③秋土水多泄气，如有土助为大吉。
④秋土不喜水助，霜降后更为不吉。

冬月之土（如生日天干戊己，生于亥子丑月）
①冬月寒土，喜火暖土，大吉。
②木多生火亦主大吉。
③冬土最喜土助，更吉。

四、金的四时宜忌

春月之金（如生日天干庚辛，生于寅卯辰月）
①春月金冷，逢火大吉。
②春金得土生助为大吉。
③春金逢水为大凶。
④春金得金相助主大吉，火薄更好。

夏月之金（如生日天干庚辛，生于巳午未月）
①夏金逢火多炼之，主凶，有水乃吉。

②夏日之金，遇木多生火主凶。
③夏月之金，土多主凶，因土多埋金。
④夏月之金，逢金多主吉。

秋月之金（如生日天干庚辛，生于申酉戌月）
①逢火锻炼主大吉大利。
②金强土多，主大凶。
③秋天之金，有水泄之主吉。
④秋天之金，金多主凶。

冬月之金（如生日天干庚辛，生于亥子丑月）
①冬天之金，怕木多，金受制则凶。
②冬月之金，水旺金冷主凶。
③冬金土可制水，生金主吉，有微火更吉。
④冬月之金，遇金多主大吉。

五、水的四时宜忌

春月之水（如生日天干壬癸，生于寅卯辰月）
①春月之水，逢水大凶，如有土制则吉。
②春月之水，遇金旺主大凶。
③春月之水，遇火大吉，但火过旺反不吉。
④春月之水，土不可缺，逢土制水大吉。

夏月之水（如生日天干壬癸，生于巳午未月）
①夏月之水，得水比助，主大吉。
②夏月之水，遇金多助水，主大吉。
③夏月之水，遇火旺主凶。
④夏月之水，遇木多泄气，主凶。

⑤夏月之水，遇土水塞，主凶。

秋月之水（如生日天干壬癸，生于申酉戌月）
①秋月之水，遇金多水清则吉。
②秋月之水，遇土旺主凶。
③秋月之水，火多主吉，遇木生火也吉。
④秋月之水，水多主凶，逢土制则吉。

冬月之水（如生日天干壬癸，生于亥子丑月）
①冬月之水，遇火大吉。遇木更吉。
②冬月之水，遇土克水主凶。
③冬月之水，遇金多水旺不吉。
④冬月之水，水多比旺主凶。

前面已经说明，五行生克制化，乃是研究推命学的基本原理，如命局中五行生克制化平衡，定是好命，如配合不当，某行偏轻某行偏重都是缺陷。所谓金旺得火方能成器。木旺得金可成栋梁之才，火旺得水方能既济。但值得注意的是木能生火，火多则木焚；水能灭火，火多水则沸腾；水能生木，水多则木浮，土赖火生，火多则土焦……但金、木、水、火、土五行在不同的节气，其禀气分量是不一样的，而其宜忌也就不同，旺相者可以抵抗克伐，宜克宜泄。休囚者逢克泄乃是无气，宜生宜扶。这些道理相当重要，初学者务必融会贯通，悟通其中原理，自能明白这就是物极必反的哲理。

学者在研读时，主要掌握住"五行以中和平衡为贵"的原则，不要被某些奥涩之词弄糊涂，要知道任何一门学问都有其奥秘，若有看不懂的地方划个记号暂时放过它，继续往下看，待以后再细细地推敲，到时你自然就会恍然大悟。

命理学最基础的要点是五行生克制化，它是整个命理学中的精髓，初学者必须精心思考，细心领悟。学习时将生克之理与日常生活中各种事理结合起来，一字一词都要逐字推敲。展开联想，开通思路。欲知宇宙间万事万物皆包含在阴阳五行的生克之中。如果您能将生克之理悟通，就会猛然呼叫起来，啊！原来是这样！世间万事万物的原理原来都包罗在这几个简单的符号之中。

第七节　干支与干支属性

干支是以五行为太极点的划分，那么每种五行就具有自己独立的阴阳性质。干支在表达五行时，天干为阳，地支为阴。独立五行的干支之间又有自己的干支阴阳划分，这就与上面的太极图（第13页）就吻合了，它们自上而下的按照太极生两仪的形式出现。

我们知道阴阳在任何情况下都是对立存在的，阴阳大太极是有五个小太极组合而成，五个小太极的本身就具有本身的阴阳两仪，就是干支的阴阳划分。

少阳木气　木甲乙寅卯
老阳火气　火丙丁巳午
太极——阴阳——四象（五行）平衡土气——干支　土戊己辰戌丑未
少阴金气　金庚辛申酉
老阴水气　水壬癸亥子

天干：
甲乙木为少阳木气主湿，甲木为少阳阳气，乙木为少阳阴气。
丙丁火为老阳火气主暖，丙火为老阳阳气，丁火为老阳阴气。
戊己土为阴阳平衡之气，戊土为平衡阳气，己土为平衡阴气。
庚辛金为少阴金气主燥，庚金为少阴阳气，辛金为少阴阴气。
壬癸水为老阴水气主寒，壬水为老阴阳气，癸水为老阴阴气。

地支：

寅卯木为少阳木气主暖，寅木为少阳阳气，卯木为少阳阴气。
巳午火为老阳火气主燥，午火为老阳阳气，巳火为老阳阴气。
辰戌丑未土为阴阳平衡之气，辰未为平衡阳气，戌丑为平衡阴气。
申酉金为少阴金气主湿，申金为少阴阳气，酉金为少阴阴气。
亥子水为老阴水气主寒，子水为老阴阳气，亥水为老阴阴气。

通过太极——干支之间的划分，大家就会一目了然，每一步的划分都可以单独作为一个太极点，按照阴阳对立统一的存在，这些都是预测最基本的条件，八字预测是将一个人的出生点为太极点，日柱为中心，分析这个时空点的日柱与命局阴阳二气的平衡，找出时空的阴阳病症，对症下药，也就是平衡点。

《子平真诠》首篇言："天地之间，一气而已，惟有动静，遂分阴阳。有老少，遂分四象。老者极动极静之时，是为太阳太阴；少者初动初静之际，是为少阴少阳。有是四象，而五行具于其中矣。水者，太阴也；火者，太阳也；木者，少阳也，金者，少阴也；土者，阴阳老少，木火金水冲气所结也。都是五行，何以又有十干十二地支乎？盖有阴阳，因生五行，而五行之中，各有阴阳。即以木论，甲乙者，木之阴阳也，甲者，乙木之气；乙者甲木之质也。在天为生气，而流行于万物者，甲也。在地为万物，而承兹生气者，乙也。又细分之，生气之散布者，甲之甲，而生气之凝成者，甲之乙；万木之所以有枝叶者，乙之甲；而万木之枝枝叶叶者，乙之乙也。方为其甲，而乙之气已备，及其为乙，而甲之质为坚。有是甲乙，而木之阴阳具矣。何以复有寅卯者，又与甲乙分阴阳天地而言之者也。以甲乙而分阴阳，则甲为阳，乙为阴，木之行于天而为阴阳者也。以寅卯而分阴阳，则寅为阳，卯为阴，木之存乎地而为阴阳者也。以甲乙寅卯而统分阴阳，则甲乙为阳，寅卯为阴，木之行在天成象而在地成形者也。甲乙在行乎天，而寅卯受之；寅卯存乎地，而甲乙透也，是故甲乙如官长，寅卯为官长该管的地方。甲禄在寅，乙禄在卯，如府官之在郡，县官为在邑，而司一月之令。甲乙在天，故动而不居，建寅之月，岂必当甲？建卯之月，岂必当乙？寅卯在地，故止而不迁。甲虽递易，月必建寅；乙虽递易，月必建卯。以气而论，甲旺于乙；以质而论，乙坚于甲。而俗书谬论，以甲木为大林，盛而宜斫，乙为微苗，脆而莫伤，可为不知阴阳之理也。以木类推，余者可知。惟土为木火金水之气，故寄旺于四时，而阴阳气质之理，亦同此理，欲学命者，必须先知干支之说，然后可以入门。"

　　《子平真诠》开篇就讲出阴阳——四象——干支之间的阴阳对立关系，但是大家必须明白，所谓的气与行的关系，地支主气，天干主行。我们在日常的应用中，说出地支，卯月你就会明白是什么节气，如果说出天干壬月，你就不会知道是什么节气。干支之间的作用关系就是气与行相互作用的表现。

　　干支者天干、地支也。干支是细化五行的分子，五行分阴阳，以木火为阳，金水为阴，土为金、木、水、火冲凝之气，实为二气之间的交换平衡气。《子评真诠》言："有是五行，何以又有十干十二支乎，盖有阴阳，因生五行，而五行之中，各有阴阳。"有了五行为什么还要有干、支呢？有阴阳必有五行，难道五行本身就没有阴阳、四象、五行吗？有，肯定有。以木而论，天干甲、乙为阳，地支寅、卯为阴。如果以天干甲乙再分，甲为阳则乙为阴；地支寅卯再分，寅则为阳，卯则为阴。这样木的阴阳、四象出来了，其它五行仿此。

　　这里大家需要明白的是，干与支的特征是，干主行，其性动，支主气，其性止。不要小看这两句话，其寓意很深。例如我们一提到卯月，你就马上会想到是二月，提到酉月你会知道八月，依次类推，地支代表节气的进退永不变化，始终如一。而如果同样提到甲月、丙月、壬月，你就会大跌眼镜，不会知道说的是什么月。在这里我们就会想到，古人何以规定十干、而不是十二干，因为天干为十地支为十二，它们的六十对组合，天干不会重复，干支的组合气就不会重复。这样就体现自然之"道"，即使同样的时间内，不同空间内的"气"就不同，同样的时间全国的天气就不一样。那么五行的旺衰在相同时间不同空间就存在着不同，故有"一山有四季，十里不同天"的说法。哈尔滨还是冰天雪地，南国以是花红柳绿，靠近赤道的地方一年四季不分。我们再看天文的表现，在中央电视台的天气预报经常会出现，主持人说："我国近日受西伯利亚寒流的影响会出现大面积降温……。"西伯利亚不会到中国的上空，而寒流可以流动到中国的上空。哈尔滨永远不会到海南，而哈尔滨形成的降雨层，可以到海南。上面的西伯利亚、哈尔滨都是地支的体现，天空上的寒流、雨层就是天干的体现。再者每年春夏秋冬往复循环，但每年季节的温差不同，你想过没有，壬子月会是一个寒冬，丙子月会是一个暖冬。这就是天干动对地球同样月令有影响而造成温差不同。通过这些我们就会明白，"天干主行其性动"与"地支主静其性止"的含义。因为这其中包涵了干支的作用关系，我们不弄明白这些天文、地理，就不会搞明白它们之间的作用关系。

我们从上面已经知道，阴阳之间的特点是"阴阳对立"。那么不管是从五行，还是到干支，都会遵循这个规律。木—火—土—金—水是以五行表示时序的转化过程，也就是以进为生，并不是真正的木生火、火生土、土生金、金生水，而是一个永远不能打破的循环规律。阳太极为木、火，阴太极为金、水，土为阴阳之间的过度平衡期。那么在阳太极之中木火就形成对立，阴太极之中金水形成对立，实际就是少阳木气与老阳火气之间存有温差。少阴金气与老阴水气之间存在温差。阴阳互根，阴极生阳，阳极生阴，这是五行转化的条件，没有极点就不会向另一个太极发展。你见过寅月后就是午月，申月后就是子月吗？没有，生都不会见到。春天木气向夏天火气发展，必须到木旺极的辰月才能转化火气，也就是木气竭火进气，那么我们以五行的时序循环关系，照搬到干支的关系中，对吗？这个问题大家似乎深信不疑，但是你有没有考虑到，你在实际的预测中，时验时而不验，有时甚至相反呢？这是什么原因呢？因为这些都是干支的属性与力量大小决定的。

自古以来的命理书，都以五行的关系来应用到干支的作用关系中，准确的说，这是不准确的。因为五行是表示时序的发展变化。而干支的60对组合则不同。我们以太极思维来分析，既有五行又有干支，那么每种干支五行有没有自己的五行形式？有。我们就拿天干甲木来说，甲木与地支子、寅、辰、午、申、戌相配，形成6对干支组合，它们的共同点是天干相同，地支不同，这说明什么？说明地支决定了天干甲木们的存在形式。甲寅为天地同气之木，天地合一，上下相同，也就是天气降之，地气合之，为木之存气。甲辰为木气以竭，向火发展的过度期，似火非火，似木非木。甲午为甲木气以竭，为木中火气。甲申为木中金气，甲戌为木中的似金非金，似水非水之交换气。甲子为木中水气，实际子月冬至一阳生，甲子为甲木的进气点初生之时，不是旺点。如果我们再以阴阳老少划分，甲寅、甲午、甲辰为阳，甲子、甲申、甲戌为阴。分四象则为：甲寅为木中木气，甲午为木中火气，甲申为木中金气，甲子为木中水气，甲辰、甲戌为过度中气属土。以人事配之，甲子为阳气出生之时，必以母为体为幼年，甲寅身强力壮为青年，甲辰余气犹存为中年，甲午其气以泻为更年期，甲申以身有疾病，难以自理为老年，甲戌为气绝形灭之时为墓年。依此类推，我们就会发现每个五行都有自己独立的五行存在形式。这些形式在预测时，为忌应凶，为喜应吉，就有了量比的着眼点。干支之间的关系我们在下面的干支作用关系章在讲，现在大家必须将剩下的天干依次划分清楚，以备后用。

　　上面我们讲了天干五行的独立五行形式，那么地支与天干同样具有五行形式。以寅木而言，甲寅、丙寅、戊寅、庚寅、壬寅，与上面的六甲相比较，就会发现干动与支静的关系。上面天干可以从子到戌流动，而地支寅则不动，天干五行则流动，这里再插一句，这就是夏天也会有寒流，冬天也会有暖流的气象原理，寒流、暖流是怎么出现的，搞明白这些对判断旺衰很有用。地支主静，寅上有甲，必是天地同气之时；寅上有丙，必是上有暖流影响；寅上有戊，必是气候适宜。寅上有庚，必是上有冷风来侵；寅上有壬，必遇寒流影响，依次类推地支的五行形式就会很明显。

　　本章的干、支属性是以天干、地支为独立太极点来确定，熟悉掌握每一个独立干与支的阴阳、四象变化，这在选择喜用，认清大运、流年与命局作用，确定吉凶的量比时很重要。

天干与天干性质：

1. 什么是天干？

天干主行其性动。古人仰观天象，发现天空中的星星，随着四季的变化，位置也在变动。就北斗星而言，斗柄指东是春季，斗柄指南是夏季，斗柄指西是秋季，斗柄指北是冬季。实际地球上的四季（四象）是天体运动形成的。古人站在大地上，发现自己并没有动，而气候在无形之中自然而然的变化着影响着他们，就以阴阳五行的形式表现天空中运动的星体，可以说古人以十天干代表了地球附近行星对地球的作用力。十天干是天空星体的代名词。

天干共有十个：甲、乙、丙、丁、戊、己、庚、辛、壬、癸

五阳干：甲、丙、戊、庚、壬。

五阴干：乙、丁、己、辛、癸。

这个区分千百年来一直延续，是根据阳中有阴，阴中有阳来划分的。我们今天的划分不是奇数为阳，偶数为阴，而是根据气的阴阳划分，从太极图中我们可以看出，木、火在阳极之中，金、水在阴极之中，故甲乙丙丁木火为阳，庚辛壬癸金水为阴，戊己土为阴阳的交接点为中性。

2．天干的四时方位与五行

甲乙东方少阳木值春令，

丙丁南方老阳火值夏令，

戊己中央土值四季月，

庚辛西方少阴金值秋令，

壬癸北方老阴水值冬令。

3. 十天干喻意

甲木为纯阳之木，为大林之木，有参天之势。其性坚质硬，可做栋梁之材，故为阳木。

乙木为纯阴之木，为花草之木，有娇艳大地之美。其性柔质软，情满人间，故为阴木。

丙火为纯阳之火，为太阳火，有光明天地之功。其性猛烈，欺雪侮霜，普照万物，故为阳火。

丁火为纯阴之火，为太阴火，有明照千家万户之功。其性柔质弱，为人不为己，故为阴火。

戊为纯阳之土，为城垣之土，为万物司令。其性高亢质，硬而向阳，生育万物，故为阳土。

己为纯阴之土，为田园之土，有培木止水之能。其性湿质软，低洼向阴，造福人间，故为阴土。

庚为纯阳之金，为剑戟，有刚健肃杀之力。其性刚质硬，肃杀万物，故为阳金。

辛为纯阴之金，为珠玉，有镶嵌珠宝之用。其性温柔，质温清韵，装饰人间，故为阴金。

壬为纯阳之水，为江、河、湖、海。通天河而周流不息，其性猛质硬，灌溉万物，故为阳水。

癸为纯阴之水，为雨露之水，有气化之神。其性至静至弱，滋生万物，故为阴水。

4.十干配人体

甲为头，乙为肩，丙为额，丁为齿舌，戊己为鼻面，庚为筋，辛为胸，壬为胫，癸为足。

十天干配脏腑：甲为胆，乙为肝，丙为小肠，丁为心脏，戊己为胃脾，庚为大肠，辛为肺，壬为膀胱，癸为肾。

天干的作用关系：

古今命书都对天干的作用关系有论述，但大都复杂难用，把天干五行搞得乱七八糟，弄出许多连自己都搞不清的合化条件。这些都已脱离了《易经》的"不易、变易、简易"的原则。《易经》曰："乾以易知，坤以简能。易则易知，简则易从。易知则有亲，易从则有功。有亲则可久，有功则可大。可久则贤人之德，可大则贤人之业。易简而天下之理得矣，天下之理得而成位乎其中矣。"这里说得很明白，乾为天即是天干，天干的作用很简单，就是生克，只有这样我们才容易追寻，我们为什么学了十几年命理还是糊涂，是因为把本来简单的问题复杂化，脱离易的本性。我们只有掌握它，才觉得它的伟大。现在的好多易学者，动不动言自己泄露天机，我认为夸大其词。《易经》反映的是宇宙变化的规律，你讲不讲它都存在，我们只是把宇宙信息进行破译解读，和所谓的泄露天机没有任何的联系。今天我们使用的是最原始的作用关系，回归原点，只论生克，有时可论绊，绊只有力量大的绊力量小的，绊实际是力量大的五行利用本身优势，对力量弱的五行进行抑制。对于合化实际是一种五行弱极无气时不能自立，去顺应别的五行。

1. 天干相生：
甲乙木生丙丁火；
丙丁火生戊己土；
戊己土生庚辛金；
庚辛金生壬癸水；
壬癸水生甲乙木。

2. 天干相克：
甲乙木克戊己土；
戊己土克壬癸水；
壬癸水克丙丁火；
丙丁火克庚辛金；
庚辛金克甲乙木。

在天干的生克作用中，我们一直认为"同性生克力大，异性生克力小"。单纯地从天干的同性、异性上区分是不正确地。天干之间发生作用时，必须要看它们的坐支才能确定。天干的作用，有生先生，无生则克，生者有制则不生，制者有制则不制。

以上我们只是讲了相生、相克的顺序，相生不用怀疑。相克难道这个顺序就不能打破吗？实际天干之间的相克是任何两种五行相互之间都可以发生，甲乙木也可以克制庚辛金，丙丁火可以克制壬癸水，为什么？因为天干之间的关系，不是有行物质之间的转化关系，而是阴阳二气之间的相互影响。春天少阳木气与秋天的少阴金气相见，是相互抑制，但它们要分主动、被动性与力量的对比，永远都是主动影响被动，力量大的制约力量小的。（可以参照徐大升《五行反生反克论》）在四柱预测中流年永远都为主动性，命局为被动性。再者四柱预测是对一个固定时空点的阴阳评定，这个评定就是使时空点的阴阳二气达到一个相对平衡。命局壬癸水旺、庚辛金旺，一定是阴气占有上风，那么就用阳气平衡，甲乙木、丙丁火自然就成为用神，顺其自然甲乙木、丙丁火就可以抑制庚辛金、壬癸水。

天干五合：

甲己合化土，乙庚合化金，丙辛合化水，丁壬合化木，戊癸合化火。

对于天干五合一直是这些年命理争论的重点，有的认为天干相见有时论合，有时论绊。还规定许多让人难以认可的合化条件，使用起来真是无所适从。学习天干五合我们必须从原点开始，知道它的出处。天干五合取象于《河图》，一六相合居北方坤宫为水，二七相合居南方乾宫为火，三八相合居东方离宫为木，四九相合居西方坎宫为金，戊癸相合居中宫为土。同时也符合先天八卦的天地定位，水火不相射。也符合五行的连续相生，土生金，金生水，水生木，木生火，火生土。大家可以想一想，干支是来细化五行的性质的，两种五行之气相遇，二者相互影响，它们的性质改变完全由它们的坐支来决定。相合的两个五行相见，一种五行旺另一种五行弱，弱者只有顺应旺者，以乙庚为例，乙卯与庚午相见，自然是乙木之气旺过庚金，这是乙木占据优势，怎会去化金呢？庚申与乙未相见，自然是金旺，乙木只有顺应庚金之气。由此看来相合的两种五行相见，是有力量的大小决定的，并不是能合不能合的问题，我们就不如拆繁就简。天干五合在四柱预测中不采用合化之说，因为它只是天象。天干的作用关系以生克为主，兼用合绊，永远没有合化。再者当五合的天干相见时，何以考虑优先作用，但作用还是由被动主动决定。

```
     伤  枭  日  枭
例：乙  庚  壬  庚
    卯  辰  子  子
```

分析：

此造壬水日元旺，以木火为用。月干庚金为忌生扶壬水，现年柱乙卯临辰月有气又自坐强根，只可论乙制庚，也可以论绊，使庚减小生壬水的力量，不可论合化，实际是乙绊庚起到好作用。

```
     劫  伤  日  枭
例：甲  丁  甲  壬
    申  卯  子  申
```

分析：

甲子日元生于卯月，日元旺。月干丁火为用，可是这里的水并不是忌神。局中丁壬有遥合之象，此时壬水为主动性。

```
     枭  比  日  比
例：甲  己  戊  己
    寅  巳  戌  未
```

分析：

此造戊土旺，月干己土为忌，但得年干甲木合制是以吉论。实际就是甲木克制己土。

```
         枭    比    日    比
例：甲    己    戊    己
     戌    巳    戊    巳
```

分析：

戊戌日元生于己巳月己巳时，戊土旺。年上甲戌，甲木虚浮无根，只能随土，此时可以论甲木化土。如果改变一下思维，以年干甲木为太极点，不就是从财格吗？

古今命理虽都言天干五合，但都没有把天干五合的真正用法搞明白。一是克，二是绊（制），三是弱极无根时顺应旺的五行。甲己相见，甲木旺己土弱，甲木克制己土，己土旺甲木弱，是甲木被制。一种五行旺另一种五行无气时，被制约不发挥作用。其它四组相合仿此。

```
         枭    比    日    才
例：戊    庚    庚    乙
     申    申    戌    酉
```

分析：

庚戌日元生于庚申月乙酉时，庚金旺极，又得年上戊申相助，金已经形成成群结党之势。时干乙木临绝地无根无气，只能顺应强大的金势。乙木弱极，不能再在流年出现禄刃，它们的出现只能是小绵羊遇到恶狼，招来杀身之祸。

未行大运前，甲寅、乙卯流年，财星出现引起群比夺财，生病出现生死之灾，破财严重。

```
         杀    枭    日    才
例：癸    乙    丁    庚
     卯    卯    巳    子
```

分析：

丁巳日元生于乙卯月，丁火旺，取子水、庚金为用。命局中乙木得两个卯木为根旺极，日元丁火旺，庚金弱极与月干乙木有遥合之象。

丁巳大运，火更旺，庚金更弱，如果一旦庚金得根，势必会得到木火的围剿。庚申年，庚金虽然得根合克乙木，金木相战，乙木势强胜利，庚金受伤，此年胳膊受伤。辛酉年，酉金冲克卯木，酉金的反抗得到卯木的极力还击，衰神冲旺神，衰神受伤，酉金受伤，父亲去世。

十干总论：

子平之书，以甲为参天之木，曰"直埋万丈"，又曰"栋梁"，乙曰"花果之木"，丙曰"太阳之火"，丁曰"灯光"，戊曰"泰山"，又曰"城墙"，己曰"田园"，庚曰"顽金"，辛曰"珠玉"，壬曰"江河"，癸曰"露水"。

先人定名本非无因，后人谁能识得其中之妙？使学者无根可究，故《渊海子平》者，实言其深奥也。今以快刀斩乱麻之法，就近论之，但求其符合用神之道决之。

木不问其有根无根，甲为雄壮之木，乙为花草之类，软弱而细小。

丙火明若太阳，言其性猛；丁火之光，柔如烛灯，言其性微；见"丙火夺光"之句，当以夺光为劫财之意。古书云："失令难熔一寸金。"此论休咎时代，完全作灯光看。又云："得时能铸千斤铁。"在旺相之际，亦能铸千斤之铁。结句曰："旺一炉，衰一檠。"观以上诸言，明明以进令而定旺衰，岂可皆作灯光论也。谚曰："星星之火，可以燎原。"此之谓也。

戊曰"泰山"，曰"城墙"，曰"堤岸"，究竟是何性质？人莫能识之也，古书亦不过大略言其土性友厚而已，己曰"田园之土"，当以薄弱之性耳。

庚曰"顽金"，又曰"钢金"，其力强，其性坚论之。辛金柔弱之体，其力逊于庚金。

壬曰"汪洋"，言其性狂。

 圆通达观（上）

癸曰"雨露"，为无力之水。

《真诠》论十干为气质之别，亦无特殊根据可靠。总而言之，五阳与五阴，以刚柔标准之可也。

天干地支是上古时代的智者研究天地之"气"发展过程（起、行、止、循环）的数序符号，后来形成图胜。

符号是抽象的，好像密码一般，后来历代的智者用文字学去解读，从字形、字音、字义去研究干支的意象，且为使人对抽象的干支符号让人有具体的认识，便从自然界中选出最适合干支意象的实物来作代表，是一种象征的手法。总而言之，五阳五阴，以刚柔标准之可也。十干譬喻的物质，的确是以刚柔来作类化的标准。但其创始的动机，是以十干为循环的符号，这种符号表示了万物的生长过程和代表时空体系。我们可以把天干当作十种频率的"时间流"，把地支当作十二种"空间流"，把干支组合（互相交叉）当作六十个"时空综合点"。

天干	甲	乙	丙	丁	戊	己	庚	辛	壬	癸
阴阳	阳	阴	阳	阴	阳	阴	阳	阴	阳	阴
五行	木		火		土		金		水	
含义	种子初生	屈伏抽轧	显著强大	结实有抵抗力	团结茂盛	脱颖而出仰屈而起	结果延续	更新成熟有味	孕育承受	完成再生
人身	人头	人颈	人肩	人心	人肾	人腹	人脐	人股	人胫	人足
物	木干	木根	火宿	火光	刚土	柔土	金质	金刃	水源	水流
	木	草	火	灰	土	砂	金	石	水	泉
天文	雷	风	日	星	霞	云	月	霜	秋露	春霖
	龙	凤	电	恒星	雾	尘	风霜	月	云	雨露
	栋梁	树木	炉冶	灯火	山狱	土壤	金铁	矿物	沼泽	泉脉
	松柏	蕙兰	太阳	灯火	山阜	田园	剑戟	钗钏	江河	雨路
	乔木	花草		炉火	城墙	砂泥	斧钺	珠玉		

上表是古今命书最常见的天干意义和象征。

我们可以随时代的需要，将原义和象征加以引申。例如：甲木原义是"初生"，象征是"头"，在现代可以引申为一件事物的创造人、一家新公司的董事长；象征"龙"，可以引申为出类拔萃的杰出人物；象征"雷"，可引申为有声音、会振动的音响、电话、按摩棒、百里侯（古有雷声不过百里之说）；象征"栋梁"、"松柏"，可引申为重要干部、模范、老成稳重的人。

十干体象：

甲木天干作首排，原无枝叶与根茎。欲存天地千年久，直向沙泥万丈埋。

就栋梁全得用，化成灰炭火为灾。蠢然块物无机事，一任春秋自往来。

甲木阳刚，首出于干，原无枝叶根茎，欲有久远，将得共所藏之，故欲埋没泥沙，譬若沙椿。然而，成器得用，必借金以成其材。火初得配，遂成文明之象，若火已多，兼行南方，则反致其害矣，故曰化成灰炭。

此甲木乃一蠢然者，不以春秋而为荣悴，触物变化之妙，亦无定形，观者自宜得之。

乙木根茎种得深，只宜阳地不宜阴。漂浮最怕多逢水，刻茎何当苦用金。

南去火炎灾不浅，西行土重祸犹侵。栋梁不是连根木，辨别工夫好用心。

乙木乃枝叶繁华之木，大喜阳和煦照，阴惨则耗实，早繁故不利也。然，水多而倾颓其根茎，金旺则戕剥。如身衰多火，兼行南方，而祸不浅。西行土重，助杀伤身，从者为祸尤深。夫活木逢连根之木也，而岂栋梁之比哉？学者用心详之。

丙火明明一太阳，原从正大立纲常。洪光不独窥千里，巨焰犹能遍八荒。

出世表为浮木子，传生不作湿泥。江湖死水安能克，惟怕成林木作殃。

丙火太阳之象，上下光辉，无所不照。然浮水之木，不以为母，不能生有焰之火；湿水之土，不以为子，阳火所不产也。纵遇江湖死水，不合不冲，则波涛弗致冲激，能为克火之害也。其所忌者，乃繁华之木，湿木不能生炎，而反能晦火之光，故不利也。

丁火其形一烛灯，太阳相见夺光明。得时能铸千金铁，失令难熔一寸金。

虽少乾柴尤可引，纵多湿木不能生。其间衰旺当分晓，旺比一炉衰一檠。

丁火阴柔，譬如灯烛。见日则夺其光，故死于寅。使其得时遇局，便于工作辉光灿烂，而旁烛无疆矣，则虽顽钝之金，亦赖其所锻炼。若失时丧局，即敛光晦迹象，而湮灭无存矣，则虽微眇之钉，亦不能制之。然，木燥，虽少，犹足以发火之机；木湿，虽多，亦难以致火之明，要看其中强弱，不可泥于一偏也。

戊土城墙堤岸同，振江河海要根重。柱中带合形还壮，日下乘虚势必崩。

力薄不胜金漏泄，成功安用木疏通。平生最爱东南健，身旺东南分歧失中。

戊土深厚，其象如城墙。要生季月，更求支下通根，方能振河海而不泄。若土下带合者，则其形坚固，而无疏漏之虚；身秉水木虚弱者，则其势倾危，而有崩颓之患。如土失时，大忌多金漏泄；既就，不可加木疏通。兹土喜行东南，如原旺有印者，再行此地，则化火生身，反太过之祸矣。

己土田园属四维，坤深能为万物基。水金旺处身还弱，火土功成局最奇。

失令岂能埋剑戟，得时方可用磁基。漫夸印旺兼多合，不过刑冲总不宜。

己土广厚，其象如田畴。然此固生物之体，若失天时，兼行金水旺处，则见弱矣。如逢火土生成，则稼穑有生生之妙，苟失令贱薄，殆不能埋剑戟之金。天时不利，要难施磁基之力，盖兹土不贵多合生扶，惟喜刑冲。

庚金顽钝性偏刚，火制功成怕火乡。夏产东南过锻炼，秋生西北亦光芒。

水深反见他相克，木旺能合我自伤。戊己干支重过土，不逢冲破即埋藏。

庚金顽钝，得火制而成器。成器之金，过火乡而反坏。夏生无根，而又行东南之地，则熔化不已，而终无成。秋生无火，更行西北之乡，则澄清淬砺，而光芒自如。若沉于水底，则终无出用之期，金反受伤于水，至若用薄斧而伐茂林，非惟不能斫木，而反为木所伤矣，又安用耶？设使土重藏金，而无刑冲克破，则金终于埋没。

辛金珠玉性通灵，最爱阳和沙水清。成就不劳炎炎煅，资扶偏爱湿泥生。

木多火旺宜西北，水冷金寒要丙丁。坐禄通根身旺地，何愁厚土没其形。

辛金湿润，非顽钝刚之物也。使过火炎锻炼，性质反伤，安能成其美用？只宜水土资扶，优柔决洽，以润其体。喜行西北，使去火而存金。如金太寒，反要丙丁，使和金而去冷。凡得坐禄通根，即身旺之地，加厚土亦不沉没，所以非阳金比也。

壬水汪洋并百川，漫流天下总无边。干支多聚成漂荡，火土重逢涸本源。

养性结胎须未午，长生归禄属乾坤。身强原自无财禄，西北行程厄少年。

壬水浩荡有源之水也，并百川而漫天下，借土为之提防，若干支无土必至漂流之祸，且爱南行，以未午为胎养之地，财禄和暖之乡，故吉。长生归禄，莫过申亥，盖其统宗会源之府，而水得其所也。若财多身弱者，值此必能集福。身旺财轻者，过此反受其灾，纵使强壮少年，亦不能胜此。

癸水应非雨露么，根通亥子即江河。柱中坤坎身还弱，局有财官不

尚多。

申子辰全成上格，午寅戌备要中和。假饶火土生深夏，西北行程岂太过。

癸水雨露，阴泽之润也。若根通亥子，则盈科集流，以成江河。柱无坤坎，失共生旺之本，是以终为身弱。局有财官，虽我所用之物，不可运之太过。如申子辰全，则水归聚于一家，暗冲宜午戌火为用，此非上格而何？又如明用寅午戌火，不待外求，但要表里不弱，得之乃佳。或生于深夏得用，财官不失，有寄之宫，主大富。而运道再行西北，不为太过之嫌。

徐乐吾《子平粹言》云："十干阴阳之分，同一物也，因向旺、向衰之殊，而性有柔刚，用有强弱。其中分别，须细体会，难以文字形容。古人于此出之以喻词，如：甲为大林、乙为卉草、丙为太阳之火、丁为灯烛炉冶之火、戊为城垣堤岸之土、己为田园卑湿之土、庚为剑戟之金、辛为珠玉钗钏之金、壬为江湖之水，言简意精，譬喻至为恰当，后人不察，以词害意，反失其真，至可晒也。"

物象譬喻不过是先贤解读干支密码的形式之一。

论生克：

1. 五行生克

金能生水，亦能害水。如水星旺，再逢金，岂不增其泛滥而害之也？水无生金之道，能救金；如秋之时，金虽渐入旺乡，阳气尚重，尤忌火多，水则制火救金。然亦能害金；若于深秋及冬令以至初春，金性畏寒，见水反增其寒冷，岂不害金乎？若生夏令，去火泄气，损益并见，亦无所用。

水能生木，又能死木。如于冬令严寒之际，水结冰凝，木之气脉收藏于根，冰冻过冷，根被伤，其木安得生存也？必致于死。又能害木；如春天木旺，正欲发展，见水则阴重，使其不能萌芽，岂非害耶？又能救木；如夏令及初秋之际，夏火炎炎，足以焚木；秋金锐锐，足以制木，若非水来制火、化金，其木殆矣！是则水能救木也。

木能生火，又能害火。若夏日火气炽盛，再逢木来生，其势足以燎原，是则害火也。如于初春，木虽生矣，阴气尚重，无火暖不能生长，是则火亦能生木也。且火又能死木，夏月火炎，燥木逢火，犹之干柴烈火，木作灰飞，决死无疑矣！惟亦能救木，如初秋令金重克木，则非火来除金救木不为功。

火能生土，土不能生火，但能害火。夏火虽炎，土多则晦其光。又能救火，冬火晦，遇水克，非土救之不可。

土能生金，金岂能生土，但能害土。如秋冬之际，子旺则母衰，岂不害土耶？又能救土；夏土虽旺，木来受敌，非金救不可。

金能克木，木亦能损金。金虽锋刃之器，多伐木，必伤其口，是则木损金矣。又能害金，盖春夏冬金衰，喜土助，木来损其用物，岂不为害？亦能救金，秋金逢土，金遭埋没，非木来破，则永埋土中矣。

木能克土，土不能克木，能害木。初春之木，芽枝始放，土多根盘不发，则为害矣！又能救木，四季之木，其根必宽且大，如无土，性虽坚亦易倒；冬令水旺木枯，尤宜土制水培木，皆救木之良剂也。

土能克水，水亦能克土。洪涛滚滚，激流冲堤，土被漂没，岂非土被水克？又能救土，火灼夏土，无生物之功，欲使夏土能产物，须得水来灭火以润土。亦能害土，土在寒冬得炎暖，而产生万物，阴气重而去热度，增其寒，以水冻减其生产能力，是以害土矣。

水能克火，火亦足以克水。水浅过旺火而干涸，晒水之无形，与克无异。又能救水；时值冬令，水结冰凝之时，无火温暖，不能流通。

火能克金，金不能克火，能害火。火衰之时，赖木生扶，金来损木，以削炎势，害火无疑。此法害重于克，何也？例如：身衰煞重之命，用印绶化煞，而煞虽制身，尚能助印绶之用神。金者，火之财也，木之煞也，水之母也。水虽克火，而生木助火，所谓助用神。金害火，则盗火气，克木之用神，又去助煞，命理最忌伤用神，故曰害重于克。又能助火，所谓"太阳火忌林木为仇"，得金去木，则阳光能闪烁照相术及万方矣。

以上总述生克之法，皆合用神之喜忌者也。

气之进者为生，气之退者为死，命理千门万窍，不离五行生克灾害理，知生知死，一切命理疑难杂症，迎刃而解。由于宇宙现象有规则性，也有纷乱性，所以生的模式和克的模式，也呈现错综的型态。

2. 五行生克制化各有所喜忌

金旺得火，方成器皿。火旺得水，方成相济。水旺得土，方成池沼。土旺得木，方成疏通。木旺得金，方成栋梁。此乃身旺遇官煞入格，纯粹不难，运又不背，即至卿相之地。

金赖土生，土多金埋。土赖火生，火多土焦。火赖木生，木多火炽。木赖水生，水多木漂。水赖金生，金多水浊。此乃身弱逢印，太旺重叠，即为所害。金多生水不忌，独水三犯庚辛。

金能生水，水多金沉。水能生木，木盛水缩。木能生火，火多木焚。火能生土，土多火掩。土能生金，金多土虚。此乃身弱逢伤官、食神，重叠太旺，故有所害。如日强，又比肩重叠，则不忌伤官食神。若纯一不杂，又为格局。

金能克木，木坚金缺。木能克土，土重木折。土能克水，水多土荡。水能克火，火炎水干。火能克金，金多火熄。此乃身弱，逢财太旺重叠，返能相害。若身强遇财入格局者，即为富贵八字。

金弱遇火，必见销熔。火弱逢水，必见熄灭。水弱逢土，必为淤塞。土弱逢木，必遭倾陷。木弱逢金，必为斫折。此乃身弱，又遇官煞剥杂太旺，必为残疾、夭折、贫贱也。

强金得水，方挫其锋。强水得木，方泄其势。强木得炎，方化其顽。强火得土，方止其焰。强土得金，方宣其滞。此乃身强遇鬼，得物以化则吉，如甲日被金杀来伤，若时上一位壬癸水，申子辰解之，即化凶为吉。余仿此。

3. 论五行生克及反生克

五行为春夏秋冬之序。顺序所以相生，对冲所以相克。秋金生冬水，冬水生春木，春木生夏火。夏秋之间，中隔以土，由土生金，所谓土居中央是也。就一年而统论之，木火为阳，金水为阴。木者，火之渐；金者，水之渐也。火金之间，必须以土间隔，火旺之时，同时土旺。此相生之序也。

金生水，水生木，木生火，火生土，土生金。

隔位对冲为相克。故春木秋金相克，夏火冬水相克，土居中央，故木与土相克，土与水相克。此相克之序也。

金克木，木克土，土克水，水克火，火克金。

更有反生反克，为命理中极重要之根据。徐大升《无理赋》云："金赖土生，土多金埋。土赖火生，火多土焦。火赖木生，木多火炽。木赖水生，水多木漂。水赖金生，金多水浊。"

此反生为克也。救之之法，反我克以为生；金能克木，然在土多金埋之局，得木疏土，金赖以显。土能克水，在火多土焦之时，得水制火，土赖以润。火能克金，在木多火塞之时，得金制木，火赖以融。木能克土，在水多木漂之时，得土制水，木赖以生。水能制火，在金多水浊之时，得火制金，水赖以清。此反克为生也。

"金能生水，水多金沉。水能生木，木盛水缩。木能生火，火多木焚。火能生土，土多火掩。土能生金，金多土虚。"

此我生反为克我，所谓"子旺母衰"是也，必助其母。救之之法，随五行之性质而有不同。然不外乎比劫相助，及取印制子扶母是也。水多金沉，专取金为助，不取土制。木盛水缩，得金制木兼可生水，得水比助亦佳。火多木焚，用水制火，兼以生木，不取木助。土多火晦，专取木制土，兼以生火，或用金泄土，不取火助。金多土虚，用火制金，兼以生土，土助亦佳。

上文我生反为克我，更有我生反为生者。如金能生水，在炎旺金熔之时，得水制火，乃能存金，是金赖水生也。水能生木，在土旺水涸之际，得木疏土，方能存水则水赖木生也。木能生火，在天寒地冻之时，得火融和，方能生木，是木赖火生也。火能生土，在水势滔天之际，得土制水，方能存火，是火赖土生也。土能生金，在木旺土虚之时，得金制木，方能存土，是土赖金生也。

"金能克木，木坚金缺。木能克土，土重木折。土能克水，水多土荡。水能克火，火炎水干。火能克金，金多火熄。"

此我克反为克我也。救之之法，惟有比劫。如木坚金缺之局，除金来比助，无他法也。余可类推。

"金弱遇火，必见销熔。火弱逢水，必见熄灭。水弱逢土，必为淤塞。土弱逢木，必遭倾陷。木弱逢金，必遭斫折。"

此正生克也。救应之法：金衰遇火，见土，则泄火之气以生金，金不熔矣；火弱逢水，见木泄水之气以生火，火不熄矣；水弱逢土，见金泄土之气以生水，水不涸矣；土弱逢木，见火泄木之气以生土，土自实矣；木弱逢金，见水泄金之气以生木，木得荣矣。如得救应，可以反克为生也。

"强金得水，方挫其锋。强水得木，方泄其势。强木得火，方化其顽。强火得土，方止其焰。强土得金，方宣其滞。"

强金以得火为正克，然克之不如泄之，乃以泄为克也。命理之用，不外乎生克救应，能细心体会，取用之法尽于此矣。

论十干化气：

1. 十干化气

化气与格局，各书皆抄有旧文章，命学家多有不研究用神，专在格局及化气之中用工夫。然则，化气论中，究有几分之验，余不敢妄谈。大概专论化气者，亦莫明其妙也。

古书曾言："十干化气，有影无形。"如以化气为有理，当为命书之重要，则甲己走土运是喜，乙庚踏金乡必佳，丙辛利于水运，丁壬美在木地，戊癸行南方则发矣，结果则往往相反。所以化气之道，不能重视，本书亦不多述，略叙几句以明轻重。

查此法，有化旺不化弱之点：

假如己土取用，木为忌神，生于夏令，适与己合甲，化土则佳；如生春令，木星正旺，岂肯化土从弱，尚有理可言耶？又有旺亦不化，每见人之四柱，如冬水正旺，应喜火运，干透辛金，运行丙火，应概化水变为劫财，所谓化吉为凶。然行此运，十有九佳。以此类推，则化旺之说，又不实矣。

总之：化得用者为佳，惟本星不致磨灭。如甲己化土，则甲木未必化为无形，学者须留意，万勿呆论，而决休咎也。

2. 天干五合

天干五合，见于医家《内经·五运行大论》：

丹天之气经于牛女戊分，

黄天之气经于心尾己分，

苍天之气经于危室柳鬼，

素天之气经于亢氐昴毕，

玄天之气经于张翼奎娄。

戊、己分野即古代二十八宿的奎璧角轸，乃古称的天门、地户。王冰注："天门在戌亥之间，奎璧之分；地户在辰巳之间，角轸之分。故五运皆起于角轸：

甲己之岁，戊己黄天之气经于角轸；角属辰，轸属巳，其岁之月建得戊辰、己巳，干皆土，故为土运。

乙庚之岁，庚辛素天之气经于角轸；其岁得庚辰、辛巳，干皆金，故为金运。

丙辛之岁，壬癸玄天之气经于角轸；其岁得壬辰、癸巳，干皆水，故为水运。

丁壬之岁，甲乙苍天之气经于角轸；其岁得甲辰、乙巳，干皆木，故为木运。

戊癸之岁，丙丁丹天之气经于角轸；其岁得丙辰、丁巳，干皆火，故为火运。"

星命家的"逢龙（辰）则化"说，亦出于此。复阳子曰："十干合而化者，阴阳之配，夫妇之道也。遇六则合，遁三则化，以五子余数至巳上得合，既合，遁虎统龙。龙主阳德，司天而成变化者也；子者，坎之位，天一生水，媾精之象，始娠阳中。故男子从子左行，三十至巳，阳也，故三十而娶；妇子从子右行，至巳，阴也，故二十而嫁。此人事合五行之造化，讵可过此期哉？"

  东：壬子至丁巳六数，故丁与壬合，丁壬化木，甲德统龙。
  南：戊子至癸巳六数，故戊与癸合，戊癸化火，丙德统龙。
  西：庚子至乙巳六数，故乙与庚合，乙庚化金，庚德统龙。
  中：甲子至己巳六数，故甲与己合，甲己化土，戊德统龙。
  北：丙子至辛巳六数，故辛与丙合，丙辛化水，壬德统龙。

  《滴天髓》云："化得真者只论化，化神还有几般话。"可见该书是支持天干五合化气理论的，但化气能否成立则有条件。《三命通会》载有化气成立与否的条件："大凡化气只取日干而言，配合之神或年月与时皆可用，但要日辰得旺气于时；若不得月中旺气，只时上旺气亦可。倘得月中旺气，而时上下乘旺气则不可用。若月与日时俱得旺气，方为全吉。"

甲己化土：
  非辰戌丑未月不化，其次一月变化，有戊间之则不化，名曰"妒合"。凡辰戌丑未生人，柱有己亥，名曰"受气临官"，主晚年不吉，有官夺官，有财夺财；"受气临官"为长生第四位，以干为主，双犯则应，余月不应。又曰甲己化土，切要木为官，得甲乙寅卯为官；戊癸气为福，忌见丁壬日时。

乙庚化金：
  非巳酉丑月不化，其次七月亦化。有甲字间之则不化，名曰"妒合"。凡巳酉丑生人，柱有庚申，名曰"受气临官"，晚年不佳。又曰乙庚化金切要火为官，故喜丙丁巳午；甲己为福，忌见戊癸日时。

丙辛化水：

非甲子辰月不化，其次十月亦化。柱有丁字间之则不化，名曰"妒合"。凡申子辰生人，见癸亥名曰"受气临官"，主晚年不佳。又曰丙辛化水切要土为官，得辰戌丑未为官；乙庚为福，忌见甲己日时。

丁壬化木：

非亥卯未月不化，其次正月亦化。柱有丙字间之则不化，名曰"妒合"。凡亥卯未生人，柱有甲寅名曰"受气临官"，晚年不佳。又曰丁壬化木切要金为官，得庚辛申酉为官；丙辛为福，忌见乙庚日时。

戊癸化火：

非寅午戌月不化，其次四月亦化。柱有己字之则不化，名曰"妒合"。凡寅午戌生人，柱有丁巳为"受气临官"，晚年不佳。又曰戊癸化火切要水为官，得壬癸亥子为官；丁壬为福，忌见丙辛日时。

若单论日干的"化气格"，依《滴天髓》原注者的见解，真化气格成立的条件是：

1. 化神要在当令的月份。
2. 所合的天干要单见一字（重见为争合），在月干或时干，在年干则不是。
3. 不见日干的比肩、劫财、偏印、正印。

以上为先决条件，再参考《三命通会》的记载：

甲己化土：

喜戊辰时、生四季月，其土成象，柱中生旺有气为上。不可见火，见火则虚。（按：冬月的化土格，性阴寒，要火）见木则克坏。是甲、己日怕丙、丁时。余月喜丙。

乙庚化金：

喜庚辰时、生申酉月，其金成象。喜戊土相生，甲己为福。不喜死败，故此月有乙、庚日怕子、寅时。

丙辛化水：

喜壬辰时、生亥子月，其水成象。爱庚字相生之气，乙庚为福。故此月有丙、辛日怕卯、巳时（按：卯、巳为水之死、绝位）。

丁壬化木：

喜甲辰时、生寅卯月，其木成象。喜丙辛为福。不喜死绝，故此月有丁、壬日怕午、申时。

戊癸化火：

喜丙辰时、生巳午月，其火成象。爱甲甲寅相生，丁壬为福。怕卯、酉日时（按：为火之败、死位）。若犯戊己，是火见土即暗伏不明。

原命局已成化气格，即以化气五行为主，化神必须行旺地，若行运不相助，亦平庸。徐乐吾曰："化格以生我化气之神为用，不论真、假皆同。如化气过于旺盛，亦可用泄，究为少数。若克抑，则万不能用，盖从、化皆以全局气势偏于一方，不能不顺其气势而行，过旺用泄为引其性情，决不能逆其旺势而用克也。化神所忌，亦以逆其旺势为重，而还原并非大忌，譬如甲己化土，行运至甲乙寅卯，非忌共还原，忌其逆土旺气也；乙庚化金，不忌甲乙寅卯，而忌丙丁巳午；丙辛化水，忌见戊土；丁壬化木，忌见庚金；戊癸化火，忌见壬癸。其理一也。"

《三命通会》中还载有天干五合、地支合局在各月的型态变化，与一般命书所谈论的不尽相同，笔者将之重新整理，列为表格，供读者查览、印证。

丑辰未戌	亥卯未	申子辰	巳酉丑	寅午戌	戊癸	丁壬	丙辛	乙庚	甲己	合局＼月令
失地	化木	不化	破象	化火	化火	化木	不化	化金	不化	正月
不失	化木	不化	成形	化火	化火	化木	不化	化金	不化	二月
成信无	不化	化水	成形	化火	化火	不化	化水	成形	暗秀	三月
贫之	不化	绝形	成器	化火	化火	化火	化火	金秀	无位	四月
身贱	失地	化客	化金	真火	发贵	化火	端正	无位	不化	五月
化土	不化	不化	化金	不化	不化	化木	不化	不化	不化	六月
亦贵	成形	大贵	武勇	不化	化水	化木	学堂进秀	化金	化土	七月
正位	无位	清	入化	破象	衰薄	不化	就妻	进秀	不化	八月
正位	不化	不化	不化	化火	化火	化火	不化	不化	化土	九月
不化	成材	化水	破象	不化	化水	化水	化水	化木	化木	十月
不化	化木	化水	化金	不化	化水	化水	化秀	化木	化土	十一月
化土	不化	不化	不化	化火	化火	不化	不化	化金	化土	十二月

第八节 地支与地支性质

一、什么叫地支

在《易经》中乾为上为天，坤为下为地。在形成天干的同时，古人下俯地理，根据大地的结构和状态，时间、空间的并存性，创造了地支，以对应大地的五行、现象和时序。地支不同于天干的是地支主静，时序与空间的区分只有在地支上表现出来，天干主动永不静止不能体现空间、时间的对立性。

地支共有十二个：
子、丑、寅、卯、辰、巳、午、未、申、酉、戌、亥。

阳支：子、寅、辰、午、申、戌。
阴支：丑、卯、巳、未、酉、亥。

这种分法是延续千百年来的阴阳分法，我们不同于前人的是从阴阳二气的对立分开，寅卯辰巳午未为阳，申酉戌亥子丑为阴。寅卯辰为少阳木气，巳午未为老阳火气，申酉戌为少阴金气，亥子丑为老阴水气。在四柱中首先阴阳对立，然后再四象对立，这是选择用神，确定格局的重要法宝。

二、十二地支四时方位与五行

寅卯辰为东方少阳木值春令，巳午未为南方老阳火值夏令，
申酉戌为西方少阴金值秋令，亥子丑为北方老阴水值冬令。
其中辰、戌、丑、未四季土值四隅为五行之间的过度平衡气。

三、十二地支配生肖

子为鼠、丑为牛、寅为虎、卯为兔、辰为龙、巳为蛇、午为马、未为羊、申为猴、酉为鸡、戌为狗、亥为猪。

四、十二地支与月令

正月建寅，二月建卯，三月建辰，四月建巳，五月建午，六月建未，

七月建申，八月建酉，九月建戌，十月建亥，十一月建子，十二月建丑。

十二地支表示地球公转的四时变化，这就是干支的不同处，春夏秋冬四时往复循环，不会因为任何一年而改变，时序只有从地支上体现，天干永远不能表示四时的存在，只能配合地支来表示天体对同样节令的不同影响。甲寅、丙寅、戊寅、庚寅、壬寅都是正月，由于天干的配和不同，这五个春天的气候就不相同，地支寅则不动，五天干流动，寅上有甲，必是天地同气之时，寅上有丙，此春必是上有暖流影响，寅上有戊，必是气候适意。寅上有庚，此春必是上有冷风来侵，寅上有壬，此春必遇寒流影响。

五、十二地支与时辰

子时为 23 — 1 点　　丑时为 1 — 3 点　　寅时为 3 — 5 点
卯时为 5 — 7 点　　辰时为 7 — 9 点　　巳时为 9 — 11 点
午时为 11 — 13 点　　未时为 13 — 15 点　　申时为 15 — 17 点
酉时为 17 — 19 点　　戌时为 19 — 21 点　　亥时为 21 — 23 点

六、十二地支与人体

子为耳，丑为胞肚，寅为手，卯为指，辰为肩胸，巳为面，咽齿，午为眼，未为脊梁，申为经络，酉为精血，戌为命门、腿、足，亥为头。

十二地支配脏腑：寅为胆，卯为肝，巳为心，午为小肠，辰戌为胃，丑未为脾，申为大肠，酉为肺，亥为肾，子为膀胱。

七、地支藏干

子宫癸水在其中，丑癸辛金己土同，寅宫甲木兼丙戊，卯宫乙木独相逢。

辰藏乙戊三分癸，巳中庚金丙戊从，午宫丁火并己土，未宫乙己丁同宗。

申宫庚金壬水戊，酉宫辛金独相逢，戌宫辛金及丁戊，亥藏壬甲是真踪。

地支的藏干相当重要，在决定格局高低，与吉凶信息时很重要，地支的藏干为用神，受克制时可以根据它的藏干十神进行信息类象。

八、人元司令分野与节气

寅月：立春后戊土七日，丙火七日，甲木十六日。立春、雨水。

卯月：惊蛰后甲木十日，乙木二十日。惊蛰、春分。

辰月：清明后乙木九日，癸水三日，戊土十八日。清明、谷雨。

巳月：立夏后戊土五日，庚金九日，丙火十六日。立夏、小满。

午月：芒种后丙火十日，己土九日，丁火十一日。芒种、夏至。

未月：小暑后丁火九日，乙木三日，己土十八日。小暑、大暑。

申月：立秋后戊土十日，壬水三日，庚金十七日。立秋、处暑。

酉月：白露后庚金十日，辛金二十日。白露、秋分。

戌月：寒露后辛金九日，丁火三日，戊土十八日。寒露、霜降。

亥月：立冬后戊土七日，甲木五日，壬水十八日。立冬、小雪。

子月：大雪后壬水十日，癸水二十日。大雪、冬至。

丑月：小寒后癸水九日，辛金三日，己土十八日。小寒、大寒。

人元司令分野与节气配合相当重要，是根据周天360度为一个太极，将五行按量比进行分配在一年之中。很多书上没有讲明它的用法，今天告诉大家一个秘密，节气进退是确定天干旺衰最权威的依据。我们知道预测的主题是阴阳平衡，阴阳二气就是从月令与时辰的进退而来，气的进退深浅是我们预测的主要依据。就辰戌丑未月而言，辰月谷雨前木有余气，谷雨后木气以竭火气以生。未月大暑前火气旺，大暑后火气退金气生。戌月霜降前金有余气，霜降后金退气水进气。丑月大寒前水有余气，大寒后水退气，木进气。这些在确定旺衰时很重要。

九、地支的作用关系

十二地支的作用关系可以说是预测的核心，千百年来一直争论不休，有的说地支之间只论刑、冲、合、害。这种说法不完全，应该说刑、冲、合、害的吉凶明显。但是地支之间的关系又是由天干决定。当地支在天干同性循环之间作用时，作用力小，异性之间作用时作用力大。

十、地支的阴阳属性

对于地支的作用关系不是完全由地支决定，而是由阴阳循环的系统决定。太极分两仪，阴阳都具有自己的五行，生的关系只有在同性循环系统内产生，克的关系只有在异性循环内存在。地支配天干阴阳属性划分：

阳性：甲寅 乙卯 丙寅 丁卯 甲午 乙未 丙辰 丁巳 甲辰 乙巳 丙午 丁未 庚午 辛未 庚辰 辛巳 壬午 癸未 庚寅 辛卯 壬辰 癸巳 壬寅 癸卯

阴性：甲子 乙丑 乙亥 丙子 甲戌 丁丑 甲申 乙酉 丙戌 丁亥 丙申 丁酉 壬申 癸酉 庚子 辛丑 庚申 辛酉 壬戌 癸丑 庚戌 辛亥 壬子 癸亥

中性：己巳 戊寅 戊申 戊辰 己丑 戊戌 己未 己卯 戊子 己亥 己酉 戊午

十一、十二地支生克

相生：寅、卯木生巳午火，巳、午火生辰戌丑未土，辰、戌、丑、未土生申酉金，申、酉金生亥子水，亥、子水生寅卯木。这个相生的顺序已经沿用了千年，似乎没有人去怀疑它的相生关系，就是这个关系和我们开了一个不大不小的玩笑，在没有任何条件的限制下，木火都在阳太极之中，可以论加力，但是在与天干重复组合后，它们的阴阳属性已经发生改变，再用单纯的生克关系，不能完全表达它们的作用关系。阴阳对立是任何预测体系的基础，有木一定生火吗？有金一定生水吗？水木能直接论生吗？这些问题都在有先决条件下进行。在预测中干支的组合性质相当重要。就甲寅的寅木举例，在遇到甲子、丙子、戊子、庚子、壬子五组组合的子水时，它们能都以相生论吗？子卯相刑在什么时候成立？这就是我们在通常预测中遇到的难题。同样在甲寅大运，都是在子水流年，却发生不同的吉凶效果，为什么？因为你没有注意到地支子水的阴阳性质。八字中午火为用神，到寅卯木的流年应该应吉，反而应凶，为什么？还是因为你没有注意到寅卯木的阴阳属性。戌、未、丑、辰生金，有人说丑、辰土可以生金，可是为什么又有寒不生金？未、戌土脆金，可是为什么又有润土生金的论点？这些论点在什么情况下成立，怎么应用？易理称为"变易"就存在条件，只有在合适的条件下才能生金。

相克： 寅、卯木克辰戌丑未土，辰、戌、丑、未土克亥子水，亥、子水克巳午火，巳、午火克申酉金，申、酉金克寅卯木。地支之间的相生需要一定的条件，相克有没有条件呢？地支的相克与天干有些相同，任何的五行之间都存在相克的关系。申酉金可以克制寅卯木，寅卯木可以抑制申酉金，这些从地支的相冲与力量之间体现出来。地支之间相克不管异性、同性都可以相克，只是量比不同。

十二、地支六合

子丑合土，寅亥合木，卯戌合火，辰酉合金，巳申合水，午未合土。

地支六合是地支阴阳互根的体现，准确地说它们相见涉及合化能不能成功的问题，因为地支的前后位置与阴阳属性不同决定了不同的作用关系，它们有时可以体现阴阳互用，弱的五行在相合时可以合起。

子丑合土是在土旺的情况下是丑土克子水，而不是子丑相见就以土论。壬子与癸丑相见，就是水旺。如果壬子与己丑、丁丑相见，相互不会发生关系，要有它们的主动与被动确定。

寅亥合是亥水生寅木吗？我们知道阴阳互根，亥水与寅木是阴阳之间的相互替代，亥水与寅木相见也就有条件论生与泄制。当亥水与寅木在同性循环时，可以加力，也要看主动与被动。

卯戌合火是在戌土以火论的情况下，卯年戌月以戌土中火旺论。如果戌以土论时，卯木克戌土。当戌年卯月、戌土合绊卯木。

辰酉合金是辰土生酉金，甲辰、丙辰、戊辰、庚辰、壬辰与酉金相见都可以论生吗？不会，要看酉金的阴阳属性。

巳申合是克的关系吗？巳火在火旺的情况下可以克申金，申金弱的时候，这时也要看巳火的性质，火的组合又不是很旺，巳火可以合起申金。

午未合是午火对未土生的关系，它们实际是同气专旺的表现。在未年午月以未泄午火论。在实际的预测中没有必要论合化，合的关系中也存在生、克、泄，在取象之中可以优先考虑。

再次提醒大家，地支之间的相合是古人的智慧结晶，这里面有更深的含义和寓意。为什么寅亥论合？子卯论刑？巳申论合？卯戌论合？子丑论合？午未论合？辰酉论合？当它们在不同的阴阳属性之间怎么作用？这些都是预测的基础最关键的知识，不能将这些看似简单的知识搞懂，预测起来就会出现失误。

十三、地支六冲

子午相冲，丑未相冲，寅申相冲，卯酉相冲，辰戌相冲，巳亥相冲。

地支六冲是地支相克意思，它们之间可以相互制约。子冲午是子水克午火，当午火对子水作用时同样以克制论。相冲是来源于方向的对立和气的对立，故六冲有主冲，被冲之分，主冲者为克，被冲者受伤。但是在实际的应用中，又不完全是这样，例如衰神冲旺，旺神冲衰，子水冲午火，遇到甲子、丙子、戊子、庚子、壬子，不同的子水性质，造成的影响损失是不同的。四库之冲墓库中的余气受伤，只有戊己土透干时以土旺论。主冲被冲的关系是有它们的先后次序决定的，命局与大运比较，大运为主动，命局为被动。命局、大运、流年相比较，流年对于命局、大运为主动。这里提醒大家的是，相冲如果发生在同性、异性之间是不同的。

十四、地支相害

子未相害，丑午相害，寅巳相害，卯辰相害，申亥相害，酉戌相害。

地支相害的作用关系是对于六合再加六冲形成的。子水为忌，现有丑土克合子水，而见未冲，丑受制而不克水而应凶，此时子未相见为害。或在午火冲子水忌神，而见未土泄合午火，而减小冲子的力量也可为害。害的意思是由好变坏的意思。其余仿此。

十五、地支相刑

地支相刑，子卯相刑，丑未戌相刑，寅巳申相刑，辰午酉亥自刑。

相刑的关系比较复杂。当它们在同性循环之间相刑时，吉凶较小。在异性循环和力量比较悬殊的情况下相刑时，吉凶明显。例如乙卯与壬子，甲子相见，都是子水刑卯木，它们的受伤是不同的，壬子对卯木而言，受伤力度较大。辰午酉亥自刑，当它们的天干相同时为并临，当天干不同在异性循环时为自刑，也就是受伤。例如辛酉与辛酉相见为并临，与丁酉相见为自刑，其余雷同。

十六、地支三合局、三会局

寅午戌三合火局，申子辰三合水局，
亥卯未三合木局，巳酉丑三合金局。
寅卯辰东方木局，巳午未南方火局，

申酉戌西方金局，亥子丑北方水局。

对于地支的三合局与三会局是表示力量的强大，但本四柱预测体系中不采用三合局、三会局的合化与会局是否成功，只是作为力量大小的一个衡量依据。因为由于干支的阴阳属性不同，它们很少会合化。因为月令的值令神与天干的引透都决定了三合、三会的成功与否。只有子午卯酉中神在月令时才能考虑会合的条件。

四柱预测中地支的作用关系非常重要，地支是四柱力量的根本来源，没有地支的扶助，虚浮的天干用神不会有用。但地支为用，而天干不透格局又不高，故需要干支的双重配合，故《滴天髓》言："配合干支仔细详，定人祸福与灾祥。"此书天干地支的作用关系本着"大道至简"和"不易、变易、简易"的原则，以五行之间最本质的生克与阴阳属性为根本，去繁就简应用更简单，分辨吉凶直观、明了，可谓一语道破天机，一学就懂一看就会，实践应用更准确，真正体现易学的魅力。

十七、论子午与巳亥

古书以子午为阳，巳亥为阴，此论百不明了。若子午干头皆为阳物，巳亥干头皆为阴物，又有地支六合，理应阴合阳，阳合阴。然则寅亥合、巳申合，观此两则，分明巳亥为阴。子丑与午未合，则子午为阳。

再察其四生及四败，而与六亲生克之理，则不然矣。

盖，巳亥从寅申为四生，子行从卯酉为四败，尤其是甲见子为正印，午为伤官，巳为食神，亥为偏印；乙见子为偏印，午为食神，见巳为伤官，亥为正印。此则子午完全为阴，巳亥属阳矣。

究为孰轻孰重？余以为生克之道，最关重要，非敢妄决，叩诸爱学君子论之。

子午、巳亥空间是阴是阳？这个问题看似简单，其实不然。我所学的认知是：子午为体阳用阴，巳记叙为体阴用阳。

子的数序一，内藏癸数序十。午的数序七，内藏丁数序四，己数序六。故二者为体阳用阴。

巳的数序六，内藏戊数序五，庚数序七，丙数序三。亥的数序十二，内藏甲数序一，壬数序九。故二者为体阴用阳。

庚容川《医易详解》云："创立十辰之始，因日与月会每年大约十二会而一周天……故将三百六十五度画分为十二方，以纪日月会合之舍次，名之曰十二地支。盖，天体浑圆难于分析，惟地有方圆易于剖判，故就地球六面分为十二支，即古字，谓如树枝分析也。既分为十二支，譬如一树，南枝向暖，北枝向寒，于是有阴阳之定位焉，有对待之化气焉，有六合之义，有三合之义焉。何谓阴阳之定位？盖以十二支分为四方以配《洛书》十数者是也。亥子丑配北方一六水位，主冬令；寅卯辰配东方三八木位，主春令；巳午未配南方二七火位，主夏令；申酉戌配西方四九金位，主秋令。平分则为十二分，流行则为十二月，而一年四序气化尽矣。惟土无定位，独旺于四季，非有他义，亦以《洛书》之四方，各得五数，故在地支之四隅各配中土，四时之季土各旺一十八日，皆本于《洛书》十数之义也。"

亥6　　寅3　　巳2　　申9　　辰戌5
水　　　木　　　火　　　金　　　土
子1　　卯8　　午7　　酉4　　丑未10

则子午为阳、巳亥为阴。

但《三命通会·论大运》却说："凡子丑寅卯辰巳，四柱阳多人，行运至午未申酉戌亥上，乘阴气而发；午未申酉戌亥，四柱阴多人，行子丑寅卯巳运，乘阳气辰而发。二者阴阳均协，阴人阳发者快，阳人阴发者迟。"则又以子巳为阳，午亥为阴。其阴阳的认定，是根据《易》的"十二辟卦""冬至后地雷复卦，天道南行，一阳生；夏至后天风姤卦，天道北行，一阴生"。基于地球绕日公转与本身自转而产生寒暖、光暗的现象，而决定子巳为阳、午亥为阴，其中子在冬至后及零时后为阳，冬至前及零时前为阴；午在夏至后及十二时后为阴，夏至前及十二时前为阳。

"十二辟卦"的阴阳，具有表里、上下、虚实、寒热、明暗……等多层意义，讨论起来相当繁杂，要花费很大的篇幅，暂略。

至于六壬则以乾亥（天门）、巽巳（地户）为阴阳的分界，来决定贵人（十二将神）的颁布顺逆。以亥子丑寅卯辰为阳，巳午未申酉戌为阴，不过决定贵人的阴阳是用昼夜来区分。日出后至日落前（卯辰巳午未申时）用阳贵人，日落后至日出前（酉戌亥子丑寅时）用阴贵人。又以用时子寅辰午申戌为阳，用阳贵人；用时丑卯巳未酉亥为阴，用阴贵人。

第二章 排四柱

《易经》中的术语，古代汉族星命家以年、月、日、时的干支为八字排成四柱。一个人的出生年、月、日、时分别称之为年柱、月柱、日柱和时柱，统称四柱。以天干地支纪年法表示出来每柱两个字，共八个字也称生辰八字，用以推算个人运程。传统的四柱除了方法不完善，也仅仅是太阳律的部分内容，此外还有月亮律。只有四柱太阳律月亮律，才是四柱预测的完整模式。

第一节 历法常识

一、公历

即格里历。因为它的基础是太阳中心连续两次经过春分点所需的时间——回归年，故又称阳历。格里历的平年为365天，闰年在2月末加一天，为366天。在格里历中，当某年的纪元年数不能被4整除时为平年，如1981年；能被4整除而不能被100整除时为闰年，如1984年；能被100整除，而不能被400整除时为平年，如1900年；能被400整除时为闰年，如2000年。

格里历平均一年为365.2425日，与长度为365.2422日的回归年之间，要积累3300多年才有一日之差，达到我国南京杨忠辅于公元1199年（早格里历380多年）制定的《统天历》水平。

格里历按月分配日数掺有格里等帝皇威势，不是很合理。合理的每月天数用两句话即可概括：闰年单月小、双月大，平年二月减一天。但因为格里历已在全世界通用，人为因素影响极大，改历很难。

二、农历

农历也称太阴历或阴历，一般人们以为阴历适合于农家，而名之曰"农历"。现行的阴历，是夏朝采用正月建寅（建寅：即正月从寅始，然后卯、辰到十二地支完）的太阴历，故又名为"夏历"。古代历书由钦天监编制，皇帝钦定后颁布使用，故又称皇历，因其封面用黄纸，又称黄历。因此，农历、阴历、皇历、黄历、夏历都是一码事。农历是我国广泛使用的历法，又称阴历、夏历，是因为它的纪月法以月相为标准，以月亮从朔到上弦、望、下弦再到朔的一个朔望月为一个月。推算农历先推算二十四节气和定朔（推算日月黄经相等的时刻——朔），朔所在某日，即为初一，从朔到朔为一个月，相距29日的为小月，30日为大月。月从中气得名，月内有某中气的即为某月份，如含有中气雨水即为农历正月。无中气为闰月，闰月无名，取用前月名，如四月后的闰月为"闰四月"，如此使农历年与回归年的差距随时得到调整。在农历中，平年12个月，日数为354日或355日；闰年13个月，日数为383日或384日。这就是我国自公元前十四世纪的殷代起，到1911年的辛亥革命止，一直在使用的"十九年七闰（加七个闰）月"的历法。因为二十四节气是由太阳的视置决定的，因此农历合适的称呼应是"阴阳历"。

三、干支历

天干地支简称干支。天干共十个字，顺序为甲、乙、丙、丁、戊、己、庚、辛、壬、癸；地支共十二个字，顺序为子、丑、寅、卯、辰、巳、午、未、申、酉、戌、亥，都是传统用来编排次序的字组。二者并行组合排列成天干地支表，周而复始，循环使用。干支历的纪年纪月法都同农历，它的年、月、日都各以干支顺序排列、互不干扰，闰月也同农历。干支历中的节日，三伏，九九以及出梅、入梅等与人们生活及当时社会活动密切相关，有的至今还为人们所用。

四、节气

节气产生于我国古代，它反映了地球绕太阳公转时地球上春夏秋冬四季的变化，反映了农时季节，在农村家喻户晓。节气是根据太阳在星空间视运动的视位置来决定的。节气也叫二十四节气，是相间排列的十二个中气和十二个节气的统称。

立春：在每年公历2月4日前后。中国习惯把它作为春季开始的节气。

雨水：在每年公历2月19日前后。此时农村开始备耕生产。

惊蛰：公历3月6日前后为惊蛰。"过了惊蛰节，春耕不停歇。"北方进入惊蛰，春耕大忙便开始了。

春分：每年公历3月21日前后太阳到达黄径0°时为春分。这时阳光直照赤道，南北半球得阳光平均，所以昼夜几乎等长。

清明：每年公历4月5日前后为清明。此时中国黄河流域及大部分地区的气温开始升高，雨量增多，春暖花开，天空清澈明朗，正是春游踏青的好时节。另流行扫墓活动。

谷雨：在每年公历4月20日前后。"雨生百谷"道出了谷雨节气的由来。谷雨是北方春作物播种、出苗的季节。

立夏：中国习惯把立夏作为夏季的开始，一般在公历5月6日前后。

小满：每年公历5月21日前后为小满。顾名思义，小满是指夏收作物子粒将要饱满成熟的意思。小满后，北方各地的小麦就要熟了，而黄淮流域的冬小麦将开镰收割。

芒种：芒种表示麦类等有芒作物成熟的季节，一般在每年公历6月6日前后。

夏至：6月21日前后为夏至。夏至表示炎热的夏天已经到来，同时也是一年中白天最长的一天。

小暑：在每年公历 7 月 7 日左右。一般小暑后就要数伏（伏指初伏、中伏和末伏。它是从夏至后第三庚开始的），所以小暑标志着一年最炎热的季节就要到来了。

大暑：在公历 7 月 23 日前后。顾名思义，大暑是一年中天气最热的时候。

立秋：在每年公历 8 月 8 日前后。中国习惯上把这一天作为秋季开始。

处暑：在每年公历 8 月 23 日前后。处暑是反映气温由热向冷变化的节气。

白露：在每年 9 月 8 日前后，白露指气温降低，并出现露水。

秋分：在每年公历 9 月 23 日前后。秋分秋分，日夜平分。此时阳光直照赤道，昼夜几乎等长。

寒露：在每年公历 10 月 8 日前后。寒露一到，华北地区便开始进入深秋，原野一片金黄，是秋游的好时节；而东北地区则呈初冬景象，长江流域及以南地区却仍郁郁葱葱。

霜降：每年公历 10 月 23 日或 24 日。霜降表示气候渐渐寒冷，北方地区已出现降霜或开始有霜。

立冬：公历 11 月 7 日前后为立冬。立冬是表示冬季开始的节气。这时，黄河中下游地区即将结冰。

小雪：在每年公历 11 月 22 日前后。它表示已经到了开始下雪的季节。此时，东北、内蒙古、华北北部地区气候寒冷。

大雪：每年公历 12 月 7 日前后。一到大雪，黄河流域的冬小麦进入了休眠期。

冬至：每年 12 月 22 日前后为冬至。冬至为北半球冬季的开始。这天昼最短，夜最长。冬至过后便是"数九"了。

小寒：在每年公历 1 月 6 日前后。这时正值"三九"前后，中国大部分地区进入严寒时期。

大寒：在每年公历 1 月 20 日前后。大寒为中国大部分地区一年中最冷的时期。

节气歌：
　　春雨惊春清谷天，夏满芒夏暑相连。
　　秋处露秋寒霜降，冬雪雪冬小大寒。
　　上半年来六廿一，下半年来八廿三。
　　每月两气日期定，最多相差一二天。

纳音的应用：
　　古人认为，宇宙是由金、木、水、火、土五种元素构成的，五行运动即相生相克的结果构成了大千世界。五行有正五行和纳音五行之分。按天干、地支的自身属性所定的五行为正五行，如甲木、子水等；按干支结合生出的五行为纳音五行。纳音来源：六十甲子纳音，实即六十律逆相为宫之法。一律合五音，十二律即纳六十音。纳音的基本方法是：同类娶妻，隔八生子。这也是律吕相生的法则。干为天，支为地，音为人。

六十甲子纳音表

甲子乙丑海中金	丙寅丁卯炉中火	戊辰己巳大林木	庚午辛未路旁土	壬申癸酉剑锋金
甲戌乙亥山头火	丙子丁丑涧下水	戊寅己卯城头土	庚辰辛巳白腊金	壬午癸未杨柳木
甲申乙酉泉中水	丙戌丁亥屋上土	戊子己丑霹雳火	庚寅辛卯松柏木	壬辰癸巳长流水
甲午乙未沙中金	丙申丁酉山下火	戊戌己亥平地木	庚子辛丑壁上土	壬寅癸卯金箔金
甲辰乙巳佛灯火	丙午丁未天河水	戊申己酉大驿土	庚戌辛亥钗钏金	壬子癸丑桑柘木
甲寅乙卯大溪水	丙辰丁巳沙中土	戊午己未天上火	庚申辛酉石榴木	壬戌癸亥大海水

六十甲子纳音的应用：
　　纳音在八字推命中只起到辅助作用，分析命理还应以四柱的五行组合为主，本节内容仅供初学者参考。

甲子乙丑海中金

以子为水，又为湖，又为水旺之地，兼金死于子、墓于丑，水旺而金死、墓，故曰海中之金，又曰气在包藏，使极则沉潜。子，五行是水，是湖泊之水，是水势旺盛的地方，在五行中金死在子而墓在丑，水旺金死、墓，尤如大海中之金子故曰大海金。另一种说法：甲乙和子丑都是阴阳刚萌发，这样追溯到极点，就下沉潜藏仿佛像海中的金子一样。《三命通会》云："海中金者，宝藏龙宫，珠孕蛟宝，出现虽假于空冲，成器无借乎火力，故东方朔以蚌蛤名之，良有理也，妙选有珠藏渊海格以甲子见癸亥，是不用火，逢空有蚌珠照月格，以甲子见己未，是欲合化互贵。盖以海金无形，非空冲则不能出现，而乙丑金库，非旺火则不能陶铸故也。如甲子见戊寅、庚午，是土生金，乙丑见丙寅丁卯是火制金。又天干逢三奇，此等贵格，无有不贵。"

丙寅丁卯炉中火

以寅为三阳，卯为四阴，火既得位，又得寅卯之木以生之，此时天地开炉，万物始生，故曰炉中火，天地为炉，阴阳为炭。

戊辰己巳大林木

以辰为原野，巳为六阴，木至六阴则枝藏叶茂，以茂盛之大林木而生原野之间，故曰大林木，声播九天，阴生万顷。

庚午辛未路旁土

以未中之土，生午火之旺火，则土旺于斯而受刑。土之所生未能自物，犹路旁土也，壮以及时乘车哉，木多不虑木。

提示：五行中水生木，木生火，可火反过来把土烧焦，这就是土所生之物，非但无用反而害己，所以用路旁土比喻，但此命未必不好，路旁土得水滋润灌溉，可以回归大地，滋生万物。

 圆通达观（上）

壬申癸酉剑峰金

以申酉金之正位，兼临官申，帝旺酉，金既生旺，旺则诚刚，刚则无逾于剑峰，故曰剑峰金。虹光射斗牛，白刃凝霜雪。

甲戌乙亥山头火

以戌亥为天门，火照天门，其光至高，故曰山头火也，天际斜晖，山头落日散绮，因此返照舒霞，木白金光。

提示：山头火可以通天，此命可贵可显，但要有山（土）有木有火，否则火光难以照亮天门了，另外，山头火怕水，微雨稍可，如遇大海水（见壬戌、癸亥）相克，那么凶神就到了。

丙子丁丑涧下水

以水旺于子衰于丑，旺而反衰则不能成江河，故曰涧下水，出环细浪，雪涌飞淌，汇流三峡之倾澜，望下寻之倒。

提示：涧下为澄水清流，命书曰，此水若得金，尤其以沙中、剑锋为佳（甲午乙未沙中金、壬申癸酉剑锋金），但不能掺杂有火、土之命，水火不容，土来水不清。最后若有大溪水（甲寅乙卯）相合，就象征细流汇成江河，源远流长无忧无虑了。

戊寅己卯城头土

以天干戊、己属土，寅为艮山，土积为山，故曰城头土也，天京玉垒，帝里金城，龙蟠千时之形，虎踞四维之势也。

提示：城中见山见水，必是假山秀水，非显贵人家不能营造，但忌大海之水和霹雳火。

庚辰辛巳白蜡金

金养于辰而生于巳，形质初成，未能坚利，故曰白蜡金，气渐发生，交栖日月之光，凝阴阳之气。

提示：白蜡金质初成，喜遇火、水；如庚辰遇辛巳或水，喜见乙已,命书称为"啸风猛虎格",学业仕途多有成就,再加遇水喜见乙酉、乙卯、癸巳等,命书都认为有富贵命,但因白蜡金性弱,所以怕木反悔,除非他遇到弱火,需要有木来助了。

壬午癸未杨柳木

以木死于午墓于未,木既死墓,唯得天干壬癸之水以生之,终是柔木,故曰杨柳木,万缕不蚕之丝,千条不了之线。

提示:杨柳木植根于土中,所以喜见土,唯丙戌丁亥屋,上土不喜,可为杨柳不能生在屋上,杨柳木又喜遇水,除大海水外皆吉;加外还有"杨柳拖金"之说,即以此为日柱,时柱中有金相配,以此为富贵之命,杨柳木性弱,遇火易夭折;同时遇庚申辛酉石榴木,有旺盛的石榴木相压,杨柳木一生卑微。

甲申乙酉泉中水

金既临官在申,帝旺在酉,旺则生自以火(金要变成水需要有火),然方生之际方量未兴,故曰泉中水也。气息在静,过而不竭,出而不穷。

提示:有金则水源不断,以沙中、钗钏为上吉。遇水、遇木也吉。如有一人四柱,年时两柱有水;日时两柱有木,就叫"水绕花堤",大富大贵。

丙戌丁亥屋上土

以丙丁属火,戌亥为天门,火既炎上则土非在下,故曰屋上土。

提示:屋上土实际上应是砖瓦,戌亥一水一土,和而成泥,再加上火以烧烤,就成为砖瓦。修屋造房各有所用,既是屋上土,则需要有木的支撑和金的刻削装点,屋上土方显金碧辉煌,大富大贵之象。大怕火灾,遇火则凶,但天上火(即太阳之火)除外。

戊子己丑霹雳火

丑属土,子属水,水居正位而纳音乃火,水中之火非龙神则无,故曰霹雳火，电击金蛇之势，云驰铁骑之奔，变化之象。

提示：此火是神龙之火，神龙所到之处，无非是风雨雷电之类，因此，此火与水、土、木相遇，或吉或无灾。所忌即火，二火相遇性燥而凶。

庚寅辛卯松柏木

以木临官在寅，帝旺在卯，木既生旺，则非柔弱之比，故曰松柏木也。积雪凝霜参天覆地，风撼笙簧，再余张旌施。

提示：松柏木是一种坚强的树木，所以火中唯炉中火、水中唯大海水能伤害它，其他相遇无害。松柏木外遇大林木、杨柳木，同为木种而质不如松柏木，必生妒心。松柏木喜见金，遇上将预示大贵。另外有一种被称作"冬季苍松"的命格，即月日时三柱同属冬，（壬、癸、亥、子），为富贵之命。

壬辰癸巳长流水

辰为水库，巳为金的长生之地，金则生水，水性已存，以库水而逢生金，泉源终不竭，故曰长流水也。势居东南，贵安静。

提示：金可生水，所以遇金则吉，怕遇水，因为水多易泛滥；同时水土相克，遇丙戌、丁亥、庚子、辛丑等土，难免凶祸夭折；必须要有能生水的金来相救。另外，水火也相克，相克则凶。但如与甲辰相遇，辰为龙，龙见水则龙归大海之意，反而为吉。

甲午乙未沙中金

午为火旺之地，火旺则金败，未为火衰之地，火衰败而金冠带，败而方冠带，未能作伐，故曰沙中金也。

提示：沙中金初形成而未能有用，所以需火炼，但火过盛则火旺金败了，同时要有木制，使不随心所欲的盛衰，同时以火炼之，如山头火、山下火、佛灯火等性温和的火与它相遇，命书认为是少年荣华富贵的命局，加外，沙中淘金也是一种采金的方法，但水要净水如长流水、大海水则把金沙一起淹没了，用井泉、涧下、天河等水也吉。沙中金怕遇见沙中土、路旁土、大驿土，恐被土覆盖的缘故。

丙申丁酉山下火

申为地户，酉为日入之门，日至此时而无光亮，故曰山下火。

提示：山下火实际夜晚的太阳，古人认为在夜晚太阳也和人一样，在一个地方休息，因此遇土、遇木则吉，既是夜晚的阳光，自然不喜再见天上火，山头火等。

戊戌己亥平地木

戌为原野，亥为生木之地，木生于野，则非一根一林之比，故曰平地木，惟贵雨露之功，不喜霜雪之积。

提示：平地木较之大林木，林不丰而地不广，多为可被人们采伐树木，因此怕遇金，遇金则不吉，喜水、土、木；另外还有一种贵命叫"寒谷回春"，即生于冬季的人，柱中又遇到寅、卯这两个属木的地支，这就是寒冬中树木的生长，也是一种贵命。

庚子辛丑壁上土

丑虽是土家正位，而子则水旺之地，土见水多则为泥也，故曰壁上土也，气屋开塞，物尚包藏，掩形遮体，内外不及故也。

提示：壁上土既为人建屋之用，但建屋离不开木，是故遇木则吉，遇火则凶，遇水也属吉命。但大海水除外，金中只喜与金箔金相遇。

壬寅癸卯金箔金

寅卯为木旺之地，木旺则金羸，且金绝于寅，胎于卯，金既无力，故曰金箔金。

提示：古代用金箔装饰屋宇，以显示金碧辉煌，金箔来源于其他金，故遇金则有源，遇屋上、城头之土则是大有作为之地，命书上说，此金遇到城头土中的戊寅，就叫做"昆山片玉"，金箔金中的癸卯遇到己卯，就叫做"玉兔东升"，都是贵命。

甲辰乙巳佛灯火

辰为日早，巳为日之将午，艳阳之势光于天下，故曰覆灯火，也作佛灯火。金盏摇光，玉台吐艳，照日月不照处，明天下未明时。

提示：佛灯火是夜间照明之用，但离不开木和油（油也属水），故遇木水则吉，黑夜则属阴故而不宜遇阳，如遇长流水、泉中水、涧下水曰"暗灯添油"；遇到剑锋金曰"灯火拂剑"，都是贵命。但怕遇土，屋上土除外；喜同类但霹雳火除外，因霹雳火是神龙之火，来时必有风，有风则灯灭故凶。

丙午丁未天河水

丙丁属火，午为火旺之地，而纳音乃水，水自火出，非银河而不能有也，故曰天河水，气当升齐，沛然作霖，生旺有济物之功。

提示：天河水在天上，所以地上金水木火土都无法克制他，或者相得益彰，或者天河水滋润有益，命书上说唯有壁上土与它相冲，有损造化之功。

戊申己酉大驿土

申为坤，坤为地，酉为兑，兑为泽，戊己之土加于坤泽之上，非比其它浮沉之土，故曰大驿土，气以归息，物当收敛，故云。

提示：古人讲究返璞归真，大驿土回归土地，也代表了回归本性的倾向，因此属于比较尊贵的命格。大驿土喜比较清静的水，如泉中水、长流水、涧下水之类，也喜清秀的金，如钗钏金、金箔金等，与水则多数为吉，而那些比较旺盛的干支如大海水、山头火、山下火、佛灯火等等，多数为凶，如遇到霹雳火时需有水来化解。但物极必反，此刻命格反而显贵了。

庚戌辛亥钗钏金

金至戌而衰，至亥而病，金既衰病则诚柔矣，故曰钗钏金，形已成器，华饰光艳乎？生旺者乎？戳体火盛（指器皿，即盛金之模），伤形终不喜。

提示：钗钏金也是金，黄金则富贵无比了吧？未必尽然，万物贵求得其本性，自然为最佳，钗钏金是首饰之最，但作为人命，自然是有益有害，钗钏金怕遇火，遇火就光色全无，遇泉中水、涧下水、大溪水、长流水则吉，如遇大海水就如石沉大海，人难免贫困夭折；但他也喜见沙中土，因为土可以生金。

壬子癸丑桑柘木

子属水而丑属金，水刚生木而金则伐之，犹桑柘方生而人便以戕伐。故曰桑柘木。

提示：沙中土、大驿土、路旁土等是桑柘木的生长之地，而泉中水、涧下水、长流水可以给他带来滋润之泽，遇此等自然为吉，另外，遇松柏木为强弱相济亦吉，遇杨柳木命书上称"桑柳成林"，是小康安乐业的景象，也吉；遇大林木是支流遇主流，仍吉；惟遇平地木、石榴木，同类相残者凶。

甲寅乙卯大溪水

寅为东北维，卯为正东，水流正东，则其性顺而川澜池沼俱合而归，故曰大溪水。

提示：命书认为，大溪水是要东归大海的，最重要的是它有源源不断的水源，因此，大溪水遇水和能生水的金，则吉；遇到各类克水的土和耗水的木都不妙，惟壬子癸丑桑柘木除外，因为壬子是水，癸丑是山，再遇水，命书上称为"水绕山环"，是贵局。

丙辰丁巳沙中土

土库在辰，而绝在巳，而天本丙丁之火至辰为冠带，而临官在巳，土既张绝，得旺火生之而复兴，故曰沙中土。

提示：沙土在中央本不值钱，沙中含金则贵，并且需要清水淘出金来，所以遇水遇金则吉，喜见天上火，仿佛阳光、沙滩美景，又乐见桑柘、杨柳之木，因为此二木在沙中可以栽活，其他木、火则不吉。沙中土遇其他木往往相冲相克。

戊午己未天上火

午为火旺之地，未、己之木（未己本为土，木因土生，故曰木）又复生之，火性炎上故曰天上火。

提示：天上火就是太阳，喜遇火、土、金与之协调相配，变化极多，分析原则是有水滋木，有木助火为吉，喜见佛灯其他火相克，如遇炉中火，命书称之为"犯罪身死"，又喜见土，如遇金木，则能形成许多贵命，天上火如单独与水，则容易形成水火相克。

庚申辛酉石榴木

申为七月，酉为八月，此时木则绝矣，惟石榴之木复实，故曰石榴木；气归静肃，物渐成实，木居金生其味，秋果成实矣。

提示：庚、辛、申、酉皆为金，但纳音为石榴木，这就是五行的通变。此木深秋得果实，所以本性坚强，与、土、木、水、金往往能化合成吉，惟大海水水势汪洋，相遇主贫困病痛；遇天上火、霹雳火或炉中火亦吉；其他火则预示凶兆。石榴木常常含贵命，如五月生人，日时再带一火，则名为"石榴喷火"；如遇杨柳木，称为"花红柳绿"，都是贵命。

壬戌癸亥大海水

水冠带在戌，临官在亥，水则力厚矣。兼亥为江，非他水可比，故曰大海水。

提示：大海水汪洋一片，无人能知，就其汹涌澎拜则无人能抵，因此以大海水为命的人，则有吉有凶。万河归海，所以天河、长流、大溪等水遇之则吉，如是壬辰与大海水相配则称为"龙归大海"，如阴阳各支相配得当，则一生富贵无比，喜遇见天上火，因为日出东海；金中喜海中金；木中喜见桑柘木、杨柳木，土中喜见路旁土、大驿土，吉；明者皆承受不了大海水，相遇则凶。如遇霹雳火相遇，海水汹涌，电闪雷鸣，这就是海上风暴的景象，人命如此，自然意味着其人一生颠簸。

六十花甲：

六十花甲是古人在发明干支的基础上，将它们进行组合，同性干支依次配合，进行不重复的排列，从数学角度讲就是干支数的最小公倍数，产生了60对干支组合，俗称六十花甲子。

甲子、乙丑、丙寅、丁卯、戊辰、己巳、庚午、辛未、壬申、癸酉。
甲戌、乙亥、丙子、丁丑、戊寅、己卯、庚辰、辛巳、壬午、癸未。
甲申、乙酉、丙戌、丁亥、戊子、己丑、庚寅、辛卯、壬辰、癸巳。
甲午、乙未、丙申、丁酉、戊戌、己亥、庚子、辛丑、壬寅、癸卯。
甲辰、乙巳、丙午、丁未、戊申、己酉、庚戌、辛亥、壬子、癸丑。
甲寅、乙卯、丙辰、丁巳、戊午、己未、庚申、辛酉、壬戌、癸亥。

六十花甲子是一切预测术的主元素，它的出现不能不说是我们先人的一大骄傲。用它可以分别来表示年、月、日、时四个时间，它可以纪录和表达任何一个过去时空点和将来时空点。这个时空点可以模拟一切有生命物体的生命里程，记录一个人的灵魂存在，是英雄名垂千古，是枭雄遗臭万年。它们在一切的预测术中始终在表示空间、时间的对立性。六十甲子的反复组合，表示不同的生命体素质。四柱预测是以天干五行为原点，可是近几年来的四柱书籍都在犯一个同样的毛病，在评定命局时只注重天干而忽视了地支对天干的影响作用。六十甲子的组合是在表示干与支的组合气，是在表示不同空间内的天干之气，古人提到的"得时不旺，失时不衰"，也是六十甲子在月柱与时柱之间的关系，这对确定格局旺衰、病药很重要。我们只有掌握领会六十甲子的真正含义，

才能在预测中游刃有余。这里我们应该明白知道六十甲子抽象表示六十个不同素质灵魂的人,也在表示天干五行所处在不同空间内的旺衰,这样六十对干支的阴阳属性就出现了,它们的干支属性就决定了它们在不同时空下的病药不同,同样的天干即使在旺衰相同的情况下,由于它们的坐支不同,它们的取用就发生变化,这些很细微,很重要。(关于六十甲子的阴阳属性,将在取用章介绍。)用六十花甲子可以记载任一时空的存在,它们是四柱预测的主要信息来源,将六十花甲子记熟掌握是学习预测的第一步。在这里我们不再对六十花甲子纳音进行评说,但是利用纳音可以分析流年的应象,我们在以后的资料再作介绍。

第二节　四柱排法

四柱预测就是把求测人的出生年月日时换算成天干地支,组合成四柱,然后根据这个四柱中天干地支的生克制化刑冲合害及组合,断出求测人的贫富寿夭吉凶贵贱,及后天命运的吉凶信息。

排四柱是推命的第一步,即由命主出生之年月日时排出其四柱。由于四柱是由八个干支组成,因此也叫排四柱。下面分别说明年月日时其四柱排法。

一、把公元纪年变换成农历纪年

在四柱预测中,记时间一律用农历,而现代人多用公历记出生时间,在进行四柱预测时,首先要把公历时间变换成农历时间。农历的年月日时的书写形式,要使用汉字书写的数字,即一、二、三、四、五、六、七、八、九、十、……廿、廿一、……卅、卅一;公历的年月日时的书写形式要使用阿拉伯数字 1.2.3.4.5.6.7.8.9.10.11……30.31。这并不是什么规定,而是约定俗成。比如,一位先生求测,出生时间是公历

1959年11月30日18时5分。转换成农历是一九五九年十一月初一日十八时五分。

在记时间年月日时的时候,数字书写要一致,不能汉字数字和阿拉伯数字混用。

二、把出生时间换成天干地支的形式

在农历纪年中,每一年、每一月、每一日、每一时都可以通过一组特定的干支来表示,把人的出生年月日时换算成天干地支后,就变成了由四组特定的干支来分别代表出生时间的年月日时,这四组干支就是四柱。

如:1964年2月26日7时30分出生的人(农历正月十四日辰时),查万年历,排出四柱如下:

```
        年柱  月柱  日柱  时柱
乾造：  甲辰  丙寅  乙巳  庚辰
```

三、标命造

在写四柱时,前边还要标明是乾造,或是坤造,造即是四柱,乾为男命,坤为女命,不标写乾造、坤造也可,但要标明是男命还是女命。总而言之,必须得让人知道这是个男性的四柱还是个女性的四柱。

四、如何排四柱

1. 排年柱

年柱,即人出生的年份用农历的干支表示。十天干与十二地支按顺序两两相配,至六十次循环一周,如甲子、乙丑、丙寅、丁卯……直到壬戌、癸亥。因是以天干甲和地支子相配为第一年,所以称为六十甲子，也称六十花甲子。因此，六十甲子是代表时间的符号。

农历六十年循环一个甲子后，天干地支再从头相配，周而复始，循环不已。近代干支纪年，一八六四年至一九二三年为上元，一九二四年至一九八三年为中元，一九八四年至二〇四三年为下元。

注意上一年和下一年的分界线是以立春这一天的交节时刻划分的，而不是以正月初一划分。如某人一九九八年正月初三生，由于一九九八年交立春是正月初八八时五十三分，因此此人的年柱为一九九七年之丁丑，而非一九九八年之戊寅。

六十甲子年表

甲子	乙丑	丙寅	丁卯	戊辰	己巳	庚午	辛未	壬申	癸酉
1924	1925	1926	1927	1928	1929	1930	1931	1932	1933
1984	1985	1986	1987	1988	1989	1990	1991	1992	1993
甲戌	乙亥	丙子	丁丑	戊寅	己卯	庚辰	辛巳	壬午	癸未
1934	1935	1936	1937	1938	1939	1940	1941	1942	1943
1994	1995	1996	1997	1998	1999	2001	2001	2002	2003
甲申	乙酉	丙戌	丁亥	戊子	己丑	庚寅	辛卯	壬辰	癸巳
1944	1945	1946	1947	1948	1949	1950	1951	1952	1953
2004	2005	2006	2007	2008	2009	2010	2011	2012	2013
甲午	乙未	丙申	丁酉	戊戌	己亥	庚子	辛丑	壬寅	癸卯
1954	1955	1956	1957	1958	1959	1960	1961	1962	1963
2014	2015	2016	2017	2018	2019	2020	2021	2022	2023
甲辰	乙巳	丙午	丁未	戊申	己酉	庚戌	辛亥	壬子	癸丑
1964	1965	1966	1967	1968	1969	1970	1971	1972	1973
2024	2025	2026	2027	2028	2029	2030	2031	2032	2033
甲寅	乙卯	丙辰	丁巳	戊午	己未	庚申	辛酉	壬戌	癸亥
1974	1975	1976	1977	1978	1979	1980	1981	1982	1983
2034	2035	2036	2037	2038	2039	2040	2041	2042	2043

为了方便读者记忆公元纪年，今介绍一种简捷实用的记忆窍门，供读者使用。

天干纪元

庚	辛	壬	癸	甲	乙	丙	丁	戊	己
0	1	2	3	4	5	6	7	8	9

凡是天干为庚，其公元年个位数字是0，如庚子1960年、庚戌1970年、庚申1980年。天干为辛，其公元年个位数字是1，如辛丑1961年、辛亥1971年、辛酉1981年。其它同理类推。

2. 排月柱

月柱，即用农历的干支表示人出生之年月所处的节令。注意月干支不是以农历每月初一为分界线，而是以节令为准，交节前为上个月的节令，交节后为下个月的节令。

我们现在用的农历也叫夏历，十二支配十二月，称为月建。建，古代天文学称北斗星斗柄所指为建。农历的月份即由此而定。农历正月斗柄指寅，以寅始，即以农历正月为岁首。正月建寅，二月建卯，三月建辰，四月建巳，五月建午，六月建未，七月建申，八月建酉，九月建戌，十月建亥，十一月建子，十二月建丑。月柱中的地支每年固定不变，从寅月开始，到丑月结束。

一月 寅月	二月 卯月	三月 辰月	四月 巳月
从立春到惊蛰	从惊蛰到清明	从清明到立夏	从立夏到芒种
五月 午月	六月 未月	七月 申月	八月 酉月
从芒种到小暑	从小暑到立秋	从立秋到白露	从白露到寒露
九月 戌月	十月 亥月	十一月 子月	十二月 丑月
从寒露到立冬	从立冬到大雪	从大雪到小寒	从小寒到立春

下面节令口诀可帮助读者记忆：

春惊清明夏种暑，秋露寒冬大雪寒。

节令的含义：

正月立春："立"是开始的意思，表示万物复苏的春天又开始了，天气将回暖，万物将更新，是农事活动开始的标志。立春是公历的 2 月 4 日或 5 日。

二月惊蛰：春雷开始轰鸣，惊醒了蛰伏在泥土里冬眠的昆虫和小动物，过冬的虫卵快要孵化了，这个节气表示春意渐浓，气温升高。 惊蛰是公历的 3 月 6 日或 7 日。

三月清明：这个节气表示气温已变暖，草木萌动，自然界出现一片清秀明朗的景象。清明是公历的 4 月 5 日或 6 日。

四月立夏：这个节气表示夏季开始，炎热的天气将要来临，农事活动已进入夏季繁忙季节了。 立夏是公历的 5 月 6 日或 7 日。

五月芒种："芒"是指壳实尖端的细毛，在北方是割麦种稻的时候，也是耕种最忙的时节，芒种是公历的 6 月 6 日或 7 日。

六月小暑：这个节气表示已进入暑天，炎热逼人，小暑是公历的 7 月 7 日或 8 日。

七月立秋：这个节气表示炎热的夏季将过，天高气爽的秋天开始。立秋是公历的 8 月 8 日或 9 日。

八月白露：这个节气表示天气更凉，空气中的水气夜晚常在草木等物体上凝结成白色的露珠，白露是公历的 9 月 8 日或 9 日。

九月寒露：这个节气表示冬季的开始，预示气候的寒凉程度将逐渐加剧，寒露是公历的 10 月 8 日或 9 日。

十月立冬：这个节气表示清爽的秋天将过，寒冷的冬天开始，立冬是公历的 11 月 7 日或 8 日。

十一月大雪：这个节气表示降雪来得较大，大雪是公历的 12 月 7 日或 8 日。

十二月小寒：这个节气表示进入冬季最寒冷的季节，会有霜冻，小寒是公历1月5日或6日。

月柱中每月的天干有所不同，虽不像地支那样固定，但也是有规律可寻的。

参看下表：

年上起月表

月/年	甲己	乙庚	丙辛	丁壬	戊癸
正月	丙寅	戊寅	庚寅	壬寅	甲寅
二月	丁卯	己卯	辛卯	癸卯	乙卯
三月	戊辰	庚辰	壬辰	甲辰	丙辰
四月	己巳	辛巳	癸巳	乙巳	丁巳
五月	庚午	壬午	甲午	丙午	戊午
六月	辛未	癸未	乙未	丁未	己未
七月	壬申	甲申	丙申	戊申	庚申
八月	癸酉	乙酉	丁酉	己酉	辛酉
九月	甲戌	丙戌	戊戌	庚戌	壬戌
十月	乙亥	丁亥	己亥	辛亥	癸亥
冬月	丙子	戊子	庚子	壬子	甲子
腊月	丁丑	己丑	辛丑	癸丑	乙丑

此表查法是，凡甲年己年（年柱天干为甲或己），正月为丙寅，二月为丁卯，余类推。如1998年为戊寅年，三月是丙辰月。2000年为庚辰年，八月为乙酉月。

五虎遁：

甲己之年丙作首，乙庚之年戊为头。
丙辛之岁寻庚上，丁壬壬寅顺水流。
若问戊癸何处起，甲寅之上好追求。

口诀用法：凡甲年己年，一月天干为丙，二月天干为丁，其余类推。

一年分四季，有廿四个节气。其中有十二个节，十二个气，即一个月之内有一节一气。每两节相距约三十天又十分之四天，而农历每月天数则为二十九天半，故约每三十四个月，必有两个月有节而无气或有气而无节的情况。有节无气之月，即农历的闰月，有气无节之月不为闰月。

记年月日时遇有闰月时，一定要标明闰月，防止排错四柱。一般情况下，记前后月即可。下面两个命造，虽然都生于五月，因有前后五月的区别，故两命造四柱截然不同。

例如：女命，一九九〇年前五月十六日辰时生

坤造：庚　壬　甲　戊
　　　午　午　辰　辰

例如：女命，一九九〇年后五月十六日辰时生

坤造：庚　癸　甲　戊
　　　午　未　戌　辰

3. 排日柱

从鲁隐公三年（公元前 722 年）二月己巳日至今，我国干支记日从未间断。这是人类社会迄今所知的唯一最长的记日法。

日柱，即用农历的干支代表人出生的那一天。干支记日每六十天一

循环，由于大小月及平闰年不同的缘故，日干支需查找万年历。日柱，在命学上是以晚上子时开始顺时针到亥时，十二个时辰为一天，每一个时辰占两个钟点。 日与日的分界线是以子时来划分的，即晚上的十一点。十一点前是上一日的亥时，过了十一点就是次日的子时。这一点请特别留意，而不要认为午夜十二点是一天的分界点。

4. 排时柱

时柱，用农历干支表示人出生的时辰。一个时辰在农历记时中跨两个小时，故一天共十二个时辰。

子时：23点—凌晨1点前　　丑时：1点—凌晨3点前

寅时：3点—凌晨5点前　　卯时：5点—凌晨7点前

辰时：7点—上午9点前　　巳时：9点—上午11点前

午时：11点—上午13点前　　未时：13点—上午15点前

申时：15点—上午17点前　　酉时：17点—上午19点前

戌时：19点—晚上21点前　　亥时：21点—晚上23点前

古人将一日等分为十二时辰，即：

夜半者子也，鸡鸣者丑也，平旦者寅也，日出者卯也，食时者辰也，隅中者巳也，

日中者午也，日佚者未也，哺时者申也，日入者酉也，黄昏者戌也，人定者亥也。

时柱的地支是固定不变的，而天干却不同，可查下面日上起时表：

日上起时表

时/日	甲己	乙庚	丙辛	丁壬	戊癸
子	甲子	丙子	戊子	庚子	壬子
丑	乙丑	丁丑	己丑	辛丑	癸丑
寅	丙寅	戊寅	庚寅	壬寅	甲寅
卯	丁卯	己卯	辛卯	癸卯	乙卯
辰	戊辰	庚辰	壬辰	甲辰	丙辰
巳	己巳	辛巳	癸巳	乙巳	丁巳
午	庚午	壬午	甲午	丙午	戊午
未	辛未	癸未	乙未	丁未	己未
申	壬申	甲申	丙申	戊申	庚申
酉	癸酉	乙酉	丁酉	己酉	辛酉
戌	甲戌	丙戌	戊戌	庚戌	壬戌
亥	乙亥	丁亥	己亥	辛亥	癸亥

五鼠遁：

甲己还加甲，乙庚丙作初。
丙辛从戊起，丁壬庚子居。
戊癸何方发，壬子是真途。

上表和口诀的用法与年上起月法类似。如丙申日卯时的天干是辛，即辛卯时。

五、四柱含义

四柱预测是建立在"人是有命运的"这个基点上的，而命运又是由先天的"命"和后天的"运"所组成的，一个人的四柱就代表了这个人的命，此人一生的富贵贫贱吉凶寿夭的信息，尽藏于这个四柱之中，因此，虽然是一个简单的四柱八个字，却具有多方面的含义。

1.可将四柱比喻为树木,进而引申比喻为命主的状况。

年柱好比树之根,根深则树干粗壮,反之则树干枯死;

月柱好比树之干,干粗则枝叶茂盛,反之则枝叶凋零;

日柱好比树之花,日旺则繁花似锦,反之则少花无色;

时柱好比树之果,时旺则硕果累累,反之则果实质劣。

2.在四柱预测中,我们常把四柱比喻为六亲(或说代表六亲)。

年柱为父母宫,干为父支为母,年柱也代表祖上;

月柱为兄弟宫,男命干为兄弟,支为姐妹;女命干为姐妹,支为兄弟,月柱也代表父母。

日柱,日干代表自己,日支代表配偶,因此也叫配偶宫,男命日支为妻,女命日支为夫。

时柱为子女宫,男命干代表儿子,支代表女儿,女命干代表女儿,支代表儿子。

3.四柱又比喻为人体(或代表人体)。

年柱代表头,月柱代表胸,日柱代表腹股,时柱代表四肢。

4.四柱又比喻为人生阶段(或代表着人生各个阶段)。

年柱代表少年阶段(1岁—16岁);

月柱代表青年阶段(17岁—32岁);

日柱代表中年阶段(33岁—48岁);

时柱代表晚年阶段(49岁—64岁)。

年柱: 由年干和年支组成。一般来说,年柱以相生为好,如甲子、甲午之类、主父母和顺,家业昌盛。若得月日时生年更佳,此为下生上,为年柱根基坚固而旺。主世代兴旺,祖上有福有德,本人多得祖荫之福,儿孙孝顺,父母身健寿高,也主本人发达,为有能力之人。若年柱年月日时,此为泄损元气根弱,必败祖业,不利父母。若是月日时来刑冲克害年柱,不仅败祖业,不利六亲,克父刑母,也主本人一生蹇滞，百事无成，疾病甚至无寿。

年柱干支比和者，父母多有不和之事，如壬子、甲寅之类，主家有风波，家业不旺。

年干支相克不利父母，如甲辰、乙酉之类，干克支不利母，支克干不利父，若四柱中无制无救者，则增加克力，主父母离异或丧残其一。

月柱：月柱由月干月支组成，月支也叫月令、月建，月令是衡量年柱、日柱、时柱干支和月干旺衰的重要标准。

月柱干支相生利兄弟姐妹，如丙寅、丁卯之类。月干丙火在寅月为临旺地，又得其它柱来生助无克破败者，主兄弟姐妹和顺而得力。月干支受刑冲克害或干支相战，主兄弟姐妹无靠或不得力或各奔东西。

日柱：日柱由日干和日支组成。日柱为人的一生之主，为人一生吉凶祸福之地。日干为自己，四柱预测技术中叫日主。日主生旺，犹如人身强体壮，能胜财抗杀护卫六亲，聪明能干，善养家小，遇事多逢凶化吉。日主衰弱休囚，犹如人体弱多病，神萎精枯，如不能胜财抗杀，必是多凶少吉。

日干为己，日支为配偶，干支相生夫妻和顺，如乙巳、丙寅之类。如日干偏弱，干得支生，男多得贤妻之助，女多得良夫之力。如日支偏弱，支得干生，男爱其妻，女助其夫。

日干支相冲克，有夫妻分离之忧，男克女，婚无早娶。女克男，婚无早嫁，为晚婚之象，相克甚重者，不生离则有死别之苦。日干支五行相同者为相争，不和之象。

时柱：时柱由时干和时支组成。时喜生旺，忌衰绝。凡四柱中喜神（日主所喜欢之神）临时柱，生旺则愈吉，衰绝则不吉。四柱中忌神临时柱，生旺则愈凶，衰绝则不凶。时柱生旺，主子孙昌盛，身体强健，秀气聪颖，前程远大。休困死绝，则子女一生受灾或生子忤逆不孝或夭折。时柱生扶日柱，子女多忠而孝，老来有靠，平安多福，如时柱冲日

主，子女多不忠不孝，老来孤独，六亲缘薄。

四柱由年月日时柱组成，每一个单柱，都有其相对独立的信息之象。但最终看各个柱表现的象，必须结合命元（即日干）所走大运，所逢流年，以及命局中喜忌组合综合判断。

四柱具体排法

1. 四柱的排列形式

通过以上几节的详述，读者对基础部分已有初步概念，现在可以进行实地来操作一下，先来熟练一下怎样推排四柱，知其四柱的作用是什么，待四柱熟练以后，即可逐步再往下进行。

推排四柱时，首先将纸笔备好，先在纸上写好年柱，依次再排出月柱、日柱、时柱。其四柱形式如下：

某人生于一九六三年三月二十八日亥时

年	月	日	时
癸	丙	甲	乙
卯	辰	午	亥

2. 年柱排法

排年柱干支，一般都用以下两种方法，第一种方法将出生之年的天干地支用《万年历》查出，如1994年为甲戌年，1971年为辛亥年，1986年为丙寅年，1999年为己卯年，这就叫做年柱。

第二种方法用手指推算；将十二地支分布在手指十二指节上，以左手的无名指根下起子，中指根为丑，食指根为寅，食指根上第一节为卯，第二节为辰，食指尖为巳，中指尖为午，无名指尖为未，小指尖为

申，小指尖下一节为酉，第二节为戌，小指根为亥。（见下手掌图）

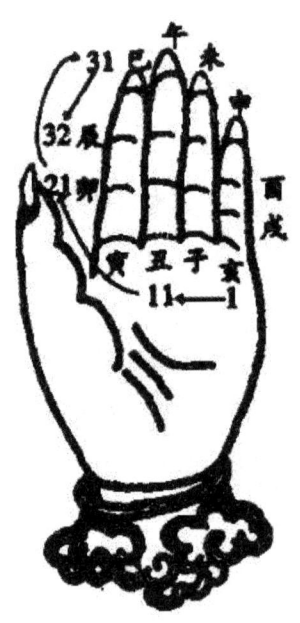

应用方法以拇指掐住流年（即推命的当年）为1岁，然后顺着向前隔一字增10岁为11岁，再隔一字为21岁……点到整数即停，零岁再回头推。例如某男32岁于1995年开始推算，1995年是乙亥年，其推法是用拇指掐在亥位上起1岁，顺着向前隔一字11岁为乙丑，再隔一字21岁为乙卯，再隔一字31岁为乙巳，然后再从31岁的乙巳上回头逆推，即32岁为甲辰，知其人是甲辰年出生。又如某人1995年是38岁，看看那一年的年干支是什么？已知1995年那年的年干支是乙亥，即乙亥年推算，以拇指点乙亥为1岁，11岁为乙丑，21岁为乙卯，31岁为乙巳止住，再从乙巳上回头逆推，32岁为甲辰、33岁为癸卯、34岁为壬寅、35岁为辛丑、36岁为庚子、37岁为己亥、38岁为戊戌，可知其人38岁是戊戌年生人。

排年柱首先注重的是以立春为界限，即立春前算去年，立春后算今年，例如某人于一九五五年正月十三日午时出生，该年正月十二亥时立春，那么这个人是立春后生人，其年柱则以乙未年计算，我们则将1955年乙未年列为年柱：

年	月	日	时
乙	〇	〇	〇
未	〇	〇	〇

又如某人于一九五五年正月初十日出生，那么这个人的出生日还未过立春，仍以前一年甲午年计算，其命式应列为：

年	月	日	时
甲	〇	〇	〇
午	〇	〇	〇

3. 月柱排法

月柱的月支是固定不变的，如寅是正月，卯是二月，辰是三月。巳是四月，午是五月，未是六月，申是七月，酉是八月，戌是九月，亥是十月，子是十一月，丑是十二月，但月干不是固定的，因为月干是根据年干推出来的。月柱的地支，不论有无闰月，都是以二十四节气中的节为基准，有一首流传的"节气歌"，特此转录。

正月立春雨水节，二月惊蛰与春分。
三月清明并谷雨，四月立夏小满方。
五月芒种及夏至，六月小暑大暑光。
七月立秋又处暑，八月白露秋分忙。
九月寒露与霜降，十月立冬小雪藏。
冬月大雪和冬至，腊月小寒大寒当。

月柱的推排方法可查《万年历》根据节期查出月柱。例如1999年正月是丙寅月，那么丙寅即为月柱，如出生三月是戊辰，那么戊辰即为月柱等等。

月柱的地支是固定不变的，如正月建寅、二月建卯、三月建辰……而月柱的天干不是固定的，是根据年柱的天干来推定的，古人有一首歌诀名叫"五虎遁"月歌，表达得非常明白，其歌诀是：

甲己之年丙寅首，乙庚之岁戊寅头。
丙辛之年庚寅上，丁壬壬寅顺行流。
戊癸甲寅正月起，年上起月此为由。

五虎遁起月表

月 年	寅	卯	辰	巳	午	未	申	酉	戌	亥	子	丑
甲己	丙	丁	戊	己	庚	辛	壬	癸	甲	乙	丙	丁
乙庚	戊	己	庚	辛	壬	癸	甲	乙	丙	丁	戊	己
丙辛	庚	辛	壬	癸	甲	乙	丙	丁	戊	己	庚	辛
丁壬	壬	癸	甲	乙	丙	丁	戊	己	庚	辛	壬	癸
戊癸	甲	乙	丙	丁	戊	己	庚	辛	壬	癸	甲	乙

月干是由年干推算出来的，如明白"五虎遁"歌诀中的歌意马上即可知其某月的天干，如歌诀中"甲己之年丙寅首"含义是逢甲年和己年，正月的干支从丙开始，以正月为丙寅，二月为丁卯，三月为戊辰，顺着往下排。"乙庚之岁戊寅头"，逢乙年和庚年，正月的干支为戊寅月，二月为己卯月，三月为庚辰月，顺着排十二月，其余类推。

例如某男生于一九六五年农历三月十二日，查《万年历》得知1965年为乙巳年，按"乙庚之岁戊寅头"的口诀，正月为戊寅，二月为己卯。三月为庚辰，得知三月为庚辰月，庚辰即为该男的月柱。

又如某男生于一九六二年（壬寅年）四月初五日，依五虎遁歌诀"丁壬壬寅顺行流"，则知壬寅年的正月是壬寅月，从正月的壬寅推到四月，即二月癸卯。三月甲辰，四月乙巳，即以"乙巳"为月柱：

年	月	日	时
壬	乙	○	○
寅	巳	○	○

又如某人出生于一九六八年（戊申年）十二月二十日，查万年历得知该年十二月十八日立春，此人虽然出生在戊申年，但已过了立春节应该以下一年的己酉年计算。查五虎遁歌诀，"甲己之年丙作首"，则知正月是丙寅月，即以"丙寅"为月柱：

年	月	日	时
己	丙	○	○
酉	寅	○	○

又如某人出生于一九八六年（丙寅年）三月初十日申时，此年是二月二十七日巳时"清明"，查万年历三月是辰月，其月干依照"丙辛之年庚寅上"，则知正月是庚寅，二月是辛卯，三月为壬辰，

即以"壬辰"为月柱：

年	月	日	时
丙	壬	○	○
寅	辰	○	○

4. 日柱排法

日柱称之为日元，因四柱是以日为主，所以又故名为日主。

日柱的推排比较复杂，不像月柱那样有规律可循，预测师推命时只有用历书查对，如离开历书，那就束手无策了，惟有经过师门培训的江湖术士自有师传密招，他们在推命时不用查书，只要求测者报出出生年、月、日、时，就即可在一分钟之内，将所报出的时间换算成一个完整的四柱，此法在"时间篇"里自有详述，为了使初学者马上入门，在没有接触到时间篇之前，还需查《万年历》。

例如某人出生于一九七八年八月初八日，查《万年历》1978年的年干支为戊午年，八月的干支为辛酉月，初八日的干支为乙亥日，即以"乙亥"为日柱。日与日之间，以"子正"为分界，也就是以夜二十四时零分（子正）为一日开始，亦即从夜间23时—24时出生者算前一天，也就是今天日干为准。

年	月	日	时
戊	辛	乙	○
午	酉	亥	○

5. 时柱排法

时干支和日干支不同，方法很简单，古有"五鼠遁"歌诀，以日干即可推算时干，方法非常简单。古歌即：

甲己还加甲，乙庚丙作初。
丙辛生戊子，丁壬庚子居。
戊癸何方法，壬子是真途。

凡是推算时干支，都是从子时开始，然后再从子时往下推算，如果是甲日或己日出生的人，他的出生时间从甲子时开始推算，乙日或庚日出生的人，子时是丙子时，丙日和辛日出生的人，子时是戊子时，丁日或壬日是庚子时等等,以日干确定时支的天干。例如某人出生于辛丑日上午11点10分,交11点就为午时,排时柱应依"五鼠遁日起时"歌诀中的"丙辛生戊子",那么是戊子向前推到午时。从手掌上无名指根起戊子,中指根为己丑,食指根为庚寅,食指第一节为辛卯,第二节为壬辰,食指尖为癸巳,中指尖为甲午,即知此人的出生时辰为"甲午"时。假如某人出生于辛丑日酉时,则从甲午时继续往前推,即甲午—乙未—丙申—丁酉。知其辛日的酉时为"丁酉"时。

五鼠遁日起时表

时支 日干	子	丑	寅	卯	辰	巳	午	未	申	酉	戌	亥
甲己	甲	乙	丙	丁	戊	己	庚	辛	壬	癸	甲	乙
乙庚	丙	丁	戊	己	庚	辛	壬	癸	甲	乙	丙	丁
丙辛	戊	己	庚	辛	壬	癸	甲	乙	丙	丁	戊	己
丁壬	庚	辛	壬	癸	甲	乙	丙	丁	戊	己	庚	辛
戊癸	壬	癸	甲	乙	丙	丁	戊	己	庚	辛	壬	癸

一日一夜二十四小时,分为十二时辰,在十二时辰中,从半夜二十三点(即晚上十一点)至凌晨一点,这中间的两小时,我们称之为"子时"。由于子时是前后两天的分界线,我们称之为"子正"。以半夜十二点为中心点,前面的一小时划归为今天的"夜子时",后面的一小时划归为明日"早子时"。也就是说,在同一天中,从凌晨零点至一点

圆通达观（上）

为本日的早子时，半夜二十三点至凌晨零点（夜十二点）为本日的夜子时。即以子正十二点零时为前后两天的分界线，那么我们日常所用的干支记日（日柱）当然也要以此来换算，应该是没有争议的。

然而，一个子时虽分前后两天使用，可是早子时与夜子时的天干各不相同，比如说，今天夜子时的天干是"甲"，我们称之为"甲子时"，而这个"甲"干乃是管辖子时的完整两个小时，我们虽然将子时分为前后两天计算，也仅是应用观点上从中分开而已。并非将日、时予以分割两断，更无法改变甲日干统管"子"时的完整两个小时，我们只能在应用观点上将十二点前的夜子时划归是今天，凌晨十二点后的早子时划归为明天，而早子时与夜子时仍是同一个时辰，其当值的天干仍为同一个天干。

基于上述可知，在同一日之内，因本日早子时（凌晨零点至一点）和本日夜子时（夜二十三点至零点）必须间隔十个时辰。所以两个不同的子时，也用两个不同的天干。现再来详述如下：

①凡甲日或己日的早子时应为"甲子"时，夜子时为"丙子"时。
②凡乙日或庚日的早子时应为"丙子"时，夜子时为"戊子"时。
③凡丙日或辛日的早子时应为"戊子"时，夜子时为"庚子"时。
④凡丁日或壬日的早子时应为"庚子"时，夜子时为"壬子"时。
⑤凡戊日或癸日的早子时应为"壬子"时，夜子时为"甲子"时。

现举例说明如下：
例一：某人出生于一九六五年农历二月初十日晚上23点35分，因是夜子时出生，其日柱仍用本日的日柱干支，而时柱须用次日的子时干支，八字排列是：

年	月	日	时
乙	己	乙	戊
巳	卯	丑	子

例二：某人出生于一九六五年农历二月初十日早上零时35分出生，是早子时，其日柱乃用本日干支，时柱也用本日干支，八字排列是：

```
年    月    日    时
乙    己    乙    丙
巳    卯    丑    子
```

日上起时表

日干\时间\日辰	早子时	丑时	寅时	卯时	辰时	巳时	午时	未时	申时	酉时	戌时	亥时	夜子时
	0-1	1-3	3-5	5-7	7-9	9-11	11-13	13-15	15-17	17-19	19-21	21-23	23-0
甲日 己日	甲子	乙丑	丙寅	丁卯	戊辰	己巳	庚午	辛未	壬申	癸酉	甲戌	乙亥	丙子
乙日 庚日	丙子	丁丑	戊寅	己卯	庚辰	辛巳	壬午	癸未	甲申	乙酉	丙戌	丁亥	戊子
丙日 辛日	戊子	己丑	庚寅	辛卯	壬辰	癸巳	甲午	乙未	丙申	丁酉	戊戌	己亥	庚子
丁日 壬日	庚子	辛丑	壬寅	癸卯	甲辰	乙巳	丙午	丁未	戊申	己酉	庚戌	辛亥	壬子
戊日 癸日	壬子	癸丑	甲寅	乙卯	丙辰	丁巳	戊午	己未	庚申	辛酉	壬戌	癸亥	甲子

6. 四柱排列实例

通过以上诸篇介绍，我相信初学者对年、月、日、时的运用已经有了初步概念，现在我们不厌其烦地再将四柱排列方法按步取行地来实地操作一下。

例一：某人于一九六四年农历三月十七日上午十点（巳时）出生

①在没有学会"流年赶月"法之前，还须翻查万年历，第一步查出生年干支，这个命造出生于1964年，年干支为甲辰年，于是用笔记上"甲辰"：

年	月	日	时
甲	○	○	○
辰	○	○	○

②第二步查出生月干支，查三月十七日是在清明之后，立夏之前其月地支属辰月。先记上月支"辰"，再用"五虎遁"年上起月歌中"甲己之年丙作首"，推知甲年的辰月为戊辰月，于是又在月干支下面写上"戊辰"：

年	月	日	时
甲	戊	○	○
辰	辰	○	○

③再查出生日干支，经查三月十七日为丁未日，于是又记上"丁未"：

年	月	日	时
甲	戊	丁	○
辰	辰	未	○

④最后一步，再查出生时干支，已知该日的日干为"丁未"再用

圆通达观（上）

"五鼠遁"的歌诀"丁壬庚子居"中得知丁日之巳时必为"乙巳"时，于是又在纸上记上"乙巳"，这样就完整的将一个八字排出了。

年	月	日	时
甲	戊	丁	乙
辰	辰	未	巳

例二：某人出生于一九四五年农历五月初八日上午八点十七分（辰时）

① 从万年历上查出公元1945年的年干支为乙酉年。

② 再查五月初八在芒种之后，小暑之前，故属午月的节气，再用五虎遁歌"乙庚之岁戊为头"的歌诀，得知乙年的午月必为"壬午"月。

③ 又查出五月初八日的日干支为丁巳日。

④ 最后再用五鼠遁歌诀"丁壬庚子居"推出丁日的辰时必为甲辰时。故这个四柱的格式应为：

年	月	日	时
乙	壬	丁	甲
酉	午	巳	辰

例三：某人出生于一九六八年十二月二十日晚上23点15分（夜子时）

① 1968年的年干支为戊申年，再看该年的十二月十八日庚戌日辰时已经立春，故其出生年应该是己酉年而不是戊申年，其月柱应为己酉年的正月，五虎遁歌诀"甲己正月丙寅起"，其正月的干支必是丙寅月。

② 查十二月二十日的干支为壬子日。

③ 晚上23点15分属夜子时生人，所以时柱须用次日的子时，其时柱干支是壬子时。故这个四柱八字的格式应记为：

 圆通达观（上）

年	月	日	时
己	丙	壬	壬
酉	寅	子	子

例四：某人出生于一九三九年八月初三晚二十三点十分（夜子时）

①查万年历 1939 年的年干支为己卯年

②再查该年的农历八月初三日是在白露之后，寒露之前故知其生月为酉月，用五虎遁歌诀"甲己之年丙作首"推知，己年的酉月必为癸酉月。

③又查出此命造出生在夜子时，其日干支不变，仍属八月初三日，该日的日干为乙卯日。

最后再查出生时辰，该造的生时为夜子时，故取次日的子时干支为戊子时。

故此命造的八字格式应为：

年	月	日	时
己	癸	乙	戊
卯	酉	卯	子

例五：某人出生于公元一九五三年农历八月十七日零点十二分（早子时）

①用万年历查公元 1953 年的年干支是癸巳年。

②再查八月十七日在白露之后，寒露之前，属于酉月，用五虎遁推知，癸巳年的酉月为辛酉月。

③又查八月十七日的日干支为戊寅日。

④最后再来查一下时干支，用"五鼠遁"歌诀推知戊日的子时干支为壬子时。

故此命造的八字格式应为：

年	月	日	时
癸	辛	戊	壬
巳	酉	寅	子

第三节　排大运与流年

人的出生时间干支排列的组合就是人的"命"。人出生后，所经历的人生历程为大运。我们常说命运，就是两者的结合。大运就是指一个人一生中在每个阶段的运气好坏，因此一个人不仅需知道自己命的好坏，还要知道自己一生运气的好坏，这样才能真正做到了解自己的命运，从而掌握自己的命运。命好还要运好，这样的人生如锦上添花，更上一层楼。好命无好运，犹如竹篮子打水空欢喜。命不好行好运，也会有枯木逢春，百花盛开的美景。人的大运是十年一变，所以才有了"十年河东，十年河西"之说法。所以一个人必须知道何时走好运，何时走败运，以达到趋吉避凶。当一个人财运官运亨通之时，即此人经过不懈努力终于登上了山峰，那种一览众山小，大自然尽收眼底的喜悦之情难以言尽。可人总不能停留在山顶，此时无论往山的那边走，都是下坡路，即走退运。当一个人在人生最低谷时，往那边走都是上坡路，越走越高，即行好运，此为绝处逢生之理。一般来讲，在哪个阶段上步入了好运则好事连连，在哪个阶段进入了厄运，则凶事不断。人的命有的先好后坏，有的是先坏后好，有的是好坏起伏，真是千变万化。因此，行好运，可为人命之不足补益；行厄运，则须对凶事知之防之避之。那么怎样排大运呢？

一、排大运

排大运，分阴年和阳年。阳年者，是所生之年的年柱的天干为甲、丙、戊、庚、壬。阴年者，是年柱的天干为乙、丁、己、辛、癸。

排大运的基准是以人出生月的月柱干支为起点。

每步大运干支管十年，运干运支每五年各有侧重，即前五年看重运干，后五年看重运支。并不是说前五年运支不重要了，后五年运干不重要了，干支为一整体，只是侧重而已，就好比前五年运干值班说了算，后五年是运支值班说了算。排大运记住"阳男阴女顺排，阴男阳女逆排"这个口诀，就可以了。其意思是说，阳年生男，阴年生女，大运干支是由月柱干支顺数的序列排出的；阴年生男阳年生女，大运干支是由月柱干支逆数的序列排出的。一般情况下，命局标出八步运就可以了。

阳男阴女顺排：

男命：一九四二年二月十二日十六时零五分生

　　　　食　　伤　　日　　财
乾造：壬　　癸　　庚　　甲
　　　午　　卯　　辰　　申
　　　丁己　乙　戊乙癸　庚壬戊

大运：甲辰　乙巳　丙午　丁未　戊申　己酉　庚戌　辛亥

阴男阳女逆排：

女命：一九四二年二月十二日十六时零五分生

　　　　食　　伤　　日　　财
坤造：壬　　癸　　庚　　甲
　　　午　　卯　　辰　　申
　　　丁己　乙　戊乙癸　庚壬戊

大运：壬寅　辛丑　庚子　己亥　戊戌　丁酉　丙申　乙未

圆通达观（上）

二、标出起运岁数和年份

1. 阳男阴女顺排至下月节，阴男阳女逆排至上月节。

阳男阴女顺排，是从生日起顺数到下一个节令，共计几日几时，然后用3除之；阴男阳女逆排，是从生日起逆数到上一个节令，共计几日几时，然后用3除之。所得之数即为起大运之数。

2. 以3日为1年，1日为4个月（120天），1个时辰为10天计算。

无论男女顺逆数至下月节或本月节几日几时，都用3除，等于1年2年……余1个时辰加10日，余2个时辰加20日……余11个时辰加110日。

例如：男命，一九四二年二月十二日十六时零五分生

```
          食    伤    日    财
乾造：    壬    癸    庚    甲
          午    卯    辰    申

          丁己  乙   戊乙癸  庚壬戊
```

大运：	甲辰	乙巳	丙午	丁未	戊申	己酉	庚戌	辛亥
年龄：	3	13	23	33	43	53	63	73
公元：	1945	1955	1965	1975	1985	1995	2005	2015

阳年男命顺排大运，自出生日二月十二日申时顺数至二月二十日酉时（18时24分）清明节止，共有8天零1个时辰，按3天折1年，1天折4个月，1时折10天，应为出生后2岁零8个月10天交大运，亦即一九四四年十月二十二日申时起大运。

大运的计算，是以实岁（即周岁）为准。起大运的岁数，一般以实足的天数计算。有时为计算和标大运简便，在计算天数，用3除不尽时，多一天舍去不用，少一天则加一天，上例命造起大运岁数可为8÷3=2余2，可为3岁起大运。

大运排好之后，在每步大运下面标上起运年令，为了在批命时容易分析判断，在年龄下面再标上年份。

三、排流年

何谓流年，通俗的语言就是算命那一年的干支，算哪一年的命运，哪年就叫流年。如算一九九九年的命运，就是流年己卯。算2000年的命运，就是流年庚辰。

古人在留给我们的四柱精典中，一般是将岁运放在一起为一方，另一方则是命局，互相参看其生克制化，以决吉凶。而笔者认为，流年是公共的，是大家的，应为一方，而另一方应是各自的命运，即命局加上大运的合称。参看时，以命运中的喜忌，对照流年，便知吉凶。

按照日主出生时间年月日时排出四柱，再以男女顺逆排出大运，就是一个人的命运。

因大运是由月令起排的，大运因四柱命局而异，因此大运同命局一样，都代表着人的先天因素即内因。而流年则是外部条件，即外因，流年对所有的命运，都是固定的，公平的。就看你的命运，是顺流年，还是逆流年，顺流年为吉，逆流年则不吉。

何谓流年太岁，太岁即是流年地支，那么流年的天干就叫岁君。一般情况下，太岁的力量要比岁君力量大。流年太岁不可犯，太岁当年坐，冒犯必有祸。

从前面分析中我们可以得出，命为一生之荣枯，运为十年之顺逆，流年为一岁之吉凶，每个人拿自己的命运去对照流年岁君太岁，是喜是忌一目了然。

四、岁运总论

十年一运，包含了十天干的十年流转，大运天干走好运，流年不会十年都一样好。最好的年头是一生得力的几年，这些流年中还会因为刑冲克合等组合好坏而损益用神。用神受克受损耗的几年中，会有一些不顺，也还会因为刑冲克合等组合好坏而损益用神，但大运天干为好运，不顺就是暂时的。大运天干不好则相反。

　　大运干支本身是互相联系着的，干支五行相生或相克或相同，都增其好运或增其坏运。如果上干克下支，损耗上干之气；上干生下支，泄上干之气；下支克上干，抑损上干之气；下支生上干或同上干为生扶上干之气。此外，大运和流年好比第五柱、第六柱，不但参与四柱的综合平衡，而且直接分十年一阶段，流年一太岁预示出吉凶。

第三章 十神

大运排好后，根据日主标出运干十神和地支藏干十神，然后根据四柱命局组合和大运，综合判断运程吉凶好坏。如果运用熟练了，地支藏干十神可不标出。

第一节 什么叫十神

在四柱命局中，以日柱天干为主，命局限运其它干支为辅，推算一个人的命运，因此把日干也称为日主、日元或身。日主与其他干支的千差万别的特定组合，构成了千差万别的特定的人。由于每个人出生时所处的宇宙时空状态不同，禀受的阴阳之气的清浊旺衰也就不同，因而人的富贵贫贱、吉凶寿夭层次也就大有差别。

一、以日主为中心定十神

日干为日主，日主即是四柱命局中的我，为己身。四柱中日主和其它干支是同异互见，生克共存的关系。

同异关系是同性相见为偏，异性相见为正。即阳见阳或阴见阴为偏，如甲与丙或乙与丁；阳见阴或阴见阳为正，如甲与丁或乙与丙。

生克关系是生我、我生、克我、我克、同我五种关系。例如日干为丙，则甲乙为生我，壬癸水为克我，戊己土为我生，庚辛金为我克，丙丁火为同我。

天干阴阳五行与日主的关系用"神"代表，它是日干与其它各干阴阳生克的代名词，日干同其它干有五种关系，在这五种关系中又有阴阳关系，实际共十种关系，因而称十神。这十个神是正印、偏印（也称枭印）、伤官、食神、正官、偏官（也称七煞）、正财、偏财、劫财、比肩。

1. 生我者正印、偏印

阴干生阳我，阳干生阴我为正印。如日主丙火，丙为阳，乙为阴，乙木生丙火，乙木是日主丙火的正印。阳干生阳我，阴干生阴我为偏印，也称枭。如日主丙火，丙为阳，甲为阳，甲木生丙火，甲木是日主的偏印。

2. 我生者伤官、食神

阴我生阳干，阳我生阴干为伤官。如日主丙火，丙为阳，己为阴，丙火生己土，则己土是丙火日主的伤官。

阳我生阳干，阴我生阴干为食神，如日主为丙火，丙为阳，戊为阳，丙火生戊土，则戊土是丙火日主的食神。

3. 克我者正官、七煞

阴干克阳我，阳干克阴我为正官。如日主为丙火，丙为阳，癸为阴，癸水克丙火则癸水是日主丙火的正官。

阳干克阳我，阴干克阴我为偏官。如日主为丙火，丙为阳，壬为阳，壬水克丙火，则壬水是日主丙火的偏官，也称七煞。

4. 我克者正财、偏财

阴我克阳干，阳我克阴干为正财。如日主为丙火，丙为阳，辛为阴，丙火克辛金，则辛金是日主丙火的正财。

阳我克阳干，阴我克阴干为偏财。如日主为丙火，丙为阳，庚为阳，丙火克庚金，则庚金是日主丙火的偏财。

5. 同我者劫财、比肩

阴干同阳我，阳干同阴我为劫财。如日主为丙火，丙为阳，丁为阴，丙火同丁火，则丁火是日主丙火的劫财。阴干同阴我，阳干同阳我为比肩。如日主为丙火，丙为阳，丙火同丙火，则丙火是日主丙火的比肩。

以日干为主，分列"天干十神表"及"十神简称表"：

天干十神表

日干＼十神＼天干	甲	乙	丙	丁	戊	己	庚	辛	壬	癸
甲	比肩	劫财	食神	伤官	偏财	正财	七煞	正官	偏印	正印
乙	劫财	比肩	伤官	食神	正财	偏财	正官	七煞	正印	偏印
丙	偏印	正印	比肩	劫财	食神	伤官	偏财	正财	七煞	正官
丁	正印	偏印	劫财	比肩	伤官	食神	正财	偏财	正官	七煞
戊	七煞	正官	正印	偏印	比肩	劫财	食神	伤官	偏财	正财
己	正官	七煞	正印	偏印	劫财	比肩	伤官	食神	正财	偏财
庚	偏财	正财	七煞	正官	偏印	正印	比肩	劫财	食神	伤官
辛	正财	偏财	正官	七煞	正印	偏印	劫财	比肩	伤官	食神
壬	食神	伤官	偏财	正财	七煞	正官	偏印	正印	比肩	劫财
癸	伤官	食神	正财	偏财	正官	七煞	正印	偏印	劫财	比肩

十神简称表

十神	正印	偏印	正官	偏官	正财	偏财	伤官	食神	劫财	比肩
十神	印	枭	官	杀	才	财	伤	食	劫	比

地支藏干十神表

地支	藏干	日干									
		甲	乙	丙	丁	戊	己	庚	辛	壬	癸
子	癸	正印	偏印	正官	偏官	正财	偏财	伤官	食神	劫财	比肩
丑	己	正财	偏财	伤官	食神	劫财	比肩	正印	偏印	正官	偏官
	癸	正印	偏印	正官	偏官	正财	偏财	伤官	食神	劫财	比肩
	辛	正官	偏官	正财	偏财	伤官	食神	劫财	比肩	正印	偏印
寅	甲	比肩	劫财	偏印	正印	偏官	正官	偏财	正财	食神	伤官
	丙	食神	伤官	比肩	劫财	偏印	正印	偏官	正官	偏财	正财
	戊	偏财	正财	食神	伤官	比肩	劫财	偏印	正印	偏官	正官
卯	乙	劫财	比肩	正印	偏印	正官	偏官	正财	偏财	伤官	食神
辰	戊	偏财	正财	食神	伤官	比肩	劫财	偏印	正印	偏官	正官
	乙	劫财	比肩	正印	偏印	正官	偏官	正财	偏财	伤官	食神
	癸	正印	偏印	正官	偏官	正财	偏财	伤官	食神	劫财	比肩
巳	丙	食神	伤官	比肩	劫财	偏印	正印	偏官	正官	偏财	正财
	戊	偏财	正财	食神	伤官	比肩	劫财	偏印	正印	偏官	正官
	庚	偏官	正官	偏财	正财	食神	伤官	比肩	劫财	偏印	正印
午	丁	伤官	食神	劫财	比肩	正印	偏印	正官	偏官	正财	偏财
	己	正财	偏财	伤官	食神	劫财	比肩	正印	偏印	正官	偏官
未	己	正财	偏财	伤官	食神	劫财	比肩	正印	偏印	正官	偏官
	丁	伤官	食神	劫财	比肩	正印	偏印	正官	偏官	正财	偏财
	乙	劫财	比肩	正印	偏印	正官	偏官	正财	偏财	伤官	食神
申	庚	偏官	正官	偏财	正财	食神	伤官	比肩	劫财	偏印	正印
	壬	偏印	正印	偏官	正官	偏财	正财	食神	伤官	比肩	劫财
	戊	偏财	正财	食神	伤官	比肩	劫财	偏印	正印	偏官	正官
酉	辛	正官	偏官	正财	偏财	伤官	食神	劫财	比肩	正印	偏印
戌	戊	偏财	正财	食神	伤官	比肩	劫财	偏印	正印	偏官	正官
	辛	正官	偏官	正财	偏财	伤官	食神	劫财	比肩	正印	偏印
	丁	伤官	食神	劫财	比肩	正印	偏印	正官	偏官	正财	偏财
亥	壬	偏印	正印	偏官	正官	偏财	正财	食神	伤官	比肩	劫财
	甲	比肩	劫财	偏印	正印	偏官	正官	偏财	正财	食神	伤官

例如：男命，一九六四年十月初八日申时生

根据出生时间排出四柱，标出十神：

```
         比      劫      日      枭
乾造：   甲      乙      甲      壬
         辰      亥      子      申
         戊乙癸   壬甲    癸     庚壬戊
         财劫印   枭比    印     杀枭财
```

女命：一九七〇年四月二十日辰时生

根据出生时间排出四柱标出十神：

```
         杀      官      日      财
坤造：   庚      辛      甲      戊
         戌      巳      辰      辰
         戊辛丁   丙戊庚   戊乙癸   戊乙癸
         财官伤   食财煞   财劫印   财劫印
```

二、十神关系

十神生克与阴阳五行的生法则同步，是循环相生和隔位相克的关系。

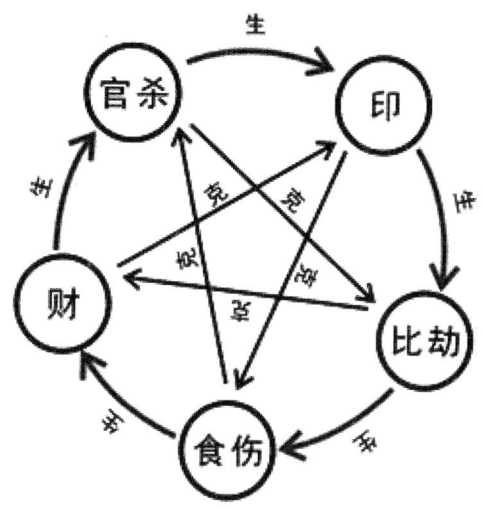

十神循环相生、相克图

十神循环相生：正财偏财生正官七煞，正官七煞生正印偏印，正印偏印生比肩劫财日主，日主比肩劫财生伤官食神，伤官食神生正财偏财。

十神隔位相克：正财偏财克正印偏印，正印偏印克伤官食神，伤官食神克正官七煞，正官七煞克日主比肩劫财，日主比肩劫财克正财偏财。

十神生或克，同性生克力大，异性生克力小。不是见生就吉，见克就凶，其好命坏命也不是以生和克来论。

凡生克，不论阴阳，五行均可生可克，如甲木可克戊土，也可克己土；甲木可生丙火，也可生丁火。但甲克戊，甲生丙为阳克阳，阳生阳，同性相生相克力量大。甲生丁，甲克己为阳生阴，阳克阴，异性相生相克力量小。

凡论命从十神透出上论生克，其生克力量的大小，则从天干五行的生克合化得出。十神生克与五行生克一样既有相生又有相克。此外当某神过强或过弱则物极必反，原是生者反不能生，原是克者反受克，原是被生者反不受生。

三、十神含义

（一）十神六亲

六亲是祖辈、父母、兄弟姐妹、夫妻、儿女、孙子女。

比肩、劫财是日主的同类，喻为兄弟姐妹或朋友。

正印、偏印是生我者，印者荫也，荫护日主。印代表母亲，偏印为偏母、继母。

正官、偏官是克我者，控制我。女命以官为夫，官代表丈夫，七煞代表情人。

食神、伤官是我生之物，替我生财，替我抗七煞，女命以食伤为子女。

正财、偏财是我用体力克服的，以体力换取的报酬。男命以正财为妻，财代表妻子。

财星克印星，所以不论男女均以财星为父，正印为母，偏财克正印，故偏财为父。

因为男命以正财为妻，妻生出来的就是儿女，正财和正官同阴阳，正官就是女儿；正财和七煞不同阴阳，所以七煞是儿子。

根据十神的生克原理和六亲关系的原则，配合阴阳，便可知命中六亲关系。下面六亲关系表，表内六亲指家属亲戚和各种社会关系。

十神六亲关系表

类别	正官	七煞	正印	偏印	比肩	劫财	食神	伤官	正财	偏财
社会关系	上司师长	敌人小人恶势	贵人助我师长	亲属长辈外力	朋友同辈同事	朋友同辈	晚辈学生下属仆人	晚辈仆人	下属	下属
男命	女儿侄女外婆父亲	儿子姐夫妹婿侄儿	母亲外孙岳父偏母	祖父外孙岳父偏母	兄弟姑父	姐妹儿媳	女婿孙女外公儿子	祖母孙女岳母女儿	妻子兄嫂弟媳姑母	父亲伯叔情人
女命	丈夫姐夫妹婿儿子父亲	情人儿媳夫家姐妹外婆女儿	祖父女婿孙子母亲母辈	母亲孙女偏母	姐妹	兄弟公爹	祖母女儿	儿子夫家姐夫妹夫	父亲伯叔	婆母兄嫂弟媳姑母

(二) 十神代表

1. 正官代表官位、职位、工作、事业、学位、地位、选举、权力、考试、名誉、名气、法律、司法、疾病、负担。

2. 七煞代表军警、武职、司法之业、暴徒、官位、职权、考试、选举、名气、工作、权力、邪恶势力、仇敌、疾病、危险、压力、不良嗜好、劳动。

3. 正印代表职位、权利、学业、学术、事业、名誉、名气、单位、家、房屋、文运、地位、福寿、靠山、后台、人生存需要的氧气、食物、能提拔我的长辈。

4. 偏印代表偏业上之权位、如艺术、演艺、医业、律师、宗教、治病的药物、口味不好的食物、我不喜欢的食物、不如意的单位、技艺、自由业、服务业之成就、发展、地位、房屋、教师、关系不密切的长辈。

5. 正财代表俸禄、产业、财运、薪资、固定资产、奖金、田园、食物、下属及其他为我支配使用的人或物。

6. 偏财代表偏业之财、暴发横财、意外之财（如中奖）、不义之财、投机之财（如赌赙）。

7. 比肩代表朋友、同事、合伙事业、争利夺财、克妻克父、义气损财。

8. 劫财代表朋友、损财、夺财、夺妻、克父。

9. 食神代表福寿、发胖、食禄、下属、财源、财路、口福、唱歌、交际、名誉、演讲、著作、爱心、自由、社会服务。枭神夺食代表下岗、退休、休学。

10. 伤官代表不利家人、不利夫、退职、免职、退学、损名、伤病、休学、失权、丧位、落选落榜、运动、口才（说话）、旅游、艺术、著作、名声、写作、跳舞。

(三) 十神功能

十神功能，就是指在四柱中，日主（日干）与其它七个字构成的关系所产生的作用。

1. 正官功能

正官与日干的关系：在五行上就是能克我日干的，且是异性相克，即阳干见阴干克，或阴干见阳干克。这里能在异性上相克的，称正官。

正官的职能：是善意之管，譬如在社会上，必须遵从政府与法律管束。有的书认为正官以吉神论，其实不尽然。是吉是凶，应以日主喜忌判之。下同。

正官的扶抑能力：卫财、生印、抑身、制劫。

身强财弱，喜官卫财；身强印弱，正官生印。日干旺盛，正官拘身；日旺劫多，正官制劫。

2. 七煞功能

七煞与日干的关系：在五行上是日主逢同性五行相克，这个能克日主的，就是七煞。

七煞的职能：是克制日主的，特别是在身弱之时，易伤其主（日干）。七煞有制时（有食神，伤官克制）谓之偏官，无制为七煞。

七煞的扶抑能力：耗财、生印、攻身、制劫。

日强财弱，七煞耗财；日强印轻，七煞生印；印轻财重，七煞攻身；日强劫多，七煞制劫。

3. 正偏财功能

正偏财与日干的关系：在五行上，正偏财是受我日干克制的，正财是阳干见阴干克，或阴干见阳干克；偏财是阳干见阳干克，阴干见阴干克。

正偏财的职能：财是养命之物，人人需要，但非人人可得，古今皆然。四柱中的财，能否为日主所得，跟现实社会是同样道理，即君取财有道。

财星的扶抑能力：生官煞、泄食伤、制枭、坏正印。日旺官煞弱，财生官煞；日旺财弱，财泄食伤；日旺枭神旺，偏财制枭神；日旺正印旺，正财坏正印。

4. 正偏印功能

正偏印与日干的关系：在五行上正偏印是生我日干的，正印是阳干见阴干生，或阴干见阳干生；偏印是阳干见阳干生，阴干见阴干生。

正偏印的职能：我日干进气之源，如父母生身之意。

正偏印的扶抑能力：生身、泄官煞、抑伤、挫食。

日弱官煞强，印星泄官煞生身；日弱伤食重，正印抑伤，偏印挫食。

5. 伤官食神的功能

伤食与日干的关系：在五行上伤食是我日干所生的，伤官是阳干见阴干生，或阴干见阳干生；食神是阳干见阳干生，阴干见阴干生。

伤食的职能：伤见官旺而克之，反放任日干于礼法之外，旺主易有灾。食见杀（是忌神时）则能制服，使日干得以安然无祸。

伤食的扶抑能力：泄身、生财、敌杀、损官。

身强财官弱，伤食泄身；身强财弱，伤食生财；身弱官煞重，伤食敌杀损官。

6. 比劫功能

比劫与日干的关系：在五行上，比劫与我日干同类，劫财是阳干见阴干同，或阴干见阳干同。比肩是阳干见阳干同，或阴干见阴干同。

比劫的职能：财之敌，日旺一般以忌神论。

比劫的扶抑能力：帮身、任官煞、抗泄、夺财。

日弱有比劫帮身，日弱有比劫任官煞，日弱有比劫抗泄，日旺有比劫夺财。

（四）十神心性

人的吉凶祸福是由四柱与岁运的干支五行生克制化刑冲合害及组合决定的，地支之间的刑冲合害实质上是地支藏干间的生克，所以推命吉凶主要根据天干的生克制化进行。而与十天干对应的十神，赋予比十天干更丰富的含义。五行十干侧重于代表个人禀气分量的轻重，十神侧重描述各种人事，推命的重点主要是对日主各种人事预测，但如果不知道十神代表的人事方面的意义，就无从详细具体推断。所以十神含义是命理的基础内容，也是重要的内容。

四柱十神由于喜忌不同，其处位置不同，其含义也就有区别，十神必须以日主喜忌为前提，为喜用有力则吉，为忌神则不吉，为喜用但遭刑冲确定在反为不吉，为忌神倘若有制则为危害不大，或逢凶化吉。

十神为喜用时就具有正面的特性，为忌神时就见有负面的特性。正负面特性的显现程度，随十神的强弱及在命局中的喜忌而定。当岁运使某神的强弱改变时，其特性的呈现程度也随之改变。

我们可以从四柱十神看出很多信息，这就是通常所说的四柱潜在信息。逢岁运十神因生克制化刑冲合害，就会引发原命局的潜在信息而产生吉凶。

在以往的书中，都没有将十神的正面特性与负面特性区别开来，笔者根据多年学习体会及实践经验，将每个十神的正负特性区别列出，供初学者学习掌握。

1. 正印心性

正面特性：善良、慈祥、容纳、慈悲、宽恕、温文、稳重、内向、理智、奉献、爱心、缓冲、调济、重视自尊、重视人格、重视名誉、重视情操、重视修养、重视人情、重视感情、重视友谊、重视责任、重视信诺、重视精神生活、吃苦耐劳、淡薄名利、忍辱负重、逆来顺受、乐善好施、容易接近宗教，是正印的主象，此象表现在身弱需生时。

负面特性：缺乏独立自主，依懒性强，因而无主见，显示出来的是平安有福气。因为有生我的，故没有压力，因而易流于懒惰，做事无进取心，消极，庸禄。此象表现在身中和而有生且生有力时，由于太重自尊脸面，而弄虚作假，或打肿脸充胖子。

2. 偏印心性

正面特性：奉献、安稳、精明干练、敏锐机警、心思细密、观察入微、善开先河、富于斗志、超尘脱俗、内心火热、善守秘密、头脑灵活、宜创作艺术、调查情报、侦探等工作，能给异性以安全感。

负面特性：疑虑、孤独、忧默、怨恨、封闭、自私冷漠、愤世嫉俗、固执偏枯、阴险狡诈、争夺心强、人际关系差、不让人、缺乏耐久力、喜欢走捷径、空自忙碌、多学少成、缺乏人情、喜欢钻牛角尖、思想奇特不为世俗所接受。

3. 正官心性

正面特性：正直、公正、责任、信诺、管束、制约、良心、自制、规劝、纪律、光明正大、理性认识、秉公尚义、奉公守法、克己自律、不贪非份之财利，重视文明，重视精神生活，重视目标的实现，有领导才能，正人君子。

负面特性：太按部就班、循规蹈矩而欠冲劲，欠积极，欠开创，欠独立精神。太中庸而保守古板、墨守成规、意志不坚。

4. 七煞心性

正面特性：有志气、富进取、行动果敢、百折不挠、豪爽侠义、威严机敏、见义勇为、抑强扶弱、具奋斗力、革命性、开创性、官欲事业心强、能在逆境中创出生机、有领导才能。

负面特性：有权威、逆叛、刚烈、偏激、好胜、好勇斗狠、激进、报复、鲁莽、有勇无谋、为义所累、歪门邪道、性暴挑衅、越轨霸道。

5. 正财心性

正面特性：理智节俭、勤劳、中庸、本分、重视信诺、善理财、不投机、走正道赚钱、重视家庭、重视责任、重视物质、任劳任怨、踏实保守。

负面特性：保守、消极、吝啬、呆板、枯燥、刻薄寡情、好色纵欲、因小失大、斤斤计较、愚顽不化、缺乏情趣、谨小慎微、魄力不足、胸怀狭隘、缺乏进取、开创性差。

6. 偏财心性

正面特性：慷慨大方、重义轻财、豪爽干练、圆滑机敏、富于交际手腕、营谋得利、一生机遇多、人缘好、异性缘尤佳、有心计、重情感。

负面特性：虚浮放荡、贪图享受、挥霍浪费、弄虚作假、懒惰成性、用情不专、浮华风流、学问不佳、为情烦恼、喜应酬、不珍惜金钱、喜玩弄手腕、酒色财气缺乏节制，甚至招祸。

7. 伤官心性

正面特性：逞强好胜、敏捷厉害、傲气胆大、浪漫自由、聪明活跃、多才多艺、博学多能、好学不倦、领悟力特强、口才佳。一生都在学习，自信只要学，都能学会，只要想求，没有求不到的。充满活力和斗志，富有创造性，应变力强，敢于向困难挑战，向权威挑战，有造反创新精神。

负面特性：博而不精、兴趣广泛、任性妄为、缺乏约束、不遵礼法、持才傲物、目中无人、骄傲蛮横、狂妄刻薄、言词尖锐、招人妒忌、目无常规法纪、人际关系差、叛乱造反、私欲强、丢官、失职、落选、克夫、胆大妄为、好大喜功、容易激动、喜欢刺激，具有侵犯性。

8. 食神心性

正面特性：平淡、善良、随和体贴、儒雅、温和、正统含蓄、聪明精细、待人宽厚、通情达理、气质清高、不善与人争执、追求精神境界、注重生活情调。对文学演艺、歌唱有偏好，注重饮食享用。

负面特性：太重精神而忽略物质，往往脱离现实，流于空想、幻想，甚至脱离实际，胡思乱想。思想清高、自命不凡、喜潇洒、虚伪、不受约束、无视世俗规范、我行我素、缺乏是非，愚腐胆小，又有孤寂落漠之感，对饮食过分挑剔。

9. 比肩心性

正面特性：刚健、义气、主动、持重、果敢、自尊、坚定、稳健、坚毅、自主、自给、竞争、自我、坚守岗位、坚持目标、努力工作、冒险勇敢、积极进取、事业心强。

负面特性：过分自信、自以为是、以自己为中心、固执刻板、劳苦、坚持己见、没有通融性、不受协、自私自利、自尊心过强、喜欢竞争、抢财、夺财、好管闲事、孤僻不合群、人际关系差、不利同胞朋友、克夫克妻、婚姻不顺。

10. 劫财心性

正面特性：积极竞争、自强不息、胆大刚强、奋斗不懈、反应灵活、热诚坦直、见义勇为、心思敏捷、随机应变、轻财重义、个性实足、口才佳、善交际。在社会场合能制造气氛，惹人注目，博取好感。

负面特性：个人主义、本位主义、太自尊自我、外表乐观而内心苦恼、矛盾，有错不悟、善狡辩、执拗、不服输、粗野、缺乏理智、争权夺利、鲁莽、好赌、放荡、不懂温柔、嫉妒心强、自大或自卑、投机取巧、背信弃义、克妻损财，对别人关心，对妻子不够体贴。

第二节 十神特性

先贤徐子平论命，以为造化流行天地间，不过阴阳五行而已；阴阳五行交相为用，不过生克制化而已。故特设定比肩、劫财、伤官、食神、正财、偏财、正官、七煞、正印、偏印十神专有名词，以为形容五行阴阳生克制化及同类的共通现象，这与数学用代号X、Y等代表其含义，道理是一样的，而命理的推演过程也可类比数学推导的过程。考其最初设立这些名词的时候，并不是杜撰乱编的，而是本乎阴阳，察乎人情，根据反复实验而得来的结果。

论命固然以四柱五行阴阳综合推断，但是五行各别，阴阳互异，其相互间的关系，仍有类似或共通的现象。故就日干与其他各干（包括地支所藏的天干）的关系，设定了十神（比、劫、伤、食、财、官、杀、印……）等专有名词，来代替其类似或共通的现象。这是一种合理的假定，合乎今天科学的精神，不然，五行各别，阴阳互异，一一均须分别单独建立其体系，不仅违背了"方以类聚，物以群分"的原则，而且在应用时也不胜其繁。因为这十神的看法很深奥又很复杂，每一个"神"都同时代表多层含义，而且还会受到其他各神的影响而改变其原来的性质，如果不是对命理学研究得相当彻底的人，实在不容易熟练的抓住各神的精髓加以正确的推断，此十神暗示的征象及其在干支中显示之范围，我们几乎可以这样说：所谓论命也等于就是大部分在论十神的变化，可见十神在四柱论命的过程中，占有何等重要的地位了。

为了使读者易于辨认与记忆，尽量将十神在各方面所具有的几个含义与特性，及其象征性之变化，执简驭繁归纳整理说明于后，至于一些较为繁杂及较特别格局的特殊含义，需要大篇幅的论证，才能详尽地说清楚，因为繁杂又特别的格局比较容易出差错。所以，为了不加重初学者的心理负担而对命理失去兴趣与信心，就不在本书中加以详细论述。不过，本节所谈的，都是一些十神最基本又最普遍的征象，仍然非常重要，大家千万不可等闲视之，不要觉得繁琐而将其忽略，应该时常揣摩、练习、应用，把十神个别含义及相互间的关系彻底贯通了解，这样才能有所成。

一、正官

六亲方面：代表长官、上司、师长；女命的丈夫；男命的女儿。

正官的意义及其特征：

正官气盛，动辄以理，有正官的人大都重视名誉和信用，有利他人之心，同时能够掌握住组织的特性，而遵循组织的原则，其本身也是重视规律且有节制的特性，因此，一般人认为这种人很有才干，而特别重视他。

尤其是正官和正印相生或正官和财星相生的格局，此财官印又为喜用的人，前者，能在官场或公职中而有所成就，且表示幼年温文乖巧，较喜欢读书，不让父母操心，若非本人在校功课甚佳，就是父辈在社会中颇有名望；而后者能够在财界上享有盛名，且表示幼年时家境尚不甚丰裕，须至青年时期家中经济才开始有突破性的好转，其人中年以前便可获取功名，建立其社会地位，且表现优越，顺遂如意之现象。此种格局多生长在有名望的家庭，更主其人自幼生长在家业庇荫丰隆的世家。

当正官为喜用时，我们可以断定不管男女其长相必定庄严而端正，而且，这种人的头脑也很聪明，声音悦耳，和蔼可亲，家境也不错。

正官又为女性的夫星，若为喜用，且格局配得好的话，表示有理想的对象，且夫唱妇随令人羡慕。

正官另一层的意义是任务、责任、法令或管制；一个人若有精力，则必须加以责任和管制，则此人精力才能为正途所用；反之若无管制，没有责任感，目无法纪，则有精力仅能成为为害社会的祸源，此乃正官的用处。但也不能咬定四柱无正官就是坏的命局，因为若日干无根而且日元又弱的话，反而忌讳官星，宛如一个人已经软弱无力，若再加管制，则此人更无能为力了。又如原局又有食、伤、财，不见强有力的印星或比劫来保护的话，这种"克泄交加"的格局，乃一生为财利奔波操劳，生活困顿，到老难以清闲之命，而且常有刑耗、官非、拂逆，这种格局若见旺杀贴近日主攻身，一旦行运遇到强财或杀克去用神印或比劫，使官煞肆无忌惮的克伐日主，多主伤残或刑耗凶死。

若是四柱身弱用印，比劫帮身，以财、官为忌神，年月天干再透出财、官煞，这表示幼年胆小怕事，懦弱难养，智慧晚开，而且父母家庭大多劳碌操心，家境不好。

命造以用神合于需要为贵，柱中有合于需要之用神，而日主不顾用神之恩我，反与不相干之官相合而此官又不为用神时，其人必奸险、狡诈、贪婪无所不用其极，此格局见之于命者，与富贵穷通不相涉，大者卖国，小者卖友，此种人小心为上。

如果四柱日弱以印，比劫为喜用，以食伤、财、官煞为忌神，天干透出伤官与正官，或地支本气藏正官伤官，贴近日主交相泄克争战，这表示青、中年期将会多刑克、官司、是非，事业浮沉，奔波劳碌，倍尝辛劳，难以安定稳固，且此人不善理财或有财，而有无端浪费的现象，时有经济困穷巅沛潦倒的惨状。

如果，有好几个正官的女性，就是暗示除了有一个丈夫以外，还有其他的男朋友，所以必须坚定自己，不要三心二意而惹出麻烦。

正官为用神或吉神时：

个性分析：正官为用，极聪明而有见识，行事知分寸而带有贵气，不傲不卑，一表人才有理想有抱负之人。这种人的人格高洁，同时，也懂得控制自己，而和社会、团体取得协调。因此，这种人可以说善于处理行政方面的工作。正官格的人是温厚、聪明、细心、致密、朴素、勤俭，如果三合会局成正官格而为用神时，人格必是特别圆满，而经营的才能也是十分优秀，又有服务人群的精神，容易得到群众的爱戴与敬仰，待人处事秉公尚义，有严以律己，宽以待人之君子风度。

行运之感应：指职位或官位的高升，名誉的发扬，考试较容易上榜，上司或长官的记功或嘉奖，官司容易胜讼或平反，女性有婚姻或恋爱的缘份，男性容易获得子女。

正官为忌神或凶神时：

个性分析：有骄傲刚愎的现象，但又临事犹豫不决而优柔寡断，常常失去好的机会。或缺乏责任感，目无法纪等现象。

行运之感应：指是非或官位、名誉的毁损，职位的失去，女性有婚姻恋爱的烦恼等。

适合职业范围：

1. 职业一项，文武官员大多主辅用官煞印，而得官煞印之清旺；忌官煞印弱而得食伤财之有力；或官煞混浊，而得印有力。如官煞稍混，或印稍混，皆非正牌文武官员之造。

2. 其他忌官煞，或官煞混浊而无印以清者，或有印而印衰者，或用官煞而刑冲克破者，皆不得为大小文武官员，只有向农工商各界去发展才比较有前途。

3. 木为正官：这种人的人格廉直而仁慈，同时，也懂得控制自己，而和社会、团体取得协调，适合担任如行政、司法、总务等管理工作。

4. 火为正官：这种人，一般说来个性都很强，因此，常会路见不平而拔刀相助，有威严，适合担任竞争性少的文化、艺术、教育工作。

5. 土为正官：这种人个性温和，同时又是正直的人，在各方面表现都很方正而宽容，虽然这种人适合多方面的工作，更适合农林或土木制造方面的工作。

6. 金为正官：这种人处理事情都很果决、义气，同时，经济概念也很正确，适合作财政、经济、金融、军队、警察等工作。

7. 水为正官：这种人个性随和，很有理性、智谋，适合在工商界发展。如果能做有关知性方面的工作的话，更能发挥他的个性，如自由业、工商、水产等。

8. 正官配印或财官两清的八字，为文官之命。

9. 官印相生时，适合从事文学或政治家。

二、七煞

六亲方面：代表女命之偏夫，男命之儿子。

七煞意义及其特征：

如果一个人有过人的精力，而加于其身的任务、法令、责任又都是强迫性的，人必强悍，完全没有阴阳协调、刚柔相济之美，反生刚愎自用之心，有凶暴之特征。如果没有食神制裁，从中消去双方的尖锐冲突，则必两败俱伤，所以有制叫"偏官"，无制叫"七煞"。

七煞的看法，大体与正官相类似，唯须注意的是，正官乃以合作为手段，其性较温和；七煞乃以竞争为手段，其性较偏激，霸道无情；不过如果八字制化恰当则煞气可做威权作用，更可发挥才能，古今大富贵、大威权者大都有这种格局。如果制化不得当，日主弱则祸来难料；日主强，命途也多怪异。

所以一般来讲，八字只要有七煞一点用来对本身产生适度的谨慎、惕励、鞭策之作用，对任何事产生适度之抗力即可；不喜欢七煞太多，造成对本身精神或肉体的伤害；八字若七煞过于强旺，一定要日主强旺，或有食神抑制、印星转化生身，否则七煞直接克身，日主定然拼出全力以反抗，久而久之，形成一股恨意与肃杀之气，行事就不免阴沉偏激，具有叛逆性，很容易走极端，而犯下大错。所以七煞气盛之造，秉性孤独。

古语："若人有偏官，犹如抱虎眠。"这就意味着偏官格是敏捷、权力欲望强、有时甚至不惜一切弄权谋术、独断专行。世界上有许多大成功者都是偏官格，这不是没有理由的。而且，有偏官格的人一想到任何花样时，就会马上付诸行动，和同为"官星"的正官那种稳健的做法完全不同。

如果八字身强，原局七煞强而带羊刃，则做事果敢有魄力，这种格局若食伤力量比印星重，多就武职官吏或工程界或非外科医生；若原局印星力量比食伤重，多就文职官吏或商业主管及学术界。这种人大多嫉恶如仇而有威严，能有大发展。

一般来讲，有偏官又有羊刃的话，是最理想不过了，因为，只有偏官的话，不会获得别人尊敬，但是，如果有羊刃的话，不但会受到众人的尊敬，而且也会做一个领导人物。

如果八字身弱以财煞为忌神，而七煞的力量强于财星，行运再遇七煞，就很容易挥霍金钱财务，而不知节制，此人游手好闲，喜惹事生非，容易作奸犯科，给社会治安带来困扰。

一般而言，有偏官的人大多无法过着平稳的日子，而且这种人的职业大都为军人，或政治家，如果再兼有偏印的话，便可以当一个学者、宗教家、教育家、医生、法律家、艺术家等。

如果八字七煞旺，原局比劫力量很弱，这表示与兄弟无缘，甚至有所刑克，且难得朋友真心助力，常会与兄弟或朋友因利害关系而发生冲突。

如果偏官格的人食神太多，制煞太过，则个性外刚内怯，做事患得患失，犹疑不决，而无法完全发挥个人的能力，可能成为一个终生穷困的学者。

所以一般来说，偏官格的人，主坚强、有魄力、富男性美、能忍辱负重、负有责任、肯努力，颇适合竞争激烈的社会。

当偏官和偏印透干或同柱时，这种人经常会出外旅游，或多出国的机会，因为这种格局搭配有移动的意味，也可以做一个自由自在的艺术家、学者、宗教家、或星相家，而能够成名。

在四柱格局中，如果有偏官又有正官的话，"官煞混杂"就不大好了，因为对女性来说，正官表示她的丈夫，偏官表示除了丈夫之外的其他男性，这是主婚姻不定，难以一夫全终之兆。因为身弱煞旺，日主弱而无依，原局又不见印、比劫透出天干化煞或适应杀，多主胆小怕事，任人摆布；女命容易遇人不淑，遭男友恶意遗弃，以晚婚才比较适当。所以，官煞同时出现，当然不是好现象。若是身弱官旺，天干又透出七煞，再遇伤官强透出天干，那就有可能因任性而自甘堕落，贞节观念较弱，当然较难确保婚姻之长久了。

日支是配偶的部位，于日支有偏官，且是官煞混杂的格局，夫妻易反目，难得圆满。对日干，偏官成阴阳不相配之故，假如再于日支有冲，没有合来救的格局，可想而知，婚姻必有异常的变动。

对男性来说，偏官代表孩子，一般说来，时柱有偏官的人，都和子女的缘分较薄。不过命格七煞制化得当的话虽然他和子女的缘份较薄，但是他的孩子多半会在文学界、艺术界或军政界发挥所学而获得名望。

七煞为用神或吉神时：

1.个性分析：偏官格的人有侠义心，争强好胜，有决断力，喜欢冒险，有志气，富进取心，生性嫉恶如仇，见义勇为，抑强扶弱，言出必行，不善虚伪客套，能突破恶劣环境，当环境愈纷乱的时候，偏官的真正价值也就愈能发挥出来，这就是偏官不容易让世人察觉的优点。

2.行运感应：大致与正官一样，但是七煞所表现的方式比较刚性，有突出的表现，如在权利的斗争中，在事业的竞争中，在外力压迫、刺激、冒险、升官、名誉等，都能够打破万难，如愿顺遂。

七煞为忌神或凶神时：

1.个性分析：喜欢酒色而好斗，个性急躁，而且容易和他人发生冲突，做事过度激进，使人难以容忍与谅解而树立敌人，所以知心的朋友不多。若偏官欠制化的人，相当自负，但人格好胜，甚具报复心，容易以牙还牙，而铸下大错。但身旺而偏官衰弱的人，易成因循姑息；身弱但偏官强旺的人个性软弱，依赖心很强。所以七煞格必须有制化才不致养虎为患。

2.行运感应：容易被外力压迫、意外伤害、生命危险、作奸犯科、虚耗钱财、兄弟朋友反目成仇，或女性的婚姻恋爱不顺利而多烦恼等。

适合职业范围：

1.最适合从事"竞争"、"破坏性"的事业或从军

2.财滋弱煞，财煞相生的格局皆合武职。

3.食神制煞过度者，为寒儒。

4.身旺而有七煞，羊刃者可作官职、公职或者是军职。

5.官煞并见时，适宜作九流术业之人，由身之旺弱来决定职位之高低。

6. 杀印生化格，则有从事文员、宗教、书记、会计、主任、企业之高级职员或公家机构的高级公务员的资格。

7. 身弱煞多，官煞混杂，无印转化，则为人偏刚好斗，市井流氓或职业凶手多此等人也。

三、正印

六亲方面：代表长辈、贵人、师长，男命代表母亲，女命代表祖父、妇婿等。

意义及其特征：

生我者为印。阴阳相生，日干既得生助又阴阳协调，为合乎自然律之生，名叫正印。由于它和日干异性，所以能够克制伤官来保护官星，正印如父母可以制服劣根性，使其不妨害公务，但是正印的吉凶严格说来还是必须视命局整个情势而定，大抵如果以正印为用神，则此人大多聪明慈慧，一生少祸害；如果有官则必廉明高节、名正言顺，确实掌握实权，且此人心地仁慈，禀性淡泊。

八字身强，以食伤泄秀为用，若原局伤官力量较食神为弱或全无伤官，为人必文胜于武，喜静不喜动，此时再见原局正印强于偏印以克伤官，当然会使个性更趋于内向，其兴趣及所择之职业大多偏向静态方面。

印星好唯心、重感情、用心思考、学业高、资质聪明、才德兼备、嗜好读书、智慧渊博。故正印多主文书、文明、文化、宗教、教育、自然、真理、心脑、发明等趋向。

如果原局食伤皆很弱，再碰到强旺的印星，断绝食伤生财之道，大多不善营谋交易，所以最好不要理财或经营投机生意，最好能从公就职。如果印星太旺了，原局食伤或财星太弱，缺乏食伤泄秀，乃表示智慧晚开，领悟力较差，表示学业不太理想，个性过于忠厚老实了。如果行运走到食神伤官的话，就能够把上述的缺点减弱，学业、智慧才能够有所长进。

四柱中正印星太多的话，也不大好，因为，这样反而会失去格局的平衡性。正印是指母亲而言,所以,正印太多的话,就表示受到母亲过多的照顾,而变成一种溺爱,因此,这种人往往缺乏独立自主的精神。有太多的正印,就可能表示这种人的生母健康情形不良,或是某种原因而不得不借用他人的手来抚养长大。尤其当正印愈来愈强的话,表示可能和子女无缘,所以到晚年时,也许会成为无依无靠的孤独人。

如果四柱身弱官煞强旺,用印转化生身,这时大多怕财星来克制印星,行运遇到财星的话,多会因财惹祸;行运遇煞运的话,多有意外伤身,疾病。一般说来,身弱官煞旺,用印转化的四柱,多从事于文职或较静态的事业;若用食神、伤官克制官煞者,多从事武职或动态的事业;关于从事文职或较静态的事业,凡是食神、正财、正官、正印之力量大于伤官、偏财、七煞、偏印者,这种健康长寿格局须往文职或较静态的方面发展,较适合其本性而发展事业。反之,凡伤官、七煞、偏财、偏印之力量大于食神、正财、正官、正印者,则须往武职或动态方面谋求发展,较合其本性且成就高。

若格局之中偏印、正印混杂,而又身太旺的话,此人利己主义很强,且又有孤独僻,此乃是印星过多对日干的扶助过强的缘故。

如果正印和正官透而四柱格局调配适当的话,是最理想的搭配,这种人比较容易过着非常幸福的一生,而且也能获得相当高的名誉和声望,同时也很适合当一个领导者,是众望所归的人。

此外,有正印格局的人,多半在使用金钱上很小心且谨慎,所以凡是格局中有正印星宿的人,在金钱方面应该懂得如何去善加利用才是。

正印为用神或吉神时:

1. **个性分析**:主其人宅心仁厚,精神潇洒,心性善良,富人情味,仁慈端方,知性敏锐,处世圆融,重视人格的内涵与高尚气质的培养,且对宗教与道德规范有敬仰与谨守的勇气。

2. **行运感应**:其发生吉的范围大致包括长辈父母贵人的助力,家庭、事业较平稳顺利,易走入宗教信仰。

正印为忌神或凶神时:

1. **个性分析**:这种人往往缺乏独立自主的精神,有依赖心,有"稍微"的利己主义，有些吝啬，思想有点天真不切实际，常把事情想得过份美好，以致常常不能如其所愿，自尊心强，好面子也为其特性。

2. 行运感应：母亲可能有健康不良的现象，考试求职不容易被录取或时有波折的现象。女命较易有损子或伤子的现象发生。

适合职业范围：

1. 命中正印、偏印杂而多时，处理事务要小心，也能同时作各种事物，有本业也有副业。

2. 如果华盖、文昌贵人、空亡和正印同柱的话，这种人在学术界、文化界或宗教界将会有所成就。

3. 正印格局的人，走文学及教育的路容易成功，如当老师、教授、作家等。

4. 正印是才能学艺的星，若正印格是官印双全（或杀印相生），于官场或公务人员会升任要职，但若格局中没有官星的话，走学问、技艺的路较好。

四、偏印

六亲方面：代表女命之母亲，男命之祖父，或亲族长辈，意外的帮助力量。

偏印意义及其特征：

印星是才能的星，对于正印而言，是意味着学业的星，偏印则是不相同的才能。偏印的才能较偏重于计划性、独创性或设计方面，正印生性恬适淡泊，偏印生性离群孤僻。

凡带偏印之格局其学艺偏精，纵然其学识不丰，也能凭其智慧，领悟特强，因之所学之事，必能事半功倍。凡命带偏印的人，对事务之敏感度颇高，故从事调查、侦讯、情报等工作较擅长，因其机智特强，随机应变，可称高手令人钦佩。

若八字偏印过重，其思想行为大多偏颇怪异，对事物有独特见解，与世俗规范有点脱节，久而久之，常会愤世嫉俗，养成离群孤僻的个性，而导致与六亲缘薄。并象征其人一生落落寡合，友谊难长久保持，即以夫妇之亲，同窗之义，亦不免面合心离，各怀异志。

偏印象征：

1. 喜欢往偏业谋发展的倾向，如宗教、玄术、灵学、特殊技艺等，才容易获得成就。此种八字的格局，其身强以食伤泄秀为用。而偏印的力量大于正印的话，最好能够往社会上较为罕见、或特殊偏业方面发展。

2. 常有是非的现象，且口说难辨。

3. 常有自己不想承担或做的事，在受逼之下不做也得做的现象，身不由己。

4. 有多事之烦恼，难以应付。

偏印是食神的大敌，因此，它跟食神正好相反，所以若要真正去判断偏印格，确实有些困难，偏印格的人具有独创性的才华，但常常会过高的估计自己，与别人相处常常会格格不入，如能反省这些缺点，就会发挥上天所赋予的特殊才能，也有可能在人生的旅途中成大功立大业。

偏印过多的人，有易成孤独的趋势，大都太过于宠爱自己，利己主义强烈，可想而知，此种人自然易孤独。于日柱及时柱有二个以上的正印或偏印的人，需要注意晚年时易陷于孤独寂寞。

又因为偏印能够有效的耗泄正官的力量，所以一般的人均不将偏印视为吉神，然而，这不能一概而论，也须要视命局，选定五行实际之衰弱强旺情形而论；如果八字身弱，官煞强，以印星转化为用，原局正官的力量大于七煞甚多，这时，偏印的功用，也绝不逊于正印。

如食神格中有偏印，偏印会变成格局中的忌神，易遭灾祸，而其性格也会变成酷薄无情。

女命偏印如果太重的话，还会与子息无缘，严重的话，尚有刑克；因为女命乃以食伤为生殖机能及子息之表征。这种现象当然要视格局而论，若能适宜的制化，就不必有此担忧了。

偏印为用神或吉神时：

1. **个性分析：**具有独创性的优秀才能，有独创性及计划性，有奇特的领悟力与感受力，警觉性高，擅长偏业旁谋，并有心得，并善于察言观色，心思细腻，精明干练。

2. 行运感应：寻求心理的寄托（如宗教、文学等），长辈、师长的提拔或帮助，求知、渴望的达成等。

偏印为忌神或凶神时：

1. 个性分析：做事精明能干但缺乏持久的耐力，做事三心二意，喜走捷径，喜欢多学但却很少精通。度量狭窄，利己主义很强，常常过高评价自己，与别人相处常常格格不入，所以令人有行为怪异、与众不同的感觉，容易陷于孤独寂寞、偏爱独处、不喜群居嘈杂，也不喜欢合群，有独树一帜的习性，乃孤僻之命。

2. 行运感应：不易受长辈的帮助反而受到压力，财务上易受损失；女命较易损子或伤子。

适合职业范围：

1. 偏印格适合于偏业，所谓偏业指明星、艺人、餐厅以及其他靠人缘的生意。其实不仅是偏业，凡是有关特殊才能的行业，诸如宗教家、学者、医师、技术员、艺术家以及医卜星相或技艺之业，八字调候适当者，也可以名利双收。八字不好者职位低。

2. 偏印是副业之星，偏印格的人经常有二种以上的职业，身兼多职而不能专心一意于一件事，可是其表现的成绩都不错。

3. 有财星制的偏印格，在实业方面会有成就。

4. 如果正官、偏印相生格局，于工薪阶层会有发展。

五、比肩

六亲方面：代表朋友、兄弟、同辈、女命之姐妹。

意义及其特征：

与日主同类又同气者，在天干称之为比肩，在地支得本气者称之为"禄"，有扶助日干的作用。

比肩象征：一是有助益之象，明显而容易显现；二是个性刚强的征兆，明显而不暗昧；三是有分夺之机，不能独占；四有争斗之相，欲制对方。

比肩，除了从旺格或稼穑格的命局以外，如果比肩很多，就难免身强太过，对于命运与性格上来说，均不太好。一般来说，比肩意志坚强，具有独立自主的精神，不喜欢依靠他人。命中如是喜神，做事很踏实，为人稳厚笃实。但是比肩过多，就加重他的性格，变成一顽劣分子，性格上就显得太过固执强硬，在家庭、金钱、兄弟、朋友、夫妇间大多不很顺意。比肩多时，虽有以上这种情形，但是若有食神、伤官泄去旺神时，他的性格自然会转好。

日主强旺，原局印比过重，而食伤过轻，大部分的智慧才华会被局限在大脑里，无法顺利流通发挥，这种人大多沉默寡言，本位心理很强，自私心较重，很难和别人协调。如果是男性的话，会运用他刚毅不屈的个性，以及独立自主之决心，很可能会创出一番事业。

比肩能克制财星，如果身旺日主强，原局财星太弱，就必须靠食神、伤官引发泄身而生财；否则，身旺财弱又无食神、伤官生财，当然是劳碌奔波之命。因为既然"生财无术"，就只有沦为苦力或佣工，从事一些不必运用智慧的工作。如果遇到运助，也可以自己创事业或谋职，不过，大多难免为财利奔波操劳，或是他所从事的职业职务低而费力，不得清闲。

通常身弱而有比肩扶助的话，都会受到兄弟或朋友甚至同事的帮助和提拔，因此其运气也不错。

如果四柱中比肩的数目很多，而且正印、偏印出现的话，这种人多半目中无人，很难接受别人的帮助，所以常常会被认为是一个"任性的人"或"自私的人"，个性很强，在人际关系方面也不顺利。如果在四柱中出现正官或七煞的话，就能把这些不好的因素减轻，而化为权柄。

日主强身旺，若是原局比肩力量强于劫财，则因比肩能直接劫夺偏财，应避免营商或从事投机冒险之行业，最好是从公、就职或经营稳定性的生意。如果劫财再多的话，则因劫财能直接劫夺正财，这种情况比较严重，则比肩与劫财势如猛虎，双双争克原局之偏正财，大致会发生破祖离乡、刑妻克子或妨父、一生常遇官非、破财、衣食劳碌、苦追求的现象。

一般来讲，下面几种格局比较喜欢比肩来帮扶：

1. 日干不得月令，没有印星的扶助，日主过弱；

2. 食伤过多而且泄气很厉害；

3. 财星过多而不能聚财；

4. 官煞过多而日干被克得厉害；

5. 曲直格，炎上格，稼穑格，从革格及润下格等五个格局，均喜比肩的运。

前项所述，必须从整个格局的衰旺仔细判断。例如身弱而财星旺的格局，若逢比肩，就有大发展并有发财的机运；但身旺财星弱的格局，若再逢比肩就会困穷。

如果身强日支坐比肩，天干再透不弱之劫财，原局正财力量衰颓无力又无根，则主哀怨夫妻，妻子若非身体孱弱，时有病痛，就是本人任性不羁，私生活不检点，凡事刚愎自用，情感不专，引起妻子的抱怨不满，夫妻之间闹矛盾，很难白头偕老，所以先贤说："建禄离祖，专禄伤妻"很有它的道理。

如果日干比肩多，日主旺盛，可是四柱无官煞来制，则整天游手好闲，丝毫没有管制，精力过剩则必须滋生事端来发泄，就可能导致祸害了。尤其易伤妻和财，也容易遭到劫难，易罹患所谓的绝症。如帕金森氏病的患者，有很多是比劫过多的人。

比肩为用神或吉神时：

1. 个性分析：外表平凡，却外虚内实，是用心努力之人。善于比较选择，改良创新，小心踏实，意志坚定，不易改变立场。与朋友交往重实质的情谊，有原则性。一般而言比肩是象征意志坚固，自尊心强，分别是非，择善固守，坚守岗位，有坚忍不拔的毅力，因此，忍耐心很强，常能在逆境中完遂所愿。

2. 行运感应：其发生的范围大都与朋友、兄弟、同辈有关并能够得到他们的大力帮助，会有扩充事业的雄心壮志，喜欢比肩运的人，行运到此，就可开运发达。

比肩为忌神或凶神时：

1. **个性分析**：大多乖僻寡合，独断独行，行事多以自我为中心，坚持己见，不容易妥协，所以有时很难与人和睦相处，很少有知心的朋友。正因为其固执不圆通，对待部属或亲人也较严厉刻薄，不通人情，喜自我封闭，闭门造车。

2. **行运感应**：其发生的范围大都与朋友、兄弟、同辈有关，所从事的事常受到他们的牵连而刑伤、破财或遭陷害；夫妻间容易发生意见和冲突，妻子容易生病、罹灾，财物容易遭偷窃或掠夺，事业比较不顺利等。行运到比肩，虽然身份、地位各有不同，表示在兄弟、朋友、家人、社会大众、金钱、两性上会发生问题，或者在业务上的扩张、竞争、经营上出问题；女命有兄弟、姐妹或在丈夫身上可能产生异性问题。

适合职业范围：

1. 命中比肩成群时，适宜自由职业，并能白手起家，同时也适宜作共同性的团体事业。

2. 比肩过多的人，最好不要自己营业，作公务人员较适宜。

3. 以比肩为喜用神时，适合经营共同事业、公司，同时可以添设分散事业如分店和营业所，均很适宜，且作任何事很有计划能力。

4. 若比肩过多而为忌神时，做生意经常会不顺，劳碌万分。

六、劫财

六亲方面：代表男命之姐妹，女命之兄弟，并代表朋友、同辈。

劫财意义及其特征：

劫财和比肩是兄弟星，不过劫财是日主同类而异气者，在天干称之为劫财，在地支得本气者称之为"羊刃"。

劫财为社会竞争实相，为偏印之所生，由于劫财又能克制财星，害于财业，所以直接对父亲、妻子两个关系甚为密切的亲属发生影响力。如果原局身旺财衰，比劫旺盛，则与父的缘分不浓。劫财直接克制正财，多主一生与妻子缘薄或克妻，或妻多病苦，夫妻间每感话不投机，再严重的话有离异再娶的现象。

命局中劫财多的人，多半是本位主义的人，而且为人相当冷酷无情，虽然他的外貌和蔼可亲，好像很能听从别人的意见似的，但是，其实内心并不是如此想，所以，这种人可以说是一种双重个性的人。由于劫财具有双重性格，所以做事大多反复无常，阴晴不定。为了能压抑住这种情形的发生，最好能以正官的力量来控制，就好比利用法律的力量来预防犯罪一样的道理，所以四柱中有正官的出现，就能逢凶化吉，把损失变为利益，而且，一向被认为嚣张的态度，也会转为强稳的领导力，而使事业的发达。

如果劫刃强的话，此人无慈惠心，投机、性硬、心粗、冒险、好争、刑克、破害、伤身等等集于一身，一生多是非。

如果劫财旺日主强，原局没有足够的食神、伤官或官煞贴近日主克制泄化，性格多容易冲动暴戾，自以为是，疑心很重，对别人采取不信任的态度，有时太过于有骨气，有江湖义气，反而让人误认为心高气傲，无形中得罪人而不自知；有时对事务的主观意识也很强，不愿轻易采纳别人的意见，思想言行较易走向极端。总而言之，劫财对于人际关系来说是不大顺利的格局，所以，不大可能和别人一起创业。不过，顺着自己的个性而作为专业技术人员、从军、情报间谍或发明等等，把全部精力灌注于工作上，贡献人群社会，如此久而久之，就会无形之中对任何事培养出热忱，也将对事务的偏激观点有意想不到的改变。

一般来讲，命式中有劫财的人，多半会从事赌博性或投机性的职业。例如：做股票买卖，喜欢赌博，或是房地产买卖都不错。但是，如果真的当赌徒的话，就会变成游手好闲的人了，这一点一定要特别注意才行。劫财旺的人欠诚实，或有难聚财之缺点，因此，劫财过旺之人，必须时时自我警惕才行。劫财，表示是我的手足、眷属，难解难分，不是无情之神。如果格局太弱时，有此神相助，就可变为强；命中财星太多时，用劫财和比肩的作用更妙，因为命中财星多时，财会从自己而克其他的东西，如果有劫财帮扶，对自己有好处而无害处。

如果日柱弱的话，对食神来说，劫财是受欢迎的，因劫财会生食神之故。古人说:"食神健旺财官"就是这个缘故。如果原局劫财旺的话,有不弱的食伤泄化生财的话,就会变得多情,乐意帮助或关心他人,甚得人缘。这种情形,若日干为男命,须注意太过于热衷事业及重视朋友交情,对外界事务超常的注意与热心,相对的就对妻子的关爱较为冷淡;阴日干的男命更须控制此种多情的个性,莫偏向于妻子以外的女性,演变成婚外的感情,而影响家庭的幸福美满。

劫财为用神或吉神时:

1.个性分析:人缘好,口才很好,很具性格,热忱,率直,豪爽,心思敏捷,善于见风使舵,随机应变,并主其人好义,有社交才华与创业的雄心。

2.行运感应:容易得到朋友、同辈突来的帮助,财务上突来的收获,有扩充事业的野心。

劫财为忌神或凶神时:

1.个性分析:神气高傲,不逊,鲁莽紊乱,性格执拗不认输,个性矛盾,具有双重性格,心理难得平衡,故有时充满自信乐观,有时充满疑虑失望,自我矛盾,天性使然,其人亦不自觉地带有些神经质,好投机,常因侥幸而挫败,性格冲动,往往盲目冒然而行,做出错误的判断,或不顾一切,做出盲目的事,以致愈陷愈深,不可收拾,在感情的处理上,有苛对自己人而宽以待别人的现象,而导致家庭失和,应特别注意。

2.行运感应:容易遭小人陷害或受朋友连累而破财吃官司,容易一意孤行,不听劝告,而导致挫败,或夫妻容易起感情纠纷或离异生病等;事业上容易失败或大量金钱上的损失。

适合职业范围:

1.命中劫财多时,适合自由职业或技术人员。

2.有劫财、羊刃的人,原来格局有食神、伤官且比官煞为强时,则应该从事运用脑力的工作,或专攻一门特殊的才艺,或学习一种专门性的技术。

3.有劫财、羊刃的人,若原来格局官煞的力量比食神、伤官的力量为强时,则应该从事极端破坏性或极端创造性的职业,如军人、警察、法治单位、工程爆破、发明等较为有利。

4. 比肩、劫财是劫夺之神，运用财来做事时，难免有成有败，命中如果以劫财为喜用神，而没有刑、冲、空亡时，从事合伙事业或者是投资、投机事业等为佳。不过，最好莫过于赤手空拳，创一番事业。格局不好的人，比肩、劫财无力之时，适于薪水阶级。

七、食神

六亲方面：代表晚辈，学生，部属；女命之女儿。

意义及其特征：

食神称之为第一的福星及寿星。身旺而带健旺食神的人，是福禄、饮食丰富的格局，并且意味着健康、长寿、平和、安泰。凡命中带有食神并为用神者，财厚食丰，宽宏大量，其性格优游自逸，性情和顺，一生中自然吉事多，凶事少，是为衣食不愁之命。

食神的征象有四：一是食神得到财禄的机会多，坐享其成。二是有酒宴口福之庆，四处逢迎。三是有怠惰、好逸恶劳之情，不务正业。四是有花钱消费的僻好，不知节俭。

食神和伤官是一种智慧才华流露之表征，如果命局食神、伤官过重，这种人一定是喜怒哀乐最易形之于外，心中有话藏不住，有秘密甚难长期守口如瓶，无论做何事，都喜欢高谈阔论，有新的见解也会表现出来，所以性急而沉不住气。如果经营事业往往因急功近利，或对事务持过于乐观天真的态度而导致失败。这种人很会制造欢乐的气氛，较无心机，是标准的性情中人，以上是指日主泄秀过多产生的性格。

食神有三个较为主要的功能，一是生助财星，二是泄化日主或比劫，三是克制官煞。命局如果身强食神旺，原局又有印星生临日主，一定是消化系统良好，体格丰厚，善能讴歌饮食，是多才多艺之人，且为人聪明，面貌俊秀。

以聪明才华来讲，假如日主衰弱，食神非常强旺，泄化日主及比肩、劫财的元气过甚，非但一生体弱多病，还表示此人外华内虚，绣花枕头，往往靠外在、极力表现小聪明来掩饰内在的空洞无知，外表看起来好像很聪明很有才气的样子，但是实际上办起事来却常因技穷而无法担任要事，这种人真是所谓的大愚若智，爱好出风头、好表现而时感技穷。碰到这种情形，如果原局或行运遇到有力的印星或比劫生助日主的话，才能达到供需平衡，就可以确实表现其聪明才智了。

这种人大都不必为饮食担心，常常能够吃到甘美的食物，而且是一位美食者。对艺术方面的体认与关注往往比其他的人来得深切。由于饮食方面不虞匮乏，所以通常这种人都不够勤奋，对于任何事都缺少奋发心，不想自己创业，往往贪恋山水之美而遗忘实际生活。不过，这种人有一个好处，就是一旦坐下来就会定住，不再任意浮动。若是食神太多时，此人就吝啬，专为自己谋利而不为他人设想。

命局印轻比劫弱而食神过重的人，也会有任性不拘、多愁善感的个性，若是遇到高兴之事，就会情不自禁地跳跃歌唱；遇到不如意或悲伤的事时，也会禁不住引起无限的感伤甚或哭泣流泪，尤其女人更为明显。所以其人对于美感、韵律方面的感触较为深刻，这种人善用头脑，以知性及艺术观念来从事各种活动。所以，从审美的观点看，适合作美术家、作家、摄影师、歌唱、音乐、舞蹈、美容、服装设计等专业技术，一定会有较高的成就。

如果在格局中有食神、正官、七煞而身主不弱的人，是不适合经营工厂的，却适合当医生、教师、星相家或是传播方面的工作。如果命局印重身强，食伤、财星很弱，这是劳碌赚钱的命，多集多散，成败无定；若是原局食神、正财的力量比伤官、偏财强的话，则赚钱较为费力。

如果印重身强，全局不见食伤，财星又弱，或虽见一点食神、伤官，但却远离日主，中晚年行运一路再遇印、比劫之乡，这就是贫困潦倒之命了；如果原局再见有力的印星贴临的话还会夭折难养。如果日支上有食神，而为喜神，在月时上有偏印者，其妻常会生病。女命有难产或儿子不保，晚年定孤独。或食神格的人，食神为喜用，在日支上有偏印，一定会受妻所累，妻妾对自己无多大助益。

食神为用神本性温厚恭良，尤其女性是明朗圆滑、美丽可爱，为贤妻良母型。又食神与伤官同为女命的子女，食神健旺，遇到财星时，子女就贤明，丈夫能发达。若是食神旺，财官衰，而有伤克者，儿子虽是贵命，丈夫却是不发达之命；如果食神遇到衰绝、克破时，丈夫与儿子都是懦弱而无能；如果日主衰弱，而食神又强时，有早产之忧。食神格的人，以食神为用神，有偏印，行运时又遇到偏印旺势之运，女命要和子女生离死别，也就是说，食神不应受刑伤，子星必须行生地之运为好。

关于食神遇偏印不贫则夭，或男命会因饮食而死，女命会产厄而亡的说法，是不能一概而论的，这要慎重的判断，比较食神的衰旺与格局的需要而定。如果原局印、比劫旺以食神为用神，再遇到偏印的话，那当然要特别注意；万事颠倒且会招致挫败，定有疾病之忧。这时，必须以财来制倒食；如果原局日主弱，食伤旺，日主泄秀过度，那当然需要偏印来生助日主，来保住元气，怎可言凶呢？所以判断八字的格局，需要灵活的智慧判断，才不会失之毫厘、差之千里了。

食神为用神或吉神时：

1.个性分析：食神为用神，为人聪明温厚恭良，流露出精英秀气，禀性温和，不善于与人争执，有长者的风格，胸怀宽宏，性情和气，有文人学士的气质，思想清新脱俗，本性乐观，心宽，乐天知命，重视精神与物质之协调，具有感性，对文艺、学术、宗教、艺术有爱好的趋向。

2.行运感应：对事业的企划、创造、文艺、技术等，有比平时发挥较高的智慧与效率；对男性、女性双方而言，有爱情或桃花的导向，或女性较容易怀胎或生子。

食神为忌神或凶神时：

1.个性分析：没有刻苦耐劳的气魄，依赖心强，喜欢言过其实，打高空，有时理想与现实脱节，说得多而做得少，容易疲劳倦怠，因为思想清高，无形中会养成自负不凡的习性，自我清高，孤影自怜，或迂腐固执。

2.行运感应：容易有感情上的烦恼，事业常因想得多而做得少，理想与现实脱节而失败；男性容易损子或伤子，女性不利丈夫常会引起口角、纠纷，甚而会生离死别。

适合职业范围：

1. 日支坐食神或天干透出食神，大多宜从公就职或从事文市、商业。

2. 食神格之人适宜薪水阶级或写文章，会有发展。

3. 用食神制煞或用食神化劫为武贵之命，如警备、保安或军人。

4. 食神格的人善用头脑、知性以及艺术观念来从事各种活动。如果原局劫财、偏财的力量比比肩、正财为强的话，最好往歌唱、音乐、美术、舞蹈、服装设计、美容等方面发展。

5. 食神生财，尤利外交或经营药品、饮食、饲料品、饼干、饲养畜牧等类行业。

6. 食神泄气，喜讴歌；食神为用，最符合明星条件；命中文昌贵神同宫者，可以选择有关学问方面的事业。

7. 食神和正印同柱，且印为用神，尤利著作。

8. 食神格且带有正官与七煞者，以从事不生产的事务为宜。例如医卜、星相、三教九流术业最为适宜。

9. 食神格的人有正财，在金融业或在公司中任职都很好，从事有关技术方面的事业也很适宜。

八、伤官

六亲方面：代表晚辈、学生、部属；男命之祖母、孙女；女命之儿子。

伤官意义及其特征：

伤官乃阴阳相生之神也，是为有情之神，为人富于同情心，当敬爱时，会予人同情，但若与自己心意相反时，便会产生嫌恶之心。伤官是不服法律之神，人生多放荡不羁，多傲气，所以必须加以注意。伤官格的人，自身的精英发放于外，所以聪明、博学。金水伤官的人最为聪明；木火伤官的人个性明朗，颇富文采；水木伤官的人，多才多艺；火土伤官的人，操守佳，但是不免带有傲气，对自己能力评价很高。

伤官虽与食神同类，但是两者之间性质却有不同，食神能直接克制七煞，保护日主，使日主不会受到凶暴七煞无情的伤害；而伤官却能直接克制正官，使日主失去自我约束的力量，容易一意孤行，走向极端。命局日主弱，伤官与正官同旺的格局，日主、伤官、正官三者彼此相互争战克泄不停，其人大多情绪不太稳定，而常与人有所争执，事业也多奔波浮沉，难以长久安定，古语："伤官见官，为祸百端"就是指这种情形。除非原局不见正官，或虽官、伤并见，但两者的力量相差悬殊或距离远隔，行运遇喜用之神，才能真正论富贵。因此，万育吾说："伤官伤尽，一品贵人"。伤官伤尽时，为人多才多艺，志气高好胜，喜欢出风头，是一位威武不屈、济弱救贫、具有侠义之风的人。

　　伤官就像一位得宠的骄民，所以四柱伤官重的人，原局不见有力的印星抑制，大多聪明傲物，藐视法令，自视不凡，稍带虚荣心，喜欢高谈天下事，不喜受世俗礼法约束而产生反抗心理，位居人上则苛刻严厉，位居人下则目无法纪，傲气凌人。尤其命局中正官、比肩、劫财多时，为人更豪放不羁，罔顾礼数，对上具有反抗之心，心高气傲，好胜不服输，每当与人意见不和时，就会恼怒。

　　伤官格局，文人学者构成此格者甚多。伤官、食神可以泄秀气，其人必定是聪明英智之人。文人学者拥有此格乃属自然之趋势也。食伤之气独显，用以制印、克官、生财故极聪明，如日主被泄过甚，则其当不永也。

　　命局印轻身弱，除了金日干生于秋冬的伤官不怕见官外，其余身弱的格局，大都怕伤官与正官两者的力量均不弱而同时出现于命局中。因为命局身弱，既见强壮的正官约束日主，又见不弱的伤官耗泄日主，造成克泄交加的局面，甚为不吉。又因为伤官性顽，每遇正官，必会引起克制，使原已混乱的格局引起更强烈的骚动和不安，表示一生常会惹许多是非争端，生活极少宁静。格局之中，以伤官格变化最多，尤以金水伤官最不易看。要知伤官皆忌见官，独有金水伤官调候为急，不忌见官。此论格局，非论用神，金至三冬，为病死墓地，金水忌浊，不宜见戊己印。金声玉振赋云：金水固聪明，有土反成截面懦也，持助庚辛，惟用比劫。书云："伤官不忌劫财伤。"在金水伤官，当云伤官最喜劫财乡，金水伤官喜见官，当云金水伤官不忌官，方不致错误。如果伤官过重无财星转化引出财源，则终生奔波劳碌，不得清闲，虽巧却贫。如果财星太多，又会贪得无厌，永不知足。

伤官格的人，大都多才多艺，具有多方面的才能，领悟力很高，往往能举一反三，这种人多半是骄傲的，常会认为别人不如他而轻视他人，如果原局没有适当的印星生助日主，并抑制伤官泄化之力，使五行气势均衡流通，很容易演变成思想行为过于偏激，有强烈的嫉妒心与破坏性，恃才傲物，胆大妄为。伤官格的人，才艺出众，有几分高傲之气，稍带阴险，无秘密性，胸怀放肆无忌惮，多谋而成就洋溢，令人瞩目钦佩。如果行逆运，则尽钻法律漏洞，行险伐幸，贪赃枉法，每取不义之财。若是命局伤官与七煞俱强，每加重其叛逆性，行运遇逆境很可能成为流氓或社会上的不良分子。

伤官出于清而有力，不但为科技头脑，还善经营，为工业公司的主管，如有命局伤官很重的子女，就应该从小便予以好好疏导调教，官重较为顽皮好动，在正常课业之外，尽量再让其学习一项或多项较为特殊的技能，例如工艺、音乐、绘画、运动、科学知识，将伤官本有的习性引导到正途上，以后才有很大的发展。

有伤官的人，头脑都相当好，可是有一点却和食神不一样，就是这种人的个性太偏激了一点，所以在人格上不够圆满。这种人有时候也会遭人厌，因此，常常遭到不幸或失败。伤官格的缺点就是博而不精，泛而不专，处事常常求功心切，缺乏持久的耐心，理想总是不切实际，好高骛远，多半喋喋不休，而且非常直率，别人不敢说出口的话，他也敢大胆说出，有时在无意中伤害到别人，有时话中带刺，使别人无法忍受，一般来说，有伤官格的人个性都很强烈，伤官过重的人，应该以坚忍的毅力去克服这种缺点。伤官、食神为发泄英华之物，华英泄，则锋芒露，如锋芒一露，则只知有己，而不知有人，结果为才高招忌。伤官重合作、食神重自尊。自尊者，为内向主沉默；合作者，为外向主发挥。食主沉默，只须精一技，即可自傲；伤重发挥，所知不多，即不足以应世。专一技者以其心无外务，可以深造；习多技者，不得不浅；所以食深而纯，伤浅而杂也。且如子女为例，伤官外向，择夫多不慎，重奢侈虚荣，潮流交际，多有伤官。食神内向，静默高傲，寡言笑，对于潮流，不愿发挥，食有食神。推命以我为主，对于财印，我实处被动地位；对于食伤、官煞，我则处于主动地位；主动之力，自应对称来看，故曰："逢官看财，逢杀看印，食盗印气，伤官生财，是看命之道，首察官煞、食伤，然后辅以财印，视其得中和之气否，看命之能事，已毕矣！"

伤官，我生之神，乃利己之表现；正官为利他之表现；利己、利他两者本不相容，故曰："伤官见官，其祸百端"了。伤官性质为自私的、利己的，其目的在求自存，其手段为合作，因其系我生之神，故主我发挥，一己精力致身体渐衰弱，看命者，欲视人自私之心大小，聪明才能之强弱，宜注意我生之神。

食神与伤官者同为我生之神，其性质也为利己，所不同者，其手段为竞争而非合作。以一己聪明才志，与人争智识于艺术上，常有特殊之成就，不若合作之利用技巧，因人而得私利也。故伤官之成就，虽属多能，不见清高；食神之成就虽云利己，却未同流合污也。看命者，若察伤食之情势，可知其人或勇于利己，或忠于谋人，同流合污，抑清标绝俗，尤有一层，食神为内向的聪明，伤官为外向的聪明。内向喜舞文弄墨，外向为重识人多，食神气纯，伤官气杂。

伤官的人，一般而言，虚荣心稍强，有不喜欢被束缚拘束的趋势，由于其有得天独厚的才能，因此，适合于自由业的很多，于伤官格有印绶制伏的格局，会大大的缓和伤官的判逆精神。

伤官因秀气的发露之故，带伤官的人美男美女很多，尤其是金水伤官和木火伤官格均为俊秀之貌。若命中有财星时，更为美貌。正所谓："身强伤尽胜三奇"，男英俊，外缘奇优；女命艳丽，令人倾倒。

伤官过重的人会有任性纵欲的现象，期望从肉体方面的快感获得空虚心灵的补偿与满足，而且伤官又是属于"对外方式"的多情性格，再由于它能生助偏财，与劫财暗中阴阳克合，故常有双重感情存在，而引起家庭的纠纷。

伤官过重对女人而言也不大好，因为伤官一方面能克制女人的夫星正官，另一方面又由于生理需求旺盛，而影响丈夫的身体健康，并给与精神上的打击。女命日支为夫宫，若坐下伤官而又气旺，没有印来制他，也有情谊难洽的现象。先贤常说"女命伤官叠见克夫"，也不是完全没有道理的。

伤官为用神或吉神时：

1.个性分析：伤官的人长相大多是娇俏秀丽可爱型，且多才多艺，口才极佳，聪明能干，敢作敢为，内心充满着活力与奋斗精神，故很容易在某一方面得到成功、荣誉与权威。

2.行运感应：能够得到财利和名声，创作或发明有突出的表现，爱情容易得到进展，女性较容易怀胎或生子。

伤官为忌神或凶神时：

1.个性分析：经常会对自己作过高的评价，而有蔑视他人的趋势，任性而为，一意孤行，不受世俗礼法拘束；兴趣太杂，博而不精；其人多放荡不羁，多傲气，易被认为是一个狂傲乖张的人；喜好管闲事而弄巧成拙。男人应克制私欲，女人应注意自己的个性，防止影响婚姻家庭。

2.行运感应：容易引起是非，官司甚而坐牢；应注意男女理智的控制感情，以免发生纠纷，由获取不义之财而产生官司或是非；女性不利丈夫；男性容易损子或伤子。

适合职业范围：

1.日支坐伤官或天干透出伤官，大多从事商业或杂艺，技术性的事业或司法、律师、辩论、传授等特殊事业，或从事技术、生产、学者的工作较适宜。

2.伤官伤尽格，适宜做学问、技术、辩护士、裁判等职，而且会因技术与艺术而扬名。

3.伤官格皆主聪颖，适合学问、文章、名利事业，大都以金水伤官为多，同时伤官是辩舌流畅之星，若能从事口才方面的业务，将有很大的前途。

4.伤官生财格之命，必是从事技艺、文章、出版而致富，或经营技术性的商业而发展。

5.伤官格佩印，能制伤官而成为"贵"命；又伤官格的人，命中有财印时，一定可以当上高级官吏。

6.因为伤官格的人有不受人拘束的特性，如从事一些较不受一般营业法规与政令所约束控制的杂术或自由行业，成就便会较高。所谓杂术包括山、医、命、卜、相，及歌唱、影视、演艺、特技、运动、考古等。所谓自由业包括律师、代书、教授、记者、艺术家等。

7.伤官多，身又极旺，又无制化时，是为僧道或艺术家之命。

九、正财

六亲方面：代表男命之妻子，女命之父亲。

正财意义及其特征：

我所控制的事物为财，得之有道，顺乎阴阳之理，则为正财。表示其求生存的方式较趋向以合作、温和的手段为原则，而偏财因为需赖日主直接尽全力之克伐，其求生存的方式每趋向于竞争、激烈的手段为原则。所以，命局若是比肩、正财的力量大于劫财、偏财的人，经商营谋大多诚信不欺，不善钻营，做事很有原则，缺乏灵巧的手腕及"凶狠"的魄力，经商或从公，最好都要安分守己，不可存有投机取巧、走捷径、冒风险的心理与作风，才能安稳的走上成功之路。

正财者，乃靠自己之智慧、劳力、奋斗、经营所收之报酬，故正财其象征有：

1.耕耘之得，努力可以成功。

2.循正常的途径与方法，可以获取。

3.可得之物，必须努力。

4.可以预见的成功机会，不可太过急切，水到渠成，自然成功。

一个命局之中，最好财星的力量能与日主的力量均衡，这样的命局赚钱就比较轻松，也较不贪非分之财。

财者，物之媒介，天下之公器也。何为我之财？何为非我之财？曰：听我命令，受我支配者，为我之财，否则非我之财。如果命局财多身弱，自己没办法支配财，是为富屋贫人。不能一看到命局里财多，就断定一定财多，很富裕，是大富翁，这就会差之毫厘，失之千里的。银行中管库出纳之人，经手之财虽多，不能听我支配，兢兢业业，以保管纪录为职责，终身从事于此者，必为财多身弱之命，盖不能用财，反为财所困也，此种人比较劳心。书云："财多身弱，富屋贫人"，只能代人经营，任保管之职，自己不能享有而支配之，与贫人无异也。

四柱身旺财衰的人，大多比较劳身，肯刻苦耐劳，凡事以身作则，以坚忍的耐力而赚取钱财。

正财格的人，表示会自己建立财富，而且是一个重视信用的人。这种人不喜欢走旁门左道来赚取钱财，而是用正正当当的方法来获得金钱。并且其人是一个脚踏实地，按部就班的人。由于自己努力，克勤克俭，所以能过着稳定的生活。

正财还能全力生助七煞以攻伐日主，四柱若是正财、七煞强旺，正印、劫财衰颓的人，则正印无力化七煞，劫财无力抑制正财，大都表示身上至少会有一处明显的外伤或一项潜伏多年的痼疾，一旦行运正财或七煞之地，就会发作出来，很难彻底根治。

如果四柱中正财藏于墓库的话（辰、戌、丑、未），主其人用钱很谨慎小心，不会轻易的花钱或施舍财物予他人。

如果以正财为用，四柱又配合得当的话，主其人可以娶个贤妻，会获得妻子的帮助和影响，过着快乐、幸福的家庭生活；但是如果四柱中有正偏财相混杂的话，就糟糕了，有这种格局的男性，家庭易起纠纷，须要注意家庭的风波。

《千里马》说："男逢财多身弱，妻话偏听。"这句话的意思是说，四柱正财力量过强，比肩力量过弱，表示日主控制妻星的能力较弱，妻子容易成为一家之主。

有人说："财多身弱怕妻"，真正"怕"妻的人必须是四柱正财强旺，日主衰弱，而原局再见强旺的官煞贴临日主，这种格局往往是娶个河东狮吼型的妻子，因畏而怕妻了。

正财为用神或吉神时：

1. 个性分析：正财之格，主其人聪明诚实，行事俭约不浪费，克勤克俭，安守本分，做事一向小心谨慎，不作非分之想，珍惜金钱，重视生活保障，做事守信用，而无偏激妄想之行为，为一个标准守规矩之人。

2. 行运感应：平时有求财的机会，财运都很好，可以获取利益；男性有女缘，容易交上女朋友或结婚成家立业。

正财为忌神或凶神时：

1. 个性分析：有吝啬的趋势，太过于重视金钱，容易有悭吝之性。正财太多日主弱的话，往往魅力不足，懦弱无能，生活略嫌刻板乏味，喜斤斤计较得失，而欠缺开怀的心胸，太坚守原则而死板，凡事不懂得变通，因而引起无端的烦恼，令人觉得太憨直老实。

2. 行运感应：容易引起财务纠纷而损失金钱；财务有意外的收获，但也容易意外之大破耗而赔光老本；容易引起家庭纠纷，妻子健康不良，或损母、伤母等情形发生。

适合职业范围：

1. 对于从公者来讲，从事的职业应以安定性的工作最为适宜，避免外在的人事、业务推广、交际等复杂工作。对于经商者，最好选择较为稳定及市场起伏变化不大的行业，如文化、商店、固定性的贩卖业、门市及非生产性的公司组织等。

2. 身旺而财星轻，且得命局需要者，适宜作技工的职业、或有关工业的技师之类的工作。

3. 有驿马和财星者，做事业可以得到收益之财，并可作交通、运输方面的职业。

4. 以正财为主星又有伤官的场合，做技术员较好。

十、偏财

六亲方面：代表男命之父亲；女命之婆婆。

偏财意义及其特征：

正财是由节俭而来，为自己之财；偏财为轻财，众人之财，也即流通之财；正财是由血汗所获得的资产；偏财能依自己的才能来赚取的外快，且能运用自如，且偏财多流动，要远赴他乡才能得到，所以不适合留在自己出生的地方，我们也称之为驿马。正财是一心一意之财，偏财是能回转之财；正财比较正派，相当于妻，才能圆满；偏财不只是只有一个住的地方，不安于妻位。所以偏财有几个象征：

1. 有意外之财，不劳而获的征象。
2. 不遇之机，竟而能遇。
3. 邂逅之艳，落花有意。
4. 纳妾之福，一说即合。有这种星的人多半都很风流。

有正财的人，多半会按部就班、脚踏实地的工作赚钱，然后，储存起来成为自己的财产。一般说来有偏财的人几乎都没有什么金钱观念，而喜欢把钱财花费在游玩、嬉戏之上。因为有偏财的人较具占有欲的活跃类型，手腕灵活，很有说服力，对外人缘通常均不恶，这种人缘当然也包括女缘在内了。伤官与偏财结合在一起的特性，就会显得较为多情，当然就是一个人风流的先决条件，但是必须命局中伤官、偏财的力量大于食神、正财甚多，且最好为金水或水木，方称得上真风流型。

偏财格的人轻财好义，善于抓住机会赚钱得财，并且一生多有机缘巧遇，因此经常获得意外收获，尤其在金钱或女人方面，往往戏剧性的离合、得失，很有交际手腕，处理事情圆滑而机智，带偏财的人多半富侠义心，喜欢帮助别人，照顾别人，而能博得众人的感谢，并有轻财的趋势。此格的人是活动家，喜欢与人谈笑，本性慷慨而诈，善造作，口齿伶俐，对物质眼光锐利，有经济手腕，是个实业家型。

若以食神来生正财，正财的性能较为稳定；若以伤官来生偏财，偏财就显得较活跃了。我们可以说，食神重精神方面，伤官着重于实质方面。所以，受食神所生的正财就会偏向理想去求财，而受伤官所生的偏财就会偏向以实干方面去求财。所以伤官生偏财的人，具有多方面的雄心与魄力，浑身充满干劲，这种人一旦机会到来，就很容易发财无数；

如若时运不济，也可能很快的身败名裂，其一生的事业变动较大。凡是有偏财的人都要特别注意，不要轻易浪费金钱，否则，将永远无法保持财产。

财多身弱的格局，以比肩、劫财为用。若是比肩的力量大于劫财甚多或比肩透干，可以与友人合伙经营事业。反之，如果劫财的力量大于比肩甚多，或劫财出干，则应尽量避免与亲友合伙，而以独营为宜。如果命局身旺财衰，原则上均不宜与人合伙共营事业，以免财星遭到分夺，而使本人蒙受损失。只有在偏财的力量大于正财和劫财的情形，与人合作才有成功的可能。

至于所谓的刃头财与禄头财；刃头财者，即支逢阳刃，干见财星也，如甲日见己卯，丙日见庚午之类；禄头财者，即支逢临官，干带财星也，如甲日见戊寅，乙日见己卯之例。流年遇之，皆主因财启争，或因妻妾兴口舌是非。然也必须观察其格局配合情形，不可一例以推。如财为忌神，才可如此断定，若财为喜神，反而大发其财者，所以不可一概而论。

偏财为用神或吉神时：

1.个性分析：本性慷慨而有感情，口齿伶俐，有交际才华，有魄力，好活动，为人豪爽明朗，决断力强，坦白干脆，富侠义性与风流心，对物质眼光锐利，有经济手腕，个性明朗，外缘好，才能高，敏捷奇巧。

2.行运感应：容易获取大量的金钱及财物，交际应酬多，男性之女缘佳，容易交上女朋友或容易结婚。

偏财为忌神或凶神时：

1.个性分析：偏财太多的话，容易苟安耽乐。偏财格的人，喜欢受人奉承、拍马屁，好说是非，喜欢与人交游谈话，会夸大言辞而多诈，嗜酒贪花，处世虚伪，对金钱不重视，有浪费的习性。女命忌见偏财，透露过盛，有浪漫不贞之嫌。

2.行运感应：容易大成大败，也容易有意外之大破耗，容易得突发性的凶灾，易伤父或损父，容易因异性惹祸而起烦恼。

适合职业范围：

1.身旺而偏财、正财也旺的人，适宜从事各种商业，而且可以获得巨利，也适宜金融业。

2.命局伤官、偏财的力量强于食神、正财的人，应该选择刺激性、投机性、冒险性或较具活跃性、挑战性的事业。如工厂、贸易、制造、加工、推销、业务开发、外勤、总务等。反之食神、正财多的话，选择文市行业较有利，如公务员、文书、行政等。

3.偏财是商人之星。财旺、身旺而无破伤时，是巨商之命。若命有冲克、空亡，只是一个小商小贩，或是善于外交辞令的商人。

4.偏财具有与驿马相似的特性，对于操纵财政方面非常具有天份。如果命局又有驿马时，适于从事外交、资讯、买卖、交通、运输等事业，定有相当收益。

五行、十干

至于五行的性情、十干的性情及十神性情，古书中《三命通会》《滴天髓》均有叙述，今贤著作中阐述甚多，兹据受业所得，心得及今贤意见分述如下：

一、五行性情

水：聪明、善良，机关深远，足智多谋、诡诈无比。
火：性急、辞让、守礼拘谨、恭敬谦和，性燥无毒。
金：性刚、尖锐，英勇豪杰，仗义疏财，刚毅果决。
木：性直、博爱，恻隐之心，慈祥济人，行为慷慨。
土：情厚、有信，言出必行，忠孝至诚，好敬神佛。

二、十干性情

甲：有上进心，坚强有骨气，心地仁慈正直。
乙：有嫉妒心，向周围发展，善于随机应变。
丙：有急躁心，冲动有爱现，心思敏感无毒。
丁：有细腻心，无自信多疑，温和守礼拘谨。
戊：有包容心，沉着富耐性，信用好名憨直。
己：有忍辱心，多才艺好名，做事精明多变。
庚：有侠义心，豪爽有气魄，好强好胜不屈。
辛：有虚荣心，本性不坚定，有气质好权势。
壬：有乐观心，外向不掩饰，聪明任性纵欲。
癸：有柔情心，内向耐心强，好幻想不实际。

论十神

论正官：

正官者，乃阳克阴、阴克阳之类是也。如甲日生酉月，乙日生申月，丙日生子月，丁日生亥月，戊日生卯月，己日生寅月，庚日生午月，辛日生巳月之类。此谓"正气官星"。乃本身之出处，如府县官能管束人民，不使为非作恶，岂能为人民之用物也。惟恐天下不乱四季杂气之中，或财或官及"虚官"，而有取用之处；凡官星临于岁、月、时中，谓之"虚官"。

日主强，官星之气不足，多数以财来生官。

又有忌财者，独用官煞来助；忌比印，尤喜食伤者。按：伤官，食神，乃官煞之官煞也；虽制衰官，暗中能生财，助官星之根；比劫者，官煞之财星也，官星既衰，不可再见比劫，盗官煞之气，又斩官煞之根；

印绶乃泄官星之气,并忌之。

日主强,官星亦有气,须双方比较轻重。苟如日主强过于官星,似以财生官。若双方势力不相上下,双方皆不宜助;或以用伤食泄日主气,而制官星,作双方和解之神。

如日主与官星并弱,此种命局,一生无出息,则不能用伤食,及财与比劫等类,惟取官印作双方之兼顾。

又如日主弱,官星强,不可用伤食制官星,盖身弱亦忌泄气也。大忌财神,只喜比劫夺财,而分官星之势。最喜者,为印绶生扶,而敌其财官也。

正官在古代科举制度的社会,是专指乌纱帽和俸禄而言。其原义是"阴阳配合,相制有用,成其道也",水攻花堤馆主潘子端《命学新义·水花集》解说为:

1.管理:如畜牧出猎、领羊寻水草、监督耕种、指挥家人操作、经营商店、设立工厂、统制贸易、发展交通、控制关税、经营国际贸易,均管理也。与群众建筑管理深切关系之表示。

2.利他心之表现,以合作手段为社会服务也。社会服务只须正直不阿,非必聪明出众。见伤官则贪图利己,结党营私;见食神则一意高傲,纵情诗酒。社会服务要有强健的体格,故喜身强。忌财多,易受外诱。

由于正官的意义是从五行自然、有情的克制(管束、限制、雕琢、压抑、感化)而来,所以又可引申出:法律、规章、道德规范、公约、教养、禁忌、自律等意义。

正官的正面性格与行为:

公平正直、守法守分、服从遵守、合群负责、重经委、任劳任怨、讲理智、讲信用、守公德、小心谨慎、为他人设想、擅长管理、自制力强、有始有终。

正官的负面性格与行为:

满足现状、缺乏创意、胆小怕事、因循苟且、自卑、自闭、优柔寡断、消极怠慢、坐失良机。

正气官星：

据《三命通会》的说法是：甲日生酉月，乙日生申、巳月，丙日生子月，丁日生亥月，戊日生卯月，己日生寅月，庚日生午月，辛日生寅、巳月，壬日生午、未、丑月，癸日生辰、巳、戌月，更天干透出，名支藏干透。余位不再见正官，日支健旺得财、印两扶，四柱无伤官、七煞，行到官运则大富大贵。忌刑、冲、破、害、伤官、七煞，贪合忘官，劫财分福，为破格。原批云"凡官星临于岁月时中，谓之虚官"，"月"当是"日"之梓误，指正官在年干支、月支、时干支也。这是以四柱官限为论点：年柱管十五岁前，官星在此，获之太早；时柱管五十岁之后，官星在此，失之太迟；月柱管十六岁至三十岁，官星在此，正是博取功名的最佳时期，故谓之"正气官星"；日柱管三十一岁到四十五岁，是人生的中年时期，官星在此，不应该视为"虚官"。《三命通会》说："取官星不必专泥月令支辰，或月干，或年、日、时支干，只一处有，不曾损伤，皆可取用。故经云'明干有气明干取，明干无气暗中取'，若明干无气，引归地支或有助托，运行得地，亦不减月内官星之福。"可见不必拘泥于"正气官星"或"虚官"。

正官引时：

自正官之干，对照生时地支若逢长生、冠带、临官、帝旺，虽四柱见伤官亦无大害。反之，若正官逢衰、病、死、绝、败（沐浴），而伤官逢长生、冠带、临官、帝旺者，主降官失职，祸生不测。

圆通达观（上）

日	官星	冲	刑	破	害	合	劫	伤	杀	生	沐	冠	临	旺	衰	病	死	墓	绝	胎	养
甲	辛	庚	卯	酉	子	戌	丙	乙	丁	庚	子	亥	戌	酉	申	未	午	巳	辰	卯	寅	丑
乙	庚	申	寅巳	巳	巳	亥	乙	甲	丙	辛	巳	午	未	申	酉	戌	亥	子	丑	寅	卯	辰
丙	癸	子	午	卯	酉	未	戌	丁	己	壬	卯	寅	丑	子	亥	戌	酉	申	未	午	巳	辰
丁	壬	亥	巳	亥	寅	申	丁	丙	戊	癸	申	酉	戌	亥	子	丑	寅	卯	辰	巳	午	未
戊	乙	卯	酉	子	午	辰	庚	己	辛	甲	午	巳	辰	卯	寅	丑	子	亥	戌	酉	申	未
己	甲	寅	申	巳	亥	巳	己	戊	庚	乙	亥	子	丑	寅	卯	辰	巳	午	未	申	酉	戌
庚	丁	午	子	午	卯	丑	壬	辛	癸	丙	酉	申	未	午	巳	辰	卯	寅	丑	子	亥	戌
辛	丙	寅亥	申巳	巳	亥寅	巳申	辛庚	庚壬	壬丁	丁	寅	卯	辰	巳	午	未	申	酉	戌	亥	子	丑
壬	己	午未丑	子丑未	午戌戌	卯戌辰	丑子午	甲甲甲	癸癸癸	乙乙乙	戊戌戌	酉	申	未	午	巳	辰	卯	寅	丑	子	亥	戌
癸	戊	辰巳戌	戌亥辰	辰寅丑	丑申未	卯寅酉	癸癸癸	壬壬壬	甲甲甲	己己己	寅	卯	辰	巳	午	未	申	酉	戌	亥	子	丑

例：乾造：

        正官　**丁卯**　　正财　05 乙巳

        七煞　**丙午**　　正官　15 甲辰

        日元　**庚午**　　正官　25 癸卯

        正印　**己卯**　　正财　35 壬寅

                                            45 辛丑

                                          55 庚子

                                          65 己亥

                                          75 戊戌

此造卯木生午丁丙火，财官煞党众强旺，日主庚金惟赖时干一点己土正印生扶。依原批之见解，乃日主弱，官星强的命，不可用伤食（癸壬）制官星，喜比劫（庚辛）夺财而分官星之势，最喜印绶（戊己）生扶而敌财官。

丙丁午火旺克峰，为忌神。木生火，助纣为虐，为仇神。

己土能泄火生金，为用神。但全局火太旺能燥土（不生金），所以又要水来制火护金、润土生金。己土受卯木克，自秧料岌岌可危，须得金来制木护土，并加强日主。

此造是忌木火，最宜带水之金土运（辛丑、庚子、己亥）。

官、杀、食、伤为看命者最宜研究之物，至财、印不过为官煞食伤之辅佐耳。人之处世，利他心尤较利己心为可贵，利他乃成就利己之唯一秘诀，故孔圣有"己欲立而立人，己欲达而达人"之语，由此可知看命宜先看官煞之理。既有官，当视财。有杀，当视印。合作为手段者需财，竞争为手段者身不强不克胜其任也。由此可司及："印、财实为官煞之辅佐。"古人有以财、官、印、食为四吉神，杀、伤、劫、刃为四凶神者，官煞同宗，伤食同源，何以有吉凶之异盖因利他是为人谋，重合作而不重竞争，故官优于杀；利己系为己谋，重竞争不重合作，而利己之合作乃掠取他人之劳力，利己之竞争乃以自己聪明才力和人一争胜负也。故伤、杀之于人，不若官、食。

官煞不宜杂的道理，在于官重合作，煞重竞争，混杂则犹如处世，时而与人妥协合作，时而背信卖友，其目的又不在为自己谋利，成了社会中的捣乱分子，唯恐天下不乱，为人所不齿，在社会上较会受人排斥回避，减少出人头地的机会。

正官为喜用，或官格成立者，大都可成为行政人才、律师、工程师，以纯正的思想领导其行为，替社会人群造福。

论七煞及偏官：

阳克阳、阴克阴，谓之七煞。如甲见庚、乙见辛之类是也，为杀身之利器。古书皆论其性情如虎、急燥如风、凶顽无忌惮，乃十恶之流，小人之类；要制服而成偏官，或用化合以挫其凶顽之气，而入正道。

论其性情，煞重无制化，四柱颇多，不过稍具刚气，颇能明理，亦不乏善良之辈。若以克峰之患论，则每见有生扶七煞之命者。

由是观之，岂能完全凶物论也？无论生克制化，须观四柱中喜忌，而定去留。

古书曾言："莫言身弱造化而为之衰，勿以煞多而为寿年之夭，要在随时变能，须知入眼分明。"此四句，亦命学者之宝箴也，非借书证论煞宜变能，其他各节，亦贵随机应变。

（一）官煞的性质

公正的、利他的、官重合作，煞重独立自尊。官格得其正，必能以清纯的思想领导其行为，为众人造福，此点官煞相同；不同的是官重合作，杀则独当一面，手段采取竞争。竞争需力，故喜身强，畏财多以分其心。若能使之对私利采取合作，对社会力图竞争，则为人刚而黠。若对己、对人一律采取竞争手段，势必两败俱伤，毫无成就。

七煞与正官比较，七煞的气清纯而刚猛，非必聪明出众。七煞不忌伤官，虽利己、利他的性质不相容。但若是利己出于妥协，利他而勇往直前，并不同流合污，亦无大害。若遇食神，是以同一手段，欲达两个相反的目的，大都因竞争而致失败。

1. 七煞的正面性格

有志气、有魄力、有毅力，不畏艰难勇敢突破困境，积极开创机运（以行动去进取、革命，冲劲十足）。

2. 七煞的负面性格

独裁、专制、霸道、严厉，竞争手段狠而失去朋友或遭受报复，易犯酒、色怪癖。

七煞为喜用的命格，往往是创造局势的杰出人物，所谓"大英雄用煞不用官也"；若命局配合不好，也可能成为一代枭雄，甚或终身残障、夭折。

（二）论七煞

1. 制之以力，不如化之以德

此为张神峰之语"与其制之以力，不若化之以德"。

论制煞，不如化煞之义，要分两端，不可混而述之。

所论制煞者，伤官、食神是也。凡煞用制者，身煞须并旺，喜伤食泄日主之气而制煞。

化煞者，印绶也。凡用化煞之命，要在煞重身轻之格，用印绶化七煞，并能生扶日主，此亦兼顾之法也。

关于合煞之道，有喜合，亦有忌合。如甲见庚煞，生于春月，行乙运虽能合煞，未必为佳。生于他月，或有爱合者。又如乙见辛煞，生初春，或秋冬之际，逢丙火来合则喜，若在炎热之时，虽曰"伤官合煞"，不能化水，反增热烈之害。

所以研究命理，无论对于何种命局，须各方兼顾之。

日主强，七煞也强，取食神制煞，是"才胜德"的人物。

日主弱，七煞强，取正印化煞生身，所谓"众杀猖狂，一仁可化"者也，是"德胜才"的人物。（官煞混杂时，尤需正印，所谓"印解两贤之厄也。"）

例一：女

七煞	甲寅	七煞	03 丁卯
比肩	戊辰	比肩	13 丙寅
元神	戊辰	比肩	23 乙丑
七煞	甲寅	七煞	33 甲子
			43 癸亥
			53 壬戌
			63 辛酉
			73 庚申

戊土得令，通根于辰；甲木得月令之余气，通根于寅。

两戊两辰，两甲两寅，身煞两停，宜制煞，八字无庚申食神，不贵。

※ 此造干支两木两土，可作两神成象之"木土相成格"看，行任何五行之运皆不忌，只怕刑冲（辰戌巳申）。

例二：男

偏印	**丙戌**	比肩			07 癸巳
偏财	**壬辰**	比肩			17 甲午
日元	**戊申**	食神	岁驿	文昌	27 乙未
七煞	**甲寅**	七煞			37 丙申
					47 丁酉
					57 戊戌
					67 己亥
					77 庚子

此亦身强煞强之造，以日支申金制煞为用，运行西方，得军功而擢兵显宦，贵为将军。

2. 七煞有制而有权

偏官有制化为权，英俊文章发少年；
岁运若行身旺地，功名大用福双全。

七煞多凶暴有权威，若得驯服而归正道，反极有用，故曰"有制而有权"。此等八字亦是煞重身轻之类，八字中有制，再达身旺之运，助起日元而敌之，自然功名大用矣。

日主弱、七煞强、大运行日主强旺之地，以乙丁己辛癸阴日生者为佳，因阴干的生命力比较强韧，不怕身弱。

例：女，一九四五年五月初二日酉时生

偏财	乙酉	比肩	禄元	10 癸未	年空亡
伤官	壬午	七煞	日贵	20 甲申	
日元	辛亥	伤官	孤鸾	30 乙酉	
七煞	丁酉	比肩	禄元	40 丙戌	

日主不当令，但通根二酉得助；七煞当令，透出，煞强。伤官透出，通根亥，有力。因七煞当令，且有乙木偏财生之，所以与日主比较是强了一点，属煞重身轻，用伤官制煞的命格；伤官有制煞护身兼调候的作用，惟原局伤官的力量已足，若岁运再行食伤水乡则夫星不利。喜行比劫助身之岁运。

她是养女。（八字没有印星、月上伤官、第一运癸未与年柱乙酉互换空亡——乙酉空亡未，癸未空亡酉。）小学毕业。任护士。

申运助身，廿七岁辛亥（一九七一年）结婚，夫为市长。生二子、一女，领养一女（辛亥日是孤鸾日，八字中有官煞则有子女）。

酉运助身，日主得禄，三十六岁庚申（一九八〇年）当选人大代表。三十八岁壬戌（一九八二年），伤官制煞太过，落选。

3. 食神制煞逢枭，不贫则夭

此语出自《五行元理消息赋》，其理以身煞两强之格为例，喜食制煞，又能泄我之气，双方和平之法。若逢枭神夺食，而助身过旺，失去和解之神，则身煞恶战无了期，非和平之道，故曰"不贫则夭"。苟为身弱之格，则食制不如枭化之为利矣。

食神制煞忌偏印，当是食神为用神（泄秀或调候）的情形，不一定是身煞两强的格局。古以食神为爵星、寿星，忌偏印夺之，故曰"不贫则夭"。

偏印要命局中明见食神才称为"枭"，若无食神仍名偏印。

例：男，一九五三年四月十六日亥时生

偏财	癸巳	正印	08 丙辰
偏印	丁巳	正印	18 乙卯
日元	己卯	七煞	
七煞	乙亥	正财	岁驿

己土生于小满后七日，火旺土燥，最喜水来制火润土。八字透出癸水，通根于亥为用，但时干又透乙木引化癸水去生丁火，亥水被卯合（水泄于木）去生巳火，危机暗伏——木为祸胎。水为用，喜金生，细推详，金来亦无益，因命局木火势众而强旺，若逢弱金，便成"食神制煞逢枭，不贫则夭"的局面。以湿土（辰丑）或带湿土之金（庚辰、辛丑）及强金（庚申、辛酉）为佳。

乙运·十九岁辛亥（一九七一年），乙七煞、辛食神，食神制煞之岁运本吉，但原尽忠尽职月柱丁巳反冲辛亥，成为食神制煞逢枭，该年辛卯月辛丑日骑自行车撞到柱子而死亡。

4. 煞星重而行煞旺运，早赴幽冥之客。

此语出自《天玄赋》，煞星既重，身自不敌，再逢煞旺之运，制身太过，岂能言吉？然则"早赴幽冥"之句，似觉过重其词，骇人听闻耳。

《命理约言》所载是"煞旺复行煞地，立见凶灾；制重再行制乡，必然穷乏"。原批不是治学的学者，所以引用古语，大都没有注明出处，甚至串改原文。上句是指身弱、煞强、无印星化煞的命局，忌再行煞运；凶灾，指打击、挫折、官讼是非、病痛，最严重是终身残障或死亡。下句是指身强、煞弱，或身煞两停、有食神制煞、无财星（或财星微弱又被比劫夺破），主怀才不遇，斗志不足容易坐失良机。

5. 伤官制煞与食神制煞之两较

古书以为伤官不如食神制煞之显著，其理虽善，其事实则无若是之简单。

如甲见丙制庚、乙见丁制辛煞之类，谓阳见阳克，阴见阴克则有力。又如甲见丁克庚，丙火见己克壬煞，即阳克阴，阴克阳，为伤官制煞。有阴阳之隔，男女之别，其力较轻。

以上所论，分明食神胜于伤官矣。是以普通谈命者，见人之命局有七煞，不管日主与七煞感情若何，专指食神为无上吉星。但依大病药及变通方面而论，则伤官有胜食神之处。

盖煞既重要制，其煞必为病神，而日主亦不弱。如甲逢庚煞，得丙火制之，庚金岂能敌丙火，则病神已去，无起发可观，乃平常人也，何贵可言？若甲逢庚而遇丁，此谓伤官制煞，力量有限，乃煞重制轻，其病未去尽，再达去病之运，乃为贵也。

若命局有煞无制，及煞重制轻之命，则食神运胜伤官多矣。最好命局中用伤官制煞，盖命局既亦不弱，伤官乃透气之物，而有威仪。煞之病亦未尽去，运上再逢食神制之为妙。

无论任何命局，四柱必须有病，行运神其中和，此谓谈命之要诀。盖，病者，忌神也；药者，用神也。命中要病重药轻，乃为佳造，若有病而无药，则不取矣。古书云："煞轻制重，为人到底屯颤；煞重制轻，身旺总须发达。"观此四句，即可明其意义矣。

徐乐吾《滴天髓补注》云："用煞之法，不外制与化；制用食神，化用印绶。身强煞浅，则须借煞为权，不但无须制服，而且喜财相生，为'财滋弱煞格'也。身强煞旺，则须用食神制之，为'食神制煞格'。身弱煞强，则宜用印以化之，不可用食制。身煞两停——如阳刃七煞之类，最宜煞刃相合，不合亦须用印以和之。偏官无单用者，必须食、印、财相连也。食神制煞，伤官亦能制煞，唯其力不纯，较食神为逊，乃阴阳干配合之关系也。"

身强煞旺，须取食神或伤官制煞，食神制煞与伤官制煞何者为优？这要依日主阴阳、干支性质、调候等条件，作综合的判断。原批没有深入探讨，且牵扯到"病药说"，已偏离主题。

阳日的食神制煞，事实上有的功能不大；阴日的食神制煞，力量较大。阳日的伤官制煞，有的效果很好，胜过食神制煞；阴日的伤官能"合"杀而非"制"杀。试析言于下。

甲以庚为七煞，在冬令及初春宜丙火食神制煞并调候；在秋令宜丁火伤官制煞，以丁火煅刚金也（丙火无煅金的功用）。

乙以辛为七煞，在秋冬宜丁火食神制煞（用丙火伤官，有合辛化水的可能），用丙火要丙辛隔位。

丙以壬为七煞，宜戊土食神制煞。己土会浊壬晦丙，不理想。

丁以癸为七煞，宜戊土伤官合煞。在冬令尤佳。

戊以甲为七煞，宜庚金劈甲制煞。在秋冬柱中有丁火尤佳。

己以乙为七煞，宜庚金伤官合煞。

庚以丙为七煞，宜壬水食神制煞，壬能照丙，名"水辅阳光"。

辛以丁为七煞，宜壬水伤官合煞。

壬以戊为七煞，宜甲木食神制煞，乙木伤官制戊之力小。

癸以己为七煞，宜甲木伤官合煞。

例：男，一九四七年十二月十三日酉时生

比肩	丁亥	正官		07 壬子
七煞	癸丑	食神		17 辛亥
日元	丁未	食神	羊刃·年空亡	27 庚戌
食神	己酉	偏财		37 己酉

两丁通气于未、长生于酉，癸杀通根于亥、得月令之余气，身强煞旺，食神制煞。己、丑湿土，克癸无力；未虽燥土但被丑冲酉泄，亦无制煞之力。壬子、辛亥两运，煞旺克身，初中学历，廿一岁丁未（一九六七）年结婚；廿六岁壬子（一九七二）年，官煞交攻，沦为流氓。庚戌运廿九岁乙卯（一九七五）年，亥卯未合木局生身本吉，但乙卯被大运庚戌合去，卯为丁未日之空亡，入狱，乙酉月幡然大悟。戌运，浪子回头。

6. 日主阴阳

阴为柔物，身遇刑克亦无伤。阳主刚权，原弱逢煞官而两破。阴者，女也；凡女性主柔，虽见凶恶之物来克，亦能避其势，则害轻矣。故曰"身遇刑克亦无伤"。

这里所说的阴阳，不是指男女体质的刚柔，而是指日主甲丙戊庚壬为阳、乙丁己辛癸为阴的刚柔。

陈素庵《命理约言》卷四"杂论"云："阳干任克之力轻，而生物之力重，故阳日用印，有时喜偏，而丙壬尤喜。阴干生物之力轻，而任克之力重，故阴日遇杀不畏其强，而丁己尤不畏。"水绕花堤馆主在《命学拾零》中进一步阐说："《滴天髓》之论干，首揭'五阳皆阳丙为最，五阴皆阴癸为至'，是明说阴阳以水火为代表。故甲木要地润，燥也；戊土有火燥物病，戊土原燥也；庚金带杀，含火也；至乙木忌虚湿，润也；己土卑湿，润也；辛金润而清，含水也。除丙、丁、壬、癸不论；阳干似成有火，阴干似成有水，是水火为阴阳之代表毫无疑义。火不甚受克，水不甚畏克，看丙火、癸水尤信。而素庵先生二语之义，亦可豁然明矣。"

硬把女人一律归于阴柔、男人归于阳刚，是不合理的，要知道有的女人其阳刚并不逊于男人，有的男人其阴柔并不逊于女人呢。

（三）用煞之大略

凡身强煞浅之格，大者以财生煞为主。如四柱财星重重，身主虽强，盗气过多，或用化合之法以安之。然而合不宜多，多合反为仇。古书所谓："群阳炉合一阴，楚流争锋之象；诸阴争合一阳，不过蛙鸣蝉噪。"观此四句，亦可明合多之害，又分轻重矣。

又有身煞两强冠军杯和，宜伤食制之。若伤食过重，不但制煞太过，日主之气，亦被泄尽。此等命局，惟有用煞印或官印，一路可通。凡用煞印或官印相生之命，大概病轻者居多。

又朋身煞（按：原文作生煞）皆立于不旺不弱之地者，用又何法以治之也？惟有财印并见而解之。内中仍看财印之轻重，亲其轻，而远其重。此类命造用神亦难定，非用变通之法，难觅线索。

尚有煞重身轻之格，不宜伤食制，大忌财生煞党，喜见比劫扶身，尤宜印绶化煞以生身。

用煞之法，上节已引述徐乐吾《滴天髓补注》的解说，在此我们用实例来探讨。

1. 身强煞浅格

乾造：

伤官	癸卯	正财		11 庚申
劫财	辛酉	劫财	羊刃	21 己未
日元	庚午	正官		31 戊午
七煞	丙子	伤官		41 丁巳
				51 丙辰
				61 乙卯
				71 甲寅
				81 癸丑

庚辛齐透，通月令旺气。丙煞不当令，火根之午被子水冲损。是为身强煞浅，当取甲乙寅卯木财滋弱煞为用，但命局只有一个卯木被酉冲拔，财星无用。地支四正全会，由时支至年支，水火金木逆序通克（是贵而多子之徵）。行运喜合忌冲：庚运刑；申、己、未、戊运皆美，喜气频增；午、丁运蹇滞；巳运亨通；丙运合辛，更佳。（辰运合酉、乙运合庚、皆佳。卯运则旺冲衰拔矣。）

2. 身煞两强格

乾造：

正官	戊辰	（乙食神·癸比肩·戊正官）	07 庚申
七煞	己未	（丁偏财·乙食神·己七煞）	17 辛酉
日元	癸亥	（甲伤官·壬劫财）	27 壬戌
劫财	壬子	（癸比肩）	37 癸亥
			47 甲子
			57 乙丑
			67 丙寅
			77 丁卯

水土各占两干两支，是为"两神成象格"。戊己通根辰未，壬癸通根亥子，身煞两停。细究之，土当令，水不当令，且辰未亥中暗藏乙木食神、甲木伤官泄水，故土较胜而水较负。行运忌食伤泄身，喜金水生扶；"两神成象格"忌刑冲。庚申、辛酉两运，印星化煞生身，家道繁荣，安乐优裕，一派坦途，学业成就，出国留学。

3. 身煞不旺不弱格

乾造：

比肩	丁卯	偏印	10 壬寅
七煞	癸卯	偏印	20 辛丑
日元	丁卯	偏印	30 庚子
七煞	癸卯	偏印	40 己亥
			50 戊戌
			60 丁酉
			70 丙申
			80 乙未

阴火生于春月，地支全卯，众木生扶火又进气，日主原伤强看。然丁火无根，唯赖木生，干有二癸，紧克二丁；盖二阴相见，生则力薄，克则力强，此五行之正理也。水虽退气，但在丁为杀，克之有馀；在卯为枭，生之不足。今丁被癸克，支无火根，故当以从木论用为佳。至"一气"、"不杂"诸格，更无取用之理。

此造天干丁癸丁癸，是古书所谓"两干不杂"，名利双收的贵格。地支四卯，为"支辰一气"的贵格。仔细分析起来，并不像古书所讲的那么美好。火虽喜木生，但命局天干有两癸湿木，木多反而塞火（只会冒烟），所谓生而不生也，火并不因木多而旺。癸水长生在卯，但亦泄气于木，水并不因长生而旺。水、火皆在不旺不弱的程度，行运若逢巳午火根则呈身强煞浅，喜财煞流年；若逢亥子水根则呈煞强身浅，喜印劫流年。

辛运偏财生煞，家破亲亡。丑运泄身，潦倒异乡，沦为苦力。

4. 煞重身轻格

乾造：

正印	庚戌	正官	07 辛巳
正印	庚辰	正官	17 壬午
日元	癸丑	七煞	27 癸未
七煞	己未	七煞	37 甲申
			47 乙酉
			57 丙戌
			67 丁亥
			77 戊子

癸水在清明后十二日是归库用事之时，丑中所藏癸水亦为日主之根。弱根藏在库中最忌被冲破，不可以"库宜开"论之——戌冲辰、未冲丑，则土动，辰丑中的癸水亦被冲去（土吸去），形成煞重身轻的局

面。日主无根,只依赖庚金正印化煞生身,是依人而成的命。

此命行运天干喜庚辛壬癸,丙丁来虽克庚,但有己土转生而不甚忌;甲乙来则克合庚金、己土,为忌;戊己来虽克日主,但有庚金转化而不甚忌。地支忌辰戌丑未刑冲,喜子合丑、午合未、卯合戌、酉合辰、寅合戌、申合辰、巳合丑、亥合未。

辛巳、壬午、癸运,家景清泰,事业亦亨。未运,丧妻失子,祸患频仍。甲运潦倒,申运光明。

论官煞混杂:

官煞混杂之论,各书皆有理解。

有去官留煞者,亦有去煞留官者;柱见伤官而去官存煞,见食神则制煞存官。

亦有去轻留重之说,苟如官煞并出,而无制、无合,乃谓混杂。

惟《神峰》稍与他论不同,其理以官煞相连只论煞,官煞各分为混杂。如年月上,官煞并透,即是相连,皆作煞论;或官煞透于年时之上,谓之各分,乃谓混杂。此法亦近于理。盖官星和善之性,君子之流;七煞者,凶神恶煞,小人之流是也。今官煞同处,有同化之可能,语云"近墨者黑",此之谓也。若官煞临于年时上,则各霸一方,我行我素,故曰混杂。

又论去留之法。以天干主动,则易去;地支主静,则难去。似亦近理。

总之,无论混与不混,若得身势强旺,力能胜其官煞便佳。《神峰》之结论曰:"身强遇此多清贵,身弱重重祸百端。"可以其官煞混杂,亦无关大尽忠尽职。甚至官煞混且重,财星亦大旺,日主极弱,亦有贵人在焉。

论富贵命,《神峰》之"病药说"类,偏枯为贵,颇有应验。其法以大凡至富至贵之人,必先劳其筋骨,饿其体肤,空乏其身,然后动心忍性,增益其所不能。人命之妙,其犹是乎?夫命理之增益,非命局中增之，乃在运上增益之也。四柱亦宜见用神，宜轻不宜重，若忌神与用神并重，则病已尽，亦不贵矣。然则贵命，非一定格局造就，多由四凶神排立于命中，用之得宜而成。盖伤、煞、枭、刃之类，性质精明，胆量过人，然后能达到大贵之目的也。

　　官煞相混的结构，基本上是以正官、七煞同时出现在天干为准。

　　《滴天髓》云："官煞相混来问，有可有不可。"以正官、七煞均为思想派，均是公正的、利他的，惟正官重合作，七煞重独立；合作与独立是不相容的性质。官煞可混否？则须衡官煞两气之强弱。弱者从强，不扶弱即不混；强者纳弱，不抑强即不混。顺其气势，引其性情也。一旦官煞势力平均，即显混杂之象。如此，混不混及可不可之意，俱可明了。然本条所示，只在可不可一问题。不混即无问题，混而后方有可不可也。总结上意，比肩劫财两至，官煞可混。官煞势力平均，又乏比肩劫财，则不可混。

　　徐乐吾补注，更进一步阐明官煞可混与不可混的情形：

　　1. 用财生官之尽忠尽职。忌杀相混。用印化官之局，不忌杀混。（按：此即《六神篇》所说的"印解两贤之厄"、"众杀混行，一仁可化"之意。）

　　2. 用食制煞之局。煞重制轻，忌煞重，更忌官混；煞轻制重，宜扶杀，不忌官混。

　　3. 身煞两停之局。最宜印以和之。身轻煞重，忌见官星助杀，忌杀亦忌见官。

　　4. 身强煞轻之局。最喜官煞制之，所谓财滋弱煞者是，不忌官煞相混。

　　官煞同为克我之物，只论其克制也。官煞相混，除财官相生之避宜官星清透不宜混杂外，其余乃是克制太重为忌，非混杂为忌，用制、用化均可，特制与化不宜兼用耳。

　　官弱喜杀以助之，煞弱喜官以助之，上继"同流同止"，为常见之例。更有十干性情及时令关系，而有可混、不可混的情形。如庚金生于八九月，庚金刚锐非丁火煅冶不能成器，天气渐寒非丙火照暖不能解寒，丙丁并见，格成上上，缺一则格不全美，此为官煞宜混者；壬水生于秋冬，支成水避而旺，喜戊土七煞以成提防，忌见己土官星，盖己土不足以止水反而浊水使壬水不清，此喜杀忌官也；七月庚金必须丁火方能煅鑫，丙火无用，此喜官忌杀也；丙火见壬为"日照江湖"，相映成辉，见癸水则阴雾障日。为喜为忌，须以此意消息之。故十干喜忌随性情、时令而异，不特官煞如是，正偏财、正偏印、食伤皆同此论。普通喜财官印而忌杀伤枭，乃初学简单程式，不宜拘执，细细体会，层层深究，诚不易辨也。

例：坤造：一九六〇年九月十五日巳时生

　　正官　庚子　　　10乙酉
　　伤官　丙戌　　　20甲申
　　日元　乙未　　　30癸未
　　七煞　辛巳　空亡　40壬午

乙木日元生于立冬前四日，土旺木囚之时，官煞透出，身弱煞强，无比劫帮扶，惟年支子水生日元为喜用。丙火可制去庚金正官，使不混杀，命格算清，但火虽能制官煞亦泄弱日主。克泄交集，身多病灾。

1. 为长女，下有一弟、一妹。（未中乙木，加子中癸水）
2. 二十岁己未年（一九七九）视力减弱。（土生金克乙木，泄火）
3. 廿三岁壬戌年（一九八二）丙午月丙戌日患胆炎住院；己酉月乙巳日车祸，右脚扭伤。（岁运壬癸克丙，戌刑未）
4. 申运，廿六岁乙丑年（一九八五）结婚。（乙合庚，去官留杀；丑戌未刑冲主变动，出嫁到夫家）

论正印：

正印者，生身之母也；乃阴见阳、阳见阴之类。性质慈善，凡事能利己利人，与正官、食神同为君子之流。

凡正印等物取用，为生财有道，或有身旺忌比印之命，行正印运，亦能维持现状，大多无害于事。盖，慈母有爱子之心，子母不和，不过难望其助力。所以正印之物，利多而害少。如伤用神，则亦忌见。

以正印为直觉派之外向性格，多为先知先觉之辈，重鼓吹而乏实行能力，偏重精神（理论）。《相心赋》："印绶主多智慧，丰身自在心慈。"《继善篇》云："素食慈心，印绶遂逢于天德。"自古以来的命学家大都着重正印优良的一面：慈悲善良、文静祥和、澹泊、稳定、人格清高、气质高雅、重视名节、遵守天理道德、相信肉眼见不到的宗教因果律、念前些时候、记忆力强、想象力丰富等。

事实上，正印也有其反面性格：领导性强、独立性弱、死要面子、太保守、因循苟且、不切实际、善于掩饰、食古不化、迂腐、假道学、吝啬、呆滞等，甚至有智慧型犯罪、毁灭自己也毁灭他人、传布邪说伪学者。弱日需要正印来生，此时正印即呈现优良的性格；日主强，不入从旺格，此时不需要正印，若见正印，便成了"慈母多败儿"，而呈现反面的性格。如母亲太溺爱子女，爱之反以害之；也有的母亲，因为夫妻吵架，一时想不开，自我了结生命，要走时放不下子女，"爱他就带他走"，连子女一起带走，酿成人间大悲剧，是为"母慈灭子"。

有人提出印多为强，无印或印不得其位、不得其时则弱。按之命理，强者宜泄，但印是禀赋，印强却不能泄；因我受生于印，无力以支配之。《命理约言》谓："印太过兮，反以见财为欢。"若不强不弱，则印是扶身之本，不可伤。

正印如果是命中的喜用神，甚功用如"贵人"，可得庇荫、帮助，福气大。如果喜正印，而命局无印（或只藏于长生、墓库、馀气中，微而不显）：

1. 缺乏长辈的恩惠、助力，缘分薄。

2. 求知求学不会用心，大都临时抱佛脚，不喜欢死记的公式和刻板的理论。

3. 生病时不喜欢看医生吃药，平时较没有医药保健的观念和习惯。

4. 如果岁运走印星时，会有求知欲、和长上来往、接触宗教术数、

看病吃药，直至印运终止（包括寿终——医药无效）。

5.行运又无印星，多为漂泊无依的人，生涯常灌寞感。

例：坤造：一九六六年十月十六日早子时生

七煞	丙午	正官	空亡	08 戊戌
正印	己亥	食神		18 丁酉
日元	庚寅	偏财	空亡	28 丙申
七煞	丙子	伤官		38 乙未
				48 甲午
				58 癸巳
				68 壬辰
				78 辛卯

年日互换空亡，庚寅日金坐绝，见己土正印，为绝处逢生。全局克泄交集，日主无根，专赖己土正印生扶，正印为用神，喜丙生己、己得禄于午，印星有力，可得长上之助力、庇荫。

她生于山村贫家，被一位司机领养（居市区）。养父母待她视同己出，非常疼爱。高中毕业，酉运·廿七岁壬申年结婚，交丙运·廿八岁癸酉年庚申月癸酉日辛酉时生一子。至今仍受养父母之庇荫。

论枭神：

枭神，即偏印；乃阳见阳、阴见阴，为继母之类。

凡偏印性质，表面文秀而亲善，胸藏不测之机，苟取为用神，则较正印为尤美，具随机应变之功夫，人所不能料也。

若枭神而为忌物，则祸深重。所谓继母不容，乃鞭笞备至，身无完肤矣！

把偏印一律称为"枭神"，是错误的观念。

偏印而称枭是四柱有食神，食神逢克才称为枭（又名"倒食"、"退神"、"吞啖杀"），如果没有食神则以偏印为正确的名称，枭是一种不孝鸟，长大后会反食其母，命学家以偏印克食神（为爵星、寿星）——反食，所以名之曰"枭"。古时被砍头，悬挂在木头上的死人头叫"枭首"——没得吃，也没得混了；据说"枭首"被悬挂着示众，其怨恨之气很重。

以偏印为直觉派之内向性格："精神分析学家以尼采为代表，尼采乃德国思想家之怪杰，主张超人哲学；离人群而独居，藐视人群之一切行为道德。此种人不易容于当世，再逢食神，竞争利己，生存之道必绝。"偏印比正印更偏重精神，更具有神秘能力、先知先觉，常有独特的内心世界；有时可测和他人的隐秘或远地的事物；或看透人情世故，发超欲脱凡之思想。

偏印为喜用的正面性格及行为：

悟性高、感受力强、潜力深厚、创造力优秀、思想超凡、宗教心常存、求知欲不断、五术成名。

偏印为忌的负面性格及行为：

爱憎极端、孤僻、冷淡、思想行事怪异、自闭、忧郁、学而不精、多空想、偏食、不通人情、离群索居、使用邪法邪术害人、有始无终、进退不决、工于心计、怀恨记心、胆怯心虚。偏印是阴生阴、阳生阳，生的力量比正印强。照理说，身弱喜印星生扶，而偏印优于正印，其实不然，物极必反，太过于弱的反而不堪强大的生扶。万祺（崖泉）云："枭神见官煞，多成多败；作印遇财曜，反辱为劳。身旺为贵，身弱乃常。有伤官而平生丰润，值食神则处世伶仃。"古诗云："印星偏者是枭神，柱内最喜见财星；身旺遇此方为福，身衰枭壮更无情。"日主弱需要偏印生扶者，要日主有气（如癸水生于夏至后、丙火生于冬至后）、有根（长生、墓库、余气），本身有料子才扶得起，否则就是扶不起的阿斗；太弱的身子，反而不可吃偏方、补药也。

身弱而见食神制煞的命格，最忌见枭神，主"不贫则夭"，福薄了。

但若偏印有制合，则无害（见《三命通会》所载）：

甲日见壬辰、壬戌；辰戌中有戊土制壬水，有丁火合壬水。

乙日见癸丑、癸未；丑未中有己土制癸水。

丙日见甲申，申中有庚金制甲木。（按：甲午，午中有己土合甲木，当可不忌。）

丁日见乙巳、乙酉；巳中有庚金制合乙木，配套改革中有辛金制乙木。

戊日见丙子、丙辰、丙申，子辰中有癸水制丙火，申中有壬水制丙火。

己日见丁亥，亥中有壬水制合丁火。

庚日见戊寅、戊辰，寅中有甲木制戊土，辰中有癸水合戊土。

辛日见己卯、己亥，卯中有乙木无己土，亥中有甲木克合己土。

壬日见庚午、庚戌，午戌中有丁火克庚金。

癸日见辛巳、辛未，巳中有丙火克合辛金，未中有丁火克辛金。

四柱中身旺，财官俱全，可取为福助身。阳日偏印能暗合伤官生财，如甲日偏印壬，壬能暗合丁伤官，暗生戊己财；阴日偏印能暗合正财，如癸日偏印辛，辛能暗合丙正财。

凡偏印为喜用者，大都以专业知识、技术谋生，其理在此。

例：乾造：

偏财	**丁未**	七煞		09 辛亥
劫财	**壬子**	比肩	建禄	19 庚戌
日元	**癸丑**	七煞	月将·暗禄	29 己酉
偏印	**辛酉**	偏印		39 戊申
				49 丁未
				59 丙午
				69 乙巳
				79 甲辰

癸生子月建禄，喜年柱财官为用，更妙冬至后月将到丑，如旭日升

高光宇宙，江波潋滟映天晴，所以身作中医师。偏财得地，庶胜于嫡。行运西北增寒，故中少年事业起伏不一。老运南方丙午丁未火地，补助用神，财利频增，患者信誉，医术好评。寿集结丙辰年七十岁，癸水入库。五男五女，儿孙绕膝，此又命宫丁未，财官有气也。

此造是身旺，柱内有财星，见偏印为福之命。癸水以辛为偏印，辛暗合丙正财，癸日辛酉时生人，大都对五术有研究，有的人以此为业谋生，少数因此成名；一生多小病，常吃药、打针，却很长寿；妻贤子孝。

丁火透出被壬水合去，妻不利，子害未，幸丑合子，未中乙木食神、丁火偏财、己土七煞无损，吉神深藏。冬至后一阳生，火为最有用之五行，太阳在磨羯宫（丑），居日支，名"月将扶身，惜无天德、月德、天乙、玉堂相助"，不贵，只能解凶或提升社会地位。

论比劫羊刃：

比劫与日主同性，为兄弟之类。

比劫重财散，凡散财之命，其性情必豪爽居多，故身旺之格，力能乘其财，何必要兄弟来分夺。或逢弱格，力不能乘财，宜以比劫分之为安。

凡取比劫为用，总归虚花无实惠，若四柱财神过多，日主弱极，遇比劫或可稍得其利益。惟羊刃运，无论身弱，遇此煞，益少百害多。

羊刃在阳干名"阳刃"，在阴干名"阴刃"。《三车一览》云："羊，言刚也。刃者，取衬割之义；禄过则刃生，功成当退不退则过越其分。如羊之在刃，言有伤也。故羊刃常居禄前一辰。"沈竹乃《说卦录要》：兑为羊，羊之性外悦内限，好斗。刃为金之锐利者，亦兑卦之象。兑为秋令，其气肃杀、毁折，象兑卦也。

阳干之气以进为生旺，阴干之气以退为生旺，故阳干之羊刃在"帝旺"，阴干之羊刃在"冠带"，阴阳各有其生灭的模式，所以其逾越点也不同。

以支中所藏正气而言，阳干之刃即劫财；以支中所藏余气而言，阴干之刃即比肩。所以比、劫、刃皆与日干同气，其作用不外加强（帮）日主，凡日主弱者，取用比、劫、刃有二种目的：一、分散过多的财星。二、对抗过多打官司杀，其中阳日的劫财可合七煞，阴日的比肩可合正官，在官煞混杂时尤喜用之。

站在功利主义的立场看比、劫、刃，诊断比、劫、刃不管为喜为忌，均对财帛、妻妾、地位利少弊多，乃一偏之见。要知道比、劫、刃代表群众、气魄、人际关系、人缘，在现代社会中无论从事工商企业、政治活动，这些都是不可缺少的要素，岂可忽视？据经验，大企业家、政客、民意代表、社会工作者，其命中不乏比、劫、刃为喜用，富贵者甚多。

比肩为喜用之正面性格与行为：

独立自主、积极、坚定立场、择善固执、有始有终、临事果决、豪爽侠义、勇敢而不鲁莽、自信、不随波逐流、不盲从附和、公平竞争。

比肩为忌之负面性格与行为：

刚愎自用、自私自利、不知进退、不为别人设想、不服从、孤立、自满、现实、嫉妒、斗争、生离死别、决裂。

劫财为喜用之正面性格与行为：

轻财重义、乐善好施、有降价魅力、积极勇敢、反应好、慷慨合群、善于交际、冒险、玄直无饰。

劫财为忌之负面性格与行为：

强悍粗野、鲁莽、攻击侵犯、暴力、破坏、冲动、挥霍浪费、不善理财、乏审美能力、口不择言、精神异常、混乱。

禄的看法与比肩相同，刃的看法与劫财相同。阴日丁己癸的羊刃，又为"暗禄"，有特殊的意义：

丁己刃在未，暗合午禄。

癸刃在丑，暗合子禄。

命运逢"暗禄"，经验上有"山穷水尽疑无路，柳暗花明又一村"的现象，在陷于困境时，往往得贵人相助，或逮到机会，而打开僵局，扭转逆势；又有"有意栽花花不开，无心插柳柳成荫"的现象，往往有

圆通达观（上）

意想不到的因缘凑合而名利双收；刻意经营者没有成果，本来不看好的（或无计划者）反而成果辉煌；不按牌理出牌，有不可思议的幸运，甚至在一件事情即将破败之前就能消弭危机。

其他的"暗禄"，甲见亥、乙见戌、丙见申、戊见申、庚见巳、辛见辰、壬见寅，看法相同，这是推命所得的经验法则。读者可印证看看。

乾造：一九三八年二月廿二日卯时生

偏财	戊寅	比肩	建禄	05 丙辰
劫财	乙卯	劫财	羊刃	15 丁巳
日元	甲寅	比肩	专禄	25 戊午
伤官	丁卯	劫财	羊刃	35 己未
				45 庚申
				55 辛酉
				65 壬戌
				75 癸亥

亦无庚用丁之造。透戊逢乙，财星被夺，宜火化劫、金制劫。以比劫为忌，故辛运，五十七岁甲戌年，失去官职。

乾造：一九四二年阳历一月十一日卯时生

正官	辛巳	食神		03 庚子
正官	辛丑	正财	玉堂	13 己亥
日元	甲子	正印	天赦	23 戊戌
伤官	丁卯	劫财	羊刃	33 丁酉
				43 丙申
				53 乙未
				63 甲午
				73 癸巳

无庚用丁，巳为火根，复以时支卯木助身，发丁火之焰。月支丑土正财，得火而暖，转生辛金正官。八字中之五行，字字有用，互不妨碍，富贵佳构也。而羊刃助身，使能任财官之克挫，任伤官之泄秀，厥为首功。丙运，四十五岁乙丑年（一九八五年），当选市长。申运，四十九岁己巳年（一九八九年），转任财政厅厅长。乙运，五十三岁癸酉年（一九九三年），任集团公司董事长，妻贵美，子女各一。

论伤官：

伤官者，杀伤官府，不服官治，乃化外之人也。

然伤官亦有贤愚之别，喜自强，腹中秀气充足，伤官能泄之于外，此谓好精气，最好。金水伤官旺泄出于地支，其人汪秀多智慧，乃伤官格中之君子也。

伤官若透于天干，则人虽聪敏，常有傲慢之气。若为火土、水木伤官，甚生更骄。此种格局如身弱，则泄尽腹中精华，威武显露，视人如无物，所谓化外之人也。宜以印制而归正道，若逢枭神制之，则勇谋兼全，成为大伟人也。

凡伤官格，身旺宜化，身弱宜制；化者财也，制者印也。

把伤官称为"化外之人"的是张神峰，自古以来的命学家对伤官大抵贬之于褒，提出的论见也最多。徐乐吾《子平一得》云："格局之中，以伤官格变化最多。"如果伤官是个人物，他就是一个话题最多、最具争议性的人物了。

命理十星（六神）中，凡生我、克我、我克，阴阳相见主正，阴阴、阳阳相见主偏。唯有同我、我生，却阴阳相见为偏（劫财、伤官），阴阴、阳阳相见为正（比肩、食神）。同我、我生者，以阴阴、阳阳为"同性"，亲切而纯也，若阴阳、阳阴则为"异性"，不亲切亦不纯也。

古人云："伤官，我生之神也。我生于世，自有我天赋之聪明才力，教育即为一种方法，专为汲引我原有聪明才力者。人受教育，其义盖在不使原有之聪明才力趋入迷途。故伤官不应忌见官，要看情势如何耳。

考伤官之取义实出于正官，官为利他心之表现，伤官乃利己心之表现也。利己、利他，两者本不相容，故曰'伤官见官，为祸百般'。若能抱己立立人、己达达人之主义，亦不为祸。伤官之性质，为自私的、利己的，其目的在求自存，其手段为合作。因其为我生之神，故主我因发挥一己之精力，致身体渐就衰伤。看命者，欲视人自私心之大小、聪明才能之强弱，宜注意我生之神。"以伤官为外向性格，其意义：

1. 重合作，主发挥，知多习多而而浅杂。其气为横，为显出的。

2. 因其为利己的，须驱使群众为我而活动，成就常较正官为难；驱使群众，首在识人。气盛者，为多能之人，能者多劳，故需至强之禀赋。

3. 外向者，需财以应世，喜比肩以引用其财，多财以尽其能。

4. 精神分析学方说外向感觉派之女性："择夫多不慎，重视奢侈虚荣，讲究服饰，善交际，喜恶以潮流为标准，浅薄浮华，瞬息万变。"女命伤官福不真即此意也。

5. 感觉派多不善处世，傲然自得，清标绝俗。当其感情奔放，发为诗文，又为人所倾倒。伤、食为发泄英华之物，英华泄则锋芒毕露，锋芒毕露则只知自己，不知有人，结果为才高招忌。

又曰："命书有视伤官为行刺官府之盗贼，愚拙之甚！实则伤官乃以一己之聪明才力，用合作之手段，得财以营私生活也。忠于谋人，其行为磊落，言语光明。勇于谋己，其行为工巧，言语刁诈。由是伤官遂被认为盗贼。以人性论，伤官代表自私，近代学者黑格尔谓'一切社会科学之要基，即在人类之自私心'，故自私亦不可尽作劣根性看。官煞与食伤反对，即在利己、利他两性不相容，非伤官以刀行刺正官，食神盗窃七煞之财宝；乃云人若私己，必有碍于公务耳。"

伤官的性情，类似思想家、发明家、艺术家、革命家、反对党、在野党，其正负面的性格与行为如下。

伤官之正面性格与行为：

领悟力特别高、创造力强、表达能力优秀、多才多艺、智商高、勇于改革、指头力优秀、辩才无碍、热心、坦白直爽、重视合作。

伤官之负面性格与行为：

杂而不精、骄横任性、胆大妄为、喜新厌旧、不守礼教、藐视法规、多疑、情绪起伏大、敏感善变、标新立异、执迷不悟、得势凌人、虑多做少、言语伤人。

上述见解，有几点须商议：

1. 金水伤官之清秀智慧者，要金白水清；为君子者，要金温水暖。若金多水浊，金寒水冷，焉能清秀智慧？焉得为君子？

2. 火土水木伤官性骄者，是火炎土燥、水泛不浮者。若其他季节之火土、水木伤官，谦和之君子有之，岂必皆性骄？

伤官有真假、格局、见官、伤尽、阳顺阴逆、混食之分，其喜忌有可见官与不可见官、佩印、生财、喜比劫身旺、忌身弱刑冲入墓、忌无财、忌枭印之异，变化错综。原批谓"凡伤官格，身旺宜化，身弱宜制"——以财星化伤官以生官、以更大印制伤官以护官，只是伤官格取用之一端，不能赅备。

例：坤造：一九七二年四月初二日午时生

正印	**壬子**（癸偏印）	04 甲辰
比肩	**乙巳**（戊正财·庚正官·丙伤官）	14 癸卯
日元	**乙巳**（戊正财·庚正官·丙伤官）	24 壬寅
正印	**壬午**（丁食神·己偏财）	34 辛丑
		44 庚子
		54 己亥
		64 戊戌

四月乙木支见两巳一午，无木根，木性焦枯而虚，喜两壬一子相生，去火养木，"伤官佩印"之格也。夏水易涸，虽通根，不若以金生之为源远流长。查此造生于立夏后八日九时，庚金用事（见萧子良著《命理诠真》：立夏节后八至十四日庚金当令）为妙；壬水宜申庚、癸

水宜酉辛为清。古云:"木火伤官官要旺",即指此咱夏令有印的木火伤官而言。午中有己土偏财、巳中有戊土下面地,火旺土相,财亦丰厚。古云:"女命伤官,格中大忌,财旺印生,夫荣子贵",此造财官印女命三奇全备,互不妨碍,富贵奚疑?

此造有两命,为堂姐妹,生于同一个大家庭宅院中。

A生于十二时,受午中丁火之气多,性情较急躁。

B生于十二时三十分,受午中己土之气多,性情较柔顺。

两人读书至高中均同校,大学A造医学院护理系毕业(一九九五年乙亥),旋至某市医院服务,契约一年;B造考上大学旅游系毕业,再考研究生。

父亲那一辈有七兄弟(长男养子,六个同胞)、五个姐妹(五女同父异母),A的父亲为六男,母亲在家织毛线衣,B的父亲为四男,母亲是护士。祖母乙巳年(一九○五)生,殁于己巳年丁丑月辛卯日辛卯时,祖父仍存。曾祖父、祖父均为中医师,积德行仁。A为次女,上有一姐,下有一妹、二弟。B为长女,上有一兄,下有二弟;堂兄弟姐妹共有二十多人。

论食神:

食神者,知礼义,明廉耻之士也。只宜独见一位,乃宝贵之品,虽非用神,亦不宜伤。若见二位,则不贵矣。

每有"食神最喜劫财乡"之说,此论须分开讲:如日主强,劫财虽扶食神,而助日主太旺,亦害也;如身弱财重,食神之气亦盗尽,宜以比劫夺财星,助日主生助食神,所谓"食神最喜劫财乡"者也。

以食神为感觉派之内向性格,其要义为:

1.其性质是利己的,目的在于自存,手段为竞争——以一己之聪明之力与人竞争,于萃取柱上常有特殊的成就;利己,但不与人同流合污,清标绝俗。

2.食神之意,即暗吸他人之精华,融会贯通,发而为文,用得社会之力，是即为自己谋利也。为内向的聪明，喜舞文弄墨，其气纯粹，为文人、隐士之流，其气深入。

3. 食重自尊，主沉默，内向而精明，只须精于一技，即可自傲，又或专习一艺，苦心孤诣变幻无常，虽不为知，一旦艺成，即可恃之为生，尤胜积财千万。

4. 精神分析学说论内向感觉派之女性："静默高傲，寡言笑，对于时下潮流，亦不愿发挥何等意见。"女命最宜重视食神伤官的三点理由：一是食伤本为利己心的表现，其手段为合作或竞争，结党营私既非女子所宜，一意高傲亦非女子所应为。二是以性情言，食伤本属感觉派之内向及外向，内向过于冷酷，外向过于轻浮，皆非女子之所宜。三是以六亲论，食伤代表子女，产育子女本为女人自存传种之手段（子女之产生为我精华之外泄，终身不嫁之女子无儿女于是食伤乃为聪明才力），更不可不加以注意。

食神的正面性格与行为：

纯良正直、专一、表达能力优秀、充满希望、乐天知命（谛观）、清高、才艺出群、幽闲雅逸、天人合一、幸福满足、圆融大度。

食神的负面性格与行为：

冷漠、孤芳自赏、水仙花情结（自恋欲）、理想与现实脱节、恃才傲物、精神体力透支、包含无节制、器度狭小、自私自利。

为什么食神只宜独见一位？

《三命通会》："食神只宜一位，不宜太多，恐窃本元之气。"

因为食神是一个人精英的外泄，才华的表现，贵在纯粹（尤其是从事艺术创作）、沉潜，太多了则伤心神，锋芒太露易遭人嫉妒，太精明冷酷则人不敢亲近，才华太多方面则不专精，皆难以养生也，故古有"食多变伤"之说。食神见四个，命格又不入"从儿格"者，大都贫穷、身体虚弱、父母缘薄，岁运逢偏印，名"灵枭得用"，反而有福。若食神只有一位，且用以制煞，最忌偏印克之，为"食神制煞逢枭，不贫则夭""命当夭折，食神子逢枭"，大凶。

"劫财最喜劫财乡"语出《捷驰千里马》（即《玄妙论》，但《三命通会》所载的《玄妙论》没有这一句），见《星平会海全书》。其上一句是"劫印不须逢旺地"。其喜忌，如原批所言，但还要兼顾：

木以火为食神，但在夏令火旺，虽身弱亦不宜劫财，忌焚灭也。又木多火塞，在春令亦忌劫财太多。

火以土为食神，但在夏令火旺，见劫财太多，则火炎土燥，没有生机。

土以金为食神，但若土多金少，见劫财则土厚埋金，不秀。夏令宜丑辰湿土为劫财，秋冬宜未燥土的劫财，戌土燥亢不生金，忌多见。

金以水为食神，但在冬令为金寒水冷，劫财虽多无益。

水以木为食神，但在春令水性泛滥，见劫财多则水泛木浮。

食神又名"进神"、"爵星"、"寿星"，最喜命局有禄与之相配，月令"建禄"最佳，时支"归禄"次之。即甲食丙生寅月或寅时，乙食丁生卯月或卯时，丙食戊生巳月或巳时，丁食己生午月或午时，戊食庚生巳月或巳时，己食辛生午月或午时，庚食壬生申月或申时，辛食癸生酉月或酉时，壬食甲生亥月或亥时，癸食乙生子月或子时。若八字又带天乙、玉堂贵人，行运是食神生旺之地（如甲日食丙，生寅月或寅时，柱有丑未，行运寅、巳、午食神生旺之地），主大发福禄。忌身衰、偏印旺，柱中虽喜财，亦不宜多，财多则富而不贵。

《三命通会》有一则教人看食神行运吉凶的例子，读者以之为参考示范，则可融会贯通，用于推断其他各命局的食神行运吉凶。

如庚金日主以壬水为食神，大原则是以运行北方水旺之地，发财必厚；行东方木旺之乡，发神必紧。以壬水食神为主，仔细分析十二运：

申运（长生）。福重。

酉运（沐浴）。壬水食神败地，又是庚金之财甲木之死地。平平。

戌运（冠带）。兼看天干。壬甲，半吉半凶；戊，有灾；庚，微福。

亥运（临官）。壬水食神得禄，甲木偏财长生，大吉。

子运（帝旺）。癸水伤官，伤重泄本身元气；庚死、甲败。生祸，身灾。

丑运（衰）。庚金之库，甲木冠带，发财。

寅运（病）。庚金绝处逢生，甲木偏财得禄，亦吉。

卯运（死）。庚金胎位气弱，食神列贯帝旺，有灾。

（以上是《三命通会》所载，加以改述。以下为笔者揣摩之作。）

辰运（墓库）。食神入墓，寿数难逃（伤官同断）。

巳运（绝）。庚金长生，甲木败地，虚花之财。

午运（胎）。庚金败，甲木死，破财身灾。

未运（养）。庚金冠带成人之地，甲木财星得库，发财。

这个推断技巧，其实不限于日元及食神，其他的年干、月干、时干及十星，也可变通使用。

例：坤造：一九四一年正月十四日亥时生

伤官	辛巳	偏印	建禄	09 辛卯
食神	庚寅	七煞	驿马	19 壬辰
日元	戊子	正财		29 癸巳
正财	癸亥	偏财	岁驿	

命主女性，姓周，雍容大方，聪明能干，丈夫姓孙，在商界颇有成就。她在主理家务之余，晚间再读夜校，以填补当年没念书的遗憾，在夜校成绩优异，曾当选过模范生。

戊土生于立春后五日又时，土借火生，稍有根气，但命局水星天透地藏，强水暗克印星使土的依附力减弱，年月又透出庚辛食伤，泄弱戊土精气，身弱矣。是以金水为病忌，喜用火土；木宜寅卯（地支有巳火转化），忌甲乙。

交入癸运，财旺身弱为病。三十一岁辛亥年（一九七一年），染患肺炎；三十二岁壬子年（一九七二年），切除大肠三十公分，送大医院化验，证实肠癌；三十三岁癸丑年（一九七三年），在大医院切除卵巢，去除四十多个癌细胞组织。当时医师透露她的生命尚有三个月，那一年的下半年她去请命理名家算命，先生断说："保证今年死不了。"理由

是：癸丑年乃戊日主的天乙贵人，无刑冲。果然超过医师的预言，延至三十四岁甲寅年（一九七四）丙子月壬寅日丙午时死亡。

此命的最大病处是庚金食神混见辛金伤官，身弱无比肩、劫财相助（廿四至廿八岁辰运助身），家道兴隆，相夫教子，身弱不堪盗泄也。

中医以庚寅配大肠经，辛卯配肺经，癸酉配肾经（生殖系统），亥配三焦（内分泌系统），子属生殖系统，证诸此造，病症部位确然不差，令人尺度中国阴阳五行、经络学说之神奇！

论正偏财：

我克者为财，阳见阳、阴见阴为偏；阳见阴、阴见阳为正。

欲以财为养命之源，然则五行用，固称养之源，或与日主临对敌之地，则作害命之物看。

身旺之格，大多喜财，亦有忌财者，但不多见。弱格虽忌财者多，偶亦有喜财者在焉。此论与普通法，似乎矛盾，须知五行自有不同之处，必须先明天理，方知喜忌之法也。

《水花集》云："财，养生者也，与印异。命书曰'印乃扶身冠军杯，财为养命之源'，我于母腹受日光（指热力）、水分、土壤（指地方）、食品之温养而得生命，乃出母腹。既出母腹，我必有养生之物，使我继续生存，此养生之一节，皆命书之所谓财也。印、财二物为我生存之根本。无印，生机薄弱；无财，存在綦难。观人命运者，三十岁前，宜视印、财势力，断其有无福泽。三十岁后，宜视官、杀、食、伤，知其在社会上之成就。"

他以财星为知觉派，偏重物质，正财外向，偏财内向；谓此派人重视声、色、香、味、触，且喜寻求新刺激。此派在做事后趣味、男女的情欲方面，与直觉派的印星恰在此时成两极；直觉派以性欲为丑恶，此派以为压制性欲反易致病。正财为社会上常态之人，最宜经商。因其既重视钱财，且对人生的见解并不深刻也。偏财则另有一内心世界，不过与直觉派不同——见解既不深刻，且轻视精神重视物质也。

从上述，可归纳正财为现实主义，偏财为享乐主义。

正财的正面性格与行为：

勤俭务实、有生意缘、善于理财、重视家庭幸福、注重经验法则、合理化、诚信、有组织、理智。

正财的负面性格与行为：

重物欲及肉欲、刻薄寡恩、铢两必较、因小失大、固执（占有欲）、现实。

偏财的正面性格与行为：

热心、坦白、圆滑干练、交际手腕好、审美能力佳、编辑策划、会计出纳、轻财重义、言行如一、幽默风趣、急智。

偏财的负面性格与行为：

情绪化、玩弄感情、夸张、浮华、性关系随便、纵欲、奸诈、浪费、奢侈、轻佻。

身旺忌财的情形是，比劫夺财，比劫强众，财星弱寡，无食伤生财或官煞制比劫；身弱喜财的情形是，从儿格或身弱用印而印太多，以财破印（如土厚埋金，以示破土；木多火塞，以金克木）。

另外，十干性情也要知道：甲木秋不容土，乙木不忌丑未，丙火能煅庚金，从辛反怯，丁火在酉长生，戊土得水能生物，己土不畏水狂，庚金能赢甲兄、输于乙妹，辛金忌土埋喜木破土，壬水喜丙照、忌丁合，癸水见丙为不晴不雨，火多而从。各有其喜忌也。

一般财的喜忌：

（一）喜财

1. 官弱身旺，用财生官。
2. 财命有气，用财以显荣。
3. 身旺煞轻，用财以资杀。
4. 官格逢伤，用财以化伤。
5. 日主合财，财来就我。

(二)忌财

1. 印格忌财。
2. 财多身弱,以财为病。
3. 身弱煞旺,忌财党杀。
4. 用印制伤扶身。
5. 用印化煞生身。

例:坤造:

食神	庚午	正印	羊刃·空亡	10 丙戌
正印	丁亥	偏财		20 乙酉
日元	戊子	正财		30 甲申
正官	乙卯	正官	咸池	40 癸未
				50 壬午
				60 辛巳
				70 庚辰
				80 己卯

命局是财官旺,用印忌财的例子。因戊子日生,有自以为是的个性(这是从戊子日坐"胎"而看出),对人一向不说真心话,因此,在男女交往关系上,虽年过三十,还没有一个知心的男朋友。但是因本命是偏财,表示为了讨好男性,是宁可牺牲自己的人。

三十七岁丙午年(一九六六年),空亡·偏财·羊刃,与曾当过计程车司机的山县元次相识,竟然被这个小她十岁,心术不正的小伙子所迷,即使是个性严谨的女人到了三十七岁受旺运影响,也会无所顾忌,改变常态,跟男人的接触转趋积极。

翌年三十八岁丁未年(一九六七年)起,开始向银行下手诈财,用金钱去搏取男人的欢心,从此陷入罪恶的渊薮。至四十四岁癸丑年(一九七三年)为止,六年之间,共向银行诈领了将近五千万元。案发被捕时年四十四岁，当时的大运是癸未（癸正财坐日元之衰，财富逐渐减少；女方主动恋爱，将与营生能力软弱的男人结婚）。

女人犯罪的行为，除了偷窃以外，大概以对男人痴情而发生的居多，本例当然也不例外。而且，偏财是本命的女性，要比一般女子更肯为男人牺牲奉献，她将所有的钱都贴给男人，自己在逃亡期间，还得在餐馆洗盘子生活，如此痛苦的牺牲，令人同情。

如果把正偏财象征金钱、肉欲，官星象征丈夫、男友、同居人，则本造的生涯，真是命运活生生的写照。

第三节　十神应用

正印应用

一、正印旺衰

1. 正印为权力、地位、事业、靠山、后台。因为这是我生存需要的（即生我）。

2. 正印为学术、主文、名誉等。因为这也是生存需要的。

3. 身旺可胜官如无印、掌权不实、不稳，易丢官。

4. 正印为喜用，是我身弱得生，我有需别人生的欲望，因而这种人也多慈善。

5. 我需别人生，要多想办法，因而聪明。我需别人帮，处处想到自己做事一定要稳重，踏实，因而也就身体健康。我经常这样做，自然到哪都可能受人尊重。

6. 印又为掌握权柄，故总能管点事，当点官。

7. 女命多印星，无财星做官之源，克夫，因化泄同克。

8. 日旺印多无制者为过极，辛苦操劳，孤寒刑克之命，正印为旺为人吝啬，喜奉承，少子息，见财星则有子。

9. 印多日旺行财运主发财（但命局应平衡），日弱印衰又行财运，财克印耗财，主工作不顺或失职（靠山被克掉）。

10. 女命身旺多正印，为身旺抗官煞，为克夫之象，身旺官星必弱，主丈夫体弱多病。

11. 女命印多克夫，因印多可化泄官煞（化也是一种克）。

12. 女命正印见正官为喜，多生于官贵家或漂亮，因官生印，印生身（官为贵）。

13. 月克正印与日支冲者，被冲依靠不上，故母家贫困。

14. 男命财克印，但必是财克偏印，主妻与公婆不和。

15. 正印临十二宫：正印坐长生，主母亲端正，仁慈长寿。临沐浴，本人职业多变化。临冠带，出身名门，荣达显耀。临临官，安泰有贤母。临帝旺，出人头地。正印不旺又坐衰，地支又无生扶，一生平凡，家道萧条，父母不富。临死绝，母缘薄，出身不高。

二、正印透干

（一）年柱正印

1. 年干正印旺相为喜用，因喜用是生自己的，故生于富贵或书香之家，小时读书佳，但必须印不受损。

2. 年干正印，月干正官，祖上或父辈掌权。

3. 年正印，他干又透正印，幼时缺乳或饮她人乳汁（印多克食，食为乳）或由他人抚养。

4. 年干正印衰弱遭克破，祖上贫寒，幼时家贫。

5. 年干正印衰弱，月干劫财，祖上遗产多被手足继承而与己无缘。

6. 年月时皆透印，日主旺财星不现，与妻缘薄，婚姻不顺。

7. 正印为喜用神，利文途，读书学业佳。

（二）月柱正印

1. 月干正印为喜用，无财克破，学业有成，文才出众，名气大。

2. 月干正印为喜用，聪明心慈，体健貌正，若有官来生印，则身官印三者平衡，乃为贵命。

3. 月干正印，年干官星，出身高贵。月干正印衰弱，又遭克破，出身贫寒。

4. 月柱正印，心慈善良，聪明健康，一生少病安全。四柱有偏官正官者可生印，为厚福之命。

5. 月支有正印，与日支冲者，主母家零落衰败。

6. 日主旺，月干支印星叠叠，手足缘薄，或兄弟姐妹少或无。

（三）日支正印

日支正印为喜用神，配偶仁慈善良，聪慧敦厚，助夫助妻，可得贵人之助；为忌神，夫妻不睦或不利子息。

（四）时柱正印

1. 时干正印为喜用神，子女贤孝，多生贵子，能享儿女之福。

2. 时干正印为喜用，晚运佳，大器晚成，若月上有正官，岁运逢正印必发达。

3. 时干正印为忌，难享儿女之福。

4. 时干正印为喜用，官星衰弱不见，财星旺，一生事业难成，贫苦之命。

三、正印坐支

1. 正印坐正印，若印星太过，主过于自信自尊，欲望太高，易遭失败。印为忌神为主辛苦奔波，印克子星，故一生劳碌，子女缘薄，女命尤甚。

2. 正印坐偏印为忌神时，因靠山太多，缺乏果断能力，多愁善感，子女缘薄，优柔寡断，多败少成，女命尤甚。

3.正印坐比肩，乐于帮助兄弟朋友，母亲性格温柔，身体也不好。为喜用神时，主事业顺利发达。

4.正印坐劫财，为兄弟朋友所累，财物损耗。

5.正印坐伤官，伤官为忌，命局组合不好，多遇挫折，多败少成，伤官有制另当别论。印坐伤，多与母不合，因正印为母，伤为子女，印克伤，故不和。

6.正印坐食神，印主文，主诚信。食为财之源，主名利俱佳，吉祥顺畅。

7.正印坐正财，妻母不睦、病厄劳苦、丢官罢职之象。财旺为忌时，主难遇良机，贫病愁苦。例甲申月丁日干，财克印有力，逢岁运为申时，若无七煞救应，则以上信息之象出现。

8.正印坐偏财，财利如意，家庭和睦。

9.正印坐正官，因官能生印，有吉祥发达之象。但印应为喜用，正直、诚信、慈善有德，胸怀宽广，忍辱负重，大器可成。女命为贤内助。

10.正印坐偏官，杀印相生为喜用，功成名就，勤奋上进，有所作为。恩威并俱，刚柔相济。

四、正印临岁运

1.正印为喜用神时，体现为得父母、长辈、贵人的帮助，家庭、事业较平稳、顺利及热心于宗教信仰。

2.正印为忌神时，母亲可能有健康不良现象，考试、求职不容易录取，或遇波折。女命易有损子或伤子现象发生。

偏印应用

一、偏印旺衰

1. 偏印是生我的，但生我的同时，又排斥我，因为是同性相生，因而偏印生我是不情愿的。就因为偏印生我是不情愿的，故偏印有如下表现：有奉献精神，但又不是心甘情愿的；没有主见却又不愿意随大流而固执；能忍辱负重，勤恳工作，但又有怨言；呆滞中有进取，知足中有奢望；不喜欢言谈又带些表达欲，淡泊中又想有点名气，不愿意被人侵犯，也不愿意侵犯别人；不愿关心别人，也不愿被人关心。

2. 偏印为非正统的偏业上（不是官方政府部门）的权力，如艺术、医生、律师、宗教、自由业、服务业，以及在这些行业中的发展、地位和成就。

3. 身弱以枭为用，主精明能干，鬼点子多，同时又尖锐刻薄。

4. 身旺食旺时，喜演讲、唱歌，能吃或嘴馋，小孩多发胖，但此食最怕枭夺。

5. 四柱正偏印皆透者，多才多艺（不同的角度生日主）行业上的选择机会多。

6. 命有偏印身弱可扶。但见食神为牢役之命。

7. 身旺以食神泄秀，命中不忌伤官泄秀，故枭伤可同日。

8. 偏印过多无制者，福薄不幸、灾疾或子女缘薄；偏财可解厄逃灾，故有枭多为忌时见财则喜。

9. 正偏印均现者，喜正副业兼操，身旺四柱有枭另有财官必有富贵。

10. 命有偏印又官煞混杂为多成多败之命。印旺化煞多成，印衰身弱多败。

11. 偏印生比劫，一生劳苦。因比劫化印，印就不生日主。

12. 干支皆偏印身旺，如再逢岁运为忌助日干，易损失财、失业，或有灾病。

13. 偏印多为忌，有流产之象，枭印夺食，对子女不利。

14. 偏印重重为忌，夺食而福薄，食为饭碗。

15. 枭神太旺，不利子，有子不易养，走动可解灾。

16. 偏印临十二宫：偏印临长生，与生母无缘（因偏印旺）；临沐浴，职业多变，继母花俏；临冠带、临官、帝旺，与生母无缘，但发展副业有所成就；临衰病死绝，一技在身四处奔波劳苦，父母缘较薄；临墓，做事虎头蛇尾有始无终（因受牵制）；临胎地，出生离母。

二、偏印透干

（一）年柱透偏印

1. 年干偏印（月干无正印），与生母缘薄。偏印为喜用神，继母或养母慈爱，偏印为忌神，继母刻薄。

2. 年干偏印为喜用，继母或命主精明干练，宜从事副业，或从事技术性工作。

3. 年月时皆偏印，旺而制食伤，财星无源，多主婚姻不顺。

4. 年干偏印为忌，祖业无靠，幼失双亲，出身贫寒，破祖业损家名，失家教。

5. 年干偏印为用，坐死绝，又有财星制，亦主出身贫寒。

（二）月柱偏印

1. 日主旺，月干偏印为忌，主霸道、顽固、惹是非、具侵犯性，易招凶灾横祸，命局有救（有财制或吉神合）可减免。

2. 偏印弱，身弱财旺，出身贫困，又遭克者更甚。

3. 食神自由浪漫，若受月柱偏印制，常被长辈限制少自由。

4. 月干支偏印重叠为忌，与手足缘薄，虽兄弟姐妹多亦无依靠。

5. 月干为枭神，具有破坏性、展示性。月干透偏印者，且作外科医生、助产士、爆破手、创造者或从事表演、自由业、服务业、美容业。

（三）日支偏印

日支偏印为忌，它柱又透偏印，姻缘不佳，男不得良妻，女不得良夫。

（四）时柱偏印

1. 时干偏印，嗜酒好赌好胜。

2. 时干偏印为忌，子女不利，不易成才，不易教养。或子女与父母不和。时柱为子女的房子，房子中有一母老虎，子女受到威胁，羊刃在时支同理。

3. 日刃时枭，妻子易难产。

三、偏印坐支

1. 偏印坐正印，有可能兼营多种行业或具有多种权力，为忌时凡事多迷惑，因而招致损失。

2. 偏印坐偏印，身强为忌时，辛苦奔波，生计不丰，易失权柄，身患暗疾或慢性病，易被偷盗或遭火灾等不测之灾。

3. 偏印坐比肩，偏印为喜用时可得贵人暗中帮助，多为养子或有继母，劳碌波折，经营副业易受损失。

4. 偏印坐劫财为忌时，为凶兆，劳神劳力，少成多败，不宜合伙经营，否则好景不长，终致亏损，婚姻不顺。

5. 偏印坐伤官为忌时，灾祸频发，经济拮据，生活清苦，破家散财。女命克夫克子。

6. 偏印坐食神为忌时为枭神夺食，败事破财，先成后败，事无善终，女命产难，有流产之象，子女缘薄。

7. 偏印坐正财为喜时，得长辈或上级提拔，经营偏业易发达扬名，若四柱组合好的，名利双全。

8. 偏印坐偏财，偏印为忌得偏财制，可逢凶化吉。偏印为喜用，被偏财重克，有损名誉和事业。

9. 偏印坐正官，外实内虚，虽有地位权力，然利益不大。女命夫缘不佳。

10. 偏印坐偏官，不够沉稳，易被人利用，劳而无功，谋事多逆，与官不睦，易遭报复打击。

四、偏印临岁运

1. 偏印为喜用神时，实现心理的寄托（宗教）得长辈、师长的提拔或帮助，利于求知，获得愿望的满足。

2. 偏印为忌神时，不易接受师长的帮助，反而受到压力，财物易受损失，女命易损子伤子。

正官应用

一、正官旺衰

1. 有正官约束我，我就顺从，守法守常规。有正官约束我，我就合乎理性。因为正官约束我，使我有了拘束、约束力、自制力。因为有了正官约束我，使我经常反省。正官是一种责任，是责任约束我。

2. 因为有正官约束我，所以我要对正官负责，故我有责任感，对父母亲孝敬，办事就有理性而重视社会舆论谴责或从众。

3. 因为有正官管我，使我循规蹈矩，做事不图进取，因而有自卑感，办事刻板。

4. 女命官煞混杂，婚姻复杂，多夫之象。如伤官见官，克夫之象。

5. 女命比劫旺官弱，夫妻少恩爱多纠纷，因官制不住日主。

6. 身旺正官弱，约束不了我。正官太旺，对我制的厉害，使我胆小怕事。

7. 长久遭官煞制，物极必反易生祸。

8. 身旺能担官时，官的特征移到日主身上。身弱不能担官时，官的特征威胁日主。

9. 正官为考试、选举、名誉、地位，因为这些一是名气，二是管我和约束我的，使我有一种责任。

10. 当正官为喜用，因为有正官约束我，我就对工作负责，按社会的认可准则去做，因为有官约束我，故正官为喜用，如派上用场，便可有名气，是因对工作负责换来的。

11. 正官一位透出无偏官为清粹，身旺最贵。

12. 若正官过多拘束过甚，反而懦弱无能。官多为杀，又主家计不丰。仕途虚名多厄，若没有印化解更加有害。

13. 正官忌见伤官，见伤官无财通关易有灾。

14. 四柱正官一位身能胜，可升职，官多不易担，需比劫分抗。

15. 正官过多变为杀，身弱不宜公职。

16. 正官临十二宫：

（1）官星临长生、沐浴、冠带、临官、帝旺之月，无刑冲空破者，官位职阶必高，适合公职。

（2）官星临衰、病、死、墓、绝等地最差，胎养之地次之，宜避免公职。

二、正官透干

（一）年柱正官

1. 年干正官旺相为用，祖上或父母显贵。为忌神，难得祖业。

2. 年干正官为喜用有力，少年得志，学业佳，可获祖荫，受父母恩大，事业多有长辈或上级扶助提携。

3. 年干正官，月干正财或正印多为长子，主理家政。若不为长子，亦可掌长子之权，得享祖荫。

4. 年干正官，它柱官煞重见，身弱官煞混杂，夭折之命。命局若有解救（印化官煞）夭亡可免，但仍命运多灾，且大多出身寒微。

5. 年干正官不论喜忌，若坐空亡之地，皆主难承祖业，即使继承亦终化为泡影。

6. 年干支皆正官为喜用，无刑冲合害，出身有地位官宦之家，自身有功名地位。

7. 年柱干支皆官又旺，身弱走比劫帮身，靠自己努力成就事业。

（二）月柱正官

1. 月干正官独透有根为喜用，它柱不见，身官两停大贵之命。

2. 月干正官，年干或时干又有官或杀，财星不显，又无印星，平庸之命。从杀格另当别论，年、时、官煞有合亦例外。

3. 月干正官，非为长子。正官过旺克身，易受兄长欺凌。若正官失令，柱有印星，得父母宠爱。

4. 月干正官独透，月支正官，不遭刑冲克害，身强有印，身为小弟，受父母疼爱，一生少劳苦。又主为人正直尽责，心地善良，重信讲义，果敢有为，学业功名富贵有成就。正官若被合化为它神，贵气破损。

5. 月干正官生旺，身弱无印化官生身，多主体弱多病，怯懦无为。女命婚姻不顺，易受丈夫欺凌。若它柱重见官煞，为多夫之命。

6. 月柱为婚姻官，女命月柱（干支）正官被邻柱刑克，恋爱婚姻易失败。

（三）日支正官

1. 日支官星为喜用，婚姻美满，男得贤妻相助，且妻多为名门闺秀。女得贵夫（它柱不复见官星）和谐恩爱，夫贵妻荣，终身幸福。

2. 身弱日支正官为忌，婚姻易受挫折，夫妻不睦，因婚有损，终为婚姻所累，夫妻一方体弱多病。

3. 身强日支正官为用好学上进，聪明智慧，多谋善变。因有官刺激，遇财运大发，因正财有力，身弱则相反。

4. 日干为正官且旺，重信讲义，重德。

（四）时柱正官

1. 时干正官为喜用得力，晚年发达，（须结合岁运）晚器大成。

2. 时干正官有根为喜用，子女贤孝。若正官无根，虽忠孝而无才能。

3. 身强官星为用，官可护身，时干正官可逢凶化吉。

三、正官坐支

1. 正官坐正官为喜用，可得官掌权，委以重任。
2. 正官坐偏官，劳心身苦，受人排斥，歧视，馋言，难得上司重用，或因担任公职而累及自己。女命婚姻易发生桃色纠纷，多夫。
3. 正官坐正财，身旺时可担财发家，名利双全。
4. 正官坐偏财为喜用，可得长辈或上司提携，创业经商财运旺盛，可到巨富。
5. 正官坐伤官身弱为忌，遭人陷害，有损名位，婚姻不幸。
6. 正官会食神为喜时，财官俱得，子女有为，女命婚姻美满。
7. 正官坐比肩，身强为喜，具有领导气质，威严可敬。
8. 正官坐劫财，手足失和，或朋友连累，防色情之灾，一生做事辛苦。
9. 正官坐正印，官主权，印主名，官位声名俱佳。
10. 正官坐偏印为喜用，官场如意，有权有印。

四、正官临岁运

1. 正官为喜用神，逢岁运官位高升，名誉发扬，考试较容易上榜，易受上司记功嘉奖，官司容易胜讼或平反。女性有婚姻或恋爱的缘分，男性容易获得子女。
2. 正官为忌神，逢岁运易有是非或官位名誉有损、降职，女性易有恋爱的烦恼和家庭婚姻裂变。

偏官应用

一、偏官旺衰

1. 愿意命令别人，而不愿接受命令，管理方式强硬。

2. 愿自由自在，像一匹野马，但却不荒唐。

3. 能在逆境中生存，不怕恶势力，不屈服，因而在事业上易成功。

4. 七煞为权威、独裁、志气、气魄、不服输、专制、机敏、自制、节制、有规律、严厉、自我压抑、讲义气、敏锐、感召力、会用人。煞旺身不能担时，好猜疑对方。有七煞身强身弱性格不稳定，嫉恶如仇。如与伤混杂，易沦为黑社会。当身弱不能抗七煞时，易受小人捉弄，身太旺时易整人。

5. 七煞与正官的区别，正官为约束和正气之管，因为官克身，为阴阳克不尽，起牵制作用。

6. 身能胜七煞，适宜从事军警武职，司法律师等，身弱时不利考试、选举、升职之名气。

7. 透七煞者，多有威严魄力，特别再有羊刃一般较豪爽霸道，或有判逆心理。

8. 命透七煞一位，且有食伤制，足智多谋，有权威的贵命，但制煞过甚，则失贵气，这主要指身弱不胜杀。

9. 命透七煞多伶俐，因有七煞制日主要生存，必学会聪明伶俐。

10. 偏官一位不宜再见正官，有食神、伤官制者，主足智多谋有权威。食神制煞，伤官克杀，合煞不宜多，多则反失贵为贱。七煞以身煞两停又有制为贵，身旺煞弱财星旺为好命；反之，身弱煞旺又逢财，贫困多厄，严重者遭杀身之祸。

11. 己有偏官不宜见正官，否则为官煞混杀，灾劫四伏，易犯牢役官司，逆多顺少，难成大事，且流于小人邪恶歧途，须食神伤官或制或合去一官或一杀。

12. 身弱煞旺要靠印来解，如四柱中身煞两停，杀印相生，主功名显达，事业发展，文武双全，权重威显。有杀无印，少魄力欠威风，忠厚多情，多慈善感。

13. 身弱七煞带羊刃，易被小人搞鬼。身旺七煞带羊刃，为官整别人。

14. 命局官煞混杂，日主弱，则灾祸四起，顺心事少，很难成就事业，因约束和管得太多。

15. 七煞无制，日主又弱，或日主坐墓，逢岁运必有灾。

16. 七煞与正官，在四柱三位以上，旺克日主不吉，一般性格懦弱无能，既萎靡少语又易冲动生祸，因官煞多，压抑太多太久，一有机会就会爆发。有财星者逢财官运易有灾，若无救应，非灾则祸或肢体有损。

17. 命有两官，逢岁运一官，也为官煞混杂。七煞羊刃身旺，易有成就。

18. 女命四柱多偏官无制，意志不坚，多夫之象，官煞混杂为再嫁之象。条件是逢官旺岁运，如逢岁运官不旺则不再嫁。

19. 官煞混杂，无食伤制，多为舞女、小姐、二婚妾命。但此命有时忽然转贵，如搭上大老板。如有制，则不是以上之论。

20. 女命七煞或正官一位为好命。女命偏官一位有食制，在家庭多为一把手。

21. 女命七煞在岁运见正官与命局有支合或干合者为二婚之象。

22. 偏官临十二宫：偏官临长生、沐浴、冠带、临官、帝旺、官荣贵显。偏官临死墓绝者仕途不畅，官禄有损。

二、偏官透干

（一）年柱偏官

1. 年干偏官一般非为长子，上有兄弟。
2. 年干偏官，身强见刃，行财运生煞，富贵双全，乃贵格。
3. 年干偏官为忌，受人欺侮，体弱多病。
4. 年干偏官为忌，祖业难继，制身太过，出身寒微或多病，女命婚姻不幸。
5. 年柱偏官有制，出生军人武职世家，身弱无制出生贫贱暴徒之家。

（二）月柱偏官

1. 月干偏官，生非长子。
2. 月干偏官，月支为印，四柱组合好，多属贵命。

3. 月干偏官，食神制而得用富贵。

（三）日支偏官

1. 日支偏官为喜用，它柱不重见格局清秀，聪明机巧、性急，应变能力强，行事果断雷厉风行。

2. 日支偏官为忌，柱中再有官煞财星，为攻身太过，一生多灾病，事多阻逆，失败受挫。岁运再逢官煞有生命之忧。

3. 日支偏官为忌，配偶性烈刚毅，倔强暴燥，夫妻不睦，日主体弱多病，有食神制煞或有印化煞，则可逢凶化吉。

4. 日支偏官为喜用，偏官在月为墓绝之地，有志难伸，功名难就。

（四）时柱偏官

1. 时柱偏官独透或它柱有官煞被合化为用，晚年尤佳（须结合岁运）。

2. 时柱偏官独透，若有印星，命局官印身五行流转有情，文武兼备，富贵。

3. 时柱偏官独透，柱透财印，日主身旺能担，行运吉，财丰位显，富贵之命。

4. 时柱偏官独透为喜用，男命可得贤孝之子，晚享儿福。

5. 时柱偏官为忌，男多生不孝之子，为儿操心烦恼，若偏官有制，反生贵子。

三、偏官坐支

1. 偏官坐正印，偏官刚烈，正印慈善，偏官负面特性被制，正面特性显现，主聪明果敢，正直好义，威德并俱，有开拓精神而不冒进，事业易成。女命逢之得佳介，婆媳关系甚好。

2. 偏官坐偏印，行为冒进，性燥易怒，易犯上遭灾惹祸，女命尤甚。

3. 偏官坐正官，身弱逢之，缺乏主见，意志不坚，不宜涉足官场，女命婚姻不顺，多夫之命。

4. 偏官坐偏官，身弱为忌，多谋少成，事多烦恼或盲目冒进，或胆小退却，遭人排挤，难得子福，女命为夫所累，忧郁沉闷。

5. 偏官坐正财，身强宜从事工商业，可望大富。

6. 偏官坐偏财，不宜经营正业，从事偏业可获利，易遭波折、动荡，易为财丧义失和。

7. 偏官坐伤官，身弱为忌，子息难靠，体弱多病。易惹事端，受人陷害和不测之灾，有印可解。

8. 偏官坐食神，喜欢自由，性格外向，事业有败有成，会掌握时机，激流勇退，女命婚姻有阻。

9. 偏官坐比肩，易与朋友兄弟有隙，而受财物损失，易受小人欺骗暗算，女命为夫连累。

10. 偏官坐劫财，疏财仗义，但易生异性风波，女命有多婚之忧。

四、偏官临岁运

1. 偏官为喜用神，逢岁运偏官与正官大致相同，但偏官表现为刚性，如对权利、官位、谋事，都能打破万难，如愿以偿。

2. 偏官为忌神时，逢岁运容易被外力压迫有意外伤害，甚至生命危险。

正财应用

一、正财旺衰

1. 对具体可控的物项或事项执著，如对钱财的执著。
2. 讲现实，随潮流，一切以感官感觉为主，不轻易相信别人。
3. 财是我所控制的财物，如财物、房地产、家物等。
4. 正财为喜用（因正财弱，而财少）故勤俭节约，易保守。
5. 正财旺，财克印，不喜读书，是玩财物标志。
6. 财多不宜身弱，身强须要有财，身财平衡为富命之人。
7. 财不论旺衰喜忌，均好逸恶劳，贪欲不勤，与诗书无缘。

8. 日旺财旺，天下富翁。带正官，富贵双全。男命得贤妻，多内助。反之，身弱财旺不但是富屋穷人，求财辛苦，还主妻掌家权（女命指婆姑掌家权）。

9. 四柱多正财，女命为情破财（因财生官）。

10. 财多克印不利母，不利父，愚命。

11. 命局财星与年月时柱合，妻易有外遇。

12. 支藏财为财丰，透出慷慨不聚财。

13. 财有库，善积蓄，男命易金屋藏娇，吝啬小气，财有库逢冲不伤则发。

14. 命旺有正财又见食神，得妻贤助。

15. 正财与劫财紧贴同现，主一生易逢小人而破财耗财。

16. 身弱财旺，男命"妻管严"。

17. 正财虚浮怕劫而破财（财有根不易被劫）。

18. 正财坐羊刃，有破财之象，妻不贤，婚不顺。

19. 正财与日支作合，夫妻恩爱，和睦（财被合入地支）。

20. 非正财之支合日支为妻有外遇。

21. 有正财，而四柱官煞旺，为财生官，压夫之象，妻必压夫，夫怕妻。

22. 男命正财争合日柱，有多妻之象。

23. 女命身弱财多财旺，风流，因官取之不尽，用之不完。

24. 正财临十二宫：正财临旺地，日旺则大富，反之非穷即灾；正财临衰地，少财；正财坐死墓绝地，妻有病厄之象。

二、正财透干

（一）年柱正财

1. 年干正财，为喜用可承祖荫，为忌难得或少得祖产。

2. 年干正财为忌，出身贫寒，幼时家境困苦（须结合岁运）。

3. 年干正财又得它柱伤食财生助过旺，必克母，且文途不畅。

4. 年干正财，父亲慷慨，乐于助人。

5. 年柱正财，身旺，祖上富有。月透官星，生于富贵之家。

（二）月柱正财

1. 月干正财生旺，双亲高贵，勤俭持家。

2. 月正财年劫财，父先贫后富，时上劫财先富后贫。

3. 月正财身强，可得父母资财或兄弟资助。

4. 月透正财为喜用，男命早婚，妻为近处之人，为忌第一次恋爱不易成功。

5. 月干正财，勤劳，朴实节俭，善积蓄，但也吝啬小气。

（三）日支正财

1. 身强喜财，财星有气，得贤淑之女，因妻致富，能得妻助。

2. 身强喜财，事业心强，富责任感，奋斗致富。

3. 日支正财，不受刑冲合害，四柱不复见财，夫妻情浓，忠贞不渝。

4. 日支正财被合，逢岁运引发，婚姻易有变。

5. 日支正财遭刑冲合害，婚姻不睦。

6. 日支正财临将星，妻为名门之女。

（四）时柱正财

1. 时干正财为喜用，晚年致富，为忌奔波劳苦收获少。

2. 时干正财为喜用，子女成家后富贵发达，晚年可享子女之福。

3. 时干正财临桃花为喜用，中年以后可获美妻良缘，并因此发富。

三、正财坐支

1. 正财坐正印，印被盖头，贪财损名，母妻不睦。

2. 正财坐偏印，人缘好，欠诚实，少毅力，从事偏业可获大利。

3. 正财坐正官，正直有为威望高，上司提携名利俱得，女命得佳偶终生幸福。

4. 正财坐偏官，夫妻互爱，相敬如宾，关怀下属，群众拥护，从商可获大利。

5. 正财坐正财，经商可获大利，信守诺言，男命婚美，女命少子女。

6. 正财坐偏财，收入多支出大，宜多种行业，可获利，但辛苦，防色情纠纷。

7. 正财坐伤官，伤官生财，身强为喜用则佳，身弱为忌，求财反致破财。

8. 正财坐食神，身强为喜用，妻贤子孝幸福家庭。

9. 正财坐比肩，财缘不错，女缘亦佳，财路宽广，易为兄弟亲友破费。

10. 正财坐劫财，身弱为忌，不利父亲，难得遗产，如得也少。

四、正财临岁运

1. 正财为喜用神，逢岁运求财机会多，财运好，获利大，男命有女缘，容易交女朋友或结婚成家立业。

2. 正财为忌神，逢岁运容易引起财物纠纷，损失钱财。可有意外收获，也易因意外事件赔光老本，易引起家庭纠纷，妻子凶悍和母亲有病等事。

偏财应用

一、偏财旺衰

1. 控制、我所能控制的任何具体事物，但却不执著，例如藏书不看，编辑整理等。

2. 喜操作，不图安逸。

3. 能理财，但不重财。

4. 对家中之事不在乎，对妻子不亲密。

5. 偏财与正财的区别：正财对所控制的事物高度重视，故比较谨慎，珍惜，患得患失。表现在钱财方面，即使钱多也不至于太大方，在女人方面对妻较珍惜。偏财对我所控制、限制的事情感兴趣，但又不十分亲密。对所控制的事物是可有可无，而不是高度重视。表现在钱财方面，出手大方不心痛，在女人方面可有可无，对妻不执著。正财稳定，收入稳定，偏财多为流动性资产。财为妻是稳定的，偏财为情人，是不稳定的。

6. 以偏财为用，为人慷慨，重义轻财，女人缘极佳。

7. 偏财过旺，身必弱，贪图享受，很懒惰。

8. 偏财在天干旺时，有好酒好色之象。

9. 天干透两偏财婚不顺。

10. 身旺财旺官旺，名利双收富贵双全。

11. 身旺有偏财无刑冲劫，人间富翁且长寿。

12. 偏财透干忌比劫，既克妻又妨父。

13. 干支皆偏财，他乡白手成家、立业致富，会当家理财，有女缘、财气佳。

14. 女命身弱忌财，为父所累。

15. 女命偏财多而旺为忌时，为父拖累，或父亲易有病。

16. 偏财坐羊刃身旺，父妻性格暴躁，偏财坐支若有刑冲为父妻有灾之象。

17. 偏财临十二宫：偏财坐长生等旺地，主父子妻妾和睦，得父财妻财，父妻皆长寿，发达荣显。临沐浴，好色风流。偏财临墓地，父妻妾早亡。临绝刑冲，父妻妾贫困潦倒多难。

二、偏财透干

（一）年柱偏财

1. 年干偏财旺相，父亲长寿。

2. 年干偏财旺相为喜用，祖业丰盛且能得祖荫。

3. 年干偏财为忌，幼年家贫。

4. 年干偏财，早恋，为忌不易成婚。

5. 年干支偏财重叠，多父之兆。

6. 年干偏财坐驿马，父远方创业，遭克过重，客死他乡。

7. 年干偏财，财发他方但心杂。

8. 年月干偏财，指父掌家权或幼为养子。

9. 年柱干支皆偏财，幼年有为养子之象。

（二）月柱偏财

1. 月干偏财，年干劫财，先贫后富。

2. 月干偏财，时干劫财，先富后贫。

3. 月干偏财为忌，挥霍浪费，家计不丰。

4. 身弱逢月支偏财，易为异性而破财，易引起色情纠纷。

5. 月干偏财克印太过，身弱主顽固、粗俗、无礼貌、文途不畅。

（三）日支偏财

1. 日支偏财，若年月柱再有财星，则婚前有多恋之象。结发妻子非第一恋人。

2. 日支偏财它柱再无财星，妻聪明，善待丈夫。

3. 日支偏财衰弱，妻多病，财运不佳。

4. 日支偏财临将星，妻为名门之女，气质佳。

5. 日支偏财，月干正财，妾夺妻权，不爱正妻偏爱妾。

6. 日支偏财男命主风流。

（四）时柱偏财

1. 身强时干偏财，晚年发富（配合行运看）。

2. 时干偏财旺，子女成家而富。

3. 时干偏财为喜用，老来享儿女之福，为忌子女难靠。

4. 日时偏财无刑冲比劫，主中晚年发达。

三、偏财坐支

1. 偏财坐正印，为喜则获福非浅，为忌则损名辱节。

2. 偏财坐偏印，偏激劳苦拖累，宜从事偏业。

3. 偏财坐正官，责任心强，可得父爱，谋事易成。

4. 偏财坐偏官，经营得利，但难免辛苦劳神。易为女人破财，女命有婚姻波折。

5. 偏财坐正财，身强财利丰厚，但辛苦，易为女人破财，女命有再婚之象。

6. 偏财坐偏财，有经济手腕，谋财路子宽，身强财源不断，宜外出发展。

7. 偏财坐伤官，身强财源广，谋事易成，经营有方，处事高明。

8. 偏财坐食神，身强最宜求财，左右逢源，求谋顺遂，获利丰厚，得夫妻相助，从政名利双收。

9. 偏财坐比肩，财运差，易为兄弟朋友破财，易为色情破财败名伤身，偏财弱比肩强，父或妻体弱多病，易婚变。

10. 偏财坐劫财，易破财，易为钱财与兄弟产生纠纷，易为女人多事，父亲或妻体差多病，柱透劫财更甚。

四、偏财临岁运

1. 偏财为喜用，逢岁运易发财，交际应酬多，男命女人缘极佳，容易交女友和结婚。

2. 偏财为忌神，逢岁运多成多败，易破财，凶灾，伤父伤妻，也容易因异性发生感情风波。

伤官应用

一、伤官旺衰

1. 伤官泄身吐秀，伤官表现为"我向外流放"或"我与我所流放者粘合"，表现为"恋执自己表现"成就感，引申为"出风头"、"喜名声"或"坚持自己的言论""重视他人对自己的掌声与肯定"，"希望别人对自己感激"。

2. 伤官为我生者，应理解为"我所创造的东西"，于是伤官代表艺术、想象力、创作、创造、开拓、技术性、伤官人好思考。

3. 行伤官运或伤官旺，很难考上学。

4. 伤官为喜用，爱出风头，好逞强，但也诡计多端，聪颖易感情用事。

5. 日主旺多伤官，因抗泄吐秀，故聪明善辩，好表现，适宜宗教、艺术、演艺部门发展。

6. 身旺伤官逢财为发财之象。

7. 身弱伤官见偏官易有灾（伤官制不住杀时）。

8. 伤官伤尽，如组合的好为贵命，逢岁运有财可发财。但如果伤官伤尽无财，贫困之命。

9. 女命伤官见正官，克夫，如再有杀出现有情夫。

10. 女命伤官、正官、食神、正财同存在于四柱，忌妒心强，易因色起灾，因逢岁运今年官旺，明年伤官旺，后年财旺，故有争夫之事。

11. 女命忌伤官，如有正财、正印解救，有富贵之象。如无解救，为孤贫之命。

12. 伤官与偏印多，好搬弄是非，枭印要管，伤官要说。

13. 伤官人适合做买卖。

14. 女命无财，有伤官，早婚克夫或二婚。因无财，伤官直接克夫。日旺多伤官，成就于宗教、艺术、演艺、技艺等偏业上，再逢财星发福显荣。无财星，虽巧亦分命，或虽慧黠但富不长久。伤无印星，多为利欲熏心之人。

15. 身弱伤官见偏官，凶厄、平地起风波。

16. 伤官不见正官偏官为伤尽，身旺、财旺、印旺，大富大贵之命。

17. 伤官多，克子女。

18. 因为伤官是克官的，出现了不受管的含义之象，如违反原则不守规定，不喜约束，不服管束，好胜逞强，善变化不安于现状等。伤官太旺，显示个性放荡，有犯罪意识，破坏法律，破坏伦理道德。

19. 伤官代表智慧和生财能力，伤官旺者，若身旺财旺，则适于创业，与正印人适合守成正相反。

20. 伤官专制名气、官位，故主丢官失职。

21. 伤官临十二宫：伤官临旺地，夫克妻，妻克夫，有财者克性小，易受伤，不利家人，易犯官司口舌，降职免职等。伤官临衰地，妒嫉心强。

二、伤官透干

（一）年柱伤官

1. 难继祖业，与父母缘浅，为生计劳累奔波。

2. 年干伤官旺而无制，父亲脾气暴燥。

3. 年干伤官，身强为喜，幼时家境富裕。身弱为忌，幼时生活贫苦。伤官在年上不论喜忌，一般祖上飘零，因伤官伤掉名声。

4. 身弱忌伤，因顽疾不治而折寿，有印制可解。

5. 年时伤官透干，难有子。年干支皆伤官，寿短或富不长久，颜面易伤。

6. 伤官在年上，岁运再逢而旺，头部易有灾。伤官在四支，伤手足（伤在时支，对手足影响最大）。

（二）月柱伤官

1. 月干伤官，手足失和，不利婚姻。女命月干支皆伤官，夫缘极差。

2. 月干伤官旺，易被人攻击。乐于助人，反遭恩将仇报。

3. 伤官性傲，旺则个性强，言语偏激，易树敌伤害他人。

4. 伤官旺，温柔不足。若透正印，则口恶心善。

5. 喜欢标新立异，爱否定他人观点，逞强好胜，心服口不服。

6. 伤旺泄身太过贫困，易耍小聪明。

7. 月伤官坐刃，年轻时多为别人做事，不能独立创业。

8. 月伤官，手足缘浅，离弃不和，不敬父母。干支皆伤官，手足夫妇分离。

（三）日支伤官

1. 日支伤官清高，性急、机敏、官场失利，无远虑，有近忧。

2. 命局日支伤官有印制，贵命。

3. 命局日支伤官，它柱劫财太重，贫困。

4. 日支伤官旺，男命若娶美貌之妻或才高之女，易离婚。

5. 日支伤官，男伤子，因伤官制官，官为子，子宜迟。女宜迟。女克夫，凌夫，因官星切不入，有制化可解。

6. 女命日坐伤，丈夫易遭灾，即夫与伤官在一起，必受其伤。

7. 女命日支伤官，凶悍泼辣。

（四）时柱伤官

1. 伤旺无制，子女不服管教，易惹事生非，拖累父母。

2. 伤官为喜用，晚年可享子女之福。伤官受克太过，恐子女夭折。

3. 时干伤官，时支劫财，晚年财运不佳，易破耗。男命伤旺，妻头胎易有女。

4. 时柱伤官，子缘薄。伤官主凶顽，有子不孝，女多子少，晚运凄凉。女命晚年克夫。

5. 伤官为忌神，不管在年月日时都对相应六亲有伤害，现年柱主父母，现月柱手足兄弟，现日支主配偶，现时柱主子女，多有不全之虑。

三、伤官坐支

1. 伤官坐正印，有名望，易发达。

2. 伤官坐偏印，不宜同时经营几种行业，否则其中恐有失败。

3. 伤官坐正官，爱出风头，喜欢骂人，易失权柄，无视规矩，有失约束，夫妻离别。

4. 伤官坐偏官，易惹麻烦，难获佳遇，得不偿失，劳而无功，有时会遭人诬陷，蒙受不白之冤。

5. 伤官坐正财，身强利于求财。与人合作，多是别人吃亏自己得利，如得妻助，锦上添花。

6. 伤官坐偏财，颇具经济头脑，善于经营，手段高明，财利丰盈。日主强能得财，日主弱易失财，贪恋色欲，谨防灾祸。

7. 伤官坐伤官，出言不逊，无视法纪，具侵犯性和破坏性行为偏激，六亲有损，身弱则多病灾。

8. 伤官坐食神，喜自由，易与人冲突。

9. 伤官坐比肩，手足失和，夫妻口角。

10. 伤官坐劫财，蛮横偏激，易失财，不宜合伙求财，易因财伤情谊，婚姻不顺。

四、伤官临岁运

1. 伤官为喜用神，逢岁运财利大好，有名气，有突出的表现、创作或发明，爱情得发展，女命易怀孕生子。

2. 伤官为忌神，逢岁运易发生口舌是非，官司坐牢，异性接触易丧失理智，产生不正常纠纷，取财不义，顶撞上司，女性不利夫，男命易损子伤子。

食神应用

一、食神旺衰

1. 食神与伤官同为泄秀，区别为伤官偏于激情进取，食神偏于平淡知足，伤官注重结果，食神注重参与，食多为伤。

2. 虽愿表现，只在于参与，而不计较名次。

3. 善表演，但不出风头。

4. 愿意付出，但不计较付出、有爱心。

5. 食神愿听意见，博采众长，与七煞独裁相反。

6. 食神多易于幻想，重感情，不愿做别人强迫之事，因而有独立工作能力。

7. 食神有表达力，艺术性。

8. 说话、运动、旅游、著作、跳舞，大体与伤官类似。所不同的是，伤官有执著、变化、生动、时髦的特点，食神只有平淡、流畅。

9. 食神是日主生的，也能泄秀，主长寿。

10. 食神为用，性温和厚道，但必须是食神为用。

11. 食透者嘴馋，喜吃喜歌舞，表达能力好。

12. 食逢杀，不贫则夭，有偏财比劫可解。

13. 食神一位，日坐正官，高贵。

14. 食多为伤，易伤子息，女克夫君。四柱皆食神，贫命体弱，女坠风尘，有偏印则解。

15. 男命食多少偏官者，无子息。

16. 食神带劫财、偏印者，寿短；财多者，艳福不浅。

17. 食多为忌，好逸恶劳，不愿干活，因食泄身太过。但日主有源泉食太过，不以此论。

18. 女命四柱多食神，喜泄易落入风尘，多婚之象，日弱时特别明显。如食神制住官煞，则更随便堕落。

19. 女命阳日干多食神，适宜做服务性工作。

20. 食神临十二宫：食神临长生等旺地或吉神，福禄之象，多为福禄寿全之人。食神临墓早夭，因食主寿，逢岁运克泄，很容易变弱入墓。食神临死绝病败之地，福份少，薄命之人。

二、食神透干

（一）年柱食神

1. 年干食神旺，父亲体肥身健，年支食神母亲亦同。
2. 食神为喜用，享祖上福荫，能得祖业，事业可发展，平安福禄。
3. 食神坐衰绝之地，祖业无靠，幼时家贫。

（二）月柱食神

1. 与人为善，勤勉乐观，喜欢自由，自食其力，节俭济人。

2. 食神为喜用,心宽体胖,可得父母或兄弟之助。

3. 月干食神,日主有根,有口福,喜音乐。

4. 月干支皆食神,身弱为忌,行运不佳,早年家贫。

5. 月干食神支正官,可发达之人,宜政界公职发展。

(三)日支食神

1. 配偶心地善良度量大。

2. 喜歌舞,好自由,赶时髦。

3. 女命食神旺而无制贪淫好色,易为娼妓。

4. 配偶肥胖,温良随和,衣禄宽足。

(四)时柱食神

1. 食神为用,晚年享福。

2. 食神为喜用,子女贤孝有成,财丰体胖。

3. 女命时干食神坐偏印,不利子女,或产厄、主守空房。

三、食神坐支

1. 食神坐正印,诚实守信,贵人支持,事业顺遂。

2. 食神坐偏印,身受约束不自由,灾病多,事业多败少成,烦恼忧愁。

3. 食神坐正官,正直负责,遵守法规,信用诚实。如命可得佳偶。有官运,食神等于坐下之官开道。

4. 食神坐偏官,制煞有力,有掌权之象。易生灾祸,事多阻益,受人管束,忧怨易怒。

5. 食神坐正财,得长辈或妻子之助,财缘佳。

6. 食神坐偏财,财运好,女缘佳,积极进取,事多顺遂。

7. 食神坐伤官,事多阻逆,有始无终,子女缘薄,婚姻欠佳。

8. 食神坐食神,活泼自由,人缘好,福禄丰富,体态丰满,喜歌舞,但不宜公职,作公共事业吉,女命霸道有凌夫之嫌。

9. 食神坐比肩,可得贵人或朋友之助,重情义,丰衣足食,乐善

好施。

10. 食神坐劫财，财福之命，遇凶反得利，可因祸得福，败中获利。

四、食神临岁运

1. 食神为喜用神，逢岁运对事业的计划、创造，文艺、技术等，能比平时发挥较高的智慧与效率，容易恋爱结婚，对异性产生好感。

2. 食神为忌神，逢岁运容易因感情烦恼，事业想得多做得少，理想与现实脱节，易失败。男性易损子伤子，女性则不利丈夫，常口舌纠纷，重则生离死别。

比肩应用

一、比肩旺衰

1. 比肩最主要一点是既能助我，又排斥我。刚健不鲁莽。有处世能力，但不急切。富操作性，但行动较慢。遇事不惧，但不凶猛。不可侵犯，但也不愿侵犯。主动自信，意志坚强。比肩太旺，爱要面子，自尊心强，为人固执，不易变通，主观意念强。比肩太旺，不利文，不利妻，不愿受拘束。比肩太弱没主见，易受外力左右，个性较弱。

2. 身旺逢比肩，争财夺利，打架、克妻之象。

3. 比肩为喜用，性格稳健、刚毅、主观能动性强。

4. 比劫强财轻，好管闲事，因为财少，总想去夺。

5. 女命比肩合官，有夫被夺之象（比肩为另一女友）。

6. 四柱比肩多而无制，手足相争，朋友失和，异性缘差。乖僻寡合，迟婚，夫妻不睦。性刚暴躁，谁也不服，孤独离群，倔强固执。克父，克配偶。劳苦不聚财，多情而又有嫉妒之争。

7. 女命比肩多而旺，家庭易失和，因不服官夫所管，夫妻不睦。

8. 日主弱，喜比助身，财官多，比助身，忌抑耗。日主弱，有比者

喜官煞、食伤、财星抑耗泄，无官星则少子女。

9.比肩临十二宫：比肩临旺地，兄弟姐妹多，好强好胜，在上级面前不讨巧，官场遭排挤，不利婚不利父。比肩临死、墓、绝，虽有兄弟，多早别离。

二、比肩透干

（一）年柱比肩

1.年干比肩，上有兄弟或为养子，有独立分家倾向。

2.年干比肩，家道贫寒，早年劳苦。

3.年干比肩坐财，有印生身，出生于富裕人家，或出生后家境转好。

4.年干比肩旺而有印生，无克泄耗，出生后家境变差。

5.年柱比肩有分家之象（因比肩劫父母柱财），但同时是自我奋斗型，有理财能力。

（二）月柱比肩

1.月干比肩，日主旺而无制，逞强好胜不驯。

2.月干比肩它柱又比劫，兄弟姐妹多，如衰弱无气或空亡，则多无能，难以相邦。

3.月干比肩为喜用，可得手足之助，为忌手足缘薄。

4.月干比肩坐衰地，又被官煞克伐，出身贫苦，体弱多病。

（三）日支比肩

1.比肩为喜用可助夫，但口角难免，为忌时受妻拖累。

2.日支比肩，婚姻易变，迟婚或再婚，克配偶，多口角是非。逢冲者不利配偶以及不利远行，客死他乡。

3.日支比肩，它柱劫财，婚姻易出现色情纠纷。

4.身强日支比肩，与父无缘。

5.日支比肩逢冲易有灾。

（四）时柱比肩

1.时干比肩强旺，父寿不长。

2.时干比肩强又坐偏印，子女顽劣。

3.身弱时干比肩，子女助父业，年老发家。为忌养子相继，少子女或无子女。

4.时柱比肩坐羊刃，克父明显。

5.时柱干支比肩，克妻，一般有二婚，身弱逢岁运帮也如此。

三、比肩坐支

1.比肩坐正印，得贵人扶持，有利事业发展。

2.比肩坐偏印日主旺，工作难如意，常变动，身强劳苦，谋事多阻，事倍功半。

3.比肩坐正官，正统，保守，争权夺利，易生是非。

4.比肩坐偏官，为忌时兄弟朋友倾轧，易招盗贼横祸，日主弱则多病。

5.比肩坐正财，身强则妻缘好，有财利，办事顺遂。

6.比肩坐偏财，身弱父缘不佳，易为父亲或情人破财，不宜贪色。

7.比肩坐伤官，帮助别人反易遭人误会和厌恶，手足情薄，受子拖累，婚姻烦恼。

8.比肩坐食神，食为用求财有道，谋事多成，财利快意。

9.比肩坐比肩，身强父缘薄，兄弟朋友多，愿为其尽力。比肩过旺，反陷入孤独。

10.比肩坐劫财，兄弟朋友失和，有始无终。为忌时男命克妻，女命克夫，不宜与人合作求财，否则易生纠纷。女命夫妻好抱怨，多争执。

四、比肩临岁运

1.比肩为喜用神，逢岁运发生的事大多与朋友、兄弟同辈有关，能得到他们的大力帮助支持干事业可逢勃发展，发达向上。

2.比肩为忌神，逢岁运易受朋友、兄弟同辈的牵连而刑伤、破财、受陷害。夫妻间容易发生意见和冲突，配偶易生病有灾。财物易遭偷盗或掠夺，财运不利，经营管理易出问题。女命则丈夫易有异性缘。

劫财应用

一、劫财旺衰

1. 劫财是助我的，但劫财缺乏理智。劫财旺时有强烈的操作欲望，好冲动，不怕流血，有独立性，以行动解决事情。

2. 劫财是抗挫正官的，故劫财心性不重视社会公德和常规，不将事情挂在心上，内心从不压抑，也不思索，强悍鲁莽，有攻击性。

3. 比肩与劫财的区别。比肩稳健，人不犯我，我不犯人。劫财鲁莽冲动，人不犯我，我也要犯人。

4. 身旺无印之人，无人帮助，靠自我奋斗。

5. 四柱劫财过多，男克妻，夺妻财，妻多病。女失夫、争夫或损财难聚财。手足失和，招背信、诽谤。性顽、是非不分，常招怨树敌。

6. 命中喜劫，受官克破，主子女忤逆不孝或子女有灾厄。

7. 女命身旺劫旺，无伤官贫命。

8. 身旺无制，夺妻克父、放荡、争权夺利（女命争夫）。

9. 劫财为喜用，热情坦直，胆大。因身弱要成事，必是投机取巧，冒险犯难。

10. 劫多身旺，盲目冲动，火爆克妻、损财。手足失和，易打架、背信弃义。

11. 比劫羊刃同柱，刑父伤妻。

12. 身旺又劫伤刃同柱，是牢灾的一个标志。

13. 身弱劫财破合，兄弟无情。

14. 四柱劫多而旺，夫妻易有冲突婚变，妻易体弱多病（若婚顺利妻必多病，而此病顽固）。

15. 劫财为忌而多时，是非不分，性情固执。

16. 劫财为喜，反遭官破，子女多不孝顺，（官为子）或子欺父或子女易有灾。

17. 劫财临十二宫与比肩同。

二、劫财透干

（一）年柱劫财

1. 财星弱而劫财旺，出生贫寒，幼时困苦。
2. 年干劫财旺，年支正印弱，母先亡。
3. 年干劫财它柱劫财多，出生后家运渐衰。
4. 年干劫财年支财旺，干支无伤，出生后家贫转富，富者更富。
5. 年干劫财，年支月柱无官煞克破，可掌家权。
6. 年干劫财，上有兄弟、喜理财，重义气，婚不顺，婚变或有异腹手足。

（二）月柱劫财

1. 月干劫财为忌，少时家贫兄弟争财，薄情失和。
2. 月干劫财为喜用，男得姐妹相帮，女得兄弟相助。若劫财空亡帮助不力，且恐手足早夭，受官煞重克，出生贫寒。
3. 月干劫财，难聚财，好赌投机，自尊心强，喜饰外表，抱不平，爱骂人。

（三）日支劫财

1. 日支劫财，迟婚、婚变或再婚，男夺妻财，与妻缘薄，口角分居，为忌时有离异之忧（妻星进不去）。
2. 身强坐劫财，冲动、好胜、耗财、好色、纠纷。

（四）时柱劫财

1. 劫财多而旺，子女粗鲁顽劣，爱冒犯别人，而连累父母。
2. 身强劫财为忌，晚年劳苦而贫困，子女缘薄，时带伤官损子。
3. 身弱劫财为喜用，晚年得子女帮助，老来发富。

4.劫财时柱，子女缘薄，再与伤官同柱，对子女不利。

三、劫财坐支

1.劫财坐正印，事业有贵人助，自己仍需努力，得事宜谨慎，否则得不偿失，身弱可得朋友之助而获利。

2.劫财坐偏印，感情用事，谋略不周，少成多败，女命冷酷有余，温柔不足，工作易变动，情绪不稳定。

3.劫财坐偏官，怀才不遇，难得良机，艰苦创业却多败少成。

4.劫财坐正财，克妻破财，创业艰辛，不易成功。

5.劫财坐偏财，对父不利，钱财不聚，耗资破财。有多婚标志，男命易因色破财。

6.劫财坐伤官为忌，无礼、偏激、越轨、无修养、不守法、易惹祸、品行不端、下流卑鄙、败节辱名、挥霍无度、贪财枉法、刑狱牢灾、一生多凶，纵富不能长久，有横祸恶死之虑。

7.劫财坐食神，求财遇贵，意外获利，宜从事自由业、服务业等流动性行业。

8.劫财坐比肩，受朋友、手足、同辈拖累、耗财、婚姻不顺。

9.劫财坐劫财，克父刑妻，娶再婚女人，易因色伤身破财，丧父信息重。如丙午、乙卯为劫财，早年丧父。乙卯、辛酉，这种克更明显。

四、劫财临岁运

1.劫财为喜用神，逢岁运易得朋友同辈的突然帮助，会有意外收获，干事业有大发展。

2.劫财为忌神，逢岁运易遭小人陷害或朋友连累，破财，官非，易冲动感情用事，事业受挫折，失败，夫妻婚变，离异生病有灾。

第四节　十神的作用

　　人的吉凶祸福取决于命岁运五行生克制化。五行生克组合又是以天干地支来表述的，地支间的生克，就是某支中藏干与它支中的藏干，互相直接和间接的生克，而推命就是根据十干的生克进行判断吉凶的。十神就是十干与日元对应而产生的代名词，将十干比喻为十神更通俗含义。十天干代表一个人的分量，十神将一个人的分量比喻成各种人事。对于各种人事的预测，乃是推命的重点，如果不将十神所代表人事各个方面的含义弄明白，那么对命主的吉凶祸福，就无法进行详细论断。现将十神含义简单阐述一下。

　　十神，又叫"六神"。是命学上五行生克制化互相制约的代名词。十神共分六类，又称之为"六神"，实际上就是人生直系亲属的十个代号，即正财、偏财、正官、偏官（又称七煞）、正印、偏印（统称印绶）、食神、伤官、比肩、劫财等。

六类名称	财星	官煞	印绶	食伤	比劫
十神名称	正财、偏财	正官、偏官	正印、偏印	食神、伤官	比肩、劫财

　　古人将四柱中十个代名词分为六类，统称十神，又叫六神。以日柱天干为主，用来与其它十神的相生相克关系，来比较和考查人生的吉凶祸福。古人对十神的内在含义研究得十分精细，利用十神在命局所占的地位，分析出命主一生中的处境。

一、正印的含义

正印又名印绶,代表古代的官府印章、权力。所谓印绶,是授权与别人的意思。如政府授权给某人,印又代表文化,深层次的教育,又代表权力,表示掌印有权,而又代表事业、技术、名誉、地位、我的长辈、工作单位、房屋、靠山、后台,又代表母亲。现来谈一谈对正印的应用经验(指格局或强旺而言)。

①正印人正面性格

正印人有慈爱心肠,重感情,富有浓厚的人情味,待人讲情义,重视人格,好名誉,讲信用,聪明智慧,思考力丰富,有随机应变的才能,平生少有灾病,其人为官清正,能掌大权。女命会找到理想的丈夫,过着幸福生活。正印人具乐善好施,崇尚宗教,能吃苦耐劳等特点。

②正印人反面性格

这种人依赖心强,天真任性,得父母宠爱,缺乏独立性,爱面子,自尊心很强。印多之人不诚实,容易弄虚作假,缺乏创造性,又主其人无主见,人云亦云,迟钝,消极,庸碌,懒惰等。

③正印人的特点

正印主文章、学业。正印的人爱好广泛,喜欢学习钻研,与书有缘。

正印代表人的事业、工作。身旺有官而又有印的人,为事业有成,走到财的大运主名利双收。

正印代表人的身体。有正印的人身体好,健康长寿。

正印为喜神在年月柱,多半是长子,对读书有利,大多出生于富贵之家。

正印代表父母。印多印旺的人不利子孙,如印多印旺没有财来制服,主无子、劳神。

正印喜逢天德、月德,主日主是大富大贵之命。

正印喜逢正官,主日主慈悲好善,诚实可靠,可获得意外成功。如是女命逢正印,乃是丈夫的最佳内助。

正印喜逢七煞,称为煞印相生,主日主能操生煞大权。

正印喜逢食神，主日主心宽体胖，受人尊敬，并且经济富裕。

正印与伤官同柱，容易发达，如逢冲欠缺果断力，心意不定。

正印逢劫财、羊刃，反而有福，如身弱逢印，遇比刃相助，能得到兄弟朋友帮助，诸事顺利，身旺反之。

正印喜逢六合，主日主有人缘，得朋友帮助，事业有成。

正印逢比肩最好，主日主常有贵人相助，诸事顺利而成功。

正印多而且旺者，命主多半能喝酒。正印被财克破，多半母亲早丧，或者母亲比父亲命短十年以上。

正印有破损，大多父母不全，而且学业也不佳。正印为喜神在时柱，主子女贤孝；在日支为人厚道，斯文有礼，得配偶相助。正印最怕刑、冲、克、害，主日主多有意外之灾，如柱中财克印，必有异母或父母多婚，若月柱克偏财，主父亲早亡。

正印忌怕财星，主谋事难遇良机，一生多灾多难，疾病劳苦，又主父母早伤。

日主旺正印多而且旺，必定子息少或无，如局中无财星显现，那么必须大运逢财运，才能有生儿育女的希望。

正印怕落空亡，主母亲体弱多病，如遇地支六合可解，能逢凶化吉。

女命正官正印俱现，而且为喜神，多半出生于富贵家庭，而且美丽。如见天月二德，乃是真正的贤妻良母。

正印忌行死墓空绝之地，在职之人，遇之有削官罢职之患。

女命正印弱，财多且旺，大多不是良妇，大忌再有伤官出现。

正印遇驿马星，主远离家乡，在外面发财。

正印怕逢枭印，遇之主其人多有色情之灾，事业常遭失败并与子女不合，女命更甚。

女命身旺正印多而且旺，有克夫之象，丈夫多半体弱多病，或有早丧可能。而且子女少或无，如逢财大运，可生子女。

正印逢正印，主其人自尊心强，大事干不了，小事不想干，一生辛苦劳累，事业就是有成也容易失败。

正印、正财、正官名曰三宝，官旺生印较有发展，财多克印缺乏进取心。

正印不论喜忌，出现在月干，此人多半有智慧，而且心地善良，喜神更明显，如果是忌神，则与母亲合不来。

④正印坐十二宫

正印坐长生，主母亲长寿、仁慈。

正印坐冠带，发达荣显，事业大有成就。

正印坐临官，主母亲身体好，能干、慈祥，教子有方。

正印坐帝旺，诸事皆顺，能干一番出人头地的事业。

正印坐衰、墓、死、绝，主家境贫寒，出身贫苦。

⑤正印在干

正印在年干，命中喜印，生于富贵之家，学业有成，年干正印，月干正官，本人占长子之权，当家做主。

月干正印，命主心慈仁厚、正直，如柱中不见财来破印更好，乃是大富大贵之命。

日支正印，日主身弱为最好，主配偶仁慈善良。

时干正印，聪明善良，更主子女有福。

⑥正印易记歌诀

身弱必须逢印乡，五湖四海把名扬。
百般事情皆顺利，出人头地定荣昌。
身旺最怕逢印乡，一生做事费主张。
谋事东成西不就，拆了东墙补西墙。
年上正印祖不贫，父母爱如掌上珍。
正印喜官来生助，官印两停富贵人。
月上正印有文才，智高量大会安排。
官印相生主富贵，若逢空绝定有灾。
日带正印福禄盈，妻贤子贵事业成。
日弱更喜印生助，日坐官印福禄增。
时带正印是吉星，儿女有才又有名。

时干正印头胎女，刑冲空墓不安宁。

二、偏印的含义

偏印又称枭印、枭神、倒食。四柱中见有偏财的叫做偏印。不见偏财为枭印，柱中有偏印不见食神为倒食。有食神的为枭印夺食。偏印又代表文书、继母、教师、不密切的长辈、药物、食物、房屋、艺术、服务行业、自由行业、宗教、律师等。古书记载说，枭神是东方不仁之鸟，为人忘恩负义。

①偏印人的正面性格

精明强干，头脑灵活，多才多艺，投机经营，警觉性高，大多从事特殊行业，能干出一番出人头地的事业。

②偏印人的反面性格

自私自利、多学少成、孤癖、冷漠、性格固执、恨不足愿、封闭、杀伐、妄念更是其偏印的不足之处。

③偏印人的特点

柱中有三个枭神，福浅命薄，身体衰弱。性格内向不开朗，优柔寡断，容易破财。枭印多了主克子，岁运重逢其人不是生灾就是破财。

偏印多主其人有色情之灾，做事有始无终，身带暗伤。

偏印人固执孤独，喜怒不形于色，善守秘密，主观刻薄，多学少成。

此种人疑心病多，不信任别人，真心朋友不多。其人胆怯心虚。凡事无成；小时伤母，长大伤妻。如柱中有偏印，日主健旺，又逢财星伤官，乃是财帛丰隆，有福之人。

身旺有食神泄之为好，最忌偏印出现。女命逢之，主生产时不顺，有剖腹产可能；如果见伤官泄之，又不忌偏印。

身旺逢偏印，其人依赖心强，懒惰而胸无大志，做事有始无终。

柱中偏印多，主身体不好，多灾多病，容易破财，幼时少乳，不爱吃饭。

柱中正偏印俱见，职业不安分，多半身兼数职，如果印绶为喜神，多半在事业上成功。

柱中偏印多，受他人制约；柱中正偏印同透，除工作外，还有其它爱好。

偏印逢长生、建禄，多半与生母无缘，反与继母有缘，很可能为人家养子养女。

偏印逢死、墓、绝、病而又为忌神者，多半是一生劳苦，且做事有始无终，只是三分钟热度。

女命偏印多而且旺，一般都子息少，且易克夫，如柱中又见食神者多半是福薄之人。

④偏印人的喜忌

日坐偏印，不论喜忌，多半是晚婚，而且对配偶多半不太称心，对自己帮助不大。

偏印喜逢财星，身旺为好，乃大富大贵之命。

偏印逢伤官，男命衣食丰盈，女命则克夫伤子。

偏印逢官煞，主一生多成多败。

偏印逢食神一生经济条件不好，多受长辈约束，不得自由，一生财源时成时败。

偏印三个以上者，幼年伤母，青年不得志，财运薄弱。

偏印无制者变为枭神，见到食神称为枭印夺食，多有牢狱之灾，苦不堪言。

身旺见偏印多而且旺，主终身无福，而贫困多灾与子女无缘，且个性古怪、孤僻、阴险、狡猾之人。

柱中有四个枭印，主其人多病多灾，头伤脚伤，或刀伤。

柱中枭印太旺又带煞，主其人内心狠毒，而且克子。

⑤偏印现四柱

年上偏印，破祖离家，无有产业，有异母之命，年干偏印，月干偏财，必先丧父。

月上偏印，有兄弟姐妹夭折，专横顽固，多招是非。

日支偏印，主其人婚姻不理想，多有刑克或生离死别之苦。

时支偏印，头胎生男易流产夭折，生女平安，生男多病难养。
年、月、时都占偏印，大运流年逢之主短寿，灾祸立至。
⑥偏印易记歌诀

　　　　偏印身旺最不良，一生做事无主张。
　　　　纵然有业难保守，犹如烈日照秋霜。
　　　　偏印身弱最为高，谋事诸般不操劳。
　　　　偏印过盛男儿少，岁运重遇受煎熬。
　　　　年上偏印最为难，命中身父母不安。
　　　　月干偏印先克父，支枭母进鬼门关。
　　　　月上偏印旺最良，多才多艺甚高强。
　　　　如遇刑冲加夺食，多学少成无人帮。
　　　　日带偏印性情孤，平生事业用功夫。
　　　　有权有势官位显，只是心性多嫉妒。
　　　　时带偏印最不良，头胎儿女不久长。
　　　　再遇枭印来夺食，晚景孤苦多凄凉。

三、食神的含义

食神代表子女星，又代表人的衣、食、住处、名誉、歌舞、演说、著作、自由、爱心、女命代表女儿，又表示财禄丰厚。食神又弥福星，食神旺则寿高。

①食神人正面性格
其人平淡、温和、宽厚、正统、体贴、含蓄、能言善语。
②食神人反面性格
空想虚伪、自私自利、虚浮冷漠、脱离实际、是非观点淡漠、易钻牛角尖。
③食神人的特点
为人敦厚笃实、重仁重义、讲道德、人缘好、有君子风度、孝顺父

母、多福多寿，一生吃穿不愁。

食神逢偏官、羊刃，此命大好大坏，必须全盘推敲，分清喜忌方可论断。

女命食神太过乃是妾命，又是风流女郎，寡妇之命，尤其身弱更验。

食神人性格温和，头脑聪明，通情达理，富有艺术欣赏力，忍耐性特强，一生不善于争执。

日支食神无克破，配偶必定身体肥胖。

食神人性格，做事我行我素，潇洒自如，不受约束。但容易脱离实际。

食神过多，以伤官论之，反而身弱多病，父母缘薄，而且子少，遇印反能转吉，逢七煞大运方能得子女。

④食神人的特征

食神表示为人宽宏大量，财禄丰厚，日主旺必须食神泄之，因食神是财之原神，生财而大富，身弱者，食神大忌。

食神最怕偏印，不贫则夭。日主两边最怕枭食并透，如有偏财可解，不见偏印，一生平顺，没有多大灾难。

八字喜财星而没有财星，可用食神当财，最见效验。

柱中食神太旺，男主贫困，否则身体虚弱多病，女为妓女。

柱中食神多达四个以上，男克子女，女克夫，女命沦落风尘，好色贪财，无依无靠。

食神带刃坐官星，高官厚禄。

食神多而喜枭印夺之，因枭可生身制食。

食神独透，最忌伤官混杂，枭神破格。

柱中食、枭两透，幼时缺乳。

食神逢羊刃多者，乃劳苦之命。

食神坐空亡或刑冲，乃江湖术士，劳心费力。

食神不怕比劫，分夺财产，女命食逢枭，早年不利父母，中年不利丈夫，晚年不利子女。

食神逢七煞、枭神，主其贫困而又寿短。

日主旺，月柱逢食神或建禄，食能生财，食能制煞，凶能化吉。

日主弱，食神与枭神同柱，主其人贫困如洗。食多则无财。

⑤食神现四柱

年柱占食神，事业可大有发展，平安福禄。

月柱占食神，宜在政界公职发展，月支坐帝旺，主身体肥胖，待人和气。

日柱占食神不被夺，主妻子温顺随合，身体肥胖，衣食丰厚，如被夺则恰恰相反。

时支坐食神，晚年享福，不宜与偏印同柱，否则婚姻易离散（指女命）。

⑥食神易记歌诀

身弱逢食运不通，尤如浅水困蛟龙。
食神喜行生旺地，衣禄无亏财丰隆。
食神无损福寿长，枭印逢之不可挡。
若无偏财来救护，命如秋萍遇冬霜。
年上食神正相当，财旺禄显福寿长。
年食最怕逢枭印，祖业破败产业光。
月上食神福绵绵，命中一生不缺钱。
如遇空破枭夺食，病魔缠身不安然。
日带食神最吉祥，穿金戴银福禄昌。
克泄太过需要忌，身弱遇之缺衣粮。
时带食神胜财官，儿女贤孝家业宽。
食神最怕被枭夺，再行枭运祸百端。

四、伤官的含义

伤官是代表才能的星宿，代表人的聪明智慧，机智灵巧，运动、口才、艺术、著作、名誉、旅游等。女命伤官又代表儿子、祖母。

①伤官人的正面性格

伤官之人聪明伶俐，脑子灵活，口才好，领悟能力较强，有艺术天赋，多才多艺，博学多才，独立性强，有成名的愿望。为人喜欢自由，与当官的人缘分薄。

伤官之人大多喜爱神秘文化，如哲学、玄学、易学、武术、气功等。

②伤官人的反面性格

不遵礼法，任性妄为，心性反叛，侵犯性强，女人主克夫。

这种人爱管闲事，招惹是非，语言刻薄，自傲自大，主观固执，目中无人，所以招人嫉妒。命局出现伤官多者，都具有以上之特性，关于明显到什么程度，还要与命局十神综合探讨，全面分析，才能得出结论。不过大运或流年逢之，其特性更加明显。

③伤官之喜忌

聪明不过伤官，伶俐莫过七煞。

伤官伤尽为最好，怕见官星。

伤官有财有印为吉，伤官无财无印为贫困之命。无财不富，无印好投机冒险，性格偏激。

伤官格或伤官为用神者，最怕柱中有官印破格，名叫伤官见官，为祸百端，有官非牢狱或灾祸凶事出现。

伤官格之人，不论男女，大多数外表漂亮，多半有才华，不过在个性方面有些傲气。

伤官如果是忌神，多半会导致亲人有不全之预示，现于年柱为父母，月柱为兄弟，日支主配偶，时支主子女，如果逢合或为喜神无碍。

日主旺伤官伤尽，而又财旺印旺，大多数是大富大贵之命。

日主弱伤官又见七煞，主立见凶恶。日支为伤官坐死，它支又坐羊刃，为下等之命。

女命伤官又见正官，命局中又见食神，必有克夫、嫉妒、有关情夫之事发生。

伤官无财，富而不久，如没有印制，乃利欲熏心之人。

女命伤官过多而极旺，克子女，大运逢枭主伤灾、病厄。

女命四柱伤官，婚姻不幸，又主贱命。

女命伤官旺，见枭印者，好挑拨是非。

伤官夹七煞现于三柱，不是腿跛，就是眼瞎。

男命伤官多主再娶，女命伤官主再嫁。

男命伤官逢比、劫，主克子必有重婚之事。

伤官逢羊刃克日主，又逢身弱财旺，残疾之人。

身弱四柱伤官见七煞无救者主夭亡。

日主强旺，伤官见七煞，主人有心计，可以掌握大权。

伤官为喜神用神者，主儿女孝顺。

伤官多见，容易受伤，多到五个以上无制者主寿命短。

伤官身旺有比劫无财乃穷困之人。

④伤官与日主旺弱

日主旺逢伤官，身弱者四柱无财，则为贫贱命之人。

日主旺，伤官也旺，遇官司能胜，日主弱身又弱，主易犯官非，打官司屡打屡输。

日主弱逢伤官则凶，再遇官星凶灾更大。

日主弱遇印星，贵不可言。

⑤伤官现四柱

年上伤官身弱者，逢大运流年官星，主其人有官灾病痛。

年上伤官，根基有伤，祖业贫寒，福薄多灾。年干支带伤官，头面容易受伤。

月上伤官，兄弟有伤，兄弟无靠，不孝父母，夫妻分离。

生日伤官，主配偶不利，克夫克妻；女命伤官带羊刃，主夫妻生离死别，有意外凶灾。

生时伤官，女命头胎多生女，男不利子，晚年食宿无依，子女聪明傲气。

女命日支伤官，性格比丈夫凶，如临羊刃，丈夫易生灾祸或凶死。

女命最忌伤官，但有正财或正印，反而主富贵长命；如果无财无印，命必凶劣、克夫、夫妻缘分差。

⑥伤官易记歌诀

年上伤官怕见官，干透支藏均不欢。
祖业受伤财易散，岁运逢之祸百端。
月干伤官人聪明，清高傲慢少人情。
月支伤官逢身旺，运行财地财源行。
日带伤官最主凶，刃会定损配偶宫。
伤官无财人贫困，年日皆伤损面容。
时带伤官晚年孤，男命均兆克子宫。
支上无财家贫困，如临比劫财不通。

五、正官的含义

正官为护身之煞，保护人生的安全，象征着官方、领导。正官代表的是国家官员干部，正官又代表君子、贵人、主管、总经理、总裁。又象征权力、名望、显赫地位。正官又是女命的夫星与丈夫有缘，男命代表女儿，又代表约束力、规劝力、自制力、责任心、职位、名誉等。

①正官人的正面性格

正官之人为人清高、廉洁、公正，做事稳重，办事认真，自尊心很强，重视名誉，品格端正，奉公守法，心地善良，光明磊落，正直严肃，对事负责，重德讲义，是非分明，诚实可靠，处处受人尊敬。

②正官人的反面特性

此种人过于清高，表现高傲固执，刻板守旧，墨守成规，优柔寡断，意志不坚，胆小怕事，缺乏开拓的精神是其弱点。

③正官人的特性

正官是六格之首，天透地藏，只有一两个最好，多了无用。月上正官为真，其他柱正官为假。月上正官发达较早，时上正官发达较迟。

④正官与五行

木为正官，即日元为戊、己（土）受甲、乙木克者，其人品质端正，性情随和，有自尊心，能适应复杂的社会生活。

火为正官，即天干为庚、辛（金）受丙、丁火克者，主其人性格激烈，脾气暴躁，但有威力，敢与目无法纪的人强战到底。

土为正官，即生日天干为壬、癸（水）受戊、己克者，其人正直有威，有敏锐的判断能力，在商业经济方面有卓越的指挥能力。

金为正官，即日主为甲、乙（木）受庚、辛金克者，主其人刚毅、果断，决策力强，有随机应变的能力。

水为正官，即日主为丙、丁（火）受壬、癸（水）克者，主其人仁慈、善良、有同情心，并且谦虚，圆滑而富有理性。

⑤正官人宜忌

日主强，喜正官克身，日主弱忌正官克身。命局正官一位最好，谓之清粹，无七煞和伤官为最好。

正官过多，家中贫穷而少子，而且灾难也多，有干合或支合的无碍，如正官超过三位以上对做官不利，从煞格除外。

月干正官为官正气，尊信重义很有做官的味道。

正官、正印、正财谓之三宝，命局中三字齐全，如日主平衡又无其损害，谓之贵命。

正官人不怕身旺．越旺越好，忌怕身弱乃是祸殃。

身旺正官一位为贵，没有刑、冲、克、害，而有财印相生，这样的命，乃是富贵双全的命。

正官人喜逢月干正官最好，年、月干相生为大富大贵之命。

正官带天乙贵人，而且地支带刑的可任法官或武将，如丙申日见癸巳时。

女命正官逢空亡，乃再婚之命，若与日主相合，则信息更明显。

正官的人，须要有印最好，有官无印，或有印无官都不是真官。

男命正官逢空亡，没有解救，子少女多，儿子必有早丧者，当官失权，学业方面也没有多大成就。

正官人喜日主坐临官本气之位，主其人文才高，受人尊敬。

正官得天时地利（天时即月令、地利即地支通根）发达早，如是女命可嫁贤夫。

正官为用神喜逢财、官、印具备，主官运发达。

正官多的人，胆小怕事，既克兄弟，又无真心朋友。

正官多的人．缺少主见，无法依照自己的主意行事，容易失去权威。

男命正官为喜神，儿子贤孝；如果是忌神，儿子难以依靠：

柱中有正官又有伤官，为破格。如见印可以生身制服伤官能逢凶化吉。

正官合日主或与正印局并见，学业方面多有进展。

女命正官坐沐浴，主丈夫风流，官多与日主相合，主异性缘佳，但易有外遇之事。

女命最忌正、偏官在命局中齐现，主婚姻感情方面有干扰，如二者与日主相合，多半是妾命。

财官印三宝俱现，最适合做公务人员，多数出生在有教养家庭品性较好。

女命正官一位，无克无破为最好，为喜神多受丈夫疼爱，为忌神多受丈夫欺凌。于命局中伤官见正官，多与丈夫闹意见，导致丈夫挫折不顺。

如柱中正官太多，伤官可不为害，伤官可以制官，起到减轻官克身的作用，伤官可以变为喜神。

身弱官煞旺而无制，此人怀才不遇，不堪重任，行财煞运时定有灾祸，不贫则夭。

女命正官坐长生，建禄必嫁贵夫，丈夫的运气也好，若坐死墓空绝，主夫运不好，甚至有克夫之象。

女命官多乃是多情之人，如正官为用，行七煞运有婚姻离异之忧，女命官星被合，或比肩与年合也主婚姻离异。

柱中官坐帝旺之乡，没有刑、冲、空亡，官位高，若坐病、死、墓、绝之地，有官不大，如坐空亡无救（合、冲、会）之地，男命官有损失，女命婚缘较差，或离婚克夫。

女命忌逢偏财多，煞多无制，主情夫较多，容易遭凶。

日主衰弱，印星少，正官过多，其人胆小怕事，乃无能之辈。

女命正官过旺，没有比、劫主婚迟。

日主健旺，又逢官旺印也旺，乃是大富大贵之命。

正官坐财得妻子之助而升官。官坐印地有学业，名气，官坐比劫，克兄弟。官坐伤官，不利官职，有仇人相害。

⑥正官易记歌诀

年上正官功名全，祖上功德有尊严。
更喜独官居一位，后人必定做高官。
年上正官怕伤官，唯遇此运祸百端。
中年交上正官运，再遇禄旺掌大权。
月带正官最吉祥，聪明正直把名扬。
正气官星为最贵，权高禄重居官场。
日带正官福禄高，功名远扬是英豪。
男女皆得贤配偶，名利双收乐逍遥。
时带正官大吉祥，财福俱全子孙昌。
子女贤孝皆得力，后人官高把名扬。

六、偏官（七煞）的含义

偏官表示暴力、权利、威严、刚强有胆量，聪明伶俐（偏官有制者称为偏官，无制者称为七煞）。偏官又代表副职。男命七煞代表儿子，女命偏官代表对自己丈夫或者是情夫异性缘。人事关系代表暴徒、仇敌、恶势力、不良嗜好、权力、压力、劳动、危险等。

①偏官（七煞）人的正面性格

富有进取心，待人热情、处事果断，有正义感和侠义精神，性格刚强，威严，豪爽，进取，节制，机敏，有魄力。

②偏官人反面性格

性情急躁如火，脾气古怪，任性倔强，好胜好斗，报复心强，苟刻，激进，叛逆，越轨，是偏官人的几大怪癖。古书云："聪明不过伤官，伶俐不过七煞。"说明七煞的人脑筋灵活，有随机应变的本能，煞星如虎，如制服后反转凶为吉。

③偏官（七煞）人的喜忌

七煞有制为贵，无制为小人，为凶神。

七煞喜逢羊刃，主其人有将领之才，有威风、魄力，煞、刃两显者威镇边疆，武将之才。

七煞喜食神一位制服，以煞化权，计谋多，有勇有谋。

七煞喜逢羊刃，系威镇边疆，武将之才。

七煞若带魁罡，生日占羊刃，主其从军，是当官之人。

七煞制服太过，日主弱，反变成胆怯懦弱，无能力、胆小怕事，而且阴险奸诈，对任何人都有疑心。

七煞无制，少年多忧，易犯牢狱之灾。

七煞不怕日主健旺，越旺越好。如果羊刃合煞，主其一生荣华富贵。

日主旺官煞弱，逢财乃好命。日主弱，见七煞，又逢财，主夭贫而凶灾多。

七煞逢身旺，财星临日刃，逢大运临财星或流年临财星，主该年升官发财；如果没有财星，应该在36岁以前发达。

女命生日占七煞，又临长生之地，其人有领袖权威，称女强人。又主丈夫豪爽大方，富贵双全。

女命七煞四个以上者，主其人婚姻不幸，与丈夫无缘。

女命正官与七煞同柱，又见比劫星出现，婚姻易发生纠纷。

女命七煞坐桃花或沐浴，丈夫多半风流，并且另有色情纠纷；如果七煞、正官与日主相合，自身反而多有外遇。

身煞两停，宜食伤制煞，做官者有权；如果制煞太过反为不吉。

官煞混杂之人，多半成不了大事；如果命局中有印而且身旺，则大有改观。

七煞为忌神，现于月柱，其家境必差；如坐下羊刃，多主父母不全。

七煞不论喜忌，在日支配偶个性刚毅、暴躁；如果是喜神要好些。

如支合太明显，逢支冲相当不利。

女命生日坐羊刃、七煞、食神三者具备者，其人有领导才能，严管丈夫。

女命七煞忌逢六合，多与异性纠缠。

七煞逢日主衰弱，则多灾多病。流年逢七煞，祸事更多。

年干偏官，生非长子，上有兄姊或家庭贫困。

月干偏官，年正印而有力乃贵命。

日支偏官，原命不见正官，聪明伶俐。柱中有两位偏官或两位以上者，晚运主凶，而且配偶性情刚毅，逢冲则多灾多病。

时干见偏官，其他柱又不见正官为最好，为大富大贵之命。

四柱中七煞过多，超过三位以上者，反而懦弱，胆怯无能。

男女七煞逢空亡，不以为官，儿女比自己早丧，男多女少。

七煞易记歌诀

身旺化煞命最强，乘船顺风把名扬。
身弱化煞多不利，犹如烈日照冰霜。
煞印食神一位佳，喜财财星享荣华。
独煞扬名匡天下，煞多孤寡又破家。
年上七煞命不良，上克爹来下克娘。
父母命硬克不动，平生灾病不离床。
七煞有制为偏官，煞刃会印做高官。
身弱劫多多灾病，七煞聚众多伤残。
月带偏官犯小人，必主灾祸不离身。
煞刃两全方为喜，煞印相生是贵人。
日坐独煞是将才，煞印相生坐将台。
七煞有制方为贵，威武刚强称心怀。
日煞最喜合与冲，冲合多主病来攻。
七煞畏临劫财地，男女多主婚不利。
时上七煞一位真，日旺合刃是贵人。

时煞不怕冲与合，制煞太过不利身。

七、正财的含义

正财代表房产、田园、资产、财物，又代表妻子、妻缘、财运、薪俸及其它为我支配使用的人或物。

①正财人的正面性格

为人正义，明辨是非，诚实可靠，礼貌热情，讲良心，脚踏实地，顾家守财，勤俭节约、重视家庭、诚信、理智、稳重、受人尊敬，爱妻子，是个值得信赖的人。

②正财人的反面性格

其人吝啬守财，甚至刻薄，深谋远虑，小心谨慎，胆小怕事，明哲保身，办事不足。保守、消极，愚顽不化，好色纵欲，因小失大是正财人最大的弊病。

这类人对家庭很忠实，善于守财，勤劳节俭，尊重妻子，是忠于家庭的好丈夫。

男子有正财为喜用神，应得贤惠的妻子；柱有两财，则有二次婚姻。女命财不宜多露，乃是穿金戴银之命。

正财为用神者，得妻之助。命中全无正财星之男命，大男人主义非常浓厚，不擅于表达内心感情。

柱中财多印破，与母亲不利。

③正财人的喜忌

身弱财多，一生为求财而劳累。

身弱多财喜比肩、劫财、羊刃和印来生之，最忌食神生财。

身弱喜大运、流年、比劫、刃、印运生助，并且宜到比、劫、印地方工作，从事比、劫、印有关的行业。

身弱财多，又有官煞，主一生多灾多病，生活贫困，并且有财也难以承担。

身弱财多，容易在女人方面出事，行财旺之年要多加注意，因财能生官，官煞克身，易出祸事。

正财多而旺之男人，嘴甜，会说话，不论身强身弱，大多惧内。或者体弱多病。

正财多而且旺，多主母寿不长，母运不佳，且为色情破财。

身旺才旺有正官者，乃富贵之命，又得贤妻持家。

正财逢沐浴坐桃花，主妻多有外遇，柱中现比肩与正财合，妻的外情特别明显。

正财坐死墓空绝，夫妻缘分差，坐墓者妻体弱多病。

正财坐墓逢冲，有意外之财，正财在时支，大多数是很小气。

命局中正财、劫财俱现，一生多遇小人而破财，正财为喜更明显。

身弱的女命，正财多而且旺，易有外遇。

女命正财、正官、正印三宝俱全，必美貌多才富贵之命。

财少身旺，柱中见有比劫、羊刃和印旺最为不利，主破财之兆，更忌比劫、羊刃、印之大运。

财少身旺，行到财之大运，可许顺利，再到财旺之方位可发财。

正财为喜神的男女命，健康而富，若为忌神，主贫穷而身弱逢财旺必须身旺才能担当得住，身旺财旺需有财库收藏（辰戌丑未），但虽有财库定到冲开财库之岁运方能发财。

男命有两个正财贴身，争合日主，主妻妾同居，但容易争风吃醋，易起色情风波。

身旺财旺需要食、伤来担财，因食神能勤奋生财，伤官具有生财的聪明头脑，古书有云："身旺财旺主大富，定须财气通门户（卯为门，酉为户，这里指财通根于卯酉）。"既有储钱的本领，又有赚钱的门路。

正财多的人，不论喜忌，读书都不肯用功，贪玩好逸恶劳者居多。

正财出现在年干上，主祖上有钱发富；出现于月柱上，主兄弟姐妹富有；出现在日柱上，主妻贤。出现于时柱上，主子女富贵，自己晚年荣华。但不论出现于何柱，忌怕刑、冲、克、害或死、墓、空、绝。

④正财易记歌诀

柱中身旺喜逢财，平身营求自然来。
身弱财多为大忌，平地风波起大灾。
男命有财不怕藏，女命财露也无妨。
独财能掌千金业，官位独一方为祥。
年上正财祖业兴，平生富贵掌千金。
如得财官来相助，妻贤子孝身康宁。
月上正财有威名，如逢官食任君行。
财逢生旺再遇禄，男女穿金又戴银。
日带正财最有威，夫贵妻贤两相随。
财坐长生若逢库，高官厚禄身有威。
时上正财命中强，不受刑冲福寿长。
如得官旺来相助，堂前定有好儿郎。

八、偏财的含义

偏财代表横财、意外之财、不义之财、投机之财、浮动资产等外来之财，又称众人之财，偏财又代表父亲、妻缘、异性缘等。

①偏财人的正面性格

偏财乃是意外进财，偏财喜露而不喜藏，更宜在外地发财。男子偏财透出为之露，其人慷慨热情，重义轻财，多情善感，聪明机巧，开朗乐观，豪爽大方，会赚钱也会花钱；女命天干露财，穿金戴银之命。

②偏财人的反面性格

其人虚浮放荡，贪图享受，嗜酒好色，懒惰成性，学问空虚，乃是不思进取的贫穷儒士。

③偏财人的特征

为人重义气，淡泊名利，待人热情善于交际，见人主动，说话巧言好语。男人风流多情，不爱正妻爱偏妻，颇有商业头脑，用钱大方，能赢得女人欢心。若女命则善于交际，有照顾他人的热心肠，引起男人喜欢，但爱情不专，容易离婚或分居，有出外创业的机会。

偏财出现于月干最佳，不论命中喜忌，其人大多很够朋友，很讲义气。

④偏财人的喜忌

偏财喜逢身旺，无有刑冲克合，逢财运发家致富，逢食伤事业有成，遇正官富贵双全。

时干出现偏财，其人风流慷慨多情。但是偏财透干逢比肩近贴而又克破者，大多早年丧父，否则父寿不长或与本人不合。

偏财忌怕比肩、劫财，主一生钱财耗损。

偏财多，财旺人丁不旺，财多耗身，又不利子息。

偏财落空，主父母离别，克妻，对本人不利。

偏财旺而身旺，逢官运、财运好事来临，逢比劫运则名利俱空。

偏财多，其人酒色风流，在外寻欢觅情，但轻财重义气。

偏财忌怕身弱，如临死绝之地，虽然偶尔发财，但时间不久，多因财丧生。

身旺之人，命中有偏财无克破者，该造多数有钱，或是商人实业家。如逢官运更是大有成就。

⑤偏财现四柱

年柱有偏财，与月刑冲，日主弱主克父亲与祖父母，偏财旺，日主旺，主父高寿。

天干出现两位偏财的男命，多半是贪酒好色，轻财重义，并且阔绰大方，但易成败家之子。

月柱有偏财，主父母有财，月干偏财，年上劫财，主长辈先贫后富。

偏财坐长生，建禄最好，主父运势旺且父子情深，如坐死墓最坏，主父亲病弱早亡。

日主弱偏财旺，一生财来财去难聚财，不但贫穷而且有怕妻惧内的现象，容易因妻或与其他女人之事而导致破财惹祸。

偏财为用神，多得父亲之力，兄弟姊妹不得力，母寿短父寿长，诸事不宜合伙，对妻子不体贴。

日柱坐偏财，为人好酒色，有情人，主得妻子之财。偏财受刑、冲，主夫妻分离，妻子短寿。女命易有外遇，宜嫁外乡人。

时柱坐偏财，主子女慷慨大方，善于理财。如遇比劫岁运，主破财伤妻，不利子息。偏财逢空亡，主父寿不长，父运势不好，再婚，妻妾寿命不长。

⑥偏财日主旺弱关系

身旺逢财，一生财源丰厚，运行财旺之乡，必然发财。

身弱逢财，最怕刑冲克害，遇比肩劫财，百事可顺。

日主弱财星太衰，或财多生煞，为劳苦之命。

⑦偏财易记歌诀

身旺财旺财兴隆，无冲无克财运通。
运走财乡更发富，外财定发富家翁。
偏财最怕逢劫财，克妻克父又生灾。
财来财去财难聚，运逢比劫易破财。
日主衰弱忌逢财，刑祖克母不离灾。
年时若逢比劫现，先贫后富命安排。
月上偏财是外财，最喜官食一齐来。
若得印星来护卫，能作国家栋梁材。
时上偏财自己财，身旺儿孙称心怀。
时上偏财怕比劫，刑妻克子防狱灾。

九、比肩的含义

比肩代表朋友、同事、同学、股东、合伙人、同行、竞争者，男命代表兄弟，女命代表姐妹。八字为喜用神或建禄格者，性格刚毅，好打抱不平，轻财懒惰，勇而无谋，善于交友，花钱如流水，又主克妻克父。

①比肩人的正面性格

比肩旺主义气、刚健、主动、自主、自信、自尊、果断、积极进取。

比肩人最大的不足，为人固执，主观意识浓，自尊心强，独行独断，施展权威，争强好胜，缺乏交际关系，不愿受拘束，崇尚自由，且好高骛远。但具有关心他人，受朋友拥护和敬佩的优点。

②比肩人的反面性格

比肩太过，流于固执、刻板、劳苦、孤僻、爱管闲事。如若不及则显得软弱、胆小、怕事、无有主见，不论男女，皆主婚姻不顺。

③比肩的喜忌

日主弱喜比肩、劫财帮身，比肩过多过旺，主财轻财少，为好吃懒做之人。

比肩出现在年柱、月柱，多半不是老大，大多数上有兄弟。

比肩多而逢印，为穷困潦倒之人，宜外出创业。如日主弱，比肩为用神，多得朋友或兄弟帮助。

天干比肩、劫财多见，不论男女，多有三角恋爱，嫉妒争风吃醋之事。

比肩多，兄弟姐妹多，早岁克父，祖业耗散，家境贫困。

比肩为忌神者，一生小人多，并主兄弟姐妹不和睦。欲问小人在何位，看比劫临什么地支，临水多在北方，临火多在南方，临金多在西方，临木多在东方，临土多在本地。

女命比肩劫财多而旺者，主夫妻感情不和，而且是非较多，子女少，如逢羊刃，多有不测之祸。

比肩不宜过多，如过多，宜官煞制服。

比肩逢墓绝之地，与兄弟无缘，甚则生离死别。

年月比肩在死、墓、空、绝之地，上面有兄姐夭折之象。

身强逢比肩、劫财，主伤妻损财。

比肩、劫财坐十二宫之死、墓、绝、沐浴，主兄弟姐妹无缘，而且不全又有早丧者。

年上比肩逢空入墓者，有异母兄弟。

比肩、劫财逢空亡，与兄弟姐妹无缘，月柱比肩空亡更明显。

④比肩易记歌诀

身旺不宜比肩帮，有了比肩反为殃。
如若伤官来救护，官灾祸患病离床。
身弱须用比肩帮，做事应求大吉祥。
身旺最忌比肩运，生灾破财妻遭殃。
年上比肩祖业贫，祖上财产必凋零。
比劫会聚更不利，克妻损父灾祸侵。
月上比肩最不祥，最怕死绝坐空亡。
入墓兄弟有异母，运逢伤官兄弟殃。
日上劫财无外财，夫妻不久两分开。
日旺比劫坐羊刃，牢狱灾祸自天来。
时带比肩最不良，命弱多病有灾殃。
比劫更怕伤官见，儿女兄弟不安康。

十、劫财的应用

劫财有财产被人抢夺的意思，劫财代表姐妹、兄弟，又表示争斗，协调不好。劫财代表小人，见财则想争。

① 劫财人的正面性格

劫财的人雄心壮志，待人耿直大方，富有斗争和进取精神，会挣钱也会花钱，出手大方，没有积蓄，如临用神反而富贵。

②劫财人的反面性格

八字中劫财太旺，显示着双重个性，反面性格如奸诈，狡猾之类，对妻不利。太弱表示孤僻，不合群，人际关系不佳。

③劫财人的特点

劫财太多的人，一生劳碌，易惹是生非，常遇口舌诽谤之事。

年柱与月柱有劫财者，不管是喜是忌，多半不是老大，为人弟妹较多。

劫财遇身旺者，好酒贪色，好投机取巧，吹牛好赌，样样俱全，且反应灵活，随机应变，有口才能力，社交力强。

柱中劫财多而旺者，父亲比母亲寿短，劫财近克偏财无解救，大多父易早丧。

劫财人性格乐观，喜欢关心别人，但喜自由，不服从领导，骄傲自信，顽固不化。

劫财不论喜忌，若与羊刃同柱，主外华内虚，如出现二柱者容易婚变。

劫财过多，没有官星制伏，岁运再遇劫财者，须防大祸临头，甚至丧命。

伤官为忌神，与劫财同柱者，多数不是好人，易流于黑社会、流氓、盗贼，而且好赌。

劫财逢伤官、羊刃，男命有两次婚姻，女命主克夫刑子。

④劫财的喜忌

劫财与伤官、羊刃同一柱者，易犯牢狱、仇杀或短命、意外、横死、贫厄者居多。

正财为喜神，被劫财克破，主破财贫穷，而又主其妻命短或体弱。劫财虽是凶神，喜正官制服，反凶为吉，日主弱，喜逢印助为大吉。

柱中劫财旺相，主缺衣少食，又主克父损妻，兄弟之间情薄寡义。

劫财为喜神，如逢官来破，大多主子女忤逆不孝，或子女易有灾祸之事。

柱中劫财为忌神太过而又无制，再逢劫财岁运者，有破产丧命之忧。

柱中劫财过旺，最宜远方营求。在家乡求财不利，不是破财生灾，就是与兄弟朋友不和。

年上劫财者，主祖业破败，又有克父之嫌和兄弟姐妹夺财之忧。

月上劫财，一生逢财而不聚，经营方面，不宜与人合作。

日支劫财，主婚姻不顺，男命克妻，女命克夫，并且不善料理家务。

时上劫财，子女缘分不佳。临忌神，子女不孝，并且破祖业，父兴子败。

⑤劫财易记歌诀

    劫财男子最不良，身旺比劫损妻房。
    女命若逢比劫重，必主父母早伤亡。
    身弱遇劫最相宜，比肩帮主运不低。
    旺宜正官来制伏，平生富贵乐嘻嘻。
    年上劫财兄弟多，祖业耗散家不和。
    日旺遇劫父早死，日衰遇劫乐呵呵。
    身旺比劫最不良，平生做事无主张。
    月遇劫财克兄弟，时上子女不吉祥。
    时上不宜占劫财，命主晚年不安泰。
    时干劫财逢羊刃，子女不顺家业衰。

  十神的含义很广，凡是与命运中有关的人和事都可划归在十神范畴，应用时可根据十神的本质和含义进行类推。要想从一个八字中找出更多更细的信息，必须要掌握住十神含义与正负的特性，再根据命局中五行强弱和喜忌来确定命主吉凶祸福。进一步再将十神中的断语熟记于心，到应用时才能作出语出惊人的判断。

  特别需要注意的是，应用十神时必须要悟通生克制化之理，由于十神的组合是随着岁运的变化，而十神自身也就发生变化，并且变化得也非常复杂。由于十神组合的变化而致使某一神的特性与力量也就增加或减弱。同时可以变出阴阳互相转化的特性，或其它新的特性。但是无论如何变化，十神的人事含义是始终不变的，但十神的正星与偏星所主的人事在一定的条件下是可以互相转化的。特别注意的是，每当十神中的某一五行比较中和而且不是忌神时，一般都表现为正面反映，如果十神中某一五行出现太强或太弱，或为命中忌神时，则会表现出负面的反映。要知道偏正星的人事含义与特性，在强弱喜忌的条件下，方会互相转化，如印太旺，要以枭神断之，食神旺要以伤官断之，正官太旺要以七煞断之，身弱逢枭为印，身强逢杀为官等等。《拦街网》中有一首歌曰：

术者推命仔细详，十神变化多思量。
日干为主看强弱，喜忌分明不可忘。
印多为枭互转化，食神旺极变为伤。
枭多为印君须记，伤多为食是同样。
杀多为官是易理，官多为杀分阴阳。
身弱逢枭变为印，身弱逢杀为官方。
此乃十神变化诀，奥妙易理玄机藏。

第四章　命局五行旺衰

　　分析命局从何处下手？怎样判断命局五行的旺衰？身旺的判断条件是什么？

　　其一，日干得令是判断身旺的最重要的方面。

　　其二，在得令的前提下，得地、得生或得助再占其一，可以肯定是身旺。占其二为偏强偏旺。三者都占就为过旺。

　　其三，在不得令的前提下，得地得生，或得助再占其二项以上，要有力又多助益，为身旺或偏旺。

　　其四，在不得令的前提下，得地、得生或得助只占其一项，但四柱中三合局或三会局为生身之印局，或为帮日干之比局，为身旺。

　　其五，在不得令的前提下，如果得地，得生或得助有力且众，虽占两项仍为身旺，但如得地中长生，禄，刃，墓中占的成分少，势必地支中克我，耗我，泄我的成分就多。日干便处于较为平衡的不旺不弱之间，不易定出旺衰，用神就不好找，走什么运更好就无从论起。

　　在这种情况下：

　　（1）如果天干化合的五行或地支合化的五行是生身帮身，就为身旺；是克制我，耗我气或泄我气的，便为身弱。

　　（2）地支半合或半会生身帮身五行的，也为身旺；是克制我，耗我气的便是身弱。

　　（3）克我，耗我或泄我之气的处在弱地（不得令），而生我，帮我之气处在旺地，则为身旺。反之为弱。

　　（4）克我，耗我或泄我的干支逢冲，被制服，被合去，或离得远，仍为身旺。反之为弱。

第一节　确定日主旺衰强弱

批四柱的关键一步就是定日主旺衰，要想准确的断定四柱中日主旺衰，必须要做到以下几点：第一步必须将十天干与十二地支的生克规律与操作程序分析清楚，近一步掌握辰戌丑未四墓库的正确用法。第二步看日主与月令的关系如何，只有正确掌握日主的旺衰才能知其日主的喜忌，喜忌既明，批八字的难题就可迎刃而解。判断日主旺衰必须掌握以下几条原则才能准确无误。

1. 干支生克的认识

天干地支的相生相克，在"基础篇"中已有论述，这里再来介绍一下其中一些生克规律，这些规律是以后在应用时经常会遇到的，不可忽略。

天干与地支的生克，都只能靠近相生靠近相克。隔位不能生克，但如果在力量相差悬殊的情况下有时也可能有生克，但这种情况毕竟是少数。

①天干生克看法

例：甲　己　甲　壬

年干的甲木与月干的己土可以论合，月干的己土被年干甲木合住，合者乃绊住也，日干的甲木则不能与月上己土论合，也不能论为争合。

例：乙　辛　丙　庚

月干辛金可克年干乙木。丙火不能克辛金，庚金也不能克乙木，日干丙火只能接受邻干生克，不能去生克其它干支。

②地支生克看法

地支之间的生克，只能是邻近生克，隔位不能生克。

例：辰　酉　子　申

辰与酉可合，辰土不能隔位克子水，申金可以生子水。

③地支合会看法

每当地支在命局中出现三合三会时，是可以越支相合相会的，但越支这个五行必须是助合局的五行，或者是被合局、会局所克制的五行，否则就不能合会成功。

例：寅　卯　未　辰

寅卯辰三会局可以成功，因寅卯辰三会木局，其中隔字是未土，木可克土。

又如这样的组合：

例：寅午　未戌

像这样的组合，寅午戌火局是不能成立的。对于合化，无论是三合、六合、三会必须是所临之化神当令而又不受伤害才能论化，只要其中受一点伤害均为合而不化。合局中真正合化成功的组合是较少的，遇到合而不化的合局，就是岁运出现，化神当旺也不可论化。关于天干地支的截脚盖头看法，下克上谓之截脚。如日干是甲申，甲木受申金之克，这种克力很小，因为甲木坐申，为木绝于申。

关于盖头克之说，如"庚寅"，庚金克寅木谓"盖头"，由于寅木中人元含丙火，虽然上克下，但内中有反克现象，庚金的力量至少要耗泄一半。

天干与地支单柱之间的生克问题历来是命学中有争论的事。到底它们之间有无生克，可以这样说，天干不克地支，地支可以耗泄天干，也就是说，天干不能对地支生克，而天干能被地支耗泄。

2.日干与月令的重要性

判断日干旺衰，是研究四柱的必备知识，要想准确地断定日干旺衰，首先要弄明白日主与月令关系。进一步看日干在月令中所处的状态，分清日干的旺相休囚死。如果日干在月令中属旺相，则按日干得令有力来看，休囚死则按日干失令来看。旺与相没有多大差别，一般情况下相与旺同等看待，只在旺衰难以分辨时作其它参考，其余的休囚死都作失令看待。

其实判断日干旺衰是非常简单的事情，只要你将五行旺相休囚死弄明白，旺相与衰弱也就可以迎刃而解了，在判断时，你也不必要为五行旺相休囚死去大动脑筋，只须将旺相休囚死分为旺与衰两大类，即旺与相归为"旺"的一类，休囚死归为"衰"的一类。这样，对旺衰即可大体掌握。阳干与阴干都是一样推算，不是像五行十二宫那样有顺逆之分。

甲、乙日干：甲乙木生于寅、卯月旺相，辰月休囚，巳午未月都是休囚，申酉月在死绝之地气势最弱，戌月休囚，亥子月旺相。

丙、丁日干：丙丁火生于巳、午月旺相，未月休囚，申酉戌月都是休囚，亥、子在死绝之地气势最弱，丑月休囚，寅卯月旺相。

戊、己日干：戊己土生于巳、午、未月旺相，申、酉月休囚，戌月（戊日干休囚，己日干旺相）亥子月休囚，丑月休囚，寅卯月在死绝之地，辰月休囚。

庚、辛日干：庚辛日干生于申、酉旺相，戌月休囚，亥子月休囚，丑月（庚日干休囚，因丑乃庚金之墓地，辛日干旺相，因丑土含辛金之根）寅卯月休囚，辰月旺相，巳、午、未月最弱。

壬、癸日干：壬癸日干生于亥子之月旺相，丑月休囚。（如是癸日干有根另论），寅卯辰月休囚，巳午未月休囚，申酉月旺相，戌月偏弱。

一、论命局通根的基本方法

通根这个名词自古有之，它是判断命局中各个五行强弱的有力依据，再说得明白一些，判断日主强弱首先要看四柱各个五行的天干是否通根。

古人云："一个中气通根可抵上一个透干之比劫。"可见通根的力量多么重要。什么叫通根呢？我们知道，命局是由天干地支组成的，干支组合后，天干在上，地支在下，天干象征一棵树上的树干，地支象征一树根，树干与树枝是不可分割的，没有树根就没有树干。树干的盛衰来源于树根，这就说明"通根"就是指天干的来源于地支，所以判断八字旺衰，看天干是否通根是主要关键。

通根有四种方法：

1. 本气通根

天干的五行与地支五行的本气相同,主要是阳干见阳支为根,阴干见阴支为根,主要操作方法是:

甲乙木天干遇地支寅卯木

丙丁火天干遇地支巳午火

干支相同戊己土天干遇地支戌未丑辰土

庚辛金天干遇地支申酉金

壬癸水天干遇地支亥子水

2. 生扶通根

天干得到地支生扶,主要操作方法是:

天干甲乙木遇地支亥子水

天干丙丁火遇地支寅卯木

地支生天干天干戊己土遇地支巳午火

天干庚辛金遇地支辰戌丑未土

天干壬癸水遇地支申酉金

3. 得气通根

天干得地支的余气根,其操作方法是:

天干甲乙木遇地支辰土(湿土)

天干丙丁火遇地支未土(燥土)

天干庚辛金遇地支戌土(燥土)

天干壬癸水遇地支丑土(湿土)

注意事项:

以上几种情况全都叫做"通根",凡是天干通根的都以强看,但强的力量还不同,以本气通根为最强,其余次强。

天干通根的坐下地支叫"正根",又叫本气通根。天干的坐下地支不是通根,而通根于旁柱的地支叫做旁柱通根,或叫做"旁根"。正根的力量大,旁根的力量较小。

判断天干强弱,首先看是否通根为主,而不是以得气为主,这一点非常重要，定要明白其中道理。

二、判断命局各五行强弱方法

判断天干通根是辨别命局各个五行强弱的基本法则，其法最主要掌握命局与月令的关系，其中地支的刑冲合化，使命局中的五行会发生强弱的变化，特别是月令的五行当旺时，更会使命局中的各个五行强弱容易发生变化。在判断时除了掌握以上通根法则，还需掌握其它强弱的辅助方法，以便准确的定出某一五行是强是弱。

1. 首先要看天干坐支有无合、化、会

（1）甲乙天干见地支

①寅与亥合化成木

②寅卯辰三会成木地

③亥卯未三合成木局

（2）丙丁天干见地支

①卯与戌合化成火

②巳午未三会成火地

③寅午戌三合成火局

（3）戊己天干见地支

①子与丑合化成土

②午与未合化成土

③辰戌丑未四库

（4）庚辛天干见地支

①辰与酉合化成金

②申酉戌三会成金地

③巳酉丑三合金局

（5）壬癸天干见地支

①巳与申合化成水

②亥子丑三会成水地

③申子辰三合成水局

2. 其次看天干本身能否合化成功

①甲与己合化土，必须见辰戌丑未或午月，方为合化成功。

②乙与庚合化金，必须见巳酉丑或申月，方为合化成功。

③丙与辛合化水，必须见申子辰或亥月，方为合化成功。

④戊与癸合化火，必须见寅午戌或巳月，方为合化成功。

⑤丁与壬合化木，必须见亥卯未或寅月，方为合化成功。

以上几组天干相合，如合化成功之后，会对某一种五行加强，也可对其中另一种五行减弱。如甲与己合化土后，土的力量加强，木的力量减弱。如合化不成，其中被克五行削弱如甲木克己土，己土受克则力量变弱。

如天干相合而合化不成时，则以克论，如甲与己合土，遇不上辰戌丑未或午月则不能合化，就断为甲与己合，合中代克，为甲木克己土。其余皆仿此。

3. 看地支有无冲破

天干的根通于地支．如地支有冲破，会影响天干的强弱，如庚申、甲寅，都各自通根，但地支逢冲，其根不旺，虽有根等于无根。

4. 看节气中的哪一五行用事

分析天干五行的强弱，要将一年四季的季节放在一起考虑，如春天木旺，火相、水休、金囚、土死。同时也要考虑天干五行，如长生、沐浴、冠带、临官、帝旺、衰、病、死、墓、绝、胎、养十二种状态，如甲木长生在亥，乙木长生在午，丙火长生在寅，丁火长生在酉……

然而仅从四季五行状态和天干十二运程来判断天干的条件还不够，还要看节气中的哪一五行用事，这些在基础篇已有详述，在取用神时帮助特大，请不要轻视。

5. 判断日干强弱的具体方法

判断日干强弱，乍看起来非常困难，实际并不像你想象那样复杂。一般只分三个步骤进行即可。①看日主是否得令；②看是否得助；③看是否得地，只要掌握这三种方法，判断旺衰的难题就迎刃而解了。

三、确定日主强弱

1. 看日主是否得令

所谓得令，即日干与月令对比一下：

如日主是甲乙木生于寅、卯月（正、二月）；丙、丁火生于巳、午月（四、五月）；戊、己土生于辰、戌、丑、未（三、六、九、十二月）；庚辛金生于申、酉月（七八月），壬、癸水生于亥、子月（十月、十一月），如日主五行生在这些月份都是处于旺的状态，就叫做得令。亦叫当令，当旺。

再如甲、乙日主生于亥、子月，丙、丁日主生于寅、卯月，戊、己日主生于巳、午月，庚、辛日主生于辰、戌、丑、未月，壬、癸日生于申、酉月，这叫做令生。令生者为相，也是属于得令。相反日干处于休、囚、死、绝的状态就弱，叫做"不得令"。

2. 看日主是否得势

如日干是甲乙木，在四柱中得到水和木帮助较多的，这叫做旺而得势。反之得不到四柱中水、木之助反遭金火之克泄，这样叫做弱而失势，最后要察看日干是否通根或逢墓库，如通根或逢墓库者也是得势的有利条件。

3. 看日主是否得地

所谓得地：即日干对照四柱地支五行十二宫的长生、沐浴、冠带、临官、帝旺为得地，五行十二宫的胎、养叫做平。寄生在衰、病、死、绝的叫做失地，也就是"衰"。

所谓得令：即日干与月令对比是否得令。

得势：日干通根逢墓库，得比肩、印星生助者，谓之得势。

得地：月支或它支有长生禄旺者，谓之得地。

判断旺衰先要分析是否以得令为主，如果在得令的条件下，再得地或得势两条其中一条则为身旺。三者如果全备，就是最强（旺极）。相反的若是失时、失势、失地俱全，那便是最弱（衰极）了。总之，如要选准用神，必须要确定日主的旺衰，然后才能下定论，一般都以极旺泄之，强者克之，衰者助之，弱者扶之。但也有用多者制之，少者益之，旺者削之，弱者补之的理论来确定用神，如果再能将忌神或用神看准，那就已经具备推命水平了。如果用以上几条对日元旺衰的分析方法，还不能理解的话，倒不如再按以下方法试一试，也可能就会恍然地明白过来。

第一条先看月令：以日干为主，与月令的生克，看得令还是失令，对照一下十天干生旺死绝表，即可决定日主旺衰。

第二条再看比劫旺弱：比劫如临月令为最旺，坐支也好，临在年时上次之，比劫旺则身旺，比劫弱则身弱。

第三条查看印星旺弱：印星如临月令为最旺，坐支也好，临在年时上次之，印星旺则身旺，印星弱则身弱。

第四条查看禄刃：禄刃的查法，与比劫、印绶查法都是一样。

第五条查看两党之势：查看四柱以日主为中心，将其它七字划为两党，以财官食伤看作一党，印比禄刃看作一党，看哪一党对日主力量大，如财官食伤乃是克泄日主，印比禄劫乃是扶助日主，看是克泄日主力量大，还是扶助力量大，这样就可以看出日主是旺是弱。此是判断日主旺衰的又一种方法。

现将日主强弱分别举例：

（1）身旺之四柱

①强旺的四柱

　　　　甲　丁　甲　乙
　　　　寅　卯　寅　亥

这个四柱甲木日主生于卯月为得时，四柱中 1 水 6 木为得势。年支、日支坐禄，月支坐帝旺，时支坐长生，为之得时得势而又得地，故为最强的四柱。

②次强的四柱

　　　　癸　庚　庚　丙
　　　　酉　申　午　戌

这个四柱日主庚金生于秋季，为得时，月支庚金透干助之为得势，并且年支坐帝旺，月支坐禄为得地，故为次强的四柱。

③较强的四柱

辛　庚　辛　丙
亥　寅　酉　申

这个四柱辛金日主生在寅月，为绝地，但四柱中有众金帮扶，为得势，日支坐禄，时支坐刃为得地，故为较强的四柱。

（2）身弱之四柱
①最弱的四柱

丁　丙　庚　丙
亥　午　午　子

这个四柱日主庚金生于午月，火旺金衰谓之不得时，日主坐病，月支坐沐浴，时支坐死，是不得地，纵观日主失令、失时，失势，故为最弱的四柱。

②中弱的四柱

辛　庚　甲　戊
巳　寅　辰　辰

这个四柱甲木生于春季，谓之得令，柱中庚辛金克之，戊土耗泄之，无有帮扶，谓之失势，年支坐病，日时支坐衰，仅有月支坐禄，故为次弱的四柱。

③较弱的四柱

乙　癸　丙　丁
亥　未　子　酉

这个四柱丙火日主生于未月，不得时令，年干生之，时干助之，谓之得势。但年、月、日、时为失地无根，故为较弱的四柱。

以此看来，柱中月令虽然不旺，但日主多帮扶，地支又得气，乃是身强构成的条件。而身强的构成还要分清既当令又多帮扶而又得气为最旺，如仅得气而少帮扶，或多帮扶而失令为中强，既不当令，又少帮扶但年日时得气为次强的四柱。

身强四柱的喜忌——身强喜耗泄而忌生扶（不包括从格）。

月令休囚，日主多克泄，地支不得气，乃是身弱构成的条件，而身弱的构成还要分清，既失令而又多克泄为最弱的四柱。如仅多克泄而当令，或仅失令而少克泄为中弱的四柱。如既失令又多克泄而不得气者为最弱的四柱。

身弱四柱的喜忌——身弱喜生扶，忌克泄（不包括从格）。

分析一个四柱，必须要找准用神，用神是四柱的灵魂。然而要找准用神必先看日主旺衰，旺衰确定以后，方能分清喜忌，确定用神，此乃看日主强弱主要方法。

总之，寻找用神的原则，首先要看日主旺衰，以后方可按旺极宜泄，强者宜克，衰者宜助，弱者宜扶的原则来确定用神。

四、五行旺衰强

判断五行旺衰强弱是选取用神的关键一步，选准用神是判断命主吉凶祸福的主要依据，要选准用神必须熟练的掌握旺衰，否则就谈不上推命。为了给读者一个明确的认识，我们用实例来说明，以便在实践中能正确考查使用。

1. 强与旺的认识

旺：即旺盛，指的是五行生逢月令，或受月令之生谓之旺。如甲木生于寅卯月，称之生逢月令为旺，如果生在亥子月，虽不如生在寅卯月令，但受亥子水所生也是为旺。月令是衡量五行旺衰的唯一标准。真正的分析五行旺衰首先要从月令开始才能确定下来。

强：即强大，首先是在五行在得令的前提下，不但当权得令，而且势众。或者虽不得令但五行同类的多，例如丙午生在子月，命局中丙丁巳午一气，午火虽不得令，但同类多多相助实际力量强大。

2.强与旺的不同点

强与旺是两个概念，不能混为一谈。强与旺差别很大，必须有一个明确认识。旺的五行不一定是强，而强的五行不一定要生逢月令，或受生于月令，例如某一五行当令或得生为旺，如果命局中出现其它干支生扶这个五行，这种五行的力量才算强。反之，月令的五行受到其它五行克制和耗泄，这个五行则虽旺而不能算强。

例一：旺而不强的八字
乾造：一九七零年十二月初二日卯时

```
  印    官    日    食
  庚    戊    癸    乙
  戌    子    未    卯
```

癸水生于子月，得令为旺，但癸水被月干戊土克制，又被时干乙木食神泄身，食神虽能制煞，削弱煞星对日主的克制，但食神容易盗泄日主的元气，看来这个日主癸水虽得月令为旺，只能当作虽旺而不强。

例二：强而不旺的八字
坤造：一九五二年二月二十三日申时

```
  劫    比    日    印
  壬    癸    癸    庚
  辰    卯    亥    申
```

日主癸水生于卯月谓之不得令，但命局中生扶癸水的印星和比劫多，癸水得印星之生，比劫拱扶，力量自然强大，癸水生于卯月虽然失令，但力量很强，叫做不旺而强。所以，月令只能决定五行旺衰，而不能决定其五行的实力大小，这点必须明白。

例三：旺而又强的八字
乾造：一九四四年七月初六日巳时

才	食	日	劫
甲	壬	庚	辛
申	申	申	巳

庚金生于申月为得令旺相，命局中金行占了五个，只有年干偏财与月干食神耗身，综合分析，日主旺而又强。

3.五行强旺的分析

命局中某一五行的力量比其他五行力量强，这个偏强的五行能影响别的五行。这种偏强五行的构成可分为两种情况，第一是生逢月令，第二是柱中同类五行多，也就是生扶他的五行多。

例一：偏强的命局
乾造：一九四〇年二月二十五日丑时生

官	才	日	食
庚	己	乙	丁
辰	卯	亥	丑

日主乙木通月令本气之根，又通年支辰土中气之根，自坐亥水中气甲木之根，通根相连，力量很大，按理说这个命局很旺，可是月干己土通根于年根辰土和时支丑土，控制了日主旺度，又有年干庚金与时干丁火泄气，致使很旺的日主转很旺为偏强。

例二：太强的命局
坤造：一九五〇年二月初三戌时生

杀	财	日	比
庚	己	甲	甲
寅	卯	寅	戌

日主甲木自坐强根，又生逢月令，是既旺又强的命局，命局中比劫党众，唯有年干庚金七杀和月干己土财星克耗日主之气，这个命造属于太强的命局。

太强的命局和偏强的命局都是力量强大的体现，但在应用时却是有区别的，偏强可以克制，太强只可泄耗而不可克制，一旦克制就会引起冲突。

判断日主太强的主要绝窍是，某一五行党众多而又得生得助，而又都是扶助的，而只有一两个干支是克泄的，该五行就是太强。

例三：极强的命局
乾造：一九八〇年八月二十六日辰时

比	才	日	比
庚	乙	庚	庚
申	酉	戌	辰

这个命局日主庚金生于酉月除了天干一个乙木耗之，其余都是扶助之星，地支申酉戌三会金局，乙木虽能耗金，但有乙庚合化金局，此造已强旺到极点，这个五行只能顺其金势，从革格成立。

所谓极强，即指某一五行在命局中已强到极点，在命局中全部生拱该五行的干支。其它没有一个克泄耗这个五行的。遇到像这种命局，可顺而不可逆，宜生扶不宜克制。

4.五行强旺的应用

旺强的五行即是命局生克力量最大的一个五行，判断五行强旺以月令旺衰来衡量，以通根、透干、组合为依据来综合判断，只有正确分析出命局旺衰，才能准确判断出命局中的信息。一个强旺的五行，生克力最强，他可影响整个命局，要知道命局中强旺五行对日主关系最大，知强旺的五行是日主的喜用神，自然对日主有益，倘若强旺五行是日主的忌神，那么对日主的打击也最重。所以要掌握命局中强旺五行，首先就要看该五行对日主的喜忌关系，然后才能针对性地取准用神。因此，分析命局各个五行强旺是研究命局必须掌握的硬功夫。分析五行强旺没有什么绝窍，只要能经常应用，经常总结，时间一长自然而然地就会明白。

例一：男，一九六四年十二月十六日亥时出生

	食	财	日	印
乾造：	甲辰	丁丑	壬申	辛亥
大运：	戊寅	己卯	庚辰	辛巳
	6	16	26	36
	1970	1980	1990	2000

流年：日主壬水通根于时支亥水，又自坐长生，时干辛金正印助身，生扶日主非常有力。只有年月地支抑制日主，但辰土和丑土都是湿土，不但不能制水，而且还为日主余气之根，总的看来，日主本身在命局中就是最强旺的五行，既然是最强旺的五行，必然会发挥出自身的个性。在命局中月干丁火财星受壬水日主克制，年干甲木食神虽可生丁火，但丁火在命局中一点根气皆无，衰弱无力难以受生。

丙子年走庚辰大运，命局中申金与辰土构成申辰半合水局，水旺无制，比劫太强，定会破坏月干丁火，丁火原来就虚浮无根，丁火主财，所出现的事不是破财就是克父。实际情况1995年命主的父亲做心脏手术，住院两个多月花了五万多元。

例二：乾造：一九七三年九月初四日酉时出生

```
  财   伤   日   伤
  癸   辛   戊   辛
  丑   酉   辰   酉
```

这个命局中最强旺的五行是伤官，日主戊土生于酉月失令。虽然自坐强根，又通根于年支丑土，但顶不住强旺有力的伤官，日主受伤官耗泄过重，作偏弱论之。既明确了日主偏弱，即可确定日主与伤官的喜忌关系。日主偏弱喜生扶而不宜耗泄，伤官既然耗日主之气，因此确定伤官是日主的忌神。已知伤官是日主的忌神，到伤官得地得令之时，伤官就会发挥出自己的个性，"伤官克官，为祸百端"。命主为人聪明伶俐，19岁顶父亲之职做教员，1993年（癸酉年）因男女关系受严重处分。

5. 五行衰弱的看法

什么叫衰弱，衰指的是五行生逢休囚死绝的月令，即生逢的月令对这一五行是克或制泄。拿日主来说如甲木生巳午月或申酉月，丙火生在亥月或子月等。弱和衰不一样，弱乃是某一五行在命局中生扶他的五行很少，或者不受其生。

衰和弱都是一种无力状态，但特别分辨的是衰的五行不一定就是弱，而弱的五行未必就是衰，如果把命局凡是生逢在克耗泄之月令五行都看成弱是错误的，古书有云："得时不旺，失时不衰"的论述。现在我们来看一下衰和弱的不同点在哪里。

例如：乾造：一九五二年七月初一日未时出生

```
  才   比   日   劫
  壬   戊   戊   己
  辰   申   戌   未
```

日主戊土生在申月不得令，是衰的状态，但戊土自坐强根，还有年支时支两处本气之根，又有月干和时干相助有力，虽有年干壬水财星坐库得申辰半水局之耗泄，但敌不住众多比劫之围劫，综合平衡之后，日主衰而不弱。

6. 弱而不衰的命局

例一：乾造：一九六〇年五月二十四日辰时

```
    才    杀    日    杀
    庚    壬    丙    壬
    子    午    子    辰
```

日主丙火生在午月得令而旺，但命局中天干两杀一财围攻重重，再看地支二水一土克泄，日主在这个命局中处于非常弱的局面。

衰与弱的力量上是相同的，只是在叫法上不同。为了在命局中分析旺衰强弱，必须要了解衰与弱的分辨法。

在命局中，无论日主或其它五行构成衰弱的原因，只有以下三个条件。

①对自身生扶的五行少

命局中某一五行没有其它五行生扶，或生扶它的五行数量很少，或者生它的五行不但很少，而且孤弱无力，该五行不用说力量很小，就为衰弱。

例二：坤造：一九五九年十二月初一辰时出生

```
    伤    比    日    杀
    己    丙    丙    壬
    亥    子    戌    辰
```

先从整个命局看各个五行的数量，命局中分别有三水、三土、二火，缺金与木，木在地支中虽有藏干，但没有透出天干，有等于无。从明现的水、土、火三种五行的数量上来看，时干壬水的同党七煞众多，而又临月令旺地，年干己土伤官通地支日时的本气，泄日主的元气，而丙火日主在数量上很少只有二个。综合分析，克制日主的七煞，党多势众，力量最大，对日主来说威胁最重。再看己土伤官数量三个更泄日主之气，日主丙火衰弱无疑。

例三：坤造：一九五〇年正月二十九日未时

<pre>
 劫   印   日   财
 庚   己   辛   乙
 寅   卯   亥   未
</pre>

日主辛金生于卯月谓之失令，生扶日主的只有月干己土，与日主同类的有年干庚金。

这个命局从数量上看，有二金、三木、一水、二土，没有火，虽然年支寅木，时支未土藏火，但没有透出。地支中亥卯未三合木局，看来时干乙木财星在这个命局中力量最大。日主辛金虽有年月劫枭相助，但劫枭力量很小，生扶力量不足，从整个命局看无论从数量上看，还是从五行生克制化，合冲刑害上看，耗泄日主的力量比生扶日主的力量大得多，日主辛金还是衰弱。

②无根不能受生

通根是判断日干强弱主要关键必须重视。如命局中某一五行有通根的地支，但通根的地支被其它的地支刑冲，或者被其它地支合化，变成耗克泄的五行，这种五行要作衰弱看待，另一种情况，命局中某一种五行虽得其它五行生扶，但因这个五行没有通根于地支，弱而不受生。也就是受生不起，应作衰弱论之。

例四：乾造：一九八四年闰十月二十七日卯时出生

　　印　　劫　　日　　杀
　　甲　　丙　　丁　　癸
　　子　　子　　亥　　卯

这个命局日主丁火在四柱地支中没有通根，年干甲木通根于时支，卯木可以生丁火，又有月干丙火生助丁火，按理说丁火在柱中有生有扶可作旺看，但因丁火在地支中由于无根，受生力弱，再说甲木处于冬月，地支中亥子水一气，形成湿木难生丁火，虽有月干丙火生扶，但丁火自坐亥水，其生扶之力非常薄弱。所以，日主丁火衰弱，主要原因没有通根。

③生扶的五行少

一个命局中某一个同类五行的数量比其它五行数量少，同时在整个命局中又没有其它五行生扶此五行。或者生扶五行弱而无力，或力量很小的，该五行就是衰弱五行。

④分析命局中的某一五行衰旺强弱道理很简单，主要关键就是看命局中生扶的五行的数量与力量与克泄的五行数量与力量来互相对比。其中的绝窍只不过是某一种五行能得到生扶多的就旺强，受到克耗泄多的必然衰弱。

例五：乾造：一九五八年十一月初四日丑时出生

　　财　　劫　　日　　食
　　戊　　甲　　乙　　丁
　　戌　　子　　丑　　丑

日主乙木生于子月，虽得月令所生，但自己在地支无根，生扶乙木的只有月干甲木和月支子水，从年干上看，戊土财星自坐强根，又通根于日时支的本气，戊土力量很大，不用说耗其日主的力量也很大，只有月支子水可生扶月干助日主之力，但又被年支戌土克之，日支与时支丑土合之。因此，生扶日主的力量很微小。从整个命局来看，耗泄日主的五行太多，生扶日主的五行太少，日主丁火衰弱无疑。

月令影响

月令对五行的影响是相当重要的。但是某一五行虽失令为弱却党众多，某一五行虽得令旺相却党众少，量的变化导致质的变化，由弱变强、由旺变衰，这就是自然法则。

古代命理名著《滴天髓》论曰："得时俱为旺论，失时便作衰看，虽是至理，亦死法也。况命局虽以月令为重，而旺相休囚，年日时中，亦有损益之权，故生月即不值令，亦能值年值日值时，岂可执一而论？有如春木虽强，金太重而木亦危；干庚辛而支申酉，无火制而不富，逢土生而必夭，是得时不旺也。秋木虽弱，木根深而木亦强，干甲乙而支寅卯遇官透而能受，逢水生而太过，是失时不弱也。"

用现代语言论述，所谓"得时不旺"即指日干或其他五行在月令处旺相之地，但其他五行一个不帮，如果日干生在寅、卯月，而四柱中对日干一片克泄耗（多火金土），此为得时不旺。所谓"失时不衰"即日干或其他五行虽不得令，但局中党众多而且有源。如日干甲木虽生于秋天不得令，但四柱中多水木，此为失时不衰也。由上分析可以得出这样一结论，就是五行要得力、要旺强，就要"得时而旺，失时不衰"；反之，五行不得力，就是衰弱，就是"得时不旺，失时而衰"。

下面分列四种情况：

1. 得时而旺

例：一九七五年正月廿八日卯时生之命造

	比	才	日	财
命局：	乙	戊	乙	己
	卯	寅	卯	卯

日干乙木生在寅月为得时旺相，又柱中乙木同类木五行六位，整个命局八个字木五行占了四分之三，可见乙木得时而旺。

2. 失时不衰
例：一九七五年八月初一日卯时生之命造

```
        比   比   日   财
命局：  乙   乙   乙   己
        卯   酉   卯   卯
```

日干乙木生酉月为处死地不得时，但柱中乙木同类木五行六位，整个命局八个字木五行占了四分之三，可见乙木失时不衰。

3. 得时不旺
例：一九八〇年正月廿七日辰时生之命造

```
        官   才   日   官
命局：  庚   戊   乙   庚
        申   寅   酉   辰
```

日干乙木生寅月为得时旺相，但柱中乙木同类木五行二位，在整个命局八个字只占四分之一，可见乙木得时不旺。

4. 失时而衰
例：一九八〇年八月初一日辰时生之命造

```
        官   比   日   官
命局：  庚   乙   乙   庚
        申   酉   酉   辰
```

日干乙木生酉月处死地失时，又柱中同类仅占两位为衰弱，此为失时而衰。

其实，笔者一向认为，判断具体四柱中日主及其他十神五行的旺衰，要参看命的各五行综合力量，而绝不是像有些书认为的，只以月令为准。

月令只是日主及其他五行旺衰来源的其中一个来源。

干支覆载与通根

一、干支覆载

在四柱生命信息预测中，无论是四柱命局的干支还是大运的干支或流年的干支都是有机的整体，是覆载的关系，即天干覆盖的是地支，地支所承载的是天干。如日干是甲或乙，若地支有寅卯同类相帮，亥子相生来承载甲或乙，就能使日主身生旺。若是申、酉承载为忌，日主甲或乙就会受到克伤。反之，天干甲乙或壬癸覆盖的地支是寅卯，就能使寅卯生旺，若天干庚辛覆盖寅卯，寅卯就会受到克伤。因此覆盖或承载的关系可以使某一五行增力，也可以使某一五行减力。

二、通根

通根就是同类五行干透，在支藏有同类五行。如天干甲通根于寅中甲木，甲有寅中甲木本气为根，便是得到了帮扶，甲木有根就牢固。甲遇卯，卯中藏干乙木，甲以卯中乙木本气为根，也是得到了帮扶，甲木有根也就牢固。地支寅、卯木若遇上申、酉冲克，那么天干甲木之根就会被拔起。反之，地支受天干的荫护，如果甲天干逢它干壬癸乙木生扶，那么寅卯地支所受的庇荫就更盛，如果天干甲木遭到它干庚辛金的克伤，那么地支寅卯所受的庇荫就衰减。

透干通根对四柱命局的旺衰强弱有着至关重要的作用，初学者千万不要忽视。下列地支藏干深浅十神表，供读者查用，如果您懂得了地支藏干的关系后，就自然悟出此中的道理了。

前列两命造地支藏干，十神如下：

```
        比      劫      日      枭
乾造：  甲      乙      甲      壬
        辰      亥      子      申
      戊乙癸   壬甲     癸    庚壬戊
      财劫印   枭比     印    杀枭财


        杀      官      日      财
坤造：  庚      辛      甲      戊
        戌      巳      辰      辰
      戊辛丁  丙戊庚   戊乙癸  戊乙癸
      财官伤  食财煞   财劫印  财劫印
```

虽然月令在判断日干及其他五行的旺衰时是一个重要的因素，但是判断命局五行旺衰时，还需要参看支藏五行是否通根、透干，是否有生源等几个方面；还需看干中是否遇合冲、地支是否有合局、会局、相合、相冲等因素；单纯以月令定旺衰是片面的。这是为什么呢？因为命局的旺衰依据，并不是一成不变的，旺衰的来源是随岁运而改变的。且大运的起法，是从月柱开始，如将旺衰的来源，都依据月令而一成不变，那还谈人转运不转运干什么？那不是只要看一下原局就可以了？显然，命局的旺衰，是随着岁运改变的，所以，看命局各个五行的旺衰，要综合上述几个方面才能判断准确。在判断透干五行的旺衰时，主要是看通根得地，通根是判断五行旺衰的主要依据。

用通根判断五行旺衰，要注意以下几种情况：

1. 通根有深浅之别

什么叫通根深浅？即通根力量的大小。通根有本气根，中气根，余气根之别，通根本气根力量最大，中气根力次之，余气根力再次之。

在实际批命中，通根依次递减，可依本气减至中气，中气减至余气，余气减到无气去计算。在使用通根递减法时，一定要看命局的具体组合，因为由于组合的原因，有时中余气通根在顺减之下或受到阻碍或远隔，而起不到通根的作用。

例：一九九九年九月廿二日卯时生人之命造

```
       财    劫    日    财
命局：  己    甲    乙    己
       卯    戌    卯    卯
       乙   戊辛丁  乙    乙
```

乙日干分别通根于年支卯、日支卯、时支卯，但卯戌合年支有所减力。年干财星己土坐卯木截脚，但通根邻支戌中戊土本气。综合平衡之下，日主乙木通根最有力，财星己土次之。

通根深浅，是直接影响透干各五行旺衰的主要力量。

2. 通根有旺衰之别

地支中藏干，虽然伏藏也是得令者旺，失令者衰。与透干之五行同样也有旺相休囚死之别，通根之支得时得气最有力，相反通根之支无气受克最无力。五行呈旺相休囚死，请参看前述。

3. 通根还有组合的区别

在四柱命局中，有会局、合局，有多根、单根，有坐支、紧贴，有遥隔、隔柱等区别。因此，在四柱命中不同的通根组合，其力量大小也不一样。

会局、合局之根力量最大；坐支本气根为其次；再次为它支本气、中气；余气通根一般情况下无用，只有是坐支时才有力量可用，或与其他同五行之根联起来才有用。

通根之支得透干之生最有力，如壬寅，壬水生寅木。盖头截脚不通气则无力，单柱干支相克气不通。干克支为盖头，如戊子，戊土克子水，戊土把子水盖住，子水难发挥作用。支克干为截脚，如庚午，午火克庚金，庚金的脚被截断，力量要减。

通根之支得它支生为有力，受冲合刑害则无力。

4.举例说明：

（1）会局通根

例：一九五三年七月廿九日戌时生人之命局

	食	劫	日	印
命局：	癸	庚	辛	戊
	巳	申	酉	戌
	丙戊庚	庚壬戊	辛	戊辛丁

地支申酉戌会金局成功，年支巳火被癸水盖头，火力减退。而巳中庚金借金局增力也加入会局，巳酉还为半合。整个地支会局，通根力量最大。

（2）合局通根

例：一九六三年七月初七日辰时生人之命造

	伤	比	日	比
命局：	癸	庚	庚	庚
	卯	申	子	辰
	乙	庚壬戊	癸	戊乙癸

申子辰合水局其力量，已经超过了一个整支力量，通根力强。

（3）六合多根

例：一九三八年六月廿四日亥时生人之命造

```
         财      才      日      劫
命局：   戊      己      甲      乙
         寅      未      寅      亥
       甲丙丁  己丁乙  甲丙戊   壬甲
```

寅亥合木，寅中有甲，亥中有甲，寅亥合木的力量已经超过了一个地支本气的力量，故六合也通根力强。又年支寅中有甲木，月支未中有乙木，日干甲木在四支均有根，木气相通，多根力大。

（4）单柱坐支通根
例：一九七八年七月十八日戌时生人之命造

```
         才      官      日      伤
命局：   戊      庚      乙      丙
         午      申      卯      戌
        丁己   庚壬戊    乙     戊辛丁
```

日干乙木自坐强根本气不弱，干支合力，自坐强根之人本事大能力强。

（5）通根它支本气
例：一九八四年二月初四日辰时生人之命造

```
         官      枭      日      劫
命局：   甲      丁      己      戊
         子      卯      亥      辰
         癸      乙     壬甲    戊乙癸
```

己日干坐亥耗身，只通根于时支辰本气戊土，幸有戊透帮身，又有丁化官生身，此为贵命。

（6）通根之支因合减力
例：一九六四年三月廿二日未时生人之命造

```
        食     杀     日     才
命局：  甲     戊     壬     丁
        辰     辰     子     未
      戊乙癸 戊乙癸   癸    己丁乙
```

壬日干坐子水本气根为有力，柱中有子辰合，子水因被辰合未害而减力。

透干

通根决定命局五行旺衰的一个方面，而透干则是决定五行旺衰的另一方面；两者相辅相成，互相依存，互相影响，透干的力量也是判断五行旺衰的重要因素。

（一）通根地支为透干之旺地，地支旺透出方为有用

地支旺透，该五行则旺，如甲寅、乙卯，甲乙木临寅犯旺地，则甲乙木旺相。不透出时都要减力，如戊寅、己卯，地支寅卯木虽旺，但在天干未透出则减力。

例：一九六七年六月初七日亥时生人之命造

圆通达观（上）

```
          枭     枭     日     杀
命局：    丁     丁     己     乙
          未     未     卯     亥
        己丁乙  己丁乙   乙    壬甲
```

亥卯未合木局，一是通过时干乙木发挥力量，二是通过日支卯发挥力量。

（二）透干虚浮无根则该五行衰弱无力，盖头截脚之干支都是如此

何为虚浮无根，就是干虽透而无根，或透干有根但被破坏。虚浮无根有两种情况，一是真虚浮，二是假虚浮。

真虚浮，也为完全虚浮，指的是地支无一点根气，天干又无生源和同类，真虚浮无用。

例：一九六五年正月十七日卯时生人之命造

```
          食     官     日     食
命局：    乙     戊     癸     乙
          巳     寅     卯     卯
        丙戊庚  甲丙戊   乙     乙
```

日干癸水在天干无生源同类印比帮扶，在地支无一点根气，癸日干为真虚浮。

假虚浮即不完全虚浮，也叫有依附条件的虚浮，即有帮或有生。也就是有同类通根或有能生之五行，不完全虚浮，逢岁运帮可扶起可用。

例：一九五一年正月廿八日亥时生人之命造

```
           官      杀      日      劫
命局：     辛      庚      甲      乙
           卯      寅      辰      亥
           乙    甲丙戊  戊乙癸   壬甲
```

此命局庚辛官煞混杂，在地支无一点根气，此为虚浮，但天干庚辛联手，为不完全虚浮。

例：一九五〇年四月廿三日巳时生人之命造

```
           杀      枭      日      财
命局：     庚      壬      甲      己
           寅      午      戌      巳
         甲丙戊   丁己   戊乙癸   丙戊庚
```

此命局甲木通根年寅，又有月干壬水生，可地支寅午戌化成火海一片，甲木之根被破坏，甲木为不完全虚浮。

（三）要重视干支五行的源泉

水有源不易干枯，水有源可汇成江河，在四柱中也是一样。有源之干支，虽弱终可生扶，无源之干支，即使旺相也容易枯萎。命局中的组合干支有源无阻，则该五行旺相多受益。反之，命局组合不好，五行源断渠阻，虽该五行旺相有根，也极易逢岁运被制住。

例：一九八一年十一月十九日巳时生人之命造

```
           才      财      日      官
乾造：     辛      庚      丙      癸
           酉      子      寅      巳
           辛      癸    甲丙戊   丙戊庚
```

此命为金三木一火水各二，金最多最旺。酉金生水流至子，是水有源；子水生木水气流至寅，是寅木有源；寅生日干丙火，丙得气，是丙得其源。寅木流至巳火，巳火也有气，丙以巳时为根，丙日干不弱。财星庚辛金，以巳酉为通根之气，在天干庚辛生癸水官星，官星透出几近中和，无泄无制，此为透清有精神。本来丙日干生于子月无气休囚，但因寅木通关生身生日禄，日主不算弱，关键就是日主有寅作源，官透又中和纯粹，其组合告诉我们身官都有气，使旺金有归宿，怎能不富贵？

命局组合

干支五行在命局中不同位置的变化及其各自依自己的规律行使生克制化的职能，构成了成五十二万多个不同组合的命局。命局组合是影响五行旺衰及流通的主要原因。

在千变万化的组合当中，各个五行通根远近、透干扶抑远近各有不同。各柱之间是否流通、阻隔，直接影响着透干五行的旺衰。命局中每一个字都会因其组合位置的变化，而使日主及其它五行旺衰的力量发生改变，或许就因为改变了命局中一个字的组合，而使命局某一五行由原来通气而变成不通气，由原来是阻隔而现在能通关去生日主。

命局休囚死不通气是影响五行衰弱的重要原因。何为休囚死？就是前文所说不得令或称无气，不通气为组合有阻。命局在逢岁时是千变万化的，因岁运的出现，改变了原命局旺衰的来源，休囚死也可有气。原局旺相有气，也可因岁运组合有阻而无气。

例：一九四八年四月廿九日寅时生人之命造

	杀	杀	日	比
命局：	戊	戊	壬	壬
	子	午	戌	寅
	癸	丁己	戊辛丁	甲丙戊

大运：庚申

日干壬水坐戌土截脚，生于午月休囚，通根年支子水，有午火阻隔，且水无金之源，地支寅午戌在合火海一片，壬日干为休囚不通气。

大运庚申，干支同气，命局各个五行的旺衰发出了变化打破了原来的组合，又构成了新的组合。天干壬水有庚之源，地支申子半合拱水，此壬日干有气有根，这是原命局休囚不通气，逢大运有气有根。

凡是天干地支流通无阻、组合紧贴，则得到的扶抑力量就大；反之，流通有阻、组合又远、隔柱或遥隔扶抑的力量就小。如果扶助的力量大，则该五行就强旺。扶助的力量小，则该五行就衰弱。

命局分析七论

命局在分出用神、忌神确定格局后，就进入了全面分析命局，把一生的信息先断出来，再根据岁运的变化找出应期，此项是命局预测最关键的一步，也是命局实战的精华体现。

一、干支作用论

```
→    →         ←
年    月    日    时
干    干    干    干
支    支    支    支
```

此图箭头的作用关系，以日干为中心，向日干作用。这里需要提醒的是天干、地支的作用关系不能相提并论。天干主动相互之间可以生克论，向外作用以泄论。地支主静，它们之间的作用关系只能论象，不存在相互的制约掉，更不会有受制消失的。干支之间相临作用，时柱与月柱相隔也作用。

二、干支天地论

天干在上，为外部的、社会的、大范围的现象与活动。不管是财富、六亲、官职等社会关系，是大家有目共睹的现象。天干为用神对日干直接作用，应吉程度大，也就是大家认可的外表现象。姑言"富贵天干定"。地支在下，是内部的、家庭的、小范围的现象与活动，在地支所发挥的作用虽然有力，但其格局的高低程度与天干相比是小的。如果在运上出现旺的五行时，此阶段命主的内外关系是一个改变期。

干支天地论主要是阐述天干如果为用或为忌的作用比较明显，而地支为喜或为忌的作用不如天干明显。这与干支为吉、为凶的程度大小是没有关系的。天干可以类化外表的，谁都可以看见的事物与环境。地支代表内部的，隐藏的事物与环境。干支天地论，不可以理解成天干与地支直接发生作用关系，天干与地支之间只看五行之气的影响。

三、干支位置远近论

远近论是以日干为中心来讲用神、忌神的位置，并以此对用神、忌神进行分析。天干用神透出，直接与日干发生作用，应吉大，间接作用应吉小。用神、忌神的位置决定了吉凶的不同层次。决定了原局每个五行的生克权，也决定了喜用、忌神对日干的影响力量，是分析日干信息的关键。

我们通过干支作用论，已经知道天干地支是按一定的规律在作用，原局用神忌神的位置、力量，对判断吉凶、格局高低起到至关重要的作用。

年柱为根，生克力大，也就是年柱有对月柱的生克泄绊权，而月柱不能轻易去作用年柱。年柱也不能作用日柱与时柱。每个十神所临的位置，就决定了日干吉凶的运段，年月为喜用神，应吉程度大，格局高，日时应吉小，格局低，同样年月为忌神格局低。

四、宫位六亲论

宫位六亲论是分析命局六亲易象，判定六亲吉凶的重要衡量标准，年柱为父母，月柱为兄弟，日柱为自己妻子，时柱为儿女。

1. 某六亲十神不出现时，为忌神应吉，为用神应凶，这一易象分析得出的结论是不全面的。所有命局都利用宫位与六亲的情况进行星宫同参预测。命局的用神六亲不见，不一定应凶，要参看相对应的宫位所发挥的作用，如六亲所对应的宫位临用神，相对应之六亲应以吉断。而不出现的字所代表的六亲只用来看与本人的关系不吉的一面，而不能直接断未出现的十神所对应六亲的吉凶，所以要分断。

2. 如果命局中的某六亲为忌神，同时该六亲所对应的宫位又是忌神，那么应凶的程度大。

3. 宫位六亲论要星宫同参，对星宫和六亲信息同步分析，找出六亲易象，进行吉凶判定。

4. 命局格局中的六亲与宫位同时落在一起发挥的吉凶程度大，可直接判断。

5. 宫位为忌神而六亲为用神，此时六亲对日干关系好，能帮助日主，但六亲自身条件差。

6. 六亲为忌神，而宫位为用神，此时六亲对日干的帮助小，而自身条件优越而不愿帮助日主。

7. 宫位与六亲同为喜用神，自己条件好，同时又能帮助日主。

8. 宫位为喜用神，而六亲为忌神紧贴日主，六亲给日主带来的灾难要大于对日主的付出。

9. 六亲为喜用神，而宫位为忌神，虽然六亲条件不好，却在尽百分之百的力量帮助日主。

10. 不论任何六亲与日主的关系，同样根据以上关系进行分析论证。

五、干支有无论

在古籍《星平会海》的气象篇中云"从无取有，向实寻虚"。《滴天髓》地道篇言："坤元合德机缄通，五气偏全定吉凶。"命局是由四个时空组成，只有八个字，而天干地支共有二十二个，分析四柱原局不能仅看出现的干支，没有出现的干支所代表的十神也可直接应用。在使用时要分清各字对命局的喜忌，同时要参断六亲与宫位。大家一定要注意，喜、忌、有、无是分清原局信息的关键。干支在局中出现是一种关系，不存在又是一种关系，命局中不出现干支的应用大大丰富了我们的取象。在这里必须深悟一句话"从无取有，向实寻虚"。

例：丁　壬　戊　乙
　　巳　寅　戌　卯

分析：此造为身弱论命，以乙木卯木寅木壬水为忌神，戌土、丁巳为用神。

命局中存在的字为有：丁、壬、戊、乙、巳、寅、戌、卯。

不存在的字为无：子、丑、辰、午、未、申、酉、亥、甲、丙、己、庚、辛、癸。

干支有无真正的使用方法，取决于原局的配合关系，这与日元的旺衰程度有很大的区别。如果我们只注重原局信息，有时会离题千里，有命必须看运。命局得官星为用神，真的就为官吗？命局中有财为用就富吗？印星为用就有文凭吗？统统都不是绝对的，这些必须要看日元的旺衰程度与大运配合才能决定。好命不如好运此理甚然！

六、干支旺衰论

干支旺衰是论单柱干支之间的关系，如果天干为用神，得地支帮助，天干六亲对应的应吉程度大，如果地支不帮助天干，那样应吉的程度小。关于天干旺衰与坐支的关系，是用来分析各柱用神、忌神力量的大小与应吉应凶程度的大小的重要因素。

我们知道天干为外，地支为内，天干力量的大小，取决于坐支的影响。如天干为用神，坐支为印比旺相，天干应吉大。如坐支为伤、才、官为耗泄十神，天干衰，应吉程度小。在分析坐支力量时，同性循环内力量大，异性循环内力量小。此论有利于分析各柱用神、忌神力量的大小以及形成的吉凶程度，以后我们将对干支旺衰关系作系统论述。

七、易象应用论

确定格局分出用神忌神，再利用六亲、宫位、喜忌对日主的作用关系，取出各种易象。父母吉凶、婚姻状况、财运大小、子女、妻子能力、风水、邻居、单位等等无穷的信息。以上七论是断命的精华，掌握它们的应用技巧可以断出无穷无尽的人生信息，看一个命局象读一个故事，看一部电影，体现人生的喜怒哀乐，悲欢离合。

第二节 命局旺衰分析

在分析四柱命局时，要明确干支生克顺序和生克关系。

一、四柱生克顺序

以日主为中心，首论日支，再论月时干，三是年干，四是月时支，最后论年支。四柱中坐支为配偶，年为祖上父母，月为兄弟姐妹、也为父母，时为子女，实际生活中也是这样。配偶影响最大，其次才是父母兄弟子女。

二、四柱干支生克关系

干支各有生克关系，天干之间可生可克可合可冲。地支之间生克关系，是地支之间的刑冲合害，如果没有这种刑冲合害关系，只是气势生克的关系。天干与地支之间的生克关系，本柱干支可发生联系；本柱天干与它柱地支，本柱地支与它柱天干发生联系，只能通过本柱的天干或地支来进行。干为天为男为夫，支为地为女为妻，夫妻之间你离不开我，我离不开你，你的东西是我的，我的东西也是你的。如果丈夫要和别的女人发生联系，只有通过自己的妻子去办，不能直接去和别的女人办事。妻子和别的男人发生联系也是同样道理。

男命：一九五二年八月初六日申时生

	劫	杀	日	印
乾造：	壬	己	癸	庚
	辰	酉	酉	申
	戊乙癸	辛	辛	庚壬戊
	官食比	枭	枭	印劫官

	印	枭	劫	比	伤	食
大运：	庚戌	辛亥	壬子	癸丑	甲寅	乙卯
年龄：	5	15	25	35	45	55
公元：	1957	1967	1977	1987	1997	2007

其顺序如下：

根据准确的出生时间，正确排出命局和大运。四柱排出后，分析命局日主的旺衰。

第一步：看日干癸水旺相与否，即在四时状态。

日干癸水生于酉月为得生为相，为得令，日干癸水受益。

第二步：看日干的坐支。

日干癸水坐酉为坐印，说明日主得坐支生，且有力，因日支左右月时支为酉申与日支同气，日干癸水生源广大。

第三步：看月时干。

月干己土是日主七杀，在酉月为休，为失令，坐下酉金泄身又减力，因此，虽对日干癸水紧贴克伐，但力量不大。如岁月扶起杀，则杀有力；如岁运克制住杀，则杀更无力。杀无力制日主，会使日主旺而无制而劫财。

时干庚金是日主的正印，酉月当令，庚金为旺，坐支本气申金干支同气，地支两酉助申，庚金更旺。

第四步：看年干壬水。

年干壬水对日干的作用次于日支，又次于月时干，位居第三。年干壬水为日主的劫财。在坐支辰土受克，但辰为水库有中气根，力量就不如坐本气力大，又由于有己土阻隔帮身的力量差一些。

第五步：看月时支。

月支酉金、时支申金因当令而旺，月支酉金又有本柱己土生又受益增旺。时支申金本柱庚金干支同气，同日支酉金，三支连气，印金太旺，太刚易折，逢岁运又生扶易有灾。

第六步：看年支

年支辰土，在酉月失令，又辰酉合，减力而弱。

以上分析为单柱的干支分析，实学者分析命局必须要有这个由表及里，由此及彼，去粗存精，去伪存真，深入细致的过程。

如果我们掌握了单柱干支的分析方法，就可以直接进入到综合分析了。综合分析是这样的：

日干癸水生在酉月为相，坐酉为印生，又有年干劫财壬水助身、时支庚金印生、通根年支辰土余气癸水时，时支申金中气壬水为偏旺。

印星庚金坐申本气根，生酉月当令，通根双酉为太旺。

官（杀）星己土生酉月为休地，通根年支辰中之戊本气，时支申中之戊余气，为偏弱。

财星火柱中不现。

食伤木星，在年支辰中气乙木，太弱。

综合以上分析，命局地支一片金，最好顺势，万不可犯其怒。特别是地支，逢卯冲就不好，在逢卯冲时，如无大运或其它组合解救，最易有灾。

三、命局旺衰变化

我们已经知道，在对四柱命局分析时，五行在四时旺相休囚死是判断命局旺衰的一个重要因素。每个人的出生时间不同，禀五行四时之气也有异。距十二节又有远近之分，起运有顺序之别，在未行大运时也要看月令，这都是约定俗成的。旺衰的来源直接影响着日干及其他五行的强弱变化，大运是由月令起而排的，命局一旦进入岁运，旺衰的来源应是大运。在每一年中，又应以流年太岁为主，即是说在判断命主及其他五行旺衰来源时，应以流年为准，大运参与旺衰评断，起增减力的作用。

四柱命进入大运流年，我们可以采取三次平衡的方法分析各五行的旺衰。

第一次，原局命分析各五行旺衰。

第二次，进入大运再分析，喜忌变化在十年之中。

第三次，进入流年三次分析，应吉应凶就在流年。

例：一九五一年正月廿五日寅时生

```
            比        劫        日        劫
乾造：     辛        庚        辛        庚
            卯        寅        丑        寅
            乙     甲丙戊    己癸辛    甲丙戊
            财     才官印    枭食比    才官印
```

```
          官                印
大运：丙戌          流年：戊寅
    戊辛丁              甲丙戊
    印比杀              才官食
```

命局分析：辛日干坐丑土墓库有余气根，年月时比劫三透帮扶，日主偏旺；甲乙木正偏财地支三位，虽不透也很旺；印星己土偏弱；官星丙火太弱；食伤癸水弱极。

大运分析：原局日主身旺，运入丙戌，日主旺地，丑戌相刑，丑土戌土中之辛金是日主之根，因刑受伤，日主大灾。原局官弱无力，大运丙火官星透出，一火去克四金，火犯金怒。这步大运，已经潜藏着日主必有大灾之信息，何时应灾，就看流年引发。

流年分析：流年戊寅是日主辛金死绝之地，日主减力为喜，但是太岁又是财之旺地，暗助命中之财，财突然增旺，加大了原局身财之矛盾，导致身财平衡被打破，形成财身大战。本来丙戌运就火旺，太岁寅与运戌合，木旺生火，火亦旺，戊土虽透出，但坐寅木截脚力微，不能通官和身之关，天干官制身，地支财大耗日主之力，上下攻击，辛金腹背受敌，该年日主丧生。

判定日干旺衰

学命理者始终把判断日干旺衰作为重中之重，但是看现在的命学发展已经进入一个误区。似乎必须确定旺衰才能论命，前面我们已经讲过，命局预测的根本在于阴阳平衡、五行流通，日元只不过是一个假设的参照物，其他的五行、十神组合反应日主的人生信息。我们在应用中不要过分的去强求旺衰，关键是找到失衡点与平衡点。这就需要我们掌握好月令状态、干支的位置、四墓库的应用，因为这些都是决定日干旺衰的主要因素。

一、五行旺衰与十干生旺死绝的应用

千百年来命书都在论述五行的旺衰与十天干的生旺死绝，就是这两个不同的论点给我们的学习带来许多的迷惑。在学易的道路上，永远没有康庄大道，它是长满荆棘的泥泞山路，只有我们敢于披荆斩棘，不怕泥泞，才能到达易学的颠峰。

天干主行其性动，地支主气其性动。现在有些人为了哗众取宠，迷惑众人。因此易学是一门综合学科，上至天文，下到地理，中及人文，所以不是简单的数学运算。人生存在大地上，从上古治水的大禹时代到现在的中华人民共和国，大地没有因为朝代的替换而变化，而生活在地球上的人群，服务这个人群的文化，以是无与伦比。这个变化不停的人群，就好比是天干。故在《易经》系辞中说："《易》之为书也不可远。为道也屡迁；变化不居，周流六虚；上下无常，刚柔相易，不可为典要。为变所适。"天干是在模拟流动变化的人，生存在不同空间内的生活状况。几千年的改朝换代，人类不但是要生活发展，而且要更好的生活发展。但是在怎么提高，我们还是要靠大地母亲的养育。同为中国人我们的富贵、贫穷不一样，为什么？你处在改革发展的开发区，他处在偏僻闭塞的山沟中，一个贫穷，一个富有，因为你们生存的空间不同，就出现了贫富的不同。那么天干的旺衰应该是有地支起主要决定作用，天干起到气的导引。

五行与天干的旺衰关系我们还是从太极图讲起。五行是干支的父母，干支是细化五行的表现，它们与五行具有同类基因，难道到了子女的身体上这种同类基因就消失了吗？五行干支是在表示"气"的变化情况，阴阳两仪而生四象，四象而出五行，阳者木火，阴者金水，界乎阴阳之间者土也。木者少阳之气旺于春，火者老阳之气旺于夏，金者少阴之气旺于秋，水者老阴之气旺于冬，土者五行之间的平衡过度气，旺于四隅之地。

地支寅卯辰值令春季，春季木旺，火相，金水土处休囚之地。巳午未值令夏季，夏季火旺，土相，金水木处休囚之地。申酉戌值令秋季，秋季金旺，水相，木火土处休囚之地。亥子丑值令冬季，冬季水旺，木相，金火土处休囚之地。我们看五行的长生，木长生在亥，帝旺在卯，墓于未；火长生在寅，帝旺在午，墓于戌；金长生在巳，帝旺在酉，墓于丑；水长生在申，帝旺在子，墓于辰。

在五行的长生中，大家一定注意其中木和金的长生点是在异性循环中。水和火的长生是在本性循环中。异性循环中的长生点论相不能论旺，因为木和金，为少阳、少阴之气，它们是阴太极、阳太极的起点，是阴阳四大要素中"阴阳互根"的表现。阴阳的两个交接点在子月和午月，也就是夏至、冬至。少阴金气不是在进入申月马上就会旺，昨天在未月金气还弱，今天以交立秋，金气马上就旺了，肯定不是！因为这不符合进退理气。有过农村生活的易友，一定会注意到，在立夏前，农作物、花草上不会出现露水，在立夏节后，就会出现，并且随着节气的变化，会越来越多，到申月已经是满叶都是露水。这个现象能够很好的反映少阴之气的消长，阴阳互根，阴必从阳中而来，阳必是从阴中而来。木的长生也是同样的道理，冬至后一阳复始，也就是地雷复卦，这时虽然木气已生，但是并不能是已经旺了，而是进气。所以金木的长生只能论进气，不以真旺论。火水的长生是在同气循环之中，火长生寅月，此时冰融燕归，大地复苏，三阳开泰，阳气已经到达坤卦的三爻，此时的温度一天比一天升高，日照时间渐渐增长，自然是火旺的表现。水长生在申，此时少阴之气已旺，天气一天天变冷，气温一天天变低，日照时间一天天变短，自然是水旺的表现。

这里对于土的长生做一下论述，千百年来有说土长生在申，有说土长生在寅，虽然他们都拿出这样那样的例子，我认为这都不准确。首先我们先看土的性质，土是界于两种五行之间的平衡气，只有当令之时才能论旺，我不赞成火旺土旺的论点。天干有戊己土，实际戊己土的位置是太极图中两个鱼眼，也就是夏至、冬至。戊土是火到金（阳到阴）之间的平衡点，己土是水到木（阴到阳）之间的平衡点。戊土统领地支的辰土、未土，己土统领地支的戌土、丑土。土的旺衰必须按照四季之月的进退而定，当令得根时为旺，否则弱，强调注意火旺不是土旺。

十干生旺死绝表，描述了十干在十二月令所处的状况，以阴生阳死交替为主，来展示宇宙的互变规律。以长生、沐浴、冠带、临官、帝旺、衰、病、死、墓、绝、胎、养来形容一个事物的形成到终止的过程。在《子平真诠》中，沈孝瞻已指出，十干生旺死绝表，是以地支表示五行阴阳二气的变化过程，非真正的十天干之生旺墓绝。五行虽分阴阳实为一物，甲乙同为木非二物也，为何你生我死。故本体系不采用此表评定旺衰。《子平真诠》第三章论阴阳生死"人之日主，不必生逢禄旺，即月令休囚，而年、月、时、中，得长生禄旺，便不为弱，就使逢库，亦为有根。时说谓投库而必冲者，俗书之谬也。但阳长生有力，而阴长生不甚有力，然亦不弱，若是逢库，则阳为有根，而阴为无用。盖阳大阴小，阳得兼阴，阴不能兼阳，自然之理也"。此体系评定旺衰是以五行长生为依据，配合六十甲子的阴阳属性。

```
         劫    比    日    伤
坤例：   壬    癸    癸    甲
         子    卯    卯    寅
```

分析：癸卯日元生于癸卯月，以五行旺衰论为食神当令，癸水临弱地。如果以十干旺衰来论，癸水临卯为长生之地，必以旺论。假若以身旺论与日主的实际信息不符。此命身弱因地支子卯相刑，日元不能从弱，命局形成木旺水缩的局面。以木为忌神。食神旺必以印星为用，制木生身，可惜局中不见印星。身弱食伤过旺泄身太过，不是重病缠身就为夭折之命。

实际此人无学历。庚子大运，庚金印星出现，可是庚金无气，不能生水。戊寅年，忌神寅木出现帮木泄水，水为肾脏，此年查出子宫癌。己卯年，卯木值班，三卯刑伤子水，死亡。

二、时间、空间是决定旺衰的重要砝码

大家学易多年是否考虑到命局的四个柱，年、月、日、时四柱之间存在的是什么样的关系？它们各自在起到什么作用？它们各自代表着什么信息？地支所代表的方位、节气在命局中怎么体现出来？时间、空间

是怎么从命局中体现的？因为这些实质性的问题不解决，旺衰的问题就不会很好的得到掌握。

　　我们还是先从干支谈起，古人上观天象而得十干，下俯地理而得十二地支。把天空看作一个大的宇宙太极，而配于五行，每个五行又有阴阳之分，而得十干，寓意天体十年完成一次公转变化。地支呢？古人发现在一个阴阳循环中，月亮出现了十二次，又结合气候的变化，完善了十二地支。十二地支即代表方位、又代表五行之气与季节的搭配，而且位置与节气相同步。在干、支完成之后，将十干与地支相配合，出现了六十甲子，每一个天干代表了宇宙太极每年的运行位置，地支代表了地球相对应的运行位置。这也是大家一直考虑的问题，为什么每年都是四季循环？春夏秋冬没有因为壬午年、辛巳年而有所不同。所以命局中的年柱只是起到记载天体与地球运行的相对位置，决定五行旺衰的力量很小。地球公转一周的时间是一年，月令则记载了地球在公转中的位置与气候，命局的月柱是真正的当令之神，它决定五行旺衰的力量比较大。地球自转一周的时间是一天，命局的日柱是记载地球自转的位置，是一个空间概念，它提示了天干正处在的空间环境。时辰则是把地球自转位置的四时表现出来，是真正的当气之神。通过以上分析你会发现，在四个柱中，年柱、日柱决定是位置、空间概念，月令、时辰决定的是气的概念。这就告诉我们，即使同样的字出现在不同的位置，它们决定发挥着不同的意义。把这些思维运用在命局的分析上，就会更形象的来分析命局的旺衰。

　　"得时不旺，失时不衰。"得时俱为旺论，失令变作衰看，虽是至理，亦死法也。五行之气流通于四时，虽日干各有专令，其实专令之中亦有并存。这些都是在体现在时间的与空间的对立之中。就拿我们现在周围的事物进行比较，你就会发现空间是可以制约时间（注意：这里的时间概念是指气温的变化）。我们现在之所以能吃上新鲜的素菜，是因为塑料薄膜温室的出现。它的生产条件是用塑料薄膜将时间在空间内改变，外面虽然是寒风淋漓，大棚内却是瓜果飘香，这就是空间内的五行变化。炎热的夏天你坐在有冷气的房间内，不会感觉到夏天的炎热，这同样是空间内的时间变化。冬天的哈尔滨冰天雪地，白雪皑皑。而海南

圆通达观（上）

却是碧海银浪，人们在享受大海的沐浴。都是在同一个时间，为什么会出现相反的事情？这是因为它们虽然时间相同但空间不同的原因。大家可能认为你讲这些对命局确定旺衰有什么用？很有用。日柱不单是预测的太极点，它实际是看日干所处在空间的对比。就拿甲而言，子月以是天寒水冷，而你正在甲午日，这就是在寓意，甲木生在冬天的海南，如果是生在甲子时，则是水旺用火。如果生在午时，此时则是火旺用水。若我们再换成甲寅时，同样是在午时、子时，你的用神就难确定。大家必须把命局中的时间、空间对立形成图画思维，这对选择旺衰很重要。当日支与月支为同类五行时，表示时间与空间同步。日支与月令不为同类五行时，说明此时的空间与时间存在差异。你可以想一想，我们国家是不是有四季如春、四季炎热、四季清爽、四季冰天雪地的地方。如果你把这些问题都能相通，也就真能理解"得时不旺，失时不衰"的真正含义。

"天时不如地利，地利不如人和。"这是中国古贤的一句话，可是把它用在我们的命局分析上，具有同样的意义。月柱、时柱分别代表着气的进退，也就是天时。而年柱、日柱分别代表着空间、位置，也就是地利。在命局中确实存在着这样的组合，日干虽然不得月令，但并不见以弱论，也就是"得时不旺，失时不衰"的道理。例如：庚申己卯庚寅庚辰，此造东方无根之金，生在卯月财旺，金似弱。哪知年支比劫，年月日时四干连气，又得时辰印星相助，庚金不弱反旺，是天时不如地利。又如：庚申戊寅辛酉甲午，此造西方坐刃之金，生在寅月午时，财官之气当令好似弱，现在月干戊土把年柱庚申与日柱辛酉，连成一气，此时辛金不弱反旺，是天时不如地利也。例：乙巳戊子丙午甲午，此造丙火生于子月，七煞势旺，但不知丙午日为南方刃地，又得时上甲午，年上乙巳相助，火木势众，丙火反旺，是占人和也。

在判定旺衰时，大家往往把年月日时四柱通看，这个观点是错误的，即使它们是同样的字出现，而出现的位置不同，则表示的意义就不同。《滴天髓》云："预识三元万法宗，先观帝载与神功。"何谓帝载？何谓神功？此两句话已经包含玄机。在判定日元旺衰时，大家往往忽视了日支发挥的作用，日支实际在决定不同五行所存在的空间。比如在午月，天气炎热，那么所有的空间都是那么炎热吗？回答肯定：不是。丙午月壬子日，这就好比炎热的夏天，我正处在有冷气的房间内，生在戊申、己酉时，就表示有源源不断的电力供应。这也是在阐明天时不如地利的道理。大家在判定旺衰时，不利用形象辨证思维去考虑分析四柱的关系，就不能很好的通过旺衰关。

例：
```
  杀  比  日  食
  癸  丁  丁  己
  丑  巳  酉  酉
```

分析：

丁酉日元生于丁巳月，比劫当令丁火透出，似乎应该旺。可是细细观看，丁火坐下酉金，生于酉时。虽然是在四月，可是丁火的落宫在酉，又有时上酉金相帮，财的力量已经超过火的力量。命局中酉金为旺极，丁火相对于财星而言弱，而对于年上七煞癸水而言，就不弱。对于不出现的木更是旺。有人说比劫当令还不旺吗？我没有说火不旺，而是要相对于那种五行来说。

此命酉金比较旺，就需要损其有余，也就是制掉多余的一个就可以。如果帮日元，帮一个就可以，不要无原则的去帮，帮其不足就可以。27岁后进入庚申运，又帮财星，克夫伤子。辛酉运，三酉相见，辛金透出，财星过旺讨饭为生。辛卯年，卯木出现冲酉金，哪知反而遭到酉金的反克，死于异乡。

三、命局的内因病与外因病

谈到八字的内因病与外因病，还得从上文的时间与空间对比上来区分。我们把时间（月令、时辰）上的病称之为外因病，当日支（空间）临忌神时称之为内因病。掌握外因与内因，这对我们确定用神很重要。当命局的病在外因，此时的日支肯定就是用神，说明这个人有良好的素质和能力，只是不得时地，这就需要在以后的大运中制约忌神，只要是制约掉忌神，日元就具备奋发崛起的机会。如果内因有病，虽然时间上为用神，但往往都是难以帮起，因为这个人先天的素质就比较低，即使在大运上得到帮扶，当运过后还是扶不起的阿斗，要穷困潦倒。当一个命局既有内因又有外因病时，说明这个人既无素质能力又不得天时帮助，这种八字不管遇到多好的运恐怕还是难以扶起的。

我们必须掌握命局得的是什么病？才能对症下药，直达痛处。当日支有病时，如果是临比劫为忌神，必须以官煞或食伤为用，但是是用官煞还是食伤呢？这就必须以时空的组合确定。如果是旺极的命局，就不能直接用官煞，只能用食伤泄秀。只有找到病症的死穴，才能一击而中的，断准吉凶。由于原局的病药搭配不一样，大运的出现会使命局中的病药力量发生变化，也许是病在加重而药变轻，也许是药变重而病变轻，此时必须找准命局病药的失衡点，对症下药。大运的出现会使命局出现新的平衡点，这是需要注意的。

```
      杀    财    日    伤
例： 辛    己    乙    丙
      亥    亥    卯    子
```

分析：乙卯日元生于己亥月丙子时，地支三水，是印旺身弱的组合，不是从强格。丙火作为调候用神，取卯木化水、己土制水为用，可惜者己土无根。命局水旺为病，日支卯木为用，此命所犯的是外因病。只要制约掉多余的水，或者用比劫帮身化水就可以。卯木坐下为用，说明这个人素质还可以，就是水太旺不能吸收，所以文凭不高（中专）。喜财制印，己土虚浮，能力一般，有胆小怕事之象。

四、位置决定力量

命局的四个柱中，存在着力量的大小，怎么区分这是一个难题。有的说月令的力量比较大，有的说时辰的力量比较大。我认为这些说法都是不准确，我根据上万命局的总结和研究发现，并根据命理古籍权威《滴天髓》的预示"预识三元万法宗，先观帝载与神功。"命局中日支的力量是最大的，其次是时辰、月令。当然这些不是选择旺衰的唯一条件，它只能提示我们在相同干支位置不同力量则不同。命局中直接作用于日元的只有三个位置，月干、时干、日支，我们称它为黄金三角。这三个位置在力量的引化与对日元的作用，起着关键作用。

```
         枭    财    日    财
  例：   己    乙    辛    乙
         丑    亥    酉    未
```

分析：

辛酉日元生于乙亥月，虽不得令可是亥水不透，乙木虽然坐下亥水不能论旺。辛金自坐强地，自然以旺论。不得令为什么还旺？我们看一下命局中出现的各个五行水、金、土、木、火，辛酉为日元为位置，是占地利。而亥水虽临月令，但是不透，力量不能显示。乙木生亥月只可论相不可论旺。未中火不透出，也不能论旺。现在旺的只有酉金，这个旺只是相对于静态的命局，大运的进入会打破这种平衡。

庚午大运，午火与命局中未土连气，火占旺势，火旺损火，不能帮火。辛巳年，火旺克金冲掉亥水，生病破财数万。

此命应该看出原局中日元只是旺，这种旺只是静态的，大运的进入会对命局中弱的五行帮旺。庚午大运，午未同气，火气偏旺，这个时候需要损火，不能在帮火。亥水相对于酉金弱，不能造成威胁，但是并不能将其制约掉，因为它是命局太极的一部分。

五、日元的旺衰属性与旺衰性质

六十甲子作为干支的组合，都具有自己的特性，这个特性则决定着用神的用法，为什么相同的日干，旺衰相同，不能选择同样的用神？因为它们所处在的落宫不同，此时的日干素质就不同。旺性的干支在命局中出现，旺可以抑制，弱可以生扶，具有担起财官的性质，选择用神时可以气、量用神同时应用。弱极的干支在命局中出现，此时的日干再弱，此时日干不能受起生扶，选择用神。往往都是气用神的范围。利用喜忌神之间相互抑制，来完成平衡，旺时则自坐用神格局高。中性的干支在命局中，旺则可以抑制，弱则可以生扶。这里我们作个提示，希望易友从这里得到受益，更深层的应用，我们以后再讲。

旺性日柱的区分：甲寅 乙卯 丙午 丁巳 戊辰 己丑 戊戌 壬子 己未 庚申 辛酉 癸亥

中性日柱的区分：乙丑 丙寅 丁卯 己巳 辛未 壬申 癸酉 甲辰 丁未 庚戌 癸丑 丙辰 壬戌 庚辰 丙戌 壬辰 辛丑 壬寅 丙申 戊申 戊寅 乙亥 辛巳

弱性日柱的区分：甲戌 丙子 丁丑 己卯 壬午 庚午 甲申 乙酉 丁亥 戊子 庚寅 辛卯 癸巳 甲午 乙未 己亥 庚子 乙巳 己酉 辛亥 癸未 丁酉 甲子 戊午 癸卯

在决定旺衰中，旺、偏旺、旺极、专旺，弱、偏弱、弱极、从弱，都是不同的旺衰形式，因为这些旺衰形式的不同决定了不同的喜忌与行运变化。在最初的学习中我们还讲一些格局，在提高后，不必拘泥格局，以"阴阳病药"为主体。这里我们只介绍其中的几种供大家参考。

旺：日元干支一气或月令为比劫干支一气，八字的地支有四种五行形成对立之势，此时的日元只是旺。这个旺会随着大运的到来发生变化。旺的概念不只是对日元，它可以对命局中出现的所有五行而言。命局中旺的五行，会随着大运的变化，变成偏旺或旺极。偏旺、旺极的五行就可以制约旺、弱的五行。

偏旺：日元干支一气，又得到异性比劫的帮扶或者月令为比劫，时辰、年柱为比肩，此时的日支、时支或者是其它的两个地支不是同一五行，日元为偏旺。偏旺的日元在行运中不易再行命局中存在的五行，因为此时会与日元形成中和，流年不易在帮扶日元或这种五行，流年不管是帮扶谁都会失衡。如果是命局中没有的五行，在大运、流年上就不怕重复出现。实际日元的旺衰程度决定用神忌神在大运流年的出现形式。以上是对偏旺日元的阐述，那么命局中的其它五行偏旺者，同样需要抑制不能再邦扶。如果大运在继续帮扶偏旺的五行，使之更旺，此时要视变化是泄化还是抑制，如果强行抑制反而引来灾难。

弱：日元为中性或者弱性，命局中五行四象对立，由于在力量对比上其它五行占据上风，此时四象对立之势形成，没有一种五行为偏旺时，日元弱。这个弱必须要视大运的变化才能确定用神。如果日元旺，其它五行弱，就需要岁运帮扶弱的五行。

偏弱：日元为中性或旺性，此时的财官伤形成偏旺，那么日元相对来讲只是偏弱。再者日元为弱性，有根不从，或者由于四正、四长生、四墓的力量不同，形成的力量对比，日元只是偏弱，此时一定要看是何种十神对于日元偏旺，或者相对平衡来决定大运的失衡和平衡点。日元偏旺其它五行偏弱，需要帮扶偏弱的五行，损偏旺的日元。

量化的分析思路：所谓的量化，就是以数学的模式来分析五行的旺衰概念。命局中某一五行一禄一刃都存在时，此五行为偏旺。其它五行具有禄刃一支时，相对于偏旺的五行为弱。出现的五行只有天干，地支不见根气时，为弱极。有余气者，为偏弱。总之大家记住一句话，数量多者旺，数量少者弱，没有者弱极。这些数量的对比，就是我们作为平衡的依据。故曰"损其有余，补其所缺"。

```
        财    伤    日    财
例：    己    丙    乙    己
        巳    寅    巳    卯
```

分析：

乙巳日元生于丙寅月己卯，木旺，月干丙火透出以年日巳火为根泄木。命局中木火两旺，对于出现的几种五行来讲，木火为偏旺，己土弱。那么对于偏旺的五行就不能再邦扶，对于弱的己土就可以帮扶，不出现的水、金更是不同。

甲子运，子水出现，相对于命局中出现的五行来讲子水弱，那么就需要帮扶水，不要再邦扶木火。辛巳、壬午年，火旺水弱，贪玩学习成绩一直不好。癸未年，土旺克水生病。

```
         比    杀    日    官
例：    辛    丁    辛    丙
         亥    酉    酉    申
```

分析：

辛酉日元生于丁酉月丙申时，辛酉日元偏旺。取亥水泄金为用，亥水在原局中相对金来讲弱。丙丁火无根无气，弱极。

甲午大运，午火虽然出现但是相对于金还是弱，年上亥水到午运更是弱。辛巳年，午火得到帮扶，可以与金抗衡，可是此时的亥水弱，再逢旺火相冲，不连根拔起，也是受伤严重。自己虽然事业顺利，可是父亲因经济问题招来牢狱之灾。如果不是亥水太弱，就不会受伤。五行之间准守相互平衡的原则，旺者相对于旺者之间应吉，而相对于弱者而是应凶。

六、选择用神的几种方法

从上文我们已经知道八字中的用神有两种形式出现，气用神与量用神。那么它们在命局中有几种表现形式，怎么来完成平衡命局的使命？对于用神的取法不外乎五种情况。

1.扶抑。扶抑格属于平衡取用，日元强者抑制，弱者生扶。这类格局有两种情况，一种是日元自坐强根的旺或日元自坐忌神的弱，也就是内因病。另一种是月令、时辰造成日元旺或弱，称为外因病。这里需要说明的是内因病外因病的不同决定不同的取用条件。我们常说身弱用印比，身旺用财官伤，这些说法都不正确，它有一定的范围限制，因为这些都是由日元本身的特性决定。

```
         才    伤    日    食
乾造：  庚    己    丙    戊
         戌    卯    戌    戌
```

分析：

丙戌日元生己卯月，卯木不透，时上戊土透出以三个戌土为根，戊土偏旺泄身太过，丙火弱，月令卯木制土生身为用。命局中土偏旺需要损，木火弱需要生扶。

乙亥大运，乙木透出制约戊土为用。庚辰年，庚金财旺克乙木、辰冲日支戌，戌中火受伤破财。辛巳年，巳火帮身应吉。

```
         才    官    日    财
乾造：  癸    乙    戊    壬
         卯    丑    辰    戌
```

分析：戊辰日元生于乙丑月壬戌时，地支土偏旺，月干乙木有气制身为用。命局中土旺，损其有余。水木弱补其不足。

壬戌运，水无根土又旺，甲戌年，甲木无根，辰戌冲土旺，生意赔钱。1996年丙子，财星子水出现，土太旺比劫夺财，生意不顺。己卯年，卯木帮扶乙木，旺土得损，平顺。庚辰年，辰辰自刑，辰戌相冲又逢土旺，妻子去逝。

2.病药。病药取用属于对立平衡，我通常把病药取用称之为混沌取用。在病药取用中，我们不必去深究旺衰，只要是找准日元的病处，对症下药，制其病痛之处就是药。

```
         伤    比    日    食
例：    己    丙    丙    戊
         未    子    子    戌
```

分析：

丙子日元生于丙子月，子水旺极，丙火弱，丙火弱的原因是子水旺，子水为病，年时未戌制水为药。丙子日元为弱性，月令、日支为忌神，内因病、外因病同时具有，难以受生。现在我们不要先考虑生扶丙火，只要能够抑制使丙火受伤的子水就可以。

3. 调候。调候取用一般在夏季、冬季，在选择调候取用时是在用两种五行之气对立平衡，这是往往不去太注重日元的旺衰，实际也就是日元外因病重，以治病为先。金水生于冬季，木火生于夏季，气候太燥太寒时，以调候为急。这里提醒大家不要只认为原局调候，大运也会出现。一般情况下，不要认为冬天用火，夏天用水，有时也会出现反调候的命局，夏天用火，冬天用水。

```
     财   官   日   比
例： 甲   丙   庚   庚
     子   子   辰   辰
```

分析：

庚辰日元生于丙子月，水寒金冷，虽有辰土生身，必用丙火调候。月干丙火透出一阳解冻，又得甲木相生，运入南方仕途平顺。

```
     伤   官   日   杀
例： 癸   丁   庚   丙
     酉   巳   子   子
```

分析：

庚子日元生于丁巳月，巳火火旺用水，哪知时上丙子，又有年上癸水坐酉金透出，命局形成水旺，庚金虽然弱但并不能从，局中无木水火形成对立，只能用火不能用水。像这种原局两种五行形成直接对立，如果再在运年相见就不吉。戊午大运，火旺，此时已经形成水火既济之势，壬午年又逢火旺，打破它们的平衡，子午相冲子水受伤，日主生病死里逃生。戊子年，子水旺，冲克午火，午火受伤，此年又遇大灾。

4. 专旺。命局之气聚于单一某种五行，日元要么旺极要么弱极，此时只有顺其旺势，就是从格。此时在行运上以顺应旺势为主或泄其旺势，万万不可抑制，否则应凶。专旺有两种形式出现，一是从格，二是虽然旺但不从。例如：甲寅丁卯戊辰甲寅，木气专旺只能以从官格论命。甲寅丁卯戊辰辛酉，虽然木旺但不从，以身弱伤官制煞为用。

5. 通关。命局中两种五行形成对垒时，敌强我寡，这时需要中间化解之神，将忌神转化用神。如命局中财旺身弱，无比劫只有印星，这时的财与印星形成对立，必用官煞从中化解。再如命局官煞旺，身弱无印只有比劫，此时官煞与比劫形成对立，必需要印星从中化解。此通关之意也。

```
         杀    比    日    印
例：     庚    甲    甲    癸
         辰    申    寅    酉
```

分析：

甲寅日元生于甲申月癸酉时，官煞气偏旺，日干以甲木为根，还是弱，应取印星化煞生身。行运丁亥、戊子运，化煞生木，仕途连登。

七、月令对日干的旺衰影响

命书云："得时俱以旺论，失时便作衰看。"虽是至理，但只是表面现象，必须根据命局组合灵活分析。五行之气流行于四时，虽然天干各有旺衰，其实专令之中也有其它五行并存。例如：春木司令，甲乙木旺，而此时休囚之戊己土并不是绝于天地之间，只能是气退之时，不能争先。但年、日、时土旺，春土照样生育万物，冬天丙火，官星司令，可是地支中有巳午火为强根，丙火气势炎上，不以衰论。故古语云："春土何尝不生万物，冬日何尝不照万国乎。"其意不言而明矣。

"命局日元旺衰"虽以月令为主，而此时年、月、日、时之间亦有损益生克的权力。如年日时值羊刃、禄地，或印比为根不能以弱论，应以旺论。不可专执月令，理在法要活变。当今诸家命书皆以月令作为参照，或用百分比，或用气数多少表示等等不一，都是正确的，只是方法不同而已。但真正讲明白的书并不多见，笔者认为最简单直接的是先贤陈素庵的方法。见《命理约言》"不论得令失时，地支有根印便以旺论"，这种方法十分直接明了，但也并非有根印就判定是旺了，还要看天干、地支之间的损益关系而定。但毕竟给我们一个着眼点，在我们的头脑中形成一个"旺"的概念，在地支中有根就有旺的可能，然后看对日主的旺衰影响，再确定日主是旺还是衰。

旺、衰、强、弱四字，不可笼统互用，必须分别评定。首看得时为旺，失时为衰，但日干党众过多，印比地支有力，干透帮身，虽不得令亦不可作衰论。故有"虽得时而不旺，失时而不衰"之别。分别评定，其理自明。春木夏火秋金冬水为得时，比劫印星通根扶助为党众，如甲乙木生寅卯月，为得时而旺，而庚辛金透干，地支申酉金旺，又得印助，金土党众结派而木少，或干透丙丁，地支火旺，木必泄气太过，虽得令不以旺论。也就是"得时不旺，失时不衰"的道理。

所以十天干在评定旺衰时，不要只看月令，而是以组合全面分析。天干虚浮，以地支有根为旺论，否则以弱论。而墓库之说必须结合日干旺衰，日干旺为通根，弱为墓地。评定旺衰记住《滴天髓》地道篇的两句话"坤元合德机缄通，五气偏全定吉凶"。

学习命理，凡夏水冬火，不看命局组合，不问地支有无印比，便以弱论是错误的。四柱论命以组合评定日干旺衰，看才官印食对日干发挥了忌神还是用神的作用，进而才能确定日主真正的旺衰与格局的高低。

月令是衡量日干旺衰的重要尺度，对日干的影响很大。看月令对日干的作用是生扶还是耗泄克。但在这里大家不要认为月令可以生克日干，它只反映日干在月令中所处的一种状态，并不是决定旺衰先决条件，月令与日干发生作用是有条件的，即使是比劫当令，也有弱的可能。本体系将月令对日干的旺衰影响分三种情况。以下的力量大小只是一个着眼点，并不是决定旺衰的法宝，组合才是决定旺衰的重要依据。月令当令之神的透藏在决定旺衰中，起到至关重要的作用。

1. 四正之月

四正之月即子、午、卯、酉月，因其气专，决定日干气的旺衰程度最大，在应用中日元生四正月为印星与比劫相比是不同的，地支再见印比有旺的可能，为财官伤其它地支再见财官伤日干有弱的可能。此时注意位置和天干的影响。

（A）日元生于四正之月为比劫时，日支再见比劫，日元以旺论。

（B）日元生于四正之月为比劫时，时支再见比劫，此时日元有旺的可能。为什么这么讲？此时必须看天干的引化才能决定。

（C）日元生于四正之月为财官伤，此时的天干虽然生不逢时，但是并不一定弱，此时必须要看日支与时支才能确定。

（D）日元生于四正之月为印星，日支再临印星，此时的日元不能以旺论，应该是印旺身弱论。

```
         食    比    日    官
乾例：   丙    甲    甲    辛
         申    午    子    未
```

分析：

甲子日元生于午月未时，此时火旺，日元甲木弱。此时的命局中已经具备三种五行对立，火、金、水，火作为忌神，那么平衡火气的金水就成为用神。大家不理解的是日元弱，怎么还用官星？因为此时的病在火，而不在金，金作为水的原神，故以用神论。此命科甲出身，仕至翰林。

```
        杀    食    日    财
坤例：  戊    甲    壬    丙
        申    子    申    午
```

分析：

壬申日元，生于子月得令又得年支申金帮扶，日元旺金水为忌，必以火土为用，故取甲、戊、丙午为用神。大家注意此时的日支申金是中性神，又得午火制约，此命学历大学本科，就职于国企，戊寅、己卯工作顺利发财，壬午年调动工作。

```
        才    比    日    官
乾例：  戊    甲    乙    庚
        戌    子    亥    辰
```

分析：

乙亥日柱生于子月，水旺不是木旺，只能取土来制水。实际就是印旺身弱，取财损印。在此造中日支亥水与月令子水为同步五行，此时可以考虑时间与空间同步。

2. 四长生月

四长生月即寅、申、巳、亥月，因其气不专，决定日干气的旺衰程度较小。

日干生长生月为比劫，其它地支再见有旺的可能。为财官伤其它地支再见，日干有弱的可能，但必须注意位置与天干的影响。

（A）日干生于四长生月为比劫，日支再见比劫，日干以旺论。

（B）日干生于四长生月为印，日支再见印，此时日干弱以印旺论。

（C）日干生于四长生月为比劫，其它地支不见比劫，日元以弱论。

```
        财   伤   日   才
乾例：  壬   辛   戊   癸
        辰   亥   子   丑
```

分析：戊子日元生于亥月丑时，天干金水相生地支水势旺极戊土弱只有从财。这样的组合只有顺旺水之势，不可逆制。早年壬子、癸丑顺其水势无灾。甲寅、乙卯泄其水势名成利随。交丙辰运逆其旺性，事业一败如灰。

```
        印   印   日   印
乾例：  己   己   庚   己
        酉   巳   寅   卯
```

分析：

庚金日干生于巳月官星当令，地支木火旺，庚金弱。幸有年支酉金干透印星，庚金以扶抑格身弱论命。

3. 四墓之月

四墓之月的旺衰是学习命理者最头痛的，由于四墓月的性质很难把握，必须根据不同的命局组合而定。这里需要说明的是土就是土，决不会变成另外一种五行。土是两种五行之间的平衡气，当命局阴阳干支都具有时，它是阴阳之间的平衡点。当命局的同类干支，例如：木火、金水存在时，它们又是木火金水之间的平衡点。

辰月谷雨前木气有余，谷雨后木气竭火进气少阳土值令。

未月大暑前火有余气，大暑后火气竭金进气老阳土值令。

戌月霜降前金有余气，霜降后金气竭水进气少阴土值令。

丑月大寒前水有余气，大寒后水气竭木进气老阴土值令。

在这里在此提醒大家，这里的月令力量大小，只是对大家做一个提示。不管月令为何食神和它的力量有多大，都不能直接作用日元。它要作用日元必须经过天干的引化才能发用，在没有天干引化时，不算日

支,月令或其它地支要作用日元,必须经天干引化。

分析命局的步骤与原局信息

排好四柱后,如何着手分析,才能提取出准确的有关信息,对于有经验的四柱预测专业人员来说,是一件很容易的事。而有经验的四柱预测人员也都有自己的思维模式,按照自己的思维模式也都有相对独立的一套办法。对于刚刚入门的初学者,自己排好四柱后,往往不知道怎样入手,这也确实是一种普遍的现象。因此我这里所谈的四柱分析步骤,实际上是给初学者提供的一种四柱分析方法,为初学的朋友提供一条捷径,待有一定的经验后,可按照自己的习惯,创造出自己的八字分析方法。

一、定格局

这里所谓定格局,就是前面所说的定出四柱是扶抑格还是从格。在定四柱格局时,先不要看四柱之间的作用关系,否则,就会出现无所适从的情况。

```
         劫    才    日    财
乾造:    癸    丁    壬    丙
         未    巳    申    午
```

若先看作用关系,壬水生于巳月,坐申金长生被月令巳火、时支午火克。就会按从财格来断此四柱。若先不看作用关系,壬水生于四月,又是午时,弱是一定了。但坐下长生,有气不从,就是扶抑格的四柱。

二、找出八字的主要矛盾

排好四柱、定准格局后，下面先分析什么呢？有的喜欢先断命主的性格，等等。关于这方面的批断方法，本书有关章节已有较详细的介绍，这里就不再赘述了。在实际预测中，命主最关心的是财运、官运、婚姻、子女、父母、本人的身体等情况，而这些情况，如何从八字原命局中提取信息，则是八字预测中的灵魂，也是四柱预测中的难题。要解决这个难题，我的体会是，四柱格局定出后，首先要找出四柱中的主要矛盾，抓住主要矛盾把它解决了，其有关信息就明显的会浮现出来。

找主要矛盾，就是以日干为太极点，找出使日主弱或旺的关键五行。抓住关键五行的状态来分析喜忌，就很容易分别出用神或忌神了。

仍以上造为例，命局中明显的是财旺制印。印受伤和财旺极是此命局的主要、关键五行，抓住这二个主要五行的喜忌，就可看出此造用神和忌神来。

三、提取原命局主要信息

用神、忌神一出来，其主要信息也就明显了。

上造：癸未 丁巳 壬申 丙午

1. 身弱用印，先看印星的状态。原命局申金印星被两财夹克，受重伤。财破印，印用神表示：一是对母亲不利，二是不利学业。

2. 日支为用神，说明此造是外因病，自身素质还是比较好的。印生身被财制，若遇官煞能通关的大运，必能为官或老板。

3. 使印受伤的原因是财旺极，就再看财星的状态。由于旺极之五行不管是忌神或是用神，都不宜制，而此造年干癸水坐未土力弱极，财几乎成专旺。财表示的主要含义：一是经济条件，二是父亲的情况，三是妻子的部分信息，四是别的女人缘。

财表示的这四方面的具体状态是怎样的呢？原命局只能看出部分信息。如可以看夫妻关系、妻子的能力。根据前面讲的星宫同参的原理，不难看出夫妻关系好，妻子没工作，性情急躁、脾气不好，命主有惧内的情况。旺财为忌神，也会因别的女人惹是非的事情出现。同时财太旺，即使行官煞运通关生印，能为官，官也不会太大。父亲的情况年干为用神弱，而偏财为忌神，能力一般，也不会有工作。至于经济状况就需结合大运来判断了。

4. 其他六亲情况。如兄弟姐妹关系，癸水为姐妹弱极，月支巳火姐妹宫为忌神是月令，水之绝地，无姐妹或说有也伤。日支申金藏壬水为兄弟，月干丁火兄弟宫有癸水克制，会有兄弟，因癸水弱极制丁火无力，兄弟关系一般。再如子女情况。食伤为子女，原命局只有伤官藏于年支内，女儿信息明显。若以官煞看子女，未土正官明现，也是女儿多的信息。再看时柱子女宫为忌神，一般是女儿多，男孩少。这样就不难提取出此造女儿多的信息。另外，因子女宫天地一气为忌神无制，就有为子女破财或惹是非的可能性结果出现。

四、结合大运看应期

原命局提取的信息，有的不需看大运，就能判定。如财破印用神学历不高，实际命主原始学历小学毕业。而是否克母，在什么时候克，就必须结合大运看流年了。再如原命局信息女儿多，不需看大运，就能断出来。实际命主前四胎全是女儿。而为子女破财或惹是非在何时，不结合大运就不可能断出来。所以提取了原命局的信息后，一定要结合大运把有关信息落到实处，也就是定出应期。

```
乾造： 癸未  丁巳  壬申  丙午
大运： 丙辰  乙卯  甲寅  癸丑  壬子  辛亥  庚戌
        2    12    22    32    42    52    62
       1945  1955  1965  1975  1985  1995  2005
        乙酉  乙未  乙巳  乙卯  癸丑
```

于每一交运年的11月6日开始交运

由于此造的关键五行是两个，先以哪个为主分析都可以。按正常的情况是先分析父母的利或不吉的信息及本人的学习情况。那么就以印星受伤开始。第一步大运丙辰，俗以辰土晦丙火，生申金印星为用神，殊不知辰被丙火盖头而不能生金。所以命主小学学习的阶段，学习一般。到1954年流年甲午，母亲去世。到此不利母亲的信息结束了。

下面以财旺为主分析。第二步大运乙卯伤官，这里需要注意的是乙卯大运和下步的甲寅大运，木生火旺。当木出现时的流年是旺火的。1956年、1957年丙申、丁酉流年印星被火财盖头，学习或考学都不会好，实际是1957年小学毕业没考上初中，回家务农。学业到此也告一段落。

以后就需着重其工作、事业、婚姻等情况的分析了。

乙卯大运，火气旺，有无参加工作的机会，就要看流年了。1960年庚子，印星透出，地支子水为日主之根，当年印上会有好事。实际到当地人民公社当通讯员参加了工作（临时工）。

结合当时的婚姻法，母亲已去世的实际情况，结婚时间不会太晚。1962年壬寅20岁，结合限运是丁巳月柱受制的年头，又冲动夫妻宫，此年必婚。结果也是这年成家。

下面就其主要信息看大运和流年的应期。乙卯、甲寅大运水退气，减轻印星的压力，还不会犯怒于旺火，所以总体上工作会是平顺的发展。1964年甲辰流年，辰土晦火（甲辰和丙辰的不同）生申金印星，工作上有好事，但被甲木盖头，工作上也有不利的事情。实际是被排挤抽调出去搞四清。

1965年后行甲寅大运，1968年转成正式干部在市委工作。1971年辛亥，提拔为干事。以后工作虽有变化，但基本上是平年。

1975年进入癸丑大运，天干助身，地支晦火生原命局申金印星。应是命主得意发展的十年。此运的1980年到乡里任党委书记。1983年、1984年告他的人不少，但都平安过去了。

1985年开始行壬子大运，前几步运是气用神发挥作用，而壬子大运壬水有了强根，就形成了量用神和量忌神的较量。身旺了就不怕财，就会在财上打主意。结果是1990年水激旺火，因男女关系惹怒一大款，大款设圈套抓住他违反国策的问题一举成功，使命主双开除。其父亲也于1991年去世。到此原命局不利的信息出来了。

1995年行辛亥大运，以后的情况是火旺流年或水旺流年都不顺了。现在的家庭经济情况是比较差的。

下面再举一个例子：

乾造：辛卯　癸巳　丁卯　壬寅
大运：壬辰　辛卯　庚寅　己丑　戊子　丁亥　丙戌　乙酉
　　　 7　 17　 27　 37　 47　 57　 67　 77
　　 1958 1968 1978 1988 1998 2008 2018 2028

于每一交运年的2月23日开始交运

1. 定格局。日主丁火生于巳月有根。坐下卯木，时支寅木，年支卯木，木旺火旺。

2. 主要矛盾是木旺金缺，年干辛金财星虚浮，不能制印。

3. 主要信息，木旺火旺官星弱。学历不会高。日支为忌神，自身素质不高。外因也有病，即使后天努力，也不会有什么大的发展。故不会有工作。财生煞克身需防官非之灾。若灾必是经济或女人引起的。父母一般，对自己没什么帮助。夫妻宫为忌神，财也为忌神，婚姻也不会顺。

4. 大运定应期。第一步大运，壬水被截脚，学习不会好。实际是小学也没毕业。第二步大运辛卯年柱伏吟，巳火用神退气，忌神木旺地，防灾。乙卯年木旺金缺，必灾；卯木又是桃花，结果因强奸幼女判刑。到1980庚申年金旺的年头才出狱。出狱后在农村给乡亲们打杂维持生活。1992年前因被说媒或别的女人骗，花钱而婚姻一直不就。1992壬申年才和一丧偶女人结为伴侣。

第五章 用神与忌神

第一节 用神的含义

　　什么是用神？含意义是什么？用神是命造平衡所需要十神中的一种，是取义于我国中庸之道的调和药剂。五行中某一行过强（太过）就会使其它某一行受到严重的克、泄、耗，导致本身亢旺之灾；某一行过弱（不及）则自身特性的作用就不能正常发挥出来，失去了正常功能。为此太过或不及都会破坏命局的平衡，给命主带来灾咎，这种灾咎的原因就是命局的"病"。而命主的吉凶，是在原命局中体现出来的，从原命局中找到病，以后再用治病的"药"去医治，这种"药"就是我们所说的"用神"。

　　用神既然为药，那么选取用神必先识病。例如四柱中木多又旺，日干为土，土弱逢木，必遭倾陷，此为官煞制身太过为病；日干为金，木坚金缺，此为财星耗身太过为病；日干为火，木多火窒，印重身轻又变生为克，此为印绶生身为病。这个"木"就是上例中的"病"；其实，也就是破坏命局平衡的忌神谓之"病"，再说得确切一些，也就是四柱中某行太过或不及叫做"病"。以十神来说，身强不外乎印或比劫太过为病，身弱不外乎官煞、食伤、财星太过为病。太过为病，制其太过为药，不外乎用克、耗、泄方法。所以说，用神的作用就是除强扶弱，平衡命局，使命局五行流畅。

　　凡是对命局有利于平衡的五行称为用神或喜神，不利于命局平衡的五行皆为忌神。用神直接关系到命主的命运吉凶祸福，推命时必须先找准命局用神，如用神找不准，命运的吉凶就难以定准。

人的命运好坏，通过后天人为的调整，是可以在一定程度上予以改变的。如果将用神找错，很容易好事变成坏事；如果找准用神，按正确的方法推论，实属能起到趋吉避凶的作用。如某人命局中火为用神，该年又值火年，适合到南方从事与火有关的行业，而你若误认为该年其用神为金，叫他去西方从事与金有关的行业，那就等于飞蛾扑火，自讨苦吃。

用神是命局的枢纽，也是命造的精神。在学习研究过程中，有许多人耗费多年的苦心，都无法突破此关。

一个人的命运好坏，关键在于命局中的五行强、弱、旺、衰、寒、暖、湿、燥八个字，这个八字谓之命局中的病，有病就要用药医治，这个"药"就是用神。也就是命局中对日主天干起重要扶抑作用的五行看作用神，以抑其过旺，扶其不足，使其达到中和平衡，再说明白些，命局中最喜什么？最需要什么？就把它取为用神。

人生的先天命运是无法改变的，只能用后天的补救方法来弥补，即在先天命局中选准用神的基础上为命主指点迷津，指导命主在有利的方位和时间去生活和工作，从事与用神有关的行业。注意对用神不利的时间和方位不要去，对用神不利的事情不要做，这样就可掌握住自己的命运，起到趋吉避凶的作用。

选准用神是命局预测的关键，如能将用神选准，人生许多疑难问题，即可迎刃而解。

选取用神的方法很多，原则不外乎有四条，第一条是"扶抑"，第二条是"病药"，第三条是"通关"，第四条就是"调候"。

一、扶抑

病药者即扶抑也，扶者帮扶，抑者制也，扶抑之基本法则是，如日主气势过强，需要损之抑之。如日主之气太弱，则宜扶之。如命局中日主气势很强，在不须考虑病药、调候、通关的情况下，首先就要想办法将日主的气势消减。其消减方法是：其一，用食伤耗泄；其二，用官煞抑制日主；其三，用财盗损。又如命局中日主气势很弱，在不考虑病药、调候、通关的情况下，就是设法将日主气势增强。其增强的方法是，其一，用比劫帮扶；其二，用印星生助，其三，用官煞生印星。

二、病药

古书上说："有病方为贵，无伤不是奇。"说明了命局以中和为贵。可是命局有病也不是坏事，有病就必须用医药来补救，不要认为有病的命局就不好，往往八字有病的人，如能有药来补救，竟能干出一番惊天动地的事业来。比如一个命局日主衰弱，失令失势又不得地，显示出财多身弱或煞重身轻或食伤泄身太重，这种身弱煞重就是病，这时就要选用治其不及，扶其过弱的印绶为用神，这个印绶就是病药。命局既然有病又有医药，而用神又处在有助有力的位置上，那这个八字就会诸事如意，一生平安。

三、通关

命局，除了日主之外，两行相争，势均力敌，各不相让，两强相争，必至两败俱伤，这就是病。须在两者之间给以双方调和，使命局气势流通生化不悖，这就叫"通关"。如日主强、财星轻、用食伤以通关，因食伤能泄日主强旺之气，并且又能生财。官煞旺而日主弱，用印来通关，因官煞旺，日主自身弱，首先印能生日主，使自身强旺。二者官印相生，印能泄官煞之气，使其起到调和作用。其次是局中五行对立，如金木交战，金能克木，必须要以水通关，使其金木两气得以流畅。再如木土交战，木能克土，这时应该取火通关，因火能泄木生土，两全其美。如火与金相战，以土通关，因火能生土，土能生金。土与水相战，取金通关。水与火相战，取木来通关。

研究命局必须要将喜神和忌神弄明白。但凡能克制凶神者谓之喜神。喜神能起到补救用神的作用。忌神就是凶神，也就是刑冲克害用神，损害用神或喜神的谓之忌神。

四、调候

命局以中和为最好，所以寒暖燥湿也是以中和为贵，太过或不及都是有病，有了病就要用药来医治。如果是过于寒凉，就要用暖药来医；过于热，就用寒药来治；过于湿，就要用燥药来医。过于燥就用湿药来治，必须使其适候。

确定用神更重要问题乃是病药的原则，也就是先命局字中找出"病"源，然后再以病药治之。找病源的方法是：

第一种方法强弱用扶抑。

第二种方法寒湿暖燥用调候。

第三种方法战克用通关。

如亥子丑三冬出生的人，需用火来调候；巳午未三夏出生的人，需用水来调候。战克是两个五行交战，凡两个五行交战之命局，必取被克那行的印星加以调候，如财印相战，金与木相克，就要水来通关。强弱以普通格局来说，是强者要抑，弱者需扶，这就是四种病药之法。

第二节 选取用神的喜忌

一、扶抑选取用神

扶抑取用是常用取用的方法之一。为了使日主不至于太旺，太弱，达到中和的目的，用此法使日主旺则抑之，不足益之。所谓抑，即用官煞克制日主，或用食伤泄日主，或用财来耗日主。所谓扶，即日主衰弱时，用比劫帮扶日主，或印星生助日主。由此看来，扶抑又是选取用神的首要方法。扶抑取用首先判断日主旺、衰，查看日主与月令的关系，分析印、比、禄、刃与财、官、食、伤对日主旺衰的影响，将四柱干支间对日主旺衰的影响，进行全面衡量。

日干旺衰，既然已经确定，但要分清旺衰的原因。如日干旺，是因为印多而旺，还是比劫多而旺；日干弱，是因为官煞多克身而弱，还是食伤多泄身而弱？首先要将日主能不能得以中和的内在原因找出来，若能掌握住日主是衰是旺，选准用神这一关就迎刃而解了。

选取用神对研究命局来说是一道难关，特别是初学者，在没有明人指点的情况下，很难过了这一关，有些人用了好几年功夫还都不能将用神取准，还有些人已知道取用怎样取法，待到真正应用时，仍觉糊里糊涂，弄不清楚。其实命局取用并非这样困难。只要分清什么叫帮扶日主，什么叫抑制日主，这两种情况掌握后，再看帮扶是怎么帮扶法，抑制又是怎么抑制法，还要从命局中进行详细分析，看谁轻谁重，就可以断定什么为用神了。例如：

①日主强，柱中比劫多，选取官煞为用神。

日主旺，柱中比劫多，用克制的方法，选取官煞为用神。

柱中有过多而旺的比劫帮身，乃是日主旺的主要病根。要想日主中和，必须要将病根去掉，那么克制比劫的只有官煞最为有力。官煞既能克制比劫，又能护财，使日主中和。如柱中无官煞，可以取食伤为用神，因食伤可以泄日主强旺之气，如柱中没有食神，最后只可取财星为用神。

②日主旺，柱中印星多而旺，选取财星为用神。

柱中有过多且旺的印星生身，乃是日主旺的主要病根。要想日主中和，必须要将此病根去掉。那么去掉此病根者只有财星最有力量，因财星既能克制生身之印，又能生助官煞制身，财的本身又有耗身作用，能使日主中和。如柱中无有财星，就取食伤，因食伤可生财抑印，亦可泄身。

③日主弱，柱中官煞多，取印星为用神。

柱中官煞强，是导致日主衰弱的主要病根。要使日主中和，就要帮扶日主，同时也要制服克日主的官煞之威，只有印星能担起这个责任，因为印星既能生助日主，又可化官煞之气，这样能够化敌为友，又可达到日主中和，一举两得。如果命局无印星，只能用比劫作用神，比劫既可起帮身作用神，又可分担官煞制日主之力量，当然力量不如印星。如果命局中既没有印星，也不见比劫，日主孤靠无依。官煞、财星、食伤又克又泄，不能用扶抑取用，那么这个命局只可用作弃命相从之格了。

④日主弱，柱中财多而旺，取比劫帮身为用神。

柱中财多财旺，是导致日主弱的主要病根，如要去掉这个病根，只有比劫能起作用，因此比劫不但可以帮扶日主，而且又是财星的天敌，是取用神的最佳选择对象。柱中如没有比劫，可取印星为用神，印星虽无制财之能，但能生助日主，使日主由衰转旺能任财，财虽是好东西，人人皆需，但身弱之人，担不起大财，用比劫帮身，能使体壮，体壮可以胜财。如果命局中既无比劫，又无印星，那么就不能用扶抑方法取用了，只可做弃命从财格论。

⑤日主弱，柱中食伤多而旺，取印星为用神

柱中食伤是导致日主身弱的主要病因，首选印星是去掉此病的有力克星。印星不但能克制食伤，使食伤不泄日主，而且又能生身，使日主由弱转旺。柱中如没有印星，可取比劫为用神，因比劫可以帮身，使日主强旺。如命局中没有印星而又无比劫．则不能用扶抑为用了。"扶抑"是取用神的基本方法，主要是根据日主旺衰，而起到补其不足，泄其有余的作用。然而断定日主旺衰是一门高深的学问，不仅要通过十干生旺死绝来察看，而且要根据天干地支的生克制化，命局十神位置等，对判断日主旺衰都能起到很大作用。

通过上述扶抑取用之法，需要将身旺身弱确定以后，再用旺则抑之，弱则扶之，使日主达到中和。其中不难看出，无论是抑身，还是扶身，总的都是为了一个目标——将命局的病点去掉。这种取用神方法，叫做"扶抑取用"，另一种方法叫"通关取用"。乃是在命局有病之处，去掉其中之病，在病点与日主之间选取用神。

二、通关选取用神

通关选取用神，比较繁杂一些，只是在日主衰弱受制时，起到在两方之间调解作用的叫做通关。通关的原则，多是忌神生用神，用神生日干，既可去病，又起到了通关作用。如日主与财星相战，日主旺财星弱，取食伤为用，这就是通关之义。这里也不难看出，通关取用乃是扶抑取用的一种特殊方法，也就是：

　　　　柱中水火相战，取木通关。
　　　　柱中火金相战，取土通关。
　　　　柱中金木相战，取水通关。
　　　　柱中木土相战，取火通关。
　　　　柱中土水相战，取金通关。

读者如能将扶抑取用的方法掌握住，那么对通关的要领自然会明白的。关于上述扶抑与通关两种取用方法，乃是日常常用的取用方法，必须心领神会。为了易背易记，现将二法编成七字歌诀，使读者快速领会。

　　　　取用之法仔细详，官煞多来取印帮。
　　　　无印须取比劫用，食伤多来财为祥。
　　　　身弱财多取比劫，如无比劫印帮忙。
　　　　身旺印多财为用，无财再取食与伤。
　　　　比劫多来取官煞，食伤无者财来当。
　　　　木土交加应取火，土水相战取金帮。
　　　　水火失调取木用，金木交战水帮忙。
　　　　此乃取用真口诀，五行生克细思量。

三、调候选取用神

关于调候取用之法，大多命书都有记载介绍，"寒用暖医，热用寒治。湿用燥医，燥用湿治"。这两句话乃是调候取用的千古不变的哲理，但是好多书都没有介绍明白，寒在什么条件下才能用暖医，而热又在什么条件下才能用寒治，这样使初学者费尽心机，绞尽脑汁，学到最后还是搞不明白怎么回事。为了明白起见，现将调候取用方法进行详细介绍，以便引起读者重视，特别需要注重的是，并不是一见暖性就用寒医，见燥性就用湿治，这样就大错特错了。它必须具备一定的调候条件，才能进行调候。说得更具体一些，必须是寒暖燥湿为病的命局，才能进行调候。有些命局虽然在命局中看出寒暖，而在某一些情况下不需要调候。古书曾有"过于寒者以暖为忌，过于热者则无寒为宜"之说。如寒用暖医，必须命局中暖而有气，才能用暖来调候取用。"热用寒治"，必须命局中寒而有根，方可用寒调候取用。关于湿用燥医，燥用湿治，都要在命局中有根有气方可进行调候取用。

天有寒热，地有燥湿，这是大自然中的自然现象。然而"寒热"与"燥湿"四字乃是两对阴阳组合的代名词。这两对阴阳组合，分为水、火两体，然而水火之气在五行之中性质不同，多少不一，所以才产生寒热燥湿四种不同现象。要弄清楚这种现象，必须要明白十二地支中的藏元五行，寒与热，其中寒代表水，热代表火，然而水火又用燥与湿来代表，即火代表燥，水代表湿。再说得明白一些，也就是寒与湿代表水，热与燥代表火。

所谓寒暖燥湿者，冬天最寒，属水属湿。夏天最热，属火属燥。如在夏天出生的人，火气太旺，而四柱不见水。出生在冬天的人，水气太旺，四柱又没有火，这都反映出水少火旺，火少水旺的弊病。而寒热燥湿所代表的内涵只是水与火两种性质，这是重要的一条。学者明白四时寒热燥湿的含义，调候取用的问题就迎刃而解了。现在我们来了解一下地支藏元代表水火的规律。见下表：

地支藏干燥湿一览表

水火燥湿\地支藏元	子	丑	寅	卯	辰	巳	午	未	申	酉	戌	亥
藏元	癸水	辛己癸 湿湿 金土水	戊甲丙 燥燥 土木火	乙木	乙戊癸 湿湿 木土水	戊丙庚 燥燥 土火金	丁己 燥燥 火土	乙己丁 燥燥 木土火	戊庚壬 湿湿 土金水	辛金	辛戊丁 燥燥 金土火	壬甲 湿湿 水木
水火所属本气	纯水	湿土	燥木	纯木	湿土	燥火	燥火	燥土	湿金	纯金	燥土	水湿木

十二地支的水火燥湿：

子：子中癸水，属纯水，子水为湿。

丑：丑中己土为湿土，辛金为湿金，由于丑中含癸水，故为湿土湿金。

寅：寅中甲木为燥木，戊土为燥土，由于寅中含丙火，故为燥木燥土。

卯：卯为纯木，故无有燥湿之分。

辰：辰中戊土为湿土，乙木为湿木，由于辰土中含癸水，故为湿土湿木。

巳：巳中戊土为燥土，庚金为燥金，由于巳中含丙火，故为燥土燥金。

午：午中己土为燥土，由于午中含丁火，故为燥土。

未：未中己土为燥土，乙木为燥木，由于未藏丁火，故为燥土燥木。

申：申中庚金为湿金，戊土为湿土，由于申中藏壬水，故为湿金湿土。

酉：酉为纯金，故无有燥湿之分。

戌：戌中戊土为燥土，辛为燥金，由于戌中藏丁火，故为燥土燥金。

亥：亥中甲木为湿木，因亥中藏壬水，故为湿木。

从上述可以看出，寒与热乃是命局中水与火的两种情况，也就是命局中水与火的两种弊病，具体应用时，必须先将命局中是水是火先确定下来，然后再采用寒用热医，热用寒治的医药方法。

寒：指在亥子丑三冬出生的人，四柱中亥子水旺，或丑辰土多，又不见火来暖之，这样的命局谓之寒。属于寒性的命局需采用寒用热医，治疗方法最好用巳午火调候。

热：指在巳午未出生的人，四柱中巳午火多，或未戌土多，又不见水来调度，这种命局谓之"热"。热性的命局，用"热用寒治"的方法，最好采用丑辰土，进行泄火调候。

燥：指在未戌月出生，四柱中未戌土多，或巳午火多，又滴水皆无，这种命局谓之"燥"。燥性的命局采用湿治，最好用亥子水进行调候。

湿：指出生于亥子月，四柱中亥子多或丑辰土多，而又不见火者，这种命局谓之"湿"。湿性的命局需采用"燥"治，治疗方法最好用未戌土进行调候。

《滴天髓》云："天道有寒暖，发育万物，人道得之，不可过也。地道有燥湿，生成品汇，人道得之不可偏也。"冬天金木皆寒，水土俱冻，夏天五行俱热，春秋天五行寒热最为适度，所以冬天生人，其命多偏寒湿，夏天生人，其命多偏燥热，偏者则需调节，使之中和适度。此乃谓之调候，冬生以火驱寒湿，夏生以水降燥热，这样谓之调候。冬天出生者，寒湿以火温，夏天出生者燥热以水降。其水火谓之"调候用神"，然而需要注意的是：过于寒者热无根，反以无热最好；过于暖者寒无根，反以无寒最佳，皆不宜调候，反宜在行运时去其无根之寒热，以顺从其势最好。

四、顺从选取用神

顺从取用之法，属于特殊格局的命局。有些命局日主过旺，或者过弱。过旺时局中抑制之五行力气太弱，抑制根本解决不了问题，不能使日主中和；过弱时，扶助日主之五行力气太弱，扶助已经不能使日主起到中和作用，这时候如果硬碰，只能是"以卵击石"，只有顺从日主旺弱的特殊作用，也就是日主旺不能抑时，不如使其更旺，取扶身之物为用，日主弱而不能扶时，只有使其更弱，取其抑身之物为用神，这种取用方法叫做顺从取用。

顺从取用分为两种，即日主很旺，使其更加强旺，以印生或比劫相助，为顺其势而发展；日主很弱，使其更弱，取食伤泄身或官煞克身的方法。

顺从取用与扶抑取用两种方法不同的是，扶抑取用，如日主旺需要抑制，日主弱需要生扶；而顺从取用恰恰相反，而日主旺需要生扶，日主弱需要抑制。

顺从取用分为两种不同的格局，即从强格与从弱格。如日主生于旺月，命局中月令为日主的印、比、禄、旺，而四柱中的他柱印、比、禄、旺又多，柱中财、官、食、伤的力量衰弱，这样就使日主更加强旺。强旺的命局使日主越旺越好，取用时无非是印、比、禄、刃，视其命局的组合而决定。如命局中使日主强旺的主要原因在于印，那么，首先取印星为用神，其它比劫、禄、旺皆为喜神，如日干旺的原因在于比劫、禄、刃的，则取比劫、禄、刃为用神，印星可以作为喜神，必须视其命局而定夺。

根据实践经验来看，从强格的命局中没有一点财官食伤制身、泄身也不是好事。古人云："有病方为贵，无伤不是奇。"而有病需有药来医治见过不少。从强格的命局没有泄身之物的无一人是大富大贵的，从强格的命局必须要有财官食伤在命局中出现，但最好是忌神衰弱无根而受制才好。如从格中没有一点忌神出现的，实践中发现，没有一个是好命的，这就是"无伤不是奇"的道理。

从强格中有一类日主极端强旺的命局，也就是四柱五行干支与日主一气的叫做专旺格，整个命局的气势与日主一致，称为一行得气格。也就是日主形成从强的一种形式，取用与应事时间大致相同。从强格的特点就是四柱中只有与日主同类的某一五行特别强旺，并不受克破的五行称为从旺格，共有五种，即从革格、曲直格、润下格、炎上格、稼穑格。此五种格局已在"变格局类型"中阐明，这里不再赘重。

从强之格选取用神，以食伤泄秀为最好，不宜行官煞之地．因为官乃克身之物，行财运也不好，因财为耗身之物。从旺之五格，行印运与比劫运最好，如果原命局中有食伤转化，行财运也吉，但不宜行官煞运，命局中有印星出现，行印运为吉，如印星未出现，也不是太好。命局中出现比劫，行比劫运大吉，如比劫不现也不好。财官伤乃是从旺格的凶神，如在命局中弱而有制则为好事，这时如行财官伤之运，则为大吉之运。从旺格行食伤运泄秀乃是好事，如果柱中根本没有食伤，如行食伤运反而泄去命局的贵气，形成诸事不吉。总之，命局行运以不破坏原命局结构为宜。

从旺格的日主生于旺月，即柱中印、比、禄、刃多，取能使日主更加强的印、比、禄、刃取为用神，但有些命局，日主极弱，柱中与日主不同的某一五行或几种五行十分强旺，如果按普通格局取用，不但制不了强旺之神，反会起到反作用，这样，旺神先损害用神，而后又会殃及日主，使日主遭祸，在这种情况下，日主只有顺其气势，以求平安，这就叫"从弱格"。如日主生于衰月，命局中财官伤多，而印比禄刃少而无力，日主必定极为衰弱，此时不能取印比禄刃扶身为用神，应取能使日主更衰之神为用神最好。而能使日主更加衰弱作用的只有财官伤三星，到底取谁作用神最合适呢？应选命局中最旺，能使日主减弱最重的五行为用神，

从弱格分为以下几种：

①从财格：财为耗身之物，命局中月支本气为财，或地支合会化成财局，或天干透财，或旺财又得食伤生之，总之全局之最强旺之气全集于财，使日主更强更弱的内在根源全在于财，而且四柱又没有一点比劫星出现，这时应取财星为用神，食伤为喜神，比肩为忌神，官星之喜忌，按命局的组合而定。

从财格大多为富命，如财星逢生时，主大富。

②从杀格：官煞为克身之物。四柱中官煞太旺太多，既无印化，又无食伤制之，而又得财来生之，官煞削弱日主，使日主衰弱无依。总的来说，官煞是日主衰弱的主要根源，这时应该取官煞为用神，财星为喜神，印为忌神，食伤之喜忌按命局组合而定。

从杀格大多主富命，如官煞逢生时，主大富。

③从儿格：从儿格又名叫从食伤格。柱中食伤强旺，无印克制。使日主衰弱无依，食伤乃泄身之物，是日主衰弱的主要根源，此时应该取食伤为用神，官煞为喜神，印比为忌神，财星喜忌，按照命局组合而定。

从儿格主聪明智慧，名声远大。

④两行成象格：从弱格中，还有一些情况，即四柱中有两种五行气势强旺，这两行都可顺而不可逆，一般称为"两行成气格"，是比较复杂的一种格局。另外还有"两行三行成象格"，多属从格，都可按照顺其势而取用。实际上这些都属于从格的一类。

通过以上几篇论述，读者学习扶抑取用，与从格取用方法自然都会明白，日主在不太旺或不太弱的情况下，需要旺者抑之。弱者须扶之，通过扶抑，使日主达到中和的效果，此命局为扶抑取用。如果日主太旺，旺之太过者，却不能抑，日主太弱．弱得太过者却不能扶，也就是说旺之太过或弱之不及者，应该顺从日主之性取用，旺者让它旺到底，弱者任它弱个够，这种命局叫做从格。那么，哪些命局适合从强？哪些命局适合从弱呢？哪些命局适合不太旺弱呢？这里需要分析清楚。

一般情况下，日主旺，柱中财官伤有气逢生，这种命局不属从旺格而需抑制。

日主弱，柱中印比禄刃通根有气逢生，日主不属从弱格，需要扶助。

日主得月令而旺，柱中印比禄刃占二种以上，财官食伤无根无气，这种命局谓之从强。

日主在月令中为衰，柱中财官食伤占两种以上，印比禄刃无气无根，这种命局谓之从弱。

以上几条，对于是否是从格，已有具体地分析，相信对初学者会有一定的帮助。研究命局，必须边学习边实践，才能积累丰富经验；只有经验丰富，才能准确地找出用神，才能将命局推准。

五、格局选取用神

①正官、七煞格取用神方法

日主旺，印多，取财为用神，无财取官煞或食伤为用神。

日主弱，食伤多，取财为用神。

日主弱，财星多，取比肩为用神。无比肩取印为用神。

日主弱，官煞多，取印为用神。

②偏财、正财格取用神方法

日主旺，比劫多，取官煞为用神；无官煞取食伤或财为用神。

日主弱，财多，取比劫为用神；无比劫取印为用神。

③正印、偏印格取用神方法

日主旺，比劫多，以官煞为用神；无官煞取食伤为用神。

日主弱，食伤多，取印为用神；无印取比劫为用神。

④食神、伤官格取用神方法

日主旺，财多，以官煞为用神；无官煞以食伤作用神。

日主弱，官煞多，取印作用神；无印取比劫作用神。

日主弱，食伤多，取印作用神；无印取比劫作用神。

⑤建禄格取用神方法

日主旺，取财官或食伤作用神。

日主弱，取印星或比劫作用神。

⑥月刃格取用神法

日主旺，取财官或食神为用神。

日主弱，取印星或比肩帮身为用神。

⑦特别格局取用神方法

日主专旺格，顺其旺势所聚为用神。

曲直格，以木为用神，无木以水为用神。

炎上格，以火为用神，无火以木为用神。

稼穑格，以土为用神，无土以火为用神。

从革格，以金为用神，无金以土为用神。

润下格，以水为用神，无水以金为用神。

从财格，以食、伤为用神。

从煞格，以财作用神。

从儿格，以食伤作用神。

化木格，以木作用神。

化土格，以土作用神。

化金格，以金作用神。

化水格，以水作用神。

化火格，以火作用神。

命局取用神，宜中和为原则，简单一句话，就是泄其过旺，补其不足，目的达到中和。无论是补是泄，总是力求四柱五行达到一种平衡。不论是补是泄，都是日主所喜之五行为用神。分析命局，开始就要定取格局，其次是分析日主与五行态势，这两项工作做完，接着就开始选取用神了。

第三节　用神的喜忌

命局推算是以日主为中心。用神是调合命局中和的药剂，偏旺偏衰，都会影响整个命局的吉凶。选取用神必须要有生、有助、有扶，尽量避免受到伤害。任何命局，如果与岁运干支有刑冲克合用神，使用神受伤，则灾祸难免。为此特将能生助解救用神的天干定名为喜神。对用神、喜神刑冲克合的，定名为忌神。大运和流年走到用神或喜神阶段，这段时间喜气洋洋，事事称心，如走到忌神阶段，则难遂心愿，应该事事小心。大运是一干一支合并为一运，一运十年，天干和地支前后各管五年，流年或大运逢喜神则有好事，遇忌神则灾祸频临。现来认识一下命局的用神、喜神和忌神的含义。

四柱五行以中和为贵，而命局中大多数不是中和的，不是偏旺就是偏弱，偏旺、偏弱都谓之病，有病就需用药来医，这医病的药谓之"用神"。而克制、合、冲"用神"之神，谓之"忌神"。克制、合、冲忌神之神，谓之"喜神"，或帮助用神之神谓之"喜神"。

例一：扶抑取用
乾造：一九五七年闰八月二十五日亥时

丁　庚　癸　癸
酉　戌　亥　亥

癸水生于戌月，柱中比劫多，印绶旺，官星得令，应该用木生火为用神，如果直接取火为用，变水火交战。以官生印为喜神，但是官印相生有力量，这样八字的五行就流通了。

例二：通关取用
乾造：一九六七年十二月三十日子时

丁　癸　戊　壬
未　丑　戌　子

戊土生于丑月，天寒地冻，柱中三水四土，水土相战，忌火、土，喜金、水、木，命局中没有金通关，丁火成为忌神。

1. 格局运途喜忌
①正官格局运途喜忌
日主旺，四柱比劫多，以官煞为用，运逢财官最好，行印劫运则诸事不吉。

日主旺，四柱印多，以财为用，逢财食最好，遇印、比诸事不吉。

日主旺，四柱多食伤，以财为用，用财泄食伤而生官，逢财运最好，遇比劫则凶祸临门。

日主弱，四柱财多，以比劫为用，逢比劫或印带比劫则诸事顺利，逢官运则破财生灾。

日主弱，四柱食伤多，以印为用，遇印运最好，忌财破印为凶。

日主弱，柱中官煞多，以印为用，印能化煞，逢印比运最好，见财运最凶。

②正财、偏财格运途之喜忌

日主旺，四柱印多，取财为用，因财能制印，逢财运最好，财带食伤更佳，见印比官煞最凶。

日主旺，比劫重重，以食伤为用，因食伤能通关生财，逢食伤运最好，遇比劫运最凶。

日主弱，食伤多，以印克食伤为用，逢印比运最吉，遇财官煞为凶。

日主弱，四柱财多，以比劫为用，因比劫能帮身制财，逢比劫运最吉，财官煞食运凶。

日主弱，官煞多见，以印化官为用，逢财运最凶，逢比劫运好些。

③偏印、正印格运途之喜忌

日主旺，四柱财多，以官煞为用，因官煞能泄财，通关。逢官煞运最好，忌见食伤财运。

日主旺，柱中印多，以财破印为用，逢食伤财运最好，官煞印劫比最凶。

日主旺，比劫太多，有官煞则以官煞为用，无官煞则要用带财之食伤，运行官煞、食、财为好，印劫为凶。

日主弱，官煞太多，以印为用，运逢印比之地为吉，财官运为凶。

日主弱，食伤多，用印制食扶身为用神，逢印比之地为吉，食伤财运为凶。

④食神格局运途之喜忌

日主旺，四柱财多，以官煞泄财为用神，逢官煞运为美，忌印比劫运为凶。

日主旺，比劫太多，以食伤为用神，运逢食伤财地为好，逢印比劫运为凶。

日主旺，印多破食，以财制印护食为用神，喜行食伤财运为吉，行印煞为凶。

日主弱，官煞多见，以印比扶身为用神，喜印比之运吉，财官七煞运凶。

日主弱，四柱财多，以比劫为用神，行印比之运为吉，食伤财运为凶。

日主弱，食伤太多，以印制食伤扶身为用神，行印劫之地为吉，忌食伤财运为凶。

⑤七煞格局运途之喜忌

日主旺，官煞重叠，以食伤为用神，行食伤运为好，忌官印运为凶。

日主旺，柱中印多，以财扶煞破印为用神，喜财和食伤为吉，忌官印比劫为祸。

日主旺，比劫多见，取官煞制比劫为用神，运行财官煞为好，印比之地为祸。

日主弱，柱中财多，以比劫帮身为用神，运逢印比为吉，忌食伤财为凶。

日主弱，食伤太多，以印制食伤化煞为用神，喜逢印地，忌食伤财运。

日主弱，官煞重叠，以印为用，喜印比之地，忌财官之乡。

⑥伤官格局运途喜忌

日主旺，四柱多印，以财破印耗身为用神，运行食伤财为吉，忌印比之乡为凶。

日主旺，比劫多见，以七煞为用神，行财煞运为好，忌印比地为殃。

日主衰，柱中财多，以比劫印为用神，逢印比劫运为吉，忌财官运为祸。

日主弱，官煞多见，以印劫为用神，行印劫之地为吉，忌财官运为祸。

日主弱，食伤太重，以印破伤护主为用神，逢印为好，忌食伤财地为凶。

2.用神喜忌歌诀

用之官星不可伤，不用官星尽可伤。
用之财星不可劫，不用财星尽可劫。

用之印绶不可坏，不用印绶尽可坏。
用之食神不可夺，不用食神尽可夺。
用之七煞不可制，制之太过反为凶。
身煞两停宜制煞，煞重身轻宜化煞。
若逢官煞而生殃，财多身弱宜劫财。
劫重财轻喜食伤，官旺身弱宜逢印。
阳刃重重喜食伤，若逢官煞亦相当。
财多身弱宜劫刃，劫重财轻妻父殃。
官旺身弱宜印绶，官衰印旺财最良。
莫道枭神无用处，杀多食重反贞祥。
勿谓羊刃是凶物，财多煞党喜洋洋。
此乃子平真要诀，后之学者仔细详。

综上论述，已掌握了日主旺衰，看出命局中的病源，就能诊断出命局中病的轻重，然后找出治病的方法，什么病用什么药来治疗，也就是以通关等方法选好了用神，就可以将用神取出，来进行实际操作。

一个人的富贵贫贱，吉凶祸福，都有一定的定数。要想先知先明，要借助用神来进行分析，只有预先找准用神，才能预测得准确，用神找不准，全盘一错到底。所以在分析用神时，必须对命局中各个五行进行对照，在组装大运和进入流年时，都要进行详细分析和比较，看是否平衡。如果用神在命局和岁运中都没有出现，或者太轻、太重，都不是好现象。如果五行平衡，用神得力，就可以断定这步运大吉大利，福从天来。

实际上四柱预测，就是分析命局平衡不平衡，在分析岁运的同时，我们不但要知道日主旺衰，而且要比较出各个五行的旺衰，哪一个五行过旺过衰，都会给命局造成影响，也给命主带来不利。例如柱中印绶过旺，就不利食伤；食伤过旺，就不利官星；官星过旺，就会不利比劫；比劫过旺，就不利财星等等。

现在我们用五行生克制化与十神对照，来看一看命局中五行不及与太过，平衡与不平衡等几个方面的内外因素，加以分析。

命局的推排，离不开五行生克制化，也就是将相生相克的制化因素换算成六亲十神的制约规律，找到它的平衡和不平衡点，这种错综复杂的关系，虽然千变万化，也不会超过命局大运、流年等仅仅十几个字的范围。虽然如此，对初学者来说，还是有些不知从何处下手的感觉。

现从命局中以比劫作例，比劫生食伤，食伤生财，财生官，官主印，印生比劫，如果这样生下去，永远也不会找到太过和不及、平衡与不平衡的地方。应该从比劫生食神开始，一直循环到印生比劫时为止，然后再用比劫克财顺序来查看一下财、官、印、比、食的旺衰。如果财旺官衰，则印被克被泄。由于官衰化不了财，财则越过官而制印，官无力生印，印则有克无生，因此，印代表的五行就有灾。灾轻灾重，具体要看五行旺衰而定。

如柱中财旺、官旺、印衰，比劫必定有灾。为什么呢？因为印化不了官，官就制比劫，财又生助官制比劫，使比劫有克无生，为此代表比劫的五行就有灾。见灾到什么程度，具体要看五行旺衰而定。

如柱中财、官、印都旺，比劫衰，比劫不能泄印，这时印能越过比劫制食伤，使食伤有克无生，为此食伤就要见灾。见灾到什么程度，具体要看五行旺衰而定。

如柱中官与印、比肩都旺，食伤衰弱，食伤不能泄比劫，比劫则越过食伤制财，使财有克无生，为此财星的五行就要有灾。见灾到什么程度，具体要以五行旺衰来决定。

如柱中印绶和食伤比劫都旺，财星衰弱，财星泄不了食伤，食伤乘旺而越过财来制官煞，使官煞有克无生，为此代表官煞的五行就有灾。见灾到什么程度，要看五行旺衰而定。

3. 选取用神事项

①首先要选取在月支中或天干上最为有力的作用神。因为月为提纲，月建司令，天干为十神所透，这些都是有力的，应该选取为用神。

②用神不能刑冲克破，不能逢合、逢会，如有这些破绽，就不起作用，只有另行选择。

③用神要有生有扶有根，谓之用神的精神。精神旺而身旺，精神弱则身弱。用神要旺相，被克时要有救，这样才能选取为用神。

综上各节，分析一个命局，首先要看日主及柱中各个五行的旺衰，应用综合平衡的方法，查出命局与每个五行的过旺与不及的有病之处，将用神选好，然后再查看日主旺衰及各个五行旺衰，进行详细推敲。如果大运某一阶段为命局的忌神，还要根据五行旺衰情况，再进行衡量，定其吉凶。

分析命局时，不论大运为命局的用神，或日干的强旺都要根据日干的旺衰程度，进行循环式的详细衡量，确定日主喜忌，逢流年是吉则吉，是凶则凶。用这种方法来判定命局，既准确，速度也快。

第四节　用神选取法

论命以用神为枢机，故习命理的人必须从此入手，对用神的种类及其选取的方法，必须详加说明的必要。由先贤的提示，我们可将普通格局的用神，大约归纳为几类：即病药、扶抑、调候、通关、源流等。其取用的原理，不外在使命局中和或气势流通，而没有闭塞，偏枯的现象。观命评造，最重中和，能得中和之气，始其所始，终其所终，何患名利之不遂达，富贵福寿，尽在其中，始终之理，必要干支通流，四柱生化，通流不息，始终通达畅流没有障碍，其先决条件，必须连续如串珠，五行没有缺损的情形，纵然有缺损，必须有合化加以补助之，如此互相护卫，损益适中算是好的命造。兹特将普通格局用神的种类，分别说明加左：

1. 病药用神之取用法——五言独步云："有病方为贵，无伤不是奇，"命局的格局中如去掉忌神，使忌神不伤日主，则行事自然顺畅，《神峰通考》一书中，演变为病药的说法，最重要的是命局须要中和，富贵，福寿岂一定要有病用药去之才可以获得。五方独步曾经说过：有病未足以为害，得药为救，并不妨碍其富贵，顺达；岂有以真有病才为贵吗？

如太强太弱为病也，抑之，扶助它为救药也，扶抑之用已详上论。这里说，应病与药之用的说法，乃是原局有适合需要之用神，而为别的干所制或支所冲是为之病，不能用需要之神，必须以去此病之神而用，是为之药。例如夏木，泄身太过，喜印加以帮身，而命局中见壬癸，非常适合命局的需要，但是别的天干透出戊或己克制壬癸。此戊己土乃病神也又叫做忌神，这里不能再以壬癸为用，而必须以能除去癸水才显得润泽的功用，如果原局有此病去之药，终身获福，大运遇之，则此大运十年中，可以得到其益处，而显达。

病药之说，先贤张楠也曾经说过，他说："命局有雕、枯、旺、弱四种病态，也有损、益、生、长四种药物"。如果命局财星为用神，又再见到比劫去克害；见官星为用神，又再见伤官去克害，诸如此类叫做"雕病"。枯的意思是力量不足，日主衰弱的现象；旺是日主扶太过，弱是日主泄克太过，此四种均是命局中的病害，必须加以处理，才可以言之为好命。

至于"损、益、生、长"四种药；损就是损其有余，如土有余则用木制之，木有余则以金制之；财星有余，则损其财星，就是"损药"。益就是增其不及，如土不及则行火运以资其根本，或以土运以茂其枝叶，如财星不及则行食伤或财星之地，以帮扶其身是为"益药"。生者就是五行遇长生，五阳干见长生，如丙戊见寅，甲见亥，庚见巳，壬见申为长生；五阴干见长生，如丁、己见酉，乙见午，辛见子，癸见卯俱为弱。但木生于亥，根气犹枯，火生于寅，气焰犹寒，均不可以旺论，仅有生气而已，这是弱逢长生为药，叫做"生药"。"长"就是生的继续，如原局火弱，行运于巳午未之方，这是火由生而长的方向，可以助长原有火气的不足；如原局金气衰弱，行运于申酉戌之方，这是金由生而长的方向，可以助长原有金气的不足，凡此均见弱逢长为药，叫做"长药"。综合上列观察，先贤张楠的说法，仍然不出于"中和"的道理，"形全"者宜损其有余，"形缺者宜补其不足"。此说，即子平"旺则宜泄宜伤，衰则喜帮喜助"之谓也，此为命局中最重要的口诀，希望读者明白于心中，但此要特别注意的地方是，一般的人，只要看到日主旺，应用泄、伤加以救治，看到日主衰弱，就用帮、扶加以救治，如此不加以详细深究，而导致于吉凶，祸福淆乱，不清的现象，不可不加以注意！要知道此四字（泄、伤、帮、扶）必须加以分开运用，其方法是要看日主的喜忌，不可执一，须察全局而论。

宜泄，而泄之有利，宜伤而伤之则为有用；泄者为食神、伤官；伤害正官、七煞；以上为日主旺时而用之；或泄之有害，而伤之有利，或泄之有利，而伤之有害，所以"泄"与"伤"宜分别为用，才不会混淆。适宜用帮者则用比肩，劫财帮助，则帮之有益；适宜用助者，则用正、偏印助之，则为有功，以上为日主衰弱时用之；或帮之则凶，而助之则吉，或帮之则吉，而助之为凶，所以帮助二字，也宜分别使用。

例：如果日主旺相，命局中财官衰弱无气，泄之则官星会受到伤害，伤之则去比肩、劫财之太过，以补官星之不足，而增其贵气，此即"伤之有利，泄之有害"也。

如果见到日主衰弱，柱中财星多而重叠，印如果助之反而被财回克，帮者，用比肩、劫财，以去财星有余，补日主之不足，此即"帮之则吉而助之则凶"也。

如果命局中日主旺，柱中财官少而不见，满局尽是比肩劫财，如果用官、杀去伤害他，反而被激而生克害，不如用食神、伤官以泄之，顺其气势，此为"伤之有害，泄之有利"也。

如果命局中日主衰弱，柱中官煞多，克害日主太甚，如果用比肩、劫财帮助的话，反克无情，不如用印加以助之，以化除凶杀之气，增长权威与贵气，此为"帮之则凶，助之则吉"也。

总而言之，命局中旺中转弱，弱中变旺的道理，不可拘执一端而论，必须详察全局需要而定，以裨用药去病之效。

2.扶抑用神之取用法——扶弱者。我所需之用神太弱而扶之；抑强者，需要用之神太强，不为我所用，反而为我敌，必须加以裁抑，方能为我所用也。《滴天髓》说："人有精神，不可以一偏求也，要在损之，益之得其中。"这是普通格局取用神的基本原理。先贤任铁樵说："有余则损之，不足则益之，虽为一定中之理，然也有一定中之不定也，惟在审察'得其中'三字而已。损者，克制也，益者生扶也。有余损之过，有余者宜泄之；不足益之、扶之"也是以中和之理立论。

先贤陈素庵曾说过："凡弱者宜扶，扶之者即用神也，失之太过，抑其抑者为用神，抑之不及，扶其抑者为用神。"也是以中和之理立论。其中陈素庵用"强、弱""扶、抑"，任铁樵用"有余、不足""损、益"虽然名词不同；但意义却相同，强即是有余，弱即是不足，扶即是益，抑即是损。但任铁樵更主张泄，也可以去其有余，稍有不同而已。此外，任铁樵也常说"旺则宜泄，宜伤；衰则喜帮喜助"其中旺即是指有余或强，衰即是指不足或弱；泄、伤、帮、助，若就八字而言，泄当然是指伤官，食神；伤当然是指正官，七煞；帮当然是指比肩，劫财；助当然是指正印，偏印。任铁樵之说法似较陈素庵的说法较为明朗，但若细加比较，陈、任二氏之说可以看得出来，并无二致。

此即所谓过旺宜泄，过衰宜帮，中和之道乃命理之至要。日主旺，柱有财官但无气，宜伤不宜泄。日主旺，柱无财官，比劫多，宜泄不宜伤。日主衰，柱中财星旺盛，宜帮不宜助。日主衰微，正官、七煞交相重叠，宜助不宜帮。如果用神是正官，不可以过到伤官加以冲克；以财为用神，不可见到比肩、劫财，加以克害；以印为用神，不可以再见到财星加破害；以食神为用神，不可以见到偏印加以夺食，七煞重日主衰弱宜用印比才化，日主强旺，七煞弱宜用财星来生助；财星多日主衰弱宜用比劫帮身而用财；如果劫财重，正偏财衰弱，宜用食神泄秀生财；正官强旺，日主衰弱宜用印来化官生身；正官衰弱，印强旺宜用财来生正官，克去印的强旺。七煞强旺，食神泄身太重，克泄交加，宜用偏印来生化较为有情；财太多来生煞，宜用刃来帮身驾刃为要，总之，旺者宜克，强者宜泄，衰者宜扶，弱者宜抑，必宜注意体用此为论命的关键。

3. 调候之神取法——五行生克之理，本是气候相胜相制之代名词，仅言生克，不啼以尽其变，乃有反生克之理，例如土能够生金，而夏令燥土，不能生金，得水润之，土润金生。金能生水，秋冬寒燥之金，不能生水，得火温之，水暖金温。水能生木，寒冬冰冻之水，不能生木，得火照暖，木乃繁荣。木能生火，春夏阳壮木渴，木火自焚，得水润其根，乃有木火通明之象。总而言之，夏令不可无水，冬令不可无火，不仅相生为生克泄也是生。此即《滴天髓》，儿能生母之意，在需要调候之时，只以调候为重，其余概置缓论，先其所急也，五行皆需调候。

《滴天髓》说："天道有寒暖，发育万物，人道得之，不可过也；地道有燥湿，生成品汇，人道得之，不可偏也。"先贤刘伯温以为"阴支为寒，阳支为暖，西北为寒，东南为暖，金水为寒，木火为暖。得气之寒，遇暖而发；得气之暖，逢寒而成。过于湿者，滞而无成，过于燥者，烈而有祸。水有金生，遇寒土而愈湿，火有木生，遇暖土而益燥，皆偏枯也。"

气候调节为审查命造之要诀：子寅辰午申戌为阳支，丑卯巳未酉亥为阴支，阳支需分阳寒阳暖，西北为寒，东南为暖，若申子戌为西北之阳寒，最要行卯巳未东南之阴暖之运；若寅辰午为东南之阳暖，要行酉亥丑西北之阴寒之运也，方称为调节，最忌孤阳不生，独阴不长，喜助者，阳盛须配以阴柔方称精微，此即是关键所在。

又如阴支，须分阴寒，阴暖，西北为寒，东南为暖，亥酉丑为西北之阴寒，要行寅辰午东南阳暖之地；卯巳未为东南之阴暖，要行申戌子西北阳寒之运，阴顺柔顺，又宜配以阳顺刚健之运也，才可一生自享其福寿富贵。

近贤徐乐吾说："寒暖燥湿，指全局之气势而言，过犹不及，皆属偏枯，故命局中以中和为贵。调和气候，为命局中之重要工作也。天道地道也，干支也。天干金水为寒，木火为暖；地支西北为湿，东南为燥，此就五行之方位而言。秋冬为寒湿，春夏为暖燥，此就时令气候而言。寅、卯、巳、午、未为阳暖之乡；辰、申、酉、亥、子、丑为阴寒之地。阳暖支上，临以甲、乙、丙、丁、戊、己（如甲寅、丙午、戊戌），则暖而近于燥；阴寒支上，临以庚、辛、壬、癸、乙、己（如庚申、乙亥、己丑），则寒而流于湿。调和之法有二：暖燥太过，喜雨泽以润之；寒湿太过，宜太阳以喧之。虽无生克制化之常经，实为进化乘除之至理。故凡八字中需要调候者，虽见官、杀、财、印、食、伤，一概暂缓议论，唯以调候为急也。唯寒虽甚，要暖有气，暖虽甚，要寒有根，则能生成万物。盖调和气候，根苗先，必须原局有根，运至其地，自然发荣；若原局无根，虽值佳运，华而不实，一生福泽也嫌欠缺也。"

  由于前述所知，命局，除了须要讲究五行中和之外，尚须特别注意气候的调和。命运的好坏，当然受到命格尽忠尽职的影响，但是，调候用神之有无也非常的重要。例如：命格本身为上格，再加上又发现了调候用神的存在，则是好上加好，成为佳命。但是如果没有调候用神的话，则其命格仅称得上是上格而已。相反的，命格虽为下格，但因有调候用神的作用，于是他的命格自然就好些，衣食自足。命局除了特别的格局之外，金寒山冷，木多火烈，火多土燥，水多土湿，虽然格局成立，如果调候不当的话，也很难见其富贵，故命局首先必须推论其本身的寒，暖，燥，湿，调候的适宜，其次才注意到五行生克制化的取用，命局在手，则可了然于心，希望读者特别注意调候的运用。兹将命局调候用神表标列于后，供读者参考。

调候用神表

生月\日干	甲日生 调候用神	甲日生 辅佐用神	乙日生 调候用神	乙日生 辅佐用神	丙日生 调候用神	丙日生 辅佐用神	丁日生 调候用神	丁日生 辅佐用神	戊日生 调候用神	戊日生 辅佐用神
寅	丙	癸	丙	癸	壬	寅	甲	庚	丙	甲癸
卯	庚	丙戊丁己	丙	癸	壬	己	庚	甲	丙	甲癸
辰	庚	丁壬	癸	丙戊	壬	甲	甲	庚	甲	丙癸
巳	癸	丁庚	癸		壬	庚癸	甲	庚	甲	丙癸
午	癸	丁庚	癸	丙	壬	庚	壬	庚癸	壬	甲丙
未	癸	丁庚	癸	丙	壬	庚	甲	庚壬	癸	甲丙
申	庚	丁壬	丙	癸己	壬	戊	甲	庚丙戊	丙	甲癸
酉	庚	丁丙	癸	丙丁	壬	癸	甲	庚丙戊	丙	癸
戌	庚	甲壬癸丁	辛	甲	壬	甲	甲	庚戊	丙癸	
亥	庚	丁丙戊	丙	戊	甲	戊庚壬	甲	庚	甲	丙
子	丁	庚丙	丙		壬	戊己	甲	庚	丙	甲
丑	丁	庚丙	丙		壬	戊己	甲	庚	丙	甲

圆通达观（上）

日干\生月	己日生 调候用神	己日生 用神辅佐	庚日生 调候用神	庚日生 用神辅佐	辛日生 调候用神	辛日生 用神辅佐	壬日生 调候用神	壬日生 用神辅佐	癸日生 调候用神	癸日生 用神辅佐
寅	丙	甲庚	戊	丁丙壬	己	庚壬	丙	丙戊	辛	丙
卯	甲	丙癸	丁	甲丙庚	壬	甲	戊	庚辛	庚	辛
辰	丙	甲癸	甲	丁癸壬	壬	甲	庚	庚	丙	甲癸
巳	癸	丙	壬	丙戊丁	壬	甲癸	壬	庚癸辛	辛	
午	癸	丙	壬	癸	壬	己癸	癸	庚辛	庚	辛壬癸
未	癸	丙	丁	甲	壬	甲庚	辛	甲	庚	辛壬癸
申	丙	癸	丁	甲	壬	甲戊	戊	丁	丁	
酉	丙	癸	丁	丙甲	壬	甲	甲	庚	辛	丙
戌	甲	丙癸	甲	壬	壬	甲	甲	丙	辛	甲壬癸
亥	丙	甲戊	丁	丙	壬	丙	戊	丙庚	庚	戊辛丁
子	丙	甲戊	丁	甲丙	丙	甲壬戊	戊	丙	丙	辛
丑	丙	甲	丙	丁甲	丙	戊壬己	丙	甲丁	丙	丁

4.通关用神之取法——所谓通关者，引通克制之神也，所谓阴阳二用，其妙处在于阴阳二气相互交流！天干气动而专，地支气静而杂，就是这个缘故，是故地运有推移，而天气从之，天气无有转徙，而地运应之，天气动于上，而人运应之，人无动于下，而天气从之，所以阴胜逢阳则止，阳胜逢阴则住，是谓天地交泰，干支有情，左右不背，阴阳生育而相通也。

例如煞重喜印，杀露印也露，煞藏印也藏，此显然通达之象不必节外生枝，假使命局中无印，必须岁运遇到印而加以流通，或是暗合，明合而加以流通。命局中用神为印被财星损坏，则用官星化之或比劫解之；或印被合住变为忌神则冲开此合印之神，或印被冲坏则用别神合此冲印之神或印被隔开则克去此隔开之神，得岁运相逢尤佳万事通达，而少危险阻碍。如年印时杀，干杀支印，前后远立，上下悬隔，或为闲神忌物所间隔，此原局无可通之理，必须岁运暗冲，暗会，克制间隔之神或忌物，该冲则冲，该合则合，引通相克之势，此关一通，所谓琴遇子期，马逢伯乐，求名者得名，求利者得利，无不通达，杀印如此论之，其他食伤财官也是如此，举一反三，自可明了。总之通关者为日主之外，两神对峙，势均力敌，轻重亲疏相等，不能有所取舍，惟有贯通其气，使归于一致，方能为我所用。由于诸贤的阐发，我们可知命理所以讲究通关的道理，无非在使五行流通中和，不使闭塞或偏枯，为其重要的原则。

5.源流用神之取用法——观命尚须注意"源流"，不必论当令，不当令，只需取最多，最旺，而可以为满局之祖宗者为"源头"，看此源头流到何方，流去之处，是所喜之神，即在此住了，乃为好归路，若果其中脉络流畅，则此命局虽未必是达官贵人之命也，也须顺遂悠游之命。如辛酉、癸巳、戊申、丁巳的命局以火为源头，流至金水之时，即住院了（年柱辛酉为金，月柱为水火，日柱为土金，时柱为火，月令也为火，故火最旺为源头入口，火生土生金生水，气势流畅无阻，水为出口），所以富贵为最。

先贤任铁樵说：源头者，即四柱中之旺神，不论财、官、杀、印、食伤、比劫之类皆可为源头也，总要流通生化，收局得美得佳，或起于比劫，止于财官为喜，或起于财官止于比劫为忌，如山川之发脉来龙，认气之气在而看其星之所归者，认气于祖，看尊星；认气于子，看主星；认气于孕，看胎星；认气于育，看胎息；认气于权，看解星；认气于绝处逢生，看恩星；认源之气以势，认流之气以情，源头流注之地，犹如山川结穴之所在，源头阻节之处，即来龙破损隔绝之意，看其源头流止于何处何地，方知何兴何替，观其阻节之神，以论其何吉何凶。

如源头起于年月是食印，住于月时是财官，则上叨祖父之荫，下享儿孙之福；或起于年月是财官，住于日时是劫、伤，则破败祖业，刑妻克子。如起于日时是财官，住于年月是食印，则上与祖父争光，下与儿孙立业。或起于日时是财官，住于年月是劫伤，则祖业难享，自创白手起家之格局；如流住之年柱是官印者，知其祖上清高，是伤劫者，知其祖上寒微，流住月是财官者，知其父母创业，是伤劫者，知其父母破败，流住日时是财官食印者，必白手成家或妻贤子贵；流住日时是伤劫、枭刃者必妻陋，子劣或因妻招祸，破家受辱，总之，以日主之喜忌而判断之，无有不验也。

如果源头流注之地有阻节隔绝之神，是正、偏印者必为长辈之祸，柱中有财星相制，必得妻贤之助，如比劫之化，可得兄弟，朋友相扶；如果阻节之神是比劫，必遭兄弟之累或不和，柱中有官星相制，必得贤贵之解，若有食伤之化，可得子侄之助如果阻节是财星者，必遭妻妾、女人之祸，柱中有比劫相制，必得兄弟朋友之助，或兄弟朋友之爱敬，如有官星之化解，必得贤贵之提拔，如阻节是食伤，必受子孙之累，柱中有印绶相制，必叨长辈之福，或亲长提拔，有财星之化解，必得美妻或妻妾，女缘之助，如阻节是官煞，必遭官刑之祸，柱中有食伤相制，必得子侄之力，有印绶之化，必伏长辈之助，但必须看日主喜忌之用神论之无不应验。

如源头流住是官星，又是日主之用神，就名贵显者，十居八九；如是财星，又是日主之用神者，就利发财者十居八九；如是印星，又是日主之用神者，有文望而清高者，十居八九；如是食伤，又是日主之用神，财子两美者，十居八九。

如日主以官星为忌神，为官遭祸，倾家者有之，如日主以财星为忌神，为财丧身败名节者有之。如日主以印星为忌神，因文书犯忌而受殃者有之，如日主以食伤为忌神，为子孙受累，甚而绝嗣者有之，源流之重要，可想而知。

取用神应注意事项及其喜忌

一、取用神应注意的事项

普通格局用神的选取，虽然有病药、扶抑、调候、通关、源流的方法，但是这五种方法，仍有其非常密切的关系。它们的共同作用，均在使五行中和或气势增加，而避免五行偏枯或闭塞。一个命局如果能同时用这五种方法，当然是最好不过，最少也要有一种以上的用神可以应用；不然，除了可以应用特别格局如从旺、专旺格局或命局先天中和纯粹以外，没有用神可以选取的，大多为下命或夭折危亡之命运。

命局在手，取用神时，常感恍惚迷离，不知所云，不易决定，这对初学者甚至学得很久的人常感到非常的苦恼，不易深入，停滞不前。兹将取用神应注意之事项列于后，以供读者参考。

（一）命局论用神，以日元为主，配合月令而成体性，体性以中和为贵，过强过弱，皆非所宜，观察是否有根，相当于用神的五行与生月地支五行旺相是否有专属一气。所谓无根，相当于用神五行与生月地支五行衰竭，日主无依，此时一定要看，是否有辅佐体性，俾归于中和之用神，此用神为命局全局之枢纽，命局妙用，全在成败救应，其中权衡轻重，千变万化，非言语所能尽，上列就月令用神举其普通之方式而已。孟子云："大匠能使人以规矩，不能使人巧。"学者熟习之后，自生妙悟，能于万变中融以一理，则于命之一道，其庶几乎！

（二）用神若为吉星时，须由外界来帮助吉星，而此帮助吉星的神，即称为喜神。若用神为凶星神，若能克制合化此凶星之神，也称为喜神。关于用神的选定，通常以具有下列的情势为佳。

1. 用神在天干时

得时——如用丙火适当夏月出生者。

得地或得势——如用丙火，天干有同类相助或地支见巳午者。

不见克合——如用丙火不见壬克，辛来合者。

既见克合而有解救者——如用丙见壬克，遇丁合壬或戊克壬者。

2. 用神在地支时

得时——如用午火生于午月既为格局又是用神，这叫"真神得用"。

得势——如用午火，得甲乙丙丁生扶。

不见刑冲合——如见午不见子来冲。

既见冲刑合而有补救——如用午既见子来冲，而遇丑来合子，稍解子午之冲。

（三）支神以冲为重，天干以克为凶，若为用神，须通根或生助，此通根或生助之神不宜冲，冲则根拔生机已绝，为祸最烈，必有不测之祸。若旺而有余宜冲去，衰而不足宜会助之，四柱若无冲会，岁运来冲会，也属吉神，所以忌神宜冲，喜神宜会。

（四）命局干支，贵在上下卫护不背，日柱左右，要制化得宜生扶不乱，干支流通生化不息。日主所喜之用神，不宜左右交相克制刑冲，若有刑冲必要有解救之神去此忌神，上下左右护卫才算佳局，此外，日主所喜，必要贴身，既要透干，又须露支，喜财，要财与食伤亲近，日主所忌，所忌者为财，但财逢比劫制，如此情形，凡日主所喜神能得其他之神助不争不妒者，所忌之神被其他之神制伏不逞不强者，此谓生扶不乱，上下有情也。

（五）命局如果发现五行偏枯，特别格局又不能成立时，则应注意是否有过寒或过暖或过燥或过湿。如有过于寒或暖或燥或湿的现象，则应先讲究调候，而后论其生克制化及通关病药源流等。否则，虽格局纯粹，也难享富贵，即使遭遇好运，富贵也不过是过眼烟云而已。

（六）用神要清而有精神，所谓清者，不徒一气成局之谓也。如正官格，身旺有财，身弱有印，并无伤害，七煞来混杂之，纵然有比肩，食神，财煞印杂之，比秩序得所，有所安顿，或作闲神，不来破局，乃为清奇之格局。不但格局要清且又要有精神，不为枯弱者佳，浊并非五行并出之谓。如正官格，身弱混之以杀，混之以财，以食神杂之，不能伤我之官，反而与官星不和，以印绶杂之，不能扶我之身，反而与财星相戕，俱为浊。或得一神有力，或行运得所，以扫其浊气，冲其滞气，皆为渝浊以求清，皆富贵命矣。

柱中要寻他清气不出，行运又不能去其浊气，必是贫贱之命。若清又要有精神为妙，如枯弱无气，行运又不遇生发之地，也是清苦之人。浊气又难去，清气又不真，行运又不遇清气，又不脱浊气者，虽然成败不一，也了此生平矣！

（七）假使命局五行不全，只有三行或四行，除了有适当的格局及用神可以取用外，通常所缺者，常常就是用神，于行运遇有旺相之地，也可发福，遇事顺遂，功名易求，尤其八字格局中无用神可以取外，常常应验，不过时过境迁，究竟不如原局有用神可以取用为妥当。

二、用神的喜忌

先贤论用神紧要所说："月令既得用神，则别位也必有喜神，若君之有喜，辅我用神是也。如官逢财生，则官为用神，财为喜神（正官格、日干强、取官为用而官弱，喜财来生扶，故官为用神，财为喜神）；财旺生官，则财为用，官为喜（正财格，日干强，取财为用，则喜官星制劫卫财，故官星一为喜神），煞逢食神制，则煞为用，食为喜（七煞格，日干强，假杀为用，则以食神为喜神，这就是身煞两现宜制煞，与财滋弱煞不同），此乃一定之法，非通变之妙，要而言之，凡全局之格，赖此一字而成者，均谓之喜也。"（由此可知命局决非全以生扶用神者为喜，应特别加以注意，否则议论喜忌，又不免恍惚迷离了。）

又说："伤用神（即忌神）甚于伤身，伤喜神（伤害喜神也是忌神又名仇神）甚于伤用。如甲（日干）用酉官（以正官为用神），透丁逢壬，则合伤存官（丁火为伤官被壬水偏印制去，则官星不受伤害了）以成格者，全赖壬之喜；戊用子财，透甲并己，则合煞存财以成格者（戊日干以子水财星为用神，天干透出甲、己，甲木为七煞攻身，得己土劫财合之，杀劫两失其用，则身不被攻，财不被劫，一举两得），全赖己之喜，乙用酉煞，年丁月癸，时上逢戊，则合去癸印，以使丁得制煞者（乙日干以酉金七煞为用，天干按序透出丁、癸、戊；丁为食神，癸为偏印，戊为正财；丁火原为癸水所克，因得戊土合癸，故丁火食神仍可制煞），全赖戊之喜。癸生亥月，透丙为财，财逢月劫，而卯未来会，则化水为木，而转劫以生财者（癸日干，生于亥月，天干透出丙火正财，而月令亥中壬水为劫财，得他柱地支卯未来合亥，成三合木局，则化亥中之壬水为木，转而生天干的丙火正财，而月令亥中壬水为劫财，得他柱地支卯未来合亥，成三合木局，则化亥中之壬水为木，转而生天干的丙火财星了），全赖亥水之喜，庚生申月，透癸泄气，不通月令而金气不甚灵，子辰会局，则化金为水而成金水相涵（庚日干，生于申月，天干透出癸水伤官吐秀，他柱再见子辰，成三合水局，则旺金之秀气流通了），金赖于子辰之喜。如此之类，皆出望外喜神之紧要也。"

又说："喜神无破，贵格已成；喜神有损，立败其格。如甲月酉官，透丁逢癸印，制伤以护官矣，而又逢戊，癸合戊而不制丁，癸水相伤矣（甲日干以酉金正官为用神，天干透出丁、癸、戊；丁火伤官伤害正官原来为喜神癸水正印所制，再见戊土偏财合去正印，则丁火伤官可以克正官了。这是以酉为用神，癸为喜神，丁戊为忌神的。）丁用酉财，透癸逢己，食神制煞以生财矣，而又透甲，己合甲而不矣，己土相伤矣（丁日干以酉金偏财为用神，天干透出癸水己土，己土食神制癸水七煞以生财星，但是天干又透甲木正印以合己土食神，则癸水七煞可以攻身，而财源也断了，这是以酉金为用神，己土为喜神，甲木为忌神的），凡命局排定必有一种作用，一种弃取，随地换形，难以虚拟，学命者其可忽略。"

总之，取用神、明喜忌，固然有若干轨迹可寻，但非一成不变，必须善为运用，有的以生用神为喜，有的以泄用神为喜，有的以克去或合去忌神为喜。反之。凡伤害用神或喜神及克合用神或喜神者，则为忌神。同时天干地支生克冲合等，也能变喜为忌或变忌为喜，实在不容易拟议一个很完整的共同通则，而必须视各个命局构成的情势，及其所定的格局，所取的用神，分别论断，明而化之，自可心神领会矣！

以上所提的，大都是普通格局中一般的形象，如果各位读者注意观察的话，当可发现喜用神的选取虽然复杂多端，其实仍有一定的轨迹可寻，一个普通格局的好坏，往往从喜用神的颁布联系情形就可以知道大概，如果再与大运，岁运顺逆吉凶合化冲克的配合，则我们当可以对一个命造的优劣成败的判断就更可了然于胸了。纵观各种普通格局的形象，可以得到一个结论；不论身强或身弱，喜用神最好能气息相连携手团结，并且要尽量贴近日主，使喜用神避免长途跋涉征战，减少与忌神辗转摩擦的机会，保持原有的潜力以护卫日主（身弱的命局），如此其发挥之效率才不会大打折扣；如果是喜用神势单力孤，当然更需贴临日主否则也要占据月令枢纽之地，这样的格局，只要喜用不逢重大克损，一旦遇到强旺而有力的喜用神，仍然能够风云际会，因时乘势，而创出一番相当成就出来；若是运程不美，也可以过着衣食无缺，平安顺畅的生活，而不至于沦于颠沛潦倒，猥贱下流之辈。最怕就是喜用神分散失力，又遭忌神克损，这样的格局纵使得到强旺的喜用神，也很难发展起来，即或在某一方面得以稍有收获，但是其他方面也仍然会受到原局与流年影响，难免得此失彼，诸多刑伤破耗，其福分之不能齐全，自然可想而知，每当好运过后，其境遇往往一落千丈，甚至即败亡，结局悲惨，大多令人替他难过，不忍猝闻。

第五节　论四时五行之用神

一、金在四季之用神

（一）春金之用神

初春之金，性体柔弱，况残冬适去，寒气未除，尚喜火来温暖为护

身之要物。既见火,则金性稍具锋芒,可以用比劫来助其形势。如原命局中木多,春金非但无削伐之功,反伤其柔弱之体,若再见水,则泄金之气,而又增寒,金力愈乏矣。是以水木两物,皆不可取用,要以土来盗财神之气,制水之源,百养金之质,助金之形。此时土性松厚,而有温和之气,不致埋金,反能生扶,故并喜土。既喜火土两物,土多不防,火不可过多。

交进二月,木性大旺,金力愈减,此财神不能作为养命之源,实为害命之物也。水乃助木,兼泄金之气,并忌之。此时阳气渐盛,金性不畏寒,无用火之必要,惟喜比劫之物,分夺其财神,而助日主。最喜者,印绶也。此类命局,见比劫而得名,遇印绶而获利。

清明节后,阳气已重,衰金忌火锻炼,不能作护身之物,而为制我之蟊贼。此时财星仍重,弱质之金,不胜其旺财,反足以滋助官煞而克日主,是以财亦忌见。水乃泄身主之气,无所取用,惟以印绶与比劫,为正副用神耳;以印绶为正。

乾造:

比肩	**辛丑**	偏印		06 己丑	46 乙酉
劫财	**庚寅**	正财		16 戊子	56 甲申
日元	**辛未**	偏印		26 丁亥	66 癸未
七煞	**丁酉**	比肩	归禄	36 丙戌	76 壬午

本造生于雨水后三日,甲木用事。(雨水是孟春的分界,雨水前尚寒,雨水后阳壮。此指温带地区而言。)金本休囚,但干透庚辛,支见酉禄,比劫党多,又有丑未土生金,反弱为强。一行禅师《天元赋》云:"柔能制刚,多因辛与庚期;火重之馀,乃是辛居庚地。"辛金之性质柔而美观,如钗钏;庚金之性质刚而肃杀,如剑锋。辛见庚透,阴从阳化,性质由柔转刚,取时上丁火锻金为用神。

辛金之性温润轻清,见庚金刚性转刚锐而寒,除寒解冻要用丙火,锻刚成器要丁火。寅内原藏有丙火,时上一位七煞,别往不见丁火,乃

"时上一位贵"之格,命格配合甚佳。可惜大运不走寅卯辰、巳午未东南木火之乡以生扶用神。

1. 本命气聚于比劫,是精神旺盛,勇敢豪爽之人。46岁至66岁行乙酉、甲申运时,财星弱、比劫强,主轻财重义,可能为兄弟朋友而损财、克妻。

2. 命局中缺壬癸亥字食伤星,在26岁前走己丑、戊子大运,食伤星被印星压制:郁闷不开朗,没有什么言行表现,怀才不遇。而且此时期大运与原局成为比劫、印星、食伤皆强的组合,星神多,个性复杂,难以捉摸。26岁–36岁走丁亥,大运与原局成为劫财、七煞、伤官皆强的组合,个性会变得暴躁、偏激、粗鲁、执拗、好勇斗狠、惹是生非。

乾造:

偏印	己卯	偏财	05 丙寅	45 壬戌
七煞	丁卯	偏财	15 乙丑	55 辛酉
日元	辛丑	偏印	25 甲子	65 庚申
正财	甲午	七煞	35 癸亥	75 己未

此造以木最旺,辛金日主无根,身弱难任旺财。己、丑两土被旺木压制,自顾无暇,遑能生金?故当以午火泄甲木生己土、午火泄卯木生丑土为用神,这是通关用神之一;另一个通关用神是水,因四柱中五行独缺水(只有癸水藏在丑里面,是馀气)。四柱木火多,偏燥,所以水还兼具调候的功能。

身弱、偏燥——在这两种"病"的情形下,丑是去病的药。丑中藏癸水、辛金、己土,己辛能助身,癸能去燥。

综合以上的分析,此造当以午火与丑土为用神,最忌甲乙寅卯木。身弱而用煞印,其人温雅清俊,最多是秀才类的地方上名人。

命局缺比劫和食伤,个性能超群专心一致,凡事亲躬。晚年行比劫运时广结人缘,成为活跃的人物。30岁至49岁行子、癸亥、壬食伤运,此二十年求新、求变,人生较多异动的时期。

 圆通达观（上）

乾造：
偏印	**戊寅**	偏财	05 丁巳	45 辛酉
七煞	**丙辰**	偏印	15 戊午	55 壬戌
日元	**庚午**	正官	25 己未	65 癸亥
食神	**壬午**	正官	35 庚申	76 甲子

此造三月庚金，母旺子相，非真旺也。失时失令，故是顽金。旺土须甲，顽金宜丁。有甲疏土，金气方显，故主立业；有丁煅金，乃成大器，故主成名。丁甲必须并用，缺一不可，土重，以甲为主；土轻，以丁为主。无丁用丙，不得已而思其次也。庚金无火，必主贫夭，以金宝而顽故也。三春木旺乘令之时，如木成方局、甲乙并透，为财多身弱，虽有富贵，不能久享也。

1. 命中有食神，不可遇偏印，《三命通会》说："凡命有食，遇枭，犹尊长之制我，不得自由做事，进退悔懒，有始无终，财源屡成屡败，凡事无成，克害六亲，幼时克母，长大伤妻子。"若偏印有制克，则无害。庚日见戊寅、戊辰，是有制合的偏印。

2. 用偏印，日主不能太弱。古诗云："印星偏者是枭神，柱内最喜见财星；身旺遇此方为神，身衰枭旺更无情。"此造在地支完全无根（申酉戌或巳酉丑会局），是弱主，不堪重印之生。

3. 即使取"用印化煞生身"的观点，所用的印星也不是不能生金的燥土（戊、未、戌），而是能生金的湿土（己、丑、辰）。

古赋所说："枭神值身旺而财丰福厚，遇刑杀则寿夭身贫。财星若见，披星戴月不停留；煞星若生，弛担息肩无定日。"正是此造的写照。

身弱、偏印与食神并见、偏燥，这种命局，最喜行金水并行（壬申、癸酉、庚子、辛亥）的大运，可惜他行的是金水分开的庚申、辛酉、壬戌（水土夹杂）、癸亥大运，难得全美。辛酉运与生月天地合，不当论凶。

（二）夏金之用神

夏令火星乘旺，官煞横行，金体仍在柔弱之际，岂堪洪炉煅炼？再

圆通达观（上）

加木来助火，则火势愈猖獗矣！使金性熔化，而不成器，难免伤其体质。中若见比劫印绶，火虽旺亦自能助形也，此所谓化煞生身之道。惟羊刃，总属无用。水虽能制火，亦不取用，以其泄弱金之气也。

1."庚辛产在夏间，妙乎壬癸得局"（《玄妙论》）。以水制火存金也，是五行的"反生"原理。

2."庚辛夏长，妙用勾陈"（《玄妙论》）。以湿土（己丑、辰）晦火生金也，是五行的"正生"原理。

3."五月辛金，己壬兼用"（《造化元钥》）。仲夏火旺，土燥不能生金，必须兼用壬水，用壬润己，所以反生之功，非以泄辛金之季。"己土混壬"是《造化原钥》独有的发明，此法则还可用于培木，见该书七月乙木、十月丙火节徐乐吾的评注。

以医理解命理，只知其一不知其二，也显露他不懂中医学理命理，也显露他不懂中医学理的谬见迂论。要知中医的治法有"正治法"、"反治法"、"急则治标"、"缓则治本"、"壮水制阳"、"益火消阴"、"虚则补其母"、"实则泻其子"、"汗吐下和温清补消八法"等法，又要配合气候、地区、年龄、性别、体质、性情、职业等因素来辨证处方、用药。夏天的感冒是急性的热症，不管男女老少，均以发表清热为前提，先把发烧的症状消除了，然后才可进行扶元固本的"补"法；若先补后泄，是闭门揖盗再来逐盗，本末倒置了！

换言之，夏若逢旺火，不管身旺或身弱，第一要件是先有水，而后再考虑印（湿土）与比劫（金）。

乾造：

食神	壬午	正官			09 丙午	49 庚戌
正财	乙巳	七煞			19 丁未	59 辛亥
日元	庚戌	偏印	魁罡		29 戊申	69 壬子
正印	己卯	正财	桃花		39 己酉	79 癸丑

庚金生四月，煞重身轻之格，官煞毗运，只作煞论，已为害非浅。

373

壬水虽制煞，而泄衰金之气，单顾一方，难作用神。今查命局，得己戊两土正偏印，化火而生扶日主，得两之妙，乃定为用神。初运丙午、丁未，一带火乡，皆未利。进戊运，渐入和平之境。直至酉金羊刃运，变更受环境压迫，率至失败。进庚运，连下戌辛等运，始复旧观耳。

（三）秋金之用神

秋金秉令，坐禄之乡，强健无疑，再见比劫，其体愈刚，重逢印绶，其土易折，土加多而埋金。然金之性质不论锋锐无比，木总不宜过多，盖金见木而伐之，木虽不能敌金，多伐则斧斤亦伤，虽曰秋金锐锐，而乘财神，财多亦忌。所谓五行性质不同者也。

初秋之候，暑气未退，金虽旺而煞亦不弱，所以火不宜多，喜水来泄金气，又能制煞，并作财星之根。按：七月之金如人之在中年，血气方刚，身煞有对峙之势，双方皆作病论，宜表不宜补，所以用食神伤官泄旺金之气，制七煞又能暗来生财，乃清解之法也，此谓"身煞两强，制乡为福"之道也。

仲秋之金，要以水木火三物并临，即谓之火炼水磨，铸成锋锐之器，用神惟取木火，大忌印绶与比劫耳。

季秋之金，天道转凉，无须用水，仍以木火为主，不宜见比印；近冬，金性寒，略已转衰，稍见比印则不忌。关于用神，火为主，木助之。

五行总论云："秋月之金，当权得令。火来锻炼，遂成钟鼎之材；土多培养，反惹顽浊之气；见水，则精神越秀；逢木，则琢削施威；金助愈刚，过刚则折，气重愈旺，旺极则摧。"这是秋金在常态时的喜忌性质。若成"从革格"、"两神成象格"（土金相生、金水相生、火金相成、金木相成），则不在此限。

乾造：一九四五年七月廿三日亥时生

 圆通达观（上）

偏财	乙酉	比肩		09 癸未	49 己卯
正财	甲申	劫财		19 壬午	59 戊寅
日元	辛未	偏印		29 辛巳	69 丁丑
偏印	己亥	伤官		39 庚辰	79 丙子

辛金坐未透己相生，又通根于申酉，日主强旺。强金得水，方挫其锋，当以水为用神。因有土克水，又须以木制土为佐。火只未中一点丁火，不当令，无济于事。

壬水藏于亥中，被未羁绊，受己土压伏，秀气不显，官星力微，其学历不高。甲乙财星高透，经商之命。中专毕业，开电冰箱工厂。妻大学毕业，任职于高速公路单位。

辛运·卅一岁乙卯（一九七五），赚钱数百万元。

巳运·卅四岁戊午（一九七八）、卅五岁己未（一九七九），生意亏本，把厂房、机件顶让给人，尚欠二百万元。

由此可见七月辛金身旺有印者，忌火土，喜水木。

乾造：

偏财	戊子	伤害			05 辛酉	47 乙丑
比肩	庚申	比肩	建禄		15 壬戌	57 丙寅
日元	庚申	比肩	专禄		25 癸亥	67 丁卯
比肩	庚辰	偏印	红艳		35 甲子	77 戊辰

庚金七月，地支申子辰会局，对于寅午戌之财官印，完全成为"井栏叉格"。依古书重于格局者，又是贵命无疑，而不如仍是普通商人也。按命理，总以用神为主。此造四柱比印重重，宜用辰中一点乙木财神而生官星，子水聊作财神之根而泄旺金之气，惟不能作用神。此造少年金土运次，水运尚可，惟以甲木运为最佳也。

"井栏叉格"是庚申、庚子、庚辰三日生，地支见申子辰水局，以水暗冲火（庚日之官星）也。水为井泉，金为井栏。命局若见寅、午、

圆通达观（上）

戌即破格；丙子时生为"时上偏官格"，甲申时为"归禄格"，古歌云"时遇子申禄减半，功名成败不能长"。岁运最喜走甲乙寅卯辰东方，忌壬癸丙丁亥子巳午。如《神峰通考命理正宗》中举一例：癸卯、庚申、庚子、庚辰，官成名立，敕封御史，至壬子运，八十一岁癸亥年死亡。

"井栏叉格"的人大都很精明能干。此造比肩贴身（月干、日支、时干）而且强旺，是勇敢豪爽，精神旺盛的人；有交际的才能，有义气，生友性。日坐"八专"，加以戊年"红艳"在辰，多韵事。

乾造：

正印	戊戌	正印	羊刃	05 壬戌	45 丙寅
比肩	辛酉	比肩	建禄	15 癸亥	55 丁卯
日元	辛卯	偏财	咸池	25 甲子	67 戊辰
正印	戊戌	正印	羊刃	35 乙丑	75 己巳

辛金生八月，正在司权，势力可以横行天下，奈何母多拘留，使英雄不得出头，此谓"土厚埋金格"也。支坐卯木，身旺应得之财，又能破土，无如酉禄贴身相冲，分夺无余。四柱又无火来制金存木，受亏多矣！出道以来，一带水运，庸庸碌碌。惟甲木运破土，稍露头角。以后丑运，为最次。至丙寅运，则称全美矣。

旺金无需印生，此造见四土，土厚重而埋金，支见卯木，不成为特别格局，当以正格的"建禄格"取用——喜财官。

命局中丁火官星藏在戌中，乙木财星藏在卯中，被当令的酉金冲克，幸有戌合卯相救，但也被绊住。喜用神不显又无力，命格不高，是怀才不遇之人。

此造是以土为病，木为药。因原局有金天透地藏，金克木，所以又要有火来制金卫木，或水来化金生木，行运以木运水年、木运火年、水运木年、火运木年为佳；水木、木火要同时配合才有效用，分开则有一得必有一失（请读者自己动动脑筋想一想）。吉利的年运如下。

壬（水）运：七岁甲辰年、十八岁乙卯年。

甲（木）运：廿五岁壬戌年、廿六岁癸亥年、廿九岁丙寅年。

子（水）运：没有甲、乙木年。

乙（木）运：卅五岁壬申年、卅六岁癸酉年、卅九岁丙子年。

丙（火）运：四十七岁甲申年、四十八乙酉年。

寅（木）运：五十岁丁亥年。

丁（火）运：五十七岁甲午年、五十八岁乙未年。

卯（木）运：六十岁丁酉年。

以上的卅六岁、四十八岁、六十岁是酉年，冲卯，严格上说，并不能算吉。

乾造：

偏财	乙亥	伤官		10 乙酉	50 辛巳
正官	丙戌	正印	羊刃	20 甲申	60 庚辰
日元	辛未	偏印	华盖	30 癸未	70 己卯
七煞	丁酉	比肩	归禄	40 壬午	80 戊寅

辛金生九月，节近立冬，金性已寒，水不宜多见。秋金本忌土也，然则近冬，金性稍转衰弱，虽有两土亦不大忌矣。若作强格论，宜以火制，今以寒性推算，当以火暖之，所以丙丁两火，暖寒金有功。乙木财星又来助官煞，格局纯粹，虽不大发，亦得乐而无忧也。

评注此造的五行数值和阴阳气含，很难一眼看穿，平衡用神当取土；通关方面，天干火金相克，取戊己土化解。地支戌未相刑，取寅午、亥卯和解。

由以上的分析，可知最佳用神是戊己（原局无）及亥水（原局有）。

丙丁官煞两透，在古法认为是"官煞混杂"，无论如何，皆为"浊"，不贵。陈素庵《命理约言》辨之甚详，任铁樵注《滴天髓》采用其原文，大旨为：

1. 官星财生，杀宜食制，所谓各立门户也。官煞之局不一，"用财生官"之局忌杀相混；"用印化官"之局不忌杀混。

2. "用食制煞"之局，煞重制轻，忌煞重，更忌官助；煞轻制重，宜扶杀，不忌见官。

3. "身煞两停"之局，最宜印以和之。身轻煞重，忌见官星助煞，忌杀亦忌官；身强煞轻，最喜官煞助之，所谓"财滋弱煞"者是也。

此造金、火之数值相近，属"身煞两停"之局，最宜土印和解。官煞混杂、无去留、用印，大都好学而不专精，人不欺我则我不欺人，劳碌、从事杂职，六亲缘薄，不求人也不助人。

乾造：

正官	丙申	劫财		09 己亥	49 癸卯
正印	戊戌	正印	羊刃	19 庚子	59 甲辰
日元	辛丑	偏印		29 辛丑	69 乙巳
伤官	壬辰	正印		39 壬寅	79 丙午

本造生于寒露后七日又二时，辛金当用事，当时江浙地区的平均气温是16℃，还不算寒冷，可以不考虑调候用神。辛金日主当令，得四土相生又通根于申，十分强旺，当以水火为平衡用神；原局有土克水泄火，故又以木来制土护水、生火为最需之用神。

原局无木，只有被泄克的次等用神丙壬，照《穷通宝鉴》的看法，是常人，即使走好运也只能富而不能贵。辰丑戌三字排在一起叫做"三战杀"，《五行精纪》云："三战如同刑一般，五行犯者主伤残；若不投河须恶死，耳聋喑哑并相干。"日主与三刑俱旺，大都从事武职。寅木运虽是用神运，但原局有申金回冲，戌土羁绊；且流年是四十四岁己卯年、四十五岁庚辰年、四十六岁辛巳年、四十七岁壬午年、四十八岁癸未年，不逢甲乙木年，所以尚难言佳。

（四）冬金之用神

冬日之金，形寒性冷，其质亦弱。见水，阴气重重，而增其寒，且泄衰金之气。土为堤岸，能制水之源，为助身之要物；若见木多，寒金无削伐之功，劳而无益，反足以损其印绶。是以水木两物并忌，要以火来温其体，暖其性，然后其质健全，能施鉴伐之功。土能止水，使金性不寒，加以火来助之，无不利矣。比劫虽多，虽无所用。

此法与初春之金，大概相同，以官煞印绶并用，惟比劫有异耳。

乾造：

正财	乙亥	食神	03 丙戌	43 壬午	
正官	丁亥	食神	13 乙酉	53 辛巳	
日元	庚辰	偏印	23 甲申	63 庚辰	
比肩	庚辰	偏印	33 癸未	73 己卯	

庚金生十月，初交立冬，天道已寒，兼之两亥水相映，愈增其寒，使金星不能执化。五行得两辰土塞水道，而生扶庚金为美。最佳者，惟有丁火官星，为护身之本，加以乙木助之。然则木不宜多，以其多则损土也。此造自四十八岁交进午火运，而后转入佳境。夕阳虽好，将近黄昏，为日不多矣！

此造印比之值小于官食之值，身弱，而造成身弱的原因是水木太强，所以平衡用神当取土。调候用神应取寅、甲、丁、午，因寅甲木是忌神不用，以丁午为宜。通关用神，天干火金贴克，取戊己化解；地支亥亥自刑、辰辰自刑，取卯未子申和解，因申与亥相穿，所以又以卯、未、子为宜。由以上的分析，可知本造是以火土官印相生为喜用。身弱的食神格行运喜行比劫（庚辛申酉）运，江浙属东方分野，喜干支有土。午运内藏丁官、己印，故转入佳境，惜流年是四十八岁壬戌年壬子月起，经癸亥、甲子、乙丑、丙寅，至五十三岁丁卯年辛亥月止，都没有遇上土金年，成就不会很大。

圆通达观（上）

乾造：

七煞	**丙辰**	偏印		09 辛丑	49 乙巳
比肩	**庚子**	伤官		19 壬寅	59 丙午
日元	**庚午**	正官		29 癸卯	59 丁未
正印	**己卯**	正财	桃花	39 甲辰	79 戊申

庚金生十一月，大雪之后，形质寒冷，坐支午火，又被子水冲去，且以见水而增寒。辰土被合，则减助金之能力。八字全恃丙火七煞透出，以暖寒金，方成其器，是以有用。加以己土正印，制水助身，亦所喜之物。今以煞印并取为用，独一卯木能助丙火，不可再见而伤己土。一排水木运，皆非善地。进火运、土乡，始可言吉。

本造虽有两土两金，身主仍弱，所以虽然以丙午火官星调候，还是需要印星和比劫来生扶。

庚午日坐丁官己卯，《三命通会》云："庚金坐午又为提，丁己齐明两可宜；干支无丙来混杂，水绝肩多作富推。"若生于午月，丁己透出，见比劫多，可发达名利。此造惜非生于午月，透出的是丙非丁，无比劫相助，大运又不走庚辛申酉，所以与富贵名利绝缘。但正印贴身，通根辰午，是长寿之人（推命时已七十九岁或八十岁）。

申运（八十四岁至八十九岁）会原局子辰，命格"井栏叉格"，有午冲破，寿当止此，以八十七岁壬午年为最凶，因"井栏叉格"最怕壬癸丙丁亥子巳午。

乾造：

比肩	**庚寅**	偏财	08 庚寅	48 甲午
正印	**己丑**	正印	18 辛卯	58 乙未
日元	**庚子**	伤官	28 壬辰	68 丙申
食神	**壬午**	正官	38 癸巳	78 丁酉

庚金生十二月，性质仍在寒冷之中。午火虚官，本为柱中之要物，

坐支子水伤官，冲克官星，为最忌之神；喜得丑土合去，其功甚大，不然用神受损，真为乞丐之命也；再有寅木遥合午火，始得转危为安；加以己土助之，始成普通之命。惟壬水透出，使寒未除，其病未清，宜以运补。所以前行一排金木水运皆次，自交巳火七煞运，乃达佳境了。

命造两金两土，小寒后九日辛金用事，庚金得墓库之气，日主不弱。但与水木火相较，则土金销逊，宜取土为平衡用神。全局偏寒，取火为调候用神。

丑合子、子冲午，是先合后冲，一般的看法是先成后败。此造之地支，从年开始：寅木克丑，丑土克子水，子水克午火，上递克下，一代不如一代。（反之，若由时往上递克至年，主子孙胜父祖。）

冬至后，大寒前，月将（太阳）在丑官；丑月的天德、月德在庚；庚的天乙贵人（阳贵人）在丑。此为"将星扶德格"。

例如《三命通会》的作者万育吾，明嘉靖元年十二月十八日（一五二三年阳历一月四日）戌时生，即属此种命格：

壬午	10 甲寅	50 戊午
癸丑	20 乙卯	60 己未
庚寅	30 丙辰	70 庚申
丙戌	40 丁巳	80 辛酉

万育吾自云："庚寅日生十二月，小寒后，太阳在丑宫斗十九度，天月二德在庚，属日主。又，庚以丑为贵神，提将星扶德、天乙加临。庚生丑月，虽休不弱，年壬午本则旺，时丙戌，柱有偏官，所以典兵刑为清台。日主休废，官故不大。总兵传津，腰玉挂印，与余命同，传西人，庚日得地故也，出身武科，命信然。"

万氏于卯运。廿九岁庚戌（一五五〇年）中三甲第一百六十六我进士，当时报的籍贯大宁都司茂山卫（今内蒙古自治区喀喇沁旗），其原籍为湖广江夏（今湖北武昌）。他与傅总兵的命局相同，但傅是西方人氏，所以地位较高，由此可知万育吾重视日元庚金本身的强度。

本造地支没有申酉金之强根，又生于江浙地区，可能从事武职，但地位不会高。

二、木在四季之用神

（一）春木之用神

初春之木，在渐渐生发之时，其性未坚，加以寒气未除，宜以火来暖之。木本赖土培植，但土不宜过多，若土多则木反受制。然则五行中，木本克土，而土重亦能害木，何也？盖四时木之性质不同：初春之木，正在萌芽时代，其根亦在发展之际，土多则压之太重，不免根盘受损，岂有发展之能哉？如比劫重重，亦宜金来削伐，但不可过多，盖木性甚嫩也。若无火而增水，则寒气更增，岂能萌芽哉？

二月之木，柱中水火须要并见，不宜偏多。因水助劫财之物，只许一点，行运不宜再见。如柱中火不多，遇火运不妨，若柱中火已重，则行火运似乎太燥，亦不取。二月木性最难推察，因天道似寒非寒，似热非热之际。关于土则不论寒热，看木性而定多寡，其木渐大，其根渐展，而渐坚，土亦逐渐而加厚。金要看木之多寡而增减，少见为妙。惟水火两物，冷若冰暖须配调匀。是以论春木最宜仔细，不可以木旺，专以泄气、克制为贵，乃呆论也，盖木之性质与他物有不同之处也。

春末，木虽旺相，然阳气已重，木防燥渴，宜以水来滋，亦忌太多，多则助劫财而不取。无水而增火，渴燥过甚，枝叶防枯，其能华丽乎？总之，二、三月之木，最喜财星也。评注：正月取火为用神，以火除寒使木有生机，是五行反生之理。

南方人火不可太多，又画生者带疾；火土同见，富贵；有土无火，足衣食之用；逢金，折伤，有火制金为福。见水，不吉，北方人贫寒。

二月喜土。火土同行，富贵且寿。东方人，富贵；南方人，美中不足。干支有壬癸亥子，离祖迁居。土、金、水全见，夭折，贫贱者有寿。见金，名"旺处遭伤"，反戕木之生意。

三月见土则根深蒂固，福寿绵延。见火则木通火明，文章秀发。逢金，西方人凶，南方人富贵。喜火土，忌金水。行运喜东南，不利西北。

以上为《三命通会》的载《论五行时地分野吉凶》之大意。

徐乐吾将春季分为三个时节取用。

1. 初春，立春后，雨水前。丙火为用。地支配合一、二点水，有既济之功。

2. 仲春，雨水后，谷雨前，水火并用。春分前较重火，春分后较重水。

3. 暮春，谷雨后，阳壮木渴，用水。

乾造：

伤官	丁亥	偏印		02 辛丑	42 丁酉
偏印	壬寅	比肩	建禄	12 庚子	52 丙申
日元	甲辰	偏财		22 己亥	62 乙未
偏财	戊辰	偏财		32 戊戌	72 甲午

五行独缺金，其他五行以火最少，甲木禄于寅、生于亥、衰于辰（余气），得令而最旺；戊土通根两辰，其势亦强，是身旺财强之富格。但丁壬、亥寅双双合化为木，暗劫财源，故本造喜火来泄木生财兼调候，亦喜金来制木护财，最忌再逢水木。

甲乙能夺财，吉。丁与原局丁壬争合，不能合吉。戊己财星能制壬水，吉。庚辛官煞，使命局五行流通，为吉。有的命学认为庚辛能破丁壬化木之合，使丁火、壬水还原；庚金能劈甲引丁，成为"木火通明"的贵格。

壬癸能生木，不吉。壬与原局壬丁争合，癸合戊土用神，使命局产生不良的变化。

亥子水，加强水木忌神，凶。亥又与原局亥寅争合。

寅卯木，劫地支财根，凶。寅又与原局亥寅争合。

巳午火，生地支财根，吉。

申酉金，制地支之比劫，但亦生水、泄土，半吉半凶。

申与原局寅亥会成"三刑杀",凶多吉少。

辰戌丑未土,为财根,吉。不怕刑冲。

乾造:

食神	丁未	偏财		01 壬寅	41 戊戌
偏财	癸卯	比肩	建禄	11 辛丑	51 丁酉
日元	乙卯	比肩	建禄	21 庚子	61 丙申
食神	丁亥	正印		31 己亥	71 乙未

乙木生二月,身临禄旺之乡,地支亥卯未全,会成东方一气,古书所谓"仁寿格"也。若以成格论,嫌白帝而喜坎地;白帝者,金也。坎者,水也。总之:忌金喜水。然则依其经过则相反。此造廿一岁交进庚金运,颇顺利,庚午年任局长。行子运,达坎地而失职。近年仍在败运之中。

若依用神推察颜观色,身强,喜财来生官。初交惊蛰,阳气未重,年上丁火被癸水制去,全由时上丁火助财神而生官,所以庚运利。要再露头角,非达财运不可。

此格不名"仁寿",而是"曲直",古诗云:

甲乙日生亥卯未,局合曲直须荣贵;柱中无亥宜土金,自是生来享福地。

甲乙生人寅卯辰,又名仁寿两堪评;亥卯未全嫌白帝,若逢坎位必身荣。

张神峰云:"此格屡验。大忌庚申辛酉等字冲破东方秀气,虽贵亦夭。八字清纯,吾见此格亦不畏其寅卯辰字太多,及不畏壬癸生木之类,只怕申酉庚辛破格也;只要寅卯辰三字全,方作此格,若有申酉一字破之,不吉。"又云:"此格日干甲乙木,地支要寅卯辰或亥卯未全,无半分庚辛之气。行运喜东北方,用此怕西方运,更怕刑冲。"由"最怕刑冲",可知"嫌白帝"、"逢坎位"是有深一层的喜忌:白帝是指地支申酉戌西方(尤其是酉)——申冲寅、酉冲卯、戌冲辰刑未。"曲直格"忌酉戌，"仁寿格"忌申酉戌。坎位指壬癸亥子北方，因亥刑亥、子刑卯为忌，所以所喜的当是天干的壬癸。

壬癸本是喜神，惟独本造为忌，为什么呢？因为本造透出丁火食神（秀星、爵星、寿星），食神为命局喜用时最怕癸水偏印。《三命通会》载："凡命有食遇枭，犹尊长之制我，不得自由，做事进退悔懒，有始无终，财源屡成屡败。容貌欹斜，身品琐小，胆怯心虚，凡事无成，克害六亲，幼时克母，长大伤妻。"此种人大都不开朗、不敢表示意愿，言论和计划常受阻，怀才不遇。幸好命局透出两个食神，只被克伤一个，另一个在时干：先历难辛，有后福。

枭印夺食的"曲直格"，要甲乙比劫来化解。丁火在天干的好处是走庚辛岁运时，火可回克金，使格局不破。廿四岁庚午年，丁火回克庚金且得禄于午，故得"爵位"。但庚金亦生癸水去克丁火，此福实是祸端。

子运癸水得强根，乘势而克丁火，当然不吉——爵星被夺，故失职，推命时大约是在廿八岁甲戌年或廿九岁乙亥年。

走戊己土财运，可制去癸水枭神，是吉运，但土非"曲直格"所喜，走仕宦之途已不可能，能安宁富足就不错啦。

乾造：

偏印	**壬寅**	比肩	建禄	09 乙巳	49 己酉
比肩	**甲辰**	偏财		19 丙午	59 庚戌
日元	**甲子**	正印		29 丁未	69 辛亥
正财	**己巳**	食神		39 戊申	79 壬子

甲木生三月，清明之后，木星正茂，比肩专禄过多，有劫财之患，无资助之功。阳气已生，火不宜多，木性防燥干之患。壬子两水，润木有余，多则助劫财为忌。五行惟取己辰两土财神，以资扶旺木；不见官煞，财须防劫，是以达金土财官之地，定能崭然峥嵘也。

本造生于立夏前二十五天，土未旺，又见印比，不入化土格，当以"杂气偏财格"论。八字明透甲木，地支暗藏甲（寅）乙（辰），《穷

通宝鉴》云:"见比肩及乙多才,名为'混夺财神',此人劳碌到老,无驭内之权;女命合此,女掌男权,贤而有力者也。"因此这种命格较适合现代女性,可以在男性占强势的社会中脱颖而出。若是男命,则从然成为富家骄客,可以减少二三十年的奋斗,亦以太座之命是从,抬不起头,活得毫无尊严。

由年支起,寅木克辰土,辰土克子水,子水克巳火,自上往下递克,代表祖先产业的禄,一代一代消耗。子息星庚金七煞藏生于巳中,虽有子息,难以克绍箕裘。命局中官煞极微的人,大都不喜欢吃公家饭,有很多人因为不愿意受管束而跑去经商,因此发达,此命己土正财与日主相合,干支没有明显的官煞,上大运后极可能选择经商一途。在申酉庚辛官煞运时,会与政治界的人物、私人机构工作者,也有升迁或与上级主管接触的机会,土金流年引动,木火流年即有职务、副业的变动。

年支寅为驿马,寅中甲木透出于月、日干,在九岁至廿一岁,卅三岁至卅七岁,流年逢水木及巳、申刑冲年,变动较多;逢庚年、己年及亥年,驿马受到羁绊,变动会受阻滞。

(二)夏木之用神

依天理推察,夏木性质尚紧,不可以休囚论,惟气候火热,不免枝根槁,防枝叶之焦朽。宜以水来润泽,始无乾枯之患,时当生旺,自然滋之有力。土乃培植之物,万不能省。若命局无水,使焦燥之土,岂能培植万物也?木虽尚在华丽时代,犹能成林,总无结果。盖,夏木虽盛不过虚荣,能开花不能结实耳。此时木不畏伤食泄气,惟忌火炎土焦,木作灰飞之祸,所以要水土调和,滋生日主,而制烈火为宜。孟、仲之月,金星力乏,鉴木无功。若于季夏,金渐有形,而施砍伐。所以夏木总以水、土为主。

巳月,木未甚衰,火未甚旺,见微火则枝叶茂繁,荫庇发福。值盛水则木神飘荡,男女淫奔。见土,利就名成。火土同躔、干支有壬癸亥字,富贵。逢金克,灾讼不免,南方人反吉。巳午日生,名"长生财贵"戊土露则财星愈光,丙火露则伤神益壮。大抵喜身旺财露,忌坐刃露比。

行运，身旺喜财，身弱喜旺。

午月，己土露则财愈显，丁火露则伤益壮，喜身旺，忌刃比。行运，身旺喜财，身弱喜财、忌比劫。

未月，未月是木库，身强少病，无一物可用为福，颇宜时偏官。行运喜合偏官，忌正官再见偏官。（未月在夏天多作火论。）

五六月之木大抵喜雨水，夜生尤奇，值此者富贵而寿。火盛无水者贫夭，夏令炎盛火盛，烁石流金，木有枯槁之患，南方人干火多者有疯癀茺燎之凶，或水制、或夜生、或阴雨天，可化凶为吉。得土以培其根，得水以达其枝，若水土同行，不但富贵而且寿考康宁。见金，不能克木，柔金反被旺火所伤。小暑以后，土多亦忌，衰木不能克旺土，东方生人，以土为财不忌土多。

乾造：

劫财	乙亥	偏印		06 庚辰	46 丙子
正官	辛巳	食神		16 己卯	56 乙亥
日元	甲申	七煞		26 戊寅	66 甲戌
食神	丙寅	比肩	归禄	36 丁丑	76 癸酉

甲木生四月，尚在茂盛之时代，比劫重逢以助虚荣。惟丙巳两神叠见，火星过重，甲木须防枯槁。得亥水滋润，又兼辛金透，为水之源头，而助其长滋之力。惟不见土，未免根松，所以宜达财运，补其不足之处，始可美观。至于"四生之局"，不过名目而已。总之，五行安置得法，最为重要也。

地支寅申巳亥全，名"四位纯全格"，又名"四生格"、"四马格"、自有独当一面的气势，如果五行配合喜用，往往成为名震环宇的大人物。

此命坏在巳亥冲水火相伤，寅申冲金木相伤，地支所藏之物动荡不定，天干亦随之摇动不安。好在巳亥冲化"厥阴风气"，寅申冲化"少阳相火"，阴阳可以调剂。一般地支有刑冲的人，因为阴挫较多，所以心志反而比常人强韧。

此造是身弱的食神制煞格,喜行甲乙寅卯旺运及壬癸亥子印星生身之运。食神强,官煞弱;独善其身,自私,是辩论的高手,容易孤芳自赏,自作聪明。

乾造:

正官	庚辰	正财	羊刃	08 癸未	48 丁亥
正印	壬午	食神		18 甲申	58 戊子
日元	乙亥	正印		28 己酉	68 己丑
食神	丁丑	偏财		38 丙戌	78 庚寅

乙木生五月,火势正旺,花木虽在繁盛之时,然则丁午两火并见,未免枝叶枯焦,而失其华秀。所喜者,辰丑两土,栽培乙木;再得壬亥两水正印,杀火势,和土而滋木,兼之庚金官星为水之源,此之谓官印相生,乃为纯和之象。

四柱皆财官印食,其性又属忠厚,一派正气,乃君子之命也。一生安分守命,无任何利害可言。

古人以财、官、印、食、禄(比肩)为吉神,杀、伤、枭、刃(劫财)为凶神,此是星性的"原型",原要知每一种五行星神都具有正面和负面的性质,对日主、命局有益的才是真吉,对日主、命局有害的才是真凶;反之,吉可为凶,凶可为吉。《继善篇》说:"小人命内,亦有正印官星;君子格中,也犯七煞羊刃。"即真知以喜忌来分辨星神之正面、负面性格者。沈孝儋《子平真诠》论四吉神能破格、四凶神能在格,亦是真见解。此造木火与土金水数值相近,阴阳调和,性情不卑不亢。正印、食神贴身,有爱心、同情心、人情味,肯牺牲奉献,个性旷达不计较;正印双贴身为用神,念旧,六亲缘佳,有教养,重视礼节,守道德。是个好好先生,最适合遇清闲澹泊的生活,文人、画家、教师、传教士多为此种命格。

圆通达观（上）

乾造：

比肩	乙亥	正印	03 壬午	43 戊寅
偏印	癸未	偏财	13 辛巳	53 丁丑
日元	乙亥	正印	23 庚辰	63 丙子
偏印	癸未	偏财 华盖	33 己卯	73 乙亥

　　天干乙癸乙癸，地支亥未亥未，名"两干不杂"、"蝴蝶双飞"，如果格局又成，便是富贵命，至少也是名利双收之人，吃香喝辣，风光的日子少不了他。不过干支成双成对也有不好的一面，古歌云："双辰一杀最刑伤，干带同干支带双；六害并逢亡劫杀，业林之内礼空王。"重拜偏生并寄养，男当鳏寡女居孀；只为重犯双辰杀，不如意的一面——如独身、克妻、父母无缘、无儿女等，《三命通会》举有三个例子：癸亥、癸亥、丙申、丙申（双辰带劫杀）为一长老命；乙亥、丁亥、己卯、丁卯，为一奴婢命；己亥、乙亥、丁酉、己酉，是一过房命。本造乙亥、癸未、乙亥、癸未，不带六害、亡神、劫杀，不至于看破红尘走入业林；但日支亥与年相同，为"主本同宫"，亥亥自刑，去克妻；月支、时支带华盖，父母、手足、子息的缘分较薄。

　　本造生于小暑后五日，火气未退，仍是丁火用事的时期，本以水调候，但两癸泄于两乙，双亥又羁合于两未（亥中壬水泄于未中乙木，且暗合未中丁火；亥中甲木暗合未中己土。有的命学家认为是半木局），水力看似多而旺，其实并不旺，反而是木旺（两乙得两癸生，亥未中各藏甲乙木），未交旺气的土被强木所克，有群劫争财之象。

　　偏财格，比劫多，《评注渊海子平》云："偏财者，乃众人之财也，只恐兄弟姐妹有夺之，则福不全。若有官星，祸患百出。"这是俗谚所说"多子饿死爸"的命。原局无官星，行运逢庚辛则有祸患—泄财生印又生比劫，虚有其表，而无实惠，甚至因交友而惹来麻烦。衡其轻重，当以火为用神—可泄比劫，转生财星。

圆通达观（上）

乾造：

比肩	**甲戌**	偏财		05 壬申	45 丙子
正官	**辛未**	正财		15 癸酉	55 丁丑
日元	**甲申**	七煞		25 甲戌	65 戊寅
伤官	**丁卯**	劫财	羊刃	35 乙亥	75 己卯

此造生于立秋前十三日，是土旺用事之时，未中己土真神不透出，反而透出已经功成身退的丁火，这叫"假伤官格"。

退气的丁火伤官与进气、有强根的辛金正官相抗，如果生在现代，很容易成为弱势的在野党员，或与官府作对的分子。

日主通根卯，又得一甲相助，是身旺的"假伤官格"，合于"木火伤官官要旺"之说，以金为用神也。这种命在现代是被唾弃的对象，但仅管别人怎么横眉瞪眼，他还是"我自为之"。

可惜的是，官星有力的运在少不更事之时，更背的是申运、酉运中的流年，都与官星作对，全是水、木、火流年。

申运：十岁癸未、十一岁甲申、十二岁乙酉、十三岁丙戌、十四岁丁亥。

酉运：二十岁癸巳、廿一岁甲午、廿四岁丁酉。

往后生官星的戌运、丑运，流年也是水、木、土的流年：癸卯、甲辰、乙巳、丙午、丁未及癸酉、甲戌、乙亥、丙子、丁丑。反之，流年是官星或财星时大运却走克官星的丙丁、克财星的甲乙。六十四岁以前，大运流年都好的际遇很少，所以这辈子算是白混了。

（三）秋木之用神

秋木虽为凋零时代，然于处暑之前，水尚未生，火有余炎，煞星虽当令，不宜火制。盖火虽制煞有功，而木亦防燥干。宜以水来化煞，再用土来培木。至于水、土两物，本犯冲克，今以此两物并用者，因初秋之木非此两物不能生也。然则不忌冲克者，乃从天理而推察也。处暑后近白露，天道转凉，稍可用火，但不宜多。总之，重于水、土两物耳。

仲秋之木，值肃杀气候，枝叶根干将欲枯朽，此正凋零之时代至矣！古书用以金砍，此论不然，既是凋零之木，岂堪锐金削伐？虽有"煞星重，不忌煞"之说，然而五行之性质各有喜忌不同，八月受害木，砍之无益，且不用他生水，所以忌见官煞。古书曾言："煞星重而行煞旺运，早赴幽冥之客。"如《五言独步》云："甲乙生居酉，莫逢巳酉丑；富贵坎离官，贫穷申酉守。"明明忌金，而再犯水火者，制化之道也。然中秋之时，天道转寒凉，至水虽能化金而生身，一方增凉，阴气重重，木亦不能兴旺，凋零木要以增秀，宜以火来暖之，犹在花房之中，水汀开放，虽在寒冷之时，花草树木仍能欣欣向荣也。况火又能制金而生财，有顾及三方之效用，是以为最喜之物。至于水，八字中略见一点，运上不宜再见，并不作用神。无论木性凋零至如何程度，土总不可缺，无盗气之害有栽培之功，亦不作财生煞论。古书曾言："八月官煞旺，甲逢秋气深；财神兼有助，名利自然享。"庶几可以明了真相矣。

　　深秋霜降之时，木形更枯，枝叶凋零，而且阴气加重，见水则尤，因近冬气候，见水则愈寒。此时草木气脉渐入于根，以火暖、土培，若土多，见比劫亦不忌。惟金水两物徒增其寒，不宜见。

　　秋木之喜忌，可参考《金不换骨髓歌断》：

　　　　甲木无根值孟秋，财多煞旺恨身柔；
　　　　运行顺地迟方好，逆运须防夭更休。
　　　　甲木酉提用正官，顺行坎地必成欢；
　　　　逆转南离官被制，须知禄尽见阎罗。
　　　　甲木戌提用财官，顺运东南福更宽；
　　　　若得柱中逢亥未，逆行名姓达金銮。
　　　　乙木生来值孟秋，财官印绶忌身柔；
　　　　中年不许行西北，顺运无如逆远通。
　　　　乙木酉月杀多强，大运功名佐庙廊；
　　　　若是有根尤更妙，南行火运贵非常。
　　　　乙木戌月多财煞，惟恐初年疾病生；

 圆通达观（上）

若到中年多发达，不拘顺逆总宜行。

《三命通会》：

初秋，不宜火，阴雨生者最妙。见金，火气尚炎，金气未盛，不为害；处暑以后，西方人忌之；金水同行，化凶为吉。逢土培植，利就名成；水盛无土，西北方人飘荡无居，东南方人反凶成吉。

八九月，木正凋零之时，火弱者贫夭，或夜生，或阴雨，或水解之方吉；东方人文章富贵，见水有漂流之患，西北方人尤忌。得土栽培，根基稳厚，见金反吉。气运宜往东方、南方。

乾造：

偏印	**癸未**	偏财	01 己未	41 乙卯
正官	**庚申**	正官	11 戊午	51 甲寅
日元	**乙酉**	七煞	21 丁巳	61 癸丑
伤官	**丙子**	偏印	31 丙辰	71 壬子

乙木生七月，初交立秋，暑气尚重。柱中官煞重叠，克制乙木太过，丙火伤官虽能制金，然则炎气未退，丙火之势尚在，乙木亦防枯渴。要以水来善化金神，又用土来培植。所以初秋之木，尤以水土调和为贵。柱中已见两水，土尚不足，宜行土运补之，始为合理。达比劫成虚荣。

乙酉日生丙子时，当以正官格看。乙木无根，官旺身弱，丙火伤官是格局忌神不用，当以癸水偏印为用，成为"伤官佩印"、"官印相生"格。

偏印成为用神，呈现出来的正面（优良）性格为：思想脱俗、领悟力高、感性强，好学不倦，最适宜从事哲学、玄学、宗教工作研究工作。

乾造：

正印	**壬子**	偏印	08 己酉	48 癸丑
正财	**戊申**	正官	18 庚戌	58 甲寅
日元	**乙丑**	偏财	28 辛亥	68 乙卯
食神	**丁丑**	偏财	38 壬子	78 丙辰

乙木生初秋，处暑未交，火气仍浓。丁火食神独见，尚是无妨。因食神亦贵重品，不宜伤他，亦不宜再见。申金正气官星独见，为护身之本，不宜多得而损木。土见三位，似乎财旺身弱，不知秋木生于凋零，宜以土为培养亦未必为害。水星有二，调济气候生扶乙木，当取为用。至于土，行运逢之，虽无妨害，然则柱中土多于水，总以用水为主。

运行庚金，正在学堂攻书，且以壬水透出而引化，有滋印之功，所以尚称良好。戌运刑丑，椿庭见背，可为"墓库忌刑不忌冲"之明证。水运与土既济，当能较顺也。

七月乙木在《造化元钥》有一个独特的取用创见——己土污金法：支见丑未而有己土出干，以卑湿性质的土混合壬水，可挫庚金之锐，培乙木之根。丙癸出干，柱有三己，可许科甲；有己透加丙方是上命。

此造二丑，丁戊透出，决非科甲上命，而是"异途"之贵——在现代可经由选举或组织社团而贵。

四柱中只见一个正官，无七煞、伤官，是正人君子，个性笃厚正直，岁运行正官旺运可以发达。正官有一个独特的法则——"正官引时"。自正官之干，对照时支，逢长生、冠带、临官、帝旺者，四柱虽有伤官亦无大害；逢沐浴、病、死、墓、绝者生平多灾，常为事业困扰。本造正官庚，对照时支丑逢墓库，未来的发展力不大，且正官的旺运（酉）在十八岁前就走过了，其成就只是"在学校读书"到庚运而已。

时干丁火食神坐丑入墓，古书说"食神入墓，寿数难逃"，幼少年时代平安，青年以后做事多阴滞（女性则子女缘薄），此命在五十八岁以前走的是丁火食神衰弱的大运，不能得到太太的帮助（食神是妻财之代表岳家），是自己奋斗的人。

 圆通达观（上）

乾造：

偏财	戊子	正印	04 壬戌	44 丙寅
正官	辛酉	正官	14 癸亥	54 丁卯
日元	甲辰	偏财	24 甲子	64 戊辰
食神	丙寅	比肩、归禄	37 乙丑	74 己巳

本造甲木坐辰余气，通根于寅，年支又有子水生木，是日主有"本钱"可以担当大任，江浙人，大运又顺行由北而东，符合发达的条件。

原局金木势均力敌，水、火、土力量亦接近，分成两党之后，火土金胜过水木。衡其轻重得失，当忌土、金、木而喜水火。

甲人见丙有辛，名"食神带合"，主为官有权印，是主管级人物。寅是甲木的禄、子辰的马；禄养命，马扶身，主外地发达，财源广阔。《三命通会》云："申子辰人马在寅，而五阳干乘之，见甲寅正禄文星马、丙寅福星马、戊寅伏马、庚寅破禄马、壬寅截路马。以上亥卯未寅年月日时发应。"此造寅中所藏的甲丙戊全部透出，名"聚透同宫"，命局自有一股精神和贵气，当为不凡之人。

乾造：

正官	辛巳	食神	11 丁酉	51 癸巳
偏财	戊戌	偏财	21 丙申	61 壬辰
日元	甲辰	偏财	31 乙未	71 辛卯
劫财	乙亥	偏印	41 甲午	81 庚寅

本造生于立冬前九时，土旺用事之时。辰戌冲，戌冲所藏戊、丁、辛透出辛金正官、戊土偏财，是为"杂气财官格"。杂气格大抵透官者贵，透财者富，透印者享父祖现成之福；亦以财多为尊贵。喜身旺、刑冲；忌压伏。（财忌比劫，官怕伤，印怕财。）

乙透且木有辰余气、亥长生，日主不弱。但财、官之强度大于木，当以亥水为平衡用神。巳火及戌中丁火值退气之时，数量亦少，当作调候用神亦可，惟行运不可再逢旺火，否则会泄弱日主，加强财星，造成日主不堪负荷。

古歌云："月令提纲不可冲，十冲九命反为凶；惟有财官逢墓库，运行到此反成功。"一般正官格、正财格、偏财格均忌行冲月支的大运，只有"杂气财官格"相反：要走冲月支的大运。此造走未运刑戌、辰运冲戌，为发达之期。

乾造：

正印	**壬子**	偏印	06 辛亥	46 乙卯
正官	**庚戌**	正财	16 壬子	56 丙辰
日元	**乙亥**	正印	26 癸丑	66 丁巳
伤官	**丙子**	偏印	36 甲寅	76 戊午

此造有两种"外格"，但都不理想，近于"破格"。

1. "六乙鼠贵格"，月令不是水、木，透出庚金。
2. "杂气财官格"，戌中所藏辛丁戊全部无透出。此造生于霜降后二日，戊土当令用事，江浙地区平均温度约摄氏十三度至十四度，命局水居半，又得庚金泄土生水，有水泛木浮之虞。水为病，土为药；庚金正官乃为虎作伥之害物，用之为官不可伤，不用官星尽可伤，有害之物宜去之，故以火制金、生土为喜神。乙庚合，见丙即不化金，此不待辩者。据经验，乙日合庚的人牙齿大都较弱，庚日合乙者相反。

行甲寅运为"藤萝系甲，可春可秋"，不怕庚克，不虞浮泛，此十年较安定。行午运为"虚湿之地，骑马亦优"。

（四）冬木之用神

冬令之木，应正枯朽之际，枝叶尽落，气脉收藏于根，无发展之力矣！惟保留其原有之精华，待春发动也。欲保留其根而不损伤，第一不宜水，盖寒冬之时水凝结为冰，非但无助于木，反足以损之也。要以土来压之，自然根本坚固。按：冬木全靠土来护根，不作财旺身弱看。木性在根，金砍无用；若水多，见煞不为忌，惟不作用神论也。比劫虽多，岂能并透？但取土来培植，再加火来暖之，使木之根源得其温和之气，则寒性既除，庶无冰冻之患矣，故而火土为最得用之神。

寒木得火而有生机，木本生火，寒木反以生火为生机，是"反生"之理。火在冬令作阳光看，象征阳光的丙火是冬木之最爱。

十月，遇火，贵而有寿。火土辅运，富贵双全。见金，虽无害木之根本，骨肉未免参商。见水，有滋助之意；东南方人利就名成，西北方人贫寒孤克。

十一月、十二月，喜火、与土同躔，位登台鼎。见水凶，贫贱者寿，富贵者夭。见金，无咎；干支有丙丁者却能富贵。气运宜往南方，东方次之。

乾造：

偏印	**壬午**	伤官		03 壬子	43 丙辰
正官	**辛亥**	偏印		13 癸丑	53 丁巳
日元	**甲戌**	偏财		23 甲寅	63 戊午
食神	**丙寅**	比肩	归禄	33 乙卯	73 己未

甲木生于亥月，名虽长生，实则毫无精神。壬亥两水，不能保护甲木，反助阴气，而甲木愈元精采。辛金官星独见，虽无害于木，然亦无用之物。尤喜戌土培养，加以地支寅午戌会火局，热气充足，不畏寒冷。故用神以土为主。行运再达火乡，虽无害，亦无益矣。

本造生于小雪后九日，壬水当旺透出，又得辛金生之。甲木通根得禄于寅，《滴天髓》云："水荡骑虎。"寅中藏甲丙戊，能纳水气，不患浮泛。况有戌土止水，干透丙午除寒，堪称"地润天和，植立千古"也。

丙火见寅午戌全，为火之类象，虽在寒冬，亦有反炽泄木之弊，亦宜水以济之，土以晦之。辛金能砍甲木以取贵不为太过。

细究之，此造命中字字有用，不必硬分喜忌。这种命局大抵行运怕刑冲；寅归禄怕申冲，岁运逢巳、申为"三战杀"，灾咎病厄不免。

年干壬，食神丙，甲禄寅，乃命带"天厨食禄"，主福慧优游。又与戌之"财库"相会，主享父母现成之福荫。

乾造：

正官	辛丑	正财		03 己亥	43 乙未
七煞	庚子	正印		13 戊戌	53 甲午
日元	甲子	正印		23 丁酉	63 癸巳
比肩	甲戌	偏财	空亡	33 丙申	73 壬辰

甲木生十一月，于寒冬之时，虽沐浴之地，实则仍在枯朽之乡。庚辛两金相连，皆作煞论，加以水多，两物皆无砍伐及滋养之功。全仗丑戌两土，制水、培木为有用。惟四柱不见明火，寒气未除，犹防冰冻，虽有戌中丁火，力量有限，无能为也。宜达火土之方，始可稍得安全。

此造生于大雪后四日，江浙地区平均气温约摄氏五度，寒甚，寒木不发，五行明显缺火，只有戌中一点丁火，实无济于事。

醉醒子王铨《气象篇》云："过于寒薄，和暖处终难奋发。"此命即使大运走丙丁巳午未，亦不会有大成就，因原局的用神火，根基太弱了。

庚辛透出并立，是官煞混杂，无去留；子水印星又被丑合、戌克，不能化煞，及"浊"命，地位不高。况，金死于子，"金沉水，岂能克木"？及官煞无用，身无依托（没有固定的事业、工作可谋生，或不受管束，或斗志不强），大都一事无成，文不文，武不武。

乾造：

偏印	癸巳	伤官	驿马	10 甲子	50 庚申
比肩	乙丑	偏财		20 癸亥	60 己未
日元	乙亥	正印	岁驿	30 壬戌	70 戊午
劫财	甲申	正官		40 辛酉	80 丁巳

乙木生十二月，天道正寒，枝叶仍在枯槁之时，气脉尚在根源。癸

亥两水无生木之功，有增寒之患。申金官星无削伐之力。比劫虽多，有动劫之患，无资助之方。所以冬木虽衰，比印两物皆忌多见。五行全仗丑土培木之根，再以巳火助财星而暖寒木。亥水欲来冲巳，妙有丑土隔离。本当火来生土，结果土去救火，乃连环用法。所以火土两物，并取为用。

乙木见甲透出贴身，名"藤萝系甲"，柔性转刚，具有更强韧的生命力，四季皆宜，不畏金之斫伐。甲乙三木生于亥，又有癸水出干生扶，一片寒林，木气与水气皆旺。

生于大寒后，己土当令，气进二阳，支有巳火生丑土，全局有一线生命的曙光。

日主强旺，堪任财官，权衡所需，确以火土为喜用。命局的危机潜藏于巳亥申刑冲害，若岁运逢寅则构成四生全冲的"三刑杀"，而使命局全盘动摇。幸好在百岁以前大运没碰到，只有在流年有效期到：十岁壬寅年、廿二岁甲寅年、卅四岁丙寅年、四十六戊寅年、五十八岁庚寅年。其中以五十八岁庚寅年最不吉利——寅冲大运申，庚寅冲生时甲申（反吟），庚寅合生日乙亥（晦气入门）。

三、水在四季之用神

（一）春水之用神

春水性质，不易捉摸，学者须要细察。

初春之水，尚有泛滥之势，命局中再见金来生扶，则成崩堤溃岸之力。盖，春日阳气已动，水亦开冻矣，宜以土来制之。若遇金多，则徒使其奔驰不停也，稍见一点木尚不忌，若四柱水木重重，则木浮而不积，所谓水漂木浮也，要以火旺去金、焚木而生土为合宜。是以初春之水亦喜火土两物也。如四不见比印，纯是火土木盗泄其气，则病轻，惟喜土暗中生印帮身，乃轻补之法也。

仲春之水，其气渐衰，木为忌物，略见比印则无防，但不可多见耳。火亦不可多而损印，又不可不见，不许见点为宜。但其命局似旺不旺，似弱不弱之时者，其病亦轻，尤喜土来解决其病源也。

清明之后，阳气加重，土性逐渐而加厚，则水亦渐渐而转衰，无论汪洋之水，至此时亦聚而流矣。若木火多，尤喜土来生金；如土亦多，且无比印，则喜印绶。或木火与金水势力相并，独喜土来和解。谷雨后，水只一点形质，其性尤弱，宜以金来生扶；若金水旺，又喜木来制也。

春水，在命学家的解释是：严酷凝结的气，在和暖的气温之下，融化为湿润散漫的一种气。所以《造化元钥》五行总论云："生于春月，性滥滔淫。"论其喜忌云："再逢水助，必有崩堤之势；若加土盛，则无泛涨之尤；喜金生扶，不宜金盛；欲火既济，不要火多；见木虽可施功，无土仍悉散漫。"

《三命通会》的看法是：

支见劫刃、干透比劫，须以戊土止水；无劫刃，不须用戊。

见戊多，要甲木制之，方不致塞水之流。金不能缺，但不宜多。

火可济水，但火不宜旺，火太旺则水涸，又要比劫为救。壬得丙照，名"春江水浮暖"。

伤官格，水少要比劫印星；水多，要土培其根，火暖其气，即喜财官也。

乾造：

食神	**甲午**	正财	02 丁卯	42 辛未
偏财	**丙寅**	食神	12 戊辰	52 壬申
日元	**壬寅**	食神	22 己巳	62 癸酉
七煞	**戊申**	偏印	32 庚午	72 甲戌

水在春令是"休"的时代，壬水在寅是"病"位，此造一望而知，是木火太旺的命局，要取壬癸亥子比劫为用神，庚辛申酉印星为喜神。此造没有比劫，惟一的印星又被当旺的寅木冲损，所以格局不高，可取的是：1.壬水得丙火相照，为"春江水暖"。2.命局木火土金水循环相

生，有源源不息之机。

乾造：

伤官	乙亥	比肩	02 戊寅	42 甲戌
正官	己卯	伤官	12 丁丑	52 癸酉
日元	壬申	偏印	22 丙子	62 壬申
正财	丁未	正官	32 乙亥	72 辛未

壬水生二月，气未全衰。天干乙木透出，地支亥卯未全，成为伤官之局，泄壬水之精华。幸坐支金星助之，稍得其力。

以此而论，水木有对峙之势，妙在己土官星透出，制水而盗木之气，作双方和解之神。丁乃官星之根，用物以己土为主。

此造是水少的伤官格，当以申金偏印、亥水比肩为喜用神。行运忌寅冲申、巳亥冲。此造偏印在日支贴身，当以偏印为亲切的用神，喜行地支的土金岁运。

乾造：

食神	甲午	正财	09 己巳	49 癸酉
七煞	戊辰	七煞	19 庚午	59 甲戌
日元	壬午	正财	29 辛未	69 乙亥
偏印	庚戌	七煞	39 壬申	79 丙子

壬水生三月，清明之后，水性收束之时，无流动之势矣！柱中三煞制身太过，再以两午火财神助七煞而盗衰水之气，此午火不作"禄马同乡"看，宜以五行喜忌为主。既身弱煞重之格。财乃助煞之物，应作病神论。甲木食神虽制煞，而泄气亦无益于事。

此造戊土通根辰戌，是徐乐吾所说的"见戊多，要早木制之"的命局。财煞太旺，又要以比劫、印绶来生扶日主；壬水在辰是墓库，得微根，有庚金偏印在时干贴身相生，如此可任财官（有能力谋生、服务社会）。庚金偏印虽会克甲木食神，但本造甲庚遥遥分开，并不构成"枭印夺食"的劣局，反而各得其用。这种命局最喜行壬癸比劫在天干的岁运。壬午日午中藏己土正官（禄）、丁正财（马），名"禄马同乡"，此格宜生于秋冬，身旺可任财官，忌甲乙寅卯木旺则秀而不实。此造生于墓，不符合"禄马同乡格"的条件。

乾造：

正财	丙子	比肩	禄元	04 癸巳	44 丁酉
劫财	壬辰	正官		14 甲午	54 戊戌
日元	癸亥	劫财		24 乙未	64 己亥
伤官	甲寅	伤官		34 丙申	74 庚子

以辰中的癸水为根帮身。如果站在比劫天透地藏，为了保护养命之源的财星的立场而言，是可以取辰中所藏的戊土，但此造的水木党多而众，辰土势单力孤，官星即使可当用神，也不会有太大的出息。

（二）夏水之用神

夏令之水，性质干涸，热气炎炎，万物皆燥，能见一滴之水，可泽千里之润。夏水见比劫，本为贵重之物，能助我之力也。不过比劫之物虽助身，总属劫财，所以虚空无实惠；若命局中财星重遇，比劫运或可稍得馀粮。当此炎热之际，花木枯槁，非水之滋养不为功，况有制火之力也。

土乃长养之物，亦宜见之，惟不欲多，多则损水。最喜印绶滋生，亦化煞生身之道也。见木虽能克土，然泄我之气，无益于用。

官煞宜化不宜制，化则助身，是为"王道"；制则伤身，是为"霸道"。惟有印绶能顾及数方，可以定为用神矣。

以比劫为"虚空无实惠"之物，这是因为他是商人出身，功利主义重，偏于"唯物"思想，而忽略了心灵世界。要知道，当比肩、劫财是命局喜用神时，就会显现其正面的、优良的性格：

 圆通达观（上）

比肩—独立自主、自信、择善固执、临事果断、坚持到底、主动积极、不随波逐流、旷达豪迈、有所为而为。

劫财—乐善好施、抑强扶弱、人缘广泛、轻财重义、合群、慷慨、机变灵敏。

这些正面的、优良的性格，是成为领袖群伦的杰出人物所需具备的条件，政治家、宗教家、医师、工程师、教育家、实业家、艺术家、发明家等，很多是以比劫为用神的，不见得就没有财富和地位。

至于以制为"霸道"，有时要用"王道"，不可呆板。"穷则独善其身，达则兼善天下"，才是处世之道。

乾造：

食神	甲午	正财	03 庚午	43 甲戌
正官	己巳	偏财	13 辛未	53 乙亥
日元	壬申	偏印	23 壬申	63 丙子
偏财	丙午	正财	33 癸酉	73 丁丑

壬水生四月，节近芒种，火土正旺。壬虽称为江海之水，到尽头之时，不但不能施威，反成乾涸。兼之四柱纯火，壬水无处藏其形。

甲木有生火泄气之害。亦非善良之辈。得己合而从土，而止其助火之患。然身弱本忌财官，幸官星不多，所以从土亦不大忌。盖，弱格全仗印绶生扶，财星乃伤印绶用神，故大忌之。官然虽制身之物，尚能护印，所以此造忌财不忌官也。甲合就己者，为夫家冷落，妻家兴旺，不免儿妻而过活也，此谓"化旺不化弱"之道也。"总之，木性亦不能完成毁灭。

命局最有用之物，独坐支申金，只要五行得用，何忌枭神？壬水得其依靠，而有长滋之力。中年金水连环，极为顺利。

申金是用神，在日支妻宫，一般的说法是妻有助，但申金被巳午火夹攻，其助力其小，还有中途变卦的可能——老婆跑了？离婚？死了？再娶？

乾造：

七煞	**戊寅**	食神		09 己未	49 癸亥
七煞	**戊午**	正财		19 庚申	59 甲子
日元	**壬戌**	七煞		29 辛酉	69 乙丑
正印	**辛亥**	比肩	归禄	39 壬戌	79 丙寅

壬水生午月，财神旺极，水性正衰。年月两煞透出，克身已成太过之势，不意地支寅午戌会成火局而助煞，以害日主，其病甚重！

以日元之禄，在年、月支叫"建禄"，在日支叫"专禄"，在时支叫"归禄"。若是年干的禄，星宗法称为"禄动"，紫微斗数称为"禄存"。

此造天干两透戊杀，地支年寅木生月午火生日戌土，全局气势以七煞为最强。可谓七煞全彰，专赖日支归禄、时干正印，帮身化煞为喜用。火旺金微，金朋销熔之虞，亥水能制火护金，故以亥水为第一用神，行运喜金水，最喜火及巳冲亥、寅卯未合亥。

壬戌是"日德"，此日生人，据经验大都心地善良，能怜贫恤老，逢戊戌年有灾。

乾造：

偏财	**丁丑**	七煞	冲	05 丙午	45 壬寅
偏财	**丁未**	七煞		15 乙巳	55 辛丑
日元	**癸巳**	正财	合	25 甲辰	65 庚子
正印	**庚申**	正印		35 癸卯	75 己亥

癸水生六月，大暑未交，火星仍旺，以助七煞。然而弱水岂能敌其乘旺之火土？其病已明。

巳火幸有申合去，虽不能化水，亦无坏印之害。四柱惟喜庚金正印，善能化丑未之煞，兼作日主之根，始有长润之力；且以丁火不伤庚金，是以定正印为用神。

此造财印贴身（月干、日支、时干谓贴身），精神与物质生活不能

 圆通达观（上）

调和，又走坏运则容易贪赃枉法、身败名裂，行事虚伪浮华，多病多灾。现代社会环境所施予人的压力、诱惑、迷惘尤大，如果命局、运局有财印相峙无化解的人，最好要澹泊物欲，从事社会福利、公益工作，才能保身。

此命局喜水，但命局癸坐巳，天干两丁与癸相战，生于夏至前，火气犹炽，《气象篇》云："过于燥烈，水激处，反有凶灾。"卅五至卅九岁行癸运，不见其福，反有凶灾。

乾造：

偏印	**庚子**	劫财	羊刃	05 甲申	45 戊子
劫财	**癸未**	正官		15 乙酉	55 己丑
日元	**壬寅**	食神		25 丙戌	65 庚寅
正印	**辛亥**	比肩	归禄	35 丁亥	75 辛卯

壬水生六月，火土当令之时，壬水正衰之乡。然则四柱纯是比印，生扶有力，且以命局缺火，则印绶不受损伤，而生壬水，以弱转强。夏水虽涸，亦防洪潮。言虽如此，其性质总不坚，惟喜官煞制水、生金，火则少见为妙，若多损印，亦忌也。

此造金水有六，四水二金，生于夏至后第四个庚日（中伏）之后，金水进气，阴气渐长，若金再受土生而后转生水，则阴气更盛。况且时支亥水生寅木去克未中一点己土，弱土焉能制旺水？怎堪强金之泄？

《造化元》以辛金蓄水、甲木疏土为喜用，但此造未土不强，又无己土浊壬，所以不需要甲木，反而要火来制金、化木生土，不幸的是他的大运走西北，没有碰上巳午火，真是运与命左！

命局喜火而命局、运局无火的人，可在南方发展，如果是北方人到南方去任职、创业，效果更好。

劫财、食神、正印贴身，有义气、爱心、人情味、从事教育、传道、表演事业最适合。

命局财星十分微弱（仅未中丁火、寅中丙火，又受克），攒钱比一般人辛苦，不善理财，钱财入手则空，容易把钱花在女人身上、为情或色所累，如想积蓄钱财，必须点点滴滴刻意的加以累积，才能达成愿望。走比劫运时，不利于物质生活，欲望降低，可以修行佛道。

例：女明星，一九五三年六月十一日寅时生

坤造：

比肩	**癸巳**	正财	07 庚申	47 甲子
七煞	**己未**	七煞	17 辛酉	57 乙丑
日元	**癸酉**	偏印	27 壬戌	67 丙寅
伤官	**甲寅**	伤官	37 癸亥	77 丁卯

此为一女明星之造。癸日生甲寅时，以正格论，此为火土当旺的七煞格，柱有癸透酉藏，不能从财煞，而以水助金生为喜用神。时上伤官虽能制煞，但亦泄身、生火，转生官煞攻身，是为命局之病，所谓"女命伤官福不真"，正指此而言。木为病，金为药。

年干比肩坐天乙贵人，外祖父（一九六六丙午年戊戌月任局长、一九七三癸丑年乙卯日任通讯社社长、一九八二壬戌年己酉月癸亥日因急性心肌梗塞逝世，享年七十七岁）。月柱七煞为忌，日支偏印为用，父早逝，得贤母之养育。因煞旺身浅，婚姻多次均不美满。上大运后，一路金水扶身，十六岁戊申年（一九六八年）进入电影界，一帆风顺。卅五岁丁卯年（一九八七年）与大运壬戌天地合，荣膺影后。现皈依密宗。

（三）秋水之用神

秋水母旺子相，谓金星当令，水随母而生也，称为表里光荣，再加以金，谓金白水清、"子母皆和"，成为体全之象。此等八字，若生于处暑后，则金生水强，忌比印，宜财来生官煞，兼用一点木。若金水重，最喜者木火，略带木火两物为合格。

仲秋之水，要以土制，或用木泄气而生财。惟以土为主。明财不宜见，见则必破败。何以身旺反忌财？而且忌财者独壬水？若八月癸水则不忌财？此乃玄妙之理，应验异常。后学者与人谈命，若遇此类命局，忽以身强财浅论，宁使木来生火为要法。

深秋之水，最喜财神，稍见木土以备制旺水兼生财之用；若木多，以土为主；金水多，则宜火土；土太多，则用木。不宜再见比印。察其不足之物，而定用神，方为正理。万勿以普通学用神要得气，乃大谬也。若以得气为主，定用神最易，譬如春旺木，就以木为用；夏令便可取火为用神。

论秋的用神，不分日干是壬是癸，笼统不清。八月壬水，身旺何以忌财？八月癸水何以不忌财？从前贤留下的命局经验法则中去苦思答案：

1. 八月壬水是正印格，正印忌财；八月癸水是偏印格，偏印喜财。古歌云："用之为印不可坏"、"印星偏者是枭神，柱内最喜见财星"，这是传统的六神法则，我们可从《三命通会》的"论印绶"、"论倒食"、"论食神"、"论寿夭"等篇中去体会。

2. 八月壬水若柱中无甲木，用金发水之源，满盘庚辛，成为"独水三犯庚辛，号曰体全之象"，以金为体、日元之水为用，是"母吾同心格"此种特别格局，忌丙丁火财来破格。

3. 若财星是指正财，壬见丁合正财，丁壬合在八月是合而不化，反成羁绊；癸水之性清润，八月金白水清，取辛为用，丙火正财为佐，名"水暖金温"，丙火有调候的作用。传统的观念，认为癸水的性质比壬水阴凝；丙火有调候的作用，丁火没有。

其实不管是壬水或癸水日主，若原局比劫多，逢财则财源被劫，不管是壬水日主或癸水都是怕怕的，决无壬水忌见财、癸水不忌见财的论调。

至于九月壬水，身旺、官煞旺，则取甲丙为用；金水强，身旺杀浅，则取丙戊为用。九月癸水，身弱取辛金为用；官旺，取水木为用；火土非癸水所喜。

乾造：

伤官	甲午	偏财		07 癸酉	47 丁丑
劫财	壬申	正印		17 甲戌	57 戊寅
日元	癸巳	正财		27 乙亥	67 己卯
劫财	壬戌	正官		37 丙子	77 庚辰

癸水生七月，处暑未交，余炎未尽。且喜比印重逢，以助身荣。巳午两火，财力亦不弱，加以甲木伤官透干，以助财星，身与财似有对恃之势。然细推，金水稍重于木火，宜以戌土虚官制水以存财，而定为用神。《神峰》云："岁日时中虚官制水以存财，而定为用神。"《神峰》云："岁日时中虚官取用，十有九富。"言虽如此，总须运来相凑。此造晚景荣昌之命也。

正官在年干支叫"岁德正官"，在时叫"时上正官"，在日叫"天元坐禄"——壬年"禄马同乡"，癸巳"财官双美"，庚午"白虎持势"。此造天干两壬一癸，气注于甲木，甲木又生午火财星。地支午火克制申金，使申不致刑合巳火财星，而巳火得生戌土官星。整个命局上下左右配合有情，算是很不错的命格。木火为喜用，即伤官生财为喜用。缺点是甲木在地支无根（寅卯），其人不够精明厉害；地支午火之丁不透，才华没有显露出来，不为世人所知。喜用在年，祖上有德；在日支、时支、妻贤子肖。人生如此，亦足慰矣！

推命时是四十二岁乙亥年，初交入子运，水旺木漂，且冲午破财星，该有祖业动荡破财之事——丁丑年起。日寇侵华，而后是国共之战。原批所批的"晚景荣昌"，恐怕是在五十七岁以后的事了。

乾造：

偏财	丁亥	劫财	驿马	07 戊申	47 甲辰
七煞	己酉	偏印		17 丁未	57 癸卯
日元	癸巳	正财		27 丙午	67 壬寅
偏印	辛酉	偏印		37 乙巳	77 辛丑

癸水生八月，印绶当令，日主随酉金而并旺，兼之时上辛酉两金生扶，其势更猛。身旺本喜财神，坐支巳火，可为用物，惜被亥水冲去；亥再助癸为害。此造全由己土七煞制劫财，而存丁火财星，且喜丁火又作衰煞之根，谓"身强煞浅，生煞为贵"者也。既曰财煞依护，惟八月丁火力量有限，尤喜木来生之，今四柱不见伤食等物，宜以运上补其不足了耳。

食伤财重则用印，印重则用食伤与财，一定之法也。

此造不见壬水透出，偏印重，当取食伤与财星为用，而且一定要木火并用，缺一不可，何以故？

1. 只有木、无火。木虽可制己土七煞，但难逃旺金之克。如果单见乙木食神，则为"食神制煞逢枭，不贫则夭"的凶局。

2. 只有火、无木。丁火虽可制辛金枭印，丙火可合辛金枭印，但有己土，火会被土泄而晦。本造原局有火，行运喜木。

木火同时施用，才能达到制金生土，木火两不受伤的多重功能。

此造缺乏明显的食伤星，不善于表现（口才、肢体语言）交际，个性较固执，行事专一有恒，甚少变动，最适宜人事专业性的技艺。卅七岁以后大运进入食伤之地，向东方发展，可以扬名。

乾造：

正官	**己亥**	比肩	建禄	09 壬申	49 戊辰
劫财	**癸酉**	正印		19 辛未	59 丁卯
日元	**壬寅**	食神		29 庚午	69 丙寅
偏印	**庚戌**	七煞		39 己巳	79 乙丑

壬水生八月，身势应旺，兼之禄印叠叠生扶，势力更为雄厚。得两土制之相宜，只要身健，何患官煞混杂？且喜四柱不见财星，盖八月壬水大忌者，财也。

五行惟取寅木食神制煞、生财，身旺尤喜泄气，有三方之用，是以寅木为用神。此即不必他物生用神。亦不宜用神生他物之例也。

此造行金火运必失败，达中央转和平，逢木则所喜也。然而八字中无火，偶走火地，其害较轻。

壬水得当旺之酉庚金相生，透癸水、通根于亥，身旺也。旺者可任财官，宜泄宜克。

己土正官在年干，戌土七煞在时支，一透一藏，不可曰"混杂"；此处的戌土应该看作是己土的根。

有己土官星制癸水劫财，可用火财，一以生官星，一以调候，但五氏动一直强调"八月壬水大忌者，财也"——以火为忌神的法则，这可能是牵就事实而得到的经验法则。因本造推命时是卅七岁乙亥（一九三五）年，大运正在午，这段时期，本造可能穷极潦倒。

查本造入巳运是三十四岁壬申年，三十五年是癸酉年，三十六岁是甲戌年，三十七岁是乙亥年：都与己土正官唱反调，运当然背。是流年不吉，非大运之罪。因大运吉、流年不吉，所以"其害较轻"。

乾造：

偏财	**丙午**	正财	09 己亥	49 癸卯
七煞	**戊戌**	七煞	19 庚子	59 甲辰
日元	**壬辰**	七煞	29 辛丑	69 乙巳
七煞	**戊申**	偏印	30 壬寅	79 丙午

壬水生九月，水本有气，加以申金生壬水，其力更壮。然而柱中四煞环绕，与壬水为敌，此谓身煞对敌者也。宜以木来制之为合理，命局不见明木，全由辰中乙木稍能服煞，且喜作丙午财星之根，是取伤官为用神。此造欲要发展，非进寅木运，难达目的。

本造丙午火生戊戌辰土，时干又透戊，七煞当令党多。日元壬水只通根于申辰，虽生于寒露后六日，金水进气，辛金用事之时，仍为煞强身弱为用神。

《穷通宝鉴》以土多塞水为病，取甲木克土为去病之用神（药）。寒露后气候已寒，取丙火为调候用神，谓"见丙，便主衣禄，略可处世"。

申金偏印为用，不透出，大运又不走申酉，是怀才不遇之命。年柱财星泄于月柱七煞，从有祖业亦难久享。两戌一辰贴身，个性胆小如鼠，凶狠如狼，然厉内荏；七煞为忌神，容易呈现专制霸道、竞争不择手段的不良性格，容易沾染酒色恶习，惹是生非。

（四）冬水之用神

冬季水神当令，若再加以比劫、印绶，明虽助其旺相，实则水结冰冻，使其不能流动。要以火来除其寒，而使其流通。

土虽能制其旺水，不宜多见而藏水，亦受危也，所以土多亦忌。

至于冬水，最喜财神。木有制土、生财、泄气之功，并用之。

若柱中木多，略见一点土，以火土为主；如命局中纯是木火，略带一点土，而无比印，尤以土来暗中滋印生身为宜。

何以春水见木多为水漂木浮论，冬令水旺反喜木也？盖春水旺而浮，不随之以漂。冬水虽当令，性质寒而冻，岂有漂木之力哉？其木反有生火之功也。

醉醒子《五行生克赋》说："大抵水寒不流，木寒不发，土寒不生，火寒不烈，火寒不熔：皆非天地之正气也。"寒冬以调候为急有火，木、土、金、水才生机，是火"反生"木才对。

徐乐吾说："旺水见木泄其气，是为有情。然水寒木冻亦无生意，惟有遇火则增暖除寒，水得阳和之气而活动，方能泄秀于木，滋润于土，温润于金，大用全彰，方成有用之水，此火所以为最要也。严寒之际，水少土多则冰结池塘，两失其用，惟有值水势泛滥之时，方喜用土为堤防，然亦不能缺火，所以冬水惟财生官为上格，调和气候为最重要也。"

除非是特别格局，冬水总以火土为优先考虑的喜用神。

 圆通达观（上）

乾造：

正印	**辛丑**	正官		05 戊戌	45 甲午
正官	**己亥**	比肩	建禄	15 丁酉	55 癸巳
日元	**壬寅**	食神		25 丙申	65 壬辰
劫财	**癸卯**	伤官		35 乙未	75 辛卯

壬水生十月，月临建禄，名曰"日通月气，以资身荣"。兼之金水并透，其体愈刚，幸小雪未交，天未大冷，不致冰凝，仍有流动之势。冬水本忌土多，此造则己丑两土，右寅卯两木制之得宜。五行所喜者，寅中一点丙火运，极顺利。进申运，伤寅中丙火，用神受损，不免一败涂地矣。

《五言独步》："建禄生提月，财官喜透天；不宜身再旺，惟喜茂财源。"建禄格非必喜财官，但在身旺的冬水来说，财官的确是最喜的。

壬水当令，透癸见辛，是身旺，身旺则喜财官，丑土贴近亥水吸收水气为湿土，己土贴近辛金、壬水也是寒凝的湿土，《五行生克赋》云："三冬湿土，难堤泛滥之波。"官星有用，只不过是无力，没有优良的效果罢了。寅卯木间隔亥水，没有直接克制丑土的作用。

寅中一点丙火为用神，寅中藏甲木食神生丙火偏财生戊土七煞，三物皆喜用之神，所谓"吉神暗藏"也，若行运逢甲、丙、戊时，吉神透出即可发越。缺点是原局寅亥合，用神不顾日主，情有别钟，乃用神无情，所以成就不大。

寅为用神最忌申冲，故申运一败涂地，廿九岁乙巳年，寅巳申"三战杀"，《玉照神应真经》云："带刑全申巳寅，定有官刑嗔讼。"《飞星赋》云："寅申触巳，曾闻虎家人；壬甲排庚，最异龙摧屋角。或被犬伤，或逢蛇毒。"实咎难免。

乾造：

正财	**丁亥**	比肩		03 庚戌	43 丙午
正印	**辛亥**	比肩	建禄	13 己酉	53 乙巳
日元	**壬午**	正财		23 戊申	63 甲辰
正印	**辛丑**	正官		33 丁未	73 癸卯

壬水生十月，初交立冬，水性正在发旺之时，两亥水乘势而日主，天干又逢两辛金透出，凛凛生气，威仪百倍。丑土虚官，乃塞水之要物，多见亦忌；水虽旺盛，土多亦受其危。五行得丁午两火财星为虚官之根，且冬水最喜财神，惜乎八字不见木，不能发山壬水之精气，财星之根亦不固，虽行财运，其利亦轻矣。柱中皆是财、官、印、禄，一派正气，乃善良性质，所以虽达财乡，亦难望其大发也。

此造壬水得两辛相生，又通根两亥，当令而强旺，可任财官，需要火土，不但不忌土，反而喜土。丑土近午火，得火之暖，又上生辛金，转生壬水，使日元的元气（禀赋）温厚，乃长寿之徵。

以财、官、印、禄为正气、善良性质，所以虽走财运，也没有大发达的希望。此造是以木为喜用神。

乾造：

正印	**庚寅**	伤官		08 己丑	48 癸巳
正官	**戊子**	比肩	建禄	18 庚寅	58 甲午
日元	**癸酉**	偏印		28 辛卯	68 乙未
正财	**丙辰**	正官		38 壬辰	78 丙申

癸水生十一月，其性星旺，加以金水重逢，尤防水结冰凝。辰被酉合而软化，惟有戊土合日主，为护身之本。庚金直透，生水过重为嫌，妙有丙火制去。一生衣食无虑，皆由丙火而来，诚养命之要物也。年下寅木作丙火之根，不过土不重，木亦不过多。总之，最喜者，财星也。愈多愈妙。

 圆通达观（上）

此造金木水火土全备：水二、金二、土二、木火各一；时干丙火生时支辰土，而后地支一路递生：辰土生酉金、酉金生子水、子水生寅木；财官印透出，丙火正财坐辰冠带、长生于寅，戊土正官通根于辰、长生于寅，庚金正印通根于酉；癸日主得禄于子、坐酉金相生。是《滴天髓》所说"性定元气厚"的命格，也符合《继善篇》所说的"水归冬旺，生平乐自无尤"、"一世安然，财命有气"。依世欲的看法，这是个三多五禄的好命，几乎没有缺点可挑。硬要鸡蛋里挑骨头，也只有：

1. 生日未过冬至，阳气未生，用神的丙火、戊土气来发动，功效不大。

2. 天干五行不像地干那样递生，不顺畅。年庚寅，上金克下木。干支结构未达到完全"上下情和"，"左右气协"的团聚精神。（月柱戊子，上土克下水，但戊暗合子中癸水，算情和；日柱癸酉，下金生上水，情和；时柱丙辰，上火生下土，情和。）

3. 日支坐偏印，妻宫的福气薄了一点——体质虚弱、怪性、爱憎极端、不开朗、喜欢钻牛角尖或空想等。

乾造：

劫财	**癸巳**	偏财		07 甲子	47 庚申
伤官	**乙丑**	正官		17 癸亥	57 己未
日元	**壬戌**	七煞		27 壬戌	67 戊午
正印	**辛亥**	比肩	归禄	37 辛酉	77 丁巳

壬水生十二月，节临大寒，水性尚不弱，兼之比劫印绶叠见，助身更旺，似乎有奔驰之势。岂知寒冷之时，尚在冰凝之际，难能流通。冬水本患土多，水亦不免受危，丑戌两土足以塞水，然则欲使水流通与土调和，全赖巳火助其温暖，解其冰冻。虽有时支亥水来冲巳火，且喜中隔丑戌两土，不致有损。加之乙木伤官透干，而生巳火，为财星之发源，是以定伤官生财的用神。经云："伤官身旺若逢财，身到凤凰台。"此人命局虽不坏，惟运途不合，金水运居多，惜哉！

本造壬水通根得禄于亥，天干辛癸生助，水旺而寒，依理当取丙火调候，戊土止水为喜用神，即以巳火、戊土为命局喜用也。

巳火被癸水压伏，又转生丑土，力量甚微。戊土贴近日主及亥水，虽被丑刑，但土无伤，且土因刑而动，较有主动制水的功能，是命局较亲切的用神，《气象篇》云："三刑得用，威震三边。"三刑有气，日主刚强，乃武贵格。乙木贴近壬癸，是寒湿之木，没有生火的效用，这种无用的伤官往往造成孤芳自赏、恃才傲物，聪明反被聪明误、喜欢标新立异、为反对而反对、不守法理的性格和行为，因而招致失败。

《穷通宝鉴》对此种命局的看法是："四柱有壬，丙藏，常人；见戊制水，可许衣衿，且有禄寿。"古时的"衣衿"就是秀才，明朝的秀才得之不易，在一乡一邑中很有地位。此命见戊制水，到了晚年走土运，应当可以成为地方上的有力之士。

壬日亥时是"归禄格"，见官星，破格不贵。

壬戌日为"日德"，此日生者，大都心地善良，能怜贫恤老；怕戊戌年——六岁、六十六岁，有病灾。戌为财库，可富。

四、火在四季之用神

（一）春火之用神

春月木神当令，木旺火相，若再木火重重，未免太过，恐伤物而损身。

初春之时，火尚未旺，见比劫能助其光辉；光辉者，虚荣也。若木火多见，欲喜既济。土亦不能省，若水土过多，木火少，又喜火来助形。金只可一点，不宜多见，盖初春之火其力绵薄，金多则损其印故也。二月之火，其焰稍高，大忌木多，稍见比劫尚可。然亦属无用。金土须要并见，最喜水来济火。

清明之后，阳气渐盛，见木火而燥焰，不可取用。所以春末不得再见比印，要以金来，则灿明能施其功；此类命局，若比印重逢，要以金来盗气，以减火势，而助官，第一喜水。若柱中比劫印绶少见，或竟缺

如，加以土数重重，则火泄气过深，转为衰，惟病则轻，虽不能用重药补救，亦不宜伤其根源；所以忌财星而喜官煞，暗中滋印绶而济火，则子母皆喜矣。至于土，亦不能缺，然多则毁光，不取矣。

火在正、二月是正印、偏印格。印旺，以财为用；比劫旺，以食伤官煞为用；印星比劫两旺，以食伤生财或财生官煞为用。身弱（印星与比劫俱弱），以印星、比劫为用；身弱印少，以杀印相生为用。

三月是食神、伤官格。身旺，以财为用。身弱，以比劫、印星为用。丁生辰月是"火土伤官"，不喜官星。

乾造：

正财	**辛卯**	正印	06 己丑	46 乙酉
偏财	**庚寅**	偏印	16 戊子	56 甲申
日元	**丙子**	正官 咸池	26 丁亥	66 癸未
正印	**乙未**	伤官	36 丙戌	76 壬午

丙火生正月，雨水之时，稍具生气，兼之三木生扶，成为虚焰之势。庚辛两金透出，压制寅卯，则火势亦减。命局惟取坐支子水，暗中滋印生身，乃谓有用之物。关于未土，虽不能取用神，然则土乃长养之物，不能省劫。命局略成纯粹，一生行运，惟金与木稍次，水土火较顺，总之无何大成败。

这个命局的四柱均是上克下、下克上的结构，左右又不通畅，基本上已不是好命格。

生于雨水之日，古谓"阳壮木渴"，支聚寅卯，干透乙木，木旺火相，身印俱强，当取金水财官为喜用。本造财星透出，官星藏于子中，子被未克（六害），又泄于寅卯木，其力薄弱。《造化元钥评注》载朱王圭之造，与此造只年支一字不同：

圆通达观（上）

乾造：

正财	**辛亥**	七煞	05 己丑	45 乙酉
偏财	**庚寅**	偏印	15 戊子	55 甲申
日元	**丙子**	正官	25 丁亥	65 癸未
正印	**乙未**	伤官	35 丙戌	75 壬午

朱王圭，雍正九年（一七三一年）正月十二日未时生，顺天府大兴（北京）人，乾隆十三年（一七四八年）戊辰科二甲第四十七名进士。徐乐吾评："印旺用财官，科甲出身，太平宰相。"其登科甲之年是戌运。十八岁戊辰年，可见土能生财也是取贵的喜用神之一。

仅一字之差，而一为科甲出身位极人臣，一为寻常人物，可能是时代不同吧。朱王圭的八字有亥水，官星较强，且亥是丙日的阴贵人，贵气较大。贵气较大。此造生于雨水后，月将（太阳）在亥；朱王圭生于雨水前，月将在子，加上正月的月德在丙，丙子日柱成为"将星扶德"，也是一种贵征。

本造推命时是四十五岁，正走在戌运之尾，已走过水、土、火运，这些运较顺，没有什么大成败，是已知之事实。接下去的乙酉、甲申运是一九三六年至一九五五年，此二十年历经中日、国共之战，神州蒙尘，日子应该是不好过的。乙酉运冲生年辛亥，甲申运冲生月庚寅，祖业、父母手足损伤离散难免。

坤造：

七煞	**癸未**	食神、羊刃	08 丙辰	48 庚申
偏印	**乙卯**	偏印	18 丁巳	58 辛酉
日元	**丁巳**	劫财、岁驿	28 戊午	68 壬戌
偏印	**乙巳**	劫财、岁驿	38 己未	78 癸亥

丁火生二月，阳气渐进，加以巳火相助，乙卯等三木生扶，其势更重。癸水七煞为夫星，虽透天干，然四柱无财，使夫星之气不足。惟枭

神、七煞并透，乃精明之女，颇有机谋，虽乡间平民之妇，其才亦能压众。既夫星不旺，又无财生，自然女操男权，主理家政，且以前皆在火土之乡，制过夫星，心神操劳，难得高枕。直至四十七岁（按：此为实岁）交财运。助起癸水，始得否去泰来也。

此为印劫两旺之命，当取官煞制比劫、财星克印星为喜用，这种女命若生在现代的都市，必是一位成功的女强人。癸水夫星坐未，又气泄于木，力固弱矣，但亦可贵，因独杀无官混，女命可许以忠贞不二。

乾造：

伤官	己巳	比肩	建禄	04 丙寅	44 壬戌
劫财	丁卯	正印		14 乙丑	54 辛酉
日元	丙午	劫财	羊刃	24 甲子	64 庚申
七煞	壬辰	食神		34 癸亥	74 己未

丙火生二月，已得生气，柱中木火重重，以资其势，成为光辉耀目之象。得己辰两土，泄其火气，多则亦不贵，喜壬水七煞高透，为最有用之神。惟命局不见财星，使煞星不见根，而成欠缺，所以宜行西北方运补其不足，此之谓"凉药通剂"之法也。

丁壬隔丙，不论合，此造只时干一位七煞，名"时个一位贵格"原局有己辰土受强火之生而克水，《喜忌篇》云："偏官时遇，制伏太过，乃是贫儒。"身旺杀衰、制伏太过，张神峰云："喜煞旺运，富贵多子。""时偏官为人性重，刚执不屈，傲物自高，胆气雄豪。"本造比劫强旺又贴身，的确是勇敢豪爽的性格，精神充沛。

财星只有微弱的庚金藏在巳中，此种命格赚钱比一般人辛苦，积蓄钱财也不容易，钱财入手辄空，拙于理财。

乾造：

食神	**戊子**	正官	07 丁巳	47 辛酉
比肩	**丙辰**	食神	17 戊午	57 壬戌
日元	**丙辰**	食神	27 己未	67 癸亥
伤官	**己丑**	伤官	37 庚申	77 甲子

丙火生三月，节近谷雨，阳气本重，火力将欲充足之时，虽有月干丙火以增其力，惜乎四柱土数重重，泄气已尽，五行又缺木来生扶，虽将旺而转衰。三月丙火本喜金水，然而身势既转衰弱，不过轻病，宜以子水官星暗中生印而滋身为用，轻补之法。

本造生于清明后十日五时、谷雨前四日十时，依古法仍在癸水用事期间。命局有子水会辰，凝聚水气，但全局仍以土为最强，可判断为"从儿格"。"从儿格"最喜财星为秀报（富贵之徵），此造无明显的财星，反而有官星，似是格局的瑕疵，其实不然。

徐乐吾《子平粹言》云："凡从格皆忌比劫，忌通根，见之为破格。独朋从儿格不忌，不论身强弱，已失弃命相从之意。从格以所从三神为用，而从儿格以财为用，亦与从旺之理相违，特以日主孤单，食伤成方局，格局相类，列入从格耳，贵贱高低，当论宜忌，不能以成格与否为断也。"

本造子（土）旺母（火）衰，时节渐向亢燥，癸水可除燥润土，又暗生辰中乙木，合于《滴天髓》所云"子旺母衰宜助其母"之意（因木无透出，不会破格）。月干丙火比肩能助日元，亦"助其母"取贵之用神，惜火无根（巳午），根基不够稳实。

《造化元钥评注》载有刘鸿生命造，与本造只差一时：

 圆通达观（上）

乾造：
食神	**戊子**	正官	07 丁巳	47 辛酉
比肩	**丙辰**	食神	17 戊午	57 壬戌
日元	**丙辰**	食神	27 己未	67 癸亥
食神	**戊子**	正官	37 庚申	

戊土出干而无甲木，富而不贵，为著名实业家。八字无正格之用神甲木，所以不贵。其实此格当作"从儿格"，有水无金，秀气不足，故富而不贵，喜火土金，忌水木。前造与本命差不多（土稍旺），亦喜火土金忌木，忌水。

刘鸿生，浙江定海人，生于上海。八岁乙未年（一八九五年）丧父，家道中落。十四岁辛丑年（一九〇一年），入上海圣约翰中学。以成绩优异，获奖学金。十九岁丙午年（一九〇六年），升大二，时校长卜舫济博士（Dr.S.L.Hawks Pott）与莱鞭大主教（Bishop Graves）于次年遣鸿生赴美留学四年，归国后任牧师兼英语讲师，为鸿生所拒，校长斥他为"上帝的叛徒"，将他开除；同年在上海工部局老闸捕房当教员二年，教外籍巡捕上海话。廿一岁戊申年（一九〇八年），任翻译，后任职外籍律师穆安素事务所。交壬子运后，是刘鸿生迈入企业界的人生历程，其重要事迹按行运记录之（七岁欠七十天上运）。

△戊午运（一九〇五年——一九一四年）

廿二岁己酉年（一九〇九年），任"开平矿务局"上海办事处推销员，因推销有术，为开平煤矿打开销路，佣金与日俱增。

廿五岁壬子年（一九一二年），"开平矿务局"合"滦洲矿务局"，改名"开滦矿务局"，任总公司买办。此后白手兴家，渐成巨富，有"煤炭大王"之称。

△己未运（一九一五年——一九二四年）

四十岁卯年（一九二七年）丁未月，成立"中华码头股份有限公司"，任董事长。次月与陈光甫等合组"大中华保险公司"。己酉月，出国考察，遍历英、比、法、美等国，于壬子月返上海，旋至南洋一行。

圆通达观（上）

四十一岁戊辰年（一九二八年），与上海"开滦矿务局"签订合组公司第二期合同，有效期十年。与李拔可等人在上海组建"华丰搪瓷股份有限公司"（次年己巳年丁卯月开工）。任上海公共租界工部局第一届华董。

四十二岁己巳年（一九二九年）乙亥月，任"全国火柴同业联合会"常务委员会主席；丙子月，独自与"开滦矿务局"经营合组公司；同年成立"中华工业公司"，创办"章华毛绒纺织公司"，任总经理（后改任董事长，翌年癸未月开工，产品以军衣呢为主）。

四十三岁庚午年（一九三〇年）庚辰月任上海公共租界工部局华董；癸未月，"荣昌"、"中华"两大火柴厂与"鸿生火柴厂"合并，组成"大中华股份有限公司"，任总经理；同年在上海四川路建造八层高之企业大楼，作为刘氏企业之总办事处。

四十四岁辛未年（一九三一年）丙申月，设"顾丽江采办事务所"，实施各企业统一购料；丁酉月，"九一八事变"起，反对与日本经济绝交；己亥月，设"中国企业银行"于上海；至是年止，刘氏投资企业总金额达七百四十余万元，有"企业大王"之称。

四十五岁壬申年（一九三二年），"一二八事变"后，企业颇受损失，主张抗日。冬，成立"华东煤矿公司"，开采煤矿。

四十六岁癸酉年（一九三三年）丁巳月，"中华工业公司"因产品滞销，宣告停工；癸亥月，"中国企业银行"设苏州分行。

四十七岁甲戌年（一九三四年），"大中华火柴公司"合并杭州"光华火柴公司"，成为全国最大火柴公司，共有制造厂七间，有"火柴大王"之称。

△辛酉运（一九三五年——一九四四年）

四十八岁乙亥年（一九三五年），以"中华煤球公司"董事长名义招股，设"合众煤球厂"。

四十九岁丙子年（一九三六年）春，辞去招商局总经理职务；获准在上海成立"中华全国火柴产销联营总社"，以华方代表名义任总经理。

五十岁丁丑年（一九三七年）丁未月，对日抗战开始，至五十八岁

圆通达观（上）

乙酉年（一九四五年）甲申月战争结束，其间所属企业厂房或被日军占据、查封、停工；或托庇于德、意两国洋商；或于香港、内地另创天地，艰苦经营。

五十三岁庚辰年（一九四〇年），在重庆设"中国毛纺织公司"，并向经济部借用英国信贷案款项六万英磅。

五十四岁辛巳年（一九四一年）庚子月，"中国火柴原料公司"，加入官股，改名"中国火柴原料厂特种股份有限公司"。

五十八岁乙酉年（一九四五年）甲申月，任行政院"善后救济总署"（署长蒋廷黻）执行长兼上海分署署长，戊子月，兰州"西北毛纺织厂"正式开工，上海"中华码头公司"收回原有各码头、堆栈，开始复业。

△壬戌运（一九四五年——一九五五年）

五十九岁丙戌年（一九四六年）乙未月，"西北毛纺厂股份有限公司"收购"西北洗毛厂；戊戌月"章华毛绒纺织公司"与"寅丰毛纺厂"合办"启新纱厂"。自是年起，所患冠心病日益严重，遵医嘱居家静养。

六十岁丁亥年（一九四七年）夏，"中国火柴原料公司"标购青岛敌产"兴亚纸厂"，改名"青岛造纸厂"，己酉月开工；丁未月，成立"青岛火柴有限公司"。辛亥月开工。

六十六岁癸巳年（一九五三年）壬戌月，任上海市工商业代业，至北京出席"中华全国工商业联合会"第一届会员代表大会；癸亥月，当选执行委员会常务委员。

六十七岁甲午年（一九五四年）壬申月，任第一届上海市人大代表；丙子月，任二届全国政协委员。

△癸亥运（一九五五年）

六十九丙申年（一九五六年），价值二千余万元之刘氏企业全部改为公私合营，成为"民族资本家"。丁酉月辛丑日，因心脏病在上海去世。

刘鸿生有子女十五人（从儿格，以土为子女，土数五），五人留美，五人留英，三人留日。观其一生，可发现与命理相符者：

1.命局有火、土、水三行，一生所经营之行业不脱此三种五行之属性；属火土性质的火柴、煤矿、纺织事业，更使他拥有"煤炭大王"、

"企业大王"、"火柴大王"之美名。

2.丙日生，丙配小肠经，与心相表里；火弱，一生以心脏冠状动脉硬化为最大疾病，从壬运水克火起即病情日渐严重，最后亦以心脏病撒手人寰。

3.凡火土金岁运内，建树者多；在水木岁运内，破败者多。

（二）夏火之用神

火居夏令，乃得时行权之时，木火多则太旺，物极必反，愈光辉则易灭。

如土多则藏压，更阻其光。宜以水既济，然夏水力量有限，为之身强煞浅，要以金来助之，以敌旺火，并能助其制火之顽木，成为良工巧匠。如无金而加木，则火更炽反速夭亡。如得金而缺水，亦难成造物之功。夏令万物齐备，土乃长养之物，不可缺，过多亦忌。

若季夏之火，四柱全土，尤忌财星。总之，夏火最喜者，水来调济也。

夏火"炎上格"，丙丁日生寅、巳、午月，地支见寅午戌或巳午未全，无土晦水、水克火者为成格，喜木火，忌金水，怕冲。

四月，火势渐盛，逢日（火）争光，未能全其忠爱，虽富贵亦主夭亡，贫寒者寿而无子，孤独难辛。见金，名成利就。逢土，有权有谋。遇木，富而好礼。微水济火，其贵不可言。

五六月，得水制火则贵，西北方人水不宜盛，得土制水则富贵过人。见土泄盛火，有权衡之贵，又好施惠及人，但施恩反招怨。见木，生之太过反伤；东方人虽富难名夭亡，西北方人富而益富。遇金，火烁金流，反有破财荡家之患。水土同行，名成利就。日战月刑，忠孝有亏，凶祸孤克，夜生减轻。气运宜往西北，东南大忌。

乾造：

劫财	**丙戌**	伤官	11 甲午	51 戊戌
七煞	**癸巳**	劫财	21 乙未	61 己亥
日元	**丁卯**	偏印	31 丙申	71 庚子
偏财	**辛丑**	食神	41 丁酉	81 辛丑

丁火生四月，身在禄旺之乡，势力雄厚，兼之劫财印绶叠见，更助其强，凛凛生气，仪表不凡。癸水七煞透出，为柱中之要物，此七煞为我之佣人也，然则佣人乏力，宜以补助之，所以辛金财神助七煞而并用之，完全成为良工巧匠。且伤、煞、枭并临，必有能为之命也。然而，木火有余，金水不足，虽有土来助金，亦须运土再达西北，始能头角峥嵘。

所以进申运而得势，达丁运伤辛金用神而失职。交酉运，再登台。

七煞只有在年柱，才有"佣人"之意，《三命通会》论年上七煞："盖七煞乃小人之象，既居祖宗之位，如朝廷老臣、祖父老仆……"。当身弱煞强时，七煞是克身之害物。反之，若日主强旺，七煞较弱时，七煞是"权"——个人气势、威仪。这点，读者要搞清楚。

徐乐吾云："四月巳宫，丙火临官之地，丁仗丙威，炎烈莫当，丁炎性虽昭融，亦自旺矣。见丙火出干，看法同于丙火，所谓'丙夺丁光'是也。"《造化元钥》云："四柱丙夺丁光，不见壬癸破丙，此人贫苦无依；有壬癸破丙，异途威权显达，不止秀才。"此造有丙透出，见癸破丙，是异路功路（没经过科举而获得官位）之人。

癸水在夏月失令易涸，须得庚辛申酉金为水源，方能涓涓不绝。巳月水绝金生，《继善篇》云："水入巽而见金，名为不绝。"是也。故本造是以金为用，水为喜，辛金坐丑库逢生，财力坚实，官星不绝（丑中所藏辛癸透出）。财为用，岁运忌比劫；官为喜，岁运忌食伤。即岁运逢火土同来，有财破官伤之事。

申运（36岁—40岁），流年辛酉、壬戌、癸亥、甲子、乙丑，得势当在辛酉、壬戌、癸亥金水年。丁运（41岁—45岁），流年丙寅、丁

卯、戊辰、己巳、庚午，失职当在戊辰、己巳火运土年。进酉运（46岁—50岁），流年庚午、辛未、壬申、癸酉、甲戌，财官有力而复起。

乾造：

比肩	**丁未**	食神	羊刃	空亡	01 乙巳	41 辛丑
劫财	**丙午**	比肩	建禄		11 甲辰	51 庚子
日元	**丁亥**	正官	日贵		21 癸卯	61 己亥
劫财	**丙午**	比肩	归禄		31 壬寅	71 戊戌

丁火五月，交进芒运，火势正狂，兼之干支纯是比劫资助，其势更为猛烈。未土可泄火气，又被午合，助其凶顽之火，幸不见木，稍减其力。虽有坐支亥水，然夏令涸弱之际，难敌得时之众火，所谓杯水车薪，四柱又无财来扶其官星，此乃散财之命。运大西北，稍得安逸耳。若再行火地，不堪设想也。是以行癸水运。是以行癸水运颇为如意，达卯遇而散财。

此造之格有四：

1. 建禄格，取财官为用。

2. 归禄格，《喜忌篇》云："日禄归时没官星，号曰青云得路。"因日支正官，不入格。

3. 日贵格，日贵有四日：丁酉、丁亥、癸卯、癸巳。丁亥、癸巳为昼贵，丁酉、癸卯为夜贵，此格忌刑冲破害、空亡、魁罡（即辰戌天罗地网，辰为天罡，戌为河魁，贵人不临也）。

4. 两干不杂，丁丙丁丙，《元理赋》云："两干不杂利名齐。"乃名利之人。

综合上述，此造喜金水，忌刑冲破害（寅申巳亥），空亡（丁未年空亡卯，丁亥日空亡未）魁罡（辰戌）。命局完全没有财星的人，不善于理财，对钱财不在意，所以是散财之命。其命局无明印（甲木），否则可成无财的官印格，为清官。

火多，为"强众"；水、土少为"弱寡"。行卯运，亥卯未三合（失地不化木），不算"去寡"——因亥仍是水、未仍是土，没有消失。卯运是年柱丁未的空亡，乃日贵格之所忌，故不吉。且卯木克未土，未土食神是生财之根，

故散财（未在年支，多主散祖产）。

乾造：

偏印	**甲午**	劫财	羊刃	03 壬申	43 丙子
正财	**辛未**	伤官		13 癸酉	53 丁丑
日元	**丙子**	正官		23 甲戌	63 戊寅
偏财	**庚寅**	偏印	驿马	33 乙亥	73 己卯

丙火生六月，节近立秋，火势尚在。兼之羊刃绶重逢，仍有光辉之象。子水官星虽未得势，庚辛两金财神已经得气而生官星。

本造生于大暑后十日、立秋前五日，土旺用事，已过"中伏"（夏至后第四个庚日），再四日就是"末伏"，斯时金水进气，三伏生寒矣。

丙火在土旺之时，火气被泄，原本向衰，但通根寅（长生）、午（帝旺），年干又透出甲木生火，反弱为旺。此命因原局生旺，故以金水为用，大运喜西北，不利东南。以格局言，本造是火土伤官格，此造身强，且原局有印星、财星可解化，故不忌正官。

子未六害，《玉照神应真经》云："子临井宿，须生脾胃之灾。"丙未配小肠经，丙子为阳极阴生，据经验，此命多消化系统疾病、遗传性低血压体质、手汗过多、疝气、贫血、低血醣、胃下垂。

（三）秋火之用神

夏火既曰旺极，交秋自当逐渐而衰，为性息体休，乃收束之时矣。

初秋，火气尚未全衰，宜水以济之，且暗中生木以助之。忌金来犯，恐损印绶。盖，初秋火性虽未全衰，印绶则不宜损伤，是以忌财。

仲秋，天道转凉，水已进气，是以不宜多见，要火来助其光，木以生之。土宜见而不宜多，多则少光。若柱中木火多见，而金水少者，尤

喜官煞来生印绶也。财星伤印之物，不见为妙。

深秋之火，阴气渐重，火性聚集，难透其光。水土两物少见不妨，惟不宜多。最忌者，财星。以火来助形，用木来生扶，自然光辉照烛矣。

初秋之火，炎威未退，土传生气，水不能克，反主贵荣。见木助之，东南方人干支火多者，虽富贵而寿不永。见金为财，富贵豪奢。逢土则息，显达非常。

八九月，失时之火，见木，生生之意无穷，富贵无敌。金木同躔，官居宰辅。有金无木，主弱敌强，不免有争攘之事，西北方人因财致祸。与土同躔，泄其真元，孤刑冷退；得木助之，斯为美矣。见水凶夭。

大运喜东南，西北忌之。

以上为正格喜忌之大略。秋火为财格，财多身弱以印星、比劫为喜用，忌财星、官煞、食伤；身财两停，喜食伤，忌刑冲；身旺财弱，以财星、官煞、食伤为喜用，忌印星、比劫。纯财星，无印星、比劫，为"弃命从财格"，喜食伤、财星，忌印星、比劫、官煞。

乾造：

食神	己卯	偏印	06 辛未	46 丁卯
正官	壬申	正财	16 庚午	56 丙寅
日元	丁丑	食神	26 己巳	66 乙丑
正印	甲辰	伤官	36 戊辰	76 甲子

丁火生七月，处暑未交，金星虽旺，火之余炎尚在，加以甲卯两木生扶，势尚不弱。然则一方三土助申金之财，大有身财对峙之势。喜月干壬水透出，泄申气而滋印，所谓"水轻无克欲济"者也。是以定壬水为用神。

处暑前一日又七时，壬水用事，申宫藏戊壬庚，为庚金禄位，壬水（戊土）长生之位，壬水透出合丁火日主七月不化木，作克论；戊土里不透，但透出己土通根丑辰，亦泄弱下火。专取甲木制土、泄水、生火为用。

原批以壬水为轻水，大误！壬水长生于申，通气于丑、辰且为向旺之五行。此造最大的病是在土多，所以要取木火为去病补身之物。丁火本忌丙火夺其光辉，但只忌于夏月火旺之时，其他月不忌，《穷通宝鉴》云："借丙暖金晒甲，不畏丙势夺丁。凡两丙夹丁者，夏月忌之，余月不忌。"本造原局不见丙火，须于岁运求之。

本造壬丑甲官食印贴身，是脾气很好的一个人。月柱正官、正财，血型多属A型或O型，行事务实，重视经验法则。正印为用神居时干，长子（或长女）贤孝。年干食神，大多生于乡村农家，或都市中较宁静的住宅区，或都市周边的郊区，有少数人生于公务员的家庭；坐偏印，幼少年时代营养不良，身体比较虚弱。

乾造：

正官	癸卯	正印	06 己未	46 乙卯
偏财	庚申	偏财	16 戊午	56 甲寅
日元	丙戌	食神	26 丁巳	66 癸丑
正官	癸巳	比肩、归禄	36 丙辰	76 壬子

丙火生七月，处暑已过，水已产生。然而两癸水透出，尚不大忌。盖，水虽制身之物，犹能生印，是以其害较轻。不过柱中既有两水，再逢水运亦非宜。坐支戌土，虽非用神，然万物无土不生，略见一点，亦有益于命官。独有庚申两金当旺，盗尽火气，又去损印，是以隐隐作病。五行惟喜卯木正印，生丙火而敌财星，无如不足，宜行印绶之地，谓之温药补身之法。

壬水在立秋后十日已生，此造生于处暑后二日，庚金当令用事，乃金旺水相之时。

徐乐吾云："丙火至申为病地，如太阳过午，阳气衰矣！日近西山，见土则晦，不比日丽中天时之不易晦也，故不能用食伤。申宫庚金得禄、壬水长生，如丙火通根寅巳，身强用财滋煞，为七月丙火之正格；用壬不可无印、比，宜注意。"

 圆通达观（上）

　　本造虽通根于巳，得卯木相生，但金水两旺，不得论身强，不能取财生官为用，而要以木火助为用。丙禄在巳，居时支，为"归禄格"，或名"日禄居时格"，若合格主青云得禄，仕途亨通。"归禄格"有六忌：1. 逢刑冲；2. 逢合；3. 逢偏印；4. 逢官星；5. 日干月干相同；6. 年干日干相同。犯此六忌便算破格，不贵。本造有两个正官，不作"归禄格"。依古说，"月令有财官，只以财官论"，禄助身旺，方可胜任财官，是以归禄为用也，用在时，主晚年有福。甲寅大运，一般以为是冲破提纲（生月）之运。《三命通会》云："庚、申辛酉之金应西方之兑，甲寅、乙卯之木象东方之震，所以甲寅得庚申不为刑，乙卯得辛酉不为鬼，是木女金夫之正体明，左右之神化也；木主魂，金主魄，二者左右相间不合，若能全合则神之化生以无间也。若庚申得乙卯，辛酉得甲寅，不为元辰变通之用也。"此运不以冲刑论。寅刑巳，动丙火，反加强日主之力，能任财官，为吉运也。

乾造：

伤官	**戊戌**	伤官		03 壬戌	43 丙寅
偏财	**辛酉**	偏财	玉堂	13 癸亥	53 丁卯
日元	**丁酉**	偏财	玉堂	23 甲子	63 戊辰
偏财	**辛亥**	正官	天乙	33 乙丑	73 己巳

　　丁火生八月，节近寒露，肃杀之气已重，丁火不能乘其旺财。兼之辛酉四金叠见，戊戌两土泄丁火之气，而助无用之财，火被灭毁殆尽矣！亥水制火，其害则轻，喜其能滋印也。五所惟取亥中甲木助丁火为用，然一点藏木，力量有限，宜达木火之地，补其中和，始为合理。

　　此造一派辛金当令，无庚混，明不见比印，可入"弃命从财格"，不过有些瑕疵：亥中藏甲木，在金旺之时甲木虽甚微弱，但仍有生火之意；壬水泄从神之金，使格局不纯粹，减少富贵的程度。

　　戊戌土能生财，本非"从财格"所忌。此土还有好处：

1. 行比劫运时可转化，使不破格。

2. 行官煞运时可回克，使不伤日主。

丁酉口是"口贵格"，生亥时为"星朗天门格"（丁火为星，亥配乾卦为天六），此造为"弃命从财格"，地支又得三贵人，是因人成事的命，可能借人事关系而得晋身的机会。

乾造：

正财	辛丑	伤官	01 丁酉	50 癸巳
食神	戊戌	食神	20 丙申	60 壬辰
日元	丙戌	食神	30 乙未	70 辛卯
食神	戊戌	食神	40 甲午	80 庚寅

丙火生九月，节近立冬，火星收束而无光。辛金透出，为柱中之忌物。兼之满盘纯是伤食，泄尽丙火精英。四柱不见水而无害，盖水虽犯火而能滋印故也惟五行独不见木，非但更不能发其火光，而且永远被土埋没。幸一生木火运居多，乃得温饱也。

此造就是五行独不见木，而且满盘都是土，才成为《滴天髓》论丙火所说的"土众成慈"，以及论顺局所说的"一出门来只见儿，我儿成气构门间；从儿不论身强弱，只要我儿再见儿"——从儿格。

1. 不怕食伤混杂，食伤是气的发露，乃聪明绝顶的人。
2. 不论身"强"弱，即不忌比劫。但有财星透出者，忌天干之比劫。
3. 要儿又生儿——财星，乃秀之又秀；命局有财星的好处是：
①行运逢印星（从儿格忌神）时可以回克，使不破格。
②逢官煞运时，可以化解食伤与官煞敌对的局面。此辛金是真用神，以丑金库为喜。

此造的缺点是土多火晦，贵气不大，幸而戌是火库，戌中藏有丁火可助日元，使丙火不致泄尽精华。

（四）冬火之用神

冬季之火，鬼旺之时，水星当权，火为正暗。命局中水星过重，完

 圆通达观（上）

全减其火光，官煞重犯，亦宜土制；若土多，虽制煞太过，亦无妨，惟泄火气则不取。宜以比劫来助其光。最要之物须用木来生扶。若命局木火多而水少，偶走水运不大忌。惟弱极之火，不宜见金而损印绶也。

冬火见水为凶，木生为贵。有水无木，轻者疾，重者夭，虽生富厚之家，不免冷退；东南方人，得水制之无咎。逢土泄之，定主昏愚瞽目。见金为财，东南方人主富，西北方人凶，无木生火，有刀兵讼狱之厄，肿痈没溺之凶，干支木盛者减轻。大抵冬火运宜东南，西北大忌。

以上为正格通则。若人从杀格，反以金水为用，忌木火土；运宜西北，忌东南。

冬火正格固忌水喜木，但亦有特殊之例：若丙丁齐透，支见巳午，弱火反旺，此种命造反喜水忌木，惟大运仍宜东方、南方。读者当通变之，切勿拘泥。

乾造：

正印	甲寅	正印		02 丙子	42 庚辰
偏印	乙亥	正官		12 丁丑	52 辛巳
日元	丁卯	偏印		22 戊寅	62 壬午
劫财	丙午	比肩	归禄	32 己卯	72 癸未

丁火生十月，水星进气，火性失令，类似竹灯，弱格无疑。凡弱火大忌财，今此造四柱全无一点财星，且不见土，惟有亥水欲来犯火，而得寅合，虽不得化木，赤不致犯火。满意推之，纯是木火，若以旺论，究力失令之火；苟为弱论，则比印重重而助身，亦不可当以全衰。既大不旺不弱之际，无何病药可取，东南西北任可游行，惟到绝地，稍见灾害耳。

此造一丙透出，助丁火之焰，丁火昭融，得丙火助其焰，喜用财官。三冬月垣藏水，言无金水者，水被土克也。有金无水，此劫夺财，贫寒之士。有水无金，丙壬辅映，清高之士。大雪前壬水用事，因透出甲乙，寅亥被引化为木，形成全局无金无水的局面。

圆通达观（上）

全局只有木火两种五行，丁日丙午时的命还忌未（丁火羊刃）的岁运，主破财，另外申酉岁运是木火衰弱之地，亦忌。

木主仁，火主礼；木有文，火有光。其人个性善良儒雅，有文艺才华。由于无财官，其人不求闻达于社会，也不会靠才艺（如书法、绘画、音乐）去赚钱。

乾造：

比肩	**丙子**	正官	09 庚子	49 甲辰
伤官	**己亥**	七煞	19 辛丑	59 乙巳
日元	**丙戌**	食神	29 壬寅	69 丙午
七煞	**壬辰**	食神	39 癸卯	79 丁未

丙火生十月，七煞当令，火性受危。亥子官煞相连，皆作煞论，三煞排立，四柱虽有三土制之得宜，不过土多，衰火亦被泄气。幸不见金，稍减其势。所喜者，年上丙火透于天干，而助日主之光，再得亥中甲木作衰火之根，是以取木火为用神。现在正印运，颇为顺利。

两丙虚浮无根（戌之火库被辰冲破），又被土泄，身弱。七煞透出，通根亥子辰，煞旺。弱主不堪克泄，幸生于立冬后一日，甲木用事，丙火有所附托，未至绝灭。

大运行天干时，流年为甲乙丙丁戊；行地支时，流年为己庚辛壬癸，木火为用，金水为忌，故喜行天干运。卅三岁前，大运庚、子、辛、丑、壬，皆克泄，即使流年吉亦无济于事；若流年又凶，贫困极矣！卅四岁至卅八岁寅运为吉，但流年为己酉、庚戌、辛亥、壬子、癸丑，一路金水，难望发达；寅为丙火长生，只是思想、健康、环境方面，在困境中有突破性改善、改变而已。

卅九岁至四十三岁癸运正官，混原局七煞，流年甲寅、乙卯、丙辰、丁巳、戊午，甲乙之年可化煞，戊年可合煞，此三年有困难可以解决；丙丁两年是非困扰难免。

四十四岁至四十八岁卯运，生火为吉，但流年己未、庚申、辛酉、

壬戌、癸亥克泄日主，亦多蹇滞；四十六岁辛酉年，辛合原局丙火，酉冲大运卯，印比两损，多有六亲不利及破财之事。

四十九岁至五十三岁甲运，流年甲子、乙丑、丙寅、丁卯、戊辰，前四年岁运和好，宜其进展。

五十四岁至五十八岁辰运冲戌，儿女不宁；流年己巳、庚午、辛未、壬申、癸酉，克泄交集，事业、健康、家庭均不利。

五十九岁至六十三岁乙运，即原批所云"现在正印运，颇为顺利"的大运。流年甲戌、乙亥（推命之年）、丙子、丁丑、戊寅，木火相生，光辉之运也。接下去的巳、丙、午、丁运，日主反弱为强，即使流年逢金水亦无大碍，但老年人忌走旺运——劳碌，不能享清闲之福，寿元有阻。

乾造：

七煞	**壬寅**	偏印	04 癸丑	44 丁巳
七煞	**壬子**	正官	14 甲寅	54 戊午
日元	**丙戌**	食神	24 乙卯	64 己未
偏财	**庚寅**	偏印	34 丙辰	74 庚申

丙火生十一月，正衰弱之时，兼之壬子三煞排门。按：命局，月为门户者也。煞星既重，身不能敌。加以庚金透天，助长七煞，是以隐隐作病。幸天干庚金不伤地支寅木，乃大幸也。坐支戌土，塞水有功，惟单方面用，不作用神。五行惟喜年时支两寅木印绶，善化七煞，兼生日主，有两方之用，且喜不损，定为用神。无如寒有馀，热不足，再走东南之地补之，始为吉兆。妙在行运，一带皆是木火地，此之可称为长生运也。

十一月失令之火，见一派壬水，不能不用戊土，但戊土晦丙火之光，丙火又微弱无气，虽才能出众，亦名利虚浮（煞旺有制，故有才能）。得甲木为救，得名利两全。总之：日元衰弱，用财煞或用食神制煞，皆非上格；非用印不可也。如原命印劫太多，又非用煞不可，无煞亦非上格。

此造日元衰弱，不能取戊土食神制煞，而要取寅为用神——寅是丙火的长生，其中藏甲木可生丙火、戊土可制壬水、丙火可制庚金。因为日主衰弱而且原局有庚金透出，所以大运走甲（有庚回克）、戊（在庚泄），皆非所宜；只有在大运、流年是木火、火土并行时方称全美，这种岁运配合的机会如下：

甲运（14岁—19岁）：15岁丙辰年、16岁丁巳年。

乙运（24岁—29岁）：25岁丙寅年、26岁丁卯年。

丙运（34岁—39岁）：35岁丙子年、36岁丁丑年、37岁戊寅年、38岁己卯年。

丁运（44岁—49岁）：45岁丙戌年、46岁丁亥年、47岁戊子年、48岁己丑年。

巳运（49岁—54岁）：53岁甲午年及54岁乙未年立冬前。

午运（59岁—64岁）：与原局三合寅午戌火局，虽犯冲提纲，不忌。

未运（64岁—74岁）：65岁丙午年、66岁丁未年。

乾造：

劫财	**丁未**	伤官	10 壬子	50 戊申
正官	**癸丑**	伤官	20 辛亥	60 丁未
日元	**丙戌**	食神	30 庚戌	70 丙午
偏财	**庚寅**	偏印	40 己酉	80 乙巳

丙火生十二月，寒冬之时，火力绵薄，正弱之体；加以庚金财星盗气而增寒；丁火欲来助日主，又被癸水隔制；再则地支三土泄火精华，其力理乏。五行所喜者，独取寅木生扶日主，为一物两用之妙，而定为用神。

丙火生于大寒后十日五时（立春前四时），气进二阳，能欺霜侮雪，不忌水，而忌土多晦火。徐乐吾云："丙火不畏水克而惧土泄，日照江湖，分外晶滢，非壬无以取贵，非甲不能生丙，不论土之有无多寡也，但己多则不可无甲耳。"

支见未丑戌三刑冲，土逢刑冲而动，戊己多而暗旺，专取寅中甲木制土为用。丙火长生于寅，墓于戌。生地怕冲库宜开，岁运怕申冲寅，生地逢冲则灭子火根，生机动摇；喜辰冲戌，戌为火库，火库冲而文明盛。

丑中藏己辛癸，癸水透出，格成正官（因己土当令，透出癸水余气，为假官），官星不真，贵气有限。未中藏丁乙己，透出丁火，癸丁未相战，《玉照神应真经》云："癸丁加于干位，鬼贼心血常行。"主小阴邪之侵犯，心目血气之疾病。

五、土在四季之用神

（一）春土之用神

春初木星当令，官煞当权，土星薄弱，且寒气未退，遇水则漂没而增寒，反助官煞以克身。金亦不宜多见，盖金虽去木之物，势必增寒而助水，寒薄之土亦不宜泄其气也。要以比劫分夺财神，而斩官煞之根。最佳者，惟取火来化煞扶身，使土性得温厚之气，能作万物之母也。

仲春之土，春分寒气未除，与正月相同，亦稍见火，并用比劫。春分后阳气渐进，阴气渐退，土性转厚，稍见金水不忌，惟不能多。因官煞正重，防盗泄其气，兼助煞之害，仍以火土为主；若火土过多，逢金木亦无妨，木终不宜再见。

清明之后，火土转旺，金水不渐弱，金水两物并见不忌，惟木不可多见，若遇火土与金水并立，四柱不见木，乃独取辰中乙木泄水气、制旺土为用，作双方和解之神；若遇火土重略见金木而缺水，则取辰中癸水调和土而去其火为主；如遇木旺，火土金水皆少，用以制化为主。

谷雨之后，阳气已重，火土得势矣！木不宜多，只喜一重，用金水泄土助木；如金水木三物叠见，仍以比印生扶，盖立夏前之土虽未当权，亦稍有势力，其病必不重，察其不足之处而定用神，配其中和是也。

 圆通达观（上）

《三命通会》云："二月之土，正木盛土崩之时，遇木同躔，有脾胃、肠风、痔漏之灾，轻者疾，重者夭；三月之土渐有生意，盖土旺季月故也。有火温煖则阳气发舒，而生物茂矣。见木，非疾则夭，徐扬豫人无害。水木同度，贫薄无聊，冀雍充青人尤甚。见金制木，反凶成吉。运喜南方，西方次之。"徐乐吾《子平粹言》云："辰宫土旺秉令，如支见四库，干透比劫，可作专旺论，否则春土气虚，不作旺论也。""清明后十日内，乙木余气未衰，癸水亦有微力；十日之后，木气愈衰，土气渐旺，而水亦愈间竭。故谷雨之后，乙癸均无力，戊土专旺，乙木在辰月初旬为可用，中旬后为不可用；癸水力量最为微薄，非见壬癸出干、申子会合，则不能用，正以力有强弱故也。"

乾造：

正财	**壬寅**	正官	04 癸卯	44 丁未
正财	**壬寅**	正官	14 甲辰	54 戊申
日元	**己卯**	七煞	24 乙巳	64 己酉
食神	**辛未**	比肩	34 丙午	74 庚戌

己土生正月，余寒未尽，且以官煞当令，己土正衰，官与煞连，皆作煞论，三煞来克弱土，岂能对敌？加以两壬水透出，漂没薄土，又生恶煞，是以水木两物皆作病神论。虽辛金制木，一方则又生水增寒，兼泄己土之气，亦不能取用。时下未土，稍可资身，然有合卯之意，虽不致完全化木，总减其固有之力。火乃命局中之正式用神，而四柱独缺，何能显扬于世？所喜行运皆在火土之地，稍可补其不足。

此造在癸酉年天克地冲，甲戌年又值干支会合，即是晦气流年，难免灾祸也。

本造生于雨水后六日，甲木日渐强盛，土气日渐崩溃，己土之根未土被卯木合克，其力受损而弱，幸而寅中又藏丙火戊土，土附火而生，甲木旺，火土亦随之而旺，其强韧的生命力不容忽视。

两壬水在地支无根（亥子申），木旺金缺，辛金无力制木，惟能生水、泄土，是为病神。当以寅中所藏丙火、戊土为用神，行运引出即是发达之期。

癸酉年，是"日犯岁君"，原局无甲乙木透出，又无戊合癸，为"无救"，且癸水、酉金皆命中所忌，其年必有凶灾。是何凶灾？因癸水为财，酉金冲卯木七煞，是由于金钱而来的凶灾。次年甲戌，甲木官星来合日主，由此可推断：因财致讼，或财产被官府侵占，或因打官司而破财。

乾造：

七煞	乙未	比肩	10 戊寅	50 甲戌
比肩	己卯	七煞	20 丁丑	60 癸酉
日元	己卯	七煞	30 丙子	70 壬申
正官	甲戌	劫财	40 乙亥	80 辛未

己土生二月，节近清明，天道转暖，阳和之气渐生，己土不畏寒而惧克矣。

甲木合之有情不伤己土，然则理会有乙卯三木，煞星重重来犯日主。阳和既有气，不用火化煞，尤忌水来生煞，所以四柱不见水火两物，则无妨害。惟喜金来制煞，所嫌五行不见金，受亏多矣。比劫虽多，而能助我，然无用具，岂能敌强煞也？

四柱既不见火，行火乡亦稍可化煞，尚称无妨。总嫌运中不达金乡也。

此造癸酉、甲戌化木，官煞强旺，己土惟以比劫帮身抗官煞。戌中藏丁火、戊土可生扶日主，辛金可制煞，为命局最佳用神，在时支，主晚年运好。

比劫与官煞皆强的组合，人生的打击、阴挫较多，虽然内心多苦闷，情绪不稳，有嫉妒心、矛盾感，神经质但也因此而培养出强韧的生命力，不轻易向环境、命运低头。《继善篇》云："土临卯位，未中年便作灰心。"其个性较早熟；己日生于卯日、卯月，古书有"土入木中，定有腹内之疾"；"土虚逢木旺之乡，脾伤定论"等断诀。笔者经验，此种命局大都有胸腹脾胃的疾病，或手指容易受伤、中耳炎引起的重听。有一个命造（丙戌、庚寅、己卯、戊辰）更特殊：廿五岁庚戌（一九七〇年）年、卅七岁壬戌（一九八二年）年，两个狗年都被狗咬。

官煞透出，一般的看法是"浊"，科举时代以为贵的纯粹度不高，所以要去杀留官或合煞留官：即以辛金食神克去乙木七煞或以庚金伤官合去乙木七煞；身弱者财宜以丙丁印星化甲乙官煞转生日主己土。本造是江浙（扬洲分野）人，日主较弱，所以取丙丁印星化解为优。

癸酉年卅九岁，日犯岁君。甲戌年四十岁，晦气入门。甲戌年与时柱相同，又为"伏吟"，古歌："返吟伏吟，哭泣淋淋，自己不伤，也损他人。"这两年多属破财、是非、官司、长辈丧亡等，使本人尤虑痛苦的事件；时支是儿女宫，有儿女者，也有儿女不宁之事。

官煞透出，无去留或印化，这种命格的人生波折多。在古代即使为官，也是杂职居多，仕途不顺，官不大。在现代多从事武职（工商、军警、制造业、黑手等），中产阶段居多。

乾造：

正印	**丁未**	比肩	02 癸卯		42 己亥	
正官	**甲辰**	劫财	12 壬寅		52 戊戌	
日元	**己丑**	比肩	22 辛丑		62 丁丙	
食神	**辛未**	比肩	32 庚子		72 丙申	

己土生三月，火有进气，四柱不见明水，比劫重重，而性则燥，甲木岂能疏通？丑辰之中虽藏癸水，究难润泽旷野之土。妙有辛金透出，土厚不忌泄气，而能己土精英发出外来，又能作水之源。总推金水不敌火土，宜走西北金水之乡，补其不足之气。

此生于清明后四日，仍属乙木用事之时期，虽地支见四土，只是根基强而已，还未达到旺的程度。辛金性凉，且辰丑中藏有癸水，虽透丁火，未中有丁火，也不至于燥。木有馀气，故甲不从己化土。

三月先用丙暖，万物始生；须用癸润，万物始长；次用甲佐。"命局中三字俱透，富贵之格，缺一不美。""或三者透一，亦主富贵，但要得所无制：用丙忌壬透，用癸忌比肩透，用甲忌庚透。或有丙甲无癸，亦可致富，但不贵耳；有癸无甲丙，亦有衣衿，不至于贱，但平常耳；有丙癸无甲，亦系才人能士；丙癸甲全无，流俗之辈。

此造有丁甲无癸，是富格中的次等格。衡其轻重，本造当以官印相生为喜用，行运忌辰戌丑未刑冲之地，尤其是戌运与原局会成辰戌丑、未戌丑"三战（三刑）杀"最凶，《五行精纪》云："三战如同刑一般，五行犯著主伤残；若不投河须恶死，耳聋暗哑并相干。"《八字金书》则谓："要有贵人、禄、马解救，亦主贫困有疾，虽食禄命亦主恶死；无解救，主徒配。"

（二）夏土之用神

夏日土性正厚，加以火来生扶，虽曰火生土强，实则火多土焦。木难疏燥焦之土，非水润之不为功，旷野焦土，无水何能产物？金乃生水之器具，为财星之根，欲求土之有用，岂能无金？若满盘纯是金水木等，而少比印，土虽旺，亦防崩坍，若逢此种命局，亦在轻病之例，逢火土亦无所为害也。

秋生甲乙透丙丁，莫作伤看；夏荣戊己庚辛，当为贵论。秋木以伤官制煞，夏土以伤官吐秀也。但《五行生克赋》云："土燥火炎，金无所赖。"夏土又需水来制火润土，使土生金、金又生水，秀之又秀，即以伤官生财为用，其人方能性巧致富，有经世致用之才学。

坤造：

比肩	己未	比肩	羊刃	11 庚午
比肩	己巳	正印	驿马	21 辛未
日元	己未	比肩	羊刃	31 壬申
比肩	己巳	正印	驿马	41 癸酉

己土生四月，乃身势旺乡。凡女命以安静纯和为贵，夫子两星作一

生依靠之神，此造夫星入墓，且无子星，失一生之依靠，加以四柱纯是比印，身势过旺，夺星亦损坏。按：女命食神为子，又为寿星，既命中无夫无子而少寿，加以运临午火，会巳午未枭神之局，制过寿星，岂不命归泉路？凡女命最害枭神，伤官次之。

　　这个命局是"天元一气格"、"从旺格"，喜火、土、金，忌水、木及刑冲。古歌："天干一字土为基，四季生时理会是奇；申酉二支为格局，聪明富贵异常儿。"惜非生于未月，地支无申酉金泄秀，命局土太燥，算是偏枯之命。古代命学对"干支一气"的女命其为憎嫌，《女命总断歌》云："天干一字连，孤破祸绵绵；地支连一字，两度成婚事。"此妹在午运（16岁—25岁）就香消玉殒了。

　　八字结构偏颇特异者，其性情、体质亦必异于常人，如果遭受压抑、打击，其反应往往异常激烈，容易罹患怪病、遭遇横祸，甚至毁灭自己。

　　《滴天髓》云："何知其人夭？气索神枯了。"又云："土不受火者气伤。"此命最大的缺点是在于土太燥，不堪火之生，八字全无润泽之气，旺而无制、无泄，燥而郁一气索神枯，无生机。

乾造：

伤官	**庚寅**	正官	08 癸未	48 丁亥
正财	**壬午**	偏印	18 甲申	58 戊子
日元	**己巳**	正印	28 乙酉	68 己丑
食神	**辛未**	比肩	38 丙戌	78 庚寅

　　己土生五月，正旺之时。地支巳午未会南方一气，寅木官星欲制旺土，又被午合成为火形。以此推之，一排纯火，焚土必矣。妙在害物均藏地支。得庚辛壬金水盖头，压其势度，而滋润燥焦之土为合理。惟行运复杂，常见得失，难达美满目的。

　　本造自年支起住下递生：寅木生巳午火，巳午火生未土，虽然火旺，仍归结于土。天干一壬，水可济火，惟夏水易涸，妙得庚辛两金发水之源，《玄妙论》云"夏荣戊己露辛"是也。

金生于巳，中年之后可以发达。此命造之病在火旺，以水为药，大运行亥子丑则药到病除，财禄两相随矣。

乾造：

正印	丁亥	偏财	03 乙巳	43 辛丑
偏印	丙午	正印	13 甲辰	53 庚子
日元	戊申	食神	23 癸卯	63 己亥
七煞	甲寅	七煞	33 壬寅	73 戊戌

戊土生五月，土星旺极之时，虽柱中无比劫，然有丙丁午三火生扶，岂知火愈炎而土愈焦矣！甲寅两煞，并作灰飞。五行惟喜亥水财神，制火和土，再得坐地申金为水之源头，且泄戊土之英华，为命局中最要之神。惟木火有余，金水嫌其不足，所以达西北运而飞腾。中年以来，运似竹节。待至庚子运，始有十年之佳境耳。

《喜忌篇》云："戊日午月，勿作刃看，时岁太多，却为印绶。"盖戊土以午中己土劫财为刃，有丁火生助，若年时制印，变为日刃，发祸尤重。

正印格本喜七煞，但此命却不喜：

1. 戊土日主本身孤悬，并无根托、党助，而是依附火而生于寅、旺于午，弱日不堪重杀之克。

2. 甲木坐寅得禄，是强木，泄生于丙丁旺火，有化为灰烬之虞，所以古以戊生午月火多，见甲木为"阳刃倒戈"。徐乐吾云："木多无水，火旺木焚，反助土旺，火土气势纯粹，非不贵也。只恐'阳刃倒戈'，不得善终。"

本造不能以甲木作格局用神，又忌天干壬癸克火破格，最理想的是地支有水气的土（丑、辰）、亥水（子水会冲午破格不贵），其次是庚辛申酉金。原批取申金、亥水为喜用，确属真知灼见。原局有亥水愯木的力量，使甲木不太强。

 圆通达观（上）

乾造：

正印	**丁丑**	劫财	07 丙午	47 壬寅
正印	**丁未**	劫财	17 乙巳	57 辛丑
日元	**戊戌**	比肩	27 甲辰	67 庚子
劫财	**己未**	劫财	37 癸卯	77 己亥

戊土生六月，四柱纯是火土，苟生丑戌之季，寒土堪成"稼穑格"论。今则生于未季，只作火炎土焦，难成"稼穑"之格。此种命局，一生劳碌奔波，岂有安宁之日？无论木火土乡，皆在困苦之中，偶走西北之地，稍得安逸而已。

本造生于大暑后一日，已过"初伏"（六月初六庚寅日为夏至后第三个庚日），立秋前十四日，土旺用事，金水二阴生（伏藏）之时，在"气"的方面而言，不可作"火炎土焦"论。

一般论法，以戊己日生，地支辰戌丑未全，无木克制为"稼穑格"，运喜西南，忌东北。但张神峰谓："戊己日生未月火旺，则不入此格。但辰戌丑月土弱，方作此格。"《三命通会》云："戊己生逢季月，喜见木为官，止得一木为妙，木多则土虚，主虚诈，为破家不仁之人。辰、未土聚之地，见巳午火即贵，亦不宜多，多则土燥，不能滋生万物，又不宜见金泄气，不宜重见，恐存杀气，不生万物，又不宜见金泄气，不贵；秋土不成器，为死土，因土内含金；冬土不成器，为泥土，因土内含水。故土只四季也。"

依张神峰之说，此造不入"稼穑格"，可当作火土两旺的，"两行成象格"看。配合《三命通会》所述，此造火多土燥，不能滋生万物。《造化元钥》载一有道会真之造：戊戌、癸丑。徐乐吾按："稼穑必须用金，水润金生，富贵之命。用水、用火，皆非上格。"凡偏燥者，最喜金，次喜水及带水的辰、丑土。

本造无金，唯一有滋润之气的丑土又被未土冲破，不是好命。当然，在为人论命时，不能说："你的命不好。"而要鼓励他："你的八字正印贴身，为人很念旧，有乡土气息，在亲戚中人缘不错；比劫贴身，交

际的能力一流，重友谊，讲义气。财气极微弱，赚钱不容易，钱也不容易存下来，因为你慷慨了，对钱的用法观念比较淡。所以平常最后要养成节约、储蓄的习惯，刻意的存一些钱，作为未雨绸缪之计，存有一定的数量时，可考虑投资于不动产。比劫重的人大都不会疼太太，不懂得向太太讨好，也很少为她设想，这样，对婚姻关系是不利的，平时最好在言行上给太太表示你对她的关心，家和万事兴，是吗？虽然是老夫老妻了，还是有必要的。"最后再安慰他："现在（五十七岁至六十二岁）正走辛金大运，土生金，是秀气运；辛金伤官表示新的变动，金是你命里所喜的五行，所以这五年间，你会有环境、思想各方面的新变动，而且比以前好。不过今年五十九岁乙亥是正官年，岁运形成'伤官见官，为祸百般'的局面，大都有官讼是非、病痛、做事不顺的拂逆麻烦。由于你的八字中有正印，可以制伤护官，即使有灾殃也不会很严重的，顶多破此财消灾罢了。"

（三）秋土之用神

秋月金星乘旺，土性转衰。但在初秋，炎气未尽，火土尚有余威，因四柱中比印重逢，仍以水来润泽为要，稍有木无害，因申金当令。运上不宜再见金神，尤喜水来调和。

节近白露，天道渐凉，水已产生，若火土多，稍见水亦不忌，金木两物乃克制、泄气之神，并忌之；尤以金为最忌，如金水木三物并临且重，又喜火来制金、焚木，而生身，再用比劫以塞水道。

总之本书用意，依据天理，除暴安良为宗旨，与他书"从旺"及"存强去寡"等法则相背，学者须要仔细推详。

仲秋之月，热度已降，肃杀转高，土性渐弱。命局中如遇火土多，而无水木，遇水木运亦无大害，惟不能取用。金则忌见，或柱中金水木齐备，仍以火来帮身为用物也。

深秋近冬，天道转寒，土亦随之以薄弱，火土两物亦须从天时之变化而加厚以暖之也。若柱中火土多，偶行金水木乡不大忌；若火土少，而金水木三物并临，尤喜火土来扶身助其形以敌之也。

初秋之土，所论与《三命通会》大抵相同。惟《三命通会》以见木为灾，徐扬荆梁（东南方及西方人）不忌。

八九月之土，《三命通会》云："见木则不能克，此万物凋零之时，金气生旺，子复母仇，荆梁徐扬人富贵而寿。见金泄气太甚，西北人不免有冷退怯弱之患。见火助之，文武名高，君子、小人皆吉。见水为财，徐扬豫人富而无敌，冀雍荆梁人水过盛者，反主贫薄；戌月仅可。"

七月己土、八月戊土为土金伤官，诗曰：

戊日伤官最怕金，柱中格畏木来侵；金衰不喜行财运，土既消磨金又沉。

己日伤官金最旺，弱金柔土喜财乡；运逢官煞终身祸，名利兴衰不久长。

入"从儿格"，最忌印星（火），次忌官煞（木）。九月，支全辰戌丑未，无木，入"稼穑格"，喜火。

九月己土，见甲合，生戊辰时，为"化土格"，喜火，忌金。

乾造：

七煞	**甲戌**	比肩	11 癸酉	51 丁丑
偏财	**壬申**	食神	21 甲戌	61 戊寅
日元	**戊戌**	比肩	31 乙亥	71 己卯
正财	**癸丑**	劫财	41 丙子	81 庚辰

戊土生七月，初交立秋，金神虽重，暑气尚盛，土性仍然防燥，四柱不见火则不忌，土数重重，全仗干透壬水，以调和之，始能产生万物。甲木七煞透于天干，庚金重，不用以制煞；盖，秋令金星过重，亦忌。以水为主，滋润戊土，则万物生。

此造生于立秋后一日，已过"三伏"。（夏至后第三庚日是五月廿九庚午日，为"初伏"；第四庚日是六月初九庚辰日，为"中伏"；第五个庚日是六月十九庚寅日，为"末伏"。）寒气已生，三阴已成（辟卦天地否）。

 圆通达观（上）

《造化元钥》云："七月戊土，阳气渐入，寒气渐出，先丙后癸，甲木次之。"徐乐吾注："土居中央，四时之中无时不旺，寄出于四隅，以四季月为专旺之时，以四孟月为寄生寄旺之地。附火生寅，禄于巳，火旺而土之用显；附水生申，禄于亥，水旺而土之用息。土为五行之主，气值收藏，用亦收敛，故七月戊土虽为生地，不作旺论。（水土同生于申，譬如长江、黄河发源于巴颜喀拉山系，其山高峻，土厚而寒，不能栽种农作物，故云用息。）火气衰退，故云阳气渐入；金水气进，故云寒气渐出。扶其气，宜太阳以暄之，阳气盛。更宜宜雨露以润之，故先丙后癸取用。如土多塞滞，更宜甲木以疏之。则气归中和，土显其用矣！"

申月金旺水相，干透壬癸，全局偏寒，需先以火为用神，火多才取癸水为用。戊土坐戌（土库），通根年戌时丑，土实而厚，当以甲木疏之，使土不致塞滞。无丙而用癸甲，是次等用神。《造化元钥》云："无丙，得癸甲透者，清操雅度，家富千金，异途显达。"算是好命的啦。

正偏财贴身，财气左右逢源，在早期社会多享齐人之福，现代社会亦不乏左拥右抱之例。

乾造：

正财	**壬辰**	劫财		02 己酉	42 癸丑
劫财	**戊申**	伤官		12 庚戌	52 甲寅
日元	**己亥**	正财		22 辛亥	62 乙卯
伤官	**庚午**	比肩	归禄	32 壬子	72 丙辰

己土生七月，节近白露，秋凉之时，暑气退而水生矣。壬亥两水，足可滋土，不宜再见。庚申两金助水为忌，盖重金泄土之气也。戊土能去壬水，然辰土示能去亥水，反与申合而成水形，金水之病明矣。今独取午火助身。此造既见病，若走火地，亦堪为富翁。无奈一带行运皆在金水病地，一生难许显扬也。

此为土金伤官格，古书说"土金官去成官"，身弱不可见官煞也。身弱的伤官格，宜以比劫、印星为喜用。本造己戊同透，柔土转强，又

圆通达观（上）

通根辰、得午禄相生，日主不弱，当取财星为用。身旺的伤官格，若无财星，则为贫薄之命，《五行元理消息赋》云："伤官无财可恃，虽巧必贫。"此造伤官生财，多是聪明绝顶，有理想、有抱负的人，若生于现代商业资讯社会，必是经商的鬼才。日禄归时没官星，是"归禄格"，号曰"青云得路"。此格有六忌：1.子冲、午刑、丑害；2.未合；3.丁偏印；4.甲乙官星；5.日月天干相同；6.年日天干相同。犯此六忌财不贵。要日干生旺，兼行食伤之运，则可逮到机会，步步高升。

不过本造的运很背：金运太早走。中年运走水，却是刑冲破害（亥刑亥、子冲午、丑害午）。晚年行官煞，是"归禄格"的大忌。

原局有申亥六害（相穿），《玉照神应真经》云："亥申二势争强，不久道路散失。"岁运再逢寅巳刑冲，有财物被劫、遗失、车祸等灾祸。

本造是江浙人（扬州分野），晚年虽行木运，不忌，（不至于凶死）。

乾造：

正财	**癸酉**	伤官		03 庚申	43 丙辰
伤官	**辛酉**	伤官		13 己未	53 乙卯
日元	**戊辰**	比肩		23 戊午	63 甲寅
正印	**丁巳**	偏印	归禄	33 丁巳	73 癸丑

戊土生八月，金神旺极，土星转弱，重重辛酉泄气太过，其力更乏。全恃比劫印绶生扶日主，以敌伤官。五行最佳者，惟取丁火正印，制伤官为护身之至宝，是以定为用神。虽有癸水遥冲，妙有戊合之，使用神丁损，乃为美推。

五行缺木则不忌，盖木乃单方作用，不见为妙，偶行木运，亦无害。

此造中年皆行火土助身之运，颇许佳境。老年交进木运，则转和平。与官星（辰中一点失令的乙木被酉金克合）是"伤官伤尽"的土金伤官格，又合"日禄归时没官星，号曰青云得路"的归禄格。

《造化元钥》云："八月戊土，金泄身寒，赖丙照暖，喜水滋润。先丙后癸，不必木疏。"此造"癸透丙藏（巳）富中取贵"。

圆通达观（上）

干支结构，特殊之处有四：

1. 天连荣。丁火生戊土、戊土生辛金、辛金生癸水。地支巳火生辰土、辰土生酉金，酉金又上生癸水。火为元，水为贞，以财结局，秀气上达，主子孙光宗耀祖。

2. 丁坐巳旺、戊坐辰冠带、辛坐酉禄，均通根；惟癸坐酉败（但癸酉纳音剑锋金坐自旺），但日支辰为水库，年财归库，祖产先败后成，富命也。

3. 年干癸之贵人在时支巳，时干丁之贵人在年支酉，年时互换贵人为"罗纹交贵"也，是贵征。

4. 酉年辰日，酉中辛金克辰中乙木为财，《消息赋》云："从魁（酉）抵苍龙之宿（辰），财自天来。"此命在经验上有得横财的机会，在现代命例中有中奖券、彩券、统一发票抽奖金者。

原局时柱有印星天透地藏，故晚年行乙卯、甲寅官煞，虽为命格所忌，因丁能化甲乙，巳能化寅卯转生日主。原批说运转和平，大概是指已把事来交给儿子，享含饴弄孙之福的生涯。

乾造：

正财	**壬寅**	正官	07 辛亥	47 乙卯
伤官	**庚戌**	劫财	17 壬子	57 丙辰
日元	**己卯**	七煞	27 癸丑	67 丁巳
正印	**丙寅**	正官	37 甲寅	77 戊午

己土生九月，节近霜降，秋凉之时，土性衰弱而忌寒冷。壬水透出，增寒为患。且地支三木七煞，克制弱土，虽有戌土资身，亦难敌其财煞。庚金有泄气之害，无去木之力，盖土支相隔者也。命局所重要者，惟有时上丙火正印，去伤官、化七煞、暖寒土，有三方之妙用。今被壬水遥冲，虽无实祸，亦减其固有之力。一生行运与命相违，待入丙运始可如意。上年亦在晦气之中。

此造生于立冬前十六日又七时，是土旺用事期间，己土当令，又有丙火透出，生之、暖之。丙火长生于寅，土附火亦随之而生。命局中惟壬为寒湿之气、两寅一卯为湿燥之气，日主己土为润气（中和稍滋），全局偏燥且旺，当以伤官生财为喜用。

要知土如微尘，充盈天地，无时无地不在，当其得令、得地、得火之生财聚，或为崇山峻岭，或为平原广陌，而显其用（生产矿物、植物或供人居住、活动）。

上年"晦气"，指甲戌年与日柱己卯相合，此名"晦气入门"；戌刑大运之丑，与月柱天冲地比（伏吟）亲人（父母兄弟）有咎。甲庚相冲为伤官见官，原局有壬水泄庚金生甲木，有丙火泄甲木生己土，本身无咎。卯日合戌，《玉照神应真经》云："木入天魁，复为吉兆。"先拂逆，后顺遂也。

（四）冬土之用神

冬土气质既寒，金水木之三物皆克制盗泄精气为忌神，如命局中无此物，运上偶逢之，则不大忌，因原命局纯是火土者也。虽在休囚之乡，其质亦固，所以偶达忌地，亦无妨害也。

或原命局中已见忌神，则运上不得再见矣，若只有一点木，则有生印之功，惟不作用神。

最喜火以暖之，能使产生万物，不为荒芜之土也。若原命局无火，同寒气未除，虽有比劫助身，亦无能为也。

五行总论对冬土的看法是要原局有火，有火则其他五行不忌："冬月之土，惟喜火温。水旺财丰，金多子秀，火盛有荣，木多无咎。再加比肩扶助为佳，更亘身主康强足寿。"

原局无水金木，行运遇之不忌。此是真见解。原局天干有丙火透干，忌壬癸水贴近相克及辛金贴合；原局天干有丁火，忌癸水贴近相克及壬水贴合。原局地支有巳火，忌亥冲，酉合；原局有午火，忌子冲、丑害。

圆通达观（上）

乾造：

偏印	**丙戌**	比肩	09 庚子	49 甲辰
劫财	**己亥**	偏财	19 辛丑	59 乙巳
日元	**戊寅**	七煞	29 壬寅	69 丙午
比肩	**戊午**	正印	39 癸卯	79 丁未

戊土生十月，本乃寒薄之体，然则命局中只一点亥水，且不见金，加以土数重重，足以敌其财神。坐支寅木独煞，合午戌而化印局，再以丙火透出暖身。此中理解，虽寒而不寒，似薄而不薄。成为中和之道。若遇制身、泄气、盗气之物，亦不大忌矣。不过中和之命，性情和平，虽能致富希望，亦少任何危险发生，一世平常过去耳。

此造干支共四土，且亥水生寅木生午火，天干又透丙火，火土党多，保"中和"之有？劫印太旺，当以财生煞（亥生寅）为喜用。亥寅喜用皆藏，且转生于他物，是喜用不显、无情，当然不会有大成就。

　　1. 后天的环境不适合他或他个人的努力不够。

　　2. 天干丙火泄于戊己土，丙逢土晦；地支亥，如前述。

　　3. 命局地金（只有戌中藏一点辛金），即无秀气。没有食伤星的人，不善于表达，缺乏才艺，较不善于交际机变，不易扬名。

乾造：

正财	**壬申**	伤官	04 壬子	44 丙辰
食神	**辛亥**	正财	14 癸丑	54 丁巳
日元	**己卯**	七煞	24 甲寅	64 戊午
正官	**甲戌**	劫财	34 乙卯	74 己未

己土生十月，节近大雪，天道正寒，兼之金水木三物排列于四柱，则身势更为寒弱。甲己有情，不犯克制之害。虽有戌土资助，惟不见火，寒气未除，难作万物之母。

　　行丙火运，临用神之方，始得转机。普通以丙辛化水论，则此步变为败运矣。所行土运，亦助身之地，惟癸酉、甲戌两年，逢克冲及晦气之年，以致灾疾不休也。

天干辛金己土生壬水，壬水生甲木克合日元己土；地支申金生亥水，亥水生卯木，卯木克合戌土。

全局所赖者，只有时支一个戌土助身。戌中藏一点丁火，为火土之墓库，此戌能助身、暖土、除寒湿，是命中的精华，所谓"吉神暗藏"者也。

日时己卯、甲戌是干支逆行五位之合，《李虚中命书》云："自官从旺，夫妻德合。"主夫妻子女感情融洽。甲己合在十月，见辛金克甲木，不化土；卯戌合，在冬令不化火。均作木克土之论，"合"只视为一种相吸的团聚现象。

弱土不堪重泄与重克，所以六十二岁癸酉年、六十三岁甲戌年灾疾不休。幸好大运在巳，正印生身，否则早就蒙主恩召了。己土在中医属脾经，滋虚则有消化不良、营养不良及鼻、皮肤之疾，症见：腹痛泻泄、痞胀、身重发黄、饮食少思、鼻窦炎、鼻蓄脓症、羸瘦。丙运的流年是：四十四岁乙卯年、四十五岁丙辰年、四十六岁丁巳年、四十七年戊午年、四十八岁己未年，丙丁戊己火土为命中之喜用，当然得转机。

乾造：

正印	**丙戌**	劫财	09 辛丑	49 乙巳
伤官	**庚子**	偏财	19 壬寅	59 丙午
日元	**己酉**	食神	29 癸卯	69 丁未
偏印	**丁卯**	七煞	39 甲辰	79 戊申

己土生十一月，寒薄之体，兼之庚辛两金，助水为害甚重。卯木七煞虽制身，其害较轻，然卯木不用食制，宜以火来引化。戌土劫财，亦助身之物。五行惟有丙丁两火，去庚金之病，少时皆在休囚之地蹭蹬，待印绶之方，则老运亨通矣。

此造是偏财格，以印星调候为喜用，财印一藏一透，两不相碍，该称为"财印相涵"。

两火两土与两金、一水、一木相峙，势均力敌，但仲冬水旺木相，事实上日主仍算弱．寒冬酷暑以调候用神为重，平衡用神居次，故以火为用神。冬土见火愈多，福泽愈厚。此造虽有丙丁火透出，但是在地支没有寅巳午强根，只有一个戌墓库弱根，福泽不够坚实。由于丙丁火在天干风近于虚浮的状态，行运地便怕壬癸水来克制一原局有子水强根及庚酉强金生水，因此在行运逢壬癸水来克制一原局有子水强根及庚酉强金生水，因此在行运逢壬癸水时，水力大于火力。

我们再从另一个角度来分析这个命局：

丁→己→庚⇨丙
火　土　金　火
↑　↓　↓　↓
卯⇨酉→子⇨戌
木　金　水　土

注：→表示生，⇨表示克。

从时支的卯木起，经时干、日干、月干、月支，呈木火土金水递生，气聚于子水。年柱的丙戌克制月柱的庚子，所以丙戌是命局真正的喜用。四柱分开来看：

年柱上丙火生下戌土，月柱上庚金生下子水，日柱上己土生下酉金，时柱下卯木生上丁火，是"上下情和"的结构，可惜左右关系不协和，贵气打了折扣。

年柱克月柱：十七岁到卅二岁，有印星与伤官、劫财与偏财之人、物、事发生。如祖母死亡、父亲伤病死亡、破财等。

日支酉冲克时支卯：四十一岁至四十八岁，有食神与七煞之人、物、事发生。如儿女有灾殃，多应验于甲辰运·四十二岁丁卯年、四十八岁癸酉年。

乾造：

劫财	**戊子**	偏财	05 丙寅	45 庚午	
七煞	**乙丑**	比肩	15 丁卯	55 辛未	
日元	**己亥**	正财	25 戊辰	65 壬申	
正印	**丙寅**	正官	35 己巳	75 癸酉	

己土生十二月，身势正弱，不可作四季旺土看。柱中水木重重，制身之贼环绕，使己土不能生存，丑土又被亥子合去，以吉化凶。五行喜得戊土透天，而助日主、而敌水。命局独取丙火正印贴身，化煞而生暖日主，得双方之妙用，且喜不损，而定为用神。惟命中水木有余，火土尚轻，宜行南方及中央之地，被之为美，所以此造中年运颇为得意。达庚运，稍微失利。待进午火运，始复旧观。

此造生于立春前十一日，正是土旺用事期间，土在辰、未月，生生力旺盛，在戌丑月则是养蓄的状态，前者旺气（用），后者旺质（体）。

塞土不生，得火始有生机，此造好在时干透出丙火通根于寅，使全局充满生机。地支亥子丑会成北方阴凝之气，若逢壬癸岁运则木漂土流，所以又要以戊土来预作提防。戊土藉附丙火长生于寅，寅是丙、戊寄托力量的支位，所以是命局的重心，最忌申冲。

乙木可以以引化水转生丙火，亦为有用之神。

全局几乎都可能良好的联合作用，算是很不错的命格。

第六节　用神在岁运中的变化

原命局用神是根据原局四柱而选取的，原局用神有的是终身用神，有的则不是。原局四柱进入到不同的岁运，其五行力量的强弱因岁运介入而发生重大变化时，原局用神就失去了作用，有的还会变成忌神，这时就要重新选取用神平衡命局。身偏弱，用神生扶日主使之由偏弱趋于中和，岁运介入使用神的力量特别旺，就会生身太过而使日主使之由偏弱骤然变为身太旺，这时用神到位却反而使命局失衡。这个用神已不是用神而是变成了忌神，需要选取新的用神克制这个忌神，而使命局重新趋于平衡。反之，身偏旺，用神是抑制（抑制的形式是克泄耗）日主，使之由偏旺趋于中和，若岁运介入使用神的力量特别强旺，过份地抑制了日主，日主就会由偏旺骤然变弱，又导致新的失衡，这时原命局的用神就会变成了忌神，需要选取新的用神来克制原来的用神即新的忌神，去生扶变弱了的日主。这就是物极必反的道理，生扶太过或克抑太过都会导致命局失衡，命局失衡表现在日常生活中，日主就会有灾。

凡是破坏命局平衡，使日主骤然变旺或变弱的某五行都是忌神，而能使命局趋向平衡，使日主趋中和的则为喜用神，原局的用神有可能在岁运中仍为用神，也有可能变为忌神。随着岁运的变化，用神与忌神也有可能会反复变化。这就是必须视其具体的命局逢岁运干整体组合而定。一般来说，原局日主很强或很弱，在岁运中一般不会引起用神的变化，原局用神多为终身用神。但日主在原局只是中和偏上或偏下，原局用神在岁运中很容易发生变化。

例：一九五二年四月十七日戌时

	杀	印	日	食
乾造：	壬	乙	丙	戊
	辰	巳	辰	戌
	戊乙癸	丙戊庚	戊乙癸	戊辛丁
	食印官	比食财	食印官	食才劫

	比	劫	食	伤	财	才
大运：	丙午	丁未	戊申	己酉	庚戌	辛亥
年龄：	9	19	29	39	49	59
公元：	61	71	81	91	01	11

命局分析：

日干丙火坐辰土化泄，通根月支巳火本气，时支戌土中余气，日干为中和。印星乙木坐巳火泄气，通根年日辰中乙木偏弱。官星壬水坐辰土墓库，通根双辰癸水余气偏弱。财星庚辛金在戌中气在巳火余气太弱。食伤戊土坐戌本气，又通根年月日辰巳本中气偏旺。

综合分析，日主身中和食伤旺为病。逢岁运取用，大运丁未，日主行火土旺地，七九年己未，土旺加大了原命局土旺之病，日主泄身过重，中和变为偏弱，日主家庭贫困妻身弱病多。

戊申运，己酉运，日主运行财地，食伤生财，食伤减力为喜，日主又趋于中和，八六年丙寅年至九六年丙子年，十年间日主财运较好。

喜忌是断命的关键：

命理学的主要作用，是预测一个人的穷夭寿通，吉凶祸福，既然能推断吉凶，就需要弄明白吉凶祸福所发生的原因与结果。人生祸福皆是命局与岁、运中的五行生克制化所引发出来的，所以要想将一个命测准，必须在五行生克制化方面动一番脑筋。能明白五行生克制化之理，就是预测师的基本功夫。那么，吉凶祸福又是怎样分辨的呢？

1. 明白喜忌

分析一个命造，首先要明白什么叫喜神，什么叫忌神。喜神和忌神在命中又起什么作用？必须明白喜神在命局中发挥的作用能占主要地位的则为吉。喜神发挥的作用在命局中受到某些五行牵制而为小吉。忌神居主要地位的则为凶，忌神力量越大，则凶灾程度越大。所以分清喜忌是推命学的主要关键。能将这个关键掌握住，对任何一个命局来说，无论生克制化怎样繁琐，所有问题都能迎刃而解。如命局中有天乙贵人，首先要看天乙贵人所临的地支是喜神还是忌神，如果所临的位置是喜用神，不用说是锦上添花，凡事有贵人相助，事业有成。相反，如天乙贵人坐临在忌神方面，那么，这个天乙贵人，就恰如其反，俗话说叫做帮倒忙，结果反而将事情弄得一团糟。再如"天克地冲"这个名词，人人见之都胆颤心寒，其实并没有这样严重。如果冲掉喜神，则为凶；那么冲掉忌神，不但无凶，则反为大吉。又如柱中有驿马星发动，说明这个人有出国或搬迁的迹象，那么出国与搬迁是凶是吉呢？首先要看这个驿马星所临的是喜神还是忌神，如临在喜神上，肯定大有好事；如坐临于忌神上，那么虽然搬迁出国，肯定好事难成，事与愿违。

再如伤官见官，一般见之都认为有灾祸来临，其实并不是这样，如果这个"官"字是喜神，那肯定不是吉兆，若是忌神，不但无祸，反而必有好事来临。必须要分清喜忌才能得出结论。例如普通格局，身强者宜泄宜耗，如逢伤官见官，用神不受损害，一般都不会有什么凶事，如柱中比劫过旺，取官为用，逢运岁伤官则主大凶。如身弱逢伤官见官，见之主凶上加凶。另外还有诸合会局如三合、三会、六合、半合、半会为喜神或生助喜神的则吉，为忌神或生助忌神者为凶。分析一个命局，必须要融汇贯通，灵活应用，这和六爻预测一样"静逢冲则动""动逢合则成"。如工作或生活长期稳定者，逢冲则有工作调动或居住变迁的事情出现，这就叫静逢冲则动。久静逢合也会使工作居地有所变动，此为久静逢合则动，但动得是好是坏，完全凭喜忌而定。《卜筮正宗》曰："动静阴阳，反复迁变，虽万象之纷纭，须一理而融贯。"人事纷繁，千变万化，四柱格局是一个人的整体，而喜忌等于是人的灵魂，只要能精心准确地判断，就不会出现什么差错。

2. 灵活变通

掌握喜忌是推命学的基本原则，但凡研究推命学的人少不了都要围绕这个原则去进行操作，否则就不能将命推准。除了这个原则，灵活通变也是主要关键之一，没有灵活通变的头脑，也就无法去挖掘命局中蛛丝马迹的信息。为此就必须练出扎扎实实的基本功夫。俗话说，熟能生巧，久而久之就能灵活贯通。推命学的最高境界就是贯通，贯通全靠灵活，既要辨通五行生克制化之理，又要弄清十神广博含义，更要注重星煞的影响，而阴阳变化更不可忽视。这样首先掌握命学中各种知识，需要多读古人之书，吸取众家之长，有了丰富的知识，才能做到以上几个方面的要求，但也不是轻而易举就能做到的，这需要一定的知识经验积累,从书本知识到理论知识,再到实践真知的过程,不通过这几个阶段,就不会达到灵活贯通的要求,也就难以做到语出惊人、铁口神算的精微妙断,没有这些功夫下去,登堂入室又谈何容易。所以灵活贯通的程度有多高,神奇妙断的程度就有多深。总的看来,推命灵活度直接反映出预测者实际水平。

一个高水平的预测师,他的广博知识和丰富经验,不是一时就可以造就出来的。他的每一点点成就,有可能都是经过无数次的失败,并从失败中吸取教训,分析失败的原因,找出命理中影响命运的共性和特性的东西而得来的。最好从熟人开始预测,从中详细地找出测不准的原因,精心细悟,不懂之处再向同道们虚心请教,只有这样,才能一步一步地提高预测水平,也许目前失败了,能为后来的提高奠定坚实的基础,久而久之,当你的水平达到炉火纯青的时候,你也就取得了易学中的桂冠,登上大雅之堂了。

3. 喜忌神位置看法

喜忌神在四柱中的位置可作判断命运"直口神断"的一种方法,这种方法差不多和上一节"四柱分限"断法大同小异,不同的只是先分喜忌,后下断语。

（1）喜神在年柱断法

①喜神在年柱旺而有力,命主必定祖业丰厚。16岁之前的家庭生活条件一定很好,求学有成,读书成绩肯定不错。

②喜神在年柱休囚无力,或是喜神虽然旺相,但受伤无救。或是休囚无气,那么祖上家境虽好,但只能算做一般较好家庭。

③喜神在年干休囚无气,或者虽然旺相而被月干克伤,可断日主原来家庭状况很好,而在16岁之前开始变衰。

④忌神在年柱旺相有力,日主祖上破败,少不得志,或身体多病,读书成绩不佳,诸事不顺。

（2）喜忌神在月柱断法

①喜神在月柱旺而有力者,父母必定有才有干,得以荫庇,兄弟爱待,和睦得力。本人从16岁—32岁时期家庭条件优越,读书有成,事

业如意。

②喜神在月柱不得力，命主青年时期的家庭水平只是一般，但在同时期家庭条件也就开始衰败。

③忌神在月柱旺而有力，主命主父母，兄弟有刑伤之事，兄弟失和，读书难得成就，青年时期的事业难以称心。

（3）喜忌神在日柱断法

①喜神在日柱旺而有力者，主夫妻和睦，齐心全力，从32岁—48岁这段期间，家庭富裕，事业辉煌腾达。

②喜神在日柱休囚无力，在中青年时期的家业不盛，只能达到中上等水平，而且夫妻之间的感情也平常。

③喜神日柱休囚，或在日支被邻支刑冲，或被日干盖头凶克，命主原来家境很好，但在这段时间衰落。

④忌神在日柱旺相无伤，命主在中壮年时期诸事不遂，夫妻失和，或死或离，伤痛不测之事难免，事业难成，始盛终败，乃是中年败家之命。

（4）喜忌神在时柱断法

①喜神在时柱旺而有力者，命主儿女发达，享子女之福，晚年乃是悠闲自在之命。

②喜神在时干被日干所伤，或在时支被日支冲破刑伤，或被时干盖头，其命主晚景虽好，但防在这段时期出现好花凋落之兆。

③忌神在时柱得力无损，命主子女难以培育成人，多出不肖之子，运交晚年，事业蹇滞，晚景悲愁之命。

综上看来，喜神无论在哪一柱，只要旺相有力，皆主该柱时期辉煌腾达，事事如意。忌神虽为凶神，无论在哪一柱只要休囚无力，或被邻干伤克，或坐支截脚，或被盖头，该段时期虽然不顺，也不会出现十分太凶，特别注意的是，忌神如被制伏，诸事逢凶化吉，因祸得福，这就叫作灵活变通。

4. 十神喜忌直断法

十神者乃比肩、劫财、食神、伤官、正财、偏财、官煞、偏印和正印，十神就是十天干与日元对应的代名词，也就是用十神将十天干的含义比喻得更加通俗易懂的一种名称，具体情况请参看本书"十神篇"，这里要说的是十神的喜忌与位置参看一个人家庭状况，以及大体处境。

　　印星为喜神旺相，不受刑冲克破，又所坐干支不受忌神截脚盖头者，主命享受祖荫。

李计忠解《周易》系列

易界名家 独门首传

圆通达观

李计忠 著

（中册）

团结出版社

 圆通达观(中)

目 录

中篇　五行命理的应用 1

第一章　命局与岁运吉凶 1

第一节　命局吉凶 1
第二节　大运吉凶 6
第三节　流年吉凶 13
第四节　命局与岁运 19
第五节　运程详论 43

第二章　四柱断人生 49

第一节　四柱学预测的四大要点 49
第二节　命理的误区 52
第三节　四柱论命的原理与方法 53
第四节　命局与六亲 59
第五节　太岁干支对夫妻宫的影响 74
第六节　流年对性情的影响 81
第七节　命局与人际关系 84
第八节　性格体貌 89

第三章　财运与事业 94

    第一节　四柱与财运 94

    第二节　四柱与事业 103

    第三节　事业与官职 111

    第四节　财运 119

第四章　论富贵贫贱 129

    第一节　总论富贵贫贱寿夭 129

    第二节　四柱论富命 140

    第三节　四柱论贵命 141

    第四节　四柱论贫命 145

    第五节　四柱论贱命 147

    第六节　四柱与灾厄 148

    第七节　从四柱中看残疾之灾 176

    第八节　从命局中看牢狱之灾 202

    第九节　从命局中提取灾咎信息 229

    第十节　四墓库的用法 246

第五章　婚姻与子女 251

    第一节　婚姻 252

    第二节　男女命婚姻 261

    第三节　婚姻不顺的生日 271

    第四节　结婚时间预测法 274

圆通达观（中）

  第五节 传统婚配宜忌 276
  第六节 子女 280

第六章 四柱论夭亡与小儿命理 297
  第一节 小儿命理 297
  第二节 少年夭亡 299

第七章 健康与疾病 303
  第一节 四柱与健康 303
  第二节 四柱论疾病 310
  第三节 疾病预测 321
  第四节 晚年与寿命 333

第八章 杂论 335
  第一节 合喜与合忌 335
  第二节 盖头说与战局论之比较 339
  第三节 论阴阳生死 342
  第四节 论夭与亡 344
  第五节 看用神法附谈 345
  第六节 论格局用神与其他 349
  第七节 论六亲之不清 351
  第八节 论滚浪桃花 357

第九章 读书存疑 364
  第一节 湿土燥土 364

第二节　轻补之法 367

第三节　晦气流年 368

第四节　四柱相同·命运不同 371

中篇　五行命理的应用

第一章　命局与岁运吉凶

从古至今，四柱预测叫批八字。也就是原命局四柱八个字，它是论命的主体，而大运流年是客体，批四柱看大运、流年吉凶，实质就是看客体的岁运对原命局有何影响，而不是看命局对岁运有何影响。

第一节　命局吉凶

要学好四柱预测学，首先你要明白我们所要研究的主体是什么？很多学员都知道，研究的主题就是四柱，通过四柱揭示人生，这是我们研究的主要对象。而岁、运，即大运与流年，它是客体，是看岁运介入命局后，使命局产生什么样的新变化，来判断命主在每一步岁、运都产生什么样的改变。所以对我们研究这个主题来说，我们主要是看四柱本身受大运流年的影响变化如何，再简捷地说，就是看四柱的变化，而不是看大运、流年受命局影响而产生何种变化。看大运、流年某字是否受伤，这就颠倒了主客体的关系，颠倒了研究对象。

一、年柱吉凶

1. 年柱有比肩，表示兄弟聚多，否则就会有分家的可能。

2. 年柱有劫财，表示祖先之德薄，若能继承资财，也会化为灰烬。命中若有重复的劫财、伤官、倒食、偏官时，表示出生于艰难之家。

3. 年柱带有食神，表示祖先生于富室，若家道已衰，本人承先祖之德，仍可成为福寿之人。

4. 年柱伤官，表示正官的贵气会破坏，不是祖先的基业败损，就是父母不合。正官代表家族的权势，若有伤官，表示家中产业衰落，或是后继无人，或生于贫困之家。

5. 年柱中有偏财，表示生于商贾之家，多是祖父或父亲为养子，命中若无比肩、劫财，将是富裕之家。若命中有比肩、劫财，他一定会牵涉到家产争夺的旋涡中。

6. 年柱中有正财，表示生于富家之后，可承祖业。连续出现劫财时，不是有争夺家产之事发生，就是家道中衰。

7. 年柱中有偏官，表示弟妹多；若遇冲克，必远走他乡，不能受祖父之德的佑护，其祖先也是生于寒微之家。

8. 年柱正官，表示家族好，出身名望之家。命中有财，表示出生于富室，没有伤官，就可克绍箕裘；遇比肩时，不是生弟，就是可承继家业。

9. 年柱有偏印，表示不能承祖业，要远走他乡；若有一、两个偏印时，一定是父母不合，或是当养子；命中凶神太多，表示出身寒微，无法蒙祖德，就算是蒙了祖德也终会破财。

10. 年柱正印，表示生于技能之家，可蒙祖艺，福厚不愁衣食，生于望族。以上十神分别记其吉凶。但也可因为喜忌神，或由于空亡、通变本身的强弱，而变化吉凶本身轻重。

11. 年干与日干相克，或是日支与年支相克，那么不是短命就是会暴亡。

二、月柱吉凶

生月居于命运之枢纽，地位相当重要。

上述之吉凶只是辅助作用，现在再进一步地说明生月的关系：

1. 生月有比肩、劫财时，表示有兄弟；若一再出现比肩、劫财，表示不是当养子，就是远离家乡；生月有财星会克妻；若是女命，则夫妇不合；生月中一再出现比肩劫财，而且其他二干三支中也出现比肩、劫财或偏印、正印时，表示本人会酗酒。

2. 生月中有食神，因为此星很强，表示我自己是健旺之命，体质好，度量大，福份分厚。

3. 生月中有偏印，表示食神衰，遇刑冲时易得疾病。

4. 生月中有伤官，表示不能有伯父、叔母、兄弟。伤官多家贫；发现劫财时，是出身于贫家。伤官的活动作用最分歧，请参照《泰山全集》第四卷《通变星秘解》。

5. 生月天干的偏财是兄弟家庭之财，表示生于富室，月支的偏财就是我自己的财，表示身旺财强，是富贵命。在其他地方发现多财时，表示你很吝啬。比肩多表示会有财产之争，若生于富室，必引起财产之诉讼。

6. 生月有正财时，是财之根，有食神、伤官，表示身强，也生于富室，若不是出身于富室，将来必会富贵，但须没有刑冲空亡。身弱财多时，可能因财致祸，或是因妻而生灾。

7. 生月有七杀偏官，表示得不到父母之助，其他官杀多时，生活必辛苦，且无兄妹之缘。但偏官的作用很多，请参照《通变星秘解》。

8. 生月有正官，在别地方无官杀表示身体强健，由于财可生正官，表示会生长子，也可继承遗业，或是生于富室、名望之家。

9. 生月中有偏印，由于命式的作用，使得吉凶变化万端，当在别处有一、两个偏印时，父母不全或去别人家中当养子，晚年克子孙，景况凄凉。

10. 生月中有正印，无破克空刑时，表示生于富家，性质聪明，节操好，本性寡言，执行力强，见解高。

生月地支藏干是命局中的纲领，节气之深浅可定格局用神，是命运之源，能知祸福，定命运之轻重，为命学家所重视。

三、日柱吉凶

以生日的天干为我身，地支为配偶。生日天干是一切活动的基准，由于年月日时能定祸福荣辱，而生日的作用很多，故关于生日方面要多做说明，现在先扼要地说明吉凶：

1. 生日的天干与地支相同，表示克配偶，也就是有比肩、劫财、羊刃会克配偶。而在身弱时，比肩、劫财、羊刃，则有内助之效。

2. 日支有食神，表示配偶体肥，心宽体胖，有衣食财运。若日支为偏印时，表示配偶身体瘦小，克多者，不是病弱就是短命。

3. 日支带伤官，有财时表示妻妾美，不管男女都有辩才；无财而有比肩、劫财者，若为女性，则出嫁没多久会与丈夫分离，若为男性，克子女，或是先富后贫，晚年福气薄。

4. 日支中有偏财，可得佳偶。男命在其他柱有偏财、正财时，会发生三角恋爱，或是自由恋爱；女性在其他柱有官杀时，表示会有外遇，或是有不正常夫妻关系。

5. 日支有正财，可得佳偶，因贵人相助而得良缘。不论男女，对家庭都有内助之功；如无克破，可以凭自己的能力致富。

6. 日支带偏官，表示性子急。聪明伶俐，但夫妻感情不太和谐；若逢冲，婚后会得疾病。

7. 日支带正官，不管男女，配偶的相貌都很好，且人品与人缘都很好，有刑冲时，是夫妻相背之兆。

8. 日支有偏印，得不到佳偶。身弱时，反而可得良缘，它柱有偏印时，无夫妻；晚年克子女，晚景凄凉。

9. 日支有正印，表示配偶有能力，身弱时，对配偶最好。

10. 女命生于阳日，至中晚年定与丈夫生离互别；男命生于阴日，

会靠妻活，但由于命格的配合，也不能一概而论。

四、时柱吉凶

时若为用神生旺，晚年命好；若有凶神，则制生时的时候，可逢凶化吉。

1. 生时有比肩，身弱时，可逢凶化吉；有二三个比肩、劫财时，会破财，有偏财、正财时，晚年贫穷。

2. 生时有劫财，在别柱上也有劫财时，表示子女少，且克妻。女命会违背丈夫，否则会常有病灾。日支有正财时，在生时上有劫财、羊刃，表示对身体会有损伤；男命表示妻子会难产，且克子女。

3. 生时有食神，表示有子女，命好，食神生旺，长寿子孝。

4. 生时有伤官时，女命则为儿子比女儿顽劣，男女命中皆有羊刃时，会生盗心。

5. 生时有偏才，表示中晚年富贵，有驿马星时，要远走他乡才能开运，命中比肩多时，难富以后仍会破财。

6. 生时有正财时，先贫后富，逢十二运之建禄或其他强势的用神运时，表示命中有福气。

7. 生时有偏官表示身强子多，身弱时表示子女少；身强且在别柱中有食神或印绶，表示人格完整无缺。

8. 生时有正官，表示晚年显达；若无刑冲空杀，中年可得名利；若是男命有贵显之子。

9. 生时有偏印表示福薄；身弱反而可以发福；若有食神，不是短命就贫穷，晚年孤寂。

10. 生时有正印，可得子孙之福，晚年幸福长寿；表示能当他人主管；若生月为印绶格，表示能吃，少病灾，可长寿。

11. 生时逢十二运之养、生、沐、禄、旺，表示有子女缘，逢衰、病、死、墓、绝、胎时，则表示无子女缘。

12. 生时有克无生时，逢十二运中之死绝时，只有收养子女之命。

第二节 大运吉凶

　　人以原命局为根基，一生富贵贫贱、吉凶寿夭都在命局命局之中。古书云："命论一世之荣枯，运言十年之休咎。"如果命好，其一生能荣华富贵；如果命不好，其一生难免贫苦交加，但运也能左右成功和失败。如果命好运又好，锦上添花更上一层楼，事业、财富、权势会有更大的发展；反之，命好运不好，如有满腹的学问不得展现，在人生的旅途中易挫折失败，万事不称心如意。命不好，但行好运，就像小草逢甘露，虽贫贱也能春风得意一时；命不好运又不好，那就如屋漏偏逢连夜雨，倒霉破败灾祸频。

　　凡看命，命局决定人生七成，运只是三成，命局决定终生，大运决定沉浮。

　　何为好运？人一生中最好的时期，即用神到位之时。命局用神得力一生受益，命局用神不得力，或没有用神，人生坎坷，灾难横生。原局没有用神，如行到所缺之用神运，不管是好命，还是差命，都必定是人生最平顺，最辉煌的阶段。

　　用神到位之运一般是指有力的一二十年，比如说宜行官运，官运期间将会达到一生中官职较高的级别。其次，杀运也是为官之运，用神为正官，若偏官不为忌，偏官运也可晋升官职。如财为第二用神，行财运也升官，因财就是生官的，但此运次于第一用神官星当运。

　　在一般情况下，凡大运为命局的喜用神者，主该步运期间为吉；凡运为命局的忌神者，主该步运期间为凶；凡大运不为命局的喜用神或忌神者，主该步运或流年为平。

　　在一般情况下，凡身旺行克泄耗运为好运，泄为食神伤官，克为正官偏官（七杀），耗为正财偏财。反之，行生扶运为坏运，生为正印偏印，扶为比肩劫财。凡身弱宜行生扶运，生扶运为好运，行克泄耗运为坏运。

请读者注意以上所说的,只是在命局岁运没有刑冲合害、五行偏枯、组合不当的情况下才适用。

人一生的运气只能跟自己比,每个人的命局好坏决定了自身运气的好坏。不同的命有不同的运,不同的人自然也有不同的经历。每个人的运气又离不开国运,离不开生活工作的地域。有的人好运走得早,命局根基好,若在致富机会较多的今天就可能成为富翁,可是在国家动荡时期,即使走财运,只不过比别人温饱一些,多长些工资罢了,绝不会发大财。若早年行运不佳,命局根基好,现在走财运,与国家运气同步,肯定其生活的水平比他人要高得多。

命局中五行有情,用神有力,又行好运,财富、地位、权力、功名都会有,但通常只占一二。大富大贵之命,不是常人可得,即使只占一二也差别悬殊。因为一个花甲子就有五十二万多个千变万化的命局命局组合,每个人的手面相、祖荫、家居风水又各个不同,又有地域、遗传等差别。同是财为用神,有的是人间富翁,而极大多数是相对富裕一些的平民百姓。同是以财星为用神,由于方位和后天努力的程度不同,也是有所差别的。到自己的用神或生用神的方位去,如发财就会发如猛虎,要升官就能青云直上。即使命运不很好,用神不得力,用神方位也比其它方位要平顺些。如果去错了方位,便是去了不利用神的方位,自然要倒霉。即使走好运,也不及命中运中该得到的,走败运就更惨了,必是祸不单行。

人一生的运气好坏都会遇到,有遇到多和少,早和晚的区别,坏运走在早年和晚年,有时可不遇最败之运,少遇坏运。从自然规律来讲,现在人的寿命达到八十岁也不算稀奇,小时候青少年时期清苦一些,到中青年学有所成,到老安享晚年。这中间的几十年运程如为佳运,不失为福。到垂暮之年身衰力竭,病老而死,运不好也属自然。只怕好运走早了,晚景就凄凉了。还有的命局好运没走到,已被克用神之运折了寿数,属贫贱早夭的命运。命局五行相对平衡的命局,一般行运不会有太大的波折。大起大落的偏颇命局就全靠运气了,帮的多一些,可出人头地。帮的少一些,怀才不遇抱憾终生。

一、论大运的基本原则

1. 看大运时要运干运支统看，运干运支每五年各有侧重，即前五年看重运干，后五年看重运支。

2. 看大运时要和原命局一样，看大运干支和原命局各干支生克制化刑冲合害，要五柱统看。

3. 凡行用神运或用神所喜之运为吉，行忌神运或生忌神之运为凶。如果日主旺，财为喜用神宜行财运；官为喜用神，宜行官运；食伤为喜用神，宜行食伤运。如果日主弱，印为喜用神宜行印运；比劫为喜用神宜行比劫运。

以上所述，只是一般行运趋势，事实推论大运流年并非一成不变。大运、流年与原命局干支发生生克制化刑冲合害各种联系，随之喜用忌也产生了相应的变化，因此每个具体命局逢到岁运要进行具体分析才行。

人逢好运多则三四十年，宜在二十岁后行之；少则一二十年，宜在三十岁以后行之；若好运行之过早，幼年之时尚须父母抚养，不能发达荣显。

命有十分福气，行二三分坏运，都不觉坏，行四五分坏运，也只是小不顺；至六七分坏运，方有蹇滞，原因是命中福力甚厚之故。

命有五分福气，行一分坏运，即不如意；二三分坏运必见重灾；若四五分坏运即死，原因是根基不牢之故。日主旺极，行克伐之运，尤如烧红的铁锅聚见冷水，必暴损无疑；日主衰极，行生扶之运，好比人被冻僵之手，在火炉前烘烤，就会烂掉。

二、大运吉凶

（1）运行用神、喜神之运为吉，行忌神为凶，闲神为平。

（2）行冲合忌神之运为吉，冲合用神、喜神之运为凶。

（3）行合化之运，则以化气来论吉凶，化喜用为吉，化忌神为凶。

（4）行闲神之运为平运。

（5）行用神、喜神之运，被闲神合（冲）则吉而不吉，为平运。

（6）行忌神之运，被闲神冲合，则凶而不凶，为平运。

（7）行用神、喜神之运，被命局之神合、冲，吉而不吉，为平运。

（8）行忌神之运，被局中之神合、冲，则凶而不凶，为平运。

（9）行忌神之运，被局中某神合化而生用神者，反以吉论。

三、大运吉凶程度

（1）大运干支皆用神、喜神者，此运大吉。

（2）大运干支皆忌神（不冲合）为大凶之运。

（3）大运干支一喜一忌时，就应看盖头及截脚，具体分析，比较谁的力量大，也就是平运偏吉，还是平运偏凶，或是吉凶参半。

（4）大运干支皆闲神时，定为平运。

（5）一为喜用，一为闲神，一般定为小吉。

（6）一为忌神，一为闲神，一般定为小凶。

（7）干支互相生克，应细分析吉凶之间力量的强弱。

论大运干支之关系：

此论大运之干支，非命中之干支也。关于干支，本无所论，无如新旧书中，似有不同之处，故亦略述之，而无重要之可言，依情节却亦重要。

行运干支，须要分开上下五年，不能易其真理。吾人研究命学，须由应难上用工夫，有一分之经验，乃有一分之进步，既学此书，不得当玩具，亦不可作迷信论，所惜者，后学难能窥其堂奥耳。

尝见大运与流年相背者，究竟对于喜忌若何？假如运喜金水，忌木火，适逢金水大运、木火流年，诸如此类，大概言之，大运为重，流年较轻。所以应大运为多数，应于流年者，不过十中之二而已。运与流年相背者，成败较轻。大运流年相符者，成败较重也。学者务必随时试

验,勿以谈错为羞,方能达到进步之目的。

大运的干支分合问题,争论甚多,未有定论。

《三命通会》所载的看法是:行运在天干时兼看地支,行运在地支时,只看地支,不看天干。后代提出天干占30%、地支占70%的看法,大概是以此说为根据。

《五行精纪》将大运十年分上、下知五年。

《评注渊海子平》所载的看法是:大运看支·岁君(流年)看干。

我的经验是:干支分开看,各管五年。但若是流年与大运的干支有全部冲或合时,就要干支合看。如丁卯大运逢著辛酉、癸酉、壬戌流年,要将大运干支合看。

例一: 乾造:一九四二年十一月二十日未时生

偏印	**壬午**	伤官	05 癸丑
偏印	**壬子**	正印	15 甲寅
日元	**甲寅**	比肩	25 乙卯
正官	**辛未**	正财	35 丙辰

甲坐寅禄,又得二壬一子相生,为身旺。旺则宜克泄,冬木以取火来泄秀,并作为调候为佳。原局午火被子水冲损,只有寅内藏丙火,未内所藏丁火可资取用。火、土为喜用,最忌水,金、木亦忌。

本造小时难养,与母、兄弟薄缘(印星为忌神、年月支逢冲),兄弟夭折两个。妻有学识,有幽默感,人缘好,爱钱也会调钱,夫妻经常出双入对,会为了金钱而争执。(日柱甲寅,干支同五行;日支妻宫寅内藏丙火食神为用神;又寅中藏甲木比肩克时支未土正财)

十五岁至三十四岁行甲寅、乙卯运,干支皆木,不必争论上下五年之分。廿六岁丁未(一九六七岁)年购屋;廿七岁戊申(一九六八岁)年结婚。

三十五岁至四十四岁丙辰大运,干火支土,五行不同,当分论。丙火为用神,是吉运,但原局有壬水回克丙火、辛金合晦丙火,又为吉处藏凶。辰土为喜神,是吉运,但原局有子合辰化水,是吉变为凶。

四十岁辛酉(一九八一年):合大运丙辰,丙辛化水,辰酉化金,不利。本年周转很多金钱。

四十一岁壬戌(一九八二年):流年冲大运丙辰,不利。本年所做的生意因朋友经营不善,卖了一栋房子而拆移。

四十二岁甲子(一九八四年):甲木为忌神,子合大运辰化水漂木。本年亏钱,工厂倒闭。若照大地驼看地支、流年看天干,或大运干支合看,或张神峰的"盖头说"只看大运天干,皆不验。

例二:女,一九三三年七月廿三日午时生

食神	癸酉	比肩	禄元·空亡	10 壬戌
比肩	辛酉	比肩	禄元·空亡	20 癸亥
日元	辛巳	正官	年贵	30 甲子
正财	甲午	七杀	日贵	40 乙丑

辛金生于白露后四日,当令党多,身旺而强,以克泄之火、水为用神,而且以水泄秀,金白水清取贵;火炼刚金,为取贵次格;命局无土埋金,木非所需,若逢比劫,木之财星反被劫夺而为祸胎;土会克水用神,为大忌;金多为病,且金会劫财、浊水、晦火,亦为忌神。

戌运,十八岁庚寅(一九五〇年):庚克甲,寅午戌火局制庚,半凶半吉。此年患耳疾。

癸运,廿四岁丙申(一九五六年):癸为用神,丙合辛、申合巳,此年结婚。(若兼看运支,则亥巳申三刑逢冲,不会结婚。)

子运,三十八岁庚戌(一九七〇年):庚克时甲,戌土克子水。外出工作。三十九岁辛亥(一九七一年):辛克时干甲,亥冲日支巳。大运子水为用神,故无大灾祸;子为辛金长生,有思想、环境、工作方面的创新改变。

乙运，四十三岁乙卯（一九七五年）：原局有辛金比肩夺乙木偏财，酉金冲卯木偏财。乙酉月戊午日，因生意失败，致生大病。

大运与命局、流年的关系：

1. 岁运并临：大运与流年相同，若岁运为日干之刃或七杀，灾殃立至，财官印绶为吉。如甲日生，行庚年庚运为叠七杀，卯运卯年为叠羊刃，均凶。其他的岁运并临，主事业、地位不稳固（权握不宁）。

2. 岁运相冲：大运与流年相克相冲：运克岁，与日犯岁君同，主破耗，丧事，有禄马贵人解之稍吉，命局有救无虞。流年冲克大救灾通道，主破财。

3. 岁运相合：大运与流年干支相合，若在日、时支前五位，主门户不宁，阴人为挠；有怀孕生产后不宁，利生女，不利生男，母子有一失。

4. 月运相合：大运与生月干支相合，十年吉利，多购屋置产。又名"鸳鸯两两"，主发迹；生年干支与大运相合亦同，但重叠者不佳。如乙酉年生人行庚辰运或乙酉月生人行庚辰运、庚辰年生人行乙酉运或庚辰月生人行乙酉运为吉；若乙庚人，酉年月日时行庚辰运反大凶。生日、生时与大运相合者，同认。

5. 冲破提纲：大运冲生月（运元），欲以为大忌，多主止寿，原批书中命例之运柱只排至此（第六运柱），可能是基于"止寿"的观念。其实冲破提纲大凶的情形，多应于生月是羊刃的命格：甲日卯月行酉运、乙日辰月行戌运、丙戊日生午月行子运（戊日午月行甲运为阳刃倒戈亦凶）、丁己日未月行丑运、庚日酉月行卯运、辛日戌月行辰运、壬日子月行午运、癸日丑月行未运。均主财产破耗、配偶不利、疾病、死亡等事件。

6. 岁运互换空亡：大运与流年互见空亡（甲子运壬戌年或甲子年壬戌运、乙丑运癸亥年或乙丑年癸亥运、甲戌运壬申年或甲戌年壬申运、乙亥运癸酉年或乙亥年癸酉运、甲申运壬午年或甲申年壬午运、乙酉运癸未年或乙酉年癸未运、甲午运壬辰年或甲午年壬辰运、乙未运癸巳年或乙未年癸巳运、甲辰运壬寅年或甲辰年壬寅运、乙巳运癸卯年或乙巳年癸卯运、甲寅运壬子年或甲寅年壬子运、乙卯运癸丑年或乙卯年癸丑运）：主一年无成。（若原命命局与大运、流年支有冲者，反为"虚声杀"，反主出名；同类站除外。如甲子子运壬戌年，原命中有午或辰者反吉，甲午、壬辰除外；同类冲为不动，为凶。）

伏，守也，逢合则动。返，动也，逢合则静。原命命局、大运、流年的关系错综变化，以上仅举其大要者言之。读者若欲深入研究，必须参阅《五行精纪》、《三命通会》及徐子平《珞琭子三命消息赋注》，释昙莹《珞琭子赋注》，有关岁运的部分。

第三节　流年吉凶

一、流年是命、运五行的旺衰依据

1. 看命、运五行在流年是否临旺地。
2. 看命、运五行在流年是增力还是减力。

大运司十年之休咎，流年管一岁之吉凶。一般情况下看五行旺衰以流年地支为主，流年天干对命局五行也有重要作用，更要看原命局的五行旺衰。

二、看流年吉凶原则

1. 大运吉流年吉，该年主吉。
2. 大运吉流年凶，不致大凶。
3. 大运凶流年吉，难有大吉。
4. 大运凶流年凶，难逃其凶。
5. 流年干支利于用神为吉，不利于用神为凶。

6. 流年干支利于用神，但为命局中它神克去或合住，吉而不吉，然也不凶，平平而已。流年干支不利于用神，但为局中它神克去合合住，凶而不凶，然也不吉，平平而已。流年干支皆利于用神乃大吉之年，皆不利于用神乃大凶之年。

7. 流年天干利于用神，地支不利于用神，吉凶参半。

8. 流年天干不利于用神，地支益助用神，也是吉凶参半。

9. 流年天干利于用神，而地支再辅助之，为大吉之年。

10. 流年地支不利于用神，而天干再辅助之，为大凶之年。

11. 流年天干利于用神，地支刑冲，吉力有减。

12. 流年天干不利用神，而地支刑冲，凶力有减。

13. 流年地支利于用神，而天干冲克，吉力有减。

14. 流年地支不利用神，而天干克冲，凶力有减。

15. 流年吉运也吉，则更吉；流年凶运也凶，则更凶。

16. 流年吉运凶，流年凶运吉，则吉凶互见。

17. 流年吉，被命中某神克合，若有运来制住克合之神则仍为吉。

18. 流年凶，被命中某神克合，若运来制住克合之神，则仍塞滞。

19. 流年吉，被局中某神克合，若运来生扶克合之神，则凶多吉少；若运来克抑克合之神，则吉多凶少。

流年吉凶都是因生克制化刑冲合害引起，大运流年与原命局生克制化刑冲合害如何解决？以流年为主，先论合冲，后论生克，合冲并见，合冲互解互破。

凡岁运用神被冲灾大，喜神被冲灾小，忌神被冲为吉，但是忌神在原命局旺而强，岁运犯旺神，会有大灾。

凡原命局忌神被岁运合为喜用神则论吉，合为忌神则论凶；原局喜用神被岁运合为忌神则论凶，合为喜神则论吉，其吉凶大小，按合之力量而定。

看流年时要注意：日柱与太岁相冲克，该年主凶，大运与流年相冲克该年主凶，以上天克地冲尤重。

三、大运与流年的关系

（1）大运干支为喜用，流年干支也为喜用时，此年大吉大利。
（2）流年干支皆忌，大运干支也皆忌，此年大凶大祸。
（3）大运为喜用，流年为闲神，此年为平运。
（4）大运为平运，流年为喜用，此年为小吉。
（5）大运为闲神，流年为忌，此年为凶。
（6）大运流年，一为闲神，一个是一半忌一半闲，此年为小凶。
（7）大运流年均为闲神，此年平运。
（8）大运、流年为一喜用、一忌者，此年好坏吉凶参半。
（9）大运干支一喜一忌，流年也是一喜一忌，此年也为吉凶参半。
（10）大运为喜用，流年为一忌一闲，此年为小凶。
（11）大运流年互相生克并有刑冲合时，应细分析，再定吉凶。
（12）岁运并临时，喜用大吉，忌者大凶。闲神者为平。

流年断法：

流年又称流年太岁，是从出生年按顺序排列而来的。如1996年的流年是丙子，丙子就是流年太岁。太岁干支不可侵犯，俗说："运为十年之凶吉，流年管一岁之休咎"。说明流年在生辰命局中的地位是非常重要的。如果命局或大运的天干地支与流年的天干地支相冲相克，那就必见其凶了。如命局干支冲克流年干支其凶更重。

流年可决断一年的吉凶祸福，是命局预测的关键。但观察流年的方法很多，具体方法应用有以下几种：

流年看吉凶

有人认为大运为君，流年为臣，说明大运比流年重要。还有人认为大运如臣，流年如君。那么大运与流年到底谁轻谁重呢？只有从实践中检验才能获得真知。根据本人经验看，认为流年和大运都一样重要，因为某些命造，大运并未走喜运，只因流年逢喜运，偏偏只在这一时间竟能突然发迹，主要因为命局用神和格局配合得宜，反之大运逢喜运，流年没有逢喜运，只是平平而已，往往大运虽是喜神，而流年逢到忌神时，为此盲目投资而破财者也屡见不鲜。

一个人是否有作为，当然与命运有一定关系，但家庭教育、出生环境，也有很大关系。如本人出生于富贵之家，能接受后天良好的教育，加上个人努力奋斗，再走上好的运气，那么肯定大富大贵。否则个人虽有远大的理想，如果没有良好的环境，又没有一点其它优越的条件，纵有冲天之志，也难免穷困潦倒。一个人的先天条件如何，有没有志向，是否有努力奋斗精神，从命局、大运、流年中皆可推测出来。

那么命局、大运、流年三者到底谁轻谁重呢？从实践应用经验来看，三者是一个整体观念的大家庭，只是分工不同。吉凶祸福应在何时，皆由岁运来决定。不好的命局，只要个人能有奋发图强的精神，一旦走上流年喜用神的时候，有可能走上一番好运。

流年离不开大运，大运离不开命局，三者须要综合起来观察，缺一不可。互相之间的喜、忌、刑、冲、合化等，以这几个字推论这年的吉凶祸福。如要精确地推出细节，还要将十神、纳音十二长生及重要星煞来辅助推论，方能准确。

流年干支管一年的吉凶，年干管上半年，年支管下半年。在实践应用中，年干管事的六个月中，地支对其吉凶仍有影响，下半年年支管事的六个月中，天干对吉凶也有影响。

具体看法，有以下几点：

（1）以日主为中心，大运、流年是喜神，其年必有大的好事。也就是说，大运遇上喜神、用神，而流年又遇上喜神的，那么此年必定万事如意，诸事遂心。

（2）如果大运是喜神，流年是忌神，这不是十分不好，因大运管十年一个周期，大运吉可说这十年吉利，所以虽然流年逢凶，也不是十年皆凶，凶的年份只能是暂时，因流年只管一年之吉凶。

（3）如果大运凶，流年也凶，必定难逃其凶了，因为大运管十年的吉凶，再加上流年又逢凶，这一年必然是大凶临头，灾祸难逃了。

（4）如果该年大运吉利，流年平常，应该以吉运判断，但不顺之处是难免的，这样的年份只能算有点不顺利而已。

（5）如果该年流年好而大运平常，此年以吉断。具体在分析大运和流年时，一定要通盘考虑，不能各有偏重，要有具体情况，具体对待的灵活性。

（6）流年干支为喜用神者，主该年吉。

（7）流年干支为仇忌神者，主该年凶。

（8）流年干支一喜一忌，吉凶参半。

（9）岁运并临，吉凶加倍（如大运甲子逢流年甲子、大运乙丑逢流年乙丑）。如临喜用神，吉年更吉；如临忌神，则凶年更凶。

（10）流年逢转趾煞（甲寅年生人，又逢甲寅流年）吉凶更甚。

（11）岁君犯日（流年天干克日干）乃为官煞之年，谨防官灾讼事，尤其身弱者，要特别注意。

（12）日犯岁君（日干克流年天干）为行财星之年，若命局财为喜神，主其年进财，如身弱财旺，注意有破财生灾，官司口舌等事发生。

（13）流年与日主相同者，谓之伏吟，与日主天克地冲者，谓之反吟。流年遇伏吟，反吟者主该年出现凶事。

（14）流年冲提纲，提纲乃是月令，如被流年冲破，名为冲犯提纲。流年为喜用神，主其年灾祸较轻或无有灾祸。如果流年为忌神，要谨防刑伤破财和血光之灾出现。特别要注意亲人的生命安危。

（15）日干与流年形成天同地冲者，名日反吟。如甲子日逢甲午年，主该年诸事不顺，事多变化的凶年。或者是天克地冲（如甲子日逢戊午年），主该年凶灾出现。

（16）流年与大运两者形成天克地冲者，特别流年为忌神的，其年多遇凶事，应该特别谨慎。

（17）流年干支与命局任何一干支形成天克地冲的，不论冲克何柱，主该柱的六亲有凶灾危险。

（18）流年干支与日柱干支天地相合的名为晦气煞（如甲子年逢己

丑日），主一年办事不顺，多遇倒霉之事。如逢喜用神反吉。

（19）命局、大运、流年三者形成三刑，其年多遇凶事，注意刑罚与血光之灾出现。

（20）命局、大运、流年三者的天干地支相合者，也不是好事，主该年在感情方面会发生外遇的纠纷。又主办事迟延，多有小人暗算。如果大运或流年是喜神，则有贵人暗中相助，心想事成。

（21）命局、大运、流年三者形成三会或者三合、合会为喜用神，其年多有好事临门，如合会成忌神，主其年凶事不断。

（22）流年与柱中忌神相冲相克，主其年诸事大吉。

（23）流年与命局中喜用神相冲，主诸事大凶。

（24）流年与命局中忌神相克或合化成喜神、用神者，该年主逢凶化吉。

（25）流年与命局中用神合住，或合化成忌神，该年主吉事成凶。

（26）流年为喜用神者，如果被命局中某字合住，主喜神不喜，事态平常。

（27）流年为仇神、忌神，如果被命局中某字合住，主凶神不凶。

（28）命局中出现两项天克地冲，最忌讳流年或大运再来冲克，主该年凶事出现。

（29）日干与流年天干相合，乃是不吉之兆，主官灾讼事，有志难伸，或被财拖累，或得难愈之病。

（30）日主强旺，命逢羊刃之年或大运中见羊刃，流年与羊刃相冲，其年必有凶灾恶祸，甚则有血光之灾。

（31）流年落空亡，主吉者不吉，凶不成凶。

（32）太岁之地支怕冲克，如柱中四个地支一同冲克流年地支，或者命局中有三个地支冲克流年地支的，也是大凶之年。

（33）看大运主要看地支，看流年着重看天干，其实无论天干或地支都很重要，天干与地支互相都有影响。

第四节 命局与岁运

一、命局与岁运的关系

命局是命主一生吉凶祸福，贫富贵贱之根本，凡命局已立，就可断定下列几点大概情况。

其一，出生时，祖业情况。

其二，能判断出父母寿元情况，是先克父，还是先克母，还是父母都克，还是父母都高寿。

其三，男能断定弟兄几人，女命是姐妹几人，自己排行是几，兄弟是否有克伤。女命是姐妹有无克伤。

其四，能断定妻子情况，是否克妻（女命是丈夫情况）。一生有几次婚姻，最后是白头到老还是自己独眠。

其五，能判断子女如何，是先男后女，还是先女后男，是否有子。

其六，能判断是离祖改门，还是随母改嫁或是父母早抛，遇人收容。

其七，能断本人性格相貌，身体状况，病在什么脏腑，有无大凶大难，是否有官刑。

其八，一生之命，属贵、属贱，财产情况，寿元大至情况。

以上仅就命局可定，如何定，是个复杂问题，简单几句话说不清。这就要掌握前边所论述的有关章节，全面理解，具体分析才行。后边举例分析各类命造时，再一一介绍看的方法及所观位置。

但是，命局判定的是大概情况，如判定一个命造是先克父亲，母亲高寿，在什么时候克，是哪年哪月呢？这个问题只看命局是解决不了的，如何解决，就是在大运及流年上来解决。这就是说，大运是一个命造一头。这凶与吉，不是空口所说，而是依照大运、流年的克扶抑泄来确定的。若大运、流年所行的五行对日主所取的用神有利，这一阶段就好，反之对日主所取的用神无利则凶。克之太过无救，或是泄气太过无生，还有刑、冲、克、害命局地支中的各宫。一般来说，祸出何宫都与命局宫位或六亲有关。

大运可直接和命局五行比较。流年是值年太岁。古书上说："太岁不可伤，伤者有祸殃。""太岁只宜生，生者为吉星。"这些足以证明，凡是命局有克太岁的，或是大运遇克太岁的，凡是命局与流年干支有刑冲、破害的，或大运与流年刑冲破害的，或是流年太岁与大运、命局组成三刑的，都以伤太岁定局，这都是不吉利的。还必须弄清，当大运的干支和流年的干支对命局用神所起的作用不一样时，可能会出现如下几种情况。

第一种，大运干支对命局用神有利，而流年干支对命局用神也有利，这定为吉是无疑的。

第二种，大运干支对命局用神有利，而流年干支对命局用神却无利，在这种情况下是吉是凶，还得具体分析，但可以肯定一点，不可能大吉，有减吉的成分。

第三种，大运干支对命局用神无利，而流年干支对命局用神却有利，这和上一种一样，不定为吉，是否凶，还是定小凶。要具体分析五行吉凶分量后才定。这种理是和常说的"大河有水小河满，大河无水小河干"的道理一样，大运不被流年所左右，大运却可抑制流年。

第四种，大运和流年的干支对命局的用神都是无利的，都是用神的克星，那么凶多吉少。综上所述，可用几句话概括：

运吉流吉定为吉，运凶流凶便为凶；运吉流凶吉利少，运凶流吉为小凶。运吉程度减多少，小凶分量如何定；命局大运及流年，生克扶抑在五行；兼看小运是何字，最后别忘看命宫。

二、岁运干支

岁运干支十神心性，是推断吉凶的依据。岁运干支不尽相同，依各自力量，看其作用，抓主要矛盾。

岁运干支为比劫，发生的吉凶之事与兄弟朋友较有关，即比劫心性，如冒险，侵犯等，导致破财、官司等。

岁运干支为食伤，流年吉凶之事与名声、表达以及口舌是非、投资有关，名声是官职，表达是口舌是非，也可能是论文发表，投资可存在发财破财，此结局由好高骛远、同情、傲气、新鲜、付与等心性导致。

岁运干支为官杀，与官职、丈夫、危险事件、公众事件、惊险有关，依喜忌神，看是吉是凶，这主要由惧怕而不屈，客观理性上及冲动专制上引起。身弱杀旺时从理性上考虑；身强杀弱时，易犯怒冲怒。

岁运干支为财星，此年事件与父亲、钱财、买卖、恋爱、妻子有关，心性上是实际控制力、操作、管理等导致发财，另一心性是占有欲、现实性、功利性、导致破财，合入干支易有婚姻之事。

岁运干支为印星，与母亲、师长、学习和工作有关，心性上是无私无我，但也孤独平淡。

三、命局原局与岁运之间的关系

（一）原局月干支与流年干支的关系

月干支为门户。流年干支对月干支的冲击，正代表太岁对门的作用力，夫妻既然共同在门户中生活，难免受到波及。假如说门户可以代表夫妻关系，那也不尽然，因为在大家庭中有许多对夫妻，我们所探讨的夫妻仅是其中一对而已，在小家庭中，夫妻只是主力成员，其他尚有小孩等，所以夫妻不代表门户，门户也不能表示夫妻，各有领域。夫妻的领域小，门户领域大。两个领域间会互相影响，但是不会妨害到彼此间的独立性。

可以说："夫妻领域在门户之中，太岁对门户的威力自然涵盖夫妻"，说明月干支与流年干支之间的变化和夫妻有很密切的连带关系。

（二）原局财官与流年干支的关系

财为妻，官是夫。在女命，财生官，太岁若利财，财旺自然生官，夫妻有相生关系，妻助夫，夫妻关系佳。太岁不利财，官源头干涸，夫妻尚不至不好，但也不会很好，要视太岁是否伤到官星，伤到官星则夫妻交恶，不伤官星夫妻情感还不在男命，太岁利于财，也自然利于妻，财旺生官，夫利妻昨，夫妇有相生之情，感情甜蜜。太岁不利财，则夫妻感情顶多中等式逻辑。女命若太岁利财不利官，则与夫感情不佳。

（三）原局日主与财官的关系

夫占在官的位置，妻占在财的位置。男命必须比较日主与财之间强弱：日主太强，则夫妻不睦；日主太弱，克不住财，则老婆跑了；日主微弱，有惧内之象；身财两停，日主微强，则夫妻和睦。

女命比较身与官孰强孰弱：身强官弱，丈夫不愿亲近；身弱官强，受夫欺凌；身与官保持某一程度平衡，则夫唱妇随。

夫妻间不容易保持完全平衡，但失衡状态要在彼此能够容忍的程度，超过容忍程度便会发生问题，轻者吵架，重者离婚。要维持某一程度平衡，固然靠命，何尝不是每个人所应学习的功课。

（四）原局与大运的关系

原局财官与日主平衡度差，大运加重其失衡状态，伏下祸根，只要流年导火线一点燃，便走向离婚之路，或严重失衡，根本不需经流年催化照样离婚。例如：

壬午　　21 丙午
己酉　　31 乙巳
乙丑　　41 甲辰
戊寅　　51 癸卯

坤造，原局身弱官强，已经失衡，丙午运制官，乙运助身，尚能维持某程度平衡。巳运与酉丑地支形成金局，官杀成局，身与官杀完全失衡，只好离婚。

除上述四项因素外，夫妻关系好坏亦决定于夫妻宫喜忌：原命夫妻宫的字是日主喜神，则夫妻感情融洽，即使太岁不利也坏得有限，顶多时常拌嘴；原局夫妻宫的字是忌神，太岁利夫妻则小吵，太岁不利则不堪设想。

四、命局、大运、流年三者的关系

（一）命局

命局是一个庞大的信息库，它储藏着日主一生的信息，包括日主的富贵贫贱，寿夭荣枯，六亲情况，婚姻、儿女、风水等全息的人生信息，这种信息是在出生时的那一刹那而形成的，具有不可更改的性质，这些信息不会随着大运流年的变化而消失，并在大运、流年的人生舞台上进行表演。原局虽然决定许多的信息，但也并不是完全绝对，因为相同的命局他们的人生轨迹虽然相同，但是六亲信息并不会完全一样，但是他们会遵循守恒原理，顾此失彼。

命局显示官星为忌神，不一定都有牢狱之灾。他可能是从小有残疾；而他身体健康，却会有牢狱之灾；她虽然不残疾，也没有牢狱之灾，会婚姻不顺。所以相同的命局不会完全的信息相同，他们会在不同的人生方面体现出来。命局提示信息，大运、流年决定应期。

命局五行的结构形式具有先天性和不可更改性，它的结构决定了日元的环境适应能力和以后行运的吉凶，只要是行运不打破日元的适应能力，就不会应凶。但是这里提醒大家注意的是，命局中忌神、用神的量化是决定大运喜忌的重要标准。不了解这些喜忌的量化，在流年的喜忌确定与吉凶分析就会出现时验时不验的现象。也就是说有些命局在用神大运，用神流年应凶，有些则应吉，实际这些都是有命局的喜忌量化与干支阴阳属性所决定的。

我们在认识命局确定用神、忌神时，实际像一个老中医给人诊病一样，望闻问切，把准脉象，定准虚弱，开出合理对症的药方。即使是治疗同样的病症，根据脉象的不同，还要选择药性的不同。药有五味对应五行，同样的病，用药不在同性，医易同源。我们在审查命局时，实际就像中医，找准命局的病症所在，根据病症的特征与日元素质，找准合理的用神。在以后的大运上，不能违反命局五行的组合形式，一旦违反这个标准就会应凶。

【原局五行相对平衡论】五行相对平衡论是指人在出生的一刹那，禀天地之气，命局就构成了一种相对平衡，一出生，就适应了、接受了，承受了这种五行的旺衰命局结构。每一个生存、生长的生命，不论是旺、是衰，他所承受的五行的本身就是一种相对平衡。此论可谓是分析命局、取准用神的最权威方法，不但解决了千百年来没有解决的身弱也发大财，无官也当大官的问题，对于我们准确判定岁运的吉凶也起到了巨大作用，此法不客气的讲，可谓万法归宗的大宗之法，此法一出，不仅解决了诸多年来无法解决的问题，对于命学爱好者来讲，会有大幅度的飞跃。

五行相对平衡论，主要体现相对二字，对于命局来说，失衡的本身是一种相对平衡，平衡的本身也是一种平衡，如身旺官旺，身旺财旺，身弱官杀旺，身弱食伤旺，身旺财弱，身旺官杀弱等等，在命局中本身也是一种相对平衡。不论命局身旺或身弱，从弱，从强，或某字旺极、弱极，都是一种相对平衡，在命局中存在的某字（也许是忌神）与其他字的作用关系存在，本身是一种平衡，岁运有引发命局的平衡或失衡的作用，平衡应吉，失衡应凶。大运的到来实际已经改变了原来相对平衡的状态，大运的到来使命局有了一个新的平衡点，这个平衡点的出现，就需要流年的天平砝码的加入进行平衡。必须注意原局各个十神与日元的新平衡，不掌握这些，在大运、流年的到来时，就难以决定吉凶。

（二）大运

大运是命局所经过每个十年时空的行政长官，它的到来使命局进入一个新的环境，它主管命局新的走势方向。首先看这个环境对命局的原始状态的平衡是加大还是减小，因为原局是我们的参照点，大运是变化点，流年则是平衡砝码。大运对命局中的用神、忌神起到扶抑的作用，但大家应该认识所谓的用神、忌神大运，只是对日干的一个喜忌状态，并不是决定吉凶的关键。它只提示日干所处时空的大致情况，而真正的吉凶情况只有流年出现才会引发。大运则决定命局的成格、变格，也就是说由于命局的组合不同，命局会随着大运的变化而变化，原本身弱的命局会变成身旺，身旺的命局也会变成身弱，这些都是大运说了算，大运对命局的阴阳消长起决定作用。这里需要提醒大家的是，大运会造成用神过量，这种情况往往出现在原局比较中和的命局中，由于用神的过量，会出现新的平衡点，用神变忌神，忌神变用神，真是"喜非永喜，忌非永忌"。

大运的顺逆在预测中起到至关重要的作用。《滴天髓》知命章言"预知人间开聋馈，顺逆之机需理会"，这句话相当重要，我们知道预测的主体就是阴阳平衡。大运是根据乾坤二造的不同，决定大运的正行反行，但是不管大运是正行还是反行，都是在表示阴阳二气的进退。从太极图我们可以看出正行运中，以进为生，也就是说命局喜木火为用，从寅月向前行行木火进气越来越旺，肯定应吉。如果是反行大运，从寅月向后行运，木火之气越来越弱，肯定应凶。

分析完命局后，确定命局的喜忌，在确定大运是命局的正行运还是反行运，对命局的阴阳二气起到的是什么作用？正行运是太极正转，以进为生，反行运是太极反转，阴阳颠倒，以生为制。例如命局中水为忌神，亥月为太极点，正行运子丑运水气争加，必不应吉。而反行运行戌酉申运，确实在减弱水气，肯定比子丑运要吉。强调注意命局用神、忌神在大运气的进退。大运流年的作用必须根据不同的太极运转来确定。掌握这些对确定流年的吉凶至关重要。下面例题就是易友从网上有争议的大运、流年吉凶情况。

```
          官    官    日    食
乾造：    癸    癸    丙    戊
          丑    亥    寅    戌
```

大运： 壬戌　辛酉　庚申　己未　戊午　丁巳　丙辰　乙卯
　　　　7　　17　　27　　37　　47　　57　　67　　77

原文：此造身弱用印，1992年壬申，大运辛酉，流年杀旺，岁支申刑冲寅损印，身弱不喜杀，财来损印，皆不利考学。（实际考取大学）

分析：此造的格局没有选错，是身弱扶抑格论命，关键在于没有掌握五行的运用，辛酉是壬申年看似是财破印，殊不知有亥水贴身生寅木、寅木生丙火，五行流转连续相生，所以能考取大学，假设在壬戌运，戌年中考大学，必定考不上，因土克水，在批断八字时，要全盘观看，八字要以平和为美。

【论支中喜忌逢运透清】在测算中大家往往遇到命局中地支用神有力，但天干不透，当用神在行运的天干透出时怎么断呢？在这种情况下首先应吉，这是原局用神在大运上透清。同时原局天干为用神，地支无力，当运行天干的比劫之地时，为原局的用神在行运中得助。

　　　　官　　才　　日　　食
乾造：庚　　戊　　乙　　丁
　　　寅　　子　　酉　　丑

　　　　财　　官　　杀　　印　　枭　　劫
大运：己丑　庚寅　辛卯　壬辰　癸巳　甲午
　　　1957　1967　1977　1987　1997　2007

命主7岁1月16日开始行大运，于每一交运年的十二月二十四日交运。

分析：

乙木日干生子月印星得令，但干不见印比，日支酉金受丑土生扶，乙木日干以弱论。以印比为用。

当大运行至壬辰、癸巳地支子水发透出干，用神透出，工作顺利，事业有成，财发数万。这就是地支为用透与不透，天干为用地支无力都是原局的信息取象，在大运的舞台上表演。相反如果忌神透出或得助以凶断。

【行运吉凶细论】论行运与分析命局是相同的看法，分析命局是以干支组合配合月令，及命局喜忌，而行运是以地支为主，大运决定命局中阴阳二气的消长变化。运之干支配命局的喜忌，岁运中每一个字，势必以干支分喜忌，平衡命局命局干支而共同分析，为喜用应吉，为忌神应凶。

富贵在于命局，穷通在于行运。命局好比是工厂，而大运是行政官员，对命局产生吉应吉，凶应凶。而视行运对命局的影响，虽有佳命而不逢时，则英雄无用武之地，反之，虽然命局格局一般，而行运相助，也可乘时而起。干为喜用，但要看地支对天干的影响，虽然天干为用神，但弱，不应大吉。为忌，但弱不应大凶。凡看运要十年并论，不能专论一字或干支各管五年分论。

1. 什么是喜用神？就是命局中的有用之神，行运并不是行喜用神大运应吉。由于原局病的轻重不一，用神也有过量的时候。相反如果行忌神制忌神运同样应吉，命局用官，行伤官运凶，行财运吉，如果原局伤官制官，行印运大吉。可以去其病，如果印露伤藏，行官运亦美。伤露印藏，忌见官杀，而才来破印则为大凶。身弱用印，有才为忌，运行劫财，其病则去。劫财制才帮身大吉，身旺忌印，喜才制印，运行才乡最美，而忌比劫运。食伤带杀，身弱克泄交加（一定要分清到底日主是弱，还是从弱），行印运化杀生身，制伤官生身，为三全其美。若身弱杀旺，以食伤制杀为用，喜行食伤运。伤官配印者，是身弱伤官旺喜印制服，印露通根，再行官杀运，杀印相生为美。如印星不透，行官杀运为忌。

2. 什么是忌神？命局命局中对日主发挥坏作用的字，都为忌神。如果喜用神之间发生克、泄、耗同样视为忌神。命局中的喜用神，喜行运生扶，如行运抑之则为凶。如正官为用，喜行财运，以才滋杀。如行食伤运，为食伤制杀则为大凶。用才者，喜行食伤运为吉。命局身旺，印星为忌，喜才制印。如行官杀运，则官杀化才生印则为大凶。身弱印星为用，宜行官杀运，喜官印相生，如行财运，才星制印则为凶。食神制杀，运行财地则才化食伤生官为凶。食伤制杀为用，如行印运，同样为凶。因枭神夺食，而官杀无制大凶。以上的理论变化，都是在用神不过量情况下的使用条件。

总之，万变不离其宗，命理大无其外，小无其内。合我需要者为用，行运助我者为吉运，逆者为凶。其中在行运过程中，当岁运发生作用关系时，要视其作用关系而定吉凶。用神得生助忌神得制应吉，用神得制忌神得生应凶。岁运的作用关系中，要分清干支作用，根据干支旺衰论，和干支天地论进行吉凶分辨，天干应吉以吉断，地支应凶以凶断。

【正官取运】取运之道，一命局则有一命局之论，其理甚精，其法甚活，只可大略言之。变化在人，不可泥也。

如正官取运，即以正官所统之格分而配之。正官而用财印，身稍轻则取助身，官稍轻则取财助官。若官露而不可逢合，不可杂煞，不可重官。与地支刑冲，不问所就何局，皆不利也。正官用财，运喜印绶身旺之地，切忌食伤。若身旺而财轻官弱，即仍取财官运可也。正官佩印，运喜财乡，伤食反吉。若官重身轻而佩印，则身旺为宜，不必财运也。正官带伤食而用印制，运喜官旺印旺之乡，财运切忌。若印绶叠出，财运亦无害矣。正官而带煞，伤食反为不碍。其命中用劫合煞，则财运可行，伤食可行，身旺，印绶亦可行，只不过复露七煞。若命用伤官合煞，则伤食与财俱可行，而不宜逢印矣。

此皆大略言之，其命局各有议论。运中每遇一字，各有研究，随时取用，不可言形。凡格皆然，不独正官也。

【论财取运】财格取运，即以财格所就之局，分而配之。其财旺生官者，运喜身旺印绶，不利七煞伤官；若生官而后透印，伤官之地，不甚有害。至于生官而带食破局，则运喜印绶，而逢煞反吉矣。

财用食生，财食重而身轻，则喜助身；财食轻而身重，则仍行财食。煞运不忌，官印反晦矣。财格佩印，运喜官乡，身弱逢之，最喜印旺。财用食印，财轻则喜财食，身轻则喜比印，官运有碍，煞反不忌也。财带伤官，财运则亨，煞运不利，运行官印，未见其美矣。财带七煞。不论合煞制煞，运喜食伤身旺之方。财用煞印，印旺最宜，逢财必忌。伤食之方，亦任意矣。

【印绶取运】印格取运，即以印格所成之局，分而配之。其印绶用官者，官露印重，财运反吉，伤食之方，亦为最利。

若用官而带伤食，运喜官旺印绶之乡，伤食为害，逢煞不忌矣。印绶而用伤食，财运反吉，伤食亦利，若行官运，反见其灾，煞运则反能为福矣。 印用七煞，运喜伤食，身旺之方，亦为美地，一见财乡，其凶立至。若用煞而兼带伤食，运喜身旺印绶之方，伤食亦美，逢官遇财，皆不吉也。印绶遇财，运喜劫地，官印亦亨，财乡则忌。印格而官煞竞透，运喜食神伤官，印旺身旺，行之亦利。若再透官煞，行财运，立见其灾矣。印用食伤，印轻者亦不利见财也。

【食神取运】食神取运，即以食神所成之局，分而配之。食神生财，财重食轻，运行财食，财食重则喜帮身。官煞之方，俱为不美。

食用煞印，运喜印旺，切忌财乡。身旺，食伤亦为福运，行官行煞，亦为吉也。食伤带煞，喜行印绶，身旺，食伤亦为美运，财则最忌。若食太重而煞轻，印运最利，逢财反吉矣。食神太旺而带印，运最利财，食伤亦吉，印则最忌，官杀皆不吉也。若食神带印，透财以解，运喜财旺，食伤亦吉，印与官煞皆忌也。

【偏官取运】偏官取运，即以偏官所成之局分而配之。煞用食制，煞重食轻则助食，煞轻食重则助煞，煞食均而日主根轻则助身。忌正官之混杂，畏印绶之夺食。

杀用印绶，不利财乡，伤官为美，印绶身旺，俱为福地。七煞用财，其以财而去印存食者，不利劫财，伤食皆吉，喜财怕印，透煞亦顺。其以财而助煞不及者，财已足，则喜食印与帮身；财未足，则喜财旺而露煞。煞带正官，不论去官留煞，去煞留官，身轻则喜助身，食轻则喜助食。莫去取清之物，无伤制煞之神。煞无食制而用刃当煞，煞轻刃重则喜助煞，刃轻煞重，则宜制伏，无食可夺，印运何伤？七煞既纯，杂官不利。

【伤官取运】伤官取运，即以伤官所成之局，分而配之。伤官用财，财旺身轻，则利印比；身强财浅，则喜财运，伤官亦宜。

伤官佩印，运行官煞为宜，印运亦吉，伤食不碍，财地则凶。伤官而兼用财印，其财多而带印者，运喜助印，印多而带财者，运喜助财。伤官而用煞印，印运最利，伤食亦亨，杂官非吉，逢财即危。伤官带煞，喜印忌财，然伤重煞轻，运喜印而财亦吉。惟七煞重，则运喜伤食，印绶身旺亦吉，而逢财为凶矣。伤官用官，运喜财印，不利食伤，若局中官露而财印两旺，则比劫伤官，未必非吉矣。

【阳刃取运】阳刃用官，则运喜助官，然命中官星根深，则印绶比劫之方，反为美运，但不喜伤食合官耳。阳刃用煞，煞不甚旺，则运喜助煞；煞若太重，则运喜身旺印绶，伤食亦不为忌。阳刃而官煞并出，不论去官去煞，运喜制伏，身旺亦利，财地官乡反为不吉也。

【建禄月劫取运】禄劫取运，即以禄劫所成之局，分而配之。禄劫用官，印护者喜财，怕官星之逢合，畏七煞这相乘。伤食不能为害，劫比未即为凶。

财生喜印，宜官星之植根，畏伤食之相侮，逢财愈见其功，杂煞岂能无碍？禄劫用财而带伤食，财食重则喜印绶，而不喜比肩；财食轻则宜助财，而不喜印比。逢煞无伤，遇官非福。禄劫用煞食制，食重煞轻，则运宜助煞；食轻煞重，则运喜助食。若用煞而带财，命中合煞存财，则伤食为宜，财运不忌，透官无虑，身旺亦亨。若命中合财存煞，而用食制，煞轻则助煞，食轻则助食则已。禄劫而用伤食，财运最宜，煞亦不忌，行印非吉，透官不美。若命中伤食太重，则财运固利，而印亦不忌矣。禄劫而官煞并出，不论合煞留官，存官制煞，运喜伤食，比肩亦宜，印绶未为良图，财官亦非福运。

【论大运的成格与变格】

谈到大运的成格、变格大家觉得不好掌握，实际由于原局的五行力量不同，随着大运的阴阳消长，会改变原局中的五行旺衰，五行旺衰的改变就会使原来的格局发生变化。原来的身弱会变为身旺，身旺的变得身弱，假从格的格局会变为扶抑格。由于格局的变化，就会使喜忌发生变化，如果不改变思维，还是按原来的喜忌去论命，就会出现失误。斗专星移时空轮换，继续按原来的静态，来看今天的动态，就不符合"变易"。故曰"喜非永喜，忌非永忌"。

```
            劫   比   日   才
乾造：      壬   癸   癸   丁
            寅   丑   亥   巳

大运：  甲寅   乙卯   丙辰   丁巳
        1967   1977   1987   1997
```

分析：

癸亥日元生于癸丑月，日元偏旺。取丁巳、寅木为用。原局中水偏旺，木火弱。损水之旺气，增加木火之气。

丁巳大运，财星旺出现，此时财星偏旺与日元基本平衡。那么此时的日元对于财星而言不再旺，在遇到火旺的流年反而不美，因为财星的力量就会超过日元的承受能力，变成身弱财旺。而此时原局中的木就相对还是弱。

丁巳运，戊寅年，寅木泄水，经商财运还可以。己卯年，木旺泄水己土弱极，被木制约，因经济开始和别人打官司，耗财。庚辰年，庚金生身，打赢官司，得到七八万元。辛巳年，巳火旺冲克亥水，财旺身弱，破财。壬午年，还是火旺，财运还是不好。

```
        印   印   日   食
乾造：  壬   壬   乙   丁
        子   子   未   亥
```

大运： 癸丑　甲寅　乙卯　丙辰
　　　 1974　1984　1994　2004

分析：

乙未日元生于壬子月丁亥时，又得年上壬子，水旺木弱，取日支未土制土暖身为用。

乙卯运，木来泄水帮身。乙卯大运的进入乙木也由弱变旺，而未土还是弱，如果遇到未土被制的流年还是不吉。也就是说乙卯的到来对于日元可以说是得到帮扶，可是对于未土而言却是敌人。戊寅、己卯流年，木旺制土，比劫夺财，没有任何工作。辛巳年，火生土旺，找到工作，到一家大饭店任领班。如果不看大运到来对命局中各个字的影响变化，就会顾此失彼，预测失误。

（三）流年

富贵出自格局，命局决定一切。但总须岁运帮扶，所谓穷通在于岁运也，命局日主代表我身，局中喜用忌神为六亲、社会关系，所以我所用之神，运岁是我行之地。 运以地支为主，流年应该先注意命局直接作用字的阴阳属性。要天地相配，为用神相生扶为美，为忌神相克制为吉，故一运十年要天地同参。

天干阳性为用喜地支阳性生扶，地支阴性为用喜天干阴性配合透出，而天干阳性为忌喜地支阴性抑制，地支阳性为忌喜天干阴性盖头，行用神运，需天地阴阳一气，喜行木运，先要甲寅、乙卯，次要甲子、乙亥、壬寅、癸卯。喜行火运先要丙午、丁巳，次要丙寅、丁卯、丁未等。干支的阴阳属性决定重要的作用。

何为天干盖头？天干克地支也，如喜木运而遇庚寅、辛卯。喜行水运，而遇戊子、己亥，是不得天时也。行大运以地支为主，人生于天地之间，受地气五行影响大，故行运虽然干支都看，但地支为主，如行运喜天干五行，而地支不帮扶天干，则十年总体看上去红红火火，但实质性差也，如地支为喜用，而天干为忌神，应吉程度减小，如喜行木运，而遇庚寅、辛卯，庚辛金本为凶，但绝于寅卯，不应大凶，而地支寅卯本为用神，而受天干抑制，故应吉程度小，天干旺衰受地支的影响，而地支旺衰不受天干影响。流年管一年之吉凶，故天干地支各主易象，看其行运是吉是凶，再结合流年与大运的关系，而做到吉凶分断。

流年是真正体现信息发生的指挥者，它与命局、大运的作用关系产生吉凶信息，是产生形象信息的代言人。大运的到来使命局有了一个新的平衡点，这个平衡点我们只是从大运得到提示，真正完成平衡的是流年。流年是在加大大运的失衡点，日主就会应凶。流年是在减小大运的失衡点，日主应吉。

流年的具体吉凶受控于大运，也就是说流年的吉凶必须先看大运才能决定。在确定大运的平衡点后，流年可以直接作用大运、命局。但是流年作用大运、命局时，由于五行力量的悬殊对比，流年出现的五行比较弱时，会受到力量大的五行的反克制约。流年是动态的，它的到来提示了日元吉凶的信息来源，但吉凶信息的真正形成条件要由大运来决定。实际如果你掌握大运的喜忌状态，分析流年可以说是一目了然。下面我们以印星为用神大运，来说明大运流年的作用关系。

（1）印星大运，官杀流年，是官杀生印，作用的结果是印星加力，反映的信息，此年则工作提升，工作环境好，受领导重视。

（2）印星大运，财星流年，这是财星制印，用神受制，反映的信息，此年为工作、房屋、地产花钱，工资下降，工作环境辛苦，单位效益不好，妻子身体不好等。

（3）印星大运，比劫流年，它们作用的结果是印生比劫而扶助日

干，反映的信息，此年得到朋友帮助，财运很好，同志关系和睦等。

（4）印星大运，食伤流年，它们作用的结果是忌神食伤受制，反映的信息，此年工作心情不好，或与领导关系不好，学习成绩下降，身体易生病等，但无关大局，不会影响正常的工作生活，只有情绪不好，即使有凶也会化吉。

（5）印星大运，印星流年，用神岁运并临，反映的信息：心情开朗，工作环境好，有名誉，学习成绩好等印星的信息范围。

以上的五种举例方式是正常的使用中所提示的信息，但在实际的应用中还应注意不同的干支组合，影响吉凶的信息。

（四）大运、流年的作用规律

（1）大运、流年天干为忌神，地支为用神并抑制天干，那么天干应凶程度小。

（2）大运、流年天干为用神，地支为忌神，地支抑制天干，天干应吉程度小。

（3）大运、流年干支都为用神应吉大。

（4）大运、流年干支都为忌神应凶大。

（5）大运为用神，流年为忌神以作用结果论。

（6）大运、流年与限运信息同步，应凶大。

这就涉及到干支的阴阳属性不同，所对应的作用关系就不同。以上大运、流年的作用关系只是其中的一部分，其余的部分课堂上进行讲解。只要你掌握了本体系的运年作用规律，完全可以直接断出吉凶。

（五）论生克顺序先后分吉凶

在流年作用命局时，大家一直有一个错误的理念。有合先论合，无合再论冲、刑、害等，首先这个作用顺序是错误的。我们应该知道同气相求的道理，你在参加宴会、邀请时，当你到达时肯定要先与你认识的人打招呼，然后再有别人介绍你不认识的人。你到朋友家串门时，进门时肯定先招呼"大哥，你在家吗"？你不会先招呼"大嫂，我大哥在家吗"？这里就涉及同气相求的问题。五行的道理和人是一样的，当流年的到来作用命局时，它必然先作用于同类五行，然后先生后克。这样就使我们的分析吉凶的顺序一幕了然，它们虽然优先作用，但不是确定吉凶的关键，吉凶的关键在于它们的阴阳性质。

```
        伤    枭    日    比
乾造：  癸    戊    庚    庚
        卯    午    寅    辰
```

分析：

庚寅日元生于戊午月，杀星当令，坐下财星，月干戊土临午火不能生金，只有时上庚金帮身为用。局中虽然寅卯辰全，可是化神不临月令，不论会局。印星辰土得用，学历大本。

乙卯大运，财星偏旺，此时需要帮身，可是一定注意力量的悬殊对比。财偏旺身弱，只要你不去和财抵抗就无事。庚午年，流年午火帮扶原局午火，火旺制身，此年因经济纠纷打官司。壬申、癸酉年，比劫帮身能担财，可是财太旺，衰神冲旺，最后金受伤，此两年投资破财。甲寅运，仍然是财专旺，戊寅、己卯年，顺应木势，财运很好。

当命局中的某一五行形成力量很大不能制约时，只有顺应，不能逆其旺势。

（六）合绊在大运、流年中的用法

对于合绊的用法是比较复杂的，在现在的命理发展中，合绊在现在的命理书籍上可以说是比比皆是，但是准确的说不严密，有反套的嫌疑。比如命局中有寅午，见到戌土论合绊，那么我们就应该把这种类似的命局，所有戌土出现的流年，是不是发生类似的吉凶情况。命局中有卯，大运、流年出现戌为合绊。那么在日主经过的所有戌年，是不是都是这样。准确的说不管是三合、三会、六合，它们却是存在加力、减力的问题，至于什么情况加力，什么情况减力，这就看它们的性质决定。

 圆通达观（中）

加力一般是在干支的同性之间，减力一般是在异性干支相见时发生。

命局中有寅午，如果遇到丙戌，怎么说也是火旺，这时的戌土对于火来讲就是加力。如果遇到壬戌、庚戌的情况下，此时的戌土不能加大火局的力量。那么就是说火为用神遇到壬戌、庚戌时，戌土只能减弱火的力量，遇到丙戌就是加大火的力量。再说六合，也是有它们的性质与力量大小所决定。

```
     伤    财    日    官
例： 己    庚    丙    癸
     酉    午    子    巳
```

此例选自现在一位易友的书上，此原著称此命身弱，丁丑年丑土合绊巳酉，发财。我认为这样的论点是不符合命理的，如果说是丑土合绊巳酉应吉，那么我们就应该把日主经过的所有丑年进行验证，否则丑土合绊巳酉就不成立。

分析：

丙子日元生于午月、巳时，丙火旺，需要财官为用，身偏旺损其有余。癸酉大运，加大酉金财星的力量，此时的财星与日元基本平衡。丁丑年，己土得根，原局中己土无根，当己土得根后，要与日元单独平衡，身偏旺得己土泄其有余，怎能不吉？如果论合绊，就应该把所有的丑年全部拿出比较。如果理论不严密就会造成应用上的失误。

```
     食    枭    日    印
例： 癸    己    辛    戊
     丑    未    酉    戌
```

命理分析：

此例原著称身弱，辛巳年，巳酉丑合绊日主死亡。如果这么简单，为什么不在丁巳、己巳年死亡呢？

此命为印旺身弱，土多金埋，需要损土之余，用木疏土或者用金来化土帮身。丙辰大运，地支四土同见，忌神更旺，金更弱，辛巳流年，丙火旺生土合克辛金，日主死亡。如果论合绊，为什么不发生在丁巳、己巳年，就无法解释。真正造成死亡的原因首先是由于辰土的出现，造成土更旺，金更弱，然后才是巳火的出现不吉。如果只论巳火，上步大运丁巳火旺，己巳年的火不是还旺吗？

五、命岁运综合断法

整个推命学中，重点在于大运和流年的判断，本篇开头已有概略论述。大运每柱干支管辖十年，天干和地支各管五年，以阴男阳女逆行，阳男阴女顺行，以年干支之阴阳分其顺逆，用月柱干支分其前后。命理规定，大运的排法，只需推排七步运。推断时最主要的是先看前四步运，前四步为喜用神，此人在不惑时期，肯定会事业发达，大有成就；如果前四步运为仇神、忌神，即使原命局再好，也会错过良机，这个时期必定多灾多难，有志难伸。由于前四步不走好运，后三步再走好运也没有多大用处，因青少年时期，肯定没有好的基础条件，容易失去良好机会，待到以后年岁已大，再能发展也不会有多大的作为。

大运一柱干支每字各管事五年，天干管事地支也有三分作用，地支管事，天干也有三分影响力。比如壬午大运，地支午火会受到天干壬水的影响。因为水能克火，所以午火管事这五年中，火力至少要减去三分之一，同样壬水管事的五年，会因午火蒸发而减少三分威力。又如庚子大运，庚金管事必因子水泄而金力减少，子水则因庚金生而增加水力。又如丁卯大运，丁运管事，卯木生丁火，丁火力强三分，如果卯木管事，因卯木生丁火自损自身木力三分。又如庚申大运双方各受金助，其力倍增。

大运之吉凶，决定于命局，如命喜金水，而大运行运也是金水，此运期间一定步步顺利，事事吉祥。如命中喜金水，而大运遇火土，那么这步大运必定好事难成,事与愿违。再如命喜金水,而行运一路火土,遇到这样的命造,必定一生毫无作为,甚至贫困潦倒。相反,如是一路金水大运,必是一帆风顺,飞黄腾达。正可谓:"运去黄金逊顽铁,时来弱草胜春花。"

在推命时,先以日主为主,将大运干支配上十神,以便作为论命依据,如乾命造,日主喜财星,偏偏这个大运正好是正财,可作出以下判断:这几年财运不错,虽无大财,小财不断。正财为妻,断其这五年,婚事易成,异性缘佳。已婚之人,恐逢外遇,未婚者婚姻易成。正财人个性勤俭朴实,好逸恶劳,贪图小利。学业方面,功课不好,成绩较差……十神之特性,请参看"十神性格",这里仅介绍怎样判断大运的一些基本步骤。

大运之干支,如与原命局出现有刑、冲、合、害等情况时,须以原命为主,原命局凶星被刑、冲、合、害则吉,反之,如吉星被刑冲合害则以凶论。如大运之干支被原命局合化成凶神,则以凶论,合化成吉神,则以吉论。

关于大运的论命方法,均按以上论述来判断吉凶,如果大运的干支正好是原命局的喜用神,那么这个命造在这一段时间肯定是事业兴旺的大好时期。

1. 流年具体断命法

流年——又叫岁运。流年的推命方法,与大运大致相同。流年干支逢原命局所喜,以吉论之,逢原命局所忌则以凶论。流年与大运的两者关系是不可分开的,他们的关系中,大运和流年的比例是大运六分,流年四分。如一个命造大运吉,流年凶,该年半吉,如大运凶流年吉,则主该年次吉,但不至于倒大霉。如果大运和流年皆吉,该年必定有大好事。相反的主凶,流年亦凶,主该年必遭大祸临头,灾难重重。

流年干支和大运一样,可依日主配出十神,依照十神的特性,能推出命主该年与十神有关的心性可能发生的事情,这才是基本的断命方法:断命时必须将命、岁、运三者综合起来分析,才是真正的断命方法。例如命局喜水,命、岁、运各抽一字,形成申子辰三合水局,或亥子丑三会水局，此年必是一帆风顺，大吉之年。相反的此命造忌水，再遇以上的三合、三会水局，该年必有凶事出现。

流年的天干地支两字之间，也有生克比合的影响力，而稍有不同的是，流年干支管事，不分上半年或下半年，而相同的是，流年干支与命局的干支同样有生、克、刑、冲、合、害、喜、忌等，其内容的判断方法与大运的判断方法大致相同。命局与流年干支，两者都是喜神或忌神逢冲、克、合住则不喜不忌，合化成忌神则凶，合化成喜神则喜。这些都是传统性的流年喜忌判断方法。但是要明白，大运一运干支各管五年，而每五个流年中，就有一个大运管辖，所以称之大运为君，流年为臣，大运管辖时间较长，流年管辖时间短暂。所以大运所起的作用占到六分，流年只占四分。

大运与流年之间冲克合化的论断方法，都大同小异，不同者乃大运逢天干管事，只以天干和流年论吉凶，大运逢地支管事，也是只以地支和流年论刑冲克合，如大运干支与流年干支合化为喜神按吉断，如果合化成凶神按凶论，无论喜神、忌神，如果逢冲则无吉无凶。

关于大运与流年吉凶、喜忌的基本断法，或大运流年之间的刑冲克合等，要更进一步研究探讨。

大运干支与流年干支两者之间，只要产生合而不化的情况，不管是喜神或忌神，其吉凶不明显，皆以无凶无吉之平常运论之。如果产生合而且化的情况时，所化之神为喜神则吉，为忌神则凶。

大运与流年之间的克、冲谁输谁赢，则须详细推敲，喜神有利则吉，忌神有利则凶。

合化则依本命局中月令本气，以作为化的依据。

总而言之，流年的判断，可与大运干支配合命局一起观察．即可判断出该年的运气是吉是凶。如命局某柱与流年形成天克地冲，或其它方面，刑、冲、害、合等，即可断该年所属六亲和其它方面的灾咎。如该柱为忌神，反凶为吉。有好事出现。

要想将一个命局推得准确，最好将命、岁、运综合起来推断，方能符合推命学的实际要求。命中的喜忌，可与大运配合起来判断，命中的不足，可用大运来弥补，命局中的潜力须依靠大运来发挥。简单地说，命中所喜之五行与大运相同的名叫走运。行此步大运则吉。倘若命局中的仇神、忌神和大运相同的叫做背运，遇此则凶。所以在推命时，必须先将原命中的喜忌找准，然后再配合大运进行推断，方能正确无误。

2. 大运吉凶判断

推命时必须将大运和流年综合起来判断，根据五行生克制化进行判断，干支的自身影响力最大。如大运某一干支是甲子，则甲木管事的五年，受子水所生，故甲木的力量自然加大；子水管事之五年，因子水生甲木，故水的力量自然被削弱。又如丁酉大运，丁火克酉金，丁火的力量自然被泄，而酉金被丁火克制，自然金力也减弱（具体详解请参看上述大运的具体应用）。

大运干支经过详细推敲后，再分析其命局中的金、木、水、火、土，某行是喜神，某行是忌神，是喜用神者，必然大吉大利。是仇忌神者，定是凶而不利。利与不利的程度，只以大运的自身干支，看其生克制化的力量大小就可知道。如命中喜金水，而大运天干一路行庚辛壬癸，地支一路申酉戌，亥子丑等西北方之金水运，走到这样的大运，那就等于"时来运转命通顺，运到财源似水流"。但这步运最忌讳的是甲乙丙丁与辰巳午未的东南方火地，此乃背逆之运，遇到这种情况，必定灾难重重，困逆多阻，真乃"灾难临身多不顺，月朗云遮哪能明"。如果呈现甲申、乙酉、丙戌、丁亥等一路干支相克等运，则一生少成多败，顺逆不定，参差不齐而不稳定的运势。

论大运的吉凶喜忌，必须要将大运干支与命局干支的生克刑冲合害分析清楚。如果大运干支将命局中的忌神合住，应照吉断。若大运干支与命局中的喜神合住应照凶看。若大运行喜神之运，被命局中的某神克合，则无凶无吉，多是平常之运。如行忌神之大运，被命局的某神合住，也没有多大吉凶，多是平常之运。若喜神、用神之运被命局中某神合化，如化为忌神则以凶看，若忌神被合化为喜神则逢凶化吉。

综观此段，大运的吉凶与大运天干地支自身生克耗泄关系很大，首先要观察干支之间的生克制化影响力有多大，再者要看其干支的五行属性是命中喜神还是忌神，是喜神则吉，是忌神则凶。最后要看大运干支与命局干支生克刑冲合化论之吉凶，为此将大运自身的生克冲合影响，与喜忌关系总结成以下几点：

天干地支皆是喜神者为吉运，忌神为凶运。

天干地支一喜神一忌神，吉凶参半，为平常运。

天干地支一喜神一是不喜不忌，稍好之运。

天干地支一忌神一是不喜不忌，稍坏之运。

天干地支两字之间的生、克、比和，能增其运吉凶。

大运逢喜用之运，乃大吉大利，行仇、忌神之运，祸从天来。

大运行不喜不忌之运，乃平常之运。

大运冲合命局中忌神为吉，冲合命中的喜神为凶。

大运行喜神，而被命局中的某神克合，乃吉凶不成。

大运行忌神，而被命局中的某神克合乃吉凶不成。

3.命岁运综合判断

所谓综合判断，乃是将命、岁、运三者之间的关系，看它是否能构成三合、六合、五合、三会、半会、刑、冲等组合。组合的结果，按五行本性为命局所喜者则论吉，命中所忌者则论凶。特别注意的是，大运干支看是谁管事，天干管事则用天干，地支管事则用地支，流年则不分上下。例如人运为庚金，该年是丁卯流年，原命局出现乙木、壬水、亥水、戌土，与太岁、大运三个方面可组合成乙庚合，丁壬合，卯戌合，卯亥半合等，假如原命局的月令为申月，则乙庚合化成金，其余的丁壬．卯戌，亥未等都合而不化。若命局喜火土金时，大运乙庚合化金，论吉。亥水为忌神，被卯木半合局绊住，乃没有多大力气，壬水为忌神又被丁火合住绊住，也没有大碍，戌土虽为命中喜神，而又被卯木合住，乃不喜不忌，故看出这个流年的命、岁、运组合而成吉多凶少，可以照吉运论看。也就是说，判断命、运的喜忌，需将命、岁、运三者各抽一字，看是否构成三合、五合、六合、三会、半三合、刑、冲、害、化合等结果。构成的结果如是命中所喜，则以吉论，为命中所忌，则以凶论。推论时，先以本命局论起，后再以大运、流年详细分析，逐步将命、岁、运合起来一起参考，以便得出推命结果。

推命时需将大运、流年变成十神名称，而后再将十神的特性带入命局中，再看该十神为命局中所喜所忌，乃知吉凶如何。这样就能判断出某段时间，会出现哪些事情，如思想、心态会有什么样的变化，是吉是凶。例如命局正官是忌神，碰巧大运又逢正官，如果是做官的，则主做官失职，事业不顺，甚至有罢官削职的危险。该命的心态也会出现忌神的特性，懦弱无能，胆小怕事，死板不通等。正官为忌神的男命，则为子息操心不顺，女命则为丈夫运气不佳而操心，或因异性朋友带来不好的影响等事出现。

如果正官为喜神，而大运又逢喜神，该命造做官必然步步高升，心想事成，且十神心性也不一样，反而现出威风凛凛，光明磊落的特色，男命易有出人头地的儿女。女命则异性缘佳，也为有出类拔萃的丈夫而骄傲，或因异性缘的帮助而幸福。

十神之干支与命局、流年、大运干支逢刑、冲、害、合化，都可看出容易发生的事情，如正印代表母亲、学业等事情，如正印逢冲，则预示着母亲有不利的事情，或是学业、学术不利的事情较多。根据多年应用经验，正印旺相，如果被冲后，命主很容易反映出伤官心态，因印代表母亲，《卜筮正宗》云："父动当头克子孙"，根据刑冲的喜忌程度，即是发生的情况与心态吉凶表现。又如正财被冲（正财代表妻子、财物等事情），预示着对妻子不利的事情出现，或是与财物不利的事情较多；如果正财旺相被冲动，命主很容易反映出正印方面的心态表现。其余的十神都以此类推。

命、岁、运干支与十神干支如发生相冲相克，除了会出现十神的心态吉凶表现，分析时还要看刑冲之宫位。如刑冲年柱，年柱代表祖上，又代表父母宫，冲破此宫主祖上或父母事多；如刑冲日柱，日柱乃夫妻宫，容易产生夫妻离散，家庭风波等事。其它方面以此类推。命岁运各抽一字，如构成三刑的非常不好，不论喜忌，最怕刑冲齐来，如命岁运出现六冲或相刑，则兆示容易发生疾病、灾厄、不幸等事情。如冲刑日柱，本身易有灾难，如本身没有灾难，则在六亲所示之人中将会有人生灾，如有救神者可化险为夷。

第五节　运程详论

凶煞恶神之岁运，行事宜小心谨慎。

1. 行用神之岁运，坐死、墓、绝、沐浴者：凶险之厄。

2. 岁运冲克用神：凶险之灾。值贵人吉神或有合、会者，可解凶。

3. 犯太岁：逢本命年为犯太岁，即：1.13.25.37.49.61.73.85岁，流年年支与生年年支相同。如甲子年生，逢丙子、戊子、庚子、壬子、甲子流年。

4. 冲太岁：7.19.31.43.55.67.79.91岁，即流年年支与生年年支相冲者，如甲子年生，逢丙午、戊午、庚午、壬午、甲午流年。

犯太岁、冲太岁，诸事不顺多逆，远行外出宜谨慎小心，凡事宜守为佳。一般均以安奉太岁保吉。惟须与岁运吉凶参论才真。

5. 真太岁：流年干支与生年干支相同者，如丁卯年生者，逢丁卯流年，又名转趾煞。大运、日主、流年干支克冲者，其年凶。相生者，吉。

6. 征太岁：日柱干支与流年干支，或大运干支与流年干支天克地冲者，灾重，忧心劳力烦恼多。命局干支与之合会者，可解，反而招财。

7. 日犯岁君：日干克流年年干，灾厄或破财。日主坐天月德贵人或流年年干有合或命局、大运有官杀克抑日主，可解。

8. 岁伤日干：流年年干克日干，祸轻。

9. 岁运并临：流年干支与所行大运干支相同者，如乙丑年逢乙丑大运管事。遇财官印则吉，遇羊刃七杀则凶。

10. 犯旺：月支为官杀或财食、坐羊刃，逢流年之年支冲者，日主死绝无气，用神无力：凶险、刑伤、横祸、伤亡。

11. 流年六亲刑克论

（1）官星入墓：男克子；女克夫。

（2）正财入墓：男克妻。

（3）偏财入墓：克父。

（4）食神入墓：女损子。

（5）正财破印：克母。

12. 命局五行偏旺，岁运又增其旺：破败之年。

13. 岁运之支，值亡神、劫煞，合或三会命局地支：困厄、破财。

14. 岁运干支冲克

（1）年柱干支：祖上父母忧。

（2）月柱干支：破财不利，或手足离别。

（3）日支：妻不利。

（4）时柱干支：伤子女。

15. 命宫之支，冲岁运之支冲月支，或大运冲月支，日主死绝无气。用神无力休囚：凶险。

16. 老人运行紫微龙德，寿终。少年运则主富贵荣华。

17. 喜用神透出天干，若流年年干克：凶险。

18. 命局之重点柱（喜用神所栖），岁运干支冲克者：大凶，轻损伤，重横祸或伤亡。

19. 日主的羊刃，逢岁运之支合或冲：凶。

以上仅单项析论，惟须佐参岁运与命局之刑、冲、克、合、会、吉凶神煞，五行、十神同论，方可定判。

20. 岁运论：岁运者，流年及大运也。命与运，如形如影，不可分，又命如舟，运为水，舟无水不行，同理水能载舟，亦能覆舟，俗云：命好不如运好，运好不如流年好，正是此理。易言之，命之缺，有赖运之补；命之美，更依运之扬。

21. 大运一组干支管十年事，天干一字管五年，地支一字亦管五年，天干管事五年时地支亦有三分作用力；同理，地支管事五年时，天干亦有三分影响力。换言之，大运天干管事五年，天干七分影响力，地支三分作用力。同样地支管事五年，地支七分作用力，天干三分影响力。

例如：行丁卯大运，天干丁火管事五年，丁火七分影响力，卯木三分作用力，地支卯木管事五年，卯木七分作用力，丁火三分影响力。依此原则论析大运干支分别对命造之影响作用力。

22. 再依大运之间五行相生、相克之关系，较量干支之力，何者对命造影响作用力量大。

（1）干支相行：干支皆属同一五行。如甲寅，干支皆属木，木之力最大。

（2）干支相生：干生支，如甲午，甲木生午火。生者甲木力受损，受生者午火力增强，即甲木约占四分力，午火则占六分力。

支生干，如乙亥，亥水生乙木。生者亥水力受损，受生者乙木力增强，即亥水约占四分力，乙木则占六分力。

（3）干支相克：干克支，如戊子，戊土克子水。支遭干克，谓之盖头干支。

支克干，如甲申，申金克甲木。干遭支克，谓之截脚干支。

盖头之支（如戊子之子）、截脚之干（如甲申之甲），分别受克，其作用力尽损，几无。行运至此，逢吉不见其吉，逢凶不见其凶，为不吉不凶之平运，反而主克之干（如戊子之戊）或支（如甲申之申），全力发挥其作用影响力。

23. 大运干支之十神，仍以其阴阳五行与日干取配。

24. 观大运干支与命局命局干支间是否合会克刑冲破害等，或逢空亡？进而析论其喜忌吉凶。

（1）大运之干或支，克或冲或合或会（合会），或合或会忌神化为喜用神（喜用之五行），则论吉。反之，克或冲或合或会（合会而不化）原命局命局干支中之忌神（所忌之五行而不化）原命局之喜用神，或合或会喜用神化为忌神，则论凶。

（2）大运之干或支，为命之喜用神，论吉运。反之，为忌神，则为凶运。为命局不喜不忌之闲神，属不吉不凶之平运。

（3）大运之干或支为忌神，为原命局命局干支，克或冲或合或会（合会而不化），忌而不忌，凶而不凶，成平运。吉而不吉，喜而不喜，亦成不吉不凶之平运。

（4）大运之干或支，与原命局命局干支，有：

①干合者（不管合化与否），则大运之干，以独立个体计，即不再与他柱天干论生克。

②支三会、三合、半三合、六合（不管合会成化与否），则大运之支，亦以独立个体计，不再与他支论刑冲破害。

（5）大运之干或支，与原命局命局干支，有：

①干合者，即天干五合，可解命局中天干相克之克。例如命局命局天干有甲庚相克之象，逢大运干己，则甲己合，可解命局中甲庚克，惟大运一过，又恢复原状。

②支三会、三合、半三合、六合者，则可解合冲会之支，在原命局命局地支子午辰未，逢大运支申，成申子辰三合，原子午相冲暂解，惟大运一过，亦即恢复原状。

（6）大运之干支：

①皆为喜用神：大吉运。

②皆为忌神：大凶运。

③干支一喜一忌：吉凶参半之运。详析干支力量，何者为旺，再定判。

④干支皆闲神：平运。

⑤干支一喜一不忌：吉运。详析干支力，再定判。

⑥干支一忌一不忌：凶运。详析干支力，再定判。

大运一组干支管十年休咎，而流年只顾一年吉凶，其相互关系为六四之比，即大运为六分影响力，而流年为四分作用力。惟流年之干支乃共管一年吉凶，而无大运之干支各管五年事之分。

流年之吉凶论判，可依大运之原则为据。其十神，仍依其干支之阴阳、五行，分别与日干取配。

25.流年干支除与原命局命局干支，还需和管事的大运之干或支，同论天干合克、地支合会刑冲破害空亡等。

26.流年与管事大运之干或支，有合或会而不化之象，不论喜忌，相互羁绊，以平运论。如合或会而成化别象，以所化之五行喜忌判吉凶。化为喜用神，则论吉；化为忌神，则判凶；化为闲神，则属平运。

27. 流年与管事大运之干或支，有干克或支冲之象，则以其相互五行辨主克及受克，主克为胜，依胜者十神之喜忌论吉凶。胜者为喜用神，论吉年，为忌神，则论凶。

28. 流年之干或支，或管事之大运之干或支，与原命局之命局干支有干合，或支合、支会，不管成化与否，皆以独立个体计，不再论岁运相互间之干生、干克，或支刑、冲、破、害、空亡。但仍可相互再论干合、支合。同理，流年之干或支、与管事之大运干生、干克，或支刑、冲、破、害、空亡，但仍可与命局干支再论：
①干合。②支三会、三合、半三合、六合。

29. 除观岁运干支，与命局干支组合变化外，尚须佐以所现之岁运吉神凶煞，日干十二运（其取法与原命局之法同），以明其吉凶祸福，运势强弱旺衰，及其代表之寓意。

30. 流年干支与大运论，只须与管事大运之天干或地支同计。例如大运逢地支管事，则流年只须与大运之支论刑、冲、合、会等即可。

31. 岁运吉凶论：
①大运、流年皆吉：大吉运。
②大运、流年皆凶：大凶运。
③大运吉，流年凶：六吉减四凶，成二分吉运。
④大运吉，流年平：六吉减〇平，成六分吉运。
⑤大运平，流年吉：〇平加四吉，成四分吉运。
⑥大运平，流年凶：〇平减四凶，成四分凶运。
⑦大运平，流年吉：成平运。
⑧大运凶，流年吉：六凶减四吉，成二分凶运。
⑨大运凶，流年平：六凶减〇平，成六分凶运。
上列之计算方式并非绝对，只是吉凶论判的数理参考罢了。

32. 岁运十种喜忌之寓意。

	为喜用神	为忌神
官杀	贵人提扶，公职升官，考试中榜，选举当选，得位名扬，威扬权显等。	官府刑克，牢狱之灾，名誉受损，名落孙山，枉累牵制。
比劫	夺利得财，手足扶助，娶妻纳妾，病除身愈等。	妻财有损，父道不利，手足失和，亲友拖累等。
食伤	天喜临门，得子延寿，子女荣显，职务荣升等。	子女拖累，身弱多病，手足失和，退学失业等。
财星	娶妻纳妾，财利可得，父荫妻助，创业进职等。	财多身弱，父妻无助，为财困扰，得不偿失等。
印星	功成名就，晋升得权，学术得名，考试中榜等。	身体失和，失位丧权，名誉受损，题名落榜等。

33. 日主强弱，岁运十神论命：

（1）富：日主强，逢财星耗，财星愈旺，愈富。弱，逢比劫助，比劫愈旺，愈富。

（2）贵：日主强，逢官星抑，官星愈旺，愈贵。弱，逢印星扶，印星愈旺，愈贵。

（3）寿：日主强，逢食伤泄，食伤愈旺，愈寿。弱，逢印星扶，印星愈旺，愈寿。

第二章 四柱断人生

第一节 四柱学预测的四大要点

一、四柱批命程序

四柱批命就是通过对一个人的命局，及其大小运限、命宫、胎元等时空组合，以及它们之间的相互关系，结合神煞、纳音等辅助信息，来分析、推断、揭示其命运的吉凶特征和运行规律，从而指导人们能够认清自我，顺应规律，达到扬长避短、趋吉避凶的目的。

四柱批命的具体程序大致如下：

（一）排命局（兼查神煞）

要据一个人出生的年月日时，查找万年历，列出四柱；然后再查找常用的神煞。

（二）排大运流年

排出大小运限，命宫和胎元。

（三）取用神，并详细分析

根据命局的命理组合分析来选取用神。

1. 看四柱各干支被哪一年天克地冲，被克或得生得助。

2. 看四柱六亲生克。

3. 看四柱中神煞有何危害。

4. 看四柱中刑冲克害，特别是三刑自刑。

5. 看四柱中三合六合三会局，合吉神则吉，合凶神则凶。

6. 看流年大运与命局天克地冲，刑冲克害的时间。

（四）分类占断

1. 详细批命时，要对命主生时的自然情况、性格、父母、祖业、兄弟姐妹、婚姻、儿女、财运、官运、灾咎、功名、身体情况、疾病、寿命、运程、行业等分门别类地进行分析推断。

2. 讲命时，要分清吉凶、好坏、贫富、贵贱等命理特征，指出本命造的宜忌。一般情况是批命好批，批运难批。

二、正确掌握干支的阴阳属性与作用关系

分析日元旺衰、日元特性，根据时空组合，确定日元的病在何处，药在何方？根据各十神对日元的喜忌，确定日元的富贵贫贱，荣夭寿枯，做到识命，才能谈到预测，我们连命都不识，又何谈预测呢？

在四柱预测中，掌握干支的阴阳属性和作用关系是迈进命理之门的第一步，不掌握这些最基础的命理知识，在以后的学习提高中举步艰难。分析日元旺衰、日元特性、时间、空间的对立更是重中之重，不掌握它对于学习命理来讲，你就是盲人摸象、刻舟求剑、离题万里。不知五行旺衰，则不知病药喜忌，不能分析日主的人生信息，吉凶祸富，富贵贫贱，六亲状况。大家在以往的学习中，往往不注重易学基础，盲目追求技法，进入命理的死角。故在《滴天髓》知命章言"预知人间开聋馈，顺逆之机须理会"。不要小看这两句看似简单的语言，却包含极深的寓意。此"顺逆之机"包括日元特性，病药组合，以及行运对命局的阴阳消长。病药组合中的"药"字，指的就是用神，用神存在着两种，气用神与量用神。气用神指的就是调候用神，量用神指的就是生克用神。

三、全面分析四柱信息

全面分析四柱信息是检测你对命局判断正确与否的有力凭证。利用十神的喜忌病药，根据宫位，干支组合藏干，结合大运、流年对日主的重大信息进行分析，包括财运，官运、事业、婚姻、子女、领导、风水等，可以体现四柱全息风采。

四、命局、大运、流年三者的作用关系与应期

命局是人生的信息库，包含了财运、事业、六亲、疾病、子女、社会关系等信息。而这些信息必须通过大运，流年才能体现，三者的关系是四柱预测的灵魂。应期是预测的一个重要环节，不解决应期问题，就不知道为什么同样情况的寅卯木运，同样在巳火流年一个应吉、一个应凶。

命局很重要，它是模拟一个人灵魂的信息储存器，它是静态的，它反应的信息虽然具有固定性，但并不是一成不变，因为这些信息必须有大运的配合方能完成。大运是从月令根据乾坤二造的不同，模拟了地球月令之气的深浅进退，每一步大运都是将静态的命局，假设进入一个新的环境中，在这个新的环境中，要根据不同的命局组合，就会出现新的病药组合。也就是说，行运决定命局的成格、变格。但是大运的性质相当重要，因为命局的病药不同，会出现两种情况，如命局用神为气用神，则与量用神存在差异。大运决定命局的走势方向，流年则决定命局在新的环境中是平衡还是加大失衡，流年在新的大运上起到平衡作用则应吉，流年在新的大运上起到加大失衡的作用应凶。近几年来的命理书籍都在强调大运、流年的作用关系如何重要，流年必须通过大运作用命局，无疑这些不完整的理论，对命理的发展起到阻碍。实际流年对命局的作用并不能受大运的抑制，因为命局、大运都是静态的表现，流年则是动态的表现，一切的吉凶都是由动态决定。

第二节 命理的误区

命理发展到今天可以说是百家争鸣，易学人才前赴后继，可是从实用发展的角度讲，已经偏离了子平命理，将先人的智慧文化遗产搞得面目全非，这些人的思路无非是利用广大易学爱好者的求学心理，进行愚昧教育。学习命理是一个长期的智慧经验积累，你即使是跟最好的老师学习，没有实战的机会，是不会成为高手。好多的爱好者在电话中问我，我跟你学习可以学到什么程度？我的回答令你很失望，为什么？因为我可以把我的知识全部传给你，而你能不能全部领悟这就是你的问题，学习命理决不是一朝一夕可以学好的。它需要广泛的社会、人文、易理知识，一个经商的预测，你就应该按一个商人的轨迹去预测。一个为官的预测，你就应该按仕途来预测。你绝对不可以用商人的人生给为官的来描述人生，也就是不可以张冠李戴。

我们还是谈谈旺衰的问题，日元旺衰目前是命理争论比较大的问题，在广大易友的心中，身旺者用财官伤抑制，身弱者用印比帮扶，实际这只能是最简单的表面现象。这里我们需要对确定日元旺衰有一个正确地认识。六十甲子模拟了世界上的人体素质只有六十种，而这六十种人，由于出生的时间不同，就行成了不同的人生信息。身旺的命局似乎就不可以生扶，只能抑制，在实际的应用中真的是这样吗？结论不是的，为什么？因为这要看印行的旺衰才能决定。假如日元虽然旺但是它可以将印行的生扶消化掉，也就是日元可以受起生扶，这时的印星对于日元就不会产生坏的影响。广大易友不懂这个问题，以为身旺者不能生扶是错误的。身弱财官伤都是忌神吗？肯定不是。这就需要看财官伤的旺衰才能确定。日元虽然弱，但是财官伤比日元还弱，它们又怎么会对日元形成危害呢？这也是为什么出现反断论。

评定旺衰并不是印比为一方，财官伤为一方，命局中的五行都具有

各自的旺衰，日元有自己的旺衰。评定旺衰实际就是看不同或相同的日元在不同时空下的十神适应能力。日元对于不同的十神之间，要单独对比，不是混合比较。日元旺，喜见财官，可是这个财官旺度也是有标准的，它们的单独力量不超过日元的承载能力，才应吉。假如财旺官星不旺，说明这个人的财气比官大。如果官星旺与日元搭配合理，而财星弱，说明这个人为官信息重，而发财的信息就弱。前者可以经商为官，后者可以为官经商。命局中的信息是静态的相对，在大运流年进入后就会发生变化。由于错误理论的误导，对于大运流年的作用关系更是不能掌握。首先用神的不变论，是当今命理的一大误区。"喜非永喜，忌非永忌"随着大运的变化，静态的命局已经变为动态，也就是说，静态的身弱由于大运的加入，也会变成身旺。原来的身旺也会变成身弱，种种变化不能框定，只有随着大运的变化而变化。

现在命理中的虚实、空亡更是偏离命理，一会是虚的加力实的减力，一会是实的增力虚的减力，天干地支是在阐述五行的转化规律，戊土克制壬水，壬水反而加力，戊土减力。你的理论都不清楚，又怎么去实用。你为什么不从自己的技术、理论方面找一下原因，而是弄出一些是是而非的东西。时空是在表示"气"的存在形式，是真实的现实人生，怎么会搞得虚实不清。如此的诸多变化不能用文字完全表达，我们还是用实际来说话吧。学习命埋绝对没有近路和绝招，是靠过硬的基础知识来辩证吉凶得失。不是简单的命局用官有官星就为官，用财有财就是富命，这些都是不是简单的断语所决定的，是有日元的特性与病药的搭配所决定。

第三节　四柱论命的原理与方法

1. 四柱论命的原理

子平看富贵贫贱，向来是看是否清秀，前辈命学专家陈素庵说："阴阳有清气,有贵气,人命兼得之,方享功名爵禄。"所谓清气,是指日主命局格局高朗清秀,阴阳顺逆调和,格局纯粹,而无杂乱之闲忌神,清澈见底,条理顺序井然;贵气则是,日主命局格局气象恢宏,端正庄严格局肃穆宏远,规模焕然,五行醇而不疵。

贫贱命正好相反,不是满盘浊气,就是用神枯衰无救,命局相杂又相战。《滴天髓》》一书指出:"满盘浊气令人苦,一局清枯也苦人;半浊半清犹是可,多成多败度晨昏。"就是这个意思。

命理特重五行气势均匀,流通不滞,即基于此,亦以五行流通为最上乘,故《滴天髓》谓之:"福寿富贵、永乎无穷。"是以禀其清者,为智为贤,禀其浊者为愚多不肖。智者贤者由是或富或贵或寿,必有所得,所谓德足以发福也;愚者肖者,不能自奋,日益皆蔽,则贫贱与夭,有不能免,所谓下愚不移是也。

虽然命理尚有以中和为佳造的,其主要目的,乃在延缓偏枯者的加速变化,使其产生平衡的作用,但从大空间和时间看来,天地间也很难有"绝对中和"的事物,如果一切事物,均趋绝对中和,则变迁停止,天地、宇宙间将停止变迁!所以中和仅是一种企求的目的,或一时的现象而已,即使得到,也必转瞬即过,无法永远掌握。

命造中和,其生命实验所显现的现象为一世优游,无抑郁而畅达爽朗多遂,做事谋略少有危险阻难而逢助多吉,为人既孝友且无骄傲谄谀之态,居心耿介而不苟且,此皆中和之命。五行,俱足而流通中和,其一生福禄财子寿,常常兼而有之,虽然未必勋业彪炳,富甲连城,然安安稳稳的终其余年,此种五行循环的格局,非凡人俗子所能具备者也,何能言止于富贵才是好的格局,此说乃功利主义之遗毒也,就人情义理而言,这未始不可说是最难得的福造。

《滴天髓》云:"一清到底有精神,管许平生富贵真",精神两字,见之于无形,最难加以说明,在《子平真诠》,曾以真假虚实等六项,说明精神所寄,未能精确详尽加以说明,在命理而言,字字得用,配合刚刚好,映带有情,增一分嫌其多,减一分嫌其少,自具有一种精神气势,此种命格习之既久,自能心领神会,非言语文词所能形容也。

《滴天髓》云："澄浊清清得净，时来寒谷也回春"，澄浊求清者，有病得药也，去病要去得干净，亦具有精神，然而有病可说，有药可指，即着于痕迹。得时运相助，亦可以取富贵，不得时运，便难腾达，此精神之次要者。

至于身弱入旺运而显富贵，或身强入弱运而得富贵者，此必命局命局有缺陷也，虽不中和，气势却颇纯正，为人方面也恩怨分明，颇守礼教，而无暴戾之气。若命既缺陷，运又乖违而逢助，必妻财子禄各有不定，此种人命志气高而气傲，虽然贫贱不得志但没有谄谀之气。若至岁运能补其不足，去其有余，必有起来发达的时机。若见命局偏枯，此人见富贵必然有谄害他人之念，排挤他人之心；遇贫穷必作骄态，性情古怪离奇，乖张不定，若见五行不得其正，其心机必奸巧贪婪，而有所不足，任事侥幸图功，此称五行不正者当显其象也，而表征象于外表行为，此种病态命造，须得柱中运中有药可治，否则呈现起来即为终身的祸患。

从特别的一行得气格（即专旺格）看来，不论取印星为用或取食伤为用，其作用仍在使五行流通，至于取比劫禄刃为用者，正因为它既非求中和，也不能流通，所以命理学者名之曰："孤芳自赏"，其非上格，可以概见！是以命理特别重视五行中和与气势流通两者兼而用之，则中和可以防止突变，流通即不离天地之常轨，于是人生得以漫游于天地之间，享受福禄。

如果专以克制偏枯而求中和，则多属偏救弊，其一生行运得失成败变迁甚大；未得未成之前，常历尽艰辛；既得既成之后，也常一落千丈，甜酸苦淡，无不尝尽，与其说他富贵，不如说他劳碌，所以，论格局之成败高低，五行的生化循环实占有相当重要的地位，大家千万不可不加注意。五行的循环也可以说是万事万物生存发展的五大动机。每一行的衰旺强弱就直接代表着某种形态的消长，每一种形态的消长更直接影响到人命某些方面的得失，五行若是残缺不全或是过于偏枯偏旺，虽然有些能找到补偏救弊的有力用神，有些能构成特殊的"形象"（例如从格），贤内助运助，得以成就惊人的事业或功名，然而先天上五福不全，有一得也将有一失，快乐之中必隐藏着痛苦，赞誉声中有无限难言

圆通达观（中）

之辛酸，这种无可奈何的情形我们是可想而知的。

汉儒王充说："命吉凶之主也，自然之道也，适偶之数，非有他气旁务厌胜感动，使之然也。"又说："人仕宦有稽留不进，行节有毁伤不全，罪过有累积不除，声名有暗昧不明。才非下，行非悖也，又知非昏，策非昧也，逢遭外祸，累害之也。非唯人行，凡物皆然，生动之类，咸被累害。累害自外，不由其内；夫不本累害所从生起，而从归责于被累害者，智不明暗塞于理者也。"又说："凡人遇偶及遭累害，皆由命也。有死生寿夭之命，亦有贵贱贫富之命，自王公迨庶人，圣贤及下愚，凡有首目之类，含血之属，莫不有命。命不贫贱，虽富贵之，犹涉祸患矣！命当富贵虽贫贱之，犹逢福善矣！故命贵，从贱地自达！命贱从富位自危。夫富贵若有神助，贫贱若有鬼祸：命贵之人，俱学独达，并仕独迁；命富之人，俱求独得，并为独成。贫贱反此，难达，难迁，难得，难成；获过受罪，疾病亡遗，贫贱矣！命固有定，然累害多自外来，若能先知其必来之势，预为排除，曲为成全，未始不可稍为解除也。"

近贤徐乐吾说："客有以袁了凡造命之说进者，曰：'命如可造，则命不足凭也。且子素习佛家言，如云命是，则命佳无妨作恶，命劣为善无益，有是理乎？'子曰：子即知因果之说，也知因果须通三世（过去世、现在世、未来世）而言乎？夫命之优劣，孰造成之？孰主宰之？须知宿世（过去世）之善因，而成今世之佳命，以宿世之恶因，而成今生之劣命。命运优劣成于宿因此为有定者也；今世之因，今世即见其果，此命之无定者也。尝见有优而运劣者，有命劣而运佳者：命如种子，运如开花之时节。命优运劣，如奇葩异卉，而不值花时，仅可培养于温室，而不为世重；若命劣运劣，则弱草轻尘，蹂躏道旁矣！故命优而运劣者，大都安享有余，而不能有为于时，此宿因也。若不学好于是命，勉强进取，则倾家荡产，声名狼藉，此近因也。故命之定，功名事业，水到渠成；否则，棘地荆天，劳而无功。至于成功挫败之程度，则随其所造之因，有非命运所能推算者，或者循是因而成将来之果，定未来之命，则不可知矣！是因果也，造命也，命理也，其理固相通者也。孔子曰：'君子居易以俟命。'又曰：'不知命无以为君子'故命理者，也推求宿因之方便之门也，客无言而退。"

又说："命运非不可转移，但绝对非禳解之谓，环境变更，命运自转移矣！"命者以五行为根据，五行者，四时之气候也。桃李之华，经春始发，若损其气候，置之温室之中，秋冬亦华；置于冷气之室，春夏亦槁，人亦如是，环境改变，命自转移。

转变之原因有二，必须认清：

其一，原命福禄极厚，因外来不可抗力之打击而致损失，并非自己过失。若投机挥霍，致倾其家者，无转变之可能。

其二，损失之程度，须改变环境，命运乃有移迁之可能。庄子云："天之生物也，予之齿者，夺其角，予之翼者，两其足。"譬如：蝗螟之卵，在大水之年，悉化为鱼虾；外境变易，其福命所应享受者，亦变也。

转移之机至捷至微，非有破家舍命之决心，不能有旋转乾坤之力量，寻常举动，非无因果，特其所施之因，九牛一毛，则其所得之果，亦微乎其微，不能有所感觉，欲其转移环境，挽回厄运，又乌乎可得乎？

佛家因果之说，至为精微，贫人一丝一粟，感大福报；富人千金万金，果至微细何者？贫人一粟，生命所系；富人千金，未感痛痒。由此可知转移命运，贫人富人，平等平等，非舍弃私人利害之观念，不可得也。

故为人论命者，必须劝人以善，告人以德，使其修心向上；莫挫其心，恐吓其未来，而颓其志；近贤袁树珊说："司马季主曰：'言忠臣以事其上，孝子以养其亲，慈父以蓄其子。'又曰：'其誉人也，不望其报，恶人也，不顾其怨；以便国家，利众为务。'故为政客言，当勉以忠君爱民，显祖流芳，如杨椒山诗：'男儿欲绘凌烟阁，第一功名不爱钱'之类。为刑官言，当勉以虚心听讼，勿逞意气，如书云：'罪疑惟轻，功疑惟重；与其杀不辜，宁失不经。'欧阳修泷冈阡表云：'求其生而不得，则死者与我皆无恨也。'之类。为武员言，当勉以身士卒，捍卫国家，如曾子云：'战地无勇，非孝也。'马援云：'效命疆场，男儿幸事。'之类。为有老亲者言，当勉以色养无违；为幼子者方，当劝其教养兼施；至于为富贵者，宜劝其学宽；为聪明者，宜劝其学厚；为士者，宜劝其敦品力学；为农者，定劝其尽力田畴；为工者，宜劝其专心技艺；为商者，宜劝其诚信无欺。"此绵星相家之天职，不可不知也。

2. 四柱论命的方法

今人研习命理，每以用神难辨别为憾，论命观其体用，讲求扶抑得宜，体者形象气之局，如无此局，即专以日主为体，用者，即用神也，命以用神为紧要，看用神之法，不过扶抑而已，扶抑之道，旺者抑之，弱者扶之，不可扶宜抑，然取用之法，虽当专一而不眩，也宜变通而不拘；如正、偏官格，有时制化互用，甚或生制参用；况行运数十年，无俱木俱金之理。尝见大富贵之命，不恃一神为用，其专恃一神者，乃补偏救弊之命耳！有体而后有用，日主十神之体也，扶抑日主十神者用也。假如日主十神，或强不可制，或衰不堪扶，或散漫无伦，或战争不定，是则体先不成，用于何有，其为下命决矣！

《子平真诠》云："用神先看月令，非以月令人元为用也，乃是看月令为日干之何宫，（生旺休囚）譬如寅月，甲木日干，则为临官生旺，庚金日干，则为绝地，壬水日干，则为病地，次看年日时支，为日干之何宫，则其旺衰显然可见，旺衰既定，需要自明，譬如木火生于秋冬，金水生于春夏，休囚之地，日主必弱，弱者宜生扶；反之木火生于春夏，金水生于秋冬，生旺之地，日主必旺，旺者宜克泄，此一定之法，更看旁神辅佐，是否转弱为强，或变强为弱，则应取何神，自有一定矣。此为命理真机所在，五行颠倒之妙，盖旺极以抑反激而有害，从强而扶，弱固宜扶，但弱极扶之反而有害，则宜从弱而抑！不可执之一端。"

更进一步，须明反生反克之理，木不离火，火不离木，冬木见火，乃是反生，非泄也；金不离水，春夏之金见水，也是反生，非泄也；土随火旺，生于秋冬，子旺母衰，不能无火，生于春夏，木火旺地，不能无水，夏土见木，反助火旺，不能克也。明乎此，命造入手，成竹在胸，熟读《穷通宝鉴五行总论》，取用之法，思半过矣。

更有一简捷之法，五气以流通为贵，设命造五行不全，只有四行，而缺其一，则所缺者，往往即为真正需要之用神，行运见之，气势流通，必然得意，《滴天髓》云：何处起根源，流向何方住，机括此中求，知来亦知去，此千金难买之秘诀也，尤以变通命造，命局无可取用者为有验，特别之命，或另合格局者，不在此例，阅者勿轻视之。

第四节　命局与六亲

一、定六亲

　　命局预测时，以年为根，月为苗，日为干，时为果。除此之外，从一个人的命局，还可以推论出他的六亲的情况。所谓六亲，即祖上、父母、妻子、兄弟、姐妹、子孙。六亲在命局中的取配是：祖上，位在年宫，又以偏印为祖父，正印为正母，偏印为庶母；兄弟姐妹，位附月宫，又以比肩为兄弟姐妹；妻妾，位在日支，又以正财为妻，偏财为妾，女命以克我为夫；子息，位于时宫，又以偏官（七杀）为男，正官为女，女命以我生为子息，食神为男孩，伤官为女孩。

　　用神配六亲的理由，据《子平真诠》所说："正印为母，身系母出，取其生我也。克者为偏财，何反为父，偏财者母之正夫也。正印为母，则偏财为父矣。正财为妻，受我克制。夫为妻纲，妻则从夫。若官杀则克制于我，何以反为子女者，官杀者财所生也。财为妻妾，则官杀为子女矣。至于比肩为兄弟之类，其理之显然者。"

　　断六亲吉凶的一般方法是：命局中如果年柱上有喜神或用神的，说明主人祖基必丰；月柱上有喜神或用神的，说明主人有父母荫庇，并且兄弟和睦；日支有喜神的，说明夫妻同心协力，爱情甜美；时柱上有喜神用神的，主晚年幸福，得儿女之助。年月柱上为忌神，说明父母刑伤，兄弟不和；日支上有忌神的，说明夫妻爱情生活不谐；时柱上有忌神的，说明子女难育或子女不孝。但如果出现在年、月、日、时上的喜神、用神、忌神受制，则又另当别论。

1. 甲、丙、戊、庚、壬五阳干生的男女命局

父亲—偏财　　　　　母亲—正印

丈夫—偏官（女造）　妻子—正财（男造）

兄弟—比肩（男造）　劫财（女造）

姐妹—劫财（男造）　比肩（女造）

儿子—七杀、食神　　女儿—正官、伤官

2. 乙、丁、己、辛、癸五阴干生的男女命局

父亲—正财　　　　　母亲—偏印

丈夫—正官（女造）　妻子—偏财（男造）

兄弟—比肩（男造）　劫财（女造）

姐妹—劫财（男造）　比肩（女造）

儿子—正官，伤官　　女儿—七杀、食神

如命局中六亲正神不现，可以宫位而论或以偏神而论。

宫位论如乾造：

```
（父）  （兄）  （日）  （子）
 辛      丙      辛      癸
 卯      申      丑      巳
（母）  （妹）  （妻）  （女）
```

二、定子女

断夫妻之间的头胎为儿子或女儿，对时辰而言。

1. 一般情况下，时支处于帝旺是，子女比较兴旺，并能做大事。时支处于衰、病、死、墓、库时，子女比较衰败，干不了大事。

2. 阴男阳女：在时干为比肩、伤官、正官的条件下，头胎为女儿；

在时干为正印、食伤、七杀的条件下，头胎为儿子。

3. 阳男阴女：在时干为比肩、食神、正官的条件下，头胎为儿子；在时干为劫财、正印、伤官的条件下，头胎为女儿。

判断夫妻间的头胎，以夫妻俩谁命强以谁为主，若都弱要综合分析。

①如果时柱上为七杀，处于绝地，那么此人将终生无儿子。

②从命局看子女谁孝顺：

A）时柱干支与日柱干支相合或成正关系，则为孝顺。

B）时柱干支与日柱干支有刑、冲、破、害关系，则子女不孝顺。

C）时柱干支与日柱干支为偏关系，则谈话不投机。

三、预测姐妹

①月支和日支不论阴阳年，月支和日支相冲者，其爱人（或姐妹）头部（或颈部）有伤。另外，阴男阳女为异性姐妹，阳男阴女为同性姐妹。

②月支冲时支或时支冲月支，子女或妻子有破相。时支冲日支爱人有破相；日支冲时支，阴男阳女，儿子有破相，阳男阴女，女儿有破相。

③以日干为基准，查兄弟姐妹，异性是相对于日干（自己）而言，阴男阳女，月支为异性，月干为同性；阳男阴女，月支为同性，月干为异性。

从月上看姐妹数，从时辰上断兄弟（姐妹），本人是第几位，本人排行为老大、老二或老小。

①月干和日干都为同性（五行），如同为水、同为木的情况下同时相加。

②日干为戊以上的数字，月干从甲到癸的数字，谁大依谁。

③月干为正官，正印，正财时，以原数计算。

④月支和日干的关系，若月支含一气（金、木、水、火、土）中任一个，并且是正关系的条件下，以原数看。

⑤以上数字来源是甲为1，乙为2，丙为3，丁为4，戊为5，己为6，庚为7，辛为8，壬为9，癸为10。

四、父子之间

①比劫重重虽克父，不见偏财命也固，运岁遇见偏财至，父死非命无救助。这个信息是：命局比劫多而旺，岁运再遇比劫并偏财时，就是克父的信号到了。

②天克地冲见偏财，父亡之期提前来。这是遇天克地冲为凶时又并见偏财，是克父的时间到了。

③提纲克年，比劫重。

④月年命纳音五行克父。

五、母子之间

①财多无印母无恙，岁运逢印母必亡：命局中财旺，印不现，等到岁运行母运时，要克母。

②天地转杀逢印授，母亲必定不长寿：日柱为天地转杀时，并印，这说明母亲不长寿。

③孤辰逢空居时柱，少年克母请记住：孤辰若与空亡同时出现在时柱上（命宫同断），少年克母。

④其他还有：财旺自身不逢时，母早死；月柱有刃杀，时胎逢华盖都克母。

六、兄弟之间

①年柱有杀月柱伤，必定兄弟有克伤。

②月上伤官时上杀，兄弟之间难同家。

③男命有财有伤，兄弟难免有克伤。

④月柱杀居其宫，兄弟争讼。
⑤比肩三刑族人害。
⑥柱中官杀，雁行失序。比肩多兄弟无情。
⑦年月上有比劫，上有兄姐。
⑧比肩临沐浴，兄弟潇洒，日坐时支比肩暗伏，必有弟妹。

七、断本人为兄弟、姐妹中的大、中、小

①凡出生在长生时辰的人，不论男女，男为男的老大，女为女的老大；长生为寅、申、巳、亥时出生的人。

②凡出生在四败，四旺时辰的人，不论男女，男为男的老二或老三，女为女的老二或老三。四败为子、午、卯、酉时出生的人。

③凡是四库即辰、戌、丑、未时出生的人，不论男女，男为男的最小，女为女的最小。

八、凡交接时辰出生的人，可按两个时辰计算，即按上一个时辰推，也可按下一个时辰推算。凡为这样时辰的人，断定此人必定在头顶上有两个旋

六亲，指在生命中占有位置的血亲及姻亲而言。所谓占有位置，即是能以日主的十神来排列的。所以六亲是日主的至亲，日主的祸福能影响到的至亲，而这些人的吉凶也对日主有一定的作用力。本来日主的亲人不止这些人，但这些人与日主具有祸福相连的关系。

人的性别分男女，配合十神的阴阳，男为阳，女为阴。人出生呱呱落地，首先便与母亲产生关系。

男婴以母为正印，克母者为父，是偏财；生父者为祖母，是伤官；克祖母者为祖父，是偏印；兄弟为比肩；姐妹为劫财。长大娶妻为正财，正财所生之子为七杀，女为正官。七杀所克者为劫财，是媳妇；正官的丈夫是女婿，为食神。十神至此完备。

若是女婴，则母为偏印，克母为父是正财；兄弟为劫财；姊妹为比肩；长大嫁夫是正官；生官者为婆婆，是偏财；生子是伤官；生女为食神；媳妇是七杀；女婿为正印。十神配备完毕。

六亲为何？

男命：一是父母、二是祖父母、三是兄弟姐妹、四是妻室、五是子女、六是媳婿。

女命：一是父母、二是兄弟妹妹、三是丈夫、四是公婆、五是子女、六是媳婿。

男女命六亲差异不大，男命重父系，祖父母在列，女命嫁出重公婆，社会婚姻制度如此，生长环境不同，以致男女有别。

男命兄弟之妻可列为财否？按，我克者为财，我合克者为妻，兄弟之妻为比肩所克，非日主所克，更非日主所合克，不得列为日主之财。女命兄弟之妻同论。

男命姐妹之夫可列为七杀否？理论上可以，实际上畏其欺侮姐妹，百般示好，形同被克，所以姐夫妹夫是日主七杀。

命局中无法十神具备，十神现于命局中，且为日主的喜神，则该十神所代表的亲人与日主缘深。若某一十神不现，或现而为忌神，则该十神所代表的亲人与日主缘甚浅或无缘相见。透干的十神大致上可说是缘深。

若命局无正印而出现偏印，则偏印可代正印，其余十神同论。偏印代表正印，接下去的十神仍旧按正规，不因偏印代正印而有所更动。

女命重夫与子，若命局无官用杀代，官杀俱无，是否无夫？那也未必，只能确定与夫缘浅，相处不合，聚少离多，或晚婚，至于有没有丈夫，要论原局，不可一言断定无夫，断人绮念。举一例：

戊戌　　12 壬子

甲寅　　22 辛亥

丁巳　　32 庚戌

丙午　　42 己酉

坤造，以壬癸为官杀，原局无水，且寅月生人，水气刚退。虽经壬申、癸酉年，仍引不出水气。大运己酉，貌美如花，小姑独处，天不从人愿，造化弄人如上。待乙亥、丙子流年，依然有望。女命无伤官用食神代，可否生男？答案为不可生男。原因是是食神与日主同性别，日主为女命，同性别只能产女不产男。例如：

己卯　　　9 丁丑
丙子　　　19 戊寅
甲申　　　29 己卯
丙寅　　　39 庚辰

坤造，命局只有丙火食神，连生五个女儿，不产男。

除日主的十神外，与六亲有关的是四大宫位，四大宫位指年月日时四个地支，配合父、母、妻、子四大至亲。岁支冲动父宫，父亲难安；流年冲动月支，母亲、门户不安；冲动日支，则夫妻不安；冲动时支，子女有事。除日支已于夫妻专节介绍，其余父母子女归入六亲。

太岁冲、合、化、刑父宫，则父有事，轻则生病，重则死。所谓父宫即年支。

例如：
辛卯　　　12 戊戌
庚子　　　22 丁酉
甲申　　　32 丙申
甲子　　　42 乙未

甲日主身旺财浅，与父缘浅，克父之象。乙运癸酉年，癸助身克父，酉冲卯父宫，父死。

戊戌　　　　8 丙辰
丁巳　　　　18 乙卯
甲辰　　　　28 甲寅
庚午　　　　38 癸丑

身弱财多，财为忌神，父缘浅。乙卯年乙运，卯戌合，乙天克地合戌财，戌财无从躲避，父死。卯戌化火，财化成食伤，父缘尽。

壬寅　　　　6 辛亥
庚戌　　　　16 壬子
甲午　　　　26 癸丑
壬申　　　　36 甲寅

戌财化成食伤局，父缘浅。壬申年，冲寅父宫，父缘尽。

乙巳　　　　7 庚辰
己卯　　　　17 辛巳
庚午　　　　27 壬午
丙子　　　　37 癸未

壬申年，壬来克丙不生乙财，巳申刑及父宫，父死。

父缘深，虽太岁动到父宫，父亲仅生病破财而已，但父缘浅且太岁动到父宫，父便死。缘深缘浅相差很多。

父为财，太岁克冲财星时，均不利于父亲。年柱为祖父，流年冲克年柱，则祖父有事，如祖父母不存，应在父亲。财星强，相对印星弱，印星强则财星弱。

五行中，一行强则相对的一行便弱，再逢流年助强，则强者愈强，弱则更弱，不堪受强者克冲，便受伤不存。

太岁冲合刑化母宫则母有事。身弱喜印，母亲生病破财；身强忌印，则母亲死亡。印为母星，逢流年克化合，均属不吉。大运同论。

例如：

癸卯　　 6 甲寅
乙卯　　16 癸丑
丙寅　　26 壬子
癸巳　　36 辛亥

癸酉年，子运刑卯，卯酉冲，母宫冲刑齐至，丧母。身强忌印，风吹草动，立即灾到。

乙未　　19 己卯
辛巳　　29 戊寅
癸巳　　39 丁丑
乙卯　　49 丙子

癸酉年，交入丁运，丁来无戊可生，全力攻辛，母丧。

辛卯　　13 乙未
丁酉　　23 甲午
戊午　　33 癸巳
壬子　　43 壬辰

癸酉年，交入壬运，壬合丁印化成鬼（七杀），癸酉、丁酉就位相克，丁不堪壬癸夹攻，丧母。

以上三命主为兄弟，适逢交脱大运，岁运齐攻其母，竟丧母，六亲同运，岂是空言？

女命婆婆为偏财，太岁克财则婆婆不利，重则死。

 圆通达观（中）

丁酉　　5 壬子
辛亥　　15 癸丑
壬寅　　25 甲寅
庚戌　　35 乙卯

癸酉年，与丁酉就位克，丧其婆婆。乙运为庚所化，无法生丁，且乙不动父宫，父亲仍安。

庚子　　4 丁丑
戊寅　　14 丙子
癸酉　　24 乙亥
丙辰　　34 甲戌

癸酉年，甲运克戊不生丙，岁支合辰，丙被癸克，无处可逃，丧其婆婆，其父已先于午年冲倒。

月柱为门户，即家庭。家庭主要成员有父母、兄弟姐妹、夫妻、子女等。夫妻关系主要观察点在日柱，子女情况主要观察点在时柱，父母、兄弟姐妹主要观察点在月柱。

年月为先天轮，日时是后天轮。所谓"轮"，指两者一组。父母、兄弟姐妹可能在日主出生前，或生后不久的孩提时代即具有；夫妻、子女则要在日主长大成亲后才具备，所以是后天。

先天的父母、兄弟姐妹毫无选择性，后天的夫妻、子女，或多或少可由日主选择，所谓半人事、半天命。如：自由恋爱、挑选对象结婚、精子筛选生男生女，这些皆可随日主意愿选择。虽然结果也许有遇人不淑，家有恶妻劣子的现象，但总是自己的选择，至于是否如意，只好归诸天命。

太岁对月柱的作用力，也是对家庭的作用力，家庭中每一分子均受其影响，尤以母亲及兄弟姐妹更具有决定性影响力，母亲已如前言，兄弟姐妹便是要探讨的问题。

月干支即是兄弟宫，太岁对月干支的威力，几乎决定日主与兄弟姐妹的关系，和兄弟姐妹的祸福。比劫为兄弟星，太岁对比肩的吉凶与兄弟宫的祸福，便完全决定日主兄弟的关系和兄弟姐妹的安危。

岁干克月干，则兄弟有祸，月干克岁干亦同。但前者祸重，后者较轻。兄弟姐妹若有数人，何人有祸？其详细情况要视兄弟姐妹的命局。所谓有祸，指兄弟姐妹有难，日主受其拖累致祸，兄弟姐妹之间失和等。

岁干来合化月干，以不吉论，若化成他象亦不吉，化成他物克伐日主更加不吉。

岁干生助月干，只要月干不是日主忌神，均以吉论。岁支冲动月支，若母已亡故，则应在兄弟或自己的门户，应在兄弟的机会小，所以月柱是兄弟宫，但以月干较具作用力。

命局是子女宫，太岁冲、克、刑子女宫，对子女的健康、安全有不利的影响。命局冲克太岁亦同论。例如：

丁酉　　　25 甲寅
辛亥　　　35 乙卯
壬寅　　　45 丙辰
庚戌　　　55 丁巳

甲戌年与庚戌就位克，子女宫犯太岁，子女年初相继生病，几无宁日，虽在乙卯运中合子女宫庚戌仍不得解克。乙亥太岁与辛亥兄弟宫就位克，兄弟克太岁，兄弟正是多事之秋，个个不安，母已亡故，否则母与兄弟俱有事。克在门庭，户中难享太平。

男命以正官为女，七杀为子。逢官年，与女儿较亲近；遇杀年，较疼儿子；财年子女一样疼。食伤年与子女距离最大，不论情感、想法，都显出严重的代沟。其余正偏印、比劫流年，介于官杀、食伤之间。

女命以伤官为子，食神为女儿。逢食伤年最疼子女，比劫年次之，财年又次，官杀年第四，正偏印年最差。遇正偏印，个性孤独清静，自然不喜欢子女来打扰，且性情封闭，不喜沟通意见，所以与子女鸿沟严重，正所谓"印破伤食"。

女婿与媳妇各以相配合的十神来断，男命食神为女婿，劫财为媳妇；女命七杀是媳妇，正印是女婿，并且参看命局，毕竟媳婿皆是晚辈。凡太岁动媳婿宫位及星位（十神），皆主有事。所谓动指冲、克、刑、化。凡看六亲祸福时，需星宫并重，不可偏废，以免有差池。

六亲者，祖辈、父母、夫妻、兄弟姐妹、子女并命主本身之谓也。其中日主的命运是一个命局的中心信息，最为直接可察，是预测的主体。而父、母、夫、妻、子、女的命运在命主的命局中属于第二信息，较为间接，但与命主有着密不可分的关系，也是影响命主命运的直接因素，故通过干支之间生克关系的展开，也是可察的。

命局命理学产生于华夏大地，而炎黄子孙又特别看重血缘关系，家庭观念贯穿古今，六亲之中，一荣俱荣，一损皆损，休戚与共，自古而然。因此，在命局命理学的形成过程中，就融入了六亲的内涵，成为一个命局的各个组成部分，既影响着命主的富贵贫贱吉凶寿夭，又表达了与日主之间及相互之间的喜忌、亲疏、扶抑关系，构成了命主的生长环境。在命主走进社会之后，这些代表六亲的干支又具有了师长、上级、同事、朋友、竞争对手、法纪和官方等内涵，引伸为命主的社会环境。

命局中的六亲，是根据各干支五行与日主的生克关系来确定的：生日主者为印为母，正印为生母，偏印为继母或庶母；克印者为财为父，偏财为生父，正财为继父或庶父；日主所克者为财为妻，正财为妻，偏财为妾；妻财所生者为官杀为子女，七杀为子，正官为女；同为印星所生的比劫为兄弟姐妹，比肩为兄弟，劫财为姐妹。在此基础上，还可以将生克关系进一步展开，以确定较疏的亲缘关系，如：偏印为正官所生，为外孙，克正官者为食神，为女婿等。不过，这已是命局中的第三层信息了，转为隐蔽、模糊，还不如直接看其本人的命局，实用价值已不大了。

以上的确定原则是指男命而言的，因古时女人是一般不参加社会活动的，少小从父，嫁后从夫，夫不在从子，预测的对象大都为一家之长的男性，故早期古书上的六亲只做上述论，实际上女命有女命六亲的确

定原则，除父母、兄弟、姐妹与男命相同外，余者为：克日主者为官杀，为夫，正官为正夫，七杀为二夫；日主所生者为食伤为子女，伤官为子，食神为女。

以上六亲的确定只是一些原则，而非铁的定律，命家在实践应用中还需灵活运用，不可刻板拘泥，清人任铁樵就对这些被古人视为不可更动的铁的定律发起过挑战，他在疏解《滴天髓》一书中就提出了两点异议：

1. 男命亦应以食伤为子女，而官杀是克制日主的。如以官杀为子女，岂不是犯上作乱，有背人伦纲常。

2. 父母也应以印星来对应，如以偏财为父，为日主克父为常理，也是犯上作乱，有背人伦。

《滴天髓》在近代是相当有影响的一本书，堪称命局命理学的经典之作，此论一石激起千层浪，开扩了一些命家的思维和视野，但很多命理学家仍然坚持"偏财为父"、"官杀为子女"的观点，争论不休。

其实，古人和任氏的认点都没有错，古人是以命局中的五行干支的生克关系为六亲体系的，而任氏是以实际生活中的人伦纲常为六亲体系的，可以说是公说公有理，婆说婆有理，各自都有理。而命局实际生活又确实是应该有一定的对应关系的，如果出现不合的地方，并不能说明古人就错了或任氏错了，而恰恰说明命局中的六亲，所属与十神干支的对应关系，应当灵活运用。当然，"灵活"两字说起来容易，实际操作中并非易事。笔者所说的"灵活"并非是让人没边没沿的随心所欲，而是"万变不离其宗"，而是合情合理，而是在尊重"死法"基础之上，范围之内的灵活。那么空间如何活用呢？笔者所体会如下：

1. 不必严究十神的正偏。如原则是正印为母，若命局却没有正印，而是偏印透干，你总不能说该局命主没有生母，或说其继母所生，此时偏印也为母。

2. 不必深究命局中的有无。一个命局总共才八个字，连地支藏干也算上，最多也不过才二十多个字，不可能将六亲全部都明现到命局中。如一个命局正偏印都不现，连地支藏干中也没有，你总不能说该命主没有母亲，此时就需以宫位和虚拟的印星来推断母亲的情况，看其在命局这个环境中是有利还是不利，如不利，当宫位受刑冲为忌时，或在岁运中枭印明现而受伤时，就可断其母亲有灾。

3.可根据十神干支的阴阳属性与日干阴阳属性的异同而确定六亲为男为女。如男命日干为阳，则阳性干支所对应的六亲为男，阴性干支所对应的六亲为女。如就此而论，女性也以偏财为父就有失偏颇了，如以财为父的话，应以正财为父才对，正财的阴阳属性才与日干相异而为男性。

4.可以日主的旺衰喜忌来确定干支六亲。如男命局日主身弱，就应以偏印为父，如局中无印星，比劫也可为父，因为印比都是帮日主的，而偏财却是耗日主的又助官杀克身的，按东方人的伦理观念，如果儿子老被人欺，或受官方上级的整治，哪有父亲不帮儿子反去助人欺子的，大义灭亲者能有几人？女命局亦然。

同理，如男命局中日主身弱，就应以食伤为子女，而不能再以官杀为子女了，按东方人的伦理观念，父亲软弱被人欺时，哪有几个不帮老子的，骑在老子头上作威作福的不孝子毕竟是少之又少。食伤虽也泄日主弱身，但毕竟是帮日主克制官杀的。

当日主身旺时，必然喜克泄耗。按东方人的伦理道德观念，好男儿只要身强体壮，能够担起生活的担子，必然喜欢孝敬父母，更喜欢娇纵孩子，"百善孝为先"、"无后为大"嘛，此时以偏财为父，以官杀为子女则是合情合理的。如果局中不现偏财而明现官杀，以官杀为父也是可以的"养不教，父之过"、"严父慈母"嘛。如局中不现官杀，而现食伤，以食伤为子女也是可以的，"俯首甘为孺子牛"嘛。

弄清命局中六亲与各五行干支或十神的对应关系后，才可推断六亲之灾。

除特殊的预测咨询外，一般推命的主题都是推命主之命，六亲之灾只是推命过程中的"副产品"，是一些捎带信息。正因为六亲之灾是体现在命主的命局之中的，所以信息具有同一性，如某一十神在岁运中受伤，真的较难区分是命主之灾还是六亲之灾。从某种意义上讲，六亲之灾也是命主之灾，故多数预测者在做结论时都喜欢说："……，如不是命主有事，即是××六亲有灾"。这样做并非是技艺不高的闪烁其辞，反而是命家应取的实实在在的科学态度，因为确实两种情况都有可能。

推命时应具备两种视点：一个是把日干看成是命主，余干支是命主的周遭环境；一个把整个命局都视为命主，每个干支都是命主身体的一部分。如果采用第二种视点看命局，任何一个干支五行在岁运受损，都是日主之灾，都可能是该干支所对应的器官，脏腑或体位患病或受伤正因为如此才有"即使是忌神被克伤命主也会有灾"之说。

断六亲之灾是一般都采用第一视点。

如果命局在岁运中失衡，或进一步加大了原来的不平衡，则必有某一五行干支受损，其表现形式可能是被冲克，可能是被刑害，可能是生源被合，可能是本身被合化为其他五行，如果这一受损的十神就是日主本身或是日主的用神，那么此灾就多数是命主的，而非是其他六亲的。如果这一受损的十神是命局中的闲神或是客神，而日主或日主的用神只是间接地受点影响，那么就多数是该干支十神所对应的六亲有灾。当然对命主而言也就会有小小的不大顺。但却决不会是日主自身之灾。

如果命局在岁运中失衡，或进一步加大了原来的不平衡，也可能是某一五行干支过旺，其表现形式可能是旺而无制，也可能是有生无泄，如果这一过旺的十神，就是日主本身，或是日主的用神，那么此灾也多数是日主本身之灾；如果这一过旺的十神是命局中的忌神，那么此灾就多数命主的六亲之灾，而非命主本身之灾。

如果命局在岁运中由原来的不平衡而达到了平衡，或已减小了不平衡，也会有一偏旺的五行干支受到了损失，而此十神也肯定是原命局中的忌神，此时命主本人会有好事，或基本太平，但以忌神所应的六亲会有灾。

第五节　太岁干支对夫妻宫的影响

一、太岁地支冲夫妻宫： 岁支冲夫妻宫，夫妻感情有冲突，夫妻常意见不合，各说各话，其中少有是非争执，多是价值判断不同。

例如：

丁酉　　　7 癸丑
壬子　　　17 甲寅
丙寅　　　27 乙卯
乙未　　　37 丙辰

逢壬申年天克地冲，一开年就兴起家庭运动，夫妻三日一小吵，五日一大吵，没能绝对是非，只是价值观不一样，总要一拼高下。壬来克丙不生乙，长辈也无力调解。逢癸酉年，癸生惭不克丙，酉来不冲寅，果然中接地系统人言各让一步海阔天空，造化弄人莫可奈何。再如：

坤造：

戊戌　　　8 丙辰
丁巳　　　18 乙卯
甲辰　　　28 甲寅
庚午　　　38 癸丑

逢甲戌年，辰冲戌，夫妻起争执。戊辰月大吵，辰戌同性质，不为价值吵架，甲克戊财，为财而战。甲戌月又动夫宫，少不得再来口舌运动。甲来不生丁，克戊又被庚克，天干战成一团，地支冲在夫宫，夫岂

能安稳，不吵也难。

二、太岁不冲夫妻宫，但对月柱有作用。月柱是门户是家庭，当然会有家庭战争。

坤造：

癸卯　　　8 丁巳
丙辰　　　18 戊午
己丑　　　28 己未
乙丑　　　38 庚申

癸酉年，酉不动丑宫，却合辰土，辰酉合，天干癸己大战无可避免。丙为朱雀，如麻雀一般唧唧嘈杂，家中每一分子都有意见要发表，杂音太多，夫妇岂能置身事外？己克癸财，为财的去路，战成一团。

坤造：

辛卯　　　3 丙申
丁酉　　　13 乙未
戊午　　　23 甲午
壬子　　　33 癸巳

逢辛酉年不动午宫，与月柱丁酉就位相克，家庭运动大起，大家都有话要说，互相抵制，谁也说不清楚。因金临岁而旺此年金旺晦火，所以作用力全在月柱。

三、流年对原局财官的作用力当然波及夫妻关系，因为财官即夫妻，伤到财官其中一字，对夫妻关系均会产生负面影响。

坤造：
辛丑　　　2 己亥
戊戌　　　12 庚子
癸卯　　　22 辛丑
庚申　　　32 壬寅

原局日主合官，天地德合，与夫感情不在话下。逢甲戌年，甲来克戊官，庚辛齐攻甲，天干大战，地支就位克，虽夫妻感情很好，但克在官星，克在门户，父母、家人、夫妻吵成一堆。卯戌合在夫宫，仍是欢喜冤家。

坤造：
乙未　　　8 己卯
戊寅　　　18 庚辰
乙巳　　　28 辛巳
壬午　　　38 壬午

甲戌年，地支寅午戌合成伤官局，甲克戊财，官源被克又逢伤官局，虽不动夫宫，但夫妻失和势所必然。

坤造：
己亥　　　3 戊辰
丁卯　　　13 己巳
辛亥　　　23 庚午
辛卯　　　33 辛未

辛以丁为官杀，逢癸酉年，癸无甲可生，全力攻丁，卯酉冲在门庭，夫妻竟在家人吵嚷中离婚。酉又冲子息卯宫，弄得夫离子散，虽不动亥字，若家人能忍耐至甲戌年，门户合而不冲，财生官，或有转机，不至家庭破碎，尽人事，听天命，不尽人事，全任天命，岂能怨命？

太岁冲克月柱会影响夫妻感情。冲主散，夫妻以情义结合不喜冲。合主聚，夫妻喜合常聚首，感情自然浓厚。但合有合好合坏之别，不见得合就好。所谓合好，是将忌神合去，利于夫妻情感。合坏，即是喜神或有用的字被合化成他物，而这他物又不利于夫妻，这称合坏。例如：

坤造：
庚子　　　2 戊寅
己卯　　　12 丁丑
丙申　　　22 丙子
甲午　　　32 乙亥

原尽忠尽职以癸为官，逢癸酉年与月柱己卯天克地冲，夫妻相聚少离别多。逢甲戌年，甲来合己，伤官变食神，卯戌合，天地德合，夫妻自然朝夕相处，其浓情蜜意不在话下，合去伤官，申字不动，变化如此大。本节乙未一例，岁支与原局合成伤官局，这在女命即是合坏。

（一）比劫流年

男命以财为妻，以比劫为忌神，最怕财中伏有比劫，遇太岁或大运将比劫引出，则财不胜比劫，妻变心而出，妻财被劫出。由于比劫当今以又劫妻，一出一进，莫非是命？例如：

乾造：

丁亥　　　6 壬子

癸丑　　　16 辛亥

甲辰　　　26 庚戌

甲戌　　　36 己酉

原局妻宫妻守，妻贤孟光。辰戌冲，妻室难安，辰中乙木暗伏，忌神伏于妻宫。逢乙丑年，离妻又娶。原局病在财中伏比，一遇比劫当令则病发，岁月悠悠，一生岂能只遇一次比劫？

女命比劫克财，官无源，夫星不利，且劫比可能分夺官星。官乃第一福源，分夺官星即分福，所以无论男女，遇比劫太岁不以吉论。

或问：官克比劫，岂怕比劫分夺？

答：官克比劫，耗官力且无力护财，又损财力，财官俱损，不论身强身弱，不分是男是女，比劫太岁不以喜论。

再问：身强固然忌比劫，身弱喜比劫分忧解劳，遇比劫反而不吉，是何原故？

答：比肩与日主同阴阳，其心志相同，能同心协力分担；劫财阴阳相反，不能同心，劫财而去，日主落空，名利俱损。

且天干只是地支所发出来的气，甲辰与甲寅，或甲午与甲申，或甲戌与甲子，这六甲同样是甲，由于地支不同，所发出的甲也不尽相同，强弱也不一。若甲日主逢甲岁，虽心志相同，但差之毫厘，失之千里，谁也不能担保甲岁来分忧。甲尚如此，何况乎乙？其余各日干以同论推。

所以，人生在世，日主盛最占便宜，不劳兄弟朋友帮忙，毕竟人各有志，岂能要求他人一定同心协力。

（二）食伤流年

女命逢食伤年，原局有财化，则食伤生财，财生官，利子又不伤害夫星，夫妻情感原在。若无财转化，太岁直克官星，夫妻感情不好。若原命官星不显，太岁克不到，但食伤年志高气傲，为所欲为，气焰高涨，丈夫畏其势力，不顾亲近，夫妻关系要好不容易。若原局官强，日主深受其害，太岁来时，比官大点，丈夫收敛，但成战局，夫妻之间，隔阂仍在。

男命遇食伤太岁，食伤生财，财生官，夫妻感情很好；夫财转化，太岁制官，官星被制，比劫猖狂，财星难保。妻室不能专心向夫，感情疏离。原官不显，食伤当令，生财不克官，夫妻情感不错，且食伤太岁，不受官杀压迫，心情轻松，有助于提升夫妻感情。

（三）官杀流年

男人本来就占在官杀的位置上，逢官杀流年适逢共位，恪尽职守，发挥丈夫应有的角色，所以男命逢官杀年，妻室也不致于无理取闹，恪尽妇道："夫妻皆守本分，夫妇感情稳固。"遇正官年，丈夫脾气威而不怒，合于情理；逢七杀太岁，丈夫脾气暴躁，有不讲理的倾向。

女人遇官杀年，官杀乃拘身之物，对丈夫特别贪恋。原局官逢杀年，三心二意，主张不定；杀逢官年，虽官来混杀，但心意较坚定，原官杀强，遇官杀反受夫欺凌；原官杀弱，遇官杀来补强，夫妇感情好转。原食伤盛，逢官杀太岁成战局，夫妻不睦。原命财盛，逢官杀年，只要身不要太弱，夫妻恩爱；身弱无法任财官之重反而感情不好。身强逢官杀，如鱼得水，对夫百般顺从；身弱再加官杀，对夫敬畏有加，保持距离，夫妻感情总有隔阂，不为佳事。

（四）逢财流年

女人本身就占在财的位置，逢财年，恰在此时归本位，自然善尽为人妻室职责。财代表欲望、感情，不论男女，财来欲望多，感情浓，加上女人扮演妻室最称职，男欢女爱，夫妻感情甜蜜无以复加。身弱逢财，爱在心里口难开，不易亲近丈夫。原局劫强逢财，有不易向官的倾向，或有红杏出墙心意。

（五）印流年

男命逢印年，印减财的力量，降低夫妻感情。逢印年，性情自我封闭，不愿与妻沟通意见；遇枭年，性情偏执古怪，不易沟通，两者都严重妨害夫妻情感交流，感情不会很好。因为意见不易交换，夫妻之间常各干各的事，彼此没有照会，夫妻感情转淡。但由于性情慈祥和蔼，丈夫对妻客客气气，彼此相敬如宾，夫妻关系不会转坏，如此这般，好是好，但总觉得缺少一点夫妇应有的甜蜜气氛。

女命遇印年，官生印，减低官的威力，代表丈夫在心中地位大为降低，对丈夫的感情趋淡。原局官杀强，印来化之，夫妇感情好转，容易亲近。原局官杀弱，印来更弱，夫妇各行其是，感情淡淡的。由于逢印性情孤僻又少官星的依存度，夫妇关系有如君子之交，淡得很。既然是君子，夫不会压迫妻，妻不会要求夫，就这样度过岁月。

由以上所述，日主的十神对夫妻的感情浓淡，大致上有高低点，把高低点连接即可成夫妻感情曲线。通常财官流年感情在上，印年开始走下坡，比劫降到最低，伤食则往上扬升。

原命夫妻关系不好，在高点时要努力加强关系，在低点时要避免冲突，不要轻易离婚，如此可少家庭不幸。原来夫妻关系好，高点时要更好，低点不被造化捉弄口角争风。

人命各有不同，夫妻感情高低曲线也不一致，当夫的高点也许是妻的低点，夫要对妻百般忍耐，事事讨好，自然溶解冰点，反之亦同。夫妻感情是需细心经营的事业。

已婚者，外遇是现代社会的"流行病"，虽严法峻刑侍候，仍难改恶习。古时有三妻四妾，现今许吃"点心"，以前光明正大，现在遮遮掩掩，名目不同，行为一致。外遇者也不愿背着法律及配偶去苟且生活，谁不愿见阳光？无奈造化如此，环境如此，刑法如此，只好走上这条路。

什么样的造化会逼人"外遇"？无非身强。身强喜泄，男命以财克来减低日主的气；女命身强以伤食泄身，伤食转旺克向官杀，官杀被扳倒，日主无所拘束，名花无主蜂蝶竞采。阳主克，阴主生。男喜克向财，女喜生伤食。身强气盛，日主高密度的气一定要流动，否则一定出问题，造化如此弄人，能怪他风流吗？吾岂好风流哉！吾不得已也。

乾造：
辛卯   10 乙未
丙申   20 甲午
戊申   30 癸巳
丙辰   40 壬辰

戊生于申月，两丙生助，帝座辰根，日主转旺，申上丙火势弱，必合于强辛，丙辛合出真水，午巳辰三运日更旺，日主只好吃吃点心。逢辛未、壬申岁，在壬运中，偏财岁运，偏财明现，公然外遇，时也！命也！半点不由人。

第六节　流年对性情的影响

人的四柱中，流年影响人的性情的作用力有以下几类：

一、太岁干支五行力量：即太岁天干、地支的五行力量。如甲戌年，岁干甲属木，主仁，性情向上、正直、仁慈等等。岁支戌属土，主信，性情敦厚、有信、急躁等等。太岁五行力量以天干为主，下流年要考虑地支的力量。

二、太岁干支对日主的十神力量：即太岁天干对日主所产生的十神对日主的作用。例如：日主戊逢甲年为七杀主事，七杀对日主的力量而产生性情变化。太岁地支对原局会有冲合刑化等作用，最大力量在冲，其余合刑化会局力量次之。

原局干支中有岁干同字或岁干有极者，其岁干五行量大；若原局无岁干之根或同字，及岁干被原局某字所克者，其岁干五行作用力非常小。

例如：
辛卯
丁酉
戊午
壬子

逢甲年，原局无甲干，有卯根则甲的作用力大，包括甲本身五行力量及甲是七杀克日主的力量，这两种力量都会对日主产生性情变化。而这种性情变化随岁干不同而变化不定，换言之，每年的性情都不一样，有时快乐，有时忧烦。逢伤食年快乐，逢七杀年忧愁，逢财年欲望多，逢印年清心寡欲，逢比劫年热忱广交，逢正印年孤独自闭，造化弄人颠来倒去，变幻无常。而甲木性高腾向上，也对日主产生上进心、仁慈、正直等作用。

岁干的作用力遍及全年，而岁支的作用力不大，或仅及下半年。但是，岁支与原局的地支有冲，则力量非常大，性情上会有不安、冲动的情绪表现。

以前例言，逢甲戌年，七杀克兄弟、朋友，则全年少知音，落落寡欢，但逢戌年正是日主比肩，下半年朋友会出现，多少改善活知音的情况。总体而言，维持在寡交、郁郁寡欢的状态。而戌年与原局卯年有合化作用，所以情绪稳定，遇事不冲动，下半年心情较佳。

除上述两种力量外，岁干在原局地支产生某种神煞，也能发生神煞的影响力。原局有同样的神煞则力量大，否则影响力小。

子平术中，神煞有一百二十五位，只有羊刃、禄神、华盖对性情有影响力。逢羊刃，则性情暴躁、好斗、逞威风又怕事；逢禄神，则刚愎自用、唯我独尊、不听人言；逢华盖，性高洁孤独、清心寡欲、不喜逢迎。其余神煞或对吉凶有影响力，但对性情则微不足道。

以上所述流年对性情的三种影响力中，以十神的力量最大，干支五行力量次之，神煞力量再次之。这种比较是基于同条件之前提下，若原局已有神煞，而流年再逢相同神煞，则神煞的力量有可能胜过十神力量。

本节至此仅提及流年对原局的影响力，尚未提及大运对原局性情的影响，难道大运对原局性情毫无作用吗？要解答前必须先了解原局、大运、流年三者之间的关系状态。原局与流年关系最密切，大运次之。换言之，流年对命的影响力最大，包括性情及吉凶祸福。古书有云："岁摄兵权，决人生死。"太岁有决定生死大权。有时大运利于命，但命犯太岁，轻则耗损，中则刑病，重则死，所以俗谚："命好不如运好，运好不如流年好"。

流年与原局是直接关系，而大运原局是间接关系。大运要影响原局，必需透过流年。大运要生克原局，流年不答应，大运也没办法。由原局向外看，大运在流年的后面，无法直接影响原局，但以流年有扯后腿的力量，使流年的性情不能完全发挥，这也是大运对原局的间接作用，所以大运在性情上多少具有作用。在批流年实务中，主要考虑在流年对性情的三个影响力，行有余力时再把观察面放大到大运。

天干看合，地支看冲，这是看命秘诀。岁干对原局天干有合要先看合。岁干除前述三个影响力外，尚有合化作用及争合作用。举例：

壬辰
壬子
戊申
庚申

逢丁丑流年与壬子相合，产生丁壬合的现象，在性情上出现丁壬合，即淫匿之合，就是对异性有高度爱慕心。而两壬争合一丁，在性情上具备高度竞争的企图心。这是天干五合之一。其余四合：甲己、丙辛、戊癸、乙庚以表列出：

甲己中正之合：性耿直，不可屈服而宽厚平直。
乙庚仁义之合：性惟仁惟义，有所为有所不为。
丙辛威制之合：仪表威严，寡恩无情少义之人。
丁壬淫匿之合：对异性倾慕，作为不摆身段，容易亲近。

戊癸无情之合：对年纪相差很大的异性有兴趣。

第七节　命局与人际关系

　　人际关系就是日主与朋友在流年中的互动关系，由于流年不一，所以日主每年与朋友关系都不一样。朋友类似于兄弟姐妹，但两者有异同之处。异处在于：兄弟姐妹属六亲之一，是特定的人，与日主有血亲关系。而朋友属不特定人，与日主因缘际会相识交往。两者之相同点：均属五伦之内，值得重视。尤其当今社会，朋友流动性大，交往密切广泛，其对日主的吉凶祸福影响力实不下于兄弟姐妹，甚至有过之，故应该以专节探讨。

　　人际关系既然类似于兄弟关系，其流年观察的宫位及星位均同于兄弟姐妹。同性别的朋友以比肩看，异性朋友以劫财为中心，其宫位同在第二柱，重心在月干，以原命月干为重点。

　　但兄弟姐妹关系较单纯，观察面狭窄，不需要考虑太多。而人际关系较复杂，在批流年时，除照兄弟姐妹观察星宫外，尚需考虑日主的财运及工作，因为日主在工作上的需要人际关系，在财务需要与人流通，进而受人帮助进财或被人拖累损财，常会影响财运盛衰。

　　岁干对日主的十神会影响到日主的各项目，人际关系也不能例外。

　　凡官杀主事的流年，朋友怕被官杀克，纷纷走避，人际关系清淡。所谓清，往来皆君子，不敢为害；淡，指朋友所剩无几，屈指可数。

　　凡比劫当令之年，朋友纷纷靠拢，人来人往，好不热闹，尤以劫财年，男男女女进进出出，人际关系复杂有趣。所谓复杂，指牵涉到钱财来往，利害与共，扯不清；所谓有趣，是有异性朋友，人际关系不单调。

　　凡遇财年，人际关系多扯到钱财，男命多沾脂粉味，女命待人多情分。

　　逢印年，若是正印，则日主自我封闭，不喜欢沟通意见，仅独善其

身。若是偏印，则偏执拗怪，思想偏激，与众不同，人家多不爱听。以上两种不利于人际关系，不用多久就知音少，关系单纯得很。

在食伤年，日主性情愉快，喜欢找人发表言论，主动寻友，而且工作忙碌，需要朋友相助，自然与人配合共同参与，找人谈天做事，人际关系自然好且具有建设性，其对日主正面性影响居多，无论质与量都不错。

原局有官而逢杀年，或有杀遇官来混杂，均是日主心意不定，人际关系不稳定，时好时坏。所谓原局有官或有杀，指透出天干而言，若在支不透干，作用力非常小，可以忽略不计。其他如印枭混、食伤混、比劫混，都有关系不够稳定的现象，只不过是双方都有问题，而不是日主单方面的心意难定。

食伤是日主的思想、智慧，若原命食伤透干却逢枭印来克，则该流年人际关系有苦难言，日主受委屈在心中却无法投诉，无法表达自己的理念、意见，其表达能力甚差，朋友不知道日主的委屈和意思，这对日主的人际关系及工作都有伤害。

丙丁火属朱雀，凡原命丙丁或壬癸出干，太岁遇壬癸或丙丁，水火大战，则该年人际关系口角不断，是非难明，即所谓"是非林中立身"，扯不清，说不完，日主耳根不得清静，在吵杂声中脱不了身。原因在于岁犯朱雀，如麻雀般唧唧不停，聒噪不安。

若命主岁逢朱雀，则命理家应事先警告："不说是非，不涉非事，不排解是非，闲事少管，明哲保身，要管闲事，也要等岁过才可以。"总得尽人事，但朱雀威力仍在，结果如何，端视各人修养及造化而定。

岁干与原命月干克，不利于人际关系，轻则朋友反目，若是两者就位克，会受朋友连累而遭损失，这是最重的相克。兄弟同论。若只有干克而支不动，则朋友相累但其祸轻。

若月柱与流年天克地冲，其祸同于就位克，至于所犯何事？以太岁月干支的十神而定，其范围无非是财官。若是财，钱财受累及；若是官，则受人牵连，官司上场或名声有损。

岁干生助原局月干或月生助岁干，则受友相助，人际关系和睦。其中月干生助岁干时，以自私的角度来看，反德扶人，不为喜。若岁干合化原月干，则人际关系和睦，但合成物不利日主时，会受朋友连累受灾。太岁兄弟宫无瓜葛，人际关系平淡，维持原状，不好不坏。

流年与其他三柱若有冲克情事，仍不利于人际关系，但不利的程度轻，其中冲克以天克地冲和就位克最重。流年与原局不冲不战，则人际关系维持平安和顺。若流年与原命某柱有天地鸳鸯合情况，那人际关系未免情逾其分，超过友谊程度，异性朋友容易外遇，同性朋友舍命陪君子，好得过火，非朋友相交之道。

岁干来合日主，但其化的条件不足，会产生日主立心不定的现象。命主在这流年中行事、交友，进退维谷，反覆无常，令周遭朋友陷于无所适从的境地，此种情况大大不利于人际关系。例如：

戊日主逢癸年，戊癸合化火，但原局火地甚弱，只有合的成份，无化的条件，变成想化却化不成，整年下来都在命不定主意的状态，不但日主痛苦，周围的亲属、朋友也连带受影响。戊虽合岁干癸却不化，变成克癸，其中合占三成，克占七成。戊日干合太岁再克岁，太岁受克无处可躲，太岁仍至尊，岂容凡人合克，其祸至重，轻则破财，中则生病，重则有人死亡，以十神来定何事，以岁支来定轻重程度。举一例：

辛卯　　　13 乙未
丁酉　　　23 甲午
戊午　　　33 癸巳
壬子　　　43 壬辰

戊生于酉月，火已向衰，午火又受子冲伤，在癸丑年住院开刀，一病数月。癸亥年克兄弟宫，受朋友连累破财百万。癸酉年，伤在丁印，运转东方，丁火连根拔起，丧母。

五阳干为合克岁干，日主五阴干被岁干合克，一样有祸，不过程度上阴干轻。毕竟，凡人受太岁合克受太岁约束是比较正常的事。上管下，其下手有留情分；下犯上，则上发怒，其下手无情，不留余地。

假如戊日干遇壬年，虽克太岁有祸，但容易闪躲避开，即使有祸，祸事较轻。是否能避？相差很多，其余各日干同论。

为何日主受岁干合化会产生拿不定主的现象？其因在于日主受岁干合化后，日主本质改变，其改变程度以日主强度和化合物在原局的地位而定。日主越强，越不易变质；日主弱，容易随太岁起舞。化合物在原局地位强，化的条件好，便化的成功；化合物在原局居于衰墓死绝之乡，化的条件差，合成却化不成，日主在化与不化之间游移不定，想化又化不成，想不化又被岁干合住，逃不出太岁控制，表现在行为思想上就是立心不定，进退维谷的困境。其人际关系飘若浮萍，交往随聚随散。

原局已有化不成的现象，则不论是何流年，都有不定的情事；若原局无，则逢太岁或多或少地不定情事，但流年过后即恢复正常。

除日主外，其余三干与太岁也会产生合化现象，但此合化不是日主的质变，对日主没有根本影响，只是改变岁干的十神及原局的十神。例如：

戊日逢乙年，是正官主事，若原命有庚干，则乙庚合成庚金，正官变成食神。正官是太岁，不可能完全随庚干而变，仅降低正官的威力，因为受庚干牵制的缘故。

在批写人际关系时，要考虑到正官：所交往的对象皆正派人士；如要考虑化成食神——交往朋友中本来有持反对立场，后改变心意，换成相同立场。其原理在正官克日主，食神乃是主所生。

又如：戊日遇丁年为正印主事，原局有壬出干，壬制丁化成甲鬼，在人际关系上本来持爱护提携态度的长辈，于壬月或丁月改变心意，变成反对态度。

天干只是地支所发出来的气，其质如气一般，容易改变形状、本质。甲形状木，本质木、遇己变土。乙外形木，外柔内刚，遇庚则金。丙外阳内阴，知辛成水。丁火照融温和，逢壬浇成木（木乃水火促成，阳光水份使木生长）。戊性燥，遇癸引出火种。

流年重天干。既然重天干，使不得不将天干合化的现象考虑进去，也因有天干变化而使人事显得多彩多姿，变化多端的。所谓"没有永久的敌人，也没有永远的朋友"。实际上也的确如此。友谊会从浓变淡，也会从无到有。当然，在批写里，只能写关系和睦的程度，及为何起冲突，是全体性的关系，无法针对某一特定对象来研究彼此关系。

如果命主想了解与某一特定对象的关系，例如：与女朋友、合伙人合得来吗？可以将对方的命局与自己的命局合并研究，探讨双方命局相同性及相异性。相同性愈高，愈合得来，相异性愈高，愈合不来。相同性高，表示性情相投，物以类聚，关系和睦；相异性高，表示双方思想观念不同，因缘际会相聚在一起，不用多久，因想法不同，各行其是，只好分开。

人与人之间其命局的相同性不可能百分之百相同，男女双方要成佳偶至少百分之六十相同，低于百分之四十易成怨偶。朋友交往，百分之六十相同，成为好友，低于百分之三十，不易结交。朋友合不来，可以不来往；夫妇合不来问题很大，聚散两难。既然如此，要慎重开始，不可意乱情迷，后患无穷。

天干中，丁与壬和人际关系有牵连。丁为玉女，壬为天后。玉指未婚小姐，天后指一般女人，丁壬两干都和女性有关。原局有丁壬任何一字出干，则日主与女人较有姻缘，即俗称的有女人缘，岁干逢丁或壬，引动原命，则该年人际关系上会与女人有所牵扯。

至于这牵扯是好是坏？要视太岁吉凶及财的祸福而定。太岁吉，无女祸，即使有天大事也大事化小，小事化无；太岁凶，因色犯事，小事变成大事，少不得为色破财。原局财为祸，逢岁犯色戒，其祸不小；原局财作福，即使太岁不利，只是小惩，不至焦头烂额。原命财为喜神，逢玉女、天后之风商量得女性支援，甚至人财两得。即使不逢玉女、天后，亦得女性帮助，不过力量较轻。

原命有女人缘，逢丁、壬年和女人牵扯时要知分寸，有所为，有所不为，即使不出事，已婚男人也要考虑及天理人情国法，天理难容，人情难堪，国法难逃。

现在讲求男女平等，以上所述，偏重男性，事实上，命理学多多少少以男性的观念来看命运，强调女人给男人的帮助。至于女性受男性的呵护是正常的，不足挂齿，男人本来就要养女人，不值得本书特书。

丁壬之合为淫匿之合,那是古人的观点,以现代的说法,遇丁壬流年,在人际关系上会放下身段结交朋友,老少咸宜,人人好,不会端架子高高在上,一定是和颜悦色待人,尤其对异性朋友更是百般讨好,所以古人才说是淫匿之合。然而现在社会男女社交公开,只要循规蹈矩,谈不上淫字,但男女关系不免严谨时,就会被古人料中,料不料中虽然是命,何尝不是在人为。

第八节 性格体貌

一、性格

根据日干或用神五行属性可以推断人的性格体貌。五行所主如下:

金:主义。仗义疏财,勇敢豪杰,知廉耻。骨肉相应,方脸白色,眉高眼深,鼻高耳仰。清响之声,刚毅果决,然过则无仁心,好贪欲。不及则三思不决,悭吝,做事挫志。

木:主仁。恻隐慈祥,恺悌利民,恤孤寡,恬静清高。人物清秀,体长青白,然过则执物性偏,不及则心生妒意。

水:主智。聪明权谋,谲诈飘荡。不及则胆小无谋,过则人物瘦小,狡猾多疑。

火:主礼。恭敬威仪,质重淳朴。面上尖下圆,印堂窄,鼻窍露。精神闪烁,语言辞急。面或青赤。太过则聪明急躁,不及则黄瘦妒毒,有始无终。

土:主信。诚实敦厚,言行相顾,好敬神佛。背圆腰阔,鼻大口方,眉目清秀,面如墙壁,色黄,处事稳重,度量宽厚。过则迂腐,固执如痴,不及则面忧鼻低,面偏声浊,朴实执拗。太过则孤独悭吝,沉毒狠戾,失信颠倒。

《滴天髓》认为:"五行不戾,性正情和。浊气偏枯,性乖情逆。火烈而性燥者，遇金水之激，水奔而性柔者，会金木之神。木奔南而软怯，金见水以流通。最拗者两水还南，至刚者东火转北。顺生之机遇则抗。逆生之序见闲神而狂。阳阴遇金，郁而多浊藏火，包而多滞。阳刃局，战则逞威，弱者怕事。伤官格，清则谦和，浊则刚猛。用神多者，性情不常。时支浊者，虎头蛇尾。"

性格都是根据五行的属性来判别。当列出命局后，要详查得令、强弱。木多主直，土多心实，火多性暴，水多伶俐，金多沉稳。土多无水，必为蠢人。金多无制主奸诈。木多遇火为勇。水多无制命漂流。火多无制性格暴躁。五行均匀性格融和。水多遇金为巧人，水多遇土人必浑。木多火金礼义之人。火多土多忠正之人。土多遇金必沉稳。金多遇水是巨滑。

二、面容体型

（1）面容：以日柱、时柱为主。木瘦，金方，水土肥，火尖。木青，金白，水土黑，火赤。若遇华盖、十恶大败、红艳煞、沐浴、桃花、魁罡日，一般都为美丽之人。木金缺水，皮肤干燥，遇火发明，遇土而枯，遇金刑伤，遇水黑秀。土多皮肤好，土多遇木，身有刑伤，土多遇火有水身秀，无水身干，遇金美丽。木多土薄，不歪就斜。木相战，眯合眼。甲被金克，头面受损。金水相生美面容，金多遇火再逢木，少年秀丽老来驼，日主旺相主好看，寅申巳亥四方脸，子午卯酉面主圆。辰戌丑未瓜籽面。结合日时五行看。木瘦金方火生尖，土行旺强凸而圆，土衰遇克主塌陷，水遇金生也主白，若和土混是黑面。无金必是单凤眼，丑未日时多斜偏。辰戌日时主眼长，寅申相冲也相当，就怕酉卯来冲当。子午日时阴阳眼，睡觉也主来回翻。二丙二目对眼看，要不就是主斜偏。

（2）高低：用命局定人高低要从三元说起，六十年为一小元，三个小元为一整元。三元分上元、中元、下元。上元最高六尺三，中等定为五尺五。中元甲子最高五尺八，中等定为五尺三。下元甲子，高五尺五，中等只定五尺正，女人只定四尺八。如有过高主斜生。（以现在为下元，往上反三元）。

定人高低的实际尺寸，以日柱数来计算，水一，火二，木三数，金四，土五，相加减。命局阳字多个大，阴字多个小。旺者个大，弱者个小。有生扶者可加，有克泄者可减。阳日主，再遇印生个大，下元最高五尺八，阴日有印五尺三，日坐死地逢伤官，遇官再克必底陷。旺而无生，光高不粗。旺而无生又无制，遇泄必定低小型。金多一律是中平，若有高大必斜生。天干二印来生身，印有元神必旺身。高如青松主粗壮。水多水旺聪明瘦，旺而无生必中浮。命局纯水又遇克，大运刑克必伤身，大个变成低短人。命局火多个不小，阳日中和细者高，阴日遇弱高低小。最低只定二尺半，高者能定五尺多。身旺运旺又得扶，占者阳日高个走，阴日旺相又得生，虽然不高得中平。阴日衰弱又受制，无生无扶必狭小。

例：1956年，正月二十六日卯时

命局为：丙申　辛卯　甲戌　丁卯

此命造，先用日干日支相加，日干是木三数，地支是土，按五，干支相叠是五尺三，但日干只占旺地，无水来生，可减一寸，又因天干透出丙丁火泄身，再减二寸，所以此人，只可定为五尺高。

断高低也要结合天时地理。如：日干是木，生于南方，日干受泄，也应略少减。其它以此类推。如果生于战乱，或饥荒年代，小时候正生长时期，营养不足，也主略微减少。

三、对象的相貌和高矮

断配偶的高低胖瘦以日支为主，旺者刚强者胖。再结合婚年的流年小运对日支的生克来定。男定五尺。女定四尺八寸。再以旺衰定加减。生者加克者减。以基本数来加减。

断对象的面容：以夫妻宫和夫妻星结合而定。木瘦同时结合日主旺衰，水土主肥火主尖，金白、木青、土黄、水黑赤，定相貌要以夫妻宫、夫妻星而定。如宫是金，星是木，以木、金二者综合而定面貌。如宫是金，夫妻星是水，那么就可以断定对象面白。余者仿此。

不论男女，其配偶的宫位，都以日干的坐支来定。再结合夫妻星的五行来分析，一般情况下，日坐夫妻星处生、禄地，或是夫妻宫生助夫妻星，其配偶身体较高（不受刑冲克害），否则可以中下等论。其性格依夫妻星的五行强弱而断。

四、四柱论仪表

（一）从四柱上看仪表

命理取泄秀，长生为秀丽（尤其是金水伤官格的人，不见土来混浊更见其秀丽）。

用神有力，英俊。财星为入用，胖而且五官有力为特徵。食神入用，心宽体胖，体格魁梧。偏官入用体格魁梧，眉高眼大。

正官入用，秀发一表人才。七杀、羊刃入用，骨骼的配合至佳。

日主甲木无伤，苗条。戊土有印，体格魁梧。金水相涵色白。木火通明，秀丽可爱。水火既济，血气兴旺。癸水生乙木，表丑，多才艺。四柱清秀，仪表也秀发。四柱混浊，细小杂型。

伤官生财，人英俊，食神生财人缘优。偏财为用，中土发达为特徵。

印星入用，外圆，与偏财很相似，不同是眼耳较发达，中土平常。想法有句："聪明有耳目，富贵看手足。"

枭神（即偏印）兴，主人倭圆，却很可爱，眼凸鼻仰。枭伤官，枭杀格人高马大，脸型恶暗或粗眉压眼。

枭劫皆矮小，但娇俏美丽，英俊，使人疼爱，结果变成枭仇，红颜薄命，多为此类。

美丽有两样，一种伤官美，娇俏美丽可爱，红颜薄命类。一种食神美，明朗圆滑美丽可爱为贤妻良母型。

正官配印，杀印相生，相貌五官端正。

（二）疤痕及部位的看法

命理上的疤痕，则是指因各种伤灾、手术开刀、脓肿疮毒等等在身体上的留下的疤痕。

通常命局中：

1. 天干有官杀之人或有木克土之人，上半身容易留下疤痕；
2. 地支有官杀或有木克土之人，下半身容易留下疤痕；

具体说来：

年干：

1. 时干克年干，疤痕在身体的右侧；
2. 日干克年干，疤痕在身体中间的偏右侧部位；
3. 月干克年干，疤痕在身体的左侧部位。

月干：

1. 年干克月干，疤痕在身体的左侧明显部位；
2. 日干克月干，疤痕在身体的右侧明显部位；
3. 时干克月干，疤痕在身体的左侧明显部位。

日干：

1. 时干克日干，疤痕在身体的中间偏右侧部位；
2. 年干克日干，疤痕在身体的左侧部位；
3. 月干克日干，疤痕在身体中间的偏左侧部位。

时干：

1. 月干克时干，疤痕在身体中间的偏左侧部位；
2. 年干克时干，疤痕在身体的左侧明显部位；
3. 日干克时干，疤痕在身体的右侧明显部位。

具体运用时，必须参看限运。

第三章 财运与事业

第一节 四柱与财运

一、财运亨通四柱

正财坐墓库逢冲，必定发财致富翁。
身旺财多终为福，身弱有财运不通。

注解：正财坐墓名叫入库，遇到冲墓之流年必定发财致富，柱中日主旺相财又多，是发财之命，如日主太弱，再遇财多，不但无财而且是贫困之命。

时上偏财一位佳，易得外财享荣华。
偏财最喜逢伤食，食伤生财富贵家。

注解：在时柱上出现偏财而且命局中一位，主其人在他乡发财致富机遇较多，所以是大富大贵之命。如身旺财弱，需要食伤生财，遇上食伤流年，则春风得意事业有成。

日主强而财官衰，运行财官名利来。
财官旺而日主弱，运行身旺发大财。

注解：日主身强最需官来制之，财来泄之，遇上日主强而财官太弱，必须在行财官之年运之时则发福。如果日主太弱，财官太旺，待大运行人岁运身旺之时，则财源广进。

　　命中财官印俱全，定是富豪不虚传。
　　偏财见官兼有食，堆金积玉家境宽。

注解：柱中财、官、印俱全者定是豪富之家，偏财生官乃泄气，遇有食神可以生财，又能制官，双方调解一下即成家境宽裕的富贵之命。

　　身旺财多方为贵，身弱财多反不良。
　　身弱财多须逢印，运逢比劫大吉昌。

注解：命主身旺而财多，乃是富贵之命，如身弱财多，不但不富而是贫命，因财是泄身之物，必须要有印来护身或有比劫助身。因比劫能助身担财，遇此者乃是大富大贵之命。

　　财在旺地财丰厚，财星入墓待冲开。
　　财星见煞终富贵，财值三合财自来。

注解：身旺喜财胜财，身旺财多，有钱无灾，如财星入墓，必待冲墓库之岁运发财。凡遇财格，喜见官星，更喜食神生财，或印来生身，如日干健旺，干支见煞为逢财看煞，乃是大富大贵之命，柱中如见财星值三合，更为发福。

　　日上坐财行财运，再行财地定发财。
　　马奔财乡发如虎，食神见禄富不衰。

注解：日主坐财，大运行财地则发财，如春天生于庚辰、辛卯日，甲乙木为财，又有戊己印生身，壬癸食伤生财，忌庚辛金劫夺，切不可岁逢官煞，因春月金弱，反为不吉。马奔财乡发财，因马为财星，马主走动，财乡是指财运和发财之地与发财方向。食神可生财，如得禄助，为原神有根，主大发之命。

财星宜藏且丰厚，财逢长生富命孩。
财星透出人慷慨，身旺财旺更妙哉。

注解：财星藏伏，人不易知，可免去争财盗财之祸，如财逢长生，乃是大富之命。如财星透出，其人慷慨大方，乐善好施，因财露为人知晓，肯要面子之人。

以上是财运亨通的命局。总的看来，有财之命定然身旺，柱中有财星或食伤星透出，而且对命局又能起到中和作用，这样的命局当然是好命。但也须参看行运之顺逆如何，如行顺助之运，必定财源滚滚。如果行背逆之运，虽然有财则也会出现种种阻力，可能为了钱财之事，而弄得昼夜发愁。

身弱之人同样也可发财致富，但须行到助身之运，方可发福，如日主甲木生于秋天，柱中财星重重，如行到比劫之运可发富，但过了这步运，仍然无财。所以身弱之人，一般都不易聚财，大多数财来财去，最后落得两手空空。同时发现身弱之人，常会因财而引发灾难的为数不少，这一点在断命时务必注意。

二、财运不通四柱

财为养命之源，有财则心想事成，无财则寸步难行。财运亨通乃富贵之命，反之，如财运不通则为贫命。在日常应用中发现，发财之人，大多身旺而运顺，无财之人则多数身弱而运逆。身强而财旺，大多是外华内虚。身弱之人，大多不容易发财，其原因是由于财为泄身之物，所以身弱之人难以任财。必须行到印比助身之时方可担财，但发财的时间也不会长久的。从实际应用经验看来，无论是身旺或身弱，财星是命中喜神或用神，皆是好命。若柱中财星不现，或为仇忌神，对日主不能起到好的帮助，纵有而等于无，这样谓之财运不通，乃贫命也。现将命中无财或财运不通的命局，综合论述如下：

柱中以财星为喜用神，但被刑、冲、克、合、空亡，而没有一点力量，遇到这种命局主财运不通。

柱中财星为忌神，对喜用神起到破坏作用的，这种命局也为贫命。

柱中身弱财多，或身弱食伤星过多，财星得不到中和，无法发生有效作用，也为财运不通的命局。

总的看来，但凡财星被破坏或在柱中引起不好的种种因素，大多数属于无财之命，甚至又走背逆之运，乃是真正的贫穷之命，这种命局就是走顺助之大运，有财是暂时而不会长久。为了容易背记，现将日常应用经验，以歌诀形式阐述，以便初学者学习。

日主衰弱遇官星，无气遇劫财不宁。
日主强旺比劫助，破财之兆须小心。

注解："仅知其人贫，财星反不真。"柱中财星无气遇劫财，日主强旺，而又遇比劫相助，或日主弱，又遭官星旺极，这都是明显的破财标志。

身弱官旺行官乡，弱行比劫财遭殃。
甲乙日行寅卯运，破财信息切须防。

注解：身弱财多，见财为祸，财弱行比劫运有破财象征，如甲、乙木日主行寅卯大运，再见劫财，定主破财。

运行羊刃克妻财，不仅破财又有灾。
羊刃劫财同一柱，谨防破财又悲哀。

注解：劫财羊刃，主伤妻破财，男命逢羊刃主克妻，劫财也主克妻破财，两凶并临，不仅破财伤妻，又主出悲哀之事。

　　　　财落空亡最不宜，又主贫困又损妻。
　　　　身旺比劫又多见，见财谨防祸来欺。

注解：财星最怕临六甲空亡，谓之财落空亡，空则无财，主贫困又主损妻。身旺为之得令得助，得生得地，如运行比劫而更旺，柱中有财争财，无财致祸。

　　　　日主衰弱财星多，如行财运有坎坷。
　　　　身弱官旺行官运，破财遭灾病来磨。

注解：身弱财多见财不吉，因财是泄身之神。财为马，官为禄，二者缺一不可，财多身弱，行官旺之地，见财盗气，官来克身，定有灾祸。

　　　　财星最怕与岁冲，败财破财运不通。
　　　　枭印夺食财耗散，官灾病祸一齐攻。

注解：财星最怕与太岁相冲，如日支旺而坐财，遇上劫财大运或流年，主财运不通，柱中有偏印又有食神，谓之枭印夺食，主财耗散，并主官灾病祸齐来。

　　　　时上偏财怕弟兄，运行比劫破财凶。
　　　　财轻莫逢劫财地，月上劫财聚财空。

注解：时上偏财怕兄弟，如大运行比劫，主有破财和争财之事，因偏财是众人之财，最怕比劫透出。身旺怕行比劫之地，有因财致祸之殃。

财轻逢劫最主凶，财落空亡主贫穷。
甲乙日行寅卯运，劫财破财病来攻。

注解：命局比劫太多，又行比劫之地主凶。如财落在六甲空亡之地，乃贫穷之命，如甲乙日行寅卯之地，为逢比劫，见财则起祸，故主破财灾病齐攻。

官旺身弱行官乡，破财生灾最不祥。
身旺劫刃逢岁运，因财败业离家乡。

注解：官乃克身之物，如果身弱，再行官地，克身更凶，其害无穷，为官则主降官失职，破财生灾。如身旺怕见羊刃和劫财，这些都是财的祸根，如岁运遇上劫财，争夺更凶，必因财致祸，最后家业俱败。

财官最怕遇财官，做官贪财而罢官。
财宜藏而不宜露，露则防止起祸端。

注解：财多身弱，又行官乡财旺之地，官克身因财生祸，丢官罢职，命中财多，衣食不缺，但不宜露，露则引起争财事端。

命局最怕劫财多，行至劫运防病疴。
身旺再行比劫运，破财败业起风波。

注解：命局比劫多，又行比劫运，定主灾祸缠绵不断，如身旺行比劫运，须防有财争财，无财克妻、父的危险。

柱中无财莫求财，小心求财惹祸灾。
食神逢枭财耗散，劫多行劫运气衰。

注解：柱中无财而身弱，又无印比助身，乃是无财之命，容易因求财惹祸。柱中有偏印而又有食神，名曰枭印夺食，主财耗散，再遇劫财又行劫运，定破财生灾，对妻、父均不利。

　　十恶大败柱中逢，仓库金银化灰尘。
　　命局有财君方取，无财何必拼命挣。

注解：命犯十恶大败日，仓库金银化为尘，柱中遇甲辰、乙巳、壬申、丙申、丁亥、庚辰、戊戌、癸亥、辛巳、己丑十个干支即是，禄入空而败，命中逢之，纵有金山银山也被挥霍干净。命中有财可取，如无财挣也得不到，就是得到，也是日照冰霜。

　　纵观上述，命中有财无财，是富命是穷命，决定于财星喜忌。财星给命局带来的好处越多，命主的财运就越旺，其命就越富。反之，财星给命局带来的坏处越大，命主的财运就越少，说明其命也就越贫。食伤是财之根源，在断命时，须将食伤用来一起参论，最后再将行运的顺逆，综合分析，到底是发财之命还是穷困之命，即可一目了然。

三、善于理财四柱

　　食神生财为喜神，命主必是理财人。
　　经营有方行财运，平生事业定有成。

注解：食神可以生财，如临喜用神或贵神生禄，为之财有根源，财得食生，为善于理财之人，平生财源滚滚，大业可成。

　　七煞有冲人勤俭，其人礼智出人先。
　　待客如宾有礼貌，能将小钱攒大钱。

注解：伶俐不过七煞。七煞之人礼智出众，待人热情，彬彬有礼，

 圆通达观（中）

头脑思维敏捷，并且勤快节俭，如七煞逢冲，其人是富翁之命。

日主强旺柱中排，内有正官与正财。
兆示财源多丰厚，此人赚钱有胸怀。

注解：柱中强旺，再有正官和正财克泄，兆示其人财源丰厚，有赚钱的本领。

日主左右坐偏财，企业赚钱有安排。
工作理财有条理，善于外地求大财。

注解：人无外财不发，马无夜草不肥。偏财乃是外财，日主左右坐偏财，乃是善于赚钱，工作有条理之人，故有"偏财夹身，财源有根"之说。

柱中伤官最聪明，敢想敢于近人情。
伤官生财有智慧，创业赚钱有大名。

注解："聪明不过伤官。"以伤官为用神的人，敢想敢干，而且有赚钱的头脑，这种人在生财之道上，定会大有成功而享有名望。

一个人的财有多大，是富命还是穷命，很难划一个明确分界线。有人认为百万就是富翁，有人认为赚一千万还不满足。不管怎么说，天上是不能掉下馅饼的，世上没有不劳而获之财。依通常之理，其人能拼肯干，努力进取，这是发财致富的原因；或者其人能言善道，善于运用谋略手段，或者善于投机冒险，利用关系捕捉机会；或深谋远虑，和蔼可亲，诚恳踏实，高超的办事能力，卓越的工作效率，或精打细算，勤而俭朴的实在精神，都能赚取或储存或多或少的财富。有些人由于好逸恶劳，行动缓慢，反应力差，思考欠周，不善于把握时机，不注重人际关系，胆小无能等等，这样就无法赚取钱财，一天到晚为钱奔波，最后还落得贫病交加,两手空空。

基于以上这些常理,在命局中都有信息可循。凡事都有前因,而后造成结果,我们可以运用命理来进行分析探讨,先以十神的特性,来探讨命造的性格与特征,来决定命主的赚钱能力,再以命局组合与岁运关系来决定其有无聚钱之行为与结果。现将十神的性质与有无赚钱能力录出,以供参考。

正印:乃学术之星,其人性格善良,不计较名利,不适于商场竞争,既不是富翁之命,也不是赚钱高手。

偏印:其人特性精明能干,喜爱发明创造.但性格孤僻,且不善与人交际,有苛刻阴沉的表现,不利于赚钱,所以也难以发财。

正官:其人光明磊落,奉公守法,墨守成规,由于不善于变通,不玩手段,不去策划经营,故不是赚钱高手,也不是好财之人,所以也不是发大财之命。

偏官:性格豪爽好胜,有偏激倾向,对于财富之取,可冒天下之不韪,故有肯拼、肯干、肯吃苦,有下定决心不怕牺牲的赚钱勇气,有这些赚钱之重要条件,所以成为百万巨富,而并不是难事。

正财:正财是财富稳定,不流动之财。与财富有缘,但财富不大,正财有好财、贪财、吝啬的倾向,故迷恋眼前的小财、小利,贪小便宜而因小失大,其性较贪图享乐,不肯苦干,没有雄心大志,故虽然与财有缘,但不是赚钱的高手,故只能发点小财,成不了巨富。

偏财:偏财的特性乃聪明伶俐,机巧而慷慨大方,而且善于赚钱但不贪婪。偏财乃是外财,流动性大,效率也高,故与财富有缘,也是赚钱之高手,是发大财的首要条件。

伤官:乃正官的天敌,其特性有投机、冒险、谋略,有活泼的赚钱能力,且有说服能力,由于表达能力很强,适合在商场上扮演角色,是生财赚钱第一号高手。伤官之人野心较大,敢于冒险投机,因此也是大成大败的主要原因,亦是成为巨富的可能条件。

食神:食神的性格待人和气,谦恭温良,一见面就使人信服,产生良好印象,这就是赚钱的首要条件,食神本身就是财的根源,是赚取钱财的优越条件。

比肩：乃是财星的天然之敌，故与财无缘，比肩的性格为刚毅稳重，有操作能力，坦率直实，不善于理财，所以缺乏理财思维，更没有赚钱的计划，故不是赚钱之高手，也不可能发财致富。

劫财：其性比比肩更为明显，固执自以为是，得罪人而不知觉，更谈不上考虑生财之路，有时常陷于盲目行事而导致破财。就是有赚钱理财的观念，也不能赚钱，而且也不可能致富。

综上各条，看出命局中具有偏财、食神、伤官、七煞四星，是赚钱的最好条件。正财、正官为次，有正印、偏印最为不好，但须参看十神在命局所占的位置。

如食神、伤官、偏财、七煞四星出现并且靠近日主，说明该命主有赚钱的心性，非常明显，具备赚钱取财的条件，适合从商或从钱财方面去发挥，其余诸星正好相反。

从十神的特性推论，知其命造是否有赚钱的本领，条件如何，例如此人的命局是穷命，遇上食伤、财、煞靠近日主，可以断其命主有赚钱能力，但由于是穷命，或因种种原因，而聚财不易，最终还是穷命。其余的均以此类推。

第二节　四柱与事业

事业，主要指一个人的职业各工作而言。不论自行创业、自由业、领薪上下班、义工等，都属事业。职业的定义较窄，不适合目前社会实况，工作的范围较广，可包含职业在内。由于现代人在社会上的活动形形色色，许多新奇的活动根本很难用传统职业观念界定，例如：炒股票、炒地皮、社会公益推动、社会运动的推动与实践等等，要说是职业，又觉得怪怪的，假如认定不是职业，从他们的确很努力在进行"工作"，其工作成果亦不容忽视。

"股民"每天上午九时上班,下午讨论计划明天的指标股,每天辛勤进出股市,创造数以百亿计的征交税。炒地皮者,日夜哄抬地价,创造以千亿计的土地增值税,以及周边的各项税收和行业。社会公益推动者,孜孜不息奔走于各大媒体,呼吁大家共襄善举,其菩萨心肠连佛祖都动容。如此成绩,不是"职业"二字可以涵盖的。又如高官、人大政协代表每天日夜不停为国为民举利,说是职业未免太委屈。诸如种种,说是事业,那受薪阶级又怕担待不起,只好称为工作,这名称清清淡淡的,大家都受得起。

现代社会变动剧烈,今天热门的工作,不能保证以后仍然热门,"宽慰守其业"在这时代里是神话,"克绍箕裘"是很难实现的梦想,一个人平生只作一行业也是不容易。有多少行业已经消失?又有多少工作是明日巨星呢?这当然不能怪现代人好变好动,在时代的巨轮上,人人身不由己,大家都在求新求变,跟不上巨轮的行业,只好让时代遗忘。

原局多冲或五行相争,则一生工作多变动,此人好求新求变,跟上时代的脚步,有时还会走在时代尖端。只要原局地支有冲就有动力,两组冲动愈大。五行相争克也是动力的一种,因为有动力,所以思想、行为都在动的状态。

反过来说,原局有三合、六合,无冲安静,则墨守成规,无论思想、行为,以清静无为是尚,但原局三合少一字,待岁或运来弥补时,在此岁或此运的时间内会产生动力,其因在于同类气寻求完整时,会产生流动弥补现象,这气的流动便是动力。官杀有拘身力量,官杀弱则拘身力量弱,拘身之力弱则身常动不安,工作频迁。例如:

辛卯　　　2 己亥
庚子　　　12 戊戌
甲申　　　22 丁酉
甲子　　　32 丙申

甲木生于子月子时,所谓水泛木浮,全赖庚辛固身。丁运克庚辛,

圆通达观（中）

甲木四处飘荡，工作频迁。酉运庚辛转强克身，安定工作。丙运虽克庚，但为辛合住，不能发威，身仍安。所以，原局大致上分类动静两类，动态命局，逢太岁来冲战，则工作要变动；静态命局，虽遇太岁冲动，仍然少动，甚至不动。

当今社会，不论是自行创业或受薪阶级，在工作上彼此常驻机构有竞争，导致有胜负现象。谁都不愿在工作上失利，因此，工作是否顺利，常为现代人关心的焦点。工作顺利，不但可荣身养命养家，而且心情愉快；工作失利，则不但心情恶劣，而且不能出类拔萃，甚至生活无着落，流离失所，两者结果差异很大，惨不得人人关切。

工作是否顺利？其观察重点在于原局第四柱与太岁的关系变化。当然，太岁与其他三柱的关系也要注意，只不过第命局的关系较为密切而已。所谓关系变化，乃指克、冲、合、刑。冲、克代表工作变化，但程度上较轻。至于变化好坏，要视日主与太岁的关系：太岁利，则变化好，流年不好；则变化坏。太岁与第四柱没有变化，工作也没变化。

岁干生助第四柱天干，则工作顺利；岁干与第四柱天干阴阳相反，且同一五行时，则工作常反覆进行，有做不完的感觉。例如：

乙未　　　9 庚辰

辛巳　　　19 己卯

癸巳　　　29 戊寅

乙卯　　　39 丁丑

甲戌年，卯戌逢合，职务有变，由清闲自在的书记调为忙碌不堪的会计，每天重复做同样的事，乃甲来混乙。

岁干对日主的十神称为主事或当令。如甲干逢甲戌年，称比肩主事，戊干逢甲戌年，称七杀当令等等。主事的十神对流年中每一项目均具影响力，工作也不例外。

一、十神在工作上所展现的作用力

1. 正官：能够掌握住组织的特性，而遵循组织的原则，而其本身也是重视规律而且又有节制的特性。

2. 七杀：乃以竞争为手段，以自私自利为出发点，处事大胆无畏，勇往直前，好争好斗，适于开创新局。

3. 偏印

（1）靠人缘生意。

（2）经常有两种以上的行业。

（3）无法表达工作理念。

4. 正印

（1）缺乏主动工作精神，凡事遇事依靠他人，以便享现成之福。

（2）懒字当头，做事推拖拉。

（3）学习欲望很高，适合学新事务。

（4）常有长辈出现在工作上。

5. 比肩：常有朋友帮忙做事。

6. 劫财

（1）逢异性朋友帮助。

（2）赤手空拳来觅利。

（3）遇事捷足先登，快抢一步。

7. 食神

（1）对事业的企划、创造、文艺、技术等。

（2）工作忙碌不堪。

（3）工作态度乐观。

（4）工作上常遇应酬。

（5）麻烦少，得心应手。

8. 伤官

（1）工作忙碌不堪。

（2）以技术指导晚辈。

（3）从事不受拘束的自由业。

9. 偏财

（1）选择刺激性、投机性、冒险性、或较具活跃性、挑战性的事业，即俗称的"武市"行业。

（2）工作场上动作敏捷方有财。

10. 正财

（1）选择型态较为稳定及市场起伏变化不大的行业。

（2）有固定收入的工作。

社会上有许多领薪阶级，俗称"上班族"的一群人，拿人薪水，受人使唤管理，老板或上司是官星。官者，管也，既受其管，便不可伤害，若伤及官星，官受害就无官可管，自然是丢官或罢职。在官上下班，领薪渡日，受人庇荫，印星也不可伤害。印者，荫也。若伤坏印星等于去荫，去荫后无所庇护，当然无薪水来渡日。例如：

辛卯　　　13 乙未
丁酉　　　23 甲午
戊午　　　33 癸巳
壬子　　　43 壬辰

逢癸酉年，癸来伤丁印，酉来冲卯官，官印俱伤害，只好去职。所以上班族遇太岁来伤及官印，便要回家吃自己。例如：

乙亥　　　31 己卯
癸未　　　41 戊寅
丙戌　　　51 丁丑
甲午　　　61 丙子

在丁运，戊辰年，戊来合克癸官，官化比，只好丢官去财。

至于要出人头地，流年要逢官星或助官星，且原命官星明朗。盖因人人都想头角峥嵘，官星明亮，自然能打败竞争者，独占鳌头。官要旺，官要有源，源源不绝来生官，官越生越旺。官源就是财，财旺生官，官生印，印为权，升官掌权虽是命，但要岁引，流年引出官星，便能升官荣身。原命官星好坏便决定荣身的程度，官有源有根有透便是好，太岁来锦上添花，更加辉煌，若原命官星不好，逢岁运生助官，虽可荣耀一时，岁运过后，仍然失意。

二、日主喜用之五行所宜方位、职业及经营物品

古人创八卦以类万物，但当今很多行业是古时所没有的，本着与时俱进的原则根据有关资料和自己的一点理解试着将当今社会中常见行业的五行归属进行分类，现请易友们指正、补充。 五行行业按五行之气分为：

1. 日主喜金者，宜往西方，宜从事与金有关的职业，如：

五金、机械、冶炼、铸造、钢铁、金属材料、金属制品、机器、车床、车辆、金属加工、刀具、模具、钟表、黄金、白银、首饰、水晶制品、金融、银行、证券、保险、理财顾问、会计事务所、博彩业、操盘手、军队、警察、公检司法、保安、武术、运动员、开矿、民意代表等。

2. 日主喜水者，宜在北方，宜从事与水有关的职业，如：

水利、水产、航海、浴场、游泳场馆、潜水、打鱼、打捞、水上作业、港口、码头、酒吧、养殖、漂流、旅游业、酒店、桑拿、清洗业、物流业、运输业、进出口、贸易、新闻业、演艺、夜总会、饮料业、冷藏冷冻业、灭火器具、渔具、医疗、药品、特技表演、导游、律师、占卜、流动性易变化的工作、自由业、经纪人、中介所等等。

3. 日主喜木者，宜在东方及东南方。宜从事与木有关的职业，如：

林业、木材、木器、家具、木制品、竹木雕刻、纸业、文具、图书、文教、风筝、植物性食品、香料、园艺、种植、花店、花圃、敬神物品、药材、纺织、衣服鞋帽、装修、宗教、慈善、文化、学术、公务员等。

4. 日主喜火者，宜南方。宜从事与火有关的行业，如：

电力、煤炭、燃气、油料、易燃品、酒精类、电器、照明、发热发光物品、照相、眼镜、鞭炮、打火机、热熟食品、理发、化妆品、美容、人身装饰品、工艺美术品、加工、百货业、文艺、文学、文化、文具、文人、作家、写作、教员、秘书、出版、政界、摄影作品、广告、电子传媒、印刷、科学、医学、思想家、艺术家、让人们喜悦的事业，等等。

5. 日主喜土者，宜西南方，或东北方，或本地。宜从事与土有关的行业，如：

开采业、土建工程、地产、矿产、陶瓷、古董古玩、农业、畜牧业、土特产、筑堤、公路建设、水泥、仓储业、墓地、殡葬、砖瓦、清扫工具、吸尘器、寝室用品、地毯、沙发、墨砚、肥料、典当、珠宝行、石料、石灰以及一切与土有关的行业等。

三、四柱论职业

文职：如文化、教育、宗教、文书、慈善、门市、游乐、静态之事业等。

武职：批售、交通、建筑、工程、采购、运动、工厂、军务、警卫、动态之事业等。

文职的四柱格局：财印相涵，正官配印，财官两清，印绶天德，独官清秀，二德逢财，杀印相生，食神独透为用，食神生财等皆合文职。

武职的四柱格局：食神制杀，用印化煞，羊刃驾杀用食化劫，用财化伤，用戊制水，用壬制火，用庚制木，用刃卫钱，独杀有制，财滋弱杀，财煞相生等等皆合武职。

其他关于依四柱五行所适合职业的格局，选择适当的职业或事业，或成就必比较大，并可事半功倍。

（一）用伤官泄其精华者，则宜从事文学、书画、文教、艺术等事业或职业。

（二）杀印相生者，则宜学习军事或外科医事，或有企业关系之高级职员的资格。

（三）官印双清者或财官相辅为用者，则宜学习政治、法律。

（四）伤官、食神遇财生发者，则宜学习商务、金融、财政、贸易、或技术性的商业。

（五）身财两停，宜贸易、商务等。

（六）伤官伤尽，或有杀有刃，宜武备，如军事、警备等。

（七）食神吐秀，或带文昌，宜文学。

（八）身旺财轻，宜工程。

（九）比肩、劫财成群而党多者，宜自由职业。

（十）财官并美而相生者，宜财政。

（十一）财官有力，日主朗健，可以自立为主。

（十二）身旺无依，或身弱无助，只合依人作嫁。

（十三）命局少冲少合，事业得成专一；多冲多合，则频年变迁。

（十四）五行需水，或命以驿马，宜流动事业或外出谋职。

（十五）五行偏枯之命，所事多风波起落，也有此业利而彼业不利。

（十六）五地停匀之命，大抵事业平稳，比比皆然。

（十七）命局病重药轻，做事多出自动，而费力不讨好。

（十八）命局病药相济，做事多出被动，且现成而省力。

（十九）性情孤介者，不宜为宦或从事工商事业，以从事医师、会计师、教师等自由职业为宜，性情懦弱者，则以学习农工百艺，教养其一技之长。

四、依用神五行选择适当的居住及事业发展方位

1. 就北方而言，凡命局喜木火，忌金水者，应论为大利东南，不利西北，一生事业，则以向出生地东南方求之为有利。就南方而言，应往西北方发展较有利。

2. 就北方而言，凡命局喜金水，忌火土者，应论为大利西北，不利中南，这种人在家乡不容易发达，向出生地南方求名利尤忌，向出生地西北方发展较有利。就南方而言，则反之。

3. 就北方而言，凡命局喜水木，忌土金者，应论为大利东北，不利中南。就南方而言，则反之。

4. 就北方而言，凡命局喜土金，忌者火木，应论为大利中西，不利东南，往中西方发展较有利。就南方而言，则反之。

5. 就北方而言，凡命局喜火土，忌水木者，应论为大利中南，不利东北，所以往中南方发展较有利。就南方而言，则反之。

就出生以后的境遇而言，凡命局喜金水者，则喜生存于比较阴湿的地带或海洋性的区域，而不喜生存于比较燥热或大陆性的火土区域。凡命局喜水木者，则喜生存于靠水近林之地；凡命局喜土金者，则喜阴湿之地；凡命局喜木金者，则喜燥热之地较为有利。

第三节 事业与官职

一、商业

1. 四柱正财强于偏财者，若经商，则宜开门市、开商店为好。

2. 偏财强于正财，经商则宜从事产品加工、批发、推销业。

3. 四柱中官杀印甚弱者，伤官、偏财强于食神、正财者，最适合产品加工推销批发，代理商业。还可从事出版业、文具店、书店、花店、艺术行业。

4. 四柱中官杀印弱，食神偏财弱于伤官正财，不宜从政，经商为好或管理、协调、律师、武术、杂技、绘画音乐舞蹈。

5. 经商等自由职业，如逢新创事业时，应看食伤财三星，不论喜忌，只看大运而经商，就职升迁则看财官印三星，不论喜忌，只在运岁中找。地支有上述三星于本造。

6. 四柱中财星带马称为马生财，为出外营业之命，为动中求财，静中不利，是他乡创业之人。

7. 四柱偏财七杀两旺，出外营谋之命。

8. 四柱年月或日时，或月柱与日柱天克地冲，柱中无财（有财亦如此），祖业破败，又无法在家乡生活，只有出外闯天下谋生。

9. 四柱中有甲庚寅申者，为商贸行业的职员。

10. 四柱中只有甲庚寅而无申者，逢上大运流年的申则可经商，但运过则从事行政工作。

11. 年柱天干为甲己，月柱天干为甲或日干为己，地支有亥卯未寅者，主从事经营丝绸行业。

12. 四柱中有辛丁己，地支有酉亥未者，利酒食业，酉为酒神，亥为浆神，未为小麦酒食，丁己为太乙酒家。

13. 财临马星，财马同柱（壬申）为大企业家，大商人。

14. 四柱中透出劫财与正财，若劫财为喜用神，财因经商及亲族情谊或其他不得已情况而破财产，此种情况破坏得愈彻底，他日愈有大富。凡是大发大富之人当有大灾大难。

15. 南商北旅，定因马道畅通。

16. 金刚木弱，行商喊价之人。

17. 中财多有库，定为商业管钱财（银行会计）。

18. 财禄生马星，经商之人。

19. 丁壬化木，癸水相合，辛苦经商。

20. 稼穑正官星，经商之人。

21. 女命伤官，财强于正官印者，多为活动在外或职业妇女或经商。

二、从事五术、玄学

1. 四柱中比劫多，又逢华盖而空亡者，宜从事信息预测。

2. 四柱中见华盖或太极星者。

3. 四柱中伤官佩印者。

4. 四柱中印星见子午卯酉一个或两个者，喜预测及宗教。

5. 四柱中见子午卯酉一个以上，天干透伤官偏印，喜五术玄学，还有宗教，且都有特殊贡献。

6. 四柱中有辰巳戌亥，天干丙辛并透，为九流术士或行医。

7. 四柱中伤食并透，不为僧道便为五行玄术之人。

8. 四柱中水多又马星旺者。

9. 四柱中连己亥或癸巳、乙卯、丙戌之人。

10. 财轻飘泊，江湖之客。

11. 官杀混杂，乃江湖技艺。

12. 日主旺伤官多，成就宗教艺术技术等九流职业。

三、职业

1. 四柱中伤官旺或伤官多，宜自由职业及私干，不宜公职、当官。

2. 四柱中比劫多而无官杀或官杀不旺，宜自由职业或私干，不利公职。

3. 柱中无官者，宜自由职业，不利公职。

4. 柱中偏财弱正财明显，官杀强于伤食者，宜公职。

5. 食强于官杀者，宜私职或自由职业。

6. 四柱中食神正印比肩，正财正官多达三分之二以上者，为人清高正直，从事公职必为清正廉洁之人，不善钻营拍马，一切靠自己努力，若上升还得靠贵人提拔。

7. 四柱中伤官偏印偏财七杀多达三分之二以上者，为人精明敏捷，从事公职名利心强，善于把握局势，难免钻营行赂人情之道。

8. 四柱中辰巳戌亥，宜从事医学事业。

9. 四柱中天医星旺者，宜从事医学事业。

10. 四柱中喜用神为木者，宜从事山林、木材、家具、园林、花圃、盆景、筷子及牙签等行业。

11. 四柱中喜用神为火者，宜从事煤炭、电力、光学、燃料、教学、火药及电讯等。

12. 四柱中喜用神为土者，宜从事煤炭、电力、建筑工程、农垦牧业、纺织服装、戊己土多宜从事农业、建筑、掌管后勤。

13. 四柱中喜用神为金者，宜从事金银、钢铁、机械、枪支、银行等。

14. 四柱中喜用神为水者，宜从事水利、饮料、水产、医药、运输、旅游、航海、交通、旅馆、娱乐、制冷酒厂等。

15. 四柱中食神七杀两透旺者，最适合精密制造、技术线路、外科医生、科学家和电脑工作。

16. 四柱中伤官七杀两透或两旺者，宜从事破坏行业，如爆破、军人、刑警、间谍及特殊社会，伤官七杀会反叛及走黑道。

17. 四柱中干支会合多者，人缘好，组织力强，宜从事领导工作和组织工作。

18. 四柱中印重食伤重者，宜担任幕僚参谋策划性工作，或服务性工作。

19. 金神带印，为内阁高参或高层高级顾问。

20. 四柱中食伤重而比劫、财星轻，宜从事表演、展示性工作，或从事教育及脑力性顾问工作。

21. 辰戌旺者为狱官，相者为不义人，休囚者为屠夫狱卒。

22. 身旺杀逢印者，从军或政法系统。

23. 身弱杀旺逢印者，军中文职或公检法中文案人员。

24. 身强官旺逢印者，为文职专家教授等。

25. 四柱中土为官者，为农业房地产及后勤工作。

26. 官印相生，马星逢冲者，多为外交外贸人员。

27. 水土重重为农民。

28. 阴绝阳空，天干空底，堂前使唤之人。

29. 杀重印不显，盗贼之流。

30. 财重逢，画风雕刻之人。

31. 金多于火，敲铜打铁人。

32. 七杀会羊刃，好舞刀弄枪，为军武人。

33. 伤官带印，能通琴棋书画。

34. 身弱印绝，为奴为仆。

35. 年月冲日时，屠夫之人。

36. 日时七杀羊刃，舞刀枪之人。

37. 勇敌于军，只因刃强带杀。

38. 印重无官者，清高有艺。

39. 华盖重重，学艺之人，伤官多，会开口（口才好）。

40. 金木相战，身弱有技。

41. 金弱火绝，术士之命。

42. 身坐学堂，文艺清高。

43. 身弱财浅，金火淘野之流（烧陶瓷之人）。

44. 合多非娼即妓。

45. 女造身旺官旺官多为妓娼。

46. 日强见马，利交通服务；日弱见马经营奔波劳禄之命。

47. 女造七杀遍柱，娼妓之命。

48. 正印生沐浴，职业多变。

49. 干支多食神，福禄丰厚，但不宜公职。

50. 阴日干食神多，为艺妓服务侍从之职。

51. 女命伤官见官，为服务性职业。

四、军人

1. 四柱中杀旺身旺，多为军人将士。

2. 四柱中杀旺身旺又逢印，军中文职。

3. 四柱中有马星或马星旺者，多为军人。

4. 寅虎马星在后门（时上），为军人武职在边关。

5. 四柱中喜金土者，为陆军或陆兵工厂。

6. 四柱中喜木火者，为空军或航空工厂。

7. 四柱中喜水木者,为海军或海军工厂。

8. 金为炮兵、机械兵,土为工程兵。

9. 戊己为官星者,主管后勤供应工作。

10. 四柱中羊刃七杀临将星,军人武将。

11. 四柱中骑马佩剑,马头佩剑,名为军人(壬申、癸酉)。

12. 羊刃杀有制、执掌兵权。

13. 羊刃持权,边疆将帅。

14. 金杀夹贵人,当掌兵权。

15. 军人流年大小运遇金土者,升军职。

16. 四柱中戊辛多者定军人(戊为戈兵,辛为刀刃)。

17. 年命纳音刑克日柱或时柱纳音,为上刑下,主掌兵权。

18. 七杀会羊刃,好舞刀弄枪。

19. 勇敌千人,只因羊刃带杀。

20. 金水旺或流年大小运遇金水者为海军。

21. 禄内隐伤,不从军即为兵械之人。

22. 身旺杀弱无制,行杀运必从军。

四柱书中官运章,有关军人方面经验及从军标志不少。

五、职运亨通的基本条件

命中有无职运应该与日主强弱有很大关系,能不能胜任官职必须具备以下两个条件:

1. 日主要强旺

日主强旺,就像有强壮身体一样,只要有强壮身体,就能克服一切困难使日主旺,命局组合的好,将来定可为官。

2. 强日逢生

更强调一句,也不能一定认为身强就好,身弱就没有当官的命,如果一些命局身强无制的话。必须就会体现出比劫的心性,这种命局容易出现盲目冲动、蛮横无理,根本就不能担任领导工作。如果日主衰弱,

命局中出现印绶生助，日主绝处逢生，命局再组合得好，说明这个命主有很好的发展性潜力，将来一定能当官。

预测官运首先察看官星。如官星出现在月支，官为喜用神，官旺或逢生，乃是官运亨通之命；又如官星为忌神，弱而受制，这样的命局官运也是非常亨通，如透干当然更好，但必须不遭刑、冲、合、化，且不遇旬空，这样的命局为官必然顺利。

官星有助于用神，且不遭刑、冲、合、化，又不遇空亡为官必贵。

问官运柱中没有官星，或官星藏而不现，但柱中出现财星旺相，这叫财来暗中生官，遇此者，也是官运亨达之命。

柱中身旺比劫多，如逢官星大运制比劫，也是升官之命。

官为喜用神，官旺或逢生，这样的命局为有官之命。相反，如官为忌神或官弱而受制，是没有官之命。

其次以格局断其官命。如在扶抑格取用，官为喜用神，或官在月干或时干逢生，或者官星坐下得长生，这样的命局为有官之命，反过来说，如果官星为忌神，但忌神受制，或柱中连一点官星皆没有的命局，也都是有官之命。

如果从格观察官命却大有不同，从格中以财为用神而无官，或局中稍微有点官星而逢制，这样的命局，也是有官之命，如从格中官星逢生，也是有官之命。

以上几条乃是当官的主要条件，不论你是怎么变化，凡是预测官命，皆不能超出这几条范围。

预测官运，最好参看《滴天髓》中的有关断语，如书中写道："何知其人贵？官星有理会。何知其人贱？官星全不见。"

这里所说的"理会"是指官星与日主有情。如果官星与日主有情，命主就可以当官；反之，官星与日主无情，命主则难以为官。

《滴天髓》论官星有理会的论点，其中有任铁樵先生的几种论点。

3. 身旺官弱，财能生官

这句话说明日主旺相，即有能力任官。如果命局中官星衰弱，就无法达到日主平衡的要求，这时如在命局或大运中出现财星，因财能生官,使官星增加力量,以达到平衡。当然,官星如果太弱,弱到生扶不起的状态也不行。从这种情况看来,日主强旺需要官星来克制,如果官星力量不足,还须财来生官,同时财也可耗泄日主的旺度,使命局达到身与官平衡状态。

4. 官旺身弱,官能生印

上面所说的是身旺官弱,官星需要生扶,而这句是官旺身弱,又需生扶日主。那么生扶日主只有印绶与劫两种十神。命局中官星太旺用比劫去抵制旺官,但只能解燃眉之急,决不能和平而彻底解决平衡问题。要想彻底化解旺官克的毛病,还是用印绶通关,即可化旺官动,又可生扶日主,使日主和官星达到平衡,命主自然就可升官晋职。

5. 印旺官衰、财能坏印

求官必以官星为用神,如果命局中印星太旺,官星的贵气定会盗泄,官星会变弱。由于官能生印,印星太旺,官被泄得太过,即成一种毛病。要想治这种因泄而成病者,就需要财星来调解。因财一可生官,二可制印,这样使官星的力量有增无减,日主的力量也有增无减,使官身两种力量接近平衡。这就是官星能理会日之意思。

6. 印衰官旺,财星不现

柱印星衰弱,日主必然不旺。日主不旺,理当生扶。官能生印,又可克制日主,如日主太旺,官能克制,当日主衰弱,官又可通过印星付给日主的力量。这就是官星理会日主之意。但是这种生制化,必须柱中没有出现财星的情况下方能起作用。如果命中有财星出现,虽然财能生官,但同时也能坏印。印星本来很衰,如在出现财星克制,印星就失去了受生的能力,印星没有受生的力量,说明日主就失去了根源。同时财星能耗身生官,能使官星力量增强而日主的力量减弱,身财自然就不会平衡了。所以说,命局印衰官旺,不可再见财星。

7. 劫重财轻,官可制劫

命局比劫多,日主肯定旺相,如财星衰弱,众劫夺财,所以劫财太多更是一种毛病,那么去此病者官星是最好不过的良方。因官星能制劫,可使日主平衡,这就是"官星有理会"的主要内容。

8.财能破印，官可生印

这句话的意思是针对日主身弱而言，因日主衰弱需印星生扶，方能增强日主之力。为此，印星就成了日主的用神，这时候切忌财星出现，因财能破印，印星被破，使日主无依无靠，只有靠官星通关，化财星生扶印星，使印不受克而生扶日主。因此，官星在命局中对日主有利起主要作用。

所谓官星有理会，是指官星是日主的喜用神，先找出命局的毛病，然后再用某一五行将命局平衡，这就是"官星有理会"之意思。如达到识别和应用"官星有理会"之意，就必须弄清生克制化的基本原理。运用合冲刑害的基本规律，明白命局中各五行的力量，才能知道官星在命局中所起到的作用。

第四节　财运

一、财运

财运分两种：

（1）身旺走财运可得其财。日贵财旺不求他人，白手起家。身强财旺，发富如雷。身旺财死有财可取，喜走财运，再遇伤官可取大财。

（2）身弱财旺，有财难取。须走比肩可取财。身弱再走伤官运，命中有财他人取，遇财必遭祸，财越多祸越大。命中有财无库，有财难守。命中财多库小，有财装不了。财少库大，走财运可发，走比肩必败。财犯三刑因财坐牢。三刑遇魁罡，一生落贼王。命上犯劫财，一生外债来。命上犯败，再遇十恶败，万贯家产一人散。比肩遇财合，发别人之财，是魁罡夺财，主发横财。如果比肩无制，有财难用。身弱财多多疾病。身弱财多又合身，有进无出。财旺身强再遇贵（官禄贵）必发横财，如再走官运可一步登天去做官，但做官而己身受制。

圆通达观（中）

总而言之，以五行生旺休囚死而定，宜比用比，有财可取。宜生得生，有财可取。日主生旺，宜走食神、财运可发财。五行中平走财运可得财，但不得飞横之财，身旺走财旺之年运可发横财。日主困弱遇财生灾。

二、存款

命局身强财旺又有库，主存款。命中无库，走财运遇库年，主存款。一库十年富。库在年为大库，库在月上为中库。日时为临时之库。身弱财多，比肩不见，有存不取。财入库遇官贵，财德丰隆。命中三正四库，大富之人。再走败财（即劫财），富而不久。财临长生，家资丰盈。

三、欠款

月令比肩为困夺，日时再逢有外债。身旺败财透一片，定断此人是穷汉，外债累累他不还，遇走财运才还。原命败财遇三刑，此人因财坐牢笼。身弱财旺遇流年，因财犯刑苦连连。身弱财旺人受惊，手里有钱胡乱扔。身旺身强遇败财，财死入库又冲开，看着手里财不少，随后就把财来败，需走财运扶过来，身旺身强财休囚，必见财失家落空。须防家人出盗贼，人家外债自己还。说话嘴皮薄，命中无土色（地支一片土，天干透土）又是土中财，有钱也败家，欠债不还。印旺官又旺，日柱却太弱，命中财不强，终身带着外债过，一生外债还不清。财落空亡一生财不强，不见败财外债少，一见败财外债添。身旺财死不要账，一见败财他借钱。正财合身财自归，五行中合债不欠。身旺财强，外债不长，一见劫财，高筑债台。遇贵自富，遇刑自伤。日主遇死，财源被劫，失宗抛业，远离故乡，终生了当，自尽身亡。

四、存款欠债的数目

断财源的数字，在以前是以土地多少而定，现在没有准确的换算数字。经我长期的预测经验，以天干地支的数字而为，以水一、火二、木三、金四、土五数而定加减乘除。年上为大，月、日为中，时上为小。细看四柱，要分四限，年上为早，月日为中，时推晚年，以旺衰定加减。

也可以按：甲己子午九，乙庚丑未八，丙辛寅申七，丁壬卯酉六，戊癸辰戌五，巳亥定四数。用这个数和五行数混合运用，以天时和地理定加减及个，十，百，千，万。

以上所讲的存款、欠款的数字计算，并不绝对准确。要天时地利了解透彻，准确率还是比较高的。

五、修房建屋及家产

印临旺相之乡，可建房安家。遇辰戌丑未四库之年，都是创业之年。特别是本人财库之年，更为灵验。如果库在父母宫，见印见库，都是治业之兆。命局有印遇财，财又入库，旧房换颜。冲印或冲库，主搬家换房。

六、流年财运

人生在世，除需要亲情、友情温暖外，其余无非是追逐名利。在名利追求过程及结果，不免有胜有得，有败有失。胜者得其成果——名利，而败者不得。得失结果，以一生而论，决定于命。但一生由于时间太长，且漫漫的过程中有胜有负，彼此抵消，不到生命尽头，无法论定得失，也不知平生成就如何。

在工商业发达，人人汲汲于利的现代，由于竞争激烈，形成个个有希望，人人无把握的现象，想知道在未来的日子里自己财的运气如何？

以便掌握先机稳操胜券,至少也要趋吉避凶免于破财,在此情况下,"财运"便是现代人关切的重点。但是,时间如流水,绵延不绝,绝难切成一段一段,就像流水一样,无法抽刀断水,既然时间不能分段,也无法知道某一段期间得失,更无从了解那段财运吉凶。只好仿效会计学一年为段,来计算此段期间内的盈亏;我们也可以把时间分成一年一段来探讨财运通道如何起伏。

或许有人反对这种分法,认为过于短视,但为要配合天时可以如此分。所谓天时,但是太岁吉凶。每位太岁仅管辖一年,配合太岁将时间分成一年一段,研究每年财的消长,如此既合天时又合人意需要。

要了解一个人每年财运之前,先要知道此人的原命。原局身强喜财,逢伤食财年财运便好。身强比劫众多,逢财年,群比争财瓜分一空,财运不好。身弱富屋贫人,因财惹祸。身弱从财,逢财年便好。身强财强,逢财助则财运佳。身弱比印扶身,逢财年不一定好。身弱财弱,逢财来小饮一口。身强财弱,逢财年大饮一番,其乐融融。

财分正财、偏财两类,依《三命通会》的解释:正财是本份财,如妻的嫁妆、家产、祖产等,有固定性质的财产;偏财是众人财,众人皆可竞得,捷足先得之财,非固定性质的财。

现代人可延用其分类精神,把固定性质如:不动产、固定收入的财列入正财;偏财指机会中奖,非固定收入所得之财皆称之。依照如此分类,凡薪水、房租收入、利息、地租收入、股利等,有固定性收入者,皆可称正财。凡中奖奖金、非业务报酬、部标所得等非固定收入,皆称偏财。这样分类较全于当今社会环境。但是,由于现代社会复杂多变,有可能令正偏财混杂,例如:炒地皮、房地产业买卖等,都是正偏财不分的行业。

正偏财在流年地支的十二宫位位置可以看出其强弱。例如:戊日主以壬为偏财,以癸为正财。逢甲戌年,壬在戌宫为冠带、癸在戌宫为衰,代表戊日主在甲戌年里正财向旺,如日东升,偏财向衰,日薄西山。其余日干可类推。

流年的正偏财多少受原局及运所影响,为了解流年财运,就要知道正偏财在岁支的地位,及受原局大运所左右的程度。日主的正偏财在大运中身衰绝,表示环境不利于日主谋财,纵流年助生旺,所得仍有限,雪中送炭倍感温暖。反之,正偏财在大运里生旺,逢岁支不利,虽仍有所得,但为财辛苦,惊涛骇浪,多遇小人折磨。

岁干对日主的十神也是决定财运吉凶因素之一:

十神	身强	身弱	身平
正官	吉	凶	吉
七杀	吉	凶	凶
伤官	吉	凶	吉
食神	吉	凶	吉
正财	吉	平	吉
偏财	吉	平	吉
比肩	凶	吉	平
劫财	凶	吉	平
正印	凶	吉	凶
偏印	凶	吉	凶

上表仅就身的强弱对岁干十神所引发的财运吉凶作大概的安排,其详细情形必须考虑原局各种情况。例如:身弱能从,遇伤食年以吉论财运;身强比劫众,以凶论财。诸如此类。所以,批流年下笔前必须对原命与大运有全盘性了解,且一命一看,无法以偏概全,本文仅就一般原则而论财运。

由表中可知:身强喜异党,如官杀护财、伤食生正偏财来助财;身弱喜同党,如比肩静默身任财、印来生身克财。反之,身弱忌同党,如比劫分财、正偏印泄财;身强忌异党,如官、杀、伤、食,俱是克泄交加,日主不堪折腾。

至于天干十二宫位表,今人所编与古人编定的次序不同,名称也略异，当以古书为准。今人以长生、沐浴、冠带、临官、帝旺、衰、病、死、墓、绝、胎、养十二宫，以长生开始，终于养；古书以受气开始，终于墓。以现代科学观点来看，古人较为正确，实在有必要依古法的次序及名称改正过来，其正确次序、名称可列下表：

天干	甲	乙	丙	丁	戊	己	庚	辛	壬	癸
受气	申	酉	亥	子	亥	子	亥	卯	巳	午
受胎	酉	申	子	亥	子	子	卯	寅	午	巳
成形	戌	未	丑	戌	丑	戌	辰	丑	未	辰
长生	亥	午	寅	酉	寅	酉	巳	子	申	卯
沐浴	子	巳	卯	申	卯	申	午	亥	酉	寅
冠带	丑	辰	辰	未	辰	未	未	戌	戌	丑
临官	寅	卯	巳	午	巳	午	申	酉	亥	子
帝旺	卯	寅	午	巳	午	巳	酉	申	子	亥
衰	辰	丑	未	辰	未	辰	戌	未	丑	戌
病	巳	子	申	卯	申	卯	亥	午	寅	酉
死	午	亥	酉	寅	酉	寅	子	巳	卯	申
墓	未	戌	戌	丑	戌	丑	丑	辰	辰	未

本表上十二宫次序与人生旅程吻合。受气又称绝，绝的意义不明，学者难懂，宜改古名。受胎又称胎，成形今称养，今名不如古名贴切。今人以长生开始，以养终，初学者常不明所以，按此表次序则较易懂。此表名为天干十二宫表，而非日干十二宫表：命局四干皆可于四支寻求衰旺十二宫，并不限定日干。

流年干支与原局的生克冲合刑化都会影响财运，原局若财星干支，其作用力尤为立竿见影，举例说明：

 圆通达观(中)

戊戌　　　8 丙辰
丁巳　　　18 乙卯
甲辰　　　28 甲寅
庚午　　　38 癸丑

甲日主以戊戌为财，逢甲戌年与戊戌就位克，且流年太岁克当生太岁，其祸非轻，在戊辰月破财千万元，幸在寅运，不至一败涂地。凡财干为岁干所克，或财支为岁支所冲，皆影响于财，天克地冲尤为严重。合刑化的作用力轻。再如：

己亥　　　5 癸酉
壬申　　　15 甲戌
庚辰　　　25 乙亥
丙戌　　　35 丙子

逢甲戌年与庚辰天克地冲，所犯太岁，虽不关财星，仍在戊辰月破财数十万元。所以，不论是否与财星有关连，皆有财之事发生。又一例：

壬辰　　　6 丙午
乙巳　　　16 丁未
戊辰　　　26 戊申
丙辰　　　36 己酉

逢甲戌年与戊辰天克地冲，原局喜辰戌冲出财官，虽为太岁所克，却名利双收。故冲克不一定不好，需视原局而定。流年与原局的他物合成不相干，虽流年不错，但太岁已化成他物，纵遇财年仍不得财，甚至破财。亦即有用物为闲神所化，日主不得其用也。

 圆通达观（中）

乙巳　　　7 庚辰
己卯　　　17 辛巳
庚午　　　27 壬午
丙子　　　37 癸未

在甲戌年与己卯天地德合，偏财化成偏印，日主无财可用，在财年仍破财，与身弱不任财也有关系。身强，大运逢比劫，再逢财年，则不利于财运。

癸卯　　　8 丁巳
丙辰　　　18 戊午
己丑　　　28 己未
乙丑　　　38 庚申

己日主强，在巳运中逢壬申年，尚在南方火运生身，正财年签六合彩，破财百万元，几乎无以维生。

以上数例，破财者居多，盖因发财后当事人守口如瓶，不易求证，破财后四处诉苦，命例易得。

以上所述十二宫位法、十神法、干支冲克合化刑法，以流年对原避冲克合化力量最大，十神次之，十二宫位又次之。所以，论财运时先论干支冲克，无冲克再论十神，兼论十二宫位正偏财。干支部克属动态的气，如同吹大风，其吉凶分明快速应验。十神及十二宫属静态的气，如同微风拂面，不觉存在，吉凶应验轻慢。

十神及十二宫的财运吉凶稍微固定，而干支冲克变化多端，批流年困难处和精彩点全在此，由前举数例可见一斑，后有实务，自可参看。

日主克岁干，身强称为财，身弱称犯太岁，吉凶相差甚远。身强喜太岁约束，逢财年泄日主盛气，反而获福，只要不天克地冲，天地同动，根基动摇，大致上可有财利。本节中壬辰一例，原局日主喜冲逢冲甚为少见。

太岁乃至尊，凡人不可冒犯，身强克岁干来致财，有火中取栗的味道，稍不慎就伤手，倒不如以官护财，以伤食生财来得平右。身弱不从，逢财年不能任财，因财惹祸。又犯太岁，诸事不顺，屋漏又逢连夜雨，其惨况可想而知。举一例：

辛卯　　　3 丙申
丁酉　　　13 乙未
戊午　　　23 甲午
壬子　　　33 癸巳

戊日主弱，逢壬戌年，虽在午运，助身克财，仍破财近百万元，事业又走下坡。所以身弱逢劫印比助身，由于原局不能任财，进财十分有限。

批写财救灾通道，除了断吉凶外，至于发财、破财的规模程度不能十分严谨写出，但可以财星的五行来判断规模：水一、火二、金三、水四、土五。例如：甲日主以土五为财，量最多；己日主以水一，量最少。余日干的财量可类推。还要考虑原局格局高低、大运好坏等。

日主克岁干称犯太岁，不吉，日主合太岁也不吉。太岁乃至尊，凡人不能克、冲、合、同（同太岁干支）。克、冲祸事重；合与同祸较轻，四者有其一，皆可称犯太岁，不必仅限克岁干，所以对太岁要敬而远之。

丁亥　　　6 壬子
癸丑　　　16 辛亥
甲辰　　　26 庚戌
甲戌　　　36 己酉

甲木冬生，癸出干，身不弱，丑辰戌三财遍地，身比财弱。逢己未年，甲合克己太岁，地支辰戌丑未一片土气，丑中癸水乾涸，甲木无源生助，在正财年破财数千万元。原局干支合太岁干支，煞神合进，引狼入室，其祸不小。所以批流年要留意是否与太岁干支冲克合同化刑，若是，便由十神查出何者有事，自然明白分晓。

第四章　论富贵贫贱

第一节　总论富贵贫贱寿夭

命理所论，不外乎富贵穷通。贵者，社会上尊之敬之者，至于官阶名位，随时代而变迁，《滴天髓》、《穷通宝鉴》两书，皆明代人著述，阅者须知明代社会情形，明代秀才，得之非易，在一乡之邑中，颇具相当地位，较之现代，可以超过一大学生多多。《滴天髓》所谓秀才不是尘凡子，《穷通宝鉴》所谓衣襟之贵，决非清朝普通秀才所可拟也。同一名称，地位悬殊，禀贡考廉，可抵一博士、科甲之贵，则必为大学样之名教授，负相当时誉者也，大抵承平时代，政治咸循正轨，登庸升迁，循资按格，士少幸进，乱世纪纲废驰，机会愈多，进身愈易，春贵也有差等，譬如乾隆、嘉庆时代，一实缺知府之命，至光宣间，可为实缺关道，到民国时代，放眼关内，都督满街，社会上之不重，命理中也不见其贵也，因缘时会，侥幸进身，历极短时间，即被迫下台，不能保有其原来之身份地位者，在命理中只见其惊涛骇浪，不见其贵也。

古时陶朱公三致千金，号称天下第一巨富，汉文帝以帝皇之尊，惜露台百金之费，若以现在眼光观之，寒酸极矣，数千年前，生活状况，姑置不论，在民国初年时，地方上拥资数万金大洋者，群以富翁目之，若拥资数十万，则在一郡一邑之中，称首富矣，百亿千亿，全国有几人，以今视昔，数万之产，不过粗足自给，即称十万，也不过小康之家，不足以称常事也，《穷通宝鉴》为明人之书，所根据者为明代社会之生活，其所谓衣食无虞者，以现在目光衡量，必在十万以上，富有千金者必数百万，称富者，数千万以上，今日之不同有如此，至若交易所内，豪赌博场中，今日拥资累累，明日倾无所有，此在命理中，也只见其惊涛骇浪，不见其富也。

总之官阶地位，随时代而变迁，生活享用，也随时代而改易，读古人书，必须活看，以今比昔，参以经验，庶几近之。

命理之中，所重者在格局高低之分、贵贱之别也，讨论到富贵的格局则相对孔径的贫贱的格局也可以知晓，讨论到寿考的格局则相对的夭折的格局也可知晓，可是社会阶层千差万别，推论精微，愈析愈细，步步踏实，洵非容易的事，有富贵两全者，有富而不贵者，有贵而不富者，有富贵而寿考者，有贫贱而寿考者，更有的虽富贵寿考，而终身劳碌者，此皆出于天赋之自然非可勉强也。

《滴天髓》云："何知其人贵，官星有理会。何知其人贱，官星还不见。何知其人富，财星通门户。何知其人贫，财星反不真，贵贱看官星，贫富看财星，洵扼要之言。理会者，有情也。门户者，月令也。"其中分别，重在经验，有非文字所能达者也。

凡格局用神配合有情有力或须遂精粹者，大多可以论为富贵；反之，凡格局用神配合无情无力或乖悖混乱者，大多可以论为贫贱凶夭，真神得用，而真神即月令当旺之气者，无有不贵；真神得用，虽非月令，而有情有力，清纯团结者，也必贵，这是先天命局的看法。可是大运流年有顺有逆，格局用神高的，岁运顺其喜用，自然富贵长寿，岁运逆其喜用，即使生于富贵之家，也不免凶夭；反之，格局用神低的，岁运顺其喜用，即使生于贫贱之家，也可得一时之享用，岁运逆其喜用，自必凶夭或贫贱终身，这是后天岁运的看法。先天与后天的配合，构成一个命运消长趋势，所以富贵吉寿贫贱乃有等差之别。命理所言富贵兼全者，必贵而兼有富之征。如食神、财星乘旺，而带官印是也。官星得用，贵而兼富；财星得用，富有兼贵，中有主从之别，至为微细，凡在政界中握有经济重权及经营业之领袖。或实业金融之权威，而接近政界者，皆有此种征象。

此外尚有一种普通命造，这种人并非贫无立锥，也非富甲连城，一生衣食无缺，平平庸庸，在人群中最占多数，近代以薪金维持一家生活的中下级公教人员及公司、行政、工厂的普通职员等，都可列入这一类。

先贤万育吾说："夫命禀于阴阳，有生之初，非人所能移，莫之为而为，非我所能必。于是有生而富，生而贵者；有生而寿，生而夭者；有生而贫，生而贱者；有生而富贵双全巍巍人上者；有生而贫贱，兼有落落人下者；有生而宜寿，而反夭折者；有生而宜夭，而反长年之数者。此由于后天所积的作为而然欤？也由于人之先天禀赋所然欤？谓由于所积而然，则贫可以致富，贱可以致贵，夭可以致寿，古之所谓：'命不可移也。'

夫谓之积，则不可专以为命；夫谓之性，则不可专以为人。将以付之于所积欤未知命之所禀性，富贵寿夭何如也？将以付之于所性欤未有富贵寿夭贫贱可坐待也何？

人生天地之中，五行命局不同，而有富贵贫贱寿夭之不一，其故何也？答曰：阴阳二气，交感之时，受真精妙合之气，凝结为胎，成男成女，得天地父母一时之气候，是以禀其清者智为贤，禀其浊者为愚为不肖。智者贤者由是或富或贵或寿，秘有所得，所谓德足以获福也；愚者不肖者，不能自奋，日益皆蔽，则贫贱与夭，有不能免，所谓下愚不移是也。

其宝贵两全者，原禀轻清之气，生逢得令之时，兼以财官亨通，禄马旺相，其岁运甚吉祥，纵有少晦，不系驳杂。

其贫贱兼有者，原禀重浊之气，生逢失令之时，刑冲驳杂，无些顺美，即无祸患侵扰，也必塞滞不前；又有富而贫，贫而富，贵而贱，贱而贵，寿而夭，夭而寿者；又有为贤为智，而反贫贱；为愚为不肖，而反富贵者；天地间人，万有不齐，此也四时五行，偏正得失，向背深浅之气不同所致也。故当生之时，元气虽禀轻清，然而生于衰败之时，行休囚之运，富者损失财源，贵者剥官退位，寿者夭门不禄；其当生之时，元气虽禀重浊，然生中之令，行旺相之运，贫不终贫而为富，贱不终贱而为贵，夭不终夭而为寿。

圆通达观（中）

虽然修为在人，人定胜天，命禀中和，性加积善，岂但一身享福已哉！而子子孙孙荣昌利达，理宜然也；命值偏枯，性加积恶，非保证自身值祸而已，而子子孙孙落落人下，得非报欤！由前言之，虽系于命，也在于人之积与不积了耳！《易》曰：'积善之家，必有余庆，积不善之家，必有余殃'，殆此之谓欤！"

又说："凡贫贱之命，多无贵气，或五行死绝，支干闲慢，不相干涉，或五行死绝又落空亡，或有地位来刑害于气散，或干支错乱，阴阳偏枯，命局无格扶持，或化气失时，本命无气等等，俱主贫贱。

贫贱之命，常用建禄为救神，命中有此二救神，虽贫不致困饿，虽贱不至奴婢，一遇运发，却小小称意，运过仍贫贱也。"

《滴天髓》说："一清到底有精神，管取生平富贵真；澄浊求清清得净，时来寒谷也春。"

先贤刘伯温注说："清者不徒一气成局之谓也，如正官格，身旺有财，身弱有印，并无伤官七杀杂之；纵有比肩、食神、财、杀、印绶杂之，皆循序得所，有安顿或作闲神，不来破局，乃为清奇，又要有精神，不为枯弱者佳。"

浊者非五行并出之谓也，如正官格，身弱混之以杀，混之以财；以食神杂之，不能伤我之官，反与官星不和；以印绶杂之，不能扶我之身，反与财星相壮，俱为浊。或得一神之力，或行运得所，以扫其浊气，冲其滞气，皆为澄浊以求清，乃富贵命民。

先贤陈素庵论贵贱说："阴阳有清，有贵气，人命兼得之，方享功名爵禄。凡日主高朗秀异有拔俗出尘之象，所用格局，纯粹清澈，修理井然，此清气也；日主尊严端重，有居高临众之象，所用格局，整肃宏远，规模焕然，此贵气也。

得七八分清贵之气，上则公侯，次则宰相卿臣；得五六分清贵之气，内则京堂，外则方面；得三四分清贵之气，内则郎官，外则郡邑；得一二分清贵之气，也一命之荣。

清气胜者，多居翰苑，贵气胜者，多居要津；清而不贵，历任只在闲曹，贵而不清，出身或非科甲出身；清贵之气，无混无破者，终身荣显，清贵之气，有伤有杂者，几度升沉，此文命之大略也。

至于武命也兼清贵之气，但清而刚，贵而威，为少异耳，爵位高下，也以分数断之。若武命中有一段秀雅处，必能横槊赋诗；文命中有一段英武处，定主拥旄开阃，或疑武不取清，夫任官者，或文武损职，或中外改官，或一岁之内，周历铁谷兵制，或数十年回翔台阁卿寺，安得一官一事定之。

至于卑贱之命，必禀浊气，贱气，满柱混乱单寒，入眼易见；其有似清而实浊，似贵而实贱者，也犹堪舆家假地，初视则美，细看则种种伪形毕露矣。"

又论贫富说："阴阳之气，有厚薄、有聚散，有命禀之。凡日主及所用格局，气体充足为厚精神翕藏为聚，气体单寒为薄，精神虚脱为散。得气之厚而聚者，上富之命也；厚而不甚聚者，聚者不甚厚者，中富之命也；厚中有薄，聚中有散者，下富之命也；薄中微厚，散中微聚者，也云衣食足给，囊箧不空。若薄而无以培之，散而无以敛之，有一必贫，兼之者必极贫。又须看行运何如？或始终厚而聚，或始终薄而散，或始厚终薄，始聚终散，或始薄终厚，始散终聚，贫富固万有不齐耳！总之，饶乏之理多端，勿专泥财神取断，自无不验矣！"

命局中最难分辨者，在于清、浊两字。清而有气，则精神实足，清而无气，则精神枯槁；精神枯槁则邪气入，邪气入则清气散，清气散则不贫则贱矣。

清浊两种，并非指正官一端而论，譬如正官格，身弱有印来扶身，畏忌财来克印，而命局中财富不现。则可知此命局为清，即使有财，孔洞可估秋浊论，须要看命局全体格局而断，如财富官贴近，官与印贴近，印与日主贴近，则财生官，官生印，印生身，印之源头更长矣！至行运再助其印绶，自然富贵矣！

即使无财，不可使作清论，也要看其情势，或印星无气，与官星不能；或印星太旺，日主枯弱，不受印星之生；或官星贴近日主，印星远隔，日主受管制，印星不能生化，至行运再逢财官，不贫则夭矣！

如正官格，身旺喜财，所忌者印绶，伤官其次也，也看其情势，如伤官与财贴近，财与官贴近，官与比肩贴近，不特官星无碍，抑且伤官化劫生财，财生官旺，官之源头更长，至行运再遇财官之地，名利两全矣！

如伤官与财星远隔，反与官星紧贴近，财不能为力，至行运再遇伤官之地，不贫也贱矣！如伤官在天干，财星在地支，必须天干财运以解之；作官在地支，财星在天干，必须地支财运以通之；或财神被合神绊住，或被闲神劫占，也必须岁运冲其合神，制其闲神，皆为澄浊求表。虽然这里举正官格而论，其他八格也可以类推。

总之，喜神，宜得地逢生，与日主紧贴为佳；忌神宜失势临绝，与日主远隔为美。日主喜印、印星贴身，或坐下印绶，此日主之精神也；官星贴印，或坐下官星，此即印绶之精神，余可例推。

《滴天髓》说："满盘浊气令人苦，一局清枯也苦人；半浊半清是可以，多成多败度晨昏。"

先贤刘伯温注说："术事寻他清气不出，行运又不能去其浊气，必是贫贱。又清又要有精神为妙，如枯弱无气，行运又不遇发生之地，也清苦之人。浊气又难去，清气又不真，行运又不遇发生之地，也清苦之人。浊气又难去，清气又不真，行运又不遇清气，又不能脱浊气者，虽然成败不一，也了此生平矣！"

先贤任铁樵说："浊者，命局混杂之谓也。或正神失势，邪气乘权，此气之浊也；或提纲破损，别求用神，此格之浊也；或官旺喜印，财星坏印，此财之浊也；或官衰喜财，比动争献身，此比劫之浊也；或财旺喜劫，官星制劫，此官之浊也；或财轻喜食伤，印绶当权夺食，此印之浊也。

分其所用，断其名利得失，六亲之宜忌，无不验也。然浊与清枯二字，宜细辨之，宁使清中浊，不可清中枯。夫浊者，虽成败不一，多有险阻，倘遇行运得所，扫除浊气，也有起发之机，如行运又无安顿之地，乃困苦矣！清枯者，不特日主无根之谓也，即日主有气，而用神无气者，亦是也；枯又非弱比也；枯者，无根而朽也，即遇滋助之乡，也不能发生也；弱者，有根而嫩也，所以扶之即发，助之即旺，根在苗先之意也。

凡命之日主枯者，非贫即夭，用神枯者，非贫即孤，所以清有精神终必发，偏枯无气断孤贫。满盘浊气须看运，抑浊扶清也可亨，试之验也。"

命局格局须遂精粹为清，乖悖混乱为浊。而日主生不逢时，用神又不乘时秉令，命局配合，不合于需要，勉强凑合，无互相卫护之情，凡此一类，皆谓之浊。枯者气势偏枯，喜用无情，缺少生育之意也。

大致浊由于配合失宜，枯由于气势偏枯；清枯之象类于清。细按之，为一则有情，一则无情之别；清者有情，故有精神；枯者无情，故无精神也。凡命局浊者，不过为庸庸碌碌之人，如交入佳运，则如野草闲花，值春明之候，也有欣欣向荣之意；命局枯者，运途大致仅一种可行，如无运助，非夭折即为贫贱、孤苦之命也。命局有清而枯，有浊而枯，浊而枯更无可取，终身困苦之境。半浊半清者，命局配合有缺陷，不合需要之条件，或应透不透，应藏不藏，所谓浊中之清，清中之浊也。此类命局，社会上最占多数，滔滔者天下皆是，顺遂精粹之造，有几人乎？"

《滴天髓》说："令上寻真聚得真，假神休要乱真神；真神得用平生贵，用假终为碌碌人。"

先贤刘伯温注说："如木火透者，生寅月，聚得真，不要金水乱之，真神得用，不为忌神所害，则贵；如参以金水猖狂，而用金水，是金水不得令，徒与木火不和，乃为碌碌庸人矣！

先贤任铁樵："真者，得进秉令之神也；假者，失时退气之神也。言日主所用之神，在提纲司令，又透出天干，谓聚得真，不为假神破损，生平富贵矣！纵有假神，安顿得好，不与真神紧贴，或被闲神合住，或遥隔无力，也无害也；倘与真神紧贴，或克或冲，或合真神，暗化忌神，终为庸碌人矣！

如行运得助，抑假扶真，也可功名小遂，而身获康宁。故喜神宜生旺，忌神宜死绝，局内看真神，行运看解神。

《滴天髓》说："真假参差难辨论，不明不暗受屯颤；提纲不与真神照，暗处寻真也有真。"

先贤刘伯温注说："真神得令，假神局而党多；假神得令，真神得令而党多，不见真假之迹，或真假皆得令得助，不能辨其胜负而参差者；其人虽无大祸，一生屯否少安乐。寅月生人，不透木火，而透金为用神，是为提纲不照也，得己丑暗邀，戊土转生，地支卯受酉冲，乙庚暗化，运转西方，也可发福。以上特举真假一端耳，其会局合神从化，用神衰旺情势、象格、才德、邪正、缓急、生死、进退之例，莫不有真假，最宜详之。"

先贤任铁樵说："气有真假，真神失势，假神得局，法当以真为假，以假为真；气有先后，真气未到，假气先到，法当以真为假，以假作真。"

如寅月生人，不透甲木而透戊土，而年、日、时支有辰戌丑未之类，也可作用，如不透戊土，透之以金，即使木火司令，而年日时支，或得申字冲寅，或得酉丑金，或天干又有戊己生金，此类真神失势，假神得局，也可以取用。

若命局真神不足，假气也虚，而日主爱假憎真，必须岁运扶假抑真，也可发福；如岁运助真损假，凶祸立至。此谓之以实投虚，以虚乘实，是犹医者知参芪之能生人，而不知参芪之能害人也；知砒霜之能杀人，而不知砒霜之能救人也；有是病而服是药则生，无是病而服是药则死。且命之贵贱不一，邪正无常，动静之间，莫不有真假之迹；格局尚有真假，用神岂无真假乎？大凡安享荫庇现成之福者，真神得用居多；兴家，荣碌而当安逸者，假神得局者居多，或真神受伤者有之；薄承厚创，多驳杂者，真神不足居多；一生起倒，世事崎岖者，假神不足居多，细究之，无有不验也。

先贤徐乐吾说："何谓真假呢？为一极须研究之问题。任氏以得时乘令为真神，失时退气者为假神，似不甚确。如得时乘令为真，则月令之神，极易辨认，何以有'真假参差难辩论'之句，而原注（指刘伯温所注）又有'假神得令，真神得局而党多，不见超人收之迹，或真假皆得令得助，'之句，究作何解呢？取用之法先求月令，月令无用，方取别支。命造之中，月令用神十居六、七，何足为贵呢？况明言'令上寻真'，细味一'寻'字，可见月令之神与真神，乃似是而非。"

所谓真神者，合于日主之需要，真正得用之神，即十天干在十二个月之中，所喜用之神也；如春木以火为真神，夏木以水为真神，秋木以金为真神，冬木也以火为真神也。真神得用，无有不贵呢？假神者，虽非日干之喜用，而在命局配合上，不能不取以为用，乃假神也。

如甲木生寅月，而透金水，真正所喜者为火，而命局无火，不能不用金水，但非日干真正所喜，凡真神得用，而又得时秉令，终为碌碌之人也。（此为《穷通宝鉴》全书立论之精要，也为论富贵之一法。）

又说："真神参差者，如庚金生于七月（申），喜用丁火，然丁火不透而透戊土、壬水，则假神得令矣！友会寅午戌己未，则真神得局而党多矣，命局配合，应用丁火，抑用壬水，此所谓真假参差辨论也。又如丙火喜用壬水，而生于十月（亥）、壬、甲并透，壬为真神，甲为假神，地支寅申并见，则真神、假神，皆得令得助，不能辨其胜负，先贤刘伯温谓："其人虽无大祸，然不免一生屯否而少安康也"。理有随局配合，无喜要可言，也碌碌之人。

提纲不与真神照者，如冬木喜用丙火，日时之支，见己见寅，真神在提纲之中，也为真神得用也；不照，谓不得月令之气也。凡真神以得时秉令为贵，然以调候，病药，通关而取用者，不必得时令之气，而不能不谓之真神，故真神不能泥于提纲也。

暗处寻真者，吉神暗藏也，干支之中，暗藏一字，有旋转乾坤之力量，全局精神，由此振起，则此神即是真神。刘氏原注云："寅月生人，不透木火而透庚金黄色，即是提纲不照"，如："丙子，庚寅，壬寅，辛亥"，壬水生于寅月，木火太多，气泄而弱，全恃庚辛发水之源，此庚金即是真神。可见真神不必定为月垣得进秉令之神也；凡日元需要之神，适来为我所用，辅助成功，即是真神。月令当旺之神，有喜有忌，喜者为真，忌者岂可概以为真神目之耶？以上所言，乃是指提纲不照，用神不在月令之中，向他柱觅取真神也。

由于前述可知，凡命造格局成立，具有清纯之象，或五行流通，真神得用，无一不可为富为贵，即使格局成立，用神无用，行运能助其喜用而得力者，也可富可贵。

有关于富贵的看法可分为下面几个大类：

（一）四柱五行、四行、三行连环相生，气势流通，且各根禄旺，行运不悖者。

（二）格局清纯，用神得力，不遇破坏，行运顺其喜用者。

（三）四柱真神得用，调候适宜，行运不背者。

（四）格局成立，喜用无力，行运助其喜用而得力者。

（五）格局成而未全，行运从而成全者。

（六）格局混浊，喜神或闲神能化浊为清，行运喜用得所者。

一般可言富贵的格局有：

日主朗健	弱日逢生	正官佩印	正官得禄	正官驭刃
财官两旺	纯杀有制	独杀乘权	杀印相生	杀刃相辅
身杀两停	食杀两停	财资权杀	去官留杀	财印相济
令印无伤	旺财成局	旺食生财	伤官用财	伤官配印
刃伤相辅	从官官旺	从杀杀旺	从财财旺	从食有财
从伤有财	合化无破	一行得气	两神无杂	暗冲得用
暗合得用	五行递生	二德扶身	二德扶官	二德化杀
印绶遇贵	财星遇贵	食神遇贵	月将扶身	月将扶官
月将化杀	月将扶印	月将失财	月将扶食	月将化伤
吉神遇马	凶刃逢空	水木相涵	木火交辉	金水双清
金林相成	水火既济			

有关贫贱的看法可分为下面几个大类：

（一）四柱五行偏枯，气势不能流通或两神对立而无通关助用之神，行运又不能促成者。

（二）格局混乱，不论原局行运均不能使其转清者。

（三）格局虽成而喜用受伤，原局及行运均不能救护者。

以上论贫贱，仅为不贵不富而已，并非尽是贫无立锥或卑贱无以容

 圆通达观(中)

身，其中尚有大贫、小贫、大贱、小贱之不同，则须就格局高低及行运及行运向背如何，细加区分辨别。凡格局配合混浊，用神失时失地而无力或调候生助者，均难致富贵，但也此格局有贱而富者，贫而贵者，不能不细加分别。所谓贱而富者，乃格局清纯，喜用配合也适当，惟失时失地而无力或得时而遭克，原局带有缺点，行运能除去缺点，虽不能取得社会上显赫的地位，仍可一时富裕，丰衣足食，这一类的命局以商贾居多；至于贫而贵者，如有些高官，位居极品，仍是两袖清风，即是。

近贤金子樵说："日主强旺，又逢劫印生助，或日主衰，又遇杀攻，或劫重财轻而无伤食，或身轻财重，或财多喜印而劫被官制，或杀多喜印而财来破印，或财弱喜财而财被合去，或身弱忌财而财被合来，或财轻喜食伤印旺，或忌印而喜财而财浅者，此均为贫。"

如身弱用印忌财而得官解，或财轻官衰逢食而见印绶者，此贵而贫，所为皆正也。

众劫合财或众比合官而不化，从而不真，此贫而贱，所为皆不正也。

日主强旺，又逢印绶重重，或日主衰弱，复遇伤食叠叠，或身轻官重无印，或身旺官轻印重，或身旺财重无官又无食伤者，不贫则贱。如用神力弱，忌神势强，岁运悖而不顺，此皆贫而贱也。

一般可言贫贱的四柱有：

日主扶凶	日旺无依	正官破损	官多无印	官弱无财
官轻印重	杀重身轻	杀多无制	杀轻制重	官杀混杂
印绶被伤	满局印绶	满局比劫	贪财坏印	枭神夺食
财多身弱	财扶恶杀	财遭冲劫	食多无财	伤多无财
伤多无印	伤官见官	刃星重叠	刃星逢冲	禄神冲破
从官不真	从杀不真	从财不真	从食不真	从伤不真
化局被破	一行被克	两神被混	暗局破损	暗官填实
满局刑冲	多合羁绊	三刑破吉	三刑助凶	满局驿马
满局空亡	满局劫杀	劫杀破吉	劫杀助凶	官落空亡

财落空亡	食落空亡	贵落空亡	年月对冲	月日对冲
日时对冲	五行乖戾	五行偏枯	木火燥热	火土混浊
水木浮沉	金水寒疑	水火交战	金木相战	

第二节　四柱论富命

《滴天髓》说："何知其人富，财气通门户。"

先贤刘伯温注说："财旺自强，官星卫财，忌印而财能坏印，喜印而官能化财，财神重而伤官者有限，财无力而暗成财局，财露而伤也露者，此皆财气通门户，所以富也。

夫论财论妻之法，可相通也；然有妻贤而财薄者，也有财富而妻伤者，看刑冲会合；但财神清而身旺者妻美，财神浊而身旺者家富。"

先贤任铁樵说："身旺财弱无官者，必要有食伤；身旺财旺无食伤者，从须有官有杀；身旺印旺食伤轻者，财星得局；身旺官衰印绶重者，财星当令；身旺劫旺，无财印而有食伤者；身弱财重，无官印而有比劫者，皆财气通门户也。财即是妻，可以通集结也；若'清则妻美，浊者家富'，其理虽正，尚未深论也。

如身旺有印，官星泄气，命局不见食伤，得财星生官，无食伤，则财星也泄，主妻美而财薄也。

身旺无印，官弱逢伤，得财星化伤生官，财也通根，官也得助，不特妻美，而且富厚。

身旺官弱，食伤重见，财不与官通，家虽富妻必陋也。

身旺无官，食伤有气，财星不与劫通，无印而妻财并美，有印则财旺妻伤，此四者宜细究之。"

各种四柱格局，皆有成败，皆有富贵，贫贱，非一定要以财为用也，然财星通门户者无不富有。子平法中喷水孔有分类确定不移之看法，同一美格，其为富为贵，作何种带来，随环境人事而转移，非可确定也。

但是惟有财气通门户一类，可决定其富而非贵。凡六亲富贵贫贱吉凶寿夭，均作如是看法。

何谓财气通门户呢？就是财星当令，得气得地，配合有情也。财为喜用，固为有情；财星太旺而身衰，命局原局有禄比暗藏，也为有情，运至身旺比劫之乡，必然致富也。

原注所谓财通门户，均为富贵兼全之家，而非纯粹富格；盖富而不贵者，必在成格之中，略有缺点，贵气不足也。譬如，财星太旺而日主弱，或财星微弱而有气，原局略带病态，取富不足，行运去其病，而财星有情，则富有余矣！若伤官生财而带官，即以贵论。因贵致富或因富致贵，皆不作富推，纯粹富造，不多见也。

兹举富造的命局供读者参考。

乾造：

官　　伤　　日　　枭
丁亥　癸卯　庚辰　戊寅

此富格也。地支寅卯辰亥，财成方局，富甲一方，乃意料中事。财旺生官，如丁火出干，癸水伤之，贵气受损。二月庚金，不能用财官，而用戊土偏印，亦非真神，取富不取贵，运行土金之运，事业发达当无限量。

第三节　四柱论贵命

《滴天髓》说："何知其人贵？官星有理会。"

先贤刘伯温注说："官旺身旺，印绶卫官，忌劫而官能去劫，喜印而官能生印，财神旺而官星通达，官星旺而财神有气，官无力而暗成官局，官星藏而财神也藏者，此皆官星有理会，所以贵也。

夫论官与论子之法，可相通也；然子多而无官者，身显而无子者，也看刑冲会合；但官星清而身旺者，必贵，官星浊而身旺者，必多子；至于得象得气得局得格者，妻子富贵两全。"

先贤任铁樵说："身旺官弱，财能生官；官旺身弱，官能生印；印旺官衰，财能坏印；印衰官旺，财星不现；劫重财轻，官能去劫；财星坏印，官能生印；用官，官藏财也藏；用印，印露官也露者，皆官星有理会，所以显贵也。

如身旺官旺印也旺，格局最清，而命局食伤，一点不混，财星又不出现，官星之情，依乎印，印之情，依乎日主，只生得一个本身，所以有官无子也；纵使稍杂食伤，也被印星所克，子也艰难。如身旺官旺印弱，食伤暗藏，不伤官星，不受印星所克，自然贵而有子；必身旺官衰，食伤有气，有印而财能坏印，无财而暗成财局，不贵而子多必富；如身旺官衰，食伤旺而无财，有子必贫；如身弱官旺，食伤旺而无印，贫而无子，或有印逢财，也作此论。"

总之，贵者未必皆用官星，而官星有理会者无不贵。昔人论命，专重财官，财官两字，可作喜用神看，财为喜，官为用也。凡干支顺遂精粹，气势清纯，而喜用得时令生旺之气者，无不贵；或者日主得局朝垣，而用神合于需要，无损伤者，也必贵。

如：孙中山先生

国父生于前清同治四年夏历二月初六日寅时。即西历一八六五年十一月二十三日。我们现以公历十一月十二日为国父诞辰，实非其真正的日子。盖民国肇造之后，民国四年政府依新因制定国父诞辰，乃就是年夏历十月初六折合西历十一月十二日。即以是日为国定纪念日。实则诮依其出生当年之西历折算，方为准确也。

国父真正的命局如下：

```
       枭    比    日    官
乾造： 乙丑  丁亥  丁酉  壬寅
```

 圆通达观（中）

大运： 丙戌　乙酉　甲申　癸未　壬午　辛巳　庚辰　己卯
　　　　5　　15　　25　　35　　45　　55　　65　　75

国父之造，为"日月双贵格"。六十甲子之中，日贵仅得四个，即丁亥、丁酉、癸巳、癸卯是也。日贵更逢月贵，又属罗纹交贵者，万中无一。古今命造，向所鲜见，乃稀世之贵格也。

依命局正五行而论，此造为"正官格"，用取官相生。《滴天髓》论丁火之性云："丁火柔中，内性昭融。抱乙而孝，合壬而忠。旺而不烈，衰而不穷。如有嫡母，可秋可冬。"盖冬月之丁火，气候初寒而身弱，故宜正印之生，比肩之助，庶能健旺而有为也。

提纲亥藏水木，透出年时两干，官印相生。盖以印为用，而以官护印也。地支寅亥合木为可喜，酉丑会金为可憎。支下丑亥酉三字相连，金水之气太盛，故喜月干丁火帮身夺财，尤喜两丁一壬之不化，官星卓立，日元健朗。

命局之中，无一字为闲神，金水木火循序相生，重重拱护，有合无冲，其气派之雄伟，格局之堂皇，尤属不可多得者也。

十月寒气初动，丁火阴柔，故极需木之生火，用木之时忌金也。故前运用官印相生，即言其用神在印。印绶者，生我者也。父母生我，国家民族之生我也。取印为用神，故孝于父母而忠于国家民族。此于，国父一生为国为民之努力可为明证。

柱中不喜财官，故利禄之心淡泊，只求谋图有昨，不以权位为重。虽位居元首，依然廉励自持，两袖清风，尤属难能可贵。国父一生辛劳为国，晚年健康不良，柱内寅亥合木，丑酉会金。木者肝也，木受金克，肝宫受伤，故终因肝癌逝世，是尤命理医理同源也。

柱中壬水得禄于提纲，乙木通根于寅亥，官印有气而权业超群。所憾者，木受金之威协，虽登大位而不久，因内乱而东征西讨，鞠躬尽瘁，缺少安定之生活。盖因用神受制，而亥临驿马之故也。

国父一生运程：

早行东南向暖，头争峥嵘，而革命思想，也渐次蓬勃。廿七岁行大

运，甲生助丁火日元以优等成绩毕业于医学院得到博士学位，廿八岁赴澳门业医，组兴中会，往来欧日之间。

三十二岁行申运，蒙难伦敦。三十七岁行癸未运流年，癸冲丁，未冲丑，十年中革命十次，百折不挠。四十七岁行壬运，二壬二丁相合，辛亥革命成功，壬子年荣任临时大总统，五十二岁行午运，丁火得禄，翌年就任大元帅，召民伐罪。五十七岁行辛运，辛金制乙，用神损伤，就非常大总统北伐之后，于六十一岁乙丑年因肝癌不治。益信其命局中喜木而忌金也。

四柱论清贵命：

贫与富相对，贵与贱相对。品端学粹，用不得志于进者，不以贵取，财无储积者不以富论非下贱之谓也。

古人云："贫者士之福也"，此语合于现时代之名利社会，然贫不可与贱混，则今昔无殊。

乾造：甲午　癸酉　壬戌　壬寅
大运：甲戌　乙亥　丙子　丁丑　戊寅　乙卯
　　　　7　　17　　27　　37　　47　　57

日夫壬水，辛金正印秉令，取印为用者，名金白水清，最忌戊土混浊，则失其贵，土为四时间杂之气，无时无刻不存在，寅午戌中皆暗藏土，无形阻塞，足为金水之病，故见甲木出干破土，名为文星，金水澈底澄清，必为诩臣显宦，寅午戌火局，财旺有损印虞，用神须取印比互助，而以甲木为辅，比劫并透，制住财星，甲木去煞而不生财，名重利轻，乃清贵之品，名山事业，自足千秋，岂必特简虚荣，方足为贵哉，然论地位，固不在一般人之下也，午酉相破，门户见动摇之象，然年支午官，财官得禄，月令正印又得禄，世禄之家，显然可见。惟比劫并透，慷慨性成，若舍名求利，不免劫耗重重，是则宜各所趋势局也。

第四节 四柱论贫命

上造命局格局清而财星不真故虽贫而不失其清高地位，为众所专仰。更有一等式逻辑，金钱不论多少，到手辄尽，无所保留，虽有清贵与贫而不贵之分，然皆非贱也，何以故格局清澄，体用有情也。若贱者之造，则不然偏枯杂乱，体用之间，格格不相入，不合于需要，无所取材，若有一端可取，则虽在下等社会中，也必为庸中佼佼者也。

《滴天髓》说："何知其人贫？财神反不真。"

先贤刘伯温说："财神不真者，不但泄气被劫也，伤轻财重气浅，财轻官重财气泄，伤重印轻身弱，财重劫轻身弱，皆为财神不真也。中有一味清气，则不贱。"

《滴天髓》说："财神不真者有九。如财重而伤食多者，一真不也。

财轻喜食伤而印旺者，二不真也。

财轻劫重，食伤不现，三不真也。

财多喜劫，官星制劫，四不真也。

喜印而财星坏印，五不真也。

忌印而财星生官，六不真也。

喜财而财合闲神而化者，七不真也。

忌财而财合闲神化财者，八不真也。

官杀旺而喜印，财星得局者，九不真也。"

此九者，财神不真之正理也。然贫者多，而富者少，故贫有几等之贫，富有几等之富，不可概定。有贫而贵者，有贫而正者，有贫而贱者，宜分辨之；如财轻官衰，逢食伤而见印绶者，或喜印，财星坏印，得官星解者，此贵而贫也。

官杀旺而身弱，财星生助官杀，有印则一衿易得，无印则老于儒冠，此清贫之格，所为皆正也。

财多而心志欲贪之，官旺心事必欲求之，非合而合，不从而从，合之不化，从之不真，此等之命，见富贵而生谄容，遇财利而忘恩义，谓贫而贱也；即侥幸致富，也不足贵也。

凡败业破家之命，被看似乎佳美；非财官佳美，即干支双清，非杀印相生，即临旺地；不知财官虽可养命荣身，必先要日主旺相，方能任其财官，若太过不及，皆为不真，能散能耗则有之，终不致富贵也，此等格局最多，难以枚举，宜细究之。

近贤徐乐吾说："财神不真有九，任注言之极详。贫者对富而言，除富以外皆贫也。社会上富者少而贫者多，凡格局配合有缺点，又无佳运相助，不能致身青云而致富贵者，滔滔天下皆是；惟财神不真之象，可决定其必贫，虽贵居人之上，也无致富之可能也。

如财多身弱，称为富屋贫人，即不能从，又不能用，结果非坐食消耗，必因财致祸，虽富也贫，乃财神不真之象也。月财星为用，而干透比劫争财，无官杀制劫，也为财神不真之象；盖运宜财旺，而见财必引起比劫之争，财永无致富之可能也。然贫非衣食不给，沦为下贱之谓，尽有事业声誉，均有想法地位，而财无积储，不能称富有者，非可概以财神不真也劣也。"

例：壬辰　辛亥　壬子　壬寅

壬水生亥月水旺乘权，地支亥子辰会聚，壬水冲奔。非得戊土提防，不能入于正轨。

戊为君，丙火调候为臣，无如戊土藏寅，木旺土虚的提防崩溃，丙火之用，反启比劫之争，亥子寅夹丑，为印库。上荫固极优渥也。幼承遗产，不下百万，行甲寅，乙卯运。木神旺地克尽戊土，经营商业，屡起屡败，卒致一败涂地，将来丙运，比劫争财，穷途潦倒，意中事也。

第五节　四柱论贱命

《滴天髓》注说："何知其人贱？官星还不见。"

先贤刘伯温说："官星不见者，不但失令被伤也，身轻官重，官轻印重，财重无官，官重无印，皆是官星不见也。中有一味浊财，则不贫。至于用神无力，而忌神太过，敌而不受降，助旺欺弱，主从失宜，岁运不辅者，即贫且贱。"

先贤任铁樵说："富贵之中，未尝无贱，贫贱之中，未尝无贵；所以贱之一字，不易知也。如身弱官旺，不用印绶化之，反以伤官强制；如身弱印轻，不以官星生印，反以财星坏印；如财重身轻，不以比劫帮身，反以官杀拘身。合此格者，忘却圣贤明训，不思祖，不积德，以致灾生不测，祸及子孙。"

如身弱印轻，官旺无财，或身旺官弱，财星不现，合此格者，处贫困而不改其节，遇富贵而不易其志，非礼不行，非义不取。故知贪财帛而恋金谷者，竟遭一时之显戮，乐箪瓢而甘敝裘者，终受千载之令名。

是以有三等官星不见之理：如官轻印重而身旺，或官重印轻而身弱，或官印两平而日主休囚者，此上等官星不见也；如官轻劫重无财，或官杀重无印，或财轻劫重官伏者，此中等官星不见也；如官旺喜印，财星坏印，或官杀重无印，食伤强制，或官多忌财，财星得局，或喜官星而官星合他神化伤者，或忌官星，他神合官星又能化官者，此下等官星不见也。细究之，不但贵贱分明，而贤不肖也了然矣！

贱者对贵而言，今昔之人，心理不同。专制时代，唯官爵为贵，今者地位声望，为社会所尊敬者，皆可名为贵也。贵又与权势不同，贵者非必皆有权势也，从前专以官爵势之有无为贵贱，其注重官星也固宜。

总之，格局清纯，配合适宜，用神得时得地，合于需要者，地不贵；反之，格局乖悖混乱，用神失时失地，无情无力者，皆谓之贱。贱者不能显用于一时，非不贱之谓也。也者不用官星者多矣，谓官星有理会为贵格之一则可，以不见官星为贱则不可。社会上除富贵者外，有无量等级。

譬如，格局清纯，喜用配合也适当，特失时失地，或得时而局中有病无药，皆难以取青紫，此类大致以商人多；更有格局乖悖混乱，喜用有闲神牵制，配合无情，此为下格，庸庸碌碌，无声无臭无社会，然皆不能以为贱也。贱又与凶不同，凶者流离颠沛，沦落灾厄，而贱仅为无官爵之通称，生不逢辰，不能展其怀抱，除富贵命造外，通谓之贱可耳！不能一一举例也。

```
              比      官        印
乾造： 丁丑   壬子   丁亥   甲辰

大运： 辛亥   庚戌   己酉   戊申   丁未   丙午
        5      15     25     35     45     55
```

此命局丁火生仲冬，干透壬水，支全亥子丑北方，官星旺格，辰乃湿土，不能制水，反能晦火，日主虚弱，甲木凋枯，自顾不暇，且湿木不能生无焰之火，谓清枯之象，官星反不真也，喜其无金，气势纯清，其为人学问真醇，处世无苟，训蒙度日，苦守清贫，上等官星不见也。

第六节　四柱与灾厄

当人体被外物外力突破表皮，或表皮内部各种软硬组织受到外物外力破坏时，就称为受伤。从这一意义上讲，几乎没有人在一生中没受过伤的。受伤不仅使人感到肉体上的痛苦，也能引起精神上的伤害，故也是人的一种灾害。

但受伤的程度有轻重之别。手指被扎了一针。被小刀割了一个小口，虽然也会流血，也会感到痛楚，但还不能叫做伤灾；只有那种伤的程度较重，在一定时间内足以影响到伤者的正常工作、学习和自理能力时，才能称之为伤灾。但如果伤得过重，最终造成肢体失去正常活动能力，造成某一感官失去部分或完全丧失功能的时候，就属于残疾的讨论范围了。这就是本集对伤灾的定义范围。

为什么四柱预测技术能测出一个人在何时何地会发生何种伤灾？为什么通过五行调整可以把大灾化小，小灾化了，这在第一集病灾绪论中已做过讨论，在此不再赘述。

有些人一生中总是多灾多难，身上伤痕累累，时不时的就会意外受伤。这种人大都在四柱命局中有着固定的伤灾信息，每逢岁运引发就会有伤灾发生，而且往往程度较重。有些人只是偶而受过那么一两次伤，伤的程度也不太重，这种人的命局命局中往往没有固定的、明显的伤灾信息，只是在某个岁运中，发生了五行相战，使某一五行受损，导致了该五行干支所对应的体位、器官或脏腑受伤，伤的程度一般都不太重。

有时人们把伤灾和病灾混在一起论述，统称为伤病灾。这是因为二者给人造成的感觉和后果是十分相近的，但利用四柱预测人的伤灾和预测病灾在思维模式和推理方法上还是稍有区别的。

1. 人在岁运有病时，往往表现在命局中是某一五行因刑冲克害而受伤所致，而人在岁运受伤时，表现在命局中虽然也是发生了五行之间的刑冲克害，但代表伤灾部位的那一五行，未必就在刑冲克害中彻底受伤。

2. 在用四柱预测疾病的推理中，当岁运介入时，是不必考虑日主对岁运的喜忌时，只看致病五行的喜忌即可。而在用四柱预测测伤灾的推理中，则必须考虑日主对岁运的喜忌。

3. 在岁运易发生病灾的命局，大多数是日主在原命局处于偏弱以下的；而在岁运易发生伤灾的命局，大多数是原命局中日主是处于偏旺以上的。叫做"弱为病，旺为灾"。

4. 在用命局易发生病灾时，可以不以日主为中心，而只看命局中的致病五行（或太弱，或太旺）即可；而在用命局预测伤灾时，必须以日主为论事中心。

5. 在用四柱预测病灾时，主要是从五行干支、阴阳、旺衰及其之间的生克制化刑冲合害这个角度去分析推理的；而在用四柱预测伤灾时，主要是从十神旺衰及其之间的生克制化刑冲合害这个角度去分析推理的。

四柱命局的伤灾信息是多方面的，常用的有如下几种：

1. 杀、伤、刃并显的命局，命主易发生伤灾。

2. 伤杀同透，无财通关而杀又近身的命局，在伤杀交战的岁运中，命主易有伤灾。官伤同透，也同论。

3. 身杀两停而无印通关的命局，在身或杀被激怒的岁运中，命主易有伤灾。官多为杀，故身官两停也同此论。

4. 五行过于偏枯的命局，只有三五行或两五行的命局，而这三五行或两五行之间又是相冲克的关系，则此三五行或两五行在岁运中增减力不均时，即引发五行之间的交战，即使岁运中明现了一个通关五行，也会发生使其中一五行增力，另一五行减力，而第三五行受冲克的情况，命主都易发生伤灾。

5. 日主一气专旺的命局，即所说的曲直格、润下格、从革格、炎上格、稼穑格等命局，在官杀或财星明现而又不现通关五行的岁运中，命主易发生伤灾。

6. 七杀强于日主，而食印弱极的命局，命主易有伤灾。

7. 假从、假化官杀格的命局，在日主得根欲独立的岁运中，命主易有伤灾。

8. 四柱干支组合多为盖头截脚，枭印和伤食同柱、官杀和食伤同柱的命局，在枭印夺食伤、食伤与官杀混战的岁运中，命主易有伤。

9. 四柱中干支之间刑冲合害多、生克无情的命局，在引发刑冲的岁运中，命主易有伤灾。

10. 四柱中水旺火衰和火旺水衰、水火两五行又短兵相接的命局，在水火相战的岁运中。如火被战败或旺火被激怒，命主易受火烧、水烫等高温之伤灾。

四柱中的伤灾信息，有时是和官灾、口舌、破财、六亲之灾同象的。当在岁运中出现不吉信息时，究竟是伤灾还是官灾、六亲之灾等，确实存在着难以具体决断的问题。对此提供如下参考：

1. 日干被冲克受损或被激怒时，多为自身伤灾。

2. 日主五行被刑冲克害，受损或被激怒时，多为自身伤灾。

3. 日支被刑冲克害，多为自身伤灾。

4. 用神受伤，多为自身伤灾。

5. 日主一气专旺被岁运所逆而怒性发作时，多为自身伤灾。

6. 伤官太旺而无制、泄或被激怒时，多为自身伤灾。

7. 两五行交战而导致日主受苦时，多为自身伤灾。

8. 岁运中出现官杀制身，而身并没增力，多为自身伤灾。

欲知伤灾在何处，则需弄通五行、干支与人体的对应关系，同时可在实践中灵活运用，并加以验证和总结。

1. 男，出生时间：农历一九六二年十月十七日巳时

```
         印      杀      日      杀
乾造：   壬      辛      乙      辛
         寅      亥      卯      巳
       甲丙戊  壬甲     乙    丙戊庚

行运：  壬子    癸丑    甲寅
         8      18      28
         70     80      90
```

岁运吉凶：1996年秋天发生车祸，骑摩托车被撞伤。

命理简析：此造原命局中日主偏旺，虽七杀两透，却虚浮无根，反被水泄而生木,使木有太旺的趋势。再逢水木旺的岁运木五行易有伤灾,逢辛金得根,水被冲合的岁运,木五行也易有伤灾。甲寅运,木之旺地,丙子流年,丙合辛,子刑卯,助亥冲巳,都在加大木的力量,使其旺无所依。

2. 男,农历一九五一年十月廿四日卯时

```
         才     伤     日     才
乾造:   辛     己     丙     辛
         卯     亥     寅     卯
         乙    壬甲   甲丙戊   乙
行运:  戊戌   丁酉   丙申   乙未   甲午
        5     15     25     35     45
       56     66     76     86     96
```

岁运吉凶:1992年元旦,跌伤。严重肝损伤,输血染入丙种肝炎。

命理简析:此造原命局日主坐印,支中杀印相生,日主偏旺。但局中其他三柱干支相战,财克印,伤官驾杀,因寅亥合,亥卯合,印制伤官,逢伤制杀或印制伤而又制不住的岁运,易有伤灾。1992元旦仍为辛未流年,大运乙未,命运岁三合木局,乙印透干制伤,但伤官也在岁运得强根而不服,生三辛而克一乙,故肝受伤。

3. 男,农历一九五六年六月廿七日未时

```
         财     伤     日     才
乾造:   丙     乙     壬     丁
         申     未     寅     未
        庚壬戊  己丁乙  甲丙戊  己丁乙
```

行运：丙申　丁酉　戊戌　己亥　庚子
　　　　1　　 11　　21　　31　　41
　　　　57　　67　　77　　87　　97

岁运吉凶：1998年七月初二晚十半点（即戊寅年庚申月壬寅日辛亥时）发生车祸，伤头脸。

命理简析：此造原命局中，日主虚浮无根，丁壬合化木，而生木向火，丙申同柱，寅申相冲，丙壬又相冲，火旺时必克金，日主得根必犯火怒。1998年戊寅，木火旺地，运在庚子，日主得根，五行交战的结果导致庚金受克，故伤头脸。

4. 男，农历一九三八年五月三十日寅时

```
           枭      枭      日      枭
乾造：     戊      戊      庚      戊
           寅      午      寅      寅
          甲丙戊   丁己    甲丙戊   甲丙戊
```

行运：己未　庚申　辛酉　壬戌　癸亥　甲子
　　　 4　　14　　24　　34　　44　　54
　　　42　　52　　62　　72　　82　　92

岁运吉凶：1997年摔伤右腿，右膝盖骨破裂。

命理简析：此造原命局中虽是三戊生一庚，但戊坐寅，印受财制，寅午合七杀近身，日主又虚浮无根，只好假从财官。最怕在岁运得根，又旺不起来，则必受官杀之制，金五行所以应之体位会遇伤灾。

5. 男，农历一九六二年四月十八日亥时

```
        才    比    日    杀
乾造：  壬    己    己    乙
        寅    巳    未    亥
      甲丙戊 丙戊庚 己丁乙 壬甲
```

行运： 丙午　丁未　戊申　己酉
　　　　5　　15　　25　　35
　　　 67　 77　 87　 97

岁运吉凶：1988年戊辰骑摩托车摔倒，被车砸伤左踝骨，轻度裂纹。

命理简析：此造原命局中寅巳相刑，寅木生巳火而向土，日主有太旺之嫌，但寅木毕竟是木，且得水生，支中又亥未拱木，乙木透干坐亥，七杀也不弱。如逢比劫或七杀再增力的岁运，易有伤灾。

6. 男命，农历一九六六年一月十七日戌时

```
        比    财    日    食
乾造：  丙    庚    丙    戊
        午    寅    申    戌
        丁己 甲丙戊 庚壬戊 戊辛丁
```

行运： 辛卯　壬辰　癸巳
　　　　9　　19　　29
　　　 75　 85　 95

岁运吉凶：1998年（戊寅）乙卯月发生车祸，造成头部受伤，住院两个多月方愈。

命理简析：此造原命局中丙火两透，年丙坐午，支合火局，日主身旺比劫旺，局中无水，火炎土燥不生金，庚金处在火的包围之中，虽有申金为根，却根气难通，再逢木火旺的岁运，庚金所对应的体位、器官易有伤灾。1998年戊寅，大运癸巳，都是木火旺地，戊癸做合，寅巳申三刑，也导致火金伤。

7. 男，农历一九五〇年五月初六日巳时

```
         财    杀    日    官
乾造：   庚    壬    丙    癸
         寅    午    戌    巳
        甲丙戊 丁己  戊辛丁 丙戊庚

行运：  癸未  甲申  乙酉  丙戌  丁亥
         6    16    26    36    46
        56    66    76    86    96
```

岁运吉凶：1984年曾摔成脑震荡。

命理简析：此造原命局中支合火局，日主偏旺，命局干支组合都是盖头截脚，易发生五行混战，官杀混杂却虚浮无根，1984年甲子，运在乙酉，都是财官得地，子午相冲，羊刃冲犯岁君，乙庚合，甲庚冲，木受伤。

8. 男，农历一九九〇年九月十六日午时

```
         劫    官    日    才
乾造：   庚    丙    辛    甲
         午    戌    未    午
        丁巳  戊辛丁 己丁乙 丁巳
```

行运：丁亥
　　　2
　　　92

岁运吉凶：1994年三月左脚一指被别人的小孩用锹锄断。

命理简析：此造原命局中官杀太重，戌未相刑，都是易受伤的信息，最怕伤官见官的岁运。大运丁亥，伤官驾杀，幸喜丁壬相合，亥未合拱木生火，1994年甲戌，日主得根临旺地，便戌未相刑又伤金，又土旺克亥水，故足有伤。

9. 男，农历一九五六年二月廿一日午时

```
        枭      伤      日      比
乾造：  丙      辛      戊      戊
        申      卯      戌      午
     庚壬戊    乙    戊辛丁    丁巳
行运： 壬辰    癸巳    甲午    乙未    丙申
        2      12      22      32      42
       57      67      77      87      97
```

岁运吉凶：1972年4月20日（壬子年乙巳月癸亥日）被人砍了两刀。

命理简析：此造原命局中印生比劫而身旺，喜官杀抑身，也喜食伤泄身，但辛金坐卯，喜用相战，幸干中丙辛合，支中卯戌合，虽官伤相见也两相无碍，但逢冲合的岁运，而又恰是金衰木旺之时，命主就会因财生官非口舌而受皮肉之苦。

10. 男，农历一九三六年七月十一日子时

```
        官   官   日   印
乾造：  丙   丙   辛   戊
        子   申   巳   子
        癸   庚壬戊 丙戊庚 癸

行运： 丁酉  戊戌  己亥  庚子  辛丑  壬寅
        4    14    24    34    44    54
        40   50    60    70    80    90
```

岁运吉凶：一九九七年一月廿二日早七点十五分（丁丑年壬寅月辛丑日辰时）在市浴池洗澡，掉进还没有调好的热水池中，除头以外，全部烫伤。

命理简析：此造原命局中日主辛金坐巳，为官杀近身，且干透两丙，争合辛金，官杀也有抑身之意，但支中丙子与申半合水，且巳申合金，丙辛合水，综合下来还是水旺火衰，命局干支又都是盖头截脚，包藏了水火相战的祸根，逢火旺的岁运，易受高温火烧水烫之伤。

11. 男，农历一九五七年二月廿四日早五点后

```
        劫   官   日   才
乾造：  丁   癸   丙   辛
        酉   卯   申   卯
        辛   乙   庚壬戊 乙

行运： 壬寅  辛丑  庚子  己亥
        6    16    26    36
        63   73    83    93
```

岁运吉凶：己卯年（1999年）壬申月丙辰日喝醉酒，用拳打玻璃窗，划破动脉，差点命丧黄泉。

命理简析：此造原命局干支组合较松散，除癸卯月柱外，其余三柱都是盖头截脚，印生身和财生官都是气势之生，日主又虚浮无根，看似身偏旺，实则外强中干，因癸水坐卯，官制劫也不得力，故在比劫实旺的岁运，或官杀实旺的岁运都易有事。1999年己卯，大运己亥，伤官制官，官气尽泄于印，印又暗制食伤，身旺无依。

12. 男，农历一九七四年二月四日申时

```
         印      劫      日      伤
乾造：   甲      丙      丁      戊
         寅      寅      酉      申
        甲丙戊  甲丙戊    辛    庚壬戊

行运：  丁卯    戊辰    己巳
         3      13      23
         77     87      97
```

岁运吉凶：1974年出世没多久左脚被烫伤，母亲生他差点死了。1987年丁卯年左手中指被刀削去一块肉。

命理简析：此造原命局旺木生旺火，比劫太旺，局中无官杀制身，戊土虚浮，也不足以泄身，再遇木火旺而无制泄的岁运，会因旺无所制而致灾。

13. 女，农历一九六九年八月廿日下午五点四十五分

```
       比    财    日    财
坤造： 己    癸    己    癸
       酉    酉    酉    酉
       辛    辛    辛    辛
```

行运： 甲戌　乙亥　丙子
　　　　2　　12　　22
　　　　71　　81　　91

岁运吉凶：幼时颈被开水烫伤，留有疤痕。

命理简析：此造原命局己土虚浮无根，日主之气尽泄于酉金，酉金又生癸水，金水呈太旺的态势，岁运遇火时易犯金怒而遭水克，如无其他干支化解时，易遭受火灾、高温的袭击而受伤。

14. 男，农历一九五一年五月十一日申时

```
       才      枭      日      比
乾造： 辛      甲      丙      丙
       卯      午      戌      申
       乙    丁己    戊辛丁  庚壬戊
```

行运： 癸巳　壬辰　辛卯　庚寅　己丑
　　　　3　　13　　23　　33　　43
　　　　54　　64　　74　　84　　94

岁运吉凶：1997年（丁丑）出车祸受伤。

命理简析：此造原命局中日比太旺，喜食伤泄身，但局中金木各自

有根独立，又无水通关，逢食伤财旺的岁运，或丁火透干的岁运，会发生火金相战或金木相战的局面而必有一伤。己丑大运，金临旺地，但甲己做合，木不受克，丁丑流年，丁火克辛。

15. 男，农历一九六二年四月十四日亥时

```
        印    比    日    食
乾造：  壬    乙    乙    丁
        寅    巳    卯    亥
       甲丙戊 丙戊庚  乙   壬甲

行运：  丙午   丁未   戊申
         7     17    27
        69     79    89
```

岁运吉凶：1995年被人误作仇人打至重伤。

命理简析：此造原命局中日比太旺，寅巳刑，亥卯合，食伤火也不弱，用神可谓得力，但最怕岁运遇克伐而逆其性，犯其怒。1995年乙亥，大运戊申，木又遇生扶旺地，但运支申金冲寅而犯木之怒，寅刑巳，巳刑申，金五行出现反受伤，不是官非口舌，就是自身受伤。

16. 男，农历一九七五年二月十四日卯时

```
        财    枭    日    比
乾造：  乙    己    辛    辛
        卯    卯    未    卯
         乙    乙  己丁乙  乙
```

行运：戊寅　丁丑
　　　 7　 17
　　　 82　 92

岁运吉凶：1994年在广州商场打架，被人打至重伤，头部大出血昏迷差点死去。

命理简析：此造原命局中辛金两透，又有己未两土生，看似偏旺，实则外强中干，辛金虚浮无根，己未两土也被旺木所制，但毕竟比劫两透，在局中又有生无克，如在岁运得根，得志便猖狂，不是旺金克旺木，就是旺木反克金，终有一伤。

17. 男，农历一九四五年十二月十三日丑时

```
        杀    比    日    杀
乾造：  乙    己    己    乙
        酉    丑    丑    丑
        辛  己癸辛 己癸辛 己癸辛
```

行运：戊子　丁亥　丙戌　乙酉　甲申
　　　 3　 13　 23　 33　 43
　　　 48　 58　 68　 78　 88

岁运吉凶：1998年有车祸。

命理简析：此造原命局中比劫太旺，七杀乙木虽两透天干，但无本气根，且乙木坐酉，食伤驾杀，七杀不足以抑身，但逢七杀临旺的岁运易有伤灾。

18. 女命

```
        印      食      日      印
坤造：  丙      辛      己      丙
        午      卯      卯      寅
        丁己    乙      乙      甲丙戊
```

行运： **庚寅**　己丑　戊子　丁亥　丙戌　乙酉

岁运吉凶：命主于辛未年，因车祸撞断了一条腿。

命理简析：此造原命局日主己土得干中两丙之生，通根于午，支中又木火相生，日主偏旺，但也坐卯近杀，且局中杀旺，丙辛做合，忘生日主，辛金无根却坐印，易犯官杀，逢身杀抗衡之岁运或食伤惹犯官杀之岁运，易有伤灾。

19. 男，农历一九六六年五月十六日寅时

```
        食      比      日      食
乾造：  丙      甲      甲      丙
        午      午      子      寅
        丁己    丁己    癸      甲丙戊
```

行运： 乙未　丙申　丁酉　戊戌
　　　　1　　11　　21　　31
　　　　67　　77　　87　　97

岁运吉凶：1996年11月开三轮车翻车，差点丧命，住院一年病情好转。

命理简析：此造原命局中看似日主偏旺，实则木气尽泄于火，食多为伤，伤官太重，怕水旺的岁运犯其怒，因支中有子午冲，尤怕生扶子水的岁运，不是犯火怒而伤金焚木，就是遭水火之灾。

20. 男，农历一九六六年九月廿二日卯时

```
        劫      伤      日      杀
乾造：  丙      戊      丁      癸
        午      戌      卯      卯
        丁己   戊辛丁   乙      乙

行运：  己亥    庚子    辛丑    壬寅
         1      11      21      31
        67      77      87      97
```

岁运吉凶：1999年五月初十（己卯年庚午月丙午日），命主在烧结厂烘窑周围查看，窑壁突然决口，炭火从决口处漏出地面，致使下半身重度烧伤。

命理简析：此造原命局中午戌合火，卯戌合火，戊癸合火，看似一片火海，日主旺极，实则戊土坐戌，伤官独立，日主只是太旺，宣泄不宜克，局中一点癸水，反成祸水，且戊癸合，伤官驾杀，终有后患。火旺时，会因火致灾，水旺时，又会因水致灾。1999年己卯，大运壬寅，丁壬合木，己土克尽癸水，寅午戌火局得化，日主旺无所制，因火旺致灾。

21. 男，农历一九六三年七月十四日亥时

```
        杀      才      日      财
乾造：  癸      庚      丁      辛
        卯      申      未      亥
        乙    庚壬戊  己丁乙   壬甲
```

行运： 己未　戊午　丁巳　丙辰
　　　　 8　　 18　　 28　　 38
　　　　71　　81　　91　　01

岁运吉凶：1998年搞建筑工程纯挣30多万元，六月双腿断。

命理简析：此造原命局中看似旺金生水，财官两旺，但癸水坐卯，亥卯未又三合拱火，七杀生身力大而制身力小，故日主还是偏旺的，再逢木火旺的岁运，金五行易受伤。大运丁巳，火之旺地。1998年戊寅，木火旺地，岁君戊土又合住癸水，火旺无制而克金，支中寅又冲申，故有骨折之伤。

22. 男，农历一九八〇年十月初七日子时

　　　　　　劫　　　杀　　　日　　　印
乾造：　　庚　　　丁　　　辛　　　戊
　　　　　申　　　亥　　　卯　　　子
　　　　庚壬戊　壬甲　　乙　　　癸

行运：戊子　己丑
　　　　 8　　 18
　　　　88　　98

岁运吉凶：1999年公历5月4日在南宁市读中专，有一晚外出被人砍了几刀，背部缝了十八针。

命理简析：此造原命局中因比劫旺而日主偏旺，喜官杀抑身，喜食伤泄身，但局中丁火坐亥，伤官驾杀，喜用交战，除庚申一柱外，其余三柱都是盖头截脚组合，这种命局总是多事的。局中较薄弱的五行是丁火和戊土，都虚浮无根，因亥卯合，七杀形同坐印，还是有制身之力的。逢木火旺的岁运，则土金两五行易伤。大运己丑，本是土之旺地，

但亥子丑三合水局，1999年己卯，子卯相刑，木旺克土，四月火旺克金，故有一伤。

23. 男，农历一九六九年八月二日申时

```
         枭    食    日    官
乾造：   己    癸    辛    丙
         酉    酉    卯    申
         辛    辛    乙    庚壬戊
```

行运： 壬申   辛未   庚午
         2   12   22
        71   81   91

岁运吉凶：1972年跌破嘴唇伤口有二寸长，1980年十一月初七午时（庚申年戊子月庚申日壬午时）股骨折伤灾，住院二个月。

命理简析：此造原命局中丙辛合，日主太旺，木火两五行太弱，如再遇金旺或水旺的岁运，木火所对应的体位、器官就易有伤灾。1972壬子，大运壬申，子刑卯，壬冲丙，故唇伤。1980年庚申，大运壬申，都是金之旺地，对木不利，故伤股。

24. 男，农历一九五六年一月廿五日寅时

```
         才    偏    日    伤
乾造：   丙    辛    癸    甲
         申    卯    酉    寅
         庚壬戊  乙   辛   甲丙戊
```

```
行运：壬辰  癸巳  甲午  乙未
      10    20    30    40
      66    76    86    96
```

岁运吉凶：1996年撞车受伤。1998年又撞车受伤。

命理简析：此造原命局癸水坐酉，通根于申，丙辛又合水，看似日主弱，实则日主之气尽泄于伤官，支中金木相战，卯酉相冲，寅申相冲，易有伤灾，金旺而水不能通关时则伤木，木旺而火不能通关时则伤土，木旺而伤金。乙未大运，木旺之地。1996丙子，子卯刑而木火旺，必伤金。1998年戊寅，戊癸合，寅申冲，土金均伤。从神煞上讲，即是金舆马星逢冲。

25.男，农历一九六六年正月十六日卯时

```
         伤    官    日    财
乾造：  丙    庚    乙    己
        午    寅    未    卯
        丁己  甲丙戊 己丁乙  乙
```

```
行运：辛卯  壬辰  癸巳
      10    20    30
      76    86    96
```

岁运吉凶：1996年四月开拖拉机翻车受重伤，死里逃生。

命理简析：此造原命局中日主偏旺，伤官太旺，伤官见官，而官又太弱，这都是易受伤的信息，最怕冲犯伤官的岁运。大运癸巳，寅巳相刑，巳午未合火局，伤官更旺。1996年丙子，子午相冲，子未相害，子卯相刑，故有重伤。

26. 男，农历一九五七年五月初九丑时

```
         枭    杀    日    杀
乾造：   丁    乙    己    乙
         酉    巳    酉    丑
         辛  丙戊寅   辛   己癸辛
```

行运： 甲辰　癸卯　壬寅　辛丑
　　　　10　　20　　30　　40
　　　　67　　77　　87　　97

岁运吉凶：1999年正月被弟弟用斧头砍伤头肩手。

命理简析：此造原命局中支合金局，伤官太重，而干中又七杀两透，这都是易受伤的信息，逢伤旺，七杀旺，或伤官七杀同旺的岁运，易发生伤灾，大运辛丑，金之旺地。1999年己卯，卯酉相冲，故头肩手受伤。

27. 男，农历一九七一年十一月廿五日辰时

```
         比    比    日    伤
乾造：   辛    辛    辛    壬
         亥    丑    丑    辰
         壬甲  己癸辛 己癸辛 戊乙癸
```

行运： 庚子　己亥　戊戌
　　　　2　　 12　　22
　　　　73　　83　　93

岁运吉凶：1991年到深圳打工被铁丝击中左眼差点弄瞎，又被打劫打伤。

命理简析：此造原命局中比劫三透，坐丑为印得根，日主太旺，这

不仅是取决于比劫多，而更在于得旺土之生。然日主之旺气又泄于水，壬水不仅得三辛之生通根于亥，还通根于丑辰三土之中，命局五行相生的落点是伤官水太旺，局中水土均旺，金无本气根，便潜伏了伤灾的信息，己亥运，水旺之地，1991年辛未，土之旺地，丑未相冲，土旺克水必犯水怒克火，故伤目。

28. 男，农历一九九二年冬月廿九日寅时

```
         比    比    日    比
乾造：   壬    壬    壬    壬
         申    子    申    寅
        庚壬戊  癸   庚壬戊 甲丙戊

行运：癸丑
       5
       97
```

岁运吉凶：一九九四年七月十四日（甲戌年壬申月戊寅日）跌伤手腕脱节。

命理简析：此造原命局中日主太旺，支中又有寅申相刑冲的组合，伤灾信息。岁运中宜见木而不宜再见金水，也不宜见火土。1994年甲戌，干透甲木本是日主所喜，但寅戌有拱火之嫌，小运又是乙巳，构成寅巳申三刑而犯金水之性，故于申月三申冲一寅而伤肢。

29. 男，农历一九七九年三月二十六日戌时

```
         比    劫    日    官
乾造：   己    戊    己    甲
         未    辰    未    戌
        己丁乙 戊乙癸 己丁乙 戊辛丁
```

行运：丁卯　丙寅
　　　　6　　16
　　　　85　 95

岁运吉凶：1989年丑月摔断腿骨。

命理简析：此造原命局中甲己合化土，而成日主一气专旺之稼穑格，逢逆其势的岁运易有伤灾。且甲木毕竟为官杀，又在辰未中有根，如在岁运得根即可独立而制身犯怒，局中又辰戌相冲而伤木火，未戌相刑而伤金，这都是易有伤灾的信息。大运丁卯，木之旺地，1989年己巳，土旺之地，时在丑月，引发丑未冲和丑未戌三刑，刑旺致灾。

30. 男，农历一九六七年一月十二日子时

```
        食     印     日     伤
乾造：  丁     壬     乙     丙
        未     寅     卯     子
      己丁乙 甲丙戊   乙     癸
```

行运：辛丑　庚子　己亥
　　　　5　　15　　25
　　　　72　 82　 92

岁运吉凶：1996年七月因油漆厂起火脸被烧得很惨。

命理简析：此造原命局日主乙木太旺，喜火泄身，然丁壬合木，丙火坐子，伤枭同柱，水火相战，遇水旺的岁运，会因火生灾，逢火旺的岁运，又会因水生灾。1996年丙子，水之旺地，大运己亥也是水之旺地，岁君又是丙火，故有烧伤之灾。

31. 男，农历一九三九年九月十六日午时

```
         劫      杀      日      比
乾造：   己      甲      戊      戊
         卯      戌      戌      午
         乙    戊辛丁   戊辛丁   丁己
```

行运：　癸酉　壬申　辛未　庚午
　　　　 6　　 16　　 26　　 36
　　　　46　　 56　　 66　　 76

岁运吉凶：癸丑年（1973年）因车祸几乎死去。

命理简析：此造原命局日主太旺，本喜食伤泄身，却七杀透干，以卯为根，虽说是甲己合土，卯戌合火，但七杀仍有独立之象，这就是伤灾的信息，逢七杀增力制身犯怒，身旺又行旺地，食伤制杀的岁运都易生伤灾。1973年癸丑，运在辛未，癸水滋杀，伤官制杀，丑未相冲，丑未戌相刑，都是伤灾的信息。从神杀角度讲，金舆星被刑冲，应为车祸。

32. 男，农历一九五六年十二月初八丑时

```
         杀      劫      日      官
乾造：   丙      辛      庚      丁
         申      丑      辰      丑
        庚壬戊   己癸辛   戊乙癸   己癸辛
```

行运：　壬寅　癸卯　甲辰　乙巳
　　　　 9　　 19　　 29　　 39
　　　　65　　 66　　 76　　 86

岁运吉凶：在1994年九月骑摩托车撞伤。

命理简析：此造原命局中，日主太旺，本喜食伤泄身，但局中却官杀并透而虚浮无根，逢官杀得根，官伤相见，日主又增旺的岁运，都易有伤灾。大运甲辰，官杀增力，日主也增力，但甲庚相冲，以木五行不利，1994年甲戌，官杀得根又增力，日主也得根临旺地，但辰戌相冲，丑戌相刑，却犯了官杀之怒，同时土旺生金，旺金必克木，矛盾交叉之下，日主必有伤灾。从神煞的角度看，甲戌年，是金舆星逢刑冲。

33. 男，农历一九五七年三月三日晚十点半

```
        伤      印      日      劫
乾造：  丁      癸      甲      乙
        酉      卯      辰      亥
        辛      乙    戊乙癸   壬甲

行运：  壬寅    辛丑    庚子    己亥
         9      19      29      39
        66      76      86      96
```

岁运吉凶：1997年八月被砂轮据掉右手二指。

命理简析：此造原命局中日主太旺，本喜食伤泄身，但丁火虚浮无根，且丁酉同柱，伤官见官，局中又丁癸相冲，卯酉相冲，这都是易有伤灾的信息。大运己亥，甲己做合，亥卯做合，水木旺地，1997年丁丑，酉丑合金，八月又是金之旺地，引发卯酉相冲而伤卯，故手指有伤。

34. 男，农历一九六二年十月三日戌时

```
        伤     劫     日     印
乾造：  壬     庚     辛     戊
        寅     戌     丑     戌
       甲丙戊  戊辛丁 己癸辛  戊辛丁
```

行运： 辛亥　壬子　癸丑　甲寅
　　　 3   13   23   33
　　　 65   75   85   95

岁运吉凶：1984年十二月廿九日（乙丑年戊寅月戊子日）晚回途中掉入八九米深的石坑里，摔伤头部，经一个月抢救，头部开刀，死里逃生，显痴呆，一年后才逐步恢复记忆，能正常工作。

命理简析：此造原命局中土金一气太旺，喜壬泄身，但支中丑戌相刑，壬水无根，最忌甲木透干。乙丑年运在壬子，运是好运，但子被丑合，且引发丑戌刑，金旺克木，故伤头，震荡脑神经。

35. 女，农历一九九二年一月二日巳时

```
        伤     伤     日     食
坤造：  壬     壬     辛     癸
        申     寅     亥     巳
       庚壬戊  甲丙戊 壬甲   丙戊庚
```

行运： 辛丑　庚子
　　　 0   10
　　　 92   02

 圆通达观（中）

岁运吉凶：一九九六年二月十一日午后一点钟（丙子年辛卯月乙丑日壬午时），不小心掉进学校熬好后待凉的药盆里，全身严重烫伤，抢救一月余，死里逃生。

命理简析：此造原命局中食伤太旺，癸巳同柱，支中巳亥相冲，寅巳申三刑，这都是易受伤的信息，而且多因水火之争而受害。九六丙子，运在辛丑，亥子丑会水局，丙火透干而受冲克，必会发生因火或高温而受伤。

36. 女，农历一九八七年九月十三日戌时

```
         比      才      日      才
坤造：   丁      庚      丁      庚
         卯      戌      巳      戌
         乙    戊辛丁  丙戊庚  戊辛丁

行运：  辛亥    壬子
         1      11
        88      99
```

岁运吉凶：1994年夏天冲凉时被洗面池掉下扎破左手缝了十九针。

命理简析：此造原命局日主偏旺，财也不弱，火金相战，喜土通关，而忌木火，火旺则金伤，金旺则木伤。1994年甲戌，运在辛亥，亥卯合木生火，但亥也冲巳，羊刃逢冲，日主减力，戌为土金旺地，甲庚相冲，木必受伤，故有伤手之灾。

37. 男，农历一九五八年正月廿五日午时

```
         枭      才      日      食
乾造：   戊      乙      庚      壬
         戌      卯      寅      午
         戊辛丁   丁    甲丙戊   丁己
```

行运： 丙辰　丁巳　戊午　己未
　　　　7　　17　　27　　37
　　　 65　　76　　85　　95

岁运吉凶：一九九七年十月廿一日（丁丑年辛亥月丙寅日）命主发生车祸，至使头部轻伤，胸肺重伤。

命理简析：此造原命局中支合火局，日主庚金虚浮无根，杀重身轻，喜克泄而不喜生扶，但时柱壬水坐午，喜用相战，最易犯官杀而伤身，1997年丁丑，运在己未，土金旺地，丑中既有金之根，也有水之根，身与食伤都想独立，丑未戌三刑，丑午相害，均牵动了七杀火气而制金，故有伤头伤肺之灾。

38. 男，农历一九五八年七月十七日巳时

```
         枭      比      日      劫
乾造：   戊      庚      庚      辛
         戌      申      辰      巳
         戊辛丁   庚壬戊   戊乙癸   丙戊庚
```

行运： 辛酉　壬戌　癸亥　甲子
　　　　3　　13　　23　　33
　　　 61　　71　　81　　91

岁运吉凶：1998年寅月摔伤腿、脚，几月未能走路。

命理简析：此造原命局中日主太旺，本喜食伤水泄身，但局中枭印也旺，潜伏着枭印夺食伤的信息，时支又为巳火七杀，岁运一旦逢旺，不是转生旺身，就是制劫犯怒，支中又巳申刑，辰戌冲，这些都是易有伤灾的信息。1998戊寅年，运在甲子，甲木透干无水通关，群比劫财，但流年为木之旺地，而导致寅巳申相刑，故伤腿脚。

39. 男，农历一九七二年六月初五卯时

```
       官    比    日    杀
乾造：  壬    丁    丁    癸
       子    未    未    卯
       癸   己丁乙 己丁乙  乙

行运：  戊申   己酉   庚戌
        4     14    24
        76    86    96
```

岁运吉凶：1994年被流氓用茅刀把肩砍成重伤。

命理简析：此造原命局中丁火两透，得两未中余气通根，日主身本不弱，但官杀混杂，丁癸相冲，丁壬作合，制身也很有力，两丁坐两未，食伤也不弱，且子未相害，官伤相战，易有祸端。全赖癸水坐卯，卯未又合，印可化杀生身。1994年甲戌，运在己酉，甲己合，戌未相刑，土旺克子水，卯酉冲，冲伤用神，又解开卯未合，官伤相战，日主必受伤。

40. 男，农历一九五四年正月十五日寅时

```
        比      食      日      食
乾造：  甲      丙      甲      丙
        午      寅      辰      寅
        丁己    甲丙戊  戊乙癸  甲丙戊

行运： 丁卯   戊辰   己巳   庚午
        6     16    26    36
       60    70    80    90
```

岁运吉凶：一九九二年六月廿三围墙倒下，砸伤手、头脊柱，留有"腰脱后遗症"。

命理简析：此造原命局中，食伤太旺，喜泄旺火之气，忌水逆其性，也忌金伤木。1992年壬申，运在庚午，丙壬相冲，寅申相冲，甲庚相冲，岁运命一片战乱，金伤木，火伤金，故有手、脊柱之伤。

第七节　从四柱中看残疾之灾

残疾是指某个肢体或器官是完全或部分丧失了功能，或残缺不全，足以影响到这个人的正常生活能力的一种生理现象。它给人所造成的痛苦，不仅是肉体的，更多更突出地是体现在精神上的，而且是终生的。因此，它是较疾病伤灾更为严重的一种凶灾，也是命理学研究的重要课题之一。

残疾是个笼统的概念：从大的方面来区分，还需分成智残和体残两大类。本集主要论述的是体残。体残又可细分为瘫痪、截瘫、手足残、四肢残。器官残（聋、哑、瞎）等。至于智残，将放到《聪明、愚顿》

一集中去讨论。

造成人残疾的原因主要有三方面：一是疾病落下后遗症，二是受伤落下的后遗症，三是先天不足。因此，命局中也是带有这方面的信息的，也是可以通过命局预测技术进行预测的。有些残疾也是可以通过五行调整加以避免或减轻灾害程度的。

在命局预测技术中，残疾的信息与伤灾疾病的信息大体上是相同的，体现在五行上，都是某五行太弱，在岁运中又遇到有克无生的打击所造成的，但在着眼点和推理方法上又有所不同：

1. 在预测一个人的伤病灾时，主要是依据原命局中某个五行的整体力量是太弱或太旺，在某个岁运中又遭遇到雪上加霜的逆境来做出判断的。在预测一个人的残疾之灾时，不仅要看某个五行的整体力量的旺衰，更要具体地去看某个干支的旺衰。

2. 在预测一个人的伤病灾时，要通过命局的整体组合情况来综合判断某一五行的旺衰，而在预测一个人的残疾灾害时，更要具体地去看某个干支在命局中的位置组合情况。如果某一个干支在命局中所处的环境十分恶劣，上下左右都是克泄耗，有根不通气，有生生不着，有帮帮不上，即使这个干支所代表的五行的整体力量在命局中并不算太弱，但这个干支本身却是孤立无援的，可称做是死木一枝，死火一点，死金一块，死水一潭，当其上下左右克泄他的干支在岁运中又增旺并被引动时，这个干支就会被彻底地克绝，这个干支所代表的肢体或器官就会出现功能方面的问题而导致残疾。

3. 当命局中某个干支在岁运中被克绝时，这个干支所对应的肢体或器官就至少会有病或受伤；当这个干支在某个岁运被克绝后，却在随后的流月流年和大运中得到了生扶，一般应伤病断；如在此后的流月流年和接连几步大运中都是雪上加霜、毫无生机和复苏的希望的话，一般应断为残疾或残废。

4. 如原命局中某个五行的某个干支在原命局中处于被克绝的状态，而生年生月生日及小运又都是雪上加霜的，在此后的岁运中也了无生机，一般应断为先天性残疾。

5. 原命局中日主五行太旺时，一般都是导致命主伤、病、死亡之灾，而不会导致残疾。

6. 在预测残疾时，不能单把日干看成是命主，而是要把整个命局命局八个字当成一个整体来看，看成是命主的身体。而命局中的每个干支都各自对应着这个身体的躯干、四肢和五官。

7. 在预测残疾时，不必考虑日主的旺衰，可只看原命局中各个五行干支的旺衰及位置组合，看是否有某人五行的干或支处于被克绝的境地，在岁运中有救无救，有救为伤病，无救为残疾。

8. 在预测残疾时，不必考虑日主的喜忌，但导致肢体或感官残废而被克绝的那个五行干支，往往都是日主的喜用神，或是理论上的喜用神。而为忌神时，往往都是自残。

9. 手脚之残大都是木五行干支被克绝；四肢之残也大都是木五行干支被克绝，但同时伴随着金五行干支也严重受伤，或金五行干支被克绝，又同时伴随着五行干支严重受伤；瘫痪、高位截瘫、植物人等与智残的命理原因有着共同之处，大都是日主本身为甲乙木，而被克绝；独眼或双目失明，大都是火五行干支被克绝；聋大都是水五行干支被克绝；哑大都是金五行干支被克绝。

10. 上述致残的命理原因只是个一般规律，或者叫做大致的情况。因为五行之间的生克是有连带关系的。五行之间的旺衰是相互影响的。在具体实践中，千万要注意；不能孤立地根据某个五行干支被克绝，就去武断这个干支所对应的肢体、器官有残疾，还要进一步开扩一下视野，还要考虑一下，当这个五行干支被克绝后，还会对其他五行干支造成什么样的后果，是否还有其他相关的五行干支也因唇亡齿寒的关系而被克绝。如水五行干支被克绝后，金五行干支就失去了防护，也可能就被旺火克绝。这在中医的五行理论中也讲："水主肾、肾藏精，主骨生髓，开窍于耳、目，其华在发。"一个水五行干支被克绝，具体所引发的体症，可能是性功能和生育能力的丧失，也可能导致眼瞎、耳聋，也可能骨有伤残。只有全面综合考虑之后，才能断得准确到位。这是需要有十分丰富的实践经验才能做得到的，一般的命家能够根据某五行干支

圆通达观(中)

在某步岁运被克绝而断出："身有残疾"，就已经是神断了。

与提取命局中的伤病信息一样，对一些偏枯的命局，对那些只有两个或三个五行的命局，对那些某个五行深藏不现的命局，一定要考虑到当这个命局所缺或深藏的五行干支在岁运中出现或逢冲时又被克绝，也会导致其所对应的肢体或五官的残疾的。

1. 男，农历一九六三年三月一日申时

```
         杀    枭    日    伤
乾造：   癸    乙    丁    戊
         卯    卯    卯    申
         乙    乙    乙    庚壬戊

行运： 甲寅  癸丑
        6    16
        69   79
```

岁运吉凶：长期眼病，一九七五年乙卯失明。

命理简析：此造原命局中木太旺，日主丁癸相冲的组合，故长期眼病。1975年乙卯，运在甲寅，丁火终于在寅中得根，却遭申冲，寅中一点丙火被申中壬水冲灭，至此岁运命一片旺木，木多火熄，在此后的运程中更无死灰复燃之机，故失明。

2. 女，农历一九六五年十二月一日卯时

```
         财    印    日    比
坤造：   乙    戊    辛    辛
         巳    子    亥    卯
         丙戊庚 癸  壬甲   乙
```

行运： 己丑　　庚寅　　辛卯
　　　　5　　　　15　　　　25
　　　　70　　　80　　　　90

岁运吉凶：1998年自己用刀将左手砍掉。

命理简析：此造原命局中日主辛金虽比劫两透，却虚浮无根，最忌乙卯木耗身克印，特别是年干乙木，不仅与日主相冲耗身，还生助巳火官杀，是日主的肉中刺，眼中钉，而乙木坐巳近戌，又被两辛冲，自身也了无生机。1998年戊寅，运在辛卯，虽然都是木旺之地，但子卯刑，寅巳刑，都是日主所忌，故三辛围克一乙木，将其拦腰斩断，故有自残断臂之举。

3. 男，农历一九六三年九月十五日未时

```
        杀      官      日      比
乾造：  癸      壬      丁      丁
        卯      戌      未      未
        乙   戊辛丁  己丁乙  己丁乙
```

行运： 辛酉　　庚申　　己未
　　　　8　　　　18　　　　28
　　　　71　　　81　　　　91

岁运吉凶：1971年辛亥，因小儿麻痹引起经络萎缩致残。

命理简析：此造原命局卯戌合火，未戌相刑，金伤火闷，丁壬相合，丁癸相冲，水火交争，幼儿期遇岁运引发，易发高烧。1971年辛亥，水之旺地，大运辛酉，金之旺地，卯酉相冲，卯木被克翻，在此后的运中也毫无生机，必有发高烧而损伤神经之事，症在小儿麻痹。

4. 男，农历一九九〇年十月十日亥时

```
        官   食   日   食
乾造：  庚   丁   乙   丁
        午   亥   未   亥
        丁己 壬甲 己丁乙 壬甲

行运： 戊子   己丑
        4     14
        94    04
```

岁运吉凶： 小时多病打针致聋哑，讲不出话。

命理简析： 此造原命局中，亥未在午火之上，丁亥同柱，岁运发生水火相战时，丁午火必夹克庚金，庚金必伤无疑，金伤则不鸣；月支亥水处在午未丁的环境包围之中，午未相合，亥未相合，午亥相合又相刑，逢水火相战的岁运，此亥水也必受伤，水伤则耳不聪。

5. 男，农历一九六五年正月十二日上午五点多生

```
        官    比    日    官
乾造：  乙    戊    戊    乙
        巳    寅    戌    卯
       丙戊庚 甲丙戊 戊辛丁  乙

行运： 丁丑   丙子   乙亥   甲戌
        3     13     23     33
        68    78     88     98
```

岁运吉凶： 二岁时患小儿麻痹致残。

命理简析：此造原命局中日主戊土偏旺，木本为喜用，但寅戌拱火，卯戌合火，寅巳相刑，一旦逢火透干的岁运，就会化木生土，使日主旺而无制无泄。特别是年干乙木坐巳，将遭遇火旺木焚的命运，寅戌拱火，寅巳相刑，巳中庚金，戌中辛金，都会受伤。命主二岁时流年丙午，小运癸丑，丙火透干，戊癸合火，寅午戌成局，丑戌相刑，必有发高烧损伤神经筋骨之事。

6. 女，农历一九四八年正月十六日早四点

	枭	财	日	枭
坤造：	戊	甲	庚	戊
	子	寅	辰	寅
	癸	甲丙戊	戊乙癸	甲丙戊
行运：	癸丑	壬子	辛亥	庚戌	己酉
	7	17	27	37	47
	55	65	75	85	95

岁运吉凶：壬子运，因文化大革命至灾，丙午年伤残。

命理简析：此造原命局中日主庚金虽坐印得生，但毕竟无本气根，只是得旺印生，但局中却财旺克印，寅辰又会东方木气，特别是戊子、戊寅这种干支组合，使戊土并无多大的生克之力，在岁运中，无论是发生水火相战，还是金木相争，抑或是水土交锋，都易使庚金受伤。壬子大运，丙午流年，水火相战，日主受苦，庚金首当其中，而被克绝。

7. 男，农历一九九二年十二月廿二戌时

	印	枭	日	伤
乾造：	壬	癸	乙	丙
	申	丑	未	戌
	庚壬戊	己癸辛	己丁乙	戊辛丁

行运：甲寅
　　　　7
　　　　99

岁运吉凶：小时脑膜炎，全瘫在床上，变成植物人。

命理简析：此造原命局中日主乙木坐未本为有根，但因丑未戌三刑的组合，其根被刑伤，尽管有壬癸二水透干，乙木却不受生。这是一种神经脆弱的信息。未交大运时的丙子、丁丑、戊寅流年，及初运甲寅，寅申相冲，反而祸及乙木，故脑病致残。

8. 男，农历一九五六年八月初四日酉时

```
        枭      印      日      伤
乾造：  丙      丁      戊      辛
        申      酉      寅      酉
     庚壬戊    辛    甲丙戊    辛

行运： 戊戌    己亥    庚子    辛丑
        10      20      30      40
        66      76      86      96
```

岁运吉凶：出生后七个月就患小儿麻痹症，左脚轻残。

命理简析：此造原命局支中申酉三金串通一气冲克寅木，寅木毫无生机，干透两火无根，又局中无水，这都是易患小儿麻痹症的信息。流年丁酉、小运癸亥，丁癸相冲必发高烧，寅木受冲克，是神经有病。但寅毕竟有亥生合，故为轻残。

9. 女，农历一九七一年四月十二日寅时

```
         比      伤      日      劫
坤造：   辛      壬      辛      庚
         亥      辰      卯      寅
         壬甲   戊乙癸   乙    甲丙戊

行运：   癸巳    甲午
          0      10
         81      91
```

岁运吉凶：命主是瘸子。

命理简析：此造原命局中支会寅卯辰木局，干透庚辛三金，辛卯庚寅同柱，埋下了金木相战的危机，逢岁运引发必有一伤，而且行运都是对木不利的，故有腿残之事。

10. 男，农历一九七五年九月十九日三点十分

```
         伤      财      日      比
乾造：   乙      丙      壬      壬
         卯      戌      寅      寅
         乙    戊辛丁   甲丙戊  甲丙戊

行运：   乙酉    甲申
          5      15
         80      90
```

岁运吉凶：1976年十二月掉进火坑，将右手烧伤致残，面部留有疤痕。

命理简析：此造原命局木火太旺，壬水无根，但寅戌拱火丙壬相冲的组合，必会导致岁运中的水火相战，使命主受高温烧烫之苦。1976年丙辰，小运庚子，寅卯辰会木局助火，两壬在岁运中也得生通根，水火相战，日主受苦，乙庚做合，乙因庚受火克而受克，故有烧伤手而致残之事。

11. 女，农历一九七八年十一月廿六日未时

```
         印    才    日    财
四柱： 戊    甲    辛    乙
       午    子    酉    未
       丁己  癸    辛    己丁乙
```

行运： 癸亥　壬戌　辛酉　庚申　己未　戊午　丁巳

岁运吉凶：命主伤残，肌肉萎缩。

命理简析：按十一月辛金因寒冬雨露，最忌冻金而困丙，故宜丙火调候为急，然用丙亦忌水火相冲。此坤造辛酉日生于甲子月，地支未酉生扶，可惜年月子午相冲，癸丁皆伤，辛金之最爱壬丙不出皆难言贵，况且此造戊午年生于甲子月天克地冲，日时辛酉、乙未亦是金木交集，水火受创难成既济之功，故命主肌肉萎缩为一伤残之命造。

12. 男，农历一九三四年八月二十五日申时

```
         印      杀    日      伤
乾造： 甲      癸    丁      戊
       戌      酉    未      申
       戊辛丁  辛    己丁乙  庚壬戊
```

行运： 甲戌　乙亥　丙子　丁丑　戊寅　己卯　庚辰
　　　　2　　12　　22　　32　　42　　52　　62
　　　　36　　46　　56　　66　　76　　86　　96

岁运吉凶：1975年手伤残。

命理简析：此造原命局中日主偏弱，甲木本为喜用，但局戌未相刑，甲木虚浮无根，全赖癸水相生，然癸水也无本气根，全赖坐酉相生，但因有戊癸合，癸水难生甲木，局中土金两旺，哪有木五行的生存余地。大运丁丑，土金旺地，1975年乙卯，流年助木，奈何卯酉相冲，反导致自身木五行受伤。

13. 女，农历一九六二年四月二十四日亥时

　　　　印　　比　　日　　食
坤造：　壬　　乙　　乙　　丁
　　　　寅　　巳　　丑　　亥
　　　甲丙戊　丙戊庚　己癸辛　壬甲

行运： 甲辰　癸卯　壬寅　辛丑
　　　　7　　17　　27　　37
　　　　69　　79　　89　　99

岁运吉凶：1997年六月（丁丑年丁未月）跌至重伤致残。

命理简析：此造原命局中木火旺而金衰，巳亥相冲，巳丑又拱金，巳中庚金本为真金，奈何局中却有寅巳相刑的组合，如在岁运中逢未冲丑、丑未戌相刑、寅巳相刑、寅午戌合火等情况，反会使巳中庚金被克绝，金为筋骨，故有重伤致残之事。

14. 男，农历一九七三年五月十九日午时

```
        正      食      日      印
乾造：  癸      戊      丙      甲
        丑      午      戌      午
       己癸辛  丁己    戊辛丁   丁己

行运： 丁巳    丙辰    乙卯
        4      14      24
       77      87      97
```

岁运吉凶：1998年四月廿二日（戊寅年丁巳月甲子日），在回家的路上被车撞伤，造成一条腿残疾。

命理简析：此造原命局中火土太旺而水木金太衰，甲木虚浮无根，其气被丙午火盗泄殆尽，癸水虽坐丑通根，但丑戌相刑，戊癸做合，实际上也是被旺土围克，午戌相合，丑午相害，丑戌相刑，一点辛金也在水深火热之中。岁运逢火旺则甲木伤，金残，水干。1998年戊寅运在乙卯，木旺之地，寅午戌合火局，金水遭灭顶之灾，此后的岁运，难得起死回生，故腿残。

15. 男，农历一九六三年七月十七日下午五点四十分生

```
        伤      比      日      正
乾造：  癸      庚      庚      乙
        卯      申      戌      酉
         乙    庚壬戊   戊辛丁   辛
```

  圆通达观（中）

行运： 己未　　戊午　　丁巳
　　　　 9　　　19　　　29
　　　　72　　　82　　　92

岁运吉凶：二周岁时患小儿麻痹致残。

命理简析：此造原命局中金太旺而木太衰，干中两庚合乙，支会申酉戌金局，哪里还有木的生存空间，即使卯有癸生，也会被连根铲除。两周岁时流年乙巳，小运壬午，乙被庚合，水火相战，支中巳酉相合，午戌相合，引发金局将卯木克绝，故有发高烧，神经萎缩之事，症为小儿麻痹。

16. 女，农历一九九一年五月初八日上午十点半

```
         劫       财       日       劫
坤造：   辛       甲       庚       辛
         未       午       申       巳
        己丁乙   丁己    庚壬戊   丙戊庚
```

行运：乙未
　　　 6
　　　97

岁运吉凶：生下后便脑瘫，不能走，不能说话，生活不能自理。

命理简析：此造原命局中金太旺而木太衰，干中甲庚相冲，三金克甲，支会火局，旺火泄甲，岁运中无论是金旺、火旺还是火金相战，甲木都要遭灭顶之灾，甲木为头为神经，故命主不仅为智残儿，支配神经或迷走神经的功能也不健全。

17. 男，农历一九五七年正月五日酉时

```
           比      官      日      食
四柱：    丁      壬      丁      己
           酉      寅      未      酉
           辛    甲丙戊  己丁乙    辛
```

行运：辛丑
　　　10

岁运吉凶：1961年眼睛病完全失明。

命理简析：此造原命局中两丁合一壬，壬水有源，丁火有根，壬又坐寅，实际是两火反克一水，极易在岁运引发水火交战。1961年辛丑，丑未相冲灭掉未中丁火，导致眼疾；1962年壬寅，两壬合两丁，合中带克，故两丁无光而失明。

18. 男，农历一九七一年六月十三日卯时生

```
           劫      正      日      印
乾造：    辛      乙      庚      己
           亥      未      申      卯
          壬申   己丁乙  庚壬戊    乙
```

行运：甲午   癸巳   壬辰
　　　 9   19   29
　　　80   90   00

岁运吉凶：二岁半时得病，一腿致残。

命理简析：此造原命局中土金太旺，但辛金生亥水，支中又亥卯未

三合木局，木也有与金抗衡之心，故金木相战是不可免的，而木受伤也是必然的。从干支组合上看，乙木被庚辛二金夹持，合不能合，冲却能冲，只因乙木在坐支未中有根，又亥未相合，二岁半时流年癸丑，小运丁丑，丑未相冲，乙木失根，被彻底克翻，木为肢体，也为神经，其症为腿残。

19. 女，农历一九八一年四月十六日午时

```
         才      杀      日      劫
坤造：   辛      癸      丁      丙
         酉      巳      酉      午
         辛    丙戊庚    辛     丁己

行运：  壬辰    辛卯
         5      15
         86     96
```

岁运吉凶：先天性盲人，兄也是同样，职业算命。

命理简析：此造原命局中两酉合巳，癸水坐巳，丁癸相冲，巳中庚金变真，巳火即使不从金，也成一团死火，极易在岁运中被克掉。但局中丙火坐午，也在克金之势，火水金三个五行在岁运中必然要交战，辛金坐酉，又有水做护卫，很难克翻，吃亏的还是巳火。命主生后的几个流年及初运壬辰，均利金水而不利火，火灭则不见光明。

20. 男，农历一九六八年五月十五日午时

```
         印      印      日      才
乾造：   戊      戊      辛      甲
         申      午      亥      午
        庚壬戊   丁己    壬甲    丁己
```

```
行运： 己未    庚申    辛酉
       9      19      29
       77     87      97
```

岁运吉凶：1970年病灾致灾左腿残。

命理简析：此造原命局中火土金旺而木最弱，四个柱都是干支相生的，却相生无情，辛金生亥水，却使一亥刑两午，易在岁运中引发水火交战，幼儿期遇岁运引发必发高烧；甲木坐午，使甲木被克泄交加，频临绝地，逢岁运再遭冲克，便万劫不复。1970年庚戌，小运丁酉，午戌拱火，丁火透干，午酉亥相刑，甲庚相冲，火旺木焚，木为肢体，也为神经，症在腿症。

21. 男，农历一九六七年四月初一日申时

```
          财      食      日      印
乾造：    丁      乙      癸      庚
          未      巳      酉      申
         己丁乙  丙戊庚   辛     庚壬戊

行运： 甲辰    癸卯    壬寅    辛丑
       1      11      21      31
       68     78      88      98
```

岁运吉凶：生过麻痹症而脚残。

命理简析：此造原命局中，丁癸相冲，易在岁运中发生水火交战，而引起小儿高烧；乙庚相合，金旺而木也有墓库之根，易在岁运中发生金木相战，受伤的终是乙木。初运甲辰，几个流年都是金水旺地，故此人在幼儿时期会发生因发高烧而肢体神经萎缩之病，症为小儿麻痹。

22. 男，农历一九九四年十一月初二日戌时

```
         比      劫      日      比
乾造： 甲      乙      甲      甲
        戌      亥      子      戌
      戊辛丁   壬甲    癸    戊辛丁
```

行运：**丙子**
　　　1
　　　95

岁运吉凶：至今只会走路，不会讲话，不会自己吃饭。

命理简析：此造原命局中四木透干，无制无泄而太旺，但只在亥中通一点中气根而亥子又半会水，有头重脚轻、腐郁不通之弊，故神经郁塞，头脑愚钝，智力不得开发。初运丙子，水之旺地，一丙通根于戌，难泄旺于之郁气，丙子同柱，反而刺激丙火发怒，自身之金必伤，金伤则不鸣。

23. 女，农历一九九四年二月十四日亥时

```
         财      官      日      官
坤造： 甲      丁      庚      丁
        戌      卯      戌      亥
      戊辛丁    乙    戊辛丁   壬甲
```

行运：**丙寅**
　　　6
　　　2000

岁运吉凶：此女六岁还不会说话。

命理简析：此造原命局中卯戌合火，庚金伤根，甲庚相冲，木生火旺，若庚金彻底虚浮，反倒无事，而庚金毕竟坐戌得生有根独立，必被旺火克伤，生后的几步小运，都是金木相战，水火交争，受伤的总是金木，金伤则不鸣。

24. 女，农历一九六四年十一月四日戌时

```
         财      杀      日      杀
坤造：   甲      丙      庚      丙
         辰      子      寅      戌
       戊乙癸    癸    甲丙戊   戊辛丁

行运：  乙亥    甲戌    癸酉    壬戌
         1      11      21      31
        65      75      85      95
```

岁运吉凶：五岁牛斗瞎左眼。

命理简析：此造原命局中寅戌拱火，庚金失根，丙火太旺，但月柱丙火坐子，易在岁运中发生水火交战。五岁戊申，运在乙亥，金水旺地，申子辰三合水局，漂甲木而克月丙，乙庚相合，难以济丙，故月干丙火被克绝，在此后的大运中也毫无生机。

25. 男，农历一九五七年十二月十九日辰时

```
         才      劫      日      官
乾造：   戊      甲      乙      庚
         戌      寅      卯      辰
       戊辛丁  甲丙戊    乙    戊乙癸
```

行运： 乙卯　　丙辰　　丁巳　　戊午
　　　　 9　　　 19　　　29　　　39
　　　　66　　　 76　　　86　　　96

岁运吉凶：1958年三月得病一腿残废。
命理简析：此造原命局中寅卯辰三会东方木局，木五行太旺，寅戌又拱火，戊土受甲木之制，对庚金大大不利，如果庚金虚浮无根反倒无事，而庚金毕竟坐辰得生，岁运中就难免要发生金木相战，受伤的反而是庚金，五八戊戌，小运辛巳，乙辛相冲，甲庚相冲，乙庚无合，寅巳相刑，而火旺克辛，金木相战而金败，在此后的大运中也毫无生机。

26. 女，农历一九七〇年六月廿四日丑时

　　　　　才　　　杀　　　日　　　财
坤造：　 庚　　　癸　　　丁　　　辛
　　　　戌　　　未　　　未　　　丑
　　 戊辛丁　 己丁乙　 己丁乙　 己癸辛

行运：甲申　　乙酉　　丙戌
　　　　4　　　14　　　24
　　　 74　　　84　　　94

岁运吉凶：三岁时小儿麻痹，脚神经萎缩，终身残废，还可以慢慢走。
命理简析：此造原命局中丁癸相冲，而丑未戌三刑又使丁癸双双失根，未中乙木更遭灭顶之灾。1973年癸丑，小运丁酉，不仅引丑未戌三刑，而且岁运丁癸相冲，必有因高烧而损伤下肢神经之灾。

27. 男，农历一九六三年一月廿三日寅时

```
          伤      财      日      枭
乾造：    癸      甲      庚      戊
          卯      寅      寅      寅
          乙    甲丙戊  甲丙戊  甲丙戊

行运：  癸丑    壬子    辛亥    庚戌
         4      14      24      34
        67      77      87      97
```

岁运吉凶：先天性瘸脚。

命理简析：此造原命局中木太旺，而癸水庚金戊土均虚浮无根，不能独立，戊癸相合，可使戊不受克，但癸水却在合中受克，即使逢岁运冲合，癸水也会被旺木化尽，故足有先天残疾。日主庚金有戊土相生，只能假从，岁运一旦得根独立，就会发生金木交战，甲庚相冲，不是造成筋骨折伤，就是神经有疾。

28. 男，农历一九三一年十一月二十四日巳时

```
          比      劫      日      食
乾造：    辛      庚      辛      癸
          未      子      酉      巳
         己丁乙   癸      辛     丙戊庚

行运：  乙亥    戊戌    丁酉    丙申
         8      18      28      38
        39      49      59      69
```

岁运吉凶：此人双眼失明。

命理简析：此造原命局中金水太旺，子未相害，灭掉未中丁火，癸巳同柱，巳火也难以通明，但在原局中巳酉相合，巳火倒也无妨，最怕在岁运中遇卯冲酉，或亥冲巳，则巳火必遭灭顶之灾。

29. 女，农历一九九三年二月二日卯时

```
        印    比    日    伤
坤造：  癸    甲    甲    丁
        酉    寅    戌    卯
        辛   甲丙戊  戊辛丁  丁
```

行运：乙卯
　　　4
　　　97

岁运吉凶：1993年六月因高烧打针成瘫痪，至今未愈。

命理简析：此造原命局看假日主太旺，然支中寅戌拱酉，却无本气根，故最怕少行水火相战的岁运，火受刺激必盗泄日主之气而伤金，金受刺激必伤木。1993年癸酉，小运丙寅，水火相战，卯酉相冲，卯木遭灭顶之灾。

30. 女，农历一九七八年六月廿日子时

```
        伤    食    日    才
坤造：  戊    己    丁    庚
        午    未    亥    子
        丁己  己丁乙  壬甲   癸
```

行运：戊午　丁巳
　　　　6　　　16
　　　　86　　 96

岁运吉凶：小时有病打针致聋，讲话不清，言语不成。

命理简析：此造原命局火土两旺，庚金虚浮无根，支中子午相冲，子未相害，亥未相合，水五行也极易受伤。如逢火土旺的岁运，引发水火相战，则会金水两伤，水伤易致耳聋，金伤易致语言障碍。

31. 女，农历一九七八年五月廿三日寅时

```
         印      印      日      劫
坤造：  戊      戊      辛      庚
         午      午      酉      寅
         丁己    丁己    辛      甲丙戊
```

行运：丁巳　丙辰
　　　　7　　　17
　　　　85　　 95

岁运吉凶：小时有病打针成聋哑。

命理简析：此造原命局中日主偏旺，但支中寅午拱火酉午相刑，干中燥土不生金，局中无一点水，旺火无制，逢火旺之岁运必伤金，逢水明现的岁运必遭土克。金伤则不鸣，水伤则耳聋。

32. 女，农历一九五六年一月廿八日丑时

	比	才	日	伤
坤造：	丙	辛	丙	己
	申	卯	子	丑
	庚壬戊	乙	癸	己癸辛

行运：	庚寅	己丑	戊子	丁亥
	2	12	22	32
	58	68	78	88

岁运吉凶：1985年四月二十三日（乙丑年壬午月辛巳日）在砖厂不慎将左手绞断，残废。

命理简析：此造原命局中两丙合一辛，但丙火虚浮无根，合不住辛，而辛金通根于申，又得旺土之生，生克之力是很强的，辛卯同柱，卯木始终受制，其唯一生机是子卯相刑相生，但子又被丑合，卯木了无生机。戊子大运，乙丑流年，两子刑一卯，却遇两丑合两子，乙木生不了丙火却冲犯了辛金，卯木便遭灭顶之灾。

33. 男，农历一九六〇年八月十三日亥时

	杀	劫	日	劫
乾造：	庚	乙	甲	乙
	子	酉	子	亥
	癸	辛	癸	壬甲

行运：	丙戌	丁亥	戊子
	1.8	11	21
	62	72	82

岁运吉凶：铁路电业工人。1987年丁卯流年作业时被电击伤双手臂跌落于地，截肢成残废人。

命理简析：此造原命局中甲乙木三透，但并无本气根，金赖水生，而七杀庚金透干，通根于月支酉，也有制身之干乙木，被庚金合克，又坐下为酉，实际已是死木，但原命局就是这样平衡的，倒也无妨，但如逢岁运酉动，月干乙木就会被彻底伤掉，而导致肢体伤残。

34. 男，农历一九三七年三月十六日未时

	财	伤	日	杀
乾造：	丁	甲	癸	己
	丑	辰	未	未
	己癸辛	戊乙癸	己丁乙	己丁乙

行运：	癸卯	壬寅	辛丑	庚子	己亥
	7	17	27	37	47
	44	54	64	74	84

岁运吉凶：1993年九月廿一（壬戌月己丑日）坐货车翻到20米深的河床上，摔成重伤，抢救十天方苏醒，现手臂残废。

命理简析：此造原命局中官杀太重，日主太弱，喜泄喜克，甲木本为喜用，但局中喜用相战，丑未相冲，反易土旺木折而不容甲木。大运己亥，1993年癸酉是金水旺地，日主增力，不服杀制，必生助甲木去制杀，但辰酉合金，伤甲木之根，导致自身木五行有折伤之灾。

35. 女，农历一九五四年七月二十日戌时

	枭	杀	日	食
坤造：	甲	壬	丙	戊
	午	申	午	戌
	丁己	庚壬戊	丁己	戊辛丁

行运：	辛未	庚午	己巳	戊辰	丁卯
	3	13	23	33	43
	57	67	77	87	97

岁运吉凶：1998年七月六日早上7点以后（戊寅年庚申月丙午日壬辰时）发生车祸，伤右臂致残。

命理简析：此造原命局日主偏旺，火土太旺，甲木虚浮无根，全赖壬水之生。壬水在局中也无本气根，全赖坐申长生，丁卯大运，戊寅流年，虽是木之旺地，但寅午戌三合火而冲申，卯戌也合火，丁壬又做合而向火，故甲木失去生源，而导致自身木五行之灾。

36. 男，农历一九八一年九月二十四日丑时

	印	杀	日	印
乾造：	辛	戊	壬	辛
	酉	戌	申	丑
	辛	戊辛丁	庚壬戊	己癸辛

行运：	丁酉	丙申
	4	14
	85	95

岁运吉凶：1997年丁丑，伙同他人拉车抢劫，被司机持斧将其手砍伤致残。

命理简析：此造原命局中旺土生旺金，旺金又生水，日主壬水虽无本气根，却坐申长生，也属太旺，但如果壬水和辛印或坐支失去联系时，则必遭旺土之克。丙申运，丙辛相合，丁丑流年，丑戌相刑而土旺。丁壬作合，壬不受生，而丁壬合木犯土，故壬水遭克而使自身的木五行遭灾。

37. 男，农历一九五八年四月二十三日戌时

	比	比	日	财
乾造：	戊	戊	戊	壬
	戌	午	午	戌
	戊辛丁	丁己	丁己	戊辛丁

行运：	己未	庚申	辛酉	壬戌
	9	19	29	39
	67	77	87	97

岁运吉凶：1975年（乙卯），手伤残。

命理简析：此造原命局中日主旺极，火土之性可顺不可逆，一点壬水透干，却虚浮无根，原命局就这么平衡着，壬水反不受克，己未运是日主旺地，1975年乙卯年，旺官克身，犯旺土之怒，导致旺火焚木，旺土折木，壬水也遭灭顶之灾，引发自身的木五行之灾。

38. 男，农历一九六八年十月十一日子时

```
        才      印      日      比
乾造：   戊      癸      甲      甲
        申      亥      辰      子
       庚壬戊   壬申   戊乙癸   癸

行运： 甲子    乙丑    丙寅
        3      13     23
       71      81     91
```

岁运吉凶：1972年壬子因患小儿麻痹症，致右腿终身残疾。

命理简析：此造原命局中看似日主太旺，但申亥相害，亥子半合，申子辰三合水局，戊癸做合，又有水大木漂之危，大运甲子，水之旺地，1972年壬子，一片汪洋，木被漂泛，易有神经之疾，独戊癸之合不破，癸水却受克，故有小儿麻痹之患。

第八节　从命局中看牢狱之灾

牢狱是国家机器之一，是人类社会进行自我管理的手段之一，其目的在于惩治罪犯，教化愚顽，维持秩序，净化社会。但由于现代人是有阶级性的，统治者与被统治者、良民与罪犯，罪犯惩治好人或含冤入狱的事情，古今中外、历朝历代都有。所以从广义上讲，我们通常所说的牢狱之灾，就是指被官方投进监狱、判死或劳教而言，其基本特征是被强制地失去了自由，并受到刑罚、劳役之苦。因此，所说的牢狱之灾，可能是坏人受罪，也可能是好人苦，也可能是代人受过，也可能是蒙受不白之冤。但无论是出于何种情况而入狱，在这个人的命局命理上都是

有信息反映的，都是可以预测得到的。

虽说是牢狱之灾是可以预测的，古今命理书中也不乏推断牢狱之灾的精彩命例，但却鲜见专门论述牢狱之灾理论的章节，因为这也是命理学中较难把握的一个领域，没有足够的功底和实践经验，是很难做到铁口直断的。不同的命局其信息有不同的表现形式，有些十分直观，有的非常隐蔽，有的可直接在命局中体现出来，有的则需要详推大运和流年。何况命局信息本来就是多象的，牢狱之灾仅是官灾的一种，而官灾本身又和其他的伤灾、病灾、婚灾、六亲之灾、破财之灾等有是信息相同的，故很难将牢狱之灾的信息单独加以归纳整理，并上升到理论上去加以概括。

在实际生活当中，导致牢狱之灾的原因大都脱不掉酒、色、财、气、执五个字的干系。所谓酒，即是酒后无德，失去理性，伤人、伤物、伤风化而触犯刑律；所谓财，即是贪求不义之财，强取豪夺他人或公共之财；所谓色，即是好色而越轨，放纵淫秘、强迫和伤害异性意愿，强占他对人之所爱等；所谓气，即是迷信于"人活一口气"，遇事不能忍让，极端地维护己方的利益或尊严，不惜激化矛盾，甚至铤而走险；所谓的执，即是太执著于后天观念所形成的信仰，为了理想和追求，甚至不惜与统治者相对抗，此类大都为政治犯。不论是因何而起，如演变成牢狱之灾，都是以严重地伤害他人、触犯当时当地的法纪、惹怒官方为先决条件的。因此，在推断牢狱之灾的时候，不仅要结合宫位去看十神之象，更要结合日主的心性，气大气粗、贪财好色、轻视法纪、不服官管的人，才易犯牢狱之灾。

反映到实际命局当中，如存在下列信息之象，易有牢狱之灾：

1. 日主身自旺，局中无官杀，即所谓身旺无制，此种命局之命主必胆大气粗，不把上级和官方放在眼里，如再行比劫运而官杀透干，易因不服管教而导致牢狱之灾。

2. 日主身自旺，局中有官杀而太弱，又远离日主，也是身旺无制，易犯牢狱之灾。

3. 局中身旺食伤也旺，无财星或财星太弱，印星不足以制食伤，官杀不能抑身。如行官杀岁运，或行食伤旺运，都易犯牢狱之灾。

4. 局中身弱官杀旺，无印星或印星不足以化官杀，则命主常受欺压，如行日主得生、助、得根之岁运，其力仍不足以抗官杀时，易犯牢狱之灾。

5. 局中比劫透干而旺，日主却坐下为杀，官杀透干又近身，如岁运透财，易因劫财不成而犯牢狱之灾。

6. 日主坐下为杀，官杀透干又近身，即使局有印星，难以化解，如岁运刑冲坐支，易犯牢狱之灾。

7. 身弱财官旺，比劫透干，则贪财之心常有，逢财星透干之岁运，必会因贪求不义之财而犯牢狱之灾。

8. 官伤同透、或官食同透、或食杀同透、或伤杀同透的命局，如官杀无比，食伤无制，两相交战，则无论身旺身弱，如再逢食伤与官杀相战为忌的岁运，易犯牢狱之灾。

9. 局中有食伤与官杀同柱、互为盖头截脚的组合，且官杀近身，食伤无制，如再逢食伤与官杀相战的岁运，易犯牢狱之灾。

10. 日主坐支为官杀或食伤，而支中又有食伤或官杀与坐支相刑冲，则在引发刑冲为忌的岁运中，易犯牢狱之灾。

11. 日主坐下为财，且为官杀之根，而官杀又透干近身，易在财易透干或坐支逢刑冲为忌的岁运中遭遇牢狱之灾。

12. 局中干透官杀生枭印，枭印又生身为喜，官杀枭印，各自都有根而日主不坐本气根也不坐印，本是官气通身的贵兆，但如逢岁运合住或制住枭印，财官杀制弱身，易有牢狱之灾。

13. 局中火炎土燥喜水，而水弱，火为官杀，食伤为水，这种命局的命主，易酒后失德而惹祸生灾。

14. 局中比劫透干劫财，或坐下为财，而日主却坐下为官杀，且官杀透干而近身，此种命局的命主，易替人受过或坐冤狱。

以上所列并非是铁的定律，仅供参考而已。学者在实践应用中还需注意四点：

1. 逢岁运官杀制身可导致牢狱之灾，逢岁运制掉官杀也可导致牢狱之灾,因为实际生活中的官杀是制不掉的。

2.逢岁运官杀制身,如果制得干净利落,制得服服帖帖,反无狱之灾。如日主受制而不服,甚至形成官杀制身又食伤制官杀的局面,最易发生牢狱之灾。

3.官符、罗网等神煞只可作为推断中信息提示,而不可用做推断依据。

4.岁运遇到伤官见官,枭神夺食,地支刑冲的组合时,一定搞清能不能成立,二要弄清喜忌。

1.男,农历一九二四年九月廿九日子时

```
           官    官    日    官
乾造：     甲    甲    己    甲
           子    戌    卯    子
           癸   戊辛丁  乙    癸
```

行运:	乙亥	丙子	丁丑	戊寅	己卯	庚辰	辛巳
	4	14	24	34	44	54	64
	28	38	48	58	68	78	88

岁运吉凶:1957年因男女关系被判刑十二年。

命理简析:此造原命局中官多为杀,且坐下也为杀,卯戌合,根受伤,弱极从官,如在岁运得生得助得根而又无印星通关时,会即生独立之心而求财色,必受官杀之制而惹犯官灾。1957年丁酉,运在丁丑,日主临旺,但丑戌刑,丁火不能通关,卯酉冲,故犯官受制。

2. 男，农历一九四八年十月初六戌时

```
         才    印    日    伤
乾造：   戊    壬    乙    丙
         子    戌    未    戌
         癸   戊辛丁 己丁乙 戊辛丁
```

行运：	癸亥	甲子	乙丑	丙寅	丁卯
	1	11	21	31	41
	49	59	69	79	89

岁运吉凶：1995年八月被捕入狱，因经济问题判刑三年，监外执行。

命理简析：此造原命局中戌未相刑，日主失根，弱不受生，但局中伤官生财为忌，又坐支为财，故贪财好色之心难免，局不现官杀，易头脑发热，不计后果。1995乙亥，大运丁卯，身伤临旺，必有胆大求财之举，但亥卯未合局不成，反引发戌未相刑，此财是动不得的，实际中的官杀也必会因财动伤其根而制命主之身的。

3. 男，农历一九七三年四月十一日晚十二点三十分

```
         伤    官    日    杀
乾造：   癸    丁    庚    丙
         丑    巳    戌    子
        己癸辛 丙戊庚 戊辛丁  癸
```

行运：	丙辰	乙卯	甲寅
	3	13	23
	76	86	96

岁运吉凶：1998年初坐牢。

命理简析：此造原命局中日主身弱，官杀混杂，却伤官透干，官灾难免。1998年戊寅，大运甲寅，戊癸合，枭神制伤，旺财生官杀，如日主生取财恋色之心，必惹官非受制。

4. 男，农历一九六三年一月九日丑时

```
            杀      官      日      伤
乾造：    壬      癸      丙      己
          寅      丑      子      丑
        甲丙戊  己癸辛    癸    己癸辛

行运：  甲寅    乙卯    丙辰    丁巳
          1      11      21      31
         64      74      84      94
```

岁运吉凶：1998年与人合伙犯罪，因命主没直接参与作案，故其余案犯1998年上半年被抓坐牢，唯命主安然无恙。1999年二月廿二日（丁卯月庚寅日己卯时）被逮捕入狱。

命理简析：此造原命局身弱伤官旺，却又官杀混杂，局不现财星，似这种命局的命主是不可以刻意求财好色的，何况坐下为官，有近难化。丁巳大运是比劫旺运，丁壬相合，杀不制身，命主便肆无忌惮巧取豪夺。但实际的官方，即使是老虎打盹，也总有醒的时候，更何况岁运并无财，在食伤的刺激下，官方怎能不察觉其不轨行为？故官灾难免。

圆通达观（中）

5. 男，农历一九四九年四月十六日戌时

```
          杀      杀      日      劫
乾造：    己      己      癸      壬
          丑      巳      卯      戌
         己癸辛  丙戊庚    乙     戊辛丁
```

行运： 戊辰 丁卯 丙寅 乙丑 甲子
　　　　2   12   22   32   42
　　　 51   61   71   81   91

岁运吉凶：1975年有官司，因反革命小集团罪被判四年。

命理简析：此造原命局中虽壬癸两透，但虚浮无根，又不得印生，故而身弱，局中官杀太旺，日主却不但因有比劫透干而不从杀，反而坐下卯木食神制杀，命主必在身旺或食伤增力的岁运中，不服压抑，忘乎所以，以卵击石，引发官杀制身。

6. 男，农历一九四二年三月二十九日丑时

```
          杀      印      日      伤
乾造：    壬      乙      丙      己
          午      巳      寅      丑
         丁己   丙戊庚  甲丙戊   己癸辛
```

行运： 丙午 丁未 戊申 己酉 庚戌
　　　　8   18   28   38   48
　　　 50   60   70   80   90

岁运吉凶：1964年被判刑十年入狱。

命理简析：此造原命局中身旺食伤旺，喜财而局不现财，官杀壬水又虚浮无根，反被印化生身，故命主必贪财傲物，法律意识淡薄，易因食伤制杀为忌而犯官灾。丁未大运，甲辰流年，都是身伤旺地，伤官无泄，必胡作非为非犯官。

7. 男，农历一九六〇年十一月十三日子时

```
           枭      杀      日      枭
乾造：    庚      戊      壬      庚
           子      子      辰      子
           癸      癸    戊乙癸    癸

行运：   己丑    庚寅    辛卯    壬辰
          2      12     22     32
          62     72     82     92
```

岁运吉凶：1978年有短时牢狱灾。

命理简析：此造原命局中日主太旺，仗恃有印相生，必无视官杀，反映到生活实际当中，就是不服上级领导，不愿受法纪约束。但壬水毕竟坐辰近戊，七杀近身相克，而印星庚金又虚浮无根，只能生身而不能化杀，如一意孤行，必受制裁，1978年戊午，大运庚寅，子午相冲，引发戊杀制身，而庚金仍不足以通关，反使寅木不能克辰而去拱午火，故有官灾。

8. 男，农历一九七六年五月二十日未时

```
           杀      财      日      伤
四柱：    丙      甲      庚      癸
           辰      午      子      未
         戊乙癸   丁己    癸    己丁乙
```

行运： 乙未　　丙申　　丁酉
　　　　7　　　17　　　27
　　　　83　　　93　　　03

岁运吉凶：1997年十月，参与偷摩托车团伙，被捕入狱，刑期五年。

命理简析：此造原命局中日主虚浮无根，弱极从伤，身边守着甲财，却无望消受，眼见甲财坐午近丙，被官杀所据，岂肯甘心？且伤官透干，子午相冲，逢身得生助时，必要从官杀手里夺财。1997年丁丑，大运丙申，日主得根，但官杀齐透，丑未冲，子丑合，又拔了伤官之根，此伤官见官，必招官杀制身之祸。

9. 男，农历一九三四年正月初二日卯时

```
         印      劫      日      杀
四柱：   甲      丙      丁      癸
         戌      寅      巳      卯
       戊辛丁  甲丙戊  丙戊庚    乙
```

行运： 丁卯　　戊辰　　己巳　　庚午　　辛未　　壬申
　　　　6　　　16　　　26　　　36　　　46　　　56
　　　　40　　　50　　　60　　　70　　　80　　　90

岁运吉凶：1958年九月被害入狱，家破人亡。

命理简析：此造原命局中日主身旺比劫旺，喜财而局中无财，易与人争财斗色，而局中癸水无根，又贪生卯木，无力制身，必轻视法纪。且丁癸相冲，七杀却制身而不制劫，如合伙作奸犯科，总是命主受制而他人却可逃脱罪责。1958年戊戌，大运戊辰，岁运相冲，伤官制掉官杀，必胆大妄为，而实际中的官杀是制不掉的，必有官灾。

10. 男，农历一九五八年七月二十二子时

```
         食      财      日      食
乾造：   戊      庚      丙      戊
         戌      申      戌      子
        戊辛丁  庚壬戊  戊辛丁   癸

行运：   辛酉    壬戌    癸亥    甲子
          1      11      21      31
         59      69      79      89
```

岁运吉凶：因帮人打架，打军区首长之子，十三岁入狱，后一次接一次入狱，至今还未出狱。

命理简析：此造原命局中日主虽坐支通根，但毕竟是坐墓泄身，在局中无生无助，身弱不担财，财旺必生官杀制身，身弱服官杀便相安无事，而局中却食神旺透，食多为伤，且有戊子同柱的组合，岁运遇官杀必引发官伤交战，日主受苦。命主十一岁后即行官杀运，身弱食伤旺而又不服官，但实际上的官杀是制不掉的，必官非连连。

11. 男，农历一九二三年九月十九日晚十二时生

```
         枭      印      日      伤
乾造：   癸      壬      乙      丙
         亥      戌      亥      子
         壬甲   戊辛丁   壬甲    癸

行运： 辛酉   庚申   己未   戊午   丁巳   丙辰   乙卯
        7     17     27     37     47     57     67
       30     40     50     60     70     80     90
```

岁运吉凶：1949年加入解放军，任侦察员，新中国成立后历任县府科长、局长。1962年被害反革命，判刑劳改。1970年释放回家受制为四类分子。1980年获得平反恢复工作。

命理简析：此造原命局中日主虽无本气根，但得旺印生，故智高胆大，局不现官杀，却透伤官，缺点是常常不把官方和上司放在眼里，但局中有壬戌同柱的组合，易财星坏印，如岁运枭印因合或受制，再行事放肆，则易犯官灾。

12. 男，农历一九八二年九月七日午时

```
         才      伤      日      伤
乾造：   壬      庚      己      庚
         戌      戌      卯      午
       戊辛丁  戊辛丁   乙     丁己

行运：  辛亥   壬子
         5      15
        87      97
```

岁运吉凶：1998年到处偷劫钱财，流浪在外，几次被遣送回家。1999年被关入狱。

命理简析：此造原命局日主身旺食伤旺，局中又有伤官生财的组合，故命主求财之心常有，奈何财星壬水虚浮无根不受生，命主必通过歪门邪道去求财，然日主己土坐下卯木为杀，近身相克，形影相随。1998年戊寅，大运壬子，财官旺地，命主必有劫财之举，也必遭官制。

13. 男，农历一九六四年七月十四日戌时

```
         食    比    日    枭
乾造：  甲    壬    壬    庚
        辰    申    寅    戌
       戊乙癸 庚壬戊 甲丙戊 戊辛丁

行运： 癸酉   甲戌   乙亥
        6     16    26
        70    80    90
```

岁运吉凶：1982年下半年被抓，判刑二十年。1996年减刑释放。

命理简析：此造原命局中日主虽无本气根，但壬水两透，又得旺印之生，仍属偏旺，理论上食伤官杀都为喜用，然局中寅申相冲，枭神夺食，甲杀同柱，食神制杀，喜用要战，年时两柱也是天冲地冲，食不泄身，官不制劫，这种命局的命主，必胆大妄为，遇身旺食伤旺，或官杀增力，食伤与官杀交战的岁运，易犯官灾。

14. 男，农历一九六四年二月廿一日午时

```
         食    才    日    财
乾造：  甲    丁    壬    丙
        辰    卯    午    午
       戊乙癸  乙    丁己   丁己

行运： 戊辰   己巳   庚午   辛未
        1     11    21    31
        65    75    85    95
```

岁运吉凶：1993年闰三月初五（癸酉年丙辰月丁丑日）参与杀人作案，被拘留，判七年徒刑，2000年三月刑满。

命理简析：此造原命局中食伤财旺，日主虚浮无根，弱极从财。但在组合上，卯辰相邻半会不成，且辰上坐甲，食伤制杀，成为隐患，在日主得生得助得根的岁运，必然想独立不从而妄为犯官，如力量不足以敌财官，则必受官制。

15. 男，农历一九六八年二月一日巳时

	比	杀	日	印
乾造：	戊	甲	戊	丁
	申	寅	辰	巳
	庚壬戊	甲丙戊	戊乙癸	丙戊寅

行运：	乙卯	丙辰	丁巳	戊午
	2	12	22	32
	70	80	90	00

岁运吉凶：1993年因经济惹官司而被判刑四年，1997年出狱。

命理简析：此造原命局中月杀时印，身杀印各坐强根，鼎足而立，日主虽是身旺，但印星生身有力，却化杀力微，好在寅申相冲，七杀有制，但逢丁火逢合或受制的岁运，日主易遭杀制。局中无财，又比肩透干，这种命局的人，身旺时必重财轻义，逢财星透干的岁运，必因劫财而犯官灾。

16. 男，农历一九四七年四月十七日六时

```
         食      比      日      财
乾造：   丁      乙      乙      己
         亥      巳      卯      卯
         壬甲    丙戊庚   乙      乙
```

行运： 甲辰　癸卯　壬寅　辛丑　庚子
　　　　10　　20　　30　　40　　50
　　　　57　　67　　77　　87　　97

岁运吉凶：1994年五月十一日（甲戌年庚午月丙子日），拐卖儿童判刑五年。

命理简析：此造原命局身旺，比肩透干，财星遭劫，官杀不现，食伤受制，这种命局的人，必然会目无法纪，为争财而不计后果。运到辛丑，七杀透干，如有违法乱纪的行为，很易犯事。1994年甲戌，劫财又透，且甲己做合，必争财而犯官灾。

17. 男，农历一九七九年八月三日午时

```
         杀      比      日      官
乾造：   己      癸      癸      戊
         未      酉      巳      午
         己丁乙   辛      丙戊庚   丁己
```

行运： 壬申　辛未
　　　　5　　15
　　　　84　　94

岁运吉凶：1997年偷盗，1998年二月被捕。

命理简析：此造原命局中官杀混杂，水土混杂，杀旺身弱，日主又虚浮无根，但却有比肩透干，且坐印得生，故此局命主思维并不聪敏，且总受到周围环境和人的压抑，但心里总不服气，总想要做出一些反抗的举动，身弱的岁运中胆小受气，稍遇身旺就会理智不清地做出一些胆大妄为的错事。

18. 男，农历一九六八年二月廿六午时

```
         官     食     日     官
乾造：   戊     乙     癸     戊
         申     卯     巳     午
        庚壬戊   乙   丙戊寅   丁己

行运：   丙辰   丁巳   戊午
          4     14    24
         72     82    92
```

岁运吉凶：1984年进少管所。1993年官司，1996年丙子刑灾。

命理简析：此造原命局中日主太弱，但食伤与官杀两旺，同透相战，必常犯官司口舌，每逢身旺食伤旺的岁运，而无财星引化，或遇官杀旺的岁运而无印星引化，则必生是非。

19. 男，农历一九七五年十一月初六日十时

```
         杀     比     日     印
乾造：   乙     戊     戊     丁
         卯     子     子     巳
          乙    癸     癸   丙戊庚
```

行运： 丁亥　　丙戌　　乙酉
　　　　0　　　10　　　20
　　　　75　　　85　　　95

岁运吉凶：1995年一月十八日晚亥时用小刀将人刺死，判十二年徒刑。

命理简析：此造原命局两子刑一卯，旺财生官，官星乙卯干支一气，对日主具有威摄之力，日主虽得旺印生，但坐支截脚，根气不通而不受生，又由于组合上官印相远，印星不能化官，日主却自恃印旺，又有比肩透干，自我感觉身强力壮，在财官旺的岁运必因无视官而遭官制。

20. 男，农历一九七二年十二月三日寅时

　　　　比　　　劫　　　日　　　比
乾造：　壬　　　癸　　　壬　　　壬
　　　　子　　　丑　　　寅　　　寅
　　　　癸　　己癸辛　甲丙戊　甲丙戊

行运： 甲寅　　乙卯
　　　　10　　　20
　　　　82　　　92

岁运吉凶：1996年在广州杀人劫财，1997年被捕，1998年判死刑，其父托信救人后被判死缓。

命理简析：此造原命局中因比劫多旺而身强食伤重，月支丑土为官，但寅丑暗合食伤制官，子丑相合反化水，局中不现财星，官不足以制劫抑身，这种命局的命主必目无王法，全无礼法，贪财忘义，逢丙星透干的岁运，必劫财犯官，不管命局中的官星如何弱，而实际的官方总是要制人的。

21. 男，农历一九六八年九月十五日22点

```
        劫      才      日      杀
乾造：  戊      壬      己      乙
        申      戌      卯      亥
       庚壬戊  戊辛丁    乙    壬甲
```

行运： 癸亥　　甲子　　乙丑　　丙寅
　　　　1　　　11　　　21　　　31
　　　　69　　79　　　89　　　99

岁运吉凶：1986年丙寅四月癸巳十二日甲子被拘留，四月初四（癸巳月丙辰日）因某人与其母打架，将某人杀死，判无期徒刑。

命理简析：此造原命局中日主坐杀，虽有戊土为根，却不通气，时干乙木七杀虎视眈眈，且亥卯合杀克戊制身，而年干劫财贪生又贪财，并不帮身，故身弱杀强，又无印星引化，这样的命局，日主身弱时必常被人欺，岁运稍得生扶，便想制人，且胆大妄为，是其特性，但毕竟七杀近身，终被杀制。

22. 男，农历一九四四年十月廿三日十时

```
        枭      比      日      官
乾造：  甲      丙      丙      癸
        申      子      午      巳
       庚壬戊    癸    丁己    丙戊庚
```

行运： 子丑　　戊寅　　己卯　　庚辰　　辛巳
　　　　10　　　20　　　30　　　40　　　50
　　　　54　　　64　　　74　　　84　　　94

岁运吉凶：1995年二月廿九（乙亥年己卯月己未日），因爆炸罪判刑四年。

命理简析：此造原命局中日主自坐羊刃，丙火两透，又得甲木生，但甲木坐申，子午相冲，暗财生暗杀，且癸水透干，这种命局的人，总感到受人制，常处在压抑之中又不服气，稍遇身旺的岁运，便要做出少理性的反抗之举而惹犯官灾。

23. 男，农历一九六五年六月十九日申时

```
        伤      劫      日      杀
乾造：   乙      癸      壬      戊
        巳      未      申      申
      丙戊庚    癸    丁巳   丙戊庚
```

岁运吉凶：1986年坐牢六个月，1988年公安没抓住，1990年判九年，1996年提前放出，1997年骗钱，1998年又骗钱跑了，1999年三月杀人又逃。

命理简析：此造原命局中日主虽无本气根，却坐旺印，又比劫透干，故常有贪财好色之心，又有伤官透干，七杀又坐印，戊癸作合，故又胆大妄为，行事无所顾忌。但毕竟有癸未同柱，戊土近身的组合，如作奸犯科则易犯官灾。

24. 男，农历一九六五年九月廿七日卯时

```
        官      枭      日      官
乾造：   乙      丙      戊      乙
        巳      戌      申      卯
      丙戊庚  戊辛丁  庚壬戊    乙
```

行运：乙酉　甲申　癸未　壬午
　　　　4　　14　　24　　34
　　　　69　　79　　89　　99

岁运吉凶：1992年十月因贪污一万多元判刑六年。

命理简析：此造原命局中年官乙木生印，印又生身，日主身旺，而时柱乙卯干支一气，官也不弱。坐支食伤气势克卯，喜用相战，财星不现，身旺财透的岁运，必会因财犯官。

25. 男，农历一九七〇年十月廿四日十点

```
            财      劫      日      官
乾造：      庚      丁      丙      癸
            戌      亥      午      巳
          戊辛丁  壬甲    丁己    丙戊庚
```

行运：戊子　己丑
　　　　5　　15
　　　1975　1985

岁运吉凶：1994年五月初八（甲戌年庚午月癸酉日）盗窃拖拉机判刑七年，1998年午月减刑二年，1999年四月释放。

命理简析：此造原命局中日主自坐羊刃，以巳午戌为强根，又有丁火劫财坐杀，身强官杀弱，食伤制杀，财不生杀，水火交战，在身旺无制的岁运中，必会因财犯官。

26. 男，农历一九七二年十二月初三日十八时

```
        比      劫      日      官
乾造：  壬      癸      壬      己
        子      丑      寅      酉
        癸     己癸辛  甲丙戊    辛
```

行运：　甲寅　　乙卯
　　　　10　　　20
　　　　82　　　92

岁运吉凶：1996年二月廿八日（丙子年壬辰月壬午日），因交通事故判刑二年。

命理简析：此造原命局中比劫旺而身强官弱，坐支寅木食伤又制官，喜用相战，在身旺财透的岁运，必会破财犯官。

27. 男，农历一九七二年二月十八日二十时

```
        比      劫      日      枭
乾造：  壬      癸      壬      庚
        子      卯      戌      戌
        癸      乙    戊辛丁  戊辛丁
```

行运：　甲辰　　乙巳　　丙午
　　　　1　　　11　　　21
　　　　73　　　83　　　93

岁运吉凶：1993年八月十一日（癸酉年辛酉月庚戌时）拐卖妇女被判刑五年。

命理简析：此造原命局中日主坐杀，但得印生，比劫又旺，卯戌合克，喜用相战，喜财而局中无财，在身旺财透的岁运，命主必会因财或女人而犯官。

28. 男，农历一九七〇年三月廿三申时

```
          食    食    日    食
乾造：   庚    庚    戊    庚
          戌    辰    寅    申
        戊辛丁 戊乙癸 甲丙戊 庚壬戊
```

行运： 辛巳 壬午 癸未
         3   13   23
         73   83   93

岁运吉凶：1990年因偷盗坐牢。

命理简析：此造原命局中日主坐杀而食伤太旺，且有寅申相冲的组合，局中又不现财星，故命主一定是无视王法，常抱侥幸心理而作奸犯科之人。

29. 男，农历一九六八年六月廿八日戌时

```
          财    才    日    比
乾造：   戊    己    甲    甲
          申    未    午    戌
        庚壬戊 己丁乙 丁己  戊辛丁
```

行运： 庚申 辛酉 壬戌 癸亥
         5   15   25   35
         73   83   93   03

岁运吉凶：1985年坐牢，1989年出狱，1996年犯案跌伤左脚。

命理简析：此造原命局中虽甲木双透，却虚浮无根，又无印生，故身弱财旺，弱不担财，但官星不透干，身虽弱而不受制，故逢身稍转旺的岁运，必然会发生比劫劫财而犯官的事。

30. 男，农历一九七五年三月初八上午六点二十分

```
        比      官      日      财
乾造：  乙      庚      乙      己
        卯      辰      未      卯
        乙    戊乙癸  己丁乙    乙

行运：  己卯    戊寅    丁丑
         5      15      25
         80      90      00
```

岁运吉凶：1996年四月因抢劫罪被判处四年半徒刑。

命理简析：此造原命局中比强日主旺，在四个地支均有根，而官星庚金无本气根，只是坐辰得生，但卯辰半会木，卯未半合木，实际是群比劫财，欲断官之源，且乙庚作合，此局之命主必恃强无恐，胆大妄为，再遇身旺之岁运，必因劫财而犯官。

31. 男，农历一九六一年十二月初八子时

```
        比      比      日      印
乾造：  辛      辛      辛      戊
        丑      丑      亥      子
       己癸辛  己癸辛  壬甲      癸
```

行运：庚子　己亥　戊戌　丁酉
　　　　2　　12　　22　　32
　　　　63　　73　　83　　93

岁运吉凶：1987年犯强奸罪，判刑十三年，1995年乙亥减刑出狱。

命理简析：此造原命局日主无本气根，却比劫林立，又得旺印生，身旺喜克泄耗，然局中却不现财官，亥子丑会水又不成，劫旺无以发泄见财必夺，且无视法纪，故极易在财或女人身上惹犯官非。

32.男，农历一九六〇年二月十四日早二点多

```
　　　　　食　　　劫　　　日　　　才
乾造：　庚　　　己　　　戊　　　癸
　　　　子　　　卯　　　戌　　　丑
　　　　癸　　　乙　　戊辛丁　己癸辛
```

行运：庚辰　辛巳　壬午　癸水
　　　　8　　18　　28　　38
　　　　68　　78　　88　　98

岁运吉凶：1976年初被收审二个月。1984年甲子因盗窃流氓判刑十年，1993年出狱。1996年抢劫判刑七年。

命理简析：此造原命局中身旺财弱，丑戌相刑，比劫透干，这种命局之人，往往贪财好色，逢身旺的岁运便无所顾忌。但局中必竟有己卯同柱的组合，为官杀制劫，且食伤庚金不制官杀，反生了财刑卯，官杀无伤，逢财遭劫而官临旺的岁运，必惹官灾。

33. 男，农历一九七一年七月廿三日酉时

```
          劫    官    日    才
乾造： 辛    丁    庚    乙
          亥    酉    子    酉
          壬甲  辛    癸    辛

行运： 戊戌  己亥  庚子  辛丑
          7     17    27    37
          78    88    98    08
```

岁运吉凶：1994年十一月二十二日（丙子月甲申日）因经济问题入狱至今。

命理简析：此造原命局中日主身旺，比劫透干，财星无根，官星虚浮，贪财之心常有，且法津意识淡薄，岁运遇财必巧取豪夺而犯官。

34. 男，农历一九七六年十二月十七日子时

```
          财    印    日    枭
乾造： 丙    辛    壬    庚
          辰    丑    辰    子
          戊乙癸 己癸辛 戊乙癸  癸

行运： 壬寅  癸卯  甲辰
          0     10    20
          77    87    97
```

岁运吉凶：1997年判六年刑。

命理简析：此造原命局中日主在四个地支均有通根，又得枭印之生，

且无官杀透干，日主自我感觉必是身强力壮，实则两辰一丑中虽有其根，但毕竟是其官杀，且壬水坐辰墓，官杀近身，形影相随，逢财官增旺或印星受损的岁运，如日主不能自我约束而无视礼法的话，必受官方之制。

35. 男，农历一九七〇年三月十五日戌时

	比	比	日	杀
乾造：	庚	庚	庚	丙
	戌	辰	午	戌

行运：	辛巳	壬午	癸未
	5	15	25
	75	85	95

岁运吉凶：1990年被判刑十年。

命理简析：此造原命局中日主身旺，比劫林立，财星不现，故命主劫财之心常有。然庚金坐午邻丙，七杀近身相克，印星不能通关，故命主稍有不轨行为，即会犯官受制。

36. 男，农历一九七三年七月廿三日早八时

	财	伤	日	劫
乾造：	癸	庚	己	戊
	丑	申	丑	辰
	己癸辛	庚壬戊	己癸辛	戊乙癸

行运：	己未	戊午	丁巳
	4	14	24
	77	87	97

岁运吉凶：1993年二月十九日（癸酉年乙卯月辛卯日）用刀将人刺死，判刑八年。

命理简析：此造原命局中身旺比劫旺，伤官自坐强根，而不现官星，这种人必恃强傲物，目无法纪。局中食伤虽可生财，但癸水坐丑月有戊癸合的组合，如逢比劫旺透，食伤被合的岁运，必然会因争财或女人而招惹官灾。局中不现官杀，而实际中官杀是无时无处不在的。

37. 男，农历一九七五年九月十七日丑时

```
           才    杀    日    官
乾造：    乙    丙    庚    丁
           卯    戌    子    丑
           乙   戊辛丁  癸   己癸辛

行运：    乙酉   甲申   癸未
           4      14     24
           79     89     99
```

岁运吉凶：1994年与同伙抢劫事件有牵连而入狱，花钱头出来。1996年十一月由于1994年案事关重大，又重新入狱，至1999年四月九日才出狱，是劳动表现好，减刑九个月。

命理简析：此造原命局中身弱财旺，又官杀混杂，偏偏日主又坐下为食伤，易犯官灾是非。1994年甲戌，大运甲申，官杀增力，伤官也增力，故有官灾。

38. 男，农历一九七二年十二月三十日寅时

```
            才      财      日      印
乾造：      壬      癸      己      丙
            子      丑      巳      寅
            癸    己癸辛  丙戊庚  甲丙戊
```

行运： 甲寅　　乙卯　　丙辰
　　　　1　　　11　　　21
　　　　73　　　83　　　93

岁运吉凶：1994年十一月初四（甲戌年乙亥月丙寅日）入狱。

命理简析：此造原命局中日主身旺，杀不制身反生印，此种命局之人往往胆大，行事无所顾忌，但毕竟局中财旺可制印，在官杀暗旺透干而印不能通关的岁运中，就会招惹官灾是非。

39. 男，农历一九五八年三月初六卯时

```
            印      官      日      比
乾造：      戊      丙      辛      辛
            戌      辰      未      卯
          戊辛丁  戊乙癸  己丁乙    乙
```

行运：　丁巳　　戊午　　己未　　庚申
　　　　4　　　14　　　24　　　34
　　　　62　　　72　　　82　　　92

岁运吉凶：1997年四月被人借去六万元，债务人逃跑。丑月在外县因强奸未遂被关几天。1998年丑月被抓，判刑四年（因1997年事）。

命理简析：此造原命局中辰戌未相刑冲，旺印生身，虽无本气根也终是身旺，喜财而时辛坐卯，有财易被他人所夺，故命主必贪财好色，而官星丙火尽被戊辰化泄，且丙辛作合，故命主法纪意识淡薄，易因财色而惹犯官灾。

40. 男，农历一九八一年八月廿二日辰时

```
         劫      官      日      比
乾造：   辛      丁      庚      庚
         酉      酉      子      辰
         辛      辛      癸      戊乙癸

行运： 丙申    乙未
        4      14
        85     95
```

岁运吉凶：1999年三月十四日中午（己卯年戊辰月辛亥日）被几位同学围攻殴打数次，迫于自卫对几位同学连捅几刀，当事人抢救无效死亡，命主当日被捕。

命理简析：此造原命局中日主太旺，可顺不可逆，故命主决不甘心受欺压，也受不得半点气，岁运一见财官，必犯其怒性而招灾惹祸。

第九节　从命局中提取灾咎信息

命中带刑，有克，少年如走死绝之地，为灾难，大运流年遇三刑、六害，都为易发灾难年。年克日主，不是官而是杀，不是贵而是贱，必有灾病（指少年）。若受重克难逃夭折。日主弱、年干旺，流年小运再透七杀必有灾。命犯吞陷煞，少年都有一次水灾，辰见辰，酉见酉更为准。

日主弱再见火日或火年、火月，少年易有火灾。命局火多水少，再走南方之地易有火灾。金命或日干是金，受重火所克，少年易有火灾。金旺木弱又无水，遇刑伤之年，易有刑伤之灾。命犯持势之刑，带羊刃易有刑伤。命局有土无木，金作日主，走东方木运，劝此人不可西去，易有刑伤之灾。少年最怕羊刃遇三刑流年和小运，陡然祸至。

身轻支重，遇流年飞刃必有刑伤之灾。三刑冲克（只论年月）流年天干被合，地支被冲，必有刑伤。

病 灾

一、五脏六腑健康状况

五脏六腑以五行而断，即金、木、水、火、土。金属大肠、肺，木属胆、肝，水属膀胱肾脏，火属心脏小肠、三焦，土属脾胃。日主旺相或相生者少病。日主休囚死，又被克者人多灾病。旺而喜泄。衰者喜生扶。强而又生为特强，旺强又生必成灾。衰者受泄，泄谁谁有灾。如甲木生于春，命局水少，肾脏必灾。土多生于长夏（暑前为立夏，小暑后为长夏），脾胃有损。火多生于夏天，命局缺水，见木，肝胆有亏。火多而旺，金多而强，头面病灾。四柱火多土少，透金而生疮。火多，土多，痈疽可见。火多木多少金，生疯之邪。水多无制又逢金，多得肾病。女生带浊男尿毒。金木刑克肝胆损，若要见水灾免轻。遇火伤脾，遇土伤肺，遇木伤血又伤胆。金木凶死黄赖病。水火交战不和气，木土定知伤脾胃。水金痨肿祸来侵。五行不可偏孤，偏孤必有灾病。五行缺啥，啥有病。啥被众克啥有病，若能通关还有情。旺而又生必有灾，衰而又泄祸来侵。

二、目疾、耳疾

1. 月上伤官，不瞎则跛。
2. 伤官夹杀，不跛则瞎。
3. 火被水伤，眼目之疾。
4. 丙火冬生遭壬克，目疾或失明。
5. 火弱土旺或火少土多，眼目易浊。
6. 火旺又得木生，常闹眼疾。
7. 寅卯木遭金克伤，视力受损。
8. 四柱中丙辛相合，或丙与大运流年之辛相合，则不利眼目。
9. 丙遇金多伤眼目，亥子水克巳午火，眼目之疾。
10. 年月为右，日时为左，丙在年或月遭水克，右眼有疾或失明，日时为左目；左右丙火衰弱，遭强水（壬水）克之，双目失明。
11. 何时失明，既要看命局，又当看运程。
12. 柱中有三羊刃者，不瞎则聋，此条应验度很高。
13. 丙丁日临衰地又逢七杀，耳聋残废。
14. 木克土，必耳病。
15. 土多土旺木弱者，听力差。
16. 壬癸重叠时见财，不是秃头则眼病。
17. 四柱中纳音之火受柱中纳音水克，必主眼病。
18. 丙丁火命人，若逢壬癸水克主眼疾。
19. 年干受克，年支逢刑，主头歪眼斜。

三、心、肺病

1. 四柱中水旺或丁火太旺，都易患心脏病、心肺之疾。
2. 四柱中土多火弱，易患高血压病症。
3. 四柱中木多，而丁火极弱者，易患心肌梗塞症。
4. 火金相战，心肺有伤。

5. 丁火弱而受水克者，心脏有病。

6. 癸丁相战，心血之疾。

7. 日柱庚午，时柱辛巳，多有心血病。

8. 丑相见，多有心肺之疾，因其为火入金库。

9. 弱金遇旺火，血疾之症。

10. 辛金弱而遇土重，易患肺疾。

11. 四柱中火炎，易得肺炎咳嗽之症。

12. 辛金弱而遇强水，肺寒而咳嗽。

13. 辛弱土重，不得支气管炎则有鼻炎。

14. 金水伤官，寒则咳嗽，热者痰火。

15. 庚辛金遇火地，易得肺病。

四、脾胃、肠病

1. 日下坐枭，或干支枭神重者，大运逢食神，必因贪食而致病。

2. 土弱而木旺，脾胃之疾。

3. 四柱中水木两旺，当伤脾胃。

4. 四柱中木多木旺，伤脾胃。

5. 金多土弱，脾胃有损。

6. 水多土寒，脾胃有寒凉之疾。

7. 丙火极弱生在冬月，患小肠之疾。

8. 庚金弱而生在冬月，大肠之疾。肠炎易拉肚子，或十二指肠溃疡。

9. 四柱中见辰戌相冲，易患胃病。

10. 土火两弱，又命局中水多，不是胃溃疡则是胃下垂。

11. 丙庚两旺逢燥土，有便秘之疾。

12. 己卯冬生而弱，遇寒则打膈气。

13. 丑未衰而遇旺水，脾胃之疾。

14. 土寒逢旺木，脾胃之疾。

五、肝胆病

1. 乙木太过或太弱，易得肝胆之病。
2. 甲申乙酉，小儿易得风肝之疾（抽风、肝炎）。
3. 甲寅乙卯，衰而受克，肝胆有疾无疑。
4. 乙木弱而逢旺水，易得肝肿水，肝硬化，或肝火虚。
5. 金水多，甲木弱，又无火的命局，易得胆结石之症。
6. 木弱逢旺水，易伤肝胆，或肝萎缩。
7. 木遭金克，肝胆之症。

六、肾疾

1. 命局中水多过旺，或水弱而受克者，有肾脏之疾，或因肾所引起的糖尿病、膀胱炎等症。
2. 水少遭燥土，有肾病。
3. 火旺水弱，肾病。
4. 木多水弱，有肾疾。
5. 水旺而无木疏通，易得膀胱或肾病。
6. 癸水弱而入墓，肾虚肾亏。
7. 冬水旺，无木又无火，易得阳痿。
8. 癸水极弱，再逢金多生寒水，易患肾结石。
9. 癸水休囚而受克，肾病。
10. 六癸生人，命局中亥子丑全，逢休囚病地，有肾病。

七、头部伤病

1. 庚金旺，甲木弱或庚金弱甲木旺，主头晕有伤。
2. 午火旺，甲木弱，头伤病。

例：丙午年壬辰月甲午日甲戌时生人，在1990庚午年中，患上精神病。

3. 凡是甲午日生人，在七月、八月、九月或四月、五月、六月、七月、八月、九月，易得精神病。

4. 反吟伏吟，伤妻伤母，如丙子日生人，遇丙子年、庚午年、壬午年，因其冲克太岁，有牢灾，口舌之灾。

伤 灾

凶，是与吉相对的，是形容死亡、灾难等不幸的现象。险，是险恶，危险的境地。此节是命局预测专门研究一个人的灾难和不幸的。也是命局索秘必须首先接触的一个神秘内容。

在实际生活中，凶险问题也是时有发生的。其具体情况不外乎伤残、交通事故、死亡、疾病，其他天灾横祸以及凶丧、牢狱之灾等。怎样预测并防范这些灾祸，而趋吉避凶？这也是自古以来为命理研究家所关注的问题。但过去的江湖骗子，利用人们对凶险问题的心理压力，故意玩弄玄虚而骗取财物。当今社会上也有些不学无术之人，利用预测凶险，以破关解灾来骗财害人。我们提出凶险这一专门篇章，旨在破译这些灾祸的警戒"密码"，借以探索其中潜藏的各种奥秘，寻求正当的避解办法。

一、伤灾之一

1. 伤官七杀又带刃，必然肢体有伤、残。
2. 四柱中有伤，必见伤灾。
3. 伤官行伤旺地有伤，在流年大运中看天干地支。
4. 伤官合杀，有伤灾或有伤残在身。
5. 戊己又逢甲乙，头面有伤或中风。

6. 甲木柱见庚，必伤头。

7. 印多又见印比劫，再行身旺运，必伤身体。

8. 身弱逢上枭印旺，必见伤（特别是伤头）。

9. 弱财多，逢财地当防伤。

10. 羊刃七杀怕财旺，又居三合，主伤残（看流年大运）。

二、伤灾之二

1. 有杀无刃，杀心伤身。

2. 身弱杀多杀旺，防伤残之灾。

3. 比劫被冲克，伤手足。

4. 枭多枭旺，必主伤残。

5. 枭临鬼地，有伤身之苦。

6. 纵横七杀，雷打虎伤（天干地支和藏干），都有七杀。

7. 四柱中寅多，特别在命局有丑牛、未羊或卯兔者，当遭狗咬之伤（狼狗咬伤）。

8. 枭重逢枭，心身易受伤害（逢的是枭印流年或大运）。

9. 反吟伏吟，不伤自己，也伤他人。如丙子日遇丙子年，丙子日遇庚午年。

10. 戊见甲，有折臂之苦。

11. 羊刃多者，主伤残，阳羊刃亦为兵伤之神煞。

12. 癸亥见丁未，必伤头面。

13. 四柱中火多，必有伤身之苦或火灾。

14. 庚金生冬月，必伤筋骨或腰痛。

15. 金居火旺之地，难保肢体全（金为筋骨）。

16. 四柱中有戊寅己卯，家中必有伤残，跛脚或中风之人。

17. 申为手臂，申遇巳火刑克，臂肢患有伤残。

18. 庚申辛酉，又临金旺之地，不遭刀刃之伤也会死于兵刃。

19. 年支逢刑，年柱纳音被日时纳音克者，必遭杀伤亡身。

20. 年命纳音为金，日或时柱见亥者，为金病在亥，防瘫痪之症。

21. 年命纳音为火，日或时临亥子水地及岁运，女人防瘫痪。

22. 四柱中丑戌未三刑俱见，肢体难全。

23. 伤官透干而旺，因病、伤而致身上留有疤痕。

24. 四柱及岁运见寅申巳三刑，防伤残或牢狱之灾，如若本人没有，亲人有伤。

25. 金与星逢冲克，因车祸伤身或命亡；如甲日见辰为金舆，癸日见寅为金舆，甲辰日遇甲戌岁运冲克金舆有车祸。

26. 羊刃逢冲，伤身之苦。

27. 火炎土燥或稼穑格，不论其人成就有多高，亦不能有善终，因血光、车祸、恶疾或开刀而亡。

三、伤残

伤残，也是凶险预测的一个重要内容和有机部分，往往这些事故的发生，都是突发和偶然的，使人措手不及。所以预测出伤残，要认真加以提防，这也是趋吉避凶的实际步骤。命局中有如下显示的，更应特别注意。

1. 四柱中伤官、七煞、羊刃并显，肢体恐遭伤残。

2. 四柱中伤官透干而气盛，一生必因病、伤留下疤痕（食神多变伤官亦同）。

3. 火炎土焦或稼穑成格或土格，恐不得善终，在车祸、血光和恶疾开刀中亡故。

4. 四柱中七杀旺于日主，食神、正印极弱，一生常受伤灾或终生常带一项久治不愈的暗疾。

5. 四柱中伤官、七煞双显而缺印，主好勇善斗，须防因格斗而致伤残。

6. 用神坐死绝沐浴之岁运，有凶险之厄，有贵人会合，凶灾可解。

7. 伤官重重，又遇长生旺地，须防腰腿筋骨伤残。

8. 眼目昏眩定是火弱又遭水克。

9. 甲木受克，易在头部遭伤。

10. 逢沐浴岁运，或逢水溺煞，羊刃加临，即命局中有丙子、癸丑、癸未干支者，防被水淹或溺水而亡的灾祸。

死 亡

死亡，是最凶险的信号，古人批命局往往要先捕捉这个不祥的信号，如什么"七十三、八十四，阎王不请自己去"以及哪年有坎，哪年有险等。但根据许多命理著作分析，推寿命多为不验，甚至有些命理高手，也不得不承认这一事实，但从预测实践中，古人却总结出一些看凶险的方法，不得不引起我们足够的重视。有关死亡凶丧的信息，在命局中确有以下几种显现和暗示。

一、岁运并临

这是四柱预测中常常遇到的凶险信号之一。所谓岁运并临，就是说流年干支与所行之大运干支相同者，如大运行庚午运，正好与庚午流年相遇。用句通俗的话说，就是岁和运一起来到，也称岁运伏吟。因此，"岁运并临，不死自己死他人"；"岁运并临，不死也发昏"。岁运并临尽管凶多吉少，在实践中确实出现过死、伤凶险之问题，但不是绝对的。《渊海子平》在格局生死引用中也曾指出："伤官之格，财旺身弱，官煞重见，混杂冲刃，岁运见即死。"由上可见，古人对岁运并临的结论，也是有附加条件的，而且提出岁运并临如遇流年正官、正印、正财不一定就非出凶事。所以我们认为，遇到岁运并临的年份，思想上要亮起凶险的红灯，但同时要通盘考虑，看其命局五行是否有救，看用神是否受制，然后做出恰当的结论。

二、三刑受冲

三刑，本是凶险的信号，如果再遇冲，那就凶而又凶，险而又险了，如大运、流年命局出现两组相刑或指无其它干支相合或无天月二德护助。同时还要审视刑到何宫、何支。如刑入年支无救又逢冲，祖父母有灾。刑入月支又逢冲，父母或兄弟姐妹有灾。刑入日支又逢冲，妻子有灾。刑入时支又逢冲，子女有灾。

三、两组三刑

大运、命局、流年出现在三刑中的任何两组相刑，亦即大运、命局、流年的六个地支组成两组相刑。如寅刑巳、巳刑申、申刑寅和丑刑戌、戌刑未、未刑丑子刑卯、卯刑子，也就是地支有寅、巳、申、丑、未、戌或子、卯。刑入命局的正印者有丧母之厄，刑入偏财者有丧父之危，刑入正财者有丧妻之痛，刑入食伤者有丧子或丧女之兆。

四、两局相克

命局、大运、流年六个地支，组成二组三会局，又恰好相克者，如组成申酉戌三会金局与寅卯辰三会木局（金克木）。或组成巳酉丑三合金局亥卯未三合木局。（余类同）皆主大祸临头，死亡难免。

五、以一制三

大运、命局、流年、小运中组成一支冲三支，一干克三干，一支刑三支，三支刑一支，恐有意外之灾、生命之忧，甚至是大凶。如三庚克一甲，三酉冲一卯、三辰冲一戌、三戌冲一辰，三巳刑一申等，当命局出现这样的组合时，必须引起高度的注意。

六、羊刃会聚

羊刃本来就是凶恶之星，如果身旺不幸又逢羊刃会聚，那就必然凶祸迭至，大难临头了，如命局中日主旺，原有羊刃，大运又行羊刃运，小运或流年又逢羊刃，此即为羊刃会聚，大凶之兆。遇到这样的年份、月份，不论办什么事情，都要多加小心，谨慎从事。

七、羊刃倒戈

命中羊刃逢冲而无他支合救，即为羊刃倒戈。古有"羊刃逢冲，勃然祸至"之说。羊刃最怕冲合，尤其怕冲克太岁，所以称倒戈。犯羊刃倒戈，主命主心性险恶，或死于非命。羊刃本来就是个灾星，再逢冲刑倒戈，势必大祸临头。

八、七煞逢冲

偏官无制即为七煞。七煞也是危及人的生命的凶星。命中七煞为忌又逢冲，又无它支来合救，或贵人来守护，那也是很危险的，主人性情暴戾，多遭凶死。

九、六亲入墓

墓者墓库也，坟墓也，流年逢官星入墓，男克子，女克夫。女命逢之，丈夫有害。逢正财入墓，男克妻，主妻子有大凶。偏财入墓，克父，父亲有凶厄。正印入墓，克母，母亲有凶祸。食神入墓损子女，防子女有祸。譬如有人岁运并临，妻星酉宫入丑墓，如丁丑运，入丁丑年墓，因此，其妻必有凶亡之灾。

十、枭印夺食

命局有偏印又有偏财,这样的偏印为真正的偏印。命局中有偏印,无偏财就叫枭印。命中有偏印、无偏财又遇食神为枭印夺食。枭印夺食之命主父亲先亡。枭印夺食又分命局枭印夺食,大运枭印夺食和流年枭印夺食,以及大运遇枭,流年遇食和流年遇枭,大运遇食等的枭印夺食。这样的年份均兆命主身弱体病或丧事迭祸。

十一、天克地冲

天克地冲指流年太岁与当年太岁天克地冲,亦称冲太岁。如流年甲午与年柱戊子或庚子天干相克,地支相冲。流年年支与生年年支相同者为犯太岁。日柱干支与流年干支天克地冲,大运干支与流年干支天克地冲者为征太岁或称岁运交战,征太岁灾重。天克地冲均是不吉之兆,诸事多逆。凡遇天克地冲的年份均对父母不利。正如命书上所述:偏财逢岁运天克地冲时,父亡之期;印绶逢岁运天克地冲时,母丧之时。生年干被流年干克、生年支又为流年支墓,必有丧父之忧。大运冲克提纲(月柱干支),流年又与年柱天克地冲,不丧父则丧母或父母俱丧。大运及流年冲克年柱,也主祖上或父母有忧患之事;大运及流年冲克月支,破财或有生离死别之事。大运及流年冲克日支,对妻子不利。大运及流年冲克时柱干支伤子女。

十二、伤刃空亡重叠

伤、刃、空亡重叠即是伤官或羊刃与空亡一起相会的时候。伤官在大多数情况下是不吉利的,在日主身弱的情况下,遇伤官泄身就更不吉利,空亡,会使五气的均衡崩溃。空亡巡回是极易发生水难、火难、生离、死别之凶厄的。所以伤官再与空亡重叠出现,会发生凶事或与亲人生离死别的厄运。羊刃本是凶恶之星,羊刃逢冲、合再与空亡重叠,危险极大，常常与死亡、横祸相伴。羊刃空亡一起巡回的年份，更应多加小心。

十三、用神受制

在四柱推断中，既然用神、喜神对日主起抑其过旺、扶其不及的枢纽作用，因此命局的岁、运都不能冲克用神，使用神受制、受伤。一旦喜、用所栖之柱，受制而无救，那就大祸临头了。所以命局预测特别重视用神、喜神的吉凶，要知其所忌，避其所害，趋吉避凶。

十四、刃枭复会

刃枭复会也是明显的凶险预兆，因为羊刃凶星与枭印凶星都是不吉之兆，刃枭复行刃枭或三刃会二枭，都主凶险多阻，九死一生。

十五、身弱煞旺

日主弱本忌官煞，但命局中煞多而旺，一旦大运又逢煞旺之地，流年又遇七煞克身，这样的年份不死也得发昏。

十六、运临险地

古法有以年柱纳音五行与运地犯忌之说，如："金衰木绝土怕养，水病火死不久长"。即金命人，大运怕见衰，木命人大运怕见绝，土命人大运怕见养，水命人大运怕见病，火命人大运怕见死。同时还有"金衰怕火地，木绝忌西方，土养畏木克；水病惧坤方；火死愁水灭"等说法。显然，金命人本来怕衰地，而且在衰地上偏偏又逢到克金的南方之火，必然是忌上加忌，火上烧油了。逢上这样的命运，再无救助，小则重病，大则夭亡。当然也不是遇上这种情况就非出凶险不可，也应与命局、大运的五行统盘考虑，不能一见犯忌就下结论。

十七、犯旺逢冲

月支为官煞或财食，坐羊刃，逢流年冲者，如日主再遇死绝无气之地，主凶险、刑伤、横祸、凶亡。

十八、食伤死绝

食神或伤官坐死绝之地，又逢刑冲克害，主克子或子女夭亡。

十九、命宫外冲

命宫之支，与岁运之支相冲或冲月支，日主又死绝无气，用神又无情无力，也是凶险频出的年份。

二十、四柱伏吟、反伏吟

伏乃伏藏之意，吟乃呻吟之吟。伏吟即是潜藏着呻吟哀叹的处境和悲苦、忧愁之事。伏吟，有年柱伏吟，月柱伏吟，日柱伏吟，月柱干支与流年干支相同，为月上伏吟，《神峰通考》称："岁运与原命地支相同为伏吟，天干地支天克地冲为反伏吟"。但从实践经验看，干支均同的伏吟和干支重叠，凶多吉少，不是生离死别，就是疾病缠身，灾祸临头。从伏吟的宫位上看，又有年上伏吟，主父母有呻吟和危难之事，月上伏吟主兄弟姐妹有呻吟和危难之事，日上伏吟主自己和配偶有呻吟和危难之事，时上伏吟，主子女有呻吟和危难之事。总之，对命局的伏吟、反伏吟，在预测时必须认真审视，切不可置之不理，因为往往在伏吟期间会发生一些炙人心肺的事件和问题。

刑 狱

刑狱，是指触及刑法判刑入狱，也就是通常所说的牢狱之灾，对这个问题，四柱的信息也是有一定反馈量的。有的人命局本身有刑，岁刑再遇刑，必然凶多吉少。所以命主遇到此种岁运必须处处检点自己，遵纪守法，谨言慎行，从思想上引起高度警觉。

一、犯刑的时间和类别

刑分四类：1.无恩之刑；2.无礼之刑；3.恃势之刑；4.自刑。寅巳申三刑寅，为无恩之刑；子卯刑，为无礼之刑；丑戌未三刑为恃势之刑。辰午酉亥为自刑之刑。受刑者必是四柱原有，如果四柱上原有三刑和自刑者，都为真刑（原命局刑全），如年月时为三刑。狱灾夭寿，子女也受牵连，年月日之刑为半辈之刑。年月有刑为早期之刑。在三十二岁前必犯，在月日时为中晚年之刑，如果命局原有二位刑或刑不全者，在小运流年大运配全者都为犯刑之年。大运时间长，流年比较重，小运次之，分清大限。刑并不专指牢狱之灾，也指刑伤、伤残疾病损伤人口之兆。自刑与三刑又有区别，主门庭迁移，动摇犹豫不安之兆。

三刑喜弱不喜旺，刑旺必犯，刑衰可免，要以四季而定旺衰。隔位有刑，为小刑，若衰可免。如果原命无刑，大小运和流年配全者，大部分都是诬陷之刑，牵连之刑，时间要细推大小运流年，遇冲必犯，冲头刑大，冲尾刑小。顺者为冲，逆者为刑。

关于刑的类别，要以天时而定，以地利而推，三刑遇财，因财坐牢。如再遇劫财为强夺之刑。刑遇魁罡，又逢冲，必是打架斗殴之刑。三刑见飞天狼籍，主海盗、车匪路霸之刑。三刑见大狼籍，主大偷大盗之刑。三刑见飞天狼籍，主小偷小摸之刑。恃势之刑，也可能在社会上有关政治方面之刑。自刑之刑，属自取其祸。

二、何时降级丢官

身弱遇官旺之年，必降级。身弱遇流年冲官必降级。身弱遇流年太岁冲年支者又克官，官必降落，如犯三刑，丢官受刑。天干正官，地支伤官，走伤官运丢官。命中最怕伤官旺。原命无伤官，走伤官运，官主降落。天干伤官，败名而不丢权。地支伤官，丢权而能保名。原命十恶大败日，做官为穷官。魁罡走十恶大败运，又克日主，大祸临头。官走忌喜之地，官有降落。如属龙的不得水地，虎不得山，老鼠过街人人喊打，老牛落在大旱山。都是官职下降和不得地之兆。

三、女命犯刑

女人犯刑主疾病缠身、堕胎、损孕，遇刑年不利怀胎，若怀胎主堕胎损孕，病灾重重。

女人坐牢在命书中没有详细论说。根据经验结合实际，还有几条：淫乱刑、因财犯刑、争情之刑、嫌贫爱富之刑、家产争夺之刑等。她们犯刑时间和男命一样，如果原命刑全就在冲刑之年，冲刑则动，如果原刑不全，就在刑配全之年。那么在她们的犯刑之年究竟是受刑还是疾病，预测中也是很麻烦的。原命日主太弱又无生扶，官杀不杂，不带沐浴桃花等其它凶神恶煞，只带三刑，在犯刑之年，就疾病缠身了。如果原命犯三刑，但日旺相，官煞不杂又无凶神恶煞侵身，在犯刑之年，多是刑伤之灾。若是原命带刑，又犯桃花合星，又多官杀混杂，多是被他人勾引犯刑。原命带刑，日主旺相，又有飞天狼籍、驿马，多是集团之类，大偷大盗之人。如果原命带三合，多是集团之类，子刑卯，卯刑子，酉刑酉，午刑午主淫欲之刑。丑未戌之刑，主房产之刑。女人带大红沙，羊刃得令犯冲，易致伤人命。遇刑之年或倒戈羊刃逢冲之年和地网之年难免极刑。

四、免刑和极刑

　　刑不可直言为凶，如果四柱有天、月二德、天乙贵人，贵刑一字，贵人又得旺相，有刑可免或减。年上遇贵为大贵，大刑可免。月柱贵人，有刑可减。日时有贵，小刑不犯。日主天赦，重刑可免。三刑两个贵，遇刑年必发福。日主天赦，命局有勾绞二星，先刑而后解，命犯天罡或魁罡，带刑躲避能免，三刑带驿马，带刑逃出家。天罗地网又犯刑，跑到天边也难容。贵刑贱刑住牢笼。做官最怕遇天罗，若遇地网也犯刑。命犯三刑带羊刃，掉头之灾躲不了。命带三刑又红沙，杀人之后必离家，再遇天罗地网年难逃国法治裁他（她）。

五、刑狱信息

1. 羊刃冲岁，枭印夺食

　　羊刃、枭印，不仅是死亡的信号显示，也是牢狱之灾的信号标志。羊刃冲岁，凶祸迭至，羊刃逢岁也不是好兆头。所以，凡是逢上羊刃在流年巡回的年份，都有牢狱之苦的显示。枭印本是凶神，如果命局中已经出现枭神夺食，岁运又逢食枭相会或食枭旺地，如此，则争夺之势不可避免，就难以免除各种祸患了。

2. 男怕天罗、女怕地网

　　天罗地网也主有触犯刑律之事，也是牢狱之灾的信号。凡是命中犯天罗地网之人，均应防范小心，命局虽无天罗地网，但岁运逢之亦要引高度重视，处世行事多加注意，切莫我行我素，肆意妄为。

3. 伤官见官，为祸百端

　　命局中正官、偏官混杂，亦称官煞混杂，再行伤官之运，也有牢狱之苦，伤官见官，既包括命局中伤官透旺又逢官运、官岁，又包含命局官煞混杂，又逢伤官岁运，凡遇之，均要严加防卫。同时，必须牢记命

局以伤官为用神大忌七煞，以正官为用神大忌伤官，火土伤官尤忌。

4.命有魁罡，牢狱须防

魁罡虽然属贵，但也是吉凶相伴的，所以命有魁罡的男人，更应多加小心，尤其运行财旺之地，如果柱中比劫叠叠，再加魁罡入命，尤要注意，因比劫逢财，必有祸患。命主本来就胆大心粗，敢作敢为，一旦失去控制，极易引起大祸。

第十节　四墓库的用法

关于四墓库的争论较多，但我认为都没有给它们定性，根据易理土是半阳半阴之物其性不定，应视组合而定，在没有外因的条件下它们的本性还是土。现在的各书对四墓作了许多规定，辰丑为湿土生金不克水，戌未为燥土脆金不生金，不泄火等。我认为这些规定都不正确，不符和易的原则。土的性质不定，会随着旺的五行，自身发生变化。丁未、丙戌此时的未戌火旺，必然不去生金。如果遇到癸未，庚戌又如何呢？癸丑、壬辰肯定是水旺，如果遇到丁丑、丙辰又怎么不克水呢？

1.十天干生于墓月，不以旺论，如月干透出比劫，此为墓中根气透出可以帮扶日干，不以墓论，如果根气不透不为通根。日支临墓库时以通根论。

```
    枭   比   日   印
例：辛   壬   壬   庚
    亥   辰   戌   子
```

分析：日干壬水生辰月，本为墓地可现在月干透出壬水，年支为亥水，天干金水连气，壬水以旺论。

2. 戊己土生于四墓月以比劫论，庚辛生于辰、戌、丑、未月以印论，但它们与庚辛金作用，必须有天干戊己土或日支的引化，否则不能直接生扶。（现在流行辰丑可以生任何地方的金，未戌可以脆任何地方的金的论点，是错误的。）

```
      食   才   日   比
例：  辛   壬   己   己
      亥   辰   巳   巳
```

分析：己巳日元生辰月本以比劫论，但在清明节后第九天木气值令，不能论土。巳日巳时命局中火旺，戊己土是作为阴阳四象之间的平衡器，此时火旺必以平衡火为先，那么取阴制阳，辛、壬、亥、辰都可以作为用神。

印星为忌必用财星制约，壬水通根墓库有力又得辛金生扶，用神旺忌神有制，辛未年考取大学。95年乙亥参加工作。

3. 庚辛金生戌未月应视组合而定，戌月霜降后月干不透金、土，此时不能生金，如在庚午日午时，戌土可以平衡火气。未以火论时不生庚辛金，以土论时干不透金、土，虽然金进气，可以取平衡用，不能论直接生庚辛金。

```
      才   杀   日   比
例：  乙   丙   庚   庚
      巳   戌   申   辰
```

分析：庚申日元生于丙戌月，霜降后金退气又有丙火盖头，不能帮金。庚申日元天地一气，又得庚辰时帮扶，庚金旺取财滋杀为用。

4. 日干旺墓在日支出现、旺以通根论，此对乙丙壬而言。乙未、丙戌、辛丑、壬辰、戊辰、戊戌、己未、己丑、庚戌、辛未、丙辰等日柱会随着不同的组合发生变化。当与日支相同的两个五行相见时，日支会

顺应它们。比如：甲寅、丁卯、戊辰、甲寅，此造地支寅卯辰少阳气全，此时的辰土不能作为戊土的根，必去顺应木的旺势。辛丑日临子月子时，必会顺应水的旺势。

```
         伤   伤   日   枭
坤例：   己   己   丙   甲
         酉   巳   戌   午
```

分析：丙戌日元生于巳月比劫旺，又有时支午火帮扶，此时日支戌土以火通根论，酉金无用，丙火日干以从强格论。

5. 戊、己日干当日支为土时以比劫论，这个比劫的性质会随组合而变化。戊辰日的卯月寅时，己丑日的子月亥时，这时的土都会发生变化。辛丑日要以丑的性质而定，正在盛夏火气旺，定以丑土晦火，生在严冬只有顺其寒势。此中变化，细微独特。

```
         食   才   日   枭
乾例：   癸   甲   辛   己
         卯   子   丑   亥
```

分析：辛丑日柱生于子月，亥时天寒地冻，无火暖身，只能顺其水势，水势旺不易再见火。此造生在冬至后第二天，天干甲木进气，又有卯木为根，此为寒虽至而暖有气，丙寅运甲子年考学，丁卯运辛未年结婚。

6. 甲、乙木见辰、戌、丑、未是否以财论，它们处在月令与日支不同，一定要似不同的组合才能确定。

```
         枭   比   日   劫
乾例：   壬   甲   甲   乙
         子   辰   申   亥
```

分析：甲申日元生于辰月谷雨后三天，木气竭财星当令，但年支为子水，月透甲木，甲木通根于月令，身弱论命。

7.日干、用神在大运流年逢墓不能直接以凶论，以喜忌而定。

8.丙丁火见辰丑土以食伤论，水旺辰丑对丙丁以官杀论。

```
        食    枭    日    财
乾例：  戊    甲    丙    庚
        午    子    辰    寅
```

分析：丙火日干生于子月七杀当令，丙火日干弱。年支午火，时支寅木可用，丙火日干以扶抑格论命。

9.丙丁火见未戌火旺以比劫论，弱不见火以食伤论，但泄火力量小。

10.四墓库的变化，要视其组合而定。辰戌丑未在时支出现，其性不发生变化，辰丑克水，戌未泄火。

```
        比    枭    日    比
坤例：  庚    戊    庚    庚
        申    子    午    辰
```

分析：庚金日干生于子月食神当令，日支午火克制，庚金日干似弱，现天干土金一气，又有年支申金，时支辰土帮扶，庚金日干不弱反旺。时支辰土泄午火应凶。

11.天干与四墓的不同组合，又是决定四墓不同性质的一大课题，提出供大家参考悟用，试想在亥子年，辰与天干的不同组合，如甲辰、丙辰、戊辰、庚辰、壬辰的水旺都会一样吗？

以上几条是四墓库最简单的表现形式，在平常的预测时一定要注意它们的特性和衰旺。四墓库在预测中很重要，一定要辩证的学习，在这里提醒广大易友要辩证地学习。例如某书称辰丑土在任何条件下都不帮扶戊己土，那么我们可以找例子来证明一下，看看一下在戊己土弱、在辰丑年用神出现的时候是应吉应凶？在自然中只有土生金，而辰丑土生金怎么会不帮扶土呢？只能说土的变化较大，其性质难定，应视条件的组合而定，确定一个理论的正确与错误，只有用实践来说话。

第五章　婚姻与子女

日支是夫妻宫，主婚姻。流年干支对日支冲、刑、化、合等，都会影响夫妻感情及夫妇关系。除日支外，下列各项因素亦会对夫妻间的感情产生变化。

男女婚配问题，《系辞》中说："有天地然后才有万物，有万物然后才有男女，有男女然后才有夫妻，男女精媾，万物化生。"

婚姻生活是人生中相当漫长而又相当重要的里程碑，如果能找到一个好的伴侣，共赴人生旅途，那是十分幸福的事。在实际生活中，有的夫妻情深似海，相敬如宾，白头偕老；有的先好后坏，各奔东西；有的夫妻相亲相爱，却中途发生丧偶的悲剧，这是受命局中阴阳五行相生相克的结果。

本章将详细讲述生克制化分析命主配偶和子女事宜。

婚姻的判断，主要看妻星和妻宫或夫星、夫宫。正财代表妻星，没有正财，取偏财为用神。

妻宫是指日支，也就是日干的坐支；夫星是指正官，没有正官，取偏官（七煞）也可以。夫宫和妻宫一样，皆指日支而言。

有些命局中，正财和偏财或正官和偏官，只字不见，就得根据《滴天髓》所示的方法，以用神为子，生用神者论妻或论夫。

论夫，要看正官。命局中如见到正官明现，日主旺相，以正官为喜用神，将会嫁到一个好丈夫，夫唱妇随，相敬如宾，有依有靠。

论妻，以正财为准。命局中正财明现，只要日主旺而不衰，必定能娶到个好老婆。如果是日主旺，正财明现，以财为喜用神，而其它干支又没有冲克者，则主妻美而贤慧。婚后定然家庭和睦，美满幸福。

相反来说，财星为忌神（是指身弱的命局，需要印星生扶，比劫相助，而财能克印，又泄比劫之气），不但不易发财，反而一辈子也找不到个好老婆。

女命的官星如为忌神，则很难得到一个稳定婚姻，更不容易得一个好丈夫。

命局预测婚姻，准确度极高，虽不能百分之百，却也不会相差太远。因而每个人都应该为自己的婚姻，郑重其事地推算一下，以便少走弯路。

第一节　婚姻

一、婚姻状况

1. 关于妻子远近：年柱妻星，如不逢冲克化合，娶远方之女；月柱妻星，如不逢冲克化合，娶邻近之女；日柱妻星，如不逢冲克化合，多娶同学同乡或同事的女性。

2. 时柱妻星，不仅晚婚，而且妻子年龄较自己小得多，也亦为远方之女。

3. 关于丈夫远近的也同上。

4. 如夫妻星在墓库中，一般个子较小或身体差或无能（如木在墓库杂气中，木墓杂气妻有病，木墓在未，辰月乙木）。

5. 四柱中有天干相合或地支相合，先同床后结婚（以同床为婚期）。

6. 时柱同现妻子二星，或时柱同藏妻星子星，当先怀胎后结婚，或先生孩子后结婚。

7. 年柱有配偶星，与日柱上相合，为童年之伴或有亲戚关系。

8. 四柱中无妻星，如月柱羊刃冲妻星，中年克妻离婚；或时支羊刃冲妻宫，晚年与妻生离死别，患疾死（大运同）。

9. 日坐妻星，天干透财，多有双妻。

10. 柱中藏财或藏官，不娶嫁也有过外情。

11. 时支藏财，有金屋藏娇之喜，其妻或情妇年命比自己儿女大两岁或小两岁。

12. 日柱不坐财，财在年月柱上，被比劫合，其妻会被他人勾走而私奔。

13. 官星被印星合去，丈夫的情人年龄比自己大；官星被食伤合去，丈夫的情人年龄比自己小；官星被比劫合去，丈夫之情人年龄与自己相当；官星被财星合去，丈夫外遇情人因工作或因自己而引起；官星被年上喜神合去，丈夫之情人学历能力、经济条件比自己好。

14. 女命四柱中无官星，而干支有合，又伤官旺相，此为三四婚。

15. 女命食神正官强于伤官七杀，此为贞节之妇。

16. 官星在日柱或时柱上，而七杀在前两柱，第一次恋爱不会成功。

17. 月支被时柱合或日柱合，虽夫妻感情好，但爱人易被他人合。

18. 男桃花临劫，女桃花临杀，遇刑冲破害，一生中必因色破财或官司。

19. 年柱与月柱或日柱相同，夫星再遇刑冲，为夫死而改嫁。

20. 日支空亡，夫妻缘薄，婚姻难白头。

21. 日支正官为喜用神，妻严有助，女得贵夫。

22. 日支正官坐天月二德，必是贤淑之女，女得贵夫。

23. 正官坐禄帝旺，女嫁贵人，官坐绝地克夫。

24. 正官多合，多情偷夫；官杀混杂，不嫁二夫便为妾。

25. 无财有伤克夫早；印多无财克夫；食多克夫。

26. 女命七杀空亡夫缘差，官逢空亡更如此。

27. 女命七杀无制，易受男子欺，难守贞节。

28. 时柱七杀日坐羊刃，克夫或为娼妓，如作助产师可解（女命）。

29. 七杀又逢正官运，易失贞节。

30. 日坐偏印，男不得良妇，女不得良夫。

31. 女命比劫多，夫妻不和或家庭失和，有色情纠纷，或为爱情争夫。

32. 食神枭神同柱，守空房或有产厄。

33. 女命食神多，好克夫，为妾命或尼姑命。

34. 日坐伤官羊刃，爱人易招灾或凶死。

35. 伤官见官，有情夫。

36. 正财刑冲克破，损妻；日支正财空亡，晚婚，妻缘薄，妻再娶；日支空亡，易迟婚再婚、婚变。

37. 正财坐马，妻子贤能；坐羊刃妻不贤，不和睦。

38. 正财与日支会合，夫妻恩爱和睦，与他支合，妻不正。

39. 正财食神并透，得妻之助；财官若逢空亡，夫妻有伤。

40. 日支有财官，因妻助致富或得贵妻。

41. 正财争合日柱，有双妻。

42. 女身旺财多而旺，或合成财局，多非贞妇，易有情夫。

43. 偏财坐禄，夫或妻妾发达荣华。

44. 偏财坐空亡，妻妾早丧。

45. 夫妻星近日主，关系密切；如为用神，恩爱如胶。

46. 财星坐马，娶远方之妻或妻丧他乡。

47. 日坐丧门吊客，刑伤妻妾。

48. 女命有驿马易私奔，逢双马母家冷落。

49. 女命有辰无戌，命孤，晚景差；有戌无辰，初年辛劳忙碌，中年好；辰戌全防淫乱，破家伤夫；男辰戌全，老来孤守空房。

50. 女命财官印全，必旺夫。

51. 年月干或支都是正财，必娶二妻。

52. 官星坐墓，当为妾。

53. 女命柱中伤官或食神过旺过多者，官星衰少，女掌大权，有傲气霸气，不服丈夫管束，否则夫妻不胜争吵，精神压力大，如流年大运损夫星就会克夫。

54. 克妻克夫，有易克和不易克之别，如夫妻星藏于长生，有克而不丧，但怕刑冲，特别是天克地冲；如夫妻星透出，柱中长生又有根，

多为分离；如夫妻星透出遇死绝之地，克性大而且易丧；如夫妻星藏于库中，柱中比劫多伤官多，又在大运流年中透出夫妻星，克去迅速，轻者灾病，重者死亡；柱中寅卯辰会木，克夫克妻极重；日坐七杀，时月羊刃，女命极克夫。

二、婚姻用神

1. 如四柱的用神喜神为壬水，找出壬年为夫为妻，就更好，对妻有助益或对夫有帮扶，在感情上恩爱，事业上、家庭上都较好。

2. 男女双方的喜用神一致，则此时对夫妻感情事业好，且与人为善慈悲为怀不做恶事。

3. 在夫妻中，丈夫或妻子做坏事，对方不阻反助做恶，命理上是双方的年命都是自己的忌神。

	比	比	日	比
乾造：	戊	戊	戊	戊
	申	午	辰	午

	杀	才	日	枭
坤造：	乙	壬	戊	丙
	巳	午	戌	辰

两人吸毒贩毒干坏事，印旺比肩旺，整个命局，缺全水。

三、结婚方面

1. 出生的年支与流年相合。
2. 日柱天干或地支与流年相合。
3. 日柱与大运天干地支相合。

4. 大运流年日柱构成三合财局或官局。

5. 女命流年见官星，男命流年见财星。

6. 女命日支与流年支相冲破，如庚申日逢寅年，或壬寅日柱遇申年，亦有破身之事。

7. 年柱与流年相冲破，如乙巳年柱遇癸亥流年。

8. 流年逢桃花或沐浴。

9. 夫星妻星用神出现之年和大运。

10. 日柱衰弱，逢比劫岁运结婚。

11. 日柱与流年犯天克地冲（男支中有财，女支中有官）。

以上情况都要根据男女的年龄而论，如18岁以下或70岁以上都应慎重对待。

四、迟婚方面

1. 妻宫有克无早娶，夫宫有克无早嫁。

2. 夫妻宫逢空亡或冲克结婚迟。

3. 夫妻星在流年大运中出现较晚。

4. 大运中男女逢比劫又身旺。

5. 女命大运逢伤官，或命中伤食太旺。

6. 男命中无财星，女命中无官星。

7. 女命偏印、伤官和羊刃并见结婚迟。

五、早婚方面

1. 女命中官多官旺，男命中财多财旺，且都身旺。

2. 四柱中食多三合或六合。

3. 流年大运中过早出现三合六合，或财星官星。

4. 命印多。男女命中金水多。

5. 女命中见四个七杀，当成婚于他乡。

6. 日支逢冲有散有合有离有结。

六、婚娶

四柱命理中对男娶女嫁的看法是:"男家择妇,命局贵看夫子二星,盖夫兴子益,其福神必优也。女家择夫,命局贵得中和之气,盖不偏不倚,其寿必长也。若男命比肩劫财重者,必择女命偏官食神重者以配之。女命伤官食神重者,必择男命比肩、劫财重者以配之,始可琴瑟和谐,子嗣繁衍。"例如男命是甲乙木,其妻是戊己土,男命同类的木克我,则妻恐被克,故其妻命应有很多的庚辛金,方能抵制得住。"男命木盛宜金者,得女命之刚金补之,才为尽美,得土生金者亦佳;得火者较次,得水木者无取矣,如女命金刚喜火者,得男命之烈火助之,则为尽美,得木生火者亦佳;得水者较次,得金土者则无取矣。"

七、结婚年龄

因出身的地区不同或年代不同,他们的结婚年龄也不一样,结婚年龄要结合当时社会而定,以地区风俗而断,不可一概而论。根据现在的时代,初步定出农村与城市的区别:

(1)农村。农村人的结婚年龄以父母宫为主(年月),流年、小运和父母宫相合而生,或成方局三合局,天地鸳鸯合,都是成婚的年龄。日柱和小运、流年天地鸳鸯合,大运没有刑冲破害,可结婚。农村人的婚恋年龄一般在十八岁至二十二岁。财官旺,而年月有合,结婚早。财官死绝衰而结婚迟。四柱遇劫财、羊刃、暴败煞成婚都迟。犯鳏寡日的人,一般在三十岁左右结婚。因为出生之年,大多数在父母沐浴之年,或刚过沐浴,所以在父母宫遇合,天地鸳鸯合,必是成婚之期。男见财,女见官,都是成婚之年。年柱纳音见财官,日主财官遇合,必是成婚之年。沐浴逢冲、逢破、被刑,成而有散。男女都一样。

(2)城市。城市人定婚必须有正财、正官,偏财得旺,偏官得旺,会方局成三合局，天地鸳鸯合，都为成婚之年。遇羊刃、劫财、伤官……成而有散。四柱与流年、小运见沐浴被合都是强迫而成。男人阳日遇流年、小运天干有合，也可成婚，女人阴日遇流年、小运天干有合也是成婚的年头。女人官星死绝必走官旺之年成婚。男财星死绝必走财旺之乡而成婚。身太弱必走生旺帮扶之年而成婚。城市的婚恋年龄一般在二十二岁至二十五岁左右。城里与村乡，必定差一方。"日主旺相自做主，衰者死绝他人扶。"无印无财有家难归，行印运或印年而成婚，或借房而娶。

八、婚年的穷富

在结婚时，有的是钱财充足，花天酒地而成，有的东跑西借而办，从四柱上分析：富贵以年月为主，年月财旺有库、有贵人或用神得力，结婚时都以富而断。如果年月上无贵无财，用神又不得力，但在婚年的运中和流年遇贵或用神出现，那就是自己无财，也有人帮忙了。

九、夫妻感情

感情好：男人以财为喜神，或日下坐喜神者感情都好；女以官为喜神或日坐喜神者感情都好；阴、阳不分大小，只要二人四柱合，多主感情好；二人日主相合，或日主互相交换成财、官者，感情好，二人日主相生，纳音相生（互相生）也为合好。

感情差：男人以财星为忌神，或仇神者，感情都不好，日下坐仇神或忌神者，感情都差；女人以官星为仇神或忌神者，感情都差，日坐仇神或忌神者感情都差；二人中有一人犯阴阳交错者，不为合好；命犯十恶大败，羊刃逢冲，地支三破，婚姻都是不好之兆；二人日柱犯天克地冲都主婚姻不顺。

十、对象年龄的大小

对象大：原命局财官弱，又藏在年支或月支，对象必大；年月坐桃花，女得大丈夫；日主是丙丁，四柱水成群，丈夫必定大；命犯骨破碎，丈夫必大。

对象小：男财在日时，妻必小；女官在日时丈夫必小；正官藏或财多官衰，命得小夫；男命逢财，女命逢官，阴阳一样而断。

十一、夫妻强善

天克地对象服我，地克天我服对象，男命财旺身弱，我服对象。女命官旺身弱，我服丈夫。日下若坐土，找个对象必糊涂。土星若有合，找个对象会做活。日下坐木妻必仁慈。日下若坐金，妻必稳重而手巧。日下若坐水，妻都聪明而懒。日下坐伤官，妻不贤。日下坐食神，妻咀馋。庚寅与甲申，必遭搅家人。男、女日下坐官星，找个对象持家人。有妻又有合，贵合妻必贤，贱合妻淫乱。二人占比肩，夫妻总交战。日下若坐马，妻子不守家。男人日下喜弱不喜旺。女人日下喜旺不喜弱。

十二、离婚

男命身旺带羊刃，遇逢冲之年，主离婚，正财遇合，正财逢冲，夫妻得崩。男犯天扫星、铁扫星主重婚再娶。

女人伤官逢冲，官星衰弱主离婚再嫁。女人犯地扫星、铁扫星、暴败煞，遇流年小运和逢冲主离婚。犯阴阳交错主离婚。女人命局冲官主离婚。

十三、外遇

男命四柱有二财星，主外遇重婚。命局无财犯飞刃，有偷情。男犯沐浴桃花当令是色鬼。女见两官有外遇。女犯伤官又沐浴，必有重婚偷情。女合多主偷情。

男占女外遇，财坐桃花运妻有外遇。大运流年财多现。财若再合妻外遇。桃花遇合财合贵，妻有外遇。女占男外遇，女犯羊刃、飞刃，夫有外心，官坐桃花，夫有外遇。官星桃花，夫有外遇。正官被合，丈夫被夺。

十四、独生子女的结婚年龄

运走帝旺，速见喜，再遇伤官、食神之年，儿女有喜，遇福星贵人之年，儿女有喜，（原命有福星贵人）长生帝旺年，儿子有娶，沐浴之年，女儿有嫁。遇伤官女儿有嫁。食神遇合儿子有娶。走临官运嫁女，女得贵婿，儿可娶得贤妻。

父断儿女之喜：以年所断之喜，遇刑，喜而有乱；有刑，有喜，论喜而不论刑，刑空后而顺，喜空喜后有凶；天克地冲年，喜事到门庭，损财妻不忠有喜也不喜。

母断儿女之喜：走印运或财运儿女有喜，财喜进财而嫁女；印喜必定儿子娶。在儿女的喜庆之年，有的是顺顺利利，有的是矛盾百出。在预测中如何断呢？在我多年的预测中，找出这样一个规律：在独生子女喜庆之年，有生扶或用神得力，都为顺利；有克我、害我、刑我、破我或逢冲，用神失地，都有不顺之处，月上伤官，逢生旺，儿娶媳不贤，时柱有合，有来往，若要逢冲，恩断绝；遇吊客之年娶儿媳，喜后儿女穿孝；日支月支相害，在喜庆之年又遇三刑六害，成而有散，遇刑旺更验。断儿女成婚时间，要先断儿女的年龄，后断嫁娶。要以天时和地方风俗的适龄时间之内，如果流年运中，遇见儿女有喜，但又不适龄，那么也许有别的喜庆，绝对不是儿女结婚的时间。

第二节　男女命婚姻

1. 男命看妻子

日柱为夫妻宫，财为妻星，如无妻星，以用神为子，生用神者为妻。妻官固定在日支上，乃千古不变之理。看日主属于哪种五行，根据日支五行对日主是帮扶还是抑制，来决定夫妻的关系，这种方法是相当科学而又实用的。此法就是用命局中的喜忌，以及行运情况来进行综合分析，其验证效果是非常高的。命局的喜用神多数出现在日、时，则忌神多数在年月上出现。由于岁运干支都由年月来决定的，如果初行的岁运不是喜用之地，待到若干年岁以后，走入喜用大运时，这时候已经成婚生子，所以娶到一个好妻子，中年享福，皆由岁运走到好的运程，自然不会有刑妻克子之嫌。

如果命局的喜用神在年柱或月柱，忌神则在日柱或时柱．初运就是喜庆的运程。少年时受父母荫庇，一定是自由自在地度过幸福的童年。走完幸福的童年大运，开始进入不吉的逆运，这时候忌神开始得逞，喜神被忌神破坏，不但妻子难保，而且财产、地位与生命都要遭受重大的损失。如果得原神救护，则无大碍。命局中如有好的夫妻宫，男可娶到贤妻，女可嫁到贵夫，如果夫妻宫不好，不可能有圆满的婚姻。

推论妻子的原则，首先要看命局中的喜用之神得力不得力，然后再将太岁和大运配合起来推断，如喜用神没受破坏的话，那就必定能娶到贤妻，早得贵子。

其次，凡日支（妻宫）为喜用神者，主妻子有能力。如日支为忌神，主其妻无能，也不可能成为有力助手。要知妻子之贤愚，首先观察日柱旺衰，凡是日主强而财星旺者，大多娶个好妻子，如日支为财，为喜用，又有食伤相助，则娶妻不但漂亮且又贤慧。若财星为忌神，日支是喜神，其妻必然丑恶，或者其被刑克是也。若柱中以印为用神，被财破印，又没有官煞或其它吉神相救者，仅防因妻带来祸殃。如柱中劫财太重，财星太弱，又没有其它吉神救护者，必有克妻之祸，轻者离异，重者死亡，少者一至两个，多者三到五房。柱中日主弱而财星多，又没有比肩解救者，也是克妻之兆。柱中劫财与羊刃重重，而财星太少太弱，有食伤和偏印同时出现者，名叫"劫重财轻"与"枭印夺食"。主妻有横逆之虞。柱中不见财星，而比劫旺，有食伤出现者，主其妻漂亮，但有被克之嫌。柱中财星为喜神，而与他柱相合，又化为忌神者主其妻易有外遇。柱中财星为忌神，又与闲神化合为财者，主夫妻不和。

现将男命看妻的有关事项列出，以供读者参考：

（1）日干坐正财、偏财、逢贵人不遭克破，主妻子漂亮，贤惠，更因得妻而发财。

（2）日支坐正财、偏财、正印、偏印或日支为用神，其妻必是一位贤内助。

（3）日柱干支相生，主夫妻恩爱，干生支我爱她，支生干，她爱我。不生不克主感情平常。

（4）日支、时支坐禄马，主妻贤子贵。

（5）财星自坐长生，不受冲克，主妻子长寿。

（6）财星与用神不冲不刑，主妻子美丽持家有方。

（7）柱中财多身弱，主妻不从夫。

（8）日主旺，而羊刃又坐日支者，主妻凶悍好斗，由于羊刃有叛逆及破坏性，重者因妻破产亡身，轻者其妻多病。如果日主很弱而又坐刃，反又主妻子机敏聪明，应主美满婚姻。

（9）命局财星太弱，如行比劫运冲财，其妻轻则有灾，重者生离死别。

（10）日干与妻星相合太多，妻缘恐变。身旺刃多者，主夫妻容易中途离别。

（11）柱中煞重，又有财来生煞或是官多用印，有财星破印，主妻不得力，因妻坏事。

（12）日主太旺，日支坐比肩者，主妻子多惹口舌纠纷，重则引起破产，特别是身旺财弱最验。

（13）命局以印为用神，被财破印而又没有官煞来解救，必因妻致祸。

（14）柱中劫重财太轻，无有解神，必克妻，轻则一两个，重则三四个。

（15）柱中财重身轻，有食伤者，妻遭横死。

（16）财星衰，官煞旺，无食伤，有印绶，妻弱多病。

（17）比劫旺而无财，有食神，妻贤受克，如妻陋则无碍。

（18）身旺见财星，逢比劫者妻美，但克妻。

（19）命局中喜财而被合者，主夫妻不和。

（20）日支为喜用神，妻必贤淑，对自己有助，若是忌神，不但无助，反而连累自己。

（21）柱中财星不现，此人乃大男子主义，异性缘较差，夫妻意见不统一，遇事不易沟通。

（22）柱中财星弱，被比劫克破，或藏而不现者，主刑妻克子，夫妻失和或妻子体弱多病。

（23）日干坐正财，其人以妻为重，处处听取妻子意见。日干坐偏财易生三角恋爱，婚姻出现感情风波。

（24）财星坐长生，禄冠带者主妻运较佳，若坐衰、弱、死、墓、绝者，多半主妻运不佳或短寿。

（25）日支生扶日干，主妻和睦，正财与日主相合，主家庭富裕，夫妻情深。

（26）财星临天乙，天德，月德，或其它吉星者，家庭条件好，妻子精干贤慧，如坐凶星恶煞，主其妻悍泼而大多数为贫困之家。

（27）日坐空亡，主夫妻生离死别，或分居再娶，妻缘不佳，中年运气也不好。

（28）财星离日主越近越好，夫妻感情密切，反之越远越不好，主妻缘越差。

（29）日柱与月柱相同者，婚姻大多有波折，婚期较迟，或感情

不和。

（30）日坐正财，不遭克破主其妻贤慧漂亮，持家有方。

（31）日坐食神，不见枭印再坐禄地者主其妻贤慧持家。

（32）日坐羊刃，主其妻凶悍不贤，又主身体不好。

（33）妻星坐驿马，大多于外乡娶妻，或其妻死于外地。

（34）命中有两个财星，其中有一空亡者，大多有婚变，或丧偶、再婚之兆。

（35）查命局天干、见有两甲、两庚、三辛、三癸者，男主克妻，女主克夫。

（36）《拦街网》中说，两庚两甲妻命短，三庚夫妻缘不长，三丁必定再续娶，三癸三丁火烧光。

（37）日坐孤神，寡宿、主妻缘不投，六亲疏远，不得助力。

（38）财星多透多惧内，财坐绝地损儿郎，妻星失令多离异，最忌入墓妻有丧。

（39）柱中比劫重重透干，有多次婚姻之预兆。

（40）日坐沐浴，主妻子漂亮，但容易引起外情风波。

（41）月干与年干相同，主婚事不顺，感情不合。

（42）柱中比劫太多定主克妻，日支被月支时支刑冲者也是。

（43）日支与运支、财支相冲者，主其妻有病，重者克妻。

（44）财官空亡，主中途克妻，否则远走他乡。

（45）日坐伤官，主其妻聪明，但心神不定。

（46）柱中有伤官，羊刃旺而无制者，男主克妻，女主克夫。

（47）财星受比劫克而无救，防妻遭横死。

（48）年日柱犯天克地冲，夫妻有生离死别之忧。

（49）日干坐食神为用又不见偏印者，主其妻肥胖，自己弱小。

（50）财星坐桃花沐浴或财星被合化成忌神者，主其妻多有私通。

（51）男命日干弱，日支为七煞其妻愚笨而险恶。

（52）男命局中，比劫合住正财，主妻有外遇。

（53）月干弱七煞重，其人怕老婆。

（54）月干坐正财，其妻是贤妻良母，不但能侍奉丈夫有方，而且孝顺公婆。如果劫财太旺，恰恰相反。

2.女命看丈夫

（1）四柱中没有官煞混杂，主丈夫身体健康，性情敦厚，夫妻情缘深。官煞不混者，乃命局有正官，无偏官，或有偏官无正官的叫做官煞不混。

（2）正官坐禄主丈夫身体健康，性格温和，忠实敦厚。正官坐禄者，即坐建禄之意。如甲木为正官，坐寅或逢寅即是，乙木为正官坐卯或者逢卯即是。遇此者为最好夫妻。

（3）柱中无论正官或者偏官，只要官煞不混，能与天乙贵人同宫时，必主丈夫清秀贤明，而且人品好。遇到好运时，定能发财致富。

（4）官煞得长生，主丈夫寿长，加上日干有气没有损克，夫妻能白头偕老。

（5）日坐夫星为用神，主夫妻感情和睦，富贵双全。

（6）官煞过旺有食神克制官煞，主丈夫富贵。

（7）日主过旺，过刚，多为离婚再嫁之命。日主坐羊刃也是离婚之象。

（8）官星不旺而伤官重重或伤官天透地藏主克夫。

（9）官煞混杂，天干透，地支藏，皆主二夫之象。

（10）日主坐魁罡，主夫遭横祸或暴疾死亡，轻者不合或离异。

（11）日干弱，食伤旺，有印克食伤，主丈夫富贵。

（12）柱中官煞太旺，食、伤与印绶无力主夫妻意见不统一，丈夫不成器。

（13）柱中官煞星太弱，食伤旺而财星无力，主丈夫懦弱而不成大器。

（14）日主弱，食伤旺，印星无力者，一生不能帮助丈夫。

（15）日主旺，食伤多，财星无力，主丈夫贫困多病。

（16）日主太弱，日支为七煞或官煞旺而无制主丈夫凶暴。

（17）日支为七煞或七煞旺而无制主夫妻不和。

（18）日时辰戌相冲者，主丈夫有外情。

（19）官煞或日支遭受冲克者主克夫。

（20）日主强官煞太弱，且坐死绝之地主克夫。

（21）官星或日支被冲时，有克夫之兆，如大运来冲时，主丈夫的身体容易变化，严重时有死亡的象征。

（22）日坐偏官而无制或化合时，主丈夫性情粗暴。如果再逢冲星太多，主夫妻如仇敌一样，甚至出现凶亡之事。

（23）正官健旺，如遇伤官之克，不但福减，而走到伤官之大运时，有克夫之兆。如果正官弱而伤官旺，行到官运之时，也是克夫之兆。

（24）柱中有正官而又有偏官者，主丈夫性情不定，自己易有色情之事出现，造成夫妻不和；丈夫就是一个好人，也会造成一定的误会，带来夫妻不和。

（25）日主强，官星力薄而且伤官多者，有克夫再嫁之险。

（26）身旺官星无力，又没有财星相助，而且官星多者，主克夫。

（27）比肩劫财多而无官星时，容易克夫。

（28）食伤多，而且财星太过，这都是克夫之象征。

（29）四柱中官星太多，官星代表丈夫，表示丈夫太多，必是再嫁之妇，如不然则是结婚很迟。

（30）官星与桃花同宫时，主丈夫风流，关于婚事也是自由恋爱。

（31）生日坐伤官且旺者，是克夫之命。如伤官衰弱，虽然丈夫不死，也有离婚之忧。尤其行伤官大运或比劫之运时，须特别注意。但是入正财格之人，不必担心。

（32）生日坐比肩、劫财，乃克夫之命，如果本命是正官、七煞、食神、伤官格者，则不用担心。

（33）生日坐正印，主丈夫聪明，如果是正财格，则主丈夫愚笨，否则辛苦劳碌。

（34）柱中日坐正官者，乃官星得位，主自由恋爱，但不宜冲克伤破，否则婚缘较迟，早婚者有离婚之忧。

（35）生日坐倒食偏印者，主丈夫聪明好学，但是懒惰，如果柱中出现偏财，来制服倒食，主丈夫不但聪明好学，而且能勤俭持家。

（36）生日坐食神，柱中没有偏印，主其人非常会处事，而且人缘极佳，如果他柱食、伤多者，乃克夫再嫁之命。

（37）女命地支合会成官星局者，其丈夫在社会上有威望，能创建一番事业，婚姻很美满。

（38）日主强而正官弱者，而且没有财星相助，主找不到理想之丈夫。

（39）日主旺，印绶太强，主克夫之命。

（40）生日太弱，而柱中有比肩劫财且逢旺地，则主丈夫有外遇。

（41）命局官星太多而又逢合，又出生在十恶大败日时，会因感情方面是非之事而受灾。

（42）七煞重而无克者，好色克夫。

（43）预测婚姻，以正官为丈夫，如果命局中正官明显，日主旺相平和，以正官为喜用，将找到一个好丈夫。

（44）日干坐正官、偏官为用神，主丈夫富贵，夫妻感情和睦。

（45）官煞坐长生之地或官煞不受冲克，必嫁贵夫。

（46）官星生旺临贵人、驿马、得贤贵之夫，并有出国之机会。

（47）局中有财又行财运，财旺生官，主丈夫荣显。

（48）柱中官煞星为用神，旺相或坐支是夫星，主丈夫富贵。

（49）柱中官煞强旺，有印星泄官煞而生日主，且印又旺而有力，主丈夫贵命。

（50）日支为喜用神者，主夫妻和睦、融洽。

（51）七煞坐地支为用神，而又为长生之地，因夫而富贵。命局官旺而财又旺，必嫁贵夫。

（52）柱中有天、月二德逢印，贵为高官之妻。

（53）官煞不杂又有印来生扶，嫁夫定有荣升之机。

（54）官煞弱有财生官，能助夫创事业。

（55）日干逢伤官坐伤官或伤官坐七煞，坐正官，均是生离死别之兆。

（56）命局干支不见财星，伤官旺，夫妻容易分离。

（57）命局纯阳纯阴，主孤寡之命。有孤阴不生，独阳不长之说。

（58）官星入墓绝，伤官之地主重婚再嫁。

（59）命局正官落空亡，主中途丧偶或终身不婚，如空亡临贵人，主丈夫伤残。

（60）年柱与日柱是伏吟又逢冲克，主夫死再嫁。

（61）命局中有两个以上官煞旺相，其中有一个正官落空亡，主离婚或亡夫重嫁。

（62）命局中有官星藏干墓中主克夫。

（63）命局中见四个食神，主婚迟，也主婚恋不顺。

（64）命局中正官七煞双透，日支与时支比合，主再次婚姻。

（65）日主犯伤官，不远嫁定克夫，偏印与邻支相冲，必有生离死别之悲。

（66）命局中比肩重重或天干媾合，有夺夫之兆。

（67）逢官煞混杂，伤夫再嫁。

（68）官星遇伤官，不见印定主克夫。

（69）七煞透年干，正官不坐夫宫，而且日支与年支比合，定主再次婚姻。

（70）柱中逢临官、帝旺双全，主夫妻相伤，重婚再嫁。

（71）生年生日相同者主重婚再嫁。

（72）柱中见一己两甲，一乙两庚，一辛两丙，一丁两壬，一癸两戊，谓之媾合，主克夫淫乱。

（73）柱中伤官见官，不仅克夫，而且主终身劳碌，否则多病。

（74）伤官克夫再嫁，如见多合，则卑贱淫盗。

（75）柱中官星一位为佳，多则重婚再嫁。

（76）日主癸逢戊为正官，少年定嫁白头老翁。

综此一节，是男命预测妻子贵贱，女命预测丈夫贤愚的应用方法。关于如何分析男命克妻，女命克夫，怎样才能避免这些问题，虽然有些书中也有论述，大多数是隔靴搔痒，甚至概念模糊，因而使很多初学者不明白。为此，本书专列"婚姻篇"加以专题分析，详细介绍。

3.伤夫克子命造详解

坤造：一九五一年七月初九子时

伤	食	日	枭
乙	甲	壬	庚
卯死	申长生	午胎	子旺
乙	庚戊壬	丁己	癸
伤	偏偏比	正正	劫
官	印官肩	财官	财

大运：	乙酉	丙戌	丁亥	戊子	己丑	庚寅	辛卯
岁：	3	13	23	33	43	53	63

此命造壬水长生申月谓之得令，柱中2金2水，1火3木，日主壬水为得势，月坐长生，日主坐胎，时柱坐帝旺又为得地，观其全局，日主得令、得势、得地，日主强旺坐胎，时支又临羊刃，女命首先要看夫子二星，女命以正官为夫星，壬水日主的正官是己土，先将己土正官拉到月支申金上看旺衰，申为正官的沐浴，再将己土拉到时支子水为绝地，最后又将己土拉到年柱卯木上看为病地，乙卯是克己土夫星的偏官，月干甲木是夫星的正官，但月支申金，时干庚金，都是夫星的伤官，总的看来夫星不旺。再来找找子星，女命以食神为子星，甲木是日主壬水的食神、子星，甲木坐在月支申金上，申金是甲木的绝地，对时支子中癸水来说为死地，看来子星弱不得时，大体看来，此造夫衰子弱。

再将大运，流年来分析一下，命主28岁时是壬午年，流年壬午与日主相同为之伏吟，"伏吟"乃是哼声不止之意，命书上有"伏吟相见泪淋淋"一说,该年流年的"午"字与日柱的"午"二个午字与时支相冲,时支子水为日主羊刃,羊刃受冲,这年丈夫有大病。33岁走戊子大运,34岁流年又是戊子,与命局时柱的庚子,形成三子冲一午,子又是羊刃,也就是羊刃聚会,向配偶宫冲进。这一年大运戊子与日柱的壬午形成天克地冲,同时与流年戊子是伏吟,形成多方的冲战,这年丈夫病逝。

分析命局中伤夫克子的方法很多,古书多有记载,过去批命局,一见妻星多现,多结论为妻妾多,现在推算命运,如果仍按过去那种陈章旧路就不对了。现在社会只能谈妻,不能论妾。如遇命局中妻星多现,大多是以伤妻再娶,或是克夫再嫁,外遇、外恋等概念来代替。所以研究命局的人们,对此要有新的认识和新的判断。下面分析一个伤夫克子的实例。

坤造:一九三六年十一月初六子时

伤	官	日	伤
丙	庚	乙	丙
子	子	亥	子
癸	癸	壬甲	癸
偏	偏	正劫	偏
印	印	印财	印

大运: 己亥 戊戌 丁酉 丙申 乙未 甲午 癸巳
岁: 4   14   24   34   44   54   64

流年: 丙子 丙戌 丙申 丙午 丙辰 丙寅 丙子
岁: 1   11   21   31   41   51   61

此造日主乙木生于子月,庚金为乙木的官星,庚金坐于子月,金寒水冷,坐下的月支子水又是庚金的死地,再加上命局中地支亥子半会为水局，一齐来盗泄官星庚金之气，庚金无有生气，年时伤官克官，命局中又不见土来生金，克夫之信息非常明显。再来看看子息如何？女命以食伤为儿女，乙木日主以丁火为子女，柱中丁火不透不藏，以丙火代之，丙子时柱为子息宫，冬月之火坐于子水，为水火冲激，水旺火灭，虽然年干丙火能助时干丙火，无奈相隔遥远，加之命局中地支乃一片汪洋，汹涌之水难容星星之火，所以子息也厄运难逃。

第三节　婚姻不顺的生日

婚姻的顺逆，与生日的关系很大。出生的日子不好，轻则感情不合，重则横祸频生，生离死别。致使婚姻不顺的生日很多，诸书论说各不相同。现将平时应用的经验，将婚姻特别不顺的生日加以总结，以供读者参考研究。

一、阴差阳错

阴差阳错的生日是婚姻不顺最明显的信号。这些信号在生日上出现，同时又在他柱出现者，主婚姻有生离死别的危险，有一首古歌：

阴差阳错会者稀，六干加上十二支。
丙丁戊与辛壬癸，丙子丁丑向前移。
悟透玄机知妙理，婚姻顺逆即刻知。

按歌诀含义，可归纳成下表：

 圆通达观（中）

阴差阳错日

天干	丙	丁	戊	辛	壬	癸
地支	子午	丑未	寅申	卯酉	辰戌	巳亥

先将歌诀中的丙、丁、戊、辛、壬、癸这六个天干顺序记熟，然后将这六个天干加在十二地支上向前排列，将天干第一个字的"丙"字，加在地支第一个字的"子"字上，再将天干第二个字的"丁"字加在地支第二个字的"丑"上，顺着戊加寅上，辛加卯上壬加辰上，癸加巳上，又重将丙加午上，丁加未上一直至癸加亥上。也就是丙子、丁丑、戊寅、辛卯、壬辰、癸巳、丙午、丁未、戊申、辛酉、壬戌、癸亥，凡是这十二天出生的日子，都是阴差阳错日。

二、日坐羊刃

日坐羊刃，就是日主坐在羊刃上。日坐羊刃最为不吉，女性临之更凶，主性情刚烈，使丈夫易遭横祸，又主生离死别之忧。

> 命犯日刃最不宜，须从日柱找根基。
> 十二宫中寻帝旺，便是羊刃不用疑。
> 命主若还逢此日，婚姻不利须防之。

日刃就四位：壬子、丙午、戊午、癸亥。
子午卯酉为阳刃，而五阳干只能坐子午。
日刃的查法非常简单，命主日干五行寄生十二宫的帝旺即是。如命主甲日出生，甲木长生在亥，帝旺在卯，丙火长生在寅帝旺在午，戊土长生在寅，帝旺在午，庚金长生在巳，帝旺在酉，壬水长生在申，帝旺长生在子等。特别注意的是甲、丙、戊、庚、壬五阳干坐子午卯酉的叫日刃，阴干乙丁己辛癸，没有日刃，虽有刃但不作婚姻不顺论之。

三、晚婚之命

男命以财为妻星，女命以官为夫星。不论男、女命，如果命局中有四个正官，包括天干地支本气是正官的，或者四个偏官，或四个正财，或偏财．或男命中财星过旺，女命中官星过旺，而身弱用神不得力，或者没有用神，大多数要在36岁或40岁以后，方能有婚姻对象，甚至终身不婚。

不论男女，柱中伤官多而明显者，说明在选择配偶方面非常挑剔。因要求条件过高，容易造成晚婚。男命财官不现是晚婚信息；女命枭神明显，不但婚晚，而且容易造成婚变；如果伤、劫、枭一齐明显出现者，很容易错过婚姻机会，造成晚婚。

①无论男女夫妻宫有克，婚姻都是迟晚，过去有句古话，妻宫有克无早娶，夫宫受克无早嫁。

②夫妻宫逢空破或冲克皆主结婚晚。

③夫妻星在流年大运中出现婚晚。

④女命食神伤官太旺或者大运逢伤官婚迟。

晚婚易记歌诀：

晚婚之人莫叹悲，命局之中可细推。
华盖重重婚不早，命局无财不必催。
男命纯阳魁罡日，阴差阳错无人追。
时柱财官无藏透，晚婚之命莫懊悔。
伤官过多婚宜晚，官财不现婚无媒。
枭显伤劫齐出现，婚姻容易错机会。

第四节　结婚时间预测法

男女婚配以日柱为婚姻宫，以日支为配偶，依此不但能判断出婚姻是否美满，而且能预测出配偶是否温柔贤慧，还可以预测出结婚的时间。何年婚恋，何年嫁娶，这是每个人都很关注的事情。古人总结出婚恋嫁娶的时间都是有一定安排的。《鸿福齐天》运通歌上说："三合财官得运时，绮罗香里会佳期。洋洋已达青云志，财禄婚姻喜气宜。"此歌说明，凡是预测婚姻，多以财官为基准，来判断结婚和恋爱时间。

1. 男命以偏正财星出现的某柱为准，如财居月柱为用神，主25岁前婚姻动，这时候应有恋爱或嫁娶的事情出现。如日干自坐的日支财星是用神，在25岁到30岁之间婚姻发动。如果财星现于时柱，婚姻更会延迟，可能要在此人功成名就以后，才能组合家庭。

2. 柱中有三合财局或三合官局，定是红鸾星发动之年。

3. 不论男女，大运、流年的天干地支形成天合地合，必定是嫁娶之年。

4. 男命大运，流年都遇财地，多数是结婚信息出现。

5. 不论男女的日柱，大运、太岁，能组成三合财官局或三会财官局的，此年是婚姻嫁娶之年。

6. 男命的大运，流年，逢正、偏财与日干相合者，定主其年姻缘发动。

7. 女命的大运，流年逢正、偏官与日干相合是婚恋嫁娶之期。

8. 男女命局流年遇红鸾、天喜的定是花烛喜庆之年。

9. 不论男女，大运、流年干支与日主干支形成天合地合的，谓之天地鸳鸯合，此年是结婚的征兆。

10. 不论男女，用神所临之年，再加上男命财星出现，女命官星出现，此年是成婚或订婚之年。

11. 女命日主坐支与流年相冲破者，该年易有破身之事，如庚申日逢寅年，或寅日遇申年。

12. 流年逢桃花或沐浴之时。

13. 夫妻星用神出现之流年或大运。

14. 逢兄弟逢比劫之岁运结婚。

15. 日柱与流年犯天克地冲者乃结婚之年。

总的看来，按佳期婚配的夫妻大多数感情好，互敬互爱。

动婚时间易记歌诀：

结婚时间有安排，女看官星男看财。
命中财官名配偶，以此推算莫疑猜。
最忌财官太极旺，更忌身弱用太衰。
配偶合多又明现，必是早婚命里该。
何年结婚看岁运，与命干支一起排。
五合六合三合会，如临用神喜事来。
岁运桃花又逢合，天生姻缘婚运开。
岁运日柱鸳鸯合，亲友共聚贺喜来。
流年日柱干支合，花烛之年喜开怀。
命局太岁与大运，组成合会看官财。
财官大运如入墓，逢冲之时把墓开。
流年命宫与大运，天合地合喜事来。
日月支合结婚早，年月财官婚安排。
岁运命局若逢此，不论男女喜事来。

第五节 传统婚配宜忌

婚配宜忌,古人对此最为重视,历代的命理学家在男女婚配上动了不少脑筋,总结出很多为世人所尊崇的宝贵经验。但这些经验方法,用现代科学分析起来,不免有许多唯心的成分,但也有参考和实用价值,在应用时剔除糟粕,取其精华为更好。

传统的婚配宜忌方法很多,下边仅将民间常用的合婚方法选择几种,以供参考。

一、属相配婚方法

属相配婚方法,是以男女属相,看是否有相生相合,或者相冲相克而做决定的。属相相生相合为喜,相冲相克为忌。如地支六合,子与丑合,即属鼠与属牛的相合;寅与亥合,即属虎与属猪的相合;卯与戌合,即属兔与属狗的相合;辰与酉合,即属龙的与属鸡的相合;巳与申合,即属蛇的与属猴的相合;午与未合,即属马的与属羊的相合。但凡男女属相相合的都可配婚。

二、属相相害不宜配婚

属相相害的配婚口诀是:"从来白马怕青牛,羊鼠相逢一旦休,蛇虎相见如刀绞,龙兔配之泪交流,金鸡从来怕玉犬,猪见猿猴不到头。"歌诀中说:"从来白马怕青牛",白马指的是"庚午"年生人,青牛指的是乙丑年生人;庚午天干的"庚"与乙丑天干的"乙"相克,地支庚午的午,又与乙丑的丑相害,所以列为婚忌。柱中凡是子与未相遇者,谓之相害,寅与巳相害,辰与卯相害,酉与戌相害,申与亥相害,都是不利婚配的。古人多用"如刀绞","泪交流","不到头","一旦休"等不好的词语来形容。为此在这些歌诀的影响下，不知拆散多少青年男女。近代以来，很多人不讲究属相相冲或相克、相害，而婚后夫妻恩爱，白头到老，为数也还不少。为此我们研究男女婚配问题，一定要与实践配合，判断千万不可沉陷一种形式之中，绝不能一见冲、克、相害就妄下定语。

三、纳音五行配婚法

纳音五行的配婚方法，是用男女出生年的纳音五行归纳起来，用相生相克，来决定婚配的。民间习俗在儿女订婚之前，老人们预先要请在行内人推一推，看看是否能结亲，也就是人们常说的他俩婚命合不合。如男命是甲子年出生，纳音五行是"海中金"命，女命是辛未年出生，纳音五行是路旁土命。路旁土生助海中金，说明婚配得很好。此是民间合婚的常用方法。推算时将命主的属相与纳音五行统一起来进行分析，如果属相相合，纳音五行又相生，则为完美之婚。反之，属相不合纳音五行又相克，则为不吉利之婚姻。根据多年的实践经验看来，属相与纳音年命相冲相克的婚姻。婚后相处得情投意合还为数不少。预测时最好能将命局年运综合起来一起分析，将范围扩大一些才好。古人认为相冲、相刑、相害的局限范围太小，多有不便之处，为了使其婚配扩大范围，又将三合局运用进来。即寅午戌年出生的人婚姻相合，也就是属虎、属马、属狗的人婚姻相配最好。亥卯未年出生的人婚姻相合，即是属猪、属兔、属羊的人婚姻相配最好。申子辰年出生的人婚姻相合，即是属猴、属鼠、属龙的三种属相婚姻配合最好。巳酉丑年出生的人婚姻相合，亦即属蛇、属鸡、属牛的三种命运相配，婚姻最好，这种婚配方法叫三合局婚配法。这样，选择范围扩大得多了，为男女在选择配偶方面开了许多方便之门。最好的方法还是用"五行互补的合婚法"。这种方法很简单，是将男、女的命局统一起来分析，用互相补偏救弊来弥补，使其双方阴阳平衡。如自身日干是甲木，而命局中比肩、劫财较旺，但女方的命局自身碰巧是戊己土较多，这样木能克土，使过多过旺之土，得以疏通，如果女方戊己土不旺，再受甲木强克，那就难以接受了。如果女方命局中庚辛金的食神生旺，也可抵抗男方命中的甲乙木，这样仍然促成双方阴阳平衡。从实践应用经验来看，这种方法，实用性很强。

四、日干配婚法

男女双方的命局如能中和叫做阴阳得配。往往这对夫妻，同心协力，相亲相助，令人羡慕。

甲日出生的人和己日出生的人相配，乙日出生的人与庚日出生的人相配，丙日出生与辛日出生的人相配，丁日出生与壬日出生相配，戊日出生与癸日出生的人相配，这是配婚的首要选题，因符合阴阳有情，结合为一体，能成一对幸福夫妻。

五、生日地支配婚法

日支为夫妻宫，如能互相配合，不发生刑、冲、破、害为最好；如能会合成命中的喜神或用神当然更好；如支中有刑冲破害，柱中又出现另一种五行结合，竟能逢凶化吉，使凶不成凶。

由于篇幅所限，暂且讲到这里。最后还有几句要紧话，请每位读者，特别是以预测为业的同道们务必留意，在操作时，凡是遇到夫妻相冲相克的命造必须解释清楚利弊，有些人的命局中确有克夫、克妻婚变的信息存在，如果对方的婚姻已经破碎的话，直接告诉他，这样可以平衡他们的心理创伤；但对未婚或已接近婚姻破碎的人来说，必须要做策略性的解释，否则易引起某些意外的作用。一个克妻、克夫命造不是绝对的，这涉及到很多方面问题，必要时需将大运和配偶的命局一起配合起来论断，千万不能妄下结论。例如两个独立的恋人，命中都有克夫克妻的标志，这时绝对不能妄下不好的结论，因为两个人的婚姻结合，如两种化学元素拌在一起，就会产生另一种元素。如一个女命，命局中伤官过旺，自然有克官煞（丈夫）现象；如果配的丈夫命局中日主旺比劫多，财多不但不克，反而相亲相爱。又如一个男命，日主很旺，柱中比劫多现而争财，男命以财为妻，妻星遇比劫多，那自然出现克妻之象。如果配一个官煞或食伤为用神的女性作妻子，互相中和一下，就能逢凶化吉。男女之命各取所需，如果一方的忌神，正好是对方的用神，那就再好不过了。所以食伤重克夫的女命，配一个比劫重克妻的男命，那就谈不上克夫克妻了。

关于克夫、克妻的命局是可以弥补的。本书除了上述多种弥补方法，还有专门为合婚而设的补救法。对于相冲一事，务必要将各种因素说清楚，尽量避免双方怨憎，导致夫妻失和，最好遇到好的命运多说点好话，意在策马加鞭，使其更有信心的生活。对于凶命凶造，说话留点余地，旨在安定团结，维护社会安宁。

综上所述，婚姻是人生重要大事，一个人如果能找到好的伴侣，共赴人生旅途，确实是一件十分幸福的事。预测婚姻，最主要看妻星和妻宫或夫星夫宫。所谓妻星，上面已经作过详细的介绍，指的是正财，如果正财不见，可看偏财。妻宫是指日支，也就是日主所坐的坐支，夫星指的是正官，如果柱中不见正官，可取偏官为夫，夫宫也和妻宫一样指的都是日支。

论其娶妻，是以正财为准，柱中日主旺，正财明现，将会找到好妻子。

论其嫁夫，应以正官为准，如柱中日主旺相，以正官为用神，一定能嫁个好丈夫。

相对如男命财星为忌神，不但一生财源不旺，而且一生一世也不会找个好妻子；如女命命局官星为忌神，则得不到一个稳定婚姻，更说不上能找一个称心如意的郎君。

第六节　子女

一、子女

1. 男命以七杀食神为子，正官伤官为女。女命以正官伤官为子，七杀食神为女。
2. 时柱为子女宫，遇长生沐浴临官帝旺为有子女和子女多。
3. 时柱中子女星无刑冲克害为有子女。
4. 日主旺有食伤，无正偏印，有子女。
5. 日主旺食伤弱，印旺有财，子贤。
6. 日主旺食伤旺，印弱，有子女。
7. 日主旺，七杀有制多儿。
8. 日主旺，有食伤泄，官杀制，财星耗，有子女。
9. 日主弱，有印星无伤食，有子女。
10. 日主弱，无官星有伤食，有子女。
11. 日主弱，官杀重，印轻财少，女多子少。
12. 日主弱，有比劫而官杀重食伤轻者，女多子少。
13. 用神居时柱而旺有子女。
14. 伤官见财有子（伤官走财运财年有子）。
15. 官得禄子贵。

二、无子女

1. 子女星遇死绝墓地又遭刑冲克害者，无子女。
2. 命局中子女星遇死地而遭刑克害者，无子女。
3. 命局中一片火土而无滴水，再逢大运缺少水，终生无子女。

4. 命中七杀旺而无制者。

5. 命中印多而旺者。

6. 命局中印多无财制者。

7. 日弱无印及比劫，而官杀旺者。

8. 命局皆是食伤者。

9. 财官过旺者。

10. 日弱食伤旺，无印生者。

11. 四柱中食伤弱而印过旺者。

12. 命中枭旺枭多无子息。

三、何时生子女

1. 伤官食神见财有子女（岁运逢之）。

2. 官杀遇岁运长生帝旺者。

3. 女命儿女宫逢天克地冲遇空亡者（无子女的情况下）。

4. 伤官食神逢旺地。

5. 官杀轻，岁运逢财星。

6. 官杀重，岁运逢食神伤官。

7. 看财运官运者（看年龄）。

四、子女孝顺

1. 日干生年干，时干生年干或时干生日干，如纳音同时相生更好。

2. 日时干生年或纳音生年。

3. 时干为用神。

4. 子女星为用神。

5. 时柱与日柱天合地合者。

6. 子女宫临印者。

7. 子女宫临天月二德者。

8. 子女宫与日柱天生地生者。

9. 儿女的年命生父母的年命。

10. 流年是命局的喜用神，则所生的孩子必孝。

11. 儿女的年柱与日柱天合地合又相生者。

如：

才　　官　　日　　枭
己　　辛　　甲　　壬
卯　　未　　戌　　申

12. 日时生年有三个方面的优点：儿女孝顺；在历史上易留下名声；50 岁后喜庆事多，老来幸福。这样不用操心孩子的老来好不好。

五、不孝之子

1. 时干克年干。

2. 日时干或日时纳音克年干及纳音。

3. 日时干及纳音克年命，时柱又与年柱天克地冲。

4. 时柱与年柱天克地冲又带刑。

5. 以上四个条件都具备外，命局中又一片比劫。

6. 时干临七杀伤官枭神，又逢天克地冲刑冲克害，最为凶狠。

例：一九二六年五月初三巳时

财　　食　　日　　伤
丙　　甲　　壬　　乙
寅　　午　　申　　巳

例：一九三五年四月十七日巳时

比	杀	日	杀
乙	辛	乙	辛
亥	巳	未	巳

例：一九六八年七月初三寅时

比	劫	日	杀
戊	己	戊	甲
申	未	戌	寅

不管是孝子还是不孝子，命局和面相的信息是同步的，而面相上最突出的就是面有反骨，反骨就是额骨不突无圆，反而特向后反削者，如命局再有不孝的标志，其人不但反叛背主，而且会杀父杀母。具有这种命相者，应加以调理化解（如命局中没有不孝信息，不作不孝子论）。

如上1968年的命局中有双比劫为帮凶为羊刃，时与年柱刑冲更凶，不克去父母定为不孝子女。

六、生男生女

生男生女，以阴阳旺相而定。阳旺生男，阴旺生女。男人：时干是官星者先生男。时干是印星者生女。阳日干见阴时干先生男。阴日干见阳时干先生女。偏官得旺生男多。

女人：阳日干见时上食神者先生女，见伤官者先生男；阴日干见时干食神者先生男，见伤官者先生女；时上是印者先生女，是官者先生男。

七、子女贵贱

日时有贵星,儿女必定贵。时上有文昌,儿女好文章。时上有金榜,儿子状元郎。时上用神又得旺,儿女个个都贤良。

时下败财见伤官,有儿老来也无靠。日时相冲,时落空,有儿也不忠。时上带刑或有害,定是儿子把家败。忌神若在时上现,满堂独儿女且薄缘。

八、有无子女

子女星在日时坐死绝之地,命中无儿女。女命多印星少儿女,命带斩子剑者,有子有损,男命满盘死绝无帮扶得子难。

例:
坤造:丙戌　戊戌　辛巳　戊子

此乃无子女之命造。命局印星重重现,时上又逢斩子剑。命局缺木主疾病,此命定按无子断。

例:
乾造:戊申　癸亥　丁亥　庚戌

丁火生于冬月天,重重财官紧相连。局中无一能帮扶,纵然有木被水淹。年时透出二阳土,难以胜水又伤官。上克下泄身太弱,一生儿女不能见,就是携儿来占卦,不是养子也是偏。

女人纯阴都不生,男人纯阳都不长。纯阴见一阳,命中多儿郎。纯阳见一阴,命中多子孙。七杀旺相命多子,印星得旺多姑娘。

九、预测子女

预测子女，是本章所关注的主要环节，看子女的方法：

男命以七煞为儿子，以正官为女儿。

女命以食神为女儿，以伤官为儿子。

男女均以时柱为子息宫，食伤为子女星。

1. 预测子女多少

每个求测者在求测中最关心的问题是关于后代的情况。如孩子多少，有无孩子，有无男孩，有无女孩，先生子还是先生女，子女聪不聪明，能不能有所作为等等。

预测子女多少，首先要看子息宫（时柱）旺衰及子女星是否受冲受克。从古至今民间传统预测子女多少，都是依《渊海子平》看子息的口诀，但在验证方面，也不是十分满意的，所以看子女多少，还是要从命局中子女星与子女宫结合五行生克制化全盘考虑。子息歌诀只能供作参考。

从古至今，推算子女的方法不一，有些人只用日主与时柱的关系推断，以"长生四子中旬半"如时上坐长生，就说这人要有四个儿子。时上临沐浴，以"沐浴一双保吉祥"就说这个人有两个儿子，还有些人不是单用五行十二宫配子星，而用子星在时上的五行十二宫的生旺来推，其实这才是民间正式传统推子女方法。男命以偏官为子星，女命以食神为子星。例如某男命日干是乙卯日生人，时柱为辛巳，时干的"辛"字，乃是日主"乙"的偏官（七煞）男命以偏官七煞为子星。再按五行十二宫推算，时支的"巳"乃是日主乙木的沐浴，乙木长生在午，沐浴在巳，"沐浴一双保吉祥"，说明了这个男命有两个儿子。再举一例：女命戊辰日出生，时柱是壬申时，预测有几个儿子，庚金是戊土的子星（因庚金是戊土的食神），从庚上起长生顺数到时支的申上是临官，因时支是子息宫。故子息歌中云"冠带临官三子位"，那么这个女命就可推断为有三个儿子。

"子息歌"歌诀：

长生四子贪狼位，沐浴一双保吉祥。
冠带临官三子位，旺中五子自成行。
衰中二子病中一，死中至老没儿郎。
除非养取他人子，入墓之时命夭亡。
受气为绝一个子，胎中头女有姑娘。
养中三子只留一，男女宫中仔细详。

看子女之法，男命以偏官为儿子，以正官为女儿；女命以食神为女儿，以伤官为儿子。不论男女皆以时柱为子息宫，这是推令术留下的不易改动之理，准确率很高。学者需将"子息歌"背熟，到时自能应用自如。现再举例以供读者参考：

①多子刑子命例分析

坤造：一九三二年十月十五日巳时出生

壬申　辛亥　丁亥　乙巳

女性预测子女以食神为女儿，预测时首先应找出食神是何字，以阴日主我生之阴干为食神，此造己土是丁火的食神，己土是阴干，长生在酉，从酉上起长生逆数到时支巳字（因时柱是子息宫），得帝旺，再查子息歌中的口诀是"旺中五子自成行"，有五个子女的信息，但柱中年支申与时支巳有相刑之象，如遇寅年形或寅巳申三刑，对子息不利。

②无子之命例：

坤造：一九四七年九月十七日午时

丁亥　　庚戌　　壬午　　丙午

此命日主生于戌月，身弱，地支午戌合火局，丙丁并透为财多身弱，无子之信息明显，午午自刑，子女宫被刑，但这还不能决定。再看子息宫，女性占子以食神为女儿，伤官为儿子，甲木是日主的食神，午火是子息宫，甲木长生在亥，从亥数至午（子息宫）临在死字上，查子息歌诀，"死中至老没儿郎"。综观全局，是无子之命造。

2. 预测生男生女

推算头胎生男生女，这也是许多人比较关注的事情。推算的方法很多，但准确率始终不高。过去有些命理高人推算得非常准确，可是大多保秘而不传。笔者曾走访过不少易界高人，但都说法不一，为此多年来苦心钻研，经过反复验证，得出一些经验，提供给同道们在预测时作参考，希望能找出比较可行的实用方法。

推算头一胎生男生女，有以下几种方法：

第一男女以十神预测头胎生男生女：

①男性时干占食神，头胎大多生女。

②女性时干占食神，头胎大多生男。

③男女命时干逢正财头胎生男，时干逢正印，头胎生女。

④男女命时干逢枭印头胎生女。

第二以男女命生日，时柱的干支阴阳预测头胎生男生女。

①夫妻俩的日柱都是阳，时柱都是阴，先生男。夫妻俩的日柱都是阴，时柱也是阴，先生女。

②男命日干阴，时支阳，头胎生男，日干阳，时支阴头胎生女。

③女命日干阴，时支阴，头胎生男，日干阳，时支阳头胎生女。

④不论男女，日干阳，时干阳，头胎生男。日干阴，时干阴先生女。日干阳、时干阴、头胎生女。日干阴，时干阳头胎生男。

⑤男命时干克日干头胎生男，女命日干克时干头胎生男。

以上预测头胎生男生女，但也要分析日主强弱，五行生克制化，然

后再结合大运,流年一起分析,找出内在规律,自然能运用自如。

3.卦爻预测生子法

　　　　父母年龄分阴阳,受胎之月安中央。
　　　　组成卦象分男女,是男是女卦中详。
　　　　乾坎艮震定是男,巽离坤兑是女郎。

此法名曰八卦推算生男生女法,用法是将父母的年龄总和,按阴阳(单数为阳,双数为阴)分置为上下的位置,再将受胎的月数安在中间的位置,组合成卦象,如果是乾、坎、艮、震等卦是生男孩。巽、离、坤、兑等卦定是女儿。比如父母的年龄合起来是双数,作为阴爻▬▬,分置上下两个位置,再看受胎月份是阴是阳,如受胎的月数是单,作阳爻—放在(注:阳爻)中间,这样上下两头阴爻,中间是阳爻组成"坎卦",多数生男;父母年龄合起来是单,作为阳爻—分置上下,受胎月份是双,作阴爻▬▬安在中间,组成"离卦",大多生女。其它依此类推。

4.大衍之数预测生子法
　　这个方法是研究《铁板神数》用的,准确性高,本来不属命局预测范围,因本书是以实用为宗旨,不拘小节,录出供同道们研究。有一首歌诀:

　　　　七七四十九,问孕何月有。
　　　　除去母年龄,男女找根由。
　　　　如果是闰年,外加一十九。
　　　　遇单是生男,逢双必是女。

这种方法是用大衍之数49为基数,加上受胎的月份,减去受胎时的岁数,得出来单数或双数,单数生男,双数生女。用笔先写下49,

加上受胎月份，如果受胎月份是3月，则加上3，总数为52，减去孕时的岁数33，余19，属单数，应生男儿；如果余数是双，那就是生个女孩。例如某女32岁，9月受孕，计算如下：

49+9-32=26，为双数则生女；又如某女29岁，闰3月受孕，49+3-29+19—42，42也为双数则生女；再如是闰4月受孕，算式则为49+4-29+19=43，43为单数则为男。

闰月推法原书没有，在日常应用中发现，如该年是闰月受孕，应加19数，其验证率较高。

5. 预测有子、无子

预测命中有子无子，要看命局中有无子星，命局有子星的就是有子，无子星的就判断无子。判断时要结合命局、旺、相、休囚、死、墓、空、绝一起观察，方能下其结论。

（1）日主旺有克，有泄必有子。

（2）日主弱有生，有扶必有子。

（3）日主弱，伤官、印绶、财星多，又没有印来生扶无子。

（4）男命命局全阴主无子，女命命局全阳主无子。

（5）日主旺、食神、伤官或官煞落空主无子。

（6）时柱有华盖主孤独及克子。

（7）命局无食伤，而遇官煞之运可能得子。

（8）女命食伤或时柱落空亡主有子夭折。

（9）子女星入墓，再逢刑冲克害主克子。

（10）时柱子女星坐羊刃为忌神者，主子女多灾。

（11）女命食伤不受刑克者，不但有子，而且子多；如果命局中满盘皆是食伤者，反而无子。

（12）日主衰弱，行到用神的岁运，是生子之年。如果行运不生扶日主者，主难以生子。

（13）命局中食伤与枭印皆现，名叫枭印夺食；如果食伤太弱，轻则刑克子孙，重者绝嗣，或生子中途夭折。

（14）命局不见子女星，行到官煞、食伤、用神之岁运可得子。

（15）时柱逢华盖，又加刑、冲、克、破，主晚年孤独，或临死前子女不在跟前。

（16）男命局中七煞过多或旺，反而是伤子之兆，甚至少子或无子。

（17）女命日柱时柱多见刑、冲或墓、绝者，不但伤夫而且克子女。

（18）女命局中的印星多而旺，或者印星近克食伤，财星生官煞太旺，皆是损子或无子之象，也可能出现生女不生男，或终生不孕、难产、流产、子女夭亡、体弱多病等现象。

（19）男命命局中的食伤多而旺，或食伤近克官星，或印太旺或比劫太旺，皆主损子或无子，或生女不生男、子女夭折、体弱多病等厄运。

（20）女命日主衰弱，印轻食旺者，或印克食伤，皆主子少。

（21）男命日主强旺，食伤轻而有财者，主子多而有出息。

（22）日主衰弱，官煞旺，虽有印星，但见财星，就是有子也不孝。（此仅供参考）。

（23）如要判断子女有无，只看男、女一方之子息宫，是不够正确的，必须以男命和女命二者共同结合起来参看，否则就不能准确判断出子女有无或子女多少。

（24）女子怀孕后，如遇上太岁或大运与时支相冲或相合，要慎防有流产之厄。

（25）男命时柱逢官煞而有力，又为喜用神者，子孙多而显耀。

（26）时上伤官，虽有子而主子迟，大多先女后男。

（27）官煞旺而食伤重者，需待行印星之年，或官煞之年，方可得子。

（28）时柱临败绝之地，主晚岁无儿，乃绝嗣之命。日、时煞刃逢枭，主半路抛妻克子。

（29）时柱与日柱相冲者，主伤妻克子。

（30）时柱遭破者，也主晚岁凄凉。

（31）伤官逢财而有子，七煞有制有子，羊刃重重刑妻子少。

（32）女命印绶本是伤子之神，如果逢财则平安无事。

（33）男命伤官多而克子，女命伤官多而克夫，男命官旺子必多，女命枭重必绝儿。

（34）女命食神受伤，乃主旺夫伤子，偏财重叠，多生女而少生男。

（35）女命食重官轻，乃夫衰子旺之命。

（36）时柱与年柱空亡，重者主绝子之兆。

（37）时带自刑，主子多疾病，如坐日破空亡与食、刃刑冲者，主早子受克。

（38）命局日柱和时柱两柱两刑主克子。

（39）女命食伤受扶太过或满盘食伤皆主无子。

（40）日主旺，印绶重无财星，必无子。

6. 预测何年生子

（1）何年生子，首先要看命局中有无子星，再结合大运、流年，看哪年子星旺，哪年身旺，如果命有子的，大多数在流年生扶日主，子星处于旺地的年份得子。

（2）命局子女星未现．逢行官煞、食伤、用神之岁运可得子。

（3）男命以七煞为子，女命以伤官为儿。男命大运或流年透出七煞，女命地支藏煞，而煞的强弱不偏不旺，是喜添贵子的时候。

（4）男命逢岁运透煞之年份，干支逢天合地合之年，都是添儿添女的年份。

（5）女命的大运流年逢旺相，而柱中又有食神子星，都是生子之年。

（6）关于生儿生女是人生一大喜事，何年生子，何年生女都有定律，千万不能强求，也不要违犯政策。

7. 预测子女才能

民间有句成语，叫做"望子成龙"。儿女成才乃是做父母的凤愿，也是人之常情。父母都希望儿女聪明伶俐，长大后能德才出众，耀祖荣宗，成为国家栋梁人才。从命局命局的组合中，可以判断出子女贤愚和道德才能。

（1）命局中官星得位坐禄，七煞有制，定生权贵之子，长大后能成为国家栋梁之材。

（2）喜神、用神居子女宫（时柱），若时柱都为喜神、用神必得贵子。

（3）时柱若为忌神，子女愚钝平庸，资质条件差，本人老年运也不佳，晚景凄凉。

（4）干支皆为忌神，晚运坎坷，如若时支一喜一忌，乃吉凶相等，晚运平平。

（5）男命局中财官生旺，子女有贵，聪明俊俏。

（6）时干为喜用神，第一个子女贤孝；若为忌神，第一个子女不贤孝。

（7）时支为喜用神，第二个子女贤孝；如果为忌神，第二个子女不贤孝。

（8）柱中的官煞、食伤为喜用者，不但子女贤孝，有助于自己，而且子女本身也富贵发达，是事业成功者。若为忌神，子女不孝，忤逆反上，一生为子女烦恼。

（9）子女星或时柱坐下长生、冠带、临官者，主子女在社会上能有成就，并主命造子女也多；若坐衰、病、死、墓、绝、胎者，主子女运气不好；若坐凶煞，主子女难有成就，诸事破败。

（10）时柱或子女星为喜用神或坐贵人、天德、月德等吉星者，主子女的成长顺利，很少遇到凶险意外等事故，将来在事业上，多会名利双收。

（11）时柱或子女星不宜落空亡，主子女中必有早夭者，或容易流产，发生意外凶险之事，或多生女而少生男现象。

（12）时遇财旺生官，主生兴家治国之儿。

（13）身旺时柱为七煞，有食伤制煞，主多子，而且子女也富贵。

（14）时上干支带天、月二德者，主子女慈孝，有贵。

（15）女命食神一位生旺，又临长生之地，生子必然大贵。

（16）男命七煞在时，命局中又有食伤者，主子女有大贵。

（17）官星坐于时上为喜用，主子女官禄亨通。

（18）时上遇贵．命局中又有驿马，多生贤孝子女，并有出国创业之能。

（19）女命命局中食伤遇贵人，主子女显贵。

（20）命局中子星（时柱）坐于长生、帝旺、冠带、临官之地，主子女贤而富贵。

（21）女命命局食神，枭神两现，枭轻克子，枭重绝嗣（枭乃是偏印）。

（22）男命七煞为喜用神，或官煞旺，主早得贵子，并且主子女能助父运。

十、选择吉利的生产时间

"命运"是"命"和"运"的合体，命和运是两种概念，命是先天的，运是后天的。人的出生时间就是所说的"命"。命中隐藏着各种各样的奥秘是终生无法改变的。人一旦出生，一切的富贵穷夭和吉凶祸福就会成为自身命运运行的轨迹，如果要用人为措施去改变命运的话，那是可能的。"命"代表一粒种子，而种子优劣是先天的，什么种子长什么苗，结什么果，如种下去的是玉米，永远不会长成高粱。后天的改良只能使禾苗长得壮实一些．科学家用一种科学方法对种子进行研究，目的是对种子进行优化改良，发现其中时间对种子影响最大，例如清明前一天种下的玉米和清明第二天种下的玉米其本质就不一样，而且成熟期也有出入。清明前一天种下的玉米，在成熟的时候，外面的皮叶还是黄绿色，里面已经成熟；而清明第二天种下的玉米，到成熟时外面的皮叶已经老黄了，扒开里面还是嫩乎乎的。证明时间对自然界中的任何事物都有很大影响。

然而选择一个理想的出生时间，不是一件容易的事情，因世界上出生不同时间的命局，就多达五十多万种，如果想在一年中的某一月份找到一个好的出生时间是很困难的。研究命理的人都知道，有些年的某些月份，是根本没有好时间可选的。如果这个胎儿出生产期凑巧就在这个时间的话，不客气的说，你本事再高也不会找出一个理想的命局。因胎儿在母腹中要有足够的孕期，提早产出，不是不健康就是不容易成活，如果超出预产期，那么也就没有多大意义。

选择一个好的产期，必须要先将怀孕期把握住，才能准确地确定预产期。为了使婴儿在理想的时间内出生，首先要在怀孕之前作出初步预测，然后再在年月日时上进行逐一详细推算。最好在怀孕之前，把握一个较为准确的孕期，让产期正好处在一个非常理想的大吉大利时间。也就是说，在怀孕之前，就要确定出某一个月的某一阶段出生。这项工作预测师需要花费大量时间的，比批上多少个的命局还要费事。为了选择一个好的命运，为后一代提供可靠的命理保证，不但预测师要付出一番苦功和能量，而对未来的父母来说，可能也要花上一定的费用。

要想选择一个十全十美的命局，必须要做到对命局全面分析，尽可能做到六亲圆满，体健心康，要想达到全面合格，八方不漏又谈何容易，但至少要做到以下几点：

1. 命局组合适当

①首先要求命局五行流通，相生有情，气势顺畅，整体平衡。

②命局最好不冲击，不动荡，尽量避免十神负面心性出现。

③对用神的份量要反复推敲，因用神在命局中起到医药作用，其作用最好能恰到好处，尽量使命局处于最佳的平衡状态。

④在选择出生时间时，不但要找大吉大利的命局，从道德品质上来讲，最好能含有德才兼备的成分才好。

2. 行运配合得当

"命好运不好，辛苦只到老。"就是说命局再好，如果大运配合不好，这个人本事再大，也无法施展自身才能，叫做生不逢时。如果命好运也好，肯定就会马走平川，步步称心，既能施展本身才华，也能得到应有回报。所以，在选择命局时，最好能将命局和大运结合起来全盘分析，做到孩子还未出生，就知道将来事业前景如何。最困难的是，男命与女命大不相同，必须要详细分析清楚。

3.尽量使六亲不受刑冲克害

人生最痛苦的莫过于少年丧失父母,中年丧妻,老年丧子。过去有首古歌说:"幼丧父母最不幸,中年又怕克妻星,晚年最怕丧子女,鳏寡孤独最伤心"。这就叫人生三大不幸。自古以来很多大富大贵的人,不是幼失双亲,就是中年丧偶,更为严重的是,越是大富大贵的人,大多不是少子,就是绝嗣。这样的命,再大富大贵也无法使心态平衡。选择命局,首先要注重这些问题,尽量避免对六亲刑冲克害的弊病。要达到不但使命主好。更要使全家都好。在选择命局的同时,争取每一个六亲关系都要兼顾,最好使五行相生有情,尽量避免偏枯。然而岁运总是在不断变化,总会在一定时间内构成六亲死亡的事情,当然生离死别对任何一人来说都是避免不了的,而在选择命局时要尽量往后延迟。所以选择产期,必须要注意到以下几点:

①父母方面。首先注重年柱干支;年柱干支如临长生、帝旺,不受冲、刑、克、害,又能得月令相生为好,柱中财旺父长寿,印旺母长寿,如能选择财印两旺更好,年柱管辖1岁~16岁运程。这样不仅避免幼失双亲之苦,而且主父母事业有成。如果再遇上月令生之有情定主父母均都高寿。

②配偶方面。男命尽量选择日坐财星临长生之地,如能为喜用神更好,尽量避免出现羊刃比劫且为忌神。女命选择官煞坐长生之地,如能为喜用神最好,避免伤官旺而为忌,官煞混杂等,这样可免去丧偶之悲了。

③子女方面。男以七煞为子,正官为女;女命以伤官为子,食神为女。最好临生旺之地,尽量能选择时柱为喜用神、天月二德、天乙等贵星居时上,不但主儿女长寿而且能荣宗耀祖,出入近贵。尽量避免子星衰弱而处死墓空绝之地。这样就可避免痛失麟儿之祸事了。

以上仅作提示,详细情况最好参照本书的有关章节,逐句推敲,避免前述的三种不幸的大事发生。

4.要将功名事业前程兼顾

"望子成龙"是每一个作父母的夙愿,这一句话虽是过去的成语,而在改革开放的当今时代也不过时。谁都想自己的孩子长大后成为一个大有作为、荣宗耀祖、出人头地的人才。所以大学门槛人人争挤，功名利禄谁都想求。但这些事决非空想，人工造命，已成为事实。只要能为孩子选择一个组合好的命局，绝对会成为事实的。但这些不是一般人都能做到的，必须要有高超命理学知识方能做到。最起码要做到以下几条：

①功名事业是人生的一项大事，命局五行以中和为贵（特殊格局除外），争取财官印齐全，这样最利于读书用功，考试得中，事业有成，最好能配一个印绶临贵人，驿马、文昌、学堂、词馆等吉星照助，再为喜用神者，必定能文章盖世。

②身印两强，官星通透为喜用神。正官或偏官为喜用神无有其它煞混杂等等，这些都是在仕途上发展的命局，具体详情参看有关章节。另有身强财旺，财为喜用神，身强财弱食伤为喜用，正偏财透干为喜用神，无有其它干支克制的，都是发财的命局。

5. 五行环境对命局的影响

预测产期时，遇上五行中某一行不足，在命局上不能找出平衡时，可用五行生态环境来弥补，如命中缺水或水少，可以用水的生态来增加平衡，如住水边或船上；或在生产时取一些水在旁边；或将服装颜色、用具、玩具皆宜黑色或浅灰色（因黑色和浅灰色都属水）。总的说来，凡是命局中某一行不足，都可以用颜色或出生地点，或某一行的生态用来作以辅助，这样既可补其五行不足，又能使其命运变好。

综上各节，选择一个理想的命局，是一件相当复杂的事情，而且也是一件十分精细的工作。但是，这件工作又不是一般命理师可以做好的，必须要具备过硬而深厚的命理学术基础和有实际经验，才能完成这项细致的工作。否则，选出来的命造，自己认为不错，实际上漏洞百出，根本经不住推敲，那就耽误这个命主一辈子大事。所以选择一理想的命局，预测师的选择也是一个重要关键，这不是一件简单的事情，必须要慎重对待。必须要找一个有名有实的预测师，否则就会飞蛾扑火，耽误大事，千万不能马虎。

第六章 四柱论夭亡与小儿命理

第一节 小儿命理

先贤陈素庵说:"人命自一岁自百岁,遇吉则吉,遇凶则凶,少之所喜所畏,老也喜之畏之;老之所喜所畏,少也喜之畏之,一般术家有少怕死绝,老怕长生之说,不知长生收藏,时序则然;少壮老衰,年龄则然;自量年龄,而取法时序,为人之道则然,以之论命则不然。

太旺而复遇长生,少年可夭,太衰而复死绝,晚岁也亡。命之当抑者,孩提也喜琢削;命之当扶者,老年也喜滋生。故古来谈命名家,小儿老人,未尝试别立法则,不知何人,妄造小儿关煞,传世既久,狡狯之徒,借以恐人父母,增造日多,钟不下数十;考其起例,大率生于某年某月,遇某字为关为煞,其便毫无所出。

夫合观命局,尚多难决,安有据一安而可断生死者,乃偶合则曰:'果然为某关某煞所害',不合则曰:'好命非关煞所能伤',又或以有关无煞,有煞无关人解释,各说自话,混淆正视。尝考小儿命,有犯种种关煞而成立者,有不犯关煞而夭殁者,总之,只照生克定理取断可也。

或疑小儿之与成人,毕竟有不同处,此法殆不可废,然则老人之与少壮,也毕竟有不同处,何不更立一老人命法耶?"

《滴天髓》论小儿说:"论财论杀论精神,命局和平易养成;气势修长无克丧,煞关虽有不伤身。"

先贤刘伯温注说:"财神不党七杀,主旺精神贯足,干支安顿和平,又要看气热。如气势在日主，而日主雄壮者；气势在财官，而财官不叛日主；气势在东南，而五、七岁之前，不行西北；气势在西北，而五、七岁之前，不行东南。行运不逢克丧，此为气势修长，虽有关杀也不伤身。"

先贤任铁樵注说："小儿之命，每见清奇可爱者难养，混浊可憎者易成，虽关家门之气数，也看根源之浅深。是小儿之命，是犹果苗之初出，宜乎培植得好，固不待言，然未生之前，父母不禁房事，毒受胎中，既生之后，过于爱惜，或饮食无忌，或寒暖失调，因之疾病多端每至无成。

尚有积恶之家，而无余庆，虽小儿之命，清奇纯粹者，所以难养也。有等关于坟墓阴阳之忌，迁改损坏，以致夭亡，故小儿之命，不易看也。

除此四端之外，然后论命，必须命局和平，不偏不枯，无冲无克，通根月支，气贯生时，杀旺有印，印弱有官，官衰有财，财轻有食伤，生化有情，流通不悖；或一神得用，始终相托；或两意情通，互相庇护；未交运而流年平顺，既交运而运管安祥，此为气势攸长，自然易养成人，反此则难养矣！其余关煞多端，尽皆谬论，欲以何等感人，则造何等神煞，必宜一切扫除，以绝将来之谬。"

小儿之命，与成人之命，其理一也，岂有两种看法，特在父母荫庇之下，本身之命，未显其用耳！每有贫寒之命，生于富贵之家，锦褓肃裸，享用太过，其福不足以当之，则必夭；总之，其命与环境不相适合，易致夭折，故小孩之命，不易看也。大抵小儿之命，不宜太旺，也不宜太弱，太旺多灾，太弱难养，以中和为贵；命局和平气势攸长，则易于养成，总之论小儿命造，必须就格局用神详加推究，在未交大运以前，仅就流年流月配合推论，既交大运以后，则必须岁运合论，才易正确，对于关煞的说法，不必耿怀于心。

第二节　少年夭亡

死亡是人类乃至一切生命体的必然归宿，但任何人都不愿意也不甘心面对死亡。尽管也有人在不可排解的人生悲苦中而痛不欲生，认为"死亡是最好的解脱"，但在一脚跨过阴阳界时，又何偿不是后悔莫及。即使有人面对邪恶而大义凛然，认为"为正义捐躯虽死犹荣"，但在魂飞魄散之际，又何偿没有生之留恋。尽管人们对死亡有"精神不死，流芳千古"或"死有余辜，遗臭万年"的评价。但任何人的死亡都非自己所心甘情愿的。或有逃不脱的威逼，或有解不开的无奈，或有辞不掉的义务。或有识不破的陷阱、却没有挡不住的诱惑。故常言道："好死不如赖活着。"此说虽略显庸俗，却是大众的心理状态。生活中的惊险之所以令人胆颤心惊，是因为有死神的威胁，悲剧中的效果之所以能让人以泪洗面，是因为不该死亡者的死亡。死亡是人生灾难中之最大者，因为他是一种无法挽回的灾难。所以，人的生死之灾是无论古今中外、富贵贫贱者都共同关注的终极课题，也是命理学一直在研究、而且需要更待深入研究的重中之重的课题。

华夏祖先所创的古老科学认为，世间的一切都是由金木水火土五行所构成，人体也莫出其外，而且更得五行之全，所以贵为万物之尊。这一理论已被现代实证科学所认同。一个人的命局，不仅表明了一个人的五行构成情况，其五行的阴阳、干支的排列组合及相互间的相生相克，更生动而形象地表明了一个人的生机强弱。生生不息则健康无虞，局部停滞则或病或灾，完全停滞则非死也废。故命局预测技术是可以测知人的生死之灾的。

从大的方面来区分，人的死亡可分做正常死亡和非正常死亡两大类。对正常死亡，人们已不必再去问一个为什么了，我们所要研究的是那些令人遗憾的、不应该的、而又可以问一下是否可以避免的非正常死亡。

圆通达观（中）

细分起来，非正常死亡的种类是相当繁杂的，有的是自杀，有的是他杀，有的是被处死，有的是因病而亡，有的是因伤而亡，有的是遭遇天灾，有的是遭遇人祸，有的死于火灾，有的死于溺水，有的死于交通事故，有的死亡是自酿杀机，有的是遭受池鱼之殃，有的死在情理之中，有的死于意外事故……

由于受到命例不足的限制，我们暂时不能按上述分类去研究，而只将非正常死亡分做《少年夭折》、《中年早逝》、《横死暴亡》三种情况来归类分集。

几乎是所有的命理书中都提到了"富贵贫贱吉凶寿夭"八个字，我们现在所讨论的死亡课题，就涉及到"寿夭"二字，那么，何谓寿？何谓夭？在年龄上是如何加以界定的呢？

古人认为：人活70古来稀，因此能活60岁以上即为寿，更细分为60岁—80岁为下寿，80岁—100岁为中寿，100岁—120岁为上寿，120岁以上为无量寿。同时认为：人到16岁即可男婚女嫁，生儿育女，至18岁即该操持家事，顶立门户或男立门户，如在安家立业之前死亡即为夭折，而不满周岁即亡的不称为夭，视为要帐鬼，不葬也不哭。对20岁—50岁期间死亡的人，只叹其短命，不称寿，也不称夭，对50岁—60岁期间死亡的人，视为正常。

现代人的生活条件较古人已有相当大的改善，医疗卫生事业已相当普及和发达。世界卫生组织近期公布的数字表明，现代人的平均寿命为75岁左右，这可以作为现代界定寿夭的重要参考。但发达国家与发展中国家的差异很大，繁华都市与穷乡僻壤的差别也很大，且与医疗卫生事业的发展相对应的，现代疾病的种类和不治之症也在迅猛增加，对75岁这个公布数字还是要加以修正的。

现代人的婚育年龄已被人为地推迟到28岁左右；现代人对文化素质的追求也越来越高，读完了大学还想读研究生，多在30岁左右才开始开创事业，安身立命齐家治国平天下；改革前的退休年龄为60岁。这些也应该作为现代界定寿夭的参考。

圣人孔子还有一句名言："吾十有五而志于学，三十而立，四十而不惑，五十而知天命，六十而耳顺，七十而从心所欲，不逾矩。"今人仍视为经典，也应作为现代界定寿夭的重要参考。

综合以上情况，寿夭的年龄是这样来界定的：

1. 30周岁以下的死亡为少年夭折。

2. 30周岁至60周岁的死亡为中年早逝。

3. 60周岁至70周岁间的死亡为正常死亡。

4. 活70周岁以上者即为寿，85岁以上者为高寿，95岁以上者为长寿。

命局命理学是可以预测生死之灾的。古人对这方面的研究是非常重视的，但在应用和传承时却是非常慎重的。君不妨多翻几本正统的命理书籍，虽然都涉及到寿夭二字，但大都是对富贵贫贱、吉凶祸福、财官运、伤病灾及子嗣、婚姻做详细论述，而对生死之灾的预测都是一带而过，或只做笼统的论述，而不做详细的交代。铁口神断生死的传奇故事倒是流传不少，但都隐晦了其推断要领，弄得后学者可望而不可及。余认为，这倒不是古人保守，对技法秘而不传，或是故弄玄虚，而的确有其难言之隐的：

1. 生死之灾虽然是可以预测的，但却是更高深层次的技术，非一般人所能掌握，没有一定功力的人，最好不要涉及这领域。表面上看来，死亡的信息与较大的伤病灾信息是一样的，是很容易混为一谈的。对伤病灾的预测是允许犯错误的，而对死灾的预测是不允许错误的。功力的提高只能借助于其他领域里的实践，而不可以借助于测死灾这一领域的实践的。

2. 死亡对任何人来说都是最可怕的，虽然有"大丈夫视死如归"之说，但也有"死都不怕，还怕什么"这句话，说明在所有的不怕当中，死亡还是有一定悲壮力量的。一个人活在世上，无论他是男人还是女人，无论他是少年还是老年，无论他是好人还是坏人，每个人都觉得活着真好，或希望活得更好。他是有非分之想也好，他是有理想抱负也好，都是要学习、工作的，都是要努力、奋斗的，都想要开创自己的事业，或去扩大自己的拥有，或称之为"报效祖国"，即使是年近花甲的老人，还想享一享天伦之乐和儿孙之福，或为他人发挥一点夕阳余辉，即使是一个气息奄奄的危重病人，又何偿不做"我好了之后要如何如何"的梦想。

第七章　健康与疾病

第一节　四柱与健康

健康项目下有两个主题：一是意外事故；二是身体健康状态。所谓意外事故，分为在家意外及出门意外。本文重点放在出门意外的研究。身体健康状态是指"原命"在流年中，由于"太岁干支"的影响，会产生何种生理变化。这种变化是否会引起疾病？在疾病之前如何预防？均是研究的重点。如何治病是医生的事，流年批写者不可不必越俎代庖。预防胜于治疗，如何预防比治疗更具价值。

现代人几乎天天都要出门谋生或办事，一出门便面临交通安全问题，攸关性命，这也是命理家需要大量思考的主题。但究竟要思考什么？思考为何其人会出意外？何时出事？要解答这两个问题之前，需先了解五行在人体外在位置。与意外事故有"直接关系"的五行为木、土，木属四肢、筋骨；土属肌肉、皮肤。有"间接关系"者为金，当太岁干支冲克原局时，木被金冲克，便伤及四肢、筋骨；土被木冲克，会伤及肌肉、皮肤。通常皮肉之伤复原比筋骨要快。

太岁长达十二月，若冲克原局，总不能一年都不出门，何况要冲克，在家也会受伤，不必等出门。整年都提心吊胆，那预知何时出事便很重要，在容易出事地点的月份特别小心，选择安全性高的交通工具，出事概率较低，即使受伤出容易复原。

什么月份易有事？在木、土月份易出事。金冲克木时，逢甲乙寅卯月事情就来。当金旺时，会自动往木方向流动，便产生克冲现象，木旺时自动流向土，土气便遭殃。这是物理现象：高密度的物质一定流向低密度物质。当木气旺盛时便与金斗，所以，甲寅卯月易出事；当土旺时不甘被木欺侮，于是挺起旺气迎向木神，战争爆发了。例如：

癸卯　　　7 丁巳
丙辰　　17 戊午
己丑　　27 己未
乙丑　　37 庚申

原局己丑、乙丑就位相克，己土长期被乙木欺负，在己运身强逢党助，决心力雪前耻，伏下木土大战导火线。逢甲戌年，甲己合克，己受甲合克，无处可逃，战事一定要发。在己巳月，三己会齐，大战甲木，结果骑摩托车上街被车撞及，送医急救，伤及皮肉，肇事者乘被害人昏倒之际溜之大吉。幸亏没伤及筋骨。

三己势大力强，甲乙势小力弱，所伤不重。在甲戌月希望不要再来一次。被克之气因气弱而甘于降伏则相安无事，但弱气转强，决定向克神挑战时，岁干恰是克神，于是有事了。例如：

己亥　　　3 壬申
癸酉　　13 辛未
己亥　　23 庚午
癸酉　　33 己巳

己日主弱而不从，坐下财官，抱虎而眠。逢乙丑年，日主乘南方火助及岁支丑土党助，与太岁乙干大战，结果技差一筹竟死于车祸。

前面提到：金旺时会自动流向木，木旺时往土气流动。或问，金旺为何不向水而向木，木旺为何不向火而向土？阴主生，阳主克。当金旺是阳金时便克向木；是阴金就生水。同样道理，阳木克土，阴木生火，这是阴阳性别不同所生作用力方向也不同。

再问，阴主生，难道阴不克，就像女人生人，女人不杀人吗？答案是：当阴主生时，要有被生的对象，无对象时，便往反方向奔去，即克。所以，阴生是原则，阴克是例外，毕竟，女人杀人，少之又少，女人生人、助人，多之又多。

三问，假如要生无处生，要克无从克，那又如何？例如：阴木生火，无火可生往克土，却无土可克时会产生什么现象？答是：不生不克的五行，只是无作用力的一团旺气，迟早会产生问题。五行气贵在流通，只有流通无论生克皆有动力，生机蓬勃；五行气停滞不动则生机尽失，形同槁木死灰。

四问，阳主克，阳不生吗？答：阳主克，万一无物可克，往生的方向去，不能尽力去生，这股力量伺机而动，还是要发泄，迟早会有问题，表现出来如杀人、抢劫等。

岁支冲原局地支，金冲木，伤及四肢；木冲土，伤及皮肉，这与天干情况相同，只不过在干称克，在支称冲。若是原局已有金木交战、木土互争的情况就埋下祸因，逢金木流年、或木土流年，便正式应验。例如：

辛卯　　　2 丙申
丁酉　　　12 乙未
甲寅　　　22 甲午
壬申　　　32 癸巳

原局申、酉夹寅，金木交争，伏下祸根，逢庚申年，两申攻寅，折断双足。

中医与子平术所使用的卦位相同，两者的理论基础可互通。由一个人命局结构可知其人身体状况，病在何处。至于何时发病，要看流年干支的作用力。原局五行均停，自无病根，原局五行太盛、太浅、伏下病处，一经流年病根浮于表面即发作。命理家可由固定的原局及固定的流年干支两者的影响变化而查出何器官有问题，进而预知可能发病所在，好做预防。

现代医学研究得知：人类生病大半由于生活习惯不当及饮食无节制，只要改正生活及饮食习惯便能消除大部分病痛。所谓预防在尽人事，使发病的诱因消除，消除诱因，就是矫正生活及饮食习惯，没有诱因即可使少发病，甚至不发病。虽原局有病根，但不发病，等于无病的命局。举例来说：原局庚金有病，平日不吃烧烤肉类，逢火旺流年便不生大肠病变。原命火盛易有高血压、心脏血管病根，逢丙丁流年，强火引出，病根发病，不易治疗。如：

壬申　　　7 丙午
乙巳　　　17 丁未
壬辰　　　27 戊申
丙午　　　37 己酉

四月丙火有巳午根，旺不可制，幸壬在辰上，火炽骑龙，尚不致熬乾，然究竟病在火，南方运中逢木火年，容易发病，只能从小养成饮食清淡，不进油炸食物来消除诱因。

至于原命病在何处，不是本文研究范围。与流年有密切关系的是时柱，凡流年干支冲克刑化时柱，会对健康产生重大影响。其余三柱影响力较小。举凡批流年的任何项目在下笔前要先判断整个原局面，切忌单看一点，以免挂一漏万，看命也如此，健康项目在疾病方面重点倾向第命局，再参考其他三住变化。例如：

戊辰　　　42 丁卯
壬戌　　　52 戊辰
庚戌　　　62 己巳
癸未　　　72 庚午

圆通达观（中）

甲戌年开春便胃出血，幸紧急送三军总医院而救回老命。第三柱与太岁就位相克，两戌（庚戌与太岁甲戌）刑未，妻室、子息、健康都是问题所在。太岁为偏财，破财伤身在所难免。再如：

壬申　　　7 庚戌
辛亥　　　17 己酉
癸卯　　　27 戊申
己未　　　37 丁未

癸生己未时，土掩水，《三命通会》注明生肿瘤，逢甲戌年，甲己合克，甲化开己土，开刀取去良性瘤。又如：

癸酉　　　8 甲子
癸亥　　　18 乙丑
辛丑　　　28 丙寅
辛卯　　　38 丁卯

逢甲戌年，卯戌合，天干却克太岁，形成合克现象，太岁无从闪躲，庚午月再克太岁，大小病齐来。

有时原命局与太岁无瓜葛，原局五行有病，仍会有问题，例如：

癸巳　　　10 壬戌
辛酉　　　20 癸亥
丁卯　　　30 甲子
壬寅　　　40 乙丑

逢甲戌年与壬寅不相碍，但原命金强土弱，土弱藏支，甘于降伏，相安无事。甲戌月，土现木就克，病在胃上。

《三命通会》云："建禄格，平生少病长寿。"自然长寿。日主气盛，平生逢冲克，纹丝不动，不管医药，但是其健康身体人人称羡，撷长补短，还是占便宜。所以，遇原局为建禄格时，不必批健康这一项。例如：

丁酉　　　5 壬子
辛亥　　　15 癸丑
壬寅　　　25 甲寅
庚戌　　　35 乙卯

　　壬日在亥月，以逢庚辛生助，其气盛可知，官鬼克不动。自戊辰年起至甲戌年，七年中，小感冒两次，每次不逾两天。其身材瘦小，看来弱不禁风，但就是不生病，谁说命理无稽。为此格之人批健康毫无意义可言，即使勉强下笔也无从写起。

　　建禄之人，身强喜财官，把重点放在名利角逐，反而较切合实际，且建禄格之人身强六亲缘浅，病在六亲，需多费心思写六亲。

　　岁干对原局四干都有作用力，并非仅对第四干影响，而是第四干作用力量大。同样道理，岁支也可应用。原局天干已受克，则岁干克不动，所谓："克不能再克，生可复生。"原干不受克，则岁干来时受克较重。天干有回救，及地支根深者，其受创程度较浅。

　　至于天干受创后在身体相应的部位为：甲胆、乙肝、丙小肠、丁心、戊胃、己脾、庚大肠、辛肺、壬膀胱、癸肾。

　　神煞中，羊刃、飞刃对健康有重大影响。五阳干坐帝旺称羊刃，羊刃对冲地支称飞刃。日主见刃，定有血光之灾。原局有刃，尤其羊刃，便是祸根。逢刃流年，流血、外伤一一上场。原局无刃，逢羊刃年有流血，但情况不严重，较轻微。

　　所谓逢羊刃年，指五阳岁干逢帝旺地支，如甲岁逢卯、丙戊岁干逢午等。地支为原局地支，这是第一种状况。岁支帝旺逢原日主五阳干，这是第二种状况。原局羊刃逢岁支同字，如原局午刃，适逢午年，此为第三种状况。三者有其一便称逢羊刃。例如：

 圆通达观(中)

辛卯　　　3 丙申
丁酉　　　13 乙未
戊午　　　23 甲午
壬子　　　33 癸巳

原局自坐羊刃，再有飞刃，容易有外伤、流血情形，戊辰年，午刃出头，摔伤开刀治疗。

羊刃为凶物，不可冲合；以免惊动。冲羊刃要动刀，合羊刃也得动刀，不沾边是上上策。此命局甲运癸丑年合壬子飞刃，照样开刀八小时治疗。

本节"癸卯、丙辰、己丑、乙丑"一例，原局无刃，逢甲戌年，甲以卯为刃，合克日主，结果车祸流血受伤缝数十针，固然是木土大战，但羊刃推波助澜，功不可没。

十神中，正官、七杀专攻日主，无论身强身弱，都有健康的顾虑。正官与日主尚有情分，下手有分寸；七杀以伐日干为主要作用，手下无情，死于正官、七杀者不知凡几。原局有印化官反，有伤食制官鬼者，大可一搏。有时死罪可免，活罪难逃一生病一场。

"财多身弱"，是命理术语，遇财年健康情况走下坡也是理所必然。财固然泄元气，但日主逢财年，欲望就多，无欲则刚，欲多焉能刚，不刚就成绕指柔，所以只能怪日主欲望多，不能怪财来泄身。凡人逢财年若清心寡欲，则健康情况不降反升，造化固然弄人，日主定力足，不随其飞舞，病痛即可减少许多。

逢伤食年，顺心如意，心情愉快，官鬼不侵，健康当然好，伤食与财同样泄身，伤食制官鬼，财却生官鬼，相差不可以道理计。

比肩与日主同心意，健康状况较单纯。劫财虽与日主同一五行，但心意却不同，健康状况较复杂，在劫财年生病，不容易治好，治好又来，反反复复，来来去去，既然劫财，少不得花大钱应付，不可轻心。

正印化官鬼，健康上较平安，偏印却克去食神，使七杀直攻日主，共祸难测。正偏印相关很多，逢枭年健康不见得好，值得注意。

第二节　四柱论疾病

阴阳五行学说运算法则，可以应用到宇宙中一切自然现象和人体内疾病、治疗等，人体疾病的发生就是人的生理、心理在不平衡的状态，也就是人体内五行的失调所引发的。

一、论疾病

第一，必须先看日干是否强旺，格局是否纯粹，喜用是否有力。因为日干强旺，大多身体健康；格局纯粹，大多心理正常；喜用有力，则多吉祥无灾。反之，如日干弱而无生扶，从化又不能成立，则一生必身弱多病；格局驳杂，喜用无力，固不仅诸事难遂所愿，也痼疾缠绵。

第二，必须五行配合五脏六腑，看其何五行强旺而无克泄，何行衰弱而无生扶，大凡强旺太过也病，衰弱太甚亦病，总以五行中和或气势流通为健康之命。

第三，凡五行有一行偏阴或偏阳也非所宜，因十干配合脏腑，阴阳互为表理，如有偏枯，也为疾病的一原因，人体是一个整体，其内脏组织相互影响，某一脏器发生疾病，会影响到其他脏器。每脏器在正常运作时，其都有一定的规律性，我们可以视为一整个系统，其所建立的生命体力场都有一定强度及周期变化，此种力场和其他脏器所建立的力场应该根据五行生克的法则，脏器受病，乃从其所生的脏器而来，如"肝受气于心"木生火。将病传递到为其所在的脏器。如肝病传到脾，木克土，再传到脾，病传到肾，土克水。如果病留在生我之脏器，则尚有救，如果病已经传到克我之脏器，则病情严重，预后多不良。例如：肺（金）病则生咳嗽、咯血、嘲热、溢汗等症状，如果发生两颊发赤、舌红无苔的现象，属于火集合的元素，便是火克金，肺病传至心治疗则比较困难。每一个人先天、后天体格得自父母遗传、与出生时间、空间条件、后天环境、保养维护有关，每个人每脏器本身有盛衰的不同，所以在发病的时机，疾病的传经也就有所不同，所以传变次序也不是固定不变的。

人体的生理构造和心理思维，离不开阴阳的法则，各脏器互为表里关系，人体的健康易受到外界及内在的因素影响，由于地球在宇宙时空位置不同，重力场、电磁场会发生变化，金、木、水、火、土五种质性也随着四时和气候，有当旺、当衰的不同，人体内五脏所建立无形力场受到外在时空力场的作用，为疾病是否恶化或痊愈的重要因素。因此疾病的诊治必考虑内在、外在的变化与个别差异。假如不知道病人先天体格、后天状况，以及配合四时五行而进行诊治，盲目的加强五脏中较强的一方，压抑较弱的一方，违反了五行平衡，阴阳调和的法则，很容易造成死亡事故。

第四，论五行阴阳盛衰，并非单就排列上的数量观察，必须分别阴阳，就阳生阳，阴生阴，阳克阳，阴克阴及五行旺相休囚细加比较，这是先天体格的状态，然后逐一配合岁运干支，推论其后天的结果，这是以命局及岁运论人疾病的程序。虽然人命日元朗健，格局纯粹，五行阴阳气势中和流通，喜用有力，一生健康无病，也无横祸，然终必衰老而死，这也是病，其发生乃由岁运所致；此外格局驳杂，五行滞塞，既不中和也不流通，忌神交攻，喜用无力者，也常无病而遭极刑或他杀、自杀或因天灾地祸而死，这是凶祸之命，不能以疾病的常理推论的。

"后天可以补足先天"这一句话不仅在医事上具有无上的价值，即在命理上也是一样可以后天补足先天的。所以我们若能正确的探索人们的先天缺陷，而加以后天矫正，真可以延年益寿。但是人的命运，原受时间、空间、遗传、环境的限制，一般人仅以时间推断命运，其所以不能得到十足准确的结果，即是推算者不尽明了其人的时空变迁以及遗传关系。 通常出生的时间、空间是一定的，而后天空间的变迁也随时间以推移，这当中先天的五行生克制化，复受后天五行的生克制化，而相互影响，自必复杂至极，但是我们若能探知其演变的结果，自然也可预测其将要发生的事象，然后预先或及时加以合理的控制，则此事象或许

 圆通达观（中）

可以不发生了！

　　宇宙的精神力能，无物不俱，无法不彰。见于心理现象者为"见"、"闻"、"觉"、"知"，见于物理现象者为"水"、"火"、"木"、"金"、"土"，见于生理现象者为"心"、"肝"、"脾"、"肺"、"肾"。故魏伯阳《周易参同契》云："凝精成形、金石不朽。"五行精气弥漫于天地之间，无所不入、无所不包，像电磁和雷达一样五行精气四向投射；聚物成形结为金石，历久不朽；流入人体形成肝木、脾土、肺金、心火、肾水，是故五气失调，疾病丛生；肾水枯竭，双目失明；"寒火凝滞、浮脉沉低"。周濂溪《太极图说》云："二五之精，妙合而凝，乾道成男，坤道成女。""二"者阴阳二端也，"五"者五行精气也。男女媾精，阳施阴受，动静相因，五行和合故生男育女，化生万物，由此可知五行精气弥漫宇宙流布人体，故气脉之学为中国医学之骨干。天地之气在人体流转，相生相克相胜保持生理及心理的平衡，这就是中国气脉之学的理论根据。

　　《内经》王机真脏论篇云："黄帝问曰：'春脉如弦，何如而弦？'歧伯对曰：'春暖者肝也，东方木也，万物之所以始生也，放其气也，软弱轻虚而滑，端直以长故曰弦。反此者病……'帝曰：'善，夏脉如钩，何如而钩？'歧伯曰：'夏脉者心也，南方火也，万物之所以盛长也，故其气来盛去衰，故曰钩。反此者病……'帝曰：'善，秋脉如浮，何如而浮？'歧伯曰：'秋脉者肺也，西方金也，万物之所以收也，故其气来轻虚以浮，来急去散，故曰浮。反此为病……'帝曰：'善，冬脉如营，何如而营？'歧伯曰：'多脉者肾也，北方水也万物之所以含藏也，故其气来沉以搏，故曰营。反此者病……'帝曰：'四时之序，逆从之变易也，然脾脉之变易也，然脾脉独何主？'歧伯曰：'脾脉者土也，孤藏以灌四时者也。'帝曰：'然则脾善恶可得见之乎？'歧伯曰：'其来如水之流者，此谓之太过，病在外；如鸟之啄者，此谓之不及，病在中。'帝曰：'夫子言脾为孤藏，中央土以灌四旁，其太过与不及其病者如何？'歧伯曰：'太过则令人四肢不举，不及则令人九窍不通，名曰重强'"。由此可知五行气脉之运转与四时之顺序及方位之变易息息相关。医卜同出一源，与生理最有密切关系，凡病之不治者，辄见于命，惜命书中所言病之见征皆无当。若能精究其致病之源，而筹挽救之法，安见命理之无益于世哉。

二、"医宗金鉴"之论疾病之要点

甲胆、乙肝、丙小肠、丁心、戊胃、己脾、庚属大肠，辛属肺，壬属膀胱，癸肾脏，三焦亦向壬中寄，包络同归入癸方。至于地支所论，以天干代入地支即可。

又过喜伤心，过怒伤肝，过忧伤脾，过悲伤心，过恐伤肾，过惊伤胆。

木：在天为风，在地为木，在体为筋，风气通于肝。故诸风为病，皆属于肝木也。

火：在天为热，在地为火，在人为心，在体为脉，热气通于心。故诸火痛痒疮之病，皆属于心火也。

土：在天为湿，在地为土，在人为脾，在体为肉，湿气通于脾。故诸湿为病，皆属于脾土也。

金：在天为燥，在地为金，在人为肺，在体为皮，燥气通于肺。故诸燥气为病，皆属于金也。

水：在天为寒，在地为水，在人为肾，在体为骨，故诸寒气为病，皆属于肾水。

木属：肝、胆、眼、筋膜（四肢、风湿病、关节炎）。

比较容易生久年病的部位为：神经、脑、筋脉、头、项、两手、两腿。患者常罹患的疾病为：胆石疾、头痛、断肢等。

火属：心脏、小肠、十二指肠、舌、血脉（扁桃腺）。

比较容易生久年病的部位为：小肠、心、咽喉、眼耳、肩、胸、齿、舌。患者常罹患的疾病为：心脏病、败血、关节、脚气、眼喉。

土属：脾、胃、唇、肌肉。

比较容易生久年病的部位为：胁附近、肠消化系、前身、后背。患者常罹患的疾病为：胃病、皮肤病、肠病、齿痛、疮毒。

金属：肺、呼吸器官、大肠、皮肤过敏。

比较容易生久年病的部位为：大脑、小脑、肾、肋膜、精血、脐、股。患者常罹患的疾病为：呼吸系统之病、肺病、鼻、痔。

水属：肾、膀胱、泌尿系统、妇女病、耳、骨髓。

比较容易生久年病的部位为：便溺、痔、膀胱系、子宫系、脚、胫、尿道、阴部、眼、痰。患者常罹患的疾病为：肾脏炎、脑溢血、妇科病、近视、失明、下部出血疾患。

水太弱或死绝——炎夏调候之肾水受燥土克，或逢火激土克水；皆致肾脏及泌尿系统之患，女性则有妇女病，患者多有膀胱、尿道、便溺不利之疾，所以平时应多注意膀胱、子宫、肾下腹部的保养。

火太弱或死绝——寒冬调候之火气受水扑熄，主贫血，以及虚弱、心肌梗塞、心悸等等之心脏病，年纪轻或正值壮年者，却主肠胃不好，行运不佳的话，应注意损伤头部，脑神经之患，女人并有经期不畅，难产的可能，所以平时应多注意此方面的调养。

木太弱或死绝——多有风晕、目疾、血不调畅、两鬓消疏而发稀、神经痛的现象。如果严重一点的话，多有肝胆失常、眼病、眩晕筋急、爪甲枯黄、腿足操作的可能。所以平时应多注意肝、胆、手足、神经及筋脉的维护及保养。

金太弱或死绝——应多注意，气虚、咳嗽、皮毛焦燥、骨节疼痛、涕泪、大肠泻痢便血、呼吸系统的毛病，并常有呼吸不畅，常受感冒之患，潮热、溢汗的现象，如果严重一点的话，并有得肺病的可能，平时应多注意肺、大肠、脑部、呼吸系统的维护与保养。

土太弱或死绝——时有面黄、减食、膈塞吐逆、肢体怠惰、喜卧嗜睡、多思足虑、神浊健忘、不喜动作的现象，并常有浮肿、脚气、口臭、齿痛的毛病，如果严重一点的话，有患，肠消化系统、脾、皮肤病、疮毒的可能，所以平时应多注意此方面的调养。

金克木而太过者——应多留意肝胆、惊悸痨瘵、手足顽麻损伤、筋骨疼痛、头目眩晕、口眼歪斜、跌伤损伤，严重的话，有患疯疾残症、肝胆、胆石症、损伤四肢的可能。

木克土而太过者——应多留意脾、胃、肠、皮肤、齿、疮毒的可能,如果行运不佳的话,内主有脾胃不和、翻胃膈食、气噎蛊胀、呕吐恶心、择拣饮食、泄泻黄肿的毛病,外主有右心沉重、湿毒流注、胸腹痞塞,女人大都有饮食不甘、吞酸虚弱、呵欠困倦的现象,故平时应多注意胃、脾、肠消化系统的保养。

土克水而太过者——应多预防肾脏、生殖系统的疾病,并多注意脾湿泄泻中满、痰嗽不利之疾,如果行运不佳的话,内主患遗精盗汗、胃疾、白浊虚损、寒战咬牙、耳目之疾、伤风感冒;外主患风虫牙痛、偏坠肾气、腰痛膝痛、淋沥吐泻、怕冷恶寒,女人并有白带、经水不调的现象,小儿容易耳中生疮、小肠疼痛、夜间作吵。平时应多注意大肠、肺、肾、膀胱、子宫系的保养。

水克火而太过者——应该预防贫血、心脏虚弱、心肌梗塞、心悸等心脏病,年纪轻或正值壮年者,却主肠胃不好,如果行运不佳的话,外主易潮热发狂,眼暗之疾、小肠疝气、疮痍脓血、小便淋浊、女人多主经脉不调;小儿主痘疹疥癣、面色红赤;内主易患,心气疼痛,口痛咽哑,急慢惊风,语言謇涩的可能,所以平时应多注意心脏、肠胃、关节、眼喉、脚下气及肝、胆的保养。

火克金而太过者——应多预防大肠、肺、脑、呼吸系统的毛病,行运不佳的话,内主易患,肠风痔漏、便后出血、痰水咳嗽、两颧发赤、舌红无苔、错眩、鼻病、呼吸病,及损伤肺肠之事,外主易患虚烦痨症、皮肤枯燥、肺风鼻塞、疽肿发背、脓血、呕血,妇人多有痰嗽血产,小儿多主脓血痢疾、面色黄白之疾,所以平时应多注意肺、肠、脾胃、呼吸系统的保养。

木火相生而太旺者——易患火气上盛、目赤、头风、偏头痛、耳鸣、眩晕、注意散漫、心脏部压迫感气促等循环系统症状,此外并有肩凝、便秘、下肢麻木感、风湿样疼痛、再进至相当程度时,可出现狭心症,以及喘息、下肢浮肿、夜尿等疾。

木火相生而太弱或死绝者——应多注意头痛、头晕、四肢发冷、倦怠、不眠、盗汗、作狂、闷乱之疾。

火土相生而太旺者——胃实症，常觉症状有胃部膨满感，食量虽不异常稍进食即感饱满或重压，往往嗳气、恶心、唯不大呕吐。

火土相生而太弱或死绝者——易发生嘴唇焦红、气热结、大便不利，同时有肠管无力，往往多便秘或秘结，也有腹泻者，一般都有头痛、目眩、倦怠的现象。

金水相生而太旺者——应多注意气滞、鼻汗分泌、哮喘、咳嗽、鼻寒或感气上冲，微觉烦燥不安，往往自觉胸骨下有创伤。并往往有呼吸迫促、口渴、喘鸣的现象。

金水相生而太弱或死绝者——应多留意膀胱、肾下腹、肾方面的疾病，患之者，常有尿意频数、疼痛性淋漓、膀胱部有疼痛及压迫感，初期轻症，尿数多、尿溷浊、口渴等严重的一点的话，并有疼痛剧烈兼有出血的现象。

水木相生而太旺者——应多预防呕吐、胃虚、恶心、口臭、嗳气、流涎、口及咽喉有违和感，并有食欲减退、身体衰弱、脉沉弱、腹部软弱无力、颜面缺乏血色的疾病。

水木相生而太弱或死绝者——应多注意头痛、腰痛、倦怠、盗汗并觉口渴，口中发黏思饮水，严重一点的话有呕吐、腹泻、胸内苦闷、四肢厥冷、尿意频数、口舌干燥；不令脾肿、肝也肥大，并觉有耳鸣重听者，又往往发生支气管炎的现象。

土金相生而太旺者——气常多虚，常腹满、便秘、口渴、尿色红之症状，所以平常应多注意此方面的调养。

土金相生而太弱或死绝者——常有胃肠不好的现象，患此症者，胃肠腹部常感疼痛、腹部膨满、肠鸣、吞酸、有压征感，较严重一点的话，则体型衰弱、贫血、羸弱等症状。

水土木无气或死绝相冲克者——主容易有蛊气肠胀吐逆之疾，腹部常觉有膨满感，雷鸣、不快、压重的感觉，甚至严重一点的千方百计，有呕吐、腹泻、腹痛之疾，所以平时应多注意肠、胃的调养。

金火无气或死绝相冲克者——主容易得痢疾之病，腹部常觉柔软无力，腹泻痛，有时也会有发烧，四肢抽搦厥冷，颜色苍白的现象，所以

平时应多注意此方面的调养。

旺火克弱水——常有心气胜而烦闷不安的现象，肾气不常不能平衡，血压高、贫血、头痛、眼皮或足部浮肿的疾病，所以平时应多注意肾方面的调养。

火旺生土克水，而无金者——身体上容易有肾脏及泌尿系统之患，患者常觉口渴、全身倦怠、精神不快、贫血、眩晕、食欲不振、浮肿等现象。

土旺生金克木，而无水者——身体上容易有肝、胆之疾，患之者常觉有呕意、便秘、倦怠感、食欲不振、气色不佳、右上腹有痛感，所以平时应多注意肝脏方面的调养。

金旺生水克火，而无木者——容易患有小肠、咽喉病、心脏衰弱症，及扁桃腺之病，患者常觉心脏衰弱无力感，及压迫性的疼痛，关节常因易得风湿而有酸痛感、及耳鸣、失眠等现象。

水旺生木克土，而无火者——容易患有胃、脾之疾，患之者常觉得时常有腹痛胸口感到发烧难过，常打呃、口臭、全身倦怠感或有皮肤病、肠病、齿痛等现象，所以平时应多注意肠、胃方面的调养。

木旺生火克金，而无土者——容易患有肺、支气管、大肠、皮肤方面的疾病，患者常觉得咳嗽、痰多、打喷嚏、流鼻涕、伤风感冒、头痛或气喘的现象，所以平时应多注意肺部的调养。

夫疾病者，乃精神气血之所主，若有感伤，内曰脏腑，外曰肢体，命局干支，五行之义，取伤重者，参看五和，干支太旺，不及俱病。

金主刀刃刑伤，水主溺舟而死，木主悬梁自缢，虎啖蛇嗑睡，火主夜眼颠倒，蛇伤火花源质谱术烧，土主山崩石压，泥陷墙崩，生命内外所属，发为诗歌，读熟，则较易知。

甲胆，乙肝，丙小肠，丁心，戊胃，己脾，庚大肠，辛属肺，壬是膀胱，癸肾脏。

甲头，乙项，丙肩，丁心，戊肢，己属脾，庚系大脐，辛为股，壬胫，癸足。

子疝气，丑肚腹，寅肩肢，卯目手，辰足够，巳面齿，未脾胸，申

咳疾，西肝肺，戌背肺，亥头肝，肝乃肾家家苗，肾乃肝之主，肾通于眼，肝脏魂，肝脏魄肾藏精，心藏神，脾藏气。

"木"命见庚辛申酉，多者，肝胆病，内则，惊精虚怯，痨瘵呕血，头眩，目昏，痰喘，头风足气，左瘫右痪，口眼歪斜，风症，筋骨疼痛，外则，皮肤干燥，眼目之疾，发须稀少，手足损伤。"女"主堕胎，血气不足，"小儿"急慢惊风，夜啼咳嗽，经云："筋骨疼痛，盖因，木被金伤。"

"火"命，见水及亥子，旺地，主小肠心惊之患，内则癫哑，口心疼痛，急慢惊风，秃舌口哑，潮热发狂，外则，眼暗失眠，小肠肾气，疮毒脓血，"小儿"痘疹癣疮，"妇女"干血淋漓，火主燥，面色红赤，经云："眼睛目昏，多是火遭水克。"

"土"命，见及寅卯，旺乡，主胆胃经受伤，内主食番胃，气噎蛊胀，泄泻黄肿，不能饮食，而吃物拣择，呕吐胃伤。外，则左手口腹有疾，皮肤燥涩。"小儿"疳积，脾黄土，主温多淹滞，面色萎黄。经曰："土虚承木旺之乡，脾伤定论。"

"金"命，见火及巳午，旺气，主大肠，肺经受病，咳嗽喘吐，肠风痔漏，痨怯之症，外则皮肤枯燥，疯鼻赤疽，脓血之咎，经曰："金若遇火炎之地，血疾无疑。"

"水"命，见土及四季，旺月，主膀胱，肾经受病，内则遗精白浊，盗汗，虚损耳聋，伤风感冒，外则牙痛疝气，偏坠腰痛，吐泻疼痛诸病，"女人"主胎崩白带。经云："下元冷疾，只缘水值土伤。"

《玉照神应经》有云："戊己忌卯寅，休囚而主人大疾，"此谓戊己土，在无气的休囚之地，谓戊寅，己卯，或见卯未是也，主大疾，不然，四肢有病，或瘫痪之症，有火化不验。

"丙丁亥子，投于江水波涛"，此谓，丙到亥，丁到子，如时见之，主有投河而死亡，若有合而收之，则平生多痛眼疾，目病之症也。

"巳午庚辛，男女病多心血"，此谓，庚辛金也，巳午火也，如庚午日，辛巳时，命见之，主男女多心血房也。

"甲申乙酉，小儿风病肝经"，此谓，甲乙木也，申酉金也，木上金

下，凡日时见之，主小儿多疾病也，谓甲乙木为肝经，如金克之，乃肝受邪也。

"辛卯庚寅，尤忌大人劳骨病"此谓，庚金土之根骨，寅卯火生之地，来克金，如时日见之，尤忌劳骨内芫之病也。

"门中有土，土脚腰金而须沉"此谓，门即印酉也，也为关格也，己卯，己酉，金见之，主腰脚沉滞。

"甲己双加遇刑，则臂肢有患"此谓，甲己为胸、为背，命局内见甲，又己加临刑克者，则主臂肢有患。

"丙丁岁月，壬癸遇，而眼目有疾"此谓，丙丁火也，能照万物，象为眼目，壬癸水也，若岁日时，壬癸来克丙丁，主双目有疾也，丙乃头目，故言有水克，为目疾耳。

"甲己若见庚辛，忌疾生于头面"此谓，甲己木也，也主头面也，庚辛金，若来克甲乙者，也主伤肝也。

"水土同来寅卯，平生膈气风痰"此谓，凡水土为身，到寅卯，则主风疾之症，谓木克土之故，水土到寅卯方正也，戊寅，己卯，则主心有病。

"再入天罡，小肠腹急"辰为天罡，水土到辰为聚墓之地，再见一辰位者，主男子肠腹急，主女人也此病也。

"五行十干，略定一端，其外参详，依经用法"此谓，甲乙主头面，丙丁主眼目，万丈己主脾胃腹肝，庚辛主根及筋骨四肢肾血，（海人云）子丑为头，寅亥为膝，卯戌为中膈，辰酉为肚，甲己胸背，未前，午后，金主肺，水主肾，火主心，土主脾胃，凡五行所见，所取克，为日，易灾疾也。

《滴天髓》有云："五行和者，一世无灾。"

先贤任铁樵曰："五行在天为五气，青赤黄白黑也，在地为五行，木火土金水也，在人为五脏，肝心脾肺肾也，人为万物之灵，得五行之金，表于头面，象天之五气，里于脏腑，象地之五行，故为一小天地，是以脏腑各配五行阴阳，凡一脏配一腑，腑皆属阳，故为甲、丙、戊、庚、壬，脏皆属阴，故为乙、丁、己、辛、癸，或不和，或太过，不及，则病有风热湿燥寒之症矣，必得五味调和，也有可解者，五味者，酸苦甘辛卤也，酸者属木，多食伤筋，苦者属火，多食伤骨，甘者属土，多食伤肉，辛者属金，多食伤气，卤者属水，多食伤血，此五味之相克也，故曰五行和者，一世无灾，不特命局五行相和，即脏腑五行也宜和也，命局五行之和，以岁运和之，以五味和之，和者解之意也，若五行和，五味调，而灾病无矣，故五行之和，非生而不克，全而不缺为和也，其要贵在泄其旺神，泻其有余之旺神泻，不足之弱神受益矣，此之谓和也，若强制旺神，寡不敌众，触怒其性，旺神不能损，弱神反而受伤矣，是以旺神太过者宜泻，不太过者宜克，弱神若有根者宜扶，无根者反宜伤之，凡命局须得一神有力，制化合宜，主一世无灾，非全而不缺为美，生而不克为和也。"读此可知铁樵先生，既知命又善医也。

《滴天髓》又云："忌神入五脏而病凶。"

命局中所忌之神，不制不化，不冲不散，隐伏深固，相克五脏则其病凶，忌木而入土则脾病，忌火而入金则肺病，忌土而入水则肾病，忌金而入木则肝病，忌水而入火则心病，又要看看虚、实，如木入土，土旺者，则脾自有余之病，发于四季月（辰、戌、丑、未）土衰者，则脾有不足之病，发于春冬月，余皆类推，即可明了。

先贤任铁樵评注曰："忌神入五脏者，阴浊之气，埋藏于地支也，阴浊深伏，难制难化，为病是凶，如其为喜一世无灾，如其为忌，生平多病；土为脾胃，脾喜缓，胃喜和，忌木而入土，则不和缓而病矣；金为大肠、肺，肺宜收，大肠宜畅，忌火而入金，则肺气上逆，大肠不畅为病矣，水为膀胱、肾，膀胱宜润，肾宜坚，忌土而入水，则肾枯，膀胱燥而病矣，木为肝、胆，肝宜条达，胆宜平，忌金而入木，则胆急而生火，胆寒而病矣，火为小肠心，心宜宽，小肠宜收，忌水而入火则心不宽，小肠缓而病矣，又要看有余不足，如土太旺，木不能入土则脾胃自有余之病，脾本忌湿，胃本忌寒，若土湿而有余，其病发于春秋，反忌火以燥之，土燥而有余，其病发于夏秋，反忌水以润之。如土虚，弱木足以疏土，若土湿而不足，其病发于夏秋，土燥而不足，其病发于冬春，盖虚湿之土，遇夏火之燥虚湿之土，逢春冬之湿，使木托根而愈茂，土

受其克而愈虚，若虚湿之土，再逢虚湿之时，虚湿之土，再逢虚燥之时，木必虚浮，不能盘根，土反不畏其之克也，其余五行皆仿此而论。"

第三节　疾病预测

　　唐代名医孙思邈先生，在他著的《千金方》中说："不知易者，非良医也。""易"乃指的是《易经》，说明习医必须先学《易经》，如不知《易经》，则不是好的医生。《易经》乃是我们祖先留下的一部善知未来过去，无所不包的一部宝典，堪称为"群经之首"，世界上称之为"东方灿烂明珠"。中国医、卜、星、相的理论都来源于《易经》，它是阴阳五行运算的总法则，一切自然现象都可以用《易经》来推论，特别对于人体疾病病因病理甚至治疗等都可用易经的高超理论来作导航。

　　中医界流传一句俗语："用药容易识症难"，说明辨别病症不是一件容易的事。阴阳五行是人体内一种精微物质，古人用阴阳五行表示人体五脏六腑，用来推测疾病，以知生死，根据阴阳五行的生克制化，而知五脏六腑的盛衰，能达到知病、防病、治病的目的。

　　本节是利用命局五行中过旺与不及来推断命主可能发生的疾病。它主要依据命局天干地支阴阳五行的变化和相生相克，以及岁运的空间，结合人体五脏六腑的盛衰，总结出所患疾病的部位和时间，它符合祖匡传统医学的理论，虽然是一种玄机奥秘，但在科学发展的今天，仍然实用。有些用科学仪器难以测出和不愈的疾病，用五行生克制化的理论得以治愈。所以作为命理研究者，应该掌握中国古代文化的奥秘，利用现代科学辩证思想和方法，加以启迪，得出新的鉴证。

一、测病基础知识

　　四柱预测疾病，最好能掌握一下中医基础理论知识，如能将古医书

圆通达观（中）

中的一些主要内容熟背，当然更好，这需要下一定工夫。笔者幼习中医，曾在这方面下过不少工夫，将一些有关方面的歌诀死背硬记，每在为人诊病时都将命理与病理结合起来推测，理论与实践双方结合。得到的效果有时都超过想象。预测疾病是人生最为关注的一件大事，希望读者精心细悟，大胆的在实践中应用，天长日久定能从中有所新的发现，到那时候你会高兴得手舞足蹈，会赞叹老祖先留下的古老文化真伟大。

先来背这首祖国传统医学中的五脏六腑古歌诀，这首歌诀是历代命理学家测病、诊病的主要依据：

甲胆乙肝丙小肠　丁心戊胃己脾乡。
庚属大肠辛属肺，壬属膀胱癸肾脏。
三焦并向壬中寄，包络从来入癸方。
若依此方推人命，方显中华古岐黄。

由于四柱的组合方式各有所主，我们必须明白四柱结构，与人体中的器官部位配合，否则到应用时，不知从哪里下手。

①四柱以日干代表命主的"自身"又代表命主的精神和身体。
②以天干代表人的外表，地支代表人的内脏。
③以年柱代表头、月柱代表胸、日柱代表腹，时柱代表腿足。
④年、月柱代表身体的左边，日、时柱代表身体的右边。
⑤年干支代表幼年，月干支代表青年，日干支代表中年，时干支代表晚年。

现将命局干支配合日干的五行，能预测出五行中某一行代表哪些疾病，列出速查表，以便于查对。

日干五行四支疾病部位

五行	日干	病源	四柱干支	易患疾病
木	甲木	肝	甲乙寅卯太过或遭克泄太弱。	肝、胆、头、神经、关节、忧郁、失眠、筋脉、皮肤、中风、胃。
木	乙木	胆		
火	丙火	小肠	丙丁巳午太过或遭克泄太弱。	小肠、心脏、眼、耳、咽、胸、败血症、脊、热症、下部疼痛、近神、脊椎、淋巴、心神不安。
火	丁火	心脏		
土	戊土	胃	戊己辰戌太过或遭克泄太弱。	胃、脾、肠胃病、呕气、便秘、皮肤、足腕、脑、血液、膀胱、消化系统、痔、关节疾病。
土	己土	脾		
金	庚金	大肠	庚辛申酉太过或遭克泄太弱。	大肠、肺、鼻、皮肤、气管、神经、直肠、肾、脑、下肢部、咽喉、心悸、忧郁、皮肤过敏。
金	辛金	肺		
水	壬水	膀胱	壬癸亥子太过或遭克泄太弱。	膀胱、肾、子宫、泌尿系统、近视、中风、糖尿病、妇科病、下部出血、便秘、脑病。
水	癸水	肾脏		

二、日主克泄测病法

过去学习中医，都先学五行的生克制化，以后将纳音五行背熟，在诊病时，什么命易患什么病，再用患者命局中的过衰与亢极仔细推敲，然后再用中医理论一锤定音的结论出是患什么病即可治疗，知其患者是什么命，然后才开处方。嘱其用什么药物做引子，还是大枣多少枚，生姜多少片，芦根几尺，什么时候煎药，煎药朝什么方向，服药又朝什么方向都有一定讲究。病人服药后往往药到病除，到底为什么？刨根问底，主要以日干为主，结合柱中五行生克制化，太过或不及均可作为判断疾病的依据。以日干配合其它五行的强旺衰弱，用中医理论来判断疾病的阴、阳、表、里、虚、实、寒、热来进行治疗。

根据多年应用经验看凡是命局中日主强者，一般不易生病；如果生病大多是用神受到克泄，患的多数是实症。

日主衰弱者易患虚症，看日主是什么五行，应该患的是什么五行之病，再用什么五行的药来治什么五行的病。如甲木受克泄大多是胆病；乙木受克泄，多数是肝病。也有用神受克泄而得病的，但毕竟少数。推命时首先看日主旺衰，次看用神是否有力，因日干强旺大多身体健康。反之，日主衰弱而无扶，则一生多灾多病。

以日主干支，对照命局五行生克，看其太过还是不及，以此判断其疾病的表现。如日干是甲乙木生于正、二月旺相，命局中出现庚、辛、申、酉金多的，或者是大运流年中遇上庚辛金旺之年的，由于金能克木，可能会出现肝胆疾病、惊悸、手足麻木、筋骨疼痛、头目眩晕，严重的能患疯疾残症，胆结石症等。

又如天干仍是甲乙木，命局出现丙丁巳午火多，又没有水来相济，木气被泄太过，则会出现内热口干，女人气血失调，小儿惊疯等病。

①大凡日主强弱以及受克或被泄而罹患的疾病，不外乎以下几点。

日主属木：若被金克太过，或被火土泄耗太过或遇过多的水生（水多木浮），在体内会出现肝胆方面的疾病；如肝炎、胆囊炎、胆结石、惊悸、心神不宁、筋骨疼痛、手足麻痹等；在体外会出现头目眩晕，肢体瘫痪等疾病。

②日主属火：若被水克太过，或被金土泄耗太过，或遇过多的木生（木多火炽）命主会出现血液循环方面的病症，如心脏虚弱、心肌梗塞、心律不齐等方面的心脏病。

③日主属土：若被木克太过或被金水泄耗太过而衰，说明命主易患胃肠消化方面的疾病，如脾胃不和、气噎蛊胀、胃溃疡、胃癌、胃出血等方面的疾病；平时要注意脾胃方面的保养。

④日主属金：若被火克或被水木泄耗太过，主此人会出现肺部呼吸系统的疾病，易患气管炎、肺结核、咳嗽喘息、脱肛、便秘、妇女主痰

咳、血症等疾病；遇上这种命局，平时多注意肺与大肠等呼吸系统方面保养。

⑤日主属水：若被土克或被木火泄耗太过容易会出现生殖、泌尿系统方面的疾病，如行运不佳的话，易患遗精白浊、腰疼膝痛，男子肾虚、偏坠疝气，女人月经失调，并有白带，小孩容易耳中生疮，小肠疼痛，平时要注意肾脏方面的保养。

以上是传统中国医学论病方法。根据本人多年用命局测病的临床经验来看，发现日干五行旺衰所易得的病症，与传统中医学的病源相对照，所发现有一定的规律，现录如下。

甲木：病源在胆，常见症状多数在头，如头疼、头晕、脑神经衰弱或其它更严重的症状出现。如其它干中出现"己"字，形成甲与己合，则又没有这些症状。

乙木：易得疾病，大多数在肝部。常见症状多在于牙齿、喉咙、关节炎、风湿等，并且容易引起咽炎、扁桃腺炎、淋巴腺炎，特别是牙齿方面疾病比较明显。如他柱天干出现"庚"字，则乙与庚合，反而牙齿又特别好。

丙火：易得小肠方面疾病，大多数有肠胃不舒的症状。便溏、便秘较多，少数出现痢疾疾病，如其它天干出现"辛"字，丙与辛合者，反而肠胃特别好，但便秘方面的疾病依然存在。如柱中水旺，又会出现眼目方面的疾病。

丁火：病根多数在心脏上，肺心病症状居多，一般在青年时代就会出现气不够喘，心律不齐的症状比较明显，丁日出生的人蹲厕所时间也较长。因排泄系统和循环系统不好之故。

戊土：易患胃部疾病，大多胃溃疡、胃下垂、胃酸过多等胃部不舒症状，但也有患上三消（糖尿病）病的，因传统中医学三消属脾，脾与胃相表里之原因。

己土：己日出生的人，病源在脾，但在日常临床中发现，凡己日出生者，大多肠胃不好，易患肠炎、十二脂肠溃疡等病，尤其在青少年时期会出现不想吃饭，或出现爱吃食物以外的其它异物，如泥土、棉花等癖病。如其它天干出现"甲"字的，不但没有其它怪病，反而肠胃特别好。

庚金：庚属大肠，病源亦在大肠。除了易患肠胃疾病，且皮肤也不好，易患过敏性血液之毛病，如皮肤疤痕，脸上出现疮疙等。日主庚金的人，会出现牙齿不固，如有天干出现"乙"字的，反而牙齿特别好。

辛金：辛金病源在肺，易患肺部疾病，肺部功能差，容易感冒、咳嗽、气喘、神经痛、风湿性关节酸疼等症。

壬水：病在膀胱，易患泌尿系统病症，易患糖尿病、肾脏炎、脑溢血等，而肾脏病与膀胱病居多。

癸水：病源在肾，易患肾脏方面和泌尿系统疾病、糖尿病、膀胱炎等，但有患上扁桃腺炎及便秘之症状，也比较常见。

三、纳音五行测病法

过去学习中医，首先问其患者的生辰命局，看属何命，以后再根据命局中的五行旺衰与纳音五行，看得的何病，再思考处方。药方开好后，嘱咐何时煎药，何日服药，服药朝什么方向。到底为什么？归根结底一句话，还是依照患者是什么命，易得什么病，应该用什么药，什么方向最为有利。如某男患头晕目眩，其人年柱纳音为金命，日主为辛亥，纳音也属金，金多为盛，易患肝胆疾病，以后再根据病症用药，再依照五行生克制化利用煎药时间，服药方向，这样就能大大的提高治病效果。

纳音五行被克而产生的疾病，如命主是"海中金"命，柱中见巳午火多而旺，由于"金"在五行中属肺，容易引起肺经有病，不外乎咳嗽痰喘，气管炎、痨病等病出现。肺与大肠相表里，又会出现肠风痔漏，直肠癌等病。肺又主皮毛，外则主皮肤枯燥，鼻疯赤疽，流脓出血等病。经曰："金遇火炎之地，血疾无疑。"

纳音属木的人，柱中见庚辛申酉金多而旺者，容易引起肝胆有病、头晕、目眩、头风脚气、左瘫右痪、口眼歪斜、筋骨疼痛、中风等一系列疾病。外则皮肤燥痒，眼目之疾，小儿急慢惊风，夜啼咳嗽等病。经曰："筋骨疼痛，盖因木被金伤。"

纳音五行属火的人，柱中见壬癸亥子水多而旺者，在内易引起心口疼痛，急慢惊风和心脏循环系统等毛病；在外则主眼病失明，小肠疝气，妇女则月经失调。经曰："眼目昏暗多是火遭水克。"

纳音属土的人，见甲乙寅卯木多而旺者，易得气噎蛊胀，吐食，反胃脾胃功能失调等疾病，在外则主皮肤燥涩，面色萎黄，小儿疳疾等病。经曰："土虚承木之乡，脾胃定遭木克。"

纳音属水的人见戊己辰戌丑未土多而旺者，易得肾与膀胱经的疾病，在内易得遗精白浊、盗汗、虚损耳聋，外则牙疼疝气、偏坠腰疼等，女人则主崩漏带下。经云："下元虚冷，只缘水值土伤。"

四、十神测病法

十神预测疾病法，是根据大运、流年所引发的症状，再观察阴阳五行的强弱是否平衡。将十神和大运、流年综合在一起分析病情病因，大运是病状，流年是发病时间，用十神来分析病理病因。

1. 十神测病法

①正印：多数身体健康，如患病易患营养过剩方面之病，如肥胖病、糖尿病等。

②偏印：易得关节炎、神经病、神经衰弱，头痛、神经疼等病。

③食神：易得胃肠病、心脏病、肥胖病、脑血管系统等的疾病。

④伤官：易被刀伤、灼伤、手术、意外事故等。

⑤偏财：易得消化不良，男人易得性病等。

⑥正财：易得肠胃病、筋骨疼痛、失眠头疼等病。

⑦偏官（七煞）：女人易得性病、气管炎、伤残、肺病等。

⑧正官：易得阑尾炎、风湿、肾结石等慢性病。

⑨比肩：易得肝病、肾病等。

⑩劫财：因操劳致病，或因操劳受伤等。

2. 五行旺衰测病方法

根据多年临床经验，结合命局五行预测疾病方法和解救的措施，学者若能掌握五行相生相克的原理，预测人体疾病根本不是太难的事，如果你觉得以上测病方法还是不明白，你可将五行所代表的五脏六腑记清楚，然后再按照旺衰来决定疾病，这样很快就可准确的测出命主所患的疾病，下面再来进一步加以简单论述。

① 心肺之疾病

凡是柱中丁火和巳午火多者为心脏循环系统疾病．辛金多者易得肺病，丁火和巳午火多者易得心脏病，丙火多者小肠容易生病。

命局缺火易患心脏有病，如火多者也是。

水旺火灭易患心脏有病，火特强旺也是。

土多火弱易患血病或血压不稳。

火旺金熔易患心肺有病。

水旺金沉易患肺寒、咳喘。

木旺金弱易患肺病。

下面举例以示明白。

1982年春节前，朋友刘某找我替他儿子预测身体情况。患者出生于1960年十月七日晚22点出生。

	才	比	日	财
乾造：	庚	丁	丁	辛
	子	亥	巳	亥

大运：	戊子	己丑	庚寅	辛卯
岁：	4	14	24	34

命局岁运一排出，我非常惊讶：丁火生于亥月，柱中三水两金三火

缺木，两亥水冲巳火，金水太旺，大运己丑与柱中亥子会成水局，一片汪洋大水，丁火微微，形成水旺火灭状态。我对他说孩子心脏有病，暂时没事，明年是癸亥流年，阴历四月要注意心脑血管等血液循环方面的疾病出现。患者果于第二年四月心脏病发作，抢救无效死亡。癸亥流年原局日柱天克地冲，大运己丑为命主之墓地，运支丑与原命局巳拱合，七煞局克身，巳为命主羊刃，癸亥年与命局形成三亥冲一巳，巳亥相冲，羊刃一冲一合，命理云："羊刃冲合岁君，勃然祸至"。四月乃是癸巳月，与丁巳日主天克地同，与月柱天克地冲，此月身亡。

例：某男子出生于一九二五年十二月十七日亥时

	杀	比	日	杀
乾造：	乙	己	己	乙
	丑	丑	未	亥

命局中五土二木一水，无金无火，土多火弱，土多埋金。此人在年轻时患有肺结核病，心脏一直不好，1988年阴历九月心脏病发作死亡，1988年流年戊辰，大运癸未，地支辰未皆土，天干岁运戊癸合，土多泄火之气，大运与原命局月柱天克地冲，根基受损严重，未中丁火被丑中癸水浇灭。丑为命主墓地，丑辰相破，丑未相冲，墓门经冲，破而打开，命主入墓而亡。

②肝、胆之疾病
甲木属胆，乙木属肝，甲乙木过旺过弱或柱中不见木都主肝胆有病。
水旺木浮，尤其是卯木或乙木，必得肝部疾病。
火旺木弱（火旺木焚）尤其是乙卯木弱必患肝病。
金多克木，甲木受克主胆病，乙木受克主肝病。

例：男，出生于一九四七年八月二十五日卯时（妇女替丈夫预测身体如何？）

```
        杀      枭      日      比
乾造：  丁      己      辛      辛
        亥      酉      酉      卯
```

本造辛金生于酉月乃极旺，金多木绝，虽有亥水却远水不解近渴，1981年大运丙午流年辛酉年岁运相克，日柱伏吟，形成三酉冲一卯。我对她说："你丈夫是肝病，难过今年，要好好防治。"结果患者患肝硬化腹水死于当年腊月底。

③脾、胃疾病
木多木旺克土易患脾胃有病。
金、水多、土受耗泄易患脾胃有病。
水、木多土受克泄易患脾胃有病。
命局无土易患脾胃有病。
土多土旺无木疏土易患脾胃有病。
柱中见辰戌相冲大多脾胃不好。

例：某女子出生于一九四六年三月二十三日戌时

```
        枭      财      日      财
坤造：  丙      壬      戊      壬
        戌      辰      辰      戌
```

命局中五土二水一火，局中两辰两戌相冲，又不见木来疏土1976年大运己丑，流年丙辰理行胃癌切除手术。
经过实践经验调查二十六例胃溃疡，胃癌等病者绝大多数是木多木

旺或命局土多或无土而导致的。

④肾属癸水又属先天之真水真火，主贮藏精气，生骨髓，统管性功能与膀胱相表里。

柱中水多或水少易患肾、尿道系统疾病。

柱中不见水易患肾疾、糖尿病。

柱中水入墓地易患肾病。

柱中日主水见土多易患肾病。

柱中土太多易患泌尿、生殖系统病。

例：某男子生于一九五一年二月八日未时

```
      官   官   日   官
乾造： 辛   辛   甲   辛
      卯   卯   寅   未
```

甲木生于卯月，卯年，甲禄在寅、卯为羊刃，全局除三金一土，其余都是木，柱中滴水皆无，糖尿病信息明显，33岁交丁亥大运，原命局与岁、运亥卯未三合羊刃局，亥水变质，滴水皆无。37岁流年（1987年）丁卯、羊刃复见，这年患糖尿病。

五、五运六气测病法

《易经》曰："易道之大，无所不包。"古人观察自然，研究天象，将阴阳五行生克制化的原理代入命局，归纳出风、寒、暑、湿、燥、火等六种不同的气候变化。运用天干推算出"五运六气"来判断和防治人体疾病。

"五运六气"出于《黄帝内经》，内容记载得非常清楚，是学习中医的必修课程。"五运六气"不但能预测人生疾病，最主要能预测年时，什么年关流行哪些疾病，引导人们怎样去预防某些疾病，应验率很高。

"五运六气"是以每年的天干配以五行合化来测定天象变化，甲与己合化土，乙与庚合化金，丙与辛合化水，丁与壬合化木，戊与癸合化火，以阳干代表某种五行过盛，用阴干代表某种五行的不足，说明每年气候变化，对人体健康产生的影响，应提前预防。

①甲年：土运太过，湿气流行，肾水受克，要注意生殖、肝胆、泌尿系统疾病。

②己年：土运不足，风气流行，脾土受克，要注意肝胆，脾胃，神经方面疾病。

③庚年：金运太过，燥气流行，肝木受克，要注意肝胆，心脏循环系统疾病。

④乙年：金运不足，火气流行，肺金受克，要注意心肺，呼吸系统疾病。

⑤丙年：水运太过，寒气流行，心火受克，要注意血液循环，脾胃方面疾病。

⑥辛年：水运不及，湿气流行，肾水受克，要注意肾和脾胃功能疾病。

⑦壬年：木运太过，风气流行，脾土受害，要注意肠胃、呼吸系统疾病。

⑧丁年：木运不及，燥气流行，肝木受克，要注意肝胆、呼吸及神经系统疾病。

⑨戊年：火运太过，暑气流行，肺金受克，要注意呼吸泌尿，生殖方面疾病。

⑩癸年：火运不足，寒气流行，心火受克，要注意心脏及泌尿方面疾病。

关于"五运六气"的测病方法，是按各年岁运的气候变化规律来推定的，并非三言两语能说清楚，最好能将《黄帝内经》和张介宾著的《类经图翼》等书共同参考，自能明白。如果能在这些书上下一番苦功，能和易理配合起来使用，那你一定会成为一个有作为的人才。

根据以上诸节所述，人生最美满、最幸福的第一件大事就是身体健康，有健康的身体，才能创造一番事业，才能有美好家庭，才能长寿。人有旦夕祸福，马有改纲之症，任何人也不能保证永远健康无病，任何人都不一定在什么时候遭受疾病的侵袭和痛苦，所以防治疾病是人生的首要大事。四柱预测正是给人们提供预防疾病的信息指南，它可预示人们，人身在什么时候，什么部位，容易产生什么疾病，病因在哪里，于是怎样去预防疾病，怎样才能保护身体健康长寿。

第四节　晚年与寿命

一、老年晚景情况

身旺妻小儿女多，寿高老年必享福。儿女成家后，走临官运必享清福，老年走中和运必是清福之人。时下有禄无冲克为享福之人。用神在时不逢冲破，老年为享福之人。身旺老年不走官运，为享福之人。时上有印不遇财为享福之人。老年遇生为享福之人。老年遇财为享福之人，但不宜财多。时柱有天月二德或福星贵人，或财贵，为有福之人。老年走官运，不为福人。身弱老来走财运，不为福人，若遇财多财旺，多是疾病缠身。时逢六害老年不为福人。时上有禄逢冲者，不为福人。时上羊刃必有刀伤之苦。老年走食伤运，多为劳苦之命，男人老来克妻，不为福人，老年用神被冲，不为福人。时带伤官或斩子剑者，多是老年克子，不为福人，再遇刑伤，苦恼而死。

二、寿命

原命身弱，需印生扶逢冲印之年，必有灾病，如再逢财旺之乡，在日干又兼死绝必入黄泉。如流年、运中有比劫之星方可有救。原命正官七杀及伤官，遇刑冲破害，不死则残。原命伤官太重，财旺身弱，官杀重见，九死一生。以禄为用神，在冲禄之运大祸临头，岁运再遇刑克，爵禄停亏。拱禄拱贵又填实，官刃逢冲，不死也残疾。日下有禄遇刑冲破害，日干无气，必死。日干太弱逢众克必死。用神落空，合局逢冲，再遇刑伤，不死则残。提纲为用遇刑冲之岁，日主又兼死绝，疾病难医。日支犯刑，月令逢破或逢刑冲再走死绝之运而终。地支一片刑，在重刑之年，又遇飞刃而死。用神原神落空，日元入墓而死。

寅、申、巳、亥年，忌辰、戌、丑、未日，如在本年月填实月（冲空为填实），又无救物必死。年时全合局，七岁天克地又冲，填实年月入黄泉。七岁十一犯水关，十九之岁病淹缠。好汉难过三十三，此岁都是吊客年，岁运若遇逢刑克，日主无气归黄泉。三刑遇一片，此人不正干，若还有羊刃，逢冲掉头关。天地转杀岁，必有生死关。造恶虽未成，有救凶不显。天罗地网年，好人受牵连。流年运刑克，必定有灾祸，岁运并临年，吉凶细分辨，日主若有气，他死我生还。身弱怕逢克，身强怕逢刑，身旺怕逢冲，此为生死关。二十三、三十七、四十三、五十一、五十九、六十七、七十一、七十三、七十七、七十九、八十四、九十三、九十四，多发灾病之年。以上所谈的生死年龄，要详查日主旺衰刑冲破害，有无救物，"进气死不死，退气生不生"。不可执一偏废。

三、晚运吉凶

1. 时柱为日元用神喜神，老来大福大贵。

2. 日支代表32岁到49岁，为用神又得力，亦当发财。

3. 时柱干支生大运之喜用神或大运干支生时柱之喜用神，亦为老年好运。

4. 时柱为财为喜用神，49岁走伤食运，或财运，亦为好运，但好运并不等于没有伤灾之事。

5. 时柱是喜用神，大运为忌神，或大运是喜用神，时柱是忌神，则吉凶参半，或应在儿女身上。

6. 时柱干支或大运干支都为忌神，且救助无力，老来辛苦。

第八章 杂论

第一节 合喜与合忌

《滴天髓》曰：

> 出门要向天涯游，何事裙钗恣意留？
> 不管白云与明月，任君策马上皇州。

这段的含义为：本欲发奋有为，而日主有合，不顾用神，用神有合，不顾日主。不欲贵而有贵，不欲禄而遇禄，不欲合而有合，不欲生而遇生：皆有情而反无情，如为裙钗所留而不能去。若日主弃闲神而驰骤，无私意牵制。用神随日主而驱策，无私情羁绊，足以成其大志，是无情而有情，譬之策马而上皇州也。

出行要向天涯游，何事裙钗恣意留？

本欲奋发有为者也，而日主有合，不顾用神；用神有合，不顾日主。不欲贵而遇贵，不欲禄而遇禄，不欲合而遇合，不欲生而遇生，皆有情而反无情。如有裙钗之留，不能成其大志也。

不管白云与明月，任君策马朝天阙。

圆通达观（中）

日主乘用神而驰驱，无私意牵制也。用神随日而驰驱，无私情羁绊也。足以成其大志，是无情而反有情也。

上述《滴天髓》，皆论喜神不宜合，其理与忌神宜合同。然则喜神有合坏，亦有合好。如己土取用为用神，逢甲木之忌神。若生春令，甲旺己衰，犹夫家兴旺，忌能从妻，而己反随夫，失去用神之力，此为合坏；若生夏令，甲衰己旺，犹夫家冷落，则化土从妻，反助用神，是合之更佳。

如《滴天髓》以为用神与日主无合可以游行天涯，成其事业，理亦不足，莫非成大事业者，皆无妻室也？不过有贤有不贤耳。倘遇妒合，则酒色昏迷，难伸其志矣。

至于《神峰通命理正宗·附官杀去留格》的原诗句与张楠补注如下：

壬水相逢阳土时，心怀忿怒起争非；
忽然癸水来相救，合住凶顽不见威。

（此即贪合忘杀之例也，盖以羊刃而合杀。）

补曰："阳水时逢戊土之类，性情如虎，急燥如风，其心常情不平之气，偏争好斗。

忽然癸水之妹合戊土之杀，则凶顽之气自消，而威暴不施。如无癸妹来合以救之，则刚暴不已，不免为屠夫狱剑之徒，何尝有恻隐之心也哉？"

壬逢己土欲为官，蓦被青阳起讼端；
引诱合将真贵去，致令受挫万千般。

（此贪合忘官之例也，盖亦以食神而合官。）

《神峰》曰："青阳，谓甲木也。真贵，谓己土之官也。盖言壬水以己土为官贵，怕伤、被合，苟被甲木合官星而伤之，则贪合忘官，将见忠信变，而为忿争，而讼狱之端起。真贵去，而为下贱，而万般之辱受矣。所谓合官星不为贵是也。"

关于《滴天髓》的"绊神论"，前两句任铁樵解释是"贪合不化之意"，后两句是"逢冲和用之意"。任氏注曰："既合宜化。化之喜者，名利自如；化之忌者，灾咎必全。合而不化，谓绊住留连，贪彼忌此，而无大志有为也。日主有合，不顾用神之辅我，而忘其大志也。用神有合，不顾日主之有为，不佐其成功也。又有合神真，本可化者，反助其从合之神而不化也。局中除用神、喜神之外，而日主与他神有所贪恋者，得用神、喜神冲而去之，则日主无私意牵制，乘喜神之势而驰骤矣！局中用神、喜神与他神有所贪恋者，日主能冲克他神而去之，则喜神无私情之羁绊，随日主而驰骤矣！此无情而反有情，如丈夫之志，不亦私情而大志有为也。"

徐乐吾补注："羁绊者，合神也。合而化为另一问题，合而不化当论其是否被合而去。阴干为用，见阳干合神，被其合而去之，无所谓羁绊，如甲木日主用辛金官星而见丙火，辛金被伤，是为合去，不能再以官星为用也。（此须看地支如何，如地位相隔，支助辛金，依然可用，非必合去，此特举其大概耳。）若阳干为用，见阴干合神，合而不去，为羁绊，如甲木日主用丙火食神而见辛金，辛不能去丙，丙火依然可用也。裙钗者，阴干也。白云苍狗，喻变幻也。明月清风，喻闲神也。羁绊用神者必闲神也（日主相合不为羁绊）。言不管格局变幻？闲神如何羁绊？得运程助用，依然任意翱翔，不受拘束，勿以为有羁绊而不能用也。此类命局最易淆乱耳耳，使人无从取用。

以上各家所论的合喜、合忌，皆针对天干五合而言。事实上，命局法则中的合，还包括地支的合：

六合—子丑合、寅亥合、卯戌合、巳申合、午未合、辰酉合。

三合—寅午戌合火局、申子辰合水局、巳酉丑合金局、亥卯未合木局。（包括寅午、午戌、申子、子辰、巳酉、酉丑、亥卯、卯未之半合局。）

三会—寅卯辰会东方木、巳午未会南方火、申酉戌会西方金、亥子丑会北方水。

徐乐吾在《子平真诠评注·论十干合而不合》中指出干合与支合的

关系：

"天干五合须得地支之助方能化气，地支之三会、六合亦须天干之助方会合而化也。总之，逐月气候固然紧要，而命局干支之配合尤须参看也。"

又于《论十干配合性情》中指出：

"喜神因合而失其吉，忌神亦因合而失其凶，其理一也，但亦须看地支之配合如何耳。如地支通根则虽合而不失其用，喜忌依然存在。"

宋子文·光绪二十年（1894年）十一月初八日卯时生

一岁多二十天上大运·每逢乙庚年十一月廿八日交脱

乾造：

偏财	甲午	七杀	02 丙子	42 庚辰
正财	乙亥	食神	12 丁丑	52 辛巳
日元	庚辰	偏印	22 戊寅	62 壬午
正印	己卯	正财	32 己卯	72 癸未—78 岁辛亥年卒

照原批"冬金之用神"理论，冬金是以火土为喜用，忌水木，金无益。此造有乙庚贴合与甲己遥合，要先研究合的情形：

1. 庚日合乙，十月不化金，是合而不化。地支亥卯半木局、辰为木之馀气，所以乙木的性质仍存在。此造身弱忌财，即乙木忌神的性质仍存在。

2. 甲年己时，间隔乙庚，不算合也不可化土，此间隔为喜。因己土正印是用神，由于庚合住乙又间隔甲乙，使甲乙木不克制己土，而用神无明伤（有暗伤—己坐卯，卯木克己土）。

宋子文，广东（海南岛）文昌人，上海圣约翰大学毕业，美国哥伦比亚大学经济学博士。初任职汉冶萍公司，嗣随国父筹办中央银行，任行长。国民政府成立后，任广东省政府商务厅长、财政厅长、财政部长、全国经济委员会主席、中央银行总裁、中国银行董事长、外交部长、行政院长；抗战胜利后，任广东省政府主席，1949年离任，寓居美国。1971年卒,享年七十八年。

宋氏之发贵在卯运·卅八岁辛未(1931年)任行政院副院长兼财政部长(四十岁癸酉年去职)、辰运·五十一岁甲申(1944年)任行政院副院长、五十三岁乙酉(1945年)任行政院长。均在土金岁运内,原批以金为无用之神,误矣。巳、壬、午、癸火水运,宋氏均在偃息之中,所以原批主张冬金以火为用神,亦不尽然(因宋氏的政治生涯是在巳火运内,四十六岁己丑年结束,逃往美国)。

第二节　盖头说与战局论之比较

《神峰》"盖头说"述略：

何以谓之盖头也？如人一身外露之头,为一身之端,头与面相连,耳目口鼻在焉,其下则四肢肚腹也。

身上偶有不善之处,尚可以衣服饰之,苟若头面有损,则露出于外,不若肚腹四肢内藏之物,为害轻。

大抵人之命局亦然。天干,头面也;地支,肚腹、四肢也;支内藏物,乃脏腑也。

如肚腹秀也发出头面上来,犹其相之眉目清秀,乃谓好秀气。若其面貌不扬,疮疣杂出——例如命局忌伤官,若伤官藏支内,尚有衣服掩饰之,若露出天干,则头面上见了,便不好也。

《滴天髓》"战局论"述略：

其书曰："天战犹自可,地战急如火。"干头甲遇庚、乙见辛,谓之天战,若得地支纯静者无害。地支中如寅遇申、卯见酉,谓之地战,则干不能为力,其势凶顽。若甲寅、乙卯而遇庚申、辛酉,谓之天地交战,其凶更无疑矣。

以下两则,依《神峰》而言,则天干为头面,或有不善之处,难于遮盖，其利害为重；地支为四肢肚腹，稍有不善，可衣服掩盖，其利害为重；地支为四肢肚腹，稍有不善，可衣服掩饰，其利害较轻。依《滴天髓》而言，天干犹自可，利害则轻；地战急如火，利害为重。各有其理。但于学者，究以何说为定？则难明矣！惟有用神为把握：或用神透出天干，又或用神在地支，观伤用神之害重轻为决定。

张楠在《命理正宗》所提出的"盖头说"，原批说了半天，并没有把"盖头说"的精髓说出来。其实我们只要看"盖头说"原文最后两段，张楠的举例说明，便可了解"盖头说"究竟在讲什么了：

1. 凡行运，如原命局是乙日干，用丙丁火为伤官。乙日干伤官重者，便以庚金官星为病，若命局见了庚金，便要丙丁为去病之神。如早年行壬申癸酉运便是不好运，盖因壬癸水盖在申酉头上，是壬癸水盖了头便不好也；后行甲戌乙亥运便好了，是甲乙木盖了头也；又行丙子丁丑运又好，盖得丙丁火盖了头来克庚也，虽下面地支有亥子丑水，其水被丙丁盖了头亦不能为害。

2. 又如庚辛日干，喜甲乙丙丁四字为福神，庚辛壬癸四字为病神。行运望见甲乙丙丁数字盖子头便好，如望见庚辛壬癸数字便是坏命，虽运上地支有甲乙丙丁亦被庚辛壬癸盖坏了头，此地支虽有甲乙丙丁亦不能作福，盖为庚辛壬癸在上面，出头不得。看命局，以此盖头字望见了，就识得人一生好歹，此是真传秘诀也。

张神峰的"盖头"理论基础是："凡有所害之物露出头面，便是动物，就能作害。""天干透露于上者，为之动也。"

从古代命书的记述，我们大致可以知道天干具有动、刚强、明显、快速、施放、清轻、浮散等性质；地支具有静、柔顺、隐藏、迟缓、承受、重浊、凝聚等性质。

在命局，天干以地支为根（寄托），地支以透出的天干为精神（发用）；天干是显性，地支是隐性，只是性质不同而已。若是在大运、流年，则干支大都分开与命局比较生克冲和等关系，而不是像张神峰"盖头说"所主张的，地支完全无用。

至于《滴天髓》所说的"天战犹自可，地战急如火"，徐乐吾补注：

"天干相战，如甲见庚、乙见辛，丙见壬、丁见癸、戊己见甲乙壬癸皆是也。甲庚乙辛之战，见壬癸则和；丙壬丁癸之战，见甲乙则和。设无和解之神，而有别干制之亦可为救，如甲木日主见庚金七杀而得丙火制之是也。地战，如寅申、巳亥、子午、卯酉四冲是也。原注：'天干克战，得地支顺静则无碍；地支相冲，天干不能为力。'盖，干以支为根，支以干为苗，苗萎而根无损，依然可用；根拔，则苗虽无克害，亦必枯萎也。天干冲战，地支会合有力，可以息动解争；地支冲战，天干无能为力。干克为轻，支冲为重。"

格局之神同时透出混杂者，也是"相战"。以甲木日主为例：生寅、卯月，天干并见甲乙为比肩、劫财相战（禄刃相战）；生巳午月，天干并见丙丁为食神、伤官相战；生申、酉月，天干并见庚辛为七杀、正官相战；生亥、子月，天干并见庚辛为七杀、正官相战；生亥、子月，天干并见壬癸为偏印、正印相战；生辰、戌、丑、未月，天干并见戊己为偏财、正财相战。余仿此推。这种"战"，相当于"浊"。

另外，有几个特殊的干支组合相见是不可作"相战"论的。

壬子、丙午、丁巳、癸亥：为坎离相对、水火相济，为男女精神之用。

庚申、甲寅、辛酉、乙卯：为东西相对，木女配金夫之正体。

戊辰、戊戌：为魁罡相会，土得正位，干守元会，乾坤厚德，覆载含生。

己丑、己未：天乙太常，贵神守忠贞。

"观伤用神之害，重轻为决定"是正确的见解。凡天干相战（克）、地支相战（刑冲破害），其是好是坏，都要视原命局的喜用忌仇而定，不必斤斤计较是在天干或是地支。相战的轻重程度，要看节气的旺相休囚、五行数量的多寡、左右上下的扶抑而定。不独相战，干支相合也要如此分析。

第三节　论阴阳生死

又有长生之法，与本书不同。本书分旺弱，以入用神之道为根据。彼则以气质循环而推移。其理：阳生则阴死，阴生则阳死。

即以甲乙而论：甲为木之生气，流行于万木者，是（按原批脱"故生于亥，而死于午"）乙为木之质、木之枝叶，受（按原批误授）天之生气以生者，是故生于午，而死于亥。夫，木当亥月，正枝叶剥落，内之生气已收藏充足，可以为来春发泄之机，此其所以生于亥也。木当午月，正枝叶繁茂之候，而甲何以死？却不知外虽繁密而内（按：原批误作"外之生气"）之生气已发泄殆尽，此其所以死于午也。乙木反是。午月枝叶繁密，即为之生。亥月枝叶剥落，即为之死。以质而论，自与气殊也。以甲乙（按原批脱乙）为例，余可知矣。

若甲之布气在寅卯之月，为最能生发。若以气言，乃无形之物，谁能见之？就其事实而论，乙之质生午，枝叶正在繁密，繁密者，正茂盛时代也。莫非阴物逢长生，较诸禄旺更强乎？若是，则五月乙木，当强过正、二、三月；八月丁火，当旺于四、五月；十一月辛金，又强于七、八月之辛金；二月癸水，胜于十月、十一月矣。天下安有是理乎？若以旺极为长生，五月之木，的确最荣华。然，八月丁火又如何？谁不知最无精神也。

所以《真诠》之书，气质文法虽佳妙，论其事实却不符。本书长生论中，亦经解释。然乎？否乎？质之高明。惟其笔法，可谓绝妙。观其后文应验章，似乎牵强。

论阴阳生克

再观其阴阳生克。

即以甲乙丙丁庚辛论之。甲者，阳木也，木之生气也。乙者，阴木也，木之形质也。丙者，阳火也，融和之气也。丁者，阴火也，薪传之火也。庚者，阳金也，秋令肃杀之气也。辛者，阴金也，人间五金之质也。

木之生气，寄于木而行于天，故逢秋日肃杀之气而销克殆尽，而金铁刀斧，反不能伤。木之形质，遇金铁刀斧，反不能伤。木之形质，遇金铁刀斧而斩伐无余，而肃杀之气只可外扫叶落，而根柢愈固。此所以甲以庚为煞，以辛为官；而乙则反是也，庚官而辛煞也。

又以丙丁庚辛言之。秋日肃杀之气逢丙而克去，人间之金不畏融和之气也，此所以庚以丙为煞，辛以丙为官也；人间五金之质，逢薪传之火而熔化，肃杀之气则不畏薪传之火而熔化，肃杀之气则不畏薪传之火，此所以辛以丁为煞，庚以丁为官也。

即以此推之，其余之相克可知也。

此亦妙文章，以气敌气，以质敌质。融和之气为最有势力：秋可除肃杀，冬可御阴寒，春可和生气，夏令当权更有威仪。然而，论气总带虚空，莫如以质敌质为实。融和与肃杀两气相争，气之在天，孰胜？孰败？人不能见，惟有寒暖而可分别。

依事实而言，秋令融和不敌肃杀，总归生气助融和为多，必要冲气而助肃杀也。若产夏令，普通皆用阴气助肃杀而敌融和，妙在冲气助肃杀而减融和之气也。

常见薪传之火不敌人间之金，遇生气助之则安。或融和与生气过重，用阴气救肃杀，此则在于初秋。然则，八月庚金，未必惧丙火也。

若论气不伤质之说，则甲木生酉月畏庚申运，不畏辛酉乎？如正月，生气见肃杀，两气相争，然两气皆虚争而无利，须要阳和之气方得各显其能，盖寒木向阳，寒金得温，均有势力矣。不过气与质争，有阴阳之别，其害较轻，欲分轻重，须察气候。例如秋冬，初秋时，暑气未退，人在乘凉；近冬，寒气重，热气降。虽同在秋令，气候大异，命学家不可不详察之也。

此论官煞之大概也。然以乙为木之形质、辛为人间五金之质、丁为薪传之火，似未尽合。十干即五行，皆天行之气也。就气而分阴阳，岂有形质可言？

如男女，人之阴阳也，而男之中有阳刚急燥、有阴沉柔懦，女之中亦然，性质不同也。取譬之词，学者切勿执著。五行宜忌，全在配合，四时之宜忌又各不同。

第四节　论夭与亡

《神峰》曰："戊己生人气不全，月时二处见伤官；必当头面多亏损，浓血之疮苦少年。"此法亦稍有应验，故录之。

《寿元歌》曰："一丙临申位逢阳水，定见天年夭可知；干头透出壬癸水，其人必定死无疑。"

此法丙申日生，值申月，干透壬癸而无土制，亦颇验。仆曾见一子，适此种命局，至三岁，逢辛年月辛巳日，重金生水盗火气，又值"晦气日"而夭亡矣！

后学君子遇此等小孩命，以变通言之，免父母担忧，灰其抚育之心也。

《三命通会》云："凡论残疾病症，先论日干，次详月令，然后通年、时看之。伤官主残疾，煞重亦然。"

伤官是自内向外的消耗（我生），七杀是外来的刺激、压力、打击、剥削（克我），对生理、心理都有影响，当然对健康和寿命也有影响，只是影响的轻重程度，要视泄克的轻重而已。

伤官和七杀是十星中，性情较激烈，起伏变化的两颗星，在命中若为忌神，力量又强大时，体质比较过敏（变态）或抵抗力较弱，容易罹患疾病；情绪不安稳，容易受外伤、迫害、狙击而伤残、死亡，或自杀。

《三命通会》所载的伤官、七杀是看地支：

子：伤官、杀重相刑，主下部疾。（子配膀胱、水道、耳、阴部。）

丑：主脾胃病，伤官、杀旺堵，年年病瘟。（丑配脾、胞肚、脚。）

寅：脾胃病，面色苇黄之疾。（寅配胆、发脉、腿。）
卯：脾胃病、下部疾。（卯配手指、肝脏、肾。）
辰：少年多主惊疾、脾胃病、足疾。（辰配皮、肩、胸、膊。）
巳：妇人血气不调、痨疾。（巳配面、齿、尻肛、肩。）
午：目疾、失明、头风。（午配精神、眼目、头。）
未：脾胃病、温病。（配胃脘、膈、脊椎、肩。）
申：腰脚筋骨之疾。（申配大肠、肺、膊。）
酉：口齿不全之疾。（酉配精血、小肠、肾。）
戌：下血、痔漏之疾。（戌配命门、腿、踝、足。）
亥：肾病、眼病、耳病。（亥配头、肾囊、脚。）

戊己见辛酉庚申伤官，是金旺土虚之病，多属消化系统、呼吸系统、皮肤之病，不一定是脓血之疮。此诗句是古歌，《三命通会》亦录入。丙临申位，是病位，火弱；逢阳水，被壬水七杀克也。水强火弱多主眼目之疾、肠病、贫血、低血压、咽痛咽哑、心脏卦锁力、虚热，不一定会夭折。伤官、七杀固主伤残、疾病、死亡，但是命格合于"伤官伤尽"、"从儿格"、"伤官佩印"、"从杀格"、"杀印相生"者，不在此限。

第五节　看用神法附谈

在《命理约言》卷三中，陈素庵主张削去的格局有：青龙伏形格、朱雀乘风格、勾陈得位格、白虎恃势格、玄武当权格、福德秀气格、三奇格、财官双美格、十恶大败日、壬骑龙背格、六乙鼠贵格、六阴朝阳格、金神格、六甲趋乾格、六壬趋艮格、刑合得禄格、时格、遥合格、魁罡格、日德格、胞胎格、学堂学馆地支生肖格、字形神煞等等。这些"杂格"对初学者而言，的确为之目眩神迷，不涉猎为宜。站在纯学术研究的立场而言，是否无理？尚待深入的探讨，不可凭一己的爱憎"削之"为快。

官位大，学问不一定大，尤其是古代以八股文透过科举制度谋得高官的人，自小读的是"干禄书"，满脑子治国安邦、功名利禄，其人生观未必正确，所以他提出来的命理见解，我们也不必当它是金科玉律，奉若圣旨纶音。官位越高者，越视人不如己，自我封闭，所见亦偏。而其出言霸气横秋，咄咄逼人，更令人受不了。儒家思想以"中和"为骨干，所以古代的文人命逊家亦以人命五行"中和"为贵，这种"中和"命格是不是适用于任何时代、任何地域？尚待历史来作见证。

现将《看用神法》全章录下：

命以用神为紧要，看用神之法，不过扶抑而已。

凡弱者宜扶，扶之者，即用神也；扶之太过，抑其扶者为用神；扶之不及，扶其扶者为用神。

凡强者宜抑，抑之者即用神也；抑之太过，抑其抑者为用神；抑之不及，扶其抑者为用神。

如木弱扶之以水，水扶太过，制水以土，水扶不及，生水以金。

木强，抑之以金；金抑太过，制金以火；金抑不及，生金以土。

至同类之相助，财气之相资，亦扶也。生物泄其气，克物杀其势，亦抑也。

是故有日主之用神焉，六神之扶抑日主者是也。有六神之用神焉，六神之互相扶抑者是也；六神之用神，即为日主用也。有原局之用神焉，局中本具之扶抑是也。有行运之用神焉，运中补足之扶抑是也；行运之用神，即为原局用也。

用神无破为吉，有助则更吉；用神有损为凶，无救则更凶。

命譬之身，用神譬之身之精神；精神厚则身旺，精神薄则身衰，精神长存则身生，精神坏尽则身死。

看命者，看用神而已矣；然取用神之法，虽当专而不眩，亦宜变通而勿拘。如正偏官格，有时制化互用，甚或生制参用。况行运数十年，无俱金之理。

常见大富贵之命，不恃一神为用，其专恃一神者，乃补偏救弊之命耳。抑更有说焉，有体而后有用，日主六神体也；扶抑日主六神者，用也。苟日主六神，或强不可制，或衰不堪扶，或散温无伦，或战银不定，是则体先不成，用于何有？其为下命决矣。

只以日元的强弱分出喜忌，推断大运、流年时将之分为好运、坏运，这种主张未免太粗疏。要知道人生是由很多层面构成，不只是表面物质世界的富贵贫贱、寿夭穷通、妻财子禄而已。古人的用神观大都著眼于物质世界的优劣判断，其实富贵者精神不一定快乐，贫贱者未必精神痛苦，富贵不一定有高尚的情操，贫贱者未必没有高尚的情操，富贵者不一定有寿，寿高者未必富贵，财运好时官运不一定好，官运好时身体不一定健康……这些复杂的人生百态，决不是光看用神就能看出来的，用神不是万灵丹。

真正能推断人生各种层面的方法是以日干（有时用年干）为主，与其他七字分别五行的生克制化、会合刑冲关系，配合大运和流年的变化；其间对干支、五行、十星的体性和意象要有深入的认识，对全体五行、十星的强、弱、聚、缺也要注意。有的命学家还能适度的加入纳音、格局、神煞等法则，达到精邃的推断准确度。

乾造：

正印	**丁亥**	偏印	09 壬子	49 戊申
正财	**癸丑**	劫财	19 辛亥	59 丁未
日元	**戊戌**	比肩	29 庚戌	69 丙午
伤官	**辛酉**	伤官	39 己酉	79 乙巳

戊土生十二月，大寒后水木交换之际。土性尚在寒薄时代，依呆论，又是土旺四季，岂不呆说？然柱中金水过多，仍以盗泄其气，大忌增寒为患。虽有丑戌二土雄厚本命而敌水，亦赖丁火暖之为最有用之物。癸水伤用之神，全由本命合之，此谓贪合忘克。然此造其他各运皆验，惟己土运则不验。己乃助身之物，结果则相反。不过此种不验之运，亦不多见。如《澹园命谈》云："十有七验，可谓精于命理。"乃正论也。

古以冬土需火调候为急，有"火重重而不厌"之说。既以火为用神,则顺理成章以木生火为喜神,而云"火盛有荣,木多无咎",认为木可泄水生火,且木生火不克土日元。戊土坐戌库,通根于丑得月令当旺之气。(进一步说:本造生于大寒后八日,"十二辟卦"地泽临,二阳进气,火土已有生机。)

己运不验:原批以土为喜用,所以不验在他而言是认为这一运该好却不好,在百思不解的情形下,以"十有七验"来自我安慰一番,此种颟顸乡愿心态要不得。其实原局的土已经不弱,无需土再来帮扶,己土虽能克水,但也会泄晦用神的火,当然不好。

原局戊癸合,为财来就我,大运逢己土则被劫夺,有财物损耗之事,从功利方面看是不吉的。

乾造：

劫财	己亥	偏财	11 甲戌	51 庚午
正官	乙亥	偏财	21 癸酉	61 己巳
日元	戊申	食神	31 壬申	71 戊辰
正财	癸亥	偏财	41 辛未	81 丁卯

此造戊土生十月,水旺而身寒薄,癸、亥四水来漂薄土,身已不敌,加以坐支申金助水作祟,再则亥中三甲相映来犯本命,已见病矣。命局不见一点火来助戊土,大受其亏,所谓"屋无梁而不固"者也,全仗年干己土稍可敌水助身,却被乙木贴身相制,命局无火已大伤元气,一点己土再被木伤,其屋必坍无疑。且以一带走运又值西北金水之乡,今庚适逢乙亥,乙酉月再犯己土,虽己亥日而助之,却遇乙亥时来克日辰,殆乎!然则年月伤用神,虽坏不遇失财而已,伤身不多见耳。

戊土以质言,在申为长生,亥为临官,是休养的旺盛期;以气言,在申为病,亥为绝。所谓"寒土不生"也——如冬天的土壤很肥沃,却不能栽种植物,要命局有丙丁寅巳午,土才具有生机。此造无火,且水多土流,照传统命理看,不但无富贵可言,甚且有夭折之虞。

命局干支水多,见己土劫财,不能作"弃命从财格"论。己土为用，无力又被乙木克损，是下等命。乙木克用神为忌神，水生木忌神为仇神。照张神峰的"病药说"，此造是以水为病，土为药。照陈素庵的见解则：弱者宜扶，扶之者为用神：土弱，以火扶之；火为用神。

强者宜扶，扶之者为用神：水强，以土抑之；土为用神。

六神之用神：年月正官克劫财，以印和解；正印、偏印为用神。

用神有损为凶，无救则更凶：命局无丙丁印星，以己土为用神，被乙克，为"用神有损"；无丙丁庚辛来化解乙己之克，为"无救"。

其殁时的命局为民国廿四年八月廿三日（一九三五年阳历九月二十日）亥时

年乙亥——乙木克生年己土、生日戊土，亥水刑生年、生月、生时亥水。

月乙酉——乙木克生年己土、生日戊土，酉金增强命局金水泄弱日元。

日己亥——己土助日元，但被乙木克制；亥水刑生年、生月、生时亥水。

时乙亥——乙木克生年己土、生日戊土，亥水刑生年、生月、生时亥水。

原局已有三亥自刑及申亥六害，大运又走申之六害及生日伏吟，流年、日、时更见三亥来刑（也是原局年、月、时的伏吟）。《玉照神应真经》云："身命逢刑返克而必夭贱"，"自刑重见，自死（戊土气绝于亥）自凶"，"亥申二势争雄，不久道路散失"。水多土流，木盛土崩矣！

第六节　论格局用神与其他

格局与用神并推，法以用神专求月令，而以命局配之，以推成败。何谓成？

如官逢财印，又无刑冲破害，是官格成也。财旺生官，或财逢食生，

而身旺带印；或财格带印，而位置妥适，两不相克，财格成也。印轻透煞，或官印两生，或官印两旺，而伤官泄气；或印多带财，而财逢根轻，印格成也。食神生财，或食带煞而无财；弃食就煞而透印，食神格成也。

又有用神之变化法：

如乙生中月，透壬化印，而有戊透，财能生官，印逢财而退位，难通月令，格成正官，而印为兼格。癸生寅月，透丙化财，而又透甲，而戊官忌见，丙生寅月，午戌会劫，而又透甲，或透壬水，则仍为印绶格而不破。

是格命局非用神不立，用神非变化不灵。

观以上三则，即为该书用神变化之要法。至于格局，无把握可言。

试观各书，皆有贵格排立其间，各出一理。若此，则普天之下，尽是贵格矣。甚至假命局，亦能作贵格看。如某书载潘复造："癸未·癸未·庚午·戊寅。月上癸水，从戊而化。年上癸水，滴水熬乾"云云。癸未年何月癸未月？可知格局完全不可靠也。

若以用神之道，要命运相符合。命学者虽非神仙，研究用神一路，十中七八，总须应验。

若癸生寅月，透财、透伤官，为伤官格，走伤官运成败如何？惟丙生寅月，支会三合劫财之局，而透甲或透壬，为印格，或煞生印，稍近于理。初交立春时，行运或有相合，若近二月，印运不及煞运之美也。

总之，定格、定用之法，各出其理，应验多者，其理愈近，乃为最正之道。

古人命局，乾造：壬申 壬子 戊午 乙卯。

作为财旺生官格，为贵命。依《神峰》所载，乃"财官旺，日主弱，运行身旺驰名"，则命运相符矣。盖此造水木重重，身势正弱，力难乘其财官，以水木为病，午火助日主之不足。所以达南方及中央之地，去水而扶日主，乃为发福。此书之解释：财旺生官，财露不忌；盖，财露防劫，既有官管，能退其劫财矣。若依此法，财星取用，干头有官星，劫财运则不忌矣。苟为如是之理，则初行癸丑、甲寅、乙卯，既无劫财之患，又有官管之美，则更佳矣。但依用神而论，早年木运未必为佳，如乙卯运，在政学界尚不忌，经商难获其利也。

又有胡会元命：戊戌 壬戌 丙子 戊戌。

此种命局，未贵前当以制煞太过，或曰泄气太重，既贵就作贵命论耳。依用神之理解：水土两物，皆作泄气、克制，作重病论。行东南木火之地，化煞、破土，而生扶日主，得三方之用，名曰温药补身。观其书之解释曰"干无印绶，而单透七煞，只要无财，亦是贵格"云云。查其行运，初交癸亥、甲子，继以乙丑、丙寅、丁卯，皆是印运而破格。逆料此造，必从乙运而发扬，不过政界亦空拳觅利也，但得名誉，或逢提携，即可升腾。惟运不佳，则事多逆手而已。

观《真诠》论用神分顺逆之法，财官印食为用神之善者，而顺用之；煞伤及枭劫此用神生之，生官以护之；官喜透财以相生，生印以护之；印喜官煞相生，劫财以护之；食喜身旺以相生，生财以护之。此谓四吉神取用，以生扶为主。若不善而逆用者；七煞喜食制，忌财印以生扶之；伤官取用，喜佩印相制，生财以化之；羊刃喜官煞以相敌，忌官煞之俱用；月劫喜透官相制，利用财而透食以化之。此谓四凶神取用，以制化为主。

观其行运，则与各书无异。先查命局之喜忌，运至其所喜之神即佳，所忌之神即凶，此则论成败之正理，实则喜神即用神也。

徐乐吾的《子平真诠评注》，一九二六年出版于上海，此书阐述详细深入，较具建设性，读者可自行研究。

第七节　论六亲之不清

六亲之法，各书备载，不属用神之内，本书本可不录，无如新旧各书所论不一，所述混杂，故亦略言之。

依古书，皆是正印为母、偏财为父、比肩为兄弟姐妹；男以正财为妻，官煞为子；女以官星为夫，伤食为子。

某书述古法之无理，曰："偏财为父，我克者财也，子无训父之理。女以伤食为子，凡妻之子，即夫之子也，女之伤官、食神，即男之官煞，而我之子，又来克我，以为谬说，依理亦不合。况偏财为父，又为偏妻，岂能父作子之妾也？印绶既为母，官煞为子，即印绶之孙也，不知官煞能生印，岂有以孙生祖之理？是以辟之为善。"

依某书所定之法，男女皆系印绶为父母，伤食同为子女，所谓夫之子，即妻之子也。男以正财为妻，女为官星为夫，避免以下犯上之嫌。表面观之，似乎理出于正，若究其中之意义，亦不尽善。

若说子女同用伤食为子女，例如男以甲乙木，妻为戊己土，父母壬癸水，子女丙丁火，我子即妻子也。然则丙丁火生戊己土，子又去生母矣。戊己土生庚辛金为子女，妻子即我子也，所谓子又来克父矣；非惟克父，又去生祖父母矣。究竟甲乙生丙丁伤官为主？抑或戊己生庚辛伤食为标准？某书未曾表明，吾亦莫明其妙，故曰"论六亲之不清"。

夫妻同体，夫若属木，妻亦属木，水星同为父母，丙丁皆作子女，三代相生，辟去金土两星为最善。若见四代，丙丁生戊己来犯壬癸水之曾祖矣。此论亦只当玩物，不能认真而误世。

总之，古言六亲，无非以"生生不绝"之义为宗旨，若以一定要"下不犯上"之目的，惟有三行耳。

徐乐吾《命理一得·论六亲》也支持古说："任铁樵氏论六亲，以生我者父母，我生者子女，不论男女，咸取印绶食伤（见《滴天髓徵义》），理由似甚充足，然细按之，意义肤浅，理有未合，推算六亲之法，原于《京易》，由来甚古，固未可以理想揣测，擅为更易也。六亲者，父子夫妇兄弟也。有夫妇而后有父子，有父子而后有兄弟，故论六亲者，始于夫妇。夫妇取配合之义，故甲以己为妻，其义专取于五合，一阴一阳相配而成。正印为母，偏财为父，男以官煞为子，女以食伤为子，其义胥由此出。"

陈素庵（之遴）反驳旧说的理由有十点：

1. 人由父母共生，只以正印属母，岂母独能生耶？
2. 偏财固正印之配，然财乃我之所克，安能生我？

3. 夫有制妻之道，子无制父之理。偏财系我所克，是为以克父。

4. 财为妻妾，又可为父，是翁与父共矣！

5. 子亦夫妻共有，至取财生官杀，将妻能独生耶？

6. 官杀克我之神，岂肯为多之子？

7. 为人子者制父，为人父又受制于子，可谓聚逆矣！

8. 父之于母既以克取，儿之于妇亦应以克推，官杀所克者即日主，是又妇与翁共矣！（这是说我和媳妇同位。）

9. 为日之父者，则为日生者之祖。为日之子者，则为生日者之孙。偏财实生官杀，是孙从祖生。

10. 考其凭据，不过曰"有夫妇，然后有父子"耳。若依夫妇父子之例，辗转推之，三党男女，错综无极。

陈素庵一意维护旧礼教，且以礼教观念去探讨命理，所以把子平命学理论推翻大半，又恐无所依据，遂不得不另立新说，谓："今定男以印为父母，食神、伤官为子，我克之财为妻；女以印为父母，翁姑，食神、伤官为子，克我之官杀为夫。"因改订的结果，用于推命，印证每多不验，乾脆以"此其大略耳"作结语来掩饰所创新说的失败。所谓"大略"，已经是不验者居多了吧。他不但死不承认自创新说的失败，还在《命理约言·杂论》中，继续维护自己说："凡看命，先问六亲姓氏及前此履历，一一详悉，方可推算。盖，已往之事，虽验无益，不足为奇，惟将来休咎果能洞见，其人信之，上可积善改过，下亦趋吉避凶。然非稽其已往，无以测其将来，如或隐而不言，朦胧相试，慎胧相试，慎勿轻谈妄断。"俨然一副悲天悯人的样子，令人对他这位相国肃然起敬，其实他是欲盖弥彰，越说越暴露其心虚，难怪水浇花堤馆主潘子端讥他："由是可知素庵先生看重六亲，而六亲方面尤重询问，不重推算也。"（哦——原来相国先生的六亲是问出来，而不是算出来的！）

针对陈素庵提出的十点反驳理由，给予"再反驳"；指出其见解的错误盲点：

素庵先生第一误点，即在"人由父母共生"，生之一义未明。所谓生，即儿体由母体分裂而出，非儿体之在母腹如何构成之谓。古人认人

圆通达观（中）

体之生，由于父精母血。实则人体构成，非仅父精母血。空气，日光，土坏，水分，无一无关系。特因说话者为人，又因科学不昌明，只云儿体仅由父精母血构成耳。阴性产子，为生物界之普通现象。下等动物，如变形虫（阿米巴）本身即具有阴阳性；其生子也，由于母体分裂。即高等动物如鸡鸟之类，我辈亦绝不言卵为雌雄所共生，仅云产卵者，雌也。儿体由母出，为古今中外一切动物之普通现象。子平术认正印为母，实与一切科学研究所得者相合，谓为得宜，理也。

素庵先生之第二误点，在"财乃我之所克，安能生我？"是将"生"字与"养"字混淆。命书何尝认财为"生我之神"？"生我"一语，是素庵先生自行拟出，而又自行反对耳！命书曰："印乃扶身之本，财为养命之源。"是明说财之机能，所以养命也。负生产之责任者为母，负教养之责任者父也。故吾人常谓"养不教，父之过"，从不认为"母之过"，即在妇人从一而终之旧礼教社会中，相夫养子，犹得一般人之谅解。足见父为养命之源。子平术之认财为父，实有至理在也。

素庵先生之第三误点，在"子无制父之理"。"制"字之意，非鞭挞管理之谓，乃于无形中使之循入正轨，政、刑、法、礼之目的，即在制人，亦即在使人入于正轨。社会之人，未常不知应循正轨，特因声色货利之迷惑，一时不能认清耳！无子之父，每不能自知节制。有子之父，却常替子孙着想，不敢浪费，是即受制之义也。我国一般人之见解，以为能制我者为官府，官府制我之法，专恃乎刑。要知制我者，不仅官府，制我之法，又不仅乎刑。古人之言："刑期于无刑，民协于中。"足见制民之法，不取乎刑也。"制"字之解，吾尝列举为两端，载于旧作《滴天髓新注》中。其一：有子之父，负担过重，不敢浪费其财，留之以养子，即受制于子也。其二：有子之父，莫不望其子成人，然教子之道，首在约束自己，此亦受制也。故子平术认父受子制，为最相宜。

至言偏财为父，尤见精到。偏财为阳见阳，是言父在社会政治经济上之地位，高于其子，在心理生物上之地位，与其子同。同则相克制、相推移、相竞争矣！此又素庵先生之第四误点也。

其第五误点，为"妇与翁共"。此完全全为旧伦理说，非星命学者

圆通达观（中）

之言也。正财为妻，偏财为父，何共之有？至偏财为妾之说，根本不验。命书之财，所代表者多，解说尤不可鉴。所谓妾即多妻之谓，非世界另有一种人称妾也。男子之第二妻，在论常礼教上称妾！在命理上，心理上，社会上，仍是妻也。妻与妾之异点，仅在举行正式之婚礼与否，婚礼为人造的，且因时因地而不同。今日世界各文明国均否认多妻制度，我国亦然。试思妾之名称，不能永存，而命理强存之，识者必非笑之矣！且多妻制度，本依财而存在。以妻傍财，所见甚是。

素庵先生对于上列诸点不明，遂又有"官杀岂肯为我之子"之说。言命理者，只有是非强弱问题无所谓"肯不肯"。古今往来如命者，何止千万，岂有人执官杀而问"肯不肯"作日主之子女者！即根据素庵先生原意，专言人事，不谈命理，亦难圆满！譬如今日大总统，每为人目为公仆。大总统为全国行政之首，制我者也，焉肯为我之仆乎？实则总统，真公仆也。观乎此，即在人事上亦只有是非强弱问题，无所谓"肯不肯"。遑论命理乎！此又为素庵先生第六误点矣。

素庵先生既对人事不加详察，于子平古法又复坚不承认，徒泥于礼教论常，于是乃有"聚逆"之说，为其第七误点。

至其父之于母，既以克取，儿之于妇，亦应以克推。实由其错认主体，因父子各有其命，父在父命中以我克者为妇，子在子命中亦不例外我克者为妇也。子在父命中，不以我克者为妇者，乃以父为主体。子在子命中，以我克者为妇者，乃以子为主也。妇属于子，何能由翁造在推之，理甚明显。

至"孙从祖生""三党男女"之说，早已溢出命理范围，勿庸置辩。三党男女过众，本人亦未见个个熟识，推命者又何不惮烦为之言休咎耶！

六亲的确定在于认知的角度，是多方面的，不是只有伦理道德单方面的认知。所以，研究子平命学，决不可像张神峰、陈素庵、任铁樵、沈孝瞻等人那么死心眼，一意以旧传统的礼教观念去刻舟求剑。

人生中有很多复杂而纷乱的现象，出乎常理之外，研究命理学若死执古人既定的理论，一定是如高山滚鼓——扑通扑通的。

很多亲母与子、父与女生子，及公公与媳妇、堂兄与堂妹生子的乱伦实例，乱伦的六亲关系，已很复杂了。现代的人工授精、试管婴儿，所衍生的伦常问题更多。

例如一九九五年七月八日某报第 11 版报导：

又是我祖母又是妈　加国妇人代女生子

（美联社·多伦多）住在温哥华的一名四十岁祖母，在私人诊所植入她女儿的卵子后，生下了自己的"外孙"。

这是加拿大首度这种案例，这也涉及到医学道德问题。

医生表示，这名中年妇女是因为她的已婚女儿本来就没有子宫，无法生育，因此同意植入她女儿的卵子。

专家也认为，由祖母生下自己的孙女，在实务上的确充满了问题。

皇家生殖工程委员会负责人贝德说："医生必须考虑到这么做对家庭亲子关系的影响，谁是孩子的妈，这对小孩成长过程中自我认同影响很大。"

诊所经理却认为，由这位妈妈代替女儿生子很理想，因为她仍然相当年轻。

她是以女儿的卵子和女婿的精子培养的胚胎植入体内，并在今年五月生下一个男孩。

上述事件的三个角色，其传统的六亲关系如左：

A 母：B 为她的食神、C 为她的正财（食神的伤官）。

B 女：A 为她的正印、C 为她的伤官。

C 男婴：B 为他的正印、A 为他的七杀（正印的正印）。

A（甲）：B 为丙、C 为己。

B（丙）：A 为乙、C 为己。

C（己）：B 为丙、A 为乙。

再加入 A 的女婿（B 的丈夫、C 的父亲），就更复杂了。设 A 的女婿为 b：

b 对 B，则 b 为癸；但事实上 B 是 A 所生的丙，故 b 仍为 B 的成人丈夫。

b 对 C，则 b 为癸；但事实上 C 是 A 所生的丁，故 b 仍为 C 的儿子。

B 对 A，则 b 为辛；但事实上 A 是生 C 的甲，则 b 是 A 的丈夫。

（B 为丙，以"配偶"的观点看，丙辛合，故以辛为丙之夫。有的命学家取丙的正官为夫星，则 b 为癸，则癸为甲之正印→b 成为 A 的母亲。）

够复杂了吧？定教古代的道学命理家傻眼。

第八节　论滚浪桃花

滚浪桃花又名墙外桃花，命局以月令为门户，日时乃门户之外，故曰"墙外"；如丙子日生人，辛卯时是也。干头丙辛合，地支子卯刑，裸体见刑，已失礼义，天干再见情合，未免犯及淫欲。

若遇此种命局，我虽不去寻花问柳，然花柳方面亦来就我。此非专指娼妓而言，即良家女遇之，亦大有应验。如逢丙子月辛卯日，其害则轻；不验亦有之。然则桃花命局之人，并不一定爱花，性情端方，大有人在，人来就我，情难却耳。

前清陈素庵所著《命理约言》书中，削桃花之无理，曰：春花皆含妖冶，何独桃花为淫？友人问余曰："究属桃花意义何在？"余以为古人既有桃花之名称，未必无因，或有深意在，不过相国身份，尚且说不出所以然来，一言削之为快。何况余小商人资格，更难推察矣！经友人再三盘问，惟有俗论，解释几句以答之。

春令虽曰百花齐放，从中须分三春。初春天道尚寒，阳光未充，百花未曾齐放，人之性欲，亦未动摇。二月气候。阳光充满天空，此时柳絮飞舞，人之性欲，亦渐有不能镇压之势。三月艳阳，桃花正盛，且桃花似带轻薄，即所谓妖冶，最使人欲醉者也。

士子游春，又曰"踏青"，春光明媚，春心荡漾，小妇思春，正其时矣，吾辈皆过来人。且古人诗句，悉赞桃花之美。是故爱美色者，简称者"花柳"也。是耶？吾未敢必，以资参考。

凡桃花在日支、时支，皆称为"外桃花"，因命局是以年月为内、日时为外。"外桃花"即以年支对照日支、时支，或以日支照时而得。"外桃花"要天干见正官、正印（且为命局用神）为吉。

"滚浪桃花"又名"墙外桃花"。廖瀛海《子平四言集腋》云："咸池遇马，滚浪桃花，轻则淫荡，重死幽逞。"是根据《评注渊海子平》所说的："咸池遇马，多淫、妨夫、破家。"这是滚浪桃花的原义。后人以丙子日见辛卯时为"滚浪桃花"，是根据《五行元理消息赋》所载的"丙子辛卯相逢，荒淫滚浪"而来；因卯刑子，是子来犯母之无礼刑，卯之桃花又在子，丙辛合化水，有"轻薄桃花逐水流"，"母子乱伦"的意思，古人说这是"荒淫无耻"之命。但《三命通会》不作如是解，认为丙子日辛卯时只是"刑妻害子"——婚姻、子息不利而已，如果丙子年、辛卯月、丙子日、辛卯时生，是"双飞糊蝶格"，反而"主魁名近侍之贵"。

"桃花"之名词被使用于命理，起于何时？何书？其原义为何？所有的命理书籍中，以徐乐吾《命理一得》对桃花的见解最正确：

"桃花名目甚多，十二宫自长生至临官，皆为进气；长生如日初升，乃气之阳。沐浴如日既出，乃气之阴。（阴阳乃相对之词，非绝对的。）阴柔生旺，其力足以吸引一般人，使之有爱慕崇拜之心，皆以'桃花'名之，不仅子午卯酉四咸池也，书云'临官为桃花'带劫煞者名'桃花煞'，带驿马者名'桃花马'，是寅申巳亥亦名桃花也。旧社会中，妇女而声誉卓著，使人爱慕者，非伶即妓，是推测之词。要当论格局贵贱高下，如官带桃花为诰命之命，煞带桃花多偏妻之命；此外，如食神带桃花、伤官带桃花，亦各有分别，女命简单，男命复杂。如原命见文星而食神带桃花，必著文名；见艺术星，则以艺术著名，讵可概以为忌耶？"

他提出"阴柔生旺"之说，以能吸引人产生爱慕的气为"桃花"，是真知五行气机的见解。命理有很多神煞，其实是气的变化的代名词，"桃花"也是其中之一。

例：

 圆通达观（中）

乾造：
偏财	**庚辰**	食神		03 甲申
正官	**癸未**	伤官		13 乙酉
日元	**丙子**	正官		23 丙戌
正财	**辛卯**	正印		33 丁亥……34 岁癸丑年卒

丙火生于大暑后九日，土旺火退，庚辛金生癸水克火，是日主弱、克泄交集的命局，喜木火，忌土金水。丁运，三十四岁癸丑（1973年）戊午月己丑日，癸伤大运丁火，戊己土晦火而死亡。

丙子日与戊午日古称"阴阳杀"。男得丙子，平生多得美妇人；女得戊午，平生多逢美男子。日上遇之，男得美妻，女得美夫。

忌水（伤官见官），故因脱精而死（火弱——心脏衰竭）。

乾造：
比肩	**辛酉**	比肩		04 乙未	44 己亥
正财	**甲午**	七杀	桃花	14 丙申	54 庚子
日元	**辛酉**	比肩		24 丁酉	64 辛丑
伤官	**壬辰**	正印		34 戊戌	74 壬寅

辛金生于五月本弱，但年干透辛，通根二酉，又得辰土生之，反弱为强，取壬水泄秀并为调候之用。伤官是才艺表演星，为用神，故以演艺成名。

午为七杀、桃花，韵事多。她生在夏至后，一阴生，这颗桃花星和辛金日主正是"阴柔而生旺"，有吸引人的魅力，使人爱慕崇拜。午又是辛金的阴贵人，容易结交名流，周旋于上层社会。

 圆通达观（中）

乾造：

劫财	**戊戌**	劫财	07 癸亥	47 丁卯
正财	**壬戌**	劫财	17 甲子	57 戊辰
日元	**己未**	比肩	27 乙丑	67 己巳
偏印	**丁卯**	七杀	37 丙寅	77 庚午

己土生九月霜降之后，俗法又为土旺四季，则大谬矣！而不知霜降后，金水交换之间，寒气已生，土性受盗泄之患，则力寒薄矣，岂可作旺土看？辛水不多，且喜无金，再则土多资身，丁火透出以暖之，使土性得温和之气，能生万物。卯木木煞独见，柱中土多，偶逢一木则不忌，且有丁火来化。最得用者，惟有丁火印绶也。此造进乙运以来颇佳，丙火运中则尤美满。

此造火土之数占六，水木各一，生在霜降之日（酉时交霜降）戊土当令用事，说"寒"还说得过去，说"薄"就太离谱了。仔细研究，戌是火库、未是火的余气，其中都藏有丁火；卯的先天八卦是离卦，古代命理家称它为"挟火之木"。火气天透地藏，严格说，连"寒"都不成立。如果没有时支的卯木作梗，这个命局几乎可以当作从旺的稼穑格来看呢。旺土宜克泄，泄比克好，可惜命局无金，行运又不走申酉戌西方，所以不秀。取克，则原局只有一个卯木藏而不透，不当令，又被火泄，力量薄弱，即使行运逢甲乙寅卯的官杀运，也不可能有什么大作为。

乾造：

正印	**壬辰**	正财	01 癸卯	4 丁未
正印	**壬寅**	劫财	11 甲辰	51 戊申
日元	**乙未**	偏财	21 乙巳	61 己酉
劫财	**甲申**	正官	31 丙午	71 庚戌

乙木生正月，惊蛰未交，寒气未除，比劫太重，土气不足，岂能使其长大也？加以二壬水透，非惟不能养木，反足以害木，何也？盖，阴

气增重，岂能发荣也？时下申金虚官，木多使其管束，惟不可多见。辰未二土能作官星之根，又能培养乙木，得两用之妙。惜不见火，则寒气未退，全恃寅中一点丙火稍来暖之，无如不足，宜走南方之地，使阳光透而解寒，则花木荣矣！所以此造于巳火运而发展，连下丙午丁未等运，悉在火乡。惜乙未日逢午流年，天干乙庚合，地支午未合，达到"晦气之年"，于次年辛未坏事发生，壬申尚有余害。且以壬乃伤用神之物，此二年中，难逃水火灾害，大伤元气也。

本造出生后的第二天（隔九时）就交惊蛰了，如果生在北方气候仍寒，生在南方则不算寒了。

乙木日元见甲木透出贴身，阴干的消极性质随着阳干变为积极性质，《滴天髓》云："藤萝击甲，可春可秋"。乙木日主若天干有甲，地支有寅，则四秀皆宜，不怕金来斫伐。

两个壬水透出，地支没有强根，不算旺，对木不至于有害。缺点是流年、大运走金运时会泄官杀之气，不能开创大业、任大事（可能因太保守或澹泊功利而致）。

整个命局以金、火最弱，所以大运喜走金火运。

乙未日逢庚午年（一九三〇·卅九岁）为"晦气合"，其影响的起迄，原批以三年"含糊"包之，不知其所以然。庚午年影响的起迄，照光莲先生的研究心得是：

庚—起于前一年的庚午月，行经辛未、壬申、癸酉、甲戌、乙亥月；至丙子、丁丑月，若原局有丙丁克庚者，此二月有事，吉凶视原命局的喜忌而定，庚金所主宰进行的事，至此二月也会发生变化因而有阻碍停滞的现象。庚年戊寅、己卯月，庚金之事表面又会延续。庚辰月为庚金终止之月，如果事情未速断速决，就会拖到丙戌、丁亥月，最久拖到辛年的庚寅月。

午—起于前一年的午月，至子、丑月午火之事萌芽后又受到阻碍。午年的午月最旺盛，子月结束，如果没有结束会拖到未年的午月。

综合其说，庚午年的影响期间是从己巳年庚午月起至辛未年甲午月。因为阳主进、阴阳怪气退，乙是阴日，大多在辛未年巳月（庚金长生时发生）。

庚是正官，合日元为"官来就我"；午是乙木的长生，各日支是"合长生"。主事业有新的变化，灾害顶多是事业受打击（如股东不和拆移，或官司诉讼）罢了。因庚金克时干甲木劫财，午火克时支正官，显示兄弟姐妹、同辈友人、儿女、上司有不安宁的现象。

乾造：

伤官	**癸未**	正印	11 丁巳	51 癸丑
偏印	**戊午**	正官	21 丙辰	61 壬子
日元	**庚戌**	偏印	31 乙卯	71 辛亥
食神	**壬午**	正官	41 甲寅	81 庚戌

庚金生五月，火性极旺，庚金最无精神者也。柱中二午火当令，当以煞论，似乎制身太过。壬癸二水，非但不能杀火，反足以泄衰金之元气。命局既无比劫资助，全由印绶生扶，且喜命局不见木，印星可以取用矣。

此造丁巳丙火运应次进，辰运则稍露头角。交乙运合庚，不伤戊土而达目的。至卯运，合戌化火而焚身，以之失败。甲寅运，尚在庸碌之中。现在癸运，尚难发展。至丑土运，始临用神之方，再兴事业可也。惟墓库逢刑，防见刑服，营业必利。交壬子运，无能为矣。

《三命通会》云："庚辛夏月，两干不一。庚生四月本杀，五、六月或遇巳丙及寅午戌皆杀，得壬亥癸水制之。无官混，格局清者贵，次者富；混坏减论。无制，平平。五月，午多见巳亦杀，皆要亥子壬癸制伏，戊己佐助，皆拟富贵，无则患难困乏。六月同论。"又云："庚午日生五月，透丁己，官印俱明，发达利名。"诗曰："庚金坐午又为提，丁己齐明两可宜；干支无丙来杂混，水绝肩多作富推。"午月水当囚令，故云水绝；肩多，谓干支见庚辛申酉比劫，可助身、生水。本造虽不是庚午日生，但月、时均午，亦可借看。

1. 无巳丙，即官杀不混，格局清，具有富贵的条件。

2. 壬癸透出，火有制，亦是富贵的条件。

3. 透戊藏戊（戌）己（未），有佐助，配合壬癸，可富贵。

4. 无比劫（只戌中藏一点辛金），不合"肩多"条件，不富。

综合上述四点，可知本造身弱印旺，喜土水并用，大运宜行庚辛申酉金地（可惜在七十岁前缘悭一面）。忌木、火（可怜在五十岁前偏偏碰个正著）。是"有命无运"的人，一生只有虚名，没有实利。

这种命要好好培育儿孙，由儿孙来代他完成"未完成的梦。"因为此造的用神在时干，而且五十一岁之后大运行入北方，可以许他："美济风毛，兰荪茁秀；谋贻燕翼，瓜瓞绵长。"

丑运，丑与原局日支戌、年支未，构成"三战杀"——丑刑戌、戌刑未、未刑丑，又名"三刑杀"；丑是庚的天乙贵人，据《命局金书》的说法，一般般老百姓主贫困、有疾。而原批的看法是"防见刑服"——家中人口有伤损、死亡，但"荣业必利"——经商做生意一定赚钱。

丑戌未刑冲，是土松动而克水——食伤星，代表自由、表现，受克则有计划难实现、意愿受阻、行动不自由（如四肢有病痛），比较不喜欢发表意见或不喜欢唱歌、跳舞等反应。有的命学家认为刑冲则支中所藏的己土、癸水、辛金、戊土、丁火、乙木会跑出来，原局有戊土、癸水，丑运的流年是戊寅、己卯、庚辰、辛巳、壬午等年。

其中戊寅年五十六岁引动原局的戊癸合（化火克日主庚金），本年容易因意外而受伤生病。癸水伤官是财根，在男命六亲属祖母、女孙，以情理衡之，该年也可能嫁女孙而花钱置嫁妆。壬午年六十岁及癸未年六十一岁春季是丑运交入壬运的运尾，据经验，运尾往往多灾晦之事。壬午与生时伏吟，癸未与生年伏吟（又名真太岁、转趾煞），家中人口比较欠安。

第九章 读书存疑

第一节 湿土燥土

任氏所著之《滴天髓阐微》者,内容丰富,有五百余造之说解,余未能多阅,略观大概,中有三则,不无存疑:一为亥月丑土,能止水卫火,己土通根,作燥土之意。一为午月丑土,晦火、养金、蓄水,癸水通根,而助壬水之煞,作湿土之意。一为子月丑土,能晦火不能止水,有力湿土之意。何以仲夏及仲冬之丑土作湿土,独亥月丑作燥土?难察其中奥妙,其理如何,余不敢妄论。今以此三则,附录如后,以供大众探讨。

任铁樵增注的《滴天髓》,有《滴天髓徵义》(徐乐吾订正)、《滴天髓阐微》(孙蘅园精抄、印行)、《滴天髓真解》,书名都是由传抄者所题署,不是原名。有的读者以为《滴天髓阐微》是袁树珊校订或撰辑,其实袁树珊除了为这本书写一篇序文之外,什么事也没有做。

任氏以推命四十年之阅历注释《滴天髓》,引用之实例丰富,推阐精辟,不失为研究高级命理的参考好书,但其理论的发挥,往往与原注的旨义背道而驰,徐乐吾评曰:"乃另标新义,非《滴天髓》之原意也。"所以读者要配合徐乐吾的《滴天髓补注》来研究,方不致偏离方向。

任氏引用的实例,没有注明生年月日及上运岁数、交脱时间。

 圆通达观（中）

乾造：

伤官	丙子	偏印	06 庚子	46 甲辰
偏财	己亥	正印	16 辛丑	56 乙巳
日元	乙丑	偏财	26 壬寅	66 丙午
正印	壬午	食神	36 癸卯	76 丁未

此造初看一无所取，天干壬丙一克，地支子午遥冲，且寒木喜阳，正遇水势泛滥，火气克绝，似乎名利无成。

惟细推之，三水、二土、二火，水势虽旺，喜无金生；火木休囚，幸有土卫，谓"儿能救母"。况天干壬水生乙木，丙火生己土，各立门户，相生有情，必无争克之意；地支虽北方，虽喜己土原神透出，通根禄旺，互相庇护，其势足以制水卫火，正谓"有病得药"。且一阳后，万物怀胎，木火进气，以阳官秀气为用。中年运至东南，用神生旺，必须有甲第中人。交寅，火生木旺，连登甲榜入翰苑，是以青云直上。由此观之，配合天干之理，其可忽乎？

本造地支亥子丑会北方，干透壬水，水势强大，虽然时支逢午，亦是《滴天髓》所说的"虚湿之地，骑马亦忧"，乙木、己土均呈虚浮飘荡，只有"水猖显节"的丙火不畏水克才是真正的用神；寒木不发、寒土不生，有了丙火，木土才有生发之机。行运喜木火土，忌金水及戌（伤官入墓，日元乙木亦入墓）。

乾造：

正官	癸丑	伤官	11 丁巳	51 癸丑
食神	戊午	劫财	21 丙辰	61 壬子
日元	丙午	劫财	31 乙卯	71 辛亥
七杀	壬辰	食神	41 甲寅	81 庚戌

此造火长夏天，旺之极矣！

戊癸合而化火为忌，还喜壬水通根身库，更妙年支坐丑，足以晦火

 圆通达观（中）

养金而蓄水，则癸水仍得通根，虽合而不化也，不化反喜其合，则不抗乎壬水矣。

是以乙卯、甲寅运，克土卫水，云程直上。至癸丑运，由琴堂而迁州牧。壬子运，由治中而履黄堂，名利裕如也。

戊癸在五月（本造生于小暑前三时），作化火论。此命虽以"合官留杀"，取时上壬水七杀制火调候为贵，其实妙在辰、丑湿土泄火，苟无湿土泄火，以壬水制旺火，如滴水入洪炉，反有犯旺之弊。丑辰不仅有泄火之功，且其中所藏癸水能制午中丁火劫财（此法在《星平金海全书》卷十"七煞羊刃格"有三个命例），羊刃有制，亦为贵征。

乙卯、甲寅，木生火，且克土，不当论吉，在这两运，"云程直上"之流年该是卅八岁庚寅、卅九岁辛卯、四十岁壬辰、四十一岁癸巳、四十八岁庚子、四十九岁辛丑、五十岁壬寅、五十一岁癸卯等金水流年。

癸丑、壬子两运水强，如果又走金水的流年：五十八岁庚戌、五十九岁辛亥、六十岁壬子、六十一岁癸丑、六十八岁庚申、六十九岁辛酉、七十岁壬戌、七十一岁癸亥等年尤吉。

乾造：

偏财	**己亥**	正印	11 乙亥
伤官	**丙子**	偏印	21 甲戌
日元	**乙丑**	偏财	31 癸酉
正印	**壬午**	食神	41 壬申

此造，欲看丑土能止水、卫火，何其妙也。不知丑乃湿土，能泄火、不能止水。丙火在月，壬水相近，己土不能为力，子水又迫近相冲，而且运走西北阴寒之地，丙火无生扶，乙木何能发生？"十干体象"云"虚湿之地，骑马亦忧"，斯言不谬也。所以屈志芸窗，一贫如洗，克妻无子。至壬申运，丙火克尽而亡，所谓"阴乘阴位阴气盛"也。

亥年十月廿六日夜子时蛟大雪节，此造生于午时，推命时月柱还是十月，要把丙子月改为乙亥月才正确。订正后的命局：

 圆通达观（中）

偏财	己亥	正印	空亡·驿马	11 甲戌
比肩	乙亥	正印	空亡·驿马	21 癸酉
日元	乙丑	偏财		31 壬申
正印	壬午	食神		14 辛未

天干无火，只赖时支午火调候为用，而丑午六害，丑中癸水暗克午中丁火，兼以壬水盖顶，丁壬暗合化木与天干两乙克己土偏财（亥中甲木亦暗合己土）。食神无力，财源被劫，贫寒之象。亥亥自刑，马落空亡，乃六亲缘薄，终身奔走之象。申运，金泄土生水，穿亥，《玉照神应真经》云："亥申二势争雄，不久道路散失"。

第二节　轻补之法

乾造：

伤官	戊辰	伤官	04 庚申	44 甲子
食神	己未	食神	14 辛酉	54 乙丑
日元	丁巳	劫财	24 壬戌	64 丙寅
劫财	丙午	比肩	34 癸亥	74 丁卯

依普通谈法，以为日禄居时，或曰伤官生财，皆谬说也。然此造似旺不旺，曰弱不弱，亦以变通之法推算，方能合格。

论丁火生六月，大暑之后，虽在失势之时，不能作旺极看。如人在二十之内，乃将四旬之精神也。虽然柱中火多资助，惟不见木，究属根源不坚，加以年月土数重重，遇泻疾而泄丁火气。幸命局不见金，其根虽不坚，亦不致受损，所以其病尚轻，宜以轻补之法治之：用以辰中一点癸水，暗中生印滋身，正谓"煞印相生，功名显达"者也；即轻补之法耳。

幼年财运未必为利，观其起家，必在水乡。达火地，投重补之剂，则不妙也。

徐乐吾的《造化元钥评注》书内也载有这个命局，徐氏曰："支全巳午未南方，戊辰、己未，土多晦火。食伤旺而生财，富格也。"

命局之地支巳午未南方，丁巳、丙午各坐旺位，这是六十甲子中火力最强的组合；戊辰、己未各坐冠带，土力也算强，但决不会比火力强。火土两强，又各占两干两支，是陈素庵《命理约言》所说"两神成象"中的火土相生格，这种命局，陈素庵认为忌水，近贤李叔还《实用命理学》主张行运不忌任何五行，只怕刑冲。

在这里只吐出"丁火生六月，大暑之后，在失势之时，不能作旺极看"，并不深入。六月的"十二辟卦"是天山遁，四阳二阴，唐宗海云："亢阳在上，阴气欲出而不得，名曰'三伏'；金遇火偶，即遁藏之义，人皆避暑，亦是遁意。"夏至后第三个庚日为"初伏"，第四个庚日为"中伏"，立秋后第一个庚日为"末伏"，名"三伏"；火在上，金气伏而不出也（火表示热，金表示凉）。卢氏生于"中伏"后、"末伏"前（该年夏至后第一个庚日是五月廿四日庚子日为"末伏"），阳仍胜阴，严格说，不算失势（势是指同类五行的多寡而言，不当节气旺相应该说失令）。这个命局火炎土燥，"中伏"后的两个阴气反而有调候的功能。

此造是劫财、食神、伤官强势的组合，其人外向好动，喜欢管闲事。

第三节　晦气流年

乾造：

正印	**己卯**	正财	10 乙亥	50 辛未
七杀	**丙子**	伤官	20 甲戌	
日元	**庚寅**	偏财	30 癸酉	
劫财	**辛巳**	七杀	40 壬申	

圆通达观（中）

凡庚寅日生，与今年乙亥太岁天干乙庚合，地支寅亥合，按日干支与流年太岁干支相合名曰"晦气流年"，人命犯之，十有其八必出是非。

且以辛巳时再冲乙亥太岁名曰"时冲太岁"，亦见灾害。今两害并临，则祸殃不免矣。

害之轻重已详载本书《反伏论》中。每见逢此种行年，其害犯及他人伤亡，或遇火灾及官讼等事；若犯自身，亦疾病虚惊，无生命之尤也。然则逢晦气等年，其上下两年亦能之，如乙亥为晦气年。甲戌、丙子两年亦须留意。

庚寅日的"晦气合"是乙亥年，为什么会提早于甲戌年？

乾造：

劫财	**辛卯**	正财	10 癸巳
偏财	**甲午**	正官	20 壬辰
日元	**庚寅**	偏财	30 辛卯
七杀	**丙子**	伤官	40 庚寅

庚金生五月，官煞当令，金性尚柔，喜生旺而忌绝。柱中丙火威，制身已成太过之势，白铁岂堪受洪炉煅炼？不意再遇甲寅卯三木财神，助火作祟，此财星为害命之物者，难免伤形克体。以此类推，病重明矣。

凡富贵之命，本以病重居多，子水伤官为表药，虽能去火之病，而日主之气随之散尽，所以水亦非所用，五行虽有辛金资助日主，惟不见土之正式用神，以成缺如，盖印绶能善化七煞，而生扶日主，有一物两用之妙，谓"以表带补"之法也。既失此用神，大不幸也！上步庚运，颇许顺手。去年交寅木运，财临绝在矣！再去助火而焚身，且又逢甲木流年，增火势。今年又值乙亥年，与日干支乙庚寅亥，合成"晦气流年"，不免晦气临门也。若犯秋末冬初，古历十月乙亥，祸害更重，何以犯及自己生命，则少见也。

通常生于子时的命造，如果没有出生的时、分、秒和出生地点的详细资料，在没有"正确时间观念"的人，其记录的子时有昨日之夜子、今日之早子、今日之夜子、明日之早子等可能。

如前造的命局就有下列四种可能：

正月廿六夜子时，五月廿七早子时，五月廿七日夜子时，五月廿八日早子时。

辛卯　辛卯　辛卯　辛卯
甲午　甲午　甲午　甲午
乙丑　庚寅　庚寅　辛卯
丙子　丙子　戊子　戊子

凶物深藏，成养虎之患！

徐乐吾采用的是：辛卯·甲午·庚寅·丙子。

庚金临寅，生于午月，支不通根。午中己土为卯木所破，干透丙火，格成从煞。时逢子水逆水旺气，为凶物深藏，势成养虎。卯运财星泄伤生煞，云程直上。庚壬申、癸酉，引动子水，并冲寅午，突然病殁。命主是死于四十五岁乙亥年乙亥月。乙亥与庚寅生日相合，是一直强调的流年法则。但此时大运也是庚寅，流年与大运天地合，是岁运和合，当论吉。则一凶一吉，互相矛盾矣，如取印劫为用，印星之己土、戊土藏在午、寅之中，辛金坐卯逢绝，支无根，是喜用无力，走卯木忌运，不可能"云程直上"。（此五年之流年之乙丑、丙寅、丁卯、戊辰、己巳，只戊己两年为吉，却受制于运。）寅运是"金居艮位，号曰返魂"，绝处逢生的运，不当夭折，若癸酉年，则大运在庚，比肩助身，癸水制火，更不至于病殁。故以徐氏的见解较正确：当从煞，但有子水逆旺气，凶物深藏，火为强众，水为敌寡，须去其寡。凶物在支，非冲不能去之，惜午隔寅不能冲去子，岁运逢金水即引动子水，逆旺为凶也。

日本命学家横山公实说："晦气是指人生的终结时期。借着月亮隐蔽，使大地进入了黑夜状态，比喻人生逐渐趋向幽冥的境域。青年人逢着晦气年，轻者是生病或遭遇变故，复原也会很慢；中年以后身体虚弱的人，也许就此不起，显示是极为凶恶之年。"

老年人患病，多殁于晦气流年及前后年。

例如女命：丁卯·壬寅·癸酉·壬子。午运（72岁–77岁）·七十二岁戊辰（一九八八年）己未月壬辰日甲辰时病殁（心脏衰竭），之前几年即常生病。

第四节　四柱相同·命运不同

乾造：

七杀	**癸酉**	偏财	06 壬戌	46 戊午
七杀	**癸亥**	正官	16 辛酉	56 丁巳
日元	**丁丑**	食神	26 庚申	
正官	**壬寅**	正印	36 己未	

丁火生十月，火势本衰，柱中财煞重重，制身太过，得丑土稍可制煞。命局最佳者，惟取寅木印绶化煞生身，所以定印绶为用神。

幼年西方伤用之运，理难许吉。进土运，略转机。交火运，则尤妙。

此命一式有二人：一为银行行长，一乃商业经理。营业范围大小，不关命之相同，各有一路交际，或习惯，运之顺逆，不致有异。然银行行长生有二子，商业经理则无子。

推此命局，子息本少，何以一有一无？莫非妻妾分上，或阴阳宅之关系也。不过成败方面，以个人之命为主，子息非一人之能力，是故有应有不应者也。应验居多。

惟此二人，寿元亦不同，商业经理亡巳运中，尚有理解，盖巳酉丑金局，而伤寅木用神，衰火之根既被损，岂不亡哉？银行行长亡于午末、丁初之时，正在佳运之中，人所不识，莫非亦在宅基及心田之关系也？所以谈命最不易定寿元，于此可见一班。

命局相同，命运不同，佛教徒可以命"业力"来解说，命理家可以拿出生地不同、父母不同、配偶不同、受教育不同，甚至拿接生者不同、出生时产门的向不同、出生医院的建筑或楼层不同、祖坟风水不同等等"个人差异"来辩解。

命局是玄学——本来就含有现代人类知识所不能及的层面，不必斤斤计较它是否于逻辑。消极一点说，命局学理有其极限，人生的某些现象不是命局学理所能穷究。照宇宙的"统一律"和"均衡律"来看这两相同命局的人，命局还是有值得存在的哲理：

1. 银行行长和商业经理都是商界人士。

2. 银行长长身份高，有二子，商业经理身份低、无子，但银行行长的寿命比商业经理短；高低、有无子与长短可以抵消。

这个命局没有卯未来合成木局，印星只有一点而不透，是古书所说的"类化气而不成局，类印绶而不成印"的命格，大都是为人作嫁，依赖别人的命。

李计忠解《周易》系列

易界名家 独门首传

圆通达观

（下册）

李计忠 著

团结出版社

目　录

下篇　五行命理实例精解 1

第一章　四柱断命实例 1
第一节　命例精批解析 1
第二节　四柱批命实例选 17
第三节　四柱批流年范例 27
第四节　八字综合批断 35

第二章　名人命理破解 46

第三章　四柱与改运 70

第四章　从四柱里看何时大富大贵 89

第五章　行衰运的命局 104

第六章　速断四柱七法 116

第七章　练就八字高手 125

第八章　四柱命理实例精解 131
第一节　日主极弱篇 131

第二节　日主太弱篇 146

第三节　日主偏弱篇 154

第四节　日主旺极篇 211

第五节　日主太旺篇 216

第六节　日主偏旺篇 220

第七节　日主中和篇 243

第八节　四柱专题篇 250

第九节　综合应用篇 279

 圆通达观（下）

下篇　五行命理实例精解

第一章　四柱断命实例

四柱测算实例是经过认真的检验，从千余种精选抽出的有代表性的多种分析日干旺衰的实例供初学者参考。

第一节　命例精批解析

精批四柱需要花费大量的时间和精力，是一项比较繁重的脑力劳动，在了解和掌握了四柱命理的基础和应用之后，就可以为人批八字了。按照批八字的一般程序，排出一个人的四柱，进行较为复杂的演绎推理过程。现举两例，作以示范。

例1：男命，生于一九四二年十月初二日午时

 圆通达观（下）

一、排四柱（兼查神煞）

```
         杀      才      日      枭
乾造：   壬      辛      丙      甲
         午      亥      寅      午
         丁己    壬甲    甲丙戊   丁己
         劫伤    杀枭    枭比食   劫伤
```

午为将星，亥入空亡，寅为学堂文星，午为羊刃。

二、排大运流年

```
        壬   癸   甲   乙   丙   丁   戊
        子   丑   寅   卯   辰   巳   午
        10   20   30   40   50   60   70
```

三、取用神

丙生亥月为死地，幸生丙火，甲木透干生身，羊刃帮身，30岁到55岁行印和比劫之地，故成今日之富。丙生亥月，壬水透干，辛金生之，为水旺火弱，幸有甲木生之，羊刃帮身，为弱中得生而有救助，不作身强而论火弱。以劫财丁火为用，行旺地和甲午为禄地，又财遇长生，仍不失其富，但损财之灾不可避免。

四、分类详析

1. 看四柱各干支被哪一年天克地冲，被克或得生得助。
2. 看四柱六亲生克。

3. 看四柱中神煞有何危害。

4. 看四柱中刑冲克害，特别是三刑自刑。

5. 看四柱中三合六合三会局，合吉神则吉，合凶神则凶。

6. 看流年大运与四柱天克地冲，刑冲克害的时间。

7. 生时的自然情况，性格，父母，祖业，兄弟姐妹，婚姻，儿女。

8. 讲命，分文武，好坏，贵贱，贫富，批命好批，批运难批。

性格：

1. 此人性格主要特点是缺点多于优点，缺点大于优点，是一个富而不义之人。

2. 为人非常健谈，只要一打开话匣，就谈个没完，四柱见合，逢人谈话长久。

3. 有天不怕地不怕的思想，敢作敢为，好斗，有扶弱亦欺弱之心，好打抱不平，命带七杀又藏支。

4. 一生多智多谋，好动脑子，遇事有计有谋，点子多，走一步能看三步，很善于动脑，很讲究策略和计划，命带将星得人望，水旺多智谋。

5. 能合人，与谁都谈得来，好拉关系，也善拉关系，四柱中有丙辛合，寅亥合。

6. 一生走动多，出国多，难以安静下来，七杀枭重，遍走他乡之客。

7. 命中丙逢辛，虽贫有财，柱中有月德贵人，此人有德之士，心善之人，但由于七杀羊刃又逢枭等许多不利之信息标志，虽有德却少善心，见利忘义，以怨报德，心狠手毒之辈。

8. 从四柱即可看出偏印为用，尖锐刻薄，主观太强，漠视他人。

9. 年上羊刃以怨报德，心狠而贪。

10. 偏印为用，其人善变。

11. 偏官羊刃，粗鲁之辈，羊刃无恻隐之心，有刻薄之意。

12. 偏官劫刃，出祖离宗，外象谦和，内心狠毒。

13. 羊刃旺，近恶人，此人曾和黑社会闲杂人等往来非常密切。

14. 七杀透，性急心狠。

15. 四柱见枭，为人不义。

16. 财星被合，日干衰，外春风而内奸诈。

17. 七杀无制为小人，心毒多凶。

18. 羊刃七杀为人好杀，纵富不久，所以发财后常有是非。

19. 偏官性刚少礼，好酒好争斗。

20. 正财轻，喜人奉承，好说是非，好贪酒色。

21. 七杀会刃，粗鲁刚强之士。

22. 羊刃居两头，外面光华内里虚，表面看起来是大老板，但说话层次低，贪淫。

23. 财逢合，为人小气。

24. 与父不和，只因年干克日干。

父母：

1. 父母精明能干，长得较秀气，年柱得月令之生，父母精明能干，貌秀寿长。

2. 年干旺地，父身体好。

3. 年支将星，母能干。

4. 父母星明有生扶，长寿之人。

5. 印长生母长寿。

6. 父母间不太和气，因年干支相克。

7. 年柱纳音生日元，得父母宠爱。

8. 日支生年支，婆媳关系好，妻子对母亲孝顺。

9. 父母性格急躁，年上七杀羊刃，双双性暴。

10. 有两重母亲，四柱中有两个甲木，一透一藏，则一明一暗。

祖业：

1. 此造虽柱中辛金透干无根，却又被合，和柱中其他信息标志，断其祖父一贫如洗，为贫寒之家，离家背祖，漂泊他乡立业，小时候家境穷困，现在门庭显耀。

2. 年上七杀，出身贫寒。

3. 偏官劫刃，出祖离宗。

4. 羊刃七杀夺财化鬼，破祖立他乡。

5. 偏印劫刃，出祖离家。

6. 年上七杀羊刃劫财，祖上寒薄。

7. 年上羊刃，祖上有破，不得祖业。

8. 年上为忌神，祖上破败，贫寒彻骨。

9. 木重土轻，终生飘荡。

10. 枭居子位，当破祖基。

11. 日弱七杀逢财，贫困多厄。

12. 印绶无伤来生身，门庭光彩，后来发财成大富，故门庭光彩兴盛。

兄弟：

1. 四柱中父母俱旺，和柱中所表示的兄弟数，故父母应生十个左右，现活着五男四女，本人不是老大，兄弟为喜神，但亥空，兄弟少力，妹比姐富有，其兄弟姐妹都靠本造帮助，才有好日子过。

2. 兄弟姐妹十人左右，柱中父母旺，生得多，柱中两丙两丁一甲印，又是新中国成立前出生，故翻倍为十个。

3. 本人不是老大（为老二），年上七杀非长子，又丙火处弱地。

4. 兄弟姐妹和顺，月柱日柱相合。

5. 四柱中比劫羊刃，兄弟不合，但比劫不旺，不作此论。

6. 妹比姐富足，年上劫为姐，时柱劫为妹，妹得甲生，年上克之。

7. 有姐难活，妹易活下来；姐年上受克，妹居时而得甲木生之。

8. 姐妹能干，兄弟不如姐妹，姐妹临将星。

9. 父母生得多，但兄弟姐妹有夭折去世，是因柱中杀旺。

婚姻：

1. 命造婚姻，妻子长得漂亮，忠厚老实（辛旺，妻宫寅），坐下妻宫寅木旺。

2. 妻贤惠得力，能有扶助，日坐下为枭比劫食。

3. 夫妻恩爱如漆似胶，月、日柱天合地合。

4. 妻子对你百依百顺，一心跟你开创事业致富，财生官，夫唱妻随。

5. 妻能干，聪明，财坐天乙贵人。

6. 夫妻关系和睦，正财合日主。

7. 妻是你邻近之人或邻乡，月上财，娶邻乡之女。

8. 先同床而后结婚，月日天合地合。

9. 你主动找妻子谈恋爱，寅与亥合。

10. 结婚较晚，运中妻星出现较晚，30岁走甲寅运，32岁甲寅年结婚，只因身旺才能任财。

11. 夫妻关系虽甜如蜜，但难白头到老。

12. 羊刃劫财同柱，克妻。

13. 财星带耗，损子离妻，用财杀旺又无源。

14. 妻宫合局克身，有妻难留，丙辛合水。

15. 羊刃劫财，有花烛重辉之事。男逢羊刃有二婚。

16. 财坐沐浴，妻多情花俏，但月日天合地合，妻无外情。

17. 此造在妻死后，情人多，且都是本造主动。

儿女：

1. 命中有五个儿女，三儿二女，一食二杀二伤。

2. 第一胎是男孩，时干旺为男。

3. 孩子聪明长得漂亮，孩子兄弟姐妹间关系好，时柱甲木旺，甲为头，聪明，有火泄，甲木午火相生，相互间关系好。

4. 当年结婚当年生子，甲寅年结婚，甲木透出，又遇流年旺地。

5. 儿女有本事，聪明，应为大学生，木火通明是大学生。

6. 子位在旺地，聪明贤孝，光宗耀祖之子。

7. 子助父，时干为用，支帮身。

8. 时坐偏印，子女不良，时坐羊刃，子女忤逆不孝，甲木临月德，

时干生日干,时支半合支助身,故不作不孝论。

9. 妻生子有过小产,时干枭日坐偏印,妻小产。

10. 命中克儿女很重,轻者不顺,重者死伤,特别不利男孩。

11. 时柱羊刃,儿女缘薄,损伤子息。

12. 时上羊刃,晚年招灾惹祸,损子息。

财运:

1. 身弱有财,喜印护身。

2. 印通根(偏印甲见寅),逢财则发,因此造劫为用,又走帮身运。

3. 柱中财官自旺,富翁之命,无官有杀亦是。

4. 财官印全,不贵则富,财杀印同样。

5. 财官印全,堆金积玉。

6. 逢财喜杀,十有九贵。

7. 月上正财,一生勤俭。

8. 羊刃七杀,纵富不久,虽富后总有灾祸。

9. 柱中枭神最喜财星,身旺遇之为福,身弱遇之为祸。

10. 劫财羊刃,伤妻破财。

11. 财星见刃,财散人去。

12. 柱中劫财为喜用神,则因经商或亲族情谊或其他原因不得已而破产,此种情况,愈破得彻底,他日愈大富。

官运:

1. 羊刃偏官有制,掌兵权。七杀无制为破格。

2. 七杀有制,羊刃无冲极贵,为将为相。七杀无制为小人。

3. 根据命中信息标志,无大官可做,只是商人。因柱中有甲丙寅的商人标志,所以是商人。又大运透甲,流年逢庚申,这样构成甲丙庚申的商人格局。

功名：

1. 羊刃重重又见杀，大贵登科甲。

2. 七杀化印，早登科甲。

3. 杀重印重，早岁入科名。

4. 印枭生旺，聪明之士。

5. 木火通明，胸中珠玑万斗。

6. 身旺官旺，金榜题名，官旺身弱。虽是生意人，但有名气，因其原很穷，后发财，生意大。

7. 羊刃七杀，名位大显。

8. 羊刃重重又见杀，名满天下。

9. 羊刃七杀，出仕出名。

10. 羊刃逢阳位，名成利就。

11. 木火通明，幼年聪明有名声。

身体情况：

1. 幼时病多灾多，死里逃生之人。主要是脾胃病严重，50岁后脾胃才好转。

2. 有筋骨或腰病之疾。

3. 受过大伤，且难痊愈。

4. 身带残废，金遇旺水伤残之疾。身弱杀旺，不死也残。

5. 有过眼疾，但有救。

6. 下肢寒冷，肾功能虚弱的标志。

7. 晚年要防脾胃之疾，因此而终。

8. 枭重身弱，得肺疾。

9. 儿时死里逃生，身弱杀旺又行官杀地，不死也病凶。

10. 胃病严重，土寒木旺之地，寅伤脾胃，日坐枭或枭夺食，因此而疾。

11. 金遇旺水，伤筋之病。

12. 金生冬月，筋骨伤痛。

13. 受过伤而带残疾，腰背骨开二次刀，羊刃主血光伤灾开刀。

14. 柱中枭旺又得生，也主伤灾。

15. 土虚火盛防伤残。

16. 金沉水中，伤筋之疾。

17. 下肢寒冷，因是冬生。

18. 得过肺病，是柱中枭旺杀旺耗辛金，又辛金遇旺水而泄气，故得过肺炎，在六周岁。

19. 得过眼疾而有救，主要是丙火被壬水克之，但有甲泄水生丙，而有救。

20. 肾功能好，只因水旺。

21. 老来防胃病而终，因老年戊土透出，甲木枭神夺食。

22. 伤官见官有灾，在大运干支多有灾。

运程：

1. 从命和运上看，此人是先苦后甜之命，从运上看，30岁以前都是败运。

2. 1岁至9岁行辛亥大运，是财生杀，身弱受克甚凶，因此小时多病，家庭贫寒，特别是六周岁戊子年，犯天克地冲，因身弱，枭神夺食，土不能生金而得肺炎，1岁到2岁为官杀，身体差，3岁到5岁身体好转。

3. 10岁至19岁行壬子运，杀运克身，此运不但身体不好，且家境贫寒，四处奔走谋生，特别是壬辰癸巳年难过，有死里逃生之灾。其人言得病，差些死去，且眼亦险些瞎。甲午背井离乡，不然有大灾，其甲午年逃荒到外地；庚子年失学，到外打工谋生，此年冲年柱羊刃。

4. 20岁至29岁行癸丑官运，仍是败地，壬寅癸卯年胃病严重，多次住院，其他年较好，庚戌辛亥年病有好转。

5. 30岁至39岁行甲寅喜神大运，犹如寒冬见太阳，枯木逢甘露，此运身得生旺，能胜财，在甲寅年有得妻得子之庆，亦为岁运并临，又为三枭夺食，应有大灾，便因结婚生子，而无灾。甲寅大运虽为好运，但枭行旺地，不病也灾，家灾难免，疾病常有，特别是甲寅乙卯年胃病严重，为木旺克土故。甲寅年三甲生旺火，寅午合火，身过旺有破财之灾，其年妻生子，虽花不少钱，其子亦死去。

6.40岁至49岁行乙卯印运，此运是一生最好运，名利双收，因行印生身，又天德天乙贵人并临，有贵人帮助，所以财源滚滚来，成千万富翁，特别是戊辰己巳庚午辛未年，大发特发。1989年出国到过多国，名气大。

7.50岁至59岁行丙辰比肩运，此为帮身运，但比肩有破财克妻之苦，又辰为吊客，不吉之星当运，丧事难免。壬申年入丙辰运，其年与日柱天克地冲，用神受克，若父母无灾必有破财之患，实际破了财；癸酉流年为官杀旺地，酉与辰吊客相合，太岁合吉为吉，合凶为凶，其年不破大财则妻有大灾，此年长子撞车，与儿媳同亡，小儿受重伤，妻亦有灾；甲戌流年与大运相冲，又为丙火入墓之年，故有破财，无财夺命，此年受骗破财数百万，丙子年54岁为第一关口，流年与生年天克地冲，有生死之灾，但走比肩喜神运可以死里逃生，五月十一月有凶灾，不犯官灾也有伤灾，且是逢冲时造成的，还要防父母有灾，此年立春不久就撞车受伤，四月因脊骨住院，两次花两百万，还落下残疾，但总算死里逃生，今年五月此造听劝，在家躲了一个月，总算平安，十一月亦要躲一个月。2000年辰见辰为自刑，又是吊客，丧事难免；2001年，是59岁不顺，人逢59，神仙也难走。

8.60岁至69岁行丁巳大运，为用神禄运，财遇长生，老有一发，大富定局，2002年壬午年为60周岁，有病不顺，2008年戊子年天克地冲有病，其年农历五月能过，则往70岁里走。

行业：

1.命主弱，又逢杀旺，应从事木火方面的生意和事业为好。

2.此造原从事电器、电厂、房地产生意，但因柱中有木生丙火，现又行丙火辰土之运，故亦可从事金属房地产生意，电器方面的生意亦可。

3.丙子年为天克地冲，但电厂及房地产、金属方面的生意还是正常。

4.穿衣服，主要穿黄色白色为好，即可泄火泄土，穿黑色则有助木生火之忌，且北方为忌神，故在北方做生意，均失败。

5. 睡觉宜睡在西方，办公室可坐西向东。

例2：女命，生于一九七〇年八月二十二日戌时

```
        官    比    日    伤
坤造：  庚    乙    乙    丙
        戌    酉    巳    戌
       戊辛丁  辛  丙戊庚 戊辛丁
       财杀食  杀  伤财官 财杀食
```

大运： 甲申 癸未 壬午 辛巳 庚辰 己卯 戊寅 丁丑
（岁） 5   15   25   35   45   55   65   75
（年）1975 1985 1995 2005 2015 2025 2035 2045

命局分析：

　　日主乙木生于秋天金旺季节，不逢时令。地支年与月戌酉半汇金局，年干透庚金，月与日支巳酉也半合金局之象，时支为戌土向着金，月干乙木合年干庚金成化，故整个命局金特别强旺。而日主前后左右皆逢克泄，只有从官杀了。若放之大运、流年，麻烦就在此，从格又不是从得很真。因为时干内火有日支为强根，有年时支为库根，命局中火是制从神金的，且火与金的力量对比，金更旺一些，故当火制金而制不住之时，乙木易遭殃；火过旺而制金太过旺，金又很容易受损。命局宜顺势，以土通火金交战之关为用；金为旺神不能犯它，应从之，故为喜神；水既可泄旺金又可制火还能生木，最重要的是补足命局五行所缺之水，故以水为中吉；火是制旺神金的，当然看作忌神了；木生忌神，木就成了仇神。具体是木易受伤还是金易受损，则要结合岁运来衡量判断了。命局八字处于备战的紧张状态，随时都会因岁运的参与而相战，故命主一生会活得比较累。要么不聚财（钱赚了又很快地花去了），要么病痛折磨，要么工作不顺、不稳定，要么婚姻感情受挫，要么兼或有之等等。总之，但愿命主要做个坚强的人，不怕挫折困难，以乐观的心态笑看人生。命

运有好的一面，有发财的时候，但也有痛苦、失意的时候。好运则把握，差运则忍耐，虽说不上是大富大贵。但小康奔小富还是值得去努力的。

神煞：月德贵人（庚），此贵人入命，主安祥福寿，在紧要关头有人相帮，是逢凶化吉之神。

将星（酉）：将星入命，主人能文能武，有掌权之能，众人皆服。将星带七杀，命主可掌生死大权（比如道教、公安、法院、法律、部队等部门）。将星是一颗掌权之星神，拥有它，主人具有领导与指挥才能，对武场、外销商业易获得成功。

华盖（戌）：命局有2位华盖星神入命。华盖为皇帝头顶的一把大伞盖，为天上孤高之宿，故拥有华盖星神的人，为人聪明勤学，清静，多才多艺，对命理、气功、宗教、武术、僧道等特感兴趣，也很有这方面的缘分。华盖在命局中临旺，若在政界、官场上一定有相当的地位，若为九流也会有名气。只是华盖之人，有时心性孤高气傲。四柱组合不好者，则常常会信佛、信道，喜卜艺相学，甚至与佛有缘而皈依佛门。

金舆（巳、戌）：命中有3位金舆星神入命。金舆者，金车也，它代表富贵，象征财富，主人福多，一生清泰，利荫六亲，男女均可得良缘或财富之配偶。即指自己发财的财数大或丈夫为很有钱的人。总之，金舆入命，不会穷困潦倒，经济方面游刃有余。

十恶大败（乙巳）：命主出生这天为十恶大败日，主花钱如流水，千金万银也会化为尘，意思是不聚财。

孤鸾日（乙巳）：孤鸾入命，主男女婚姻不顺。要么丈夫经常出差不在身边，要么在一起常常赌气、争吵，要么两个心贴不到一块儿，要么有两次婚姻等等关于感情不顺意之事。

红艳（戌）：有此神入命，主感情世界很丰富，热情而开朗，有时感情浓郁细腻而不外露，总之，主情之浓。

流霞（戌）：命中有2位流霞入命。此神用于女性。流霞为漂浮不定的晚霞，隐喻一个人生活之不安定。因为霞为红色，也隐喻妇女经期异常或胎产不顺之意。

性格特点：

1）思想敏锐，记性特好。善于社交，交际广。胆子非常大，爱唱歌爱跳舞，开朗活泼，善于创造根基，有出类拔萃的活动能力。有时也有谨慎羞涩，胆子小的特点，做事细心且凡事喜权衡利弊而后行动。依命局看，命主属于具有双重性格的人，既有外向的一面，又有内向的特点。

2）日主内心正直，刚强，讲义气，办事很有魄力。内心占有欲强，谨慎、固执的同时，常会有嫉妒心。猜疑心较重，这有损健康，应警戒。

3）反应灵敏，善于随机应变。个性稳忍，意志坚定，善于克服困难。表面温和，往往内含怒气，有时也富有急躁、暴躁的个性，甚至有时候脾气古怪，捉摸不透。

4）待人热情，能言善辩，口才好，做事干脆利落，不喜拖泥带水。

5）日主属木，故主心底善良好施舍，慈悲为怀。

职业选择：

宜做金、土、水性质类职业。比如：银行、部队、公安、武警、司法、出纳、会计、汽车、交通、机械、工程等与金钱、金属有关的职业属金；房地产、土产、陶瓷、建筑、中间人、仓库、百货、古董等等与土有关的职业属土；制冷、酒、水、饮料、奶类、水利、水产品、记者、医药、导游等等与水有关或流动性大的职业属水。

不利做火、木性质类职业。如：电器、电脑、能源、美容美发、广告业、政界、教育界、文化界、灯饰、电信等等与电、热、光、色彩有关的职业属火；木材、家具、纸业、种植、布匹服装鞋业、书店等等与木或木制品有关的职业属木。

行走方位：宜西方、本地、北方。忌南方、东方（以出生地为准，并参考中国地图）。

颜色（服饰、家庭布置、用品用具等）：宜以白色、黄色、黑色为主色调，少用红色。

办公、书桌方位：宜背向西或北坐下办公学习。

住房或铺店：宜坐西向东或坐北朝南的房子，大吉大利。

卧房床的位置：宜头朝西或向北睡，朝南不利。

灶炉位置：宜坐南朝北的方向大吉。

吉利数（如房号、电话号码、手机号码、车牌号码等等）：宜用7.8.5.6.9.0为主导数皆吉利，少用或不用3.4。

交朋友方面：宜与虎、马、兔年出生的人交往，吉利；与龙年、牛年出生的人则不宜深交。与人交往时，多与女性姐妹交往大吉；与长辈们交往会常有收获；与上级领导或经理们搞好关系，会受益颇多；要经常与丈夫保持良好关系。不能太好强，忍让为上策，相互多交流与沟通，这样对于稳定家庭百益无一害。在与晚辈们交往时，要特别小心注意，稍有疏忽，钱财就会损于这些人身上去。

疾病与预防：

1）从原命局看，命主从官杀格，一般情况下身体较为健康。若岁运参与原命局，则会有变化了。

2）5岁至14岁，命运为火制不住金，金无水通关，金则克木。防肝、胆之疾，脑神经衰弱，失眠，头痛；甲瘤、甲状腺亢进、脱发等症，防手术之痛。

3）25岁至44岁，命运火太旺，金容易被火制太过，防骨头、牙齿、肺部之疾。

4）55岁后，身旺官杀、食伤、财源同旺，克泄耗多，无水通关，防头部（血压）、肝、胆疾病，防颜面受伤。

祖上及父母：

命主祖上产业不丰，但较有名气。父母家境一般，父亲有官职（正职）。父母皆为能干聪明正直善良之人，身体健康。母寿略高于父寿。

兄弟姐妹：

命主有一个妹妹，家里共2姐妹，命主为老大。兄弟姐妹之间缘分较浅，帮助不大。（注：改革开放的年代，国家实行计划生育了，计算兄弟姐妹往往误差较大，按理城市只准生一个，但有的却生了2个、3个；农村准生2个，有的却生了3个，甚至4个、5个，故我们预测应把重点放在运程与命的组合上。）

婚姻与子女：
1）25岁—34岁走壬午桃花大运，为命主异性缘分特好之运。但家庭方面波动较大。这步运婚不顺的信息特强。如果不好好把握或给予化解，会有感情纠纷，家庭烦恼，甚至是一婚不到头。35岁—44岁走辛巳大运，仍继续注意家庭感情建设，否则婚姻易出现破裂，总之这两步运非常不利家庭婚姻，有很强的克夫信息。

2）命主头胎生女儿，好养好带。若头胎为男儿则难带养甚至有损子息。或者说命主结婚仍难以怀上孩子。这些都说明了一个问题——命主对子息克性大。命中生女儿的概率大，与儿子缘分浅。

大运、流年分析：
命主5岁整上大运。上大运之前，以流年为大运。1972年壬子，日柱乙巳与流年上克下冲，小孩不宜逢驿马冲，故这年命主防手脚摔伤之事。命主右半身有伤痕。1974年甲寅为命主的不顺之年，病（肺方面）或伤之痛耗财，因命岁组合既有刑，又有助忌神火之象，故为灾年。

余年较为平顺。

5岁—14岁，走甲申劫财大运。大运与日支相合，绊住忌神巳火，时干丙火因强根受损而减力，命运又汇成申酉戌金局为喜，对日主有好处。此步运读书成绩拔尖，还是班上骨干。学业顺利，只是身体欠佳。

1975年乙卯与月令提纲冲，不吉利，主易有伤、病灾。1983年癸亥，与日柱相冲，驿马逢冲，主有大的走动之象，比如离家去寄宿读书等。

余为平顺之年。

15岁—24岁，走癸未枭神大运。此步运为最好的运程之一。命主学业有成，考上好的大学，继续读书深造，文凭为大专以上。命主特别好学上进。毕业出来后事业顺利，财运好，人际关系不错。恋爱稍有挫

折，但家庭成立后还是美满幸福的，只是身体欠佳。

1986年丙寅、1987年丁卯，肺、骨头或牙齿方面有疾病。1989年、1990年也为身体疾病而耗财。这些年木火旺克官，恋爱感情有不顺之实。一次恋爱不能成功。余年为发财之年。

25岁—34岁，走壬午正印大运。运干壬水生木破从格。木生火旺，地支巳午戌类汇火局克金，金为官星，既这步运工作事业波动较大，多谋少遂。财运方面有来有去，不聚财，财运不称心。因火旺克官，官为丈夫，防夫星有灾。家庭方面争吵、不和睦。有闹离婚、家庭破裂之危。

1995年乙亥，流年冲夫宫，家庭不稳定，或自己有大的变动（如搬家、旅游、换职业等），或有伤到手脚之事发生。1996年丙子，伤官高透，流年与大运相冲，子午冲为桃花逢冲，有感情烦恼或家庭战争，这年工作（生意）不顺，夫妻不和。1997年丁丑稍好些。1998年戊寅，命岁运构成寅午戌合成火局，时干又透丙火，火太旺克官，有离婚之象。2001年、2002年仍为感情之事烦恼。2002年壬午，与大运岁运并临，若1998年没离婚，这年就有可能离成，且在耗大财之信息（因生意破财或亲人丧事或孩子上学或买房或疾病花钱等等）。2003年癸未，命运岁构成了"巳午未"三汇火局，伤官过旺制官很猛，故今年防丈夫有灾，或者有离婚（今年夏天）之实。总之，今年非常不利婚姻。工作（生意）之事也很不顺利。抑或由病灾花耗巨大。以上所说，或者有一种情况发生，或者都有。2004年甲申、2005年乙酉，也为耗财较大，不利求财之年份，防肝病，骨头之疾。

余年为顺利或较顺利之年份。

35岁—44岁，走辛巳七杀大运。此步运相对上步运要稍好些，但仍免不了诸多破耗，难以聚财。体现在疾病、伤灾方面。命与运仍为火金交战，故疾病方面防高血压、肝病、骨头、肺部疾病。

2007年丁亥与日克冲，与大运上冲下冲，防伤灾。

2013年癸巳、2014年甲午火旺之年，防疾病耗财。

余年为平顺之年。财运好，但破耗也大。

45岁—54岁，走庚辰正官大运。这步运是命主一生的最好运程。

利多弊少，喜事多，精神爽，财源广进，绵绵不断，生意或事业兴隆，成多败少，且这十年中会小有名气。往北方去发展，财数会是一生的最佳数。应该好好把握这十年，可以致富且小有贵气。

55岁—64岁，走己卯偏才大运。此步运凶多吉少。日主有根就破了从官杀之格，衡量命运仍为身弱官杀旺财旺伤食旺，诸多克泄耗，日主身弱多病，花耗较大。财运一般，聚散匆匆。

其中2028年戊申财运最佳，戊己土透天干，地支有卯木通根，身旺财旺，为发财之年。2030年庚戌（即60岁），为命主生死关口，应多加提防注意。

余为平顺或较为平顺之年。

65岁—74岁，走戊寅正财大运。此步运与前一步运相似，属病弱耗财多之运，宜调养生息。

如果能幸运躲过2030年庚戌（60岁）关口，则命主在2040年庚申（70岁）又是一个生死关口。过此关则长寿。

第二节　四柱批命实例选

下述命例选自本书的配套学习资料——"周易实用预测技术系列丛书之四"之《四柱命理实例精解》，仅选取了其中的几个命例，管中窥豹，以见一斑。

例1：八字析属相

```
         杀      官      日      比
乾造：   乙      甲      己      己
         未      申      酉      巳

        乙己丁  戊庚壬   辛    庚丙戊
        杀比枭  劫伤财   食    伤印劫
```

从四柱命理来分析此造的六亲情况：此造为阴男，以偏印为母，以正财为父，以偏财为妻。

1. 分析母亲的属相

阴干己日，其母亲为偏印，而在年支未中丁火为偏印，以未的三合局"亥卯未"分析，卯中主气为乙木，又为命造的七杀，七杀为女儿，也就不是其母亲的分类。应将"卯"舍去。只剩下亥与未，未中虽有丁火，但丁火在申月为死地，需用木来帮扶，应以正官甲木来扶助。而亥中有甲木的帮扶，也就如愿以偿了。由此推断，其母属亥猪。预测者验证是对的，母亲属猪。

2. 分析父亲的属相

以正财为父亲。在月支申中，以申子辰三合局来分析，子藏癸水为偏财，偏财为正妻，而舍去，辰中含乙木七杀，劫财戊土，偏财癸水，没有正财。只有申金中藏有壬水正财，同时亥猪与申金是相生的（金生水）。故而其父属申猴，预测者验证也是对的。

3. 分析配偶妻子的生肖属相

以偏财为妻。

根据一般的法则是，凡男性日坐食神，则暗示其妻必小其三岁以上。若食神旺相，那就小得更多，申生酉月，为当令，可知其妻必小其五岁以上。

从此人未年开始向前数，在小其六岁里只有子和小七岁的丑中藏有偏财癸水，而丑中癸水为余气，子中癸水为本气，用本气而舍余气，故而因此判断其妻属子鼠，预测者也予以验证。

4. 分析兄弟姐妹情况

以比肩为兄弟，劫财为姐妹，此人命局中年支未中藏有己土，日元本身为己土，时干己土。共有三重己土，而断其兄弟三人。另外此人月支申中是戊土，巳中有戊土，甲己又合土不化为异性，戊土有三数。戊土在申中不为本气，甲己合而不化土气不足，由此而断此命造。姐妹们运气较差，兄弟们运气还可以，比女性强。

5. 分析子女情况

在此命局里，日干与时干，是比肩关系，故而头胎为女儿，二胎为男孩。

例 2：命局失衡，命主易有悲丧之痛

```
         比      伤      日      食
坤造：   丙      己      丙      戊
         子      亥      申      戌
         癸     壬甲    庚壬戊   戊辛丁
         官     杀伤    才杀食   食财劫
```

大运：	戊戌	丁酉	丙申	乙未	甲午	癸巳	壬辰
（岁）	1	11	21	31	41	51	61
（年）	1936	1946	1956	1966	1976	1986	1996

命局分析：

日主丙火生在亥月为失令，身命不旺，加之年支子水，日支申金与年支半合容易生水，日支申金与时支戌土拱合，待酉运、酉年、酉月，组成申酉戌金局，加大水的力量，地支一片金水，官杀重重而又不从官杀，反而三食伤一比肩布局成制官杀之象，想制而制不住，只不过是外强中干罢了。女命难免感情受捉弄。如果火土大运流年旺临，增大火土之力，削弱金水之气，形成众土围克弱水，此时官杀一息难存，而食伤猖獗，也会导致婚姻之灾。身弱伤官怕见官。伤干己土虽有时支驻脚，但时支戌土是个两面派，逢土重为伤食，如逢酉运、年即变质为金，金水力量增大，使己土处于飘浮动荡之中，虽有年时干相帮，但虚浮无根，如同水上浮萍，土水交战，水多土荡，己土难存，难免有丧儿之痛。命主小时走戊戌、丁酉大运，食神制杀，劫财帮身，读了私塾，至今能背诵古文。但食伤泄身为忌，吃苦吃亏，只徒得虚名。

1956年，丙申大运，乙未流年，丙戌月，运与年干支都相克，形成火克金，木克土，土克水，未戌相刑，子未相害，亥未拱木，大运申金有丙火盖头难生水，子水失败，第一个丈夫去世。1970年，乙未运，庚戌年，癸未月，未戌刑，两未支子，戌亥为地网，时干与月干戊癸合火，火土加重，官星水受克，命主失去了第二个丈夫。1994年，癸巳大运，甲戌流年，戊癸合火，官杀难透，地支火土加重，巳亥冲，加上甲木生丙火，火生土厚重，子水无助；命主于四月失去第三个丈夫。1998年，大运壬辰，戊寅流年，辛酉流月，地支申子辰合水局，申酉戌会金局，壬水透出亥水增力，地支一片汪洋之水，天干火土无制抑之能。寅亥合木直克己土，克泄交加，己土伤官难存。命主于本年8月丧失了唯一的亲生儿子。

此命主弊病在于食伤易失根基和走火土运年时围克弱水，才有丧子丧夫之痛。正所谓命局失衡，命主易有悲丧之痛。

例3：浅析一飞机失事亡者的命局

```
         印    比    日    劫
乾造：   戊    辛    辛    庚
         午    酉    卯    寅
         丁己  辛    乙    甲丙戊
         杀枭  比    财    才官印
```

大运： 壬戌   癸亥   甲子   乙丑
         5   15   25   35

命主4岁3个月起运。

辛金日主生于酉月得碌，天干又透庚金劫财与辛金比肩，正印戊土生辛金，原局金已成势。古书云："金成秀丽，桃洞之仙。"命主身高一米八，是个标准的美男子。这个八字身旺缺水，午火之力泻于戊土，反助纣为虐。一身旺气无从引透，寅卯财星又被重重庚辛比劫包围，所以这是一个身旺无依的格局。全局几无可取之用神，只能靠大运补救，五行之气不流畅，所以先天就有一种凶象。先天命局卯酉冲，又是金木相战的气势，金旺有气，木衰无力，结果必将是木损金坚，所以金和木的矛盾就是命局的矛盾所在，要化解这个矛盾只有取水来通关，水就是调停两个五行矛盾的大使。原局无水，只能从大运中寻找。

早运壬戌、癸亥，二十年水运，成功化解了原局金木的冲突，矛盾得以调化，金的旺气有水化泄，形成土生金、金生水、水生木的流通格局。所以命主少年智慧早发、学业优异、聪明过人，毕业后成功进入航空公司，成为东航的机组成员之一，此既用神到位之迹象。

大运走入甲子，虽然仍然是水木相生的运程，看似佳美，其实已暗藏凶机。甲子运与年柱戊午天克地冲，甲木的出现引发了群比劫财，失去理智，子水的出现引发子午相冲，子卯相刑，卯酉相冲，使子水难泄金之旺气，也无能力化解卯酉冲的矛盾，这一冲反而让全局变得波动。子午冲是水火相冲，主血光。午中丁火七杀被冲更使日主身旺无制。

飞机失事之流年甲申，流月乙亥、流日甲辰、时为戊辰，流年与时柱庚寅天克地冲，引发了甲庚冲、乙辛冲、子午冲、卯酉冲、寅申冲、子卯刑、寅申刑、辰午酉亥自相刑，如此刑冲战乱，是任何一个生命都难以承负的，更何况冲克太岁和岁君，命局大运均无解救之字，灾祸必至。从八字意象来看：辛金可以类象为飞机，年支午火为头，月令酉金为胸部，日支卯木为腹及生殖部位，时支寅木为脚腿，木为筋，金为骨，土为皮肉，今四柱皆被刑冲，正应粉身碎骨之灾。

命主正是从包头飞往上海的失事飞机的机组成员。如果命主能意识到自己命局的弊端，应从事与水有关的行业，例如物流业、航海业等，并去北方属水方位工作，或许能避免此次事故。

例4：五行太偏枯　英年走末路

女命，一九七九年三月初二日寅时生。

```
         财    食    日    才
坤造：  己    丁    乙    戊
        未    卯    未    寅
       己丁乙  乙   己丁乙  甲丙戊
       财食比  比   财食比  劫伤才
大运：  戊辰   己巳   庚午   辛未
        2     12    22     32
```

简析：乙木日干于卯月得令，于时支寅木有本气强根，于年、日支未土有余气根，同时，月、日支卯未紧贴半合木局，在卯月木旺当令，又有乙木化神引化成功。不过，乙木日干也遭丁火月干紧泄和戊土时干紧耗及己未年柱土行隔柱之耗，颇受损益。终因乙木日干得令又有本气强根，同时根气遍布四地支，且月、日支卯未合化木后，使未土转化为木行，断日干强旺。日干强旺，比劫势众，应取官杀制比劫为用神，财星耗身，食伤泄身为喜神；比劫和印星为忌神。

由于命局五行太过偏枯，缺乏水、金之行，灾咎必定缠身。水行于人体主示肾、膀胱和尿道系统等部位；金行于人体主示胸、肺、大肠和精血、经络等部位。水行于命局前两步运程处死、囚绝地；金行也于命局的第二步运程处死地，这样，命主的身体上，必定早潜上述病因。

己巳大运，2000年庚辰流年，二月己卯流月，二十日壬午流日，命、运、岁与流月、流日组合为寅卯辰三会木局和卯未半合木局，因太岁辰土含有乙木中气根，且二月卯木当值，并有乙木化神引化成功。这样，木旺生火、火旺生土、全局由火、木两行主导，均进行反克，使死绝的水金之行遭受重创！更使命主上述之疾一并复发而遭灾遇劫。由于命、运、岁及流月、流日地支全部组合成木、火之行，使天干戊、己土失去根气，虚浮无依，不受生助，导致旺火无泄，火行于人体主示心脏、小肠、咽、眼等部位，命主还会突发上述之疾。

后得知，命主果于二月二十五日丁亥日不治早故。

例5：命理格局高，的确是好命

张先生之子的八字，1984年公历11月6日辰时生。

```
         比    比    日    才
乾造：   甲    甲    甲    戊
         子    戌    辰    辰
         癸    戊辛丁 戊乙癸 戊乙癸
         印    财官伤 财劫印 财劫印
大运：   乙亥  丙子  丁丑  戊寅  己卯  庚辰  辛巳  壬午
（岁）   1     10    20    30    40    50    60    70
（年）   1985  1995  2005  2015  2025  2035  2045  2055
```

分析：甲木生戌月虽不得令，但天干透双甲比肩，甲又通根于双辰支中，乃身旺中和之命。四柱中四土并列，又值土月当令，为财旺；印星癸水，戌中含戊克之，但辰中有藏，为印星有气。九月乃属秋季，金官有气。综合而得，取癸庚为用，比助木星亦喜，丙丁为补，忌财星。命理格局高，的确是个好命。30岁后行身旺财旺官旺运，事业有成，富贵可许，衣食无忧。10岁—19岁丙子大运，印旺生身，学习成绩优良，班上学习骨干；2004年甲申，申子辰三合印旺，必能考上名牌大学，取得本科学历。八卦中亦有此象，2004年甲申，申为官星值年，财生官，官生印，且申子辰三合父母爻为印旺，金榜题名。

前后四年升学及后运：

1995年至2004年行丙子大运，此为喜用神运，学业有成。1999年己卯，卯使甲日旺气，卯戌合食伤有气；此年学习进步，成绩优良。2000年庚辰，庚为喜用透年，庚冲动甲木，辰子半合印旺；世爻辰才值年，辰生合酉官为合动，辰又为父库，此年学习成绩好，顺利之年。2001年辛巳，辛是甲的官星，为喜用神，巳中藏丙食为喜用；此年学习顺利，考上重点高中。2002年壬午，壬生甲木为枭印生身，午冲子水印；卦中午合未财贪合，午冲初爻父母子水，此年学习成绩没有太大的进步，属平运。2003年癸未,癸水印星生甲木为用神;此年学习压力大,但学习成绩仍保持中上水平。2004年甲申,甲与四柱甲比为旺,申子辰三合印星旺,申为官星值年,喜用神有力;此年家中有喜庆之事,能考上名牌大学。2005年乙酉,辰酉合为官星旺,乙为劫财;此年学习顺利,班级干部,只是耗财比较大。2006年丙戌,2007年丁亥,均为平顺之年。

　　20岁至29岁行丁丑大运,丁为伤官,丑为财星亦是官库,此运为学习工作转折之运,总体言能从事好的工作及单位,事业财运较好,但不如前面讲的30岁以后的运气。30岁至49岁行戊寅、己卯大运,为身财两旺,事业有成,财上大进。50岁至59岁行庚辰大运与月柱甲戌犯天克地冲,且大运与日、时支三辰冲一戌;此步大运有比较大的病或伤灾难,届时宜多加防范。60岁至69岁行辛巳吉运,能安享晚年。70岁至79岁行壬午大运,午冲子为印星有伤,此运大体不吉。

例6:水木两旺,却论日干偏弱
1968年农历一月十四日卯时生女

```
         杀       食       日       劫
坤造:   戊       甲       壬       癸
        申       寅       子       卯
      庚壬戊   甲丙戊    癸       乙
      枭比杀   食财杀    劫       伤
大运: 癸丑   壬子   辛亥   庚戌   己酉   戊申
岁:    2     12     22     32     42     52
年:  1970   1980   1990   2000   2010   2020
```

命局分析:
　　此造日主壬水生寅月,寒气余微,寅为泄身之地,古论失令。但日干自坐子水强根,又得时干劫帮,年支生扶,其势不弱。惜真正动态组合不尽人意,不仅子根左右逢泄,时干之劫也坐下卯木旺泄之,助身不是很有力。年支虽为生扶，但隔柱，又逢寅月，为绝地逢冲，生扶之力也不足。

综合分析定论：生帮日干之力均受局限，表象金水多却都难以尽力发挥作用，加之寅月木旺又透，使水之强势流向木五行食伤，故论此造日干偏弱。月柱甲寅干支一气，又得时支一强根，在干中有生无克，在支中也得子水之生，且可转换申冲之力，所以可定论木五行食伤强旺。年干戊土透出，地支无强根，又受月柱天干甲木紧贴相克，实为食神制杀有力，故七杀论弱。年支申金在寅月为绝地，又有相冲组合，天干不透，故申金论弱。

此造整个命局实为水木两旺，但寅月寒气尚存，当考虑用火调候，惜局中无明火，故层次有所下降。木旺用火泄也可使命局五行流通，且与用火调候信息同步。但是，如果不考虑实际命局组合，而只看调候的话，则会有些误差。如此造假设地支在岁运遇巳火的话，巳火虽可调候，但正好与命局组合成寅巳申三刑，就会伤及用神申金；如用午火调候，又会与用神子水相冲。所以火虽能调候，又能化泄强旺之木，使之五行流通，但新的组合走向却均不利命局。这种一反一正的分析模式，能把命师推向更高层次。

综合分析可定：此造喜用金、水印比，忌神为木、火、土食伤才官。

1.看命主的性格

此造金生水为用，而且局中食伤强旺，命主便有以下特点：头脑聪明，计谋点子多；仪表俊丽，喜欢漂亮爱打扮；能歌善舞，能说会道，活泼好动，说话爽快，坦白直接。也因此有时说话不注意分寸而失言伤人，不经意中会得罪别人。命主是一个感性之人，易感情用事，好表现自己；懂得人生，会享受，有口福；命主有努力奋斗的精神，但与官方无缘，所以难近官贵。命主另有一面特性，就是个性较古怪，不服输，不愿拍马奉承。却喜欢别人的奉承语言，难以接受与己相反之意见；平常虽性情开朗不愿与人争执，但真正与人争执起来就显得格外强硬；命主有时想法很固执，难以转弯，有神经过敏之象。以上这些特性使命主难近官贵，故一生与官无缘，命中注定常有忧愁等事缠身而难以自拔。

2. 看命主的文化层次

因聪明、能说会道、反映能力较强，命主有一定的自学能力，小时候读书成绩好，又因命局食伤强旺，体现命主愿耍小聪明，过于活泼就会体现出调皮之个性，也就自然会影响到学业。所以断命主文化层次不会很高，命中注定难有缘分进入高等学府深造，为中等专业技术学校毕业。

3. 看命主的父母

父为财，丙火偏财藏月令寅木中，为有强源，但隐而不透，又近申子，故论弱，断父亲能力一般；火在支中藏，难为命主所用，又断命主与父缘分浅薄。母为印，庚金偏印在年支，年干戊土生扶，看似母亲有能力从事印一类的文教系统工作，但月柱甲寅双体冲克年柱，故层次明显降低，也能力一般，也不会有什么大的名气与富贵。断母与命主表象有缘分，很愿意呵护命主，但实际却心有余而力不足，命主受益有限。年月二柱天克地冲为不利父母，断父母不和，而且必有离异。根据限令断父母离异较早，实为命主幼小时期。

4. 看命主的兄弟姐妹

命局分析以印比为用，故兄弟姐妹可帮命主，也能起到一定的作用。根据八字可断命主有四个兄弟姐妹，其中会早丧一个。局中有壬、癸、子三个明水，故现有三个，年支申中藏一个壬水，但逢寅月绝地又相冲，故断早丧一个。

5. 看命主的儿女

月柱食神双体，在局中强旺，根据阳生阳为同性，阳生阴为异性，断命主为生女孩之象。食伤在局中强旺，断女儿个性较强，好努力奋斗，会有一定的成就；食伤旺又有生源，断女儿读书成绩较好；但食伤旺而无泄，断其女才华无处发挥，很难得到社会的肯定，须调解方可提高层次。

6. 看命主的婚姻

此造水木两旺，最终为木旺，木为食伤，食伤旺必克官星，女人食伤旺必克夫，断命主婚姻会有不顺。根据以上分析的命主个性，也可认定其夫妻间必有矛盾，命主为感性之人，用情多为一厢情愿，丈夫难以完全理解妻子之情，而且丈夫思想杂乱，主意不定，容易见异思迁。丈夫虽脾气温和，但终与命主努力奋斗之想法有一定的差距，所以可断婚姻不顺，离婚实属必然。

7. 看命主富贵贫贱层次。

八字中食旺无泄，官弱受制，木旺泄身有力，证明命主的自身能力欠缺，要想富贵就有所局限了，故断命主难得官贵。但命主在局中只是偏弱，又能证明命主有一定的自身能力，不会是贫穷之命。

第三节　四柱批流年范例

前面所述各章节是批流年实务中主要项目，均是大项目。除此之外，尚有零碎小事无法列项，且各章节间尚有关连，有整体性，须将大小事项连成一气，其连成广泛需跨年度及项目串联，无法以简单文字叙述，谨以实例介绍的方式表达如下。

以下有四位坤造，前三位均是上班族妇女，注重职场上是否平安顺事及人际关系发展。至于夫妻，由于夫妇各自上班，白天少碰头，晚上只想休息，相处的时间有限，自然珍惜得来不易的空档，夫妻摩擦的机会不多，夫妻恩爱不在话下，即使偶有争吵，说开就好，除非太岁冲及夫宫克及夫星，而遭克重，否则实不必专列一夫妻项，只要在六亲项下提到便可。若命主指明夫妻是批流年重点，那仍需列项批写，即所谓消费决定生产方向。后一位坤造不是职业妇女，在家相夫教子，不必有工作项目，丈夫财运几乎是自己的财运，也不必标明财运，所以财运及工作两项可以略去，但指明健康状况不佳，大病没有，小病不断，健康是批流年重点，要在健康上多些笔墨。

这四位坤造的甲戌流年运势如下：

 圆通达观（下）

例1：女，1957年10月29未时，顺生大吉

坤造： 丁　壬　丙　乙
　　　 酉　子　寅　未

大运： 癸丑　甲寅　乙卯　丙辰　丁巳　戊午　己未　庚申
　　　　7　　17　　27　　37　　47　　57　　67　　77

1. 淑造诞于小寒节前十六天七时辰，当推生后五年五个月又十六天六时辰起运，即每逢癸、戊之年四月十一日丑时交脱大运。

2. 此时虚岁三十八岁，正值丙辰大运第二年。流年甲戌。

3. 岁次甲戌流年运势如下：

（一）性情

1. 个性固执，凡事坚持己见，难于沟通。
2. 思想容易偏激，无法中庸思考。
3. 处理事情，偏离中道，往往有失公允。
4. 心情较郁卒，落落寡欢，特立独行。
5. 不喜欢与人交际，不容易表达自己的想法，以致内心痛苦无法说给周围亲友知道，他人也不知自己内心想法，形成隔阂，下半年这种状况会改善。

（二）财运

1. 今年偏财运不佳，凡投资、机会中奖等等均不宜，换言之，得到偏财的概率低，不必妄想横财。
2. 正财运很好，在工作上薪水收入可望增加，所以今年钱财会缓慢增加，会快速累积。

（三）工作

1. 职业中，文书作业比较混乱不安，因有他人来捣乱，所以增加文书处理的困难。宜小心防范。
2. 下半年与上司相处情况不佳，不易得到上司赏识，而且上司对自己的观感亦不佳。

总之，职业上大致平安，有困扰，但不致动摇根本。下半年很忙碌，非常累人，年过后就会好转。

（四）健康

今年健康上大致平安没事，但吃药的机会多，不过均是小病，不足忧心。

（五）人际关系

1. 因心情落落寡欢，对新朋友没兴趣，不热心。

2. 与老朋友往来比较少，少与朋友谈心。应常与朋友聊天，有助于心情乐观。

（六）六亲

1. 父亲的健康、事业走下坡。

2. 与母亲之间问题较多，关系较为驳杂，应谨慎处理。

3. 母亲健康状况不佳。

4. 与婆婆相处不佳，自己会出现讨厌婆婆的思想，因为自己有这种思想，导致婆婆也有相对的思想出现，应注意改善，防范上述情况发生。

5. 与丈夫的关系大有改善，过去两年丈夫压迫自己的情形在今年已经没有。上半年夫妻和睦，下半年夫妻关系走下坡，冲突在所难免。但双方势均力敌，自己略占上风，七月份冲到夫宫，应尽量让夫。

6. 不喜欢儿子，且儿子身体毛病较多，常近医药。

（七）总论

今年运势上半年还可以，下半年忙碌烦心，与人冲突渐多。虽如此，但与去年相较，实大胜前景，日子好过得多。

例 2：女，一九六四年十二月十三日子时，顺生大吉

坤造：	甲	丁	己	甲				
	辰	丑	巳	子				
大运：	丙子	乙亥	甲戌	癸酉	壬申	辛未	庚午	己巳
	4	14	24	34	44	54	64	74

1.淑造诞于小寒节后九天一时辰,当推生后二年十一月又二十四天八时辰起运,即每逢丁、壬之年十二月初八申时交脱大运。

2.现在虚岁三十一岁,正值甲戌大运第八年。流年甲戌。

3.岁次甲戌流年运势如下:

(一)性情

1.特别重视名誉、面子、信用。

2.深具男人缘,男子喜欢接近,宜谨慎处理。

3.凡事容易三心二意,拿不定主意。宜坚定立场,不宜优柔寡断。

4.有上进心,想有更进步的发展。出人头地的愿望特别强烈。

5.遇事以合作、妥协的方式来完成,不喜欢竞争。

6.思想灵敏,注重规律。不会任性,容易节制欲望。

(二)财运

1.今年正财运不错,工作上的收入会逐步增加,且捷足先登,击败竞争者,财源不会被他人拿走。

2.偏财运不能如意,凡有投机性或机会中奖的事皆不宜,此种偏财得到的概率不高。

3.有多人竞争的财利,可以打败竞争者而到后。

(三)工作

1.容易得到上司的嘉奖、褒扬。

2.容易击败竞争者而出类拔萃。

3.以男子为对象的工作容易完成、成功。

4.与同事相处不十分和谐,应注意人和;虽自己有打败同事的实力,但不宜过度竞争,他人自然敬佩。

(四)健康

1.四肢、皮肤容易受外伤,须注意防护,尤其九月、十月。

2.出外莫争先逞强,四肢易外伤,故不宜骑机车。

3.容易有妇女病,不可掉以轻心。

(五)人际关系

1.与男子的人际关系较具成功。

2. 由于自己表现不错，常把他人比下去，所以难逢知音。

3. 虽得他人敬重，但曲高和寡，有高处不胜寒的感觉。

4. 难逢知己，无法得到友情温暖，朋友比往年少，但下半年可改善此状况，朋友渐多。

（六）六亲

1. 今年冲到父宫，与父亲的关系不和谐，且父亲的事业、健康都走下坡路。

2. 与兄弟姐妹的关系也不好，宜有耐心。

3. 与丈夫的感情很好，丈夫的社会地位大大提高。

4. 与子女的情感较差。

（七）总论

今年运势大致不错，所谋易成。财源进多出少，胜于同僚、朋友，且容易出人头地，自然成就非凡，是有收获的好年。

例3：女，一九六三年三月二十三日丑时，顺生大吉

坤造：	癸	丙	己	乙
	卯	辰	丑	丑

大运：	丁巳	戊午	己未	庚申	辛酉	壬戌	癸亥	甲子
	7	17	27	37	47	57	67	77

1. 淑造诞于立夏节前二十天六时辰，当推生后六年八个月又二十五天起运，即每逢己、甲之年十二月十八日丑时交脱大运。

2. 现在虚岁三十二岁，正值己未大运第六年。流年甲戌。

3. 岁次甲戌流年运势如下：

（一）性情

1. 凡事拿不定主意，心头乱纷纷，三心二意。

2. 深具男人缘，男人喜欢接近，有桃花之象，宜谨慎。

3. 自己拿不定主张，但别人意见又听不进，有固执己见的心态。

4. 具有强烈上进心，思想灵活，善计谋。

5. 特别注重面子、名誉。

（二）财运

1. 今年正财运很好，薪水可望增加，并能兼职以增加收入。

2. 偏财运很差，举凡机会中奖如抽奖，投资购买股票、六合彩赌博等行为均不宜，以免破财外带纠纷麻烦。

3. 民间搭会则可以参加。

（三）工作

1. 工作环境较复杂。

2. 在工作场合容易有异性垂青，造成困扰不安。

3. 今年更换工作，可有较高的职位和较高的薪水，六月份有机会。

4. 在职场上可以击败竞争者，崭露头角。

5. 适合管理工作。

（四）健康

1. 今年皮肤容易受伤，尤其四肢更要严加注意。

2. 八月四肢有血光之灾，所以尽量注意刀的使用安全。

3. 既然四肢易受伤，宜注意交通安全，尽量选择安全性较高的交通工具，莫争先莫抢快，尤其四月、九月应防。

4. 今年羊刃出头，受伤流血在所难免，但无生命之忧，小心为要，不值得担心。

（五）人际关系

1. 在外与人容易冲突，但最后以妥协合作的方式予以化解。

2. 由于朋友宫逢冲，难逢知音人。

3. 虽有冲突，但以喜剧收场，竞争者，反对者都屈服了。

（六）六亲

1. 父母的健康与事业渐走下坡。

2. 母亲的健康、安全不佳，与母亲情感也不和，少与母亲见面，有接触时宜多顺从母亲意见，尽量避免冲突。

3. 与姐妹关系不好，时有冲突，应多忍让。

4. 下半年家内多有冲突，门庭难安，正是多事之秋。诸事纷纷扰扰，当耐心处理。

5. 年底与夫冲突大起，忍之为安。

（七）总论

大致上今年容易出人头地，所谋易成，财源易进，只差人事纷扰，皮肉之伤所在多有，其余差人意。

例4：女，一九五三年八月初六寅时，顺生大吉

坤造： 癸　　辛　　丁　　壬
　　　　巳　　酉　　卯　　寅

大运： 壬戌　癸亥　甲子　乙丑　丙寅　丁卯　戊辰　己巳
　　　　10　　20　　30　　40　　50　　60　　70　　80

1. 淑造诞于寒露节后二十五天九时辰，当推生后八年五个月又十五天子时辰起运，即每逢丁、壬之年一月二十二子时交脱大运。

2. 现在虚岁四十二岁，正值乙丑大运第三年。流年甲戌。

（一）性情

1. 今年羊刃出头，脾气暴躁，性情凶悍。
2. 所谓"战则逞威，弱则怕事"，若与人冲突定占上风，威风凛凛，但遇事时又畏首畏尾，思前顾后，无法处理。
3. 正印主事，心地仁慈，聪明、领悟力高，求知欲强。
4. 依赖心强，缺少独立精神。思想天真，不切实际。
5. 个性木讷，不喜表达自己的意见，与人沟通较难。
6. 不愿表达情感，以致郁郁寡欢，宜改善半封闭状态。
7. 凡事想得过于美好，以致不能如愿，失望较多。

（二）健康

1. 正印当令，印化官鬼，不遭凶险，所以大致平安。
2. 虽然平安无事，但原局水有问题。

癸水坐于巳火之上，易熬干。壬水坐于寅木之上，易泄气。

所以壬癸水皆弱，逢甲木当权又泄水气，以致水更弱。壬为膀胱、三焦，癸是肾、包络、眼睛、月经。

3. 泌尿系统、循环系统容易失调。换言之，有肾、膀胱、妇女病等问题。这是原局结构上的毛病，一时也无法解决，只能平日多注意保健，少食容易上火的食物，不熬夜，尽人事而已。

4. 幸亏水虽弱，但八月生人，水已进入气将旺，所以不致有大乱子，然造成困扰总是难免。

5. 原局壬癸齐透克丁火，且壬合克丁火，丁无从逃避，丁为心，心脏先天就不强，但今年甲木助丁，丁暂时不会有事，明年亦同。

6. 原局五行结构：土藏于巳火寅木中，只要不出现，就不会被克。甲戌年戌土现出被木克，下半年胃部有毛病，尤其九月。

7. 羊刃出头，容易有血伤。

（三）人际关系

1. 正印当权，印主文书，文书方面容易出差错。诸如支票遗失、契约错误之类，所以凡文书签字、单据保存等多加注意。

2. 羊刃出头，容易与人冲突，改善脾气即可。

3. 原局丙火被癸水盖住，朋友不多，加上正印自我封闭，更是知音难觅，下半年略有改善。

（四）六亲

1. 印为母，今年母亲难安。

2. 印忌伤食：与子女的感情较疏远，讨厌子女吵闹，且需注意子女健康。

3. 夫宫羊刃透出，丈夫脾气不好，卯戌化火，夫妻感情不错。

（五）总论

今年运势：1月、2月、9月、10月比较差，其余月份平平，因印化去麻烦，自然平安度日。

第四节 八字综合批断

例1：八字预测的精髓
男命，出生时间：农历一九七三年四月廿四日寅时

乾造： 癸　　丁　　壬　　壬
　　　 丑　　巳　　戌　　寅
大运： 丙辰　乙卯　甲寅　癸丑　壬子
　　　　7　　17　　27　　37　　47
　　　1980　1990　2000　2010　2020

对这个四柱断了以下几条，反馈都对。
1. 此人为一普通工薪阶层，无富无贵，但衣食不缺。
2. 父寿高于母寿。
3. 妻子相貌平常，有点凶悍，夫妻关系不和谐。
4. 兄弟姐妹四人，遇事难帮。
5. 体弱多病，多半是肠胃、泌尿系统、心脏和眼睛有毛病。
6. 性格内向，抑郁多烦闷。
7. 小时候1979年有过一次伤灾。
8. 1995年结婚，1997年婚上不顺或因财生灾。
9. 2000年顺利。
现对这个四柱的矛盾形式及变化规律进行一下详细分析。
（一）命局分析
（1）基本矛盾
　　这个命局最主要的矛盾是日主弱而无助与忌神源远流长的矛盾，即身弱顺流到官杀，官杀旺而克弱身，主凶兆。
　　先看日主，日主为壬水，生于巳月休囚之地，坐下戌土七杀克身，时支寅木泄时干、日干壬水，月干丁火坐下巳火旺耗日主，年支本气为

官，八个字中有五个字对日主不利。能帮助日主的有时干壬水，可惜壬水时干坐下寅木泄耗，帮助日主力量有限。年干癸水劫财亦可帮助日主，且癸水坐下之丑为湿土，内含癸水、辛金，似乎有用，但毕竟丑本气为土，水虽有气但不是很旺，更重要的是被月干丁火坐下巳火阻隔。丁火坐下巳火干支一气均为火，火势猛烈，犹如一堵熊熊燃烧的火墙，把四柱的水分成两部分，一部分是年干癸水与年支藏干癸水，另一部分为日主壬水和时干壬水，水虽不少但相互隔离无法直接连成一片，只能隔着火墙摇旗呐喊，年干癸水与丑中藏干癸水只能通过减损月干丁火、月支巳火的旺势来间接帮助日主。日主弱如有生我的印绶亦好，可惜四柱干支无明金，只有年支丑中藏干辛金，月支巳中藏干庚金，日支戌中藏干辛金，为静而待用，须待透出才能生助日主。从而可见日主偏弱应取金、水为用，木、火、土为忌仇神。

再看忌神、仇神，四柱五行流通构成了日主生食神、食神生财星、财星生官杀、官杀克弱身的不利局面。

1）日主生食神： 日干壬水和时干壬水连成一气生时支寅木，此生为直接相生，相生力大，从而造成对寅木有利，对壬水不利的态势。在水生木中，年干癸水及其坐下藏干癸水，不能直接生时支寅木，因为癸年干有丁火月干阻隔，对日主壬水是气势相帮，对时干壬水也是气势相帮，对时支寅木为气势相生。

2）食神生财星： 时支寅木生月支巳火，本来时支寅木与月支巳火为隔支，本应为气势相生，相生力小，但因寅巳相刑，此刑为生刑，即寅木生巳火，寅木与巳火之间构成特殊联系，有特殊联系的时干支本为直接相生，相生力大，但考虑到寅木与巳火之间隔了一个戌土，所以寅木生巳火的力量比气势相生的力量略大一点，比直接相生的力量略小一点。

3）财星生官杀： 月干丁火、月支巳火连成一气生年支丑土、日支戌土，月支巳火与丑土、戌土本无特殊联系为相邻相生为气势相生，但月干丁火与年干癸水，癸丁相冲是特殊联系，月干丁火与日干壬水相合也为特殊联系，这样一来，随天干合冲之地支也构成特殊联系，即巳火生丑、戌土为直接相生，相生力大，对丑、戌土有利，对丁、巳火不利。

4）官杀克弱身：日支戌土克日干壬水为直接相克，相克力大，对日主不利，因日主与时干壬水连成一气，所以戌土对时干壬水实际也为直接相克。年干癸水坐下丑土为截脚也对水不利。

综上所述，该四柱五行旺衰为土最旺，火次之，水第三，木第四，金最弱。土与火比较起来因土有两个火相生无金泄，火只有一个寅木相生有两个土泄，且天干三水夹克丁火，所以土最旺，火次之。

（2）基本矛盾在现实生活中的表现

现结合前面的断语分析该命造在现实生活中的情况：

1）此人为普通工薪阶层，无富无贵，但衣食不缺。

分析：无贵即无官，此命造日主弱，官杀为忌神，旺而克日主，表现在现实生活中即为常受小人欺凌，一生无官之兆。

为什么会无官呢？因为官杀又为人在现实生活中所面临的矛盾、问题，印为解决问题的办法、靠山，财星是占有欲，食伤是才能技艺的表现，日主生食神就是自己表现自己的才能，食神生财是通过表现才能希望获得回报，占有财物，财生官杀是由于有了占有欲要想获得某种东西而需要解决的矛盾问题。日主身弱顺流到官杀而无印就是没有什么本事却有表现欲，并希望通过表现占有某种东西，由于这种占有欲又带来很多问题需要解决，而因为无印，所以没有解决这些问题的办法、靠山、关系。无法解决问题，矛盾就是没有能力的表现，既然没有能力，没有靠山当然不可能做官了，自然地位低下易受人欺侮。

无富指发不了大财，日主身弱不担财，所以在 37 岁以前走丙辰、乙卯、甲寅三步大运不可能发财，因为丙辰运丙火帮助财星，乙卯、甲寅运都是生助财星使财更旺身更弱，所以无法发财。37 岁以后走癸丑、壬子、辛亥、庚戌大运，一路金水旺运，帮助日主，似乎身旺财亦旺，要发财了，可是为什么还断发不了大财呢？这就要从命局的组合来说了。

日主财星丁、巳火，戌中藏有丁火，寅中藏有丙火，数量已是不少，又有寅木相生，财源茂盛，似乎很旺，但由于月干丁火在天干受到一个癸水、两个壬水两面夹击，月支巳火又和年支丑土、日支戌土直接相生，两土泄火有力，所以丁、巳火并不是很旺，只能算中和。而走癸丑运，天干癸水冲月干丁火，地支丑土泄月支巳火，使丁、巳火势顿减；壬子运亦一样，壬水合月干丁火，运支子水克月支巳火；辛亥运还是这样，辛金运干生助四柱天干癸水，壬水克月干，亥运支直接冲克巳火。这三步运都使丁、巳火势顿减。四柱的年干癸水，在运干运支的帮助下就能越过火墙，直接帮助日主，这样一来财星丁巳就偏弱了，而日主壬水由身弱变为身偏旺，身旺比劫劫财，依然发不了财。此命前半生是身弱财旺，身弱不胜财，后半生是身旺财弱，比肩劫财，都主发不了财，真是造物弄人，一生难有大的成就。

　　为什么是工薪阶层，衣食不缺呢？从命局组合来看：四柱天干有三个水，一个火，水旺火弱；四柱地支2土1火1木，无明水；从天干地支综合看，天干水略占优势，地支火土占主导地位。这里需要特别指出的是虽然从整个四柱来看水弱火土旺，但单从四柱天干看，由于天干呈现三水夹击一火，所以天干水略占优势，或者说天干水火基本平衡。正是由于这一组合的存在，所以日主在走前三步大运丙辰、乙卯、甲寅时，不会由于大运生助财星而过度失衡，不至于导致夭折或重灾发生，所以日主生命得以延续。相反由于大运的加入，使四柱天干由水旺火弱转为水火相对平衡，正是由于这一相对平衡，所以命主得以衣食不缺，财源不断。从四柱地支来看，由于地支无明水，不会造成地支火土与水相战，相反，由于乙卯、甲寅运都属木，所以一定程度上能减轻地支土对天干水的克力。再说后三步大运，由于癸丑、壬子、辛亥大运的加入使四柱形成天干水和地支火土相对平衡的局面，所以虽由于天干丁火受克而略有破财，而仍能维持衣食不缺的境遇。

2）父寿高于母寿

实际情况： 日主母亲于乙卯运己卯流年病逝，父亲至今健在。

分析： 从四柱来看印星为母，印星仅地支藏干中有，弱之又弱，而印星的忌神财星就旺得多了，虽然生印星的官杀土很旺，但土多金埋，对印星也是不利。己卯流年属乙卯大运，岁运地支都是卯木，即岁运并临，不死自己死别人，应在母亲身上，二卯木合日支戌土，卯戌合化火，火克印星金，所以母亲病逝。此四柱还有一个不利母亲的信息，年支丑逢空亡，年干为父，年支为母，年支空为母空。

从命造来看财星为父，前面已论述过财星中和，官杀旺而泄财星，生财星的食神相对较弱，但从前三步大运看丙辰、乙卯、甲寅，使财星力量增强，生助财星和泄耗财星的力量相对平衡，所以父亲高寿。父亲成就大于母亲，以财星为核心来看，克火的水是财星的官杀。任铁樵在《滴天髓》中说身旺不怕官杀混杂，所以此造的父亲做过一点小官。

3）妻子相貌平常，有点凶悍，夫妻关系不和谐。

分析： 日主身弱财星、官杀为忌神，日支坐戌土七杀，七杀旺而克身，主妻子凶悍，财星为忌神亦主妻子对日主不利。壬戌日为阴阳差错日，阴阳差错煞最凶，年月日时莫相逢，若非残房因孝娶，花烛迎郎不自由。阴阳差错主男女婚姻不和谐。子午卯酉妻貌美，寅申巳亥妻敦厚，辰戌丑未妻平常。日主日支戌土主妻相貌平常。《滴天髓》说："财星清而妻美，财星浊而财富"，此造财星不清不浊，亦主妻相貌平常。

4）兄弟姐妹四人，遇事难帮。

分析： 兄弟姐妹四人者，年干癸水，年支藏干癸水，时干壬水加上日主壬水共四个水，而印星不明现，生水乏力，所以兄弟姐妹数不可能超过四个，天干水占优势，火处劣势，年支中癸水和辛金涵养水源，所以兄弟姐妹都能存活。遇事难帮是因为丁巳火墙阻隔，把水分成两部分，比肩、劫财为用神，但无法直接帮助日主。后三步大运癸丑、壬子、辛亥，比肩、劫财又为忌神，所以终身难得兄弟姐妹之力。

5）体弱多病，多半是肠胃，泌尿系统，心脏或眼睛有毛病。

实际情况： 日主从小体弱多病，从1988年、1989年开始是近视、前列腺炎，近年又添颈椎病，颈椎发病时压迫血管、神经引起头昏，一眼看去，面部皮肤油腻发亮，显系肠胃湿热所致。

分析： 先说近视，丁火为眼，月干丁火受天干三水夹击，所以丁火受伤有眼疾。近视始于1988年戊辰，属丙辰大运，岁运地支并临冲日支戌土，戌土中丁火受损，流年干戊土透出狂泄月干丁火，丁火既受癸水、壬水夹击，又受戊土狂泄，为克泄交加，所以眼睛开始近视。

前列腺炎属泌尿系统疾病，五行属水，日主为壬水，受戊土七杀旺克，丁火泄耗，本就偏弱，加上前三步大运丙辰、乙卯、甲寅一路木火，正是屋漏偏遭连夜雨，船迟更遇顶头风，不生病反倒不正常了。

颈椎病和头昏，颈椎属骨，骨骼在中医属肾，肾属水，故颈椎的五行属性为水。头主神志、神明，在中医属心，心属火，血管也属心，属火。因颈椎病变压迫血管神经从而引起头昏，用五行来表述就是水克火，使火减弱。正和四柱天干三水夹击一丁火相契合。

皮肤油腻发亮，体质虚弱是由于肠胃湿热，消化不良引起。脾胃为土，命局土最旺，在一个命局中最旺的五行所代表的五脏易患的病症为实症，弱的五行代表的五脏易患的病症为虚证。此造两土有两火生之，热就重了，两土之上又盖着两水，使这两个土既湿又热，表现在生理上就是脾胃郁热熏蒸，面部油腻发亮，自然由于肠胃有实症引起消化不良，饮食精微难以濡养身体，表现出体质虚弱。究其原因，实在是由于出生时阴阳五行之气影响了新生儿五脏六腑的功能，引起人体五脏六腑功能的不平衡，进而引发人体病理改变。

6）性格内向，抑郁多烦闷

分析：《滴天髓》这部命理宝典中有这么一句："阳明遇金，郁而多烦。"正合这个命造。本造印绶为金，隐藏于年支丑中，月支巳中，日支戌中，而明火有月干月支两个，戌中还藏有丁火，寅中还藏有丙火，金本能化土泄火，但因金弱土重，无法化解矛盾，所以金受克，表现在现实生活中就是所求不遂，有一点办法又不能施展，故而抑郁多烦。加上日主壬水偏弱，一般说来，日主偏弱之人性格内向，日主偏旺之人性格外向，所以日主为内向性格。

（二）运程分析

（1）命局组合遇运程干支所引起的变化及用神

甲木：命局在大运、流年、流月、流日、流时遇甲木时，能泄耗日主，生助月干丁火。

乙木：命局遇乙木运程时，亦是泄耗日主，生助月干丁火，但其泄日主之力较甲木小，这是因为日主与甲木都是阳干，日主与乙木是一阴一阳。

丙火：命局遇丙火时，壬丙相冲，对日主不利，丙火能助月干丁火。

丁火：命局遇丁火时，丁壬相合，对日主不利，月干丁火为得到旺源。

戊土：命局遇戊土时，戊土为七杀克身不利。

己土：命局遇己土时，己土为正官，克身力比遇戊土小。

庚金：命局遇庚金时，壬水得同性相生，为吉。

辛金：命局遇辛金时，壬水得异性相生，受生力较庚金小。

壬水：命局遇壬水时，为得旺源，最吉。

癸水：命局遇癸水时，亦为得旺源，但因是异性相帮，力量略小一点。

子水：命局遇子水为得地，因年支为丑，所以子丑合，加上命局其它支无水，子水无法直接帮助日主，为气势相帮，相帮力较天干之水直接相帮力小，所以运程走地支水运不如天干水运帮身力大，子水对日主的帮助是通过与年支丑土相合，作为年干癸水之强根，达到增旺年干癸水，耗减月干丁火来实现的。

丑土：命局遇丑土时，丑土与日支戌土相刑，使土动而克日主，不吉。

寅木：命局遇寅木时，寅巳相刑，增旺财星巳火忌神，对日主不利。

卯木：命局遇卯木时，卯戌合火，在不化的情况下戌土受克对日主有利，在化的情况下化为忌神对日主不利。

辰土：命局遇辰土时，辰土冲日支戌土，使土发动克日主，不利。

巳火：命局遇巳火时，为遇忌神不吉。

午火：命局遇午火时，为寅午戌合化火局，天干有化神丁火透出，因化神丁火受伤，所以此火局处在半化不化的状态，对日主不利。

未土：命局遇未土时，为丑未戌三刑土旺克日主，大凶。

申金：命局遇申金时，巳与申合，减弱忌神巳火，寅申相冲，冲克仇神寅木，都对日主有利，但遇申时，巳与申合，申金力量有减，并且申金没有透出对日主只能是气势相帮，较天干走庚辛金运时帮身力小些。

酉金：命局遇酉金时，巳酉丑合金局，但因金没有透出，不能成化，帮身力小，只能是气势相帮，巳酉丑合金局是巳火生丑土，丑土生酉金，减弱了火土力量，所以还是比较好。

戌土：命局遇戌土时，为日支伏吟，土旺而克日主，不吉。

亥水：命局遇亥水时，巳亥相冲，使巳火减弱对日主有利，但因命局地支无明水，不能与日主构成直接联系，相帮力小。

以上是针对命局遇运程干支的静态分析，从实际运程来看，大运、流年、流月、流日、流时不可能只有一种五行，因此情况就会变得千变万化需要具体分析了。

命局用神：因身弱，故金水为用神，因地支火土旺，所以地支如遇金，就能变成木生火，火生土，土生金，但此地支之金必须透出才能直接相生日主，因此日主遇庚申、辛酉运就能化解命局的主要矛盾，使身弱顺流到官杀，官杀克弱身转化为五行大全相，即日主生寅木，寅木生巳火，巳火生丑戌土，丑戌土生辛酉金，辛酉金生日主，五行流通，生生不息，最为吉祥。在遇庚申、辛酉运的前提下再遇甲木运就更是锦上添花了，因甲木可化泄天干三水生月干丁火，使命局天干处于平衡状态。

以上用神的分析只是结合四柱进行静态分析得出的一种理想状态，实际运程不可能这么完美无缺，所以我们只能退而求其次了。同时由于岁运的加入，用神也是不固定的，是可能变化的。

（2）岁运分析

1979年：丁巳运己未年，火土更旺，流年与命局构成丑未戌三刑，土动克水，日主受伤。实际此年日主与其它小孩一起玩耍被扔来的石块砸破前额，血流如注，至今留有疤痕。

1980年：丙辰运庚申年，前面分析过庚申为好运，但因日主还小，此好运落在其哥哥身上，实际是因日主父亲得到消息，以后退休，子女不能接班了，故提前退休，由日主的哥哥接班参加工作。

1988年：丙辰运戊辰年，此年是命主命运转折的关键点。前面丙寅、丁卯两年日主走忌神运，财星坏印，日主读初中成绩极差。到此年岁运并临冲戌土，本来火土为忌神，但此岁运构成了从杀格，故日主成绩一跃而上，奠定了次年考上中专的良好基础。

戊干可合年干癸水使其不能帮日主，日主在天干孤立无援，岁运地支又冲动日支戌土，克日主壬水，日主四面受敌，不得不从杀。寅木和丁巳火，因未与岁运构成特殊联系，没有发动，且寅木生巳火，丁巳火生辰戌丑土，力量最终落在土上，故对从杀局没有破坏。此年日主眼睛近视，前列腺病开始产生，都是由于形成了从杀格。

日主反馈：因成绩极差，受人歧视，受到刺激之后发愤读书，每天除睡觉之外，连吃饭、走路、上厕所都在读书，成绩在短短两三个月内突飞猛进。

1989 年：丙辰运己巳年，此年本为忌运、忌年，但此年日主考上中专，原因就在于上一年打下了成绩基础。

1990 年：乙卯运庚午年，寅午戌三合火局，卯戌合化火，火势猛烈，日主因前两年用功读书引发神经衰弱，常年失眠，药品不断。

1991 年：乙卯运辛未年，地支丑未戌三刑，土旺克日主，天干乙辛相冲，此年日主因同学无故骚扰，一怒之下将其咬伤，出了点药费后事情平息。丑未戌三刑克日主为同学无故骚扰，辛金为办法，得丑未戌三刑相生而生日主，为得理不让人。

1992 年：乙卯运壬申年，此年日主中专毕业参加工作，年支申金化土生日主故大吉。

1994 年：乙卯运甲戌年，日支戌土伏吟，运支与流年支、日支戌土相合，为有人介绍女朋友，因岁运皆为忌神故未成。

1995 年：乙卯运乙亥年，此年下半年结婚。流年支亥水冲克月支偏财巳火，去掉偏财，留下正财，且正财丁火得大运干支，流年天干相生为正财旺，而亥水为壬水日主禄地，因与日主没有直接联系，故帮身力小，需待下半年水旺之时方能成婚。此年结婚全在于亥字乙字，亥字去偏财留正财，相助日主使身旺，乙字生丁火使正财旺，身旺。正财旺，六冲之年仍可成婚，与上年甲戌六合不成形成鲜明对比。

1997 年：乙卯运丁丑年，财旺身旺，因财星生灾，与妻子闹离婚，破财。

1998 年：乙卯运戊寅年，食伤旺而生财星，七杀透出克日主，工

作调动到一个较差的单位。

1999年：乙卯运己卯年，岁运并临母亲去世，岁运并临合日支生一男孩。

2000年：甲寅运庚辰年，辰戌相冲土旺本不吉，但好在辰上是庚金，金可以化泄辰支旺土，并生助日主，克制忌神甲木，此年大吉，工作调动到一个较好的单位，收入增加。

（三）改运方法

改运的方法多种多样，其核心是根据阴阳五行的原理，改变命局五行力量对比，从而达到改运目的。据我个人浅见，要改变命运关键是要改变人的五脏六腑不平衡的状态，进而由改变生理，改变心理，改变性格，改变人际关系，改变待人处事态度，从而改变命运。古人云："修身、齐家、治国、平天下。"其立足点在于修身，修身分生理和精神两个方面，辩证唯物主义认为，物质决定意识，所以生理是心理的基础，这一点已为现代科学所证实。美国科学家正在研究大脑生化反应对抑郁、躁狂症的影响，一位美国科学家甚至以夸张的口吻宣称："每一个扭曲的灵魂背后，都有一个扭曲的分子基础。"

改变五脏六腑病态的最有效方法是中医方剂，但祖国医学博大精深，就是专门的中医医生，配方亦未必科学，更不要说门外汉了。且是药三分毒，人参大补也能杀人，没有绝对的把握不应轻易尝试。那么中医专家看到这里可能说我没问题了吧，其实还是不行，因为尽管你精通医学，但你对四柱知识了解又有多少呢？四柱几十万种，组合各异，加上岁运更是千变万化，我们常见到专门进行四柱预测的人面对同一个四柱发表不同看法，仁者见仁，智者见智，争执不下，那么谁又能保证自己对某一四柱看法一定正确，所取用神一定准确呢？且用神随着岁运加入还会变化。

现依个人愚见对此人四柱改运提出以下建议，并请各位方家指正。

（1）因辛酉为肺，故可多锻炼肺功能，多进行深呼吸，使肺气足，自然能化土生水。

（2）因辛酉为印，为办法，为心计，为文，为靠山，所以遇到问题应多想解决办法，多读书，扩大知识面，增加智慧，寻找师长和支持自己的人，搞好人际关系，作为靠山。

（3）因财星主占有欲，占有欲多了，带来的矛盾自然就多，所以清除内心过分的欲望，可以减弱财星对日主的损耗。

（4）不去追求官位，无官一身轻，压力自然小，活着就不是太累。

（5）比劫为干劲，遇事不懒惰，积极想办法解决。

（6）积极治疗自身所患之病，病治好了，日主自然就是变旺了。

其实1.2项是增加印星力量；3.4项是减轻财官忌神力量，5.6项是增强比劫力量。

圆通达观（下）

第二章　名人命理破解

很多人也特别关心娱乐圈的新闻，我自己也不例外呢！我以娱乐圈及政界名人，甚至历史人物做例，将十天干用神的掌握和批算方法，详细为大家介绍。以名人做例证，好处是大家对这些人物的性格、背景和际遇均十分熟识，在我对其四柱作出分析后，大家很容易便能掌握及理解当中的道理和窍门，可以大大加快学习进度。

这是我首次将十天干对应于每种用神的方法，一次过向公众披露。从以下的例证中，大家会发现四柱用神妙及不可思议，令人震惊。四柱学是泰山北斗的学问，值得每个人花时间好好研究和参详。

一、甲木天干

郭××

乙	丙	甲	×
巳	戌	辰	×

乙酉	甲申	癸未	壬午	辛巳	庚辰	己卯	戊寅
3	13	23	33	43	53	63	73

在命理学上，甲木人的用神有三大特点。

凡甲木人，必须见到丁火才精神和有作为。甲木人在四柱中必须见到丁火，即使藏干亦可以。没有丁火的话，其人必定死蛇呆鳝。这是第一个标准。

第二个标准，由于甲木是参天大树，必须依靠下雨，才可得到滋润。因此甲木的第二个用神是癸水。

甲木必须经过雕琢，才可以成材。甲木第三种需要的是庚金。

甲木人的用神必定走不出丁火、癸水和庚金。

在甲木人的四柱中，假如同时出现丁火、庚金和癸水这三种元素，代表此人的用神非常充足。假如只有其中两种，明显地，余下所欠的，便是此人之用神。

我现在举郭先生八字做例。

在坊间有两个郭先生八字在流传，一个属癸水，一个属甲木，如以甲木为论，有些奇妙的玄机。

他贵为四大天王，称得上是成功人士，但近年他的运气渐走下坡。

他本身是甲木，生于戌月，戌字收藏了丁火。甲木遇到丁火，此人必定很精神，很有活力。换句话说，甲木人没有丁火，便失去冲劲和上进心。

郭先生生于戌月，属火多，因此非常活跃，精力无穷。他已得到命中第一种用神。

第二关，甲木需要庚金。大家再看戌，戌字没有庚金，此人庚金？未必！

因为年份的"巳"当中收藏了一块庚金，代表甲木尚且可被雕琢成功。但能否攀到最高峰？这是疑问，理由是庚金躲藏起来，不能出头。

再看他的大运。五十三岁时，大运是庚辰，代表他要到此时，才可真正遇到庚金。在五十三岁前，这块木欠缺雕琢，未能成为最好的木。

第三种用神是癸水。在他二十三岁时，大运中出现癸水。当他三十三岁，大运进入壬午，午字包含丁火，明显地，他的命局失去癸水。

甲木生于戌月，在季节上属于争秋夺暑，虽然进入秋天，但依然很热、戌字收藏了丁火和戊土，这是很热的命局，藏有大量丁火，此命局的用神是水，而且是癸水。

如何补救这个命理呢？其实很简单，只要称他做"阿发"，他便一定发。周润发所以发，因为他要癸水，而他叫"阿发"，癸水也。

郭先生虽然不够水，但他的运气尚算不俗，因为上天有爱人之德。他需要庚金和癸水，而他姓郭，郭字包含子水和斧头边，亦即是庚金，他的性氏其实包含一半庚金，一半癸水。

由此可知，他在二〇〇三年的癸未年比较行运。在一九九六年的丙子年亦有较好的发展。但二〇〇三年之后，他要一直至二〇〇八年的戊子年，才可以再次有运。那时他正好进入辛巳大运，得到庚金和辛金去生水，由那时起，他可以另有一番作为。

这命局需要癸水，因此他忌见马，马即是午，子午相冲，午火会冲走子水。他目前正进入午火大运，若他一生最易犯错的时候，也是当他处于极热的地方。他穿红衣，驾驶红色车，必定出事，引致他的事业受阻。

南方属火，澳洲是他的死地。他曾在澳洲出事，命中忌火忌马，明显之极。

从四柱中，我们可完全找出一个人运程起跌的个中原因。

进入二〇〇四年甲申年，他本可大翻身，可惜为马会作代言人，结果只得小翻身，可惜得很！

二、乙木天干

在之前的部分，我已通过一位乙木男士作为例证，向大家介绍乙木日元的特征，及所需之用神。这位男士是谁？我称他做"神秘人"，大家猜猜吧！每周日晚上大家都见到他。

乙木与甲木的最大分别，乙木乃柔弱之木，甲木是阳木。阳木可接受庚金的砍劈，但阴木不能受庚金砍伐，因为乙木不能雕琢，否则便会折断。

乙木最需要的用神，是癸水和丙火。乙木人如生于冬天水多，是一株发霉的木，需要丙火去给予温暖。

乙木人生于夏天，八字很热。但阴木不能受煞，因此不能用金去生水，方法是用湿土去散热。

```
×  ×  乙  ×
×  午  ×  ×
```

举例乙木人生于午月，命局很热，一般人以为用金水来救。在这情况下，所需五行其实是湿土。

湿土以两字来代表，一是"辰"，另一是"丑"。乙木不喜欢用金，这是秘诀，是快而准确的方法。乙木尽可能不要用金，饿命理论是一般性，再深入时，便有另一次的演绎方式。即使乙木日元生于卯月，也不会使用卯的对家"酉"去冲击卯，因为乙木忌庚金砍劈，即使身强，也不喜欢用煞。

在刚才的例证中，那个乙木到最后很讨厌辛金，理由在于此。除了忌金砍劈，乙木最忌辛金的理由，是辛金将乙木最喜欢的东西抢走，那便是丙火，乙木最喜丙火。

乙木需要阳光和水，没有太阳便浑身不舒服。乙木需要南北向的元素，需要丙透、癸透，然后再加一点财星。

加财星的意思，冬木需要未土和戌土，即加进热财。夏天要加进丑土和辰土，使之拥有湿财。大家由此明白，何以有些人喜欢吃羊肉、养狗，因为羊是未，狗是戌。亦有些人喜欢在家中摆设牛或龙的装饰，说穿了，其实都是五行作的怪。

神秘人在"辛巳"年遇难险些丧命，你能不信八字神数的神妙吗？

三、丙火天干

梅女士

```
癸  壬  丙  ×
卯  戌  戌  ×
```

 圆通达观（下）

癸亥　甲子　乙丑　丙寅　丁卯
9　　19　　29　　39　　49

　　谈到丙火，要解释这个人何以死去，此人是梅女士。要捕捉丙火人的命理，紧记，丙火人最喜欢见壬水，最忌见土。这是速成法。
　　无须理会春夏秋冬的分别，总之死记一个要诀，丙火人无论身强身弱，遇壬水必为用神。即使命中水多也要水，这便是窍门。
　　何以你批的命不准？因为你不明白这窍门。
　　逢丙火人遇土，必定行衰运。当中的理论，是太阳必须遇到江河，才能产生一种天清气朗的舒服感觉。当太阳出来的时候，假如漫天沙尘，整个影像便会变得浑浊。
　　丙火日出生的人，奇怪地，特别讨厌泥土。
　　古支："丙火猛烈，欺霜侮雪。能煅庚金，逢辛反怯。土众生慈，水猖形节，虎马犬卿，甲来成减。"
　　这首诗告诉我们一个道理，丙火只需要很少的元素，已经可以身强。
　　梅女士的八字是丙火生于戌月。此人一辈子也像个太阳，可惜身处于污尘密布的环境之中。那些污尘是什么？
　　丙是火，火生土，火生之物，令整个环境污尘密布。女性所生代表子女，子女亦即是徒弟，原来她的徒弟愈多，她愈行衰运。这是根据她的八字而论。
　　其次日元属火，生于火土季节，火极旺，戌字与卯又合成火。在她一生之中，有两种元素令她的火更旺，一是代表徒弟的戌，另一种是卯木，木生火，这是她的母亲。
　　我们由此知道，梅女士并不喜欢她的母亲和兄弟，因为她不需要母亲。她的火已极旺，兄弟使她的火更炽热，代表抢去她的财。但木还有克土之功能，令其出位，这解释了有水的木还是可以，母亲变成亦正亦邪。
　　此八字那么热，何以她能够成为梅女士，成为一代歌后。
　　在乙木的例证中，曾举出癸水和丙火是乙木人的宝，凡天干出现此两种用神，尤如持着两颗神秘宝珠，可以横行无忌。此人其实有如神仙托世，本身最需要的东西，天生下来已经拥有，这是神仙的八字，只不过下来凡间受点苦，然后便返回天上做神仙。

梅女士的命局，与上述情况相似。丙火最需要的壬水，在她的命中已经本有。壬水是谁？如果丙火代表女性，壬水便是她的情人。

换句话说，在她的八字中，她极度渴望情人。可是她永远都嫁不去，因为八字中有一股强大的势力，对她不断造成干扰，那便是戌土。

戌土埋藏了戊土，只要戊土存在，每逢癸水出现，都被这个戊土合成火。这八字那么热，戊癸当然可以成功合火。这代表什么？

每当有癸水的老公走近时，戊土便会出现将癸水赶走，令癸水在命局中完全失去作用，戊土是谁？刚才已说了。而癸水代表女性的子宫，亦代表肾功能、耳朵和嘴巴。

当癸水不断撞向戌的时候，令癸字一直出问题。当行至丑土大运，命局中已有两个土，当再撞入多一个土，便出现生命危险。

三种土撞在一起称为"三刑"。梅女士死于癸未年丑月，乃死于三刑，即三个土的刑煞之下。她在上半年似乎突然好转，因为上半年行癸未年的"癸"字。但当上半年结束，即到了八月八日之后，病情便急转而下，理由是进入下半年的"未"，未是热土，再加上她在晚上子时烧衣纸。这一切命中注定。

刚才已提过，一个人的四柱能不能救，要看再下一个大运是否出现解救密码。到底梅女士的四柱是否有救？答案是"否"，因为她在丑土运中生病，当进入丙寅大运，寅是木火的长生，她被烧至烈火焚身。再看下一个大运是丁卯，一样全部是火，她是必死无疑。

大家由此明白，丙火人最怕土，最需要壬水。

假如丙火日元生于寒冷及很多水的冬天，那又如何？在命理的理论上，丙火并不怕水，只怕见土。丙火生于秋冬，同样需要水去生木。秋冬天的丙火喜欢木，也同时需要壬水，这是丙火的特征。

四、丁火天干

李先生

```
×  ×  丁  ×
辰  辰  ×  ×
```

甲申　乙酉　丙戌　丁亥
34　　44　　54　　64

丁火与丙火的最大不同之处，丙火特别喜欢做善事。丙火人无论身强身弱，有钱或无钱，均喜欢担任慈善、或教育的工作。

丁火则相反，丁火人特别喜欢赚钱、存钱。丁火人的最大特征，是丁火人很捱得，而且特别长命。新马仔、毛泽东等均是典型的丁火人。相对来说，丙火人比较短命，耐力和持久力不及丁火。

在八字上，凡阴性日元比较长命，阳性日元较短命。阳命的人，要死便马上死去，不会拖延时间。阴命的人，即使生病，也要拖拉一段长时间才会真的过世。

丁火假如生于水多的季节，当然身弱，但丁火只要一种东西便不再身弱，便是甲木。丁火一见甲木，一切都变得很好。丁火命人无论生于哪个月份，凡身弱者，必以甲木救之。丁火一见寅木，便马上翻生，这是最快的方法。

可是丁火靠什么去引甲木出现？大家要留意，甲木并非靠木来引，原来是靠庚金。庚金是一把斧头，专劈甲木。丁火人要甲木的同时，亦要庚金，才可保障甲木源源不绝。

因此弱命的丁火人最易医治，只需用甲木，然后加少许庚金，便可解决问题。庚甲并见，为丁火必备。

丁火是一只蜡烛，如不非常旺，举例八字中出现水局，或出现汪洋大海，如何救丁火？唯一的方法，是用很厚的泥土去制衡河流，那便是戊戌之土。

丁火在四柱上有庚金的话，此人自然好命。有甲木的话，自然行运。遇到汪洋大海，以戊戌之土救之。

李先生的八字是丁火命人，一生人最擅长做生意。生于辰月，辰为湿土，当中暗藏乙木，但那是湿土。他一生最需要的用神，是甲木。

当大运行至甲木，他有很好的发展。当行至申和酉时，申酉与命局中的辰合成金，而金便是他的财。只要他获得充足的木火去生旺本身之丁火，便可成功收揽所有财富。

由三十四岁行甲木运开始，他进入甲乙丙丁木火大运之中，他既做官，亦发财，一直都有很好的财运。

但之后他不能参政，理由是进入戌运。大家由此明白一种道理，丁火人要成功，非靠官星，乃是要自己身旺身强。

过去他做官的时候，非行壬水官星运，乃是行甲木运。大运的戌原来属火，但戌与八字中的辰字互冲，这时出了问题。李先生的命局出现两个辰，当两个辰字撞向一个戌，明显地，戌被赶走，而辰的水库被打开，令日元的丁火更加飘摇。当他行至戌运时，便从官场中退下来。

当他进入丁亥大运之后，假如他重新参政，或可有另一番作为，因为他有五年丁火运。在这五年中，他在政治上仍具有影响力，理由是他拥有丁火，但当然比不上甲木那么好。因为甲木可以撑开泥土，即克制着泥土，然后用木去生火。丁火欠缺化煞之能力，不能克制泥土。

要补救这命局，方法其实很简单，在家中养一只猫便可以！

五、戊土天干

舒女士

丙	壬	戊	×
辰	辰	戌	×

辛卯	庚寅	己丑	戊子
4	14	24	34

戊土是一种帮助众生去防洪的命格，江泽民、邓小平等均是戊土人。我教大家一个最快的捷径，凡戊土人补救要老虎，即是要猫。

卯是寅木。分拆这个寅木，当中包含甲木、丙火和戊土。这代表你作为一块泥土，见到很多同类之后，有甲木去松开泥土，使土不致太多，然后源源不绝有火去给予温暖。

戊土之特色，必须厚重，才属于好命。戊土人必须身强，才有运行。身弱的戊土人一定行衰运，因为戊是黄河长江旁边的泥土，责任是防洪，这块土必须强旺，才能够表现本身特色。不够分量的话，便不能担当防洪职责。因此戊土愈强愈有运行，戊土人不怕身强，只怕身弱。

大家批命时，不能一概而论地说凡五行适中便是最好，原来并非如此。戊土倾向于喜欢身强，最忌身弱。

戊土的人三大灵丹，是丙火、癸水和甲木。打开戊土人的命局，只要局中有足够的甲木、癸水和丙火，便可以行运。

在过去香港的知名人士当中，有一人曾经在某段时间突然很红，但很快又沉寂下去，这一位是戊土人，此人是舒女士。

我们看她的命局。她本知属戊土，凡戊土日出生的人，最好不要出生于"戊戌"日，因为戊戌是一个很孤辰寡宿的密码。八字中凡见戊戌，大多数做尼姑或和尚，否则便要做妓女。

古代妓女和尼姑属同一种命，都是苦命人。现代社会比较好，僧侣普遍较受尊重。在古代，出家与行乞的人一样，皆一无所有，才被迫出家，或沦落青楼。戊戌这个密码，在古代是刑克父母、刑克夫婿的八字。

戊戌是一块如此坚硬的土，最适宜防洪，为大众奉献和牺牲。在舒女士的命局中，戊土必须见到癸水，才获得滋润，而她的辰宫中藏有癸水。

戊土第二种需要的用神是丙火。她的八字中亦拥有丙火，虽然并不太强。

第三种戊土最需要的是甲木，她有没有甲木。

当她十九岁至二十四岁时，大运见寅。凡戊土见寅，便平地一声雷。江泽民的八字，便在行寅木运的五年中，贵为国家最高领导人。

她在十九岁至廿四岁时，无端端声名大噪，那是进入寅木运的关系，令她拥有一切，在那段时间红到发紫。

可是之后她进入己土运。己土固然没有甲木，但问题并不在于此。她在辰月出世，逢辰月出生的人，变化特别多。

大家是否仍记得，甲己能够合化土？好需要甲木，但命局行至己土，每当有甲木出现，都与己土合为土，即是完全没有木！

木于她来说，甲木克戊土，甲木是她的情人。

她在廿四岁时，当甲己一合，她突然间失去情人！那个情人原来存在，但突然与大运结合而消失，这便是她的痛苦之处。由于甲木为她的用神，她比任何人都痛苦，因为她最珍贵的东西突然消失。

换句话说，在十九岁至廿四岁这段时间，她拥有情人。但廿四岁后，便失去情人。

究竟这个情人何以突然放弃她？我们尝试从四柱中去追查。

假如她是戊土的话，己土是谁？便是她的姐妹。我们可以狠批，她的情人必定认识了另一位比她更漂亮，更年轻的女性。当她行完己土运之后，能否挽回这个情人？

己土之后是丑土。丑收藏了己土、癸水和辛金，代表己土又再次与她的甲木结合。不过这种结合与之前有点不相同，因为这个己土躲起来，较之前为好，但一样出问题。从她的命局可以知道，她极度饥饿情人。拥有大量甲木的男士追求舒淇，可能一举成功。

由于她饿甲木饿到七彩，二〇〇四年是甲申年，她在这一年的上半年会较兴奋、活跃，也有较多机会结识异性。可是当踏入戊辰月，她又失去情人。要获得甲木，要待至第二年的寅月才有机会。

这是生于戊土而欠甲木之八字。以丙火、癸水和甲木这三种元素去分析，便很快可掌握戊土人的八字用神。这是速成法，无论面对哪一种天干，以这种方式，很快便能捉摸到运用哪一种元素控制八字。

六、己土天干

周先生

乙 辛 己 ×
未 巳 卯 ×

庚辰　己卯　戊寅　丁丑　丙子　乙亥　甲戌
4　　14　　24　　34　　44　　54　　64

己土与戊土一样，需要太阳，因此需要丙火，也同样需要癸水来滋润。可是己土不再需要甲木。刚才已提到过，凡阴性命不喜欢刑克。己土怕见甲木，尽可能也不用甲木。

假如八字用神要木，那只能用乙木。己土可以接受乙木，但不接受甲木。能接受少许木，不能有太多木。己土人当中有一个很好的例证，便是周先生。

他是己土生于巳月，即蛇月。逢蛇月出生的人，运气必定较好。我们亦要知道，"巳"代表"不忠不孝、不仁不义"。巳喜欢变节，假如巳身边出现酉或申，巳与申合成水，与酉合成金。但在这个四柱中，巳没有变节，我们找不到巳有变金或变火的倾向。这四柱中有未，凡有巳亦有未的话，四柱上称为"拱午"，即躲藏了午火，代表一过火便会马上烧着。换句话说，这人"巳"百分百属火性。

己土与戊土一样，需要丙火和癸水。巳当中收藏了丙火，这四柱属身强。己若遇到"午"为禄神星。但己遇"巳"，彼此属阴性，只是羊刃星。这是什么意思？

日元本身属土，八字中亦有很多土，但这一种并非亲的土，而是掺有杂质的泥。换句话说，此人无论如何成功，最终亦不能达至最巅峰境界，因为四柱本身有一种缺憾。

他本身是己土，同时亦有丙火，只要加上癸水，便可完全成就。可

是他的八字中没有癸水。这时奇怪地，名字发挥了很大作用。

周先生自小被称为"发仔"，"发"便是癸水，"仔"是子水。大家由此明白，发字不能随便用，因为发即是癸。他被人称发哥其实不太好，称发仔对他较有利。即使到了六十岁，也要被人叫发仔，不要叫发哥。因为发哥少了一个癸水。他在四十四岁后进入丙子大运，子即癸水，丙火与癸水两合，代表他在这段时间，有能力再起风云。但四十四岁至四十九这五年当中，虽然他有很多机会，但始终欠运，因他进入丙火运中，癸水仍然欠拳。他由香港进军好莱坞，是三十九岁至四十四，即大运行丑的时候。这段时间他有较好发展，比丙火运为佳。他本身属土，土克水，水便是他的妻财，他从三十四岁开始入亥子丑的水地，代表他在那时间行妻运。

水生木为子女，木是他的子女宫。大家已知，他的太太曾经流产。他的八字出现一种现象，巳本身有很多火，未与卯一过亥，便成三合木局。

这情况与梅女士的例证相同，梅女士的月支是戌，凡有癸水走近，均被戌合成火。在周先生的八字中，巳本身很热，凡有木走近，都被烧焦，因此必须制服巳字，才可使木的子女成长。即使"巳"不再变成火，巳遇酉或丑变成金，金一样制木，使木无法生存。他在这段时间失去胎儿，因为虽然有木，但最终亦会失去。

如何使他有木而不会失去？机会很渺茫。当巳遇到申，于是变成水，水能生木，他才有机会得子女。二〇〇四年为甲申年，这一年他其实有机会得到子女，亦有可能在这段期间收养子女。只要他留胡子。

在他的大运中，可预见他在晚年有仔亦有个女。从四柱推断，他的明天能够见到子女。他一直有搬屋之习惯，其实只要在风水中，配合东及东南角，可生子女。

他大运中的子水，很可能冲开极热之午（拱午），令巳申可以成功合水，使他获得子女。这代表他有可能收徒弟，或收养子女。如他非独子，甲乙木亦代表兄弟的子女。

过去他不能有子女，因为巳与未经常眉来眼去合成火，使未的木库也变成火,只有卯仍然是木。但卯每次走过来的时候,都被巳火烧焦,造成卯木不能成为子女宫。这是八字中最大的麻烦。

还有另一点,他忌甲木,即是忌女儿。假如他有女儿,便会破坏整个八字的格局,令他声誉受损。但他是否一生也没有机会得到子女?那亦未必。

当他年轻的时候,在他十九岁至廿四岁行卯木运时,最有机会得到子女。在寅卯辰木地的三十年后,他有最佳的子女运。但三十九岁之后,原本丑的湿土可以散火,但巳酉丑合成金,金劈木,他在这段时间又失去子女的缘分。

七、庚金天干

梁先生

甲	壬	庚	×
午	申	×	×

癸酉	甲戌	乙亥	丙子	丁丑	戊寅	己卯
9	19	29	39	49	59	69

庚金是一块很顽强、顽劣的金。庚金是强金,与辛金有很大分别。庚金命人必须见到丁火,才有好运。庚金没有丁火,只不过是一块烂金,永远不能成材。凡庚金命的八字必须提供大量丁火。但只有丁火仍然不能生旺庚金,丁火永远封面要甲木。甲、丁、庚在命中上为一种三角组合,互相紧扣在一起,庚金必须见丁火和甲木,才可以成就成材。

凡四柱中丁甲透庚金,便是最好的命格。有一个人的四柱中开始透出丁甲,此人是梁先生。

他是庚金日元生于申月。这是当时得令的密码,代表易出头及快成名,本身已具备优厚的条件。他在甲午年出世,甲字中了第一个头奖。

午当中藏有丁火，这个密码不容忽视。

属金而生于金旺的季节，是强金，用神必为木火，木是甲木，火是丁火。他四十九岁至五十四岁时，有五年丁火大运。庚金是阳金，丁火是阴火，火克金为正官星，正官星又为用神。二〇〇七年是丁亥年，这一年有丁火，亥字亦包含壬水和甲木，全年均为他的用神，他在这一年有点运。

不过大家要留意，他在二〇〇七年为五十三岁，即已进入丁火大运的最后一年。当他进入丑土运之后，他的法力便会突然消失。因为丑土没有丁火，即是没有官星。土能够生金，因为湿土最易生金，但他的用神是木而非金。

换句话说，即使他在二〇〇七年成功，有很大可能性由于一个错误，在第二年便失败。那是从四柱中可以推敲出来。不过单看二〇〇七年，这一年是他最巅峰的时刻。他的四柱金多，要水来泄化，丁亥年再加上大运见丁，他需要的密码在这一年全部齐备。

既然庚金那么强顽，要不断用火去煅炼，考考大家，庚金在什么情况下才会死亡？当庚金遇上三会或三合火局，便会死亡！除了庚金，甲木遇到三会火亦会死亡，因为甲木最忌太多火。庚金只需一个丁火。假如"寅午戌"或"巳午未"等会成火局，庚金会被溶化以至消减。但当然也要视乎四柱之用神。如寅为用神，寅为忌神，便代表有危险，因为庚金最怕烈火去烧熔。

八、辛金天干

李先生

戊	戊	辛	×
寅	午	未	×

己未	庚申	辛酉	壬戌	癸亥	甲子	乙亥
10	20	30	40	50	60	70

圆通达观（下）

庚金是典型要火去煅炼的人，可以承受烈火，使其锻炼成材。换言之，庚金人倾向需要木火。辛金刚好相反，辛金并不需要火。

辛金倾向喜欢寒冻，辛金本身无论有我寒冻，也宁愿继续冻下来，不要火来烧，因此不能一概而论，说凡辛金命生于冬天，便需要火。

辛金怕见丁火，丁火一克制辛金，辛金必定遭殃。辛金的命即使很冻要火来温暖，也只要丙火而不要丁火，理由是丙与辛可以合化成水。

辛金要丙火去给予温暖，但到最后亦变成水。

辛金之用神倾向要水，而且必定是壬水。因为辛金用土来生，土生金使这块金充满污泥，要使辛金脱胎换骨，一定要用壬水来淘洗。绝大多数的辛金，要用己土来生旺自己，然后用壬水去淘洗。假如四柱很冻，可以加少许丙火，即是太阳，便相当足够。

因此辛金的用神是己土，壬水和丙火。

有一种情况大家经常见到，便是辛金身边全部是土，称为"厚土埋金"。意思是土中有丁火，火能生土，厚土埋着金，令金很热，感到很辛苦，用水来滋润泥土，而疏土必须用甲木。疏土不能用乙木，疏者，要将泥土松开。乙木是一枝树枝，用树枝去松土，一用力便断，因此必须用甲木才能疏土。

"辛金软弱，温润而清。畏土之多，乐不之盈。"

意思即辛金最怕土太多。如你是辛金，你最怕母亲太宠爱你，或父亲太风流，令你有很多母亲，使你厚土埋金。辛金命人如果父亲风流，便一世无运行。厚土埋金的意思，即不能出头。

在政界之中，有一人是厚土埋金，此人是李先生。我们且看这位辛金命人在政坛中发生什么事。

李先生的日元是辛金，生于火旺季节。午火对于辛金为正官星，即是他适宜做官。但实际上他又不宜做官，因火是他的大忌。

午火蕴藏他最讨厌的东西，便是丁火，因此他不宜做官。大家要留意，虽然他在政界很有名，但他从来没有做过官。他并非为政府做事，只是当反对党。他不能做特首，因为他一直被午火燃烧着。

之前已说过，逢辛金倾向于喜欢寒冻，不喜欢热。这八字极热，寅木是热木，午火是火，未也是热土，代表辛金被丙丁二火包围着不断燃烧。

庚金与辛金之最大分别，庚金是烂铜烂铁，辛金是金银首饰，是矜贵的珠宝。矜贵之金被火燃烧，代表此人经常忧心忡忡，因为不断受火的煎熬。

他必须行至湿土或水运时，才可如鱼得水。他在四十岁进入壬水运，辛金遇壬水，可洗所有不干净，令辛金回复漂亮。从他四十岁开始，贵为御用大律师，成为法律界及政界名人。

不过他要真正赚钱，是当水生木的时候。他在那段时间可以赚最多钱。当他五十岁时，大运的癸是湿润之水，可以生木，木于辛金为财富。何况之后的亥运与八字的未合成木局，亥党有壬水和甲木，造成他由五十五至六十五年中，可以赚最多钱。

辛金固然需要壬水去淘洗，因此当他行亥水运时成为民主党的党魁。亥运之后进入甲木，甲木可以疏土，但有一不好处，便是木能生火。木在他的命局中是需要，但不能够曝光，一曝光便会被火烧去。

甲木是谁？便是他的妻子，他的妻子不能出现，一出现他便受煎熬。

辛金一定要见壬水，才可以吃得开，才可真正成功。他的壬水已经在四十岁出现，接着下来的，虽亦有他的用神，即是不错，但未至于能洗他的污渍。了当中有癸水，代表他有运行，有水来滋润，可以继续生存下去，但更上一层楼的可能性不大。

假如他在四十岁的大运非"壬戌"而是"壬申"，他可能有机会做特首，因为"戌"是他的致命伤，阻碍他整个政途。戌与寅及午合成火局，但火非为他的用神。火于他是官星名气，这代表一种恶劣名声。他的声誉从这时起，铺排了不利因素。二〇〇六年，他的运道很有问题。

癸水原本极滋润，但八字旁边太多土，特别是戊土，造成土遇上癸水，很容易变成水。月份控制整个八字之温度，午绝对有很多火，由于火不为他所要，代表官星和名气为他带来负面声誉，招来恶劣批评，原因也在于此。

辛金与庚金的分别，凡阳性较少烦恼。阴性必定多愁善感，喜欢自寻烦恼，忧国忧民。阳性命人按原则做事，很快便忘记痛苦。阴性命人感情用事，特别容易招揽痛苦。

九、壬水天干

罗先生

| 庚 | 戊 | 壬 | × |
| 寅 | 寅 | 午 | × |

| 己卯 | 庚辰 | 辛巳 | 壬午 | 癸未 | 甲申 |
| 6 | 16 | 26 | 36 | 46 | 56 |

壬水是阳性之水，属于不易招揽痛苦那一类人。壬水人只有一种痛苦，便是乾塘！壬水是黄河长江之水，壬水乾塘，当在极度痛苦。

凡壬水人必须一辈子有非常壮旺的壬水，才可以行运。也即是黄河长江宁愿泛滥，都不宁愿干涸。虽然黄河泛滥会造成伤害，但这一条仍是黄河，仍可以存在下去。假如黄河没有水，这一条不再是黄河，只能做黄水。甚至黄渠，于是黄河不再存在。因此壬水的人要威、要巴闭，必须肥壮强大而不能瘦弱。壬水人身弱，代表遇到大灾难时，便捱不过去。

四柱中丁壬合木，当壬水遇到丁火，如合化成功，壬水变成木，便不再存在。大家由此明白，人往往最易死于合局，因为一合局便代表失去自己，从此淹没人间。

合局在四柱中非常重要，代表某种五行突然消失。这代表某人突然过去，或失踪，或者失去发言权，或受其他人所控制，失去自我。

举例合局后变成子女，代表父母被子女所克制和欺负，完全失去地位。

对于壬水日元，有足够的金去生水为最重要，因为壬水人必定要

壮旺。

有一位壬水日元的人，他的四柱非常飘忽，有时有壬水，有时没有。有时他仿佛很红，很威，但有时又很沉寂。有时他赚到很多钱，有时却很穷。在二〇〇二年，在火最多的壬午年，他因犯伏吟而过去。此人在十六岁时遇上庚辰大运，辰有一可爱之处，除了变化多端，它特别喜欢一个密码，当遇上这个密码，便会无端端由辰变成强劲的金，那便是酉。要金的人见到辰，马上行运。

四柱中的主角在十六岁之前行卯木运，那是他最差的时候。那时他在一间裁缝店学师，认识了时装界的刘培基。十六岁之后，他除了做服装，也开始与朋友组乐队唱歌，由那时起，他的发展相当顺利，也开始在夜总会登台。此人便罗先生。

从廿六岁开始，他逐渐走红，当时他正行至大运的辛。辛有很多金，金生水，辛是他的母亲。

一九七六年，他在那段时间能够脱胎换骨，因为壬水人最喜欢的，便是亥，即是猪，也即是家字。他以家变成名，并非靠小李飞刀。但飞刀是庚金，对他亦相当有利。

罗先生最红的时候，仍未有红磡体育馆。虽然他经登台，但实际的所赚的钱并不多。红馆的启用约为一九八三年之后，那时他的大运进入巳，明显不能令他有大突破。他必须遇到丑或酉，才可以有所作为，但那段时间他碰不到这些机遇。

当他在三十六至四十一岁行至壬水大运时，那是一九八六年至一九九一年，他灌录了几许风雨，事业上稍有起色。但午字一直对他做成极大牵制，也在这段时间埋下了危险的伏笔。

午火是他最讨厌的。当他到了四十一岁，他非常不开心。到了四十六岁，"箩记"这个名字开始出现，这个称号对他有没有好处？其实一点好处也没有。箩是用木做，即甲木。记是己土，土克水，箩记这个名字对他一点帮助也没有。明显的，他其实不能叫箩记。当他在五十一岁进入未土运，在五十二岁便过世。

五十一岁前的癸水运对他有一点作用。但大家要知，壬是黄河长江,那一点点的癸水雨露,对壬水帮助不大,即使癸水很强旺,亦不能发挥作用。何况命中有大量戊土,戊土透出了干。戊土一出干,等如一夫当关,即有戊土在把守。当壬水壮旺时,黄河长江旁边有戊土去制衡,使其不会泛滥。罗文所以能成一代巨星,正因他有戊土。当他水多的时候,戊土便有功劳。可是当他水弱的时候,戊土是他的致命伤。也即是他的名气和面子,成为他的致命伤。

当戊土遇上癸水,戊癸合火。二〇〇一年为辛巳年,辛可以救他,但巳将他害死,因巳午未成三合火局。再进入壬午年,午与未再遇上巳月,结果死于二〇〇二年。

他是壬水而非常身弱,全部变成火。他受伤的地方是两个部位,我并非医生,但我根据命局去判症,壬代表膀胱,而寅木代表肝。他固然木干而生火,因此患肝癌,但其实还有另一处地方促使他出问题,乃是由于肝有病,引致膀胱,即小便的地方出问题,因而致命。

十、癸水天干

刘先生

| 辛 | 丁 | 癸 | × |
| 丑 | 酉 | 亥 | × |

| 丙申 | 乙未 | 甲午 | 癸巳 | 壬辰 | 辛卯 | 庚寅 | 己丑 |
| 7 | 17 | 27 | 37 | 47 | 57 | 67 | 77 |

与壬水同类之另一种五行,是癸水。癸水与香港一位天王巨星有很大关系,这位是刘先生。

癸水与壬水有一相同特征,便是不能太过身弱。如为身弱,必须首先设法使其身强,才有运行。癸水第一样最需要,是庚金或辛金,用来生旺水,再补以壬水,使日元强旺,有充足的水。如果癸水太多,必须用丙火来救。刘德华的八字是极旺的癸水，因此以木火为用神。

这四柱由十七岁开始进入三十年的木火大运，代表他由那时开始，逐步走进人生的高峰。他在二十岁后晋身电影圈，自此一直窜红，那是当他行未土运的时候。

他在四十二岁后进入巳运。癸是阴水，水克火为财，巳为阴火，代表偏财，即容易得到的财富。巳代表他的财富。但我已说过，巳乃"不忠不孝，不仁不义"。当巳遇上命局中的酉和丑，变成三合金局，代表他的财突然变成印，于是他在这段时间失财。

这四柱是否有救？假如他的出生时辰是未，未与巳能够拱午，未与亥亦可合成木去制衡金，他在这段时间不会太差，如时辰为午则更好。

当四柱行至壬辰大运，辰与四柱中的酉又再合成金。不过壬与丁火合成木，这是较好的地方。丁火代表他的财，虽然有很多工作，却赚不到钱，甚至有机会在那段时间失去金钱。二〇〇八年为戊子年，这一年子水很旺，虽然戊土可以制衡子水，但他仍有机会在这一年破财。

何以此人很容易失财？那是由于他喜欢投资，喜欢多做工作，却因此而招致损失。癸水人要记住，日元本身要壮大，但水过多的话，便容易失财。

癸水与壬水最大的分别，壬水当缺堤时，会被人唾骂，完全失控以至一败涂地。但癸水是阴柔之物，即使强旺，也不致于有太多水。虽然可能失财，因水太多没有火，即无财，但不会致命。凡阴性物质较有耐力和持久力，不容易被消减。

其次由于本身属阴柔，即使命局上出现极端，也不致于出现太差、或太危险的情况。而命局到了最后，要视乎此人身边有什么人出现，要将身边拍档及家人朋友的影响也计算在内，才能有最准确的预测。

十一、乾隆皇帝的八字

乾隆皇帝

辛　丁　庚　丙
卯　酉　午　子

这是乾隆皇的四柱，大家且看这位叱咤风云的清代皇帝，四柱上有什么过人之处。

乾隆皇为庚金命生于酉月，大家已知，庚金是粗犷带煞之金，必须引丁火炼之、克之，方能成器。

此命为强金，庚金之下有午火，强金得火，可以炼金，丙丁二火同时出干，此人必能成大器。

四柱中有木，源源不绝去点火，使庚金受到煅炼。当火太猛时，有子水与午火相冲，可制衡过热的温度若强金变为弱金，即有辛金来支援。

因此"有木生火，火又炼热金，金生水，水又生木"。这种现象川流不息地循环出现，火猛有水克之，金弱有辛补之，整个四柱互相对应，上下通关。

乾隆皇广为大家所熟悉，除了因他建立清朝盛世，最引起大家兴趣的，相信是他微服下江南，留下不少风流艳事。但此亦其败笔之处，便是太风流好色。

"子午卯酉"为四极桃花密码，亦是帝皇的密码，这个四柱最有趣的地方，"子午卯酉"四股力量齐备，大家由此明白，何以历代帝皇均拥有后宫三千？八字中早有交代。

乾隆皇桃花之盛，并不满足于后宫三千，历史上皇帝亲下江南猎艳，唯乾隆皇帝一人而矣！

乾隆皇命局中无土，亦不宜有土，因土能生金，此命为强金，不需要印绶。这解释了何以发生杀母的悲剧，当皇帝本身过度身强，又有太多母亲的时候，便会引发这种骨肉相残的事情。

唐太宗李世民同为身强的命局，因此必须清除身边的比劫，即杀除兄弟，方能成就大业。

乾隆皇的命局如属女性，便属凶论。庚金属刑克带煞之命格，女性属庚金命，火为夫宫，可出女中豪杰。但整个命局桃花极盛，女性多桃花，此女性必然命苦，一生受感情所累，际遇坎坷。

十二、岳飞的千古之谜

大家再看另一位历史人物的四柱，这是无人不识，死于十二面金牌的岳飞岳将军。

岳飞为南宋名将，出生后不久即遇水灾，大难不死。

癸　乙　甲　己
未　卯　子　巳

甲寅　癸丑　壬子　辛亥　庚戌　己酉

此四柱为甲木生于卯月，凡甲木人均较易获得成就和得到肯定，这是必然的。甲木生于木最旺盛的月份，日支的又不断生旺甲木，加上乙木和癸水出干，卯未成半木局，此八字极度身强。

之前已提及，凡甲木人普遍要火，除了需要癸水来滋润，也极需阳光去给予温暖，使其茁壮成长。其次甲木必须引庚金来砍劈，才能雕琢成材。

此四柱虽有巳未拱火，但妻宫源源不绝地供给子水，天干亦见癸水，四柱中独欠的，正是令甲木人出人头地的丙火和庚金。

岳飞一生在戎马中度过，刀枪剑戟当然是金，马是火，烽烟是火，行军生涯中，找到最需要的庚金和丙火，令这株强木得到磨炼和雕琢，立下丰功伟绩，赢得天下人的尊敬。

岳飞的八字忌水，甫出世已险遭水淹。出生不久即甲寅大运，强木

圆通达观（下）

苦无金劈，因此其母将"精忠报国"四字以针刺于其背，其实乃因极度饿金而招金之砍劈。

当他进入二十年的癸丑和壬子大运，四柱中出现洪水泛滥。水为印绶，妻宫亦为子水，因此他不能留在母亲和妻子身边，否则必遭水淹，他唯一的生机，便是出征沙场，终日与刀枪马匹为伍。

甲木生火是他的事业和下属，他的战绩愈彪炳，这棵参天大树愈壮大，当他进入辛亥大运时，辛金克甲木为官星，那是他一生最光辉的时刻，岳爷岳家军的名声，无人不识，无人不拜服，但此时亦埋下强木过强，引金克煞的危机。那便是由于岳飞的战绩太过彪炳，招致权臣发至皇帝的猜忌。

当他进入亥水大运时，亥包含壬水与甲木，强木再闪遇上苦无金劈，这一次并非岳母刺其背，乃皇帝以十二面金牌将岳飞召回京城，岳飞引颈慷慨就义，死时只有三十九岁。

从岳飞的大运中可以知道，若他能够成功逃过此劫，当他进入庚戌和己酉大运，必定可以位极人臣，富甲一方。由于进入强金强火之大运中，代表他可以从戎马生涯退下来，颐养天年。

此乃岳飞之八字，年轻时代的二十年大运，令他投身于烽火戎马之中，最后亦因进入水木大运，强木引金砍劈而亡。

大家由此明白，金一直是他最渴望得到的五行，他其实极度热爱行军作战，绝不以刀枪为惧，反之对兵器武术充满极大欢喜心，从中获得满足和乐趣。

由于金一直为他所喜，因此当他接到十二面金牌，其实是他自愿回京，直至最后被皇帝斩首，也是他自愿一死以明节。他并不抗拒金，甚至欣然接受金的砍劈，何以岳飞这么笨自寻死路？千古以来受人质疑，从四柱中可以揭开这个千古之谜。

刑冲破害三合支合一览表

	子	丑	寅	卯	辰	巳	午	未	申	酉	戌	亥
子		合		刑	三合		冲	害	三合	破		
丑	合				破	三合	害	刑冲		三合	刑	
寅						刑克	三合		刑冲		三合	合破
卯	刑				害		破	三合		冲	合	三合
辰	三合	破		害	刑				三合	合	冲	
巳		三合	刑害						合刑破	三合		冲
午	冲	害	三合	破			刑	合		三合		
未	害	冲	三合				合				刑破	三合
申	三合		刑冲		三合	合刑破						害
酉	破	三合		冲	合	三合				刑	害	
戌		刑	三合	合	冲		三合	刑破		害		
亥			合破	三合		冲		三合	害			刑

第三章　四柱与改运

一、董先生忌狗

董先生

```
丁  乙  丙  ×
丑  巳  辰  ×
```

甲辰	癸卯	壬寅	辛丑	庚子	己亥	戊戌	丁酉
8	18	28	38	48	58	68	78

　　　　　　　　　　　　　　　↓
　　　　　　　　　　　　　　狗杀手

　　早于一九九七年，有人发表公开文章，标题是"董先生忌狗杀手"。在当时一片唱好声中，有人大胆地说："实在不能不谈那'狗'杀手，因为'狗'对董先生十分不利！"

　　董先生的日元属火，生于火月，一生以行金水运为最好。

　　董先生一生人必"死"在太多的"火"。

　　当时有人为他批命：

　　"当董先生行晦运，亦必为火'旺'之时。如果股灾是因为'戌'月，是因为'火'出了头，股票的水被蒸干的话，那么董先生这个要水的特首，在股灾后一直在走晦运！"

　　董先生忌"狗"之极！

一生人必在狗年有极不如意的事情发生！这是我的大胆推论。

有一位读者，是最接近董先生的一位雇员曾说，董先生的前半生有两件苦事均发生在狗年（戌），第一件是父亲董浩云先生死于狗年，那是一九八二年。另一件事是海上学府伊利莎白号大火（董特首忌火，果然衰在"火"）为一九七一年一月九日，农历为狗年的十二月。

董先生如此忌火，那他什么时间行'戌'运？读者可在董先生的命局大运中，找到答案。可见到了那个大运的五年，董先生必须小心'火'！翻看多年前的预测，今天竟全部应验！

大家请看董先生的四柱。

他生于一九三七年，踏入二〇〇五年，刚好六十八岁，进入戌大运，戌即是戌，二字互通。董先生在过去每逢见"狗"，必多灾多难，甫进入"戊戌"的第一年，政治生涯便马上宣告死亡，而这一年，只是十年戊戌大运的第一年，可见"狗"对于董生，果然是头号"杀手"！

梅女士的八字，也是败于一个"戌"字！

二、戌狗杀人

戴安娜

辛	甲	乙	丙
丑	午	未	子

　　　　火

乙未	丙申	丁酉	戊戌	己亥	庚子	辛丑	壬寅
2	12	22	32	42	52	62	72

　　　　　　↓
　　　　幕后元凶

另一个死于"狗杀手"的典型例证,为大家熟识的戴安娜王妃。

一九九七年,戴妃死于车祸之中。谁是这宗交通意外的幕后元凶?用四柱活捉这个杀手出来吧!

"找到了!"

"狗?"

对!

在这里公开一个秘密——揭开"狗杀人"的真面目。

戴妃出生于属木的"乙"日,生在火旺的夏季,明显地,她这枝弱木,很喜欢水来生旺,最忌火再来燃烧。这解释了戴妃经常被记者摄到在游艇及沙滩上的照片。查理斯生于属水的季节,戴妃喜欢他,是理所当然的,但可惜当查理斯进入"火"的大运,便不利戴妃了。

戴妃在三十七岁正行"戊戌"大运,"戌"乃火之仓库,忌火的戴妃进入"火库",这株弱木被烧至烈火焚身。

"戌"宫地支暗藏了辛金(情人也)、戊土(财富也)、丁火(女儿),可见戴妃死时,真的怀孕,而且胎是女儿!

戴妃被"戌"杀死。"火"——汽车也。

最奇妙是,那批记者骑铁马(火也),我们称之为"狗仔队"。

因此戴妃死在"狗"、"戌"。当所有不利因素在某个时空中同时出现,便会引发严重灾难。很多八字的"突然"死亡,皆由于周遭环境中突然涌出大量不利五行所引致。

当然说到底,凡此种种现象,皆由每人宿世之密码造成。所谓改运学,也就是教晓大家如何洞破自己的人生密码,从而找出方法,扭转宿世的因果密码。

真的可以吗?

绝对可以!

不相信的人,从将八字当成理论去研究,没有依照我教的方法去改善本身五行,自然亦无法改运了。如何成功改运?只要你对五行深信不疑,从今天起,你已踏出行运的第一步!

三、爱情使人有压力

周先生

```
壬  丙  辛  ×
寅  午  卯  ×
    火

            39岁—44岁  再起风云
丁未  戊申  己酉  庚戌  辛亥  壬子  癸丑  甲寅
 5    15    25    35    45    55    65    75
```

在二〇〇四年下半年，周先生人气急升，凭着"功夫"一片创下票房神话，相信连他自己也感到有点意外！

过去数年，他经历了人生中一段极难捱的日子，尤其在二〇〇二年马年产生烈火焚身的现象，因为他的大运行至戌，戌与八字中的寅午戌三合局，他被天花乱坠般的烈火焚至晕陀陀，头脑经常不清醒。

不过在二〇〇三年时，有人批二〇〇四是周先生的好运年，西历八月八日之后，他可以好运半年。为什么我能够未卜先知？"申"金撞入金旺的秋季，这个申可以发挥功用，使他捱过巳、午、未三年火地年之后，获得半年反弹机会。二〇〇五年为乙酉年，下半年同样金多，他将度过相当舒服的鸡年。

但是否代表他的事业可以一帆风顺？当他四十五岁进入辛亥大运之后，事业便有风云再起之势。四十五岁前，由于戌土控制，令他感到相当大压力。

在他的八字中，火为名气，他一生受名气所累，令他患得患失。此为辛金的特征，即使成功的辛金命人，总带点多愁善感的悲情色彩，思想易陷入痛苦挣扎中。

金克木为妻财，但木能生火，火为他一生之大忌，换句话说，他不

 圆通达观（下）

能靠爱情去吸运！爱情会令他感到极大压力，妻子及情人也不旺他。妻子及情人曝光，会令他声誉受损。

木为他的财富，他的财富也是见光死！在他一生中，财富未能带给他极大喜悦，反之却经常惹来因财失义的烦恼。补救方法，狂用水及湿土为用神便可以了。

叫他"星爷"是叫对了！因为"爷"字为"父"、"耳"及"斧头边"，斧为庚金，耳为坎水，此名字对他有利。

他在龙年开拍"少年足球"，"少林"即是没有木，少林寺是和尚之地，和尚无头发，无木生火，此片对他大利！

四、小龙女的一生

小龙女

己 乙 乙 己
卯 亥 亥 卯

丙子	丁丑	戊寅	己卯	庚辰	辛巳	壬午	癸未
6	16	26	36	46	56	66	76

一九九九年香港娱乐圈十大新闻之首，竟爆出"小龙女"事件。当年有人为小龙女批出一生大运。小龙女与父有缘吗？吴小姐会结婚吗？一切大家有兴趣知道的八卦部分，在批算中一一暗晦地指出了。其实婴儿自诞生下来，一生命运早有安排，从四柱可洞悉一切来龙去脉。

先看小龙女奇妙的四柱。

小龙女八字称为"绣花蝴蝶格"，是一级命！

此八字如用纸在中间一摺，便发现"己卯、乙亥"重复，如蝴蝶的双飞翅膀一样，此种八字十分罕见，难怪未出世已成名，出世后成为全世界瞩目的婴儿。

她日元属乙木，生于亥月，坐禄于生时之"卯"，亥卯半会木局，木之根气很强，八字属极度身强，长大后必为靓女一族。

大家留意，"水"在她的命局代表母亲。"亥"便是母亲。

请问，她八字内有多少"亥"？

"亥"为阴水，对"乙"木阴木来说是偏印，偏印代表偏母，母非正室，"亥"水内藏"壬"水为正印，为母，"壬"水藏内不见光，身份不便公开。

既知"亥"为正母及偏母，当运交二十六岁之"戊寅"，强土强木必克"亥"水，二母在该段时间身体出问题。

阳水生阴木为母亲，阴土克阳水便是父亲，"己"土于四柱为财亦为父位。奇妙地，八字除出现两个母亲，也同时出现两个父亲！

是否代表小龙女一生得父缘及财富？

刚刚相反！

己干坐于木地，木克土，土又生于水月，仿如水边湿泥，被卷入河中，八字称为"不载"，即是"不硬"，古书评此种八字："其财等于虚设"。

换句话说，"其父等于虚设"，八字真奇妙也！

此四柱木旺，可预知此女毛发极浓密，肝功能好，皮肤也无斑，但土弱代表脾胃功能差，身体较孱弱，必须要用"火土"来救！

此间期间忌游泳、滑雪，忌往北走，因此叫"小龙女"也是错的！称呼她的真名对她较有利。她要火土，由六岁开始，行火土大运四十，四十六岁至五十六岁较逊，但五十六岁又行三十年火土运，可见此女极长寿，一生顺境。

由六岁开始，由于行"丙"火运，"丙"为阳火生阴土，阴土为父，在六岁开始行父运，有父爱。但留意其四柱出现两个父亲，因此这父爱是谁？大家推敲一下。

十六岁入"丁火"运，"丁"为水银灯下，应该十六岁至二十一入娱乐圈，二十一岁至十二六岁行桃花大运，又行偏财，会赚很多钱，而"丑"为父亲，有五年与父亲一起！

在"水银灯"下与父亲在一起？也可能与一个电脑大王之父在一起。

"己"为父,到了三十一岁的"寅"运木运,木克土便是父亲的第一个关口,到了四十一岁行"卯"木,为另一父之关口。

当年所批二〇〇二年是小龙女母亲的恋爱年,二〇〇四年母亲有机会结婚,现在看来全中了!

五、房先生忌母

房先生

丁 己 辛 ×
巳 酉 未 ×

戊申	丁未	丙午	乙巳	甲辰	癸卯	壬寅	辛丑
1	11	21	31	41	51	61	71

有一人在娱乐圈迅速蹿红,此人便是房先生。

且看他的四柱:

辛金生于酉月,称为"当时得令",得天独厚。此四柱极度身强,身强的人要身瘦,而且忌母亲在身边。有母亲在身边的话,反而没行运。因此林凤娇不要以为出来可为儿子打气,其实是破坏了儿子的运!

由于金太多,不爱土厚,"土厚埋金",必以"水生木"为用神,忌兄弟姐妹(小龙女)及母亲,以父及女朋友为贵!

此命二十一岁开始行入"丙午"大运,为正官运,正官代表名气。但"午"藏很多土,为命局所忌,代表此段时间虽享名气,但气候未成,土厚金藏,仍未见真正出头之日。

他三十一岁进入乙巳大运为好,即二〇〇七年开始找到人生方向,四十岁成家立业,六十岁可望攀上人生最高峰。

他目前的命局极热,以水养四支富贵竹放于床头,多行蓝、绿色衣服,是医治饿水木人的快速特效药。

六、水弱需金生

黄先生

辛　辛　癸　×
巳　卯　亥　×

庚寅　己丑　戊子　丁亥　丙戌　乙酉　甲申
4　　14　　24　　34　　44　　54　　64

谈到黄先生的四柱，二〇〇四年为甲申年，刚巧大运在"甲申"，所谓大运伏吟，"不死自己也死身边人"。四柱早有论证，大运遇"伏吟"如为凶神，必死无疑。

黄先生为癸水生于卯月，有泄无生，癸水至弱，以庚金二金生旺为好。改其名为"霈"，以"水"来助，此艺名有助扭转一生。

他一生极爱朋友，因"比劫"为水为友，用神也。

"金"为母，母被火焚便不能生水。癸水的他年前火灾失母，至伤至危。一生最忌"木"，大运五十四岁行入"乙"木五年，幸好下有个"酉"金来救，可见五十四岁至五十九绝地逢生，但一岁到六十四岁生日后，在二〇〇三年卯月开始，命中"木"太多，"酉"已退货而走，癸水泄于木太多，故向金取水破木，"金"主肺已弱已疲，如何能够生水劈强木！肺疲如机器过劳"烧灰屎"，故"肺"病逝世。

若于二〇〇三年底远走英国，居于冰雪之地，可能有救。

他酷爱抽烟，抽烟虽可泄木，但身弱之水如何控制可燃之灾，因此抽烟是他忌神。他其实不宜有太多书本放在身边，他送书给朋友，是避灾之法。眼镜属金，戴粗边眼镜是补金杰作。晚年因电疗剃光头，头发属木，剃头是救命的！

反之，要木的人若剃头便没运行，切记。

七、林先生惧火

林先生

丁　庚　甲　×
亥　戌　子　×

己酉　戊申　丁未　丙午　乙巳　甲辰　癸卯　壬寅
 1　　11　　21　　31　　41　　51　　61　　71

一九九九年中，爆出一段时闻，令我吓了一跳！
"林××失盗。"
马上翻出他的四柱一看，他的八字竟与郭××类同，又是甲木生于戌月，是一个被热火烧焦的四柱。

此命是燥木一条，因此名中的"子"是救命的，"子"为水亦为米奇老鼠，他经常游水，家中放米奇老鼠，可以救运。他绝不可以晒得太黑如古天乐，去夏威夷晒太阳，等如郭富城去火热的澳洲一样，必定出事。

每年的五月至八月，是夏天火最旺的时间。林子祥的甲木已接近焚烧起来，头脑不清醒，等如我们发烧，睡觉时会发很多梦，皆因人一火多便头脑不清醒，满脑幻象，林子祥便在这里"火旺"情况下出毛病。

当八字火旺再加上太阳的照射，人的本能反应，要找个方法去降温。唯一要找的，便是太阳眼镜！何以有些人经常戴太阳眼镜，说穿了也是五行在作怪，忌火的人"见光死"，要戴黑超才感到舒服，要火的人相反，见到太阳特别开心，在阴天便行衰运。林先生被火烧到七彩的时候，心急要找太阳眼镜，忘记了还未付钱。

八字亦解释了何以林先生要娶叶女士，因为喜欢她"水"多！

叶女士

辛	丁	丙	×
丑	酉	寅	×

戊戌	己亥	庚子	辛丑	壬寅	癸卯	甲辰	乙巳
3	13	23	33	43	53	63	73

叶女士是丙火生于酉月，明显属火不够火，她要吸林先生的火，来救自己也救林先生，很多夫妇的关系也是这样的！她要"木火"，林子祥先生有很多，因此二人可发展成情侣关系。

她由三十岁开始，进入十五年金水湿土大运，可以帮助林先生"散热"。但四十八岁后，便要小心二人关系。

二〇〇三年是癸未年，"未"是热土，为他的危险年，碰上"吸火热咖啡"的亚姐，由舞台上掉下来，撞伤头部，头属火。

可见林先生遇火便出事。他在夏威夷因"卯戌"合火而出事，头脑不清醒被误为高买，羊年火地掉进洞中，也是迷糊出事。

她的四柱本可救他，为什么仍然出事？

只怨林先生家中本有大好泳池，可为他带来水润，却被填平。林先生最忌热土，乃"戌"土，狗也。二人竟在家中养狗，结果催凶成劫。

由二〇〇四年开始，有两年金年，林先生可以健康一点，清醒一点。

但二〇〇六年是丙戌年，这一年他要天天游水，将家中的狗拿走，才可以过关了。

事实上，火太多的林先生要小心肺肝热病会恶化，平日要多吃豆腐煮鱼，食日本鱼生便更好。在家中养鱼，及放一盆水在床头，是最快的救运法。早上出门要向北方或西方走，晚上回家后，吃一碗燕窝糖水，可以吸很多水。

车属火，林先生有一怪癖，就是喜欢自己洗车，每天将水喉喷向车上，其实是"水"克"火"的救火行运，减少他命中的火旺。假如有一天他不想洗车，那便是他的身体出毛病之时。

八、见辛成功

吴小姐

乙　癸　戊　×
巳　未　子　×

甲申　乙酉　丙戌　丁亥　戊子　己丑　庚寅　辛卯
　2　　12　　22　　32　　42　　52　　62　　72

二〇〇一年的娱乐圈出现一位最大的赢家，此人非四大天王，也非TWINS、容祖儿，而是吴××小姐。

这一年，无论电视电影及爱情，她均无往而不利，为什么她这样成功？

吴小姐的日元为戊土生于未月，八字极热极燥，要金水来调节，"辛酉"便是此四柱的救命密码！

她只要见到阴金，在这一年旺到飞起，可见她的成功密码，必在于一个"辛"字。

奇妙地，喜金如命的她，当碰见一位导演叫"××辛"，这个"辛"字便像有无穷吸噬力，将她吸去！

"辛"即"酉"，辛是天干，酉是地支。她要辛亦要酉，"酉"即是鸡，二〇〇三年，她主演的电影《金鸡》上书，叫好叫座，此"鸡"令她再行妙运，事业再攀高峰。

"金鸡"最初叫"金鸡正传"，没有"金鸡"那么好，因为"正传"二字增了木运，木对她会造成阻力。听说导演曾考虑以郑女士演出，从四柱来看，由喜金的吴小姐去演出是选对了。

说到"鸡"，此片上书时，正值禽流感高峰期，从四柱可以知道，

香港木炎火燥，正急需水来滋润，以金发其源，以湿土散热，禽流感所以爆发，乃因金受伤所致。

因此"金鸡"电影推出，实际是救港救金大行动，电影卖座是必然，也同时救了香港的饿金运。

她可以通过爱情得到名气和运气，但她亦要付出代价。原来她要给情人浪漫和压抑，才可以行运。皆因"戊"土生于"未"月，火土两旺，须以水木为用，配以金泄，方可行大运。木克土为夫星，"木"乃夫乃名气，亦代表挨骂！

她在三十七岁进入"亥"水大运后，"亥"有水有木，代表有桃花有名气，最好把握在四十一岁前结婚，否则进入"戊子"伏吟运，运势将出现变化。

九、十二只羊

李先生

壬	辛	辛	庚
戌	亥	丑	寅

壬子	癸丑	甲寅	乙卯	丙辰	丁巳	戊午	己未
3	13	23	33	43	53	63	73

将四柱引伸到生活去，好像很玄。但有些时候，会令你也难以解释。其实四柱就是生活。

台湾出版的《独家新闻》报道：

"当李先生政务繁忙，或受到一些压力而失眠时，都会跑到家后院的羊厩内看看那十二只羊，便安然入睡了！"

四柱可完全解释李先生的怪癖。

李先生为辛金命，生于亥月，伤官泄气，喜得时逢庚金相助，才可受寅木之财。但寅与亥合成木，因此四柱以土生金才旺，"羊"是"土"，是他的用神，"十二"在风水飞星当中为土数，因此他受压力时（木为敌），要找土（羊）来生旺自己，去对付敌人。四柱妙哉？

如果应用四柱去打仗或建设国家，便是现代社会的最新战略。这观点很新吗？一点也不新。诸葛孔明便是用五行来打仗布阵的历史人物！关公守华容道义释曹操，是一个四柱的神妙因缘，日后有机会再为大家详细介绍。张飞在长板坡用木缠住马脚加大沙尘，而令曹兵丧胆，是一个木（木枝），土（沙尘，坡）及火（马）的五行游戏。他死于金—被人用匕首暗杀，这也是五行。

最新发现，医院也有五行，要死的人自然要进入自己忌神极多的医院去。古时老人弥留，要看到某个子孙才放心上路，用字一探，老人家忌水，结果水最多的子孙一见到她，她便上路了！外间下了一天的雨，老人家走了！如果太阳普照，老人家又可能多拖几天！人的生死，原来就是这么决定的！

十、与金有仇

刘先生

辛	丁	癸	×
丑	酉	亥	×

丙申	乙未	甲午	癸巳	壬辰	辛卯	庚寅	己丑
7	17	27	37	47	57	67	77

以奋斗与努力抗衡命运的刘先生，是我很佩服的艺人之一。

刘先生是一位靠爱情走运的艺人，因为他属水，生于秋天，八字极寒，以火为妻，三十二岁至三十七岁行妻运，每当低潮时，太太情人出现八卦周刊，便可增运！如能露面，可救刘之大运！

三十七岁至四十二岁行癸水比劫，此段时间投资失误，损失不少，幸好位于火地，仍可保其财星及地位不失。

四十七岁后进入三十年木地大运，水生木为食伤，此段时间工作及创作极多，但四柱及大运完全欠火，劳而未获，金钱实际进账并不多，感情也容易出问题。"壬"为比劫，坐于"辰"土与湿土之上，四十七岁后面临人生另一关口，小心为上。

他的用神为"戊"及"寅"，大利热土热火，一生与"金"有仇。要为自己抢运，不能戴金项链、金戒指、耳环等，同时要做足以下工夫：

（一）穿大红大绿衣服，带红领带。

（二）经常喝红酒，口袋放"生"的红辣椒。

（三）驾驶红色宝马房车。

（四）家中养猫狗

他十分努力，但很多年的金马奖都落败，其实他是输了"天时"，因为每年的颁奖典礼均在冬天举行，他的八字金水极旺，冬天对他不利，令他每次出席各大奖项时，都是风雨飘摇的。只要努力增加"火"运，再撞上流年木火大运，自可赢得压倒胜利。

十一、对情人忽冷忽热

黎先生

丙	庚	戊	癸
午	子	辰	丑

辛丑	壬寅	癸卯	甲辰	乙巳	丙午	丁未	戊申
1	11	21	31	41	51	61	71

当黎先生的情人十分辛苦，因为他对情人忽冷忽热！

黎先生为戊土生于子月，五行要火土，水为妻为情人。由于四柱不

够火，而火生土，代表火的月份与情人很甜蜜，但无火的月份便很冷淡。

此四柱第一个用神为"火"，有火才能生土，换句话说，在他一生之中，事业是第一，有了事业才有情人，无事业便没有爱情生活，爱情是需要但不重要，因为爱情会冲走他的火运！

他在四柱中拥有"辰"库及"丑"库，三十六至四十一岁行"辰"库运，库与事业及财富有关，库愈多，支持者及身家也愈多。生于水月水时，成功引水入库，八字水旺之极，凡生于夏天，八字太热的歌迷，一见水旺的黎先生便发烧发狂了。

他成名于"火舞艳阳"，成名于"电讯"广告，均为火也！当去了冰山拍广告，便马上传出自杀消息，又坠入桃花煞，都是冰山广告所惹来的祸！

由于一直要火，忌金之极，他将头发染金，影迷一见便发狂。金多必劈木，导致甩发，三天不足，急急染回黑头发，但头发甩掉，要戴帽演唱，都是四柱作怪。

要火的古先生自从晒黑全身皮肤后，便红到发紫，要火的黎先生不防效法。一般而言，凡生于秋冬季，即西历八月八日至二月四月的人，都倾向要火，将自己的皮肤晒成太阳棕色，原来也是救运法。

十二、不可去尽

张先生

辛　乙　甲　壬
丑　未　辰　申

甲午　癸巳　壬辰　辛卯　庚寅　己丑　戊子　丁亥
 1 　 11 　 21 　 31 　 41 　 51 　 61 　 71

近年已经半退休的张先生，为甲木日元，名气遍及东南亚，有歌神美誉，由廿一岁开始行水运十年，最厉害的时刻是廿六岁行"辰水"库，及三十一岁行辛金运时，他一生只要行水木便可以赚大钱。

四柱又半会水局于"申""辰"，高峰在一九九六的丙子年，大运进入"寅卯辰"木地，木克土为财，四柱内三个地支均为"土库"，除了储财，亦代表获事业支持。"丑"为金库，欠金的人喜欢他，月为"未"库，欠木的人喜欢他，日支为"辰"库，欠水的人也喜欢他，奇妙的是，欠火的人不喜欢他！

因为火库是"戌"，他的八字独欠戌库，明显地，在二〇〇六年戌年，便四库齐全，为他一生事业最巅峰之年。但有一点要留意，"辰""戌"相冲，事业攀升的同时，却冲了妻宫，发生大地震，水木用神亦因此出问题。

这反映他不可去得太尽，有得必有失，在二〇〇六年前退休，可减少这一年带来的冲击。

十三、忌传绯闻

郭先生

乙	丙	甲	×
巳	戌	辰	×

乙酉	甲申	癸未	壬午	辛巳	庚辰	己卯	戊寅
3	13	23	33	43	53	63	73

有一个人不宜传绯闻，不可通过爱情去行运，此人是四大天王之一郭××。

郭先生属蛇，天生机灵，也相当够运。甲木生于争秋夺暑之戌月，热木急需水来滋润。

他是参天大树，因此容易出头。但进入三十三岁，行入"午火"的正中，此木便开始烧焦，当然忌火之极。遗憾是"午"火不单烧木，也是"红艳煞"及"咸池"（性关系）。

因此他的情人不能曝光，每闪传绯闻，均令他饱受压力，星运跌至谷底，尤其他仍在午火大运中，更要注意二〇〇六之丙戌年，他要打醒精神，不可再糊涂犯错。

见水便行运，还记得他的水底广告及他为百事拍的广告相，全是白衣蓝底吗？在一九九九年初，他穿红衣，后来惊闻他去澳洲，澳洲位于南方属火，甲木焚烧起来，必生桃花事端。

由于他被"午"所害，害他的人和事，必与"午"、"马肖"、"红色汽车"有关。

从四柱看出玄机，他真的忌火之极，要每天游泳，养鱼，狂穿蓝白衣才可得救。一连九天，中午餐餐食日本鱼生！"鱼生"救郭，等如"老鼠"救港一样！想急救可在家中养田鼠（龙猫）也。

十四、八字看前生

邝小姐

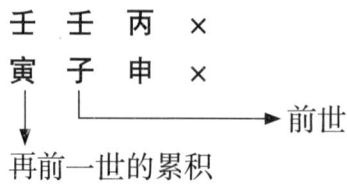
→ 前世

再前一世的累积

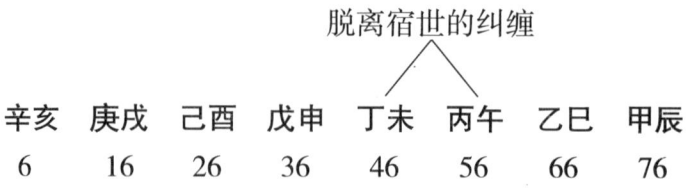
脱离宿世的纠缠

辛亥	庚戌	己酉	戊申	丁未	丙午	乙巳	甲辰
6	16	26	36	46	56	66	76

四柱字可以看前世？真的可以，而且十分准！

圆通达观（下）

一位邝小姐的旧友，拿她的八字来问前世。我道："邝小姐前世是来自海洋的神仙。"

这"神仙"是开半个玩笑，其实是水上人家。因为八字的月干支乃前世的胎记，年干支乃再前世的总胎记，且看邝美人的八字。

她在六十岁前，都会受现世"壬子"的意识影响，经常受"水"的困扰，这水也代表了她的爱情，可见她前生是欠下了很多的情，今世要受"情"的冲击，而这情的债乃来自大海之中——非仙非鱼的世界。

小友听后啧啧称奇，马上要求我为其他巨星也找出前世。

经不起小友再三请求，我终于答应小试牛刀。打开众巨星的八字，我集中精神，根据八字的干支，进入时空隧道，脑海中浮现出奇妙的画面世界。

董先生前世是什么？

是一个商人，拥有一个很大的金矿，是一个黄金矿坑的主人。刚巧上一世是一个女性，是一个博学多能的女性，死于枪弹之下……有时穿和服，但有时穿中国服，是民初的人，不知道为什么会被枪杀，但应不简单。

李泽楷的前世？

从四柱上看到是一个大草原，风和日丽的天气，有一个青年人，坐在马上奔驰，草原上一望无际，只有他一人的世界。

那么李先生？

他是政治人物，前世不简单，是在一次火山爆发下，死亡的大善人。临死时向天发出了咒语，不知为了什么。

何先生也是不简单！

他福慧很好，不简单的前世，拥有一个金矿及酒厂的外国人，富甲一方，对树木很感情，对世界任何一物都有大爱心，晚年是一个教士，救了很多人，开赌场的人多数是跟阎罗王有关的。

查先生是和尚？

对！韩国的和尚，在山上修行，修至整个山头棵树也没有，成了一个洞天。今生忌木之极。和尚俗姓金，应该很有名气的。

圆通达观（下）

张先生的画面是什么？

在河流的一间木屋内走出一个扎着头的人，他是运河的一个搬木工人，使木头顺利地由上游浮向下游。

木到了下游，木块一件件地搬上岸，很多时十多个人合力才能扛起一根木，稍不小心，被木头压倒，是不好受的……

一群鸭子经过，木头一支又一支的排着，只见一棵粗木由上冲下，带动全排木柱向前滚下，冲向鸭群，这个人冲前挡着，欲以一人之力挡住木柱的向前滚之势，被压在木柱之下……

群鸭依然步行着，甚至有些踏在木柱上……

刘先生又是怎样？

很多很多的金银珠宝，在一个金铺内，这是一个金铺老板儿子的前世。

他的父亲将所有的金条及银庄的财宝，全给独子，但是被官兵——是清兵取走，应该是抄家吧！这小孩子眼神锐利，要争回失去的一切……。

郭先生的前生？

一个正在烧香的和尚，再前一世是将自己锁在山洞中的修行僧，而上一世是修药师如来法，很静，很定，他的样子很丑。

在修行的山上，有很多蛇，都因此而获得很好的磁场修行，其中有一群野狗，由一母狗带着，在山洞外守护着。

狗蛇并不互相对峙，而是一起活在这个极宁静的半仙之境中……。

黎先生的前生？

配剑的一个美少年，还骑着马，很多媚气。

艇在着火，少年在艇上，后有很多人在追赶着，少年葬身在艇上，与火与水浴在远方。

前一世是学生，民国时代，是一位喜欢新诗的学生，在一场骚乱中被枪击……

紧记，看前世只是一场游戏，不用太认真，当修行到某一个阶段，再运用四柱术数，便可拥有宿命通的能力。（后记：还有十多位巨星，本来也要查看，但是失败了。）

第四章　从四柱里看何时大富大贵

古书五言独步云："有病方为贵，无伤不是奇；格中如去病，财禄喜相随。"

为什么四柱字批算中，有病有伤才为好？

因为四柱是讲求五行的平衡变化，一个四柱如果四平八稳，八个字中五行平均，而大运亦使此四柱的五行平均发展，则此四柱一生必平平无奇，无甚起跌。

但是四柱中如欠一五行，而大运行到，便是大富贵的行运格局！

忌见四平八稳。

一、行那个字的运

在一九九九年至二〇〇〇年间，在香港及世界经济舞台上，出现了一位新星，他便是李嘉城先生的二公子李泽楷先生。他不依附父亲的庞大财力，以白手起家的姿态，单枪匹马，短短在一年内，连跳三关，令他的身家跳至一千三百亿港元，成了致富神话的男主角。

且看李泽楷先生的八字。他是生于1966年11月8日辰时，其四柱及大运为：

李泽楷

丙	己	辛	壬
午	亥	未	辰

庚子	辛丑	壬寅	癸卯	甲辰	乙巳	丙午	丁未
0	10	20	30	40	50	60	70

辛日而生于亥月辰时，伤官泄秀，可见此子聪明绝顶，伤官主才气及脑筋，时临辰土，因是印绶，但辰为辛金日元及壬水时元之墓库，当令壬水不忌入墓，但泄弱辛金，休囚是病，所喜有丙丁二火，生辰土为妙，必富贵绝人。

丙丁火为用神，电脑便是火，科技股便是火。

二〇〇〇年为庚辰年，农历三月为庚辰月，在这个月"火"完全失陷，结果科技股便在此月大崩溃，李泽楷也在这个月不见了一半身家。这引证了他要"火"的真理。

我所要追寻是：为什么在一九九八年、一九九九年连续令李泽楷扶摇直上，其实从大运可以看出，他正步入"寅"大运。寅宫甲木、丙火、戊土兼藏。就是说，一个要土要火的四柱，一行入"寅"木运，便暴发了。

一九九八年是"戊寅"年，一九九九年是"己卯"年，木火均藏。

李泽楷发在一个"寅"字。

李泽楷的命宫在"庚寅"。胎息为"丙午"，全是他的用神。年干支"丙午"也是大助力。应验在父辈的关系和幕后扶持，世叔伯给足面子。

且回到五言独步，"有病方为贵"的李泽楷，是印星辰土不旺，无法生起弱辛金，结果"寅"木这药一来，"格中如去病，财禄喜相随"了。

二、运差等大运来临

台湾首富王永庆先生，也是拥有一个病的四柱，但一行入自己用神的大运，便富比陶朱了。从王永庆先生四柱里分析，四柱命愈差，大运愈好，其暴起的力量也是更大。

王永庆生于一九一七年一月十八日辰时，现职台塑企业董事长，曾为南亚塑胶董事长、明志二专董事长、台旭纤维董事长。

 圆通达观（下）

"塑"为塑胶，火也。"南亚"的"南"为火，"明志"均为日月火，心为火，"旭"为九个太阳的火，可见王先生一生人行火运发亦，且看四柱及大运：

王永庆

丙	辛	庚	庚
辰	丑	申	辰

壬寅	癸卯	甲辰	乙巳	丙午	丁未	戊申	己酉
6	16	26	36	46	56	66	76

王永庆生于冬月庚金，地支辰丑，一派土金，而且寒冷之极，其性阴湿，寒土未能生金，只要有木火并见，使寒冷土金得遇活气，始为佳造！由三十六岁开始，王永庆进入木火运三十年，这是"病命"遇"药大运"的典型例子，可说一发不可收拾！

看王永庆的四柱令我想起中国吴越时代，在河边邂逅西施而后来成为暴富的范蠡陶朱公！他的八字与王永庆十分相似，但从大运中可以看出，王永庆比陶朱公更有成。

陶朱公

丙	己	庚	庚
寅	亥	申	辰

庚子	辛丑	壬寅	癸卯	甲辰	乙巳	丙午	丁未
1	11	21	31	41	51	61	71

陶朱公与王永庆的四柱极似，陶朱公生于冬天的庚金，大运行木

火，进入五十一岁，行木火运三十年，比王永庆迟了十四年，但发达三十年所行的大运干支——乙巳、丙午及丁未竟完全一样！

可见庚金命生于冬天及辰时的人，只要一生行乙巳、丙午及丁未，必富比陶朱、王永庆二位富翁了。

三、孤寒富翁可预占

又再看一四柱。

丁　乙　甲　甲
卯　巳　寅　子

甲木生于巳月，又见丙火、戊土，日支为"寅"，禄神有根，甲木有时"子"水内癸水生甲木，身强财旺，为富命。另一身财两停四柱例证。

甲木生于"未"月，不可言旺，但"亥、卯、未"三会木局，又有"乙"木挂角来旺，成为旺木格局，火土旺极，源源不绝有火土财星，亦为富命。

辛　乙　甲　乙
卯　未　戌　亥

有学生问我，此"戊"土为偏财，偏财代表偏妻，是否也代表女朋友也十分慷慨。这令我一时也提高兴趣。事实上是会的，但问题是，"戊"土非李氏的用神，用在捐献上，没有事后的烦恼，但用在情人知己上，恐怕会有烦恼。

说到慷慨，便令人想到邱德根先生的孤寒。如果说偏财出天干为慷慨，那邱德根先生的八字又如何？

邱德根

乙　庚　乙　癸
丑　辰　酉　未

己卯　戊寅　丁丑　丙子　乙亥　甲戌　癸酉　壬申
 8   18   28   38   48   58   68   78

邱先生乙木日元，余气于辰，木虽得根（名字叫"德根"，是巧合吗？）土财更旺，时干一点癸水，阳盛转为湿润，但未土火土二旺，须见金泄，转来生水，另有木比肩，身财始能两停，入富翁格。且看大运一直由四十三岁入"子"水运开始，便有水木金三个五行，极差的五年，是在六十三岁至六十八岁（此段时间失财及有官非，亚视又遇火灾，应验之极。）

他的孤寒性格如何看？"乙"木财为"土"，且看天干无土，反见泄土之"庚"金，"己"土偏财只出现在大运八岁至十四岁，此段时间慷慨而无财，慷慨不出花样！

财星通门户必发："身财两停"为富命第一诀。

第二诀是"财星通门户"。

例子是全球无人不识的电脑奇才比尔·盖茨（BILL GATES）。

他生于1955年10月28日寅时，且看这个经典四柱：

比尔·盖茨

乙　丙　壬　壬
未　戌　戌　寅

乙酉　甲申　癸未　壬午　辛巳　庚辰　己卯　戊寅
 6   16   26   36   46   56   66   76

戌月壬水，戌为丙戌之称，时行于寅，又是丙戌之生，寅戌合局，本觉火土过旺，所以喜时上壬水相扶，代表拍档，他一生要拍档才可无忧。戌中藏金，未能相生，只要见辛酉，便可成事，再上一层楼。

盖茨行"午"火大运时，为"财"旺，但"壬"水不足，为是非官非之渊源。但一进入辛巳运和二〇〇一年辛巳时，便可脱胎换骨，但在三十六岁至四十五岁十年"壬午"大运的"壬"令其身强，而得巨财，理由是财神通门户，且看"未"、"戌"、"戌"、"寅"四个地支均藏丁火丙火，正偏财兼有，"丙火"偏财透干，主得大财。

"何知其人富，财气通门户。"此造为好例子。

又再看另一例子。

丁　辛　辛　丙
亥　卯　卯　申

辛金旁有比肩辛，地支见一"亥卯"，年月见之更应验财星通门户。此乃宿世财，如上世有人欠你，今世一说便可得到大财！

财来就我最有情：

看富命第三诀，是"财来就我"。

什么叫"财来就我"呢？

就是财与日主相合，合而有情。

这种命格的有钱人都是懂得存钱，也懂得花钱，钱财不会招徕烦恼，反会招徕好运！不像很多有钱佬愈多钱愈烦恼！且看此八字：

乙　癸　戊　癸
酉　未　子　丑

戊土生于未月，身强，丑时又为土，身强是可任财，癸为财，日支又为子水，癸水得与戊土合，此命为财来就我。

"财来就我"是财易上门，但财为妻，年幼时女朋友也会找上门，不用到处找的。也必然是好情人、好妻子。

香港另一位首富，便有这种财来就我的格局，他便是大家都熟悉的李兆基先生。

李兆基

丁 癸 戊 癸
卯 丑 辰 亥

壬子 辛亥 庚戌 己酉 戊申 丁未 丙午 乙巳
8   18   28   38   48   58   68   78

"乙巳、丙午、丁未"似乎是一组大发特发的大运密码，在王永庆及陶朱公二人四柱看到，想不到李兆基先生原来也是行此大运而大暴发，戊土遇癸水，"丑"内藏癸，此造便是财来就我，只要身强有水有土，财便源源不绝了。可见李兆基先生由五十八岁一直行运行到八十八岁。

李福兆

己 丙 丙
巳 寅 戌

乙丑 甲子 癸亥 壬戌 辛酉 庚申 己未 戊午
2   12   22   32   42   52   62   72

但"癸"水为正财，正财透天干不算慷慨，在社会公益上，这个正财"癸"水透天干，不及李嘉诚先生之偏财透干慷慨。

说到富豪，都是因为四柱用神行到"正"而暴富的，但亦有行完大运而失败失踪的，且看李福兆先生的八字。

丙火生于"木火"长生的"寅"月,木火极旺,明显地以金水为用神。且看大运四十二岁至六十二岁,行足二十年金运,其中以五十二岁至六十二岁"庚申"偏财大运,暴发之极。但是一进入六十二岁的"火"地,便兵败如山倒了。

七种常见的招财密码:

任何人均想发财,在四柱上如何看一个人发达呢?这是大众最开心的四柱神算心法。

除了以上举的例证外,在目前世界首富之中,均因以下七种四柱体系而发财发福的,可以说是目前最流行的"发达密码"。

你有这个密码吗?

(一)从财格

命理上有所谓"弃命从财"之论,便是日元极弱,在其四柱的旁边七个字,均为财星,此所谓"弃命从财必为富论"。

辛	庚	己	壬		丁	甲	癸	丙		壬	壬	戊	壬
亥	子	丑	申		未	午	巳	寅		辰	子	申	子
	水					火					水		

此三例均为财星得势得令,日元被迫弃命从财,但能否从财要看此命孩童时际遇。遇此格必过继给父亲的兄弟,即为伯叔之子女。

(二)四库全拥有

"男命四库全,乃财库富贵之尊。"

四库:辰(水库)、戌(火库)、丑(金库)、未(木库)也。

顺手拈来,一位三库人,行第四库财倾娱乐圈。

歌神张先生拥有"辰"、"未"、"丑"三个库,从廿一岁开始入库,廿六岁再行水库"辰",名利双收,进入三十一岁运时,行一九九四年之"戌"运,四库全拥有,这一年是财富最巅峰之一年。

张先生

辛 乙 甲 壬
丑 未 辰 申

甲午	癸巳	壬辰	辛卯	庚寅	己丑	戊子	丁亥
1	11	21	31	41	51	61	71

一个四柱如四库均有，要看所处位置，是否冲得好！四库冲开用神，不要冲开忌神。

很多学员来问我四柱可否测出何年置业，其方法便是用"库"。

例如一男命生于日元为辛金，木为财，木库为"未"，应验未年流年置业。

四库应验置业表

日 元	甲	乙	丙	丁	戊	己	庚	辛	壬	癸
财 星	土	土	金	金	水	水	木	木	火	火
四 库	戌	戌	丑	丑	辰	辰	未	未	戌	戌
过去置业年	1994	1994	1997	1997	1988	1988	1991	1991	1994	1994
未来置业年	2006	2006	2009	2009	2000	2000	2003	2003	2006	2006

（三）身弱财多印运行

在八字中身弱而财多，如一个病人在病床上不能下床，财神敲门，也没有力气开门迎接财神，这是多么可惜又可怜的遭遇。但如果大运行正印星，便身强起来，财星便如横财一般疯狂跌进口袋中。

这种四柱命格已大富贵者，均有一个特征，便是一入印运，便开始肥胖起来，皆因印星会使此人身强起来。因此脂肪与财富乃成正比例。

且看一富命四柱：

辛　丁　丁　辛
巳　酉　酉　丑

丙申　乙未　甲午　癸巳　壬辰　辛卯　庚寅　己丑
9　　19　　29　　39　　49　　59　　69　　79

此命造偏财当令，掛角两辛，财强身弱，用神木火，运交十九岁，发达致富，廿九岁到三十九岁，凭电子业发绩。

又一局命，命入印宫，富达千钟。

癸　乙　壬　乙
亥　卯　申　巳

丙辰　丁巳　戊午　己未　庚申　辛酉　壬戌　癸亥
1　　11　　21　　31　　41　　51　　61　　71

此命乙木当令，暗耗水气，亥卯合木，两掛角透出，庚藏于申，鸡以采木，运交四十一岁，凭股票金融发达廿五年。

(四) 月令建禄财官发福

在富命的批算中，"建禄"格是著名的一种格局。不论天干为何，只要四柱见"禄神"必发，如大运见即行运至该大运时发达。但一般忌二见、三见……就是八字内见禄神，如大运再见之，当主劫财论，旁边人士争财失义，不作吉论。而发的实战经验，多禄再官财，方为真财，不可见禄便言禄。

禄神表

日元	甲	乙	丙	丁	戊	己	庚	辛	壬	癸
禄神	寅	卯	巳	午	巳	午	申	酉	亥	子

且看中国无人不识的富翁石崇的命局。

命造以申辰拱水，时干又透壬水，杀重身轻之象。"巳"为禄神，入交廿六岁致富。命交五十六岁，枭印夺食，印破无土制煞，招杀身之祸。

石崇

己 壬 丙 壬
卯 申 申 辰

　　　　禄神
　　　　｜

辛未　庚午　己巳　戊辰　丁卯　丙寅　乙丑　甲子
 1 　 11 　 21 　 31 　 41 　 51 　 61 　 71

另一例为近代银行家之命局，本命有"禄神"，命入财官而暴发，成为香港中区三大银行主脑之一，其命造为。

辛 辛 庚 辛
巳 丑 申 巳
　　　　｜
　　　日禄神

庚子　己亥　戊戌　丁酉　丙申　乙未　甲午　癸巳
 1 　 11 　 21 　 31 　 41 　 51 　 61 　 71

此命造庚金生于丑月，为湿土所包，块然凝结，无以自显其才性。时逢辛巳，劫财助，长生资之，尤妙巳为七煞，火土相生相克，综合一体之中，大运见丙再点缀一点木，无敌之命数，日禄又见"申"，锦上再添花。命行四十一岁，名重一时。

（五）人富必财为用神

一个四柱要看其富败，第五法为"财为用神者必发"。这种命造的特征，一定要身强，因此此命致富者一定在发运时极为瘦弱，因为必三妻四妾，风流之极，皆因妻财乃同一五行关系者。富豪界有桃花命又大富大贵者，首推何鸿燊先生，且看他的命局。

何鸿燊

辛	己	壬	辛
酉	亥	辰	亥

戊戌	丁酉	丙申	乙未	甲午	癸巳	壬辰	辛卯
6	16	26	36	46	56	66	76

此命造乃一大贵命，富可敌国，三妻四妾，名重一时，壬水强旺，晚来得子，命入三十六岁，为火地财星，三十年大运，财为火乃其用神。亦因此以赌业成家，赌为财为妻。

（六）财库三合地发万两之金

第六种必发的格局，是财库三合之地，在四柱见不及大运见有奇效。即是：

丙丁火为日元——金库为丑，再见巳酉合金局者；

戊己土为日元——水库为辰，再见子申合水局者；

庚辛金为日元——木库为未，再见亥卯合木局者；

壬癸水为日元——火库为戌，再见午寅合火局者；

甲乙木为日元——土库为辰戌丑未四字并见者。

且看一富命的八字有此局者：

甲　乙　辛　辛
子　亥　未　卯

此命甲乙互出，支成木局，两辛无根，从财格论，卯交木运，登科致贵，中行火运，为官为富，福运两得。

（七）我克驿马海外财旺

在四柱致富的，只要排出驿马，如为其财星，便有此应验。例如庚辛金命人生于鼠年、龙年、

猴年的人，便是财禄入驿马的格局，请看下表：

我克驿马海外财旺表

驿马	生肖	日元
巳	兔、羊、猪	壬、癸
寅	鼠、龙、猴	庚、辛
亥	牛、蛇、鸡	戊、己
申	虎、马、狗	丙、丁

甲乙日元以辰戌丑未为财，但不入驿马运及此例证。

而所代表之驿马五行，很多时也是其所发财的行业，如：

虎、马、狗生肖而是丙丁日元者，其驿马在"申"，多在美国及英国股票市场赚大钱之港人。

牛、蛇、鸡生肖而是戊己日元者，其驿马在"亥"，多在外国的股票或饮食业、保险广告业已成名者，很多艺术家发达亦出于此命格。

鼠、龙、猴生肖而是庚辛日元者，其驿马在"寅"，多在外国以木

材、成衣、文化艺术而发达致富者。

兔、羊、猪生肖而壬癸日元者，其驿马在"巳"，多在外国饮食业致富，或炼铜、炼铁、地产、石油、军火致富者。

四、富人四柱的特性

富人的四柱特性，是财源不绝，有一句八字用语，叫做"火夏长天金叠叠"，列为富命：

丁　丙　丁　己
酉　午　酉　酉

财宜藏不宜露，财有库"辰、戌、丑、未"而能打开为最好。所谓"发库之人必长享"，行库运而得财富是静静发达的人，这种命数的富豪最好。

"伤官伤尽能生财"是富人的八字特性，只要身强，财便不断而来。且看另一四柱：

辛　庚　己　丙
卯　子　巳　寅

日元己土有丙寅火源源不绝，身强也，子为财星，庚辛为祖上有源源不绝之伤食生财，代表得长上提携，人际关系极佳，能成富命。这庚辛亦是宿世的好功德，是前世的累积奖金。所谓"伤官食神喜生财，富贵自天来。"看一个命局能否生大财，身强鉴定之后，且看伤官食神能否存在，不断生财必大发暴发，财源滚滚来。紧记："伤官喜生财，富贵自天来。"

五、玄机外

任何人都会想发财，但发达的同时，同样会失去很多东西！这是子平命理的悟道艺术。

普天下的太太都希望丈夫发达，但想不到丈夫发达后，便包二奶或小动作多多，用四柱神数来解释，十分肤浅，因为一个男性的四柱，是财妻为同一宫位同一星运，特别是正妻即正财，正财是辛苦钱，脚踏宝地用劳力换回来的，这种财不会影响夫妻感情，但如果老公有偏财，就是存钱十分容易，太太在欢喜的同时，却不知丈夫已同时拥有偏财外遇，这是八字神数所告知世间人的人生道理，但术家一直不了解也不"借术说理"，其实四柱是一门人生哲理学，在预断中显示人生的秘理。

预测家只追求子平命理的准确性，而忽略其哲理性，子平命理是警世的中国国粹。

又例如大家倾慕李嘉诚的四柱，但李嘉诚也有他的烦恼和痛苦之处，钱到了某个千万，只是一个数字而已。所谓"万顷良田一碗饭，千间华厦一张床。"太过分追求财富，会失去母爱和创造能力。以甲木来论，土为财也，土太多会克水泄水，水为母亲，火为创意，在人伦关系上，绝对会失去平衡，财多妻多桃花多，这是有钱人的印星为道德、操守，因此有钱人发达到某一个位置，聪明者会捐献，或将财富转给亲人子孙，其实是救命法，也是命理学的自保法。财多会子女不孝或迟钝，理由是土生金为子女，土多金埋金滞，如四柱没有水之通关力，子女迟钝（印多）不孝，或无法与父沟通，成了富豪界的新闻，其实也是四柱作的怪。

圆通达观（下）

第五章　行衰运的命局

一、乞丐的死亡四柱

任何人都怕贫穷，任何人都不愿当乞丐，因此论述子平学八字，不能不论乞丐，请看以下乞丐的八字。

壬	丁	丙	戊
寅	未	申	戌

戊申	己酉	庚戌	辛亥	壬子	癸丑	甲寅	乙卯
5	15	25	35	45	55	65	75

此命造克泄交加，厚土无木，出干制戊，地支寅木逢申冲，运入十岁，沦为乞丐，四十岁命入"亥"命好转，命交六十岁，死于西环街头，该天气温只有四度，死于金也。丙火见土多，人会迷迷糊糊，见木便好。

丁	庚	辛	戊
卯	戌	卯	戌

己酉	戊申	丁未	丙午	乙巳	甲辰	癸卯	壬寅
5	15	25	35	45	55	65	75

此命造戌卯合火不化，丁火透年，克金为弊，戊戌土厚，双逢火

助，埋金为愁，运逢廿五丁未大运，在路边中暑而死。上二例明显指出八字要合符平衡之道，太旺太弱便是行衰运的密码。前者为丙火遇土太多，后者为辛金遇土太多，二者均以水木来救。故行"亥"运有救，但"亥"极为麻烦，与"寅"、"卯"、"未"碰上都变质，难以好好救人。

二、财多身弱，富屋贫人

在香港最多见贫人四柱，是"财多身弱，富屋贫人"格，便是在命局中，极多财星，但日元却十分衰弱，无法任财。

我举一个例说，每个人都会每日出门去找机会赚钱，希望碰到一个财神爷，甚至两个三个财神。这是一般人的命造，大运中见财星，等如有财神爷驾到，命行至此，必大暴发之极，这是四柱易操作的技术之一。

但财多身弱便是日元天干是很弱，在整个四柱中都没有印绶和比肩，是身弱四柱，就如一个人在家中睡在床上，全无力气，人家要找财神，他却有十个财神敲门，可是他由于站起来的力气都没有，空浪费了财神的眷顾！

这种命格的人，大多数表面风光，但内里却是空心老棺，但如果肥胖一点，与母或兄弟姐妹同住，便合符身弱得印得比来助的好兆，才有发达的机会。我在上海为一间酒楼的老板看四柱，便是这种命格，他四柱大运并未显示大发之征，我狠批他与母及兄弟姐妹合作才成大业，他果然点头称是，其实只要见他是大胖子，便知道身弱的人只要肥，只要与母印同住同投资，多发动兄弟姐妹的助力，身弱财旺的人便可改造命运！因此皇亲国戚，在身弱时是正派，但大运行印比，皇亲国戚便在机构内变反派了！

三、偏财怕行比劫运

但如果一个人身强，其情况便完全相反。所谓"偏财怕行比劫运"，一个人的财运好，但多一个兄弟来入运，便是多一个人来抢夺，其财运

便缺去了一半。

很多时四柱行比劫运，不一定有个兄弟出现在身边，但却面对滑铁卢，失财败缺一半身家。

此现象应验在四柱大运上，也应验在年运上。例如二〇〇〇年为庚辰年，四柱日元为"辛"金命而身强者，这一年都要破大财。又例如一九九一年金融风暴，最破财的是身强的丙火日元人，因为"丁"为劫财星。如果该人大运又行"丁"，那此劫便要行十年之久。

因此身弱的人要开创事业，无不以母亲及兄弟姐妹帮助的，为什么大机构这么多皇亲国戚。一定是老板身弱，要比肩来助，这种便不怕"偏财怕行比劫运"了。反之，一个大机构内从无皇马褂出现，运或年运入比劫，便兵败财伤，一蹶不振。

四、伤官见官，其祸百端

在子平命理学中，最怕听到八个字：
"伤官见官，其祸百端。"

这八个字的解释是：当一个命局见到伤官时，如果又行官星运，便会招徕很多不幸。

在四柱中，如伤官见官在局内见到，也是凶命了。如果在年运中见，这一年便是极凶——多数会有死亡或天灾横祸，苦不堪言。

且看十天干日元的"伤官见官"年运干支：

伤官见官表

日元	年运干支
甲木	丁酉、辛巳
乙木	丙申、庚午
丙火	己亥、癸丑、癸未
丁火	戊子、壬辰、壬戌
戊土	辛卯、乙酉
己土	庚寅、甲申
庚金	癸巳、丁亥
辛金	壬午、丙子
壬水	乙丑、乙未
癸水	甲辰、甲戌

例如一日元为"癸"水的人，在甲辰甲戌年便犯"伤官见官"凶运，可见癸日命人在一九九四年开始兵败如山倒，这一年是近年晦运的开始年。名人如张德培、张敏仪便是癸水命人。

又以辛金命论之，一九九六年丙子行正"伤官见官"，此年恐有白事及不如意事，出入医院殡仪，行至二〇〇二年，壬午年又行"伤官见官"，一切小心。名人如李登辉、郑伊健是辛金人。

二〇〇一年为辛巳年，日天干为甲木的人此年命犯"伤官见官"，李嘉诚、司徒华、张学友、郭富城、林子祥等均为甲木人，一切要小心。

丙火人如董建华、梅女士在二〇〇三年为癸未年"伤官见官"，一切小心为上。（注：该年她果然逝世，而董遇上非典及七一大游行，险些下台。）

有没有"伤官见官"而一点事情也没发生呢？答案是有的，便是身强的人，因为"伤官见官"只发生在身弱的人，因此每逢这种年运，遇到"伤官见官"的人只要印绶劫比多，身强下来，便可过关。我的实战经验是：男性肥胖，女性与母亲同住的人，就易化解此凶险。

伤官见官只在年运，祸事一年。怕是怕伤官见官发生在大运中，而命造又是一身弱命之人，此大运十年便十分难过了。因此大家必须小心留神，大运中有否这个"伤官见官"的大凶密码！

五、冲提纲，好者亡

初学命理的人，要知道"冲提纲"这个名词！

"冲提纲，好者亡。"

冲提纲，很多时会死人的！

因此很多人怕"冲提纲"。

什么是"冲提纲"呢？

冲提纲便是指四柱的月支——即是每个人出世的月份地支，遇到大运受冲的五行，在命主大运上，便称为冲提纲，一般冲提纲，一定是在六十岁前后。

且看下面的一个冲提纲例证。

在六十三岁至六十八岁的"未"运，由于为纲，由于丑为寒天寒地的湿土，为此"丁"火命之凶神，命登入"未"土，未土中的丁火冲走丑土中的癸水与辛金，乙木又克尽己土，因此提纲一冲，可化凶为吉，此命造在六十三岁至六十八岁位登重职，富不可言。

丁	癸	丁	甲
酉	丑	未	辰

冲提纲
↑

壬子	辛亥	庚戌	己酉	戊申	丁未	丙午	丙午	乙巳
8	18	28	38	48	58	68	78	88

"冲提纲"很多时引发出死亡事件，其中以死去配偶的情况最应验。以下一例，命冲提纲，死掉她的一位情人知己。

圆通达观（下）

```
戊  庚  丁  ×
子  申  丑  ×
              冲提纲
               ↑
己未  戊午  丁巳  丙辰  乙卯  甲寅  癸丑  壬子
 4    14    24    34    44    54    64    74
```

此命造为女命，命入提纲，为"寅"木，可以"甲"木及"丙"火来旺身弱的"丁"火，但"申"宫内之"壬水"，却被寅木内之"戊"土所制，此命造使该位离婚而少见面的前度情人，于冲提纲的一年死去。

其实我的实战经验告诉我，冲提纲而引致自己死亡的例证并不多，但冲克其他身边人的情况却十分普遍，但说叫如此，冲走的东西，死去的人均不是用神，也即是不能带旺日元的人和事，因此冲走后一般都作吉运论。

食神逢枭财物耗

在四柱命理中，食神是会生财的。因此看四柱，十分重视食神这一关系，因为有食神，财星才可源源不绝。例如甲木命人，以土为财星，如果有火，便是食神生财。李嘉诚便是这种命格。

但如果运行水印，水便克火，食神逢印尤以枭印（偏印）最凶，因为甲木偏印为阳水，食神为阳火，阳水最克阳火。

又以丙火日元为例，其食神为戊，枭印为甲木，阳木克阳土最为凶烈，阳土未能生阳金，丙火正财一失，财物耗散。

因此丙火日元的人遇一九九八年戊寅年，便是犯枭印夺食了。对于丙火人来说，甲木为枭印，戊土为食神，此年枭印夺食，丙火命人必财败。

由此推之，十天干命的枭印夺食年运或大运如下表：

枭印夺食年运或大运表

日元	年运或大运
甲木	壬午、丙子
乙木	癸巳、丁亥
丙火	甲辰、甲戌、戊寅
丁火	乙丑、乙未、己卯
戊土	丙申、庚午
己土	丁酉、辛巳
庚金	戊子、壬辰、壬戌
辛金	己亥、癸丑、癸未
壬水	庚寅、甲申
癸水	辛卯、乙酉

从一九九〇年至今，犯枭印夺食的人可见下表：

日元	年运天干
甲木人	1996.2002
乙木人	2007
丙火人	1994.1998
丁火人	1999
戊土人	无
己土人	2001
庚金人	2008
辛金人	2003
壬水人	2004
癸水人	2005

在大运中，如见枭印夺食，便会影响五年到十年。这当然比年运较重。

"枭印夺食"对于身弱的人较应验。其中尤以食神不足或不强,一行枭印,食神会伤,严重得会死亡,食神应验在女性身,为女儿及祖母。应在男儿身,只是创作或事业,人物是女婿,孙儿或外公。这些人物发生疾病或死亡,当是"枭印"夺食所致。

因此命理学男男女女男女上有"枭印并临祖上漂泊"之句,也说"满盘枭印,破祖离家"。

六、劫财羊刃忌岁运相连

另一个行衰运的密码,便是羊刃劫财相连在大运,然后年运刚巧又遇见,此年男命必伤妻子。父亲、兄嫂弟媳等人。

劫财羊刃忌岁运相连表

日元	劫财羊刃
甲	乙、卯
乙	甲、寅
丙	丁、午
丁	丙、巳
戊	己、午、辰戌
己	戊、巳、丑未
庚	辛、酉
辛	庚、申
壬	癸、子
癸	壬、亥

举一例子，丙火日出生的人大运中见"午"，为劫财羊刃，在一九九七年"丁"火年行正岁运并临的羊刃位，结果男丙火人破财，妻子受伤，女丙火人破财，父亲撞车受伤，这些都可以详细地推算出来。

七、食伤重叠，无读书缘

一个人的日元天干处于极弱的情况，又见伤官食神极多，身弱那堪再见伤食，必然惧怕思想，创作和读书。

庚 戊 辛 壬
申 子 巳 辰

此命造生于仲冬建子之月，壬水伤官，透而乘旺，虽壬临于辰，旺水归库，但因子辰会局，一派汪洋，辛金亦墓于辰，金沉水底，食伤叠见，必得阳木以泄，阳土以障，才免偏枯之患。此命亦见润下贵命，为一制造橡皮艇的家族第二代长子，因命局多水而入此行业而成大业，但确然一生无书缘，读书不成。

八、有杀无印欠文彩

子平派认为"有杀无印欠文彩，有印无杀小威风"。印绶在四柱代表一个人的学问，学养，杀为知名度及雕琢力，在四柱中一个有文昌运的人，通常杀印并临，又见食伤才为好。

癸 辛 甲 己
酉 酉 申 巳

（铜雕艺术家）
此命为一铜雕艺术家，其创作为文化界公认为难得佳作。

乙 戊 丁 己
亥 辰 巳 酉

（编剧奇材）

此命为一编剧之命局，辰内藏乙木，戊土、癸水配以文昌酉金，一生在创作上赚很多钱，而杀印伤食均临妙位。此命只要一入甲木运便可成事，其艺名刚好用极多的木，如其人身材高大更佳。

甲 丙 乙 丁
子 寅 卯 亥

（武侠作家）

此命造日元乙木，生于寅，旺于亥，寅亥六合，木根稳固，亥中所藏为壬印，木燥转以得润，暖润两全，气师中和，柱中喜见一二点土，名谓食神生财，行土金运富不可言，入火地名重中国人社会，杀运出名，印星贵而食神当令，创意无敌之人，乃中国人社会无人不识的武侠作家及报人，以文致富少见之例。

子平派认为："读书万卷，必是日强印旺逢官。"此命造正合此说。听说此先生曾四读大藏经，读书破十万卷之数。

因此财、官、印全的人，才会好学，例如乙木人，必须土旺（财），金旺（官）、水旺（印），在命局见或大运见，为用神喜神者。

九、伏吟伏吟哭吟吟

命局中有一种密码，令你以泪洗面。凶者，甚至死亡。这个密码一定要认识！

伏吟——便是天干地支的一组六十甲子，与大运或年运相同。

举一个例子。如你生于甲子年，譬如今年是一九八四年甲子年，你便六十岁，出生年"甲子"与流年"甲子"六十重逢，是大伏吟。这六十大寿宜在生日前摆酒，若果当时运气很差或多病痛，最好不要摆寿酒，改为摆七十大寿。

如果你的月柱为甲子，便是月柱犯伏吟，根据我的经验，这是最应验啼泪吟吟的"伏吟"凶运，分外小心！

日柱和时柱犯年运伏吟，必有白事，但如大运见之，主死亡或白事，所谓"不死自己也死别人"。因此二○○六年是"丙戌"年，在四柱中或大运中见"丙戌"的人，便要小心。

很多人死不在伏吟大运，但却死在伏吟的月日时，在实战个案中，比比皆是！

十、上克下冲祸灾重重

四柱学上最大的变化，是"冲"！ 共六组地支冲局：

子午冲。丑未冲、寅申冲、卯酉冲、辰戌冲、巳亥冲。

其次"天干克，灾连连。"

甲戊相克，乙己相克，丙庚相克，丁辛相克，戊壬相克，己癸相克。

"天干冲，擂鼓战。"

庚甲相冲，辛乙相冲，壬丙相冲，癸丁相冲。

因此如果你的日元是甲午，刚好年运或大运为庚子，庚甲相冲，子午相冲，便是大变的天数。当然如果你要金水，庚金为金，子水为水，这变化是改好的。但如果刚巧又忌金忌水，又遇庚子，便是大灾难了。

我的经验是，日元最怕天冲地冲，天克地冲，因此算命人为自己找出日元后，马上看一看天冲地冲的天干地支为何，且看大运有否重逢！又再看未来数十年的年运会否再见。如有的话，便要分外小心。

再举几个例看看。

日元为辛丑，最怕见丁未。

日元为壬辰，最怕戊戌。

日元为癸卯，最怕己酉……如此类推。

当然最严重是一冲一克不只在日元，而在日元及年柱，因为一冲便是整个八字的重心，这是十分灾难的。例如一九四〇年四月七日出世的人，便有以下的四柱：

庚　庚　庚　庚
辰　辰　辰　辰

这个八字如果行到二〇〇六年"丙戌"年，便出现丙庚相克，辰戌相冲之局面，这个典型的例子，便是一冲一煞多条柱子。

但这是例子而已，但常则都有例外，八字很奇怪，任何八字如果排列出来，成了一种图案或特殊形格，通常列入好命、怪杰、异人之列。如关羽的八字：

戊　戊　戊　戊
午　午　午　午

便是一种奇局。刚才所说的庚辰四柱遇丙戌的例证，可能此命造不单一点事也没有，反之会出位或成为新闻人物。

遇到大凶的八字，便要靠身边的人来平衡。这是四柱极凶时不一定应验凶事的原因。例如你批一个女性四柱，见其没运行，但见夫星得令，很大可能，她的凶星及夫之吉星，她为夫而活的，她的四柱为旺夫而设。这种太太，一定为夫所宠爱，一分手后丈夫便兵败如山倒。

可见四柱可以救人，也可以害人，而医生或成功的术数师，必定具有很多五行，而且可以供别人运用。说到底，一个医生能医好一个病人，我的理论是，非关他的医术，乃是因为医生的四柱，救了病人！

第六章 速断四柱七法

一、戴眼镜的四柱怎样看?

很多家长很担心,子女每日埋首电脑,特别是"三国无双"一个软件,不知残害多少子女的视力。但小友的儿子,全班为硕果仅存的视力正常者,竟没有近视,马上拿来四柱,看看内藏什么玄机。

结果一看,全对了!

为什么呢?

因为有"酉"金的人,有沙士的免疫力。

先从四柱找出玄机,再拿实证去考证,"大胆假设,小心求证"并科学地找出四柱密码。

现在公开眼镜的密码!一个"丙"字。四柱有"丙"火的人,便有近视的密码!

这是第一个标准。

"丙"火遇到极多的水运来冲击,便近视眼。例如戊申子辰,亥子局,或"壬""癸"极旺,"丙"火在八字内四柱任何一柱,均主戴眼镜论之。

"丙与辛"合水,丙火命人或八字有"丙"火,一见"辛"金便近视,尤其是"辰"月,可见每年四月,是小朋友近视高峰期。

"寅"木、"巳"火地支的人,也一定有近视加速的密码。四柱本有或大运遇之,流年遇之,即近视。

"丙"火也指地区,位于南方的人较易患眼疾。因此,香港、新加坡是南方火地也,"丙"火长生之地,此二地的学生特别多近视眼!

什么人没近视眼？丙火有足够的木为印。此为第一。第二还有"丙"火不见于四柱天干及地支内，较少近视眼。

而谈及眼镜，正有妙事，便是金多的人，多数会选大金边眼镜来戴，而多数眼镜会很易松脱下至鼻梁上，要金者可以这样戴，忌金者有此样子，必肺肝大病入院或死亡。

改变丙火遇水而变近视，用"木"也。木为肝，补肝就是补眼，多看绿色树木或放一枝风水树在子女的电脑旁，便可改善。另外郁手郁脚（木也）来运动也可以。

二、失业八字怎样看？

香港的失业率在二〇〇四年开始有所改善。其实四柱可计算出来。香港四柱为"甲木"日元，遇印再逢官便有好的老板运，"申"为猴年，二〇〇四年又逢甲申，甲为比劫助长身强，申金内有壬水为偏印，水旺生木，申为七煞，虽未为官星也有点长进。

到了二〇〇五年，入正官酉金大运，又逢"乙"木比劫，甲木身强之极，失业率果然改善，到了冬季水旺，亦即印绶加临，失业率可以减到令人满意的境地。

你还在失业吗？

如果你失业，你又有机遇看到此书，你便开运了，为什么呢？因为马上我教你看，怎样看你失业运！

任何一个人的四柱，如果印绶及官星生得靓又不离偏印及七煞，一纯到尾，便可在一实力雄厚当旺的公司工作，也就是任何一间公司何时倒闭，何时兴旺，员工的四柱可以看出端倪的！

例如一人为打工仔，不是老板，举例当总经理吧！这家公司什么时候最旺？

不用看什么，只看此人之四柱，什么时间的印星及官星，最纯最旺便可以！

而行正入印官两旺之局的人，不单旺公司运，也旺自己的官运。就

算转工,也一定可以转入另外一间实力雄厚,当旺的公司。

因此失业的人,有救了!

首先加强自己的印星!例如甲乙木日元者用水,丙丁火日元用木,戊己土日元用火,庚辛金日元用土,壬癸水日元用金!所谓土,简单而言之,是宝石,吃羊肉,养狗仔。

印星加强后,便是官星。甲乙木日元的官星为金,丙丁火日元的官星为水,戊己土日元的官星为木,庚辛日元的官星为火,壬癸水的官星为土。且看失业人的四柱,大多数是官印欠其一,或杂煞太多,行伤食及比劫大运,流年失官失印,便无法找到一份工。

三、当预测师八字怎样看?

这是一个最热门的占算题材。

想做一个正派的预测师,最重要是四柱中,有没有医人的星宿,也就是俗称"天医"星。

天医星怎样看出来呢?

首先排开八字,先看月支,只要月支前一支也同时出现在八字内,便具有天医星了!

例如生于寅月,八字四柱见丑,便是天医,生于卯月,见寅便是,如此类推,辰月见卯,巳月见辰,午月见巳,未月见午,申月见未,酉月见申,戌月见酉,亥月见戌,子月见亥,丑月见子。

这是天医!但是良医还是庸医?

那便要看此天医星是否用神。例如寅月见丑,而刚好土为用神,那便是好术师,也是好医生。

这种人,去当预测师,是值得鼓励的!否则,会用术数害人。

另外,最好孤辰寡宿也是用神,或文昌是用神也可以。孤辰的看法,是亥子丑年生人见"寅",寅卯辰年生人见"巳",巳午未年生人见"申",申酉戌年生人见"亥",而寡宿为亥子丑的人见"戌",寅卯辰年人见"丑",巳午未年生人见"辰",申酉戌年人见"未"。文昌为甲日见巳，乙日见午，丙日见申，丁日见酉，戊日见申，己日见酉，庚日见亥，辛日见子，壬日见寅，癸日见卯，而孤辰寡宿会文昌合化成三合局，又再为用神，必为一代宗师。

而此宗师要受欢迎，又要门"库"多，如四库齐"辰戌丑未"可供大量五行给别人，这种老师便大受欢迎了，因为客人要吸他库内的五行。

四、秃头脱发四柱怎样看？

日元为甲木或乙木的人，只要地支见"卯"，或见"寅"木，或见"亥"水，大多数周身毛。百发百中。

如四柱下盘见"卯"见"寅"但天干见金如庚金，辛金，又无水来生木化金，此人必疏发或生地中海，不过有一点要注意，下体或手瓜胸口毛却极为壮旺。

无论如何，毛发多少，吉凶凭两点：

（一）为木者，可作多毛为贵论。

（二）上发、中眉、中胡、下毛发要统一。如疏稀者，全身疏稀为贵，浓密者，全身亦要五发都浓。如部分浓部分疏，为衰相。

秃头脱发的人，要用水生木来救，因此用水养四枝富贵竹，是生发的风水布局法。水木又代表"亥"字，叫亚家、亚豪的人，一定毛发旺。因为"亥"为水木的长生，"家"字及"豪"字，均见"豕"为"亥"猪。

又有一种四柱最易甩头发。

"厚土埋金"之人。

"厚土埋金"之人，多生于"未"月或"戌"月的辛金或庚金，其中以辛金较多，而时支为"戊戌"最为厚土，这种四柱要用很多水木来疏土才有运行，这种土多的人，第一混沌，第二懒惰，第三固执，要用水木来"骂之"，"插之"才有点清醒。

此类人大多至孝，特别喜欢母亲，造就八字厚土埋没天才，因此孝顺及侍母，不一定可以行运的。愚忠愚孝便不受鼓励。

脱发的人，大多数要放风水萧挂在床头，又或者购入开运竹，"竹报平安"画也可以，养兔仔的方法最快，而喜欢将杂志储藏起来的，也可生发的。

可见任何一双生发水，要有水木之象才能真的有生奇效。名字见水见木，英文名一定要见 A、B、I、J 这四个字，而蓝蓝绿绿的包装也是对的。其实任何药品的包装，都有五行秘密。

五、夫妻生肖怎样看？

在生活空间中，藏有很多难以解释的现象，其中一个妙趣的现象，便是夫妻同住一间屋，其生肖必可见于家指定的两个角落。

夫为西北角。妻为西南角。读者如为夫妻，不妨在家中的西北角找找，你一定找到丈夫的生肖动物。例如你丈夫生肖为羊，在西北角你一定找到一只羊的工艺品。

结果小友驳嘴，说"没有呀！"

一次去小友家中看风水，想起我这个创见，于是马上在西北角找找，结果真的找不到"羊"。

小友笑道："怎样？师父"。

我道："你看！"我指向墙上她挂有的一张小挥春，上边写有"吉祥"二字。

"祥"者羊也。

古书是这样说的，此二字互通。

小友一时气结。我继续说，"你的丈夫不是你第一个丈夫。"

她一时呆住了！"你怎么知道？"

我道："你的第一任丈夫，属鸡的。"

"对呀！"她登时呆住了，"师父你怎么知道？"

"吉祥二字，如果祥为羊为你现任丈夫，'吉'字便是你的前任丈夫，此丈夫还是你的初恋情人。"

因为"吉祥"二字，前为"吉"后为"祥"只有两个字，她初恋情人就是丈夫，现任的是第二任丈夫，而这也是一生中唯一的两个丈夫。

为什么知道是属"鸡"？

原来"吉"与"鸡"同音，就这样简单。"大吉"二字，其实是"大鸡"，即"大酉"。

要"酉金"的人，只要贴一张"大吉"在西方，便很多酉金。

太太的方位在西南角。她属老鼠，"子"也。且看西南方，她真的放了很多童像公仔在此区，"子"也。另外也是杂志架，她把儿子喜欢看的老夫"子"，十多册，放在此区。此卦应验之极。

在四柱中日地支为配偶，那个是否就是配偶的生肖？当然不很准。但一般配偶的生肖，一定是地支的三合生肖。不信？你不妨测试一下，有八成准。

六、父母运程怎样看？

看父母运，在四柱占算，有两种占算方法。

一者是看四柱中的月天干及月地支，前者为父，后者为母。这种算法一般认为较为粗浅。

二者是较准绳的占算法，就是以"正印"为母，以"偏财"为父。

"正印"为母，是合理的占算方法，因为生我者母也，正印便是。如果正印为母，克印者为母之夫。正是偏财。例如辛金日元，戊土为母，乙木对于辛金来说，正好是偏财。

也有一种说法，以印为母，因为如果以女性来论，母亦为女性，偏印才是正母。例如辛金女日元，己土为正母，甲木为夫，那正财才是父亲。这种说法在占算时要小心运用。

现代社会，在实战时，发现正印及偏印也可以为母，而正财及偏财也可作父亲来看。

因此，柱中偏财遇上旺地，如前端偏财为乙木，如入寅卯辰木地大运，父亲长寿。如入"亥"年"亥"运，是木的长生，父亲必寿。

母亲长寿否，也这样看的。

至于父母的运程，占算的方法十分简单，以父之立场去看其大运如何，也可从八字看其强弱。例如辛金日元以乙木为父，月支为寅木，代表父强身旺，大运入"甲"木，身强任杀其财，入木运便行比劫之灾，如入火为食伤，入土为财运，因此一个人的八字，可以看尽其有血缘的直系亲属运程，而不必另批其父的独立八字。

父由于与偏财同星，偏财对于男性而言，是偏妻、秘密情人。因此父亲的旺衰，与偏财及桃花运有关。一般父亲逝世后，妻妾宫有空位，较易招惹桃花运。太太留意，丈夫的父亲死亡，是会增加丈夫的妾侍运的。

母为印，一般四柱印受财克，代表病，但母亲离世，大多数是儿子四柱印星太旺，母亲因太旺也会死亡，当然太弱也会病死，不过实战告诉我们，儿子印太重才会令母亲辞世的。

如印为肥胖、睡觉、学习，一个印重的人，再肥胖及多睡，母亲便身体走下坡，甚至死亡。因此要瘦身，多捱夜。一个印轻的人，要肥胖多睡，母亲才健康。可见一个人的生活取舍，影响身边每一个人，可见四柱的运用，关系生命财富，绝不简单。

因此柱中财多必克父母，失去平衡，太多太少均有毛病，四柱讲平衡。

如为小孩逢财旺之乡必克父母。

月支如被大运冲克，或年运冲克，称为冲提纲，一般在六十岁左右，此运多损父母。

又有一个说法，提网月去克年支，父亲不全。例证有半数以上准确，但不全准。

破印太重，当然母先亡。如财多害印，少年丧母，或会再嫁。正印偏印并临，父有正室和偏室，或桃花极旺，此占算颇准。如为高低眉，此占算是百分百灵验。

柱中比劫重重必刑克父运，父为偏财，兄弟姐妹太多，如果无制，贪财因劫财而被克，可见兄弟姐妹多，父亲便辛苦欠运了，特别是穷苦家庭，欠偏财运，兄弟愈多，父亲愈惨。

财多必克母，母为印星，财多必克刑母亲，因此将财做善事，真的可以保母亲长寿的，其理由此而来。一九九七年很多人变了负资产，其实当中很多人的四柱显示一个不为人知的现象，他们因负资产而使母亲延寿了。从四柱占算可知祸福依伏，凶事不一定是凶，有某些事情凶中藏吉的。

印太重，或受克，母亲会逝世，偏财也一样。四柱的玄机在中和，太强或太弱都会引发危机的。而寅申巳亥四长生，便是影响最大的密码，也是四柱中的死亡秘码。

七、离婚运程怎样看？

离婚，又可称为夫妻宫大地震。

首先，是日支的冲克。

例如一人生于甲子日，遇午运，午年，便算是是夫妻宫大地震了，因为甲为自己，子便是配偶宫，宫内为子，遇午为冲。

这是初学四柱人的占算法。但进阶的弟子，要明白一切的冲煞，以用神为好的冲煞，不一定是凶的，等如一个要以"午火"为用神的人，便不怕以上的午克，很多时是一种改变，例如离婚，便是一种解脱，为什么呢？因为如果甲木忌水，以午火为用神，配偶宫在子水，不为用神，为忌神，夫妻宫大地震是一种解脱。

第二种更深入的看法，是以六神来论。甲木为男性，己土及丑未阴土为正妻，行戌土或辰戌土大运或年运，便是行妾运，多室外桃花。但如妻子日元为戊土，又见辰戌任何一土，此妾为其妻也，此妻一人兼夺妻妾二土，这种婚姻没有机会离婚。

因此结婚的良好组合之一，是妻的日元为夫的情人星，如甲木夫配戊土妻，不一定甲己合土才是最好，由于甲己合土，合后为己土之土，夫多为顺妻之怕妻夫。甲木配戊土为好，是一种妻霸夫妻妾二宫的八字，其合和处有利益关系，夫妻如父女，兄弟，无实在之情缘交煎。

就算甲己合土，土为甲之财，为夫者必将财富交由太太全权管理，是妻强夫弱，在现今社会，反而是唯一不离婚的命造，为使合得成，在东西方置一"龙"才能合化，如四柱月支及时支见"龙"，不用动用风水物。

乙庚合金，是乙木嫁给强金，便没有自己只有丈夫，这种格局，要见龙才好，合化成功，见戌便破格，可招引离婚，或妻反叛，不安分的表现。二〇〇六年为戌年，可见一切的四柱化合都破格，很多好的姻缘及关系都会瓦解。

狗仔的饲养，是破去这一切的和合，养狗是四柱学上一个可以大错，可以大利的手法。但一般人不知道。丙辛合水，令很多辛金女性没有好的夫运。因为丙为辛之夫，如遇龙合为水，丙火没有了，便没有丈夫了。辛金如为男性，丙火为名气也是官星，遇上龙年，龙的大运，可以掉官或失去名气，此龙便是大反派，要养狗对付之。狗以成为大正派。

丁壬合木，如丁火命女性遇龙年龙运，壬水为夫，合而成木，此木为棺，可使夫死，或离婚或失夫运。男为壬水，丁为妻，合为木，只要工作不要太太，这是大陆很多男士的选择，到远方公干，夫妻聚少离多，壬见丙火为妾，没合走，便成情人了。移民而失去夫妻关系者，亦多为此。

因此可知，二〇〇〇年龙年及二〇〇六年狗年令很多化合产生大变，戊癸合火，如癸为妻，合火便成印母，以妻为母，当太太为母亲，故与子女齐叫"妈咪"一声。对恋母狂热者此化合可以。但如戊为男性，癸为财，合成火为印，财星化印星，是破财破产的。可见此戊癸之中藏有很多变数。癸水日元生小，读者必须将自己四柱中的大运看清，如未来有辰或戌运来，要小心判其吉凶。

龙为辰如为大运，一目了然，怕是怕日常生活中，此龙暗中肆虐，例如一人忌龙生化，无龙运，也不叫亚龙，却叫亚震，便是龙。又或者家中东南方，儿子放了一只恐龙也是龙。因此成龙，李小龙，都有命格上的化合吉凶玄机。

戌为狗，但你要知道，成字、盛、威等字都是戌土，都是狗，阻止生化。一字错可以满盘皆输。

合化局中，又有争合，妒合等关系，影响用神，这是高级八字学的精华，有机会再以专书论之，太精彩了。

第七章 练就八字高手

唐代李虚中发明子平命理前，由汉代开始，以十二生肖来算命及批流年，是一直操作的命运技术，而其占算法，其多准确之处，其中从十二生肖性格入手，配合当时的一些实战结果，创造了"神煞"文化。神煞文化只有十多种是超准的，而五百多流行神煞中，只有十多项极准，而这十多项，均从一个人的出生年份的地支批算出来，其中始自战国时期的神煞，流传至今，已有数千年的历史。因为为什么每一年有的运程书这般准确，其实只是一直沿用十二生肖神煞学最准确的十多个密码进行占算。

一、尽信书不如无书

什么叫做"要领"？"要领"者，腰领也。当一件衣服放在你面前，如何可以拿起这件衣服呢？

看四柱，要抓腰领。有很多四柱的古书，都在教你如何抓腰领，但可惜的是，目今坊间很多学四柱的书籍，其中甚至最经典的几本，提供太多的四柱技术，而其"太多"的境界，已达至令初学者愈看愈迷惘的境况。

而这些经典的古书，最大的谬误及弊端有三：

一是中国术数学中太多杂学，也就是一些没有实战效应，不甚准确的技法，这些技法，导人入歧路，只要行错路，便路路皆盲。在过去四柱学习的潮流中，不知多少人迷失在这种弊端中。

二是理论太多而没有经实战实践引证的四柱技术，不值推崇，但古书中便十分不节制地，将大量的错误再翻炒出来，古书中很多四柱的论述，其实是错的，甚至是乱言的，但现代人学四柱，便有一个十分错误的观念，认为一切古书都是对的！这种偏见，与中国人见到洋鬼子便自然卑躬屈膝，口震词拙一样，根性中的奴性自然跑出来。当然，古贤大哲的珍言贵语大部分都值得我们借鉴的，但唯独四柱学中，要好好运用和消化，再套用在自己身边的亲人的实际遭遇上，去测试其真伪。

三是四柱的专用名词应该淘汰，以真的、具实证的去破解生命的密码，渗透宇宙玄空间的神奇，四柱学一走进"抛名词，引古典"的境界，只是一种四柱理论的研究，但四柱学不是一种学问，而是一种算命的技术，是要人明白知命鉴天，才知荣辱得失，从而立志。如果尽信书不如无书，书只是用来教我们怎样批，能放在实战上，永远才是术学的真正面貌和究竟。

二、初学由十二生肖开始

四柱高手如何练出来？应由十二生肖开始。

"十二生肖"，又称十二属相，是人性的真正的潜在的性格所在。生肖为年支，代表一个人的宿生。四柱可以看前世，是我发现的。而四柱中，出生年的地支，便是这个人宿生的兽性。人与畜牧道只是一缘之差，人之所以为人是灵性，是论理，是教育，是情操，是奉献，是无私，是大爱，是真的的追求，善的履行，美的开拓，人是凭取而脱离兽性，判归为人。但每个人，潜藏着十二种兽性，十二种人性的劣根。因此从每个人的四柱中的出生地支入手，是洞悉一个人的性格本源的一个好开始。

以十二支第一种生肖为例，子肖—老鼠也。本性是晚上才出来的，这种人的宿生性格，是极度机灵乖巧，但潜在意识中的暗里作业，具天生的惰性，在思想上容易很快满足，但要他建立万里长城，便没有可能。因此鼠肖的人，一定要配合别人，才能做到大事的，也可以说鼠肖的人要当独资老板，是十分危险！从此看性格，已令人技惊四座。

唐代李虚中发明子平命理前，由汉代开始，以十二生肖来算命及批

流年,是一直操作的命运技术,而其占算法,极多准备之处,其中从十二生肖性格入手,配合当时的一些实战结果,创造了"神煞"文化,但神煞文化只有十多种是超准的,在五百种流行神煞中,只有十多项极准,而这十多项,均从一个人的出生年份的地支批算出来,其中始自战国时期的神煞,流传至今,已有数千年的历史。因此为什么第一年我的运程书这般准确,其实我只是一直沿用十二生肖神煞学中最准确的十多个密码进行占算。

先学习十二生肖第一生肖的本有宿命性格,再参其神煞,已基本上掌握了:

(一)太岁——变的人生轨距。太岁年以应验入院,搬家,转工,样貌的转变,为每六年至七年的宇宙变化规律。

(二)咸池——情欲及男女荷尔蒙分泌的周期,从而可知一人之性动向。

(三)华盖——男女艺术,声威,孤性的周期,男有此周期代表权威,但女性但代表因太刚烈而破坏夫妻感情而产生孤傲。

(四)驿马——动的周期,包括搬家、转工、旅游等。

(五)红鸾——结婚和寻找伴侣的周期。

(六)天喜——个人的关心与忧愁的周期。此星与肝功能有关。

以上举的六个神煞,出生肖入手,已很准确将人的感情生活,事业得失,一切变化掌握了。这是八字学的第一级密码。

三、进阶由天干对月支

学四柱的第二步,便是扣紧日元。十天干每一种都有一种特性,只要你抓紧天干的要领,你已开始进入四柱大挪移的第二层。

十天干的动向,当然受月支的影响,理由只有一个,便是每年的季节,才有温度及五行的。春天木旺,夏天火旺,秋天金旺,冬天水旺,每季节前十五天为土旺。这五行控制了十天干的变化。这是四柱学上的一个极重要的构成。也就是一个四柱一个四柱的本质,本能,本有。

本质是此人潜藏的动向及性格，很多时也就是因果中最具影响力和带动力的一种果报。本能是能量的多少，本有是具有哪种东西太多而做成生命的障碍，说到底也是果报。

此果报，亦即月支，是自己所遇到的，而由外来的果报，便可从月干及年干可看到，可知一个四柱的用神如在月年的天干看到，此人大多数都具有很多长上贵人，或很容易致富成就，世界上的名人巨富，均是四柱中月年天干见用神的人。此干不必作为鉴定用神的主要力，而是一种天外的奖赏，此物离自己很远，只在适当的时间出现，如果计算入厘定用神的五行中，便失去重心和方向了。

日元受月分影响最大，因为这是四柱中，唯一有五行作用力的，四季代表一个五行，一个四柱便有金、木、水、火、土其中之一种力量，赐与十天干。其次便是时支，时间也有温度的。午时一定较热，子时一定较凉快。但其力多大，也不及季节吧。炎夏的子时，也是较热的。

可见一个天干的月支为第一个最大影响力，其次为时支。而月支受旁边日支的影响大于年支，在合局中，先考虑月支与日支的合化，才到年支。这是推算四柱学的一个重要技术。不可任意化合。

四、以自己及亲人作例

四柱高手要明白每日每时，其实都是一个四柱例证。自己的四柱，遇到每日的不同天干地支，产生什么事，自己最清楚。从自己出发，去引证每个天干地支的变幻莫测，为自己创造秘笈，这是所有四柱高手一定化时间累积的实战。

你看电视"大长今"，她不是也每日不停地做实验去找寻药方，这些药方，她不是从古书得回来，其中愈难医的病，愈要靠当代师医破解的！因此今天我们该相信，最难批的四柱，古书先哲一定破解不了了。现代人才可以破解现代人的四柱，这是一种宿命，这也一种必然的现象。

你运用我的四柱准确密码去引证自己，再推广引证身边的亲人，再引证名人，便明白及掌握很多四柱的玄机，未来再遇到这些类同的四柱，便可以举一反三，占算精准了。

五、地支是数也是象

先哲研究四柱最不是之处，便是以为天干地支只是一个数，而不知天干地支也是"象"。其实由易经开始，清楚指出，"数"以外还有"象"，也就是"甲"木不单是一个天干的符号，也是一种"象"，"象"者，物也，现象也。"甲"木是参天大树，是甲胄，是鸭子，是蟹（甲壳），甚至是甲虫，引用到事例，是"科"甲，引用到数目是"一"，是英文字母的"A"字。从此引申，你会明白，从四柱可以找出一个人的用神并可在日常生活中补进去，这便是我发明的"饿命"四柱学（又名缺命四柱学）的由来。

学四柱是一种算命学，对将之放大为改运学，特别为自己先改，其学习的意识便浓烈起来，再为爱侣占算，运用配合改运，你会发现四柱如中医的把脉，不只是找到一个人的脉象，而最重要的也是最好玩之处是方剂施药，只有四柱神数，才开千古四柱学之愚蒙，古代四柱学家只懂把脉而不懂用药，结果来到这一代，才开始了施药，从此观点上看之，八字神数在今时今日能复现于人间，四柱中兴于香港，也是因为四柱的玄机被我所破解出来，并开始了施药，令四柱学走上了更康庄更能助人的普救大业。而你，便是继承人了。

六、学好八字会有奇能

（一）**从四柱中，可以看到一个人居住的环境**，例如在我的网站上，传来一位内地的儿童四柱，其脑有钙化之疾，从四柱清楚看到，他的床边右手还有一"火物"通根而克，乃命中第一忌神，我虽未亲临其家，已知他睡床右手边应有高压电线，又知道他排行身第一，易经九宫为东方震宫，二〇〇五年东方犯二黑病符，狠批东方有高压电，家中东位还有大电视及坏掉的电器等等，可知八字可以看到一个人周遭的风水布局！

（二）从四柱中可知一个人的前世，为什么会死去，四柱中可以看到，有没有灵界，有没有祖灵在身边，看大运可知哪一年上身，哪一年灵界会离开，如果灵界上身为了因果报应，可知一人前世欠债多少年，什么年可以偿还掉！

（三）从四柱可以知道周遭人的情况，例如知道太太，太太的情人，太太的哥哥，哥哥的太太，哥哥太太的父母兄弟姐妹，因为十神的人际关系，可以一波又一波地推算出去，以大运来推算任何一人的吉凶！因此一个四柱，已可看其身边任何一人，而不须要再看其他人的四柱。但下药时，要以最初看四柱之人（也就是发源人）的五行下药。在身边布下适当的五行。

（四）从四柱可以看到全身的毛发、斑尘、特征，左边还是右边，上边还是下边……

（五）从四柱可以知道，术数师本身在哪个位置，任何一个放在术师面前的八字，术师都可在该八字内找到自己。因此，厉害的术数师马上知道，自己有没有看错用神！因为自己如为该客人用神，便一定看对！如自己四柱害到对方，便一定看错！具道德的术数师应拒绝为其占算！

（六）每个人都有两个至三个用神，最重要的只有一个，不必理身边有否忌此用神，只要自己摆对，自然可改造身边人的运势。四柱学要推到出神入化后，便可用来摆风水，配合流年飞星及易经九宫理论，此套风水学将是未来八运最厉害及实用的风水新文化！

第八章　四柱命理实例精解

第一节　日主极弱篇

1. 日主不得令
男命：1968年6月4日生（农历五月初九寅时）

乾造：戊申　丁巳　乙巳　戊寅
大运：辛酉
流年：庚辰（2000年）

简析：
从弱格——寅卯空。日主乙木生于巳月，不得令，坐支和天干左右都是泄耗，时支寅木刑入，乙木日主坐支为得弱根，但惜寅木空亡，不为日主乙木之根，观其全局都是克泄耗。日主为从弱格。本命局在行辛酉大运，庚辰流年的时候，庚辛构成官杀混杂克身大吉。

实际情况：此年日主发大财。

2. 女命造

坤造：	壬辰	壬子	丁酉	庚子		
大运：	辛亥	庚戌	己酉	戊申	丁未	丙午
岁：	5	15	25	35	45	55
年：	1956	66	76	86	96	06

简析：

此造命主丁火生于子月，了无生机，在局中无根虚浮，无生无助，弱极从官。局中几乎全是汪洋之水，岁运只能顺水之势，不可犯其怒，日主也不可得根得助，否则，必时乖命蹇。此局因命主从官，且水官太旺，其人必是"得志便猖狂"之中山狼也。此人出生时，家境不错，但到了15岁、16岁（丙午年、丁未年）时，步入了庚戌大运，日主得库根，致不死也家贫。其人文化亦不高。但到辛亥、壬子、癸丑年时，因年运得时，又加上其人俊美，被一官人相识相助，一跃进入了优越之环境中供职。到1992年、1993年（壬申、癸酉）更是春风得意，官至副科级。其时得靠官贵扶持，狂妄之极。虽婚上不顺，但她还是作威作福。

"天有不测风云，人有旦夕祸福"，1996年后进入"丁未"大运，日主得根得助，即连连不顺，她那一套善交际的手法，亦无济于事。到1998年（戊寅）、1999年（己卯），更是内外交困，家庭破败。2000年（庚辰）缓了一口气，到2002年、2003年（壬午、癸未）便身不由己了，不仅众叛亲离，而且病魔缠身。这一翻天覆地的变化，使她想到了"富贵在天，生死由命"的名言，才出现了其母寻人算命的事。2003年如能度过，2004年、2005年倒没有什么大事。但到了2006年六月初一日命主午时会有很大的危险。因为2006年六月初一日已进入了"丙午"大运。再加上丙戌年甲午月丙戌日甲午时，戌辰两库相冲，水火相战，又无通关之气，必凶多吉少。这种格局，又加上其过去的处世为人不善，是很难挽救得了的。这就证明先贤的名言"不知命不以为君子"果然不虚。

3. 曹君长子命造

男命：一九九二年十二月二十四日丑时

乾造：　壬申　　癸丑　　丁酉　　辛丑

简析：

丁火日干生于丑月，泄身处休地，自坐酉金耗泄元气，已是衰弱。又遭月干七杀癸水持旺紧贴抑制和时干偏财辛金持旺紧贴耗气，还有时支丑土和年支申金泄耗，更是危中遭劫，雪上加霜。日支酉金与时支丑土紧贴半合，因丑月土旺可生金，又有时干辛金化神引化，更有年支申金助化，使酉丑半合金局合化成功。这样财星得食伤之生，使财星更旺。因丁火日干在局中无根无气更无印枭和比劫生助，为衰弱至极，不能自立门户，只好顺应天时依附财星旺势苟且偷生，此造应以从财格推命。从财格局，应取财星为用神，食伤为喜神，印、枭比劫为忌神。由于命局五行偏枯，潜伏了易受伤、残或夭折的信息。2000年庚辰年，大运甲寅，二月流月己卯。命岁运及流月构成寅卯辰三会印枭局在岁运木旺当值并由运干甲木引化成功，破格遭灾。因为金、木之战，易应伤灾，同时金在人体主示胸、肺，精血等部位；木在人体主示：头、手、肝、胆等部位；该年二月，命主必因上述部位受伤或患疾而应重灾。

曹君反馈：其长子因车祸，造成头部胸骨及肝、肺重伤，住院抢救十多天，终因伤势严重治疗无效，导致英年早逝。

4. 详批命例

某女，一九七〇年八月二十二日戌时

```
            官      比      日      伤
坤造：     庚戌    乙酉    乙巳    丙戌
          财食杀    杀    伤官财   财食杀

大运： 甲申  癸未  壬午  辛巳  庚辰  己卯  戊寅  丁丑
岁：    5    15    25    35    45    55    65    75
年： 1975   85    95    05    15    25    35    45
```

命局分析：

日主乙木生于秋天金旺季节，不逢时令。地支年与月戌酉半汇金局，年干透庚金，月与日支巳酉也半合金局之象，时支为戌土向着金，月干乙木合年干庚金成化，故整个命局金特别强旺。而日主前后左右皆逢克泄，只有从官杀了。若放之大运、流年，从格不真。因为时干丙火有日支为强根，有年时支为库根，命局中火是制从神金的，且火与金的力量对比，金更旺一些，故当火制金而制不住之时，乙木易遭殃；火过旺而制金太过旺，金又很容易受损。命局宜顺势，以土通火金交战之关为用；金为旺神不能犯它，应从之，故为喜神；水既可泄旺金又可制火还能生木，最重要的是补足命局五行所缺之水，故以水为中吉；火是制旺神金的，当然看作忌神了；木生忌神，木就成了仇神。具体是木易受伤还是金易受损，则要结合岁运来衡量判断了。命局八字处于备战的紧张状态，随时都会因岁运的参与而相战，故命主一生会活得比较累。要么不聚财（钱赚了又很快地花去了），要么病痛折磨，要么工作不顺、不稳定，要么婚姻感情受挫，要么兼或有之等等。总之，但愿命主要做个坚强的人，不怕挫折困难，以乐观的心态笑看人生。命运有好的一面，有发财的时候，但也有痛苦、失意的时候。好运则把握，差运则忍耐，虽说不上是大富大贵，但小康奔小富还是值得去努力的。

神煞：

月德贵人（庚）：此贵人入命，主安祥福寿，在紧要关头有人相帮，是逢凶化吉之神。

将星（酉）：将星入命，主人能文能武，有掌权之能，众人皆服。将星带七杀，命主可掌生死大权（比如道教、公安、法院、法律、部队等部门）。将星是一颗掌权之星神，拥有它，主人具有领导与指挥才能，对武场、外销商业易获得成功。

华盖（戌）：命局有两位华盖星神入命。华盖为皇帝头顶的一把大伞盖，为天上孤高之宿，故拥有华盖星神的人，为人聪明勤学，清静多才多艺，对命理、气功、宗教、武术、僧道等特感兴趣，也很有这方面的缘分。华盖在命局中临旺，若在政界、官场上一定有相当的地位，若为九流也会有名气。只是华盖之人，有时心性孤高气傲。四柱组合不好者，则常常会信佛、信道，喜卜艺相学，甚至与佛有缘而皈依佛门。

金舆（巳、戌）：命中有三位金舆星神入命。金舆者，金车也，它代表富贵，象征财富，主人福多，一生清泰，利荫六亲，男女均可得良缘或财富之配偶。即指自己发财的财数大或丈夫为很有钱的人。总之，金舆入命，不会穷困潦倒，经济方面游刃有余。

十恶大败（乙巳）：命主出生这天为十恶大败日，主花钱如流水，千金万银也会化为尘，意思是不聚财。

孤鸾日（乙巳）：孤鸾入命，主男女婚姻不顺。要么丈夫经常出差不在身边，要么在一起常常赌气、争吵，要么两个心贴不到一块儿，要么有两次婚姻等等关于感情不顺意之事。

红艳（戌）：有此神入命，主感情世界很丰富，热情而开朗，有时感情浓郁细腻而不外露，总之，主情之浓。

流霞（戌）：命中有2位流霞入命。此神用于女性。流霞为飘浮不定的晚霞，隐喻一个人生活之不安定。因为霞为红色，也隐喻妇女经期异常或胎产不顺之意。

性格特点：

1）思想敏锐，记性特好。善于社交，交际广。胆子非常大，爱唱歌爱跳舞，开朗活泼，善于创造根基，有出类拔萃的活动能力。有时也有谨慎羞涩，胆子小的特点，做事细心且凡事喜权衡利弊而后行动。依命局看，命主属于具有双重性格的人，既有外向的一面，又有内向的特点。

2）日主内心正直，刚强，讲义气，办事很有魄力。内心占有欲强，谨慎、固执的同时，常会有嫉妒心。猜疑心较重，这有损健康，应警戒。

3）反应灵敏，善于随机应变。个性稳忍，意志坚定，善于克服困难。表面温和，往往内含怒气，有时也富有急躁、暴躁的个性，甚至有时候脾气古怪，捉摸不透。

4）待人热情，能言善辩，口才好，做事干脆利落，不喜拖泥带水。

5）日主属木，故主心底善良好施舍，慈悲为怀。

职业选择：
宜做金、土、水性质类职业。比如：银行、部队、公安、武警、司法、出纳、会计、汽车、交通、机械、工程等与金线、金属有关的职业属金；房地产、土产、陶瓷、建筑、中间人、仓库、百货、古董等等与土有关的职业属土；制冷、酒、水、饮料、奶类、水利、水产品、记者、医药、导游等等与水有关或流动性大的职业属水。

不利做火、木性质类职业。如：电器、电脑、能源、美容美发、广告业、政界、教育界、文化界、灯饰、电信等等与电、热、光、色彩有关的职业属火；木材、家具、纸业、种植、布匹服装鞋业、书店等等与木或木制品有关的职业属木。

行走方位：
宜西方、本地、北方。忌南方、东方（以出生地为准，并参考地图）。

颜色（服饰、家庭布置、用品用具等）：
宜以白色、黄色、黑色为主色调，少用红色。

住房或铺店：
宜坐西向东或坐北朝南的房子，大吉大利。
卧房床的位置，宜头朝西或向北睡，朝南不利。
办公、书桌方位，宜背向西或北坐下办公学习。

灶炉位置：
宜坐南朝北的方向大吉。
吉利数（如房号、电话号码、手机号码、车牌号码等等）：宜用7.8.5.6.9.0为主导数皆吉利，少用或不用3.4。

交朋友方面：

宜与虎、马、兔年出生的人交往，吉利；与龙年、牛年出生的人则不宜深交。与人交往时，多与女性姐妹交往大吉；与长辈们交往会常有收获；与上级领导或经理们搞好关系，会受益颇多；要经常与丈夫保持良好关系。不能太好强，忍让为上策，相互多交流与沟通，这样对于稳定家庭百益无一害。在与晚辈们交往时，要特别小心注意，稍有疏忽，钱财就会损于这些人身上去。

姓名取用：

宜人格数取用水之数理，五行，字意也是如此。

疾病与预防：

1）从原命局看，命主从官杀格，一般情况下身体较为健康。若岁运参与原命局，则会有变化了。

2）5岁—14岁，命运为火制不住金，金无水通关，金则克木。防肝、胆之疾，脑神经衰弱，失眠，头痛；甲瘤、甲状腺亢进、脱发等症，防手术之痛。

3）25岁—44岁，命运火太旺，金容易被火制太过，防骨头、牙齿、肺部之疾。

4）55岁后，身旺官杀、食伤、财源同旺，克泄耗多，无水通关，防头部（血压）、肝、胆疾病，防颜面受伤。

祖上及父母：

命主祖上产业不丰，但较有名气。父母家境一般，父亲有官职（正职）。父母皆为能干聪明正直善良之人，身体健康。母寿略高于父寿。

兄弟姐妹：命主有一个妹妹，家里共两姐妹，命主为老大。兄弟姐妹之间缘分较浅，帮助不大。（注：改革开放的年代，国家实行计划生育了，计算兄弟姐妹往往误差较大，按理城市只准生一个，但有的却生了2个、3个；农村准生2个，有的却生了3个，甚至4.5个，故我们

预测应把重点放在运程与命的组合上。)

婚姻与子女：

1) 25岁—34岁走壬午桃花大运，为命主异性缘分特好之运。但家庭方面波动较大。这步运婚不顺的信息特强。如果不好好把握或给予化解，会有感情纠纷，家庭烦恼，甚至是一婚不到头。35岁至44岁走辛巳大运，仍继续注意家庭感情建设，否则婚姻易出现破裂，总之这两步运非常不利家庭婚姻，有很强的克夫信息。

2) 命主头胎生女儿，好养好带。若头胎为男儿则难带养甚至有损子息。或者说命主结婚仍难以怀上孩子。这些都说明了一个问题——命主对子息克性大。命中生女儿的概率多，与儿子缘分浅。

大运、流年分析：

命主5岁整上大运。上大运之前，以流年为大运。1972年壬子，日柱乙巳与流年上克下冲，小孩不宜逢驿马冲，故这年命主防手脚摔伤之事。命主右半身有伤痕。1974年甲寅为命主的不顺之年，病（肺方面）或伤之痛耗财，因命岁组合既有刑，又有助忌神火之象，故为灾年。

余年较为平顺。

5岁—14岁，走甲申劫财大运。大运与日支相合，绊住忌神巳火，时干丙火因强根受损而减力，命运又汇成申酉戌金局为喜，对日主有好处。此步运读书成绩拔尖，还是班上骨干。学业顺利，只是身体欠佳。

1975年乙卯与月令提纲冲，不吉利，主易有伤、病灾。1983年癸亥，与日柱相冲，驿马逢冲，主有大的走动之象，比如离家去寄宿读书等。

余为平顺之年。

15岁—24岁，走癸未枭神大运。此步运为最好的运程之一。命主学业有成，考上好的大学，继续读书深造，文凭为大专以上。命主特别好学上进。毕业出来后事业顺利，财运好，人际关系不错。恋爱稍有挫折，但家庭成立后还是美满幸福的，只是身体欠佳。

1986年丙寅、1987年丁卯，肺、骨头或牙齿方面有疾病。1989年、

1990年也为身体疾病而耗财。这些年木火旺克官，恋爱感情有不顺之实。一次恋爱不能成功。余年为发财之年。

25岁—34岁，走壬午正印大运。运干壬水生木破从格。木生火旺，地支巳午戌类汇火局克金，金为官星，既这步运工作事业波动较大，多谋少遂。财运方面有来有去，不聚财，财运不称心。因火旺克官，官为丈夫，防夫星有灾。家庭方面争吵、不和睦。有闹离婚、家庭破裂之危。

1995年乙亥，流年冲夫宫，家庭不稳定，或自己有大的变动（如搬家、旅游、换职业等），或有伤到手脚之事发生。1996年丙子，伤官高透，流年与大运相冲，子午冲为桃花逢冲，有感情烦恼或家庭纠纷，这年工作（生意）不顺，夫妻不和。1997年丁丑稍好些。1998年戊寅，命岁运构成寅午戌合成火局，时干又透丙火，火太旺克官，有离婚之象。2001年、2002年仍为感情之事烦恼。2002年壬午，与大运岁运并临，若1998年没离婚，这年就有可能离成，且在耗大财之信息（因生意破财或亲人丧事或孩子上学或买房或疾病花钱等等）。2003年癸未，命运岁构成了"巳午未"三会火局，伤官过旺制官很猛，故今年防丈夫有灾，或者有离婚（今年夏天）之实。总之，今年非常不利婚姻。工作（生意）之事也很不顺利。抑或由病灾花耗巨大。以上所说，或者有一种情况发生，或者都有。2004年甲申、2005年乙酉，耗财较大，不利求财之年份，防肝病，骨头之疾。

余年为顺利或较顺利之年份。

35岁—44岁，走辛巳七杀大运。此步运相对上步运要稍好些，但仍免不了诸多破耗，难以聚财。体现在疾病、伤灾方面。命与运仍为火金交战，故疾病方面防高血压、肝病、骨头、肺部疾病。

2007年丁亥与日克冲，与大运上冲下冲，防伤灾。2013年癸巳、2014年甲午火旺之年，防疾病耗财。

余年为平顺之年。财运好，但破耗也大。

45岁—54岁，走庚辰正官大运。这步运是命主一生的最好运程。利多弊少，喜事多，精神爽，财源广进，绵绵不断，生意或事业兴隆，成多败少，且这十年中会小有名气。往北方去发展，财数会是一生的最

佳数。应该好好把握这十年，可以致富且小有贵气。

55岁—64岁，走己卯偏才大运。此步运凶多吉少。日主有根就破了从官杀之格，衡量命运仍为身弱官杀旺财旺伤食旺，诸多克泄耗，日主身弱多病，花耗较大。财运一般，聚散匆匆。

其中2028年戊申财运最佳，戊己土透天干，地支有卯木通根，身旺财旺，为发财之年。2030年庚戌（即60岁），为命主生死关口，应多加提防注意。

余为平顺或较为平顺之年。

65岁—74岁，走戊寅正财大运。此步运与前一步运相似，属病弱耗财多之运，宜调养生息。

如果能幸运躲过2030年庚戌（60岁）关口，则命主在2040年庚申（70岁）又是一个生死关口。过此关则万寿无疆。

5. 全面分析命局

男命：一九六一年十月初四申时

乾造：	辛丑	己亥	戊申	庚申	
大运：	戊戌	丁酉	丙申	乙未	甲午
岁：	2	12	22	32	42
年：	1963	1973	1983	1993	2003

一个命局排出以后就是断旺衰，因为凡是用生克制化批命的第一步就是必需准确判定日干的旺衰，只有旺衰断准，才能定准格局，然后根据命局的结构取出用神忌神。断旺衰到底以什么为主呢？有主张看月令，有说用十二宫状态，还有看通根等等。实践看来断日元的旺衰，不但以月令为主，而且月令的力量要占一半左右（如月令受左右相克泄，这时要反断），然后再看日干的通根及左右坐支对日干的影响，再看年干支、时支对日干左右天干与坐支的影响，才可最后定准日干旺衰，使断日干旺衰有个主次轻重缓急之分。有人分析命局不看月令，这简直是

开天大的玩笑。

日干与月令的关系是以月令对日干的生克耗泄论旺衰，同时要分清阴阳日干在墓库月的区别。如：甲日干生于未月以甲生墓月休囚无力论，而不论通根。乙日干生未月以乙休囚论即可，即阴干无墓库之说。庚日干生丑月以墓月休囚论，辛日干在丑月以得生旺相论。其它天干均同此论。以上观点经我实践检验过是经得起考验的。至于说为什么这么用，请见下文分解。因目前某些易友只不过接受了先入为主的观点，受某些人的错误指导学习了几年连命局的基本信息都不会分析，这是不可否认的事实。

断旺衰的技法

1）断旺衰：此命局戊日干生于亥月休囚，偏弱。坐支申金泄身，时柱庚金又化泄日干，日干偏弱无疑。日干偏弱这时看生扶日干的五行能否生助日干，如能生助则日干只是偏弱，如不能生助则日干因帮扶的五行帮不上则只有从弱。

看丑土能否成为戊己土之根，丑土为湿土，为稀泥的性质，稀泥难以作为土之根用，所以戊己土以无根论。生日干戊土的印星火不见，日干无生，己无根又被年干辛金化泄无力助日干，这时再看日干戊土无根，无生，又无助。只有从之才能生存，格局为从弱格。

此命局关键要掌握天干的生克顺序及土的性质，不要看数量而是要看有用无用，只有这样才能定准旺衰，分清格局。

写到这里有必要对湿土不为土之根简述一下，地支之土有辰、戌、丑、未四土。未、戌为燥土，丑、辰为湿土，既然土有燥湿的区别，那在用法上必有其不同之处。众所周知燥土不生金，克水有力。湿土生金，不克水。对以上的用法大家都认同，说明燥土，湿土有区别。那么辰、戌、丑、未四土作为戊己土之根也必定有区别，未戌燥土可以作为戊己土的根，那辰丑湿土必定就不能作为戊己上之根。以上是从燥土、湿土有区别而推理出作为土根也有区别。此理论经实际命例检验过成立，用之准确。由此另一条理论也推导出来了，燥土见湿土并不是什么土旺，而是互相制约，互相减力或由于运年的介入，不是燥土制湿土，就是湿土制燥土，并不是像有的书所论述的那样，土逢三刑、相冲，为土旺，此说法是错误的，从理论和实践上均不成立。燥、湿本不是一家人，一个生金，一个不生金……可以说是冤家对头，是仇敌，仇敌相见怎么能相帮助，怎么能说刑旺、冲旺。也许有人对此论述的准确性有怀疑。你可用命局试试，如戌为用神，逢丑、辰之年，在没有其它因素影响的前提下，如应吉说明丑、辰制戌土，前提必须定准旺衰。又如：辰戌冲、辰中之水把戌中之火冲伤，又说辰冲戌冲旺了土，戌里有火，火生土，现辰戌冲把戌中之火冲伤反倒土旺了，此为理论上的明显错误。有人会说不是火生土使土旺，而是辰戌相会使土旺了，辰戌本是二种性质，本不相助，既是相冲就是不友好，或者说成是敌人，它怎么会去帮助对方使对方旺起来，自己也旺起来的道理。在命局中相冲均减力，在岁运中出现相冲，以岁运冲伤命局之土论，而不是冲旺。

2）定格局：此命局为从儿格，命局中金旺，又在坐下有力，财官也为用神，因它是克耗日干的，此命官星不现，亥水财星在月令而旺，本为有利，但由于组合结构不佳，亥水直接化泄最有利的用神，亥水由喜变忌，此完全是组合的原因，如亥水不直接化泄最有利的用神申金，那命局的层次就会有很大的区别。

3）取用神：此命局用神为庚、申、丑、忌神为己、亥。

至此，原命局辨旺衰、取用神、定格局工作完成，此命局的吉凶只有按从儿格才能断准确，如按偏弱断则大部分都会断错。

原局信息分析

1）看官运：此命为从儿格，本为官命，但由于组合不佳，（亥泄申，同时易因财犯口舌，申被泄易有伤灾）不为贵。再参看官星，从弱格，命局中只要是使日干偏弱的五行均为用神，官星是克制日干的，也同样为用神，此命官星不见，无官。

2）看财运：看财星亥水为用神，但由于组合不佳，直接化泄最有力的用神申金变成了忌神，使命主的层次大大下降，财上比上不足，比下有余，中等水平。

3）夫妻关系：财星亥水为忌神旺相，化泄日干最得力的用神，对日干不利；为财，起忌神作用，亥又当令而旺，妻子脾气不好，毫无人情味，夫妻感情平平。

4）看父母：亥水财星泄日干用神，与父感情平平。母看印星，印星为忌神不现，与母感情较好。日主心地善良（印星为忌不见，印为善恶的标志）。与父感情稍差是指父母比较而言，所以在表达上要注意分寸。

5）子女：申金食伤为子女星被泄，用神被财泄，无大钱，官星不见，食不制官，因官也为用神，可有官当。印不制食伤，有一定的文化。

6）兄妹：己土被化泄，能力尚好。己为忌神离日干近感情平平。

7）日主的信息：从以上分析可看出日主层次不高，格成从儿，从儿格主灵活、口才、技术唱歌等……格局不高会唱歌也不可能成名成家，所以此类命局在批断时要把握好分寸，只能说喜欢唱歌、运动、干些技术活等，无官无大财只能为工人。（实际为技术工人）至此一个人的大致情况已基本定性，岁运只是引发命局中的信息而已。

岁运生克规律与命局信息应期

1963年开始走戊戌大运，此大运日干遇强根为不吉，比动为凶，说明日主小时生活困难，学习一般，时有小伤灾。

1973年走丁酉大运：大运与命局的作用关系如下，天干丁火同时对四柱中的四个天干发生作用，丁为忌神克辛金，使辛金不泄己土，丁生己土给忌神加力，丁生戊土同样，丁克庚为凶。运支酉泄丑为吉（使丑不助亥水），酉生亥水为凶，酉助申为吉。以上为大运与命局的生克规律。从以上可看出丁火为忌，克用神，运支有喜有忌。如以上的两个不利信号重叠在一起的时候就会引发命局中的不利，具体应事的时间看流年。

流年与大运命局到底怎么生克呢？这就是目前易友最感头痛的地方，受某些所谓有名无实的名人影响，岁运胡乱生克而没有一定的规律，怎么生克怎么都有理，使易友"久学不进"，还总认为自己不会用，学的还不刻苦，用的还不灵活，灵活是建立在一定规律上的，只有掌握

了规律在此基础上才可灵活。

都说运为臣，岁为君，命局自然为大众了。从此三点来说反应快的易友应体悟出三者的生克规律，岁君就像目前的总统，臣就为官员，君对臣说话，臣对命局说话，臣在中间二头联系，决没有君直接对大众指挥的道理，特殊情况下，岁君才能直接与命局生克。如果岁君事必亲恭，那岁君变成什么人了，我看变成班组长了。这就是岁运命三者的关系。

查流年从地支上看关键点在酉金生亥水为不吉，如流年再给酉金加力，酉生亥水有力则有灾了。1974年开始，寅、卯、辰、巳、午、未，此几年均对酉金无什么助力，可知无什么事，天干同样道理，有生克也无什么大问题，因此运引发二个不利信号，必须二个信号重叠才会有问题，这就是看大运与命局生克之后有几处不利，如有一处那流年遇上就有不利。有二处就要同时兑现才会引发不吉。（此不可绝对）

1980年庚申、申给酉加力，酉生亥水不利，看天干丁克庚也是忌神克用神不利，二种信号重叠了，引发命局的不利。命局有亥泄申的组合，申为用神被泄主伤灾，岁运又是火金相克，有伤灾的信号。反馈：此年伤灾。

1983年走丙申大运，命主已进入成年，这时就可考虑成家立业的问题了。亥水为忌制住亥水之时就是婚期，制亥水只有干土，因大运申阻隔，土难以越过，看来逢土年不行。制亥水的还有一个合就是寅木，寅木之年是1986年丙寅，天干地支均是吉年，又是财官相合，所以此年有婚庆之喜。1992年壬申，地支申为用神，天干壬水克忌神丙为壬财起大吉的作用，此年财运较好，开店挣两万元左右，挣多大要看原命局，如原命局是富命就断挣大钱。如原命局是普通命就断挣小钱（具体怎样看是什么层次的命，此在原局信息中有述）。

1993年走乙未大运，此大运乙与年干辛无什么生克，此是指不克辛而言，命局没有回克大运流年之说，这是批命的法则，特殊情况下可以回克，但此种情况是少之又少。

乙克己吉，乙克戊吉，乙合庚绊住，庚金，用神被合凶。地支未冲丑，未克亥为吉。未克申凶。这就是运命相生克合冲产生的结果。此运最不吉之处在乙庚合上，乙为官，易有官非口舌出现（此命不是牢狱不可能引发大官灾）。1994年甲戌，地支戌未干土克申金用神，同时未土也克亥水，天干甲助乙木合庚金不吉，此年有口舌，因命中甲乙木不见所以无什么大事。

大运合命局一般在正合之年引发不利。2000年庚辰，乙庚正合引发，地支辰牵制未，未制亥减力，在财上也不利，引发了口舌破财。反馈：此年骑摩托车撞人，赔钱又犯口舌。

6. 身弱之极，从而不真

男命：一九六八年七月十九日午时

乾造：　戊申　　庚申　　甲寅　　庚午

大运：　辛酉　壬戌　癸亥　甲子　乙丑　丙寅　丁卯　戊辰
　　　　8　　18　　28　　38　　48　　58　　68　　78

简析：

甲日生于申月，坐禄与时半合火局，柱中一片金，加上双杀夹身，从而不真，身弱之极，三奇倒乱，贵而不显，唯甲寅遇长生禄，如果不生于午时却算得上身杀两停大吉。逢巳岁、运三刑，寅岁、运平冲，亥巳岁、运四马全皆富贵双显。身极弱之命，从变都不成真，取用神无用。只得死马当作活马医，取比肩，印星为佳。

当18岁—27岁进入壬戌大运时，前五年壬水枭神为主要导向，后五年以戊土偏财为主要流程，壬水枭神泄旺杀之气，虽无济于事，但多少能起到命柱相对平衡的作用。再看流年，18岁丙寅流年，丙火制杀，寅木帮身；19岁丁卯、丁火伤官与大运作合从化火（寅午戌化火），火又是制杀之物；20岁戊辰，年干年支皆偏财，偏财旺相，身弱不胜财，破财，父有病灾；21岁已巳，甲己合化木，身弱变身旺，岁支伤官无妨；22岁庚午，七杀重见，岁支为伤官加力，命局无多大变化；23岁辛未流年，大运由壬水为主变为戌土为主，《滴天髓辑要》中有论，大运以运支为主，流年以岁干为主，吉凶全在其中。是年官杀重叠，原寅午戌合局可制杀，见未上合午火化财破火局，格局改变，凡有一字来合冲三合局的中间一字，原格局破，吉凶明显，这一年有丧父之痛。辛未流年，大限在巳宫，小限（虚龄二十四岁，紫微斗数按虚龄推算）在酉宫，流父宫在申，流羊与火星、小耗并，流陀在戌宫与天哭星并。大限、小限构成巳酉丑，流年与父母宫构成亥卯未两组对抗局，流岁、小限夹流父宫，又定父先丧，故此年丧父。当四柱发现重大问题时，再用紫微斗数核定才下断定，万无一失。

这步大运之后，当跨入第三步大运 28 岁—37 岁癸亥大运时，癸为印用神到位，亥为枭，癸与年命天干相合而不化，亥水与日支寅木合化成比肩，一旦出现太岁引化天干是，用神就变成了忌神，凶灾立至。1997 年丁丑流年，岁干丁火伤官，岁支丑土为财引化戊癸合化成火或土（火土同宫），癸水印星成为日主的忌神食伤生财，财旺坏印，母丧在此年。

第二节　日主太弱篇

1.火赖木生，木多火熄

女命：一九六三年阴历二月二十九日亥时

坤造：癸卯　　乙卯　　丙寅　　己亥

大运：丙辰　丁巳　戊午　己未
　岁：　4　　 14　　 24　　 34

命局分析：
日元丙火生于卯年卯月，又坐下寅木，全命局中木五行数量最多，气势最大而正官癸水通根于时支亥水，在全命局中力量与数量居第二位，而伤官己土同日元丙火都虚浮，无根，孤露无气。有的易友可能会有不同看法：认为伤官己土生于木旺之卯月且己土无根为死绝理所当然，但是丙火生在卯木当令之月，且月干乙木正印紧贴相生力大，何以丙火也为衰弱？持有这样疑问的易友肯定为数不少，这类易友实际上对"生多为克"这一易学术语的正确含义不大清楚，此正是《渊海子平》中所谓"火赖木生，木多火熄"。这样的格局在《滴天髓》中被称之为反局"母慈灭子因关异"。日元丙火在全局中无巳午火通根，形成弱不受生，是这个命局的关键点，实际上天道合于大道，命局中五行旺衰生克与现实中生活现象有相通之处，日元丙火好比是一根擦燃火柴上的火苗，而命局中的众多的寅卯木好比是许多粗大的木柴，八字中正印乙木近生丙火，寅卯木紧围日元丙火周围，则如同许多粗大木柴骤然紧压在这个微弱的火苗之上，不仅不能使火苗旺盛，反而会隔绝氧气，使火苗生机灭绝。

综上所述，这个命局，木五行过旺为灾是导致本命局五行严重失衡的关键点，而能使木五行削弱不外乎克、泄、耗，众所周知克木者为金，在本命局丝毫没有，泄木者为火，在本命局中仅有丙火日元，而能耗木者为土，在本命局中己土孤虚无根，不难看出此命局偏枯混浊，病重无药，必为疾病缠绵，贫贱夭折之命。那么，此命局应取何五行为用神最佳呢？金五行不能取，因为若取金五行必会犯旺，激怒势力强大之木五行，土五行在本命局虽有若无，选为用神也不理想，唯有火五行能盗泄木气，也符合顺势化泄，能调整命局五行平衡，最适宜选取为用神。火在本命局为比劫，为用神却不现，代表本人得不到兄弟姐妹的帮助，另外也显出兄弟姐妹方面必有凶咎！实际上有一妹因精神失常自杀，有一弟头脑反应迟钝，属于智障。之所以兄弟姐妹均有头脑方面的毛病，皆因印主聪明为忌神之故。

日元坐下枭印为忌，必主命主福薄，疾病缠绵，身体欠佳（枭为忌为病药星之故）寅卯木为最大忌神在全命局制化不力，五行严重失衡，木气亢旺，命主必暴躁易怒，肝气郁结，且木主神经，火主精神，命主性格内向（印为忌之故），内心压抑过重，故而命主会有精神失常之病。

（实际命主经常发作神经病，歇斯底里，喜怒无常，时哭时笑。）

　　从命理角度分析，命主之所以因心不顺而患神经病的另一原因是婚姻不如意，亥水为夫星，落空亡代表夫缘差，丈夫虽有若无，而且从命局八字组合分析，亥水夫星生合夫宫寅木忌神，癸水官星近生乙木正印，这种组合体现为：丈夫常有外遇而对本人造成精神压力（实际情况是命主因丈夫外遇之事刺激过度而神经失常）。

　　命主在34岁以前运走的丙丁巳午一路火乡，用神到位，故而身强体健，诸事顺遂，从这方面也可证明此命以火为用神的正确性，而命主无文化证明此命印为忌也正确。而34岁后，命主步入伤官运，形成"伤官见官，为祸百端"格局，且运支未土为随时有同命中亥卯化合为忌的可能。此命印枭太重，而日主全无着落，正应《滴天髓》中"何知其人夭，气浊神枯了"之理，2004年，己未运，甲申年，岁运命组合发生变化，原局寅亥化合因申金太岁介入冲开，亥水得解放，而年甲木透干，又使亥卯未三合成局，且木旺金缺，太岁申金激怒原局寅卯木，犯旺，"何知其人凶，忌神辗转攻"，命主英年早逝，故于甲申年。而导致命主死去的病因是消化系统与肺部癌变，此在中医理论是木气亢旺，反侮肺金，土主脾胃，亢木乘上之故。

2. 桂月之丙火，秋日余辉

出生：一九五七年八月二十二日亥时

乾造：　乙卯　　乙酉　　丙子　　己亥
大运：　甲申　　癸未　　壬午　　辛巳　　庚辰　　己卯
　岁：　 6　　　16　　　26　　　36　　　46　　　56

六岁零四个月上运。命宫乙酉。

分析：

桂月之丙火，秋日余辉，日主坐下官星，四支无地。时上己土伤官，盗泄日主。伤官也无地，孤悬天干，如云蔽日矣。幸而岁月有印，虽带禄于年支，然财星酉金执令；卯酉一冲，印根已拨，秋月枯草，难有作为，日主太弱矣。两印俱于年月，祖上有两姓之嫌，出身寒门；自身有孤单之感，兄弟无多。

初运甲申，甲木有用，可取己土，可生日主。甲木虽坐绝地，然逢时之亥支得生，甲木有力。此运中命主高贵娇养，上辈视若掌上明珠；少年入学，玩耍多于读书。

十二岁，流年甲寅，吾断此年有疾难也。不是破相，便有手脚之伤。答曰："对，是打球跌断手骨。"寅申一冲，金木相战也。四柱酉金执令，大运申金执令，流年甲寅木旺，两旺相战，筋骨必伤矣。

二运癸未，癸水正官，日支之元神也。日主丙火受克。幸有乙木引化。地支未土，与年支卯木、时支亥水形成亥卯未木局，印星增力，可生丙火。然而火土虚浮，不能解地支之战。印星之势已众，冲酉之力愈大，于二十四岁己卯流年，印星以得局之势，战执令之酉金，战端一起，此年也必有疾难。答曰："对，此年跌断大腿骨，现在还有点跛呢。"吾曰："岂止跌断腿骨之事，戊寅己卯此二年，肾脏亦会受损。不是有肾炎，也会有肾结石，或膀胱结石之嫌。""对，先生推算得真准，先是肾炎，后是结石，就医花了不少钱。"肾炎与结石者，在戊寅流年，本丙火逢生，却逢戊癸一合、寅亥一合、未子一刑，水被木吸干之故也。金木相战，筋骨有损，水变火气，肾宫受伤也。

三运壬午，日柱天冲地克，七杀透出。壬午流年，岁运并临，癸未流年，官杀混杂，此二年也会疾病缠身。今年甲申，明年乙酉，都属金木相战之年份，特别是肾脏，连肝脏也有顾虑之忧。待丙戌流年，方可放心。此造到今，仍未有职业，也没有娶妻建家，人生三十而立，此造恐立不起来也。

3. 流年遇"劫财"，破财信息明显

二〇〇四年正月十三日，其八字为：

乾造：　壬辰　　　丙午　　　壬午　　　丙午

简析：壬水日元以午火为财。2003年癸未流年，壬见癸为"劫财"。流年为"劫财"之事，原命局四柱中有劫财（地支藏干），原命局就有破财的信号，流年又遇"劫财"，这年破财的信息已十分明显，应期肯定是在癸未年无疑了，应在哪月呢？日干坐下午火为财，必然是在午火被冲的月份破财。癸未年十一月（甲子）日，月支子水与日支财星午火相冲，流年"劫财"之事，午火财星又被冲走，肯定是在子月破的财了。因十一月走大雪节令，十二月是小寒节令，按以节定月的法则，小寒节头天均属子月，癸未年十二月十五日小寒，进入小寒节才为十二月（丑月）。虽是子月破的财而实际月份已进入十二月（腊月）中旬了，所以是在癸未年腊月破的财。

4. 命造从弱从不了
男：一九八一年腊月初七丑时

乾造： 辛酉　　庚子　　甲申　　乙丑
大运： 己亥　　戊戌　　丁酉　　丙申　　乙未　　甲午
岁： 　8　　　18　　　28　　　38　　　48　　　58

命局分析：

日干甲木生仲冬，受生得令。但从整个命局看，官杀五重，直克日主，日主似乎有时干乙木帮身，但因乙木与日干一样，均为无根之木，自身都难保全，怎能助其日干？有人说，月令子水可以泄官杀生日主，非也！子月值月令虽旺，但日主是无根之木，只会是水多木漂。由于日主在月令受生，因此命造欲从弱又从不了，是一个太衰的命局。

喜用神是什么？如果用水，水多木漂；如果用木，天干见甲乙木，受庚辛强金之克，地支见寅卯木，似乎日干有了根，有根就不服官杀，但寅卯木斗得过地支申酉金吗？（酉金克卯木，申金克寅木）当然不是官杀的对手。那么，行火运如何，命中无火，岁运有火，可惜丙丁火也对付不了庚辛金（庚辛金有强根申酉，且有原神丑土生）。地支巳午火怎样？巳火与日支申合，合而化水，促使水多木漂。午火如何，午火又受月令子之冲，午火站不住脚。土怎么样？天干戊己土只能生忌神庚辛金，助纣为虐。地支辰戌丑未怎样，先看辰，申子辰三合水局，水多木漂对日主不利。再看戌，申酉戌三会金局，忌神猖狂。再看丑土，丑为庚辛金之库根，丑在地支又直接生金，不利。最后只有看未土，未为燥土，不生金，可制子水，但未为木库，为日干之库根，日干有了点根，就蠢蠢欲动，想与月干庚金斗，但也只能是鸡蛋碰石头，无好下场。看来，此命局是典型的忌神猖狂，用神无救或命局无用神可选取，可想而知，这绝不是一个好命造，荣华富贵与日干沾不上边，日主过去这二十多年一定生活得十分艰苦！日主到底怎么个艰难法？是家境不好，在贫困山区；还是一个孤儿，无依无靠？笔者认为，日主虽生存西部内陆，但从国运看，八十年代初期，国内已值改革开放的大环境，日主不会为贫困、孤儿无依而苦。那么，应从日主自身寻求原因了，是日主健康问题了。我们看，日主甲木在命局中所处的环境，一是自坐申金七杀；二是紧邻月干庚金七杀，二杀直克日干甲木，强金克木，甲木代表头和胆，但从医学这个角度，日主不会为胆病困扰二十年。那么，定是头部有病，即脑病。日主父亲实言相告，从小患上了乙脑，二十年中，走遍半个中国，寻求了当代名医，耗资三十多万元，病未消除，真是华陀无奈，仲景束手！

详观岁运命局后，问日主父亲，这孩子患病在1983年、1987年是不是差点死去？其父连连点头。因1983年流年癸亥，癸水透干，亥子丑之会水局，水多木漂，日主无救，为生命垂危时期。1987年流年丁卯，丁火无力克庚辛金，反遭金怒，卯木难为日主之根，与年支酉金冲克，该年怎能不九死一生？再看，大运年代，8岁始行己亥运，己土只能助纣为虐，生助天干庚辛金，亥水只会亥子丑三会水局，水多木漂。18岁戊戌运，同样戊土只能生庚辛金忌神，戌土参与申酉戌三会金局，助七杀。可想而知，这两步运，单用中西医能保全性命就万幸了，要治愈却难。那么，丁酉、丙申、乙未、甲午运呢？同样如此，单靠中西医来治，只会让华陀无奈，仲景束手！阳病须用阳来医（打针服药），阴病须用阴来治。笔者断定，日主一定是阴病，必须用阴来治理。命主其父于2001年春登门求救，笔者试用阴法调治，历时一年，使命主病情相对稳定，其父感激不尽。

5. 四柱全阴

某男，一九五九年十二月二十六日巳时

乾造：己亥　丁丑　辛亥　癸巳

简析：

本命四柱全阴，杀枭明透，伤官林立，亥亥自刑，辛金固顽，本命入库又巳亥相冲，数理居灭亡之数，空虚寂寞之象，家运衰落，一生惨淡，忧苦不绝，命运不济，且多杀伤、刑罚、短命、离散等。

此人于1996年因抢劫杀人被判死缓，入狱前为某市大型抢劫集团巨枭。笔者认为，只要合理的利用命局，是可以避免牢狱之灾的。实践证明，有刑狱之命、运、岁以及特殊标志者，可在运、岁未来之前，报考技术学校、当兵、住医院疗养、入教或加入社会团体等，就可完全避免牢狱之灾。一旦加入某团体，必须改过自新，严以律己，方能化险为夷。

此命主在入狱前曾被告诫，别拿生命开玩笑，1996年有刑狱之灾，原因是丙辛化水，亥子丑会水，呈大型伤官水局，克官杀，没有约束力，又亥亥自刑，驿马冲刑道路之灾。该人不听规劝，终于酿成大祸。

6. 生于月令库地，有志难伸

某男，一九六八年九月初四日酉时

乾造：戊申　壬戌　戊辰　辛酉
大运：癸亥　甲子　乙丑　丙寅　丁卯
　　　4　　14　　24　　34　　44

简析：

本命日主戊土，生于月令库地，有志难伸之象，地支一片金局（辰酉合金，申酉戌会西方金局），伤官透出，主有冒险犯难之兆；辰戌相冲，口舌官非难免。1991年太岁辛未，与大运乙丑天克地冲，又丑戌未三刑与人争斗，犯伤害罪入狱。纵观此命进入34岁后，用神得地，后福不浅，经劝说后，其人改邪归正，正业经营，现为某造纸厂厂长。原因是日主戊土虽受刑不减日德日贵之福，伤官受印绶之抑制。进入1996年，太岁偏印当令，一举成名。人的一生中，不可能没有风浪和艰险。无论平民百姓，还是达官贵人，只有懂得命理知识，针对自己的生活，做合理的调整，都可适当地趋吉避凶，化险为夷。

在关于刑狱之灾，总结了数十条结论，以供大家验证：

1）旺水灭火：文化之灾。

2）土遭木克：思想之灾。

3）金木战克：兵火之灾。

4）火克盛金：诽谤污陷之灾。

5）土旺水沽：奸淫、经济之灾。

6）年月干支天克地刑：本命32岁以前，不是母父之灾，就是本命受刑；日支遇刑：受异性牵连，和因妻受刑；时天干地支刑克日柱：必因儿女之事受刑或遭难。

7）命宫受克刑：土地家财之争讼。

8）胎元受克刑：阴宅受损，遭人暗害。

9）驿马刑冲：道路之灾，既被人抢劫，或过失伤人而入狱，撞车等。

10）库地刑冲：霸人妻女，地痞恶棍之灾，海盗于辰，矿霸于丑，山贼于未，文贼于戌。

大多命局中，都存在着刑的信息。但刑与刑的不同，构成了许多类似刑而不是刑的假象。

天干与地支的分别组合成为六十甲子。遇本命入库者，流年冲刑者为有刑狱之信息；凶神，恶煞不犯空亡者加重刑狱之信息，为之重刑；

流年与大运伤官见官,杀枭相生、并临,有丢官罢职之兆,或因行贿受贿受刑者;食神多者犯小人,正印多者无主见;见官星祸患百出。

第三节　日主偏弱篇

1. 水木两旺,却论日干偏弱
女,一九六八年农历一月十四日卯时

坤造:	戊申	甲寅	壬子	癸卯		
大运:	癸丑	壬子	辛亥	庚戌	己酉	戊申
岁:	2	12	22	32	42	52
年:	1970	1980	1990	2000	2010	2020

命局分析:

此造日主壬生寅月,寒气余微,寅为泄身之地,古论失令。但日干自坐子水强根,又得时干劫帮,年支生扶,其势不弱。惜真正动态组合不尽人意,不仅子根左右逢泄,时干之劫也坐下卯木旺泄之,助身不是很有力。年支虽为生扶,但隔柱,又逢寅月,为绝地逢冲,生扶之力也不足。

综合分析定论:生帮日干之力均受局限,表象金水多却都难以尽力发挥作用,加之寅月木旺又透,使水之强势流向木五行食伤,故论此造日干偏弱。月柱甲寅干支一气,又得时支一强根,在干中有生无克,在支中也得子水之生,且可转换申冲之力,所以可定论木五行食伤强旺。年干戊土透出,地支无强根,又受月柱天干甲木紧贴相克,实为食神制杀有力,故七杀论弱。年支申金在寅月为绝地,又有相冲组合,天干不透,故申金论弱。

此造整个命局实为水木两旺,但寅月寒气尚存,当考虑用火调候,惜局中无明火，故层次有所下降。木旺用火泄也可使命局五行流通，且与用火调候信息同步。但是，如果不考虑实际命局组合，而只看调候的话，则会有些误差。如此造假设地支在岁运遇巳火的话，巳火虽可调候，但正好与命局组合成寅巳申三刑，就会伤及用神申金；如用午火调候，又会与用神子水相冲。所以火虽能调候，又能化泄强旺之木，使之五行流通，但新的组合走向却均不利命局。这种一反一正的分析模式，能把命师推向更高层次。

综合分析可定：此造喜用金、水印比，忌神为木、火、土食伤才官。

1）看命主的性格

此造金生水为用，而且局中食伤强旺，命主便有以下特点：头脑聪明，计谋点子多；仪表俊丽，喜欢漂亮爱打扮；能歌善舞，能说会道，活泼好动，说话爽快，坦白直接。也因此有时说话不注意分寸而失言伤人，不经意中会得罪别人。命主是一个情感之人，易感情用事，好表现自己；懂得人生，会享受，有口福；命主有努力奋斗的精神，但与官方无缘，所以难近官贵。命主另有一面特性，就是个性较古怪，不服输，不愿拍马奉承。却喜欢别人的奉承语言，难以接受与己相反之意见；平常虽性情开朗不愿与人争执，但真正与人争执起来就显得格外强硬；命主有时想法很固执，难以转弯，有神经过敏之象。以上这些特性使命主难近官贵，故一生与官无缘，命中注定常有忧愁等事缠身而难以自拔。

2）看命主的文化层次

因聪明、能说会道、反映能力较强，命主有一定的自学能力，小时候读书成绩好，又因命局食伤强旺，体现命主愿耍小聪明，过于活泼就会体现出调皮之个性，也就自然会影响到学业。所以断命主文化层次不会很高，命中注定难有缘分进入高等学府深造，为中等专业技术学校毕业。

3）看命主的父母

父为财，丙火偏财藏月令寅木中，为有强源，但隐而不透，又近申子，故论弱，断父亲能力一般；火在支中藏，难为命主所用，又断命主与父缘分浅薄。母为印，庚金偏印在年支，年干戊土生扶，看似母亲有能力从事印一类的文教系统工作，但月柱甲寅双体冲克年柱，故层次明显降低，也能力一般，也不会有什么大的名气与富贵。断母与命主表象有缘分，很愿意呵护命主，但实际却心有余而力不足，命主受益有限。年月二柱天克地冲为不利父母，断父母不和，而且必有离异。根据限令断父母离异较早，实为命主幼小时期。

4）看命主的兄弟姐妹

命局分析以印比为用，故兄弟姐妹可帮命主，也能起到一定的作用。根据八字可断命主有四个兄弟姐妹，其中会早丧一个。局中有壬、癸、子三个明水，故现有三个，年支申中藏一个壬水，但逢寅月绝地又相冲，故断早丧一个。

5）看命主的儿女

月柱食神双体，在局中强旺，根据阳生阳为同性，阳生阴为异性，断命主为生女孩之象。食伤在局中强旺，断女儿个性较强，好努力奋斗，会有一定的成就；食伤旺又有生源，断女儿读书成绩较好；但食伤旺而无泄，断其女才华无处发挥，很难得到社会的肯定，须调解方可提高层次。

6）看命主的婚姻

此造水木两旺，最终为木旺，木为食伤，食伤旺必克官星，女人食伤旺必克夫，断命主婚姻会有不顺。根据以上分析的命主个性，也可认定其夫妻间必有矛盾，命主为情感之人，用情多为一厢情愿，丈夫难以完全理解妻子之情，而且丈夫思想杂乱，主意不定，容易见异思迁。丈夫虽脾气温和，但终与命主努力奋斗之想法有一定的差距，所以可断婚姻不顺，离婚实属必然。

7）看命主富贵贫贱层次

八字中食旺无泄，官弱受制，木旺泄身有力，证明命主的自身能力欠缺，要想富贵就有所局限了，故断命主难得官贵。但命主在局中只是偏弱，又能证明命主有一定的自身能力，不会是贫穷之命。

2. 土多水浊，命格甚低

坤造：乙丑　庚辰　壬辰　丁未
大运：辛巳　壬午　癸未　甲申
岁：　4　　14　　24　　34

简析：

观此命局，似有"泥泞荒芜"之感。土多水浊，命格甚低。印当为用，被合无力，流通不畅，一潭稀泥。官杀重重，婚必不顺，伤官在年，破祖离乡。魁罡逢破，刑克孤苦，下下之命，瘦弱堪悯。

易友叹道："此女幼丧父母，现由其姨抚养，确实瘦弱不堪。"曾有一南方术士走相到她姨家，一见此女即说：这孩子不是你家的，观其相，她父母在她九岁前就已不在了。我好奇，才要来她的八字，看来真是命中注定，无可改移。

3. 浅析布什的命运

布什生于1946年7月6日辰时，转换成中国的古历，应是一九四六年六月初八，其命局如下：

乾造：丙戌　甲午　辛巳　壬辰
大运：乙未　丙申　丁酉　戊戌　己亥　庚子　辛丑
岁：　1　　11　　21　　31　　41　　51　　61

命局分析：

（1）首先介绍民间盲师的几种论命法则

1）天干地支之间的生克关系

命局分先天和后天、静和动。命局的组合为先天为静，大运和流年为后天为动。命局组合中天干不克地支；在大运流年中，命局地支的本气透出天干，天干就可以克地支了。无论在命局或大运流年中，地支能克天干，但是必须在地支和地支关系作用以后，才能克天干。

2）原命局、大运、流年之间的关系

命局是个机体，为自身，大运是自身活动的范围界限，行走的路线；命局和大运属于自身所有，流年是外应，因是全人类的，不是自身的东西；命局为主，大运流年为宾；命局为内，大运流年为外，命局为根本，大运为辅佐，流年为宇宙场的作用力。

3）五行生克的次序

生克的顺序是先生后克，金见水先生水而不克木，木见火而先生火而不克土，火见土先生土而不克金，土见金先生金不克水。

4）批命的程序

批命是有程序的，其程序是：①根据原命局提取命主固有的全象信息，判断其性情好恶、志向、文化层次等，定其富贵贫贱层次及对岁运五行的喜忌。②再根据大运看命主生命进程中各阶段的吉凶。③再看每个流年为命主所喜所忌以推断命主在流年作用下可能发生的祸福及应期。

（2）再看布什四柱的几种信息

1）财官透干居年月，年支为官库，祖辈为官且富。财星为父，居月令生年干丙火，又生月支午火，透月干与官同柱，故父亲也为官，且官居月令为大官。日主辛金生于午月，当令之官为大官（美国总统），财居月令，当令之财为大财，亿万之富，财为妻子父亲，父亲之财，妻子有财，财星无比劫争夺，贴身为我使用，得力之财。

2）命局中财官印全，正财正官明透天干，正星为正气，有富国强民、振兴国家的愿望和理想。适于公职、任领导人。

3）命局中五行俱全，生克有序。以月令财星为源头，逆生年干丙火，又生月令午火，年月木火一气。顺生助日支巳火。巳火又生时支辰土，辰土生日主辛金，辛金生伤官，伤官生财，左右逢源，上下流畅，秀气流畅。整个四柱能连结一起，结构严密，只差辰戌与亥之间没有直接相生渠道待岁运戊己土透干，命主便可立即发达。

4）看旺衰，分喜忌，选用神。命局中辛金生于午月死地为弱，坐下巳火克，月干耗，时干泄，看似日主弱极非从官不可，但辛在戌中有中气根，在坐支巳中有长生之根，时支辰土又为印星。日主有生有根不能从。再从生克关系看地支，火见土不克金，巳火不克金。辰土晦火生金。辛金不受克，由弱看为偏弱，日主喜生扶。用神伤、比、劫、印。命局中虽火神当令木火通明。辰土印星不受伤，壬水不受伤，待时而用能制官。以辰土为根不受克有力。能制官调候维护日主，局中巳午戌相当于三会火局，又干透丙火得甲木生官旺为杀，有时干壬水伤官之制，为权重之人。日主不喜财，不是贪财之人。财星为忌受克，有财之人，印为学问，印星为用神得生，应大学文化。格成伤官制官，制官得官。伤官制官，是征服别人发展自己。善用权威武力，故也是个树敌太多之人的命局。

（3）大运、流年中的吉凶祸福

常言说："命好不如运好。"并不是说大运比命局更重要，而是说一个好命要走好运才能顺达，如大运相悖，也只能浩首空叹，自悲自怜了。这是说，命局与大运的关系是非常重要的，命局能定富贵贫贱，必须参看大运才能最后确定富贵贫贱，本四柱的大运是乙未、丙申、丁酉、戊戌、己亥、庚子、辛丑。

据此大运，如果此局按从官格论，一生不交官运，有官也不大。而且在庚子大运中，冲月令午火，伤其旺神，不但不得官还损寿元。正因为此局日主喜生扶，才能因伤官制官而得官，伤官得力的大运正是庚子大运。

命主51岁正行庚子大运，有朋友兄弟帮助日主争官。庚金为劫财，虽为用神，但能克月干甲木之财。说明布什虽然走马上任总统宝座，但耗费了很大的力气，花费了很多钱财。食伤虽为用神，却是自身所生，泄日主元气太大，是不易之易。

2004年行庚子大运，流年甲申，命局中的辰、大运的子、流年的申，申子辰合成伤官局，制官有力，力量之大，总统的宝座，非布什不可，何人能争得去。2006年交大运辛丑，流年丙戌，与年柱伏吟。命局年时遥冲，预示将有来自远方的压力。2007年，流年丁亥，与日柱天克地冲。2008年流年戊子，与月柱天克地冲，月柱为提纲，官星之根，应何应？读者自能了然。

4. 金盆之花娇滴滴

一九五七年十二月初九日午时

坤造： 丁酉　癸丑　乙巳　壬午
大运： 甲寅　乙卯　丙辰　丁巳　戊午　己未
　岁：　3　　13　　23　　33　　43　　53

三岁上大运，命宫己酉。

简析：此造腊月之花草，乙木日主孤悬。地支年月日巳酉丑金局组成，幸而官星不透。喜其月时天干壬癸之水滋养。然而腊月天寒地冻，年上一点丁火，被癸水所隔，食神受克无力。全凭时支午火、日支巳宫所藏之丙火温身。金盆之花，娇滴滴也。故此造之用神，必以水火既济，方能见其功矣。幸而运行东方，青少年三十年大运：甲寅，乙卯，丙辰，从东往南走，一路顺遂。出身虽是寒门，但此三十年，乃是命主一生最得意之年华。

命主于乙卯大运、丙辰流年结婚。在丙辰大运中，夫妻恩爱，连生三女一子。其子女皆聪明漂亮。此乃日主受助带禄之故。丙乃太阳之火，寒融金温，故生活不错。在丁巳大运，虽丁壬有合，然午宫丁火真神引出，可算顺遂。一交戊午大运，癸水之雨露被合。又巳酉丑桃花在午，日主又自带桃花，墙外弄艳，必招蜂蝶来仪，故家庭风波不断。庚辰流年，必有疾病，属神经官能症，秋季更为严重。庚辰、辛巳此二年严重；壬午、癸未此二年稍轻；今年甲申，上半年稍好，下半年恐有旧病复发。因大运戊午，已无丙丁之火，庚金一透，巳酉丑得局，日主变质。受庚金之合也。因无丙丁之制，庚金必然势逞，日主被合变质，必有病变，乙木变金，忌神结党矣。乙木属肝，大运之戊土属胃，必致肝胃不和。癸水属肾，午火属心。癸水被戊土所合，必致肾水枯竭，以致心肾不交、肝胃不和。心肾不交，即是神经官能之病因也。明年更应注意，后年必能根除，应有耐心才是。因明年乙酉，后年流年丙戌也。

5. 日主孤悬，风雨飘摇

一九七七年十一月廿三午时

坤造： 丁巳　壬子　甲子　庚午
大运： 癸丑　甲寅　乙卯　丙辰　丁巳　戊午
　岁： 1　　11　　21　　31　　41　　51

生于小寒前三天，一岁上运，命宫庚戌。

简析：

甲木日元，生于小寒前三天，天寒地冻，此乃母赖子生之象也。年上丁火，本可温身，无奈与月干枭印合化成劫，巳宫丙火本可用，又被子水所隔。时支午火，却被子水冲去。致使庚金独存，直克甲木，身弱怎耐其克，日主孤悬，风雨飘摇也。此女必有心脏病、脾虚、中气不足、贫血之病也。明年还有难，望小心为是，若能度过，后年必康复也。然不可再生育，恐其寿短。细心调养，后年之后，必健康也。此造子水当权，巳脾午心，两脏受克，其病心脾也。童运癸丑，必是多灾多难，出身贫寒之家，此运正是雪上加霜。幸而青少年运逢甲寅、乙卯、丙辰三十年，甲木有根，得禄带旺，自家发展。自身也去病成人。木壮花开，必逢采摘。在乙卯大运，庚辰流年，夫星值年，子辰夫宫合入，必是结婚嫁人之年。可惜庚金为忌，其夫难靠，恐常遭欺凌。婚后辛巳生一女儿，癸未生一男儿。然而婚后至今却疾病缠身。吾断明年有难，明年流年乙酉，大运乙卯，卯者，甲木之羊刃，酉者庚金之羊刃，两刃相冲，木根遭拔，凶险之兆。渡过此难，丙戌流年，必然健康。丙辰大运，顺遂。

6. 金木相战，腿上有伤

男子：一九五五年六月十六日辰时

乾造： 乙未　　癸未　　丙申　　壬辰
大运： 壬午　　辛巳　　庚辰　　己卯　　戊寅　　丁丑
　岁：　8　　　18　　　28　　　38　　　48　　　58

八岁上大运，命宫辛巳。

简析：

季夏之丙火，本已退气，喜其年干正印，坐库有根，更喜癸水，滋润未土之燥烈。惜其丙坐病位，更嫌时上七杀，支坐库位又临日支之长生，杀星旺也。用神关键，就在乙木。乙木能泄水势，能生丙火，能疏燥土。可惜乙木柔弱力薄，易被左右。在五周岁时，恰巧碰上庚子流年，乙庚相合，印星变质。日主本受左官右杀之夹，又兼申子辰得局，杀星猖狂。此年必得大病也。辛丑流年，与岁月相冲，辛金又克乙木，又生壬癸之水；壬寅流年，壬水助杀，寅申相冲，又是金木相战。此几年，必病灾连续也。丙火属心，乙木属肝，也主筋骨。寅申巳亥者，四肢也，恐其腿上有伤矣。三十二岁丙寅、丁卯流年必财喜双至，富贵齐来矣。答曰，对，丁卯年结婚，并参加工作。己卯、戊寅大运较为平坦。己卯、戊寅大运，天干食伤制杀，丙火逢生也，故仕途平坦，家成业就。

命主以实相告，原来是我市"特殊学校"校长。出生农村，那年腿上生疮，因贪玩而感染，以致长期腐烂，深入筋骨。三年右腿无力，不会走路，用木椅为扶，双手扶着木椅移动，至十一周岁那年才能站起走路。

7. 一个犯罪干部的命局

乾造： 辛丑　　辛卯　　壬寅　　己酉
大运： 庚寅　　己丑　　戊子　　丁亥　　丙戌　　乙酉　　甲申
岁：　　2　　　12　　　22　　　32　　　42　　　52　　　62

简析：

此造命主壬水生于卯月，休囚失令，仅远在年支丑中得一中气根，坐支伤食泄身，且伤官当令，日主身弱，但年月干辛金有库根，生身有力，故虽弱而不从。用神：印、比。忌神：食伤财。最忌财星坏印。

此造命主身弱，得年月干正印生身为喜，其出生后除6岁、7岁丙午、丁未二年不利外（命主生一场大病，父在文革受冲击），其后行一路北方水运，又加上命主的父母强（因为印为喜用，而有根生，生身有力，说明母亲不仅有职有权，而且美貌健康，局中财虽为忌，但得令，其父也定是有职有权。其实父母都是老干部）。可以说此人从小到大，直到其犯刑前，实属一路顺风、顺水。如：少年时在校读书很有名气，19岁时考入大学本科；20岁、21岁（庚申年、辛酉年），在大学里就入了党，当了班级骨干。其人的学习成绩，特别在理科方面学业特佳，因为正印为理科，正印为用而有力，名列首榜。继而读了研究生，获得了硕士学位。出校后，1988年就被选入建筑部门任职。到1992年、1993年壬申、癸酉年即连升为该部门总经理，掌握实权。一直到2000庚辰年，几乎是好事连连，名利双收。

命主2002年后进入了"丙戌"大运，2002年壬午年"寅午戌"三合财局为大忌，必定祸起萧墙，但有流年干比劫助身且午火被壬水盖头，欲发威而无力，此年虽事已初发，但还是顺利度过去了。到2003癸未年癸水无力控制运干丙火，且流年之"未"，大运之"戌"和柱中之"丑"成"戌丑未"三刑，旺官之刑，更借旺财火力之生，必在官星透出之时猛克日主，官灾难逃。财星丙火不仅力生己土官星，同时又合克用神辛金，这使辛金失去了通关作用。所以命主在2003年六月十三日（癸未年己未月丙戌日）被逮捕归案，撤职查办，很快查清了贪污60余万，还有行贿、挪用公款等罪，并于当年的十二月十七日（即癸未年乙丑月丙戌日）被判处八年半徒刑。此例关键是财星坏印（虽父母采用了各种手段和办法，因双亲已退休，实为力不从心），使印星毫无通关之气。命主只好伏法服刑。

因为命主在2000年庚辰年遇寅卯辰三会伤官局时，得罪了一个顶头上司。因此而被官星锁定目标种下祸端。2004年、2005年甲申、乙酉年明显对命主有些不利。但到2006年丙戌年流年，必会有较大的变化出现。如果命主能尽心服刑、不去"拔草寻蛇"的话，可顺利度过2006年这一关口。到了2008年、2009年戊子、己丑年时，定可出狱。2012年壬辰年之后，还可能在财上"失而复得"。待到59岁、60岁、61岁时（己亥、庚子、辛丑年）可能是其老来有好运的信号。当然，这个2006年是很不容易顺利度过的。

8. 日主失衡官杀重

女命：一九三六年九月二十七日戌时

坤造： 丙子　　己亥　　丙申　　戊戌

大运：	戊戌	丁酉	丙申	乙未	甲午	癸巳	壬辰
岁：	1	11	21	31	41	51	61
年：	1936	1946	1956	1966	1976	1986	1996

命局分析：日主丙火生在亥月为失令，身命不旺，加之年支子水，日支申金与年支半合容易生水，日支申金与时支戌土拱合，待酉运、酉年、酉月，组成申酉戌金局，加大水的力量，地支一片金水，官杀重重而又不从官杀，反而三食伤一比肩，布局成制官杀之象，想制而制不住，只不过是外强中干罢了。女命难免感情受捉弄。如果火土大运流年旺临，增大火土之力，削弱金水之气，形成众土围克弱水，此时官杀一

息难存，而食伤猖獗，也会导致婚姻之灾。身弱伤官怕见官。伤干己土虽有时支驻脚，但时支戌土是个两面派，逢土重为伤食，如逢酉运、年即变质为金，金水力量增大，使己土处于飘浮动荡之中，虽有年时干相帮，但虚浮无根，如同水上浮萍，土水交战，水多土荡，己土难存，难免有丧儿之痛。命主小时走戊戌、丁酉大运，食神制杀，劫财帮身，读了私塾，至今能背诵古文。但食伤泄身为忌，吃苦吃亏，只徒得虚名。

1956年，丙申大运，乙未流年，丙戌月，运与年干支都相克，形成火克金，木克土，土克水，未戌相刑，子未相害，亥未拱木，大运申金有丙火盖头难生水，子水失败，第一个丈夫去世。1970年，乙未运，庚戌年，癸未月，未戌刑，戌亥为地网，时干与月干戊癸合火，火土加重，官星水受克，命主失去了第二个丈夫。1994年，癸巳大运，甲戌流年，戊癸合火，官杀难透，地支火土加重，巳亥冲，加上甲木生丙火，火生土厚重，子水无助；命主于四月失去第三个丈夫。1998年，大运壬辰，戊寅流年，辛酉流月，地支申子辰合水局，申酉戌会金局，壬水透出亥水增力，地支一片汪洋之水，天干火土无制抑之能。寅亥合木直克己土，克泄交加，己土伤官难存。命主于本年8月丧失了唯一的亲生儿子。

此命例是笔者本地真人真事。此命主弊病在于食伤易失根基和走火土运年时围克弱水，才有丧子丧夫之痛。正所谓命局失衡，命主易有悲丧之痛。

9. 日主得令身偏弱

郑先生，一九六五年七月初六日申时

乾造：乙巳　癸未　戊子　庚申

大运：	壬午	辛巳	庚辰	己卯	戊寅	丁丑	丙子
岁：	9	19	29	39	49	59	69
年：	1973	1983	1993	2003	2013	2023	2033

命局分析： 日主戊土生于未月得令，全局食神财旺。身偏弱，应取印比为用神，忌神官财食。

性格： 精明能干，点子多，见解超群，有随机应变之能。为人慷慨大方，有经济头脑，人缘好，交际广，喜欢谈天说地。有文明之象，开朗且落落大方，恭敬谦和，热情、豪爽、自信、乐观进取，重友谊。讲信誉守信用，充满积极性，重感情重义气，自尊心强。为人喜欢自由，不愿受太多拘束和别人管制，时有心高气傲。接受能力强，悟性高，许多事情别人一点即通。办事认真，稳重踏实，有领导的才能。

祖业、父母、兄弟： 祖辈或父辈有做官之人，多为国家部门的职位，精明能干，本人也能得到父母的帮助。祖上父母在当地较有名望，父亲和母亲的感情较好，互敬互爱。本人不是老大，兄弟姐妹约5人左右，兄弟中有夭折或过继之人。兄妹间感情尚可，能相互帮助。

婚姻、子女： 命主异性缘分多，易有多恋多妻之象，有时因意见不同而发生矛盾。1988.1990.1991年有合婚的信息，为恋爱及结婚的机缘年。妻子比自己年龄小得多，妻子为聪明机灵之人，但在事业上帮助不大。妻子为近处之人，或为同乡镇、同事、同学等。子女1~2个，将来能从商致富。头胎生女孩。

事业、功名、财运： 命主适合从事文职之类的工作，一生之中财钱不缺，福禄优厚，能在国家单位或企业担任科级干部至局级（包括在企业任厂长、主任、管理类的工作）。命主有官，但官不大，一生平稳为小富贵之人，但非大富大贵。从事职业宜以火、土五行则较有利，宜与他人合伙求财，不宜贪求投机的横财（如炒股、彩票、赌博等）。

身体状况： 命主一生较健康，疾病少。但逢五行弱而被克时，应防如下疾病。防心脏、眼、肠胃、筋骨伤疼等。

五行宜忌及后天补救： 命主29岁后，宜在居地的南方，西南方发展有利。学习办公宜坐南向北，坐西南向东北。睡床宜枕在西南方或南方。穿衣、家庭布置宜以红色、黄色为主。企业、名字、招牌应用"火""土"字旁或"火""土"的数理。宜与午巳未丑戌生肖人合作有利，忌与酉子亥寅卯人合伙（这些也非绝对，只是一些一般的规律）。

运程：

1岁—9岁以月令癸未为运，命主幼年较为顺利，得父母宠爱，长辈爱扶。1971年，若有出行、变动则减少不顺。

9岁—29岁行壬午、辛巳运，为用神旺运，顺利如意，吉多凶少之运，命主生活无忧。1971年（辛亥），1978年（戊午），此年不利财或父亲。1983年，有变动环境、升学或毕业之事。1986年（丙寅），1987年（丁卯），工作有机遇，如未参加工作，此年则有参加工作之喜，或有其他喜事。1988年（戊辰），有恋爱或合婚之机缘。1992年（壬申），1993年（癸酉），易有工作上不顺，防小人，防破财。

29岁—48岁行庚辰、己卯运，为平顺之运，防某些流年不利。1995年，命主有走动变动旅行之事，否则本人及母亲不顺。1997年，工作有机遇，有进修进步之事。2001年（辛巳）、2002年（壬午），工作顺利，有升官晋级的好事。2005年（乙酉），有不顺之事，财不利。2007年（丁亥），不利母亲，命主也防官非破财，此年忌往北方。2010年（庚寅），防工作不顺，或身体欠佳。2013年、2014年（癸巳、甲午），工作有提升之喜，顺利之年。

49年—59岁行戊寅运，此运六亲有伤刑，及动荡之事，具体流年如下。2019年（己亥），易有伤病破财或家人不顺。2024年（甲辰），防伤病破财。59—69岁行丁丑大运。2031年（辛亥），防眼、心脏疾病。

69岁—79年行丙子运。2043年、2044年（癸亥、甲子），防伤病灾，2045年（乙丑）生命关口之年。

10. 善恶到头终有报
男子　一九七六年正月二十八日子时

乾造：丙辰　　庚寅　　己酉　　甲子
大运：辛卯　　壬辰　　癸巳　　甲午
　岁：　3　　　13　　　23　　　33

简析：

己土生于寅月，春木旺而土虚薄，年支辰土本可扶身，但受到寅木克制，辰土自顾不及焉能帮身。年干丙火本可解初春之寒冻，生身调候一举两得，无奈丙火虽处月令长生之地，看似丙火旺身，后继有力，细观之，年支辰湿土培寅木之根，湿木焉能生火，丙火在不得力的情况下，又与月干庚金相战，培育己土之心荡然无存；日主己土之根、之生，有利条件——排除，身弱极，只待丙、丁运来，化甲生身，以求平稳生存；地支巳午运来，辰得巳午火化解寅木之克，丙火巳午之根，寅此时才真正为丙火长生之根。此运期间，才是日主身旺之时，略有成就之时，原局身弱，喜火土助身，忌克泄耗。

此命原局湿气重，为阴险小人，天干丙克庚，庚克甲，浑浊不清，逆战绵绵，古云："风水出人才"，可见其先祖之坟风水极差。生于子时，古诗云："子午卯酉半台桌"。在实行计划生育的控制下，手足达到5个算多了。由于生于寅月官杀旺，寅克辰土兄弟，辰土又是水土之墓库，兄弟之墓。初运辛卯大运，辛卯与年柱丙辛合，丙火化水变质，日主雪上加霜，苦不堪言。5岁庚申年与命局组合申子辰合水局，水土入辰墓，且流年庚申与月柱庚寅兄弟宫，天比地冲，才形成悲剧，母亲有灾，兄弟有损，此年日主母亲生一弟弟，不幸夭折。天干甲木合己土，合而不化，虚情假意；表面示好，其心暗藏不良动机；庚金伤官代表日主思维、口才、言行的动力，其想抵抗甲木的克制，维护自己的自身利益，无奈年干丙火印星直克庚金，思维受阻，勇气皆无，软弱、胆小。一直受到甲木欺负，只待壬癸透干，财星物质欲增强，想入非非，克夫丙火印星，尚存的一点点道德观念皆抛去；庚金复活，胆量增加，反抗甲木的欺负。组成天干四阳相战、壬、丙、庚、甲天干急战如火，日干克泄交加，战争爆发了。

大运壬辰，1992年，流年壬申。四柱组成申子辰合水财局（按一些前辈著作中，发财不发财，看财星的增减，不论身旺、身衰，我也曾经检验这一理论，这理论是不充分的，是偏面的），壬申财年，壬丙相冲克，财克印，印星受伤，申冲寅父母宫，母亲有灾明显。有些命书云：

申子辰合水局，申金化水，申不再冲寅，而变水生寅。壬申年，壬水起源于壬寅月——止于癸酉年戊午月，此段时间，丙火受到壬水压制，解开庚金，庚金长期受到压迫，一得到自由，庚金处年支禄旺之地，更肆虐猖狂，庚甲相战，壬丙口舌，此年发生争执，命主先动手打别人，而发生武斗，双方受伤严重，犯了官司。大运癸巳，2002年壬午年，子午相冲，是非林中立身，壬丙相战，而各自地支年刃相冲，"羊刃相战冲，勃然祸至"，10年轮回，人们很多时候犯同样的错误，不知悔过，真是悲哉；此年因他弟弟跟别人打架，而又去跟别人武力解决，酿成大祸。

11. 太岁的重要性

男命　一九七八年正月十一日辰时

乾造:	戊午	甲寅	庚戌	庚辰
大运:	乙卯	丙辰	丁巳	戊午
岁：	6	16	26	36

简析：

日主庚金生在寅月休囚之地，虽年戌印坐羊刃生日主，但离日主太远，又有木克，坐中气根，生身之力不大。但辰戌冲，时干比劫助身，财星甲寅临旺地，官星藏而不透，命中有三合局但不化，总之日干以弱论，用神当用印、比。现走丙辰大运，壬午流年日主虽在运辰为生地，但在流年为休囚之地，而且寅午戌三合火局太岁能引化，特别是五月（丙午月）有大灾，应化解一下。

五月初三晚八时，即壬午年丙午月壬子日庚戌时，命主雇一青工打机井不慎被砸死，包赔四万元。出事后，命主和家人很后悔没有化解。由于命主身弱，印星通关不利，故学历不高，人老实。己卯年三会财局而结婚。辛巳年官旺身旺生一儿。我认为下一个甲午年命主还应有灾。

无独有偶，在壬午年农历五月中旬一对夫妻来我处测女儿命运和婚姻，生日也是七八年正月十一日辰时，只是女命阳年生运逆排（4岁逆运：壬子14岁、辛亥24岁）日主同样身弱（分析略），命主还是魁罡日，故属婚姻不顺之命，应晚婚为上。命局三合火局同样不化进入壬子大运戊寅年印旺生身，子午冲，子辰合，桃花动而结婚，同年冬天生一女儿，壬午年又是交接运之年，太岁引化火局，水火大战，戊午、壬午和壬子天克地冲，引发辰戌相冲，夫墓大开，故断壬午年四、五月火旺之时本人或丈夫有大灾。果验其夫在农历四月初九辰时，开四轮车为其兄拉石头返回途中，由于山路不平速度快刹车失灵当场被砸死。丈夫是1975年正月十一生（时不详），此次是其父母问女儿何时还能结婚及以后命运等。论神煞，庚辛逢虎马是天乙贵人呢！可见五行生克比神煞要准确得多，太岁的力量真是不可忽视啊！通过这两例的验证，使我更增加了学易的决心将来造福社会。

12. 八字与疾病

女，一九三四年五月十二日卯时

坤造：	甲戌	庚午	乙丑	己卯		
大运：	己巳	戊辰	丁卯	丙寅	乙丑	甲子
岁：	1	11	21	31	41	51

简析：

日元乙木生于五月虽为长生地，然假长生，坐丑湿土乙木之衰地，卯时乙木之禄地助身，年干甲耗庚，乙庚合卯不化，午戌半合火局泄身，综合分析日主偏弱，按五行对应五脏论，心为火，脾为土，肺为金，肝为木，肾为水，四柱中五月火旺克庚金肺，火旺土焦克肾水而致消渴症，中医认为上消在肺，中消脾胃，下消在肾，其肺、脾、肾三脏均受克，故患消渴症，亦为糖尿病。治则培土生金，滋肾润木。

13. 私奔咨询

女命，一九六七年十月初七日卯时

坤造：	丁未	庚戌	丙子	辛卯
大运：	辛亥	壬子	癸丑	甲寅
岁：	1	11	21	31

排成八字之后，来人说："你看她是什么时候出走的？为什么要出走？走在哪个方向？远不远？出了本市没有？"

据咨询的心意来看，出走当是近年的事，若时间长了，一般都会有下落，多少有点音讯，若没有下落，也没必要咨询，故断其出走必是近两年的事，尤以当年为重。

简析：

查己卯年，己卯为伤官，伤官生财，经济略有进项，又流年与大运甲己相合，伤官当合，应当说，己卯年是顺利的，钱财有进，人在顺境当中，心意满足平静，一心筹划自己的事业，一般而言是不会产生私心杂念或非分之想的，可以排除己卯年出走。再查庚辰年，命局庚戌，流年庚辰，大运甲寅，构成重冲，地支寅卯辰会枭旺，枭旺夺食，必有损财之事，至于为什么会离家出走呢？查命局、岁运，冲合无度，四柱紊乱，扰乱了命局的平静谐和，其思想必纷乱多虑，加上庚辰年损了财，想另求异地弥补。师云："财印逢冲，幼出娘门。"故庚辰年离家出走，便在情理之中。查庚辰年之月，四月辛巳，驿马出现，与大运两刑，略为触动驿马，有动向，但无冲动，可能有出走意念，但并未走动。顺查至七月甲申，地支申子辰三合，与大运甲寅天比地冲，由于上面之分析，庚辰年已埋下了出走的命理因素，甲申月之浮动，便诱发其出走行动，故定其出走在阴历七月。七月申子辰汇成江河之水，江水滚滚向东流，百流迂回奔大海，又命局、岁运会成寅卯辰东方木局，于是，此女出走的原因和方位便有了眉目。断曰："这位女士是在今年（庚辰年测算）七月出走的，她今年上半年经营失利，亏损了一笔钱财，她想去异

地挽回损失,她去的方向很远,决不是本市附近,她去了东方沿海地区。应该说她的出走,早有意念,今年四月份就想出去了。"

来人问:"你看她是一个人去的,还是几个人一起去的?"命局、岁运不见比劫,虽然年柱有羊刃,但羊刃生旺,岁运又没牵动羊刃,羊刃傲然不动。地支申子辰三合七杀,答:"她是两个人一起的去,可以说她是被另一个人邀约出去的。"

"那一个人是男的,还是女的?""是男的。"来人又追问:"他们两人有什么关系没有?"

女以官杀为夫,女命地支三合杀会发生什么事,一般术士不会不知道。作为一个人,但惩恶扬善,消除家庭矛盾,术士也必须注意。来人说:"这一点你不说我也知道,其实他们的关系我早有察觉。你看,她在那里的情况怎么样?好不好?"

当时算命是丙戌月,命局、岁运是两庚一辛,财透而不藏,师云:"露则浮荡,藏则丰厚。丙戌月,比肩坐强根,日主虚弱,比肩之力远远强于日主,一点浮荡之财,必被他人所享。"术士答:"目前处境不理想,暂时没有头绪,正在花销。"

来人摊牌:"这个命算你算对了!你连四月份那一次都算出来了。四月份是这样的:她清理了衣服,拖了个行包,跑到火车站,犹豫了,给我打来手机,告诉我,她准备出去,问我同意不同意,我说你马上回来,不要出去,外面人生地不熟,生意肯定也不好做的,回来等个时期看。这样,她就回来了。这次出走是农历八月初八,不是七月,……。"术士查当时的农历,庚辰年八月初十是白露。术士把以节令定月的道理说了一遍,告诉他初八仍然是七月。

来人接着说:"今年,她的财运确实不好,上年做服装生意亏了一万多块钱,他想到外面去做生意,他这次是到上海,上海正是我们的东方。她到上海几天,就给我打来电话,我问她是几个人去的,她说是两个人,就是那个男人邀她去的。她告诉我,上海的生意也不好做,目前她正在东奔西跑,探询行情,还没有一点门路,上海生活水平高,开销很大。"最后来人问术士,她什么时候能回来?术士按月推算,丙戌、丁亥、戊子三个月没有迹象，以己丑月颇有希望。其理由是：一、己丑月为伤官生财月，伤官生财，日主有财。伤官生合，伤官与大运甲相合，这个月应当是谋求顺利。又丑为财库，师云：财官若藏库，冲开无不富。财库丑与年支未相冲，财库被冲开，十二月应当是财源广进。二、年支未为华盖，华盖是孤独星，被丑冲破，则华盖失灵，女人离开丈夫儿子，一人在外，算是孤独，冲破了孤独，则是团聚；三、根据中华民族习俗，过年是一年中最大的节日，天涯海角都要回家团聚，无特殊原因，不可改移。她们出走的目的是为了赚钱，目的达到了，自然就心情愉快地回家团聚。基于上述分析，术士断阴历十二月会回家。

14. 曹君之父命造

曹君之父，一九四一年五月二十二日亥时

乾造：	辛巳	甲午	乙未	丁亥			
大运：	癸巳	壬辰	辛卯	庚寅	己丑	戊子	丁亥
岁：	4	14	24	34	44	54	64

简析：

乙木日干生于午火月令，泄身处休地，又自坐未土耗身不吉。局中巳午未为紧贴三会火局，在午火月令当值，中神当旺又有时干丁火化神引化成功。整个命局由火行主导。虽有甲木月干欲扶乙木日干，由于甲木月干自坐午火月令休地，又被年干辛金近克，而无力帮扶乙日主。乙木日干也有亥水时支欲隔柱生助，怎奈亥水于午月处囚地，且于天干无透，又被丁火盖头和日支未土紧夹抑耗，所以亥水心有余而力不足，自身不保，焉能生助乙木日干？！断日干弱衰。日干衰弱应取甲木劫财帮身为用神，亥水偏印生身抑伤为喜神；食伤、官杀和财为忌神。于此提示：因命局火势太旺，水之五行太衰，为旺火反克弱水，水于人体主示肾、膀胱或颈足等部分，命主必上述人体部位早潜灾疾。

2001年辛巳年，大运戊子，五月流月甲午。太岁巳火当值，并因此而引发及加强巳午未三会火局之势。太岁巳火与年支巳火两巳冲一亥，把时支亥水冲克掉，使乙木虚浮动荡失去源头。这样，巳午未火局在太岁午火和流月午火的引发和驱动下，狂泄乙木日干，在忌神当道，用神遭殃的情况下，命主灾咎必应。又因巳午未火局太旺，财星泄火力度有限，火行在此也会诸多不利；同时，乙木因被旺火所泄，所以连木行也受牵连应灾。因为火行在人体主示心脏、小肠等部位；木行在人体主示肝、胆、头、肩等部位，故断曹君之父此时必定应患上肾、心脏、或肝、胆之疾，而医治乏术，撒手归西。

曹君反馈：其父一贯染有肾结石之症，多年来时而复发。自从住进新居后，肾结石之症加重。尔后还染上肝疾。时至2001年4月，又有心肌功能衰退之症。故急进市人民医院住院治疗，还请了自治区医科大学附院两位专家来该市人民医院会诊，但病情却有增无减，时至五月份，其父终因久病不治而魂归丰都。

15. 测终身运气

王先生，一九六六年九月九日酉时

乾造：丙午　戊戌　甲寅　癸酉
大运：己亥　庚子　辛丑　壬寅　癸卯　甲辰　乙巳　丙午
岁：　6　　16　　26　　36　　46　　56　　66　　76
年：1971　1981　1991　2001　2011　2021　2031　2041

命局分析：

甲木生戌月不得令，支神寅午戌三合火局泄气甚重，时干癸水有气生之而不当时，甲坐寅木有根气，甲克戊财泄气于丙，综合而得，甲木有气偏弱。命格中火土双旺，金有气，癸水有气。甲木弱则喜生助，取癸水为用神，木与金为喜，忌火土。

出身家庭：年柱为祖，干与支同为比肩，虽带食神，亦表示祖上不是大富人家，生活过得去而已；且因丙午戊三者为食才相生，父辈略有

祖业，本人难于享用。寅午戌三合，午合到了日支寅上，离祖创业之人，但能正本追源，有一颗孝敬之心。年干为父，偏财为父，正印为母。戊癸相合，中间隔了甲木坐寅的信号，表示去外婆家要翻山越岭，一条稍直的大路可通往。癸水坐下酉金，金生水，外婆家住近水塘河流水沟；癸水生甲为喜神，小时候常去外婆家。年干为父，丙火也。克戊为其财，戊旺，表示父亲是个有能力的人；火主文，木火通明，表示父亲为了自己的学业呕心沥血，任劳任怨，是难得的好父亲。

性格分析：甲木主仁慈，又坐于寅上，表示本人有同情心，待人接物彬彬有礼；甲生丙食为小孩，泄日主之气，表示很关心小孩的成长。命格中木火通明，印星透而有根，表示本人有文化修养，大专以上文化程度；寅午戌三合火局，火主文，懂三门学问。戊偏才透出，表示为人大方，对朋友不斤斤计较。寅午戌三合之局，一生之中总有两至三个好哥们。酉为酒，丙火主烈，酉生癸水生身，平时喜欢喝酒，可能是度数稍高，且表示不太喜欢独处。

婚姻子女：甲寅为木虎之日，有婚姻不利之象；寅木为妻，去合戌与午，表示妻子长相一般，但性格还是好的，能与左邻右舍和平相处，同时木生火，妻子有文化。正财己土藏午之中，在年上，表示妻子离自家比较远；午为母位，有母性的特点；午是食伤之神，能带好小孩。寅为妻，寅午戌合火旺，寅受酉克，妻子腿上有疤。命中有生男孩的信息。

病伤灾：丙火为热，甲木为头，丙在年干为头为小时候，表示小时候有高烧未退，生死之灾。甲木为头，去克戊土，本人头部受过伤；本人不宜过度生气，否则面红耳赤好难受。身体上，注意胃病，肝火旺。其他病伤灾之象，在大运流年中分析。

事业前途：16岁后行庚子运，水旺杀旺之时，离家读书求学；26岁后行辛丑运，官旺财旺，在单位上班，从医，且有财运；36岁后行壬寅为印旺身旺之喜用神，事业有成。为从政人员及国家公务员。壬寅运即36岁后的十年大运，壬为印星，寅为比肩星，身弱变旺之期，表示工作能力加强了，但因寅午戌三合食神局，虽经济收入不错，但仕途升高不太明显，而明年甲申、后年乙酉为官星旺气，是升职的有利年份，宜风水调整，好好把握机会。

岁运分析：

6岁—15岁行己亥大运，己为财，亥为印，甲己合，寅亥合，印为喜用之神，表示此步运比较顺利，读书聪明。16岁—25岁行庚子大运，庚为杀，子为印，子冲午则食伤动，表示学业有成，出外求学，大专以上文化程度，有学历文凭，并参加工作。26岁—35岁行辛丑大运辛为官，丑既为官库又为财，上班工作很理想，并是某部门的负责人，财运好，有结婚生子之喜。丑戌相害，为财上有伤，戌、丑年有破财之象。36岁—45岁行壬寅大运，壬为印，寅为禄，身印双旺，事业有发展，财运好转之运。

2001年辛巳，辛为官，巳为食，官食双旺，工作财运稍顺之年。2002年壬午，壬为印，午为伤，为印制伤乃伤官佩印，从政之人，防身体有恙而破财，总之此年财运稍好。2003年癸未，癸为印，未为财，乃财来破印，此年工作平平，无提升之象。又因未戌相刑，心情常感不好。2004年甲申，甲为比，申为杀，申冲寅而破寅午戌之局，此年职位上升，顺利之年。2005年乙酉，乙为劫，酉为官，此年工作顺利，财上稍见破耗。2006年丙戌，丙为食，戌为财，食神生财，寅午戌三合食，有合作投资生意之象，财运稍好。2007年丁亥，丁为伤，亥为印，印生身旺，亥合寅，此年工作财运均佳。2008年戊子，戊为财，子为印，子冲午，此年注意破财。2009年己丑，己为财，丑为财为官库，丑戌刑，注意职位不利的变动，财上有耗。2010年庚寅，大运壬寅，岁运与日支皆为寅木，此为身旺之年，此年注意病伤灾破财，不利东方之行。

46岁—55年行癸卯大运，癸为印星为喜用，卯为劫星助身，此步大运大体主吉，工作事业财运均见吉兆。卯冲酉，酉为时宫主儿女，表示儿女出外谋生，不在身边。56岁—65岁行甲辰大运，甲为比助，辰为财星为印库，辰戌相冲，退位休养之运。辰戌冲反映在身体上有胃病，注意饮食。66岁—75岁行乙巳大运，乙为劫，巳为食，劫主劫财破财，表示必因身体有重病而破财，巳为火，主心血，防心血肝方面的病。76岁—85岁行丙午大运，大运与年柱丙午伏吟，此运不吉。

16. 千里迢迢访名师

乾造： 丁巳　庚戌　乙巳　丁丑
大运： 己酉　戊申　丁未　丙午　乙巳

简析：

1990年走戊申大运，2000年走丁未大运。预测师断我1990年考试发挥不好。实际上当年以3.5分之差没考上重点中学。1996年有喜有忧，高考落榜，但贵人帮助有工作。实际是高考落榜之后到表姐的店里工作。1997年4月、5月有伤灾，又有工作变动，变更好的工作。事实上的确在4月手指头被机器压伤，但下半年到工资更高的国企工作。1998年有破财，下半年有伤灾。当年11月外出与车相撞，手臂脱臼且损失1100元，确实是伤灾又破财。

1999年断我较平顺，精神压力大，认识一女孩，但在2000年又没来往。太对了，那年最顺的，无灾。但边工作边读自考，压力大。我读自考认识一女孩，有喜欢之心但无谈恋爱之实。2000年她不读自考而没有再来往。

2000年是断得最准确最精彩的一年。预测师断我2000年有破财，但在八月有工作变动，财上有收。这完全符合实际。我先是上班工作失误被罚款两千一百元，破财。但在农历八月遇到一私企老板，他以高工资聘我。我就变换了工作，有所积蓄。

17. 丙生申月偏枯命

女命　一九三四年七月二十四日辰时

	日	官	杀	食印官
坤造：	甲	壬	丙	壬
	戌	申	子	辰
	枭	食才劫	杀	财杀食

 圆通达观（下）

取用神：此命造申子辰三合水局，又丙生申月可见偏枯之极，应选甲乙木为用神可生丙火以制其偏。变水灾为喜，金忌土仇，方保安康。胎元：癸亥。命宫：己巳，仙道天文星，作事多美，聪明伶俐，气宇轩昂。小运：1岁辛卯，2岁庚寅，3岁己丑，4岁戊子……

推大运：八岁三个月行运，逢十月二十四日辰时交运。

大运：8岁辛未　　18岁庚午　　28岁己巳　　38岁戊辰
　　　　才伤　　　　财劫　　　　伤比　　　　食食

　　　48岁丁卯　　58岁丙寅　　68岁乙丑　　78岁甲子
　　　　劫印　　　　比枭　　　　印伤　　　　枭官

四柱分析：

此命造平和偏枯，申子辰合水局可见丙火临月建病地，作为女命反为贵，出生时祖父母在世，且能得长辈掣肘，本身不得自由，进退失据，大成大败，万事有始无终，终破家产并有难产之厄或暗示与子女生离死别之凶。其人长发，狭额圆脸，皮肤红黑，身材恐有过胖或瘦小之倾向。脾气暴燥，性格深沉，时有官非口舌之厄，夫妇间口角更为明显。又月上驿马工作生活皆不稳定，逢寅运年都有大的变动。本人长女三胎为吉，姊妹无靠，自立家业，并有照料姊妹的义务或受其拖累。聪明伶俐，志气轩昂，为人慷慨大方，舍己为人，说一不二，受人敬仰。日主丙火为针灸，申子辰合水局，又戌为天门，辰为地户，应从事医术为上，且与易道有缘。日座正官，夫星得位，丈夫必是贤能之辈。时柱魁罡显，后生必是高贵人。日、时阴差阳错两现，又四柱一片阳、其女性格刚强，婚姻不顺，晚年孤独，且防老年瘫痪。女命一片阳，第一胎生女为好，如果是儿子，应拜干爹妈或继养。按命推可有三子只留一之说，如婚配，无子、可减婚灾，二夫不论。

行运分析：

行大运前逐年平稳无大事重灾。整个命局大运行程符合规律，月德生提纲，自制力尤强，可谓是女中强人，遇凶便解，长寿之命。具体分析：出生至八岁平和。15岁大运辛未，流年己丑，本限甲戌，小运丙子，正直本限三刑，是年家族人身定有灾咎，长亲或本人必有重病或有丧孝之凶。好在甲与己合，辛与丙合，大灾化小，小灾化了。20岁大运庚午，小运辛未，流年甲午，午为此命羊刃，兄弟家人中定有官诉或血光之灾。本人左眼或左额可能有伤迹。21岁大运庚午，流年乙未属本命早婚之年，如能避免，晚婚于27岁辛丑年才是理想婚姻。38岁—48岁，行戊辰大运，是对父母和祖上极不顺之年龄段，同时防婚灾。48岁—58岁，行丁卯大运，尤其是58岁，1987年，流年丁卯，大运丁卯，日柱丙子，按照古人的观点正直"岁运并临，不死自己，便死他人"。但从命理上分析，不至如此么严重。是年破财和姊妹间有重病伤亡之灾难免。又子刑卯，对丈夫不利。56岁，1990年庚午流年，大运丁卯，日柱丙子，是年恰遇丙丁火克庚金，庚金克年干甲木，子午相冲，子、卯、午本刑的混战局面，必有重大灾厄或因他人事务而引起灾祸险兆难免。如无解措，丧夫必在此年。60岁，一九九四年本命年，流年甲戌，年命甲戌，大运丙寅，小运庚寅，形成两寅冲一申，一壬克一丙，流年又冲克本限辰库，好在两壬为本命月德，但破财，小灾难免。61岁乙亥年（1995年），除月柱稍有相害外，乙为卯为用神之年，丙为比肩可帮身，寅亥相合无多大凶意，是年小有怨气，老年人合也不为好，无大灾。66岁大运丙寅流年，庚辰恐有病疾。69岁，癸未流年，乙丑大运，年命甲戌，又出三刑之势，是此命第一次大关。多防肠胃之疾。好在癸为此命天德有救。78岁大运乙丑，流年壬辰，又值甲子大运交替之时，千万莫疏误，此为生命第二关。 87岁大运甲子，流年辛丑，是生命的最后之关。过此寿命无限。 震宫命：震延、生、祸、绝、五、天、六。震伏位在东，延年东南，生气正南，祸害西南，绝命西，五鬼西北，天医正北，六煞东北。

18. 丁火坐酉长生地

女命，一九七一年九月二十一日申时

坤造： 辛亥　己亥　丁酉　戊申
大运： 庚子　辛丑　壬寅　癸卯　甲辰　乙巳　丙午　丁未
岁：　　10　　20　　30　　40　　50　　60　　70　　80

简析：

丁火坐酉金长生之地，年、月、日、时，金水两旺，克泄日丁火、亥中虽藏杂气甲木无力生身。四柱中财、官、伤齐全，从不能从或说从而不真，只有定日贵格，取火为用，木为喜，忌水金。

六亲：祖上贫寒无依。父母婚姻不顺，不是一次婚姻。双亲之间不和，常为家庭琐事争吵，互不和睦，分居防克。兄弟姊妹：丁火独坐酉金临长生之地，应姊妹，四至五人，本人不是老大也占老大之位，兄弟姊妹中必有不共天地的或二姓三名之人，其母离婚带二个孩子与父成家，同父母所生是老大，下有一弟，最小一弟夭折。姊妹间各奔东西，时而会给命主带来麻烦，受其拖累甚大。

婚姻：女命金水相生四柱，多主婚不顺。从四柱中分析，日主衰弱，官鬼旺相，且年支月支两壬与日干暗合，偷合、爱情不专、交往异性平凡，1988年虚龄十九岁破身，后三反五次挑选，直到1994年甲戌天月德合，地支申酉戌三会桃花局相遇意中人，先同居后结婚。1997、1998、1999、2000、2001年男女各有外遇，时而更换心欢。2001年，应为巳亥相冲，又见大运壬寅，丁壬相合，寅申相冲，寅巳申三刑，婚姻会出现生死离别之灾。2002年又出婚姻上的信息。大运壬水，流年壬水，命局两亥主气壬水，同来争合弱丁，四男争一女，又流年坐下丁火为妻，结识的男人肯定有妻室，流年一过各行其道，又是一次不可抗拒的婚灾。由于四柱金水相生，身弱本人对异性总是主动出击，相处后悔之当初。本命还有一点也是导致婚姻不顺的标志，身弱、财旺、有钱时乱花用，养活男人（财生官），无钱时另寻财源，只要给钱就会对谁好。这是身弱之命的缺点，容易被人欺服。此命造中年丧夫（或被抛弃）晚年孤独。

子女：1996年流年丙子，大运辛丑，亥子丑三合官杀局，大运与流年天合地合，应为第一婚得子之年，由于年、月亥水为丁火之飞刃，所以剖腹产才是。子女与本命无缘，《中国民间方术》《玉照神定真经》有曰："酉逢丁，后代绝嗣"。离婚后或由男方扶养，或带出家门找保姆给养。

灾害与病疾：此命造身弱又逢飞刃两重，断6岁或9岁落水之灾，12岁破皮血光两次手术，九六年剖腹产是一次大的手术，第二次手术应在2004年。时而有跳水，服毒轻身的念头。小时难养，早年多患胃病（土弱金泄），妇科病（水旺金生），中晚年患心脏病（火弱被克泄无生）。六十六岁进巳运逢丁巳流年，双羊刃冲克双飞刃，老怕帝旺中怕衰，少年就怕死绝胎。逃过此关，后运不论。

事业功名：命主身弱，财官两旺，喜木火调候，恐怕一生难有正式工作，财运时好时坏，无大的积蓄，身弱财官旺的人，多数是这山望着那山高，工作职业常换不专一，一旦走错一步，后悔不已，又想变换工作职业，劳碌奔波之命。

19. 乙木根基种得深，只喜阳来不宜阴
某男，一九四〇年九月二十九日戌时

```
           官      伤    日元    伤
乾造：    庚      丙     乙     丙
           辰      戌     巳     戌
         才比枭  才杀食 伤官才 才杀食
```

命宫：丁酉

胎元：丁丑

3岁行运多四十天，逢癸年十一月初九日戌时交运。

大运：　3岁丁亥　　13岁戊子　　23岁己丑　　33岁庚寅
　　　　　食印　　　　才枭　　　　财财　　　　官劫
　　　　43岁辛卯　　53岁壬辰　　63岁癸巳　　73岁甲午
　　　　　杀比　　　　印才　　　　枭伤　　　　劫食

命局分析：

乙木生于戌月，正值草木凋零入墓之季，不得令又不得助，乙木入火库，身弱至极，为独辰中滴水为偏不可生身，其理："乙木根基种得深，只喜阳来不宜阴。"故选异性正印为用，此造用神不到位，只待行运补救。用神是判断命局好坏的重要依据，此造用神不得力不为好命，生涯艰辛，无依无靠，一生中只待逢印运岁方可短暂腾达，到了用神运一过，还是叶落归根，陷落苦泉。用神不是神。假如此命有明印出现选作用神，到了运岁又出现用神，物多必滥，反而变质，用变为忌。用神在命中出现，受命中生克制化或受运岁刑冲克害，则变喜为忧，变用为仇。所以用神不是断命、断准命的重要依据，关键在于变通。

综合判断此造有以下特点：身弱无印，出生后体弱多病，缺乏母爱，没有靠山（印又为靠山），文化素质低（印为文书），无读书机会或很少读书。偏印年支藏，食神时支藏，亦为倒食，出生时缺乳，少年要过饭。偏印又为偏母继母，说明不在生母身边长大。伤官两透一藏，可见脾气怪僻，不服管，一生中逢官运岁难免牢役之灾；又月上伤官，姊妹有伤；月上伤官姊妹有损，时上伤官子女难教；还有月上伤官义女为妻（义女指妻子不是亲生父母或重拜爹娘）。年上正官，近临伤官，为官不长。年上天罗，月时地网，主气三财为正，坐牢为女人之事。命中一辰两戌逢辰、戌运岁有才官之灾，遇辰平冲自刑，遇戌三冲一。以上六点是此命造的评断特点和主线条，只有抓住这六点一切评语才能合乎其理。

性格长相：论性格不能奉承，谈长相绝莫离纲，要有实事求是的态度，丙子年冬我在鄂州接到这样误断命造的数十例。一般来说、身材高低，瘦肥高矮是要点出来的，有的预测工作者胡编乱造，只掌握中国人的爱奉承特点，结果适得其反，送礼打碎托盘，拍马挨了脚蹄。如一坤造丁丑年丙午月甲午日戊辰时，甲木日元生于死地，加上柱中一片火土，预测员误断："聪明伶俐，长得漂亮……"这样断语使被测者不能接受连退三次。我接到八字后，第一句话就说："这是有精神病的乡下人"。有人批评我不应该这样断，我一一解释"甲木生五月处死地，柱中火土重重，无一救助，怎样漂亮呢？又怎么伶俐？甲为头，头脑受克泄严重不就呆了吗？甲为本人禾苗作伴，火灶为友，土地立足，终身为农……"结果反馈准确。所以批八字不能光奉承，讨得对方欢喜，结果文不对题。还是言归正卷，此造性格长相：性格直爽，倔犟，又很坚强，甚至能忍受打骂而不逃避。脾气暴燥，是因两戌一辰重见，两丙明透，本意土为信，火为礼，土多加之两丙而生可偏过，火多土燥之故。庚乙隔合有仁义感，讲义气，与人情投意合，伯乐良才之人。聪明大胆，多才多艺，喜欢新生事物，多爱干一些偏业，也容易成功。骄傲不服管，时而引起官非口舌，全因柱中伤官重叠所致。投机取巧，外乐内忧，花钱谨慎，为人吝啬（伤官明透，财藏不现）。由于以上的性格又可以推断其长相：乙木生于戌月，临墓地，"乙木根基种得深，只喜阳来不喜阴……"所以说柱唯辰中藏滴水为枭逢月时戌中杂气两食不能生身，故断其身材偏小，枯容、瘦弱、面黄、脸方圆、个子短矮，给人有一老朽之感。

父母祖业："年柱天干与日柱或时柱天干相合，主自置房舍而立业"（参见《四库全书》）。断祖上飘零，家境贫寒，自置房舍，离祖之人。"年柱地支为辰，他柱见二戌为两见地杀"（见《中国民间方术》），他母所生或离祖重拜父母，虚龄七岁、十四岁（辰、戌年）应。年柱月柱天克地冲，居无定所，流浪漂泊。年柱见辰，月时见戌，戌土为财，父辈必是农民。又主为脱俗还俗佛道之家（脱俗为出家和尚，还俗又离庙还乡，戌、辰为华盖）。父强母弱，父母不和，财仗势制印，母遭蹂躏。家法禁严，门规寒酷。身弱临十恶大败，流浪乞讨之辈。

兄弟姐妹：断兄弟姐妹方法很多，用四柱八字断多采用子平法，一看比劫，二看旺衰，像这样的八字乙木为比肩甲木为劫财，年藏一乙木，甲木不透无藏，信息不明，但有《紫微斗数》可以断出兄弟宫坐亥水，亥中藏一甲（劫财），自坐长生，乙木临亥假长生都是水而生，可断其姊妹十二胎之多，成活地也有五六。兄弟中排行老二，依据是乙长生在午，逆数巳为老二。但兄弟中面和心不和，天各一方，各奔东西。《四库全书（星命）》论云："月上伤官兄弟有损，年月相冲兄弟不和。"日生月和日克有所论（参见刑冲克害章节）。此命属姊妹有损，兄弟不和，只有自己照顾兄弟，而兄弟则愿将仇报。兄弟中有逆反之子媳。

婚姻不顺是此命的最大特点，我们在判断命理婚姻时应本着这几个方面特征。（1）日坐伤官；（2）日坐华盖；（3）日坐偏财；（4）阴差阳差日；（5）自坐空亡（指甲戌、乙亥）；（6）金猪、木虎、土猴、火蛇日；（7）正财、偏财藏透旺衰；（8）财星受制得生等等都是判断婚姻早、迟、刑、克、生离死别的重要依据。此造日坐伤官婚不顺，日坐伤官怕妻室（女命怕丈夫或妻强夫弱）。三位正财为地支主气，一位正财日主杂气，可断家有正妻，外有偏室。正妻是位性强能干之人，且得妻室内助。老婆操持家权。

子女（嗣媳）：要准断子女多少，方法各一，一种是看儿女星，衰、旺，现与不现，空与不空，得位不得位，日干在时支的旺衰，时干时支主气对月令的旺衰，另一种是男看财官，女看伤食来定子女多寡。我在断命时多采用综合互补的方法加以论断。此命二子三女子少女多，第一胎生女。依据是时柱干支皆入月令之墓；男命伤官为女，食神为儿，七杀正官伤官在前食神在后，先女后儿；伤生正财，食生偏财，又偏财生正官，正财生七杀，正官与偏官都是我克者之妻所生，所以女多男少。这种推理不是不成立的，请读者详见林国雄著的《八字精解》和徐子平的《子平真注》。女儿得宠，儿子不争气，能享女儿福。是因丙火伤官（女星）有利，又是天月德贵，直克正官（亦是儿星），伤生正财（妻），正财生七杀（女），故而女儿得力。儿子却不一样，丁火食神入库，年支藏枭（倒食），食神力减，柱中无一偏财怎能生正官，又遇众伤官克泄，俗称伤官见官为祸百端，乙木日元受月时两丙夹角，必是不孝子孙。

事业功名：断事业功名先看格局，再观命运组合。此命不谈格局，

规范到杂格，有人说命局财官印齐全者为富贵命，俗话说得好："大难不死必有后福。"又说："吃得苦中苦才能人上人。"先天再好，只不过爹妈给的，后运如何全在造化。现就此命造分析，提出以下见解。 伤官见官为祸百端，伤官见官诡计多端。凡命中有官者且不可见伤官，有伤官者不可见官（柱中藏气亦然）。伤官两透一显，正官一透一藏，破局，一生不可为官。身弱不胜财。我克者为财，日元过弱怎能克财。柱中四财皆为正，求财辛苦，加之伤官生正财，财多坏印，才旺身弱，无力取得。食神本是生偏财之原神，如果身旺有食神可生偏财。此命食神遇偏印为倒食（有一点偏钱都能破坏）。一生中无多大财禄。十恶大败破坏了库中之存，如果有积蓄，逢辰戌之年，库破仓尽"万贯家财化为尘"。伤官太过，逢官年官运必主牢狱官非之灾。命局中文印不现，读书不高，火土一片务农偏业。柱中辰、巳为地产地医，戌为天门天医，不为医道必成三教九流高徒。青年可有短小官职，如不改行非弄得不可收拾。

灾害：日元乙木极弱加上食神伤官重耗，肝部必有病患，乙又为指、未稍，终身手指定有伤残。八字微弱癸水星点，肾脏早衰，导致腰腿酸痛。土旺太过亦会导致胃上之疾。逢辰、戌运岁防坠落车祸之灾。逢伤官、正官运岁定有牢狱官非之灾。

终身喜忌：本命库多墓甚又身弱，逢辰、戌、丑、未、伤官、正官运岁防凶灾。穿戴黑、绿色可补日主枯弱之气。方位上我在批命时均按照风水学上的阳宅布局。此造西四命，乾宫磁向人，诀："乾、六、天、五、祸、绝、延生"。北：命中缺水，但是六煞忌方，不可往。东：身弱得木，但是五鬼凶方，不可取。西：金克身，但是生气吉方反可胜用。

流年运程：批流年运程抓住命、运、岁、限、纲、线六要素，疏忽任何一点都会漏洞百出。命指命局，运指大运和小运；岁就是流年太岁；限即本限；纲指月令（也叫提纲）；线是批一人一造的主线。只有抓住以上六点，认真推敲，才能万无一失。一岁流年辛巳，小运丁亥，本限庚辰，流年与小运天克地冲可断：一是天马行空随父母奔波；二是流年官杀重克日元，有丙火调停，九死一生；三是地支伤官泄身之气，缺乳少食，生命垂危。

3岁—13岁，行丁亥运。饥寒交迫流浪童，离乡背井苦水吞。这步运前五年食神，后五年印运。概念上不能绝然分开，前五年有丁火的百分之七十，地支百分之三十。后五年有地支七十，天干百分之三十，这样才能推算准确。以下各运同论。这部大运的开局并不乐观，记载着苦难深重的流浪乞讨生活，锤炼着小巧乙木幼童，描述了随同家人逃荒要饭。这步大运值得探讨的是四七年（丁亥）"岁运并临"。是年日支被冲，丙火灿灿，亥中两壬与年干两丁暗合化木为比肩，兄弟有灾。定丧此年（此年丧一弟兄）。再者亥巳为马，巳亥相冲，定主东南对西北走动，马不停蹄，奔波不息。

13岁—23岁戊子大运。少年历经坎坷运，自强不息有为人。1952年壬辰流年，壬为印，当是此命转机之年。但两辰冲两戌，有区域性变化。1956年丙申流年，申子辰合枭神局，枭神夺食，饭碗被砸。1958年戊戌流年，戊为正才，柱中正才成群结队，正才生七杀，七杀一多可断此命从军从警，三戌冲一辰，必有区域性变化，如果断其从军，定为陆军，因土为坤，为陆地。

23岁—33岁己丑大运。逢财不为美，怨天恨地当怪谁？1964年甲辰流年，甲己合化财，有恋爱合婚之明显标志，但两辰冲两戌，合婚不利。1965年乙巳流年月日，日上伏吟不利妻，又看两乙虽然争合一庚，流年争合为大，可以成婚免灾。1970年庚戌流年，前面总局提醒过读者，当出现辰、戌之年都有大的变化，多为凶，不为吉。此年不是丢官罢职，就会引起感情风波，也可以为区域性变化。

33岁—43岁庚寅大运。庚官寅劫主官灾，不见官非见棺材。一般批命很少看小运，可是每逢关键时刻当看小运能否补救，所以将这年小运排出来，推得小运庚申。另一种情况在这里亦向广大读者提示一下男命进运，女命出运是好坏的转折之机。所以，断命时要抓住新旧运交替的关键。同时要看整个大运是命运的喜忌，这步大运怕什么，喜什么，才能快、准、奇地断出吉凶。前面讲过，此命一条主线是伤官怕官，只要碰到官运和官年。1973年癸丑流年，大运庚寅，小运庚申，当时我在批语中写道："如果用数字计算，乙的日元，甲乙为本身之物，丙、丁、戊、己、庚正好是五位数，又见四柱三伤官，大小流年一伤官，合数四伤官，见四正官，申寅相冲、寅巳申三刑，必定坐牢四—五年"其1973年进官运，又碰枭神流年，枭神夺食必主牢狱之灾，寅巳申三刑，又伤官见官必主牢狱之灾，何时能出狱，只有官运行完，待戊午年寅午戌三合伤官局，伤官不伤官星，官星处败地，才能出狱。我们在批命时不能一见"伤官见官"就主牢狱，任何时候伤官都是异性所生，正官都是异性克我，正官有情正如日元相合，如己、辛、癸、乙、丁见甲、丙、戊、庚、壬都为正官，只要柱中没有羁绊争合，都算有情，无灾。另一种情况身旺不怕正官、伤官克泄，也不一定有灾。这就是伤官见官有灾的第一个条件。第二个条件是三刑有灾，身弱遇财官刑，身平遇印绶刑，身旺遇比劫都是有灾。财官相刑破财、损父、伤妻与官非牢狱；印绶相刑失权、损母、病灾与语言书官讼；比劫相刑主破财、损姊妹，病伤事故也有可能丧父（比劫夺财）损妻。这一点必须熟练掌握才能准断无失。我曾听到有的号称预测老师说过这样一句话："四库逢冲进，四库逢冲出，丑年进牢未年出，未年进牢丑年出。"这显然是谬误，如果这样，国家执法量刑不存在六个月、三年、八年、十年……我在公安机关工作十七年，对犯罪人犯反复进行过研究，从手纹、面相到生辰八字总结出这条无可非议的结论，相刑争刑不刑，相合争合不化。争刑不刑无灾，争合不化有凶，争合日元自身凶，平刑他支别人灾（天干地支、流年本限、大小运都要综合参看）。

　　43岁—53岁辛卯大运。年干辛温丙火情，天合地合运平平。十年中丙辛化印生我身，修精养锐，夫妻重圆，养育子女，安分守己，从善积德，平安度日。

　　53岁—63岁，壬辰大运。身弱机遇母恩爱，伤官配印必成名。1994年流年甲戌，大运壬辰，此命刚刚转机又遇春花逢霜。此年54岁，正值人生命运转折关头，年命庚辰，题纲丙戌，本限（时）丙戌，形成庚金克甲木，两丙泄一甲，三戌冲二辰，辰与辰自刑的混战局面。兄弟宫损伤最为严重。是年主兄弟有难，勾连受冤气，好在兄弟宫有天月二德，又是自己的贵人，应挺身相救。辰中藏印，应为母为文印，为靠山受损遇难。妻妾多病灾，子女亲属有车祸（辰、戌为土，主堕落车碾之灾）破财甚大，本人头手有伤，九月应。1995年流年乙亥，大运壬辰，日柱乙巳，本限丙戌，巳亥相冲，亥又为元辰，好在流年对本限和日元无妨碍，本人并无大灾，主防腰痛，肾亏、眼花之疾。妻宫被冲，防妻口角生非和病灾，并有外来感情干扰之事。1996年丙子流年，壬辰大运，二辰两戌相冲，二辰自刑，二辰两戌克一子水，三丙耗一乙木，子与辰半合不化，无多大克意，故平顺。2000年流年庚辰，年命庚辰，天罗相并，才受伤，防父丧妻别，防止再次牢狱官非之灾。

本命74岁（2014年）遇甲午太岁，甲午大运，岁运并临，五月患肠胃之疾，卒于九月令。过此，寿命不受其限。

20. 牢狱官司批断

牢狱官司是人生的一大灾难，是对身心与自体的伤害，人人畏惧，但有时却不是个人的意志所能改变的。牢灾均发生在人生的败运时期，具体怎么看，有以下几条规律：（1）官为忌神旺而有生。（2）官为用神弱而被克。（3）身旺印化官生身。（4）身弱官杀混杂。（5）从强格官有根。总之，看牢灾以官星为标志看其对日干危害的程度而定论。实例说明：

```
           伤    印    日    官
乾造： 甲寅  辛未  癸酉  戊午
大运： 壬申  癸酉  甲戌  乙亥
```

简析：

癸日干生于未月受克偏弱，时干戊土旺相合之，日干偏弱已定。偏弱之后看能否从之，生身的辛坐未死地，酉金被左右未午相克生身无力，日干无生助，必是构成从格。命局取用神为戊、午、未、甲、寅，忌神为辛、酉。命局中官星（土）当令而旺从官成立。其泄耗的五行（木）也是用神，具体是用神忌神看组合。从此命局组合中不难看出，有寅克未的不利因素出现。未为官杀受克，必有此方面的不吉，官用神被克必有官非出现。

1997年开始走甲戌伤官大运，甲为伤官在大运上出现克戊土官星用神，此运就引发了官灾。地支寅午戌合，把寅木合绊为吉，因有合则寅木不克未土，如一旦破合，寅木还原必克未则不利。会有易友问：原命局就有寅克未的组合，是不是此人一生下来就有官灾呢？如易友能提出此类问题，则说明在用心去开发思维了，此就是命中有不利信息，岁运引发才会有事。2000年庚辰，辰冲戌合局解开，放出寅木，寅木则克未土官杀有灾。天干庚克甲，甲不生财，失去饭碗。会有易友问：甲克戊，庚克住甲，不就解放戊土了吗？甲克戊是引发的一种迹象，流年有时是给甲加力则有灾，有时是岁运命综合作用下对命局不利则有灾。易友一定要摆脱那种哪方面有吉凶就必须对哪方面作用的习惯。有时是这样，有时就不是这样。此命甲也为用神，此时年上忌神克了运上的用神，主要还是在合上。

对方反馈：此年帮人打架，入狱。

编者点评：本文作者之所以断得具体准确，在于他有深厚的命理功底和丰富的实践经验。比如此命局中，以官星为用，取从官格。看完此例的断法，再对照自己的命理水平，相信有许多易友会降低学习的热情，如果真有这种想法，那是错误的。因为不论是易理还是命理，如汪洋人海，就算你穷其一生，也是学不完的，所以在断法上不要失理太多，准确即可。下面的断法，你能接受吗？

癸水日干生于未月，土旺水囚，癸水偏弱；辛金虽有强根在酉却坐于死地且克耗甲木，不管怎样还是有点余气生助癸日干的，不幸的是戊土坐午通根于未月旺极，紧贴克合癸干，官杀攻身之急显现，此命必犯官灾。取戊土官星为忌神，甲木是制住戊官的为首要用神。

大运甲戌，甲与甲比，伤官有力，但不宜寅午戌三合，甲木之根因合被绊住，进一步来说，甲木也被绊住，甲木克戊土之力减弱而戊官更旺，官灾必在此运中兑现。2000年庚辰，辰冲戌，寅午戌三合破坏，放出寅木，辰酉合金，金克木，寅木遭殃；庚冲克甲木，用神被伤，辰冲开戌库，于是戊合日干癸（他本人）双双入戌库，官非入狱了。金木相战主打架，双方有人不死即伤重住院手术治疗，因柱中甲木之墓未土，未上临辛金，辛为手术刀。

21. 官杀四重克弱身，婚姻不顺

今年五月初，某女来我店中测命，简析如下：

坤造： 甲申　壬申　丙辰　乙未

大运： 辛未　庚午　己巳　戊辰　丁卯
岁：　 4　　 14　　24　　34　　44

析断：

你出生时母家贫困，曾给人做童养媳。反馈说，是的。丙火生于七月，日主偏弱，官杀四重，又月干壬水为杀贴身重克，且双印透出。

十九岁结婚，夫妻不和，壬戌年（38岁）离婚。验。十九岁壬寅年，七煞当权，日主丙火得长生，长生有喜。夫妻不和，日干坐下食神制杀。大运戊辰，38岁流年壬戌冲日支辰土，冲则离，各分东西。

39岁、40岁、41岁居无定所，讲了几次婚姻都无定局，是多夫之命。43岁又结婚，45岁生一男孩。反馈正确。39岁癸亥年、40岁甲子年、41岁乙丑年，都是夫旺运年，大运戊辰，是夫之库，难以成婚，只是东扯西拉。43岁丙寅得长生，丁卯年为劫财桃花。卯年穿破辰库，夫星出现必成亲。当年怀孕，辰中癸水为正官，正官为男儿。

今年你运气不佳，又闹离婚，但离不成。大运丙寅，太岁壬午，日主偏弱，逢得生得助由弱变旺，不服壬水，所以闹离婚，但夫星壬水逢太岁壬水之拱，也不休囚，所以离不成。

22. 命局显事象，流年断应期

某女，一九六四年五月十五日卯时

 圆通达观（下）

坤造： 甲辰　庚午　甲辰　丁卯
大运： 己巳　戊辰　丁卯　丙寅　乙丑　甲子　癸亥　壬戌
岁：　　6　　 16　　 26　　 36　　 46　　 56　　 66　　 76

分析：

命局一般规律：继善篇云：取用凭于生月，当推究于浅深，发觉在于日时，要消详于强弱。《碧云赋》曰："先视节气之深浅，后看财官之向背。"古人把命局重点归结于节气气势的强弱。丁火伤官生于午月，坐下卯木，甲木而生，伤官气势强旺。辰土偏财在午月旺相。庚金偏官在午月为死地，有辰土化泄午火生之，庚金原神旺。甲木日主在午月为休囚之地，坐支辰土有乙木中气根，时支羊刃通根，丁火泄身，日主偏弱。午月生人，火旺土燥，需要用水调候，辰土中癸水印星力弱，调候用神不得力，辰土泄火为喜神。

命局特殊规律：日主甲木为参天大树，通根有火泄身太过。身材苗条、优美体形、身高1.60米，长得像父亲（偏财贴身），头部左侧和右臂部有痣（辰土见甲木）。牙齿长得不完美（火克金）。日主心性傲慢，巧言善辩，倔强不屈，敌对和叛逆心理强，好争斗，对丈夫多有限制和苛求，操持家庭决策大权（午火食神和丁火伤官以及七杀贴身，羊刃帮身）。在三十五岁之前，办事谨慎，胆小如鼠，在个人利益上心狠如狼，常患忧虑症，闷不出声，妒忌心强（偏官和伤官组合，偏官弱）。因此，夫妻生活时有龃龉勃豁，与婆家争斗导致夫妻失和（庚金克甲木，伤官食神克偏官，互相抵抗，女命财旺生官，伤官克偏官，夫权必夺）。女命生年与生日相同，多主克夫。日主身弱以偏官为夫星，丈夫是同事（偏官贴身），恋爱偏重浪漫，草率欢悦，先上船后补票（偏官、食神在月柱），婚后同丈夫个性不和，丈夫会有外情及染病在身而导致家庭破裂，抱憾终身（偏官坐下食神午火沐浴，食神主生殖器官，临午火桃花，午火旺沐浴桃花，丈夫必有外情，接触卖淫女而染病，巳午火桃花旺而染性病）。婚变时间在三十五岁前（年月柱三十五前）。丈夫嫖娼与他单位领导有关，为取悦领导所致（午火桃花生辰土，辰土为庚金的印星，为靠山为领导）。

191

五十二岁以后还有夫妻相悖而离（时柱丁卯伤官羊刃桃花，本人会不顾及脸面，心性变得做事不计后果和影响）。本人必然会遇到同事陷害之事。所以，很少愿意和他人做朋友（偏官制比肩）。本人求知、求学不会很用心，考试时通宵复习，临时抱佛脚，喜欢学习活的知识，讨厌呆板理论和死记硬背。三十五岁前父母亡故（印星只有余气，不走印运有失恃之憾）。命局伤官气势向财星流动，财克印，逢帮身年学习深造，否则文化程度不高。母亲身体不好，文化低，没有工作（印星力弱），父亲技术高，常发无名之火，不爱护自己，一生找二个老伴（辰土当令，辰辰自刑，火旺土燥，辰土支中戊癸合）。命局伤官为忌，逢伤官食神旺必有生殖器官的疾病。丈夫的母亲是为儿子操心的人，想给儿子办好事，因方法不当，把事情搞坏，反而得罪了儿媳妇（辰辰自刑，辰土泄午火对甲木有力，甲木克辰土）。上述事象，逢岁运引动，吉凶预期而应。

岁运吉凶断应期：

六岁走己巳运，为病地。正财伤官运，是接受正规教育，生活愉快的运程。幼儿到少年时期，头脑灵活，聪明欢快，玩乐和游戏，表演欲强烈，学习听讲，按时完成作业，完成老师安排的事，成绩中等水平。在家听父母的话，在兄弟姐妹当中好争强，不饶人，受点委屈就喊叫，出了气才罢休。十六岁走戊辰运，为衰地。偏财运，参加工作，结婚生子，母亲病逝。

1980年庚申，10月参加国企招工考试被录用，参加工作16周岁。析：流年庚申与日柱天冲地合（拱合），申为偏官驿马，主动。

1982年壬戌，学习（实际是参加青工补习班）。析：流年壬戌与时柱天合地合，壬水为印星主求知求学。

1983年癸亥，学习并要考学，不能如愿。实际要参加职工大学考试，因校领导不同意，未能参加考试。析：戊癸合，把印星合绊住，天干主外，去外地考学不利，同时与时柱天冲地合（拱合），印冲伤官，印合劫财，指标给了一个男同学。

1984年甲子，考职大仍未批准，回单位换工作。析：流年甲子同月柱天克地冲，印星与食神相冲，学习不成，工作调换。

1986年丙寅，工作调动，时间在申月。"对！"同丈夫相识相恋，男方母亲不同意。析：寅卯辰合木成比肩，寅午拱合火食神，食神主感情，比肩为独立自主，是双方自由恋爱。申月调动，寅申冲，七杀驿马同比肩驿马冲。丙生戊土，寅卯辰合木，克辰土，辰土为母，心里不同意。

1987年丁卯，寅月不顾男方家母反对，关系达到白热化。本人母亲查出恶疾。析：流年丁卯同时柱伏吟，伤官劫财旺，可以冲破一切阻力，把对象控制在手中，卯申暗合两人欢悦。癸水印星受丁火旺而反克，子卯相刑，流年引动，母不利。

1988年戊辰，母亲去世，时在未月。本人结婚。析：流年与大运伏吟，双戊合癸，辰土支中戊癸合，母被合走，癸水印星身弱，逢合是死兆。未月为癸水入墓。本年结婚只是办个手续。

1989年己巳，生个儿子，但有病。实际孩子出生后五十天得肺病。析：巳午未合火局食神星引动。火旺克金，肺病。

二十二岁走丁卯运，为帝旺运。伤官劫财运，帝旺身强。克夫运程，家庭破裂，父亲病故，是命主一生最伤感的运程。

1990年庚午，丈夫考取了职工大学深造，本人同婆婆和丈夫争吵。命主说，丈夫上了大学，争吵是因为婆婆做事我看不上，想法同丈夫说了，话传到了婆婆那里，我同丈夫和婆婆争吵起来。析：流年庚午与月柱伏吟，偏官为夫，伏吟为分身两地，午火同庚金是官桃花，午火生辰土，辰土印星生官星，印主文主学习。辰土旺可抗甲木克，故而争吵，甲木伤官丁火在午年旺，心性不让人而争吵。

1991年辛未，同婆婆争吵升级。"是，吵完我回家住，原因是婆婆想给我们调到小房间住。"析：流年同大运、时柱天克地合，未土为辰土的劫财，为夫星的印星。

1992年壬申，学习。实际是丈夫让她深造，考上了中专（函授）。析：流年同日柱天生地合，印星旺而学习。

1993年癸酉，父亲找个后老伴，丈夫在学习中有了情人，你本人也有同学追求。析：戊癸合，辰酉合，辰土支中戊土为父星引出同财合，辰酉合为父星同伤官合。夫妻二人同理，十神转化分析。

1994年甲戌，你父亲病重。实际得了心脏病，后半身不遂。析：辰戌相冲，冲为两败，又为重创。

1995年乙亥，你父亲去世。析：辰土支中戊土在亥为绝地，又受木克辰土。

1996年丙子，学习，并小产。实际是学大专函授，怀孕医检时，子宫有肌瘤。胎儿和肌瘤同时做的。析：流年丙子同月柱天干冲克，枭神同食神又相冲，子水同子息星午火相冲，同子息宫卯木相刑，羊刃之间刑冲所致。

1997年丁丑，丈夫同领导上花街，时间在冬月。耗财。析：流年丁丑为日主夫星的正官，而且入库，（冬月）亥水为夫星庚金的伤官。丑为阴湿之地，又为夫星之库，因此丈夫同其领导寻欢作乐。

1998年戊寅耗财。命主说这两年丈夫成天酒气熏天，陪领导喝酒，钱也没有拿回来。析：流年戊寅为夫星庚金财印相克之年。为升职务花钱讨领导欢喜，故耗财。

1999年己卯，破财2万，为婚姻破财，你本人脾气厉害，有极伤心事，能具体说明吗？命主犹豫一会儿，告诉我，丈夫染上性病又传染到她身上，她气恨交加，痛骂而伤心，治病花了2万多一点，他们分手了，时间不长他又找个女人同居了，为了财产她拖着病办离婚手续。析：流年天干己土与日主甲木合绊，己土为正财，代表感情钱财，财又为夫星原神，事情与丈夫有关。流年地支卯木为日主羊刃，卯木劫财生伤官丁火，（羊刃）劫财、伤官的组合为性情暴躁，必在双方感情上引起波澜。丁火为日主伤官，卯木生旺火，时柱、大运丁卯受流年卯木引动，此伤官旺盛，伤官主生殖器官，又为天干桃花，故感染性病是由外因造成，伤官克夫星，必然为上述之事同丈夫分手。

2000年庚辰，农历三月办离婚。析：流年庚辰同日柱天克地比，辰土为偏官夫星之印，辰辰自刑毁了契约。

2001年辛巳，正月在外地相过对象，不理想没成。你丈夫与你言和，你舍不得孩子，析：流年辛金为日主正官，巳火为日主伤官，正月寅为日主禄身，寅巳相刑害，因此，为婚事相约而不成。今年我听说，她同丈夫复婚了。甲木日主仁慈和宽容的心性使她谅解了丈夫。

23. 岁运地支合会成功　命主六亲易有灾咎（一）

在推断命局流年吉凶时，常会遇到命局与岁运构成地支三合、三会成化的情况，这时除了要考虑命主本人的吉凶外，还要考虑命主的六亲是否有灾咎。经过多例实践验证，我发现命主的六亲常有灾。这也可说是命理中的一条规律，值得引起我们的重视。现举命例说明之：

乾造：**癸酉　壬戌　甲子　乙亥**
大运：**辛酉　庚申　己未　戊午　丁巳**
岁：　5　　15　　25　　35　　45
年：1938　1948　1958　1968　1978

简析：

1980年，流年庚申，大运丁巳，丁与壬合，丁不制庚，申酉戌三会金局透庚可成化。戌土偏财代表父，现戌土变成金了，偏财消失，该年命主之父逝世。

24. 岁运地支合会成功　命主六亲易有灾咎（二）

乾造：**丁丑　乙巳　甲寅　乙亥**

简析：

此造7岁起行甲辰运，37岁起行辛丑运。

1981年，流年辛酉，大运辛丑，命岁运构成巳酉丑三合金局，干透两辛而成化。丑中癸水正印代表母亲，己土正财代表妻。现在丑土变成了金，癸水正印和己土正财也随之消失，该年正月命主丧母，午月亡妻。

25. 岁运地支合会成功　命主六亲易有灾咎（三）

坤造：**丙戌　丙申　甲寅　癸酉**

简析：

此造1岁起行运，依次是乙未、甲午、癸巳、壬辰、辛卯。1987年41岁时行入辛卯运。1992年，流年壬申，大运辛卯，命中两丙本欲争合运干辛金，因处太岁囚地，又受岁君壬水制，无力合辛。命岁运构成申酉戌三会金局透辛而成化。命中戌土偏财因变成金而消失，是年命主之父于午月逝世。

26. 岁运地支合会成功　命主六亲易有灾咎（四）

坤造：**庚辰　己卯　乙亥　戊寅**

简析：

此造木旺土弱，命中就有早丧父的信息。1955年，流年乙未，大运己卯，岁君乙和年干庚合之后，还剩下日干乙，命岁运构成亥卯未三合木局（两个）透乙而成化，未土偏财变成木而消失，该年命主之父逝世。

此命局逢此岁运，寅卯辰三会木局也同样可化木成功，辰土变木，位在父母宫。也可由此解释命主该年丧父之因。

27. 岁运地支合会成功　命主六亲易有灾咎（五）

乾造：**丁未　癸卯　乙亥　戊寅**

简析：

此造也是木得令强旺而土虚，有父早丧的信息。1975年，流年乙卯，大运壬寅，命岁运构成亥卯未三合木局透出两乙木化神而成化。未土偏财因变成木而消失,该年命主之父逝世。

28. 岁运地支合会成功　命主六亲易有灾咎（六）

乾造：乙丑　戊寅　辛巳　戊戌

简析：

此造3岁起行运,1990年,流年庚午,大运丁丑,命岁运构成寅午戌三合火局透丁而成化。寅木是辛金的正财,现在寅木变成火了,正财消失了,命主之妻亡了吗?不能这样断,命主是1985年才出生的,1990年时才6岁,何能有妻?这里的寅木只能代表的是其父亲。如果一定要抓住只有偏财才能代表父的观点不放,也可断出其父死亡的信息。年干乙木为辛之偏财,因三合化火,乙失去了寅根,火旺木焚,乙木自焚,该年命主之父自缢身亡。

29. 岁运地支合会成功　命主六亲易有灾咎（七）

乾造：癸卯　甲寅　乙巳　庚辰

简析：

1996年,流年丙子,大运辛亥,流年与大运丙辛合,以子、亥为化神,可合化成水。命中原有乙庚之合,现处子、亥岁运,甲乙木得生而旺,而庚则处病死之地,无力合乙矣。命中寅卯辰三会木局透出甲乙而成化,辰土为乙之正财,代表妻,是否可断该年其妻亡了呢?遇到这种情况,我们就得慎重考虑了,妻有灾是肯定的,因寅、巳中还有戊土正财,可断离婚,实际上也是离婚。

30. 平衡与流通（一）

乾造：**甲寅**　**丙寅**　**庚辰**　**己卯**（1974年生人，9岁运）

简析：

此造命主甲申年31岁。出生以来一直是体弱多病，无文化，口吃结巴，无缘娶妻生子，更谈不上成家立业，至今仍然靠父母抚养，过着现实人生不应有的这种孤独生活。如果从命理上找原因，我们看他八字的组合就一目了然：此造干支不正是阳多阴少、五行偏废、木多旺极、火缩金缺、土崩水干，即失衡又阻隔的典型命局。故曰：命是一尺难求一丈。

31. 平衡与流通（二）

乾造：**庚戌**　**乙酉**　**己亥**　**丙寅**（1970年生人，8岁运）

简析：

此造命主甲申年35岁。出生以来，一路顺风，幸福安康，大学毕业生，娶贤妻生贵子，有官职又经商，处事精明强干，拥有一定财富，目前资产可达一千多万元。如果从命理上来分析，看其八字的组合便一目了然：此造干支不正是四阳四阴等分，戌土、酉金、亥水、寅木、丙火、己土、阴阳五行之气，紧贴有序顺次相生的平衡流通。粗看日主太弱，克泄交加，大业难成，细看正是向日主而生、在印比处打住、财官有情的大流通，方才成全命主的丰功伟业。故曰：人生有命，富贵在天。

32. 平衡与流通（三）

乾造：**丁未**　**戊申**　**辛未**　**癸巳**（1967年生人，9岁运）

简析：

大运乙巳，流年庚辰。此造命主二〇〇〇年34岁，三十年来一直是一帆风顺渡人生，可是在庚辰年的一次救人抢险中，却被歹徒连刺四刀身亡。如果深究其命理根源，他的八字岁运组合更是另有特色。每个命局里都有它自己的要害部位，此局年干丁火、月干戊土、日干辛金、时干癸水、运干乙木，不正是五行之气流通有情，紧贴有序，循环相生的大流通。可是好景不长，偏偏遇上了庚辰年，岁君庚金得辰生，直接合克大运乙木，中断流通。这时五行之间互相克战，流通之癸水便越过乙木去克丁火，在这种状态下将会产生两种新的变化：一种水旺火弱则火五行有灾；另一种水弱火旺犯火怒则金五行有灾。在此我们可以把类似这种庚金合克乙木的现象叫作截流，它比一般阻隔的危害程度要加大许多倍。因此我们从中可以悟到这样一个结论：当天干或地支形成一种日主受益，财官明显，顺序相生的大小流通时，如果某五行被岁运合克破时，命主将会发生各类不幸之灾或伤身之祸。此造便是流通截断，水犯火怒、辛金受克、日主归西的真实一例。故曰：马有转缰之病，人有旦夕祸福，不必怨天忧人，全是命中注定。

33. 平衡与流通（四）

乾造：**甲寅　　戊辰　　甲申　　乙丑**（1974年生人，8岁运）

简析：

大运辛未，流年甲申。此造命主甲申年31岁，无正当职业。在甲申年九月中旬酒后闹事，贤妻管他不服，便手持木棒猛打妻子头部，其妻当场死亡，被公安立即收捕入狱，遭到刑法的制裁。如果从命理上查找原因，仍然是整个命局五行之气失衡与阻隔所造成的。观其岁运命六柱，以日主甲木为核心的一方，比劫林立，势大力强；对方以辛金为代表的财官势力更强，明显形成了金木对阵的战局。由于太岁引发，地支无水通关，金木中断流通，申金率众去冲克寅木，寅木聚众迎敌；又由于岁君引发，天干无火通关，木土中断流通，甲木率众围克戊土，三甲克一戊。其后果在金木土克战之中，一是木动克土，比劫破财而丧妻；二是金动克木，日主不服而坐牢。故曰：从天降大祸，妻亡家亦破。是福不是祸，是祸躲不过。

34．平衡与流通（五）

乾造：**庚寅　　辛巳　　丙辰　　壬辰**（1950年生人，5岁运）

简析：

大运丁亥，流年甲申。该命主是在2004甲申年正月前来找我测命。他说曾经看过许多命书，都记载人生55岁那年，流年与年柱天克地冲，一部分人将会发生程度不同的灾难，只有少数人逢凶化吉。他正好是55岁，很担心命运的捉弄，才来找我测一下2004年吉凶如何？于是我便慎重的予以推算：

太岁引发命局寅巳申三刑，辰辰自刑对命主不利，特别是大运亥水冲克月柱巳火用神，太岁申金冲克年柱寅木喜神，喜用神同时受伤必将发生一场灾祸不可！我刚要开口直断，又忽然联想起以前的教训，便又重新详细分析喜用神到底有力无力、有伤无伤、有救无救的真实情况。之后我排除了三刑六冲，及时的在岁运命中发现了申金、亥水、寅木、巳火、辰土，即财、官、印、比、食有序相生的平衡大流通。巳火是命中用神，用神绝处逢生，又由于大流通的形成，使干支中的合冲刑害之气尽皆化归于大流通的平衡之中，焉能不吉，何凶之有！于是我便告诉他，要放心不必多虑，本年无灾无难。后反馈说：本年确实平安吉祥，什么灾险也未曾发生过，一切正常，生意也很兴隆。

35. 辰辰自刑（一）

自刑是四柱命理组合中的一种常见现象。辰辰自刑是本支见本支，是同气，增加了同支的力量。辰辰自刑增加了喜用神之力则吉；增加了忌神之力则为凶，并且会引发官司口舌、疾病破财、不利工作等灾。四柱可引发辰辰自刑之人应当引起重视。

辰辰自刑，需要天干透土方可论自刑成功，因这时土才真正强旺。如辰辰自刑而又干不透土，而支中又出现一个辰土，形成三辰自刑时，也可论自刑成功，因为多一个辰土也可给自刑增力。如辰辰自刑天干不透土，虽不成功，但是自刑的气势还是有的。好比老虎会吃人，虽然它被驯服不咬人，但我们还是不敢接近它一样，这是气势上对人的威胁。辰辰自刑虽不成功，但是两个辰土相并再值临太岁时，力量就大了，为忌神时同样对人体形成危害。下面举例论证之。

庚辰年五月初十，镇江某运管处一干部因新购房子风水一事请笔者布局，顺便为他批了一下四柱，断他1995年调动工作去了一个好单位，今年六月退休。这位干部听了连声称奇，赞叹不已，因为所断皆准。

乾造： 庚辰　辛巳　丁卯　丙午
大运： 壬午　癸未　甲申　乙酉　丙戌　丁亥
岁：　　4　　14　　24　　34　　44　　54

简析：

丁火日元生于夏月巳火当令，得坐支卯木生和时柱丙午干支相助，日元太旺，取水为用神，金为喜神。

1995年乙亥，大运丁亥，亥水是命局用神，亥水行岁运旺，对命主来说是好事。大运丁亥与流年乙亥同月柱辛巳天克地冲，忌神巳火被冲去，命主这年大吉。亥水为工作星，冲动巳火马星，主走动，综合分析是工作调动。官星亥水对命主有利，当然是调到一家好单位当干部。

2000年庚辰，太岁辰土是伤官星，不利官职和工作，与年支辰土相刑，虽不成功，但相并而旺，自刑气势形成，激起伤官怒气。辰土伤官更得柱中一片旺火生，伤官必克去官星，辰土太岁又是官星亥水之墓库，也就是官星被克入墓。官星代表工作，工作没了也就是退休了。退休时间应在六月未土当令、亥水再次被克之时。

36. **辰辰自刑（二）**

辰年戌月，一位老妇人请我为她儿子批四柱。我断她儿子已经生病住院了，肝病，可能已肝腹水。老妇人连连称是，又问何时能治好出院？我告诉她：抓紧治疗，本月底就可出院。亥月中旬得到反馈：这个肝腹水病人于上月底好转出院了。

```
乾造： 甲辰   丙寅   壬辰   丙午
大运： 丁卯   戊辰   己巳   庚午
 岁：   7     17    27    37
```

简析：
命局壬水日元弱，坐辰为墓库，这是病灾住院信息。柱中辰辰自刑，在戊辰大运引发成功。辰中乙木被刑伤，乙木主人体肝部，说明命主早就有肝部疾病隐患。行己巳大运对乙木无帮扶，只有耗泄。2000年庚辰，太岁与命局两辰土组成三辰，自刑成功，辰中乙木被刑去，乙木主肝，这年患有肝病。壬水日元在原局遇辰墓，又逢太岁墓库，这是生病住院之象。结合乙木是肝，日元是水，故断肝腹水。入院时间是戌月冲开辰库，医院门洞开收其进去之时。但太岁庚金生日元壬水，且寅木无伤，木刑伤不尽，命主难不至死，通过治疗，自然好转出院。

37. **辰辰自刑（三）**

辰年冬月，某小姐求测事业前程，断她工作已经调动了，新岗位不理想。反馈：正确。

坤造：庚戌　　癸未　　癸卯　　己未
大运：壬午　　辛巳　　庚辰
岁：　 5　　　15　　　25

简析：

原局日元癸水生于未月，七杀当令，时柱七杀双体近克，日元弱。行辰运为墓库，不吉，又辰土为官星，这是身弱与官杀混杂的组合，不利工作。

庚辰年与大运庚辰形成辰辰自刑，岁运并临，辰辰相并而官杀更旺，临太岁重克日元癸水，辰土又是墓库，对日元来说凶多吉少。官杀克身为忌神，必是工作有麻烦、遭排挤，是工作变动信息，所以命主工作被迫调动，新工作不好。

38. 辰辰自刑（四）

辛巳年春天，一求测者请我测年运，为了让她了解《周易》的预测功能，特意断出她母亲去年曾生病住院治疗。她一下子就信服了。

坤造：乙卯　　庚辰　　甲辰　　戊辰
大运：癸未
流年：庚辰

简析：

原命局中月日时形成三辰自刑，干透戊土偏财，自刑的结果是财旺。财旺的同时印星必弱，财旺克印，印主母，母必有病灾。但是原局印没透出，只有查大运。目前正行癸未大运，癸水印星透出，必遭克，母必病，只待太岁引发。庚辰年，太岁辰土再次引发辰辰自刑，刑伤辰中癸水，印被克坏，不病则伤，所以断母病住院。

39. 辰辰自刑（五）

早在1999年冬天为一家私企老板预测财运时，就断定他在2000年会有官司麻烦，让他小心从事。到了此年，真就被人告上法庭。幸亏听了劝告，小心应付，才渡过了难关。

乾造：己亥　丙寅　戊辰　戊午
大运：壬戌
流年：庚辰

简析：
原命局比劫林立，又坐强根，劫旺必见财起意。行壬戌大运又得戌土强根帮助，必有劫财惹是非麻烦之事发生。2000年庚辰，太岁辰土同日柱戊辰形成辰辰自刑，比劫被刑旺，局中又无官杀管束，日元必惹是非。辰辰自刑，刑伤辰中官星，必主官非，所以命主被人家告上了法庭。

40. 辰辰自刑（六）

庚辰年夏天，我为一男子预测时，断定他此年家庭不安，夫妻不和，常闹矛盾。他当即证实了这点。

乾造：庚寅　戊寅　己亥　戊辰
流年：庚辰

简析：

原局比劫戊己土旺，对妻星不利。庚辰流年太岁辰土与时柱戊辰构成辰辰自刑，土气刑旺，比劫增力，对妻星不利。自刑为口舌、是非、不安，所以这年夫妻不和常吵架。

从以上论证中我们可以看出，辰辰自刑对整体命局影响很大。同时还应注意到：由于辰辰自刑，时辰中藏干也受到影响，也就是藏干之间发生相克。辰中藏有戊土、乙木、癸水，其中戊土是本气，力量最强。辰土未遇刑时，大家相安无事，也就是辰中藏干处于静态，逢刑时则成了动态，出现藏干之间的相克。辰辰之刑的结果为土旺，也就是辰中戊土的力量增大，相对而言乙木和癸水的力量变小，乙木克戊土，土旺则木折，木反而受伤为战败，戊土旺动也必克癸水，癸水更受其伤，虽然它们之间是阴阳相克克不尽，但是乙木和癸水代表的六亲和事物会有麻烦。

辰辰自刑又分做原局自刑、原局与大运自刑、大运与流年自刑、原局与流年自刑等几种情况。还会出现小运与命局、岁、运之间组成自刑。不论是哪种辰辰自刑，我们都要分清敌我和日主的喜忌，如自刑的结果对命主有利则大吉，如自刑的结果对命主不利则大凶，具体操作时须灵活运用。

41. 四柱信息命理解析（一）

```
         才    官    元    才
坤造：   丙    己    壬    丙
         午    亥    辰    午
         丁己  壬甲  戊乙癸  丁己
         财官  比食  杀伤劫  财官
```

 圆通达观（下）

大运：	杀 戊 戌	财 丁 酉	才 丙 申	伤 乙 未	食 甲 午
岁：	5	15	25	35	45

简析：

1）壬水生于亥月，必须先用戊土制水，再用丙火暖身，然后用庚金生身，本造虽透丙火，但不透戊土与庚金，可以看出格局不高。

2）年上透出丙火用神，可以看出祖辈相当不错，但月柱不利，可以看出父辈不及祖辈强。

3）此人文化不高，最多初中文化因印星不现，而唯一的食神甲木被午中己土合住，学业星被合有终止之象。

4）官坐绝地，透出得生，但坐下为比肩，夫宫又暗藏七杀，劫财、伤官意味她的婚姻有破。

5）柱中丙午都空，财为女命感情的桥梁，也为四正桃花，这种女人不一定长得很漂亮，但对异性有一种说不出的吸引力，她婚前有过一段刻骨铭心的恋爱。

6）日支是夫宫，代表家庭，七杀进入夫宫，丈夫性暴，或有红杏出墙之事，正官为正夫，七杀为情人，一生感情纠葛不断。

7）日主与比劫共三个，虽印星不显，也至少有三兄妹。

8）她的夫星在月，但根在年，甲木食神为判断思维、言行，与年支己土官星合，会因判断错误而导致嫁错郎的遗恨。

9）她的食神子息与官合，且日支为七杀，5岁上运即逢冲，早年破身，且婚前怀孕。

10）丙火见己官为伤官，祖辈或父母是书香之人。

11）午亥暗合，午中丁火与亥中壬水合，己土又与甲木合，古有丁壬为淫邪之合，她的父母兄弟姐妹也多是多情种。

42. 四柱信息命理解析（二）

```
        劫    官    日    印
乾造：  庚    丙    辛    己
        申    戌    巳    亥
       庚壬戊 戊辛丁 丙戊庚 壬甲
       劫伤印 印比杀 官印劫 伤财

大运：  丁    戊    己    庚    辛
        亥    子    丑    寅    卯
岁：   1    11    21    31    41
```

简析：

1）本造辛金生于戌月，必须用壬水淘金，次用甲木制土，以不至土多金埋，此造壬甲不透，格局较低。

2）此人长相像母，而性格像父。理由：以才破印，应是喜用，命局印旺，所以长相像母，而以才食为用，所以性格像其父。

3）本人初中文化，是因火土干燥，缺水调候，而食伤又被冲合之故。

4）局中火旺土燥，做事应略带三分急燥，也就是说风就是雨，欠缺思维，而留下难以抚平的伤痕。

5）兄弟姐妹也难以得力，因为四柱倾向于比肩，过旺，所以难得力。

6）本造得血友病而导致手脚成残疾，是因本造丙火克辛金，火旺主血液有病，巳亥又冲，所以脚有残，因金神火伤，有筋骨之伤，而上运又走丁亥运，官杀混杂，又与日主天克地冲，本造在2岁时就得病，到现在病也未好。

7）一生不受官匪之气，因四柱官星合日主。

8）父母不是很富有，因四柱年月不见喜用神。

9）思想的论断：四柱食伤不现，不喜表现自己的才能，更不善于与人交往，易与他人争执，有什么事总往自己心里去而不易表现。理由：

食伤为说话，为表现，又为思维星，本命四柱更为喜用，但食伤太弱，食伤为说话，但却被冲，冲指冲突，所以在说话上易与他人发生争执。

10）本造婚姻不顺，因本造才星不现，而妻宫与妻星都被冲克，年上比劫又天透地藏，本造至今也没有谈过恋爱。

11）看住家与环境：

（1）少年时以年柱来看，年是劫财，被丙火所克，所以住家不是高处。也就是比劫本就不高，又被丙火所克，那便是低处。也就是在1岁—15岁之间。

（2）以15岁—32岁之间的月柱限运是正官，正官是高处，且九月火旺土燥，本人应住高处，且喜欢住高处。左边是庚申，庚申是五行当中的金，丙戌是水泥与钢筋混泥土，所住环境应是比较吵闹而且旁处有与火有关的工厂。

（3）33岁—48岁走日柱限运，为辛巳，也是高处，因辛金天透地藏，且感应最强烈的是官印相生。官本就代表高处，印本就代表房屋，所不同的是会搬家两次以上，因四柱本限柱与时柱相冲，这个相冲至少有两点以上的特征：一是所住环境有所变动；二是所冲为官印，所以工作点也会变动，且很奔波。因为这个运程所走的都是驿马冲动，也是环境变动。且在这步大限中还有婚姻方面发生破裂的痕迹，其原因是：一是因日主太强；二是才星太弱；三是妻宫不坐喜用而坐忌神。唯一值得注意的是，在这步大运中，本人该动时必须去动。因为四柱所占动星必须强，在动星很强时就动，如果在不该动时却偏去动，不但不能招福，反而会招祸。这就是关于驿马与外出的论断。

43. 四柱信息命理解析（三）

```
           杀      才      日      比
乾造：     甲      壬      戊      戊
           寅      申      子      午
         甲丙戊   庚壬戊    癸     丁巳
         杀印比   食财比    财     印劫

大运：     癸      甲      乙      丙      丁
           酉      戌      亥      子      丑
  岁：     6       16      26      36      46
```

简析：

1）本造戊土生于申月不得令，才杀太过，最喜丙火生身，本命丙火不透，地支又双冲，可以看出此命格不高。

2）食神位在月令本可论高学历，但一冲一合，把食神学业星合为他物，故虽学习成绩好，但是因家里没钱而无法继续上学，只有初中文化。

3）本人不占大，兄弟姐妹有夭折。因年上透七杀，书云：年上七杀非长子，比肩又被七杀所克，兄弟宫又被冲克，所以兄弟姐妹有夭折。

4）居无定处，一生漂泊。是因八字地支双冲，而金水又旺，天干才杀比肩全是动星之故。

5）父母不和，经常吵嘴。因才旺破印，又才印互冲。

6）母亲早逝。是因本命才旺克印，父母宫与印星都受到冲克，上运又行正财运，故母先亡。

7）兄弟姐妹不得力，而且相离很远。本来比劫为喜用，可得助，但不该被七杀克，又被冲之故，兄弟能力差又怎能助人。

8）婚姻不顺。因身弱才旺，才星、妻宫、子息宫都被冲，食神与才星又被合，才会发生妻子和儿子都被别人夺走之事。

9）婚姻早，女友漂亮，但结识的女友多是水性扬花之辈。因八字

才星在月柱上透出，运限为 16 岁—32 岁之间，月支申又与日支子合，女友漂亮是因壬水自坐长生，而妻宫子水又是桃花，被桃花午冲，被申合，子中癸水又与日干和时干戊争合。

10）本人一生钱财不聚，对朋友出手大方，讲义气，虽朋友多，但知心朋友少。因月上透偏才，时上又透比肩，才又被冲之故。

11）此人为何脚上有残？因金木相冲，寅又是日主戊土的长生之地，而时柱又可代表脚，又与日柱相冲，全是喜用神被冲，可见日主戊土弱极了，三岁丁巳年构成寅巳申三刑，丁火用神又与壬水合，差一点脚断人死。

44. 八字测伤灾

二〇〇二年九月初八日，我给黄先生测运，根据他的出生时间排出四柱，大小运，流年，断他今年运气不佳，九月有凶灾。后果于九月初九日到佛山市搞建筑冲桩，十二日在移桩的时候，桩上的铁锤滑下来，在跑的时候，脚骨受伤。

出生：一九七四年是十一月十二日辰时

乾造：**甲寅　　丙子　　庚子　　庚辰**

大运：**己卯**　24 岁至 34 岁遇胎地。
小运：**己酉**　酉为羊刃，运行羊刃必财物耗散。
流年：**壬午**　午为太岁，威不可犯。

简析：
（1）四柱月日支二子正遇流年午，相冲克为凶。（2）大运卯与子相刑，为无礼之刑，有生灾之嫌。（3）今年九月为庚戌，地支藏辛、丁、戊，丁为官，与四柱三个伤官癸水相战，伤官见官，不测灾来。

第四节 日主旺极篇

1. 正格向从格的转换（一）

某男，一九四七年八月二十一日午时

乾造： 丁亥　　己酉　　丁巳　　丙午
大运： 戊申　　丁未　　丙午　　乙巳
　岁：　8　　　18　　　28　　　38

简析：

　　日主丁生秋天，巳酉合不化，年支为官杀，按正格属身旺，以土金为用，丁未运以前家庭条件不错，除学历不高外，一帆风顺；进入丁未运，属忌神运，但乙巳年冲掉亥水，木旺生火，巳酉合克，从旺上旺，由于从的不真，乙巳大运前事业一般。进入乙巳大运，巳亥冲，巳酉合，冲去水克去金，从旺而真，故从一九八六年丙寅年开始升官发财，从一般干部升为县浸油厂厂长。1989己巳年开始扩建，引进日本先进设备成为县利税大户，产品远销国内外市场，成为市县成名的企业家，名利双收。1992年壬申天合地合日柱夫妻宫，开始婚姻不顺，金屋藏娇。1993年癸酉离婚，1995年乙亥，又建第二浸油厂，由于两亥冲一巳火受伤，决策失误，故损失惨重。甲辰大运后，辰酉合，辰为水库应按正格断，丙子以后连年不顺，职工上访。1997年三合金局，工作调动有职无权。2000年庚辰口舌不断。当时此人找我测命，我告知2001年辛巳就有牢狱之灾，此人说庚辰年秋去南方。但天网恢恢，辛巳年农历七月被捕，现在狱中。此命乙巳大运从格最真，故一生好运就在这十年也。

2. 正格向从格的转换（二）

乾造： 癸巳　乙丑　丁亥　辛亥
大运： 甲子　癸亥　壬戌　辛酉　庚申
　　　　9　　19　　29　　39　　49

简析：

日主丁生丑月土冰水寒，喜木生火取暖，由于29岁以前北方水运，故学历不高，家庭一般是一工人，进入壬戌运，丁壬合木拱火，燥土止水，1986、1987年转为一般干部，进入辛酉大运，三合金局得化，辛金制乙，从财官格局，癸酉年升为副科长，乙亥升为科长；丙子年三会水局，丙辛化水提为县长助理，丁丑年提为县常委、副县长，1998年戊寅，乙木得根，寅巳相刑，在人大会落选，但由于格局未破，故仍为副县长又兼副书记。2001年辛巳亥月提为正处，2002年丁壬拱木生火不吉，故在政府换届任人大主任。此命贵在从财官从的真（20年），故辛酉、庚申运才能发达。

3. 命犯天地转　　运滞必伤残

李先生，一九七二年二月十一日未时

乾造： 壬子　癸卯　乙卯　癸未
大运： 甲辰　乙巳　丙午　丁未　戊申　己酉
　　　　4　　14　　24　　34　　44　　54

命理解析： 此命造，乙木日干生卯月为得令，坐下禄地，卯木与时支未土半合木局，年支子水为天干三透正偏印之强根，故日主强旺之极。命局无制无泄无化，且一子刑两卯。乙卯日主生于二月为命犯天地转煞，命局中固有的信息早已暗藏杀机，如果大运和流年配合不好，引发其灾时，必出大灾。

当时，我刚列出命局，还未排出大运即脱口而出："此人命带伤残"。当时围观的人面面相觑，感到很惊奇。当中有人说："你看是哪一年出的事？"我排出大运和流年后说："应该是1998年8月或10月，而且是伤着了四肢。"那人对我说："你算得非常对，是1998年农历八月份断了左臂，住了半年医院，那个人就是我。"说着，他用右手把左手从袖里拿了出来，原来是个假肢，做得还真像，我一点没有看出来，整个左臂齐肩部都没有了。

1998年，流年戊寅，大运丙午。原命局中日主强旺之极，而且无制无泄无化，五行不流通。大运丙午，本来是好运，伤官泄秀使旺身减弱，但原命局中三透印星壬癸之水，直克大运天干丙火，年支子水冲克大运午火，使丙火午火都受到了制约，喜用受伤。流年戊寅，太岁寅为日主之阳刃，帝旺之地，阳刃主灾，日主为旺上加旺；戊为日主之正财，本可耗泄日主旺气，但原命局两透癸水，争合戊土，戊土被绊。应于该年八月份者，八月为辛酉月，与日柱天克地冲，犯旺神，犯灾煞。

这位李先生，身高将近1.80米，长得很帅气，是一位转业军人。他问我婚姻问题，我说："女友跟别人跑了。"他听后既惊奇又激动，说："我与女友早已定了亲，就欠办个结婚证了，女方父母看我伤残了，背信弃义，强迫他们的女儿离开了我，嫁给别人了。"

1998年，戊寅岁。戊与命局中癸水合，戊是乙木之正财，代表女友，局中两癸争合流年戊土，戊土被绊着，正财戊土不向日主，反向癸水，这是女朋友飞走的一个原因；日主旺逾其极，必然表现劫财，财之象可代表其妻、其父和金钱，故该年表现克妻损财，这是女朋友飞走的第二个原因。

我又算他1995年也出过灾。他回忆道"正如所测，1995年正在南方打工，因老板没有按时发工资，就拿了工厂几箱皮鞋去卖，事败后被拘留了两三个月，破财几千元。"

1995年，大运进入丙午，流年乙亥。前面已分析过，大运丙午已受伤，其应有的耗泄作用不能充分发挥出来。乙亥年，亥子半合水局，亥卯未三合木局，水旺生木，流年干支全部都加剧了日主之病，旺而又旺，旺逾其极则表现劫财心性，故因"劫财物"而导致牢狱之灾。

命理学是中国儒家中庸思想的具体反映，凡事不能太过和不及。日主旺逾其极而不能形成专旺，弱逾其极而不能从，当行运加剧这种不平衡时，必然出灾。抓住"中庸"这个纲，再掌握好五行生克制化刑冲合害的规律，则日主在行运中的富贵穷通，祸福吉凶了然！

4. 从强命局

简单说来，只要月令为印比或月、日、时柱在内的三柱为印比，只一柱为异党，即可很快论此命局为从强格，异党为忌神。

年、月、日、时四柱，大略以每柱25分，这是一个100：25的关系，25分之异党必定斗不过75分之主力，见异党为凶，"顺我者昌，逆我者亡！"也。例如：

乾造：癸酉　甲子　壬子　丁未
大运：癸亥　壬戌　辛酉　庚申　己未　戊午　丁巳
　　　 2　　 12　　 22　　 32　　 42　　 52　　 62

简析：

此造一眼便知其年、月、日柱金水两旺，占75分，日带双刃又得酉生，且月令主日主旺衰的50%（有的说月令一字当两字），那丁未自然只占25分，且丁未尽管相当于双体之火，但用冬月令水旺来衡量，火处死地，丁财有根此局也从强，那自然是印、比为用，财官为忌了。八字原局组合决定了岁运中的应事，原局忌神丁合日主，那肯定是日主自身的问题。现在全国大多数易学爱好者接触的书刊中并未明确分清财星是应父亲、妻子，还是破财，我认为宫位论法还是可取的，此局妻宫子水，羊刃子水为从强格之喜神，故不应妻。更直接的方法是直接找丁火之大运或流年，此局1995年进丁巳大运为凶，1997年丁丑虽透丁，但丑为湿土冲未，反使未作为忌神财之根受伤而呈吉，天干逢丁之年只

有丁丑，丑本来就晦火，忌神丁火有化，那只有找地支逢巳之年，如辛巳。丁巳运已是命中"注定"的标志，辛巳年必应大凶，实际因心脏病而逝（丁火为心脏合身病缠身）。从强命局大多性格要强，我行我素不服输。此命主在一次入党评定大会上，有一人说了他一句冤枉话，他便忍不住大拍桌子，把开水瓶震落桌下，当场爆炸，党没入成，主任提了另一人。此局未土官星为忌，当不了官。

此局身与财相当，食神甲木为喜（虽泄日主不利从强，但原局有此组合仍不为忌，若原局无，遇食伤则为忌）。1975年进入己未大运为凶，己又合甲，此运儿子多病，甲己合而凶不至本人，甲字转移了日主受官杀之制。戊午运有年上癸水合绊，日主也不为凶，只是大姐去世，癸为姐妹也。

编者按：

本文作者以从强格论断命主于丁巳大运，辛巳年大凶，实际因心脏病而逝，甚符易理。正所谓"条条道路通北京"，且易学者，乃玄学也，法无定法，但求准确，故我们不能拘自己之见而辟诸家之误。比如此例：

壬日干生子水羊刃之月为旺，坐下子水扶身，身强之命局。因时柱丁未，丁壬合，未为官杀制水，是否能从强暂且不论。丁火为财，子月天寒地冻，丁火暖身为要，故取丁火财星为第一用神；未土能制水，未为第二用神；金水为忌神；甲木泄旺身亦为用神。

命局财官偏弱，丁火受克，未官受子害，故命主难为官贵，且41岁前行忌神大运，更是明显。1975年进入己未大运，喜用神运，命主平安；但己土冲克癸水，甲己合土又克癸水，未害子，癸水强根受伤，甲为儿子，癸水原神受伤，故主儿子多病。52岁入戊午运，戊癸合化火，午运火旺，喜用到位，命主平安；但癸水劫财透于年上为姐姐，午冲月宫不利兄弟姐妹，子藏癸其根被冲，又逢戊干所化，故此运命主大姐去世。62岁丁巳大运，前五年丁运，为第一喜用神故可平安度过；但后五年巳运，情况不妙了，原局两子克巳，水火交战，辛巳年，两子克两巳为犯太岁，喜用受伤，且辛助壬克丁财，财为养命之源，故而辛巳病卒。

第五节　日主太旺篇

1. 浅析一飞机失事亡者的命局

乾造：戊午　　辛酉　　辛卯　　庚寅
大运：壬戌　　癸亥　　甲子　　乙丑
　　　　5　　　15　　　25　　　35

简析：

命主4岁3个月起运。

辛金日主生于酉月得禄，天干又透庚金劫财与辛金比肩，正印戊土生辛金，原局金已成势。古书云："金成秀丽，桃洞之仙。"命主身高一米八，是个标准的美男子。这个八字身旺缺水，午火之力泻于戊土，反助纣为虐。一身旺气无从引透，寅卯财星又被重重庚辛比劫包围，所以这是一个身旺无依的格局。全局几无可取之用神，只能靠大运补救，五行之气不流畅，所以先天就有一种凶象。先天命局卯酉冲，又是金木相战的气势，金旺有气，木衰无力，结果必将是木损金坚，所以金和木的矛盾就是命局的矛盾所在，要化解这个矛盾只有取水来通关，水就是调停两个五行矛盾的大使。原局无水，只能从大运中寻找。

早运壬戌、癸亥，二十年水运，成功化解了原局金木的冲突，矛盾得以调化，金的旺气有水化泄，形成土生金、金生水、水生木的流通格局。所以命主少年智慧早发、学业优异、聪明过人，毕业后成功进入航空公司，成为东航的机组成员之一，此既用神到位之迹象。

大运走入甲子，虽然仍然是水木相生的运程，看似佳美，其实已暗藏凶机。甲子运与年柱戊午天克地冲，甲木的出现引发了群比劫财，失去理智，子水的出现引发子午相冲，子卯相刑，卯酉相冲，使子水难泄金之旺气，也无能力化解卯酉冲的矛盾，这一冲反而让全局变得波动。子午冲是水火相冲，主血光。午中丁火七杀被冲更使日主身旺无制。

飞机失事之流年甲申，流月乙亥、流日甲辰、时为戊辰，流年与时柱庚寅天克地冲，引发了甲庚冲、乙辛冲、子午冲、卯酉冲、寅申冲、子卯刑、寅申刑、辰午酉亥自相刑，如此刑冲战乱，是任何一个生命都难以承负的，更何况冲克太岁和岁君，命局大运均无解救之字，灾祸必至。正是："自作孽不可活""获罪于天，无所祷也"。从八字意象来看：辛金可以类象为飞机，年支午火为头，月令酉金为胸部，日支卯木为腹及生殖部位，时支寅木为脚腿，木为筋，金为骨，土为皮肉，今四柱皆被刑冲，正应粉身碎骨之灾。

命主正是从包头飞往上海的失事飞机的机组成员。如果命主能意识到自己命局的弊端，应从事与水有关的行业，例如物流业、航海业等，并去北方属水方位工作，或许能避免此次事故。

2. 得怪病之缘由

丁丑年夏，一名姓林的女士在其家嫂的陪同下来到我家，其谓得了一种怪病，只能站，不能坐，坐下时似有人托其屁股，把她托上，所以与人谈话时也只好站丁字马步，摇摇晃晃的。其家人皆疑神疑鬼，谓有鬼神捉弄她，不让她坐等。因此，请我预测其病何时能好。

出生：丁酉年十月十八日亥时

```
        食      印      日      食
坤造： 丁酉    壬子    乙卯    丁亥
大运： 丙辰
流年： 丁丑   41岁
```

简析：

四柱五行缺土，日主乙木，乃为阴木，虽生十月却已交子令，为寒水之旺月。柱中二点丁火，居死绝之令，不能温养阴寒之木，又无土扎根，实为阴寒侵体之病，水多木浮之象。

我对她说："你的病并非受什么鬼神捉弄，而是八字中五行气场太偏所至，是水多木浮，无土扎根所致。比如在洪水中漂浮的树木，那段浮出水面摇摇晃晃的上半截树木，与你现在站着讲话的姿势没什么差别。你想强行把水中的树木压下去，它还是浮上来，这就像你想坐下却似有人托你屁股，你看像不像？"说完，大家都笑了起来。

今年丁丑，年干丁火，年支丑土，大运丙火，皆有利于日主乙木，所以比亥、子水旺之年有好转。明年戊寅，后年己卯，年干为土，支为木旺之乡，将继续好转。但真正好的，须待庚辰年，辰为水库，水库出现，洪水归库，乙木露出水面。

结果：三年后的庚辰年底，偶遇林嫂，特意问及林女士的身体。她说，已好了，最近日日在家坐着打麻将。辛巳年秋，偶见林女士去市场买菜，已看不出有何异状。

3. 命运、住宅、婚姻三者紧密相联

毛先生生于一九五四年四月初三日酉时，一九九七年意外死亡。其四柱为：

乾造：甲午　　戊辰　　辛酉　　丁酉

大运：癸酉　　1994年后进入

死亡时间：丁丑　　丁未　　甲寅　　丙寅

命理简析：

辛金生于季春受生得合，自坐酉金强根，又通时支酉金本气根，得月干支生，又月支辰和日支酉合可引化，实属强旺。但其时干丁火杀星，年干甲木财星都有根气，这就说虽旺强而不从强。喜用为克、耗、泄，忌为生扶。用神为时干丁火杀星，喜神为年干甲木财星和月支辰中癸水及年支午火。忌神为酉和戊辰。丁火杀星贴身对日主辛金和时支

酉有克制作用，但丁火在年支午火本气根远隔，虽有甲木生，但受支辰土晦泄，不仅助不上丁火杀星还耗泄了甲木的作用力，实际午火还帮倒忙，甲木理应可以生丁火杀星，可是一在时干，一在年远隔，同时受午火泄耗，又受辰酉合，一点余气全无，自身难保。可见毛先生的命局喜用神有而无力，必暗藏凶险。

开始，我把毛先生的四柱批示，请在一起的几个易友谈谈看法。他们说："此命造日主旺强，用神贴身有根得生有力，一旦逢身、杀两停时，可大有作为，并其祖上还较富裕。"在作了具体分析后，他们才算有些同意，但又说："此命造即使运不利，亦不会有大凶"。后将其大运、流年具体分析，还有的坚持说："虽然运支酉与命局二酉成自刑，但丁丑、丁未、甲寅、丙寅是一片木火之势，不应有灾，应有喜才对"。其实细分析之下，丁火用神表面现象上得生得助，但流年太岁丑酉半合，又晦午火，又加上丑未冲开两库，这样激起了金火、金木、木土一片混战，毛先生必凶。

其实他家境贫，父早亡，母健在，娶一妻，生一女一男，生活上一般。在1995年（乙亥年）喜用神得力，种、养业获丰收；1996年开始建造新房（三直二层楼），盖新房时也请了老"地师"定向择日，甲山庚向。那地师说："此宅背有靠山，前面向阳；围墙一围，青龙方（辰方）开外门纳财，三年之内必富，福贵双全"。毛先生楼盖好就进住了（没有具体时间），但正式住进和"开火"是在一九九六年十二月二十九日（实际是农历一九九七年正月）。

另外，我从毛先生的外甥处得知其妻的四柱是：戊戌、庚申、庚申、丙戌，1989年后进入丙辰大运；再把流年"丁丑、丁未、甲寅、丙寅"加进综合分析：其妻是日主旺强而不从强。杀星透而坐墓，已有克夫信息。进入一九九七年和丙辰大运，不单是辰戌冲墓库开，且地支、天干一片刑、冲、克、害，亦必应灾。

第六节　日主偏旺篇

1. 鞠躬尽瘁　千古流芳

诸葛亮命造：辛酉　丙申　癸丑　丁巳
大运：乙未　甲午　癸巳　壬辰　辛卯

简析：

君弱臣旺，势在助君。丙丁巳丑为用神，辛酉申金为忌神。日元旺相，凌驾于官鬼之上，君虽弱，竭力扶持，忌神旺而众，丙火当头力抗群凶。天干丁火遥克辛金忌神，地支巳遥合克申酉。巳：为用、为火、为戈、为戟、为弓、为弯刀、为蛇矛、为红鬃烈马、为号角，同丙丁为日主的三军将士。申：为白马、为长枪、为尖刀、为铜锣、为战车。酉：为宽刀、为盾牌、为战鼓。丑：为官鬼、为战争、为战场、为灾祸、为忌神之墓。巳申酉丑大合局，四支皆动。烽火连天，金戈铁马，鼓号齐鸣。日主自坐中军，指挥用神克忌神。巳为用、为火、为东南、为巽、为风，借东风火烧赤壁、火烧博望、火烧新野、火烧藤甲军、火烧上方谷……日主意向：势在制服得令当权的忌神，扶持起弱用丑土官鬼君王。高贵的人品，远大的志向，显象于命局之中。

命主二十多岁，行癸巳运，运干癸为比劫、为争夺，出山辅佐刘备争夺天下，运支巳，为用神临运，巳制局中申酉忌神，使申酉不泄丑土，丑土得运支生临旺，建立基业。卯寅运，局中申酉两无制（两盖头力小），卯寅冲旺申酉为动，动而化泄丑土，此时丑土逢运支克，局中申酉泄，逢生不起，时支巳在卯寅得生，加力去生丑土官鬼。丑土生申金，申金是丑土的食伤，食伤主娱乐，官丑只知吃喝玩乐。印星为忌，日主不受印生，少年又行制印之运，自学成才。丙火当克印，印主名声好。日主官星同柱，官为用，刘备称命主为先生，其子称命主为相父。历代帝王尊命主为：王者师，帝者师。地支丑土生申金，申为印，主名声，印忌逢生，背后名声不好，因战争给百姓带来灾难。

诸葛亮命局这一特殊组合，注定当时挨百姓骂，身后流芳千古。

2. 为易友白先生批命

此男生于一九四六年五月初四日申时

乾造：	丙戌	癸巳	戊申	庚申			
大运：	甲午	乙未	丙申	丁酉	戊戌	己亥	庚子
岁：	1	11	21	31	41	51	61
年：	1947	57	67	77	87	97	07

简析：

此命局是我县一同行（当地有名的算命先生），慕名前来求测的。此命局虽不是特殊格局，但我认为它还是比较特殊（巳申又刑又合，随着岁运的不同而用神多变），故把我批命过程和易友的反馈记录下来，请多位老师易友赏析。

此命局戊日主生巳月禄地，戊癸合虽不化，但有拱火之象，年干支又帮扶，虽巳申有合象但不化，故原命局身旺，用神应以财水为用（食神也旺）。甲午、乙未大运，日主又行运专旺之地，属忌神运。故日主出身不高，生在农村，学历也不高，乙未大运壬寅年，寅巳申三刑此刑是土旺生金克木，又是马星逢冲枭，根据年令断日主停学，果验（实际是初中毕业）。进入丙申大运，此运应属吉运，三申合一巳，申又是水的长生之地，一九六八年戊申虽然天干是火土旺，但命局食神泄秀比较流通，应有好事，从年干看又是马星之年，日主反馈说此年上班（临时工），结婚，生子。这可能是夫妻宫争合，食神旺之故吧。进入丁酉大运，一九七七年丁巳，又是巳申刑合之年，由于运是食神旺地，故此刑合是火受牵制。由于日支被合动，故应有走动之喜，日主反馈当年由工程队调到糖酒商店（大集体）。一九八三年癸亥财星用神到位，巳亥冲，转正为工人后提升为经理，一九八四年甲子仍是喜用之年，名利双收。一九八五年乙丑，由于巳酉丑三合，地支两个申引化，泄身太过，应有破财不顺之事，日主反馈，由于决策失误在秋冬之际到浙江买进九万元的刀鱼，由于冬季没卖出去而赔钱。一九八六年丙寅，引发寅巳申三刑，由于流年火旺戊癸化火，三刑。火旺刑金，用神受伤被撤职，同年由于马星逢冲，所在单位由于扩建公路被拆掉。一九八七年开始进入戊戌大运，此大运属身旺之地故不吉。一九八七年丁卯，卯戌化火生土克金。一九八八年戊辰，岁运冲土旺。一九八九年己巳，也是身旺之地，断这几年都应不吉，特别是己巳年巳申刑合，申金为水根受伤应破财。日主反馈，一九八七年、一九八八年与别人合伙养鱼，没有赔钱，一九八九年己巳为别人贷款担保（二万元）。一九九〇年庚午、一九九一年辛未是平顺之年（喜忌同增），一九九二年壬申为好运之年。日主反馈，一九九〇年继续养鱼，一九九一年合伙买车做生意，没挣钱。一九九二年开始拜师学习四柱（此运为华盖星运），一九九五年巳亥冲开巳申合，命局流通应是发财之年。日主反馈，此年正式出山为人预测，当年效益最好，挣了四千多元。一九九六丙子年，申子合水，也为喜用之年也应吉。一九九七年丁丑进入己亥大运也是吉运，应不错。日主说一九九六年挣了两千多元，一九九七年挣了三千多元。一九九八年戊寅，由于寅亥合解了巳亥冲，寅巳申三刑火土旺应不吉。日主反馈说一九八九年替人担保，欠款人找不到后自己卖房两间还贷，因此而上火，在夏季一次喝酒后中风，一条腿至今不能走路。从一九九八年开始，天干比劫旺而克财故财运不佳，果验。二〇〇一年辛巳，虽巳申刑但走水运，辛又透出护水故为吉年。实际日主辛巳年正式退休，开始领取退休金，每月四百余元。壬午年、癸未年虽是身旺之地，但天干水不受伤，故属平顺之年，甲申年，虽然巳申刑水旺，但有木泄，还是比较流通。另外，一九七一年辛亥，大运丙申，巳亥冲印根受伤死父。癸丑年运丙申，金旺水旺财旺而克母，我断日主在庚子大运壬辰年，应有大灾，故那年申子辰三合水局流年引化巳申也化水，辰戌冲土散，日主根蒂全无。（日主坐申为喜神，而且旺，故妻子比自己能力强，而且身体好，婚姻顺。）

3. 慎取用，重岁运引发

男：一九五四年农历二月初四亥时

乾造：	甲午	丁卯	癸亥	癸亥	
大运：	戊辰	己巳	庚午	辛未	壬申
岁：	9	19	29	39	49
年：	1963	1973	1983	1993	2003

简析：

此命造是一位专业从事命名的易友，在怀化市中心市场租有门面从事命名事业。笔者在2002年6月上旬与其在店内当面接解，他便拿出此四柱给我个"见面礼"。这位专业易友说：许多易界同行朋友都一致认同此命日干偏旺，说癸水日干得时干比肩帮，又二比肩癸水均坐下二羊刃亥水强根有力量，四柱八个字中有四个字为日干之力量，命局又无官杀克，日干偏旺肯定。

日干偏旺应取才官为用，众易友断庚午大运，才星遇旺地，壬申流年日主旺地为身旺才旺，此年日主发大财。易友问我意见如何？又问丙辰流年吉凶又如何？

此命表面看日干偏旺应以正格扶抑为正理，现实当今市面上的易学书也普遍谈及了扶抑（正格）格局，从弱从强格局，同论偏弱格局须生扶，忌克泄耗。偏旺格局又须克泄耗，忌生扶。从弱格须克泄耗，从强又须顺势生帮忌克等等之说。笔者学易以来觉得一些格局如真照此等这些说法去分析、批断个别命局时而会是大错而特错了。我们批断出的结果只会是牛头不对马嘴，所以应该引起我们的高度重视。为此我花费了一定的精力，努力探讨其中奥妙，结果得出一句真心话：学易贵在活看，也就是一个字"活"，即要活看又得活用，这样才能进步，才能走向高层次。如易友能从此句话悟出道理，必将会使你在学易上得到一个质的飞跃，同时更能使一些易友久学不进的根本所在与易理含糊不清的根本突破。此文此处如真能点化清醒易友思路，笔者也就达到了要写此篇文章的目的，也算为易学界做了点微薄的努力。

同行同道一起，不离本行交谈议论必然。我认真看了此四柱、大运、流年确真有点不好开口，因这个八字真有点特别。既然同道们一起又想看看我的意见，我便倍加小心，认真仔细推敲，不可粗心大意，特别是同道们一起议论四柱必须要以理服人，要有充足的理由，方能使同道们折服。

我认真看了此四柱后，当场回答易友说："如易友同道们不见怪的话，我觉得你们的分析忽略了生克制化、刑冲合害及四柱的组合结构，更重要的是你们对月令力量的走向，也就是量与质的认识不够透彻和稳定，只注重了数量多少或羊刃名词，忽略了全局组合及重要柱的作用，所以你们认定此四柱日干偏旺也是必然的。我的个人看法及观点恰恰与你们相反，此命日干应视为偏弱，壬申流年应该是破大财！"丙辰流年是家境不顺为凶年。（易友证实壬申流年确实破大财、丙辰流年是丧父）有的人不解，觉得我断的结果与日干偏弱有相互矛盾，说日主偏弱壬申流年不是生帮了日主吗？身弱逢帮扶应该是发财呀！所以易友们带有怀疑的目光心也不服，硬要我具体讲讲易之道理。

此命日干命定为偏弱，但在取用方面发生了相互矛盾，按照广为流传的易理取用，偏弱应该生帮，应该是给日主增力，日主才能胜财担财而发财，但为什么日主反而会在壬申流年得帮扶之时而破了大财呢？这便是易友们想不通的关键问题，所以也难怪易友见我来给了我这么个疑难"见面礼"。下面我就谈谈自己的看法，供广大读者、客户、易友研读参考。

我们在实践中，首要是注重分析命局取喜用忌神，在分析命局时我们不能简单地用数量多少，神煞贵人名词或单独用月令来定日干旺衰及其他五行旺衰，要认真分清旺相数量及质与月令的真正走象，这样才能有所了解真正旺衰的含义。特别强调的是注重年、月、日、时各柱的作用，同时也应必须熟知生克制化，刑冲合害的基础理论与实际操作运

用，更要具备全局观念及综合分析的能力，同时更不能忽略动态的组合分析，只有这样我们才能学好易，才能有所进步，才能向高层次迈进，也才能有希望达到自己学易的目的与希望。

此命日干及时干二比肩的坐下亥水羊刃强根，四柱八字确实有四字五行一致，静态分析表面是癸水日干强大，日干偏旺无可非议，但这全是静态分析得出的结果，如运用生克制化、刑冲合害的动态分析稍加评辩就会大不一样。

日干癸水生卯月为泄地失令，日干虽坐下亥水羊刃强根，但不可忽视月令卯木正处在旺相之地又年干透出，论命必须参考月令旺衰与否，月令是析命局旺衰的标准，月令在原命局粗论可为命局的一半旺衰力量，当然了也要注重生克制化，刑冲合害是否有利月令。就此命局而言，有亥卯半合，亥水力量被当令卯木吸化，月令泄亥水是有力的，仅此一点日主减力应该是肯定的，也应该无可非议。再看看年月二柱的组合是否有再减日主之力，月干紧贴日干癸水又坐卯木旺相，又通年支午火得年干甲木生，力量的走向均有向火之意，丁火月干不弱肯定，癸丁紧贴之冲，日干有损，日干再次减力，哪还能偏旺呢？所以我们面对实战批命时务必要清楚年月二柱的重要性。此命年月二柱为木火食伤泄耗日主是有力的，亥水羊刃强根被吸化，可谓变相投敌了，刃根难为日主所用。这就是年月二柱的作用，这就是生克制化、刑冲合害动态分析的结果，这就是日干变弱的重要关键点。时柱癸水双体比肩帮身，但亥水相连源源不断地将力量输送给了当令卯木时柱与年月二柱相比也是位低力微，更是微渺其微了。易友们说柱中无官杀克，日干偏旺，这完全忽略了量质对比与走象，严重脱离了命局组合与动态分析，这是易界朋友们普遍存在的实际实战操作的一重大问题，笔者着重指出：必须转变观念，理顺思路，活学活用方能进步，走向高层次。

日干偏弱已定，也就容易找出喜用忌神了，但这种命局的喜用却很难切入命局作用，组合结构真有点特别，所以说死记教条：偏弱用生扶在这里就硬是行不通的，如不看组合结构与量质走象此种命局就无法测准。按一般广为流传的易理论：此命偏弱应取印星比劫生帮为喜用之神，克泄耗为忌神，但究竟印比又真的是否能起到喜用神作用呢？这便是探讨此命的实际应用之关键。现不妨分析一下印比的作用如何？首先看印星作用怎样：原命局无印星，而食伤才星旺，这就明显知道印无力，日主无源印星为用神不得力，如岁运出现印星也视为虚用神，反而会被命局才星克之，所以印星为用神不理想。再看比劫是否能帮日主使日主增力：原命局比劫均在日时二柱，惜位低力微又被当令月柱卯木化泄，产生了很流通的组合，如岁运出现比劫也必将会和命局一样，力量走向食伤才星，这样一来不就是证明了日主难以变旺吗？也不是证明喜用难切入命局作用吗？这种格局是否特别？是否特殊呢？如按身弱取印星比劫生帮不看组合结构最终岁运参与其结果会怎样呢？这种格局即使生扶不起，哪岁运完全将日主克制掉不就是从格了吗？所以此种命局有其特殊性，它没有能力去抗争，不抗争逢岁运完全制去反而会有好事吉事出现，如岁运去帮扶反而会出现不吉不顺之灾厄。学命论命必须要扎扎实实的过这一关，要学会活学活用，要有全局观念。易理规定它是一种粗步约定的框架，它是一种大概而言，是死板的一种规律。易实际贵在变，变实际是活，也就是说我们看一个命局不能只认为是几个字，要综合易理规定全方位，多角度去看，这样才能把命局看"活"。此命分析已明确，逢岁运就会一目了然，就能铁口直断。

庚午大运，原局分析取用很明确，现逢庚午运肯定不吉，庚为印星坐午火截脚乏力，午火并入年支火更旺，火克金耗日主之力，组合基本定型身弱才旺破财信息非常明显，只待流年给日主加力，日主增力弱而硬去担财之时必破财。壬申流年正好给日主增力，日主见太岁给其加力便积极行动走向社会做生意反而破了大财。

己巳大运丙辰流年，岁运火土逢旺，命局分析亦为忌神，全局全是忌神天下而最终旺点在官杀上，官杀旺而制身，因无印通关，日主受制必然应灾。日主因无有生帮之力，官杀又无直接冲克制住日主，日主仍为弱而服官杀不抗争，故此年认定此灾应在六亲身上，家人有灾，家境不顺。所以反馈此年丧父，日主无事，但必竟日主是家中成员，丧父对家境损失很大不利日主，故定日主此年不顺为凶年，就不应该定为吉年了。

己巳大运己未流年，日主完全受克制从格而断此年有喜。此断言早在分析取用就明确了，所以可铁口直断。现不妨看看组合：己巳大运火土同现，日主受克制肯定，但因命局日时四字五行一致，还有一定力量。己巳大运不能完全制日主，还需流年帮才能有效地完全克制住日主。己未流年的出现，全局起了明显的变化：地支有亥卯未木局又有巳午未火局，此二个合会局实际全是向木、火、土，也全是克泄耗日主，亥卯未全局直接化泄日主羊刃强根，巳午未会局又直接冲了日主强根亥水。而天干呢？岁运二己土得合会局强大后盾，又得月干丁火才星生源有力克制日时二癸水比肩，日主被彻底制服而从格了，因全局是火旺，火为才，所以断此年财上有喜。实际日主结婚。

4. 五行太偏枯　英年走末路

女命，一九七九年三月初二日寅时

坤造：　己未　　丁卯　　乙未　　戊寅
大运：　戊辰　　己巳　　庚午　　辛未
　　　　 2　　　12　　　22　　　32

简析：

乙木日干于卯月得令，于时支寅木有本气强根，于年、日支未土有余气根，同时，月、日支卯未紧贴半合木局，在卯月木旺当令，又有乙木化神引化成功。不过，乙木日干也遭丁火月干紧泄和戊土时干紧耗及己未年柱土行隔柱之耗，颇受损益。终因乙木日干得令又有本气强根，同时根气遍布四地支，且月、日支卯未合化木后，使未土转化为木行，断日干强旺。日干强旺，比劫势众，应取官杀制比劫为用神，财星耗身，食伤泄身为喜神；比劫和印星为忌神。

由于命局五行太过偏枯，缺乏水、金之行，灾咎必定缠身。水行于人体主示肾、膀胱和尿道系统等部位；金行于人体主示胸、肺、大肠和

精血、经络等部位。水行于命局前两步运程处死、囚绝地；金行也于命局的第二步运程处死地，这样，命主的身体上，必定早潜上述病因。

己巳大运，2000年庚辰流年，二月己卯流月，二十日壬午流日，命、运、岁与流月、流日组合为寅卯辰三会木局和卯未半合木局，因太岁辰土含有乙木中气根，且二月卯木当值，并有乙木化神引化成功。这样，木旺生火、火旺生土、全局由火、木两行主导，均进行反克，使死绝的水金之行遭受重创！更使命主上述之疾一并复发而遭灾遇劫。由于命、运、岁及流月、流日地支全部组合成木、火之行，使天干戊、己土失去根气，虚浮无依，不受生助，导致旺火无泄，火行于人体主示心脏、小肠、咽、眼等部位，命主还会突发上述之疾。

客户于月底来电告知，命主果于二月二十五日丁亥日不治早故。

5. 注重地支本气　命法非同历法

某男，一九六五年三月十四日戌时

乾造：　乙巳　庚辰　己亥　甲戌
大运：　己卯　戊寅　丁丑　丙子　乙亥　甲戌　癸酉　壬申
　　　　4　　14　　24　　34　　44　　54　　64　　74

简析：

在批断四柱时，通常是首先以日主为中心，观其旺衰强弱，以明用忌，这是对的。值得注意的是不可忽略对全局的观察，这是由于整体大于局部、强于局部的缘故。

这个四柱中的己土日主初看衰弱，是由于清明后十天，癸水司令，己土不得时令（一位先生便如此说）其周边为克（甲）、泄（庚）、耗（亥）。但若全面观察，仔细分析则会得出相反的结论，请看，乙木生巳火，巳火生辰土，乙巳辰三个干支向土，甲己合化土，化克为比劫之象了，则戌甲己三个干支亦向土，这样八个字中有六个字向土，四柱整体是土气重，可抗亥水庚金耗泄无忌也。又己日主在年支巳为旺地，在月支辰为比劫为得根，在时支戌土也比劫为根。书云，在干得二比劫不如在支得一库根，干多不如支重，通根如家室也。在四个地支中有三处通根，虽不为日主坐支，也是如家室、如别墅、如行宫，通根如擎天之柱也。月支辰土的本气为戊，戊己同气，同气相求，本气为重，辰中乙木癸水则为次，己生辰月应以得时得令论才合正理，才合自然之理、科学之理。乙木七杀之气泄于巳火，转克为生了，庚金又被乙合绊，甲与己合，与我有情，亥水被三土包围，耗力不大。如此来看，己土日主理应以旺论也。由此可知，用神应取财官食伤明矣，土不为命所喜，尤忌火五行。在几个五行都可作为用神的情况，到底哪一个五行能够更好发挥用神作用，要视大运、流年的组合而判，一成不变的取用神、用用神，必导致预测不准矣。该命庚甲只要在岁运不同时乘旺造成激烈冲击，则可安然无恙也。

己土日主生于辰月，有乙木司令九天，接着癸水司令三天，戊土司令十八天到立夏的说法，即月支藏干分值司令，多被命书引用，也为一些批命者采用。清代陈素庵相国不以此为说为然，他说："旧书十二月支中所藏诸干，俱分日用事，相沿既久，遵若金科玉律，但理实不然。推本论之，寅卯只是甲乙木，巳午只是丙丁火，辰戌丑未只是戊己土，辰又有乙，未又有丁，总之，但有其气，非能分诸支之位，而得若干日也。唯有其气，故论命者必兼取之；唯不能分其位，故论命者必以本支为主，而后及其所藏也"。接着又说："再考历法，木火金水，分旺四时，命法不同历法也"。韦千里也不赞成"月支所藏人元，分何者当旺几天"，对人元司令之说，他说"更不足信"，干脆予以否定。我认为陈韦二前辈所论合乎科学，注重地支本气为命学家之共识也。故我判己生辰月为得时得地。

这个四柱中干支合冲多，乙庚合，己甲合，乙己冲，庚甲冲，巳亥冲，辰戌冲。辰月乙庚合化金，己甲合化土。乙庚合绊，乙生巳火减力，己甲之合化，则不以甲绊己论，因己为日主，甲为己之官，是官与我有情之美象也。乙庚合绊，乙不冲己，且中隔庚，己甲合化，解庚甲冲，且中隔己，只有冲之意，而实不冲，甲己合化土，转而生庚，化敌

为友，甚幸也。应该意识到的是，两干既使合而且化，其原来的五行性质还是有保留的，在此就不多述了。

地支中的巳与亥，辰与戌也冲不起来，因不是邻位，不符合支冲条件，只有冲动之意罢了。又巳火生辰土，辰土生庚金，庚金生亥水，反而使亥水源远流长。

在这个四柱中，五行之气流通较好，用神安然，应判为较好之命，乙生巳，巳生辰，辰生庚，甲己合化土，连同戌生庚。从这两个流通路线看出，柱中土气贯于庚金伤官，此时就看庚金伤官之气能否下降到日主坐支亥水财星了，亥水之重要，除耗旺日主，起到平衡命局的作用外，还在于它是日主之财，此财在日主坐下，是我之财，是我这甲木长生地和原神，可喜可贺的是庚金坐支为辰，为水库，金水相通了，使庚金与亥水之间有了一定的联系。五行流通，用神不伤，干支冲有解，吉人天相也。

该命行水运为上乘，金木运亦佳，只要金木在岁运中不同时乘旺而冲击，便不存在伤官见官之灾，土运平常，岁运火旺最为不吉，丙午、丁巳生病破财，辛酉全家进城农转非，癸酉、甲戌、乙亥在职读大学就是佐证。

易友下步大运为乙亥，用神到位，40多岁人已成熟，定可财官双美，飞黄腾达，只要按三个代表的要求，与时俱进，梦想定能成真！甲戌、癸酉、壬申运，易友步入晚年，悠哉游哉享晚福。

6. 四桃逢冲，弃旧恋新

某女，一九六二年五月初八日酉时

	财	枭	日元	伤
坤造：	**壬**	**丙**	**戊**	**辛**
	寅	**午**	**寅**	**酉**
	杀枭比	印劫	杀枭比	伤

大运： 乙巳　甲辰　癸卯　壬寅　辛丑　庚子　己亥　戊戌
岁：　1　　11　　21　　31　　41　　51　　61　　71

简析：

1）问：婚姻：何年结婚，一生中有几次婚姻？

答：此命造日主戊土自坐长生之地，年岁通根，月令午火帝旺，身旺性暴，官星不显，双杀难克旺土，时上辛酉伤官红艳淫荡，少年失身，1982年甲子流年，癸卯大运，戊癸老少之配，子、午、卯、酉、四桃花逢冲，弃旧恋新，与一年龄大十岁的癸巳男性私订终身。没想到虎、蛇相害，十年之内，男女双方各寻自欢。1994年甲戌流年，两运交接之时，寅午戌三合羊刃桃花，身旺无制，分道扬镳。离婚后与情人同居达三年之久，1997年丁丑流年，大运壬寅，两壬争合一子，脚踩两只船，淫性无敛，与一男通奸成婚，半年后离婚与人私奔。2002年壬午流年，羊刃桃花自刑，寅午双双半合，将会出现第四次假婚，同时，前情未了，藕断丝连，无可求婚为正夫。2004年流年甲申，大运出壬寅进辛丑，申寅相冲，辛金伤官叠叠，可能是最后一次婚灾，夫妻生离死别。此命主终身婚不顺，中晚年无正婚，晚年孤独无依。

2）问：子女尊卑。

答：女命伤官为儿，食神为女。命局中，无食神，辛酉伤官坐时临空亡。乙丑流年怀一男胎无存，丙寅流年生一女，离婚应判给丈夫，如为己养恐难长大成人，因时柱空亡，与子女无缘。

3）问：事业功名。

答：身旺无制，壬水为财，寅木双杀，女命桃花旺相读书难成才，本人不是读书之人。事业上从事过水产、商业、营业员、个体食品、商店能获薄利。二十一岁至三十一岁癸卯大运，财运尚可，能添置房宅和不动产，无积蓄。三十一岁至四十一岁壬寅大运，婚姻颇杂，退财，四处奔波，无财可得。四十一岁至五十一岁，辛丑大运往后无财，工作离岗，东奔西波，晚景不够乐观。

7. 正化得力，调候有方

某男，一九四零年正月二十六日卯时

乾造： 庚辰　　　戊寅　　　丙午　　　辛卯
　　　 财食印官　 食枭比食　 日劫伤　 才印

大运： 1岁己卯　　11岁庚辰　　21岁辛巳　　31岁壬午
　　　　 伤印　　　　 财食　　　　 才比　　　　 杀劫

　　　 41岁癸未　 51岁甲申　 61岁乙酉　 71岁丙戌
　　　　 官伤　　　　 枭财　　　　 印才　　　　 比食

命理分析：

丙日生时逢辛卯，旺木双妻为人巧；合化为水他乡终，色欲随身多爱好；丙生寅月为长生，运入南方旺身荣；官轻尤喜北方运，一生大运宜西行；性格刚毅兼顽强，偶遇刺激不允人；初年莫说坎坷路，中旬自发出门庭；财禄双美命富贵，自强不息喜盈盈。

丙日生寅月身旺得地，坐下羊刃，好在丙辛合化为官杀，一方面改变日主之本气，另一方面起到了调候通关作用，应取财为用神。又说丙火生寅月不成正化而化为火。我的观点是日柱丙午天河水，引辛化水归宗，应算上正化得力，调候有方。

六亲：

1. 父母。年干偏财祖业丰隆，坐下食神，财遇食福力愈增，多利多益，乃大富之兆。命盘父母宫无一星曜，必主青少年别祖离乡，故与父母无缘，与此命关系不切，天各一方。从命局中看其印星（母）两现加一枭，必有二母之缘，或吃别人乳，离祖重投靠山（印又为靠山），如不离开父母，必主双亲早世，且有一个死于非命。

2. 姊妹。月住空亡，兄弟稀少，有也各奔东西。按术数排列，此命排行三胎，应有姊妹，必远离他乡才是。

3.妻妾。早婚正妻必离克，且第一妻无子女，第二婚要在二十六岁以后才能合配。此人肯定不是大陆工作人员，所以"一夫一妻制"的严格规范不可限制，就是在大陆工作，一婚也不可到老，多婚之命。其妻妾非常漂亮（日、时桃花），十分恩爱（正才为妻，彼连相合）。

4.子女。食神为子，伤官为女。食神一透两藏，恐子女中有中途夭折，一儿一女可保安康。子女中大器显耀，"需防加煞破前程，家教严禁兴门庭"。老防身边孤独，信佛修道方不论。

行运流年分析：

此造正月出生，足龄虚龄同步；一岁行运，就是当年农历八月初六卯时进大运，前运重点地方论述，不作细断，后面分年详批。

此命造，青少年历经坎坷，中壮年暴发昌荣，晚老年孤独。好在华盖临旺地，必与佛道结缘，化解防老得力，普度清平终身，不至于晚景寂寞。

庚辰年八月初六日卯时——庚寅年八月初六日卯时行大运己卯。

小运：壬辰、癸巳、甲午、乙未、丙申、丁酉、戊戌、己亥、庚子、辛丑、壬寅。

流年：庚辰、辛巳、壬午、癸未、甲申、乙酉、丙戌、丁亥、戊子、己丑、庚寅。

小运与流年天异地同是此命的又一大特点。

十年中除了幼时缺乳少食之外，五岁时当有一孝服。三岁、七岁当见跌摔之灾，致左额眼上部有破皮，可能至今留有疤痕。确切的说，三岁午午自刑，午为火，为眼，水火之伤在眼上，羊刃自刑，意外之灾。七岁辰戌相冲，本限被冲有灾，在土边主坠落，辰为天罗、戌为地网，罗网相冲，定有跌落之灾。何断左额，午为眼，丙为额，丙午日主为阳、阳左、阴右，所以断左额眼上有疤痕。

庚寅年八月初六日卯时——庚子年八月初六日卯时出己卯进庚辰大运。

小运：壬寅、癸卯、甲辰、乙巳、丙午、丁未、戊申、己酉、庚戌、辛亥、壬子。

流年：庚寅、辛卯、壬辰、癸巳、甲午、乙未、丙申、丁酉、戊戌、己亥、庚子。

庚辰大运十年不顺，因生年庚辰，年上主父母祖上，又是本限，最重要的是十三岁（1952年）。是年大运庚辰，本限庚辰，小运甲辰，流年壬辰，辰为天罗，辰辰自刑，轻则双亲必有重病一场，死里逃生。重则孝服当见。同时当有车祸坠落之凶，家族本身极不太平，时在农历三月、九月令应。

十四岁（1953年）小运乙巳，流年癸巳，巳刑寅，好在乙庚化合，癸戊化合解之，无大灾。

十五岁（1954年）小运丙午，流年甲午，日柱丙午，三午并立自刑，姊妹中有生死别离之忧。

十七岁（1956年）小运戊申，本限戊寅，流年丙申，月上空亡，寅为木，纳音为土，木空则朽，土空则崩。该年丧事孝服应在母亲或兄弟姊妹之中。同年天马被冲，又无羁绊，必离乡背井，朝东暮西，盲无目的。

二十岁（1959年）当为天喜之年，进考升迁，金榜提名。

庚子年八月初六卯时——庚戌年八月初六日卯时出庚辰大运进辛巳大运。

小运：壬子、癸丑、甲寅、乙卯、丙辰、丁巳、戊午、己未、庚申、辛酉、壬戌。

流年：庚子、辛丑、壬寅、癸卯、甲辰、乙巳、丙午、丁未、戊申、己酉、庚戌。

二十四岁（1963年）流年癸卯，小运乙卯，与命中年月组成三会木局、癸与戊合，丙与辛合，乙与庚合，其中癸戊为老少丑美之合，丙与辛为无恩争合。只有乙庚为仁义合调停，看来此年合婚不可避免遭第一次婚灾。只待（1965年）乙巳流年，乙与庚引合，两巳不刑一寅方可成婚。也难得白头偕老。

二十九岁（1966年）流年丙午，大运辛巳，本限戊寅，日柱丙午伏吟，巳寅相刑，午午自刑，是年灾重，小则忍气吞声，大则牢狱之苦，好在丙为月德解救，但难免远离家门，南方安身为吉（丙午、辛巳、戊寅皆为南，午为身马、巳、寅为驿马），走动、逃离灾免。此年之灾，源头于甲辰（1964年），只不过拖迟到丙午年日上伏吟勾连自身而已，但此命福大，月为天赦，遇牢狱之灾，不受牢狱之苦。

三十一岁（1968年）流年戊申；大运辛巳，本限戊寅，寅巳申三刑全，家庭和本人当有不幸之凶，死里逃生。这都全靠月上天赦和丙火月德解救。

谈天赦能解牢狱之灾，顺便对这一星煞作进一步分析。天赦本不主牢狱，但我们应该看到，一生不犯牢狱之灾的命造，天赦又从何谈起，我在实践中，对牢狱之灾作了重要调查和研究，这是与我本身于公安工作是分不开的。凡是命带天赦的人，一生中必有牢狱之灾。只不过大灾化小，有惊无险罢了。此外，此命天赦戊寅是17岁至32岁的本限，而在这个本限里犯罪率是最高的。寅为本命天马，如果看成落空亡天赦则等于无，分析命理不能顾此失比。天马落空，奔波不停，只要抓住这些规律，我想是能指导人生的。天赦星为驿马的人，进了牢房必能逃出牢狱之门，所以断他逃离免灾。

庚戌年八月初六日卯时——庚申年八月初六日卯时出辛巳大运进壬午大运。

小运：壬戌、癸亥、甲子、乙丑、丙寅、丁卯、戊辰、己巳、庚午、辛未、壬申。

流年：庚戌、辛亥、壬子、癸丑、甲寅、乙卯、丙辰、丁巳、戊午、己未、庚申。

此步大运，有两种趋向，一是壬为官杀，吉时发如猛虎；一是午为羊刃，凶恶刀光血厄时生。

三十九岁（1978年）流年戊午，小运庚午，大运壬午，日柱本限丙午，四羊当头，其凶无比。①白虎作猖，大孝重丧；②午中劫才姊妹残伤；③身旺逢劫，破财夺物。

对这样的重要年份，我们要结合紫微斗数参见三方四正，综合分析：

太岁坐疾厄宫,逢截路空亡,无病,但防飞来横祸。 事业宫有破军、廉贞为桃花杀,对宫有擎羊杀星,又有咸池、旬空,怕有婚外之事起风波。 天刑主牢役冲大限,但事发不在此年。 午宫蜚廉,飞灾,对宫父母宫无星曜。 交友宫无恶星,对宫平和,无凶。

综合分析:第一点丧事不可排除,本人别亲离祖关系不切。第二点与命局分析之③完全一致。遭社会迫害,小人暗算因素仍然存在,这年定有灾凶,时发在子、午月令。

庚申年八月初六日卯时——庚午年八月初六日卯时大运壬午出,进癸未大运。

小运:壬申、癸酉、甲戌、乙亥、丙子、丁丑、戊寅、己卯、庚辰、辛巳、壬午。

流年:庚申、辛酉、壬戌、癸亥、甲子、乙丑、丙寅、丁卯、戊辰、己巳、庚午。

此步大运开局十分乐观,癸为用神,四十一岁时开始有五年好运,百事无忧,万事如意,财利双收,是暴富成名最佳运限。后五年行伤官运,由于此命不可为官,伤官对其而言,仅防与人合伙办公司、企业有散伙的可能。因未与午合,改变原性;反而转损为益。总而言之,十分收益,九分耕耘,佳运。

庚午年八月初六日卯时——庚辰年八月初六日卯癸未大运出,行甲申大运进。

小运:壬午、癸未、甲申、乙酉、丙戌、丁亥、戊子、己丑、庚寅、辛卯、壬辰。

流年:庚午、辛未、壬申、癸酉、甲戌、乙亥、丙子、丁丑、戊寅、己卯、庚辰。

此步大运当要重提的是此步大运关键冲克提纲,天为枭,地为财,夺食之运。有道是,枭神夺月食必主牢狱之灾。

五十四岁,流年癸酉(1993年),用神干透,吉。不好的一面是卯酉相冲,靠山卯星受损,事业有变。

五十五岁,流年甲戌(1994年)小运丙戌,年、月受损严重,除了自己被他人暗算官灾之外，当有：一财库大耗；二妻妾病伤；三儿子车祸横厄；四兄弟有也当别离。好在本限辛卯，卯与戌合，凶灾解除，当以吉断。

五十七岁丙子年（1996年）大运，流年，年命组成三合水局，为本命喜用，但难免夫妻矛盾和本人泌尿系统有小疾。可能其人会修功养身，此断只是就命论理，泛指常人。是年三合化官，可有进官加级之良机，威名显赫，不提官必扬名。

五十八岁丁丑流年（1997年），耗财，福德与财帛对冲，又出现小人暗伤，但其人有天赐加月德，不至于损失太大。

五十九岁戊寅年（1998年），此年东北方绝勿前往，多加小心。因戊寅为月上空亡伏吟加填实，木、土之空，必遭朽崩，防止万贯家财化为尘，安全上要防坠落，木杖致伤残之凶。此年天马行空独往独来。

六十一岁庚辰（2000年）少与钱财交往，为年上伏吟，多有不顺。有钱多制不动产或投资捐款入股，以修德为上。

庚辰年八月初六日卯时——庚寅年八月初日卯时大运甲申出，行乙酉大运。

小运：壬辰、癸巳、甲午、乙未、丙申、丁酉、戊戌、己亥、庚子、辛丑、壬寅。

流年：庚辰、辛巳、壬午、癸未、甲申、乙酉、丙戌、丁亥、戊子、己丑、庚寅。

六十二岁辛巳流年（2001年），妻妾重病，多发生心、肺之疾，早防为妙。

六十三岁壬午流年（2002年）休闲平安。少自寻烦恼因午与午自刑，多为自取自灭，悬梁自隘。

六十四岁癸未流年（2003年），平顺，吉。

六十五岁甲申流年（2004年），此年因肠道患病，加之心脏病突发，大到手术血光之厄。

六十六岁"岁运并临"，因心脏病或第二次手术台上送终，时应农历八月令能逃此关。

六十七岁重防,同病卯月卒。闯过两年才算一关。生命第二关口八十六岁。生命最后关口九十又四,天命当旺,卒于戊子大运癸卯流年,戊午月令。

8. 风流女人命造

她身高1.65米左右,身材匀称,白面皮,大眼睛,长相俊美,看上去45岁左右。大家都喊她"小高",她演唱的好,乡亲们愿意听,喜欢看。此女说她已经57岁了,是冬月十九亥时生人。排其四柱为:

坤造:	甲申	丙子	辛未	己亥		
大运:	乙亥	甲戌	癸酉	壬申	辛未	庚午
岁:	9	19	29	39	49	59
年:	1953	1963	1973	1983	1993	2003

简析:

这个四柱,水最旺,火最弱,因合使辛日主旺度降低,从戌运往后,辛日主真的旺了。丙火官星死绝(甲木为其救命稻草),命局寒凝,不为好命。水旺有土相混,组合水土互伤,人也就看似聪颖俊秀,实则败絮其中,易弄巧成拙,干糊涂之事。

命理学家都是全才,不仅是命理方面的专家,还都精通心理学、生理学和病理学。"女命者,先观夫星之盛衰,则知其贵贱也",该命丙火为夫星,坐子水截脚死地,引至时上亥为其绝地,丙火虚浮无焰而受伤,官星衰弱。"何知其人贱,官星还不见","官星不见者,失令被伤也",此论正中该命之的。又丙辛合化水,丙辛又双变节,丙火以阳变阴,阳正之象反为阴邪之气,失去了纯阳本性,空有太阳之名了,命主也就毫无贵气可言了。"凡女命之夫星,即是用神","喜官星,而官星合他神而化伤食者",亦为官星不见,且为"下等官星不见也"。此妇为下贱之命定矣。女命低级下贱,又往往是淫滥羞耻者。"至于淫邪之说,日主旺,官星弱,官星之气合日主而化者:食伤当令,财官失势者;伤官不宜重，重必轻佻美貌而多淫也"。"合神"若是多，非妓亦呕歌；食神太过荒淫，合多暗偷情；桃花带合淫乱看，孤辰（亥）寡宿（未）主独宿；咸池不合也风流，合起奸淫老不休；咸池一煞号廉真，逢水妖娆主乱淫；伤官叠遇（食多旺也为伤，癸酉壬申运）克夫而再嫁之人；命运若逢伤官透（壬申运），必做堂前使唤人；丙辛合，酷毒好赌，喜淫；羊刃（申）带伤官（亥），驳杂事多端"。这条条断语之论述，真好象专为此妇所设，洞穿此妇之命不差毫厘，此妇在我面前脸怎能不红呢？眼光又怎敢跟随我相对呢？

　　古人论述桃花是很逗人的，在算命实践中如能运用得好，会使算命生动活泼，精彩有趣。此妇柱中丙子为桃花，在旺地，丙辛、申子均合成桃花之水，东淌西流，泛滥成灾。桃花乃酒色之神也，"子午卯酉为羊刃，色字头上一把刀"。美称丙子为桃花酒，冬天，风尘女子饮酒作乐。带桃花酒者，肾功能强，存淫欲之心也。丙子处月令，为青年时期，又称当令桃花，可以推知此女青春窦萌早。9岁开始行乙亥运，亥为辛日主沐浴之地，为子水桃花旺地，亥亥自刑（并），亥水更旺，亥为伤官为生殖器官，此女必早熟。14岁丁酉年，丁酉为淫欲桃花（申子辰见酉），又称桃花刀，这年此女必经血来潮（刀能割破）。17岁庚子年，子水桃花重逢，庚子为真桃花酒，她的淫欲之心必剧烈跳动，很难把持自己了。甲戌运中，19岁甲辰，甲己合、申子辰合，必搞对象，且与男友发生性关系。23岁丙午年此女又逢桃花，午也为其夫的桃花（丙为日主辛的夫，丙在地支即巳，辛在地支即酉，巳本丑桃花在午），这一年甲己合、丙辛合、午戌合、午未合，并且是流年夫星丙午旺，与日柱夫妻宫天合地合，必是成婚之年，洞房花烛之期也。癸酉运为桃花大运，此妇步入桃花乡中，留恋忘返也。子中癸水桃花透露，"一棵红桃（杏）出墙来"。癸酉与丁酉同为桃花刀和淫欲桃花，这步运中此妇易造成争斗事件，甚至舞刀弄棒打得头破血流。

　　辛日主的坐支是未，未为墓库，为辛日主的家，也为夫位。未中藏有丁火，丁火为辛日主的偏夫，这是辛日主家中养奸之象。亥为辛日主的沐浴之所，亥中壬水为伤官，为此女的生殖器官，壬水与夫星丙火冲

克,却与偏夫丁火作合,此妇与偏夫通奸之理明矣。丁壬合化木,木为财,通奸得财。

关于丙辛合,辛为阴,丙为阳,阴阳相合;丙为夫,辛为妻,夫妻相合;辛日主与月干丙毗邻而居,见丙必生相合之心而得手。年柱甲为辛日主之财,丙火紧贴甲,丙火可焚甲木,反有相生甲木之象,于是丙辛合即卫了辛日主的财,丙又帮辛生了财,辛日主乐开怀!我们不应只将丙火看作辛日主之夫,丙也为其工作(此女确有工作),上班得财。丙为官,"官者,管也",丙也为其领导者(凡管她之人),亦为其他男性,辛日主见了便动相合之心。由于"丙见辛反怯"合化为桃花水,这些男人与此女相见便骨酥肉麻甘心跪在此妇的石榴裙下啊!丙辛合化水而生甲木之财,丙辛合就成了她得财的来源和手段了。此妇在桃花园中得财之理明矣。

由于丙火夫星太弱,推知其夫胸无大志,软弱无能,是个没出息之人,他管不住日主,在辛日主面前不像个男子汉大丈夫。任氏曰:"不敬丈夫,皆因官弱身强",又曰:"夫十干之合,惟丙辛合以官化伤官,谓贪合忘官"。这样此妇必然放任不羁,我行我素,其低级下贱,淫滥羞耻,也就暴露无遗,得到兑现了。亥子为此妇之肾、膀胱、泌尿系统和生殖器官,亥子若过旺,则性机能亢进,性欲强烈难捺,超出正常现象,就属于病态了。

此妇如若不唱不哭,不与男子作合,那是不行的。前已论及,只有与丙男作合,才能怀财得财,只有哭唱食伤之水才能生财,财能养命,这是命理使然也。又日主一直行身旺气运;丙火无力充当用神克制日主,只能通过进与日主合化变水来泄日主旺气;甲木可耗日主旺气,但在原局中坐劫财神(申)上,如坐针毡,又无本气根,行运竟走死绝墓地(酉申未运),自身尚且难保,强行令其充当用神耗日主旺气也是不济事的。于是,辛日主的旺气只有用水泄了,否则就要气憋而亡了。这泄,就是哭唱和与男人作合之事了。哭唱和与男人作合,在人们看来低级下贱,可是对此妇来说却件件是快活得意之事也。写到这里引用《滴天髓》中的几段话,也许对初学命理的易友有所帮助。"金水伤官喜火,不过要其暖局，非取以为用也。取火为用者，必要木火齐来，又要日元旺相"，此造戌开始日元虽旺，可上局中木不强，虚火无根，必以水为用神也。"取火为用者十无一二，取水为用者，十有八九"。"日主旺，食伤旺，可用财，而运行劫旺之乡，未有不贫乏者；伤官用伤，运遇财乡，富而且贵"，此妇运行劫旺之乡而不逢财地，运气实在不济也。"满盘浊气令人苦"，"身强杀浅，食伤得势，此食伤之浊也"，"满盘浊气看运，扶浊扶清也可亨，试之验也"，此妇行运扶食伤之浊，故快活林里度过了大半生也。

9. 命运不济宅不补　妻子病灾破财凶

妻子：一九五三年七月二十八日巳时

坤造：癸巳　庚申　庚申　辛巳
大运：甲子　乙丑　丙寅
　　　40　　50　　60

简析：

日主庚金生于申月比和得令，坐下申金相助，月干时干均为庚辛（金）帮身，日主身旺无疑。故以水木为用神，金土为忌神。大运甲子40岁后，诸事平顺。进入大运乙丑50岁，运干虽为用神，但地支丑土为忌。更值2000年庚辰流年金土忌神旺而助命局，使金更旺。此年妻子患乳腺瘤，在张家口市251医院做手术。到2001辛巳流年，年干辛金助命局金旺，太岁巳火又克旺金。本来命局无木极弱，辛金克木，巳火泄木，只有运干一点乙木，何以经得住命局流年的强金所克，巳火相泄？！木主肝，肝主血，肝气虚弱，造血功能差，腹症在所难免。据其妻说，2001年几乎全年治腹水，先后经北京肿瘤医院、肝病医院和张家口市251医院诊断均无癌变，但许多专家搞不清水从何生来，去年大抽腹水八次之多。吃了许多药，效果不太明显。如今人渐消瘦，支出颇巨。笔者认为其水来自肺、肝二气相克，心肾不调。

10. 命运逢子冲午　自己车撞别人车

2002年公历7月26日下午，来了一位小姐，她拿出一个人的生辰四柱请我分析，这是一个乾造，命局如下：

乾造：乙卯　癸未　甲子　丁卯
大运：壬午　辛巳　庚辰
　　　 3　　13　　23
流年：壬午　　小运：庚子　　流月：丁未

简析：

从命局上看出这个人出了灾难，现在住院治疗，是出了车祸伤了腿脚，小姐听了一惊，她追问是怎么一个车祸，让我说具体些。我根据命局信息断定命主是个开汽车的司机，自己驾车时不小心，自己的车撞上了人家汽车，引发了灾难。小姐听了，非常佩服，她告诉我，这个命主是某部一位司机，前几天出车祸时在高速公路上追尾了，撞上前面一辆车，自身受了伤，住上了医院。

命局分析：此造日主甲木得生得助较多，身旺，行庚辰七杀大运对命局有利，时上伤官在四柱分析上主腿脚部易有伤灾。日时子卯相刑也主腿脚部有伤灾。庚辰大运，丁火克庚金，金被火克有血光之灾，然丁火无根，暂时没事，只要流年太岁出现强根时，丁火便克去庚金。今年壬午太岁，丁火伤官见午火为强根，丁壬合化火，故伤官火旺必克庚金，庚金被克有血光之灾，因为庚金为用神。

小运庚子，子水生木为忌神主凶，太岁午火旺又得卯木生，不谓二子冲一午，此冲为午火胜，子午冲为碰撞，大多数情况都主交通上出灾。大运支辰土为命主金舆星，代表车辆，也可看作命主在这步大运中做了司机。司机有灾祸多数都是行车闯祸导致伤灾。

阴历六月为丁未，丁火伤官克庚金有力，地支未土太燥不生金，庚金被克破，庚金主筋骨，故筋骨受伤，未土为日主墓库代表医院，甲木入墓为出了车祸受伤入医院治疗。

第七节　日主中和篇

1. 四柱命局分析取用

乾造：**丙寅　　己亥　　辛卯　　庚寅**

这是孙中山的命造，一八六六年十一月十二日寅时生。

因先生实际生年，很长时期为人误知。三十年代，命学名著《人鉴》录其为：乙丑 丁亥 丁酉 壬寅（其生年误为1865年），且评曰：三奇局，秀凤腾翔，官印透干通根，乙丑武库之真，驿马贵人坐天门，官贵上造。后人有著"八字注解"一书，亦录此八字称其贵显。并同录1866年丙寅岁之八字，予以质疑，称其：日元、官、印，皆见亥月衰死无气，贵从何起？故非真也。但史实证明1866年的八字却是真实的。命学界竟然出现如此重大的矛盾和失误，恰似难以自圆其说，又怎能让社会俗见承认这门学问？

实际上，以十二宫状态理论，以平衡、调候、专擅理论来综合析评，则丙寅之造的显贵异常，可一览无余。（当然，其贵至极，还需源溯于其父在祖墓风水方面的作为，但此因素不在本文讨论之列。）

看其辛生亥月，处沐浴得令状态，生机盎然，一遇扶助，即能腾达。日元似弱，然亥水合生寅木，寅木生丙火，丙火生己土，己土养护日元，构成流通相生而日元无伤之平衡；更有时上庚金帮身助日，共同抑制坐下寅卯木，进一步稳定了势量上的平衡。亥月之调候用神为丙，年上丙火坐寅通根。辛金的最佳专擅用神是壬水，就在月令本气。丙暖壬洗，调候、专擅而致贵的用神皆明见有力，且互无直接伤害。寅木纳亥旺之水，也是最佳专擅，进而生丙，丙生己，成官印年月相生，养护日元，当可归属"伤官用印"的命局类型。官印相生，流通生辅平衡，日元无伤，调候、专擅皆宜。诸用神至臻完美，格局清秀，大贵至极无疑。但毕竟日元无根，财重身轻，官印于月令无气，故喜土金生旺，忌财透破印，助起官杀，见伤官必有灾咎。日元是依靠其他方面的组合、流通而达到平衡的（先生一生暗合此征）。大运行庚子，辛丑，壬寅，癸卯，甲辰，乙巳，不见土金旺地。故其一生艰辛奋斗，虽名播四海，成开国之父，但始终未得安享几日福禄；纵然掌有总统职权，却时常身无分文，布衣素食，甘苦同民。这也正符合"伤官用印者，多清贵无富"之论。其官星明透，月令伤官，最忌伤官运岁，遇之则多有大祸大患。

1896年10月，行壬寅伤官大运，丙申官年，岁运天克地冲，伤官见官；一申冲三寅，为羊刃临太岁逢冲犯；戊戌月，官逢墓地，诸煞聚会。该年，先生伦敦蒙难，生死大灾。1922年6月16日，大运甲辰，壬戌年又见伤官。陈迥明叛变，炮击总统府，致中山舰避难。1925年3月，大运乙巳，乙财破印，且冲犯月令提纲；乙丑年，逢金墓。先生因肺疾辞世。

2. 七杀旺极　要防被骗

杨女士姐姐的男友正在做一笔汽车走私生意。很不走运，货给有关部门扣押，急需20万元弄出，于是，杨女士出5万，她姐出15万，共计20万元借给了这个男友。杨女士说货弄出后一转脱手就是一笔可观的大财，到时候要向她姐借30万来扩大自己的生意，催着我赶紧给她算一算，看这事能否成功顺利？分析如下：

坤造：乙巳　甲申　丙辰　丁酉
大运：戊子
流年：甲申

简析：
丙火日主生于七月金旺季节耗气，日坐辰土泄气，时支酉金耗丙火之气，天干虽然有助丙火日主之五行，且年支巳火为根，命局分析，日主为中和偏点弱，但目前大运走北方水运，水为官杀，制身，且组成"申子辰"合水局克火，流年甲申加入后，则合成双重水局，官杀可谓旺矣，只是水不透干，待农历七月份壬申月，七杀壬水透干，制丙火有力强劲，日主就会彻底地失败认输了。今年七杀旺极，是有小人使诡计陷害，不但要防被骗破财，更要防凶灾横祸。

以上分析说明命主有很明显的破财信息。

3. 预测儿子升学及前程

某先生儿子的四柱，公历一九八四年十月十四日辰时生

```
         比    比    日    才
乾造：   甲子  甲戌  甲辰  戊辰
大运：   乙亥  丙子  丁丑  戊寅  己卯  庚辰  辛巳  壬午
（岁）   1    10    20    30    40    50    60    70
（年）  1985  1995  2005  2015  2025  2035  2045  2055
```

简析：

甲木生戌月虽不得令，但天干透双甲比肩，甲又通根于双辰支中，乃身旺中和之命。四柱中四土并列，又值土月当令，为财旺；印星癸水，戌中含戊克之，但辰中有藏，为印星有气。九月乃属秋季，金官有气。综合而得，取癸庚为用，比助木星亦喜，丙丁为补，忌财星。命理格局高，的确是个好命。30岁后行身旺财旺官旺运，事业有成，富贵可许，衣食无忧。10岁—19岁丙子大运，印旺生身，学习成绩优良，班上学习骨干；2004年甲申，申子辰三合印旺，必能考上名牌大学，取得本科学历。八卦中亦有此象，2004年甲申，申为官星值年，财生官，官生印，且申子辰三合父母爻为印旺，金榜题名。

前后四年升学及后运：

1995年至2004年行丙子大运，此为喜用神运，学业有成。1999

年己卯，卯使甲日旺气，卯戌合食伤有气；此年学习进步，成绩优良。2000年庚辰，庚为喜用透年，庚冲动甲木，辰子半合印旺；世爻辰才值年，辰生合酉官为合动，辰又为父库，此年学习成绩好，顺利之年。2001年辛巳，辛是甲的官星，为喜用神，巳中藏丙食为喜用；此年学习顺利，考上重点高中。2002年壬午，壬生甲木为枭印生身，午冲子水印；卦中午合未财贪合，午冲初爻父母子水，此年学习成绩没有太大的进步，属平运。2003年癸未，癸水印星生甲木为用神；此年学习压力大，但学习成绩仍保持中上水平。2004年甲申，甲与四柱甲比为旺，申子辰三合印星旺，申为官星值年，喜用神有力；此年家中有喜庆之事，能考上名牌大学。2005年乙酉，辰酉合为官星旺，乙为劫财；此年学习顺利，班级干部，只是耗财比较大。2006年丙戌，2007年丁亥，均为平顺之年。

20岁至29岁行丁丑大运，丁为伤官，丑为财星亦是官库，此运为学习工作转折之运，总体言能从事好的工作及单位，事业财运较好，但不如前面讲的30岁以后的运气。30岁至49岁行戊寅、己卯大运，为身财两旺，事业有成，财上大进。50岁至59岁行庚辰大运与月柱甲戌犯天克地冲，且大运与日、时支三辰冲一戌；此步大运有比较大的病或伤灾难，届时宜多加防范。60岁至69岁行辛巳吉运，能安享晚年。70岁至79岁行壬午大运，午冲子为印星有伤，此运大体不吉。

4. 何先生终身命造分析

何先生，一九七二年六月十一日丑时

	劫	财	日元	比
乾造：	壬	丁	癸	癸
	子	未	丑	丑
	比	杀食财	杀枭比	杀枭比

命宫：**己酉**

推得六岁行大运欠五个月十天，逢戊年正月初一日交大运。

大运：	戊申	己酉	庚戌	辛亥	壬子	癸丑	甲寅	乙卯
	官伤	杀枭	印官	枭劫	劫比	比杀	伤伤	食食
岁：	6	16	26	36	46	56	66	76

命理分析：

癸水生六月墓地，不得令，自坐冠带之地，通根于年、时，又得时干比肩帮身，年干与月干近合化木泄身，未土与坐支近冲土旺水泄，根基有损。总体看来，日主中和，应取财为用神，木为喜，土为忌神，水为仇神。此命造有如下特点：四柱年壬月丁近合化木，泄日主旺水，标志祖业不继。比肩劫财一片，本人喜交朋结友，花钱大方，为朋友帮忙两肋插刀。年支子水与月支未土近临相害，早婚不利，父母姊妹中有婚不顺的标记。月、日、时近冲，本人必是离乡背井之人，最大限度是不可在父母原籍生活和工作，姊妹间定是各奔东西，难得相互照盼。四柱中身旺七杀旺，将相之才，如果经商定是做大的生意必是胆大心贪，最适合做批发商，赚大钱的人才，但是风险也大。

论性格长相：此命眼大眉浓，发黑，身材不算高大，该人形貌稳重，态度从容，腰背肥满，为人忠厚，谦恭耿直，具有尊贵气质，有聪明才能，且有自负倾向，容易受外界他人影响而左右，但有超越环境限制的倾向。

六亲分析：

父母祖上，年干、月干近合，年支、月支相害，祖业不继，父母婚姻不顺。此造比劫重重，唯一财透出被合化，正印不见，难靠双亲，父母不生离必当早别，尤其是克父信息明显先克父。离乡背井自创家业才是。

兄弟姊妹，年月近合化为木，癸水五重，子未相害，丑未相冲，姊妹无根基，姊妹多也无靠，时而受姊妹拖累，本人应为三胎，排行不是老大却占老大之位。

夫妻姻缘，此命造年月丁壬淫匿之合，坐支子未相害，又见丑未近冲，婚姻宫，配偶宫受损，婚姻不顺，一婚难到头。三十二岁前成婚都会产生婚灾。由于本命有肾疾，只有将肾病治愈后方能成婚。

子女尊卑，此命第一胎生儿，生女难养，由于现代社会实行计划生育，对子女的个数不在预测的范围之类。早婚早育决无成。

事业功名，命主正印不现，读书不精，少时不努力，不能成为高才生，可以说最多是中学毕业生，后经过努力可有所提高。本命虽文化程度不高，但十分聪明，有计谋生财之头脑，只要在南方（指出生地的南方）发展，靠计谋生财，克服青少年挥霍浪费的缺点，定能富贵一方。工作宜选择医易之行业。

用神为火，火主南方，火主电，应选择南方搞电脑、医药行业，必获成功。

此造六岁欠五个月十天行大运，逢戊年正月初一日交大运。

行运流年分析：

6岁—16岁行戊申大运。戊土正官，申金主气正印，戊癸争合不化，申子半合化水，此步大运中可能有落水之灾，是因为八字水旺之过。1983年11岁（足龄）癸亥流年，八字中三癸见亥为羊刃，亥子丑三会水局，戊土独透运干袖手旁观无力制水，故断有水灾。北方出生的人必应灾，南方生活则不论。1984年12岁甲子流年，甲木为日主的天月德，申子生地半合正印，子水为印局加力，正印，比劫旺相不利财，是年家中有耗财之象，也不利父。本人学习应有一个新台阶，如考入初中，学习进步。

16岁—26岁行己酉大运。己土七杀，酉丑墓地半合，身旺有制，利工作，利出外求发展，只限于个体和私有企业就职，不利公事，由于此命印星不显，唯双枭自藏丑库，便不利学习，或说文凭不高，一次性不能到位，只有工作后不断学习升造，才能不断提高文化素养。此步大运运支酉丑半合金局，命局五行基本平衡，应当平顺。22岁1994年，甲戌流年，甲木伤官天月德，与大运已土天月德合，丑、戌、未三刑，酉、戌相害，有小的口舌是非，但有天月德和合，还算平顺之年。

25岁1997年，丁丑流年两丁争合一壬，三丑争合一子，应是恋爱之年。但由于争合不化，难以成婚。

26岁—36岁行庚戌大运，细批十年。此步大运天干庚金正印，地支戌土主气正官，身旺印生，地支丑、戌未三刑土旺，但刑者多有不利，大的方面易出现身体上的毛病，主要是肾上疾病和肠胃之疾。此步大运的主要任务是要抓住身体疾病的治疗，只有身体好了，才能成家立业。26岁1998年流年戊寅，戊土正官，为土旺加力，寅木空亡，八字土为忌神，是年将会出现破大财，同时有丧父之灾。27岁1999年，己土七杀，土旺不变，卯木空亡，但卯年应是此命红鸾天喜之年，如果八字准确当是婚喜之年，可是此命造婚不顺，恋爱过程短暂，但没有把握机遇，身体有不好，不宜成婚。28岁庚辰流年，进财破财之年，且进财少，破财多。29岁辛巳流年，投资办事业切莫妄动，否则，破财而告终。30岁壬午流年，天干透劫财，年支午火虽是财星，但午在命局、大运组合上发生了子午相冲，午未六合，午戌半合，丑午相害的混乱局面，切记不可妄行，投资破财亏本，这要自我把握，不能过了此年又后悔，投资之后双亏本，如果拿钱作赌注，到后来后悔自负。31岁癸未流年，肾病，肠胃之疾严重，应采取化解和治疗兼并，以免后患。32岁甲申流年，此年可以结婚，并生一子方可化灾避难，否则会有血光手术之灾，农历三月应。33岁2005年乙酉流年，只不过思想情绪不佳。34岁丙戌流年，平顺之年。35岁丁亥流年，亥子丑三会水局，亥水羊刃，当防泌尿系统手术血光之灾。事业钱财上无多大忧愁。

36岁—46岁行辛亥大运。辛金正印，亥水羊刃，身旺又逢正印生，再见羊刃，亥子丑三会水局，可大为不利，会出现大的病灾，死里逃生。特别是二〇一三年癸巳流年，四十一岁，天干三癸水，地支羊刃与飞刃对冲，必见大的病灾。命主不要为钱财而担心，把重点放在保健身体上。

46岁—56岁行壬子大运。这步大运比前步大运稍有缓解，但泌尿系统疾病仍无多大改变，特别是肾脏方面的疾病，除了作以化解和治疗之外，还要严格控制夫妻生活，以求身健长年。48岁2020年庚子流年，两壬争合一丁不化，三子争合两丑，子未相害，印星庚金入丑墓不利母，此年母亲患血液、高血压之疾，卒于农历午月。

56岁—66岁行癸丑大运。癸丑日时伏吟，久治无医，身体极度虚弱，生命之危。当运行2033年61岁，逢癸丑流年，"岁运并临"又见日时柱伏吟，四癸丑林立，必将患泌尿系统或糖尿病，或膀胱瘤，久病治疗无效，卒于农历十月，闯过此关，后运不论。

第八节 四柱专题篇

1. 从官非牢狱之灾看神煞的提示作用（一）

乾造：**庚戌　辛巳　庚寅　己卯**

简析：

此造庚金在巳、戌中有根，生于巳月得长生，年、月透庚、辛比肩和劫神帮身，时上有己土印星生，为偏旺。天干上有比肩和劫神混杂，为浊；地支戌中有丁火官星，巳、寅中有丙火杀星，为官、杀星混杂；地支寅为偏财、卯为正财，正、偏财混杂，也为浊。命局满盘皆浊气，不为佳造。查时支卯为"官符煞"，日时遇之多官非。卯又为"咸池"、"桃花"。"官符煞"带"咸池"、"桃花"或"空亡"者，又为犯"妄语煞"，犯者喜空谈、欺骗、蒙混别人。

命主于丁丑流年正行癸未大运，命、岁、运构成丑未戌三刑，大运与流年是"伤官见官"年，命书上有云："伤官见官，为祸百端。""命遇三刑，不进病房进牢房。"命主原是某银行储蓄所里的一个小头头，因玩"老虎机"（一种骗人钱财的游戏机）而挪用公款五六十万元，东窗事发后进了牢狱。一失足成千古恨，自己毁了自己的前程。

命主要是信命，请得命师算一算，是不难发现命中有"官符煞"的，如果能做到遵纪守法，在有灾之年就不可能犯官非、牢狱之灾了。

2. 从官非牢狱之灾看神煞的提示作用（二）

乾造：**戊子　戊午　辛巳　壬辰**

此造辛金在坐支巳中有根，生于午月处死地，有印生，以身弱、官杀旺、印旺、伤弱而论命。查日支巳为"官符煞"，日时遇之多官非。

命主于戊寅流年正行癸亥大运，小运癸未，命、岁、运遇乙卯流月构成寅卯辰三会木局和亥卯未三合木局透乙而成化。旺财生官杀而攻身，犯官非而破财。实际命主原是个体水上运输户，因借款购铁船而长期拒不还款，被债主告上法庭。判决后，命主仍不付款而遭拘役，最后法院判决以船抵债了事。

3. 从官非牢狱之灾看神煞的提示作用（三）

乾造：**癸巳　庚申　丙午　辛卯**

此造丙火坐刃，得禄于年支巳，生于申月处囚地。巳与申合绊，无助身之力。庚、辛金以申为根，得月令当权，为最旺。癸水在申中有根，得旺金生，亦为旺相。卯木上有辛金盖头，生于申月处死地，为弱。此命造以身弱、财、官杀旺、印弱而论命。以印、比为用，财、官杀为忌。

命主于庚辰流年正行乙卯大运，乙卯为用神，但乙与庚合，卯与月支申暗合，庚和申为财，此乃"贪财坏印"也。此年四重金财相遇，旺财生官杀星攻身而犯官非。实际是命主因挪用公款东窗事发，于丑月被捕入狱。

查时支卯为"灾煞星"，乙卯运为"灾煞星"在大运上登台亮相。申为偏财，为外财，卯申暗合，预示了命主暗中挪用公款之事。

4. 从官非牢狱之灾看神煞的提示作用（四）

乾造： 乙未　　丙戌　　己未　　甲子
大运： 乙酉　　甲申　　癸未　　壬午　　辛巳　　庚辰
岁：　　5　　　15　　　25　　　35　　　45　　　55
年：　1960　　70　　　80　　　90　　　00　　　2010

简析：

此造原命局成木、火、土象，结合行运看，在辛巳运前，命与运又补成木、火、土、金象和水、木、火、土象，五行流转有情，大吉。己土和时干甲木官星合，是一个当官的命。从行运上看，一路五行流通，仕途上是一帆风顺，官职直升，成为某市的市委书记兼政法书记。至庚辰流年命主正行辛巳大运。辰戌冲，未戌刑，冲刑结果，土气更旺。岁君庚金伤官得旺土生而力强肆逞，合乙而劈甲，甲为官星，"伤官见官，为祸百端"，断语应验。太岁辰与运支巳火又为"地网"，月支戌为"天罗"。是年命主被捕入狱，实际是己卯年被停职审查，辛巳年判刑八年。

从市委书记兼政法书记沦为阶下囚，这是他的八字决定的。查时支子为"官符煞"，日时遇之多官非。子又为"咸池""桃花"星，又成"妄语煞"星。从这两个神煞看出，命主定是个好色又会说谎骗人之徒。命局中有官杀混杂，比劫混杂，定是个为官不正、思想作风邪恶之徒。命局中比劫叠叠，行财运时见财必抢，财又生官杀星，由此可断定其人定是个贪财受贿之大大的坏官。

5. 四柱岁运定婚期（一）

坤造： 癸丑　　戊午　　甲午　　乙亥
大运： 辛酉
流年： 丙子

简析：

1999年命主请我预测时，我看出她1996年冬天结婚的，她证实是在1996年年底结婚的。

预测思路：日元甲木生于午月处死地，又被坐下午火泄气不吉利，年上癸水印星被月上戊土合化为火，印无法生身，日主甲木衰弱。所幸时上乙亥生助，为临危有救，取劫财乙木为用神，印星为喜神。

辛酉大运，是命主官运。官星运主婚缘，只是日主弱被辛酉官星双体克不利，只能说明此运有结婚信息。只有等到流年太岁生身制杀，日主有气有力时才能是喜庆婚期。1996年丙子，丙食神合克官星，太岁子水为日主喜神，表明今年喜。日主身弱有太岁生为有气有力，能胜官星，官为夫星，所以这年有婚庆之喜。此为"身弱逢生旺年结婚""配偶宫为忌神，冲忌神年结婚"。

6. 四柱岁运定婚期（二）

乾造：**戊申　癸亥　壬寅　甲辰**
大运：**丙寅**
流年：**乙亥**

简析：

1996年2月夏先生求测运程，在预测快结束时，他有意问我："你预测时都能看出何时结婚的，不知道能不能看出我的婚期在哪年？"我只能说："试试看吧！"仔细推算他有机会成婚的几个流年，最后定在1995年。他听后满意地说："还真行，我确实是在1995年结婚的。"

此造：日元生于癸亥月，又得申金生，日主强旺，但寒气十足，取财星丙火为调候用神。23岁行丙寅财运，用神财星透出，表示日主会有喜庆之事在这步运程中出现。婚庆在何年？当看流年太岁何年对日主有利。1995年乙亥，乙木生用神丙火，丙火得生大吉。太岁亥水又同日支寅木作合，说明：命主今年必有结婚大喜之事，洞房花烛，佳期已定。大凡适婚青年，命主逢合皆主喜庆。

7. 四柱岁运定婚期（三）

乾造：癸丑　戊午　甲戌　丁卯
大运：乙卯
流年：丙子

简析：
该造命主何先生是我原厂同事，他于1996年夏天请我预测婚姻，他问："我什么时间能结婚？"我对他说："今年冬天。""这不可能！""到时可见分晓。"这年冬天他果然结了婚，并发了喜糖给我。可见四柱命理确实能够真实地写照一个人的人生命运。

预测思路：日主甲木生于夏天，火司令当权，天干戊癸合化成功，地支日时卯戌化火成功，并且时干透丁火助化，全局一片火海，日元弱极。行乙卯大运本当有利，但卯戌合火，运支失利，只有劫财乙木帮身，日主被泄身太过有凶。凶者不能成婚也，只有得生得助时才能成婚。观命局发现不吉因素全集中在月支午火上，只要冲动午火忌神，必有喜庆。

1996年丙子，日元甲木得太岁生，为久旱甘霖，如鱼得水，为临危有救。太岁生我必有好事，喜事临门。太岁子水冲去午火，因午旺被冲反不利，只有待到冬天子水当令值班，而午火处于绝地时，才能制住午火。所以到了冬天子月命主才有红庆之喜，做上了新郎官，娶得了美娇妻。

8. 四柱岁运定婚期（四）

坤造：癸丑　壬戌　癸卯　丁巳
大运：乙丑
流年：丙子

简析：

这个命造与上例是夫妻，我见其柱中戌土官星当令而旺，并合入配偶宫，就说："你们是同居了。""对，这也能看出来？""并且能看出今年冬天子月，一定能成婚。""那等着看吧！"

命主桃花星是太岁子水，子丑合也主婚期，说明今年结婚。冬天子水桃花逢值，桃花是恋爱婚姻之神，主男欢女爱，此时，必定结婚，所以冬天子月正式结婚。

9.四柱岁运定婚期（五）

坤造：**庚戌　丁亥　戊申　丙辰**
大运：**乙酉**
流年：**壬申**

简析：

1996年冬天，命主经人介绍请我预测事业前程，在回答了她的问题后，我又断她是1992年结婚的。她满意地点了点头："是1992年成家的。"

命主1992年行乙酉大运，日主见酉为桃花，主婚恋。1992壬申年，申酉戌引发三会桃花局，桃花为强，感应着日主。并且偏财透出与月上丁火作合，必主佳期天成，正式成婚，想推迟都不成。

10.四柱岁运定婚期（六）

坤造：**戊午　乙卯　乙未　丙戌**
大运：**癸丑**
流年：**甲申**

简析：

　　这个命局是 1997 年冬天预测的，命主让我看一下何年是婚期。从这个命局中查不出夫星正官，时支戌中也就有那么一丁点辛金七杀，那就从岁运上看。大运癸丑也不见夫星，好在丑土是金库，对夫星有生扶作用，只要流年太岁出现便能成婚，否则难以结婚。查得 2000 年庚辰，庚金正官出现，庚是夫星且合乙木日主，表面上看是好事情，殊不知庚合日主的同时，又被月柱乙争合，乙木坐下卯木强根，力度比日主乙木强，庚金被月柱乙木争合而去，表示这年出现的男友看中其他人而离弃命主，投向别人怀抱。同时庚辰与时柱丙戌天克地冲，这也是不成之象，因为官星被丙午伤官所克，因此只有继续往下查。查得 2004 年甲申，太岁申金为命主正官，代表夫星。这个夫星是在地支出现的，没有透出不会被月柱比肩乙木争合，这个夫星应该是命主的丈夫。这个夫星临马星（从年柱上查，寅午戌马在申），在太岁上出现，太岁临马星主外，马奔它乡，表明丈夫是在远方的；夫星临申金，申金为戎兵，且申金临太岁，太岁为大，丈夫是个当兵的，而且是个官。我断 2004 年是她的婚期，不能错过佳期。就告诉她：婚期应在 2004 年，最好找一个不在本地而在远方当兵的部队军官为宜，要尽量寻找，否则婚姻有麻烦。

　　直到甲申年的秋天才得到反馈：命主已嫁给一位在远方部队当军官的小伙子，婚礼是在"五一"期间办的。

11. 试谈命局行运之成格变格（一）

乾造：	壬子	辛亥	丁未	庚戌
大运：	壬子	癸丑	甲寅	乙卯
岁：	9	19	29	39
年：	1981	1991	2001	2011

简析：

此造丁火生于亥月处绝地，命中亥子半会，亥中壬水透于年干，有源，秉令当权，最旺。丁在未戌中有根而不从。以身弱、官杀旺、财稍弱而论命，为普通格局。取木火为用，金水土为忌。

行入癸丑运，命运构成亥子丑三会水局透壬癸而成化。又有未丑戌三刑，被刑出的丁火为旺水灭，日主丁火失根而成弃命从官杀格。在此大运中，遇流年出现木火，则从得不彻底，不吉；若从得彻底则大吉。

如：壬子　辛亥　丁未　庚戌
大运：癸丑
流年：丙子

丙辛合，以子亥为化神，合而化水；亥子丑三会水局透壬癸而成化。日主丁火弃命而从官杀，由普通格（正格）变成了特殊格（变格）。丙合去了辛金偏财，留下了庚金正财，正财代表妻，命主此年成婚。

12.试谈命局行运之成格变格（二）

坤造：辛酉　辛丑　丁丑　甲辰
大运：丁未　戊申　己酉
　　　1959　1969　1979
　　　1980　1990　2000

简析：

此造丁火生于丑月失令，无根，有泄耗，有印生而不从。柱中财特旺，以身弱财旺论命，取印比为用，财食伤为忌，印能通关时，官杀不忌。为普通格局。

乾造：辛酉　辛丑　丁丑　甲辰
大运：己酉
流年：辛巳

两丑晦巳，巳伤，巳代表心脏，因犯心脏病而住院。巳酉丑三合金局透三辛而成化。众金围剿甲木，甲木伤，丁火失生源，弃命而从了旺金而无咎。由普通格（正格）变成了特殊格（变格），即从弱（从财）格。实际是花了两万多元安装了"心脏起搏器"而免于难。有人要说，即是变成了从财格，应是进财，何以破财（花了两万多元）？因年已八十，又无工作了，何来财进？普遍性中有特殊性，具体问题要具体分析。

13. 试谈命局行运之成格变格（三）

乾造：癸卯　乙丑　丁巳　乙巳
大运：甲子　癸亥　壬戌　辛酉
　　　1　　11　　21　　31
　　　64　　74　　84　　94

简析：

此造丁火生于丑月失令处休地，但得刃于两巳，月支丑两次受制晦巳无力，丁火并得两旺木生，为从旺格。只能顺其性，取木火为用；不能逆其性，土金为忌。在木能通关时，水为喜，否则水为忌。

此造如以扶抑方法断，用、忌神必然取反，全盘皆错。如认为身旺印旺为忌，必断命主文化水平不高。事实上命主为有大学文凭，学历高。此造为某公司经理。

乾造：癸卯　乙丑　丁巳　乙巳
大运：辛酉
流年：庚辰

辰酉六合透庚辛而化金成功。酉卯冲，卯伤，丁失生源，乙失根。巳酉丑三合金局（两个）透庚辛而成化，丁失两巳根。庚辛联手克去两乙，丁失生源。日主丁火只能弃命从了旺金。从旺格一下变成了从弱（从财）格，命主此年发财。辛巳年辛酉运，变成从财格，也发了大财。

14. 浅谈"死亡"之因（一）

伤月支财，丧父之灾

乾造：一九七七年正月十六日酉时

四柱：	丁巳	壬寅	辛酉	丁酉
大运：	辛丑	庚子	己亥	
（岁）	10	20	30	
（年）	1987	1997	2007	

简析：

日主辛金生于正月青龙当权，白虎（辛金）失令；但辛金坐下为禄神帮扶，为得地；时支酉金与日支酉金连成一气帮扶日主，年柱干支一气，为火强有根泄寅木，故说辛金虽不得令，但得地得助，辛金不弱。命局里寅木严重受伤，寅木代表妻财或父亲，逢金旺之岁运，壬水无根，通关不利，则寅木遭殃。即比劫过旺劫财，凶。命岁运出现"三申""三酉""庚、辛"干支阴阳金俱全，众金齐克寅木，其中也含有"寅巳申"三刑和"申冲寅"的因素在内。在这多种不利的因素中，木无生，金旺极而不生水，且水无根，金逢冲刑而怒动去制寅木，因通关不利（寅木也代表父亲），故死于车祸。车也为金，被金制克而亡。

实际情况：命主的父亲于甲申年癸酉月戊申日庚申时因交通意外车祸死亡。

15. 浅谈"死亡"之因（二）

身旺无制，自暴身亡

乾造：一九六一年十二月十四日寅时

四柱：	辛丑	辛丑	丁巳	壬寅
大运：	庚子	己亥	戊戌	丁酉
（岁）	5	15	25	35
（年）	66	76	86	96

简析：

日主丁火生于十二月寒土旺季，为不得令；丁火日坐巳火为得地；时干为壬与日主丁合化木，时支寅木可生助日主，此命不弱。走大运丁酉，天干透丁火，地支酉金为年月干辛金之强根，命运组合形成"巳酉丑"三合金局，这步运金占优势。丁火之根巳火去参与三合局化金，导致丁火无根，特别忌金旺流年；再者大运支酉金忌木火旺之流年冲，逢冲，则三合金局不成功，丁火又有了强根，年月天干辛金则无强根可言，身旺则构成金火交战，必有大凶灾。己卯流年冲大运支酉金，命局辛金无强根，三合金局也不成功。丁火日主之强根失而复得。命主由弱转旺，再遇己巳月壬午日丙午时，皆为火旺助身，说明命主旺则胆大妄为，酒后驾车，终因金火相战而死亡。金代表车，火一方面代表日主丁火，二方面也代表喝了许多酒。酒也主火，火旺无制成灾祸。

实际情况：命主于己卯年己巳月壬午日丙午时，酒后驾车，交通事故死亡。

16. 浅谈"死亡"之因（三）

木旺水枯，妻子服毒

乾造：一九五六年十二月初六日巳时

四柱：	丙申	辛丑	戊寅	丁巳
大运：	壬寅	癸卯	甲辰	
（岁）	10	20	30	
（年）	1966	1976	1986	

简析：

日主戊土生于十二月寒土旺季，助水性，为不得令；日坐寅木为不得地；但时柱干支一气强有力生助日主，为得助，命局较为中和。如果结合大运看，走东方木运，身偏弱。再遇木旺之流年，易有破财，婚不顺之事发生。流年丁卯、大运甲辰、日支寅组成岁运命"寅卯辰"三会东方木局。逢流年丁卯，木主事。大运透出甲木，流月也透出甲木，大运支辰与流月支辰皆参与会木局，木旺无制，不吉利。日主戊土以水为财（妻），如今遇命岁运三会木局，强旺有劲，泄财气最甚，制土也有力，故命主该年月有丧妻之悲痛。妻（财）逢强木渴不择水，连农药也给喝下去了，最终导致木旺水枯竭，妻（财）遭灭顶之灾。

实际情况：1987年（丁卯年）甲辰月，妻子与别人发生口角，一时之间想不开，喝农药中毒死亡。

17. 浅谈"死亡"之因（四）

水多金沉，命主销魂

乾造：一九九三年正月初八日亥时（正月十三立春）

 圆通达观（下）

四柱：壬申　癸丑　辛亥　己亥
大运：甲寅
（岁）　2
（年）1996

简析：

日主辛金生于寒土旺季，助水性，为不得令；日主坐下亥水为不得地；时干己土坐下亥水，帮扶辛金无力。整个命局金水一片，金生水，水旺泄金，日主很弱。如果逢丑土或己土被合住、绊住，则命主有大凶灾。1996 丙子流年与命局亥、丑组合成"亥子丑"三会北方水局。大运天干甲与时干己相合为拌住，大运支寅与命局年柱地支申冲刑，病亡之时巳与命局日、时支亥水冲，且还组成"寅巳申"三刑，"亥亥"自刑等，整个命局皆被合、冲、刑、绊而动荡，金寒虚弱，水冷，无一点火气，所以海啸似的猛水非将这沧海一粟的辛金给吞噬不可，真可谓仙丹妙药皆无回天之力了。

实际情况：丙子年丙申月丁酉日巳时病亡。

18. 浅谈"死亡"之因（五）

弱极遇帮，狂妄而亡
坤造：一九七八年六月十七日

四柱：戊午　己未　甲申　××
大运：戊午　丁巳　丙辰
（岁）　5　　15　　25
（年）1983　1993　2003

简析：

甲木日主生于六月燥土旺季，不得令；日支申金截脚，不得地；依年、月柱看皆为火土一片而为忌，虽只有六个字（因早年命运重看命局的年、月柱），但也可看出日主身弱，喜用水木，忌金火土。再参看大运走势，也是一片火土忌神，命不好，运也不佳时，若再遇忌神之流年，定为生死大灾。甲木日主于命局月支未土中有一点库根，为有气，在命局中显得很弱。行丙辰大运，运支辰又有一点库根，逢寅卯木为根的流年及水木透出天干的流年，胆子大。因为弱极遇帮扶，不顾法律的约束，为了钱财（命局土旺为财，财旺生杀，身弱杀旺之人易堕落黑帮），任意妄为。今年甲申流年，甲木透出帮身，壮其胆，可惜的是甲木坐着申金不得力，故犯罪不能得惩，终于在流月酉月，官杀混杂之时，被绳之以法，走向死亡道路。

实际情况： 2004年（甲申年）癸酉月甲辰日己巳时被枪毙，因合伙盗窃、诈骗、赌博、杀人，罪大恶极被判死刑。

19. 晚婚的四柱探讨（一）：比劫旺财弱

晚婚的标志：

1）配偶星（财、官）逢空亡，或休囚被克晚婚。

2）配偶星被地支刑冲无解救者晚婚。

3）配偶星出现在时柱晚婚。

4）男命财多身弱、女命食伤比劫旺、官杀弱晚婚。

5）日支为忌神，大运又行忌运晚婚。

6）日支被刑冲，旬空晚婚。

7）男命比劫旺财弱，女命身旺官弱大运行食伤晚婚。

8）男命柱中无财，女命柱中无官晚婚。

9）水冷金寒，火炎土燥晚婚。

乾造：癸丑　乙丑　己未　乙丑
大运：甲子　癸亥　壬戌
（岁）　4　　14　　24
（年）1977　1987　1997

简析：

己土生于冬丑月得强根，地支一片旺土；乙木七杀透于月、时干，未中藏有木的余气根，但丑未相冲，木根受损，本属衰弱，弱木难以抑制比劫；癸水财星透于年干，丑土虽有癸水余气根，但纵观全局，还是比劫旺，财官弱，何况日支婚姻宫又逢冲，因此，此命当属晚婚。

实际上：此人在30岁（壬午年）才结婚。

婚期为何会应在壬午年呢？命局中比劫旺财弱，壬戌大运，财星在运干上透出，婚期当应在此运。太岁壬午，财星壬水增加水的力量，岁运上同透财，因而应期结婚。再说命局存在着丑未相冲，日支未土为婚姻宫，冲逢合为应期，午年太岁合未土，因而在应期结婚。

20. 晚婚的四柱探讨（二）：配偶星临时柱晚婚

乾造：乙卯　戊子　乙卯　庚辰
大运：丁亥　丙戌　乙酉
　　　9　　19　　29

乙木日主生于子月得令，自坐卯木，年柱干支与日柱伏吟，木极强旺。全局中无火调候，冬生无火，水冷金寒；戊土财星透于月干，自坐子水泄耗，以时支辰土为根，无奈根远相助力微，戊土的左右为强木，木紧贴而克，戊土极易受伤；官星庚金透于时干，合克日主乙木，庚金坐下辰土，庚金与辰土是唇齿相依关系（庚金合克比劫护财，财辰土生助庚金为金之源）。此造的财星，月干戊土财星所处的环境不利，而时支辰土财星较月干之财有用，舍其休囚，用其旺相，因此，用时支的财星较有利。此命用神为财,忌神印劫。

财星临时柱代表远的、晚的、后来的,此造比劫强旺,月干之财被克伤说明此人早婚必然不利,同时也说明难以早婚,为什么呢?因为四柱中,年柱为开始阶段,接着是月柱,日柱的命局必然是难以早婚的,晚婚是理所当然。

实际上:此人谈了许多朋友,在29岁时仍未结婚。

21. 晚婚的四柱探讨(三):日支坐忌神晚婚

乾造: 丁未　戊申　癸酉　癸丑
大运: 丁未　丙午　乙巳　甲辰
(岁) 　9　　19　　29　　39
(年) 1976　1986　1996　2006

日主癸水生于申月得令,自坐酉金印星相生,时干透癸水相助,月支申、时支丑皆藏有水的根气。申酉丑半合半会局,命局中印星最旺,其次为比劫。财星丁火临年干,以未土中的丁火为根,命局中缺乏生火的原神木,财星衰弱很明显。全局中比劫枭旺,财星弱,日主为婚姻宫坐忌神,当属晚婚。

此造在癸未年结婚,是因为癸未年走乙巳大运,岁运巳未半会火局,增加喜用的力量,所以结婚。

22. 晚婚的命理探讨(四):水冷金寒晚婚

乾造: 辛亥　庚子　辛卯　戊子
大运: 己亥　戊戌　丁酉
　　　 8　　18　　28

简析：

辛金生于子月，水冷金寒，地支亥子半会水局使得水势泛滥，寒气更甚。全局中克泄耗多，应取印星为用神，火为调候，忌神为水木。命局无火，缺乏生机，万物难以化育，水多而滥，日支婚姻宫逢刑，晚婚的标志。

实际上：此人32岁仍未结婚。

23. 杀旺攻身无通关，命损

乾造： 丁丑　　癸卯　　丙午　　庚寅

简析：

一九三七年二月初八日寅时，江生之父命造。

命造日干强旺，五行比较均衡，命主平生少病。2001年辛巳，大运丙申。岁运巳申合水，丙辛合水，天干有癸水化神引化，十一月庚子月水旺当值，又有子水化神引化，合化成功。子水月令继而冲克午火日支，由于命岁运为寅巳申三刑，使命主有刑伤之义；也使丙火日干根气有损，虚浮动荡。天干财星无制，继而生官杀，由于天干没有印星通关化杀，官星直克日身；十月三十日辛亥日，或十一月十二日癸亥日，地支构成亥子丑三合水局，有癸水天干助化，日干遭旺水抑制，命主易应凶灾，由于水火之战，定因心、肾、头疾突发无治寿终。

江生反馈：先父一贯少病，时至2001年九月因脑血管闭塞，急赴区医院住院，后又发现有心肌功能衰退，治疗了三个多月花去十几万元，终因乏效而于十一月十二日病逝。

24. 财旺无制　疾病而亡

一九三五年七月初六日午时，江生之母命造。

坤造： 乙亥　　癸未　　壬子　　丙午

简析：

命造日干中和偏点弱。2001年辛巳，大运庚寅。命岁运为寅亥合木，虽于巳年火旺不能成化，但是亥水已偏向木行，使壬水日干根气减少。命岁运又构成巳午未三会火局，在太岁巳火当值，大运寅木助化，又有丙火化神引化，使三会火局成功。这时，巳火持旺冲去亥水年支；午火持旺冲去子水日支，使旺火无制。强旺之火在天干无土化杀通关的情况下，直克运岁干庚辛金，金于人体部位主示胸、肺、大肠、精血等，命主于此年特别是夏天火旺之时，患上各种疾病。命主经过2001年的重创，已是衰弱之躯。再到2002年壬午年，大运庚寅，时至丙午月火势更猛，庚戌月命岁运又构成寅午戌火局，这两个月份，旺火持势冲克或耗去壬癸水之根，无力制火，天干又无土行通关，使强旺的火行持势再度冲克天干庚金，使命主的胸、肺、大肠或精血之疾更加严重！命主必遭凶劫！

江生反馈：先母平生多有肺结核和大肠之疾。于去年夏天旧病复发，急送市医院治疗，秋后病情有所好转；今年夏天肺和大肠之病再度复发，改去区医院住院治疗，至九月份病情转化至肺癌和直肠癌，虽住院治疗四、五个月之久，并花耗十几万元，也无法使慈母得到康复，只好提前出院返家疗养，后于月底病逝。

25. 金多水浊　命主夭亡

江生，一九六一年十二月十九日申时
乾造：辛丑　　辛丑　　壬戌　　戊申

简析：

命造日干衰弱，五行偏枯，命中无木行，火行也弱。一生中必定多染肝胆、头及心脏或小肠等疾。2001年辛巳年，大运丁酉。命岁运构成申酉戌三会金局和巳酉丑三合金局，由两个金局主导全局，又无化、泄功能，命主此年间，必患上胸、肺、大肠及精血等疾，最迟于六月乙未月诸病并发，灾定灭顶！因为六月乙未月于命、岁、运、流月又构成丑未戌三刑和丑未之冲，使乙木流月干藏于未土的乙木余气根无存；由

于壬水日干通关乏力，三辛金持旺冲克一乙木；壬水日干也因根气全无，强金生水无化泄，使金多水浊，命主必因肝、胆、头疾或心脏、肠疾和胸、肺之疾等多种不治之症而英年早逝。

江生反馈：先兄一生多灾病，2001年诸病并发，去区医院留医了几个月，花去20多万元治疗，无法挽救，于去年六月上旬，中年早逝。

26. 命理精析

出生时间：一九七〇年十二月初七未时

```
        食    比    日    劫
乾造：   庚    戊    戊    己
        戌    子    子    未
        比印伤 财   财   劫印官

大运：   己    庚    辛    壬    癸    甲    乙
        丑    寅    卯    辰    巳    午    未
岁：     1    11    21    31    41    51    61
年：   1971  1981  1991  2001  2011  2021  2031
```

简析：

命宫：丙戌入此命宫者，为人敦厚忠诚，全凭踏实努力，不靠投机取巧，工作上能任劳任怨。

命局分析及用神：

日主属戊土。生于冬天十一月份水旺季节，不得时令；日支坐下又为子水耗气，日主戊土显弱势。但月、时天干皆逢戊己土帮身，且有年、时支戌、未土为根助势，日主戊土不再是弱者。年干庚金坐支戌土有库根，逢四柱天干土金类象，土生金而土势流向金，金不弱而土减力。四柱地支水土类象但不流通，不吉。综观全局，日主在命局中处于较为中和状态，喜四柱天干壬、癸、甲、乙、丙、丁之五行来流通，循环有势，地支以申、酉金可化解蹇滞不通，以巳午火调候生吉气，显生机魄力。命局用神以金通关，火调候为喜用，忌土。但实际行走岁运中用神则相应有所变动，视其势而作具体定论。

命局比劫多，财旺，食神有气，是身旺财旺之命，但官印受伤处弱势，故命主一生与官无缘，可财源旺，一生利从商发财富裕之人。中晚年财运亨通，可富裕发达。

性格特点：沉稳有雅量，信用无欺，重名誉。重视外表，善于交际，社交能力强。有内在气质与涵养。自尊心强。平生好胜争强，积极上进。胆大富有心计，聪明智慧，经济意识强。能适应各种环境变动。

事业及方位：最宜做与金、火有关的职业或生意。如电器、电脑、石油、化工、能源、电子、电力、装饰、装潢、广告、美容界、文化、教育等与电、热、光有关的属火类职业；公安、武警、金融、交通、汽车、机械、五金、工程、开矿、金银首饰、钢材等等与金钱、金属有关的属金类职业。有利的方位：西方、南方。（以出生地为准，并参考地图）有利的颜色：以白色、红色为主色调，其他次之，少用黄色。书桌、办公桌以背向西或南坐下办公学习为宜。住房或铺店：以坐西向东或坐南向北的房子吉利。睡觉头朝西睡最好。吉利数：用7.8.3.4为主导数。（如房子、电话号、手机号、车牌号，等等）

交友方面：宜与属虎、马、兔年出生的人交往，吉利；与龙年、牛年出生的人则不宜深交。与人交往时，多同晚辈、青年人及部下、员工打交道，从中可以受益；在与同辈人或其他公司的经理行来往时要特别注意，稍有疏忽，钱财就有损于这些人身上去。

姓名取用：人格宜取用金之五行、数理。部首及字意也是取用金为好。

疾病与预防：从原命局来看，命主一生少病，身体较健康。早年走东方木运时，平衡命局日主偏弱，易患面部或皮肤、脾胃之疾。中晚年走土、火大运之时，平衡命局日主偏旺，水易受伤或妻子身体欠佳，防肾、血液方面之疾病。（如肾炎、肾结石、高血压等）

父母及祖业：年支比劫为忌，年干透食神庚金为喜，祖业不丰。月干为比，月支为财，一忌一喜，父母家境一般。命主出生时，家境较困难，但逐渐有好转。父母曾经都是小有名气之人。母寿要高于父寿。父亲在1973年（癸丑）有生死大难，九死一生。

兄弟姐妹情况：家中共有兄弟姐妹四个，日主排行老三。命中比劫多为喜，兄弟姐妹聪明能干，较为富有或有出息之人。

婚姻及子女：异性缘份好，工作或生意上多得异性相帮，常常受益于异性。妻子聪明贤惠能干，在内会撑家，在外会经营，是日主的贤内助。可以靠妻子致富发财。子女宫逢空亡，四柱中子息星不现，又处衰地，命主要么子息缘较浅，要么日后子女无靠，难言孝顺。命中可有二女一男，但男儿难带养或难有出息。

大运、流年分析：

1岁—10岁，初交己丑大运。命局土多，运干透己土，比劫太旺，克父信息明显。小时候脾胃不好，易患贫血。自己病、伤之痛，耗财之事难免。其中，1973年（癸丑），父有生死大灾，九死一生。命主本人也不顺。1974年（甲寅）、1975年（乙卯）、1976年（丙辰），1979年（己未）为体弱多病，身体欠佳，伤痛（或手术）耗财难免。岁运与命合多为忌而晦气。余为平顺之年。

11岁—20岁，庚寅食神大运。干支泄土制土有力，此步运较为平顺。学习成绩好，有读书运，文凭可达大专以上文化程度，只是身体仍虚弱不佳（初中时期），上了高中、大学以后身体好转少病。

21岁—30岁，辛卯伤官大运。卯为桃花，异性缘多，加之卯与妻宫相刑，故此步运为爱情、感情之事烦恼较多。求财易得，但财来财去，不聚财。工作或生意上挫折多，波动较大。1991年辛未，若在求学阶段，则花费大。若是毕业已经工作，则求财辛苦，财运差。1992年壬申、1993年癸酉，财运很好，发了财。1993年大利婚姻，结婚大吉。1993年有吉也有凶，即1993年命主有伤痛或破财之事。1994年甲戌，财运差，破耗多。1995年乙亥、1996年丙子、1997年丁丑，命主收入丰盛，但也有破耗之实。1996年丙子，丙辛合水，命岁三子水刑运支一卯木，卯为正官，为子息星，子女有损之象；卯也为手脚还代表肝之部位，即手脚易受伤或生病（肝疾）。这些都要花钱。1997年丁丑，癸丑月，命运子卯刑，岁命子丑合，夫妻有分离之象，烦恼事多。1998年戊寅、1999年己卯，求财不利，财运不好。1999年妻子疾病花钱抑或自己疾病花钱（肾或血液之疾）。防官司争讼之事破财。2000年（庚辰），为自己或母亲，花耗较大。财运不好。

31岁—40岁，壬辰偏才大运。运辰与命戌相冲，母亲多数在此步运有生死灾。辰子亥半合水局，运干透出壬水成化，为身旺财旺之大运。发财是不可阻挡的。2001年辛巳，上半年防伤痛破财之事，下半年财运好。2002年壬午、2003年癸未、2004年甲申、2005年乙酉皆为求财易得的年份。2002年壬午流年与日柱、月柱上克下冲，虽然有财得，但也花耗大。如果1973年癸丑其父躲过劫难，那么该年（2002年）是其父的生死关了。若1973年其父已寿元，那么这年命主本身或妻子本身有灾或破大财，这年不聚财。2003年癸未，正财透干与日干相合，利爱情、婚姻、家庭之和睦，夫妻感情加深，和谐美满。求财顺利。2004年甲申，可发大财，好好把握此机会。乙酉（2005年）也是旺财年份，事事顺意。2006年（丙戌），2007年（丁亥）旺财之年，收入好。2008年（戊子），也为旺财之年。只是流年与月、日柱伏吟，该年防乐极生悲。防母亲百岁。水旺极克印，印为母易受损之故。这年有哀叹哭泣之事，破财难免。2009年（己丑），命岁运组成了"辰戌丑未"俱全，且流年己土干透，比劫过旺而破财，财运不遂，破大财之象。2010年（庚寅），平顺进财之年。

41岁—50岁，癸巳正财大运。此步运进入南方火运，调候有力，命主与运干正财相合化火生身。生机勃勃，财源广进，异性缘多。这步运命主往西方经营或做金类职业，财富将是命中最佳状态。2018年（戊戌）、2019年（己亥），生意上应采取保守的态度，别做大投资，防止亏大本。2019年还得防车祸、撞伤之事，注意出行安全，可防破大财。这两年财运受阻，财源不丰。

51岁—60岁，甲午枭神大运。此步仍为南方火运，调候有力，甲午为木火相生，火水相济发财不疑。甲午大运与命局月、日上克下冲，这步运程命主走动大，午为命主之空亡，财数要逊色于上步癸巳大运。四处奔走经商的同时应谨防灾祸、破财之事。2025年（乙巳）、2026年（丙午）、2027年（丁未）这几年为木火旺的年份，大运亦为木生火旺，加之命局土多，众火生土则显比劫过旺，破财难免，谨防不顺。余为发财或平顺之年。

61岁—70岁，乙未正官大运。运支未土加旺命局之土，运干乙木制土易犯土怒，土则克水而有破财之事。此步运不吉。2033年（癸丑），与大运相冲，也与时柱相冲，该年防肾或血方面疾病。此病灾宜提前作化解，否则凶多吉少。2036年（丙辰），命岁运皆为土旺，实为破财之象，仍为疾病耗财。2038年（戊午）岁运午未相合化土，仍为土旺破财之年。岁与日柱冲，与时柱合皆不利己，疾病磨折难免。2039年（己未），命局时柱与岁伏吟为忌，且命运岁三未土齐克日主，劫财重叠，土多金埋，金起不了通关作用（命局里年干一点庚金虽有似无），比劫旺而无泄，岁干乙木惹土旺怒，而制不住旺土，故命主此年为大凶之年。

27. 浅谈夫妻信息同步（一）

一九九八年农历五月中旬，一妇女测夫运气，因夫是出租司机连人带车已失踪几天，音讯全无，我用卦象参考夫妻四柱断此夫已亡，后果在十天后发现其夫被勒死在农田里，夏利轿车被抢，至今未破案。

其夫生于一九五五年九月十四日寅时

乾造： 乙未　　丙戌　　癸亥　　甲寅
大运： 乙酉　　甲申　　癸未　　壬午　　辛巳　　庚辰
　　　　7　　　17　　　27　　　37　　　47　　　57

简析：
日主癸水生戌月受克处死地，戌土中气印星被未刑之，虽坐羊刃但被戌克寅合泄，属身弱喜印比助之，故开车也属行业对路，进入壬午大运，三合财局，壬水劫财助之，流年壬申癸酉，印旺身旺财旺经商发财。

甲戌年后财运下降，流年戊寅年，寅是火局长生之地，甲乙木旺助火，又是日主的亡神年，财旺身弱食伤旺不担财，因财致祸，流年戊克壬水，流月戊午，戊坐羊刃，火局加力，戊合克癸水，日主无救而身亡。

再看妻命：生于一九五九年一月二十四日卯时

坤造：　己亥　　丙寅　　甲申　　丁卯
大运：　丁卯　　戊辰　　己巳　　庚午　　辛未
　　　　 1　　　 11　　　 21　　　 31　　　 41

此女身旺食伤两透而旺，月日支又冲，属婚姻不顺克夫之命，进入己巳大运，寅巳申三刑夫妻宫，申金受伤故本人有外遇，夫敢怒不敢言，庚午大运杀星透出，流年戊寅，日主处禄地而旺，寅亥合木，又寅冲申，寅午合火食伤旺而克官，夫星救神亥水又被化泄，财星被克生官无力，故在午月食伤旺时而亡夫。

28. 浅谈夫妻信息同步（二）

男命，生于一九五四年七月一日戌时

乾造：　甲午　　辛未　　丁亥　　庚戌
大运：　壬申　　癸酉　　甲戌　　乙亥　　丙子
　　　　 3　　　 13　　　 23　　　 33　　　 43

从命局看日主趋于中和，23岁前走壬申癸酉大运为财官旺地，印星处死地，故家庭贫困，学历不高，进入甲戌大运，印星旺助身，食伤旺而助财开煤矿发财。由于财星根不实为浮财，故乙亥大运大起大落，后九十万财产挥霍一空。进入丙子大运更是不吉，岁运命中子午冲子未害，特别是一九九八年戊寅，三合火局成功，亥未拱木生火，寅亥合木，木旺火旺而劫财，由于戌被合财根受伤，故在夏季火旺之时，帮朋友讨债，伤人致死，冬季案发，由于对方后台硬，势力大，一九九九年一审，被判死刑，又破财十余万元上下活动，高薪请律师等，改判为死缓。一九九九年，亥卯未化木被引化成功，午未、卯戌、午戌皆合火，财星根被伤，枭神夺食身旺劫财，而应灾。

再看其妻命：生于一九五八年十月十六日戌时

坤造： 戊戌　　癸亥　　丁未　　庚戌
大运： 壬戌　　辛酉　　庚申　　己未　　戊午
　　　　6　　　16　　　26　　　36　　　46

简析：

此女身弱食伤干透支藏而旺，杀星虽在月令但干受戊土克合，支受双土，戌未夹克，印星不透又弱，属身弱食伤旺，喜印生身制食伤为用，但印弱又不走印运，故属于克夫之命，大运辛酉，庚申，干支一气而走财旺之地，食伤旺生财，财生官，故日主可假从财官，此两步运，家庭条件好，出嫁时丈夫很有钱，助夫发财，可惜好景不长，进入己未大运，财星不现，运支中有乙木和丁火之根转为正格，土多金埋，土多克水，故此运开始夫妻不和，连年破财。流年戊寅，寅戌拱火生土，寅亥合夫根被泄，又受旺土而克夫有大灾，流年己卯，亥卯未三合太岁引化，夫根无，木旺克土而犯旺，土克水故夫星克泄交加应灾虽被判死缓，保住一命。

29.浅谈夫妻信息同步（三）

某男，一九五八年四月二十八日未时

乾造： 戊戌　　戊午　　癸亥　　己未
大运： 辛未　　壬申　　癸酉　　甲戌　　乙亥
　　　　7　　　17　　　27　　　37　　　47

圆通达观（下）

简析：

日主官杀旺而身弱喜印比为用。壬申癸酉运大学毕业，娶妻生子，平安顺利，进入甲戌大运，甲己合化土，午戌合给土加力不吉，流年戊寅，甲得禄而不合克土，但寅午戌合禄得而复失，犯土旺克水，火旺克金，故夏季父死，冬季17岁之子被杀，本人由于土旺制身太过得胃癌，一九九九年己卯，亥卯未合木，卯戌合火，未戌相刑，癸亥水被克泄，流月己巳冲亥己土克水，水被克泄无生而亡。

再看妻命：生于一九五九年六月十八日卯时

坤造：己亥　辛未　丙午　辛卯
大运：壬申　癸酉　甲戌　乙亥　丙子
　　　 5　　 15　　 25　　 35　　 45

简析：

日主旺命局中亥卯未虽合而不化，但夫星子星被合伴，故为克夫克子之命，时入乙亥大运三合木局遇长生之地运干引化而枭旺，一九九八年戊寅又为木的禄地而加力，寅午又合火，枭神夺食，火旺克金，身旺劫财，故夏季公爹死、腊月儿子亡，由于夫根被化泄无生夫得胃癌，一九九九年己卯又为枭神木局的旺地，夫星泄身太过，流月己巳，巳亥冲夫根，己土克水而夫亡。

30. 四柱测情感（一）

　　　　　才　　 官　　 日　　 食
坤造：甲辰　丁卯　庚申　壬午
大运：丙寅　乙丑　甲子　癸亥　壬寅
　　　 2　　 12　　 22　　 32　　 42

简析：

这个四柱是 2000 年夏天批的，当时断定命主有婚外情，是 1999 年正月出现的，对方佩服得五体投地，连呼神了。

这个命造从四柱大运上查不出桃花信息，但是我从大运上看出了一些问题，命主现行癸亥大运，为伤官运，原局有官星丁火，伤官见官好色克夫，有情人。亥水为红鸾星大运，主男欢女爱之事。说明这步大运中有情人，什么时间有，看九九年己卯，卯木太岁与红鸾星亥水半合，红鸾星动，有鱼水之欢，伤官癸水克丁火官星，现在己土克制癸水，水不制丁火，丁火得太岁之生旺而克日元庚金，丁火官星代表外界男人，也就是说情人出现，一个主动进攻，一个半推半就。

31. 四柱测情感（二）

```
           官      伤      日元      枭
乾造：    丁酉    癸卯    庚辰     戊寅
大运：    壬寅    辛丑    庚子     己亥    戊戌
```

简析：

这是位外省人请我批的四柱，当时断他有一个小情人，岁数比他至少要小十几岁，1998 年白热化，并且这年小情人离了婚。他说你真是铁口直断啊，这点秘密也让你看出来了。

我当时是这样看的，原局有寅卯辰三会财局，财旺，财又为妻星，从这点上看他妻星多，若在新中国成立前断他个三妻四妾不为过分，可现今社会不容许啊，但是他没别的女人是不现实的，因为他柱中妻星多啊。1998 年戊寅，再次引发寅卯辰三会财局，财局更旺，这年他与情人关系到了白热化。流年太岁戊寅与时柱戊寅伏吟，时柱寅木为情人，情人有是非之灾，实际上情人与其丈夫离了婚。闹得满城风雨，事后我劝命主适可而止，就此打住，以免大灾。

32. 四柱测情感（三）

```
         杀      劫      日元     食
乾造：   戊戌    癸亥    壬寅    甲辰
大运：   丁卯
流年：   己卯
```

简析：

2000年冬天，朱先生请我预测经营投资，让他心服口服的同时，又点上他重要穴位一下，断他一九九九年找了小情人后同老婆离婚，2000年同小情人结婚。他一下子惊呆了，连呼神了。接着我又对他说，小老婆2000年底生了小孩，他说真是这样的。

这个四柱的问题主要表现在大运丁卯上，大运丁卯同原局天合地合后，天干丁壬合化木，地支寅卯辰三会东方木局、亥卯又半合木局，这个合化是桃花局，木局成林，主人想入非非，想男欢女爱，桃花运主外遇情人，1999年己卯太岁卯木桃花助木局，外小情人出现，引起麻烦，命局中以火代表妻星，局中，木旺火弱，生多为克，木多火塞，这是克妻标志，妻若不离必有生命之灾，所以这年妻子提出离婚离成。

2000年庚辰，再度引发桃花局，这是结婚信息。日主身弱逢流年庚金生，有喜事，所以同小情人结婚。辰土太岁是子女星，与年支戌土冲，戌库被冲开子星出现。这个问题说明，这年子星感应命主，是添人丁，所以这年二老婆怀孕，年底生子。

33. 八字见真机（一）

男婴生于二〇〇三年四月初九日子时

```
乾造：  癸未    丁巳    壬午    庚子
胎元：  戊申            命宫：壬子
```

简析：

壬水生于长夏，巳午未会南方之秀，巳本是庚金之长生位，惜此一会，庚金无助，坐下泄气，庚金乃是壬水之母也，故断其母体虚弱。年上癸水，本坐下燥土，又临长夏之中，被胎元之戊土一合，化为火气，幸而是申金，申乃壬水之长生，庚金之禄元，与命宫壬子一会助身，不然险象横生也。此又有一妙之处：戊土本为七杀，合癸化财，使其不能直接攻身，化险为夷。

34. 八字见真机（二）

男婴生于二〇〇三年九月初九日辰时

乾造：癸未　辛酉　庚戌　庚辰
胎元：壬子　　　命宫：乙卯

简析：

庚金生于仲秋，日主临旺，满盘比劫，年上一点癸水，坐下燥土，金多水浊，泄秀之力甚微。庚金坐下戌土，可想象为母体内之胎宫，遭辰土之冲击，时干庚金，可想象为刀具，不剖腹而出才怪呢。此造只有土、金、水，金旺而土休，金多而土崩。母不病必肝肾二经虚弱，心脏也有忧虑之嫌。命宫乙卯，衰神冲旺。故断此儿多事矣。此造关键，在于胎元通关。壬癸之水，身兼三职，即泄金，润土，养木。金泄，即秀气流行；土润，即可生万物；木养即可生火，五行流通，自然健康。可惜2004年甲申，申酉戌一会局，旺之又旺，虽是从旺一气，健康又有忧虑矣。

35. 八字见真机（三）

男婴生于二〇〇三年八月初八日申时

乾造： 癸未　庚申　庚辰　甲申
胎元： 辛亥　　　命宫： 壬子

简析：

庚金生于孟秋，秋金锐锐，专取丁火。本属建禄，又是归禄，月干劫星强旺。只见甲木财星虚浮，两庚夺甲，怎不破财？一点癸水，远隔年上，不能通关，两申夹一辰，辰土之气，尽泄于申，一变而成半汇水局，又不是土之元神，年支未土，当中一点丁火，上盖癸水，丁火也处休囚之候，母体怎能不病？一般看四柱，观其子既知其母，又可究其父。

第九节　综合应用篇

1. 四柱测流年

我的一位搞黄金生意的客户，2001年12月的一天晚上来我家求测上一年（2000年）及本年的运气情况，看有什么事发生。我问明其出生年月日时后，排其四柱如下：

```
        正官  偏官  日元  劫财
乾造：  甲辰  乙亥  己未  戊辰
```

析断：

我断他2000年（庚辰）：日干己土见流年"庚金"为伤官，四柱上的月柱偏官（七杀）紧贴日主，时柱"劫财"也紧贴日主。2000年即为"伤官"主事,伤官见七杀为凶神聚会,2000年必有因官灾破财之事。2001年(辛巳):日干巳土见流年辛金为"食神",本年为吉神"食神"主事,因"食神"可制煞化煞,七煞不能为患,2001年运势较顺,财运亦可以。

求测者反馈:2000年确实有一场官灾破财,去东北做黄金交易被抓获,花了两万余元,还被拘留好几天。2001年确实较顺,生意还算可以,没出什么大事。

2. 让试者心服口服

一日,有一位熟人,带着一个人,前来坐访,言谈间,其人对四柱和周易提出质疑。说从四柱中知人富贵贫贱,很多先生,都算不准。我说:"子平曾说过,四柱断人死生,十之一二,断人富贵贫贱,十之八九。"其人说:"我同村与我同日出生的人,就有六个,你是否知道其贫穷富贵?"我说:"请你道出四柱,让我试试看。"

乾造:**庚戌 乙酉 乙巳 丁丑**
孪生兄弟(廿三酉时秋分)立命:**癸未**

析断:
乙木生于桂月,月上比劫,见庚而合化。月、日一时支组成杀局,时上一点丁火,可谓一将当关。日主本弱,欲从化之,受丁火之制,化不成,日主无所适从,故慈悲为怀而心无主见矣。年支戌属燥土,含金土硬,不是石头是什么?纵观全局,如人处之环境矣。

乾造:**庚戌 乙酉 乙巳 己卯**
立命:**辛巳**

析断：

此造日禄归时，本来日支巳中丙火可用，可惜巳酉一合，已失其用，己土耗其日主之气，年支戌中燥土含金，土中金多，也是石头，杀强身弱，何富之有？

乾造：**庚戌　乙酉　乙巳　庚辰**
大运：**丙戌　丁亥　戊子　己丑　庚寅　辛卯**
立命：**庚辰**

析断：

此造天干双合双化，日主化而其不实，辰中犹有乙癸水木之余气，日主为无能之人。宜去其寡而成其众；满盘金气，土润金在，又是石头也。性情执拗，何来机遇？

大运男走北辙，五岁四个月上运：

纵观大运，命主宜走向北方，草创成家，勉强度日，而成人伦。

坤造：**庚戌　乙酉　乙巳　壬午**
立命：**戊寅**

析断：

此造时上正印，能化官星，时支午火，能制杀气，毕竟杀重身轻。惜乎壬水远隔，夫不得用。性温柔而端淑，只能勤力持家。

坤造：**庚戌　乙酉　乙巳　乙酉**
大运：**甲申　癸未　壬午　辛巳　庚辰　己卯**
立命：**丁亥**

析断：

此造三朋拜官，要从也得从，不从也得从，命该如此，怎生奈何？

若不远嫁，哪来富贵寿高？若要远嫁，无耐路途三千。

大运：女奔南辕，四岁八个月上运。

纵观大运，奔向南离，幸而天干壬癸之化，地支午未之会，不致杀气攻身，勤力持家矣。纵观上面诸造，我当时如此速断：

年月二柱，对日主毫无用处，何来祖业？故而断其家必贫，祖上都是穷人。官星在年月，不是从，肩劫在月上，故断其都不是长子。印星不见，或见而不得地，故断文化不高。官星重而财星少，岁运无引化，故断至今仍未得大财，不发达。男的婚姻，一遇印星之流年岁运，自身逢生，肩劫亦逢生，两乙有争合之嫌。女的官星先被人合，然后才是自身，故断婚姻都不顺。还有，诸造金多土少，含金之土，是石头，可见这个村落，四周山头，多是石头，石头既多，何来成样的树木？还有一个命造属于第二天子时的，第二天就是丙午，丙带羊刃，逢戊子时辰，羊刃一冲即凶，秋日余辉，怎不带伤？至少要破相了。

3. 日弱又逢岁干冲　　必主祸耗不遂意

李小姐（河北人），今年33岁了，在美容行业奋斗了五年，如今遇到家庭挫折。今年农历六月，正式离婚了。其八字如下：

四柱：**辛亥　辛丑　丙午　戊戌**
大运：**甲辰**
流年：**癸未**

简析：

命主丙火日干生于冬天十二月湿土旺季，年月柱及时柱皆为寒金冷水冻土，日支坐午火，但仍是缺少生机。身弱喜印比，忌土。李小姐目前走的大运为甲辰，遇今年癸未，命运岁构成了"辰戌丑未"四库俱全，土为命局所忌，又是命主之伤官，今年太岁"正官"透出而无根，可怜的"正官"被一大群凶猛的"伤官"吞噬了。家庭不再圆满。破碎的家使李小姐伤心痛苦。常言道：祸不单行。李小姐经营的美容院生意

不景气。于九月,因商场装修停业而被迫把放在商场促销的大批产品(化妆品)搬回院内存放,转眼就是十二月了,才放回商场促销。这一积压就是三个月,损失了许多钱,真是屋漏又逢连夜雨——倒霉呀!

4.巳火受伤,帮身不利

魏小姐(四川人),今年28岁,曾一起工作过的同事。八月十五中秋节到我家玩,报出了八字让我测一测。其八字如下:

四柱:**丙辰　己亥　丁巳　辛亥**
大运:**丙申**
流年:**癸未**

简析:

命主丁火生于冬天十月水旺季节。月干己土与时干辛金皆为泄耗丁火之物,时支亥水,年支辰土也是克泄丁火之物,虽然日主丁坐下有巳火,但月、时两亥夹克,巳火严重受伤,帮身不利,年干上丙火与日主远隔千山万水,难于帮身,故说丁日主非常弱,喜印比,忌土水。我告诉李小姐,今年农历四月,十月防伤灾。我问她上半年是否有伤灾?她开始摇了摇头"没有"。后忽然想起什么似地高声说:"哦!今年农历四月份,曾引产过。"她一边说也一边报怨:"我放避孕环已经近十年了,什么时候脱落出来也不知道,竟然怀上了也不知道。待肚子大起来了检查才知道,真是倒霉透了,我花耗了一千多元才把这事搞定。"我接着说:"你不要掉以轻心,今年十月份癸子月还得防伤、病灾呢。"她说:"身体不好是常事了,有病该用的钱就得用。只怕伤的事情,真难说吗?"今年十月廿八晚,她打来电话,说她九月份又怀上了,过几天就去医院流产,苦笑地怨着,怎么一年内流产两次的事情让她给遇上了,还夸我算得准。我对她说:"这是你命中带的信息,我只不过是看到了说给你听而已。是你没有高度重视小心避之。"

5. 命岁运三刑　今年破大财

陈小姐（海南琼中人），今年43岁。养猪专业户。11月20日准备去广西进一批猪苗。其八字如下：

四柱：辛丑　癸巳　丁卯　癸卯
大运：戊戌
流年：癸未

简析：

日主丁火生于夏天四月火旺季节，生逢时令，日下坐卯木生助，时支卯得时干生而旺助丁火，年柱泄耗丁火，丁火有生有助，有泄有耗，命局较为平衡。目前大运戊戌土旺，流年癸未为土旺，且命岁运构成三刑，刑在年柱。流年癸透出，与命局两癸水构成三癸水冲一丁火，我说"她今年破了大财"。她说："三月份，父亲因病重无救死于医院，丧事一共花了八千元。九月份在家做饭煮菜时，煤气灶连同炒菜锅一起掉下来，我当时竟忘了锅还是烫的，用手去接，结果烫伤手，上了半个月的药才好呢。十月份，我们家的猪死了四头，其他的让我连夜就卖掉处理了。要不然可就惨不忍睹了。四头死猪没人收购也不敢自己私自拿到镇上卖，故埋掉算处理了，共亏了三千多元。现已经搬家到另一个农场，继续养猪，这次我就是准备去买猪苗的。"说完这些话，她长长地舒了一口气："你看我明年怎么样？"我说："2004年甲申，2005年乙酉都是财运亨通的年份，放心大胆去干吧。"她满足地笑了。

6. 三癸水冲克一丁火

韩小姐（海口人），今年33岁，在一家企业做会计。听别人说我会算命，于是公历9月里的一个星期天，让我给她算一算。她的八字如下：

圆通达观（下）

四柱：辛亥　庚子　丁丑　癸卯
大运：癸卯
流年：癸未

简析：
日主丁火生于冬天十一月份水旺季节，命局中"亥子丑"三汇水局，时干透水。命岁运天干三癸水冲克一丁火，大凶。月干为庚辛金生水耗火，时干上癸水克火，时支卯木有时干癸水生之，卯木可以生日主，四柱克耗多，生助少，命主喜印比，忌金水土。我顺手拿了她的右手（这是我看命的习惯，对于女命我想更好地参看生命线、感情线及婚姻线）一条断开的生命线很刺眼地映入眼帘。心想：完了，会不会是夭命？但仍不相信地凑近细看，是有一条细横纹穿过接上。我对她说："十一（癸亥月）注意伤灾横祸，小孩就让他爸送就行了，少出门，注意行路安全。你的眼睛，心脏不好，贫血，身体差。"她说是这样。只是正好十月份丈夫要出国考察，自己不得不送孩子上学的。我千叮万嘱让她时刻留神，不到今年结束都别掉以轻心。农历十月十三日酉时（即癸未年癸亥月癸未日酉时），在接孩子回家（坐的士，说是为了安全方便）的路上，与一辆中巴车撞上了，右脚骨折了，眼睛给碎玻璃扎伤，孩子坐在后座，只是当时给吓傻了，过后慢慢清醒就没事了。唉！我为她叹道：是福不是祸，是祸躲不过呀，认命吧。

7. 金土一片，不见木火

刘先生（云南人，在海口工作），时年36岁，从事于交通部门。今年五月动了甲状腺摘除手术，现在好了，其八字如下：

四柱：戊申　辛酉　丁未　辛丑
大运：乙丑
流年：癸未

简析：

日主丁火生于秋天金旺季节，四柱中皆为金土一片，不见木火，故说其八字为从格。目前走乙丑大运，乙木透出，癸未流年，癸水透出，丁癸相冲克，今年五月做的手术；五月为戊午月，戊癸化火（在五月火旺季节成化），火有了根就克金，金怒则克木（因为无水通关），甲状腺在脖子处，也属木，故有手术（手术刀也主金）之苦。其妻说，中药、西药都吃了几年，就是不见效，只有手术后才看到了希望。我想这也许是命理所使吧。

8. 食伤太旺泄日主

家母，今年66岁，庶民。时年三月初九摔了一跤，伤势较重。她的八字如下：

坤造：戊寅　癸亥　丁未　丙午
大运：丙辰
流年：癸未
流月：丙辰
流日：丁丑

简析：

日主丁火生于冬天十月水旺季节，日支坐未土泄之，月干透癸水克之，时柱丙午生助日主，年支寅木生助日主。命局水旺，食伤旺，命不弱，平衡命局日主虽有火助，但逢水旺季节克身，土不弱泄身，日主仍为中和偏点弱，如今走丙辰大运，癸未流年，遇丙辰月份癸丑日，真是食伤太旺泄日主，太岁冲克日主丁火，故有伤灾。好在流月、流日、大运天干都透着丙丁火，故只是伤灾而无生命之忧。原来冥冥之中，命运在安排着一切。就算知道了有伤灾，仍然没躲过，注意防范当中，也许这叫作大灾化小吧，否则要外出坐车，也许会断手脚也不一定呢。

9. 四柱地支全为土

唐先生（海南人），时年37岁，现代塑胶股份有限公司技术员，中专毕业。时年六月（己未），因企业效益不好，企业整编职工队伍，"光荣下岗"了。无奈无望之余，来找我算命，看做哪一行有出路；哪一年财运好？……我给他算命之余仍不忘热心和鼓励他一番，让他振作起来。

四柱：丁未　丁未　丁丑　丁未
大运：癸卯
流年：癸未

简析：

日主丁火生于四季土旺季节，四柱地支全为土，泄日主丁火。大运癸卯，流年癸未，天干遇癸水冲克，命岁地支受旺土泄之，日支与岁支逢冲，土更旺。土为食伤，伤者伤官也，故命主事业受挫，一筹莫展。"失业不可怕，失志要不得。"但愿他谋望成功。

10. 日柱与时冲，妇科患疾病

	印	比	日	财		
坤造：	乙巳	丙戌	丙申	庚寅		
大运：	丁亥	戊子	己丑	庚寅	辛卯	壬辰
	10	20	30	40	50	60
	1974	1984	1994	2004	2014	2024

简析：

其妇个子较高，面红，个性易怒易躁，其丈夫五行属金，面方正，日柱与时冲，妇科疾病，又居伤官运，故夫妻相克，不在一处较好。大运伤官己土，流年食神戊土，太岁寅木旺极。子平云："土虚乘木旺之乡，脾伤定论。"又主牙疾。《滴天髓》云："土燥不能生金，火烈自能枯木，肾经必虚；土虚不能制木，木旺自能克土，脾胃必伤。"我判断她脾胃有疾，过卯年会逐步自愈。

实际情况：其妇身高1.70米，面红易怒，丈夫在外地工作。1998年戊寅犯牙疾，多食之症，遍诊名医，求治无效。做过全面检查无结果，最终以内分泌失调、脾胃失调来治。1999年三月略轻。后来庚辰年见到她说身体病症遂步见轻。我又细观其手相，发现她姆指甲长出一条黑线，像铅笔画的一般，从相书望诊中说：表明内脏机能应付不了过度的营养消耗和内脏功能障碍引起的维生维 B_{12} 的大量消耗，所以产生了这种黑条变，给予补充 B_{12} 以后，黑条变就会消失，从而可以预防癌变的发生。如果不治愈，黑条变会增多到每一手指，当手指甲上消失了黑条变，这时已是癌症的后期，仪器可以顺利地检查出来，可这时已是3—5年以后的事了。后来按照我的建议用维生维 B_{12} 一补便愈。我惊奇四柱与相学对人的病症显示是如此的相符。

11. 祖业根基如同画饼

```
        七杀    食      日      比肩
坤造：  丁酉    癸卯    辛丑    辛卯
大运：  甲辰    乙巳    丙午    丁未    戊申    己酉
        2       12      22      32      42      52
        1959    1969    1979    1989    1999    2009
```

简析：

此命金木相兼，胖瘦适中。大运戊申金略旺，皮白细。年月相冲，兄弟宫有损，父寿短于母寿，婚不如意，20岁结婚，28岁甲子年疾病缠身，37岁癸酉年伤兄，丁未运中丙子年伤父。丁丑年二月离婚应有一女一子。按其四柱运程可以判定此人应是杏子眼或火轮眼（由于四柱火衰，故不是火轮眼），37岁犯刑克眼运极差。眉应是疏散眉（因姐妹宫冲），还因时居卯时，食神透露，故眼必大。更敢定为是杏子眼，40

岁、41岁应是山根部位低断，眉目相克，刑克年限在山限，祖业根基如同画饼。印堂不太明净应有痣或纹痕（28岁主印堂部位）。目下可能有悬针是刑夫克子再嫁之象。此人脾气温和，内中伤心，多眷恋手足之情，以致婚姻不美满，贪生忘克，酉金加重，必然克制偏才，克了父兄之后才会离婚。后来见到此人，相貌果如所言。

12. 杂事如何取用

一、四柱中皆无所藏天干透出，就以本气推论。

甲子　辛未　辛酉　壬辰

未中暗藏乙己丁，四个天干中无一透出，推命时，就以本气土论。

二、月令中暗藏之神，何干透出，便以何五行论。

丁卯　庚戌　庚午　丁亥

戌中暗藏辛丁戊，丁火明透于年时二干，戌土就以火论，格取正官。

三、月支中暗藏之神二干或三干皆透，则以轻重喜忌取用。

壬午　癸丑　甲申　己巳

丑中暗藏癸己皆透，己土虽为原神，却居时干，与月令远离，又被甲木隔绝。癸水余气却坐丑土，即得壬水相助，又为会局用神，所以丑土以水论。

但在实例推论中，却与此论有矛盾：

甲申　乙亥　丙戌　庚寅

刘运使命造。寅戌拱丙成火局，身不弱。亥杀得申财相生且司权，杀气更盛。相较之下，身弱杀强。丙子、丁丑二运，官星助杀，少年蹭蹬。一入戊寅大运，印绶化杀生身；继而南方，日元得根，均助身任杀，因而仕途步步升腾。

若按所规定之法论（请看法二），此造亥中藏有壬甲。此甲木透出，应弃壬水而以木论，可此断却弃甲木食神而按壬水七杀论，与所规定的法则不符。

对地支"杂气"的取用则注重以下两点：

一、原则上以本气（土）论。比如前面所举的法一。

二、看是否符合"生扶得旺，合会变质"八个字，透干只起辅助作用。

按此法来分解一下前面所举的法二：

卯戌合化火，午戌拱火，土气变火，再加上火透干以助之，火"生扶得旺"而土则"合会变质"，因此以火看。

再分解前面所举的法三：

丑土有午巳二火生，己土透干又坐下巳火生扶，丑土属"生扶得旺"，不属"合会变质"。癸水虽坐丑有根，因为土为本气，故仍需以土看，而不能以水看。

再分解前面那个实例：

亥中藏有壬水和甲木，虽然壬水未透而甲木却透出天干，因亥中壬水有申金贴生，属"生扶得旺"，不属"合会变质"，故以水看，而不以木看。

13. 克父信息（一）

乾造：　甲寅　　甲戌　　乙酉　　壬午
大运：　乙亥　　丙子　　丁丑　　戊寅
　岁：　　9　　　19　　　29　　　39
　年：　1983　1993　2003　2013

简析：

原命局日主乙木生在戌月休囚失令，以年支寅木中的甲木为强根，天干两甲木比劫帮扶，印星壬水生之，日主乙木偏旺，命局中天干财星不现，以地支戌土为财星为父，戌土财星虽然在月当令，但受年支寅木贴近相克，月支酉金化泄，戌土财星处在克泄交加的状况，幸喜时支午火克日支酉金，酉金受伤难以化泄戌土财星，时支午火，一是财的原神；二是起到牵制酉金的作用，当时支午火受伤时，命主必有丧父之忧，结合大运看，乙亥运，时支午火虽处绝地，由于地支亥水与年支寅木相合，贪合忘克，时支午火无伤，此步运不会产生克父的信息；丙子运，时支午火处绝地，又子午冲，时支午火受伤，午火再也不能牵制日支酉金，此时戌土财星处在克泄交加的状态，此步运已产生不利于父亲的信息，下一步结合流年找出克父的信息，从流年推理，癸酉年，命局中寅木处绝地，午火处死地，虽然两酉化泄财星戌土，财星戌土无事，不会克父；甲戌年，财星戌土临旺地，父亲无事，乙亥年，命局中寅木得长生相合，不克戌土财星，但亥水必尽还化泄酉金，午火无伤，父亲无事，丙子年两子冲一午，午火不能克制日支酉金，子水化泄酉金，寅木得子水之生克财星戌土，断此年父亲应有病灾，反馈此年父亲得膀胱癌，丁丑年戌土财星临旺地，但与丑土相刑，断此年父亲应有伤灾，反馈，此年父亲得膀胱癌做手术，戊寅年，寅午戌合而不化为绊，克力减小，寅午戌合，解子午冲，断此年父亲病情好转，反馈，确实父病有所好转，己卯年太岁卯木合克戌土财星，甲己合己土受克，断此年应丧父，反馈正确，卯酉冲，冲动夫妻宫，卯酉又为桃花，断此年还有恋爱的信息，但难成。实际此年定婚又退婚。

14. 克父信息（二）

乾造：乙未　壬午　丙辰　辛卯
大运：辛巳　庚辰　己卯　戊寅
岁：　　6　　16　　26　　36
年：　1961　1971　1981　1991

简析：

原命局午未合午火不生辰土，卯木克辰土，辰土为湿土是辛金财星的原神，当辰土受伤时，必然会对财星辛金不利。结合大运看，第一步运辛巳，日主走比肩旺地，本对财星不利，由于巳火与命局的组合关系，巳火生辰土，财星的原神辰土不受伤反而得生，此步运命主不会克父；第二步运庚辰，财星原神辰土临旺地，更不会受伤，此步运不会克父；第三步运己卯，卯木生午火，午火又生辰土原神，辰土原神得生，此步运也不会克父；第四步运戊寅，与命局形成寅卯辰会东方木局，又是原神辰土的死地，辰土原神受伤，此步运有克父的信息。下一步结合流年找出克父的信息，从流年推理，辛未年原神辰土的旺地，此年父亲无事，壬申年，申冲寅，破寅卯辰东方木局，辰土不伤，此年父亲无事，癸酉年，酉冲卯破寅卯辰东方木局，辰土不伤，此年父亲无事，甲戌年原神辰土的旺地，辰戌冲，土越冲越旺，此年父亲无事。乙亥年与命局形成亥卯未合木局，午火生辰土，此年父亲无事。丙子年子午冲，辰土不伤，此年父亲无事。丁丑年，原神辰土的旺地，丑未冲，冲动年支只能说明母亲有走运之象，此年父亲无事。戊寅年，寅卯辰会局增力，因寅木不是会局中神，断此年父亲应有病灾。

反馈，父亲此年得胃癌。己卯年寅卯辰会局增力更大，卯木为会局中神，卯未有半合木局，断此年命主丧父，反馈正确。

15. 克父信息（三）

日主在原命局有强根逢比劫大运有克父的信息，找出此步大运对财星不利的流年。

```
坤造： 己亥    乙亥    乙卯    己卯
大运： 丙子    丁丑    戊寅    己卯
（岁）  3      13     23     33
（年） 1962   1972   1982   1992
```

简析：

原命局日主乙木自坐强根，在月旺相，地支水木一气，又有月干乙木比肩帮扶，日主明显旺相有力，身强力壮自然会伤克其他五行，在命局中被日主乙木克的有年时干己土偏财星，命局中已呈现出不利父的信息。结合大运看，丙子运日主乙木被大运丙火化泄，丙火又生己土，此步运不会克父。丁丑运同样，丁火化泄日主乙木，丁火又生己土，财星有根，此步运不会克父。戊寅运，寅为日主的劫财之地，此步运不会克父。己卯运，卯为日主比肩之地，此步运已产生克父的信息。下一步结合流年分析，壬申年，申卯暗合，卯木减力，此年不会丧父。癸酉年，酉冲卯，卯木减力，此年不会丧父。甲戌年，卯戌合绊减力，甲己合，财星受克，断此年父亲有病灾，实际得肾病，乙亥年比肩旺地，断父亲难过此年。

16. 克父信息（四）

财星在原命局虚弱无根，大运财星逢根时，比劫流年对父不利。

```
乾造： 甲辰    辛未    丙寅    辛卯
大运： 壬申    癸酉    甲戌
（岁）  7      17     27
（年） 1971   1981   1991
```

简析：

原命局财星辛金虚浮，进入癸酉运，酉金为辛金之根，（酉金含有辛金，注意申金酉金的区别）此五行开始受丙火之克，只待流年引发，辛酉年财的旺地，比劫克不动财星，此年财星无事。壬戌年，日主丙火入戌库，日主丙火减力，此年财星无事。癸亥年，丙火的绝地，此年财星无事。甲子年也是丙火的绝地，此年财星无事。乙丑年丙火的泄地，此年财星无事。丙寅年，丙火的长生之地，丙火合克辛金，此年父应有病灾，实际此年父亲得半身不遂。丁卯年，卯酉冲，比劫克财，此年父继续有病灾。戊辰年与命局形成寅卯辰会而不化为绊，火减力，此年父亲病情稍有好转。己巳年，巳火合克酉金，财星辛金的根伤，巳火为丙火的旺地，此年丧父。

17. 克子命例剖析（一）

一女，生于一九五零年腊月廿五日戌时

```
         枭    官    日元   枭
坤造：  庚寅   己丑   壬申   庚戌
大运：  乙酉
流年：  戊寅（1998 年）
```

简析：

此造壬水坐印，得申之长生，丑月泥土当为壬日主之根，更嫌岁、时双印得根生身，日主偏旺无疑。因有月上官星以时支戌土为根制身而不从强，当以年支寅木食伤子女星为用，用神弱而受制潜藏着克子信息。已土官星制身本为喜，只可惜，已土被年上庚金盗泄成官印相生反助日主。

女命寅中甲木食神为女儿，因寅被盖头，女儿星被破坏，故先看乙木伤官为儿（本人只有一独生儿子）。乙酉运，子女星透出，原局已有申戌二字，酉运之会忌神印局大凶，乙木被庚金克合，"印星重必损子"，运干已见子女星，再寻得根之年，1998 年戊寅本是用神到位，只可惜"枪打出头鸟",其独生儿子于1998年戌月庚戌日晚上开出租车送客一去不归,人、车被劫,至今死而无尸,只在戌方回收站发现了改形后的出租车。

我在实践中见庚戌二字作金舆星或庚辰之类与车祸命理应验较多,此造庚戌在时柱,不正表示其子开车吗?在岁运中出现的也算。

18. 克子命例剖析(二)

二舅生于一九四二年四月十六日戌时

```
         劫      食      日元     劫
乾造: 壬午    乙巳    癸未    壬戌
大运: 庚戌
流年: 辛未(1991年)
```

简析:

癸生巳月,虽干透壬、癸三重,然地支却是火、土一片,巳午未会火、未、戌燥土,局中火旺以火论之,日元从财。月上乙木食神泄岁、月两水又生财,当为喜神。此局印、比为忌,坏乙则悲!

49岁一进庚戌大运的第二年,流年辛未,岁、运冲乙合食又生身,干水无泄,正、偏印生身坏格为凶,食神被制当主子女之灾。1991年巳月丙子日酉时,本来年满十八岁的大女儿,在县里做缝纫住在亲戚家挺好的,我二舅为了让孩子回家喝顿汤,便趁为大队拖水泥管的车路过,专门叫司机停车,自己去把女儿叫来让其与一吨左右重的水泥管并排站在神牛拖车上,自己则与司机挤在司机台里,没想到仅二十多分钟后就亲自将自己的女儿送上了不归路。快到家的路上,司机为避让前面一玩泥巴的小孩,便猛打方向盘致其翻车,我表妹就这样一下子被水泥管重重的压住,十几人赶来抬管子,但抬不动,先剪下长发,后又一辗一辗的像压面条一样把孩子给压偏断气。我去看时,托尸的棉被还在苦楝树上滴血。

值得注意的是，此局也是庚戌大运金舆星为忌而制食伤子女星，也是车祸。

19. 克子命例剖析（三）

其女儿生于一九七三年十一月十七日卯时。

坤造：癸丑　甲子　辛巳　辛卯

第一步运9岁进乙丑。1991年18岁流年：辛未。

简析：

辛金日主坐杀，卯木回生巳火杀身源，子丑合土身微生辛金而不从势，日主极弱，一旦子、丑破合，则杀泄交加而大凶。辛未年冲丑破子丑之合，身弱坏印而亡。

20. 克子命例剖析（四）

男：一九五四年六月初二午时

　　　　　杀　　　食　　　日元　　　比
乾造：甲午　庚午　戊午　戊午
大运：乙亥
流年：辛巳（2001年）

简析：

戊土日主连带四刃而从强，极易判明，甲木七杀弱而为忌。从强格虽不宜庚金泄之，但此处食神弱而危害尚轻，同时庚食制甲为喜。

还有一层意思就是，凡在从强格中食伤泄身为忌，但出现在原局中与生俱来已成习惯，相当于人之机体在长期生活中已产生了抗药性，或曰自幼生命力强已能适应；如果原局不带，而在岁运中灾遇伤食，则以凶断。

乙亥运官杀并见混杂为凶，乙坐亥有力，大运与流年先作用，天克地冲，辛金实为喜神（可助庚制甲），巳火为用神，喜用被冲为凶，伤食被冲，亥水犯火怒，一般易友也会断亥水犯火怒应有水、火之灾，流年重天干则应断子女有灾，实际情况是辛巳年巳月，其一对活蹦乱跳的双胞胎儿子爬变压器被电击死。

地支四重午火越看越像三根火线一根零线，又像并排的电杆，火为电啊！

21. 克子命例剖析（五）

下面是一个生双胞胎的母亲的八字。

坤造：戊子　丁巳　己亥　乙亥

简析：

亥水为肾，双亥，两胎并存之义。可惜巳亥逢冲得损一个（实生一对儿）。此局年支子、日支亥，两水夹克又冲月支巳火，日主偏弱，八字只有巳火中独藏一庚金伤官与日时近冲，只有一子之命。大双卯时生，几岁时误食老鼠药已亡。丁巳　庚戌　乙卯　己卯，小双辰时生，现在很好。此母亲后在壬子年又抱养了一女现在已十二岁。

坤造母亲：丁亥　辛亥　丁未　辛亥

于甲寅年丙子月乙酉日戊寅时生下一对双胞胎儿女。此局日主极弱，幸喜未土贴身制群狼而为日主之根，伤食为用坐支得力，子女成人而不克子。

22. 析命局　论死因（一）

范仲庵： 生于宋太宗端拱二年八月初二，死于宋仁宗皇佑四年五月二十日。

```
         印      伤      日      官
命造：   己      癸      庚      丁
         丑      酉      戌      丑
        己辛癸   辛     戊辛丁  己辛癸
```

命宫：辛未
大运：　己巳　　戊辰　　丁卯　　丙寅
岁：　　31　　　41　　　51　　　61

死于64岁壬辰年（勾绞），大运丙寅（孤辰、官符），小运癸酉（白虎）。

析命局：

日主庚金生于酉月羊刃当令，地支丑酉合金、酉戌会金，丑未相冲，旺土生金。干透己土生庚辛，以金旺为病，取丁火之官星为用，此用神遭癸水克、强金耗、群土泄，仅戌中一点丁根又被二丑刑去，丁无木生乃浮游之火，喜用皆无力。

论死因：命主死于丙寅运，为何喜用神到位还遭灭顶之灾？因为命中丁火弱不受生，运寅遭强金克削、众土耗，自身难保无生火之力。死年壬辰，小运癸酉，太岁辰与日支戌冲开水库与岁君壬水、月干癸水小运癸水、相聚汇成涛涛洪水，制丙丁火于死地，喜用皆遭重伤而亡身。四柱统看：天干壬丙、癸丁宣战，地支辰戌相冲，丑戌未三刑。运寅为孤辰、官符。岁辰为勾绞，小运酉为白虎，皆为凶神。

23. 析命局　论死因（二）

孔子：生于周灵王21年8月28日，死于周敬王41年2月21日。

```
         比      财      日      才
命造：   庚      乙      庚      甲
         戌      酉      子      申
        戊辛丁   辛      癸     庚壬戊
```

命宫：戊子
大运： 己丑   庚寅   辛卯   壬辰   癸巳
岁：   36   46   56   66   76

死于73岁壬戌年（吊客），大运壬辰（披头），小运丙申（吊客）。

析命局：

日主庚金生于酉月羊刃当令，地支申酉戌会金局，天干庚金助身而身旺。取年支戌中丁火为用，喜木生火，命中之甲乙木被强金围克，克掉火源。地支申子合水冲克丁火用神，用神无力。

论死因：73岁壬戌年大运壬辰，小运丙申，天干二壬以子水为强根，涛涛洪水制用神火于死地。地支二戌冲辰，旺土生五金，直克喜神甲乙木。喜用全倒，必死无疑。大运之辰逢日空，二戌冲辰犯太岁，太岁与小运临吊客，大运之辰临披头，皆为丧神。

24. 析命局　论死因（三）

汉光武皇帝：生于哀帝建平元年12月6日，死于后汉建武中元二年二月五日。

```
              劫      财      日      才
命造：       乙      己      甲      丙
              卯      丑      子      寅
              乙    己辛癸    癸    甲丙戊
```

命宫：戊寅
大运：　丙戌　　乙酉　　甲申　　癸未
岁：　 23　　　33　　　43　　　53

死于63岁丁巳年（孤辰、元辰），大运癸未。

析命局：
　　天干甲己合土、地支子丑合土，皆合而不化，因日主甲木通根于寅卯为强根。年柱乙卯木能和月柱己丑土对抗。地支子丑以半会论之。因丑为湿土可助水生木，日主旺，取官（丑中之辛）为用。
　　论死因：运入癸未乡（重点看未），卯未合木助忌，天干癸水生木也为忌，死年丁巳为伤官年，二寅刑巳，火更旺。从组合看，甲、寅、寅、乙卯、卯未，七木生丙丁巳火。用神之辛官，被旺火焚烧而身亡。大运癸未与月柱己丑天克地冲。太岁巳临孤辰、元辰，为凶神。

25. 析命局　论死因（四）

邵雍：生于宋真宗祥符4年12月25日，死于宋神宗熙宁10年7月5日。

```
              官      官      日      比
命造：       辛      辛      甲      甲
              亥      丑      子      戌
              壬甲    己辛癸    癸    戊辛丁
```

大运： 丁酉　　丙申　　乙未　　甲午
岁：　　37　　　47　　　57　　　67

死于67岁丁巳年（披头、元辰），大运乙未（白虎）。

析命局：
地支亥子丑欲会水而不能，因当令之丑土，有克水之力，时支戌土为燥土，置子水于死地，天干无水引化，故地支子丑以合土论，天干二辛通根于月令丑中之辛，辛得令生，官旺身弱。取甲木助身为用，水为喜神。

论死因：死于乙未大运丁巳流年，地支丑戌未三刑，丑未相冲，土逢刑冲以去皮论。旺土生杀攻身。群土制亥，断了生木之源。太岁丁巳，火助土威，用神之甲，逢太岁泄，群土耗，旺杀制用神遭重伤而亡身。太岁丁巳与年柱辛亥天克地冲（太岁当年坐，冒犯必有祸）。大运乙未与月柱辛丑天克地冲（月令提纲不可冲，冲者十有九为凶）。死年之巳临披头、元辰，大运之未临白虎，皆凶神。

26. 析命局　论死因（五）

岳飞：生于宋徽宗崇宁二年2月15日，死于南宋高宗绍兴11年12月29日。

```
            印      劫      日      财
命造：      癸      乙      甲      己
            未      卯      子      巳
           己乙丁   乙      癸     戊丙庚
```

命宫：庚申
大运：　甲寅　　癸丑　　壬子　　辛亥
岁：　　8　　　18　　　28　　　38

死于39岁辛酉年辛丑月（灾煞、披头），大运辛亥（官符、亡神）。

析命局：

日主甲木生于乙卯月，逢癸子水相生，日主旺，取金为用。此命局必须看命宫庚申，若无此杀星制劫，岳飞也不会成为领兵打仗的武将。

论死因：由于岁运的介入，用神变成了忌神，形成金木交战（大运在辛），金——庚申、辛酉、辛、辛、巳酉丑。木——甲、乙卯。交战结果，金胜木败。金之官杀太旺，木也有强根而不从，三木奋力拼杀，敌不过八金，全军覆灭而亡身。太岁辛酉与月柱乙卯天克地冲。羊刃在月卯，飞刃在岁酉，相互攻击，羊刃逢冲遭祸殃。岁酉临灾煞，披头，运亥临官符，亡神，皆凶神。

27. 析命局　论死因（六）

释了元： 生于宋仁宗天圣10年5月19日，死于宋哲宗绍圣五年正月初四。

```
        财    印    日    杀
命造：  壬    丙    己    乙
        申    午    丑    丑
       庚戊壬 丁己  己辛癸 己辛癸
```

命宫：己酉

大运：　己酉　　庚戌　　辛亥　　壬子　　癸丑
岁：　　21　　　31　　　41　　　51　　　61

死于67岁戊寅年（孤辰、劫煞），大运癸丑（隔角）。

析命局：

此命局以丙午火生己丑土为病，用水调候，喜金生水，有群土克水，用神无力，丑为湿土逢丙午月湿气全消。

论死因：癸丑运（重点看丑）戊寅年，寅午合火，戊癸合火，有命局丙午助起火势，火制申，克断水源，旺火生六土，六土联合围攻用神壬癸水而亡身。流年太岁戊寅与当生太岁壬申天克地冲。岁寅临孤辰、劫煞，运丑临隔角，皆凶神。

28. 析命局　论死因（七）

榭枋得：生于南宋宝庆2年2月24日，死于元世祖元二十六年4月5日。

	印	食	日	杀
命造：	丙戌	辛卯	己酉	乙亥
大运：	丁酉	戊戌	己亥	庚子
岁：	32	42	52	62

死于64岁己丑年（勾绞、官符），大运庚子（勾绞），小运癸亥（孤辰、劫煞）。

析命局：

食强——月干辛通酉之强根，得戊己土生。

杀旺——时干乙通卯之月令，逢亥水贴生。

日主逢克泄交加，取丙火印星化杀生身、制伤为用，一举三得，丙被辛合，暗藏危机。

论死因：岁己丑，运庚子，小限癸亥。与命局组成。食伤：庚、辛、酉丑。财星：癸、亥、亥子丑、丙辛，此时之丙辛可以合化为水，丙因合而变为忌神，水生木制弱身。逢己丑年比肩助弱主为何还有灾？因太岁丑与酉合，丑与运支子、时支亥会成水局，而制用神丙火。岁君己土逢强水冲击，也无力助日。日主己土逢金泄，水耗，木克，毫无生机而亡身。丑与戌刑，子与卯刑，亥亥自刑，戌亥为地网。岁丑临勾绞、官符，运子临勾绞，小限亥临孤辰、劫煞。

29. 析命局　论死因（八）

张邦昌：生于宋神宗元丰四年7月16日，死于宋高宗建炎元年。

```
         比      官      日      枭
命造：   辛      丙      辛      己
         酉      申      丑      亥
         辛     庚壬戊  己辛癸   壬甲

大运：  乙未     甲午    癸巳    壬辰
岁：     8       18      28      38
```

死于47岁丁未年（吊客、披头、寡宿），大运壬辰。

析命局：

辛生申月，羊刃当令，自坐身库，丑土贴生，地支丑酉合金，申酉半会金局，有天干二辛引化，干透己土生身，身旺为病，取官星丙火为用，丙无木生有众金反克，用神无力。

论死因：壬辰为大凶运，与命局组成：辰酉、丑酉、辛、辛、申一壬、亥、丙辛、申中之壬，丑中之癸七金生五水，制火于死地。丁未年，丁欲联合命中之丙与水抗争，因火无木生为无源之火，不敌有源之水，犯旺而亡身。太岁丁未与日柱辛丑天克地冲。太岁未临吊客、披头、寡宿。

30. 析命局　论死因（九）

朱熹：生于南宋高宗建炎四年9月15日，死于南宋宁宗庆元六年。

```
         杀    财    日    财
命造： 庚    丙    甲    庚
         戌    戌    寅    午
      戊辛丁 戊辛丁 甲丙戊 丁己
```

命宫：戊子
大运： 庚寅　　辛卯　　壬辰　　癸巳　　甲午
岁：　 34　　　44　　　54　　　64　　　74

死于71岁庚申年（吊客），大运癸巳（元辰、亡神、孤辰）。

析命局：
　　日主甲木虽自坐强根之寅，因地支寅午戌三合火局，有月干丙火引化，其寅根被旺火泄化，助身无力。天干透二庚七杀，通戌中辛根，杀旺，日主逢食伤泄，官杀克，此谓克泄交加。
　　论死因：71岁庚申年，大运癸巳与命局组成：天干三庚通太岁之申根，杀性大发。地支巳火又助三合之火势，泄身之能力加剧，忌克泄交加，岁运又入克泄交加乡，大祸临身。太岁庚申，与日柱甲寅天克地冲。太岁申临吊客，大运巳临元辰，孤辰，亡神。

31. 析命局　论死因（十）

关羽：生于后汉桓帝延熹三年6月24日，死于后汉献帝建安24年。

```
         食    杀    日    食
命造： 庚    甲    戊    庚
         子    申    午    申
         癸   庚壬戊  丁己  庚壬戊
```

大运： 丁亥　　　戊子　　　己丑　　　庚寅
岁：　 23　　　　33　　　　43　　　　53

死于60岁己亥年（亡神、劫煞），大运庚寅（孤辰、白虎）。

析命局：

此命局病在食神泄身太过，又逢财耗官克：天干二庚通根二申，地支申子合财，月干七杀攻身。身弱用印，子冲午，申子合水克午，印午受重伤，弱不受生。

论死因：庚寅运，天干庚助忌，地支寅为甲杀之强根，寅亥合杀，组成，庚、庚、庚、申、申——亥、子，申子——甲、寅亥。日主戊土，逢金泄，水耗，木克，毫无生机而亡身。大运庚寅与月柱甲申天克地冲，地支二申刑冲寅木。太岁亥临亡神、劫煞，大运寅临孤辰、白虎。

32. 析命局　论死因（十一）

欧阳修：生于宋真宗景德四年6月21日，死于宋神宗熙宁五年闰7月23日。

```
          食      杀      日      食
命造：    丁      戊      乙      戊
          未      申      卯      寅
        己乙丁  庚壬戊    乙    甲丙戊
```

命宫：丁未
大运：乙巳　　甲辰　　癸卯　　壬寅　　辛丑
岁：　 21　　　31　　　41　　　51　　　61

死于66岁壬子年（元辰、披麻），己酉月（灾煞、披头），大运辛丑（披头、寡宿、吊客）。

析命局：

此命局病在财多官旺，财——天干二丁生二戊，二戊贴耗日主乙木，二戊通根二未。官——群土生当令之申官。地支之寅卯木，被当令之申金冲克。无源之木（木无水生）遭旺金克伐，自身难保，助身无力。

论死因：运入辛丑乡，天干辛得六土生，地支一丑冲二未，旺土生申。为何会死于壬子年？因太岁子水与大运丑土相合为土变喜为忌。岁君壬水欲冲垮，戊、戊、未、未、己、丑六层堤坝，孤军作战，力不从心。到了该年己酉月，己助忌神土，酉助仇神金，立见死亡。大运辛丑与生年丁未天克地冲。流月己酉与日柱乙卯天克地冲。太岁子临元辰、披麻，大运丑临吊客、披头、寡宿。流月酉临披头、灾煞，七大凶神入命。

33. 析命局　论死因（十二）

王安石： 生于宋真宗天禧五年11月12日，死于宋哲宗元佑元年4月6日。

```
         枭       印       日       财
命造：   辛       庚       癸       丙
         酉       子       未       辰
         辛       癸      己乙丁   戊乙癸

大运：   丙申     乙未     甲午     癸巳
岁：     35       45       55       65
```

死于66岁丙寅年（元辰、亡神），大运癸巳（白虎、吊客）。

析命局：

命局印生身旺：天干庚辛生癸水，地支酉金生当令之子水，时支辰为水库，金水为忌神。取丙火调候为用，水旺火弱，用神无力，喜木生火。

论死因：死于丙寅年，喜用神到位而亡身。因岁君丙与年干辛合水为忌，有月令子水为根。大运巳与年支酉合金生水，有运干癸水引化。流年太岁寅木欲生丙，却知难而退。难在命局金的势力太大——庚、庚、辛、酉、巳酉、辰酉，组成钢铁长城。寅孤军作战，此为犯旺。岁寅临元辰、亡神，运巳临白虎、吊客，皆恶煞。

34. 断大运与应期（一）

乾造：　甲子　　庚午　　壬午　　壬寅
大运：　辛未　　壬申　　癸酉　　甲戌　　乙亥

简析：

身弱用子水，午火偏财为父，为忌神临月令，在坐下耗身又被时支寅木所生，为凶程度极重，断父早亡。辛未大运，未土虽绊午火，但也同时克伤子水。命局中靠的就是子水制午火，伤子水即不吉。

下两步运是壬申癸酉，申酉为空，虽不能生助子水，但也不制约子水，子水不受制就能制午火，故父不会亡于壬申癸酉运，而只能亡于第一步运中，再者，根据偏财午火在局中为凶的程度，也不可能断父亲亡于二三步运中。辛未运戊寅年，寅木为实忌神到，克伤未土不绊午火，寅木又生助午火，泄年支子水，子水受伤不制午火，午火又逢生旺无制大凶，本年父逝。

35. 断大运与应期（二）

行运能帮助决定应期的迟速。命局组合凶时，行运如好（制约忌神）可推迟应凶时间，行运如坏（生助忌神），则可加速应凶时间，命局组合吉时，应吉的迟速，与此同推。

乾造：壬午　己酉　戊子　甲寅
大运：庚戌　辛亥　壬子　癸丑　甲寅

简析：
　　身弱用午火，子水偏财为父，为忌神生于酉月很旺，又坐下耗身，为凶很重，幸有寅木七杀化泄子水，伤寅木时，子水不得化泄，父即应凶。依子水为凶的力量程度，断父亡于第一步大运的机会大，最多不会超过第二步大运。排出大运后，再根据大运与命局的作用而具体细定。
　　第一步大运为庚戌，戌土与命局中的午火、寅木成三合绊之势，午被绊不制酉，酉则全力生子水，寅被绊不泄子水，子水忌神逢生旺无制而应凶。然大运与命局中不相邻的字成三合绊时，力度较小，待流年再出现一个实绊字时，必凶。庚戌运庚寅年，寅木出现参与实绊，寅受制不泄子水，午被绊不克酉金，酉金无制全力生助子水，子水逢旺生无泄大凶，本年父亡。
　　注：子水为父，壬水代表父亲能力。
　　此局第二步大运为辛亥，亥水虽制午火，但却生合寅木，寅木旺就能泄子水，故父不会亡于此步大运，而只能亡于第一步运。

36. 断大运与应期（三）

　　命局中的字跳上舞台时，特别是吉凶神跳上大运时，也是决定应事的早晚和吉凶程度的一个主要因素。

乾造：辛亥　乙未　戊午　丙辰
大运：甲午　癸巳　壬辰　辛卯　庚寅

简析：
　　身旺用辰土，辰土晦火相当于水克火，发挥了日干财的作用，此即为财逢库地，富有千仓，1999己卯年，交入壬辰大运后，便大见起色（卯克辰不影响其晦之性），特别是庚辰年值令，一直财气冲门，辛巳年为其预测，并断壬午年，更可大发。

37. 断大运与应期（四）

乾造：壬辰　壬子　丙辰　丁巳
大运：癸丑　甲寅　乙卯　丙辰　丁巳
　　　 53　　 63　　 73　　 83　　 93

简析：
此命从弱，印为忌神，官灾之命，乙卯大运，乙木为忌神出现，又有卯木重根帮扶，此运必凶，1973年、1974年、1975年，皆为乙木忌神增力之年，1976年乙生丙为坏组合出现，皆应官灾（文革被整）。1977年乙木忌神受制，开始转吉，至1980年、1981年大吉，1982年乙木双旺，再次应凶。

38. 八字看死亡三则

乾造：己亥　己巳　戊戌　辛酉
大运：甲子
流年：辛巳　死亡

简析：
以己土为用，用神被大运甲木合，用神被合死亡，又甲为七杀，大运七杀攻身必死。

乾造：壬戌　丙午　壬申　戊申
大运：戊申
流年：辛巳

简析：

壬水生午月衰靠坐下申金为用。大运申、流年巳，巳申合，用神被伤必死。实际是被绑架凶手撕票杀害于辛巳年巳月。

乾造：壬辰　癸卯　癸酉　戊午
大运：戊申
流年：丁丑　死亡

简析：

癸水日元生卯月衰，天干比劫林立，壬水坐下辰土库根，可为用神。酉一被卯冲，二被午火克不足以作用神。大运戊申，戊癸合，身衰走合运不吉，流年丁丑，丁火生戊土，戊土合癸水力增大，再者流年丁合用神壬，这年腊月死于肝癌。

总结：用神被合应凶事，易友们亦可自己总结一下。看应验程度怎样。

39.《滴天髓》论源流（一）

源头者，即四柱中之旺神也，不论财官印食伤比劫之类，皆可为源头也。总要流通生化、收局得美为佳。源头阻节之何地，以知其谁兴谁替；看其阻节之何神，以论其何吉何凶。

例如：

1. 源头起于年月是食印，住于日时是财官，则上得祖父之荫，下享儿孙之福。

2. 源头起于年月是财官，住于日时是伤劫，则破败祖业，刑妻克子。

3. 源头起于日时是财官，住于年月是食印，则上与祖父争光，下与儿孙立业。

4. 源头起于日时是财官，住于年月是伤劫，则祖业难享，自创维新。

5. 流住年是官印者，知其祖上清高；是伤劫者，知其祖上微寒。

6. 流住月是财官者，知其父母创业；是伤劫者，知其父母破财。

7. 流住日时是财官食印者，必白手成家或妻贤子贵；是伤劫枭刃者，必妻陋子劣，或因妻招祸、破家受辱。

然又要看日主之喜忌断之，无不验也。如源头流止未住之地，有阻节隔绝之神：

①阻节是偏正印绶，必为祖辈之祸。柱中有财星相制，必得妻贤之助；如有比劫之化，或得兄弟相扶。

②阻节是比劫，必遭兄弟之累。柱中有官星相制，必得官贵之解；如有食伤之化，或得子侄之助。

③阻节是财星，必遇妻妾之祸。柱中有比劫相制，必得兄弟之助；如有官星之化，或得贤贵提携。

④阻节是食伤，必受子女之累。柱中有印绶制之，必得长辈之福；有财星之化，必得美妻中馈多能。

⑤阻节是官煞，必遭官刑之祸。柱中有食伤相制，必得子侄之力；有印绶之化，必得长辈之助。

然又要看用神之宜忌论之，无不应也。

例如：

①源头流住是官星，又是日主之用神，名就贵显。官星为忌神，则为官遭祸倾家。

②源头流住是财星，又是日主之用神，财利丰收。若财星为忌神，则财丧身败。

③源头流住是印星，又是日主之用神，文望清高。若印星为忌神，则文伤父母殃。

④源头流住是食伤，又是日主之用神，财子双美。食伤为忌神，则子孙受累而绝嗣。

此穷极源流之正理，不同俗书之谬也。

举例证之：

```
          财    才    日    官
乾造：辛酉  庚子  丙寅  癸巳
```

简析：

此以金为源头，流至寅木（酉金生子水，子水生寅木），印绶生身（木生火）更妙。巳时得禄（丙禄在巳），官星透露（癸官透时干），清有精神，中和纯粹，起处（财）为佳，归局（禄）尤美。为词林出身，仕至通政，一生无险，名利双辉。

40.《滴天髓》论源流（二）

```
         财    财    日    枭
乾造：  辛卯   辛卯   丙子   甲午
```

简析：

以木（印）为源头，五行无土，不能流至金（财），财官（财金、官水）又隔绝，冲而逢泄，无生化之情。运庚寅，得长辈之福；己丑运合子，泄火生金，财福骈臻；戊子运，土虚水旺，暗助木神，刑耗多端；丁亥运克金合木，家破人亡。

41.《滴天髓》论源流（三）

```
         食    才    日    印
乾造：  庚寅   壬午   戊午   丁巳

         财    杀    官    枭    印
大运：  癸未   甲申   乙酉   丙戌   丁亥
```

简析：

此以火为源头，年支寅木阻节，月干壬水隔之，不能流至金。初运土金之地，冲化阻节之神，业同秋水春花盛，人被尧天舜日恩。一交丙戌运，支会火局，枭神夺食，破耗异常，又克一妻四子。至丁亥运，干支皆合化木，形单只影，孤苦不堪，削发为僧。

凡视富贵贫贱，未有不从源头。分其贵贱，全在收局一字定之，去我浊气，作我喜神，不贵亦富；去我清气，作我忌神，不贫亦贱，学者宜审察之。

42.《滴天髓》论贫富（一）

何知其人贫，财神反不真

财神不真者有：

1. 财重而食伤多
2. 财轻喜食伤而印旺
3. 财轻劫重食伤不现
4. 财多喜劫官星制劫
5. 喜印而财星坏印
6. 忌印而财星生官
7. 忌财而财合闲神化财
8. 财轻官重财气泄
9. 伤重印轻身弱

凡败业破家之命，初看似乎佳美，非财官双美，即干支双清；非杀印相生，即财临旺地。不知财官虽可养命荣身，必先要日主旺相，方能致富（身旺能任财官）。举例证之。

	杀	印	日	食
乾造：	癸卯	甲寅	丁巳	己酉
	杀	官	才	

大运：　癸丑　　壬子　　辛亥

简析：

此造财藏杀露，杀印相生，又联珠相生，似乎贵格，所以富二十余万。但知年干之杀无根，其精华尽被印绶窃去，必用酉金之财，盖头覆之己土，似乎有情，但木旺土虚，相火逢生，则巳酉不会，财不真。一交壬子，泄金生木，一败如灰。至亥运，印遇长生，竟饿死。

43.《滴天髓》论贫富（二）

何知其人富，财气通门户
财气通门户有九：
1. 财旺身强
2. 官星卫财
3. 忌印而财能坏印
4. 喜印而财能生官
5. 伤官重而财神流通
6. 财神重而伤官有根
7. 无财而暗成财局
8. 财露而伤亦露
9. 财有月令之强根

	食	才	日	印
乾造：	甲申	丙子	壬寅	辛亥

简析：

壬水生于仲冬，当令而旺。年月木火无根，日支食神冲破，似乎平常。然喜日寅时亥，乃木火生地；寅亥合、则木火之气愈贯，子申会则食神反得生扶，此所谓财气通门户也，富有百余万。

凡巨富之命，财星不多，只要生化有情，即是财气通门户。若财临旺地，不宜见官，日主失令，必要比劫助之，斯为美也。

44. 受泄耗无生　应死亡之灾（一）

乾造：壬辰　　庚申　　庚寅　　庚辰
大运：壬子　　1999年己卯

简析：
命运构成申子辰三合水局（两个局）透壬而成化，岁君己土失辰根，命岁构成寅卯辰三会木局不化，日主庚金受泄耗而无生（失根之己土无力生金），命主因患肝病久治不愈而亡。

45. 受泄耗无生　应死亡之灾（二）

乾造：辛卯　　丁酉　　丁酉　　甲辰
大运：戊子　　1980年庚申

简析：
命岁运构成申子辰三合水局，因天干无水透出，为合而不化。庚金克掉甲木，丁火失去生源，两酉冲掉卯木，丁火又失去生源。丁火受耗（五金之耗）、泄而无生，命主当年死亡。

46. 受泄耗无生　应死亡之灾（三）

乾造：丁巳　　己酉　　庚辰　　戊寅
大运：戊申　　1989年己巳

简析：命岁运构成寅巳申三刑（两个刑），巳、寅均被刑伤，丁火失巳根，又失生源，戊己土也失巳根，丁不能生戊己。命局中辰两合透庚而化金成功。命局、大运金旺，己土受泄而无生，应灾，己土正印代表母亲，该年命主丧母。

47. 受泄耗无生　应死亡之灾（四）

坤造：戊申　庚申　辛酉　辛卯
大运：戊午　流月庚午　1989 年己巳

简析：

申巳合透庚辛而化金成功，戊己土失巳火根。两支午火欲克申酉金反惹旺神金怒，八金（天干两庚两辛，地支两申一酉，加上申巳合化之金）合力狂泄三土，金多火息，戊土受泄而无生，戊土正印代表母亲，该年庚午月母因病而亡。

48. 受泄耗无生　应死亡之灾（五）

乾造：甲午　丁丑　丙申　戊戌
大运：壬午　流月甲午　2002 年辛巳

简析：

丁壬合绊，甲木失生源，两甲木受三午火和一巳火泄而无生（火旺木焚），命中甲木为印，在年干，也可代表父，该年命主丧父。

49. 受泄耗无生　应死亡之灾（六）

乾造：乙丑　戊寅　辛巳　戊戌
大运：丁丑　1990 年庚午

简析：

命岁运构成寅午戌三合火局透丁而成化，因有戊通关，丁不伤庚辛，乙则因受泄而无生（火旺木焚）有灾，乙偏财代表父，该年命主之父自缢身亡。

50. 四柱学破译人类生物遗传基因密码

四柱学破译人类遗传基因以天干地支为主,天干为:甲、乙、丙、丁、戊、己、庚、辛、壬、癸。地支是:子、丑、寅、卯、辰、巳、午、未、申、酉、戌、亥。基因干支对应人体部位标志,可以用一个表格来说明。

图一　天干对应人体部位图

天干五行	甲木	乙木	丙火	丁火	戊土	己土	庚金	辛金	壬水	癸水
五脏六腑	胆	肝	小肠	心	胃	脾	大肠	肺	膀胱	肾
身体各部位	头	项	肩腿	齿舌	皮肤	肌肉	筋	胸	胫	足

图二　地支对应人体部位图

地支	子	丑	寅	卯	辰	巳	午	未	申	酉	戌	亥
五脏六腑	膀胱	脾	胆	肝	胃	舌	心、小肠	脾	大肠	肺	胃	肾
身体各部位	耳	肚	手、筋络	手指肢体	背肩	齿面	目	腹口	骨骼	胸、毛细血管	足膝	头

从表中可以直观地看出人体生物遗传基因干支对应人体相关部位,我们只要分析基因干支在静态时空和动态时空中的变化,就可以掌握人

体疾病起因，什么部位会生病、生病时间、病好时间，并且可以采取一些防范措施，修复被损坏基因，从而减免或缓解病情和减少生病时间，这个方法对人类社会是有巨大贡献的。值得推广运用，让它造福人类。

（一）肺病，气管炎

肺是人体呼吸系统的一个重要器官，对应的基因标志是辛金和酉金，被损坏时，肺生病，并且易患伤风感冒发热、咳嗽，以及气管炎等。

1）先天呼吸系统疾病——气管炎。

	比	劫	日	才
乾造：	癸酉	壬戌	癸未	丁巳

2000年2月，一位母亲因小孩身体弱而烦恼，为此她请我分析原因，开始她未言明具体病症。四柱中酉金为肺为呼吸系统，在年支又为气管，柱中戌土、未土为燥土不生酉金，酉戌相害对酉金不利，同时酉金又被癸水、壬水夹泄真元，酉金受损，表明在静态时空信息中有气管炎症。把这情况同她讲了，小孩母亲听了连连点头称是，原来她儿子一生下来就气管炎哮喘，一年四季都吃药。最后为她儿子做了上述基因干支调理，现在症状有所减轻了。

2）肺炎

	枭	比	日	官
坤造：	辛酉	癸巳	癸丑	戊午
大运：	甲午	乙未		
	1	11		
流年：	己卯			

2000年3月，医院一位护士请我分析健康时，我就知道她去年患了肺炎，她听了连连称奇，并说你查病方法比医生好，连去年生了肺病都知道。以基因干支酉金代表肺，地支巳酉丑三合金局成功，辛金旺相，乙未大运，己卯流年，三合金局之边神丑土被未土冲，中神酉金被太岁卯木冲，巳酉丑三合金局被破局，日主有病，并且辛金被乙木运干冲，因为辛金为肺，所以护士小姐患了肺炎。

（二）肝胆病

以基因标志甲木代表胆，乙木代表肝，以静态时空和动态时空下对其影响定病情。

```
         财      财      日      比
乾造：   癸卯    癸亥    戊寅    戊午
大运：   辛酉    庚申
流年：   甲子    己卯
```

以人体基因标志卯木代表肝，柱中卯木旺又得旺水生，行大运又是金生水、水生木，遇1984年甲子又是水木两旺，卯木得生得助过多引起亢旺，有过头之不利，必患肝病，所以1984年得了肝炎。一九九九年己卯，又是卯木逢值之年，有卯木过旺之麻烦，反映在肝部有问题，我建议他吃一些保肝药后，一年肝部无事。

（三）心脏病

以基因标志丁火、午火代表人体心脏、血液，丁火和午火被克泄耗严重时心脏病发。

1）原有心脏病

```
         财      劫      日      才
坤造： 癸丑    己未    戊辰    壬子
大运： 庚申    辛酉    壬戌    癸亥
```

简析：

四柱中基因标志丁火被损，明显的先天心脏病，丁火藏于未土中，被年支丑土冲，丁火受伤，行运皆对丁火不利，不只是心脏不好，还有高血压。

2）心脏病去世

```
         印      劫      日      财
乾造： 癸亥    乙丑    甲辰    己巳
大运： 丁巳
流年： 己卯
```

简析：

丁火在大运中出现，并与年柱天克地冲，心脏有病。丁火坐下强根又遇时支巳火，得甲、乙木生，强旺，就怕流年合住癸亥年柱，引起丁火强旺无制引发心肌梗塞。一九九九年己卯，果真在二月的最后一天因心肌梗塞去世。

（四）胃病

以基因干支戊土代表胃，被损坏时，胃部有病。

```
         劫      伤      日      财
坤造： 己酉    辛未    戊戌    癸亥
大运： 甲戌
```

流年：庚辰

简析：
以戊土代表胃，戊土坐下强根，得月令帮扶旺相，更得动态时空运支戌帮助，戊土亢旺必有胃病，遇辰年一冲，胃部之病闹得更厉害，必须靠药物维持。

```
        官      财      日      才
乾造：丙辰    甲午    辛亥    乙未
大运：丁酉
流年：庚辰
```

简析：
以基因标志辰土代表胃，在丁酉大运时，被酉金合化，辰土受损，辰土有病，是胃病，流年庚辰也是辰酉合，庚金泄土气，所以辰年胃病经常犯，影响了身心健康和工作。

（五）近视眼

丙火基因标志，代表眼睛，被损坏时，易患近视眼。

```
        才      劫      日      比
坤造：戊申    乙卯    甲戌    甲戌
大运：丁亥
```

柱中火弱又无丙火又行丁亥运，皆对眼目不利，是标准近视眼，并且度数很高。

圆通达观（下）

```
       食     伤     日     杀
坤造： 壬申   癸丑   庚子   丙戌
大运： 壬子
```

以柱中丙火代表眼睛，丙火坐下库不吉，又被旺水克制，小小年纪就戴上高度近视眼镜。

```
       食     官     日     劫
坤造： 己酉   壬申   丁卯   丙午
大运： 甲戌
流年： 丙寅
```

以时上丙火为眼睛，丙火坐下强根午火有力，在甲戌运，丙寅年，寅午戌三合火局成功，地支卯戌化火也成功，丙火更旺，旺则有过，旺则有病，所以一九八六年眼睛近视。

四柱法破译人类生物遗传基因切实可行，可以破译出多种疾病和骨折伤灾，是对人类社会的一大贡献。

51. 病残命稿（一）

```
       才     伤     日     印
坤造： 乙酉   壬午   辛亥   戊戌
大运： 癸未   甲申   乙酉   丙戌   丁亥   戊子   己丑
```

简析：

命主行酉运时丧母。行戌运时为地网（男畏天罗，女忌地网）中风。尽管子女们有钱，病魔也不能脱身。五十六岁又再度中风，旧病重犯，大运又正行亥字，而现在已成植物人。

52. 病残命稿（二）

```
         劫    杀    日    枭
乾造： 庚戌  丁亥  辛丑  己亥
大运： 戊子  己丑  庚寅  辛卯  壬辰  癸巳  甲午  乙未
```

简析：

此命八字为伤官格，亥月水冻金寒，忌印比之乡，自小身体素质差。十七岁后患再生障碍性贫血，经治疗略为好转。在二十八岁因玩靓女太过，而再次病变，经多次输血暂时缓解，年纪轻轻，也许黄泉路近。

53. 有生无泄应大凶（一）

```
         枭    才    日    才
坤造： 辛卯  丙申  癸巳  丙辰
大运： 乙巳
流年： 辛酉（1981年）
```

简析：

酉卯冲，卯伤。辛金克乙木，癸水失泄路，丙火失生源。月支申与日支巳合绊，太岁酉与运支巳合绊，两丙火又失巳火根。无生源又失根之两丙火，也就无力合两辛。这样，巳酉合透辛而化金。癸水只有生而无泄，命主老年病逝。

54. 有生无泄应大凶（二）

```
         伤    劫    日    劫
乾造： 丁丑   乙巳   甲寅   乙亥
大运： 壬辰
流年： 癸亥（1983年）
```

简析：

命局中丁火与运干壬水合绊，使日干甲木失去泄路。甲木只有受生助而无泄，是年冬月命主发生煤气中毒，九死一生，经抢救才捡回一条命。

55. 四柱风水和日课　信息同步印证多（一）

2003年农历十月十五日下午，广西王女士等三人，来到我家，求测其亲友李某于去年农历七月二十四日巳时葬祖坟时风水与日课吉凶事宜。

男命：一九六三年八月初一日丑时

```
         印    官    日    劫
四柱： 癸卯   辛酉   甲子   乙丑
大运： 丁巳
流年： 癸未
流月： 壬戌
```

简析：

甲木日干于酉月处死地，自坐子水看似得益，奈何年支卯木也处死地，并被酉月令持旺连冲带克，使卯木翻根，甲木无根不受生；更因命局金旺生水，造成水旺木漂，所以甲木日干处衰弱之地。日干衰弱而喜木帮之，惧金克之。行至丁巳运程，命、运、岁组合成巳酉丑三合

金局，化透月干辛金，使金行更旺，甲木受创，潜下灾咎，伺机即发。2003年癸未，九月令壬戌，全局构成丑未戌三刑和巳酉丑三合金局。三刑有刑伤、刑灾、刑病或刑罚之义，三刑土旺再生巳酉强金（土旺也可耗弱木），这样金旺制木，该年必有重灾。九月令，戌土当令，催波助澜，使三刑忌神更凶，实为忌神当道，用神遭殃！按命理相关要素分析，因旺金克死木，九月令命主会有车祸或硬物撞（砸）成灾，引发头部、四肢或胸、肝不测重灾。

至此，王女士悲泣地说，李某于前天晚上，参加友人喜宴喝了酒，不听规劝而酒后开小车，夜8时30分左右，在南宁至梧州二级公路贵港路段与大卡车相撞，使头部、胸部与四肢多处重伤，流血不止当即身亡。

再分析癸未流日和壬戌流时介入后，使三刑及强金更旺；命主七月葬祖坟开山立向为凶局；用事日课有大凶信息诱发，至使命主遇上灭顶之灾，这是顺理成章的。

预测至此，王女士说：李家于十年前即1994年十月，李某的三弟也发生过一件大事，至今仍是一件不解之谜，敬请老师帮忙测断，以解十年疑云。为此，了解到李家于一九九四年农历七月十二日卯时进住辛山乙向新居，因此宅在市内某开发区里，房屋的墙脚由开发商统一建成，无法详查落脚日课，只好查证房屋开山立向吉凶、入宅日吉凶和李三命、运、岁吉凶综合参断。

56. 四柱风水和日课　信息同步印证多（二）

李某三弟，一九六七年五月二十九日巳时

```
        杀    官    日    食
乾造： 丁未  丙午  辛未  癸巳
大运： 甲辰
流年： 甲戌
流月： 乙亥
```

简析：

辛金日干于丙午月处死地，局中巳午未三会南方火局，有丙、丁火化神引化，又处午月火旺之际顺利成化。全局由旺火主导，也增加了燥土脆金力度；死绝的癸水时干，自身难保，不能制火，使辛金日干衰弱至极，只好屈从官杀，保命偷生。取官杀为用神，财星与印星为喜神；食伤与比劫为忌神。甲辰运程介入后，辰土运支当值，相安无事。到甲戌流年介入后，戌土太岁当令，戌为干土，又组合为午戌半合杀局，更是心想事成。不过，至十月令乙亥月，亥水当令，有癸水天干助阵，使水行有了一定分量，意欲破格，潜下灾咎。如再遇上水流日、水流时介入后，或组成水局时，必定破格生灾。因七月进辛宅和用事日课均有大凶信息，故此灾不轻！

此时王女士又补充印证：老三于十月二十一日子时，在市区内开的士，送三个乘客往柳州方向去，至209国道，贵港市境内的平龙水库附近，被车上三个歹徒刺死后，沉尸水库中。后虽被公安机关破了案，却英年死于非命！

现又加上癸丑流日、壬子流时断事：癸丑日和壬子时介入后，全局又构成亥子丑三会北方水局与巳午未火局抗衡，使破格力度增大，故引发李三英年赴酆都。此处再推断，命主驾的是小汽车，属金属，在车上被歹徒用匕首刺死，匕首也是金属，均为"金行"引发之灾；命主被刺大量流血，这血是液质是"水"，被沉尸水库中，更是"水行"之灾！完全印证了由日课诱发"金、水"之灾的科学内涵。